$n_\alpha, n_\beta, n_\gamma$	Brechungsindizes zweiachsiger Kristalle ($n_\alpha < n_\beta < n_\gamma$)
Δ	maximale Doppelbrechung
2V	Achsenwinkel optisch zweiachsiger Kristalle
CMS, MSH, CSH, AFM, ACF, KFMASH, KFASH	Abkürzungen für chemische Systeme. C steht für CaO, M für MgO, S für SiO_2, H für H_2O, K für K_2O und F für FeO, in manchen Fällen auch für (FeO+MgO)
A-Typ-, C-Typ-, I-Typ-, S-Typ-Granit	Abkürzungen für in Kasten 3.18 erläuterte Granitoidtypen
WDS	Wellenlängendispersives System, Analysemethode der Elektronenstrahlmikrosonde (Abschnitt 2.5)
EDS	Energiedispersives System, Analysemethode der Elektronenstrahlmikrosonde und des Elektronenmikroskops (Abschnitt 2.5)
RFA	Röntgenfluoreszenzanalyse
RDA	Röntgendiffraktometeranalyse
XRD	englische Abkürzung für Röntgendiffraktometrie
REM	Rasterelektronenmikroskop
TEM	Transmissionselektronenmikroskop
LA-ICP-MS	Laserablations-ICP-Massenspektrometrie, wobei ICP für „inductively coupled plasma" steht
CL	Kathodolumineszenz
SE	Sekundärelektronen in Mikrosonde und Rasterelektronenmikroskop (Abschnitt 2.5)
BSE	Back-scattered electrons = Rückstreuelektronen in Mikrosonde und Rasterelektronenmikroskop (Abschnitt 2.5)
F	In Gibbs'scher Phasenregel: Zahl der Freiheitsgrade
K	In Gibbs'scher Phasenregel: Zahl der Komponenten; sonst: Gleichgewichtskonstante
P	In Gibbs'scher Phasenregel: Zahl der Phasen
G	Gibbs'sche Freie Enthalpie
S	Entropie
V	Volumen
p	Druck
T	Temperatur
R	Allgemeine Gaskonstante
OIB	Ozeaninselbasalt
LIP	Large igneous province, Flutbasaltprovinz
MORB	Mittelozeanischer Rückenbasalt
EM	Enriched mantle, ein metasomatisch angereichertes Mantelreservoir
c	Konzentration
Im Bildteil:	O: oben, M: Mitte, U: unten; L: links; R: rechts, BB: Bildbreite

Minerale und Gesteine

Gregor Markl

Minerale und Gesteine

Mineralogie – Petrologie – Geochemie

2. verbesserte und erweiterte Auflage

Mit Grafiken von Michael Marks

Professor Dr. Gregor Markl
Institut für Geowissenschaften der Universität Tübingen
Wilhelmstraße 56
72074 Tübingen
Deutschland

Wichtiger Hinweis für den Benutzer
Der Verlag, und der Autor haben alle Sorgfalt walten lassen, um vollständige und akkurate Informationen in diesem Buch zu publizieren. Der Verlag übernimmt weder Garantie noch die juristische Verantwortung oder irgendeine Haftung für die Nutzung dieser Informationen, für deren Wirtschaftlichkeit oder fehlerfreie Funktion für einen bestimmten Zweck. Der Verlag übernimmt keine Gewähr dafür, dass die beschriebenen Verfahren, Programme usw. frei von Schutzrechten Dritter sind. Die Wiedergabe von Gebrauchsnamen, Handelsnamen, Warenbezeichnungen usw. in diesem Buch berechtigt auch ohne besondere Kennzeichnung nicht zu der Annahme, dass solche Namen im Sinne der Warenzeichen- und Markenschutz-Gesetzgebung als frei zu betrachten wären und daher von jedermann benutzt werden dürften. Der Verlag hat sich bemüht, sämtliche Rechteinhaber von Abbildungen zu ermitteln. Sollte dem Verlag gegenüber dennoch der Nachweis der Rechtsinhaberschaft geführt werden, wird das branchenübliche Honorar gezahlt.

Bibliografische Information der Deutschen Nationalbibliothek
Die Deutsche Nationalbibliothek verzeichnet diese Publikation in der Deutschen Nationalbibliografie; detaillierte bibliografische Daten sind im Internet über http://dnb.d-nb.de abrufbar.

Springer ist ein Unternehmen von Springer Science+Business Media
springer.de

2. Auflage 2008
© Spektrum Akademischer Verlag Heidelberg 2008
Spektrum Akademischer Verlag ist ein Imprint von Springer

08 09 10 11 12   5 4 3 2 1

Das Werk einschließlich aller seiner Teile ist urheberrechtlich geschützt. Jede Verwertung außerhalb der engen Grenzen des Urheberrechtsgesetzes ist ohne Zustimmung des Verlages unzulässig und strafbar. Das gilt insbesondere für Vervielfältigungen, Übersetzungen, Mikroverfilmungen und die Einspeicherung und Verarbeitung in elektronischen Systemen.

Planung und Lektorat: Frank Wigger, Dr. Christoph Iven
Herstellung: Ute Kreutzer
Umschlaggestaltung: SpieszDesign, Neu-Ulm
Titelfotografie: Magmatische Reaktionstextur in einem Foyait der Ilímaussaq-Intrusion in Südgrönland: hellgrüner Augit wird von flaschengrünem Aegirin und blaugrünem Arfvedsonit überwachsen. Die weißen Flecken sind Fluorit. Dünnschliff bei ungekreuzten Polarisatoren, Bildbreite etwa 5 mm.
                   Foto: Gregor Markl
Fotos/Zeichnungen: Gregor Markl und Michael Marks, bitte auch den Abbildungsnachweis und die Bildunterschriften beachten.
Satz: Mitterweger & Partner, Plankstadt
Druck und Bindung: Stürtz GmbH, Würzburg

Printed in Germany

ISBN 978-3-8274-1804-3

Vorwort

Ein umfassendes Buch über Minerale und Gesteine zu schreiben, ist eigentlich eine kaum einzugrenzende Aufgabe, wenn man die unglaubliche Vielfalt dieser anorganischen Bestandteile unserer Natur bedenkt. Da aber natürlich nicht unendlich viel Platz in einem Buch wie dem vorliegenden zur Verfügung steht und wahrscheinlich nicht jeder Leser in solchem Detail an dem Thema interessiert ist, wie man es ausbreiten könnte, musste ich Prioritäten setzen. Natürlich sind diese Prioritäten subjektiv, und ich erhielt viele Kommentare und Vorschläge zur ersten Auflage, was denn unbedingt noch zusätzlich in einer zweiten Auflage berücksichtigt werden müsse. Interessanterweise kamen keine Vorschläge auf Auslassung von Themen, die im Buch enthalten waren, sodass ich davon ausgehe, dass der bisherige Umfang als nötig, aber an manchen Stellen eben als ausbaubedürftig eingeschätzt wurde.

Hier versucht die zweite Auflage nun „nachzubessern", und zwar konkret in zwei Themenbereichen: Sedimente und Geochemie. Auch hier musste ich mich natürlich wieder entscheiden, was ich denn für besonders relevant hielt, habe aber versucht, gerade im geochemischen Teil auch aktuelle Strömungen innerhalb der Geochemie, insbesondere die Tieftemperaturgeochemie, so zu berücksichtigen, dass der Inhalt nicht schon bei Erscheinen des Buches bloß einen Rückblick auf vorhandenes Wissen darstellt, sondern dass an manchen Stellen, zum Beispiel im Bereich der „neuen" Stabile-Isotopen-Systeme, auch erkennbar wird, wo in den nächsten Jahren die Forschung besonders intensiv sein wird.

Es ist mir bewusst, dass nach wie vor wichtige Teilgebiete wie z. B. die Angewandte Mineralogie, die Erzlagerstättenkunde oder die Auflichtmikroskopie völlig fehlen. Diese erfordern und verdienen aber ein eigenes Lehrbuch (oder mehrere), sie hier noch hineinzuquetschen wäre weder im Sinne der Leser noch im Sinne der Fächer wünschenswert gewesen.

Dieses Buch versucht, die Grundvorlesungen der Mineralogie – also typischerweise die Gesteinskunde, die allgemeine Mineralogie, die Petrologie und die Geochemie – so miteinander zu verbinden, wie es in aktuellen geowissenschaftlichen Studiengängen geschieht. Der Aufbau des Buches ist daher so angelegt, dass es einem solchen Studienablauf zumindest annähernd folgt. Kapitel 1 und Teile von Kapitel 2 gehören eindeutig zu den ersten Grundlagen, während andere Teile von Kapitel 2, Kapitel 3 und insbesondere Kapitel 4 schon in höhere Semester überleiten.

Für jedes dieser Themen gibt es umfangreichere, stärker ins Detail gehende Lehrbücher. Jedem, der sich beruflich oder privat intensiver für ein bestimmtes Thema interessiert, seien diese im Literaturverzeichnis am Ende des Buches genannten Werke ans Herz gelegt. Andererseits hoffe ich, dass das vorliegende Buch den Bogen spannt von Studierenden der Geographie, Geologie, Mineralogie bis hin zu Studenten der Geophysik und natürlich zu Laien, die sich für die Eigenschaften, Entstehungsprozesse und Untersuchungsmethoden von Mineralen und Gesteinen interessieren. Dieses Buch soll ein Begleiter nicht nur durch das Studium, sondern auch darüber hinaus sein. Wann immer Fragen nach Gesteinsbestimmung oder analytischen Methoden, nach Phasendiagrammen oder physikalisch-chemischen Eigenschaften von Feststoffen auftreten, soll dieses Buch zumindest erste Erklärungs- und Erinnerungsansätze bieten.

Ich hoffe, dass sich die Mischung und der Aufbau in der Praxis weiter bewähren, bin aber natürlich nach wie vor für konstruktive Kritik sehr dankbar.

Tübingen, im Sommer 2008   Gregor Markl

Danksagung

Ohne die Mitarbeit von Dr. Michael Marks, der in immer freundlicher, kompetenter, schneller und fantasievoller Weise auf meine vielfältigen und sich immer wieder ändernden Gestaltungswünsche einging, wäre dieses Buch nie zustande gekommen. Ihm verdankt dieses Buch die Fülle und Qualität von illustrativen Zeichnungen und auch viele inhaltliche Anregungen. Ich spreche ihm dafür meinen tiefsten Dank aus.

Nachdem die erste Auflage bereits von Dr. Thomas Wenzel, Dr. Udo Neumann, Dr. Britta Trautwein, den Studierenden Alevtina Dorn, Julian Schilling und Sebastian Staude sowie Jens Seeling und Dr. Christoph Iven vom Spektrum Akademischer Verlag und zu kleineren Teilen von meinen Kollegen Prof. Dr. Wolfgang Frisch und Prof. Dr. Wolfgang Siebel minutiös gegengelesen worden war, machten sich um die Erweiterungen in der Neuauflage insbesondere Dr. Heiner Taubald, wiederum Prof. Dr. Wolfgang Siebel, Dr. Thomas Wenzel, Dr. Christoph Berthold und Dr. Udo Neumann verdient. Ich bin ihnen für ihre vielen Anmerkungen, Vorschläge und Verbesserungen zu sehr großem Dank verpflichtet. Viele konstruktive Hinweise zur Verbesserung der „alten" Buchteile machte auch Prof. Wilhelm Heinrich, wofür ihm hier großer Dank ausgesprochen sei. Viele Studierende wiesen mich in den vergangenen Jahren auf Fehler hin und machten Verbesserungsvorschläge, für die ich ebenfalls sehr dankbar bin.

Prof. Dr. Heinz-Günter Stosch, Karlsruhe, und Dr. Rainer Kleinschrodt, Köln, stellten mir dankenswerterweise Ihre Texte und Tabellen sowie Bildvorlagen zur Polarisationsmikroskopie zur Verfügung, Prof. Stosch daneben auch seine Skripten zur Isotopen- und REE-Geochemie. Herzlichen Dank auch dafür! Vorlesungsskripten von Prof. Friedhelm von Blanckenburg dienten als Grundlage insbesondere der Niedertemperatur-Geochemie und ich bin auch ihm für die großzügige Überlassung zu tiefem Dank verpflichtet.

Für die Überlassung von Bildmaterial oder für die Hilfe bei der Suche nach geeigneten Vorlagen sowie für freundliche Hinweise in Diskussionen danke ich Dr. Richard Wirth, Prof. Dr. Klaus Nickel, Dr. Christoph Berthold, Dipl.-Min. Melanie Kaliwoda, Dr. Michael Hanel, Dr. Ralf Gertisser, Dipl.-Geol. Gesa Graser, Dr. Ralf Halama, Dipl.-Geol. Daniel Müller-Lorch, Dr. Andreas Audetat, Prof. Dr. Paddy O'Brian, dem Forschungsinstitut Senckenberg (Dr. Jutta Zipfel), Prof. Dr. Werner Schreyer, Dr. Thomas Fockenberg, Prof. Caroline Röhr, Dipl.-Min. Daniel Wiedenmann, Dr. Andreas Kronz, Prof. Dr. Reiner Klemd, Dr. Istvan Dunkl, Dr. Bernd Binder, Dr. Paul Green, Dr. Udo Neumann, Dr. Hiltrud Müller-Sigmund, Dr. Hartmut Schulz, Prof. Andreas Kappler, Dr. Jerome Chmeleff, Christopher Thomas, Dr. Axel Schippers und der Firma Bruker, Karlsruhe ganz herzlich.

Inhaltsverzeichnis

	Einleitung	1

1	**Makroskopische Bestimmung von Mineralen und Gesteinen**	**3**
1.1	Eine grobe Einteilung der Gesteine	3
1.2	Minerale	4
1.3	Der Aufbau der Erde	7
1.4	Die Differenzierung der Erde	11
1.5	Die Entstehung der Gesteinsvielfalt – der Kreislauf der Gesteine	13
1.6	Gesteine	16
1.6.1	Magmatische Gesteine	16
1.6.1.1	Allgemeines zur Nomenklatur von magmatischen Gesteinen	16
1.6.1.2	Die Streckeisennomenklatur	18
1.6.1.3	Das TAS-Diagramm	22
1.6.1.4	Normberechnungen	22
1.6.1.5	Zur Nomenklatur von vulkanischen Auswurfprodukten	23
1.6.2	Metamorphe Gesteine	25
1.6.3	Sedimentgesteine	26
1.7	Ausgewählte Minerale	32
1.8	Ausgewählte Gesteine	74

2	**Allgemeine Mineralogie**	**119**
2.1	Einführung	119
2.2	Kristallgeometrie und Kristallmorphologie	120
2.2.1	Symmetrien	120
2.2.2	Kristallgitter	123
2.2.3	Kristallsysteme	125
2.3	Kristallchemie	129
2.3.1	Grundlagen	129
2.3.2	Kristallchemie wichtiger gesteinsbildender Minerale	136
2.3.3	Kristallwachstum und Diffusion, zonierte Minerale	152
2.3.3.1	Kristallwachstum	153
2.3.3.2	Diffusion und zonierte Minerale	158
2.4	Physikalische Eigenschaften von Mineralen	161
2.4.1	Farbe	161
2.4.2	Mechanische Eigenschaften	166
2.4.3	Elektrische und magnetische Eigenschaften	169
2.5	Optische und analytische Methoden der Mineralogie	175
2.5.1	Polarisationsmikroskopie	175
2.5.2	Spektroskopische Methoden	191
2.5.3	Röntgendiffraktometrie	194
2.5.4	Elektronenstrahlmikrosonde	198
2.5.5	Röntgenfluoreszenzanalyse	200
2.5.6	Elektronenmikroskopie	203
2.5.7	Massenspektrometrie	207
2.5.8	Lumineszenzmikroskopie	211
2.5.9	Spaltspurdatierung	212
2.5.10	Untersuchung von Flüssigkeitseinschlüssen	214
2.5.11	Schwermineraltrennung	221
2.5.12	Korngrößentrennung und -messung	221
2.5.13	Quecksilber-Porosimetrie	225

3	**Petrologie**	**229**
3.1	Einführung	229
3.2	Die betrachteten chemischen Zusammensetzungen	229
3.3	Phasen und Komponenten	230

3.4	Der Begriff des Gleichgewichts in der Petrologie 232		3.9.2.6	Dichte und Viskosität von Schmelzen 312	
3.5	Arbeiten mit petrologisch wichtigen Diagrammen 235		3.9.2.7	Fluide in der magmatischen Petrologie 315	
3.5.1	Phasendiagramme............ 235		3.9.2.8	Redoxreaktionen in magmatischen Systemen 318	
3.5.2	Dreiecksdiagramme 236				
3.5.3	Projektion von Phasen 238		3.9.3	Bildung, Aufstieg und Kristallisation von Schmelzen 322	
3.5.4	Berechnung von Reaktionsstöchiometrien mit Hilfe von Matrizen 242		3.9.3.1	Die Entstehung von Schmelzen 322	
3.5.5	Aktivitätsdiagramme 243		3.9.3.2	Aufstieg von Schmelzen 329	
3.6	Metamorphe Reaktionen 247		3.9.3.3	Kristallisation................ 332	
3.6.1	Phasenumwandlungen 247		3.9.4	Wichtige Kuriositäten: Karbonatite, Kimberlite, Anorthosite 343	
3.6.2	Sonstige Festphasenreaktionen 247				
3.6.3	Entwässerungsreaktionen 249		3.10	Sedimentpetrologie........... 350	
3.7	p-T-t-Pfade und ihre Rekonstruktion.................. 250		3.10.1	Einleitung................... 350	
			3.10.2	Die Verwitterung............. 352	
3.8	Metamorphe Prozesse......... 254		3.10.2.1	Chemische und physikalische Verwitterung 352	
3.8.1	Das metamorphe Fazieskonzept 254				
			3.10.2.2	Verwitterungsbildungen 355	
3.8.2	Metamorphose von Ultrabasiten 259		3.10.2.3	Der globale Thermostat: ein Zusammenhang zwischen Verwitterung und Klima 365	
3.8.3	Metamorphose von kieseligen Kalksteinen................. 264				
			3.10.3	Die Diagenese 371	
3.8.4	Metamorphose von Tonsteinen (Metapeliten) 269		3.10.3.1	Einleitung und Klassifikation der Diagenese 371	
3.8.5	Metamorphose von Basalten (Metabasiten)................ 274		3.10.3.2	Das Schicksal des organischen Kohlenstoffs in der Diagenese.. 371	
3.9	Magmatische Prozesse 280		3.10.3.3	Die Veränderung des Porenraumes und des Drucks im Gestein 377	
3.9.1	Der Zusammenhang von Plattentektonik und Magmatismus 280				
			3.10.3.4	Fluidzusammensetzung und Mineralstabilitäten in Sedimenten 385	
3.9.1.1	Tektonische Milieus und ihr Zusammenhang mit vornehmlich basischem Magmatismus .. 281				
			3.10.3.5	Evaporite 392	
3.9.1.2	Klassifikation und tektonische Zuordnung von granitoiden Schmelzen 294		**4**	**Geochemie** 397	
			4.1	Einführung.................. 397	
3.9.2	Methoden und physikalischchemische Grundlagen der magmatischen Petrologie...... 300		4.2	Nukleosynthese 398	
			4.3	Die Entstehung und frühe Entwicklung der Planeten 404	
3.9.2.1	Binäre Schmelzdiagramme 301				
3.9.2.2	Ternäre Schmelzdiagramme ... 305		4.4	Meteorite und Kometen 408	
3.9.2.3	Der Verteilungskoeffizient 306		4.4.1	Allgemeines zu Meteoriten 408	
3.9.2.4	Kontamination von Schmelzen.. 308		4.4.2	Alter und Herkunft von Meteoriten 412	
3.9.2.5	Fraktionierte Kristallisation.... 310				

4.4.3	Die Klassifikation von Meteoriten 414		4.7.4	„Neue" stabile Isotopensysteme 521	
4.4.4	Funde und Fälle.............. 415		4.7.4.1	Eisen 521	
4.4.5	Die verschiedenen Meteoritenarten 417		4.7.4.2	Kupfer 524	
4.4.5.1	Steinmeteorite 417		4.7.4.3	Die Leichtelemente Lithium, Beryllium und Bor 525	
4.4.5.2	Stein-Eisenmeteorite.......... 427		4.7.4.6	Calcium..................... 527	
4.4.5.3	Eisenmeteorite 427		4.7.4.7	Silizium 528	
4.4.5	Weitere Beurteilungskriterien für Meteorite 429		4.7.4.8	Chlor 529	
4.5	Die Zusammensetzung von Erde und Mond 431		4.8	Radiogene Isotope............ 531	
			4.8.1	Einführung.................. 531	
4.5.1	Die Zusammensetzung der Gesamterde und des Erdkerns .. 432		4.8.2	Geochronologie 534	
4.5.2	Die Zusammensetzung des Erdmantels 435		4.8.3	Wichtige Systeme radiogener Isotope 539	
			4.8.3.1	Das Rb/Sr-System 539	
4.5.3	Die Zusammensetzung der Erdkruste 439		4.8.3.2	Das Sm/Nd-System 542	
			4.8.3.3	Das U/Pb-System............. 544	
4.5.4	Die Zusammensetzung der Ozeane und der Atmosphäre... 443		4.8.3.4	K/Ar und Ar/Ar.............. 554	
			4.8.3.5	Das Lu/Hf-System 557	
4.5.5	Die Zusammensetzung des Mondes 454		4.8.3.6	Das Re/Os-System 559	
			4.8.3.7	Die Ungleichgewichtsmethoden des Urans und Thoriums 562	
4.6	Die Verteilung der Elemente ... 457		4.8.3.8	Die U-Th-(Sm)/He-Methode ... 565	
4.6.1	Die geochemische Einteilung der Elemente 457		4.8.3.9	Kosmogene Radionuklide 565	
			4.8.3.10	Edelgase 569	
4.6.2	Verteilungskoeffizienten 462		4.8.4	Radiogene Isotope als petrogenetische Tracer in magmatischen Prozessen 572	
4.6.3	Die Quantifizierung der Elementverteilung bei Schmelz- und Kristallisationsprozessen .. 471				
4.6.3.1	Gleichgewichtskristallisation ... 471		4.9	Biogeochemische Kreisläufe am Beispiel des Kohlenstoffs 578	
4.6.3.2	Fraktionierte Kristallisation.... 473				
4.6.4	Die Seltenen Erden 473				
4.7	Stabile Isotope 484		**Abbildungsnachweis**.......... 583		
4.7.1	Die Fraktionierung stabiler Isotope 484				
4.7.2	Fraktionierungsfaktoren und gebräuchliche Notationen 489		**Tabellennachweis** 591		
4.7.3	„Traditionell" häufig in den Geowissenschaften benutzte stabile Isotope 489		**Literaturverzeichnis** 593		
			Mineraltabelle 597		
4.7.3.1	Wasserstoff und Sauerstoff..... 489				
4.7.3.2	Kohlenstoff.................. 506				
4.7.3.3	Schwefel 514		**Register** 600		
4.7.3.4	Stickstoff................... 519				

Liste der Kästen

Kasten 1.1	Begriffsdefinitionen	3
Kasten 1.2	Härteskala nach Mohs	6
Kasten 1.3	Bestimmungsgang für Minerale	8
Kasten 1.4	Geschätzte Durchschnittszusammensetzung von Gesamterde, Kruste, Mantel und Kern sowie von CI-Chondriten	10
Kasten 1.5	QAPF-Beispiel	20
Kasten 1.6	Die Quarzsättigung	21
Kasten 1.7	Was ist ein Dünnschliff	21
Kasten 1.8	Korngrößenskala für kristalline Gesteine	23
Kasten 1.9	Magmatische Gesteine und ihre Strukturen	24
Kasten 1.10	Bis auf Wasser isochemische Metamorphose verschiedener Gesteinstypen bei zunehmender Temperatur	25
Kasten 1.11	Strukturtypen klastischer Sedimente	28
Kasten 1.12	Hauptprozesse der Sedimentitbildung	28
Kasten 1.13	Bestimmungsgang für Gesteine	31
Kasten 2.1	Die Berechnung einer Mineralformel aus einer chemischen Analyse	130
Kasten 2.2	Wertigkeiten ausgewählter Elemente	131
Kasten 2.3	Elektronegativitäten nach Pauling	134
Kasten 2.4	Berechnung von Grenzwerten für Ionenkoordination	134
Kasten 2.5	Ionenkoordinationen	135
Kasten 2.6	SiO_2-Polymorphe	138
Kasten 2.7	Spinelle (sensu latu)	141
Kasten 2.8	Die wichtigsten Pyroxene	142
Kasten 2.9	Wichtige Schichtsilikate	147
Kasten 2.10	Wichtige Amphibole und ihre Baueinheiten	151
Kasten 2.11	Mischungslücke und Entmischung	152
Kasten 2.12	Warum kristallisieren Feldspäte bei unterschiedlichen Temperaturen in unterschiedlichen Kristallsystemen?	154
Kasten 2.13	Zonierung in Granat	158
Kasten 2.14	Fe-Mg-Austausch zwischen Granat und Biotit	162
Kasten 2.15	Was ist polarisiertes Licht?	177
Kasten 2.16	Einstellen der Köhlerschen Beleuchtung	178

Kasten 2.17	Methoden der Lichtbrechungsbestimmung	180
Kasten 2.18	Gebrauch der Michel-Lévy-Tafel	185
Kasten 2.19	Was kann ich im Polarisationsmikroskop sehen?	186
Kasten 2.20	Auf was muß ich bei der Bestimmung gesteinsbildender Minerale achten?	190
Kasten 2.21	Wie mikroskopiere ich einen Dünnschliff?	191
Kasten 2.22	Spektroskopische Methoden	194
Kasten 3.1	Die Berechnung von Molenbrüchen	231
Kasten 3.2	Das Prinzip von Le Chatelier	234
Kasten 3.3	Die Gleichgewichtskonstante und der Begriff der Aktivität	234
Kasten 3.4	Verschiedene Reaktionstypen	239
Kasten 3.5	Einzeichnen von Mineralen mit negativen Koeffizienten in Dreiecksdiagramme	242
Kasten 3.6	Phasenumwandlung und Reaktionen von Mg_2SiO_4 bei hohen Drucken	247
Kasten 3.7	Die Clausius-Clapeyron-Gleichung	248
Kasten 3.8	Geothermobarometrie	253
Kasten 3.9	Metamorphose und Gebirgsbildung	256
Kasten 3.10	Ca und Al in Ultrabasiten	260
Kasten 3.11	Kontaktmetamorphose und Isograde	262
Kasten 3.12	Reaktionen in silikathaltigen Dolomiten	268
Kasten 3.13	Wichtige Reaktionen in Metapeliten	273
Kasten 3.14	Ozeanboden- und Subduktionszonenmetamorphose	275
Kasten 3.15	Wichtige Reaktionen in Metabasiten	280
Kasten 3.16	Die petrologische Klassifikation von Basalten	281
Kasten 3.17	Strontium- und Neodymisotope und ihre Verwendung in der magmatischen Petrologie	283
Kasten 3.18	Die Klassifikation von Graniten nach Chapell & White (1974)	296
Kasten 3.19	Das Alkalien+Erdalkalien-zu-Aluminium-Verhältnis	297
Kasten 3.20	Aufschmelzung und Kristallisation in einem binären System mit Eutektikum	303
Kasten 3.21	Aufschmelzung und Kristallisation in einem binären System ohne Eutektikum; fraktionierte und Gleichgewichtskristallisation	306
Kasten 3.22	Spiderdiagramme	309
Kasten 3.23	Kalkalkaline und tholeiitische Entwicklung basaltischer Schmelzen	314
Kasten 3.24	Pufferreaktionen für die Sauerstofffugazität	319
Kasten 3.25	Die Skaergaard-Intrusion in Ostgrönland und das magmatische Layering	335
Kasten 3.26	Pyroxenthermometrie	350
Kasten 3.27	Die Aufbereitung von Tonmineralproben	358
Kasten 3.28	Ökonomisch wichtige Verwitterungsböden und -gesteine	360
Kasten 3.29	Der globale Treibhauseffekt	368
Kasten 3.30	Die Illitkristallinität	372

Kasten 3.31	Die Vitrinitreflexion	374
Kasten 3.32	Magnetotaktische Bakterien	376
Kasten 3.33	Porosität und Permeabilität	381
Kasten 3.34	Peloide, Ooide, Pisoide und Onkoide	384
Kasten 4.1	Fusionsreaktionen und das Wasserstoffbrennen	399
Kasten 4.2	Radioaktivität und Zerfallsgesetze	402
Kasten 4.3	Die natürlichen Atomreaktoren der Oklo-Mine in Gabun	403
Kasten 4.4	Carbonados – makroskopische, interstellare Diamanten	405
Kasten 4.5	Das Nördlinger Ries	409
Kasten 4.6	Meteoritenklassifikation	414
Kasten 4.7	Die Widmanstätten'schen Figuren	430
Kasten 4.8	Die ozeanische Kalziumkarbonat-Chemie	448
Kasten 4.9	Rekonstruktion der Paläoozeanzirkulation	452
Kasten 4.10	Die Entwicklung der Atmosphäre im Verlaufe der Erdgeschichte	453
Kasten 4.11	Henry's Gesetz	458
Kasten 4.12	Geochemische Zwillinge	462
Kasten 4.13	Diskriminations-Diagramme	464
Kasten 4.14	Typische Spurenelementmuster von Subduktionszonenschmelzen	466
Kasten 4.15	Das Cl/Br-Verhältnis	467
Kasten 4.16	Zonierte Fluorite in hydrothermalen Erzgängen	468
Kasten 4.17	Die Rekonstruktion der Entwicklung eines kristallisierenden Magmas	474
Kasten 4.18	Die Leichtelemente Lithium, Beryllium und Bor	482
Kasten 4.19	Wir kochen uns meteorische Wasserlinien	494
Kasten 4.20	Klimarekonstruktion mithilfe von Sauerstoffisotopen	495
Kasten 4.21	Die AFC-Modellierung mittels Sauerstoffisotopen	500
Kasten 4.22	Bakterielle Schwefelumsetzung in Bergbaufolgelandschaften	517
Kasten 4.23	Die Isotopenverdünnungsmethode	532
Kasten 4.24	Warum betrachtet man radiogene Isotopenverhältnisse und nicht Konzentrationen?	533
Kasten 4.25	Die verschiedenen Alter eines Gesteins	536
Kasten 4.26	Wann ist's eine Isochrone, wann eine Errorchrone?	538
Kasten 4.27	Die Sr-Isotopie des Meerwassers als stratigraphischer Indikator	541
Kasten 4.28	Das Alter der Erde – eine historische Entwicklung	545
Kasten 4.29	Zirkonologie I: Morphologie	550
Kasten 4.30	Zirkonologie II: Datierung	552
Kasten 4.31	Os-isotopische Hinweise zur Kreide/Tertiär-Grenze	560
Kasten 4.32	Gashydrate	580

Einleitung

Jede Wissenschaft, die sich mit der „festen Erde" beschäftigt wie die Geologie, die Paläontologie, die Geophysik oder die Mineralogie, hat mit Gesteinen zu tun, die wiederum aus Mineralen bestehen (Kasten 1.1). Will man also den Aufbau, die Veränderung, die Entwicklung und die chemisch-physikalischen Eigenschaften unserer Erde verstehen, so ist es nötig, sich zunächst einmal mit Mineralen und Gesteinen vertraut zu machen. Dabei kommt man um die chemische Untersuchung dieser Bestandteile nicht herum, denn die Erde ist nichts anderes als ein riesiges, chemisches Labor, in dem ständig Elemente zu Mineralen und Minerale zu Gesteinen kombiniert werden. Dabei können Minerale durch chemische Reaktionen zerstört oder gebildet werden. Gesteuert werden solche Vorgänge durch physikalisch-chemische Parameter wie Druck, Temperatur oder Oxidationsbedingungen. Der Zusammenhang von Mineral, Gestein, Reaktion und diesen Parametern wird auf so einfachen, in der Schule gelegten Grundlagen von Physik und Chemie verdeutlicht werden, dass jeder Leser sich hierin zurecht finden sollte, auch wenn er kein Physik-As ist und nicht Chemie studiert.

Dieses Buch wird das Verständnis für die Minerale, Gesteine und geologischen Prozesse nach und nach aufbauen. Im ersten Kapitel geht es darum, Minerale und Gesteine erst einmal kennen und erkennen zu lernen, bevor im zweiten Kapitel dann spezifischer auf die submikroskopische Struktur, die chemischen Variationen und die Eigenschaften von Kristallen eingegangen wird. Das zweite Kapitel beinhaltet daneben eine Zusammenstellung und kurze Erläuterung der wichtigsten Untersuchungsmethoden, mit denen man Minerale und Gesteine chemisch und physikalisch analysieren kann. Im dritten Kapitel schließlich geht es darum, wie man Minerale und Gesteine dazu verwenden kann, um geologische Prozesse zu verstehen, nachzuvollziehen und zu quantifizieren.

1 Makroskopische Bestimmung von Mineralen und Gesteinen

Kasten 1.1 Begriffsdefinitionen

Mineral: Ein Mineral ist eine chemische Verbindung (oder ein Element), die normalerweise kristallin ist und als Ergebnis geologischer Prozesse entstanden ist.

Kristall: Festkörper mit dreidimensional regelmäßiger Anordnung der atomaren Bausteine (= Kristallgitter). Feststoffe, die diese regelmäßige Anordnung nicht haben, heißen **amorph** (Beispiel: Glas).

Edelstein, **Schmuckstein**: Mineral, das zu Schmuckzwecken verwendet wird, mit einer Ritzhärte (→ Abschnitt 1.2) größer (Edelstein) bzw. kleiner (Schmuckstein) als 7.

Erz: Festes, natürlich vorkommendes Mineralaggregat von wirtschaftlichem Interesse, aus dem durch Bearbeitung ein oder mehrere Wertbestandteile extrahiert werden können.

Gestein: Geologischer Körper statistisch gleichartiger Zusammensetzung, meist Gemenge aus verschiedenen Mineralen, seltener aus Kristallen einer Mineralart. Ein Gestein kann auch biogene oder amorphe Substanzen enthalten, etwa Kohle oder Glas.

Fluid: Geologische „Flüssigkeit", z. B. Wasser, Kohlendioxid, Methan oder Gemisch verschiedener Komponenten, die über ihrem jeweiligen kritischen Punkt die physikalischen Eigenschaften eines Gases haben kann.

1.1 Eine grobe Einteilung der Gesteine

In seltenen Fällen ist ein Gestein eine Anhäufung von Körnern eines einzigen Minerals („monomineralisch"). Beispiele hierfür sind Kalksteine oder Quarzite. Weitaus häufiger allerdings ist ein Gestein aus verschiedenen Mineralen zusammengesetzt. Bei derzeit etwa 4000 bekannten Mineralarten könnte man vermuten, dass daraus eine unübersehbare Vielfalt von Gesteinen resultiert. Tatsächlich aber sind die meisten Minerale extrem selten oder nur auf relativ wenige Vorkommen (z. B. in Erzlagerstätten) beschränkt. Ferner stellt man fest, dass es eine große Zahl von Elementen – und daraus zusammengesetzten Mineralen – gibt, die in über 99 % der Gesteine nur in kleinsten Mengen vorkommen (im ppm-Bereich; für die Erklärung von Einheiten, Abkürzungen usw. siehe vorderer Buchdeckel). Daher kann man sich auf rund zehn der etwa 100 in der Natur vorkommenden Elemente beschränken, wenn man nicht an Lagerstättenbildung, sondern an den wichtigsten Gesteinstypen und ihren Veränderungen interessiert ist. Somit wird die Zahl der Minerale und der daraus zusammengesetzten Gesteine überschaubar.

Unabhängig von ihrer chemischen Zusammensetzung, aber gemäß den übergeordneten geologischen Prozessen, teilt man die Gesteine in vier Klassen ein:

- Sedimentgesteine (**Sedimentite**) entstehen bei der Verfestigung von Sedimenten. Diese wiederum bilden sich als Folge der Verwitterung durch die mechanische Umlagerung von Mineralen oder biogenen Materialien oder durch chemische Ausfällung aus einer wässrigen Lösung.
- Magmatische Gesteine (**Magmatite**) entstehen bei magmatischen Prozessen, also durch die Abkühlung von etwa 450 bis 1500 °C heißen Gesteinsschmelzen.
- Metamorphe Gesteine (**Metamorphite**) entstehen bei der Umkristallisation von Sedimentgesteinen, Magmatiten oder anderen Metamorphiten, wenn sich Umgebungsparameter, wie z. B. Druck oder Temperatur, verändern; dabei verbleiben sie aber im festen Zustand.
- **Hydrothermalbildungen** sind Gesteine oder Minerale, die aus heißen, wässrigen Lösungen abgeschieden wurden. Viele Vererzungen sind solche Hydrothermalbildungen, doch sind größere hydrothermal gebildete Gesteinskörper sehr selten, weshalb diese vierte Kategorie in vielen Gesteinsklassifikationen nicht auftaucht.

Innerhalb dieser vier Klassen gibt es weitere Einteilungen, die sich entweder auf die detailliertere Beschreibung des Entstehungsprozesses beziehen oder auf die chemisch-mineralogische Zusammensetzung des Gesteines.

1.2 Minerale

Bevor wir mit der Bestimmung von Gesteinen beginnen, müssen wir uns mit den Mineralen auseinandersetzen, die sie aufbauen. Im Folgenden werden wir uns daher mit den wichtigsten gesteinsbildenden Mineralen beschäftigen und versuchen, **makroskopische**, also mit bloßem Auge sichtbare Kennzeichen zu ihrer Bestimmung zusammenzutragen. Zwar benötigt man aufwändige analytische Methoden, auf die in späteren Kapiteln noch eingegangen wird, um sich über die Beschaffenheit und Identität eines Minerales absolut und unumstößlich sicher zu sein. Trotzdem kann man sich in vielen Fällen mit der wahrscheinlichsten Möglichkeit zufrieden geben und braucht keine hundertprozentige Gewissheit, sodass die makroskopische Bestimmung in vielen Fällen ausreicht und sinnvoll ist. Erfreulicherweise besitzt der Mensch etwas, das jeder Analytik überlegen ist und das gerade in den Geowissenschaften von besonderer Bedeutung ist: die Gabe, verschiedene Sinneseindrücke, die über lange Zeiträume angesammelt wurden, sinnvoll zu kombinieren und somit Erfahrung aufzubauen. Nichts ist so wichtig, wenn man mit Gesteinen und Mineralen zu tun hat, wie dieses Gefühl „das habe ich doch schon einmal irgendwo gesehen". Dies bedingt natürlich auch, dass man sich diese Erfahrung zunächst einmal aneignen muss, und dies gelingt selten oder gar nicht durch das Studium eines Buches (noch nicht einmal des vorliegenden), sondern nur durch selbstständige Geländebeobachtung, durch Betrachtung von Vergleichsstücken in Museen oder in Übungen und durch das ständige Vergleichen von dem, was man bereits kennt, mit dem, was man gerade neu sieht. Die Geowissenschaft können ohne Geländebezug nicht funktionieren, da die vernetzten Erfahrungen verschiedener Sinne – wie sieht etwas aus, wie fühlt es sich an, wie hört es sich an, wenn ich mit dem Hammer darauf schlage – die Grundlage für das Erkennen von Zusammenhängen darstellen. Dass dies allein natürlich nicht mehr ausreicht, um neue Entdeckungen zu machen und Erklärungen für Prozesse zu finden, ist selbstverständlich, aber der Beginn neuer geowissenschaftlicher Ideen liegt in den meisten Fällen nach wie vor in der Geländearbeit.

Für die makroskopische Mineral- und Gesteinsbestimmung müssen robuste, einfach zu erkennende und pragmatisch handhabbare Kriterien gefunden werden. Wenn man aus einer Bestimmung wichtige Rückschlüsse ziehen will, sei es wissenschaftlicher oder wirtschaftlicher Art, so sollte man sie mit sicheren, analytischen Methoden überprüfen. Ansonsten wird man aber mit einem guten Blick für Formen und Farben auch schon viel erreichen.

Die wichtigsten Kriterien zur Bestimmung von Mineralen sind im Folgenden zusammengefasst:

Optische Eigenschaften:
- Die **Farbe**, wobei man deutlich zwischen der Eigenfarbe eines Minerales, die durch seine chemische Zusammensetzung bedingt ist, und der Fremdfärbung durch Spurenelemente, Kristallgitterstörungen oder Mineraleinlagerungen unterscheiden muss (→ Fluorit, Quarz). Die Ursachen von Farben werden detailliert in Abschnitt 2.4.1 besprochen.
- Die **Strichfarbe**, also die Farbe des fein gemahlenen Pulvers, das z. B. durch Reiben auf einem unglasierten Porzellantäfelchen erhalten wird, kann bei Erzmineralen deutlich unterschiedlich von der Farbe des kompakten Kornes sein und dadurch Hinweise auf die Identität des Minerales geben.
- Der **Glanz** eines Minerales ist ebenfalls ein sehr typisches Bestimmungskennzeichen, da es viele verschiedene Arten gibt: Glas-, Fett-, Perlmutter-, Seiden- oder Metallglanz sind einige Varianten. Häufig ist die Kombination von Farbe und Glanz schon ausreichend für eine Bestimmung. In diesem Zusammenhang muss auch die Lichtdurchlässigkeit eines Minerals genannt werden.
- Die Form der Kristalle (der so genannte Habitus) ist für viele Mineralgruppen charakteristisch. So sind Amphibole häufig nadelig bis stängelig, Glimmer dagegen blättrig oder tafelig und Granate isometrisch (zeigen also keine Vorzugsrichtung) (Abb. 1.1). Liegen keine schön ausgebildeten Kristalle, sondern nur unregelmäßige Körner vor, spricht man von **xenomorpher** Ausbildung, während gut ausgebildete Kristalle auch als **idiomorph** bezeichnet werden.
- Manche Minerale gehen gerne **Zwillingsbildungen** ein (Abb. 1.2). Dies sind Verwachsungen zweier Kristalle desselben Minerales nach einem bestimmten kristallographischen Gesetz. Man erkennt solche Zwillinge leicht an ihrer schön symmetrischen Form (Beispiel: Feldspäte).

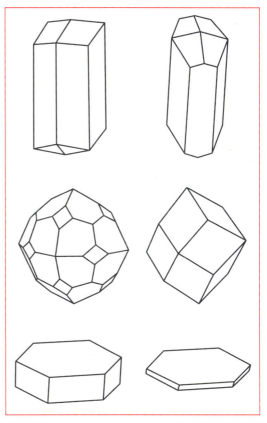

1.1 Der Habitus von Kristallen. Oben: stängeliger oder prismatischer Habitus (z. B. Pyroxene); Mitte: isometrischer Habitus (z. B. Granat); unten: blättriger oder tafeliger Habitus (z. B. Glimmer).

Physikalische und chemische Eigenschaften:
- Reichen diese Kriterien noch nicht, so kann noch die **Spaltbarkeit** weiterhelfen. Manche Minerale brechen entlang bestimmter, durch ihre submikroskopische Kristallstruktur vorgegebene Richtungen gut auseinander, haben also dort eine gute Spaltbarkeit, während in andere Richtungen keine Spaltbarkeit existiert. Besitzen Minerale überhaupt keine Richtungen guter Spaltbarkeit, so resultiert ein splittriger oder muscheliger **Bruch**.
- Auch die **Härte** eines Minerals ist ein wichtiges Kennzeichen, das sich im Gegensatz zur Farbe nicht verändert. Bereits im 18. Jahrhundert hat man festgestellt, dass es eine

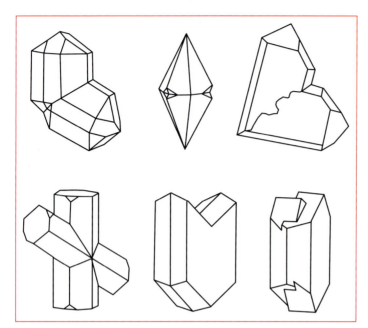

1.2 Typische Zwillingsbildungen von Kristallen. Obere Reihe: Rutil, Calcit, Quarz („Japanerzwilling"); untere Reihe: Staurolith, Gips („Schwalbenschwanzzwilling"), Kalifeldspat („Karlsbader Zwilling").

große Spannbreite bei Härten von Mineralen gibt, und der Mineraloge Friedrich Mohs hat daraufhin eine Härteskala entwickelt (Mohssche Ritzhärte), die aufgrund ihrer Einfachheit heute noch in Gebrauch ist. Er definierte zehn Härtegrade durch in der Natur vorkommende Minerale (Kasten 1.2), und je nachdem, ob ein zu untersuchendes Korn eines dieser Minerale ritzt oder von ihm geritzt wird, kann man seine Härte als größer oder kleiner der Härte dieses Minerales einordnen. Die Härte eines Schweizer Offiziermessers entspricht etwa der Mohshärte 7.
- Besondere physikalische Eigenschaften wie eine außergewöhnlich hohe oder niedrige **Dichte** (ein Mineralkorn erscheint sehr schwer oder ungewöhnlich leicht), **Magnetismus** oder **elektrische Leitfähigkeit** werden ebenfalls als Bestimmungskennzeichen verwendet.
- Bei manchen Mineralen kann man relativ leicht Aussagen zu ihrer chemischen Zusammensetzung machen: Steinsalz (wissenschaftlicher Name Halit) etwa löst sich leicht in Wasser und schmeckt salzig, Calcit, das Calciumcarbonat, löst sich sprudelnd in Salzsäure. Solche Hinweise können insbesondere bei ähnlich aussehenden, gleich harten Mineralen von Nutzen sein, die ansonsten ohne aufwändige Analytik nicht zu unterscheiden wären. Zum Beispiel hat das Mineral Sylvin gleiche Eigenschaften wie Halit, sieht gleich aus, ist ebenso leicht in Wasser löslich, schmeckt aber stechend bitter.

Weitere Bestimmungskriterien:
- In den meisten Büchern wird das Kristallsystem als wichtiges Bestimmungskriterium genannt. Wenn man ehrlich ist, ist es jedoch für jeden außer den absoluten Spezialisten von nur untergeordneter Bedeutung. Dies ist auch der Grund, warum erst in Abschnitt

Kasten 1.2   Härteskala nach Mohs (= Ritzhärte)

1 = Talk   6 = Feldspat
2 = Gips   7 = Quarz
3 = Calcit   8 = Topas
4 = Fluorit   9 = Korund
5 = Apatit   10 = Diamant

2.2.3 die verschiedenen Kristallsysteme besprochen werden.
- Nachdem bisher nur Eigenschaften des Minerales selbst besprochen wurden, darf als letztes ein sehr wichtiges, aber vom Mineral unabhängiges Bestimmungskriterium nicht fehlen: die Mineralvergesellschaftung oder **Paragenese**. Viele Minerale kommen bevorzugt mit bestimmten anderen Mineralen zusammen vor, und hat man einmal eines identifiziert, kann man häufig schon auf das nächste schließen. Manche Minerale schließen sich auch gegenseitig aus, so dass die sichere Identifizierung z. B. des Minerales Nephelin automatisch das Vorkommen von Quarz im selben Gestein nahezu unmöglich macht. Hier lohnt es sich besonders, Erfahrungen zu sammeln.

Nachdem wir nun die wichtigsten makroskopischen Bestimmungskennzeichen beisammen haben, wollen wir uns in Abschnitt 1.7 einer Auswahl von Mineralen zuwenden, die für das Verständnis von geologischen Prozessen besonders wichtig sind. Eine Bestimmungshilfe dazu bietet Kasten 1.3. Diese Auswahl ist notwendigerweise subjektiv und jeder wird irgendein ihm wichtiges Mineral darin vermissen und einige ihm unwichtig erscheinende darin finden. Allerdings kann man mit der hier vorgestellten Auswahl die allermeisten geologischen Prozesse und insbesondere den Petrologieteil dieses Buches verstehen – und angesichts der Tatsache, dass nur etwa 1 % aller derzeit bekannten Minerale vorgestellt werden, ist das doch ein schönes Ergebnis. Eine kleine Auswahl von Mineralen aus Erzlagerstätten und von Edelsteinmineralen wurde deswegen angefügt, weil diese auch unter Nicht-Wissenschaftlern weit verbreitet sind oder durch ihre Farbe und ihren Glanz besonders auffallen, so dass man als Geowissenschaftler häufig danach gefragt wird. Wer sich für weiteres interessiert, sei an die wirklichen Mineralbestimmungsbücher, die es in reicher Zahl und guter Qualität auf dem Buchmarkt gibt, verwiesen.

Die Minerale sind in Abschnitt 1.7 nach ihrer chemischen Zusammensetzung geordnet. Auf die Sulfide folgen die Oxide, dann die Halogenide usw. Die Anordnung hat also nichts mit ihrer Häufigkeit oder ihren makroskopischen Kennzeichen zu tun. Erläuterungsbedürftig ist der Ausdruck „Verwandte Minerale": Dieser ist bewusst schwammig gehalten, da hierunter ähnlich aussehende Minerale genauso subsummiert werden wie hinsichtlich ihrer chemischen Zusammensetzung oder ihrer Kristallstruktur ähnliche Minerale. Dies wechselt zwar von Fall zu Fall, doch halte ich diese Rubrik unter pragmatischen Gesichtspunkten dennoch für nützlich.

1.3 Der Aufbau der Erde

Bevor wir uns den Gesteinen im Detail zuwenden, müssen wir kurz über den **Aufbau der Erde** und über die Entstehung von Gesteinen in der Erdgeschichte sprechen, um den Kontext zu verstehen, in dem sich geologische Prozesse und insbesondere die Gesteinsbildung abspielen. Die Erde ist **schalenförmig** aufgebaut und weist einen positiven geothermischen Gradienten auf – das heißt, es wird mit zunehmender Tiefe immer wärmer (Abb. 1.3). Ein metallreicher **Kern**, bestehend vornehmlich aus Eisen, Nickel, Kobalt und eventuell kleineren Gehalten an Kalium, Silizium, Kohlenstoff, Schwefel und Sauerstoff, ist umgeben von einem überwiegend aus Magnesiumsilikaten bestehenden **Mantel**, der wiederum von zwei Typen von **Kruste** überlagert wird: der nur etwa 6–15 km dünnen **ozeanischen** und der etwa 25 bis maximal 65 km dicken **kontinentalen Kruste** (Abb. 1.4). Dieser inhomogene Aufbau ist das Resultat eines kontinuierlich seit der Entstehung der Erde ablaufenden Differenzierungsvorganges. Im statistischen Mittel ist die ozeanische Kruste reich an den Elementen Calcium, Magnesium und Eisen, die kontinentale Kruste dagegen enthält insbesondere Kalium und Silizium und beide enthalten im Vergleich zum Mantel relativ viel Aluminium (Vorsicht: Ein

1 Makroskopische Bestimmung von Mineralen und Gesteinen

Kasten 1.3 Bestimmungsgang für Minerale

(a) HELLE ODER SCHWACH FARBIGE MINERALE

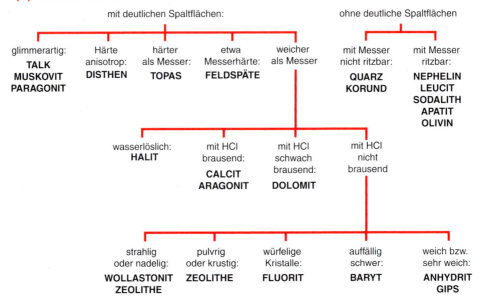

(b) DUNKLE ODER FARBIGE MINERALE

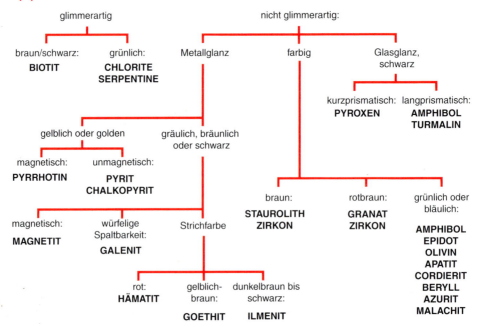

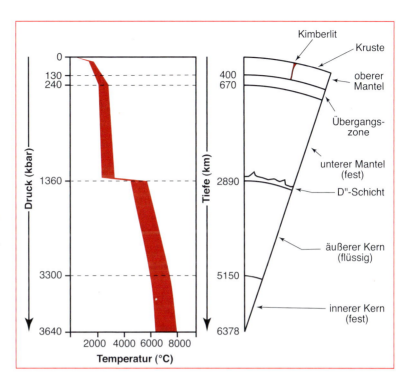

1.3 Schalenbau, Druck- und Temperaturverlauf (nach Bukowinski, 1999) im Erdinneren. Kimberlite (Abschnitt 3.9.4) bringen die tiefsten bekannten Proben an die Erdoberfläche. Die D"-Schicht wird kontrovers diskutiert: Manche sehen darin einen Phasenübergang, andere Zusammensetzungsunterschiede durch die Wechselwirkung von äußerem Kern und unterstem Mantel. Sicher und davon unabhängig scheint allerdings zu sein, dass in der D"-Schicht die großen Plumes entstehen.

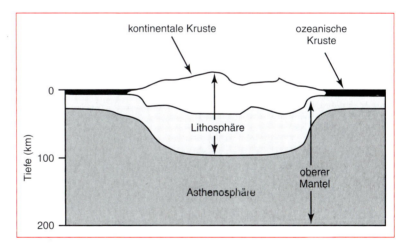

1.4 Schematischer Aufbau von Kruste und oberem Mantel. Man beachte: Kontinentale Kruste und Lithosphäre ist mächtiger als ozeanische Kruste und Lithosphäre.

statistisches Mittel besagt nicht, dass jedes Gestein der kontinentalen Kruste reich an K und Si sein muss! Es gibt natürlich z. B. auch reine Kalksteine, die überhaupt kein K und Si enthalten). Kasten 1.4 gibt die geschätzten Durchschnittszusammensetzungen von Kruste, Mantel, Kern und Gesamterde wieder.

Vom Erdkern und dem unteren Erdmantel besitzen wir keine Proben. Auf ihre Beschaffenheit (ob flüssig oder fest) und ihre Zusammensetzung können wir daher nur aus geophysikalischen Daten, aus Hochdruckexperimenten und aus der Untersuchung ehemaliger, nun zerstörter extraterrestrischer Himmelskörper

Kasten 1.4 Geschätzte Durchschnittszusammensetzung von Gesamterde, Kruste, Mantel und Kern sowie von Cl-Chondriten (einem bestimmten Typ von Meteorit, dessen Zusammensetzung in etwa unserem Sonnensystem entspricht)

	Gesamterde nach McDonough, 2004; in Gew.-%	Mantel	Kern		Gesamtkruste nach Rudnick & Gao, 2004	Cl-Chondrit nach Palme & O'Neill, 2004 in ppm
Fe	32	6,26	85,5			
O	29,7	44	0			
Si	16,1	21	6	Se	0,13	21,4
Mg	15,4	22,8	0	Br	0,88	3,5
Ni	1,82	0,2	5,2	Rb	49	2,32
Ca	1,71	2,53	0	Sr	320	7,26
Al	1,59	2,35	0	Y	19	1,56
S	0,64	0,03	1,9	Zr	132	3,86
Cr	0,47	0,26	0,9	Nb	8	0,247
Na	0,18	0,27	0	Mo	0,8	0,928
P	0,07	0,009	0,2	Ru	0,57	0,683
Mn	0,08	0,1	0,03	Rh	?	0,14
C	0,07	0,01	0,2	Pd	1,5	0,556
H	0,03	0,01	0,06	Ag	56	0,197
Total	99,88	99,83	99,97	Cd	0,08	0,68
				In	0,052	0,078
	Gesamtkruste nach Rudnick & Gao, 2004	Cl-Chondrit nach Palme & O'Neill, 2004 in Gew.-%		Sn	1,7	1,68
				Te	?	0,133
				Sb	0,2	2,27
				I	0,71	0,433
SiO_2	60,6	22,9		Cs	2	0,188
TiO_2	0,72	0,08		Ba	456	2,41
Al_2O_3	15,9	1,6		La	20	0,245
FeO^{total}	6,71	23,7		Ce	43	0,638
MnO	0,1	0,25		Pr	4,9	0,0964
MgO	4,66	15,9		Nd	20	0,474
CaO	6,41	1,3		Sm	3,9	0,154
Na_2O	3,07	0,67		Eu	1,1	0,058
K_2O	1,81	0,07		Gd	3,7	0,204
P_2O_5	0,13	0,21		Tb	0,6	0,0375
Total	100,12	66,68		Dy	3,6	0,254
		in ppm		Ho	0,77	0,0567
Li	16	1,49		Er	2,1	0,166
Be	1,9	0,0249		Tm	0,28	0,0256
B	11	0,69		Yb	1,9	0,165
C	?	32200		Lu	0,3	0,0254
N	56	3180		Hf	3,7	0,107
F	553	58,2		Ta	0,7	0,0142
S	404	54100		W	1	0,0903
Cl	244	698		Re	0,188	0,0395
Sc	21,9	5,9		Os	0,041	0,506
V	138	54,3		Ir	0,037	0,48
Cr	135	2646		Pt	1,5	0,982
Co	26,6	506		Au	1,3	0,148
Ni	59	10770		Hg	0,03	0,31
Cu	27	131		Tl	0,5	0,143
Zn	72	323		Pb	11	2,53
Ga	16	9,71		Bi	0,18	0,111
Ge	1,3	32,6		Th	5,6	0,0298
As	2,5	1,81		U	1,3	0,0078

(**Meteorite**) schließen, von denen manche einen der Erde vergleichbaren Kern und Mantel hatten. Lediglich aus Tiefen von maximal etwa 400 km sind einige wenige Proben an die Erdoberfläche gelangt. Diese wurden von speziellen, hoch explosiven Vulkanen, den diamantführenden **Kimberliten**, nach oben transportiert. Es muss uns also bewusst sein, dass wir den allergrößten Teil unserer Erde – Erdkern und Erdmantel – kaum oder gar nicht beproben können. Lediglich die Erdkruste und manche Teile des oberen Erdmantels können wir als reale Gesteine in die Hände nehmen. Diese äußeren etwa 100 – 150 km, die uns mit mehr als einer Handvoll Proben zur Verfügung stehen, bieten allerdings immer noch ein großes Betätigungsfeld.

Die kontinentale Erdkruste und ihre Gesteine sind vermutlich etwas in unserem Sonnensystem Einmaliges, da für ihre Bildung eine relativ unwahrscheinliche Mischung aus richtiger Entfernung von der Sonne (für die Temperaturen von außen) und Himmelskörpergröße (für die Art und Schnelligkeit der Abkühlung, also für die Temperatur von innen) nötig ist. Insbesondere die Abkühlgeschwindigkeit bestimmt, ob sich ein anfangs homogener Himmelskörper weiter differenzieren kann, d.h. ob sich außer einem Kern und einem Mantel durch geologisch sehr lang andauernde, chemische „Entmischungsprozesse" auch noch eine Kruste und letztendlich die Plattentektonik (wie auf der Erde geschehen) bilden kann. Die Alternative ist, dass ein Himmelskörper wie etwa der Mond „einfriert", also komplett erkaltet und somit keine geologischen Prozesse wie Vulkanismus, Plattenbewegungen oder Gebirgsbildungen mehr stattfinden können. Die genauen Mechanismen der **chemischen Differenzierung**, also der Aufteilung der Elemente in Kruste und Mantel, werden im nächsten Kapitel besprochen.

Für den Moment also halten wir fest: Die Erde hat sich im Laufe ihrer Entwicklung in Kern, Mantel und Kruste differenziert. Mit dem Erdkern beschäftigen wir uns nicht weiter, da er für die Probennahme unzugänglich ist. Der Erdmantel weist fundamental andere Gesteine auf als die Erdkruste, und die ozeanische Kruste unterscheidet sich deutlich von der kontinentalen Kruste. Diese Unterschiede der chemischen Zusammensetzung verbunden mit Unterschieden von Druck und Temperatur bedingen die Vielfalt der Minerale und damit der Gesteine in den verschiedenen Bereichen der Erde.

1.4 Die Differenzierung der Erde

Die Erde entstand – kurz nach der Entstehung unseres Sonnensystems – vor ca. 4,556 Milliarden Jahren durch die Zusammenballung interplanetaren Staubes. Da die Zusammensetzung eines bestimmten, aus dem Asteroidengürtel stammenden Meteoritentyps, der CI-**Chondriten**, überwiegend mit der aus spektroskopischen Daten (Abschnitt 2.5.2) abgeschätzten Zusammensetzung der Sonne übereinstimmt, ist es wahrscheinlich, dass unser Sonnensystem ursprünglich chemisch sehr homogen war. Dies legt nahe, dass auch die Gesamtzusammensetzung unserer Erde ziemlich genau dieser chondritischen Zusammensetzung entspricht. Die oben genannte Alterszahl, die für die Erde, die sonstigen Planeten und die meisten Meteoriten praktisch identisch ist, bedeutet übrigens, dass man heute mit modernen isotopengeochemischen Methoden die „Geburt" unseres Sonnensystems bis auf eine Million Jahre genau datieren kann – eine schier unglaubliche Präzision mit einem Fehler von weniger als einem Viertausendfünfhundertstel!

Zu Beginn war unsere Erde komplett geschmolzen und homogen. Innerhalb weniger Millionen Jahre aber kühlte sie schon so weit ab, dass eine **Differenzierung** im Sinne einer Entmischung der Bestandteile stattfinden konnte. Schwere, metallreiche Schmelze sammelte sich zunehmend im Kern, leichtere, silikatische Schmelze an der Oberfläche – die Unterteilung in Erdkern und -mantel war gebo-

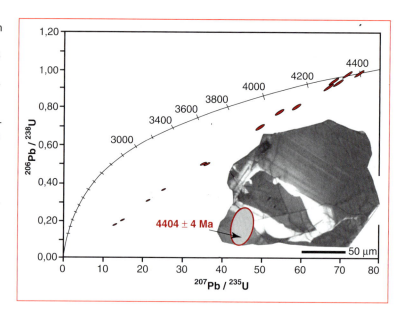

1.5 Konkordia-Diagramm des ältesten Mineralkorns der Welt. Der unten rechts dargestellte Zirkon wurde an mehreren Punkten (z. B. im Bereich der beschrifteten Ellipse) auf seine Pb- und U-Isotopenzusammensetzung hin analysiert. Die Gesetzmäßigkeit des radioaktiven Zerfalls von Uran zu Blei wird durch die mit Zahlen versehene Kurve abgebildet, die Konkordia genannt wird. Der obere Schnittpunkt der Analysen mit der Konkordia gibt das Entstehungsalter des Zirkons von über 4,4 Milliarden Jahren an. Nach Wilde et al. (2001).

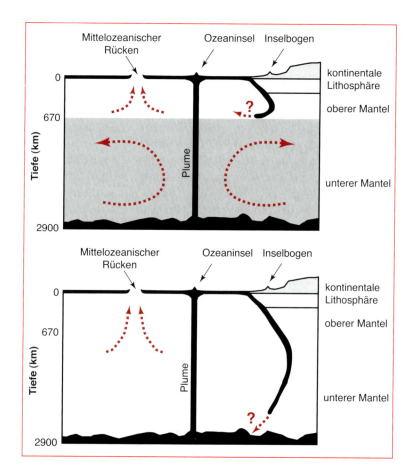

1.6 Zwei Möglichkeiten der Mantelkonvektion: oben das von Geochemikern bevorzugte Zweischicht-, unten das von Geophysikern vorgeschlagene Einschicht-Modell. Aus Hofmann (1997).

ren. Diese Entwicklung fand in all jenen Himmelskörpern statt, die groß genug waren, um lange genug Hitze speichern zu können, damit dieser Prozess ablaufen konnte. Belege dafür und Überreste davon finden wir heute noch in zerborstenen Himmelskörpern (Asteroiden), von denen Proben als **Meteorite** auf die Erde gelangen.

Die kontinentale Kruste brauchte länger, um sich zu bilden. Verschiedene Modelle gehen davon aus, dass es zwischen 500 Millionen und 2 Milliarden Jahren dauerte, bis sie in etwa ihre heutige Größe erreicht hatte. Durch den Fund sehr alter Zirkonkristalle (Abb. 1.5) ist seit wenigen Jahren sicher, dass sie bereits von Anfang an wuchs und erste Vorstufen von kontinentaler Kruste bereits vor etwa 4,4 Milliarden Jahren existierten, vermutlich als kleine Inselchen auf der ansonsten basaltischen Oberfläche „schwimmend".

Die Kruste wuchs durch so genannte Differentiationsvorgänge, wobei sich durch lokale Aufschmelzung des Mantels leichte, kalium-, silizium- und wasserreiche Schmelze infolge ihrer geringeren Dichte außen, also an der Erdoberfläche, ansammelte. Dieser Mechanismus wirkt auch heute noch. Durch inhomogene Abgabe von Wärme aus dem Erdkern werden Wärmeanomalien im Erdmantel erzeugt („plumes" oder „hot spots"), die wiederum Aufschmelzvorgänge nur in bestimmten Gebieten bedingen. Durch solche aufgrund ihrer geringeren Dichte aufsteigenden Schmelzen werden weiterhin Kalium und Silizium in der Kruste angereichert. Zusammen mit Kalium, Silizium und Wasser (das letzten Endes zur Bildung von Ozeanen führte) reicherte sich eine große Zahl weiterer Elemente in der Kruste an, z. B. U, Rb, Zr u. v. m. (siehe Kasten 1.4), während andere Elemente wie Ni, Cr und Mg im Mantel zurück blieben.

Spätestens vor ca. 2,5 Milliarden Jahren existierte die Erde in ihrer heutigen, geologischen Gliederung, mit Kontinenten und Ozeanen. Seit dem Einsetzen der **Plattentektonik** (wann genau diese begann, ist allerdings unklar) fand ein Materialrückfluss von der Erdoberfläche in den Mantel zurück durch die Subduktion von Ozeanboden statt. Kontinentales Material wird nur höchst selten und vermutlich nie in große Tiefen von mehr als 100 – 150 km subduziert. Geophysikalische Beobachtungen zeigen, dass ehemals nahe oder an der Erdoberfläche befindliches Gestein, insbesondere Ozeanboden, bis an die Grenze zwischen Erdkern und Erdmantel hinunter subduziert werden kann. Der Mantel wird also im Laufe von Jahrmilliarden durch diese **Konvektion**, die Bewegung in großen walzenförmigen Stoffflüssen, einer Durchmischung und einem Recycling unterworfen. (Abb. 1.6). Ob die Konvektion in zwei durch die Übergangszone (Abb. 1.3) getrennten Zellen oder in einer einzigen großen Walze vonstatten geht, darüber sind Geochemiker und Geophysiker immer noch uneinig (Abb. 1.6).

1.5 Die Entstehung der Gesteinsvielfalt – der Kreislauf der Gesteine

Wie aus dem zuvor Gesagten ersichtlich, kristallisierten die ersten Gesteine aus Schmelzen aus, waren also Magmatite. Auf der Erde sind überwiegend Silikatschmelzen von Bedeutung, die als wichtigste Elemente (neben O) Si, Al, Fe, Ca, Mg, Na, K, Mn, Ti und P enthalten, sowie als so genannte volatile (= leichtflüchtige) Komponenten H_2O, CO_2, F, Cl und S-Verbindungen. Selten kommen auch reine Karbonatschmelzen vor (siehe Abschnitt 1.7 und 3.9.4). Was geschieht nun mit diesen magmatischen Gesteinen, nachdem sie erstarrten? Sie werden Teil des **Gesteinskreislaufes** (Abb. 1.7). Befinden sie sich an der Erdoberfläche, so verwittern sie. Allerdings ist die Art und Intensität der Verwitterung sehr unterschiedlich und neben klimatischen Faktoren spielen insbesondere plattentektonische Prozesse eine maßgebliche Rolle, denn starke Verwitterung herrscht insbesondere dort, wo durch **tektonische Prozesse** Relief entsteht, z. B. in Gebirgen. Verwit-

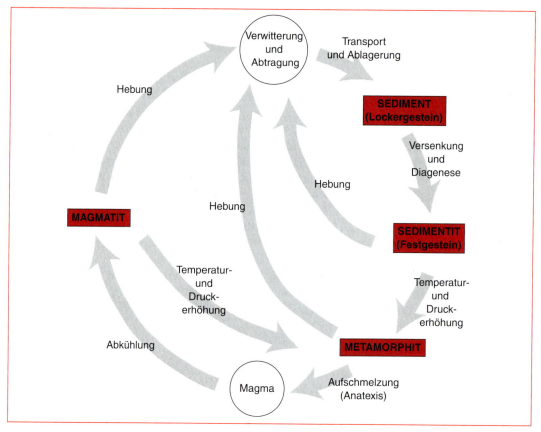

1.7 Der Kreislauf der Gesteine.

tern Gesteine an der Erdoberfläche, so geschieht dies auf zwei Arten: durch physikalische (= mechanische) oder chemische Verwitterung. Die physikalische Verwitterung, wie z.B. die Frostsprengung, löst Körner aus dem Gesteinsverband, die sich an anderer Stelle wieder ansammeln (als klastisches Sediment) und dann durch Verfestigung ein neues Gestein bilden können, ein klastisches Sedimentgestein (Sedimentit). Ein **klastisches Sediment** kann durch verschiedene Prozesse zu seinem Ablagerungsraum transportiert werden. Wird es mit dem Wind transportiert, so spricht man von äolischen Sedimenten, deren wichtigster Vertreter der auch in Deutschland verbreitete und sehr fruchtbare **Löß** ist. In Flüssen abgelagerte Sedimente werden entsprechend fluviatil genannt, die von Gletschern abgelagerten glazial, und die mengenmäßig wichtigsten Sedimente, nämlich die im Meer abgelagerten, marin. Weitere klastische Sedimente sind **Pyroklastite** (griechisch pyros = Feuer), die durch die Ablagerung von vulkanischem Material entstehen. Werden Schalen abgestorbener Tiere oder auch sonstiges biogenes Material wie (zu Kohle gewordenes) Holz physikalisch umgelagert, sedimentiert und verfestigt, so spricht man von einem **biogenen Sedimentit**.

Im Gegensatz zur physikalischen Verwitterung löst die chemische Verwitterung Minerale auf oder wandelt sie in andere Minerale um. Feldspäte werden beispielsweise in Tonminerale umgewandelt, wobei bestimmte Elemente, in diesem Fall Alkalien und Erdalkalien, in Lösung gehen. An anderer Stelle können diese dann wieder als **chemisches Sediment** ausgefällt werden und nach Verfestigung ein chemisches Sedimentgestein bilden. Durch Verdamp-

1.5 Die Entstehung der Gesteinsvielfalt – der Kreislauf der Gesteine

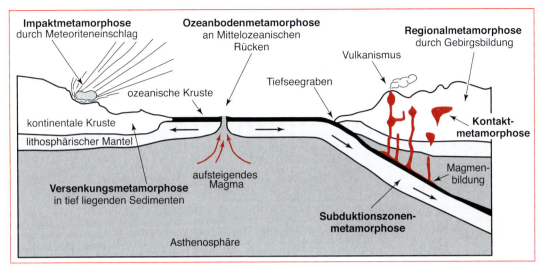

1.8 Verschiedene Metamorphosetypen in ihrem jeweiligen geotektonischen Zusammenhang.

fung von flachen salzhaltigen Gewässern (Seen, Randmeere) entstehen **Evaporite**. Diese Art der Verwitterung und Ausfällung ist durch das Klima, besonders durch die Niederschläge, kontrolliert. Da allerdings auch die Niederschlagsmenge und -verteilung wieder reliefabhängig sind, sieht man an diesem Beispiel sehr deutlich, dass endogene (tektonische) und exogene (in diesem Fall klimatische) Prozesse miteinander wechselwirken und nicht isoliert betrachtet werden dürfen.

An der Erdoberfläche liegende Gesteine (Sedimentite wie Magmatite) können an bestimmten Stellen, z. B. in Becken, von immer weiteren Schichten von Sediment bedeckt und dadurch in größere Tiefen (zu höheren Drucken und Temperaturen) versenkt werden. Bei dieser Temperatur- und Druckerhöhung setzt die **Diagenese** ein, d. h. sie rekristallisieren, der Porenraum wird verringert und sie geben Wasser ab. Bei etwa 150–200 °C beginnen dann ohne Beteiligung einer Schmelze neue Minerale zu kristallisieren, da die vorher die Gesteine aufbauenden Minerale bei diesen erhöhten Temperaturen nicht mehr stabil sind und sich im Porenfluid auflösen. Hier beginnt der Bereich der **Gesteinsmetamorphose** („Umwandlung"), der Temperaturen von etwa 200 bis maximal etwa 1050 °C umfasst. In normaler, tektonisch kaum beeinflusster kontinentaler Kruste werden 800 °C selten überschritten und selbst bei typischen **Gebirgsbildungsprozessen** („Orogenesen") werden nicht mehr als etwa 900–950 °C erreicht. Außer durch den Prozess der „Zusedimentation" (der Versenkungsmetamorphose genannt wird) können sich metamorphe Gesteine natürlich auch durch verschiedene andere, insbesondere, aber nicht ausschließlich tektonische Prozesse bilden, so durch Subduktion (Subduktionszonenmetamorphose), durch Gebirgsbildungen (Regionalmetamorphose), durch Reaktion mit Meerwasser (Ozeanbodenmetamorphose), durch Wärmeabgabe von Magmen an ihr Nebengestein (Kontaktmetamorphose) oder bei Meteoriteneinschlägen (Impakt- oder Schockwellenmetamorphose) (Abb. 1.8). Werden bei diesen Prozessen Temperaturen von mehr als ca. 600 °C erreicht, beginnen die Gesteine, je nach dem herrschenden Druck, ihrer Zusammensetzung und dem Vorhandensein von Fluiden, zunächst teilweise wieder aufzuschmelzen. Die Schmelzen können aufsteigen und neue magmatische Gesteine bilden. Der Kreislauf der Gesteine beginnt von vorn.

1.9 Texturen eines plutonischen (links) und vulkanischen (rechts) Gesteins im Dünnschliff, umgezeichnet nach Wimmenauer (1985). Man beachte, dass die Xeno- (Fremd-) oder Phäno- (Groß-) Kristalle im Vulkanit durch Reaktion mit einer späten Schmelze zum Teil angelöst aussehen. Mineralabkürzungen sind in der Tabelle ab S. 343 erklärt.

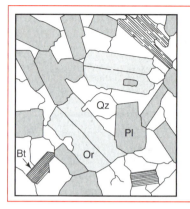
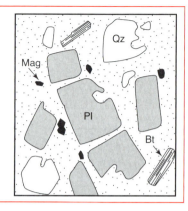

1.6 Gesteine

Wir werden in diesem Abschnitt darauf hinarbeiten, einen Bestimmungsgang für Gesteine zu entwickeln. Dazu benötigen wir allerdings detailliertere Informationen zum Auftreten, zur Ausbildung und zur Klassifikation der wichtigsten Gesteine.

1.6.1 Magmatische Gesteine

1.6.1.1 Allgemeines zur Nomenklatur von magmatischen Gesteinen

Die große Gruppe der magmatischen Gesteine wird zunächst in solche Gesteine eingeteilt, die an der Erdoberfläche erstarren (**Vulkanite**, Effusiv- oder Ergussgesteine) und solche, die im Erdinneren erkalten (**Plutonite**, Intrusiv- oder Tiefengesteine). Sie unterscheiden sich deutlich in ihren Gefügen (Abb. 1.9), die unterschiedliche Abkühlgeschwindigkeiten (Abkühlraten) anzeigen. Kommt zum Beispiel bei der Bildung eines Vulkanits eine 1300 °C heiße Schmelze am Ozeanboden in Kontakt mit Wasser, so wird sie regelrecht abgeschreckt – bei Silikatschmelzen führt das typischerweise zur Bildung von **Glas**, da dieser Prozess zu schnell ist, um Kristallwachstum zu ermöglichen. Wenn der Kontrast dagegen nicht gar so extrem ist, also die Abkühlung z. B. mit Luft statt mit Wasser an der Erdoberfläche abläuft, so bilden sich feinkörnige Gesteine, die aus kleinen, bisweilen nur unter mm-großen Kristallen bestehen. Schwammen in der Schmelze vor ihrem Kontakt mit dem Meerwasser oder der Luft bereits Kristalle (was häufig der Fall ist, da natürliche Schmelzen häufig eher einem Kristallbrei ähneln), so bleiben diese natürlich in der glasigen oder extrem feinkörnigen **Grundmasse** erhal-

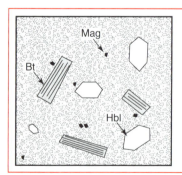
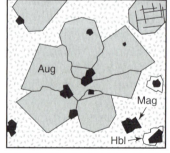
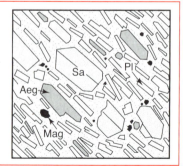

1.10 Typische Texturen verschiedener vulkanischer Gesteine, umgezeichnet nach Wimmenauer (1985). Links porphyrische, Mitte glomerophyrische, rechts fluidale Textur.

1.6 Gesteine   17

1.11 Dunkler, biotit-reicher Xenolith in Granit von Malsburg, Südschwarzwald. Vermutlich handelt es sich um einen teilweise angeschmolzenen Gneisrest. Der Xenolith ist etwa 5 cm groß.

ten – es entsteht ein so genanntes **porphyrisches Gefüge** (Abb. 1.9, 10) mit großen **Einsprenglingen** in feinkörniger oder glasiger Matrix (Grundmasse). Die Abkühlung solcher Schmelzen auf Umgebungstemperatur dauert nur Stunden bis Tage. Bildeten die Einsprenglinge sich durch Abkühlung aus der Schmelze selbst, so spricht man von **Phänokristallen**, sind sie jedoch beim Aufstieg der Schmelze mitgerissene, hineingefallene Kristalle anderer Gesteine, so nennt man sie **Xenokristalle** (vom griechischen Wort xenos = Fremder). Entsprechend heißen übrigens Nebengesteinsbruchstücke, die in eine Schmelze hingefallen und auch nach deren Erstarrung noch erkennbar sind, **Xenolithe** (Abb. 1.11; wieder ein griechisches Wort: lithos = Stein).

Kühlen die Schmelzen im Erdinneren ab, dann laufen die Kristallisationsprozesse viel langsamer ab. Wiederum kommt es auf die Temperaturdifferenz in diesem Fall zwischen Schmelze und Nebengestein an – je kleiner diese ist, desto langsamer die Abkühlung und desto grö-

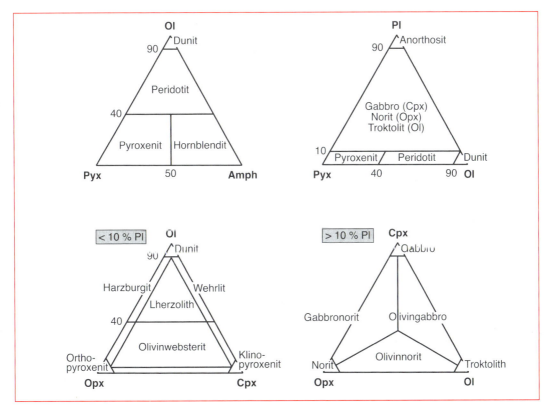

1.12 Nomenklatur von Ultramafititen nach Streckeisen (1976). Die Abkürzung „Pyx" umfasst sowohl Ortho- als auch Klinopyroxen.

ßer die Kristalle. Plutonite unterscheiden sich von ihren vulkanischen Äquivalenten nicht in chemischer und mineralogischer Hinsicht, sondern nur durch ihre Korngröße und ihr Gefüge. Dies bedingt allerdings ein völlig anderes Aussehen und deshalb haben auch chemisch identisch zusammengesetzte, aber unterschiedlich auskristallisierte Gesteine unterschiedliche Namen erhalten. Natürlich gibt es auch wieder Zwischenglieder, die sich texturell nicht einfach den Plutoniten oder den Vulkaniten zuordnen lassen; diese werden als **Subvulkanite** bezeichnet und kristallisieren nahe der Erdoberfläche, aber nicht auf ihr, sondern in maximal einigen Hundert Metern Tiefe. Sie sind häufig porphyrisch und typischerweise fein- bis mittelkörnig ausgebildet.

1.6.1.2. Die Streckeisennomenklatur

Seit den 1970er Jahren werden die wichtigsten magmatischen Gesteine nach der **Streckeisennomenklatur** benannt. Dieser Name ehrt den Schweizer Gesteinskundler Albert Streckeisen, der die internationale Kommission leitete, die sich auf diese Nomenklatur einigte. Ziel der Kommission war es, die unglaubliche Fülle von lokalen Varietätsnamen, die sich über die Jahrhunderte hinweg angesammelt hatte, zu beseitigen und ein allgemein gültiges, einfaches Klassifikationssystem mit nicht zu engen Grenzen zu definieren, sodass auch kleinere Variationen, z. B. im Quarzgehalt von Gesteinen, nicht gleich einen neuen Namen erforderten. Das wichtigste Kriterium neben der Struktur, also der Körnigkeit der Gesteine, ist dabei der Gehalt an bestimmten, für die genetische Interpretation als besonders wichtig erkannten Mineralen. Diese sind: Quarz, Feldspäte und Foide. Alle restlichen Minerale wie Pyroxene, Amphibole, Glimmer, aber auch Karbonate werden unter dem Begriff **Mafite** zusammengefasst. Der Gehalt wird als **Modalbestand** ermittelt, was bedeutet, dass das Volumen (angenähert durch die auf einer Gesteinsfläche sichtbaren Kornflächen), nicht aber die chemische Zusammensetzung oder das Gewicht der Minerale hierbei Ausschlag gebend ist. Dies geschah in der weisen Erkenntnis, dass lediglich das Volumen sich mit bloßem Auge einigermaßen zuverlässig abschätzen lässt.

Zunächst wird also festgestellt, ob ein Gestein mehr oder weniger als 90 Modal-% an Mafiten enthält: sind es mehr, so handelt es sich um ein ultramafisches Gestein, das z. B. fast ausschließlich aus Pyroxen, Olivin oder Calcit besteht. Auf diese Gesteine werden dann Klassifikationsdreiecke, wie in Abb. 1.12 gezeigt, angewendet. Der Erdmantel ist in praktisch allen Bereichen, von winzigen Ausnahmen abgesehen, **ultramafisch** zusammengesetzt, im oberen Bereich meist aus olivindominierten Gesteinen. Man muß jedoch hinzufügen, dass der Erdmantel streng genommen in weiten Bereichen aus metamorphen, im Laufe der Jahrmilliarden umkristallisierten Gesteinen besteht. Die meisten ultramafischen Gesteine werden allerdings trotzdem nach der oben beschriebenen Nomenklatur benannt, egal, ob sie nun magmatischen oder metamorphen Ursprungs sind – auch dies wieder eine weise Entscheidung der Streckeisenkommission.

Enthält ein magmatisches Gestein weniger als 90 % Mafite, so wird es anhand der QAPF-Diagramme (auch „Streckeisendiagramme") der Abb. 1.13, 14 benannt, wo je nach Gehalt an Quarz (Q), Alkalifeldspat (A), Plagioklas (P) oder Foiden (F, worunter Nephelin, Sodalith, Leucit und alle weiteren Foide zusammengefasst werden) Felder mit Namen definiert sind. Dabei werden die vier Minerale (Q, A, P und F) zusammen als 100 % betrachtet, alle weiteren Minerale interessieren für die Benennung zunächst nicht weiter, selbst wenn das Gestein beispielsweise 85 % Amphibol und nur 15 % QAPF-Minerale enthält. Für Plutonite und Vulkanite gibt es unterschiedliche Diagramme (Abb. 1.13, 14). Da Quarz und die Foide sich gegenseitig ausschließen (s. Kasten 1.6), entsteht die charakteristische Form des Doppeldreiecks: ein Gestein führt entweder

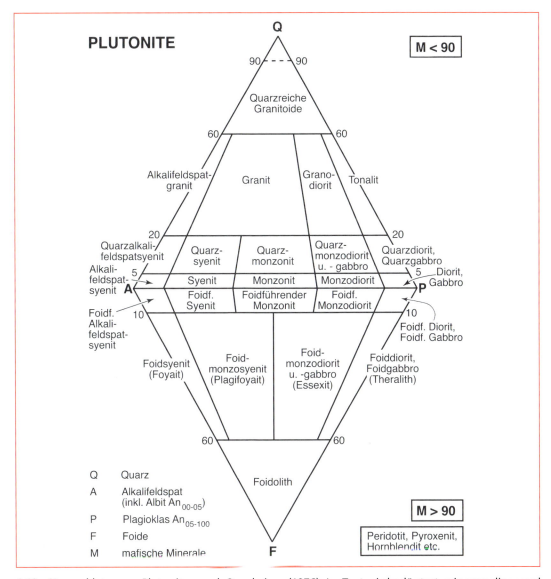

1.13 Nomenklatur von Plutoniten nach Streckeisen (1976). Im Text wird erläutert, wie man diese und die folgende Abbildung verwenden kann, um magmatische Gesteine zu benennen.

Quarz oder Foide, findet sich also entweder im oberen oder im unteren Dreieck wieder (wenn es nicht zufällig genau auf der Nulllinie liegt, aber das ist wirklich ein seltener Zufall, und dann liegt es halt genau in der Mitte) und wird dann anhand der unterschiedlichen zwei Feldspatvarianten klassifiziert (Kasten 1.5).

In bestimmten Fällen, insbesondere bei den plagioklasreichen, quarz- und foidarmen vulkanischen Gesteinen, ist die Streckeisennomenklatur nicht ausreichend, um die Genese oder die charakteristische und wissenschaftlich interessante Zusammensetzung des Gesteins hinreichend deutlich zu machen. Oder aber,

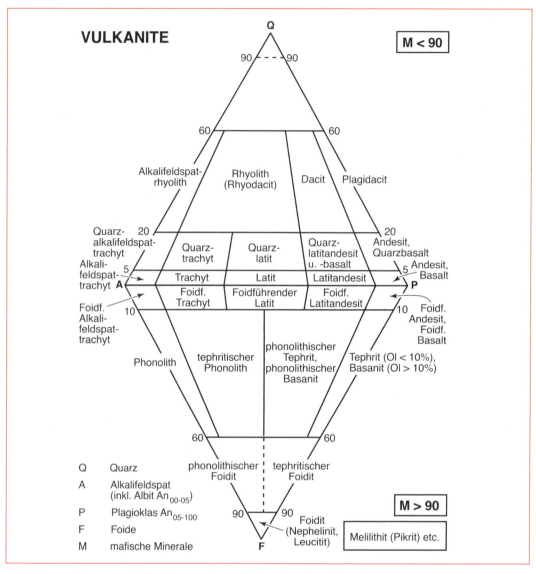

1.14 Nomenklatur von Vulkaniten nach Streckeisen (1967) und (1978).

Kasten 1.5   QAPF-Beispiel

Wenn ein quarzfreies, vulkanisches Gestein zwischen 0 und 10 % Foide und zwischen 10 und 35 % Plagioklas enthält (und damit automatisch zwischen 55 und 90 % Alkalifeldspat innerhalb der QAPF-Minerale, unbesehen aller weiterer Minerale im Gestein), so heißt es foidführender Trachyt. Wenn man weiß, dass das Foid nur Nephelin ist, so kann man das Gestein auch Nephelintrachyt nennen. Hätte es statt 10 % aber 15 % Foide, so hieße es tephritischer Phonolith, und wäre es ein Plutonit anstelle eines Vulkanits, so hieße es Plagifoyait.

Kasten 1.6 Die Quarzsättigung

Gesteine, die Quarz (oder andere SiO_2-Modifikationen wie Tridymit oder Cristobalit) enthalten, werden als **quarzübersättigt** bezeichnet. Enthalten die Gesteine dagegen Foide, sind sie **quarzuntersättigt** und enthalten sie weder Quarz noch Foide, so sind sie **quarzgesättigt**. Da Foide („Feldspatvertreter") weniger SiO_2 enthalten als Feldspäte, können sie sich bei geringeren Gehalten von SiO_2 im Gestein bilden als diese. Gesteine mit Foiden sind immer quarzfrei, da beide miteinander sofort zu Feldspäten reagieren würden, gemäß z. B.

Nephelin + 2 Quarz = Albit

$NaAlSiO_4 + 2\ SiO_2 = NaAlSi_3O_8$

Es sei hier noch darauf hingewiesen, dass sich für Gesteine die Bezeichnungen **sauer** und **basisch** eingebürgert haben, die auf ihren Gehalt an Kieselsäure (SiO_2) Bezug nehmen, aber nicht mit dem pH-Wert korreliert werden sollten. Quarzreiche Gesteine sind also sauer, quarzfreie, z. B. basaltische Gesteine basisch. Allerdings handelt es sich hierbei eher um eine verbreitete Umgangssprache als um korrekte Nomenklatur.

Kasten 1.7 Was ist ein Dünnschliff?

Ein Dünnschliff ist ein Gesteinsplättchen, das auf einen Glasträger aufgeklebt und auf eine Dicke von etwa 20-50 Mikrometer (= tausendstel Millimeter) heruntergeschliffen wird. Dann kann es unter einem Mikroskop betrachtet werden (Abb. 1.15). Diese Art der Betrachtung hat zwei Vorteile: Erstens ist fast jedes Gestein in dieser Dicke durchsichtig; zweitens kann man für die Dünnschliffbetrachtung ein Polarisationsmikroskop (→ 2.5.1) verwenden, das die optische Bestimmung der meisten gesteinsbildenden Minerale ohne weitere chemische Analytik erlaubt.

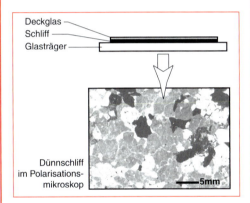

1.15 Aufbau eines Dünnschliffs. Das Gesteinsplättchen zwischen Deckglas und Glasträger ist lediglich 25-40 μm dick.

viel trivialer, man kann noch nicht einmal im Mikroskop erkennen, welche Minerale dieses Gestein eigentlich ausmachen, da die Kristalle zu klein sind oder das Gestein komplett oder teilweise aus Glas besteht. Für beide Fälle hat man Lösungen entwickelt, die allerdings nicht ohne chemische Analysen auskommen.

Die Streckeisennomenklatur hat – auch wenn es auf den ersten Blick nicht unbedingt so aussehen mag – die Verständigung innerhalb der Geowissenschaften ungemein erleichtert. Viele, insbesondere grobkörnige Gesteine können bereits im Gelände korrekt benannt werden, und ansonsten ist keine aufwendige Analytik, sondern lediglich ein **Dünnschliff** (Kasten 1.7) und ein Polarisationsmikroskop nötig. Früher gab es praktisch für jede texturelle Variante und für jedes zweite neue Vorkommen neue Gesteinsnamen – die alte Literatur ist voll von Katzenbuckeliten, Weiselbergiten und Mondhaldeiten, die alle nur lokale, nach Orten bzw. Bergen benannte Varianten größerer, genetisch eng verwandter Gesteinsgruppen sind. Wer nicht zufällig genau dort schon einmal gewesen war

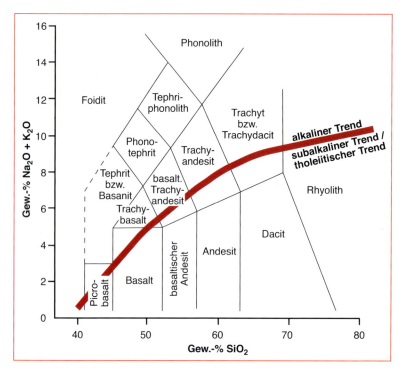

1.16 Klassifikationsdiagramm vulkanischer Gesteine nach Le Maitre (1984). Dieses Diagramm wird TAS-Diagramm genannt, nach „total alkali versus silica", also Gesamtalkalien gegen Siliziumoxid.

und das Gestein kannte, hatte keine Ahnung über seine Genese und Zusammensetzung. Das ist heute anders.

1.6.1.3 Das TAS-Diagramm

Für die im weitesten Sinne basaltischen Gesteine der P-Ecke des QAPF-Diagramms wurde das TAS-Diagramm entwickelt (Abb. 1.16), was die Abkürzung für „Total alkali versus silica" ist. In diesem Diagramm werden also die gesamten Alkaligehalte (Na_2O+K_2O) gegen die SiO_2-Gehalte (in Gew.-%) der chemischen Gesteinsanalysen aufgetragen. Danach unterscheidet man nicht nur Basanite, Basalte und Andesite, sondern sieht auch, zu welchen unterschiedlichen Entwicklungslinien Gesteine gehören. Es zeigt sich nämlich, dass der Alkaliengehalt und sein Anstieg in Bezug zum SiO_2-Gehalt sehr charakteristische genetische Interpretationen erlaubt, die zu erläutern allerdings hier zu weit führen würden. Nur soviel sei gesagt: Ein Vulkan produziert typischerweise Schmelzen, die nur in einem der in Abb. 1.16 eingezeichneten Felder (**alkalisch** oder **tholeiitisch**) liegen, und jedes dieser Felder ist charakteristisch für ein bestimmtes geodynamisches Milieu, in dem dieser Vulkan steht. Man muss sich dabei vor Augen halten, dass viele der Gesteine in Abb. 1.16 für den Laien absolut identisch und für den Fachmann immer noch extrem ähnlich aussehen. Sie sind somit auf anderem Wege als dem chemischen kaum unterscheidbar.

1.6.1.4 Normberechnungen

Für die glasigen oder mikrokristallinen Gesteine hat man einen anderen Weg gefunden, um sie korrekt nach Streckeisen benennen zu können: die Norm. Eine **Norm** ist im Unterschied zum Modalbestand ein aus einer chemi-

> **Kasten 1.8** Korngrößenskala für kristalline Gesteine

		>	30	mm	=	riesen-
30	–		10	mm	=	groß-
10	–		3	mm	=	grob-
3	–		1	mm	=	mittel- körnig
1	–		0,3	mm	=	klein-
0,3	–		0,1	mm	=	fein-
		<	0,1	mm	=	dicht

schen Gesamtgesteinsanalyse berechneter, hypothetischer Mineralbestand. Ist die Normberechnung gut an die untersuchten Gesteine angepasst, so stimmen die berechneten gut mit den beobachteten Modalzusammensetzungen überein. Dies ist aber nicht immer der Fall, da die Normberechnungen von vielen Parametern abhängen. Trotzdem können normative Mineralbestände insbesondere dann wichtig und hilfreich sein, wenn spätere Prozesse ein Gestein in seinem Mineralbestand (nicht jedoch in seiner Gesamtgesteinszusammensetzung) verändert haben oder wenn man ein Glas vorliegen hat, bei dem man gerne wissen würde, welche Minerale daraus kristallisiert wären, wenn es denn mehr Zeit dazu gehabt hätte.

Normberechnungen dienen somit vor allem zu standardisierten Vergleichszwecken und eben für die Nomenklatur. Die Norm, die sich für basaltische Gesteine durchgesetzt hat, ist die von Cross, Iddings, Pirsson and Washington und wird daher CIPW-Norm genannt. Die genaue Art und Weise, wie man diese Norm aus einer Gesteinsanalyse berechnet, ist sehr kompliziert und würde hier zu weit führen. Wichtig ist lediglich zu wissen, dass in Normen Minerale – meist Endgliedzusammensetzungen (siehe Abschnitt 2.3.1) – definiert werden und dann ausgerechnet wird, wie viel von jedem dieser standardisierten Minerale man bräuchte, um das Gestein chemisch zusammenzusetzen. Es handelt sich also um eine Art chemisches Puzzle.

1.6.1.5 Zur Nomenklatur von vulkanischen Auswurfprodukten

Während Plutonite sich (abgesehen von ihren Farben) relativ ähnlich sehen – meist handelt es sich um grobe, gleichkörnig kristallisierte Gesteine –, können Vulkanite je nach der Art ihrer Entstehung sehr unterschiedliche Formen und Ausbildungen annehmen (Kasten 1.8 und 1.9). So liefert der Vulkanismus neben gasförmigen Produkten, wie z.B. vulkanischen Dämpfen in so genannten **Fumarolen** und Solfataren (Exhalationen, H_2O-Dampf, CO_2, H_2S, Cl-, F- und bisweilen auch B- und As-Verbindungen), verschiedene feste Produkte wie Schlacken, Bomben, Lapilli, Aschen, Tuffe, Bimse, die alle unter dem Begriff **Tephra** zusammen gefasst werden, und natürlich Gesteine (Abb. 1.17). Feste vulkanische Gesteine bilden sich aus dem Magma (im Vulkan) oder aus der Lava (an der Erdoberfläche). Das Ausfließen von Lava setzt relativ ruhige, gasarme Förderung des Vulkans voraus. **Pyroklastische Gesteine**, also Schlacken, Bomben, Lapilli, Aschen, Tuffe und Bimse, entstehen dagegen bei sehr hochenergetischen, gasreichen Eruptionen. Die plötzliche Volumenzunahme von

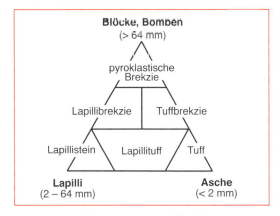

1.17 Nomenklatur von pyroklastischen Gesteinen nach Fisher (1966).

> **Kasten 1.9 Magmatische Gesteine und ihre Strukturen**
>
> **Plutonite (Intrusiv- oder Tiefengesteine):** In größerer Erdkrustentiefe aus einer Schmelze (Magma) grobkörnig und häufig annähernd gleichkörnig kristallisierte Gesteine.
>
> **Subvulkanite:** In geringer Erdkrustentiefe aus einer Schmelze kristallisierte Gesteine, oft mit porphyrischer Struktur.
>
> **Vulkanite (Effusiv- oder Ergußgesteine):** Aus Lava erstarrte Gesteine. Lava ist an der Erdoberfläche ausfließende Gesteinsschmelze (meist ca. 1000 – 1200 °C heiß), während Magma eine Gesteinsschmelze im Erdinnern ist.
>
> **Typische Vulkanitstrukturen:**
>
> a) vollkristallin-porphyrisch: auskristallisierte Grundmasse mit Einsprenglingen
>
> b) hemikristallin-porphyrisch: z. T. glasig erstarrte Grundmasse mit Einsprenglingen
>
> c) glasig: gesamte Schmelze glasig erstarrt (z. B. Obsidian)
>
> d) poröse Strukturen:
> blasig = einzelne, ± runde Hohlräume
> schaumig = zahlreiche, ± runde Hohlräume
> schlackig = zahlreiche unregelmäßige Hohlräume
> Mandelsteinstruktur = Hohlräume von sekundären Mineralen ausgefüllt

Gas, wenn es nicht mehr unter Druck im Erdinneren steht, zerreißt regelrecht die umgebende Schmelze und schleudert sie aus dem Krater hinaus. Werden einzelne Schmelzfetzen in die Luft geschleudert, so formen sie sich in der Luft je nach ihrer Größe und Flugbahn aus und werden zu **Bomben** (groß) oder **Lapilli** (klein; beachte: ein Lapillus, mehrere Lapilli). Sind sie kugelrund und verlieren ihre Form auch beim Aufprall auf dem Boden nicht mehr, weil sie größtenteils erkaltet sind, so nennt man sie Lapilli. Sind die Schmelzfetzen zu groß, um während des Fluges komplett abzukühlen, so erhalten sie eine runde Form, eine erstarrte äußere Haut, sind aber im Inneren nach wie vor glutflüssig und brechen daher beim Aufprall auf dem Boden auf (Brotkrustenbomben). Längliche, in sich zum Teil gedrehte Fetzen erstarren zu Spindelbomben, und so gibt es noch manche weitere Art. **Aschen**, **Tuffe** und **Schlacken** entstehen, wenn nicht nur einzelne Schmelzfetzen in die Luft geschleudert werden, sondern eine ganze Eruption so gasreich ist, dass große Mengen Schmelze, in kleine Teilchen zerrissen, aus dem Krater bis viele Kilometer hoch ausgeworfen werden und dann eben als Asche wieder hernieder regnen und danach zu Tuffen verfestigt werden. Diese starke **Fragmentierung**, also Zerkleinerung der entstehenden Gesteinsstücke, ist für gasreiche Vulkane sehr typisch. Die Benennung dieser dann streng genommen sowohl magmatischen, als auch sedimentären, pyroklastischen Gesteine erfolgt dann nach den Korngrößen und ist in Abb. 1.17 gezeigt.

Für **Bimse** ist charakteristisch, dass ihre Mutterschmelzen so zähflüssig sind, dass das Gas nicht vollständig entweichen kann und die Schmelze regelrecht aufgeschäumt wird – daher auch die so niedrige Dichte von Bims, dass er auf Wasser schwimmt, obwohl er eine silikatische Matrix hat. Wenn basaltische Lava unter Wasser ausfließt oder sich ins Meer hinein ergießt (wie es z. B. auf Hawaii der Fall ist), bilden sich charakteristische **Kissenlaven** aus, die durch eine glasig abgeschreckte Haut, eine rundliche, etwa 1 m große kissenartige Form und meist durch feinkristallines Material im Inneren geprägt sind.

All diese verschiedenen Ausbildungsformen dürfen natürlich auf die Benennung des Gesteins keinen Einfluss haben, denn sonst würden aus ein und demselben Vulkan völlig verschiedene Gesteine herauskommen, je nachdem, ob die Lava zufällig ins Meer fließt oder in die Luft geschleudert wird. Dies bekräftigt noch einmal die Richtigkeit des Konzeptes, ne-

Kasten 1.10 Bis auf Wasser isochemische Metamorphose verschiedener Gesteinstypen bei zunehmender Temperatur (und damit auch entlang von Geothermen zunehmendem Druck)

Temperatur (ca.!)	200	300	400	500	600	700	°C
Kalkstein	Marmor ──→						
Mergel	Kalksilikatgestein ──────────────────────────────→						
Tonstein	Tonschiefer	Phyllit	Schiefer		Paragneis	Granulit/Migmatit	
Grauwacke		Phyllit	Schiefer		Paragneis	Granulit/Migmatit	
Granit		Phyllit	Schiefer		Orthogneis	felsischer Granulit/Migmatit	
Basalt	(Spilit)	Grünschiefer		Amphibolit		basischer Granulit/Migmatit	
	(Spilit)		Blauschiefer	Eklogit		basischer Granulit/Migmatit	
Peridotit/ Harzburgit	Serpentinit		Schiefer		Peridotit		

Anmerkungen:
1. Beachte: es gibt keine scharfen Grenzen zwischen den verschiedenen Gesteinsnamen.
2. Bei vielen der aufgeführten Gesteinsnamen können oder sollen sogar noch charakteristische Minerale als Präfix vorangestellt werden, um das jeweilige Gestein näher zu charakterisieren. So spricht man häufig von Granat-Staurolith-**Schiefern**, wenn diese beiden Minerale reichlich und in besonderer Größe in Schiefern vorkommen. **Amphibolite** können detaillierter als Granat- oder als Epidot-Amphibolite spezifiziert werden, und **Blauschiefer** gibt es als Lawsonit- oder als Epidot-Blauschiefer.
3. **Phyllite** sind Gesteine, die nur bei intensiver Deformation entstehen und die überwiegend aus Schichtsilikaten (jedoch ohne oder mit nur wenig Biotit) aufgebaut sind. Der Übergang zum Schiefer findet somit dann statt, wenn in größerer Menge Biotit oder Nicht-Schichtsilikate wie Granat oder Amphibol zu wachsen beginnen.
4. **Gneise** sind definiert durch die Anwesenheit von Feldspäten, während Schiefer feldspatfrei sind. Auch hier gibt es natürlich Grenzfälle.
5. Ein **Spilit** ist ein durch die Reaktion mit Meerwasser veränderter Basalt, der aus dem Meer nicht nur viel Wasser aufgenommen hat, sondern auch Na (wofür im Gegenzug Ca an das Meerwasser abgegeben wurde, „Spilitisierung"). Da dies ein volumenmäßig wichtiger Prozess ist, jedoch weder isochemisch, noch für alle Basalte typisch (sondern nur für Ozeanbodenbasalte), wurde Spilit in Klammern gesetzt.

ben der groben Unterscheidung in Plutonit und Vulkanit nur die chemische bzw. mineralogische Zusammensetzung des Gesteins für seine Benennung den Ausschlag geben zu lassen.

1.6.2 Metamorphe Gesteine

Gesteinsmetamorphose bedeutet Umwandlung von Gesteinen infolge einer Veränderung der äußeren Variablen, meist von Druck (P) und/oder Temperatur (T). Die Umwandlung erfolgt – entgegen jeder Intuition – im festen Zustand des Gesteins und meist unter zumindest ungefährer Beibehaltung der Gesamtgesteinszusammensetzung (= isochemisch). Prozesse, bei denen Elemente zwischen einem Gestein und seiner Umgebung oder einer fluiden Phase (z. B. einer wässrigen Lösung) ausgetauscht werden, sind allochemisch und werden als **Metasomatose** bezeichnet. Auch diese sind in der Natur nicht selten, jedoch viel schwieriger theoretisch zu behandeln und daher hier zunächst außer Acht gelassen.
Veränderte Druck- und Temperaturbedingungen bewirken:

a) eine **Umkristallisation**, also eine Mineralneubildung und/oder Kornvergrößerung (**Blastese**), und häufig (aber nicht immer!).
b) eine **Schieferung**, also eine Einregelung der Minerale. Schieferung ist das Resultat eines gerichteten Druckes, der vor allem blättrige und stängelige Minerale parallel zueinander und senkrecht zur Hauptdruckrichtung ausrichtet. Die Schieferung ist die typische Struktur insbesondere der Regional-Metamorphite. Ausnahmen sind Granulite und Eklogite, die meist nicht geschiefert sind, sondern sehr massig erscheinen.

Die Umkristallisation erfolgt in der Regel über die Auflösung eines nicht mehr stabilen Minerals im Porenfluid (das deshalb unbedingt vorhanden sein muss) und die gleichzeitige Kristallisation eines unter den neuen P-T-Bedingungen stabilen, metamorphen Minerals. Oberhalb von ca. 650 °C beginnt relativ unabhängig vom Druck, aber sehr stark abhängig vom Vorhandensein von Wasser, die Anatexis, das ist die partielle Aufschmelzung der Gesteine. Sie führt zur Bildung von teilweise geschmolzenen Gesteinen, den Migmatiten, und kann schließlich zur **Palingenese** führen, zur Neuentstehung magmatischer Gesteinsschmelzen. Die verschiedenen Druck- und Temperaturbereiche der Metamorphose werden in verschiedene P-T-Felder – so genannte **metamorphe Fazien** (→ Abschnitt 3.8.1) – eingeteilt, die in jedem Gestein durch charakteristische Mineralvergesellschaftungen definiert werden.

In einem Gestein ist die Paragenese (Gleichgewichtsvergesellschaftung, → Abschnitt 3.5) nicht nur von Druck und Temperatur abhängig, sondern vor allem von der Gesamtgesteinszusammensetzung – es ist trivial, dass z.B. in einem Ca-freien Gestein kein Calcit vorkommen kann. Dies macht die metamorphen Gesteine so kompliziert, denn bei gleichen äußeren Bedingungen können Gesteine ganz unterschiedlich aussehen, weil sie völlig unterschiedliche chemische Zusammensetzungen haben, wohingegen Gesteine identischer Zusammensetzung völlig unterschiedlich aussehen, wenn sie unter verschiedenen Bedingungen rekristallisiert sind.

Leider gibt es für die metamorphen Gesteine noch kein verbindliches nomenklatorisches System wie für die Magmatite. Daher hat man es für die verschiedenen Zusammensetzungen und für die verschiedenen Druck- und Temperatur-Bedingungen mit unterschiedlichen Namen zu tun. Dies wird in Kasten 1.10 verdeutlicht, wo die wichtigsten chemischen Klassen von Gesteinen mit den jeweiligen Namen ihrer metamorphen Äquivalente zusammengestellt sind.

1.6.3 Sedimentgesteine

Sedimente und Sedimentgesteine werden prinzipiell in drei große Gruppen eingeteilt, die klastischen, chemischen und biogenen Sedimentite (Abb. 1.18). Wesentliches Texturmerkmal der meisten Sedimentite ist die **Schichtung**, hervorgerufen durch Material- und/oder Korngrößenunterschiede. Ob Material in Flüssen erodiert oder abgelagert wird, läßt sich aus dem **Hjulström-Diagramm** ablesen (Abb. 1.19): Unverfestigte Sedimente mit hoher Porosität („Schlämme") werden schon bei sehr geringen Fließgeschwindigkeiten über 0,25 m/s erodiert und transportiert, während verfestigte Tone und **Silte** (klastische Sedimente unterschiedlicher Körnung) erst bei deutlich höheren Geschwindigkeiten erodiert werden. Es ist offensichtlich, dass sowohl extrem feinkörnige, speziell tonige Sedimente und sehr grobe Sedimente besonders schlecht erodiert werden: erstere wegen ihrer Zusammenhaftung, letztere wegen ihres Gewichts.

Klastische Sedimentite entstehen durch Ablagerung und Verfestigung von Gesteins- und Mineralbruchstücken, die häufig mit einem feinkörnigen Bindemittel verkittet sind. Sie sind oft polymineralisch und können, wie in Kasten 1.11 gezeigt, sehr verschiedene Ausbildungsformen haben. Je nach ihren Hauptbestandteilen klassifiziert man die klastischen Sedimentite mit Hilfe von handlichen Dreiecksdiagrammen (Abb. 1.20 und 1.21), von denen ei-

1.6 Gesteine 27

Typ	Beschreibung	Beispiele
Klastische Sedimentgesteine	Trümmergesteine, überwiegend aus Gesteins- und Mineralfragmenten bestehend, mit Verwitterungsneubildungen	Grauwacken, Sandsteine, Tonsteine, Löss
Chemische Sedimentgesteine	aus Lösungen ausgefällte Gesteine, (teilw. mit klastischem Anteil)	Kalke (Kalksinter, Travertin), Evaporite (Gips, Steinsalz)
Biogene Sedimentgesteine	Vorwiegend aus Organismenresten aufgebaut (teilw. mit klastischem Anteil)	Organogene Kalke (u.a. aus Skelettresten von Organismen), Radiolarit, Feuerstein, Kohle

1.18 Grobe Klassifikation der Sedimentgesteine mit Beispielen.

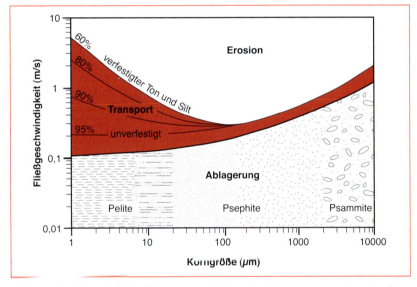

1.19 Das Hjulström-Diagramm zeigt, bei welchen Fließgeschwindigkeiten von Wasser Sedimente welcher Korngröße in Flüssen abgelagert, transportiert oder erodiert werden können. Das Diagramm ist empirisch konstruiert worden, die Prozentzahlen geben die Porosität in Tonen und Silten an. Während bei hohen Fließgeschwindigkeiten nur Erosion stattfindet, erzeugen niedrige Fließgeschwindigkeiten Ablagerungen. Das Minimum im Mittelteil des Diagrammes hängt damit zusammen, dass sehr feinkörnige Tonpartikel unter etwa 200 μm große elektrostatische Kohäsionskräfte entwickeln können und daher schwerer erodiert werden. Sind sie allerdings einmal erodiert, bleiben sie besonders lange als Schwebfracht im Wasser erhalten.

nes für Pyroklastika schon im Abschnitt über magmatische Gesteine Eingang gefunden hat (Abb. 1.17). Eine wichtige Klassifikation für klastische Sedimentgesteine ist die Korngrößenklassifikation. Leider gibt es hier leicht unterschiedliche Klassifikationen, wie in Abb. 1.22 gezeigt. Besonders häufig benutzt sind die Bezeichnungen **Pelite** (bis 0,02 mm, auch Tone genannt), **Psammite** (0,02 bis 2 mm, auch Sande genannt) und **Psephite** (über 2 mm, Kies oder Blöcke). Abbildung 1.21 zeigt außerdem, dass der Anteil an „Matrix", also an extrem feinkörniger Grundmasse mit Komponentengrößen < 30 μm, einen Einfluss auf die Klassifikation hat: Sehr matrixreiche Gesteine (> 75 %) heißen **Tonsteine**, Gesteine mit einem Matrix-

Kasten 1.11 Strukturtypen klastischer Sedimentite

- brekziöse Struktur: große eckige Gesteinsbruchstücke
- konglomeratische Struktur: große gerundete Gesteinsbruchstücke
- Sandsteinstruktur: kleine, meist gerundete Körner
- Tonsteinstruktur: sehr kleine Mineral-Partikel, makroskopisch dicht erscheinend.

Kasten 1.12 Hauptprozesse der Sedimentitbildung

Klastische und chemische Sedimentite
a) Erosion: mechanische und chemische Verwitterung, Sonderfall: Pyroklastische Sedimente, die ohne Erosion gebildet werden, sondern lediglich durch vulkanische Prozesse.
b) Transport: fluviatil, äolisch oder glazial.
c) Sedimentation bzw. Ausfällung: terrestrisch oder marin
d) Diagenese: Kompaktion (Verringerung von Porenraum) und Zementation (Zusammen„kleben" durch Ausfällung z.B. von Kalk oder Kieselsäure (amorphes SiO_2)); Diagenese macht Rundschotter zu Konglomerat, Schutt zu Brekzien, Sand zu Sandstein und Ton zu Tonstein. Typisch diagenetisch neu gebildete Minerale sind Quarz, Karbonate, Chlorit, Tonminerale, bisweilen Alkalifeldspäte oder Zeolithe.

Biogene Sedimentite
a) Absterben von Organismen
b) Sedimentation von Schalen und Skelettteilen, Riffbau
c) Diagenese

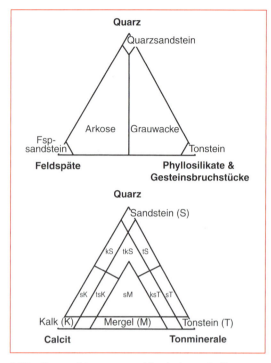

1.20 Nomenklatur von klastischen Sedimenten nach Füchtbauer & Müller (1970). Die kleinen Buchstaben stehen für Abkürzungen wie: tkS: tonig-kalkiger Sandstein; tsK: tonig-sandiger Kalkstein usw.

anteil zwischen 15 und 75 % **Wacken**, und Gesteine mit weniger als 15 % feinkörniger Matrix heißen **Arenite**.
Chemische Sedimentite entstehen durch Ausfällung von Mineralen aus dem Wasser (vorwiegend Meerwasser, in geringerem Umfang auch Süßwasser) und anschließende Verfestigung. Sie sind oft mehr oder weniger monomineralisch. Die meisten chemischen Sedimentite sind dicht oder feinkörnig und entstehen bei der **Evaporation** (Verdunstung) von Meerwasser in flachen Buchten und Randmeerbereichen. Dabei entstehen charakteristische Abfolgen von zunächst Kalk und Dolomit, Gips, dann Halit und schließlich Magnesium- und Kaliumsalzen. Aus dem Süßwasser bilden sich durch chemische Fällung **Kalksinter** wie Quellkalke oder **Travertin**. Ein wichtiger Strukturtyp ist auch die „oolithische" Struktur (siehe auch Kasten 3.31), die bisweilen bei Kalksteinen beobachtet wird. Sie entsteht in flachen Meeresgebieten mit regelmäßigem Wellengang, wo sich Kalk um Kristallkeime (z.B. Sandkörner) so ablagert, dass mm-große, konzentrischschalig aufgebaute Kugeln, die **Ooide**, entstehen. Werden die Kugeln zu einem Gestein verfestigt, entsteht ein oolithischer Kalkstein. Un-

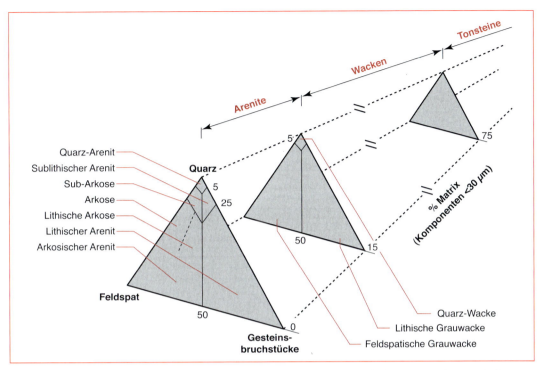

1.21 Diagramme zur Klassifikation klastischer Sedimentgesteine nach ihren Hauptbestandteilen aus Petitjohn et al. (1972).

ter anderem in Südwestdeutschland (Wasseralfingen bei Aalen, am Oberrhein bei Offenburg, auf der Baar bei Donaueschingen) wurden die Oolithe des Doggers früher in großem Maßstab abgebaut, da sie mit Eisenoxiden und -hydroxiden imprägniert sind und das Eisen in abbauwürdigen Konzentrationen auftritt. Echte Eisenoxid-Oolithe werden als **Minetten** bezeichnet, doch sind hier die Oolithe meist viel kleiner, im Zehntel-Millimeter-Bereich.

Biogene Sedimentite entstehen durch die Ablagerung und Verfestigung von pflanzlichem und tierischem Material. Dies können karbonatische oder kieselige (d.h. silikatische) Skelettteile oder Schalen sein. Auch Riffe verschiedener Organismen können zu biogenen Sedimentiten werden. Ihre Struktur ist dicht bis körnig, brekziös (= zerbrochen) oder einfach biogen. Letzteres heißt, dass sie durch die Aktivität der Organismen geprägt ist und häufig noch Reste der ursprünglichen Materialien, z.B. Skelettschalen, erkennbar sind.

Die mengenmäßig wichtigsten Sedimente sind Tonsteine (Pelite, etwa 65%), Sandsteine (etwa 20–25%) und Karbonate (etwa 10–15%).

Kalksteine stellen die wichtigsten chemischen und biogenen Sedimentite dar. Nach ihrem Gefüge werden sie in unterschiedliche Typen eingeteilt. Obwohl schon die Korngrößenklassifikation fünf Körnigkeiten unterscheidet (Abb. 1.22 d), ist die Gefügevielfalt so groß, dass eine Fülle zusätzlicher neuer Begriffe geprägt wurde, die aber überwiegend auf den Begriffen **Sparit** (grobkörniger karbonatischer Zement) und **Mikrit** (mikrokristalline karbonatische Grundmasse) beruhen (Abb. 1.23). Sparit ist dabei Calcit, der durch Ausfällung aus dem Porenwasser entstanden ist, Mikrit dagegen ist ein Schlamm, der entweder aus mechanischem Abrieb durch Transport oder rein biogen z.B. von Seeigeln, Seesternen, Muscheln oder Schneckenraspeln gebildet wird.

1 Makroskopische Bestimmung von Mineralen und Gesteinen

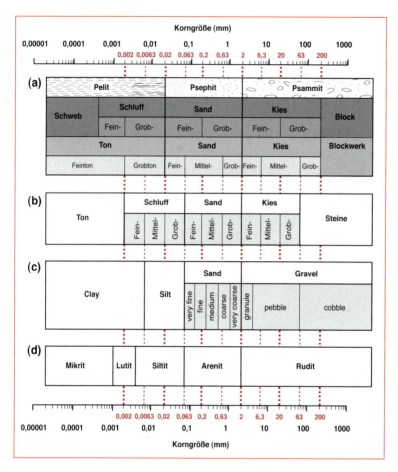

1.22 Verschiedene Korngrößen-Klassifikationen klastischer Sedimentgesteine, wobei (d) ausschließlich für Karbonate gilt. Diese Abbildung zeigt, dass es viele Klassifikationsansätze gab. (a) nach von Engelhardt (1953), (b) nach DIN 4022 von 1995, (c) nach Wentworth (1922) und (d) nach Folk et al. (1957).

Karbonat-partikel	Bezeichnung			
	zementiert durch Sparit		mit mikritischer Matrix	
Skelett-fragmente (Bioklasten)	Biosparit		Biomikrit	
Ooide	Oosparit		Oomikrit	
Peloide	Pelsparit		Pelmikrit	
Intraklasten	Intrasparit		Intramikrit	
In-situ-Bildung	Biolithit		Kalkstein mit Fenstergefüge-Dismikrit	

1.23 Die Gefügeklassifikation von karbonatischen Sedimenten. Einige der in der linken Spalte genannten Begriffe sind in Kasten 3.34 besprochen. Nach Folk (1962) aus Tucker (1985).

1.6 Gesteine

Kasten 1.13 Bestimmungsgang für Gesteine

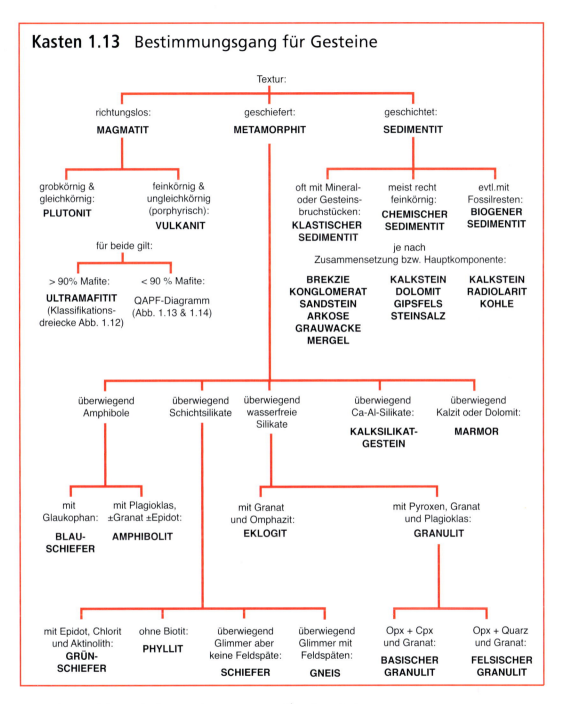

Anmerkung: siehe auch den Bestimmungsgang für Minerale in Kasten 1.3.

1.7 Ausgewählte Minerale

Sulfide

Galenit (Bleiglanz)
PbS; Kristallsystem: kubisch.
Härte 2,5–3; Dichte: ca. 7,5 g/cm³; Farbe: silbergrau; Spaltbarkeit: vollkommen nach dem Würfel; Glanz: Metallglanz.
Varietäten: Bleischweif (feinkörnig, silbergrau schimmernd).
Verwandte Minerale: Sphalerit (Zinkblende, ZnS, hellgelb, rot oder braun bis schwarz, meist durchscheinend; Splitter der schwarz glänzenden Varietät haben braune Innenreflexe).
Bestimmungsmerkmale: Glanz, Spaltbarkeit, Dichte; Paragenese mit Kupferkies und Zinkblende; dadurch praktisch unverwechselbar.
Galenit ist ein häufiges Mineral in hydrothermalen Erzlagerstätten (Kristalle bis mehrere dm Größe) und das wichtigste Bleierz. In Gesteinen tritt er nur sehr selten auf. Bei seiner Verwitterung entstehen häufig bunt gefärbte, meist schön kristallisierte Bleisekundärminerale wie Cerussit, Anglesit, Linarit, Pyromorphit oder Wulfenit.

Chalkopyrit (Kupferkies)
CuFeS$_2$; Kristallsystem: tetragonal.
Härte: 3,5–4; Dichte: ca. 4,2 g/cm³; Farbe: goldgelb; Spaltbarkeit: keine, Bruch muschelig; Glanz: Metallglanz.
Verwandte Minerale: Pyrit, Pyrrhotin.
Bestimmungsmerkmale: goldgelbe Farbe, Paragenese mit Pyrit, Bleiglanz und Zinkblende; verwittert zu grünen Kupfersekundärmineralen; leicht mit Pyrit zu verwechseln, aber: geringere Härte, gröber muscheliger Bruch und goldgelbere Farbe als Pyrit, häufig bunte Anlauffarben.
Chalkopyrit ist ein häufiges Mineral in hydrothermalen Erzlagerstätten (Kristalle bis mehrere cm Größe) und das wichtigste Kupfererz. Er kommt selten auch in allen anderen Gesteinstypen vor. Bei seiner Verwitterung entstehen häufig grün oder blau gefärbte, meist schön kristallisierte Kupfersekundärminerale wie → Malachit (grün), → Azurit (blau), Chrysokoll (hellblau), Clarait (hellblaugrün), Tenorit (schwarz) und Cuprit (kirschrot).

Pyrrhotin (Magnetkies)
Fe$_{1-x}$S; Kristallsystem: hexagonal und monoklin.
Härte: 4; Dichte: ca. 4,7 g/cm³; Farbe: (gold)braun; Spaltbarkeit: keine, Bruch muschelig; Glanz: Metallglanz.
Verwandte Minerale: Pyrit, Kupferkies.
Bestimmungsmerkmale: sechsseitige, tafelige Kristalle (selten); das einzig braun glänzende, deutlich magnetische Mineral, daher unverwechselbar.
Pyrrhotin ist ein häufig in metamorphen und magmatischen Gesteinen auftretendes Mineral, doch ist es meist klein und unscheinbar. In magmatischen Erzlagerstätten ist es ein wichtiges Fe- und Ni-Erz (Verwachsungen mit dem Ni-Fe-Sulfid Pentlandit). In hydrothermalen Erzgängen ist es eher selten, doch stammen von dort die schönsten Kristalle bis über 5 cm Größe.

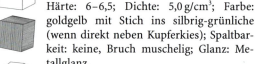

Pyrit (Eisenkies)
FeS$_2$; Kristallsystem: kubisch.
Härte: 6–6,5; Dichte: 5,0 g/cm³; Farbe: goldgelb mit Stich ins silbrig-grünliche (wenn direkt neben Kupferkies); Spaltbarkeit: keine, Bruch muschelig; Glanz: Metallglanz.
Verwandte Minerale: Pyrrhotin, Kupferkies; Markasit (FeS$_2$, orthorhombisch, sehr ähnliche Farbe wie Pyrit, speerförmige Kristalle; kann sich an feuchter Luft innerhalb weniger Wochen zu Eisensulfaten zersetzen).
Bestimmungsmerkmale: Härte, häufig gut ausgebildete Würfel oder Pentagondodekaeder; beachte Unterscheidung von Pyrrhotin und Kupferkies.
Pyrit ist ein häufiges Mineral in allen Gesteinstypen und vielen Erzlagerstätten. Es tritt zusammen mit Kupferkies, Zinkblende und Hämatit auf und verwittert zu braunem → Limonit bzw. → Goethit. Kristalle bis dm-Größe stammen wiederum aus hydrothermalen Erzlagerstätten. Pyrit kann wie Markasit in feuchten Sammlungsräumen zu Eisensulfaten zerfallen, wobei diese Reaktion durch S-oxidierende Bakterien katalysiert wird.

1.7 Ausgewählte Minerale **33**

OL: Bis 3 cm große, silbriggraue Galenitkristalle auf Quarz. Grube Friedrich-Christian, Schapbach, Schwarzwald. **OR:** 5 cm großes Aggregat von goldbraunem Pyrrhotin in Quarz und Orthogneis vom Steinbruch Artenberg, Steinach, Schwarzwald. **UL:** Derber Chalkopyrit (gelbgold) verwachsen mit Pyrit (heller, braungold) vom Steinbruch Artenberg, Steinach, Schwarzwald. BB 6 cm. **UR:** Würfelige Pyritkristalle eingewachsen in derben Chalkopyrit. Grube Herrensegen, Schapbach, Schwarzwald. BB 4 cm.

Oxide

Quarz und seine Varietäten
SiO$_2$; Kristallsystem: trigonal (Tiefquarz bei Temperaturen unter 573 °C).
Härte: 7; Dichte: 2,65 g/cm^3 (Tiefquarz); Farbe: farblos, weiß, grau bzw. siehe bei Varietäten; Spaltbarkeit: keine, Bruch muschelig; Glanz: Fettglanz (Bruchflächen), Glasglanz (Kristallflächen).
Varietäten: Amethyst (violett), Rosenquarz (rosa), Citrin (gelb), Rauchquarz (graubraun, schwarz); Bergkristall (farblos, weiß), Milchquarz (weiß), Prasem (grün), Blauquarz (blaugrau), Chalcedon (mikrokristallin, bläulich), Achat (mikrokristallin, gebändert, bunt), Jaspis (mikrokristallin, grau, braun), Karneol (mikrokristallin, rot), Chrysopras (mikrokristallin, grün).
Verwandte Minerale: Opal (SiO$_2$ · nH$_2$O, teils amorph, als Edelopal bunt schillernd, als Hyalith farblos-nierig); Hochtemperaturmodifikationen von SiO$_2$: Hochquarz, Tridymit, Cristobalit; Hochdruckmodifikationen von SiO$_2$: Coesit, Stishovit ($\rightarrow$ Abb. 2.23 für Stabilitätsbedingungen); Lechatelierit (durch Blitze erzeugtes SiO$_2$-Glas).

Bestimmungsmerkmale: fettiger Glanz, muscheliger Bruch, von Taschenmesser nicht ritzbar, in Gesteinen meist hellgraue Farbe; gefärbte Varietäten selten und nicht gesteinsbildend.

Quarz ist eines der häufigsten Minerale der kontinentalen Kruste und in vielen magmatischen, metamorphen und sedimentären Gesteinen vertreten. Die Vielzahl von Farben rührt einerseits von radioaktiver Bestrahlung (Amethyst, Rauchquarz), andererseits von winzigen Einlagerungen anderer Minerale her (Prasem: Amphibol; Blauquarz: Rutil; Rosenquarz: Dumortierit). Bei hohen Drucken und Temperaturen geht Tiefquarz in andere SiO$_2$-Modifikationen über (siehe oben und $\rightarrow$ Abschnitt 2.3.2).

1.7 Ausgewählte Minerale 35

S. 32 OL: Achat in hydrothermal zersetztem Basalt („Melaphyr") von Waldhambach, Pfalz. BB 6 cm. **OR:** Blauer Chalcedonüberzug auf Siderit von Mitterberg, Österreich. BB 4 cm. **UL:** Derber Rosenquarz vom Hühnerkobel bei Zwiesel, Bayr. Wald. BB 12 cm. **UR:** Calcitkristalle in Druse von rotem Karneol. Auggen bei Müllheim, Südbaden. BB 10 cm.

S. 33 O: Bergkristalle vom Gotthard, Schweiz. Kristallhöhe 10 cm. **UL:** Amethyst in Hohlräumen von zersetztem Basalt („Melaphyr"). Waldhambach, Pfalz. BB 9 cm. **UR:** Rauchquarzkristall vom Gotthard, Schweiz. Kristallhöhe 3 cm.

Spinelle (im weiteren Sinn)

AB_2O_4 mit A=Mg, Fe^{2+}, Mn, Zn,...; B=Al, Fe^{3+}, Cr^{3+}, V^{3+}; Kristallsystem: kubisch.
Härte: 6 ($FeCr_2O_4$)-8 ($MgAl_2O_4$); Dichte: 4,6 g/cm³; Farbe: siehe chemische Endglieder; Spaltbarkeit: keine, Bruch muschelig; Glanz: Glasglanz.
Chemische Endglieder (Auswahl, → Abschnitt 2.3.2): Spinell (im engeren Sinn, $MgAl_2O_4$, farblos, hellblau, hellgrün, rosa, rot), Hercynit ($FeAl_2O_4$, dunkelgrün, schwarz), Chromit ($FeCr_2O_4$, braun, schwarz), Magnetit ($Fe^{2+}Fe^{3+}_2O_4$, schwarz).
Verwandte Minerale: Perowskit ($CaTiO_3$, gelblich, braun bis schwarz, würfelige Kristalle in SiO_2-armen, magmatischen und metamorphen Gesteinen wie Serpentiniten und Karbonatiten).
Bestimmungsmerkmale: Glasglanz, muscheliger Bruch, von Taschenmesser gerade noch bis nicht ritzbar; Magnetit magnetisch, die anderen Spinelle nicht; je nach Zusammensetzung, in Gesteinen meist schwarzgrüne oder schwarze Farbe; hell oder bunte Varietäten selten und praktisch ausschließlich in Marmoren; typische, oktaedrische Kristallform.
Spinell (i. e. S.) kommt nur in hochgradig metamorphen Gesteinen mit Temperaturen über 700 °C vor, Chromit nur in basischen und ultrabasischen Gesteinen, doch Magnetit ist ein Durchläufer in allen Gesteinstypen. Die schönsten Kristalle (Oktaeder bis maximal wenige cm Größe) finden sich in Marmoren (Spinell i. e. S.) oder in Serpentiniten (Magnetit). Spinell (i. e. S.) ist ein geschätzter Edelstein.

Korund

Al_2O_3; Kristallsystem: trigonal.
Härte: 9; Dichte: ca. 4,0 g/cm³; Farbe: farblos, grau bzw. siehe bei Varietäten; Spaltbarkeit: keine, Bruch muschelig; Glanz: Fettglanz.
Varietäten: Rubin (rot), Saphir (blau), Smirgel (feinkörnig; grau, grünlich, blau),
Bestimmungsmerkmale: Härte (fällt im Dünnschliff beim Schleifen und Polieren auf), sechsseitige Kristallform, aber in Gesteinen kaum mit bloßem Auge bestimmbar; in Gesteinen meist grau; bunte Varietäten selten und meist in Marmoren.
Korund kommt nur in Al-reichen, quarzfreien metamorphen Gesteinen vor, schöne Kristalle (sechsseitige „Tönnchen" bis mehrere cm Größe) finden sich in Marmoren oder in zoisitreichen Gesteinen, sehr selten auch in Gneisen. Rubin und Saphir sind teure Edelsteine, beide sind durch Spurenelemente gefärbt. Smirgel wird als Abrasivstoff benutzt. Sternrubine und Sternsaphire entstehen durch orientierte, sternförmige Einschlüsse von Rutil (TiO_2).

L: Derber Magnetit mit anhaftendem Magnet. Sardinien. BB 8 cm. R: 1,5 cm großer roter Korundkristall („Rubin") in Calcit von der Kolahalbinsel, Russland.

1.7 Ausgewählte Minerale

OL: Bis 5 mm große Magnetitoktaeder in Grünschiefer. Tirol. **OR:** Blaugrauer Korund in Feldspat von Madras, Indien. Kristallgröße 2 cm. **UL:** Schwarze, gerundete Hercynitkristalle in Calcitmarmor von Dronning Maud Land, Antarktis. BB 4 cm. **UR:** Blaugraue Spinellkristalle in Calcit-Phlogopit-Marmor aus Södermanland, Schweden. BB 8 cm.

Hämatit, Ilmenit

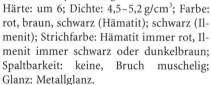

Hämatit und Ilmenit bilden eine Mischkristallreihe von Fe_2O_3 (Hämatit) bis $FeTiO_3$ (Ilmenit), d.h. sie können unterschiedliche Mengen von Fe und Ti enthalten; Kristallsystem: trigonal.
Härte: um 6; Dichte: 4,5–5,2 g/cm³; Farbe: rot, braun, schwarz (Hämatit); schwarz (Ilmenit); Strichfarbe: Hämatit immer rot, Ilmenit immer schwarz oder dunkelbraun; Spaltbarkeit: keine, Bruch muschelig; Glanz: Metallglanz.
Varietäten: roter Glaskopf (nierig-kugelig, rot bis rotbraun, aus einem Gel entstanden, faserig im Anbruch). Krustig und nierig auftretende Manganoxide (z.B. Manganomelan) werden als schwarzer Glaskopf bezeichnet.
Verwandte Minerale: Magnetit (Spinelle), Goethit, Limonit, Lepidokrokit; Rutil (TiO_2, stängelig oder nadelig, rotbraun bis schwarz, in Metamorphiten und klastischen Sedimenten, häufig stark längs-geriefte Kristalle und knieförmige Zwillinge).
Bestimmungsmerkmale: Metallglanz, muscheliger Bruch, Strichfarbe; gesteinsbildend ist Hämatit meist schwarz und von Ilmenit nur durch die Strichfarbe unterscheidbar.
Hämatit und Ilmenit sind häufig in allen Typen von Gesteinen, die schönsten Hämatitkristalle bis viele cm Größe stammen aus hydrothermalen Erzlagerstätten, kleinere auch aus vulkanischen Fumarolen. Hämatit ist das häufigste rote oder rosa Pigment in Mineralen (rosa K-Feldspat) und Gesteinen (Buntsandstein). Er ist ein wichtiges Eisenerz. Ilmenit tritt praktisch ausschließlich derb auf und ist ein wichtiges Titanerz.

Goethit

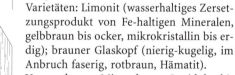

FeOOH; Kristallsystem: orthorhombisch.
Härte: 5; Dichte: ca. 4,5 g/cm³; Farbe: braun, rotbraun, schwarz; Strichfarbe: braun bis gelblich; Spaltbarkeit: keine, Bruch muschelig; Glanz: Metall- bis Seidenglanz.
Varietäten: Limonit (wasserhaltiges Zersetzungsprodukt von Fe-haltigen Mineralen, gelbbraun bis ocker, mikrokristallin bis erdig); brauner Glaskopf (nierig-kugelig, im Anbruch faserig, rotbraun, Hämatit).
Verwandte Minerale: Lepidokrokit (FeOOH, orangebraune Blättchen, orthorhombisch, selten), Magnetit, Hämatit, Ilmenit (siehe dort).
Bestimmungsmerkmale: Glaskopf und andere, erdig-krustige Varietäten sind gut zu erkennen an ihrem im Anbruch seidigen Glanz und ihrem braunen Strich; kristalliner Goethit ist wie Hämatit rötlich durchscheinend, hier hilft nur die Strichfarbe.
Goethit bzw. Limonit sind die häufigsten braunen, krustigen Minerale („Rost") und werden z.T. als Eisenerze abgebaut. Es sind Tieftemperaturbildungen (unter 200°C), die aber als Verwitterungsminerale in allen Gesteinen häufig angetroffen werden.

L: Zoniert aufgebauter „Roter Glaskopf" (Hämatit) vom Hohberg bei St. Roman, Schwarzwald. BB 5 cm. **R:** Kugeliger „Roter Glaskopf". Grube Schrotloch, Nordschwarzwald. BB 15 cm.

1.7 Ausgewählte Minerale

OL: Blättrige Hämatitkristalle von Elba, Italien. BB: 7 cm. **OR:** Kugeliger „Brauner Glaskopf" (Goethit) auf Baryt. Grube Clara, Wolfach, Schwarzwald. BB 8 cm. **MR:** „Schwarzer Glaskopf" als Überzug auf Quarzkristallen. Grube Michael bei Lahr, Schwarzwald. BB 4 cm. **UL:** Hämatitkristalle von Elba, Italien. BB 5 cm. **UR:** Derber Ilmenit von Modum, Norwegen. BB 6 cm.

Halogenide

Halit (Steinsalz)
NaCl; Kristallsystem: kubisch.
Härte: 2; Dichte: ca. 2,1 g/cm³; Farbe: farblos, blau (wenn radioaktiv bestrahlt); Spaltbarkeit: vollkommen nach dem Würfel; Bruch: muschelig.

Verwandte Minerale: Sylvin (KCl, kubisch, farblos bis orangerot, schmeckt stechend bitter).

Bestimmungsmerkmale: unverwechselbar, da wasserlöslich und mit salzigem Geschmack (kein anderes Mineral schmeckt so!), daneben Härte, würfelige Kristallform.

Halit kommt mit Sylvin und anderen Salzmineralen (hauptsächlich Na-K-Mg-Halogenide und Sulfate, daneben auch Gips) als chemisches Sediment, entstanden bei der Evaporation von seichten Meeresrandbecken, vor. Halit wird als Speise- und Streusalz sowie als Rohstoff für die Chlorchemie gewonnen, die anderen Salzminerale, insbesondere die K-Salze, für die Düngemittelproduktion. Grosse Lagerstätten entstanden in Mitteleuropa im Miozän (Oberrhein), im Muschelkalk (Heilbronn) und im Zechstein (Nordhessen, Thüringen). An der Erdoberfläche ist Salz meist weggelöst (außer in sehr ariden Gebieten).

L: Teilweise blau verfärbter Halit von Heringen/Werra. BB 8 cm. **R:** Gelbe Fluoritkristalle auf Calcitkristallen von Riedlingen bei Kandern, Südbaden. BB 4 cm.

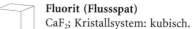

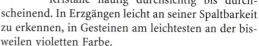

Fluorit (Flussspat)
CaF$_2$; Kristallsystem: kubisch.
Härte: 4; Dichte: 3–3,5 g/cm³; Farbe: farblos, durch Spurenelementeinbau gelb, grün, blau, rosa, violett; Spaltbarkeit: vollkommen nach dem Oktaeder; Bruch: muschelig; Glanz: Glasglanz.

Bestimmungsmerkmale: würfelige Kristallform, sehr gute Spaltbarkeit, Farbe (sehr typische Färbungen, insbesondere grün und violett sind kaum zu verwechseln, obwohl eigentlich undiagnostisch, da so viele verschiedene Farben vorkommen); Kristalle häufig durchsichtig bis durchscheinend. In Erzgängen leicht an seiner Spaltbarkeit zu erkennen, in Gesteinen am leichtesten an der bisweilen violetten Farbe.

Fluorit kommt in vielen magmatischen und metamorphen Gesteinen vor, selten in sedimentären, ist aber hauptsächlich ein hydrothermales Mineral, das die Hauptfüllung vieler Erzgänge ausmacht. Häufig kommen sehr verschiedene Farben an einem Fundort bzw. in einem Handstück vor, gewöhnlich als Bänderung oder Zonierung. In Gesteinen ist Fluorit farblos oder violett. Bei radioaktiver Bestrahlung wird er durch Zerstörung der Kristallstruktur violett bis fast schwarz. Die schwarzviolette Varietät riecht beim Zerschlagen nach freiem Fluor (Stinkspat). Rosa Oktaeder kommen in alpinen Klüften mit Bergkristall vor.

1.7 Ausgewählte Minerale

OL: Bis 1 cm große Halitkristalle von Chott Djerid, Tunesien. **OR:** Blaugrüner, 5 cm großer Fluoritkristall von der Grube Hesselbach, Oberkirch, Schwarzwald. **UL:** Farblose Fluoritwürfel auf Quarz von der Grube Clara, Wolfach, Schwarzwald. BB 4 cm. **UR:** Durch natürliche Radioaktivität dunkelviolett verfärbter Fluoritwürfel von der Grube Clara, Schwarzwald. BB 5 cm.

Karbonate

Calcit (Kalkspat)
CaCO$_3$; Kristallsystem: trigonal.
Härte: 3; Dichte: 2,7 g/cm^3; Farbe: farblos, durch Verunreinigungen auch gelb, braun, schwarz, durch Spurenelementeinbau auch rosa (Co oder Mn), grün (Cu) oder blau (Cu); Spaltbarkeit: vollkommen nach dem Rhomboeder; Glanz: Perlmuttglanz.
Varietäten: Kalksinter (traubige Abscheidungen aus Mineralwässern), Cobaltocalcit (durch Co rosa gefärbt).
Verwandte Minerale: Aragonit, Dolomit, Rhodochrosit (MnCO$_3$, rosa), Magnesit (MgCO$_3$, farblos bis weiß).
Bestimmungsmerkmale: löst sich brausend in kalter Salzsäure, sehr gute Spaltbarkeit, häufig flächenreiche Kristallform; von Aragonit in derber oder mikrokristalliner Form nicht mit bloßem Auge unterscheidbar.
Calcit ist ein sehr häufiges Mineral in allen Gesteinstypen und Erzlagerstätten. Kalksteine, Marmore und Karbonatite können ausschließlich oder zu großen Teilen aus Calcit bestehen. Für die Zement- und Putzindustrie ist Kalk (und damit Calcit) der wichtigste Grundstoff. Schöne Kristalle bis fast Metergröße stammen aus Hohlräumen in Basalten, Sedimenten und Erzlagerstätten. Durchsichtiger Calcit aus Island zeigt extreme → Doppelbrechung (daher Doppelspat).

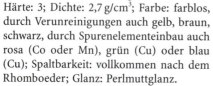

Aragonit
CaCO$_3$; Kristallsystem: orthorhombisch.
Härte: 3,5–4; Dichte: 2,95 g/cm^3; Farbe: farblos, grau, durch Verunreinigungen (Lehm) braun; Spaltbarkeit: undeutlich; Bruch: muschelig; Glanz: Glas- bis Fettglanz.
Verwandte Minerale: Calcit, Dolomit, Strontianit (SrCO$_3$, farblos bis weiß).
Bestimmungsmerkmale: siehe Calcit, von diesem mit bloßem Auge nur durch Kristallform (nadelig oder sechseckige Tafeln und Säulen) unterscheidbar.
Aragonit ist eigentlich die Hochdruckmodifikation von CaCO$_3$ und daher erst oberhalb etwa 4 kbar stabil. Metastabil (→ Abschnitt 3.5) kommt er aber in Sinterkrusten, in biologischen Materialien (manchen Muschelschalen), in Hohlräumen von zeolithfaziell überprägten Metabasiten (→ Abschnitt 3.8.5) und selten in Blauschiefern vor.

L: Durch Cu blau auf durch Co rosa gefärbtem Kalksinter (Calcit). Neubildung in altem Bergwerk. Grube Friedrich-Christian, Schapbach, Schwarzwald. BB 7 cm. R: Nadelige Aragonitkristalle auf Buntsandstein. Dietersweiler bei Freudenstadt, Schwarzwald. BB 8 cm.

1.7 Ausgewählte Minerale

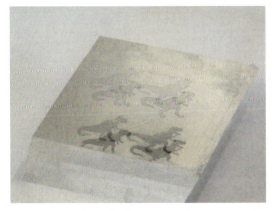

OL: 3 cm große Calcitkristalle auf Pyrit von der Grube Teufelsgrund, Münstertal, Schwarzwald. **OR:** Aragonitkristalle auf Schwefel aus Sizilien. BB 4 cm. **ML:** Skalenoedrische Calcitkristalle von Grimmelshofen, Wutach. BB 8 cm. **MR:** Klare Calcitkristalle von der Grube Gottesehre, Urberg, Schwarzwald. BB 5 cm. **UL:** Doppelspat (Calcit) aus Island. BB 5 cm. **UR:** Durch Mn leicht rosa gefärbter, 9 cm großer Calcitkristall vom Steinbruch Artenberg, Schwarzwald.

Dolomit
CaMg(CO$_3$)$_2$; Kristallsystem: trigonal.
Härte: 3,5–4; Dichte: 2,9 g/cm^3; Farbe: farblos, weiß, durch Verunreinigungen gelblich; Spaltbarkeit: vollkommen nach dem Rhomboeder; Bruch: muschelig; Glanz: Glasglanz.
Verwandte Minerale: Calcit, Aragonit, Siderit (FeCO$_3$, braun), Magnesit (MgCO$_3$, farblos bis weiß).

Bestimmungsmerkmale: in heißer Salzsäure sprudelnd löslich, in kalter nur schwach mit wenig Gasentwicklung löslich, und auch das nur, wenn pulverisiert; sehr gute Spaltbarkeit, rhomboedrische Kristallform.

Dolomit ist ein wichtiges gesteinsbildendes Mineral in sedimentären, metamorphen und seltener auch in magmatischen Gesteinen. Reine Dolomitgesteine entstehen aus Kalken durch Mg-Zufuhr (→ Metasomatose). Schöne, rhomboedrische Kristalle kommen in Erzgängen vor und sind häufig sattelförmig gekrümmt. Dolomitmarmore sind bisweilen rein weiß und zuckerkörnig ausgebildet, z. B. in den Alpen.

Malachit
Cu$_2$(CO$_3$)(OH)$_2$; Kristallsystem: monoklin.
Härte: 3,5–4; Dichte: 4 g/cm^3; Farbe: intensiv grün; Spaltbarkeit: keine, Bruch muschelig; Glanz: Glas- bis Seidenglanz.
Verwandte Minerale: Azurit, Chrysokoll (Kupfersilikat, hellblau bis grünlich), viele grüne Kupferminerale.

Bestimmungsmerkmale: Farbe, Paragenese mit anderen Kupferminerale, ist sprudelnd in kalter Salzsäure löslich; immer intensiver grün als Chlorit oder andere grüne Silikate.

Malachit ist zusammen mit Chrysokoll das häufigste Verwitterungsmineral in Kupferlagerstätten, wo es bis zu metermächtige Krusten bilden kann. Beide Minerale bilden grüne bis bläuliche Überzüge auf nur sehr gering kupferhaltigen Gesteinen und dienen daher als Explorationshilfe. Nadelige Kristalle von Malachit können bis mehrere cm groß werden.

Azurit
Cu$_3$(CO$_3$)$_2$(OH)$_2$; Kristallsystem: monoklin.
Härte: 3,5–4; Dichte: 4 g/cm^3; Farbe: intensiv dunkelblau; Spaltbarkeit: keine, Bruch muschelig; Glanz: Glas- bis Seidenglanz.
Verwandte Minerale: Malachit, Linarit (Pb-Cu-Sulfat mit identischer dunkelblauer Farbe, das aber nicht in Salzsäure sprudelt).

Bestimmungsmerkmale: Farbe, Paragenese mit anderen Kupferminerale, ist sprudelnd in kalter Salzsäure löslich.

Azurit ist ein weniger häufiges, aber noch auffälligeres Verwitterungsmineral in Kupferlagerstätten als Malachit. Außerhalb von Lagerstätten kommt er praktisch nie vor. Er bildet sich typischerweise bei der Zersetzung von Fahlerz (Cu-As-Sb-Sulfid), seltener von Kupferkies. Kristalle bis dm-Größe aus Erzlagerstätten sind selten.

Azurit mit Malachit von der Grube Clara, Wolfach, Schwarzwald. BB 10 cm.

1.7 Ausgewählte Minerale

OL: Sattelförmig gekrümmte Dolomitrhomboeder auf Quarz und Zinkblende. Schauinsland, Schwarzwald. BB 5 cm. **OR:** Rhomboedrische Dolomitkristalle auf Quarz. Schauinsland, Schwarzwald. BB 4 cm. **UL:** Hellbrauner Dolomit und dunkelbrauner Siderit auf Quarz. Grube Brandenberg bei Todtnau. BB 6 cm. **UR:** Malachit auf Fluorit. Grube Clara, Schwarzwald. BB 3 cm.

Sulfate

Baryt (Schwerspat)
$BaSO_4$; Kristallsystem: orthorhombisch.
Härte: 3–3,5; Dichte: 4,5 g/cm³; Farbe: farblos, durch Einlagerungen und Spurenelemente auch bläulich, gelb, braun, rosa, rot, schwarz; Spaltbarkeit: vollkommen tafelig; Glanz: Glas- bis Perlmuttglanz.
Verwandte Minerale: Coelestin ($SrSO_4$, hellblaugrau), Anhydrit.
Bestimmungsmerkmale: hohe Dichte, gute tafelige Spaltbarkeit.
Baryt tritt zusammen mit Fluorit, Bleiglanz, Kupferkies, Zinkblende und vielen anderen Erzen häufig in hydrothermalen Erzgängen auf. In sonstigen Gesteinen ist er selten, kommt jedoch auch magmatisch in Karbonatiten sowie in manchen Sedimenten vor. Baryt ist ein wichtiges Industriemineral sowohl für die Ba-Gewinnung, als auch als Bohrspülungszusatz für die Erdölindustrie und als weißer Zusatz für die Farben- und Papierindustrie. Tafelige, häufig zu „Rosen" angeordnete Kristalle oder so genannte „Meißelspäte" (Abb. 2.01) erreichen bis über einen halben Meter Größe.

Anhydrit
$CaSO_4$; Kristallsystem: orthorhombisch.
Härte: 3–3,5; Dichte: 2,9 g/cm³; Farbe: farblos, weiß, grau, bläulich; Spaltbarkeit: vollkommen würfelähnlich; Glanz: Glas- bis Perlmuttglanz.
Verwandte Minerale: Gips, Baryt, Coelestin ($SrSO_4$, hellblaugrau).
Bestimmungsmerkmale: Paragenese mit anderen Salzmineralen (z. B. → Halit, Sylvin), säulige, rechteckige Kristallform.
Anhydrit ist in Salzlagerstätten häufig, kommt aber auch in andesitischen Vulkaniten als magmatische Bildung vor. Bei tiefen Temperaturen wandelt er sich unter Wasseraufnahme und 60 % Volumenvergrößerung in → Gips um. Dies kann beim Straßenbau über anhydrithaltigen Schichten Probleme bereiten (z. B. in der schwäbischen Schichtstufenlandschaft).

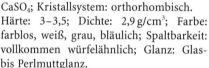

Gips
$CaSO_4 \cdot 2\,H_2O$; Kristallsystem: monoklin.
Härte: 2; Dichte: 2,3 g/cm³; Farbe: farblos, weiß, grau, seltener durch Hämatit rosa; Spaltbarkeit: vollkommen, dünnblättrig; Glanz: Glas- bis Seidenglanz.
Varietäten: Alabaster (weiß, durchscheinend, Zierstein); Marienglas (durchsichtig, plattig, wie Fensterscheiben).
Verwandte Minerale: Anhydrit, Baryt, beide sind aber härter als Gips.
Bestimmungsmerkmale: Kristallform („Schwalbenschwanzzwillinge"), blättrige Spaltbarkeit, Biegsamkeit.
Gips ist in chemisch sedimentären Evaporitabfolgen häufig und kommt in manchen hydrothermalen Erzgängen vor, niemals jedoch magmatisch oder metamorph. Kristalle bis Metergröße kommen aus Hohlräumen in Sedimentabfolgen. Gips ist ein wichtiger Grundstoff in Baugewerbe und Medizinindustrie und wird bei der Verwitterung an- und in geologischen Zeiträumen aufgelöst.

Phosphate

Apatit
$Ca_5(PO_4)_3(F, Cl, OH)$; Kristallsystem: hexagonal.
Härte: 5; Dichte: 3,2 g/cm³; Farbe: farblos, weiß, gelb, rosa, grün, violett, blau; Spaltbarkeit: keine, Bruch muschelig; Glanz: Glas- bis Fettglanz.
Varietäten: Phosphorit (knollig-nieriger Apatit).

Verwandte Minerale: Pyromorphit ($Pb_5(PO_4)_3Cl$), Mimetesit ($Pb_5(AsO_4)_3Cl$), beide grün, gelb, orange oder braun, häufige Verwitterungsminerale in Bleilagerstätten.
Bestimmungsmerkmale: Kristallform (sechsseitige Säulen und Nadeln), Härte.
Apatit ist das häufigste Phosphat in Metamorphiten, Sedimenten und Magmatiten. Er ist ein wichtiges Phosphaterz für Düngemittel und über viele Druck- und Temperaturbereiche stabil. Die verschiedenen Farben werden durch unterschiedliche Spurenelementgehalte verursacht. Er kann viele Kationen (z. B. U, Th, Seltene Erden) und Anionen (z. B. Karbonat, Sulfat, Silikat) einbauen und wird in verschiedenen Methoden zur absoluten Altersbestimmung benutzt. Der menschliche Zahnschmelz und der harte Teile unserer Knochen besteht aus Apatit. F-Apatit ist säureresistenter als Cl- oder OH-Apatit (daher Zahncreme mit F-Zusatz).

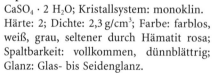

1.7 Ausgewählte Minerale

OL: Weiße Barytkristalle bis 1 cm Größe auf Fluoritwürfel. Wieden, Schwarzwald. **OR:** Hellblaugrauer Anhydrit mit typischer Spaltbarkeit. Staßfurt, Thüringen. BB 8 cm. **MR:** Klarer, 4 cm großer Gipskristall auf Calcit vom Steinbruch Artenberg, Steinach, Schwarzwald. **ML:** Gipskristalle in massivem Gips mit typischem Glanz und Spaltbarkeit. Czarkov, Schlesien. BB 9 cm. **UL:** Fasergips in bis 4 cm langen, dünnen Nadeln. Schwanebeck, Sachsen. **UR:** Grünlicher, 3 cm langer Apatitkristall in Feldspat, z. T. mit rostbraunen Eisenoxidüberzügen. Dronning Maud Land, Antarktis.

Silikate

Olivin
(Mg, Fe, Mn)$_2$SiO$_4$; Kristallsystem: orthorhombisch; Inselsilikat.
Härte: 6,5–7; Dichte: 3,2 (Mg$_2$SiO$_4$) – 4,3 g/cm^3 (Fe$_2$SiO$_4$); Farbe: farblos (Mg$_2$SiO$_4$) über gelb, grün, braun bis schwarzbraun (Fe$_2$SiO$_4$); Spaltbarkeit: in einer Richtung deutlich, in anderen Richtungen Bruch muschelig; Glanz: Glas- bis Fettglanz.
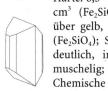
Chemische Endglieder (→ Abschnitt 2.3.2), Varietäten: Forsterit (Mg$_2$SiO$_4$), Fayalit (Fe$_2$SiO$_4$), Tephroit (Mn$_2$SiO$_4$); Peridot ist ein schleifwürdiger, als Schmuckstein verwendeter, intensiv grüner Olivin.
Bestimmungsmerkmale: Farbe (gelblich in Marmoren, grün in Basalten und Ultrabasiten); Glanz, Härte.
Olivin ist das häufigste Mineral des oberen Erdmantels. Forsteritdominierter Olivin findet sich in vielen basischen (z. B. Basalte, Gabbros, Kimberlite), fayalitdominierter Olivin auch in quarzführenden Magmatiten (z. B. Fayalitgranite, Syenite). In manchen Vulkaniten treten so genannte Olivinknollen als mitgerissene Teile des oberen Erdmantels auf. Daneben tritt er in hochgradigen Metamorphiten (Marmore) über 600 °C auf. Durch Hydratisierung werden aus olivinreichen Gesteinen Serpentinite (siehe dort in Abschnitt 1.7). Zu Hochdruckmodifikationen siehe → Abschnitt 2.3.2 und Kasten 3.6. Forsterit und Quarz schließen sich im selben Gestein aus, da sie sofort zum Orthopyroxen Enstatit reagieren.

Zirkon
ZrSiO$_4$; Kristallsystem: tetragonal; Inselsilikat.
Härte: 7,5; Dichte: 4,7 g/cm^3; Farbe: farblos, durch Spurenelementeinbau auch flaschengrün, rot, rosa oder braun; Spaltbarkeit: keine; Bruch muschelig; Glanz: Diamant- bis Fettglanz.
Varietäten: Hyazinth (rot).
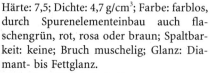
Verwandte Minerale: Thorit (ThSiO$_4$, flaschengrün); Hafnon (HfSiO$_4$, wie Zirkon gefärbt); Monazit ((Ce, La, Dy)PO$_4$) und Xenotim ((Y,Yb)PO$_4$) sind wie Zirkon häufige akzessorische Minerale in Magmatiten, Metamorphiten und Sedimenten, die auch für Altersdatierungen eingesetzt werden. Sie sind meist orangebraun mit hohem Glanz.

Bestimmungsmerkmale: Kristallform (Säulen), bisweilen ein radioaktiver Hof (dunkel verfärbte, schalenförmige Zone um U- und Th-haltige Zirkone, die dabei metamikt, also in ihrer Kristallstruktur zerstört, werden).
Zirkon ist ein häufiges Mineral in differenzierten Magmatiten (→ Abschnitt 3.9), Metamorphiten und in manchen klastischen Sedimenten. Aus Seifenlagerstätten (Flusssanden) gewonnener Zirkon ist die wichtigste Zirkoniumquelle. Zirkon wird häufig für radiometrische Datierungen eingesetzt, da er deutliche Mengen radioaktiver Elemente einbauen kann. Natürlicher Zirkon, insbesondere Hyazinth, wird als Edelstein verschliffen. Im Handel als „Zirkonia" angebotener Ersatz für Diamant besteht heutzutage aus gezüchtetem Zirkoniumoxid, bis zum Ende der 1970er Jahre allerdings noch aus gezüchtetem Zirkoniumsilikat, also künstlichem Zirkon.

Topas
Al$_2$SiO$_4$F$_2$; Kristallsystem: orthorhombisch; Inselsilikat.
Härte: 8; Dichte: 3,5 g/cm^3; Farbe: farblos, durch Spurenelementeinbau auch blau, honiggelb, braun, rosa; Spaltbarkeit: nach einer Richtung vollkommen tafelig, in den anderen Richtungen ist der Bruch muschelig; Glanz: Glasglanz.
Varietäten: Pyknit (gelb, säulig, eingewachsen), Goldtopas (goldgelb).

Verwandte Minerale: Aluminiumsilikate (Disthen, Sillimanit, Andalusit); Beryll.
Bestimmungsmerkmale: Härte, z. T. Farbe, Paragenese, säulige Kristallform.
Topas kommt in Al-reichen, granitischen Magmatiten nicht selten als spätmagmatische Bildung vor, insbesondere in → Greisen und → Pegmatiten. Aus Drusen dieser Pegmatite stammen die begehrten Edelsteine. Daneben gibt es auch Topasrhyolithe mit schönen Kristallen in Gashohlräumen und in manchen → kontaktmetamorphen → Xenolithen.

1.7 Ausgewählte Minerale

OL: Hell- bis mittelgrüner Olivin als Hauptbestandteil eines Mantelxenoliths in grauem Basalt (unten rechts). Dreiser Weiher, Eifel. BB 7 cm. **OR:** Olivinkristalle mit schwarzem Pargasit von Gilgesh, Afghanistan. Diese fast schleifwürdigen Kristalle wurden aus Marmor herauspräpariert und haben über 90 % Forsteritanteil. **UL:** Rotbrauner, 0,5 cm großer Zirkonkristall in schwarzem Biotit und mit Feldspat. Norwegen. **UR:** Glänzende, durchsichtige Topaskristalle bis 3 cm Größe aus Brasilien.

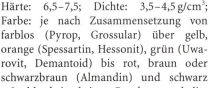

Granate
$A_3B_2Si_3O_{12}$ mit A=Ca, Mn^{2+}, Fe^{2+}, Mg und B=Al, Fe^{3+} oder Cr^{3+}; Kristallsystem: kubisch; Inselsilikat.
Härte: 6,5–7,5; Dichte: 3,5–4,5 g/cm³; Farbe: je nach Zusammensetzung von farblos (Pyrop, Grossular) über gelb, orange (Spessartin, Hessonit), grün (Uwarovit, Demantoid) bis rot, braun oder schwarzbraun (Almandin) und schwarz (Melanit); Spaltbarkeit: keine; Bruch: muschelig, splittrig; Glanz: Glasglanz.
Chemische Endglieder: Grossular (Ca-Al), Almandin (Fe-Al), Pyrop (Mg-Al), Spessartin (Mn-Al), Andradit (Ca-Fe^{3+}), Uwarovit (Ca-Cr), Melanit ($CaNa_2Ti_2Si_3O_{12}$).
Varietäten: Demantoid (Cr-reicher Grossular); Hessonit (orangeroter Spessartin aus alpinen Klüften); Topazolith (ein grünlicher Spessartin).
Verwandte Minerale: Zoisit, Vesuvian, andere Fe-Mg-Silikate.
Bestimmungsmerkmale: Kristallform („fussballähnlich", rundlich), Farbe, Härte, Paragenese.

Granat ist ein häufiges Mineral in vielen Metamorphiten, tritt typischerweise aber erst bei Temperaturen über 400°C auf (→ Abschnitt 3.8; Ausnahme: Spessartin). In Magmatiten ist Granat selten, kommt aber als Almandin-Spessartin-Mischkristall in Leukograniten und als Melanit in Alkalimagmatiten (Syeniten, Phonolithen) vor. In Marmoren treten hell gefärbte (weißlich, gelblich, hellbraun), in sonstigen metamorphen Gesteinen meist dunkle Granate auf, wobei in Schiefern und Gneisen rotbraun und braun häufig ist, in Granatperidotiten dagegen leuchtend kirschrot („Böhmischer Granat"). Grüne Varietäten kommen in Cr-haltigen Gesteinen wie Serpentiniten vor. Granat ist selten derb, sondern meist als Kristall ausgebildet (maximal bis etwa Fussballgröße). Die durchsichtigen roten Varianten sind begehrte Schmucksteine. Grobe Richtlinie: Grossular- und andraditreiche Granate sind meist kontaktmetamorph gebildet, almandinreicher Granat ist für die Mitteldruckregionalmetamorphose typisch und pyropreicher Granat kommt insbesondere in hochdruckmetamorphen Gesteinen vor (→ Abschnitt 3.8).

8 cm große, rhombendodekaedrische Granatkristalle (Almandin) aus dem Ötztal, Österreich.

1.7 Ausgewählte Minerale

OL: Schwarze Granatkristalle (Melanit) mit Calcitkristallen. San Benito County, Kalifornien. BB 4 cm. **OR:** Hellrote Granatkristalle (Hessonit) mit grünlichgrauem Chlorit. Saas Fee, Schweiz. BB 4 cm. **UL:** Grüne Granatkristalle (Demantoid) bis 0,5 cm Größe auf Serpentinit aus dem Val Malenco, Norditalien. **UR:** Hellrosa, 2 cm großer Granatkristall (Grossular) in Kalksilikatfels. Morelos, Mexico.

Disthen (Kyanit), Sillimanit und Andalusit

Al_2SiO_5; Kristallsystem: Sillimanit und Andalusit: orthorhombisch, Disthen: triklin; Inselsilikate.

Härte: Andalusit: 7,5, Sillimanit: 6,5, Disthen: in einer Richtung 4,5, in der anderen Richtung 6,5 (Anisotropie der Härte, daher der Name „Di-sthen"); Dichte: Sillimanit und Andalusit: 3,2, Disthen: 3,7 g/cm³; Farbe: Andalusit: braun bis rosabraun, Sillimanit: farblos, weiß, Disthen: hell- bis leuchtend blau („Kyanit"); Spaltbarkeit: Sillimanit und Andalusit: nach einer Richtung mitunter deutlich, Disthen: vollkommen plattig in einer Richtung, bisweilen auch faserig; Bruch muschelig; Glanz: Glasglanz.

Varietäten: Fibrolith (feinnadelig filziger Sillimanit); Chiastolith (Kreuzstein, in Kreuzform verzwillingter Andalusit).

Verwandte Minerale: Mullit ($Al_6Si_2O_{13}$, nadelig wie Sillimanit, über ca. 1000 °C in Kontaktmetamorphiten und Xenolithen stabil, wichtiger Bestandteil von manchen Keramiken, Porzellan); Titanit ($CaTiSiO_5$, gelb, grün oder braun, in Metamorphiten und Magmatiten, flache, briefkuvertähnliche oder linsige Kristalle).

Bestimmungsmerkmale: Paragenese mit anderen Al-reichen Silikaten, insbesondere Granat und Staurolith, seltener Spinell und Cordierit; Farben und Kristallform: Andalusit als blockige Säulen, Sillimanit als feine weiße Nadeln (mit bloßem Auge meist schwer zu erkennen), Disthen als auffällige blaue Latten; alle drei Aluminiumsilikate kommen besonders häufig und gut ausgebildet in Quarzlinsen vor, die in Al-reichen Metamorphiten liegen (hydrothermale Bildung).

Die drei Aluminiumsilikate sind häufige Minerale in metamorphen Tonsteinen (Metapeliten) und dort sehr charakteristisch für bestimmte Bedingungen der Regionalmetamorphose, Andalusit und Sillimanit auch der Kontakt- und Disthen auch der Subduktionszonenmetamorphose (Al-reiche Amphibolite und Eklogite, → Abschnitt 3.8). Andalusit kommt selten magmatisch in Al-reichen granitischen Gesteinen vor.

Staurolith

$(Fe, Mg)_2Al_9Si_4O_{20}(OH)_4$; Kristallsystem: monoklin; Inselsilikat.

Härte: 7–7,5; Dichte: 3,7 g/cm³; Farbe: rot- bis schwarzbraun; Spaltbarkeit: keine, Bruch muschelig. Glanz: Glasglanz.

Verwandte Minerale: Disthen, Sillimanit, Andalusit; andere Fe-Mg-Silikate.

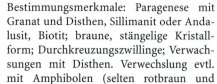

Bestimmungsmerkmale: Paragenese mit Granat und Disthen, Sillimanit oder Andalusit, Biotit; braune, stängelige Kristallform; Durchkreuzungszwillinge; Verwachsungen mit Disthen. Verwechslung evtl. mit Amphibolen (selten rotbraun und kaum in Metapeliten) oder Turmalin (meist glänzend schwarz), Paragenese beachten!

Staurolith ist ein häufiges Mineral in amphibolitfaziellen Metapeliten (→ Abschnitt 3.8.4) und zwischen 500 und 650 °C stabil. Seine Durchkreuzungszwillinge und seine Verwachsungen mit Disthen machen ihn unverwechselbar.

Säulige Andalusitkristalle bis 3 cm Größe in Glimmerschiefer. Tirol.

3 cm großer Durchkreuzungszwilling von Staurolithkristallen in Glimmerschiefer. Bretagne.

1.7 Ausgewählte Minerale

OL: Blaugraue Disthenlatten bis 5 cm Größe mit Staurolith in Glimmerschiefer. Alpe Sponda, Tessin, Schweiz. OR: Farblose Sillimanitnadeln aus Granulitgneis. Dronning Maud Land, Antarktis. BB 6 cm. UL: Typisch rosabrauner, 2 cm großer Andalusitkristall in Quarz. Kärnten, Österreich. UR: Blauer Disthen und brauner Staurolith in Glimmerschiefer. Alpe Sponda, Tessin, Schweiz. BB 6 cm.

Epidot, Klinozoisit, Zoisit

Epidot: $Ca_2Fe^{3+}Al_2((O/OH/(SiO_4)(Si_2O_7))$;
Zoisit, Klinozoisit: $Ca_2Al_3((O/OH/(SiO_4)(Si_2O_7))$; Kristallsystem: Epidot, Klinozoisit: monoklin; Zoisit: orthorhombisch; Gruppensilikate.
Härte: 6–7; Dichte: ca. 3,4 g/cm³; Farbe: Epidot: gelb- bis pistazien- oder schwarzgrün; Zoisit, Klinozoisit: farblos, weiß, grau, bräunlich, gelblich; Spaltbarkeit: nur in einer Richtung, vollkommen tafelig, ansonsten Bruch: muschelig; Glanz: Glasglanz.

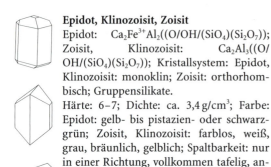

Varietäten: Pistazit (schwarzgrün, höchste Fe^{3+}-Gehalte), Piemontit, Thulit (durch Mn rosa, violett bis violettbraun).
Verwandte Minerale: Vesuvian (Ca-Fe-Al-Silikat, verschiedene Farben, schwer zu unterscheiden, aber seltener); Granate.
Bestimmungsmerkmale: Farbe (sehr auffällig beim Epidot), Paragenese in Ca-Al-reichen Gesteinen, Härte, säulige Kristallform.
Minerale dieser Gruppe sind häufige metamorphe Minerale in einer Vielzahl von Gesteinen, von Grünschiefern über Amphibolite bis zu Blauschiefern und Eklogiten (→ Abschnitt 3.8.5). Sie zeigen immer relativ Ca- und Al-reiche Gesteine an (ehemalige Mergel oder Basalte). In klastischen Sedimentiten sind sie verbreitet, in Graniten als magmatisches Mineral dagegen sehr selten (Epidot).

Cordierit

$(Mg, Fe)_2Al_3Si_5AlO_{18}$; Kristallsystem: orthorhombisch; Ringsilikat.
Härte: 7; Dichte: 2,6 g/cm³; Farbe: hellblau, blaugrau, bräunlich; Spaltbarkeit: keine, Bruch muschelig; Glanz: Fettglanz (wie Quarz).
Varietäten: Pinit ist ein durch Wasserzufuhr in ein Gemenge aus Muskovit, Zoisit und Chlorit umgewandelter, grün-speckiger, ehemaliger Cordierit.
Verwandte Minerale: andere Fe-Mg-Silikate; Osumilith (K-reicher Cordieritverwandter in Vulkaniten und sehr heißen Kontaktmetamorphiten über 900 °C, rosa bis braun); Sapphirin $((Fe,Mg,Al)_8(Al,Si)_6O_{20}$, blaugrau bis blauschwarz, in hochmetamorphen, Al-reichen Gesteinen über 600 °C, sehr ähnlich Cordierit, aber dunkler und nicht sechseckig; selten).
Bestimmungsmerkmale: blaß bläuliche Farbe; Paragenese mit Granat und Sillimanit, Spinell; sechseckige, z.T. säulige Kristallform; Verwechslung mit Quarz leicht möglich, da gleicher Glanz, Bruch und Härte, außer Farbe keine sichere Unterscheidung im Gelände.
Auch Cordierit ist ein Mineral der hochtemperierten metamorphen Tonsteine über etwa 500 °C (→ Abschnitt 3.8.4). Er kommt auch in Kontaktaureolen um Plutone vor, wo er typische → Knotenschiefer bildet. Cordierit hat an klaren Stücken einen deutlichen → Pleochroismus von blau nach braun. In seiner Ringstruktur kann Cordierit H_2O, CO_2 und verschiedene andere Moleküle einbauen, die seine Stabilität verändern.

Schwarzgrüne, glänzende Epidotkristalle („Pistazit") mit olivgrünem Anbruch und graugrünem Aktinolith. Knappenwand, Untersulzbachtal, Österreich. BB 14 cm.

OL: Bis 4 cm lange Zoisitkristalle in Quarz von Prägraten, Tirol. **OR:** Schwarzgrüner Epidotkristall von 4 cm Länge aus dem Piemont, Italien. **UL:** Braune Zoisitkristalle in Calcitmarmor von Altermark, Norwegen. BB 7 cm. **UR:** Hellblaugrauer, derber Cordierit mit braunem Biotit von Tvedestrand, Norwegen. BB 9 cm. Der Cordierit hat mehrere grünliche Verfärbungen. Hierbei handelt es sich um beginnende „Pinitisierung", also Hydratisierung zu Chlorit, Zoisit und Muskovit.

Beryll

$Be_3Al_2Si_6O_{18}$; Kristallsystem: hexagonal; Ringsilikat.

Härte: 7,5–8; Dichte: 2,7 g/cm³; Farbe: farblos, grau, weiß bzw. siehe bei Varietäten; Spaltbarkeit: keine, Bruch muschelig; Glanz: Glasglanz.

Varietäten: Smaragd (grün durch Cr^{3+}); Aquamarin (hellblau); Morganit (leuchtend rot); Heliodor (goldgelb).

Verwandte Minerale: Topas; Turmalin; Korund; Bazzit ist ein seltener blauer Scandiumberyll.

Bestimmungsmerkmale: Härte, Farbe, Vorkommen häufig in → Pegmatiten; säulige Kristallform.

Beryll ist ein typisches Mineral in granitischen → Pegmatiten, insbesondere in → Leukograniten. Er bildet bisweilen riesige Kristalle (bis 18 m, größter Kristall der Welt). Seine Varietäten werden als kostbare Edelsteine gesucht, wobei Aquamarin relativ häufig, Smaragd seltener und Morganit sehr selten ist. Smaragd kommt ausschließlich in Cr-haltigen, biotitreichen Metamorphiten vor, nicht in Pegmatiten. Beryll ist ein wichtiges Berylliumerz und kann signifikante Gehalte von Li, Cs und Rb enthalten.

Turmalin

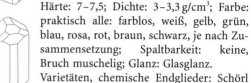

$XY_3(Al, Fe^{3+}, Mn^{3+})_6(OH)_4(BO_3)_3(Si_6O_{18})$ mit X=Na, Ca und Y=Al, Fe^{2+}, Fe^{3+}, Li, Mg, Ti^{4+}, Cr^{3+}; Kristallsystem: trigonal; Ringsilikat.

Härte: 7–7,5; Dichte: 3–3,3 g/cm³; Farbe: praktisch alle: farblos, weiß, gelb, grün, blau, rosa, rot, braun, schwarz, je nach Zusammensetzung; Spaltbarkeit: keine, Bruch muschelig; Glanz: Glasglanz.

Varietäten, chemische Endglieder: Schörl (schwarz), Elbait (grün), Dravit (grün), Indigolith (blau)

Verwandte Minerale: Beryll.

Bestimmungsmerkmale: Stängelige Kristallform mit dreieckigem Querschnitt, Farbe (in Gesteinen meist glänzend schwarz, die anderen Farben praktisch nur in Marmoren (grün) und Pegmatiten).

Turmalin ist mikroskopisch in fast allen Gesteinstypen ein häufiges Mineral, große Kristalle kommen aber insbesondere aus → Pegmatiten. Er ist der wichtigste Borträger in Gesteinen. Durchsichtige, farbige Kristalle werden gern zu Edelsteinen verschliffen. Ihre große Zahl an Elementeinbaumöglichkeiten macht die Turmalingruppe zu einem aktuellen Forschungsgegenstand.

Blaugrauer, 3 cm langer Beryllkristall in Quarz von Hornberg, Schwarzwald.

Zoniert gefärbte Turmalinkristalle bis 1 cm Größe von San Pietro, Elba, Italien.

1.7 Ausgewählte Minerale

OL: 4 cm langer Beryllkristall („Aquamarin") in Aplitgranitgang von Dronning Maud Land, Antarktis. **OR:** Verwachsung von schwarzem Fe-reichem Turmalin („Schörl") und Quarz. Roßgrabeneck, Nordrach, Schwarzwald. BB 6 cm. **UL:** Roter Li-reicher Turmalin in rosa Glimmerschiefer (Lepidolithschiefer). San Diego County, Kalifornien. BB 5 cm. **UR:** Anpolierte Scheibe, die senkrecht durch einen großen, zonierten Turmalinkristall geschnitten wurde. Die dreizählige Symmetrie ist gut erkennbar. Ouro Preto, Brasilien. BB 10 cm.

Pyroxene

$XYSi_2O_6$ mit X=Li, Na, Ca, Fe^{2+}, Mg und Y=Fe^{2+}, Fe^{3+}, Mg, Mn, Ti, Al, Cr^{3+}; Kristallsystem: orthorhombisch (Orthopyroxene) oder monoklin (Klinopyroxene); Einfachkettensilikate.

Härte: 5,5 (Enstatit) – 7 (Jadeit); Dichte: 3,2–3,5 g/cm³; Farbe: farblos, weiß, gelblich, grün, braun, schwarz, je nach Zusammensetzung; Spaltbarkeit: deutlich tafelig-plattig in zwei Richtungen, Bruch muschelig, teils faserig wirkend; Glanz: Glasglanz. Chemische Endglieder und Strukturtypen: → Kasten 2.8 in Abschnitt 2.3.2.

Varietäten: Augit (schwarz, Klinopyroxen, Mischung aus Diopsid, Hedenbergit, Enstatit und Ferrosilit); Omphacit (grün, Klinopyroxen, Mischung aus Jadeit und Augit); Pigeonit (Ca-armer Klinopyroxen, nur über ca. 800 °C stabil; s. auch Kasten 3.26). Verwandte Minerale: Amphibole; andere Fe-Mg-Silikate; Wollastonit.

Bestimmungsmerkmale: tafelige oder stängelige Kristallform, Farbe (Omphacit grün, insbesondere, wenn Cr^{3+}-haltig; Augit glänzend schwarz); Spaltbarkeiten im 90°-Winkel; leicht mit Amphibol verwechselbar (→ Abb. 2.30), mit bloßem Auge oft nicht sicher zu bestimmen.

Pyroxene sind häufige Minerale in magmatischen und metamorphen Gesteinen und in klastischen Sedimenten. In basaltischen Magmatiten kommt vor allem Augit, in granitischen eher Orthopyroxen oder Hedenbergit und in Syeniten häufig der grüne Aegirinaugit oder Aegirin vor. In metamorphen Gesteinen kommen sowohl braune Orthopyroxene wie auch dunkelgrünliche Hedenbergit-Diopsid-Mischungen in Granuliten vor, Jadeit und Omphacit in Eklogiten und manchen Blauschiefern. Omphacit/Jadeit und Plagioklas schließen sich in ihrem Vorkommen gegenseitig aus.

Wollastonit

$CaSiO_3$; Kristallsystem: monoklin; Einfachkettensilikat.

Härte: 5; Dichte: 2,8–2,9 g/cm³; Farbe: weiß; Spaltbarkeit: keine, Bruch splittrig, faserig; Glanz: Seidenglanz.

Verwandte Minerale: Amphibole; Pyroxene; Pyroxmangit ($MnSiO_3$, braun) und Rhodonit ((Mn,Ca)SiO_3, rosa) sind wie Wollastonit Pyroxenoide (s. u.). Bestimmungsmerkmale: strahlige, reinweiße, nadelige Sonnen und Büschel, Paragenese mit Andradit oder Diopsid; Vorkommen in Kontaktaureolen.

Wollastonit ist ein Pyroxenoid mit ähnlicher Kristallstruktur wie die Pyroxene, wobei nur die Orientierung mancher Tetraeder in den Ketten (→ Abschnitt 2.3.2) verändert ist (Abb. 1.24). Wollastonit kommt in granulitfaziellen und kontaktmetamorphen Marmoren und Kalksilikaten über etwa 400 °C vor und wird als faseriges Industriemineral gewonnen. Hinsichtlich seiner Stabilität siehe → Abschnitt 3.8.3.

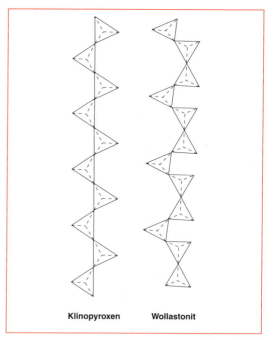

Weiße, plattige Wollastonitkristalle mit grünem Klinopyroxen. Willsborough, New York. BB 4 cm.

1.24 Strukturaufbau von Pyroxen (links, einfache, alternierende Silikattetraederketten) und Wollastonit (rechts, doppelt alternierend). Details zum Bau von Silikaten siehe in Abschnitt 2.3.2.

1.7 Ausgewählte Minerale

OL: Hellgrüne Diopsidkristalle in Kalksilikatfels von Eisenberg, Böhmen. BB 7 cm. **OR:** Brauner Orthopyroxen („Bronzit") mit typischer Spaltbarkeit. Bayreuth. BB 6 cm. **UL:** Nadelige, schwarze Aegirinkristalle in Nephelinsyenit. Ilímaussaq, Südgrönland. BB 7 cm. **UR:** Schwarze Augitkristalle in braunem Vulkanit mit weißen, zeolithgefüllten Entgasungshohlräumen. Limberg am Kaiserstuhl, Baden. BB 5 cm.

OL: Durch Cr grün gefärbter Omphacit in Zoisitfels mit glänzenden Phengitschuppen (ein Glimmer). Ehemals ein Gabbro, wird das Gestein heute „Smaragditgrabbro" genannt. Syros, Griechenland. BB 8 cm. **OR:** Gelbliche Diopsidkristalle in Calcit von Arendal, Norwegen. BB 5 cm. **U:** Nadelige Wollastonitsonnen mit braunem Granat auf Orthogneis. Steinbruch Artenberg, Steinach, Schwarzwald. BB 17 cm.

Amphibole

$A_{0-1}B_2C_5(Si, Al)_8O_{22}(OH, Cl, F)_2$ mit A=K und Na, B = Ca und Na sowie B und C=Fe^{2+}, Fe^{3+}, Ti, Mg, Mn, Al, Cr^{3+}; Li usw.; Kristallsystem: orthorhombisch (Orthoamphibole) oder monoklin (Klinoamphibole); Doppelkettensilikate.
Härte: 5,5–6; Dichte: 2,9–3,4 g/cm³, je nach Zusammensetzung; Farbe: weiß, gelblich, grün, braun, schwarz, je nach Zusammensetzung; Spaltbarkeit: deutlich tafelig-plattig in zwei Richtungen; Glanz: Seidenglanz, auf Kristallflächen Glasglanz.
Chemische Endglieder und Strukturtypen: → Kasten 2.10 in Abschnitt 2.3.2.
Varietäten: Hornblende (schwarz, Klinoamphibol, Mischkristall aus Tremolit, Aktinolith, Edenit, Pargasit usw.); Grammatit (seidig grau, ein Tremolit).
Verwandte Minerale: Pyroxene; Serpentine; andere Fe-Mg-Silikate.
Bestimmungsmerkmale: stängelige oder nadelige Kristallform, Farbe (Hornblende glänzend schwarz, Tremolit seidig weiß bis hellgrau, Glaukophan blaugrau bis blau, Aktinolith hell- bis dunkelgrün, Orthoamphibole braun); Spaltbarkeiten im 120°-Winkel; leicht mit Pyroxen (→ Abb. 2.30) und Turmalin verwechselbar, ersterer hat andere Spaltwinkel, letzterer einen dreiseitigen Querschnitt; Hornblende ist mit bloßem Auge bisweilen nicht sicher zu bestimmen, Glaukophan und Aktinolith aufgrund ihrer Farbe schon; fein nadeliger Tremolit ist von Wollastonit kaum unterscheidbar.
Amphibole sind häufige Minerale in Metamorphiten, vielen Magmatiten (allerdings nur selten in Granit) und in manchen klastischen Sedimenten. In Marmoren tritt meist Tremolit auf, in Grünschiefern Aktinolith, in Amphiboliten Hornblende, in Blauschiefern Glaukophan und in Metapeliten und Metaultrabasiten Orthoamphibole wie Anthophyllit. In magmatischen Gesteinen handelt es sich praktisch ausschließlich um Hornblenden in Basalten, Andesiten und Tonaliten oder Arfvedsonit und andere alkalireiche Amphibole in Syeniten, Phonolithen und anderen foidführenden Gesteinen. Amphibol ist selten derb, sondern meist sind die Kristalle gut nadelig oder stängelig und bis mehrere Zentimeter groß ausgebildet. Sehr feinnadeliger Amphibol wird, wie auch faseriger → Serpentin, als Asbest bezeichnet.

Hornblendegarbenschiefer vom Val Tremola, Gotthard, Schweiz, BB 10 cm.

1.7 Ausgewählte Minerale

S. 62 OL: Blaugrauer, feinnadeliger Glaukophan mit grünen Omphacitkristallen. Syros, Griechenland. BB 8 cm. **OR:** Braune Stengel von Anthophyllit bis 7 cm Länge. Sterzing. Tirol. **U:** Magmatische, gedrungene Hornblendekristalle in Vulkanit von Hull, Quebec, Kanada. BB 6 cm. **S. 63 O:** Weiße Tremolitgarben mit grauem Calcit. Campolungo, Tessin, Schweiz. BB 12 cm. **UL:** Grüne Aktinolithstkristalle in Glimmerschiefer. Zillertal, Österreich. BB 8 cm. **UR:** Amphibolasbest („Krokydolith") in durch Eisenoxide braunem Quarzit. Prieska, Südafrika. BB 4 cm.

Glimmer

$XY_3(Si, Al)_4O_{10}(OH, Cl, F)_2$; X = K, Na oder Ca; Y = den C-Plätzen der Amphibole entsprechend (siehe dort); Kristallsystem: monoklin; Schichtsilikate.

Härte: 2–3; Dichte: 2,7–3,2 g/cm³, je nach Zusammensetzung; Farbe: farblos-silbrig, weiß, gelblich, grün, rot, rotbraun, braun, schwarz; Spaltbarkeit: vollkommen blättrig; Glanz: Perlmuttglanz.

Chemische Endglieder und Strukturtypen: → Kasten 2.9 in Abschnitt 2.3.2.

Varietäten: Biotit ist ein Mischkristall aus Phlogopit, Annit und weiteren Endgliedern; Hellglimmer ist eine Mischung aus Muskovit, Paragonit und Phengit; Fuchsit ist ein grüner Cr-Muskovit, Illit ist ein feinkörniger, schlecht kristallisierter Muskovit mit K-Unterschuss, der am Übergang zu → Tonmineralen ist (der Grad seiner Kristallinität wird als Temperaturanzeiger benutzt – je besser kristallisiert, desto höher die Temperatur). Der in Sedimenten verbreitete Glaukonit ist ein eisenhaltiger Muskovit der Formel $(K,Na)(Fe^{3+},Al,Mg)_2(Si,Al)_4O_{10}(OH)_2$.

Verwandte Minerale: Chlorite, Talk, Tonminerale, weitere Schichtsilikate; Chloritoid (siehe bei Chlorit).

Bestimmungsmerkmale: Farbe (Hellglimmer und Margarit sind silbrig-weiß bis grau, in dickeren Paketen auch braungrau, Biotite sind rotbraun, braun bis schwarz, in Marmoren auch hellbraun durchsichtig), Glanz, Dünnblättrigkeit, geringe Härte, sechsseitige Blättchen, Biegsamkeit (Ausnahme: Margarit).

Glimmer sind in vielen metamorphen, magmatischen und klastisch-sedimentären Gesteinen (in letzteren nur Hellglimmer) häufig und fallen aufgrund ihres „Glitzerns" sofort ins Auge. In Marmoren kommt hauptsächlich Phlogopit vor, in Hochdruckgesteinen Phengit und Paragonit und in metamorphen Mergeln oder in Korundgesteinen Margarit. In allen übrigen Metamorphiten treten sowohl Hell- wie Dunkelglimmer auf. Metamorphe Reaktionen von Glimmern sind in → Abschnitt 3.8 beschrieben. In Magmatiten ist hauptsächlich Biotit verbreitet, nur in Zweiglimmergraniten tritt auch Hellglimmer hinzu. Ultrabasische Mantelgesteine und Kimberlite führen Phlogopit. Als typische Schichtsilikate sind Glimmer kaum zu verwechseln, lediglich grüne Glimmer sehen Chloriten sehr ähnlich. Glimmer werden als Wärmedämmmaterial und für Pigmente industriell gewonnen.

Chlorite

$(Mg, Fe, Al)_6(Si, Al)_4O_{10}(OH)_8$; Kristallsystem: monoklin; Schichtsilikate.

Härte: 2; Dichte: um 2,65 g/cm³; Farbe: grün, seltener braun; Spaltbarkeit: vollkommen, blättrig; Glanz: Perlmuttglanz.

Chemische Endglieder: Es gibt viele verschiedene chemische Endglieder, die in ihrer Zusammensetzung vor allem vom Gesamtgesteinschemismus abhängen. Der wichtigste ist Klinochlor $(Mg_5Al_2Si_3O_{10}(OH)_8)$.

Varietäten: Pennin (stapelförmige Klinochloraggregate in alpinen Klüften).

Verwandte Minerale: Glimmer, Talk, Tonminerale; Serpentine; Chloritoid $(Fe^{2+},Mg,Mn)_2Al_4Si_2O_{10}(OH)_4$, blättrig, aber härter als Chlorit, grünlich bis schwarzbräunlich, in Al-reichen, metamorphen Gesteinen zwischen 300 und 500 °C, sehr schwer von Chlorit und Biotit zu unterscheiden.

Bestimmungsmerkmale: grüne Farbe, blättrige Spaltbarkeit, geringe Härte, sechsseitige Blättchen; lediglich mit blättrigem Serpentin zu verwechseln, hier ist die Unterscheidung manchmal schwierig.

Chlorite sind häufige Minerale in fast allen metamorphen Gesteinen und in klastischen Sedimenten und aufgrund ihrer grünen Farbe gut zu erkennen.

Weißliche bis grünliche (je nach Lage und Glanz) Chloritkristalle auf Kluftfläche in Grünschiefer. Traversella, Piemont, Italien. BB 6 cm.

1.7 Ausgewählte Minerale

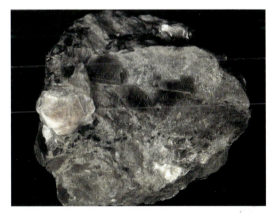

O: Typische Pakete tafeliger Li-reicher Hellglimmer („Zinnwaldit"). Zinnwald, Tschechien. BB 5 cm. **ML:** 3 cm großer Biotitkristall in Pegmatit. Bellinzona, Schweiz. **UL:** Durch Cr grün gefärbter Hellglimmer („Fuchsit"). Ouro Preto, Brasilien. BB 8 cm. **MR:** Perfekter, 1 cm großer Kristall von Phlogopit in Calcitmarmor mit gelbem Diopsid. Xenolith vom Vesuv, Italien. **UR:** Typisch silbrig glänzender Muskovit. Winkelsdorf, Mähren. BB 10 cm.

Talk

$Mg_3Si_4O_{10}(OH)_2$; Kristallsystem: monoklin; Schichtsilikat.
Härte: 1; Dichte: 2,7 g/cm^3; Farbe: weiß, hell grünlich; Spaltbarkeit: vollkommen, blättrig; Glanz: Perlmutt- bis Seidenglanz.
Verwandte Minerale: Glimmer, Tonminerale, Chlorite, Pyrophyllit ($Al_2Si_4O_{10}(OH)_2$, weiß, etwas härter als Talk).
Bestimmungsmerkmale: Weichheit (mit Fingernagel ritzbar), fühlt sich beim Reiben seifig an (dieses Kriterium macht Talk unverwechselbar), sechsseitige Blättchen.
Talk kommt in manchen metamorphen Gesteinen bei Temperaturen bis maximal etwa 500 °C vor, insbesondere in Marmoren und Metaultrabasiten. Dichter Talk wird als Speckstein bezeichnet. Talk und Speckstein sind wichtige Grundstoffe der Farben-, Papier- und Keramikindustrie, Speckstein dient als Naturwerkstein für bildende Künstler.

Serpentine

$Mg_6Si_4O_{10}(OH)_8$; Kristallsystem: monoklin, orthorhombisch, triklin; Schichtsilikate.
Härte: 3,5–4; Dichte: 2,54 g/cm^3; Farbe: hell- bis schwarzgrün; Spaltbarkeit: vollkommen, faserig (Chrysotil), blättrig (Antigorit, Lizardit); Glanz: Perlmuttglanz.
Chemische Endglieder: → Kasten 2.9 in Abschnitt 2.3.2.
Verwandte Minerale: Chlorit, Glimmer, Amphibole.
Bestimmungsmerkmale: Paragenese mit Granat und Disthen, Sillimanit oder Andalusit, Biotit; braune, stängelige Kristallform; Durchkreuzungszwillinge; Verwachsungen mit Disthen. Verwechslung evtl. mit Amphibolen (selten rotbraun und kaum in Metapeliten) oder Turmalin (meist glänzend schwarz), Paragenese beachten!
Serpentine entstehen hauptsächlich bei der Hydratisierung von olivinführenden Gesteinen (→ Serpentinite). Es gibt zwei wichtige Typen von Serpentin, die sich sehr geringfügig auch chemisch unterscheiden (die obige Formel ist nur eine Annäherung): den Faserserpentin Chrysotil und den Blätterserpentin Antigorit. Beide haben ähnliche Strukturen (→ Kasten 2.9, Abschnitt 2.3.2), jedoch sind beim Chrysotil die Tetraeder-Oktaeder-Schichten eingerollt (daher die faserige Form), beim Antigorit nicht. Faseriger Chrysotil wird wie feinfaseriger Amphibol als Asbest bezeichnet und wurde früher industriell als feuerfestes Baumaterial verwendet, bis die Gesundheitsrisiken erkannt wurden: Die winzigen Nädelchen können, einmal eingeatmet, Lungenbläschen durchstechen und dadurch Krebs auslösen. In Serpentingesteinen kommt häufig Magnetit, teils in perfekt ausgebildeten Oktaedern, vor.

Tonminerale

Mineralgruppe äußerst feinschuppiger Schichtsilikate; Kristallsystem: monoklin.
Härte: 1–2; Dichte: 2,6 g/cm^3; Farbe: weiß, bräunlich (durch Verunreinigungen); Spaltbarkeit (soweit erkennbar): blättrig; Glanz: Perlmutt- bis Seidenglanz.
Wichtige Tonminerale: Kaolinit ($Al_4Si_4O_{10}(OH)_8$), Montmorillonit (($Na,Ca)_{0.3}(Al,Mg)_2Si_4O_{10}(OH)_2 \cdot n\, H_2O$), Halloysit ($Al_4Si_4O_{10}(OH)_8 \cdot n\, H_2O$); Smektit (($0.5\, Ca, Na)_{0.7}Mg_{0.7}Al_{3.3}Si_8O_{20}(OH)_4$); Strukturen siehe → Kasten 2.9 in Abschnitt 2.3.2.
Verwandte Minerale: Glimmer, Serpentine, Chlorite, Talk, Pyrophyllit (siehe bei Talk).
Bestimmungsmerkmale: sichere Bestimmung optisch nicht möglich, zudem meist extrem kleinkristallin; Kaolin (Porzellanerde), dessen Hauptbestandteil Kaolinit ist, bleibt an der feuchten Zunge kleben. Tonminerale sind in jedem Boden vorhanden und bestimmen dort dessen Wasser- und Ionenaufnahmekapazität, also dessen Fruchtbarkeit. Während Zweischichttonminerale (Kaolinit, Halloysit), in denen zwei Tetraeder-Schichten fest miteinander verbunden sind, aufgrund ihrer molekularen Struktur keine guten Wasserspeicher- und sehr schlechte Ionenspeicherfähigkeiten haben, sind Dreischichttonminerale wie Montmorillonit, in denen sowohl Wasser als auch Ionen reversibel eingebaut und freigesetzt werden können, die Garanten für fruchtbare Böden. Die Bestimmung von Tonmineralen erfolgt ausschließlich über Röntgendiffraktometrie (→ Abschnitt 2.5.3).

1.7 Ausgewählte Minerale

OL: Chrysotilasbest von Disentis, Graubünden, Schweiz. BB 9 cm. **ML:** Adern aus Faserserpentin (Chrysotil) in Serpentinit aus dem Val Malenco, Norditalien. BB 4 cm. **UL:** Weißlich-grünlicher Talk mit typischem Glanz. Kohemiz, Böhmen. BB 5 cm. **OR:** Gepresster Kaolinit. Hirschau, Oberpfalz. BB 16 cm. **MR:** Strahliger Pyrophyllit in bis 2 cm großen Sonnen. No Mine, North Carolina. **UR:** Blätterserpentin (Antigorit). Tiefencastel, Graubünden, Schweiz. BB 3 cm.

1 Makroskopische Bestimmung von Mineralen und Gesteinen

Feldspäte
Albit: $NaAlSi_3O_8$, K-Feldspat: $KAlSi_3O_8$, Anorthit: $CaAl_2Si_2O_8$; Kristallsystem: triklin, bei hohen Temperaturen monoklin; Gerüstsilikate.
Härte: 6; Dichte: $2,6-2,7\,g/cm^3$; Farbe: weiß, durch Mineraleinlagerungen braun, schwarz; Spaltbarkeit: vollkommen, plattig; Glanz: an frischen Kristallen Glasglanz.

Varietäten: bzgl. Namen für spezielle Zusammensetzungen und Strukturen siehe → Abb. 2.32; Amazonit ist ein durch Pb^{3+} (!) grün gefärbter Mikroklin; Mondstein ist ein Alkalifeldspat mit hellblauem Farbspiel; Adular ist ein Tieftemperatur-K-Feldspat und Periklin ein Tieftemperaturalbit aus alpinen Klüften;
Verwandte Minerale: Foide, Zeolithe; Lawsonit $(CaAl_2Si_2O_7(OH)_2 \cdot H_2O$, weiße Rauten in blauschieferfaziellen Gesteinen, siehe Abb. bei Blauschiefer).
Bestimmungsmerkmale: Bruch, Härte, Farbe, Kristallformen.
Feldspäte sind die häufigsten Minerale der Erdkruste. Ihre komplizierte Einteilung und Benennung ist ausführlich in → Abschnitt 2.3.2 dargestellt. Plagioklase (Ca-Na-Feldspäte) kommen in den meisten magmatischen Gesteinen vor, Alkalifeldspäte (K-Na-Feldspäte) insbesondere in Graniten, Granodioriten, Syeniten und Phonolithen. In klastischen Sedimenten kommen auch reiner Albit oder reiner K-Feldspat vor. In metamorphen Gesteinen sind beide Feldspattypen über große Temperaturbereiche hinweg stabil, wobei reiner Albit nur bei tiefen Temperaturen oder hohen Drucken vorkommt. Plagioklas kommt in Blauschiefern und Eklogiten nicht vor, da er oberhalb von 6–10 kbar (je nach Zusammensetzung) zu Glaukophan oder Klinopyroxen reagiert (→ Abschnitt 3.8.5). K-Feldspat dagegen ist auch unter Bedingungen des oberen Erdmantels stabil. Besonders schöne, scharfkantige Kristalle von Alkalifeldspäten bis Metergröße findet man in → Pegmatiten. Bekannt sind schöne Zwillingsbildungen beim K-Feldspat („Karlsbader Zwillinge"), polysynthetische Verzwillingung beim Plagioklas (nur unter dem Mikroskop sichtbar). Der Mondsteineffekt und das Labradorisieren entstehen durch winzigste, das Licht brechende Entmischungslamellen. Mondstein schillert dabei schwach bläulich, das Labradorisieren erzeugt bunt schillernde Farben (gelb, grün und rot). Feldspäte mit diesen Effekten werden gerne als Schmucksteine verschliffen. Der Labradoreffekt wurde nach der Feldspatart Labradorit benannt (→ Abb. 2.32), doch kommt er auch in anderen Plagioklasen vor.

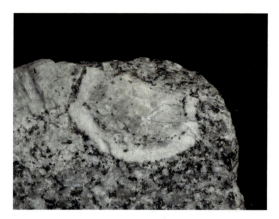

Zonierter, 5 cm großer Feldspatkristall aus dem Granit von Tiefenstein, Südschwarzwald. Innen grauer Alkalifeldspat, außen weißer Plagioklas („Rapakivi-Textur").

Brauner, in verschiedenen Farben schillernder („labradorisierender") Plagioklas in Anorthosit aus dem Dronning Maud Land, Antarktis. BB 10 cm.

1.7 Ausgewählte Minerale

O: Durch Pb-Einbau grün gefärbter Alkalifeldspat („Amazonit") aus Colorado, USA. BB 15 cm. **ML:** Albitkristalle („Periklin") mit Quarz aus alpiner Zerrkluft. Tirol. BB 4 cm. **UL:** Orthoklaskristalle bis 4 cm Größe aus Pegmatit von Hornberg, Schwarzwald. **R:** 4 cm großer Sanidinkristall in Trachyt vom Drachenfels, Siebengebirge bei Bonn.

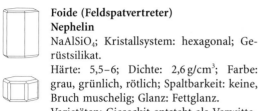

Foide (Feldspatvertreter)
Nephelin

NaAlSiO$_4$; Kristallsystem: hexagonal; Gerüstsilikat.

Härte: 5,5–6; Dichte: 2,6 g/cm^3; Farbe: grau, grünlich, rötlich; Spaltbarkeit: keine, Bruch muschelig; Glanz: Fettglanz.

Varietäten: Gieseckit entsteht als Verwitterungsprodukt durch Oxidation geringer Mengen von im Nephelin enthaltenem Eisen.

Verwandte Minerale: Feldspäte; andere Foide, insbesondere Kalsilit (KAlSiO$_4$, grau, wie Nephelin, aber viel seltener) und Melilith (Ca,Na)$_2$(Al,Mg,Fe^{2+})(Si,Al)$_2$O$_7$, grauweißes, stängeliges Gruppensilikat, selten in basaltähnlichen Vulkaniten); Zeolithe.

Bestimmungsmerkmale: Glanz, sechsseitige, säulige Kristalle, Paragenese mit anderen Alkaliminerale wie Sodalith, Aegirin, Arfvedsonit, nie zusammen mit Quarz; verwittert leicht und ist dann an seiner grau-narbigen, angefressenen Oberfläche zu erkennen, während die Feldspäte noch frisch erscheinen. Nephelin ist ein häufiges Mineral in quarzfreien Alkalimagmatiten (z.B. Foidsyenite, Phonolithe, Foyaite; siehe auch Abb. bei Foidit). In Vulkaniten und Subvulkaniten ist er meist gut kristallisiert und dann einfach zu erkennen, in Plutoniten ist er sehr schwer zu erkennen. Quarz und Nephelin schließen sich aus, sie würden miteinander zu Feldspäten reagieren. In metamorphen Gesteinen ist Nephelin extrem selten, in Sedimentiten kommt er nicht vor.

Sodalith

Na$_8$Al$_6$Si$_6$O$_{24}$Cl$_2$; Kristallsystem: kubisch; Gerüstsilikat.

Härte: 5–6; Dichte: 2,3 g/cm^3; Farbe: weiß, gelb, grün, intensiv rosa, blau; Spaltbarkeit: keine, Bruch muschelig; Glanz: Fettglanz.

Varietäten: Hackmanit (rosa).

Verwandte Minerale: → Feldspäte; → Nephelin; → Zeolithe; die Minerale Nosean (Na$_8$Al$_6$Si$_6$O$_{24}$SO$_4$, weiß, bläulich), Hauyn ((Na, Ca)$_{4\text{-}8}$Al$_6$Si$_6$O$_{24}$(SO$_4$)$_{1\text{-}2}$, blau) und Lapis Lazuli ((Na, Ca)$_8$Al$_6$Si$_6$O$_{24}$(S, SO$_4$, Cl), leuchtend blau, geschätzter Schmuckstein) haben mit Sodalith identische Strukturen und kommen wie Sodalith in Alkalimagmatiten (v. a. Vulkaniten) vor, Lapis Lazuli auch in Marmoren.

Bestimmungsmerkmale: im Anbruch sechseckige oder runde, sonst „fussballähnliche" Kristallform; Paragenese mit anderen Alkaliminerale wie Nephelin, Aegirin, Arfvedsonit, nie zusammen mit Quarz; verwittert leicht und ist dann an seiner grau-narbigen, angefressenen Oberfläche zu erkennen, während die Feldspäte noch frisch erscheinen.

Sodalith ist ein Mineral, das ausschließlich in Alkalimagmatiten, insbesondere in Foidsyeniten und Phonolithen oder deren hydrothermalen Begleitgesteinen, vorkommt. Er bildet Mischkristalle mit Hauyn und Nosean. Die unterschiedlichen Farben entstehen vornehmlich durch Gitterdefekte (siehe → Abschnitt 2.4.1) und Einbau von S-Atomen in unterschiedlicher Koordination; die rosa Farbe (Hackmanit) ist häufig am Tageslicht nicht stabil und verblasst bzw. wird grün.

Leucit

KAlSi$_2$O$_6$; Kristallsystem: tetragonal, bei hohen Temperaturen kubisch; Gerüstsilikat.

Härte: 5,5–6; Dichte: 2,5 g/cm^3; Farbe: weiß, gelblich, grau; Spaltbarkeit: keine, Bruch muschelig; Glanz: Glasglanz.

Verwandte Minerale: Sodalith, Nephelin, andere Foide (siehe bei Sodalith); Analcim (NaAlSi$_2$O$_6$ · 2H$_2$O, selbe Kristallform, farblos, weiß, auch durchsichtig, schwer von Leucit zu unterscheiden); Zeolithe.

Bestimmungsmerkmale: Kristallform („Leucitoeder" = → Rhombendodekaeder, → Ikositetraeder, „fussballähnliche" Kristalle; im Anbruch rundlich); Paragenese mit anderen Alkaliminerale, nie zusammen mit Quarz.

Leucit ist ein Mineral, das ausschließlich in alkalireichen Vulkaniten und Subvulkaniten auftritt, daneben auch in → pyroklastischen Gesteinen K-reicher, SiO$_2$-armer Vulkane. In anderen Gesteinen fehlt Leucit völlig. Er verwittert leicht zu Zeolithen und wird dann weich, mürbe und häufig gelblich.

OL: Grünliche Nephelinkristalle mit typischen Querschnittsformen aus Nephelinsyenit. Kolahalbinsel, Russland. BB 6 cm. **OR:** Grüne Sodalithkristalle bis 0,5 cm Größe in weißem Feldspat mit dem rotbraunen Zr-Silikat Eudialyt. Nephelinsyenit der Ilímaussaqintrusion, Südgrönland. BB 7 cm. **UL:** Blauer Sodalith mit Feldspat in Nephelinsyenit von Bancroft, Ontario, Kanada. BB 7 cm. **UR:** 2 cm großer Leucitkristall in Hohlraum eines Vulkanits vom Vesuv, Italien.

Zeolithe

Na-K-Ca-haltige, wasserreiche Gerüstsilikate mit großen Hohlräumen in der Struktur; Kristallsystem: monoklin. Härte: 3,5–5,5; Dichte: 2–2,4 g/cm³; Farbe: weiß, gelblich, grau, selten orangegelb, rötlich, rosa oder intensiv grün (nur Apophyllit); Spaltbarkeit: meist gut, tafelig bis blättrig; Glanz: Glasglanz.

Wichtige Zeolithe: Klinoptilolith $((Na,K,Ca)_{2-3}Al_3(Al,Si)_2Si_{13}O_{36} \cdot 12H_2O)$, (a) Heulandit $((Ca,Na)_2 Al_2Si_7O_{18} \cdot 6H_2O)$, (b) Desmin (Stilbit, $CaAl_2Si_7O_{18} \cdot 7H_2O$), (c) Laumontit $(CaAl_2Si_4O_{12} \cdot 4H_2O)$, (d) Apophyllit $(KCa_4(Si_4O_{10})_2F \cdot 8H_2O)$, (e) Natrolith $(Na_2Al_2Si_3O_{10} \cdot 2H_2O)$, (f) Phillipsit $(KCaAl_3Si_5O_{16} \cdot 6H_2O)$, (g) Chabasit $(CaAl_2Si_4O_{12} \cdot 6H_2O)$, Okenit $(Ca_3[Si_6O_{15}] \cdot 6H_2O)$, daneben viele weitere.

Verwandte Minerale: Foide, Feldspäte, Analcim $(NaAlSi_2O_6 \cdot 2H_2O)$.

Bestimmungsmerkmale: geringe Härte, weiß, häufig pulvrig oder krustig, in ehemalig gasgefüllten Hohlräumen häufig als sehr schöne Kristalle, Vorkommen in verwitterten oder sehr niedrig metamorphen Basalten; Unterscheidung der Zeolithe untereinander nur mittels Röntgendiffraktometrie (→ Abschnitt 2.5.3) möglich.

Zeolithe sind wasserhaltige Gerüstsilikate mit Al, Na und Ca als vorherrschende Bestandteile. Aufgrund ihrer käfigartigen Strukturen (Abb. 1.25) können sie auch andere Ionen einbauen, z.B. Cs, Rb oder Li. Dies geschieht zum Teil selektiv, da die Käfiggröße von Zeolith zu Zeolith variiert – dies macht sie technisch hoch interessant. So werden sie z.B. in großem Umfang (1000 t-weise) als Ionenaustauscher und als Wasserenthärter in Waschmitteln eingesetzt, wobei heute künstlich hergestellte, für bestimmte Ionen optimierte Zeolithe die natürlichen weitgehend vom Markt verdrängt haben. Der häufigste Zeolith ist Natrolith, der industriell wichtigste ist Klinoptilolith. Laumontit verliert in Sammlungsräumen irreversibel Kristallwasser und zerfällt.

Bis 2 cm große Garben von Stilbit (Desmin) auf Basalt. Island.

Zeolithgefüllter Hohlraum in Basalt mit grünem Prehnit und weißem Gyrolith. Poona, Indien. BB 20 cm.

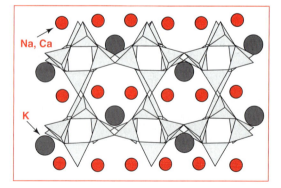

1.25 Kristallstruktur des Zeoliths Philippsit. Alkalien besetzen die großen Hohlräume im SiO₄-Tetraedergerüst. Siehe auch in Abschnitt 2.3.2.

1.7 Ausgewählte Minerale

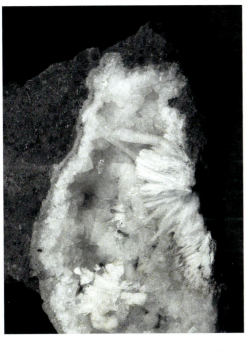

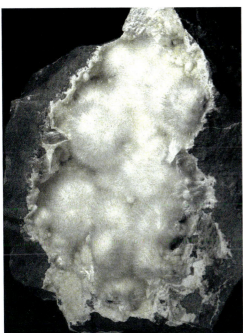

OL: Stengelige Natrolithkristalle mit rhomboedrischen Chabasitkristallen. Frombach, Pfalz. BB 5 cm. **OR:** 5 cm großer Hohlraum in Basalt aus Poona, Indien. Auf blaugrauem, gebändertem Chalcedon sitzen weiße Bällchen von Okenit. **UL:** Samtige Kugeln von Okenit in Basalthohlraum. Poona, Indien. BB 7 cm. **UR:** Grünliche Apophyllitkristalle bis 3 cm Größe auf rotbraunem Heulandit. Rio Grande do Sul, Brasilien.

1.8 Ausgewählte Gesteine

Plutonite

Granit und Granodiorit
Hauptbestandteile: K-Feldspat, Plagioklas, Quarz, Biotit; in Zweiglimmergraniten auch Muskovit.
Untergeordnete Bestandteile: Hornblende; Alkaliamphibole und Aegirin (Alkaligranite); Orthopyroxen und/oder Augit, Pigeonit, und Fayalit (Rapakivigranite, Charnockite); Turmalin, Topas und Fluorit (Leukogranite, Pegmatite), Beryll (Pegmatite), Zirkon, Titanit, Apatit, Ilmenit, Magnetit, Pyrit, Pyrrhotin.
Granodiorit enthält im Vergleich zu Granit mehr Plagioklas und weniger Alkalifeldspat, es bestehen aber fließende Übergänge; ansonsten identische Mineralogie.
Granite und Granodiorite sind mengenmäßig die wichtigsten plutonischen Gesteine der kontinentalen Kruste. Sie kommen in vielen Farben und Körnigkeiten vor, sind aber meist leicht zu erkennen. Ihre Schmelztemperatur liegt zwischen etwa 500 °C (Pegmatite) und 950 °C (Charnockite). Die unterschiedlichen Möglichkeiten ihrer Entstehung werden in Abschnitt 3.9 näher erläutert.
Wichtige Varianten:
- Leukogranit: überwiegend Quarz und Alkalifeldspat, weniger als 5 % Mafite, häufig mit „Greisen" verbunden (siehe Abschnitt 3.9.3) und reich an seltenen Elementen wie Sn, Be, Li, F, B; enthält die weltweit wichtigsten Zinnlagerstätten; → S-Typ-Granit (Kasten 3.18).
- Alkaligranit: kaum oder kein Plagioklas; kann Na-reiche Minerale wie Na-Amphibole (Arfvedsonit) und Aegirin enthalten; häufig in Gebieten zusammen mit Syeniten; → I- oder A-Typ-Granit.
- Rapakivigranit: benannt nach finnischer Typlokalität; enthält meist wasserarme Pyroxen-Olivin-Oxid-Vergesellschaftung und typisch zonierte, häufig eiförmige Feldspäte, die um einen Kern aus Alkalifeldspat einen Rand aus Plagioklas zeigen; → A-Typ-Granit.
- Granitpegmatit, häufig einfach „Pegmatit": sehr grobkörniges Gestein (Kristalle bis mehrere Meter Größe) in Linsen, Stöcken oder Gängen, kristallisiert aus wasserreichem Rest einer granitischen Schmelze mit sehr geringer Schmelztemperatur (ca. 450–600 °C); führt häufig Muskovit und Turmalin, bisweilen Beryll, Fluorit, Topas und viele weitere, seltene Minerale; enthält wichtige Edelsteinlagerstätten; kommt in allen Granittypen vor, nur in → S-Typ-Graniten aber angereichert an vielen → inkompatiblen Elementen (Cs, Be, Li, B, F; Abschnitt 3.9.2), dort wichtige Lagerstätten für Cs und Li.
- Charnockit: wasserarmer, hoch temperierter (>750 bis etwa 950 °C) A-Typ-Granit, meist mit ternären Feldspäten (Mesoperthiten, die Ca, Na und K enthalten, daher „ternär"); entsteht durch Aufschmelzung bzw. → Fraktionierung von Basalten (Abschnitt 3.9.2); häufig zusammen mit Anorthositen; so genannte „metamorphe Charnockite" entstehen durch Entwässerung von Biotit-Graniten oder Orthogneisen.
- Aplitgranit: sehr feinkörnige Granitvariante, meistens arm an Mafiten, häufig gangförmig zusammen mit Pegmatiten.
- Zweiglimmergranit: Al-reicher → S-Typ-Granit mit Muskovit neben Biotit.

Pegmatit mit Quarz, Feldspat, Biotit und blauem Beryll. Dronning Maud Land, Antarktis. BB 8 cm.

4 cm breiter Aplitgang in Diorit, Rickardsreut, Bayrischer Wald.

1.8 Ausgewählte Gesteine

OL: Rosa K-Feldspat, grauer Quarz, weißer Plagioklas und schwarzer Biotit in Granit von Reichenberg, Böhmen. BB 8 cm. **OR:** Rapakivigranit mit typisch eiförmigen, bis 4 cm großen Alkalifeldspäten mit grünlichem Plagioklasrand in biotitreicher Matrix. **UL:** Pegmatit in Granit, Tröstau, Fichtelgebirge. BB 8 cm. **UR:** Granit mit verschiedenen Korngrößen von Gefrees, Fichtelgebirge. BB 8 cm.

Syenite

Hauptbestandteile: K-Feldspat, Plagioklas, Biotit, in manchen Syeniten seltene Na-Zr-Silikate (Eudialyt, Katophorit).

Untergeordnete Bestandteile: Foide (Nephelin, Sodalith) oder Quarz oder keines dieser Minerale; Hornblende, Alkali-Amphibole (Arfvedsonit) und Aegirin (Alkalisyenite); Orthopyroxen und/oder Augit, Pigeonit und Fayalit (Larvikit); Fluorit, Zirkon, Titanit, Apatit, Ilmenit, Magnetit.

Syenite sind deutlich seltener als Granite. Meist handelt es sich um I-Typ-Granitoide, die aus der → Fraktionierung von alkali-reichen Mantelschmelzen (z.B. → Alkaliolivinbasalten, Abb. 3.53) entstehen. Sie sind, wie viele Alkali-Magmatite, häufig an Grabenbrüche (Rifts) gebunden. Schmelztemperaturen liegen meist zwischen 700 und 900 °C.

Wichtige Varianten:
- Foidsyenit: kein Quarz, aber Foide, wobei meist Nephelin dominiert (Nephelinsyenit), seltener Sodalith; häufig alkalireich und dann mit Arfvedsonit und Aegirin; in manchen Fällen Anreicherung von Na-Zr-Silikaten, die wichtige Lagerstätten für Zr, Nb und Seltene Erden bilden können (z.B. Halbinsel Kola, Russland); bisweilen Vergesellschaftung mit Karbonatiten; viele spezielle Namen für Texturen und Lokalitäten (Lujavrit, Kakortokit, Ijolith, Urtit...).
- Mangerit: wasserarmer, hochtemperierter (>800 °C) Syenit mit häufig ternären Feldspäten; gold- bis rotbraune Farbe; Enstehung wie → Charnockit, kommt meist zusammen mit diesem und → Anorthosit vor.
- Alkalisyenit: praktisch Plagioklas-frei; häufig mit Arfvedsonit und Aegirin sowie weiteren Na- oder K-reichen Mineralen; Vorkommen häufig zusammen mit Alkaligraniten.
- Larvikit: Varietät mit 90% → Anorthoklas, z.T. mit schönem → Labradorisieren (siehe bei Feldspat).

Ähnliche Gesteine: Monzonit (mehr Plagioklas, weniger Alkalifeldspat, aber fließender Übergang zu Syenit, ansonsten identische Mineralogie); Foyait (kein Quarz, dafür Foide (meist Nephelin), immer mit Alkaliamphibolen oder -pyroxenen, typische graue, geriefte Alkalifeldspäte; fließener Übergang zu Nephelinsyeniten).

Sodalithsyenit mit grünem Aegirin, weißem Alkalifeldspat und blauem Sodalith. Bahiah, Brasilien. BB 6 cm.

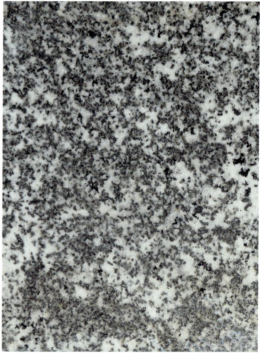

Syenit von Ilimaussaq, Südgrönland. Weißer ternärer Alkalifeldspat, grüner Olivin und schwarzer Klinopyroxen. BB 5 cm.

1.8 Ausgewählte Gesteine

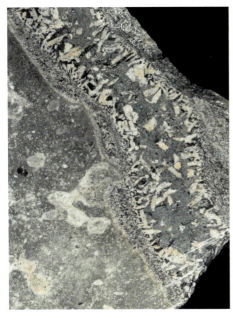

OL: Gang aus Alkalifeldspatsyenit vom Katzenbuckel, Odenwald. Die bis 2 cm großen Alkalifeldspäte stehen senkrecht auf der Begrenzung des Ganges in eine grünliche, aegirinreiche Matrix hinein. **OR:** Syenit von Biella, Piemont, Italien: rosa Alkalifeldspat, weißer Plagioklas und schwarzer Biotit. BB 8 cm. **UL:** Nephelinsyenit von Ilimaussaq, Südgrönland. In unterschiedlichen Lagen („Layers") dominieren roter Eudialyt, schwarzer Amphibol oder weißer Feldspat. Weiße, im Anbruch würfelförmige Nepheline sind in allen Lagen vorhanden. BB 8 cm. **UR:** Nephelinsyenit von Monchique, Portugal: weiße Alkalifeldspäte, braune Nepheline und schwarze Amphibole. BB 8 cm.

Tonalit

Hauptbestandteile: Plagioklas (Anorthitgehalt zwischen 30 und 50 Mol-%), Quarz, Hornblende, Biotit. Meist sehr mafitreich.

Untergeordnete Bestandteile: K-Feldspat; Augit; Titanit, Zirkon, Apatit, Ilmenit, Magnetit, Pyrit, Pyrrhotin.

Tonalite und die verwandten Diorite sind relativ hochtemperierte (750-850°C) Schmelzen, die meist durch → Fraktionierung aus Mantelschmelzen entstehen (→ I-Typ-Granitoide). Die kontinentale Kruste hat im Durchschnitt tonalitische Zusammensetzung.

Ähnliche Gesteine, Verwechslungsmöglichkeiten: Diorit (Tonalit mit wenig oder ohne Quarz, fließende Übergänge zwischen beiden Gesteinen; Kugeldiorite aus Korsika und Finnland zeigen sonderbare, nicht völlig verstandene kugelförmige Absonderungen); → Gabbro; → Granodiorit.

Gabbro

Hauptbestandteile: Plagioklas (Anorthitgehalt zwischen 50 und 90 Mol-%), Augit, auch Hornblende und/oder Biotit. Typisch ist magmatisches Layering (Kasten 3.25).

Untergeordnete Bestandteile: Quarz oder Nephelin (sehr selten), meist keines dieser Minerale; Orthopyroxen; Olivin; Pigeonit; Apatit, Ilmenit, Magnetit, Pyrit, Pyrrhotin, Chalcopyrit.

Gabbros sind grobkörnig auskristallisierte, wasserarme Mantelschmelzen. Man findet sie in vielen geologischen Zusammenhängen, z.B. auch in → Ophiolithen (Kasten 3.14). Kristallisationstemperaturen von Gabbros liegen zwischen 900 und 1300°C.

Wichtige Varianten:
- Troktolith: enthält Olivin statt Augit.
- Norit: enthält Orthopyroxen oder Pigeonit statt Augit.

Ähnliche Gesteine, Verwechslungsmöglichkeiten: Essexit (Alkaligabbro mit Plagioklas, Alkalifeldspat und Foiden); Anorthosit (>90% Plagioklas, sonst mit Gabbro identische Mineralogie; z.T. als riesige Komplexe, die durch die → Fraktionierung von Basalten (Abschnitt 3.9.2) an der Kruste-Mantel-Grenze entstehen; enthalten Feldspäte meist um 50 Mol-% Anorthitgehalt, bisweilen mit sehr schönem → Labradorisieren, die als Schmucksteine Verwendung finden).

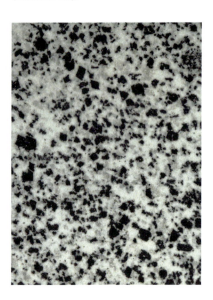

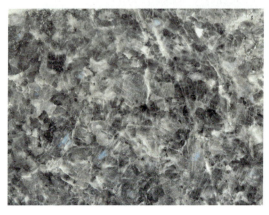

L: Tonalit mit schwarzen Hornblendekristallen aus dem Adamello, Norditalien. **OR:** Anorthosit von Pernambuco, Brasilien: braune Plagioklaskristalle mit durch Deformation weißem Rand in Matrix aus Klinopyroxen. BB 8 cm. **UR:** Reiner Anorthosit aus Kamenia Pertsch, Russland, der nur aus teilweise labradorisierendem Plagioklas besteht. BB 6 cm.

OL: Tonalit von Aschaffenburg, Oberfranken. BB 6 cm. **OR:** Gabbro aus Skaergaard, Ostgrönland. Grenze zwischen heller, plagioklasreicher und dunkler, klinopyroxen- und oxidreicher Lage („layer"). BB 7 cm. **UL:** Gabbro. Porto, Korsika. BB 6 cm. **UR:** Feinkörniger Gabbro von Fuerteventura, Kanaren. BB 5 cm.

Ultramafitite

Karbonatit

Hauptbestandteile: Karbonate: meist Calcit, seltener Dolomit oder Siderit, ein Fall (Oldoinyo Lengai in Tansania) mit den Na- und Na-Ca-Karbonaten Gregoryit und Nyerereit.

Untergeordnete Bestandteile: Apatit, Mn-reicher Forsterit, Perowskit.

Karbonatite sind Mantelschmelzen, die häufig zusammen mit → Nepheliniten, Melilithiten und verschiedenen Syeniten auftreten. Karbonatite können durch direktes Aufschmelzen eines karbonatreichen Mantels, durch Schmelzentmischung aus einer CO_2-reichen basaltischen Schmelze oder durch Fraktionierung von CO_2-reichen Basalten entstehen. Natrokarbonatite sind die vulkanischen Schmelzen mit den niedrigsten bekannten Temperaturen (490 °C), Calcitkarbonatite dürften bei ihrer Kristallisation etwa 600-800 °C heiss gewesen sein. Häufig mit Karbonatiten vergesellschaftet sind Fenite, meist sehr Na- und K-reiche, silikatische, → metasomatische Gesteine, die durch Einwirkung eines magmatischen Fluids verändert wurden (Abschnitt 3.9.3).

Wichtige Varianten:
- Søvit: Calcitkarbonatit (kommt z.B. im Kaiserstuhl in Südwestdeutschland vor)
- Natrokarbonatit: wasserlösliches, vulkanisches Gestein das nur vom Vulkan Oldoinyo Lengai in Tansania bekannt ist. Wandelt sich innerhalb von Wochen an feuchter Luft bzw. Nebel und Regen durch Auswaschung des Na-Anteils in Søvit um.

Ähnliche Gesteine, Verwechslungsmöglichkeiten: Zu verwechseln allenfalls mit den metamorphen → Marmoren.

Dunit, Peridotit

Hauptbestandteile: Olivin (> 90 % in Duniten, zwischen 40 und 90 % in Peridotiten); Orthopyroxen, Augit.

Untergeordnete Bestandteile: Spinelle (meist Cr-reich), Granat (in Erdmantelgesteinen meist pyropreich), Amphibole, Ilmenit, Magnetit, Plagioklas (in magmatischen Peridotiten häufig Ca-reich).

Wichtige Varianten: Dunite und Peridotite sind olivinreiche magmatische oder metamorphe Gesteine. Beide Typen werden hier gemeinsam behandelt, da sie mineralogisch identisch und im Aussehen häufig sehr ähnlich sind.
- Magmatische Dunite/Peridotite: → Kumulate basaltischer Schmelzen, meist im unteren Teil eines flach liegenden Ganges (Lagerganges) oder einer Magmenkammer durch physikalische Separation von Olivin und Pyroxenen von der Schmelze, bei ihrer Kristallisation meist etwa 1200 °C heiss. Magmatische Dunite/Peridotite findet man häufig als cm- bis meter-dicke Lagen in Gabbro- oder Anorthositkomplexen, die sich mit plagioklasreichen Lagen abwechseln (magmatisches Layering, siehe Kasten 3.25).
- Metamorphe Dunite/Peridotite: Erdmantelgesteine oder metamorph überprägte magmatische Dunite/Peridotite. Im oberen Erdmantel bis etwa 400 km Tiefe ist Olivin das dominierende Mineral und Peridotite, Harzburgite und Dunite sind die vorherrschenden Gesteine. Man findet sie entweder als Xenolithe in Basalten und Kimberliten (cm- bis dm-Größe), als Linsen (m- bis 100 m-Größe) oder innerhalb kompletter Ophiolithkomplexe (100 m- bis km-große Teile von Ozeankruste), die während Gebirgsbildungsprozessen in kontinentale Kruste eingeschuppt wurden.

Reine Olivin-Orthopyroxen-Gesteine ohne Augit heißen Harzburgite. Die Namen Peridotit und Lherzolith sind austauschbar zu verwenden.

Ähnliche Gesteine, Verwechslungsmöglichkeiten: Pyroxenit und Hornblendit (ebenfalls entweder magmatische Kumulate oder Metamorphite mit >90 % Pyroxen bzw. Amphibol; Pyroxenit meist Klinopyroxen, häufig Diopsid oder Augit; Hornblendit aus Hornblende). Siehe Abb. 1.12.

Die in Duniten bzw. Peridotiten vorkommende Al-Phase ist, abhängig vom Druck (→ Kasten 3.10 in Abschnitt 3.8.2), entweder Spinell, Granat oder Plagioklas. In Erdmantelduniten/-peridotiten sind Olivin, Orthopyroxen und Klinopyroxen meist sehr Mg-reich, haben also forsteritische, enstatitische und diopsidische Zusammensetzung. In magmatischen Duniten/Peridotiten können die Minerale auch Fe-reicher sein.

Karbonatit aus grauweißem Calcit mit schwarzen Körnchen von Mg-reichem Magnetit. Schelingen, Kaiserstuhl. BB 9 cm.

1.8 Ausgewählte Gesteine 81

OL: Calcit-Karbonatit mit bräunlichen Phlogopitkristallen. Oka, Quebec, Kanada. BB 7 cm. **OR:** Pyroxenit. Magmatisches Kumulat schwarzer Klinopyroxenkristalle in weißer Plagioklasmatrix. Fuerteventura, Kanaren. BB 6 cm. **UL:** Granatperidotit. Alpe Arami, Tessin, Schweiz. BB 8 cm. **UR:** Dunit. Oman. BB 7 cm.

Vulkanite/Subvulkanite

Rhyolithe

Hauptbestandteile: Glas bzw. extrem feinkörnige Matrix; K-Feldspat; Plagioklas, Quarz, Biotit.
Untergeordnete Bestandteile: alle Minerale, die auch in Graniten vorkommen.
Rhyolithe sind makroskopisch schwer zu bestimmen, da sie extrem feinkörnig oder glasig sind. Lediglich Einsprenglingskristalle können helfen, wenn die Rhyolithe → porphyrisch ausgebildet sind. Es gibt praktisch zu jeder der erwähnten Granitarten vulkanische, also rhyolithische Äquivalente. → Bimse und Obsidiane (vulkanische Gläser) haben häufig rhyolithische Zusammensetzung. Rhyolithische Schmelzen sind sehr zähflüssig und erzeugen daher sehr explosive, so genannte plinianische Vulkanausbrüche.

Wichtige Varianten:
– Quarzporphyr: Rhyolith mit Einsprenglingskristallen von Quarz und bisweilen Biotit.
– Granitporphyr: Rhyolith mit Einsprenglingskristallen von K-Feldspat, Quarz und bisweilen Biotit und/oder Plagioklas.
– Pantellerit: Vulkanisches Äquivalent zum Alkaligranit mit Alkaliamphibol und -pyroxen.
Ähnliche Gesteine, Verwechslungsmöglichkeiten: Feinkörnige Vulkanite wie z.B. Dacite oder Trachyte sehen häufig sehr ähnlich aus, daher immer Einsprenglingskristalle beachten, sichere Bestimmung allerdings nur auf chemischem Wege; Trachyt enthält meist große, dünntafelige K-Feldspat-Großkristalle; vulkanische Äquivalente zu Monzoniten, die Latite, sind relativ selten.

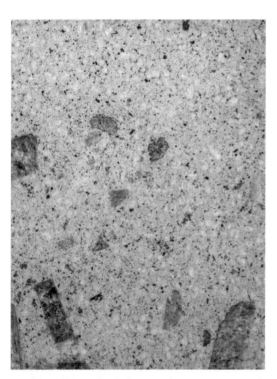

Trachyt mit porphyrischer Struktur vom Stenzelberg, Siebengebirge bei Bonn. Bis 3 cm große Alkalifeldspatkristalle in sehr feinkörniger Matrix.

Glasig aufgeschäumter Obsidian. Die weißen Hohlräume enthielten aus der Schmelze freigesetzte Gase. Das schwarze Material dazwischen ist rhyolithisches Glas. Lipari, Italien. BB 6 cm.

1.8 Ausgewählte Gesteine

OL: Rhyolith von Wurzen, Sachsen. Weiße K-Feldspatkristalle und grauer Quarz schwimmen in brauner, sehr feinkörniger Matrix. BB 12 cm. **OR:** Rhyolith von Halle a. d. Saale. Weiße bis rosa K-Feldspäte in brauner Grundmasse. BB 10 cm. **UL:** Rhyolithischer Bims von Lipari, Italien. BB 10 cm. **UR:** Rhyolithischer Ignimbrit mit typischen „fiammae", schwarzen, fladenartigen Glasfetzen in sehr feinkörniger Matrix. Ecuador. BB 8 cm.

Andesit

Hauptbestandteile: Glas bzw. extrem feinkörnige Matrix; Plagioklas, bisweilen Quarz (Quarzandesit), Hornblende.

Untergeordnete Bestandteile: alle Minerale, die auch in Dioriten und Tonaliten vorkommen, insbesondere Biotit und Augit.

Andesite sind an Subduktionsvorgänge gebunden und kommen z. B. in Inselbögen und an aktiven Kontinenträndern vor (Abschnitt 3.9.1). Ihr Haupterkennungsmerkmal sind meist nadelige bis stängelige Einsprenglinge von Hornblende.

Wichtige Varianten:
– Quarzandesit: Vulkanisches Äquivalent des Tonalits, deutlich quarzführend.

Ähnliche Gesteine, Verwechslungsmöglichkeiten: Dacit und Rhyodacit sind die vulkanischen Äquivalente des Granodiorits; sie sind den Andesiten sehr ähnlich, enthalten aber mitunter K-Feldspat-Einsprenglinge. Es gilt das bei den Rhyolithen Gesagte: feinkörnige Vulkanite sehen häufig sehr ähnlich aus und eine sichere Bestimmung ist nur auf chemischem Wege möglich.

Kimberlit

Hauptbestandteile: Glas oder sehr feinkörnige Matrix, Olivin, Al- und Cr-reicher Diopsid.

Untergeordnete Bestandteile: Mg-reicher Ilmenit, Granat (Cr-reicher Pyrop), Phlogopit, Calcit, seltene Ba-K-V-Titanate, Monticellit ($CaMgSiO_4$) und Diamant.

Kimberlite sind sehr wasser-, CO_2- und K-reiche Vulkanite, die mit sehr hohen Geschwindkeiten (bis zu 300 m/h) aus bis zu 400 km Tiefe an die Erdoberfläche kommen und dort extrem explosiv sind. Meist sind es kleine Schlote mit nur einigen 100 m Durchmesser, die bisweilen aufgrund ihres Diamantengehaltes bis in mehrere 1000 m Tiefe abgebaut werden. Kimberlite enthalten aufgrund ihres rasanten Aufstiegs immer Bruchstücke anderer Gesteine, z. B. von → Eklogiten und → Peridotiten. Die überwiegende Zahl von Kimberliten entstand in der Kreide (vor 60–150 Millionen Jahren), während die Diamanten überwiegend zwischen 1 und 4 Milliarden Jahre alt sind; Diamanten sind in Kimberliten also überwiegend mitgerissene Xenokristalle aus zerbrochenen Peridotiten und Eklogiten, sie sind nicht aus der Kimberlitschmelze gebildet worden (Ausnahme: Mikrodiamanten).

Wichtige Varianten:
– Orangeit: Glimmerkimberlit, nur aus Südafrika bekannt.

Ähnliche Gesteine, Verwechslungsmöglichkeiten: Lamproite (K- und Mg-reiche Gesteine, die aus Ti-Phlogopit, Ti-K-Amphibol, Forsterit, Al-armem Diopsid, Leucit und Sanidin bestehen; die derzeit weltweit produktivste Diamantenlagerstätte Argyle in W-Australien baut auf einem Lamproit); Verwechslung aufgrund der brekziösen Struktur und der typischen Minerale kaum möglich; Kimberlite und Lamproite sind sehr seltene, aber ökonomisch wichtige Gesteine.

Andesit mit bis 1 cm großen Einsprenglingskristallen von Plagioklas in feinkörniger Grundmasse. Belfahy, Südvogesen.

Kimberlit mit Bruchstücken von Nebengestein (hell) und Mantelgesteinen (oben rechts, mit intensiv grünem Klinopyroxen). Premier Mine, Südafrika. BB 10 cm.

1.8 Ausgewählte Gesteine

OL: Feinkörniger Andesit mit schwarzen Amphibolkristallen. Santorin, Griechenland. BB 8 cm. **OR:** Dacit aus dem Apusen, Rumänien. Plagioklaskristalle in feinkörniger Grundmasse. BB 7 cm. **UL:** Quarzführender Andesit aus Ecuador. Die Matrix ist hier sehr dunkel und glasreich. BB 7 cm. **UR:** Kimberlit mit Bruchstücken von Nebengesteinen und von Erdmantelgesteinen. Der 5 cm große hellbraune Mantelxenolith im oberen Bildteil enthält grünen Cr-Diopsid und rötliche Granatkristalle, es handelt sich also um einen Xenolith aus Granatperidotit. Premier Mine, Südafrika. BB 8 cm.

Foidführende Vulkanite

Foidit
Hauptbestandteile: Glas oder sehr feinkörnige Matrix, Foide (meist Nephelin, seltener Leucit, Melilith, oder Sodalith), K-Feldspat, Plagioklas.
Untergeordnete Bestandteile: Biotit, Alkaliamphibole und -pyroxene, Zirkon, Apatit, Spinelle, Magnetit, und weitere, seltene, alkalireiche Minerale.
Foidite sind relativ seltene Gesteine, die meist mit Riftzonen oder mit kleineren, intrakontinentalen Magmatitprovinzen in Beziehung stehen. Häufig sehen sie basaltähnlich aus.
Ähnliche Gesteine, Verwechslungsmöglichkeiten: Wegen ihres hohen Gehalts an Foiden und da die Foide meist typische Kristallformen haben (→ Abschnitt 1.6), sind die porphyrischen Varietäten meist gut zu erkennen; nicht-porphyrische Varietäten sehen aus wie Basalte und müssen mikroskopisch oder chemisch bestimmt werden; Leucitite, Nephelinite und Melilithite sind feldspatfreie Gesteine mit jeweils mehr als 10 % Leucit, Nephelin oder Melilith. Die letzteren beiden sind z. B. für die Schwäbische Alb und den Hegau typisch.

Phonolith („Klingstein")
Hauptbestandteile: Glas oder sehr feinkörnige Matrix, K-Feldspat, Foide (Leucit, Sodalith, Nephelin).
Untergeordnete Bestandteile: Aegirin, Plagioklas, Arfvedsonit, Granat (Melanit), Wollastonit, Ilmenit, Olivin, Apatit, Titanit, Magnetit, Pyrrhotin, Zirkon und weitere, seltene, Alkali-reiche Minerale.
Phonolithe sind häufig grünlich aussehende, wiederum nur anhand ihrer Einsprenglinge eindeutig zu identifizierende Gesteine. Bei ihrer Verwitterung bilden sie Zeolithe, auf Klüften z. T. schöne Kristalle davon. Bisweilen klingen frische Stücke beim Anschlagen besonders hell („Klingstein").
Ähnliche Gesteine, Verwechslungsmöglichkeiten: Wiederum alle feinkörnigen Vulkanite, eine chemische Analyse ist die einzige zweifelsfreie Identifizierung.

Tephrit
Hauptbestandteile: Glas oder sehr feinkörnige Matrix, Plagioklas, Foide (Leucit, Nephelin, Sodalith).
Untergeordnete Bestandteile: Augit, Olivin, Ilmenit, Magnetit, Apatit.
Tephrite sind basaltähnliche Gesteine mit deutlichem Foidgehalt. Sie kommen meist zusammen mit anderen alkalireichen Gesteinen (Phonolithen, Syeniten, Nepheliniten, Melilithiten) und Basalten vor, gelegentlich auch mit Karbonatiten.
Wichtige Varianten:
– Basanit: Olivintephrit.
Ähnliche Gesteine, Verwechslungsmöglichkeiten: Basalte sehen sehr ähnlich aus, enthalten aber keine Foideinsprenglinge; einsprenglingsfreie Tephrite sind ohne chemische Analyse nicht sicher zu bestimmen.

Foidit mit großen, bräunlich umgewandelten Nephelinkristallen vom Katzenbuckel, Odenwald. BB 10 cm.

1.8 Ausgewählte Gesteine

OL: Leucittephrit mit bis 1 cm großen Leucitkristallen in feinkörniger Matrix. Roccamonfina, Italien. **OR:** Leucit-Nephelin-Tephrit von Mendig, Eifel. Das blaue Körnchen ist Hauyn, ein Mineral der Sodalithgruppe. BB 5 cm. **UL:** Phonolith vom Hohenkrähen, Hegau, Südbaden. Typisch ist die grünliche Grundmasse, in der weiße Alkalifeldspatkristalle schwimmen. BB 7 cm. **UR:** Sehr feinkörniger, grünlicher Phonolith aus Poppenhausen, Rhön. BB 5 cm.

Basalte
Hauptbestandteile: Glas oder sehr feinkörnige Matrix, Plagioklas, Augit.
Untergeordnete Bestandteile: Olivin, Orthopyroxen, Ilmenit, Magnetit, Apatit, Biotit.
Basalte sind die wichtigsten Vulkanite, da sie den gesamten Ozeanboden aufbauen. Ihre Entstehung und ihr Bezug zur Tektonik sind ausführlich in → Abschnitt 3.9.2 bis 3.9.4 erläutert. Es sind immer Mantelschmelzen, die bei ihrer Extrusion zwischen 1000 und 1300 °C heiss sind. Basaltische Vulkane sind meist weniger explosiv als rhyolitische oder andesitische Vulkane (strombolianische oder hawaiianische Tätigkeit), da die Schmelzen heißer und aufgrund ihres geringeren SiO_2-Gehaltes dünnflüssiger sind (→ Abschnitt 3.9). Dies führt auch zu in sonstigen Schmelzen kaum beobachteten Phänomenen wie → Lapilli, → Bomben oder speziellen Lavaformen. Basalte sind sehr hart und haben einen ausgesprochen splittrigen Bruch. Bisweilen enthalten sie → Xenolithe von mitgerissenem Mantelgestein (→ Dunit, → Peridotit) oder Gesteine der durchquerten Unterkruste (→ Granulite).
Wichtige Varianten:
– Tholeiite: enthalten neben Plagioklas und Augit zusätzlich Olivin und Orthopyroxen;
– Quarztholeiite: enthalten neben Plagioklas und Augit noch Quarz und Orthopyroxen;
– Alkaliolivinbasalte: enthalten neben Plagioklas und Augit immer Olivin und eventuell Nephelin (sehr selten).
Ähnliche Gesteine, Verwechslungsmöglichkeiten: alle feinkörnigen, dunklen Vulkanite, insbesondere Tephrite, Melilithite und Nephelinite, sehen Basalten ähnlich. Sicherheit kann nur eine chemische Analyse geben.

Pahoehoelava aus Hawaii. Typisch sind die seilartigen Wülste der abgeschreckten Oberfläche. BB 10 cm.

Dichter Basalt aus Hawaii, links mit, rechts ohne Entgasungshohlräume. Rechts sind grünliche Olivinkristalle angereichert. BB 8 cm.

1.8 Ausgewählte Gesteine

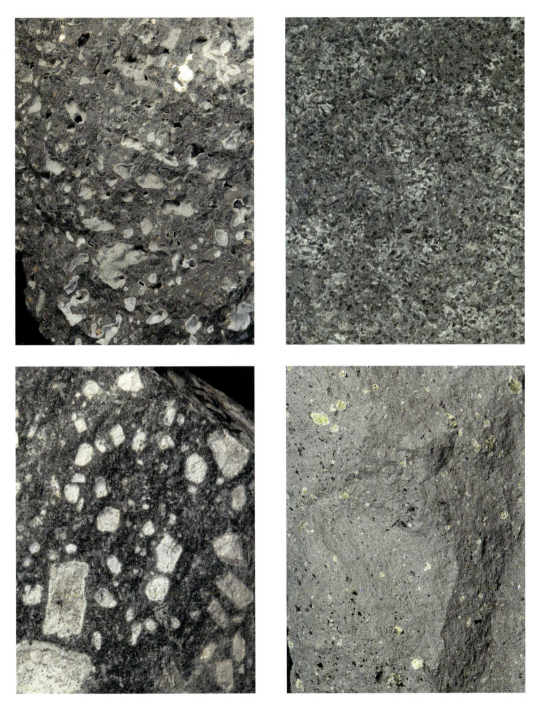

OL: Basanit (basaltähnliches Gestein) mit vielen, z.T. zeolith- oder karbonatgefüllten Hohlräumen. Limberg bei Sasbach, Kaiserstuhl. BB 10 cm. **OR:** Mittelkörniger Basalt, in dem man die Plagioklasleisten und die schwarzen Klinopyroxenkristalle gut erkennen kann. Santiago de Compostela, Spanien. BB 7 cm. **UL:** Basalt mit bis 3 cm großen Einsprenglingskristallen von Plagioklas. Eriksfjord, Südgrönland. **UR:** Dichter Basalt mit Einsprenglingskristallen von Olivin. Hawaii. BB 7 cm.

Metamorphite

Marmor

Metamorphes Gestein mit mehr als 80 % Karbonatanteil. Meist Calcit- oder Dolomit-dominiert. Weitere Bestandteile sind häufig Graphit, Phlogopit und die in → Abschnitt 3.8.3 ausführlich beschriebenen Ca-Mg-Silikate (Forsterit, Diopsid, Wollastonit, Tremolit, Talk). Stark Periklas (MgO)-haltige Marmore heißen Predazzite, sie kommen nur in Kontaktaureolen vor.

Kalksilikatfels

Überwiegend aus Ca- und Ca-Fe-Mg-Al-Silikaten aufgebauter Metamorphit, häufig sehr quarzreich, aber auch mit Karbonaten. Typische Minerale sind Wollastonit, Ca-Granate (Andradit, Grossular), Epidot, Zoisit, Klinopyroxene, Amphibole (Hornblenden, Tremolit, Aktinolith), Vesuvian. Entsteht bei der Metamorphose quarzhaltiger karbonatischer Sedimente wie Mergel oder bei der → metasomatischen Überprägung von Marmoren/Kalksteinen oder Amphiboliten in regional- oder kontaktmetamorphem Umfeld. Kontaktmetamorphe Ca-und Fe-reiche Gesteine heißen Skarne.

Konglomeratischer Calcitmarmor mit runden Klasten, die ebenfalls aus Calcitmarmor bestehen. Syros, Griechenland. BB 9 cm.

Kalksilikatfels, bestehend aus gelbgrünem Epidot, rotem Granat, schwarzgrünem Amphibol und weißem Plagioklas. Val Malenco, Norditalien. BB 9 cm.

OL: Calcitmarmor mit gelben Kristallen von Forsterit. Insel Olö, Finnland. BB 8 cm. **OR:** Calcitmarmor mit Phlogopit von Persenberg, Österreich. BB 7 cm. **UL:** Calcitmarmor mit wurmartigen Aggregaten von Diopsid. Val Malenco, Norditalien. BB 7 cm. **UR:** Kalksilikatfels mit hellgrünem Klinopyroxen, braunem Granat (Andradit) und weißem Quarz. Elba, Italien. BB 5 cm.

Tonschiefer
Niedrig-metamorphes Äquivalent von Tonstein bei etwa 150–250 °C und 0,5–2 kbar. Er besteht aus Chlorit, Quarz, Kaolinit und Illit, ist jedoch so feinkörnig, dass nichts davon mit bloßem Auge zu erkennen ist. Hell- bis dunkelgrau, weich (mit dem Messer leicht ritzbar) und plattig brechend.

Phyllit
Dünnschiefrig-blättriges Gestein, dessen Schichtsilikate (überwiegend Hellglimmer) in der Schieferungsebene als zusammenhängender Überzug erscheinen. Neben feinschuppigem Muskovit (Sericit) ist vor allem Quarz, bisweilen auch Chlorit und Albit in Phylliten vorhanden. Es entsteht bei der → prograden Metamorphose von Tonschiefern (→ Abschnitt 3.8.4) bei ca. 250 – 350 °C und 1–3 kbar. Bei hohem Quarzgehalt hart und splittrig, bei niedrigem weich, aber immer leicht in Platten spaltbar.

Serpentinit
Umwandlungsprodukt von Dunit oder Orthopyroxenit, das sich durch Wasseraufnahme bei etwa 100 bis 350 °C aus diesen Gesteinen bildet. Hell- bis schwarzgrün, praktisch ausschließlich aus Serpentin-Mineralen, meist Antigorit, bestehend, häufig allerdings mit Kristallen oder derben Knollen von Magnetit. Seltener kommen Titanklinohumit, ein braunes Mg-Hydroxysilikat, und Diopsid in Serpentiniten vor.

Tonschiefer mit Muschelschale aus Holzmaden, Württemberg. BB 9 cm.

Phyllit aus dem Trentino, Norditalien. BB 5 cm.

1.8 Ausgewählte Gesteine

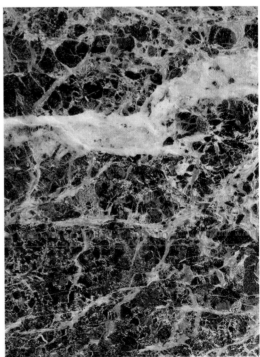

O: Faserserpentin (Chrysotil) als Ader in Serpentinit. Val Malenco, Norditalien. BB 15 cm. **UL:** Phyllit mit Blättchen von Margarit (Sprödglimmer). Lukmanier, Schweiz. BB 5 cm. **UR:** Typisch geaderter Serpentinit aus dem Piemont, Italien. BB 8 cm.

Glimmerschiefer

Glimmerschiefer sind mittel- bis grobkörnige Gesteine mit plattigem Bruch, die bei der Regionalmetamorphose von Tonsteinen und Mergeln zwischen etwa 300 und 650 °C entstehen. Sie enthalten immer Hellglimmer, Quarz und nur wenig (wenn überhaupt) Feldspat, daneben charakteristische, namengebende, meist idiomorphe Fe-Mg-Al-Silikate wie Staurolith, Granat (almandinreich), Cordierit, Hornblende, Disthen, Sillimanit, Andalusit oder Chloritoid. Die Benennung erfolgt durch Voranstellung dieser sichtbaren Silikate (z. B. Granat-Staurolith-Glimmerschiefer).

Knotenschiefer, Fruchtschiefer

Knoten- oder Fruchtschiefer entstehen bei der Kontaktmetamorphose von Tonsteinen und Mergeln. In ihnen wachsen dabei in sehr feinkörniger Grundmasse relativ große (mm bis cm) Kristalle oder „Knoten" von Andalusit, Biotit oder Cordierit, in Metamergeln auch Amphibol.

Disthen-Staurolith-Paragonitschiefer. Alpe Sponda, Tessin, Schweiz. BB 6 cm.

Andalusitführender Knotenschiefer von der Buchan Coast, Schottland. Man beachte die Internstruktur der kontaktmetamorph gebildeten Andalusitkristalle („Chiastolith"). BB 6 cm.

OL: Granatglimmerschiefer aus Altermark, Norwegen. BB 8 cm. **OR:** Granatglimmerschiefer aus dem Zillertal, Österreich. BB 6 cm. **UL:** Amphibolglimmerschiefer („Hornblendegarbenschiefer") aus dem Val Tremola, Gotthard, Schweiz. BB 6 cm. **UR:** Knotenschiefer aus Waldenburg, Sachsen. Die Knoten bestehen aus kontaktmetamorph gebildetem Cordierit. BB 7 cm.

Gneise

Gneise sind mittel- bis grobkörnige, feldspatreiche Gesteine, die durch die Regionalmetamorphose von Sedimenten (Paragneise) oder Magmatiten (Orthogneise) oberhalb von etwa 600 °C entstehen können. Sie zeigen meist ein deutlich lagiges Gefüge. Neben den Feldspäten können Quarz, Hellglimmer, Biotit, daneben aber auch Staurolith, Disthen, Granat, Epidot, Zoisit, Ortho- und Klinopyroxen, Fayalit, Sillimanit oder Hornblende vorhanden sein. Orthogneise sind meist leicht an ihrer „Pfeffer-und-Salz"-Färbung zu erkennen, Paragneise sind meist (aber nicht immer!) bräunlich und meist glimmerreicher als die Orthogneise. Augengneise entstehen durch die Blastese von großen Feldspäten, also das Wachstum im metamorphen Zustand, oder durch Deformation von Magmatiten mit großen Feldspat-Einsprenglingskristallen.

O: Stark deformierter Augengneis (typischer Orthogneis) von Locarno, Lago Maggiore, Schweiz. Die großen, weißen Plagioklasaugen sind stark in die Länge gezogen. BB 8 cm. U: Granat-Sillimanit-Gneis (typischer Paragneis) aus Dronning Maud Land, Antarktis. Die dunkle Farbe rührt von reichlich Biotit her. Es ist nur wenig Feldspat vorhanden. BB 10 cm.

1.8 Ausgewählte Gesteine

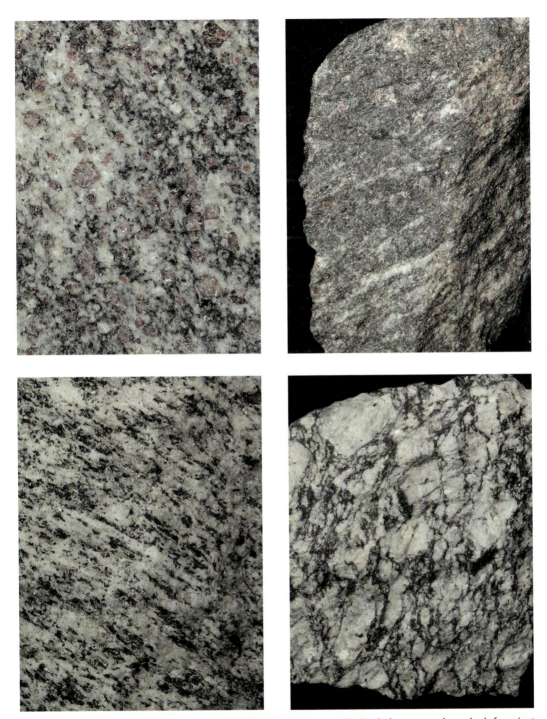

OL: Granatgneis mit Biotit. Minas Gerais, Brasilien. BB 7 cm. **OR:** Granatgneis mit Biotit (typischer Paragneis) aus der Wachau, Österreich. BB 7 cm. **UL:** Typischer Orthogneis aus dem Zillertal, Tirol. BB 5 cm. **UR:** Typischer, nur schwach deformierter Orthogneis mit großen K-Feldspatkristallen aus Rattenberg im Bayerischen Wald. BB 8 cm.

Granulite

Diese höchst-temperierten Metamorphite entstehen regionalmetamorph in der Unterkruste oder bei sehr heißer Kontaktmetamorphose bei Temperaturen zwischen 700 und 1050 °C. Es sind sehr dichte, extrem harte und zähe Gesteine, die überwiegend oder ausschließlich wasserfreie Minerale enthalten. Sie bilden sich aus Metasedimenten genauso wie aus Metamagmatiten. Die Paragenese Plagioklas + Granat ist typisch für basische Granulite, die aus basaltischen Gesteinen entstanden, Granat tritt bei Drucken über etwa 5 kbar hinzu. Granulite, die aus Tonsteinen entstehen, führen dagegen Plagioklas, K-Feldspat, Orthopyroxen, Quarz und evtl. Spinell, Disthen, Sillimanit, Cordierit, Sapphirin und wiederum bei höheren Drucken Granat. Aus Metagraniten gebildete „Leukogranulite" führen lediglich Plagioklas, Quarz, K-Feldspat und etwas Granat.

O: Granatgranulit („Kinzigit") aus Gadernheim, Odenwald. BB 6 cm. **U:** Basischer Granulit mit schwarzem Orthopyroxen, schwarzgrünem Klinopyroxen, Granat und Plagioklas. Bergen, Norwegen. BB 10 cm.

1.8 Ausgewählte Gesteine

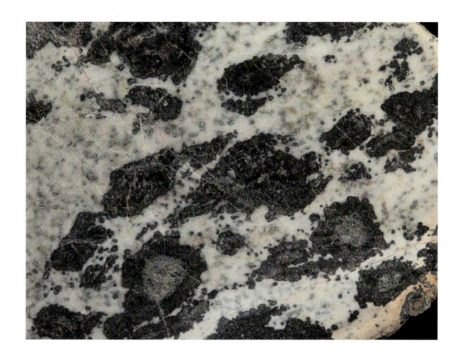

O: Basischer Granulit aus Bergen, Norwegen. Typische Coronatexturen von Granat um Kerne aus Pyroxen, die eine ehemals gabbroide Struktur ersetzen. BB 10 cm. **UL:** Granatgranulit mit Granat, Feldspäten und Quarz. Espirito Santo, Brasilien. BB 5 cm. **UR:** Pyroxengranulit aus Scourie, Schottland. Braune Orthoyproxene in plagioklasdominierter Matrix. BB 7 cm.

Migmatite, Anatexite

Migmatite bestehen aus K-Feldspat, Plagioklas, Biotit, Quarz und bisweilen Amphibol und Granat. Sie bilden sich bei ähnlichen Bedingungen wie → Granulite. Während diese jedoch wasserarm sind, sind Migmatite wasserreich. Dieser Wasserreichtum führte zum teilweisen (partiellen) Aufschmelzen (→ Abschnitt 3.6.3, 3.8.4), wobei die hellen, leukokraten Bestandteile (das Leukosom) aufgeschmolzen wurden, die dunklen, melanokraten Bestandteile (das Melanosom) nicht. Teilweise aufgeschmolzene Migmatite heißen Metatexite, fast vollständig aufgeschmolzene, dadurch praktisch schon wieder magmatische Gesteine mit nur noch geringer Einregelung der noch nicht aufgeschmolzenen Minerale heißen Diatexite. Migmatite weisen, da ja relativ viel Schmelze in ihnen vorhanden war und diese wie ein Schmiermittel wirkt, häufig sehr chaotische Bänderung und Faltung auf. Bisweilen „schwimmen" auch melanokrate, also von Mafiten wie Biotit und Amphibol dominierte „Restite" in einer leukokraten, überwiegend aus Quarz und Feldspäten bestehenden ehemaligen Schmelze. Ein wichtiges, häufig zu beobachtendes Phänomen ist das Entwässerungsschmelzen: wasserhaltige Minerale wie Biotit oder Hellglimmer werden zerstört, das Wasser geht in die Schmelze, wo es am Ende wiederum zur Kristallisation z. B. von Biotit oder Hellglimmer führt, und im Restit bleiben Granat, Cordierit oder K-Feldspat zurück.

Migmatit mit typischer Hell-Dunkel-Bänderung. Hell das feldspatreiche Leukosom, dunkel das glimmerreiche Melanosom. Baiersbronn, Schwarzwald. BB 7 cm.

Migmatit aus Kallstadt, Odenwald. Ein granitischer Gang durchschneidet den teilgeschmolzenen Migmatit. BB 10 cm.

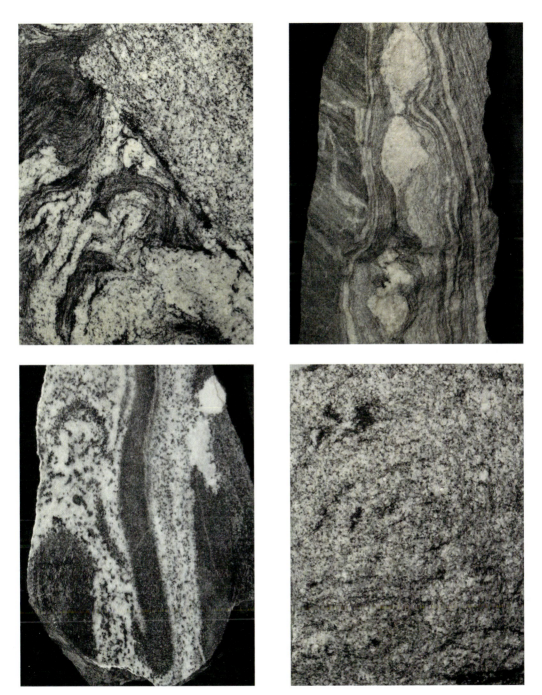

OL, OR und **UL:** Verschiedene typisch verschlungene Deformationstexturen in hell-dunkel gebänderten Migmatiten (Metatexiten) aus Kallstadt/Odenwald, Todtnauberg/Schwarzwald und Waldkirchen/Bayerischer Wald. BB zwischen 6 und 10 cm. **UR:** Diatexit von Titisee, Schwarzwald. Dieses fast vollständig aufgeschmolzene Gestein hat – im Gegensatz zu den Metatexiten – eine granitartige Textur. Nur noch kleine, mafische (glimmerreiche) Relikte verraten, dass es sich um einen Migmatit handelt. BB 6 cm.

Grünschiefer

Grüne, meist (aber nicht immer) schiefrig-plattige Gesteine, die ihre Farbe von Chlorit, Epidot und Aktinolith erhalten, und außerdem albitischen Plagioklas führen, bisweilen auch Quarz. Sie entstehen bei der Regionalmetamorphose von Basalten und Mergeln bei etwa 300–500 °C und 1-5 kbar. Sie sind häufig feinkörnig und bisweilen nicht leicht von anderen, verwitterten oder umgewandelten, grünlichen Gesteinen zu unterscheiden.

Blauschiefer

Blauschiefer entstehen ausschließlich durch Subduktionszonenmetamorphose von Basalten bei Drucken über etwa 7 kbar und bei Temperaturen zwischen 300 und 500 °C. Ihre charakteristische hell- bis dunkelblaue Farbe, vom Na-Amphibol Glaukophan stammend, macht sie unverwechselbar. Fe-reiche Varianten sind dunkelblau, Fe-arme hellblau. Neben Glaukophan treten in Blauschiefern Granat, Epidot, Zoisit, Lawsonit (ein wasserhaltiges Ca-Al-Gerüstsilikat), Paragonit, Phengit, und Omphacit auf, Plagioklas fehlt grundsätzlich. Lawsonit kennzeichnet Blauschiefer unter 400 °C, über 400 °C wird er von Epidot/Zoisit ersetzt.

Grünschiefer (Chloritschiefer) aus Saas Fee, Schweiz. BB 6 cm.

Granatführender Blauschiefer. Syros, Griechenland. BB 6 cm.

OL: Magnetitkristalle in Grünschiefer (Chloritschiefer). Zermatt, Schweiz. BB 7 cm. **OR:** Übergang von Blauschiefer zu Eklogit aus Syros, Griechenland. Große, dunkelblaue Glaukophankristalle werden von Granat und grünem Omphacit überwachsen. BB 8 cm. **UL:** Epidot-Blauschiefer von Syros, Griechenland. BB 6 cm. **UR:** Lawsonit-Blauschiefer (die weißen Rauten sind Lawsonitkristalle). Syros, Griechenland. BB 6 cm.

Amphibolite

Amphibolite sind bei Temperaturen zwischen 500 und 700 °C regionalmetamorph überprägte Basalte, die bei Drucken unter etwa 5 kbar nur aus Hornblende und Plagioklas bestehen, bei Drucken über 5 kbar zusätzlich noch Granat enthalten (Granatamphibolite). Amphibolite sind sehr verbreitete Gesteine. Sie sind bisweilen plattig, häufig hell-dunkel gebändert, und es gibt grob- bis feinkörnige Varietäten.

Eklogite

Eklogite entstehen bei der Metamorphose von basaltischen Gesteinen unter hohen Drucken und mäßig hohen Temperaturen (über ca. 14 kbar und über 500 °C), meist in einer Subduktionszone, seltener auch durch Krustenverdickung während einer Gebirgsbildung. Sie bestehen überwiegend aus Granat (Grossular- und Pyrop-reich) und Klinopyroxen (→ Omphacit, Na-Al-reich), daneben sind Zoisit und Rutil häufig, Paragonit, Quarz und Disthen schon seltener. Plagioklas kommt nie in Eklogiten vor, die meist grünlich, sehr hart, zäh und auffällig schwer sind (hohe Dichte). Meist kommen Eklogite als Linsen von Meter- bis Kilometergröße in anderen Gesteinstypen vor und sind zumindest teilweise → retrograd überprägt (Abschnitt 3.7). Sie sind dann von Granatamphiboliten kaum unterscheidbar.

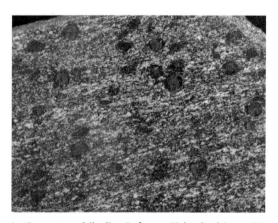

L: Granatamphibolit. Gefrees, Fichtelgebirge. BB 8 cm. **OR:** Amphibolit aus dem Zillertal, Österreich. BB 6 cm. **UR:** Gebänderter Amphibolit aus dem Bärental, Schwarzwald. BB 5 cm.

1.8 Ausgewählte Gesteine

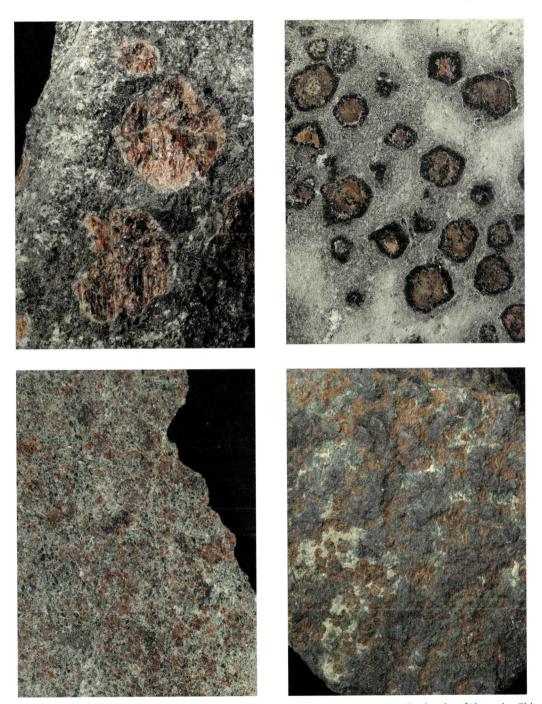

OL: Granatamphibolit von Gore Mountain, New York. BB 10 cm. **OR:** Eklogit aus Münchberg, Oberfranken, bei dem die Granatkristalle coronaartige Reaktionstexturen zu Amphibol zeigen („Kelyphit"). BB 7 cm. **UL:** Eklogit aus Gefrees, Fichtelgebirge. BB 8 cm. **UR:** Glaukophanführender Eklogit aus Syros, Griechenland. Er enthält neben dem blauen Glaukophan roten Granat, grünen Omphacit und ein weißes Gemenge aus Zoisit und Hellglimmer. BB 9 cm.

Sedimentite

Klastische Psephite: Brekzien und Konglomerate
Diese grobkörnigsten klastischen Sedimente mit Korngrößen über 2 mm bilden sich z. B. in Flüssen, bei Bergrutschen oder bei Schichtflutereignissen in Wüsten (bei letzteren bilden sich so genannte Fanglomerate). Sind hauptsächlich eckige Klasten beteiligt, spricht man von Brekzien, bei runden von Kon- oder Fanglomeraten. Der Zusatz monomikt oder polymikt bezeichnet, ob die Klasten alle derselben Gesteinsart oder aber verschiedenen Gesteinsarten angehören. Ein polymiktes Konglomerat wie die bekannte Juranagelfluh der Alpen kann z. B. aus allen möglichen Sedimenten und Metamorphiten des alpinen Einzugsbereiches bestehen. Monomikte Psephite werden nach ihrem Gesteinstyp benannt, z. B. Granitbrekzie.

L: Konglomerat. Rigi, Schweiz. BB 10 cm. **OR:** Hydrothermale Gangfüllung aus weißem Calcit verkittet eine Brekzie. Laurion, Griechenland. Silbrig glänzend ist etwas Galenit zu sehen. BB 12 cm. **UR:** Impaktbrekzie („Suevit") aus dem Nördlinger Ries, Schwaben. Dieses Gestein entstand als Rückfallbrekzie bei einem Meteoriteneinschlag. Es enthält große Glasfetzen. BB 7 cm.

1.8 Ausgewählte Gesteine

OL: Brekzie. Innsbruck, Tirol. BB 8 cm. **OR:** Konglomerat aus dem Buntsandstein von Freudenstadt, Schwarzwald. BB 9 cm. **UL:** Karbonatische Brekzie von der Insel Pag, Kroatien. BB 9 cm. **UR:** Kalkbrekzie. Insel Brac, Kroatien. BB 8 cm.

Klastische Psammite: Sandsteine, Arkosen, Grauwacken

Klastische Psammite bestehen überwiegend aus Quarz, daneben noch zu geringeren Anteilen aus Feldspat und Hellglimmern. Als Schwerminerale mit Dichten >2,9 g/cm³ können u.a. (in der Reihenfolge zunehmender Verwitterungsanfälligkeit) Turmalin, Apatit, Zirkon, Spinelle, Granat, Staurolith, Disthen, Epidot, Amphibol, Olivin und Pyroxene vorkommen. Anreicherungen von Schwermineralen (Seifen) können wirtschaftlich bedeutende Lagerstätten sein, so für Zirkon, Zinnstein (SnO_2), Diamant und Edelmetalle.

Je nach Bindemittel (Zement) werden bei Sandsteinen Kiesel- oder Kalksandsteine unterschieden. Feldspatreiche Sandsteine heißen Arkosen, glimmer-, tonmineral- oder gesteinsbruchstückreiche Varietäten heißen Grauwacken (Abb. 1.18). Aufgrund der Verwitterungsanfälligkeit der Feldspäte sind Arkosen häufig stark zersetzt; Grauwacken sind ihrem Namen gemäß graue, meist schwer zu bestimmende, da unscheinbar und undiagnostisch aussehende Gesteine. Während man in Sandsteinen und Arkosen meist noch mit bloßem Auge einzelne Körner erkennen kann, ist dies bei Grauwacken meist nur schwer möglich.

Klastische Pelite

Pelite entstehen bei der Verfestigung (Diagenese) von Schlämmen, Stäuben oder äolischen Sedimenten wie Löß. Je nach Zusammensetzung unterscheidet man Tonsteine (tonmineraldominiert), klastische Kalksteine (calcitdominiert) und Mergel als Mischungen dieser beiden (Kalktonsteine).

Tonsteine sind meist hell- bis dunkelgrau gefärbt, sehr weich (mit dem Messer „beschriftbar") und riechen modrig, wenn man sie anhaucht. Durch größere Beimengungen von organischer Substanz (Bitumen) unter anoxischen, reduzierenden Bedingungen, wie z. B. rezent im Schwarzen Meer, können bituminöse Tonsteine entstehen. In solchen „Schwarzschiefern" oder „Kupferschiefern", wie sie schwach metamorph dann heißen, finden sich bedeutende, z. B. in Polen abgebaute Metallkonzentrationen von Cu, Zn, Pb, daneben aber auch von Platinmetallen und weiteren Metallen.

Mergel sind wie auch die meisten Kalksteine hellbräunlich bis gelblich gefärbt. Auch sie sind weich und damit leicht ritzbar und sprudeln mittelstark mit Salzsäure, je nachdem, wie hoch das Kalk/Ton-Verhältnis in ihnen ist. Kalksteine sind demgegenüber etwas härter und sprudeln stark mit Salzsäure. Im Vergleich zu den chemischen und biogenen Kalksteinen sind die klastischen Kalksteine allerdings sehr selten.

Sandstein aus der Flinders Range, Australien. BB 7 cm.

Sandstein aus Levin, Tschechien. BB 5 cm.

1.8 Ausgewählte Gesteine

OL: Grauwacke aus Condone, Italien. BB 6 cm. **ML:** Grauwacke aus den Nordvogesen. BB 7 cm. **OR:** Glimmerreiche Arkose aus dem Taunus, Hessen. BB 5 cm. **UL:** Mergel aus Ansbach in Mittelfranken. BB 8 cm. **UR:** Tonstein aus der Grube Messel, Hessen. BB 9 cm.

Pyroklastische Gesteine

Pyroklastische Gesteine entstehen bei Vulkanausbrüchen und nehmen damit eine Mittelstellung zwischen magmatischen und klastisch-sedimentären Gesteinen ein. Entsprechend der Sedimentitnomenklatur werden die in diesen Gesteinen beobachteten Kristalle, Gesteinsglasfetzen sowie Kristall- und Gesteinsbruchstücke als Pyroklasten bezeichnet. Es wurde bereits in Abb. 1.17 gezeigt, dass die Korngröße dieser Pyroklasten ausschlaggebend für ihre Benennung ist: Blöcke oder Bomben, Lapilli und Aschen bauen pyroklastische Brekzien, Lapillituffe, Aschentuffe oder intermediäre Glieder auf. Welche Pyroklastengröße entsteht, hängt hauptsächlich vom Eruptionsmechanismus ab, und dieser wiederum hängt häufig vom Gasgehalt oder vom Zutritt von Wasser zu einer Magmenkammer ab: gasreiche Magmen (die bei Druckentlastung, d. h. beim Aufstieg, das Gas aus der Schmelze entmischen können) oder Magmen, zu denen Wasser zutritt (das schlagartig verdampft), sind beispielsweise hochexplosiv (phreatomagmatisch im Falle von Wasserzutritt) und produzieren sehr stark fragmentierte, also klein zerstückelte Aschen. Es kommt also bei der Benennung der Pyroklastika nicht auf irgendwelche chemischen oder mineralogischen Parameter an wie bei den meisten anderen Gesteinen, sondern lediglich auf ihre Korngröße. Sind jedoch die chemischen Zusammensetzungen der Tuffe bekannt, kann man den korrekten Vulkanitnamen voranstellen (z. B. Rhyolithtuff oder Phonolithtuff). Die primär sehr lockeren Sedimente werden typischerweise durch beginnende Verwitterung verfestigt, wobei z. B. Kalk, Tonminerale oder Zeolithe gebildet werden, die das Gestein zementieren.

Neben der Korngrößeneinteilung gibt es allerdings noch einige weitere Gesteinstypen, deren Namen ihrer Genese zuzuordnen ist.
- Schlottuffe und Schlotbrekzien sind in den Vulkanschlot zurück gefallene und verfestigte Pyroklastika;
- Ignimbrite sind stark verschweißte Tuffbrekzien mit typisch fladenförmig ausgelängten, etwa cm- bis dm-großen Gesteinsglasaggregaten („fiammae"). Sie enthalten von Aschen über Blöcke bis zu Lapilli alle Korngrößen und entstehen aus hochmobilen Gas-Schmelz-Gemischen (Glutwolken, „surges"), die mit bis zu 300 km/h Vulkanhänge hinabgleiten;
- Bimsstein entsteht durch plötzliche Druckentlastung während der Ausbrüche, wenn Gas aus der Schmelze entweicht und diese dadurch aufschäumt;
- Tuffite sind z. B. durch Erosionsprozesse umgelagerte Pyroklastika, die häufig auch mit anderen, z. B. tonigen Sedimenten, vermengt werden. Bei nur noch geringem Anteil von pyroklastischen Komponenten heißen sie tuffitische Sedimente.

Brotkrustenbombe von Vulcano, Äolische Inseln. BB 20 cm.

Wurfschlacke. Galapagos. BB 20 cm.

1.8 Ausgewählte Gesteine

OL: Typisch aerodynamisch geformte Bombe aus Basalt. Ätna, Sizilien. BB 10 cm. **OR:** Brezientuff von Owen, Schwäbische Alb. BB 7 cm. **UL:** Lapillituff vom Herchenberg, Schwäbische Alb. BB 6 cm. **UR:** Tuffit von Urach, Schwäbische Alb. BB 8 cm.

Biogene Sedimentite

Werden Materialien biogenen Ursprungs wie z. B. Gehäuseschalen, Körpergewebe oder Kot in großen Mengen abgelagert und danach diagenetisch verfestigt, bilden sich die biogenen Sedimentite. Kalksteine sind die wichtigste Gruppe dieser Sedimentite, da die meisten hartschaligen Gehäuse z. B. von Foraminiferen aus Calcit oder Aragonit bestehen und dicke kalkige Lagen produzieren können. So entsteht das wichtigste Sediment der kontinentalen Schelfbereiche, der biogene Kalkstein.

Riffkalksteine entstehen, wenn Organismen, z. B. Korallen, Rotalgen oder Schwämme, übereinandersiedeln und mit ihren Skeletten feste Gerüste aufbauen. Daneben gibt es aber auch Kieselalgen (Diatomeen) und Strahlentierchen (Radiolarien), die kieselige (d. h. silikatische, SiO_2-reiche) Skelette haben. Aus letzteren entstehen Radiolarite, die praktisch reine Quarzgesteine sind. Terrestrisch durch die Reaktion von Vogelkot mit Kalksteinen entstandene Phosphatgesteine heißen Guano und sind wertvolle Düngerlagerstätten. Sie sind nur im weitesten Sinne biogene Sedimentite. Neben diesen biogenen gibt es auch große chemisch-sedimentäre Phosphatlagerstätten, so genannte Phosphorite. Das Hauptmineral in Guano und Phosphorit ist Apatit.

L: Biogener Kalk. Porto de Mos, Portugal. BB 8 cm. **OR:** Foraminiferenkalk aus Vicenza, Norditalien. BB 6 cm. **UR:** Crinoidenkalk aus dem Steinheimer Becken, Schwaben. BB 6 cm.

OL: Crinoiden-Sapropel-Kalk von Tournai, Belgien. BB 8 cm. **OR:** „Beachrock" aus verkitteten Muschelschalen von den Bahamas. BB 8 cm. **UL:** Kalk von Brescia, Italien. BB 9 cm. **UR:** Kieselschiefer (Radiolarit) aus Luzern, Schweiz. BB 8 cm.

Chemische Sedimentite

Chemische Sedimentite entstehen durch Überschreiten der Löslichkeit (korrekt: des Löslichkeitsproduktes) eines Minerals in Wasser. Da jedes natürliche Wasser irgendwelche Ionen transportiert, können potenziell aus jedem Wasser diese Ionen als Minerale ausgefällt werden. Da die Löslichkeiten für alle wichtigen gesteinsbildenden Minerale in Wasser bekannt sind, kann man genau ausrechnen, welche Mengen welcher Ionen (denn es handelt sich ja immer um einen „Cocktail" von Ionen) gelöst werden können, bis etwas ausfällt. Die Benennung erfolgt einfach nach dem Hauptmineral des Gesteins. Oolithische Gesteine sind typische chemische Sedimente.

Chemische Sedimente sind meist leicht bestimmbar: Kalksteine sprudeln stark, → metasomatisch in Dolomit umgewandelte Kalke sprudeln schwach mit Salzsäure, wenn man sie anritzt. Gips- und Salzgesteine sind wasserlöslich (Gips etwas weniger als Salz) und sie sind sehr hell bis rein weiß. Gipsgestein zeigt häufig faserige Gipsausscheidungen auf Klüften und Spalten. Eisenreiche chemische Sedimente (gebänderte Eisenerze in Brasilien und Südafrika; oolithische Kalke des Doggers in Süddeutschland; Minette in Lothringen) sind bzw. waren wichtige Eisenerzlagerstätten.

Verschiedene Prozesse können zur Ausfällung von chemischen Sedimenten führen:

– Der wichtigste ist zweifellos die Verdunstung von Wasser und die damit verbundene steigende Konzentration der im Restwasser verbleibenden Ionen. Dieser Evaporationsprozess bringt Evaporite hervor, deren wichtigste die meist in flachmarinen Randbecken gebildeten Gips- und Salzgesteine mit ihren Gips-, Halit- und Kalisalzlagerstätten sind. Aufgrund der im Meerwasser immer ähnlichen Konzentrationen an Elementen wie Ca, K, Mg, Na, Cl und Sulfat entstehen immer charakteristische Abfolgen während solcher Eindampfungszyklen. Gips fällt beispielsweise als erstes Salz aus, dann folgt Halit, danach folgen erste Mg-Salze, während Kalisalze erst spät, bei fast kompletter Verdunstung des Wassers, ausgefällt werden.

– Daneben können Temperaturveränderungen oder die Gehalte von Gasen wie z. B. von CO_2 die Ausfällung von Mineralen bestimmen. Gemäß

$$CaCO_3 + H_2O + CO_2 = Ca^{2+} + 2\,HCO_3^-$$

wird Calcit bei der Verminderung des CO_2-Gehaltes von Wasser ausgefällt (→ Prinzip von LeChatelier). Auch zunehmende Temperatur begünstigt Kalkausscheidung, während erhöhter Druck sie hemmt, weshalb in Ozeantiefen unterhalb von etwa 4000 m keine Kalksteine mehr gebildet werden. Der Grund dafür ist, dass die Löslichkeit von CO_2 in Wasser mit steigender Temperatur ab-, mit steigendem Druck aber zunimmt.

Neben den gerade beschriebenen marinen Evaporiten der Meere und Randmeere gibt es auch terrestrische Evaporite in Salzsümpfen, Salzpfannen, Salzseen oder generell Becken, die z. B. durch Gebirgsbildungen vom Meereszugang abgeschnitten werden oder die wechselnd arides Klima haben. Diese terrestrischen Evaporite sind insbesondere im Westen von Nord- und Südamerika verbreitet und haben dort wirtschaftlich bedeutende Borat- und Nitratgesteine entstehen lassen. Auch Kalkkrusten wie die auf unseren Wasserhähnen gehören zu den terrestrischen Evaporiten. Schließlich kann man noch hydrothermal, also aus heißen, wässrigen Lösungen abgeschiedene Minerale hier nennen, da sie einen ähnlichen Entstehungsprozess haben, der aber bei deutlich höheren Temperaturen zwischen 50 und 350 °C abläuft. Viele Erzlagerstätten werden so gebildet.

Gipsfels mit gelbem Schwefel aus Sizilien. BB 7 cm.

1.8 Ausgewählte Gesteine

OL: Plattiger Gipsfels, Breitenholz bei Tübingen, Schwaben. BB 8 cm. **OR:** Dichter Gipsfels von Cozzo, Silizien. BB 6 cm. **UL:** Dichter Dolomit aus der Slowakei. BB 7 cm. **UR:** Salzgestein mit grauweißem Halit und rotem Sylvin von der Grube Amelie, Elsass. BB 15 cm.

OL: Dichter chemischer Kalk von der Schwäbischen Alb, Süddeutschland. BB 6 cm. **OR:** Oolithenkalk aus dem Dogger von Herbolzheim, Baden. BB 5 cm. **U:** Hydrothermale Gangfüllung aus schwarzem Sphalerit, grauweißem Quarz und cremegelbem Baryt. Schauinsland bei Freiburg. Schwarzwald. BB 18 cm.

1.8 Ausgewählte Gesteine 117

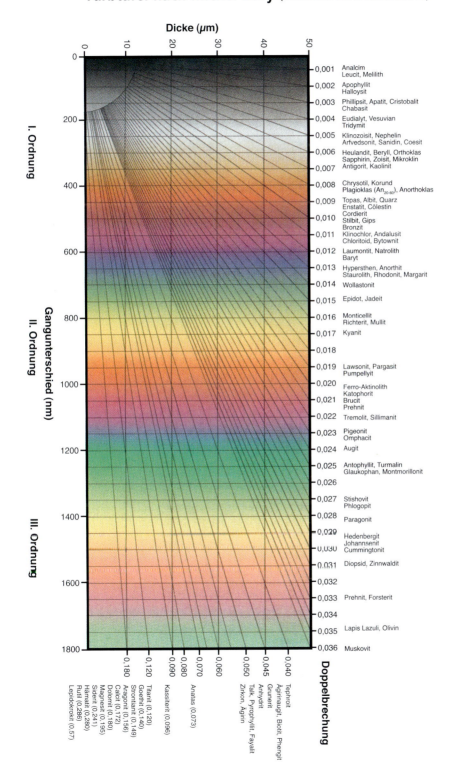

2 Allgemeine Mineralogie

2.1 Einführung

Die Mineralogie ist eine sehr alte Wissenschaft, denn seit Menschen versuchen, aus Steinen Werkzeuge, Farben oder Metalle zu gewinnen, beschäftigen sie sich mit Mineralien. Dennoch tritt die Mineralogie im Leben eines heutigen Durchschnittsbürgers kaum in Erscheinung – wer hat schon näher mit Mineralien und Gesteinen zu tun, außer wenn er einmal im Garten ein paar Steine aus dem Gemüsebeet klaubt? In der Schule hört man das Wort nicht ein einziges Mal, und so könnte man zu dem Schluss kommen, die Mineralogie sei heutzutage entbehrlich. Dies ist aber nicht der Fall, wie dieses Kapitel zeigen wird: In einer modernen, auf stetig verbesserten Materialeigenschaften künstlicher oder natürlicher Werkstoffe aufbauenden Industriegesellschaft wie auch in den modernen Geowissenschaften sind die theoretischen Konzepte der Mineralogie und die angewendeten Analyseverfahren unverzichtbar. Denn was ist Mineralogie anderes als die Beschreibung, die Untersuchung, das theoretische Verständnis und die Herstellung ursprünglich nur natürlicher, inzwischen aber auch künstlicher Feststoffe? Wenn wir heute über den Internbau von Kristallen, die färbenden Eigenschaften von Ionen in Feststoffen, die Korrosionsbeständigkeit von Materialien oder die geeigneten Prozesse zur Herstellung von Porzellan genau Bescheid wissen, so wird dies zwar häufig der Physik oder der Chemie „gutgeschrieben". Natürlich haben diese daran auch ihren Anteil, aber im Grunde waren diese Probleme immer mineralogischer Natur, und bevor die Mineralogie aus der Schule und aus den Curricula für Studenten der Chemie und Physik völlig verschwand, war dies auch allgemeines Wissen.

Heute umfasst die inzwischen stark quantitativ arbeitende, modellierende und analytisch ausgerichtete Mineralogie nach wie vor das gesamte Feld von der Geländearbeit über experimentelle Untersuchungen zur Stabilität von Mineralen in Erdkruste, Erdmantel und seit wenigen Jahren – seit man experimentell so hohe Drucke und Temperaturen erzeugen kann – sogar im Erdkern bis zur Untersuchung, Charakterisierung und Entwicklung bekannter oder neuer Werkstoffe. Die Mineralogie bildet also die Brücke zwischen der Geologie auf der einen und den Materialwissenschaften auf der anderen Seite. Sie untergliedert sich heute entsprechend in folgende Teilbereiche:

- Allgemeine Mineralogie mit dem Schwerpunkt auf der Chemie und Physik von Mineralen und auf der Kristallographie, die heutzutage selbst häufig in die Physik „abgewandert" ist und daher zwischen Geowissenschaften, Materialwissenschaften und Physik steht;
- Spezielle Mineralogie mit dem Schwerpunkt auf der Untersuchung und Neubeschreibung einzelner Mineralarten;
- Petrologie, Vulkanologie, Geochemie und Lagerstättenkunde sind die geländebezogenen, aber auch stark analytischen Teilgebiete der Mineralogie, die sich mit der Entstehung und Veränderung von Gesteinen, der Quantifizierung geodynamischer Prozesse, der Elementverteilung und -umverteilung in Gesteinen, der Datierung von Mineralen, Gesteinen und geologischen Prozessen sowie der Bildung von Erz- und Minerallagerstätten beschäftigen;

– Die angewandte Mineralogie wendet mineralogische Methoden (also z. B. Analytik, Thermodynamik von Mineralen, Kristallstrukturtheorie) auf industrielle Fragestellungen an, wobei die Untersuchung, Optimierung und Herstellung von Gläsern, Legierungen, Supraleitern, Halbleitern, Zement, Putz- und Estrichkomponenten oder keramischen Roh- und Werkstoffen von besonderer Bedeutung ist.

Zur Untersuchung und Beschreibung neuer Mineralien, der speziellen Mineralogie, müssen noch einige ergänzende Worte gesagt werden. Damit nicht jeder, der glaubt, etwas Neues gefunden zu haben, einfach ein neues Mineral definieren kann, gibt es eine Kommission der International Mineralogical Association (IMA), die über die **Anerkennung von neuen Mineralnamen** entscheidet. Nur wenn Zusammensetzung, Struktur, Fundort und einige physikalische Eigenschaften wie die Dichte bekannt sind, darf der Entdecker oder der bearbeitende Wissenschaftler einen Namen vorschlagen, der sich häufig auf den Fundort, die chemische Zusammensetzung, verdiente Mineralogen, den Erstfinder oder eine besondere Eigenschaft bezieht (z. B. Hechtsbergit nach einem Fundort im Schwarzwald; Cualstibit für ein Cu-Al-Sb-Oxid aus der Grube Clara bei Wolfach; Graeserit nach dem Mineralogen Stefan Graeser aus Basel; Wilhelmvierlingit nach einem langjährigen Mineraliensammler in Ostbayern oder Magnetit für ein magnetisches Mineral). Die meisten Mineralnamen und alle heutzutage vergebenen enden auf „it" (englische „ite"). Neben diesen wissenschaftlichen Namen existieren aber – leider, muss man wohl sagen – noch eine Vielzahl alter, z. T. sehr plastischer Bergmannsnamen wie z. B. Zinkblende für Sphalerit, Kupferkies für Chalkopyrit oder Schwerspat für Baryt sowie Unmengen an Varietätsnamen. Allein der als Edelstein geschätzte Beryll, ein Be-Al-Silikat, heißt Smaragd, wenn er grün ist, Aquamarin, wenn er hellblau gefärbt ist, Morganit ist die rote Varietät und Heliodor die gelbe!

In der Universität ist die Mineralogie die Materialwissenschaft unter den Geowissenschaften, sodass heutzutage geowissenschaftliche Fragestellungen meist durch Kombination von geologischen, mineralogischen und häufig auch geophysikalischen Methoden bearbeitet werden. Entsprechend der oben genannten Vielfalt arbeiten Mineralogen heute außer an Universitäten in einer Vielzahl von Industriebetrieben und Behörden, die mit der Entwicklung, Gewinnung oder Qualitätssicherung praktisch aller denkbaren Feststoffe in Verbindung stehen, von geologischen Landesämtern bis hin zu Steinbruchbetrieben, von großen Glasherstellern bis zu Automobilzulieferern. Die Grundlage dafür ist das Verständnis anorganischer Materie, das im Folgenden gelegt werden soll.

2.2 Kristallgeometrie und Kristallmorphologie

2.2.1 Symmetrien

Jedem, der zum ersten Mal mit Kristallen zu tun hat, stechen ihre Perfektion, ihre Formen, ihr Flächenreichtum und ihre Symmetrie ins Auge (Abb. 2.1). Die Flächen und die Symmetrien hängen direkt mit dem submikroskopischen Internbau von Mineralen zusammen, also mit der Anordnung von Atomen in ihrem Kristallgitter. Wir werden uns im Folgenden mit der Internstruktur und den daraus resultierenden **Kristallsymmetrien** beschäftigen, denn erst diese ermöglichen die genaue Beschreibung einer Substanz und ihre sichere Identifizierung. Darüber hinaus sind sie auch noch für viele interessante Eigenschaften wie die Doppelbrechung oder die Piezoelektrizität verantwortlich.

In diesem Zusammenhang ist der Begriff der **Nah-** und der **Fernordnung** von Bedeutung. Da bestimmte Anordnungen von Atomen besonders stabil sind, also energetisch besonders günstig, werden sie in Kristallen bevorzugt. Das bringt im Endeffekt durch ständige räumliche Wiederholung dieser Atomanordnungen die Symmetrien hervor. Dies bedeutet auch, dass

2.1 Formen von Mineralen: **O:** Baryt-Kristalle von der Grube Clara bei Wolfach, Schwarzwald, BB: ca. 40 cm; **U:** nadelige Büschel des Ca-Mg-Arsenats Pikropharmakolith von der Grube Anton im Heubach bei Schiltach im Schwarzwald, BB ca. 3 cm.

Kristalle eine Fernordnung aufweisen, dass also die Internstruktur am einen Ende des Kristalls genauso aussieht wie am anderen Ende des Kristalls. Besonders deutlich wird diese Eigenschaft im direkten Vergleich mit Materialien, die keine Fernordnung aufweisen, also z. B. Flüssigkeiten. In ihnen kann man nie sicher sein, wie die Atome oder Moleküle ein paar Mikrometer entfernt von dem Ort, den man gerade betrachtet, angeordnet sind, da diese sich beliebig hin- und herbewegen können. Silikatschmelzen, auf die wir in Kapitel 3 eingehen werden, und Gläser besitzen eine gewisse Ordnung, z. B. enthalten sie bestimmte Silikatketten, doch auch diese können sich unterschiedlich bewegen und anordnen. Hier spricht man von einer Nahordnung.

Nun aber zur Kristallsymmetrie. Einer der wichtigsten Begriffe in diesem Zusammenhang ist die **Symmetrieoperation**, d.h. die Abbildung einer Kristallstruktur unter Beibehaltung aller Winkel und Abstände auf sich selbst. In Kristallen gibt es (Abb. 2.2 und 2.3):
- Spiegelungen;
- zwei-, drei-, vier- oder sechszählige Drehungen. Alle anderen „Zählungen" kommen in Kristallstrukturen nicht vor. Offenbar hängt dies damit zusammen, dass mit 5- oder 7-zähligen Flächen oder Körpern, also Fünf- oder Siebenecken zum Beispiel, eine Fläche bzw. ein Raum nicht vollständig ausgefüllt werden kann und diese daher mit der Periodizität von Kristallstrukturen nicht vereinbar sind;

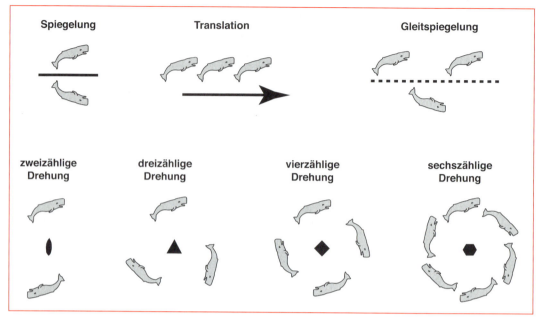

2.2 Symmetrieoperationen.

- Translationen (Verschiebungen);
- Gleitspiegelungen: Spiegelung und Translation werden miteinander verknüpft;
- Punktspiegelungen (Inversion): es wird nicht an einer Linie, sondern an einem Punkt gespiegelt, was zur Folge hat, dass jede Kristallfläche eine parallele Komplementärfläche besitzt;
- Schraubungen: eine Verknüpfung von Drehung um und Translation entlang einer Schraubenachse;
- Drehinversionen: sie verknüpfen eine Drehung mit einer Punktspiegelung – es entstehen identische, aber nicht mehr parallele Flächen wie bei der Inversion.

Bei solchen Symmetrieoperationen gibt es Fixpunkte, also Punkte, die sich nicht bewegen. Die Menge der Fixpunkte einer Symmetrieoperation bezeichnet man als ihr zugehöriges **Symmetrieelement**. Das können, entsprechend obigen Operationen, verschiedenzählige Drehpunkte sein (also Punkte, um die gedreht wird) oder eine Spiegellinie (Abb. 2.3). Translationen und streng genommen auch Gleitspiegelungen haben keine Symmetrieelemente, doch werden bei letzteren die Fixpunkte der zugehörigen Spiegelung als Gleitspiegellinie definiert.

Die Kombination von Symmetrieelementen in einer Kristallstruktur kann neue Symmetrien eröffnen. Dazu nur zwei Beispiele:

- Wenn eine Struktur 2- und 3-zählige Drehpunkte enthält, so gibt es auch 6-zählige Drehpunkte, da 6 das kleinste gemeinsame Vielfache von 2 und 3 ist.
- Schneiden sich zwei Spiegellinien unter einem Winkel von $\alpha = 30°$, so ist auch die Drehung um den Winkel $2\alpha = 60°$ um den Schnittpunkt der Spiegellinien eine Symmetrieoperation. Die Zähligkeit dieser Drehachse ist entsprechend $180°/\alpha = 6$.

Man erkennt dabei aber auch sofort, dass nur bestimmte Kombinationen erlaubt sein können, damit wieder erlaubte Symmetrieelemente entstehen. Eine Kombination von zwei Spiegelebenen, die sich unter 25° schneiden, wäre z. B. verboten, da eine unerlaubte Zähligkeit entstünde, nämlich 7,2. Ebenso kann eine Struktur nicht 4- und 6-zählige Drehpunkte enthalten, da ja 12-zählige Symmetrien in Kristallen verboten sind.

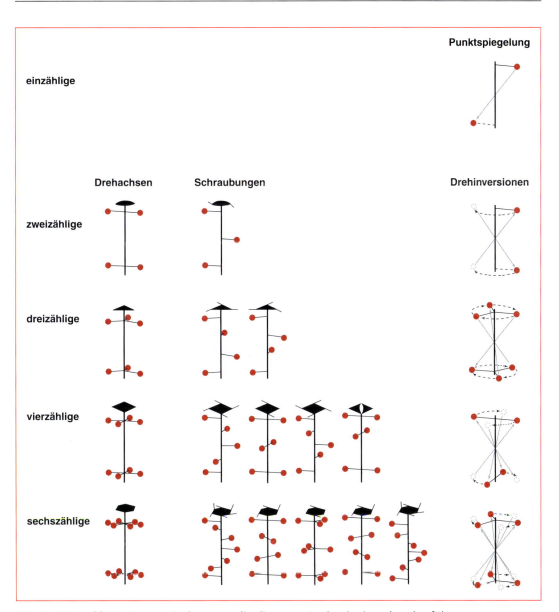

2.3 Im Text erklärte Symmetrieelemente, die die roten Punkte ineinander überführen.

2.2.2 Kristallgitter

Will man die Translationssymmetrie von Kristallen anschaulich machen, so verwendet man am besten die Beschreibung durch das **Punktgitter**. Definiert wird es als die Endpunkte der Translationsvektoren einer Struktur, wenn man diese von einem einzigen, beliebigen Punkt der Struktur ausgehen lässt. Dies ist in Abb. 2.4 veranschaulicht. Man sieht, dass man ein gesamtes Kristallsystem auf diese Weise aufbauen kann, indem man von einem Anfangspunkt den verschiedenen Translationsvektoren folgt. Überträgt man das in Abb. 2.4 für den zweidimensionalen Fall gezeigte Verfahren auf den dreidimensionalen Fall, so kann man statt des

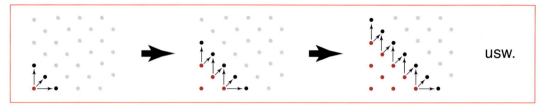

2.4 Aufbau eines Translationsgitters aus Gitterpunkten.

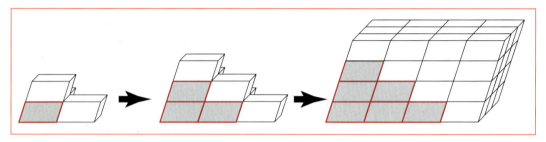

2.5 Aufbau eines Raumgitters aus Elementarzellen.

Anfangspunktes ein Anfangsvolumen definieren (Abb. 2.5). Dieses Anfangsvolumen wird **Elementarzelle** genannt. Diese ist normalerweise die kleinste Einheit, durch deren Verschiebung entlang Translationsvektoren (die in diesem Fall **kristallographische Achsen** genannt werden) ein gesamtes **Raumgitter** ausgefüllt werden kann, wie es in Abb. 2.5 gezeigt wird. Eine Elementarzelle ist also ein dreidimensionales Parallelogramm, ein so genanntes Parallelepiped. Die Seitenbegrenzungen dieses Epipeds sind gegeben durch die **Gitterkonstanten**. Diese Gitterkonstanten definieren die Ausdehnung der Elementarzelle in jeder Richtung und die Winkel zwischen den Seiten.

Will man also die Translationssymmetrie eines Punktgitters beschreiben, um z. B. röntgenographisch Mineralstrukturen eindeutig bestimmen zu können, so verwendet man dazu die Elementarzelle. Sonderbarerweise hat man bei der Auswahl der Elementarzelle für ein gegebenes Punktgitter eine gewisse Auswahl (Abb. 2.6): die kleinste Elementarzelle ist bisweilen nicht die praktischste und auch nicht die höchst symmetrische, und so wählt man dann statt einer **primitiven Elementarzelle**, die nur Gitterpunkte an ihren Ecken hat (A in Abb. 2.6), eine **zentrierte Elementarzelle** (B in Abb. 2.6), die auch im Inneren einen Gitterpunkt enthält. Man legt also konventionellerweise den Ursprung der Elementarzelle in einen Punkt möglichst hoher Symmetrie.

Die kristallographischen Achsen werden laut Konvention mit den Buchstaben a, b und c abgekürzt, die Winkel zwischen ihnen mit α, β und γ. Die c-Achse wird dabei meist vertikal ausgerichtet (Abb. 2.7), während a und b eine Fläche aufspannen. Die c-Achse ist daher häu-

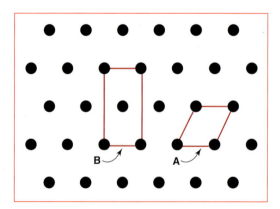

2.6 Die Wahl der geeigneten Elementarzelle: primitiv (A) oder raumzentriert (B).

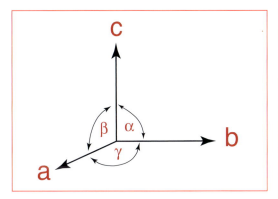

2.7 Kristallographisches Koordinatensystem.

fig (aber nicht immer!) parallel zur nadeligen oder stängeligen Form länglich ausgebildeter Minerale.

Schließlich muss noch der Begriff der **Netzebene** eingeführt werden, da er im Folgenden von Bedeutung sein wird. Netzebenen sind Ebenen in der Kristallstruktur, die durch die Schwerpunkte von Atomen verlaufen. Zu jeder derartigen Netzebene gibt es natürlich in einem Kristall unendlich viele parallele Netzebenen in einem wohl definierten Abstand, die zusammen eine **Netzebenenschar** bilden (Abb. 2.8). Die makroskopisch sichtbaren Flächen eines Kristalls werden von besonders stabilen Netzebenen gebildet, die meist dicht mit Atomen besetzte Oberflächen darstellen. Diese stehen in einer einfachen geometrischen Beziehung zur Elementarzelle (z. B. parallel zu deren Seiten).

Wir halten fest: Elementarzellen haben als Maße die Gitterkonstanten (Längen und Winkel), und sie werden entlang von kristallographischen Achsen so verschoben, dass sie das gesamte dreidimensionale Gitter, also den Kristall, ausfüllen. Sie definieren somit durch die Gitterkonstanten ein für eine Substanz typisches kristallographisches Koordinatensystem. Makroskopische Kristalle erhält man durch unzähliges Aneinanderreihen von Elementarzellen, wobei allerdings der sichtbare Kristall kein Abbild der Elementarzelle sein muss (und auch nur selten ist), sondern lediglich mit erlaubten Symmetrieoperationen aus

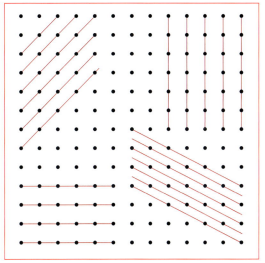

2.8 Netzebenenscharen in einem Punktgitter.

ihr erzeugt wird. Identisch sind also nicht die Form, aber die Hauptsymmetrieelemente von Kristall und – geschickt gewählter – Elementarzelle. Wir kommen damit zu den Kristallsystemen, mit deren Hilfe man Kristalle schnell aufgrund ihrer – häufig schon makroskopisch erkennbaren – Symmetrieeigenschaften einteilen kann.

2.2.3 Kristallsysteme

Es gibt sieben **Kristallsysteme**, die durch ihre Symmetrien eindeutig voneinander unterschieden werden: **kubisch, tetragonal, orthorhombisch, hexagonal, trigonal, monoklin und triklin** (Abb. 2.9 und 2.10). Wie oben erläutert, sind kristallographische Koordinatensysteme definiert durch die Winkel und Kristallachsen der Elementarzelle. Besonders hochsymmetrische Kristallsysteme (kubisch, hexagonal) werden typischerweise von Verbindungen relativ einfacher chemischer Zusammensetzung bevorzugt, also zum Beispiel von Elementen und einfachen Sulfiden und Oxiden, während chemisch komplizierte Minerale häufig in Systemen niedriger Symmetrie kristallisieren. Gesteinsbildende Silikate sind daher häufig mo-

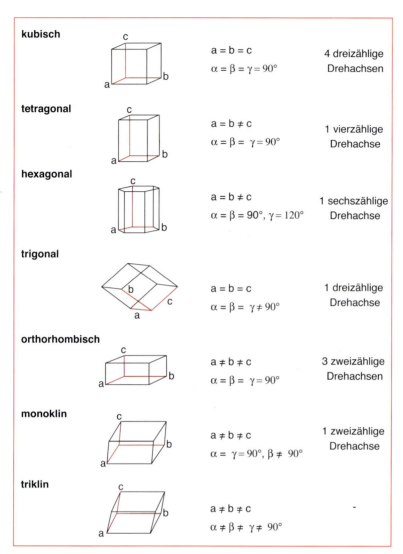

2.9 Die Kristallsysteme und ihre kristallographischen Parameter. In rot ist das jeweilige kristallographische Koordinatensystem eingezeichnet.

noklin oder triklin. Wie man die genaue Struktur von Mineralien ermittelt, wird in Abschnitt 2.5.2 beschrieben.

Bevor wir mit der Besprechung der einzelnen Kristallsysteme beginnen, seien noch die wichtigsten **Kristallformen**, die gelegentlich im Text auftauchen, in einer Abbildung zusammengestellt (Abb. 2.11). Die Gestalt eines Kristalles nennt man übrigens seinen **Habitus**, der z. B. säulig, isometrisch, nadelig oder tafelig sein kann, während die Gesamtheit der an einem Kristall entwickelten Flächen seine **Tracht** genannt wird (Abb. 2.12).

Das höchst-symmetrische ist das **kubische System**, das stets vier dreizählige Drehachsen aufweist, die parallel zu den Raumdiagonalen eines Würfels angeordnet sind. Hinzutreten können im kubischen System noch zwei- und vierzählige Drehachsen, Spiegelebenen und ein Punktsymmetriezentrum. Allerdings gibt es hier unterschiedliche **Kristallklassen**, die neben den immer vorhandenen vier dreizähligen Drehachsen unterschiedliche Kombinationen, nur einzelne oder sogar keine der zusätzlichen Symmetrieelemente aufweisen können. Die Gitterparameter von kubischen Kristallen sind

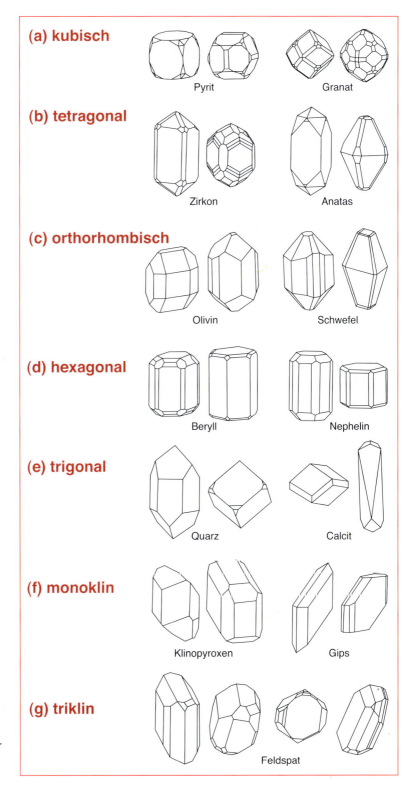

2.10 Beispiele von natürlichen Kristallen für die verschiedenen Kristallsysteme.

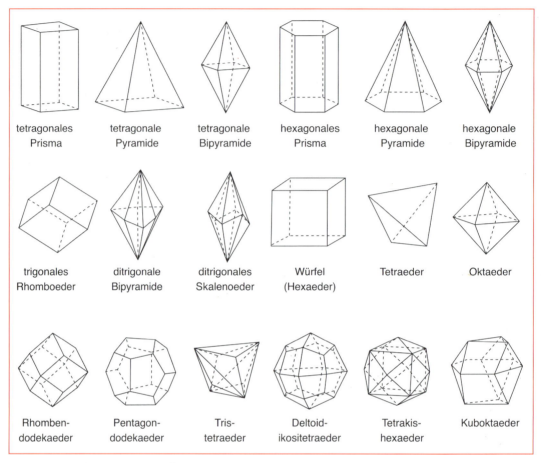

2.11 Nomenklatur von Kristallformen.

denkbar einfach: alle Kristallachsen sind gleich lang und alle Winkel betragen 90°. Der einfachste kubische Körper ist der **Würfel**, dane-

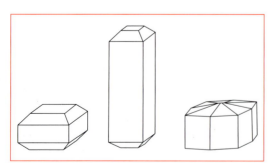

2.12 Habitus und Tracht: die zwei linken Kristalle haben dieselbe Tracht, aber unterschiedlichen Habitus, der linke und der rechte Kristall haben denselben Habitus, aber unterschiedliche Tracht.

ben gehören aber auch **Oktaeder, Tetraeder** und **Rhombendodekaeder** zu diesem Kristallsystem (Abb. 2.10a). Häufige oder bekannte Minerale (was ja leider nicht immer dasselbe ist), die im kubischen System kristallisieren, sind Diamant, Gold, Zinkblende, Bleiglanz, Granat, Magnetit und Pyrit.

Das nächste niedriger-symmetrische System ist das **tetragonale**, das aber in der Natur nicht sehr verbreitet ist. Minerale wie Zirkon, Rutil oder Anatas bilden Dipyramiden oder Säulen im tetragonalen System (Abb. 2.10b). Wiederum sind alle Gitterwinkel 90°. Zwei der Kristallachsen sind gleich lang, die dritte jedoch hat eine unterschiedliche Länge. Somit tritt als Hauptsymmetrieelement nur noch eine vierzählige Drehachse auf, neben potenziell drei zweizähligen Drehachsen, drei Spiegelebenen und einer Drehinversionsachse (die wie im kubischen System verwirklicht sein können, aber nicht müssen).

Das **orthorhombische System** ist die logische Fortsetzung der Symmetrieerniedrigung: immer noch sind alle Winkel 90°, jedoch sind hier alle Achsen ungleich lang. Im orthorhombischen System treten somit nur noch drei zweizählige Drehachsen neben Spiegelebenen auf. Typische Minerale, die in diesem System kristallisieren, sind Olivin, Orthopyroxene, Orthoamphibole oder Schwefel (Abb. 2.10c).

Bevor wir mit den niedriger symmetrischen Systemen weitermachen, müssen wir noch zwei Systeme nachholen, die eigentlich vor dem orthorhombischen hätten kommen müssen, aufgrund ihrer drei- bzw. sechszähligen Drehachsen jedoch nicht in die Abfolge passten: das hexagonale und das trigonale System.

Das **hexagonale System** weist als einziges eine sechszählige Drehachse neben maximal vier Spiegelebenen, drei zweizähligen Achsen und einer Drehinversionsachse auf. Nur zwei der Kristallachsen sind gleich lang und nur zwei der Gitterwinkel sind 90°, während der dritte Winkel – angesichts der sechszähligen Drehachse notwendigerweise – 120° ist. Sechseckige Säulen (Prismen) sind die häufigste Ausbildungsform in diesem System, und eine Vielzahl von Mineralien kristallisiert in ihm: Beryll, Cordierit, Nephelin, Apatit und Pyromorphit, um nur vier zu nennen (Abb. 2.10d).

Das **trigonale System** hat eine dreizählige Achse, die auch Drehinversionsachse sein kann, daneben wieder potentiell drei zweizählige Drehachsen und Spiegelebenen. Trigonale Kristalle können – je nachdem, wie man sie aufstellt – auf zwei verschiedene Weisen beschrieben werden. In der rhomboedrischen (Vorsicht: nicht rhombischen!) Aufstellung sind alle Kristallachsen gleich lang, alle Winkel sind gleich groß, jedoch ungleich 90° und kleiner als 120°. So ist es in Abb. 2.9 gezeigt. Alternativ können trigonale Kristalle allerdings auch mit dem hexagonalen Koordinatensystem ohne die sechszählige Drehachse beschrieben

werden. (Tief)Quarz und Calcit, daneben aber auch Turmalin kristallisieren im trigonalen System (Abb. 2.10e), das rhomboedrische, prismatische (= säulige) und bipyramidale Kristalle kennt.

Das **monokline System** hat nur noch eine zweizählige Drehachse. Immer noch sind zwei Winkel 90°, der dritte jedoch ungleich 90° und alle drei Kristallachsen sind ungleich lang. Die wichtigsten monoklinen Minerale sind zweifellos die Klinopyroxene und Klinoamphibole, aber auch Gips und die Hochtemperaturformen der Alkalifeldspäte sind monoklin (Abb. 2.10f).

Das **trikline System** schließlich hat keine Symmetrieelemente mehr. Alle Kristallachsen sind ungleich lang und alle Winkel ungleich groß. Die Tieftemperaturformen der Feldspäte sind die prominentesten Vertreter dieses Kristallsystems (Abb. 2.10g).

2.3 Kristallchemie

2.3.1 Grundlagen

Um magmatische, metamorphe und lagerstättenkundliche Prozesse verstehen zu können, muss man wissen, welche Elemente in welche Minerale eingebaut werden können. All diese Prozesse sind im Endeffekt nichts anderes als die Umverteilung von Ionen in einem System, sei dieses System nun eine Magmenkammer, ein festes Gestein oder eine fluiddurchflossene Störungszone, entlang der Minerale abgeschieden werden. Zunächst definieren wir daher die Elemente, die in geologischen Prozessen eine wichtige Rolle spielen (die lagerstättenkundlichen Prozesse und darin wichtige Elemente lassen wir erst einmal außer Acht). Dann wird zu klären sein, welche Gitterstrukturen es gibt, die für den Einbau dieser Elemente wichtig sind. Schließlich werden wir uns damit beschäftigen, wie und auf welche Gitterplätze diese Elemente in Mineralstrukturen eingebaut werden. Die dazu nötige **Berechnung von Mi-**

Kasten 2.1 Die Berechnung einer Mineralformel aus einer chemischen Analyse

Die Berechnung einer Mineralformel aus einer chemischen Analyse soll anhand der folgenden Granatanalyse gezeigt werden.

Wir erinnern uns, dass Granat die allgemeine Formel (Ca, Fe^{2+}, Mg, Mn)(Al, Fe^{3+})Si_3O_{12} hat:

	A. Gew.-% Oxid	B. Molgewicht Oxid (g/mol)	1. Molanteil Oxid (= A./B.)	2a. Molanteil Element (= 1. · stöchiom. Koeffizient)	2b. Positive Ladungen (= 2a. · Kationenladung)	3. Oxidionen (= 2b./2)	4. Formel (= Molanteil Element · (Zahl der Sauerstoffe pro Formeleinheit)/(Gesamtzahl der Oxidionen aus 3.))
SiO_2	37,30	60,09	0,621	0,621	2,484	1,242	3,00
Al_2O_3	21,10	101,96	0,207	0,414	1,242	0,621	2,00
FeO	29,90	71,85	0,416	0,416	0,832	0,416	2,01
MnO	1,14	70,94	0,016	0,016	0,032	0,016	0,08
MgO	0,90	40,31	0,022	0,022	0,044	0,022	0,11
CaO	9,02	56,08	0,161	0,161	0,322	0,161	0,79
Gesamt	99,36					2,478	8,00

1. Man teilt die Gewichtsprozentangaben durch das Molgewicht der Oxide, um die Molanteile der Oxide zu erhalten.
2. Durch Multiplikation mit der Zahl der Atome pro Oxidformel (für Mg z. B. eins, für Al zwei) erhält man die Molanteile der Elemente, durch Multiplikation mit den jeweiligen Ladungen die Anzahl positiver Ladungen.
3. Man berechnet die Zahl der zweifach negativ geladenen Oxidionen, die nötig sind, um die unter 2. berechneten positiven Ladungen auszugleichen. Im Falle von Halogeniden oder Sulfiden wählt man statt der Oxidionen einfach negativ geladene Halogenid- oder zweifach negativ geladene Sulfidionen.
4. Man teilt die Anzahl der tatsächlich in einer Granatstruktur vorhandenen Sauerstoffatome (12) durch die errechnete Gesamtzahl der unter 3. ausgerechneten Sauerstoffatome (in diesem Beispiel 2,478) und multipliziert jeden der unter 2. ausgerechneten Molanteile der Elemente mit diesem Wert 12/2,478 = 4,843. Daraus resultiert eine korrekte Summenformel $Fe_{2,01}Ca_{0,78}Mg_{0,11}Mn_{0,09}Al_2Si_3O_{12}$. Als Test kann man überprüfen, ob die Zahl der Kationen, in diesem Fall 8, mit der Summe der Zahlen übereinstimmt, die bei diesem letzten Rechenschritt erhalten werden.
5. Fakultativ kann man dann noch die errechneten Kationenmengen auf die in der Struktur vorhandenen Gitterplätze (siehe Abschnitt 2.3.3) verteilen.
6. Das führt dann zur Berechnung der Anteile der Endgliedkomponenten, die meist als Molenbruch angegeben werden. In unserem Fall stehen die Endglieder Almandin, Pyrop, Spessartin und Grossular zur Verfügung, auf die entsprechend der Fe-, Mg-, Mn- und Ca-Ionenmengen folgende Mengen entfallen: X_{Alm} = 2,01/(2,01 + 0,08 + 0,11 + 0,79) = 0,67. Entsprechend sind die anderen Anteile X_{Py} = 0,04, X_{Sps} = 0,3 und X_{Grs} = 0,26. Bei mehr Elementen gibt es manchmal auch verschiedene Endgliedkomponenten, zwischen denen man wählen kann. Zum Beispiel könnte eventuell vorhandenes Cr^{3+} in ein Fe-Cr-Endglied oder in ein Mg-Cr-Endglied eingebaut werden. Hier muss man ein wenig von der Kristallchemie verstehen, um die richtigen Endglieder zu wählen.

neralformeln aus chemischen Analysen ist in Kasten 2.1 erläutert.

In diesem Zusammenhang sind die Begriffe des **Endglieds** und des **Mischkristalls** wichtig. Ein Endglied ist eine chemisch reine, meist in der Natur nicht vorkommende Verbindung, während Mischkristalle Mischungen verschiedener Endglieder sind. **Mineralreaktionen** werden meist mit Endgliedern formuliert, da das Rechnen mit realen, komplex zusammengesetzten

Mineralen wie z. B. dem Granat aus Kasten 2.1 nur schwer zu brauchbaren Formulierungen für Reaktionsprozesse führt. Viele Mineralgruppen wie Olivine, Amphibole, Glimmer oder Pyroxene bilden Mischkristallreihen. Man spricht z. B. beim Olivin von den Endgliedern Forsterit (Mg-Endglied Mg_2SiO_4); Fayalit (Fe-Endglied Fe_2SiO_4) und Tephroit (Mn-Endglied Mn_2SiO_4). Natürliche Olivine sind Mischkristalle $(Mg,Fe,Mn)_2SiO_4$.

Die wichtigen Elemente in sedimentären, metamorphen und magmatischen Prozessen und mit ihnen verknüpften Mineralen sind, wie in Kapitel 1 gezeigt, zunächst einmal die folgenden: Si, Al, Ca, Na, K, Fe, Mg, H und C, und – natürlich – der Sauerstoff, der aber in den meisten gesteinsbildenden Mineralen das Ge-

Kasten 2.2 Wertigkeiten ausgewählter Elemente

4+ Si, Ti, C (in Karbonaten immer 4+, sonst 0 in Graphit und 4- in Methan)
3+ Al, Cr (meist 3+, kann selten auch 2+ und 6+ sein), Fe^{3+} (wichtig neben Fe^{2+})
2+ Mg, Ca, Ba, Ni, Fe^{2+} (denke auch an Fe^{3+}), Mn (meist 2+, selten auch 3-, 4- oder 6-wertig)
1+ H (meist in Verbindung mit O als OH^- oder H_2O), Li, Na, K
1- Cl und F
2- O

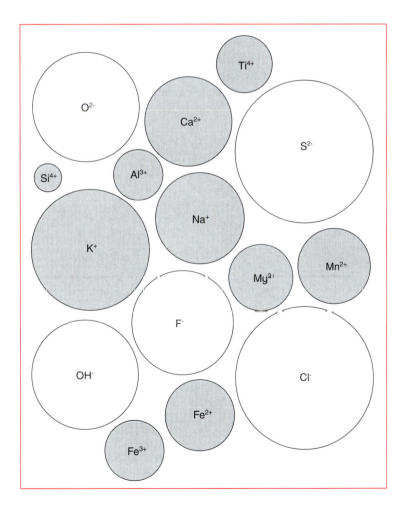

2.13 Ionenradien ausgewählter Elemente nach Shannon & Prewitt (1970).

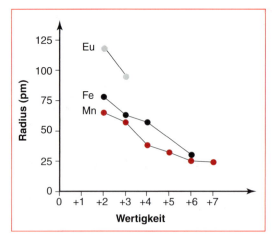

2.14 Abhängigkeit des Ionenradius von der Wertigkeit der Elemente Eu, Fe und Mn. Ionenradien aus Shannon & Prewitt (1970).

Cr und Ni aus der Gruppe der Übergangsmetalle, Li und Ba als Alkali- und Erdalkalimetalle sowie als wichtige Anionen Cl und F. Die überwiegende Zahl dieser Elemente tritt nur in einer Wertigkeit (= **Oxidationsstufe**) auf, manche aber auch in verschiedenen (Kasten 2.2).

Neben der Wertigkeit von Elementen ist vor allem ihre Größe ein bestimmender Faktor dafür, wie und auf welchen Gitterplätzen sie in Minerale eingebaut werden können (Abb. 2.13). Es ist dabei auffällig, dass die **Ionengröße** (der **Ionenradius**) einerseits mit der Wertigkeit (Abb. 2.14), andererseits mit der Stellung im Periodensystem (Abb. 2.15) zusammenhängt, dass also die Ionengröße von der Zahl der Elektronenschalen und der Orbitale abhängt. Dies ist auch der Grund dafür, dass dasselbe Element meist unterschiedlich koordiniert ist, wenn es in unterschiedlichen Wertigkeitsstufen vorkommt, da ein zusätzliches Elektron das Ion größer macht. Anionen sind also auch prinzipiell größer als die neutralen Atome derselben Elemente, Kationen kleiner. Elemente ähnlicher Ionengröße und Ladung können einander

rüst bildet und daher sowieso dabei ist. Neben diesen 10 Elementen, die 99% unserer Erde ausmachen, kommen in kleinen Mengen – und in manchen Mineralen auch stark angereichert – noch eine Reihe weiterer Elemente vor, die petrologisch interessant sein können: Ti, Mn,

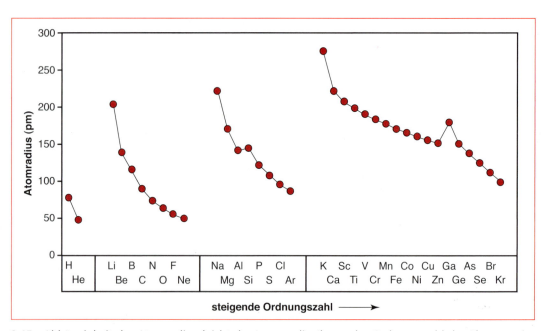

2.15 Abhängigkeit des Atomradius (nicht des Ionenradius!) von der Ordnungszahl der Elemente im Periodensystem. Je nach Meßmethode schwanken die Literaturangaben zu den Atomradien stark, insbesondere bei den Edelgasen.

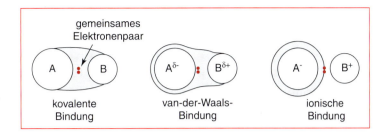

2.16 Verschiedene Bindungstypen, die in Mineralen realisiert sind.

in Mineralen ersetzen, was als **Diadochie** bezeichnet wird. Das bekannteste Beispiel dafür sind die Elemente Fe und Mg.

Atome bzw. Ionen können in unterschiedlicher Weise miteinander verbunden sein. In der **Metallbindung** werden positiv geladene „Atomrümpfe" von einem frei beweglichen Elektronen„gas" zusammengehalten, während in der **ionischen Bindung** die Elektronen sehr deutlich den positiv geladenen Kationen und den negativ geladenen Anionen zugeordnet sind, deren elektrostatische Anziehungskräfte den Kristall zusammenhalten. In der **kovalenten Bindung** werden Atome durch gemeinsame Elektronenpaare zusammengehalten (Abb. 2.16), während die sehr schwache **van-der-Waals-Bindung** lediglich auf kleinen Fluktuationen (Veränderungen) in der Ladungsverteilung benachbarter Atome beruht. „Kartiert" man die Elektronendichte mit modernen Röntgenbeugungsmethoden aus (siehe Abschnitt 2.5.3 und Abb. 2.17), so kann man ionische und kovalente Bindungstypen, die zum Teil in ein und demselben Mineral nebeneinander vorkommen, unterscheiden. Im Calcit beispielsweise werden die C- und O-Ionen innerhalb

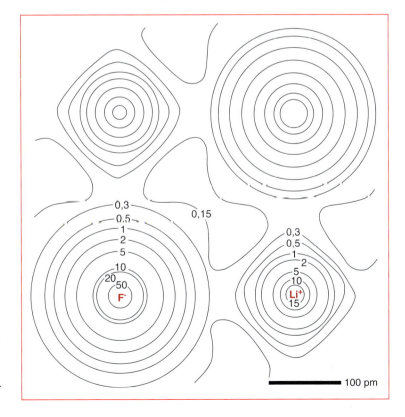

2.17 Elektronendichte in einem Lithiumfluorid-Kristall. Die Zahlen geben die Zahl der Elektronen pro 10^{-30} m^3 an. Aus Krug et al. (1955).

Kasten 2.3 Elektronegativitäten nach Pauling

Atom	Elektronegativität	Atom	Elektronegativität
H	2,20	C	2,55
O	3,44	F	3,98
Na	0,93	Mg	1,31
Al	1,61	Si	1,90
S	2,58	Cl	3,16
K	0,82	Ca	1,00

Kasten 2.4 Berechnung von Grenzwerten für Ionenkoordination

Beispiel für die oktaedrische Koordination: In einem gleichschenkligen, rechtwinkligen Dreieck, dessen Katheten zweimal dem Radius des Sauerstoffs entsprechen, dessen Hypotenuse dagegen 2 · Radius(Anion) + 2 · Radius(Kation) ist (siehe Abb. 2.18), gilt nach Pythagoras: Radius(Kation) = Radius(Anion) · $\sqrt{2}$ – Radius(Anion). Das Verhältnis von Kationen- zu Anionenradius ist demnach $\sqrt{2} - 1$ = 0,41, wenn sich die Sauerstoffatome gerade berühren. Dies bedeutet, dass das Kation nicht kleiner sein dürfte, denn näher zusammenrücken können die Sauerstoffatome ja nicht mehr. Anders ausgedrückt: wenn Radius(Kation)/Radius(Anion) < 0,41, dann ist das Kation vierfach koordiniert, ist das Verhältnis größer, ist es sechsfach koordiniert. Ähnlich kann man mit allen regelmäßigen Koordinationspolyedern verfahren.

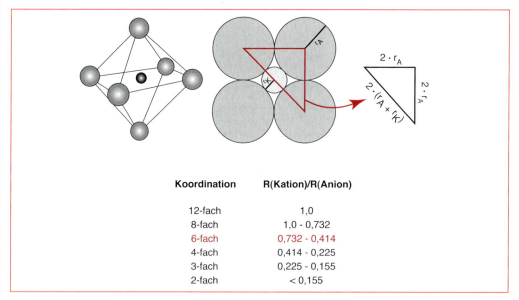

Koordination	R(Kation)/R(Anion)
12-fach	1,0
8-fach	1,0 - 0,732
6-fach	0,732 - 0,414
4-fach	0,414 - 0,225
3-fach	0,225 - 0,155
2-fach	< 0,155

2.18 Grenzradien-Verhältnisse für Ionen in verschiedenen Koordinationen. Oben ist als Beispiel gezeigt, wie man das Grenzradien-Verhältnis für die oktaedrische Koordination ausrechnen kann.

der Karbonationen durch kovalente Bindungen zusammengehalten, während Karbonat- und Ca^{2+}-Ionen ionisch verbunden sind. Will man den Bindungstyp in Zahlen ausdrücken, so kommt das Konzept der **Elektronegativität** zum Tragen. Die Elektronegativität ist das Vermögen eines Atoms, in einer chemischen Bindung Elektronen anzuziehen. Dabei wird jedem Atom ein Wert zwischen 1 und 4 empirisch zugewiesen (Kasten 2.3). Unterscheiden sich zwei Atome in einer Bindung hinsichtlich ihrer Elektronegativität stark voneinander, so ist die Bindung eher ionisch, unterscheiden sie sich wenig, so ist sie eher kovalent.

In den meisten gesteinsbildenden Mineralen kommen die Elemente umgeben von einer unterschiedlichen Zahl von Sauerstoffatomen in kovalenter Bindung vor. Diese als **Koordinationszahl** bezeichnete Anzahl nächster Nachbaratome hängt davon ab, wie groß das betrachtete Ion im Verhältnis zum umgebenden Sauerstoff ist. Die Grundlage dieser wechselnden **Koordination** lässt sich leicht berechnen (Kasten 2.4). Kleine Ionen wie z. B. Si sind typischerweise niedrig koordiniert, z. B. in Form eines Tetraeders. Silizium hat also vier nächste O-Nachbarn, und man sagt, Si ist vierfach tetraedrisch koordiniert bzw. besitzt die Koordinationszahl KZ = 4. Größere Ionen sind höher koordiniert, als Oktaeder, Würfel oder noch höher (Abb. 2.19). Manche Ionen wie z. B. Al und B haben eine Zwischengröße und können unterschiedlich koordiniert sein. Wie die wichtigsten Ionen typischerweise in krustalen Mineralen koordiniert sind (wobei sich dies bei hohen Drucken, z. B. im mittleren Erdmantel, ändern kann), fasst Kasten 2.5 zusammen.

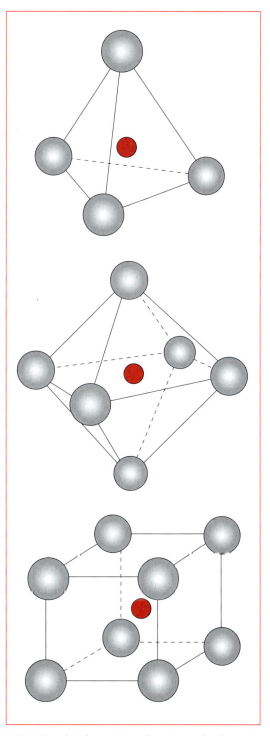

Kasten 2.5
Ionenkoordinationen

Dreieckig (3 O um ein Ion): C^{4+} (im Carbonation)
Tetraedrisch (4 O um ein Ion): Si, Al, Fe^{3+}, Ti (selten)
Oktaedrisch (6 O um ein Ion): Mg, Mn, Ni, Fe^{2+}, Al, Fe^{3+}, Cr^{3+}, Li, Ti, Na (manchmal), Ca (manchmal)
Höher (8, 10 oder 12 O um ein Ion): Na, K, Ca, Ba
H ist immer an ein O in Form einer OH-Gruppe gebunden, Cl und F ersetzen O oder OH-Gruppen als Anionen.

2.19 Verschiedene Koordinationspolyeder: Tetraeder (Koordinationszahl KZ = 4), Oktaeder (KZ = 6) und Würfel (KZ = 8).

Alle wichtigen gesteinsbildenden Minerale (bei denen es sich ja meist um Silikate oder Oxide handelt, nur untergeordnet kommen Sulfide und Phosphate vor) lassen sich kristallchemisch aus solchen **Koordinationspolyedern** zusammensetzen (also den Tetraedern, Oktaedern usw.). In jeder Mineralgruppe sind diese Polyeder lediglich unterschiedlich angeordnet, aber wenn man sich die einfachen Bauprinzipien einmal eingeprägt hat, dann versteht man auch, welche Elemente in welche Minerale eingebaut werden können und warum unterschiedliche Mineralgruppen unterschiedliche Reaktionen eingehen. Oktaeder werden meist mit dem Buchstaben M abgekürzt (weil O mit Sauerstoff verwechselt werden könnte), Tetraeder mit T. Im Folgenden gehen wir die wichtigsten Mineralgruppen kurz durch.

2.3.2 Kristallchemie wichtiger gesteinsbildender Minerale

Bevor wir die wichtigsten Mineralarten oder -gruppen in Bezug auf ihre Struktur diskutieren, müssen wir einen kurzen Blick auf die verschiedenen Möglichkeiten werfen, wie Silikatgruppen in Minerale eingebaut werden können. Da Silikate nun einmal den größten Teil unserer Erde ausmachen, und da die Natur sehr erfinderisch ist, was die Kombination der Silikatgruppen angeht (Abb. 2.20), ist dies unbedingt nötig. Es sei vorangestellt, dass es sowohl griechisch-stämmige als auch deutsche Bezeichnungen für die verschiedenen **Silikattypen** gibt, die aber beide gebräuchlich sind und damit hier vorgestellt werden müssen. Das Silikation selbst liegt immer als ein Tetraeder aus vier Sauerstoffatomen in den Ecken um ein Siliziumatom in der Mitte vor, also als vierfach negativ geladener SiO_4-Tetraeder. Diese Tetraeder können nun gemäß Abb. 2.20 in unterschiedlicher Weise miteinander verknüpft sein:

- isoliert in der Struktur, ohne dass sie über Si-O-Si-Bindungen miteinander zusammenhängen: **Insel- oder Nesosilikate**;
- Zweiergrüppchen, die über eine Ecke miteinander verknüpft sind: **Gruppen- oder Sorosilikate**;
- Ringe, die über zwei Ecken mit ihren jeweiligen zwei Nachbartetraedern verknüpft sind, wobei die Natur meist Sechserringe bevorzugt, daneben nur in wenigen Mineralen Dreierringe zulässt: **Ring- oder Cyclosilikate**;
- lange Reihen bzw. Ketten, in denen ebenfalls eine Verknüpfung wie bei den Ringsilikaten mit den zwei nächsten Nachbarn besteht (Einfachketten) oder aber zwei solcher Ketten miteinander zu Doppelketten verbunden werden, so dass drei Ecken mit Nachbartetraedern besetzt sind: **Ketten- oder Inosilikate**;
- zweidimensional in Form von Flächen, in denen jeder SiO_4-Tetraeder mit seinen drei Nachbarn verknüpft ist, also ähnlich den Doppelkettensilikaten, jedoch nicht auf zwei Lagen beschränkt, sondern unendlich wiederholt: **Blatt- oder Phyllosilikate**;
- schließlich natürlich dreidimensional über jede ihrer vier Ecken mit einem weiteren Tetraeder, was zu **Gerüst- oder Tektosilikaten** führt.

Typischerweise zeigt jedes Silikat nur einen Bautyp und man kann die Silikate einfach anhand dieser Verknüpfungen einteilen. Dies ist insofern praktisch, als manche dieser submikroskopischen Strukturvarianten makroskopisch sichtbare Eigenschaften bedingen: Schichtsilikate etwa sind immer blättrig ausgebildet, was selbst im Gelände schon auffällt. Kettensilikate haben meist prismatische, stängelige oder nadelige Formen, wogegen Ringsilikate häufig, aber nicht immer, sehr offensichtlich trigonale oder hexagonale Kristallformen ausbilden, wie z. B. beim Beryll oder Turmalin deutlich zu sehen ist. So, wie es verschiedene Strukturtypen von Silikaten gibt, gibt es auch verschiedene Strukturtypen von Oxiden, Sulfaten, Sulfiden, Phosphaten usw.

Quarz und seine polymorphen Modifikationen

Reines SiO_2 liegt in der Natur nicht nur als der jedermann bekannte Quarz vor, sondern noch als sieben weitere Mineralarten („Phasen"), die sich zwar durch gleiche Zusammensetzung,

1. Inselsilikate
(Nesosilikate)

z.B. Olivin, Granat, Aluminiumsilikate

4. Kettensilikate
(Inosilikate)

a) Einfachkettensilikate
z.B. Pyroxengruppe

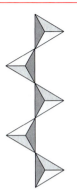

2. Gruppensilikate
(Sorosilikate)

z.B. Zoisit, Epidot, Melilith

3. Ringsilikate
(Cyclosilikate)

z.B. Beryll, Turmalin

b) Doppelkettensilikate
(Bandsilikate)
z.B. Amphibolgruppe

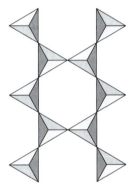

5. Blattsilikate
(Phyllosilikate)

z.B. Glimmergruppe, Talk, Tonminerale

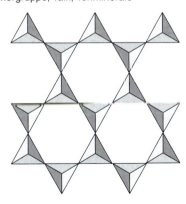

6. Gerüstsilikate
(Tektosilikate)

z.B. Quarz, Feldspatgruppe, Nephelin

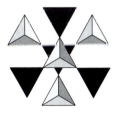

2.20 Strukturtypen von Silikaten.

> **Kasten 2.6** SiO$_2$-Polymorphe
>
> | | | |
> |---|---|---|
> | Tiefquarz | trigonal | Dichte = 2,65 g/cm^3 |
> | Hochquarz | hexagonal | Dichte = 2,53 g/cm^3 |
> | Tiefcristobalit | tetragonal | Dichte = 2,32 g/cm^3 |
> | Hochcristobalit | kubisch | Dichte = 2,20 g/cm^3 |
> | Tieftridymit | monoklin | Dichte = 2,26 g/cm^3 |
> | Hochtridymit | hexagonal | Dichte = 2,27 g/cm^3 |
> | Coesit | monoklin | Dichte = 3,01 g/cm^3 |
> | Stishovit | tetragonal, Si in oktaedr. Koordination | Dichte = 4,35 g/cm^3 |

aber unterschiedliche Struktur auszeichnen und die auch in unterschiedlichen Kristallsystemen kristallisieren. Dies nennt man **Polymorphie** (griechisch: Vielgestaltigkeit). Die verschiedenen Phasen heißen **Modifikationen**. Alle Modifikationen bestehen aus dreidimensional im Raum liegenden, spiralförmig angeordneten SiO$_4$-Tetraederketten. Diese Struktur ist ähnlich der von Tektosilikaten, denn auch im Quarz sind jeweils vier Ecken eines Tetraeders verknüpft. SiO$_2$ ist damit zwar chemisch ein Oxid, kann aber aufgrund seiner Struktur am einfachsten durch die Silikatbauweise beschrieben werden. Die Natur hat acht Wege gefunden, diese SiO$_4$-Tetraeder unterschiedlich miteinander zu verknüpfen. Dies resultiert in den Phasen (Mineralen) in Kasten 2.6.

In Abb. 2.21 ist die unterschiedliche Struktur für Tief- und Hochquarz, in Abb. 2.22 die Strukturen von Hochcristobalit und Stishovit im Vergleich zum Tiefquarz gezeigt. Alle acht Modifikationen haben unterschiedliche Stabilitäten, d.h. sie sind bei unterschiedlichen Druck- und Temperaturbedingungen stabil (Abb. 2.23, wobei in dieser Abbildung die Hoch- und Tiefformen von Tridymit und Cristobalit nicht unterschieden werden), an die ihre jeweilige Struktur optimal angepasst ist: Phasen geringer Dichte kommen bei niedrigen Drucken, aber hohen Temperaturen vor, Phasen hoher Dichte dagegen genau umgekehrt bei hohen Drucken (wobei die Temperaturen hier hoch oder niedrig sein können). Die unter 573 °C stabile Modifikation heißt Tiefquarz, wobei das Tief für „Tieftemperatur" steht.

An der Erdoberfläche und in der Erdkruste kommt Silizium ausschließlich tetraedrisch koordiniert vor. Beim Stishovit allerdings ist zu beachten, dass er als absolute Ausnahme **Si in oktaedrischer Koordination** zeigt. Dies kommt daher, dass er nur bei extrem hohen Drucken (über etwa 80 kbar) stabil ist, bei denen die Sauerstoffionen soweit komprimiert wurden, dass jetzt sechs statt vier von ihnen um das viel weniger kompressible Siliziumatom herum gruppiert werden können. Er bildet sich daher nur im tieferen Erdmantel und bei Meteoriteneinschlägen.

Olivin

Olivin ist die Mischung aus 2 Teilen (Mg, Fe, Mn)O und einem Teil SiO$_2$. Es gibt also drei Olivinendglieder (Mg$_2$SiO$_4$: Forsterit; Fe$_2$SiO$_4$ Fayalit; Mn$_2$SiO$_4$: Tephroit), während die Mischkristalle allgemein als Olivin bezeichnet werden. Wir erinnern uns: Olivin kommt in vielen magmatischen und metamorphen Gesteinen vor, über 60 % des oberen Erdmantels besteht aus Mg-reichem Olivin.

Im orthorhombischen Olivin sind die einzelnen SiO$_4$-Tetraeder nicht direkt miteinander verbunden (im Gegensatz zu den SiO$_2$-Polymorphen). Daher ist Olivin ein Inselsilikat. Si sitzt also auf T-Plätzen, die Metalle Mg, Fe und Mn sind dagegen oktaedrisch koordiniert, doch sind diese Oktaeder in der realen Kristallstruktur etwas verzerrt. So gibt es zwei verschiedene Oktaederplätze (M-Plätze) in Olivin, M1 und M2. Diese sind energetisch nicht ganz

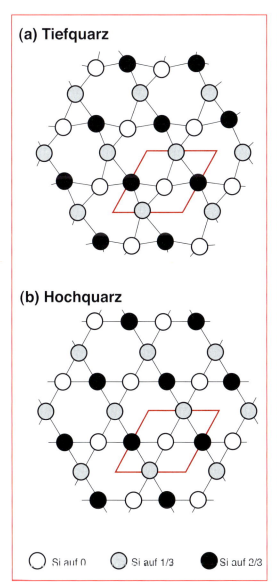

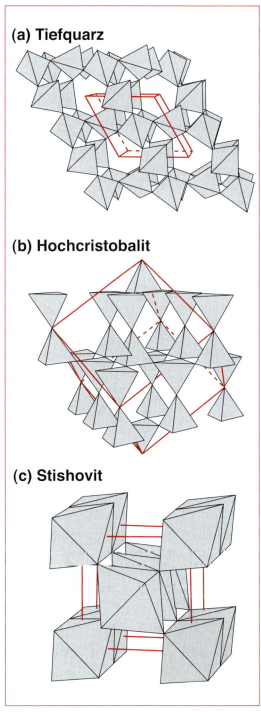

2.21 Kristallstruktur von Hoch- und Tiefquarz. „Si auf 1/3" bedeutet, dass das Siliziumatom nicht auf der Grundfläche, sondern um ein Drittel der Elementarzelle nach oben versetzt liegt.

gleichwertig, da sie unterschiedlich verzerrt und damit etwas unterschiedlich groß sind. Mg, Fe und Mn, die leicht verschiedene Ionenradien haben, werden dadurch unterschiedlich gut auf M1 und M2 eingebaut. Da M1<M2, werden größere Ionen bevorzugt auf M2 eingebaut.

2.22 Kristallstrukturen von Tiefquarz, Hochcristobalit und Stishovit. In der Hochdruckphase Stishovit ist Silizium ausnahmsweise oktaedrisch koordiniert. Nach Vorlagen von C. Röhr, Freiburg.

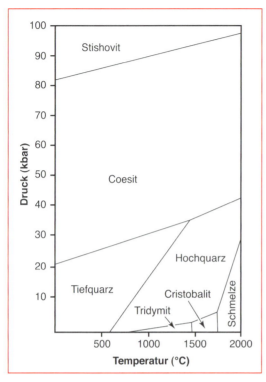

2.23 Phasendiagramm für SiO$_2$.

Wie bei SiO$_2$, gibt es auch bei Mg$_2$SiO$_4$ verschiedene Polymorphe. An der Erdoberfläche ist davon nur Forsterit stabil, doch für das Verständnis vieler geophysikalischer Phänomene und der Mineralogie des Erdmantels sind die anderen Polymorphe wichtig. In Tiefen unter 400 km liegt Mg$_2$SiO$_4$ nämlich nicht mehr in der Olivin-, sondern in einer dichteren Struktur vor (siehe Kasten 3.6).

Spinelle

Spinelle sind kubische Oxide der allgemeinen Formel AB$_2$O$_4$, wobei A meist ein zweiwertiges Metall wie Mg, Mn, Fe^{2+} oder Zn, und B meist ein dreiwertiges Metall wie Al, Fe^{3+} oder Cr^{3+} ist. Wie wir oben gesehen haben, ist natürlich auch die Kombination von einem vierwertigen A-Atom mit zwei zweiwertigen B-Atomen möglich, doch ist dies eher die Ausnahme. A ist in der normalen Spinellstruktur tetraedrisch koordiniert, B dagegen oktaedrisch (Abb. 2.24). Dies bedeutet jedoch, dass hier ausnahmsweise Metalle wie Mg oder Fe^{2+} tetraedrisch koordi-

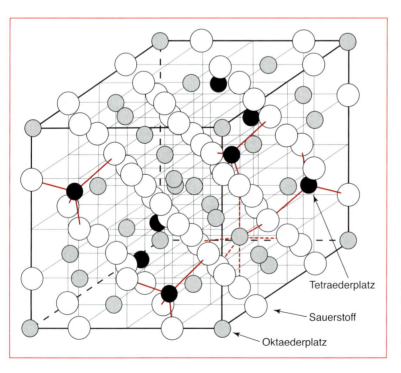

2.24 Kristallstruktur von Spinell. Die A-Kationen besetzen die Tetraederplätze, die B-Kationen die Oktaederplätze (siehe Text).

Kasten 2.7 Spinelle (sensu latu)

A	B	komplette Formel	Name
Fe^{2+}	Al	$FeAl_2O_4$	Hercynit
Fe^{3+}	$Fe^{3+} + Fe^{2+}$	Fe_3O_4	Magnetit
Fe^{2+}	Cr^{3+}	$FeCr_2O_4$	Chromit
Mg	Al	$MgAl_2O_4$	Spinell (sensu strictu)
Zn	Al	$ZnAl_2O_4$	Gahnit
Mn^{2+}	Al	$MnAl_2O_4$	Galaxit
Fe^{2+}	$Ti + Fe^{2+}$	Fe_2TiO_4	Ulvöspinell

niert sein können. Die Spinell-Struktur ist offenbar äußerst flexibel, was den Einbau verschieden großer Ionen anbelangt. Dies führt dazu, dass man weit über 100 Phasen mit Spinellstruktur kennt, die allerdings nicht alle in der Natur vorkommen. Die wichtigsten in der Natur vorkommenden Spinelle sind in Kasten 2.7 aufgeführt.

Pyroxene

Pyroxene sind sehr wichtige Minerale in metamorphen und magmatischen Gesteinen. Die Struktur der Pyroxene besteht aus kontinuierlich miteinander über Ecken verbundenen SiO_4-Tetraedern. Es sind also Einfachkettensilikate, wobei die Ketten mit den Tetraederspitzen abwechselnd nach oben und nach unten ausgerichtet sind. Diese Ketten wechseln sich mit Oktaederketten ab (die M-Plätze), und sie sind in Richtung der c-Achse angeordnet (Abb. 2.25). Der prismatische Habitus vieler Pyroxene hängt damit zusammen.

Prinzipiell gibt es zwei Arten von Pyroxenen: orthorhombisch kristallisierende **Orthopyroxene** und monoklin kristallisierende **Klinopyroxene**. Die generelle Formel lautet $M_2Si_2O_6$, wobei die zwei M-Plätze entweder von zwei zweiwertigen Metallionen wie Mg, Ca, Fe^{2+} oder Zn eingenommen werden können oder von einem ein- und einem dreiwertigen Kation wie etwa Na, Li, Al, Cr^{3+}, Fe^{3+}. Man beachte, dass Al in Pyroxenen sowohl oktaedrisch als auch tetraedrisch koordiniert sein kann, sodass es auch Si auf den T-Plätzen ersetzen kann.

Dies geschieht zum Beispiel beim so genannten **Tschermakaustausch**, bei dem ein Magnesium- und ein Siliziumatom durch zwei Aluminiumatome ersetzt werden. Schematisch kann man diesen Austausch ähnlich einer chemischen Reaktion folgendermaßen formulieren:

$$CaMgSi_2O_6 + Mg_{-1}Si_{-1}Al_2 = CaAl_2SiO_6$$
Diopsid + Tschermakaustausch =
Ca-Tschermakit

Kalium kann in Pyroxenen nur unter sehr hohen Drucken und nur in relativ geringen Mengen eingebaut werden, da es für die Struktur eigentlich zu groß ist. In Pyroxenen der Erdkruste fehlt K vollständig.

Die zwei M-Plätze (Oktaederplätze) sind – wie im Olivin – energetisch leicht verschieden, d.h. es gibt M1- und M2-Plätze. Große Ionen wie z.B. Na oder Ca werden wiederum bevorzugt auf den größeren M2-Plätzen eingebaut, während oktaedrisches Al, Ti und Cr auf M1 eingebaut wird. Es ist bemerkenswert, dass die Pyroxene, die identisch besetzte M Plätze haben (also reine Fe- oder Mg-Pyroxene), mit einer höheren Symmetrie kristallisieren, nämlich als Orthopyroxene. Hier zeigt sich, dass erst die unterschiedliche Ionengröße die Verzerrung der Oktaeder auslöst und dass diese winzigen Veränderungen im Endeffekt makroskopische Eigenschaftsänderungen hervorrufen können. Es besteht also ein Zusammenhang zwischen chemischer Zusammensetzung, submikroskopischer Struktur und mikro- bis makroskopischen Eigenschaften. Die wichtigsten Pyroxene sind in Kasten 2.8 zusammengestellt.

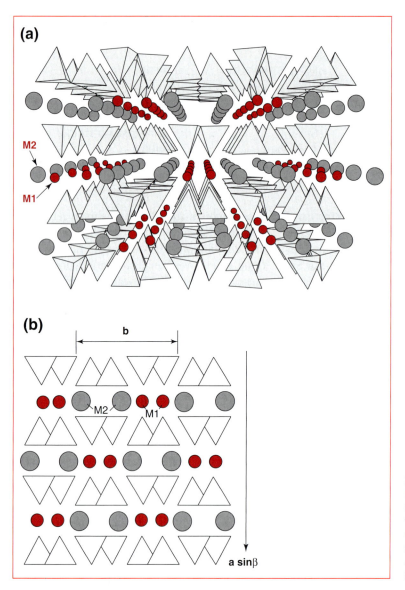

2.25 Kristallstruktur von Klinopyroxen, entlang der c-Achse in den Kristall hineinblickend.
(a) räumlich, (b) stärker schematisiert. Siehe auch Abb. 1.19 bei den Pyroxenen.

Kasten 2.8 Die wichtigsten Pyroxene

M2	M1	T	komplette Formel	Name	Kristallsystem
Fe^{2+}	Fe^{2+}	Si	$Fe_2Si_2O_6$	Ferrosilit	orthorhombisch
Mg	Mg	Si	$Mg_2Si_2O_6$	Enstatit	orthorhombisch
Ca	Fe^{2+}	Si	$CaFeSi_2O_6$	Hedenbergit	monoklin
Ca	Mg	Si	$CaMgSi_2O_6$	Diopsid	monoklin
Na	Al	Si	$NaAlSi_2O_6$	Jadeit	monoklin
Na	Fe^{3+}	Si	$NaFeSi_2O_6$	Aegirin (Akmit)	monoklin
Ca	Al	Al, Si	$CaAl_2SiO_6$	Ca-Tschermakit	monoklin

Der in Eklogiten wichtige **Omphacit** ist eine Mischung aus variablen Mengenanteilen von Diopsid, Hedenbergit, Jadeit und wenig Akmit. Der in vielen magmatischen Gesteinen verbreitete **Augit** ist eine Mischung praktisch aller oben genannter Endglieder mit der Ausnahme von Jadeit, wobei jedoch typischerweise Diopsid und Hedenbergit überwiegen. Für die Mischkristalle zwischen Enstatit und Ferrosilit haben sich je nach ihrem Fe/Mg-Verhältnis eigene Bezeichnungen eingebürgert, die in Abb. 2.26 dargestellt sind. Pigeonit ist eine seltene, nur bei Temperaturen über etwa 800 °C vorkommende Pyroxenphase, die in ihrer Zusammensetzung zwar den Orthopyroxenen ähnlich ist (sie enthält etwas mehr Ca), jedoch monoklin kristallisiert. Zwischen den Klino- und den Orthopyroxenen gibt es bei hohen Temperaturen eine größere Mischbarkeit als bei tiefen Temperaturen (Kasten 3.26). Deshalb zeigen insbesondere plutonisch gebildete Pyroxene häufig lamellenförmige **Entmischungen**. Dieses Phänomen wird am Beispiel der Feldspäte in Kasten 2.11 näher erläutert.

Schichtsilikate

Zu der großen Abteilung der Schichtsilikate gehören die **Glimmer** genauso wie die Chlorite, die Serpentine, Talk, Pyrophyllit und insbesondere die in der Bodenbildung wichtigen, meist bei der Verwitterung von Feldspäten entstehenden **Tonminerale** (z. B. Kaolinit, Montmorillonit und Illit). Die Struktur der Tonminerale bestimmt, ob ein Boden fruchtbar oder unfruchtbar ist, und zwar durch ihre Fähigkeit, für Pflanzen wichtige Elemente und Wasser einzubauen und somit verfügbar zu halten. Wenn bei der Verwitterung von Feldspäten Kaolinit entsteht, dann können für Pflanzen wichtige Ionen wie Na oder insbesondere K nicht im Boden gehalten werden. Sie werden statt dessen mit dem Wasser fort geschwemmt und der Boden wird unfruchtbar. Entstehen dagegen Illit oder Montmorillonit, die große Kationen und auch Wassermoleküle einbauen können, ist der Boden potenziell fruchtbar.

Im Detail gibt es also verschiedene Strukturen von Schichtsilikaten (Abb. 2.27 und 2.28). Die SiO_4-Tetraederschichten sind immer parallel zur kristallographischen a-b-Ebene ausgerichtet. Sie unterscheiden sich jedoch darin, wie die **Tetraederschichten** (t-Schichten) und die damit alternierenden Nicht-Tetraederschichten angeordnet sind. Diese alternierenden Schichten sind entweder **Oktaederschichten** (o-Schichten, aufgebaut aus M-Plätzen) oder so genannte Interlayerschichten (i-Schichten). Diese **Interlayerschichten** enthalten höher koordinierte, größere Kationen, insbesondere K, Na und Ca, aber auch Ammoniumionen (NH_4^+), die für die Oktaederplätze zu groß sind und die daher so genannte I-Plätze einnehmen. Schichtsilikate enthalten immer Wasser in Form von OH-Gruppen oder von strukturell gebundenen H_2O-Molekülen. Sie gehören damit zu den **Hydrosilikaten**. Die OH-Gruppen können – und auch dies unterscheidet die Schichtsilikate und generell alle Hydrosilikate von den bisher besprochenen, wasserfreien Silikaten – durch die Halogene Cl und F ersetzt werden. Als Besonderheit kann auf den Tetraederplätzen Bor anstelle von Silizium eingebaut werden.

Zwischen den aus Tetraedern und Oktaedern bestehenden Schichtpaketen bestehen nur schwache, van-der-Waals'sche Wechselwirkungen. Dies ist der Grund dafür, dass meist schon mit dem Fingernagel Schichtsilikate in Blättchen zerlegt werden können – Ionenbindungen oder kovalente Bindungen könnte man mit dem Fingernagel im Normalfall nicht spalten. Entsprechend kann man die Blättchen zwar aus dem Verband lösen, aber nicht mit dem Fingernagel ritzen – hier, innerhalb der a-b-Ebene, wirken die weit stärkeren kovalenten Bindungen. Hier sieht man deutlich den Zusammenhang zwischen submikroskopischer Struktur und makroskopischen Eigenschaften. Dies ist auch an einem weiteren Beispiel zu belegen: während die normalen Glimmer, beispielsweise Biotite und Hellglimmer, nicht nur auseinanderblättern, sondern diese Blättchen auch in gewissen Grenzen biegbar sind, ist dies beim

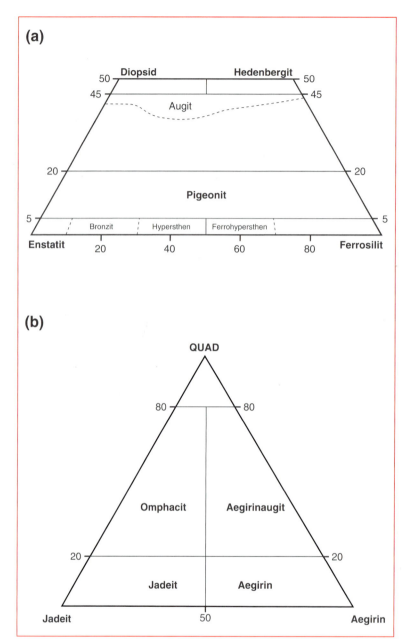

2.26 Nomenklatur der Pyroxene nach Morimoto (1988). (a) Ca-Fe-Mg-Pyroxene im so genannten Pyroxenquadrilateral. QUAD bezeichnet die Gesamtheit der darin darstellbaren „quadrilateralen" Komponenten Di, Hd, En und Fs. (b) Na-Pyroxene.

Margarit nicht so. Er wird Sprödglimmer genannt, da er nicht biegbar ist. Der Grund dafür liegt wieder in seiner chemischen Zusammensetzung und der daraus resultierenden Struktur. Das große Ca-Ion passt gerade noch auf den I-Platz, doch große Beanspruchungen hält diese Struktur nicht mehr aus, während die Bindungen in Strukturen mit den etwas kleineren Na- und K-Ionen noch Flexibilität erlauben.

Bei den Glimmern gibt es zwei wichtige strukturelle Untergruppen: di- und trioktaedrische, die entweder zwei (di-) oder drei (tri-) mit Atomen gefüllte Oktaederplätze enthalten. Die di-

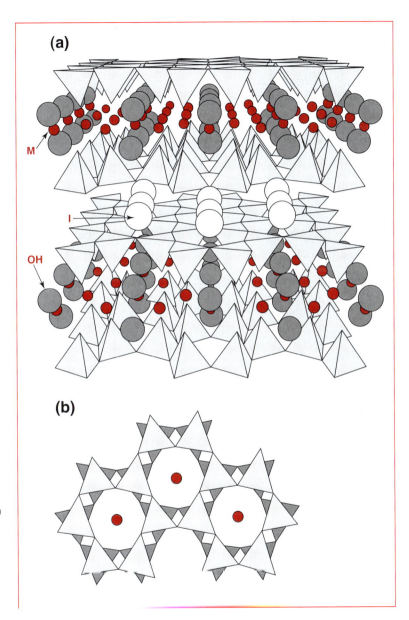

2.27 Kristallstruktur von Glimmern, in a. senkrecht zur c-Achse, in b. parallel zur c-Achse betrachtet. In b. sind lediglich Silikattetraeder und I-Plätze (Kreise) dargestellt.

oktaedrischen Glimmer haben demnach eine Leerstelle auf einem Oktaederplatz, denn in der Struktur sind immer drei Plätze vorhanden. Die wichtigen Gruppen von Schichtsilikaten sind in Kasten 2.9 aufgeführt und in Abb. 2.28 gezeigt.

Natürliche Glimmer sind immer Mischungen der oben aufgeführten Endglieder. Wenn man also einen Biotit aus einem beliebigen Gestein chemisch analysiert, so wird dieser hauptsächlich aus den Komponenten Phlogopit und Annit bestehen, jedoch wird daneben noch etwas Na auf das Vorhandensein von Na-Phlogopit, etwas Al auf Eastonit und die nicht vollständige Besetzung der drei Oktaederplätze auf Muskovitkomponente hindeuten. Eine Mischung, die hauptsächlich aus Phlogopit und Annit besteht, heißt Biotit, eine Mischung, die

146 2 Allgemeine Mineralogie

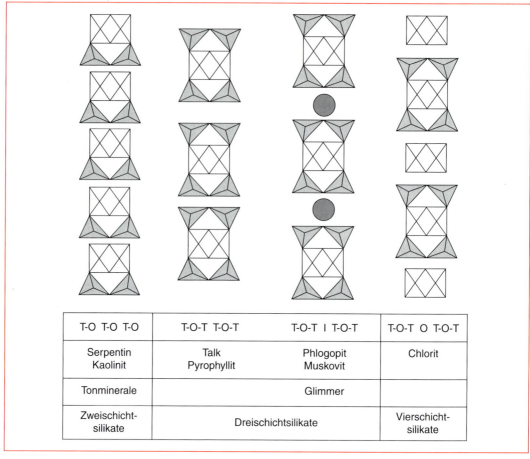

T-O T-O T-O	T-O-T T-O-T	T-O-T I T-O-T	T-O-T O T-O-T
Serpentin Kaolinit	Talk Pyrophyllit	Phlogopit Muskovit	Chlorit
Tonminerale		Glimmer	
Zweischicht-silikate	Dreischichtsilikate		Vierschicht-silikate

2.28 Strukturtypen von Schichtsilikaten. T sind Tetraederlagen, O sind Oktaederlagen und I sind die höher koordinierten Interlayerlagen.

hauptsächlich aus Muskovit und Paragonit (oder Phengit) besteht, Hellglimmer.

Amphibole

Amphibole sind Doppelkettensilikate, in denen Sechserringe von SiO_4-Tetraedern zu langen Ketten verbunden sind. Diese sind parallel zur c-Achse angeordnet und daher rührt die nadelige oder stängelige Gestalt der meisten Amphibole. Die Spitzen der die Ketten aufbauenden Tetraeder zeigen – wie in den Pyroxenen auch – abwechselnd nach oben und nach unten (Abb. 2.29). Die Ketten sind aber im Gegensatz zu den Schichtsilikaten untereinander nicht verbunden.

Wie bei den Pyroxenen gibt es auch bei den Amphibolen **Ortho- und Klinoamphibole**, die orthorhombisch und monoklin kristallisieren, und wiederum hängt dies mit der Gleich- oder Ungleichbesetzung der Oktaederplätze zusammen: Orthoamphibole haben identische Elemente auf allen sieben Oktaederplätzen. Die monoklinen Varianten sind bei weitem häufiger. Strukturell und chemisch kann man Amphibole aus einer Schichtsilikat- und zwei Pyroxenformeleinheiten zusammensetzen (Biopyribole). Zum Beispiel ist der Amphibol Tremolit gleich einem Talk plus zwei Diopsid. Entsprechend haben Amphibole alle Gitterplätze beider Mineralgruppen: ein A-Platz ist dem I-

Kasten 2.9 Wichtige Schichtsilikate

A. Glimmer: $IM_3T_4O_{10}(OH)_2$

I	M1	M2	M3	T1	T2	T3-4	OH	Name	Bauprinzip

1. Biotite, trioktaedrisch:

I	M1	M2	M3	T1	T2	T3-4	OH	Name	Bauprinzip
K	Fe	Fe	Fe	Al	Si	Si	OH	Annit	t-o-t-i-t-o-t
K	Mg	Mg	Mg	Al	Si	Si	OH	Phlogopit	t-o-t-i-t-o-t
K	Mg	Mg	Mg	Al	Si	Si	F	Fluorphlogopit	t-o-t-i-t-o-t
K	Mg	Mg	Al	Al	Al	Si	OH	Eastonit	t-o-t-i-t-o-t

2. Hellglimmer, dioktaedrisch

I	M1	M2	M3	T1	T2	T3-4	OH	Name	Bauprinzip
K	Al	Al	–	Al	Si	Si	OH	Muskovit	t-o-t-i-t-o-t
K	Al	Al	–	Al	Si	Si	Cl	Chlormuskovit	t-o-t-i-t-o-t
Na	Al	Al	–	Al	Si	Si	OH	Paragonit	t-o-t-i-t-o-t
K	Al	Mg	–	Si	Si	Si	OH	Phengit	t-o-t-i-t-o-t

Der in Sedimenten wichtige Glaukonit ist ein Fe-haltiger Muskovit-Verwandter.

3. Sonstige Glimmer

I	M1	M2	M3	T1	T2	T3-4	OH	Name	Bauprinzip
Ca	Al	Al		Al	Al	Si	OH	Margarit	t-o-t-i-t-o-t
K	Fe	Li	Al	Al	Si	Si	OH	Zinnwaldit	t-o-t-i-t-o-t

B. Chlorite: $M_6T_4O_{10}(OH)_8$

M1-5	M6	T1-3	T4	OH	Name	Bauprinzip
Mg	Al	Si	Al	OH	Klinochlor	t-o-t-o-t-o
Fe	Fe	Si	Si	OH	Brunsvigit	t-o-t-o-t-o
Mg	Mg	Si	Si	OH	ohne Endglied-Name	t-o-t-o-t-o

C. Serpentine: ca. $Mg_3Si_2O_5(OH)_4$, kaum andere Elemente, keine weiteren Endglieder

Antigorit = Blätterserpentin	t-o
Chrysotil = Faserserpentin	t-o
Lizardit	t-o

D. Tonminerale:

Kaolinit	$Al_2Si_2O_5(OH)_4$	t-o
Illit	$(K, H_3O)(Al, Mg, Fe)_2(Si, Al)_4O_{10}[(OH)_2, H_2O]$	t-o-t-i-t-o-t
Montmorillonit	$(0.5Ca, Na)_{0.7}Mg_{0.7}Al_{3.3}Si_8O_{20}(OH)_4$	t-o-t-i-t-o-t

E. Sonstige Schichtsilikate:

Pyrophyllit	$Al_2Si_4O_{10}(OH)_2$	(wie Interlayer-freier, dioktaedrischer Glimmer)	t-o-t
Talk	$Mg_3Si_4O_{10}(OH)_2$	(wie Interlayer-freier, trioktaedrischer Glimmer)	t-o-t
Brucit	$Mg(OH)_2$	(beachte: kein Silikat, aber verwandte Struktur)	o

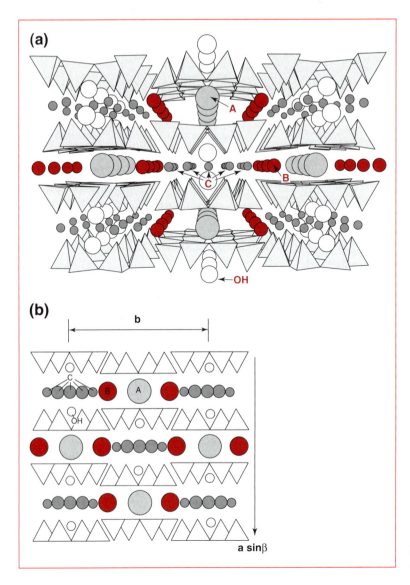

2.29 Kristallstruktur von Amphibolen.

Platz der Glimmer äquivalent und enthält entsprechend Na oder K in 10er- oder 12er-Koordination. Er ist bei vielen Amphibolen nur teilweise gefüllt oder gar leer. Die sieben Oktaederplätze sind unterschiedlich groß und damit für verschiedene Elemente unterschiedlich geeignet. Es gibt (in der Reihenfolge zunehmender Größe): fünf normale M-Plätze, in der modernen Nomenklatur C-Plätze genannt, die ganz geringfügig in ihrer Größe variieren, und zwei größere M-Plätze, die in der älteren Nomenklatur M4 hießen, jetzt B (Abb. 2.29a). Ca z. B. geht nur auf die B-Plätze, die den M2-Plätzen in Pyroxenen entsprechen, auf denen ebenfalls Ca eingebaut wird. Die Position der OH-Gruppen ist äquivalent zu der der OH-Gruppen in den Glimmern, und auch sie können Halogene anstelle von OH einbauen. Die acht Tetraederplätze sind energetisch nicht alle völlig gleichwertig (es gibt vier verschiedene Typen), doch spielt das keine so große Rolle wie die Unterscheidung der Oktaederplätze.

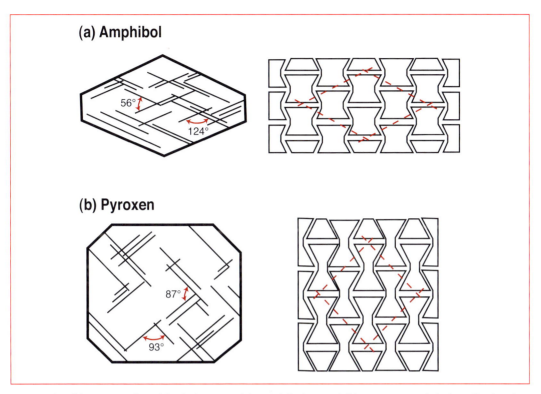

2.30 Kristallformen und Spaltbarkeiten von (a) Amphibolen und (b) Pyroxenen. Links jeweils ein schematisierter Kristall, rechts der schematische Zusammenhang zwischen Spaltbarkeit und Kristallstruktur.

Dies führt zur allgemeinen Formel $A_{0-1}B_2C_5T_8O_{22}(OH)_2$. Man beachte, dass die großen Gitterplätze A und B dort auftreten, wo die darüber und darunter liegenden Tetraeder mit der Basisfläche zueinander angeordnet sind (Abb. 2.29b), während die kleineren C-Plätze dort platziert sind, wo die Spitzen der Tetraeder aufeinander zeigen. Dieses Prinzip ist auch bei den Schichtsilikaten und den Pyroxenen zu beobachten. Wie in Abb. 2.30 gezeigt, führen die strukturellen Unterschiede zwischen Pyroxenen und Amphibolen wieder zu makroskopisch sichtbaren Unterschieden, z. B. in Bezug auf Kristallform und Spaltbarkeit.

Die chemische Variation in der Amphibolgruppe ist beträchtlich, manche Amphibole sind regelrechte „Mülleimer" und nehmen all die Elemente auf, die kein anderes Mineral in einem Gestein mehr einbauen kann (z. B. überschüssiges Ti, K, Li, Zr, Cs...). Es gibt derzeit mehrere Dutzend Amphibolendglieder, wobei derzeit jedes Jahr noch einer oder zwei hinzukommen. Für uns sind aber lediglich die in Kasten 2.10 genannten wichtig.

Nomenklatorisch werden Amphibole, in denen der B-Platz mit Ca gefüllt ist, als Calciumamphibole bezeichnet, solche, bei denen der B-Platz mit Na gefüllt ist, als Natrium- oder Alkaliamphibole. Intermediäre Glieder heißen sodisch-calcische Amphibole.

Feldspäte

Feldspäte sind die häufigsten Minerale der Erdkruste (Plagioklas 39 % + Alkalifeldspäte 12 % = 51 Volumen-%). Im Mantel sind Plagioklase nur in den obersten Bereichen stabil und reagieren bei Drucken über etwa 10 kbar mit Olivin zu Klinopyroxen und Spinell, während K-Feldspat auch bei höheren Drucken noch stabil

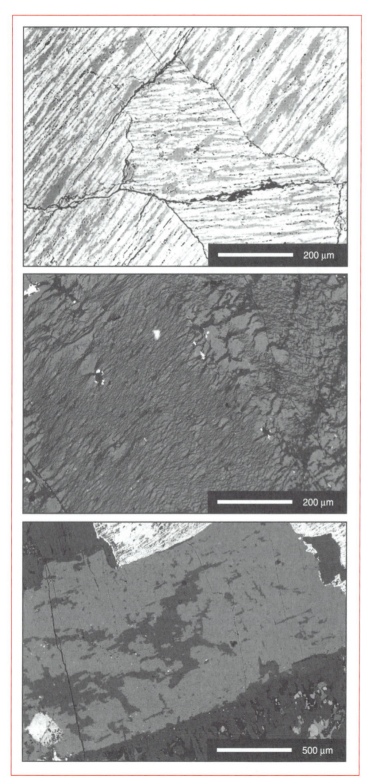

2.31 Texturen entmischter Feldspäte im Dünnschliff, BSE-Aufnahmen von der Elektronenmikrosonde (Kapitel 2.5.4). Die dunklen Bereiche sind Albit, die hellen Kalifeldspat. Ursprünglich handelte es sich um homogene, große Kristalle aus Ganggesteinen von Isortoq in Südgrönland.

Kasten 2.10 Wichtige Amphibole und ihre Baueinheiten

Glimmermodul	Pyroxenmodul	Amphibolname	B	C	A	Kristallsystem
Talk	Enstatit	Anthophyllit	Mg	Mg	–	orthorhomb.
Fe-Talk	Ferrosilit	Grunerit	Fe	Fe	–	orthorhomb.
Talk	Diopsid	Tremolit	Ca	Mg	–	monoklin
Fe-Talk	Hedenbergit	Ferroaktinolith	Ca	Fe	–	monoklin
Paragonit, Biotit, Muskovit	Augit	Hornblende	Ca, Na	Mg, Fe^{2+}, Al, Fe^{3+}, Ti	Na	monoklin
Talk	Jadeit	Glaukophan	Na	Mg, Al	–	monoklin
Paragonit	Akmit	Arfvedsonit	Na	Fe^{2+}, Fe^{3+}	Na	monoklin

ist, jedoch wegen der geringen K-Gehalte des Erdmantels dort nur sehr selten vorkommt. Chemisch sind Feldspäte relativ einfach: es gibt drei wichtige Endglieder, nämlich Anorthit (An), $CaAl_2Si_2O_8$, Albit (Ab), $NaAlSi_3O_8$ und K-Feldspat bzw. Orthoklas (Or), $KAlSi_3O_8$. Zwischen den Endgliedern Albit und Anorthit und zwischen K-Feldspat und Albit gibt es bei hohen Temperaturen jeweils vollständige Mischbarkeit, die aber bei tiefen Temperaturen verschwindet und zu **Entmischungen** führt (Abb. 2.31). Deren genaue Entstehung wird in Kasten 2.11 näher beschrieben. Mischkristalle von Albit und Anorthit werden **Plagioklas** genannt, solche von Albit und K-Feldspat **Alkalifeldspat**. Unterschiedliche Zusammensetzungen haben unterschiedliche Spezialnamen erhalten, die auch noch vom Ordnungszustand der Feldspäte abhängen (Abb. 2.32), der in Kasten 2.12 näher erläutert wird. Die Mischbarkeit im ternären System ist stark von der Temperatur, dagegen fast gar nicht vom Druck abhängig (Abb. 2.33). Da das Diagramm der Abb. 2.33 relativ kompliziert ist und einige sehr grundsätzliche Dinge enthält, wird es in Kasten 2.11 näher erläutert.

Feldspäte sind Tektosilikate, d.h. die SiO_4-Tetraeder bilden ein zusammenhängendes dreidimensionales Netzwerk. Obwohl sie chemisch simpel zusammengesetzt sind, gehören die Feldspäte zu den strukturell sehr komplizierten Mineralen, da die Details der Struktur (energetisch unterschiedliche Tetraederplätze) in einer großen Zahl von strukturellen **Polymorphen**

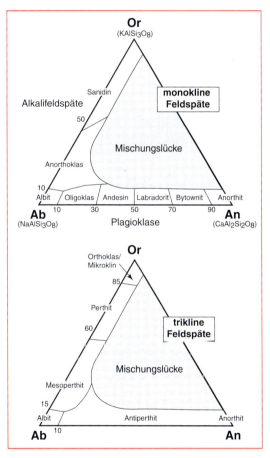

2.32 Nomenklatur von Feldspäten. Oben ungeordnete monokline, bei hohen Temperaturen kristallisierte Feldspäte, wie sie für schnell abgekühlte Vulkanite typisch sind. Unten geordnete, trikline Feldspäte, wie sie in langsam abgekühlten Plutoniten durch Entmischung und Phasentransformationen der hochtemperierten Feldspäte gebildet werden.

Kasten 2.11 Mischungslücke und Entmischung

Die für die verschiedenen Temperaturen eingezeichneten Linien innerhalb des Dreieckes der Abb. 2.33 umrahmen ein Gebiet, das für die Feldspäte sozusagen „chemisch verboten" ist. Das bedeutet, dass es keine natürlichen Feldspäte gibt, deren Zusammensetzung innerhalb dieses Gebietes liegt. Dies wird als **Mischungslücke** oder **Solvus** bezeichnet. Außerhalb dieser Mischungslücken, die je nach Temperatur unterschiedlich groß sind, können beliebige Feldspatzusammensetzungen vorkommen. Sollte aufgrund der Schmelzzusammensetzung eigentlich ein einzelner Feldspat einer „verbotenen", da innerhalb der Mischungslücke liegenden, Zusammensetzung kristallisieren, so bedient sich die Natur eines Tricks: Sie zerlegt diesen einen verbotenen in zwei Feldspäte, die genau auf dem Rand der Mischungslücke liegen, die also gerade noch erlaubt sind, und zwar in genau solchen Proportionen, dass zusammen die gewünschte Gesamtzusammensetzung entsteht (Abb. 2.34). So kann es vorkommen, dass man z.B. magmatische Gesteine sehr ähnlicher chemischer Zusammensetzung mit entweder nur einem oder mit zwei primären Feldspäten findet. Der Unterschied liegt dann häufig lediglich darin, dass das eine Gestein bei etwas höheren Temperaturen kristallisiert ist, wo noch Mischbarkeit möglich war, das andere dagegen bei etwas tieferen, wo sich zwei Feldspäte bilden mussten (Abb. 2.34). Dies ist ein wichtiger petrogenetischer Indikator, z.B. für verschiedene Granittypen, der bereits im Gelände erkannt werden kann. Wie die Tem-

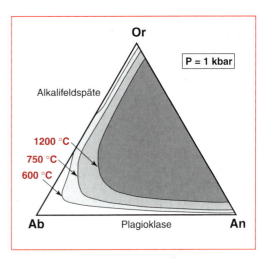

2.33 Die Temperaturabhängigkeit der Mischungslücke im System Or-Ab-An.

peratur, so haben auch Druck und Wassergehalt der Schmelze einen Effekt auf die Mischungslücke.

Was passiert aber nun mit einem homogenen, bei hohen Temperaturen kristallisierten Feldspat, der sich durch die Abkühlung und durch die dabei eintretende Verschiebung der Mischungslücke plötzlich im „verbotenen Gebiet" wieder findet? Ein solcher Feldspat wird sich – wenn die Abkühlung langsam genug vor sich geht, wie es z.B. in Plutoniten der Fall ist – entmischen, d.h., er zerlegt sich selbst in die zwei stabilen Phasen, die an Stelle der einen, höher temperierten Phase getreten sind. In Vulkaniten tritt das

---

resultieren, die bei unterschiedlichen Temperaturen stabil sind. Die mit einer Temperaturerhöhung zunehmende Unordnung auf den Tetraederplätzen, auf denen Al und Si statistisch unterschiedlich (geordnet und ungeordnet) verteilt werden können, resultiert in zunehmend höherer Symmetrie. So sind Tieftemperatur-Alkalifeldspäte triklin, während Hochtemperatur-Alkalifeldspäte monoklin sind. Der Grund dafür ist in Kasten 2.12 erläutert.

2.3.3 Kristallwachstum und Diffusion, zonierte Minerale

Im letzten Abschnitt haben wir die Kristallstrukturen und die Mechanismen, nach denen Elemente in diese Strukturen eingebaut werden, kennen gelernt. Nun müssen wir darüber sprechen, wie ein Kristall eigentlich wächst, also seine Form ausbildet. Dies hat insbesondere etwas mit Materialtransport zu tun, denn

Phänomen wegen der zu schnellen Abkühlung nicht auf. Die Entmischung beginnt also bei hohen Temperaturen, z. T. bereits um 1000 °C, und setzt sich bis etwa 400 °C fort. Kühlt das Gestein unter diese Temperatur ab, so kann die nötige Umverteilung von Material nicht mehr geschehen, da nur bei Temperaturen über 400 °C die Ionen beweglich genug für diesen Stofftransport, der **Diffusion** genannt wird, sind. Die Umverteilung beinhaltet die Neusortierung der vorher statistisch verteilten Na-, K- und Ca-Atome in Domänen mit höheren Ca- und Domänen mit höheren K-Gehalten, da ein homogener Feldspat typischerweise in einen Plagioklas (Ca-reicher) und einen Alkalifeldspat (K-reicher) entmischt. Bei dieser Entmischung entstehen sehr typische, im Dünnschliff sichtbare Texturen (Abb. 2.31 und 2.34), deren wichtigste eigene Namen erhalten haben: Perthit, Antiperthit und Mesoperthit, je nachdem, ob mehr Alkalifeldspat, mehr Plagioklas oder etwa gleiche Mengen von beiden entstehen (Abb. 2.32). Dasselbe Verhalten zeigen übrigens auch viele andere Mineralgruppen, unter denen die Pyroxene die wichtigste ist. Bei hoher Temperatur gebildete Augite entmischen bei langsamer Abkühlung z. B. in Ortho- und Klinopyroxene. Deren Zusammensetzungen können für Temperaturabschätzungen verwendet werden (s. Kasten 3.26).

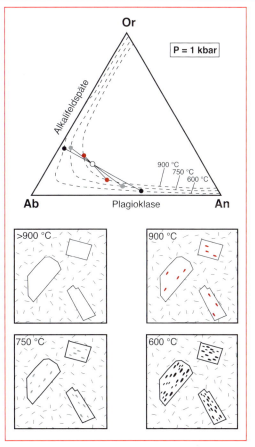

2.34 Entmischung von bei 1000 °C homogen kristallisierten Feldspat-Phänokristallen bei Abkühlung. Es bilden sich nach und nach mehr und unterschiedlicher zusammengesetzte reiskornförmige Feldspatentmischungen. Die Geraden im Dreieck verbinden bei einer Temperatur miteinander koexistierende Feldspatzusammensetzungen.

damit ein Kristall sich vergrößert, muss immer genug der eingebauten Elemente an der Stelle zur Verfügung stehen, wo der Kristall gerade wächst. Dieser Materialtransport geschieht durch **Diffusion**, die in diesem Abschnitt daher auch besprochen wird.

2.3.3.1 Kristallwachstum

Die Bildung eines Kristalls zerfällt in zwei Abschnitte, die Keimbildung und das eigentliche Kristallwachstum. Die **Keimbildung** ist zunächst energetisch ungünstig, da eine neue Phase und eine neue Oberfläche gebildet werden müssen. Daher muss in der Lösung erst eine gewisse **Übersättigung** oder in der Schmelze eine **Unterkühlung** eintreten, bevor

> **Kasten 2.12** Warum kristallisieren Feldspäte bei unterschiedlichen Temperaturen in unterschiedlichen Kristallsystemen?
>
> Die Erklärung ist sehr ähnlich wie die für den bei den Pyroxenen und Amphibolen besprochenen Unterschied zwischen den orthorhombischen und monoklinen Varianten. Sind alle gleichwertigen Plätze einer Struktur auch durch gleiche Ionen besetzt, so kann das gesamte Gitter eine höhere Symmetrie erhalten, als wenn die gleichwertigen Plätze durch unterschiedlich große Ionen unterschiedlich verzerrt werden. Während man bei den Pyroxenen noch keine höhere Statistik brauchte (die M-Plätze waren entweder gleich oder unterschiedlich besetzt), stellt man bei den Alkalifeldspäten folgendes fest: bei tiefen Temperaturen gibt es unter den vier in der Struktur vorhandenen Tetraederplätzen einen ausgezeichneten, der das eine Al-Atom bevorzugt aufnimmt, die anderen drei nehmen die Si-Atome auf. Es herrscht also ganz offenbar keine Gleichbesetzung, die Symmetrie ist erniedrigt, das Mineral kristallisiert triklin. Erhöht man die Temperatur, so werden die Plätze flexibler, da generell größere Kristallgitterschwingungen stattfinden, und die Bevorzugung dieses einen Tetraederplatzes fällt nach und nach weg. Bei hohen Temperaturen ist die Wahrscheinlichkeit, das eine Al-Atom auf einem der vier Plätze anzutreffen, für alle vier Plätze gleich groß (nämlich 25 %). Bei den Abermilliarden von Elementarzellen in einem Feldspatkristall sind damit statistisch alle Plätze gleich besetzt. Es folgt eine höhere, die monokline Symmetrie. Die trikline Tieftemperaturform von K-Feldspat hat übrigens den Namen Mikroklin erhalten, die monokline Hochtemperaturform den Namen Sanidin (Abb. 2.32). Beim Albit ist es einfacher, da gibt es schlicht einen Hoch- und einen Tiefalbit (ähnlich wie bei Quarz, Cristobalit und Tridymit).

sich Keime tatsächlich bilden. Sind aber erst einmal Keime vorhanden, so werden diese bevorzugt weiterwachsen, bis die Übersättigung „abgebaut" ist. Bei besonders schnellem Wachstum, d. h. bei besonders hoher Übersättigung, entstehen häufig so genannte **Skelettkristalle** oder **Dendriten** (Abb. 2.35). Das sind gewissermaßen unfertige Kristalle, die in manche Richtungen besonders schnell wuchsen, sodass zu anderen Stellen des wachsenden Kristalls weniger Material vordringen konnte. Hier bestimmt also nicht der Einbau von Material in das Kristallgitter, sondern der Transport (Diffusion, siehe unten) von Material in der Lösung oder Schmelze hin zur Kristalloberfläche das Kristallwachstum.

Dies legt nahe, dass unterschiedliche Richtungen in Kristallen, also unterschiedliche Kristallflächen, unterschiedlich schnell wachsen. Da das **Kristallwachstum** als Verschiebungsgeschwindigkeit der Kristallflächen in Richtung einer Flächennormalen (eines auf der Fläche senkrecht stehenden Vektors) beschrieben werden kann, ist das Kristallwachstum folgerichtig **anisotrop**, d. h. in unterschiedlichen Raumrichtungen unterschiedlich. **Isotrop** hiesse es, wenn es in alle Raumrichtungen gleich schnell wäre. Es zeigt sich übrigens, dass im Falle der normalen Kristallisation (also nicht des Skelettwachstums) am Ende jene Flächen die Kristallform bestimmen, die am langsamsten wachsen (Abb. 2.36). Auf der atomaren Ebene kann man das Kristallwachstum verstehen, wenn man Abb. 2.37 betrachtet: die Fertigstellung einer kompletten Ebene ist immer energetisch günstiger als der Baubeginn einer neuen Ebene. Erstere setzt mehr Kristallisationsenergie frei und verhilft dem System damit zu dem gewünschten, möglichst niedrig energetischen Zustand. Dies begründet auch, dass die uns so faszinierenden ebenen, wie poliert erscheinenden Kristallflächen ausgebildet werden, und nicht rauhe, „noppige" Kristalloberflächen vorherrschen. Spie-

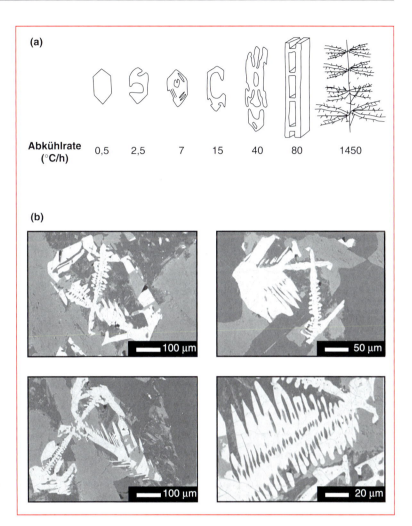

2.35 (a) Kristallformen von Olivinkristallen in Abhängigkeit von ihrer Abkühlrate. Aus Donaldson (1975). (b) BSE-Bilder, die Skelettkristalle von Magnetit in einem basaltischen Ganggestein zeigen. Aus Kretz (2003).

gelglatte Oberflächen besitzen die wenigsten freien Bindungen der Atome und sind somit energetisch begünstigt.

Auch die Korngröße von aus Lösungen oder Schmelzen wachsenden Kristallen ist energetisch gesteuert. Sowohl die **Keimbildungsgeschwindigkeit** (also die Anzahl der pro Zeiteinheit gebildeten Keime) als auch die **Kristallwachstumsgeschwindigkeit** ist temperatur- und unterkühlungs- (bzw. übersättigungs-) abhängig. Beide erreichen aber bei unterschiedlichen Unterkühlungen bzw. Übersättigungen ihr Maximum (Abb. 2.38). Daher können sich entweder wenige Kristallkeime bilden, die aber

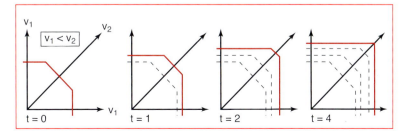

2.36 Verschiedene Wachstumsgeschwindigkeiten von Kristallflächen nach Leutwein & Sommer-Kulatewski (1960). Da $v_1 < v_2$, ist nach der Zeit t_4 nur noch eine Flächenform übrig.

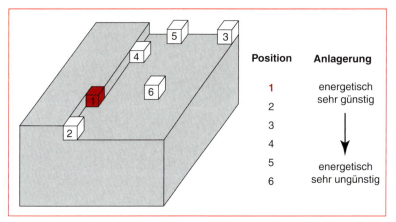

2.37 Schematische Darstellung, welche Kristallwachstumspositionen energetisch günstiger bzw. ungünstiger sind. Nach Kleber (1990).

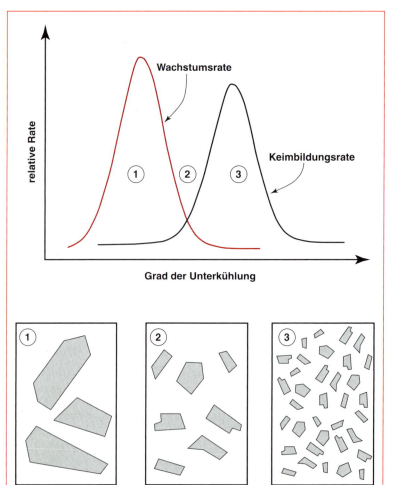

2.38 Wachstums- und Keimbildungsrate im Verhältnis zur Unterkühlung des Systems und ihr Einfluß auf plutonische Gesteinstexturen (schematisch, unten). In Fall 1 bilden sich Pegmatite, in Fall 2 grobkörnige und in Fall 3 feinkörnige Plutonite.

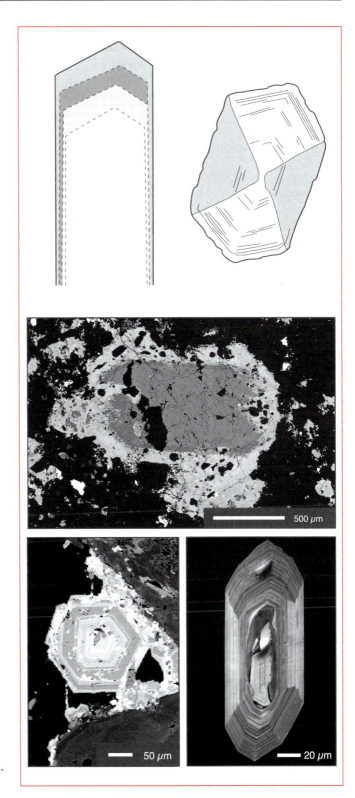

2.39 Zonarbau von Kristallen. Zeichnungen oben: Pyroxene mit regulärem und mit Sanduhrzonarbau; Mitte: Anwachssaum von hellem Aegirin um dunklen Augitkristall, Puklenintrusion, Südgrönland (BSE-Aufnahme, siehe Kapitel 2.5.4). Unten links: Konzentrisch zonierter, hydrothermal gebildeter Granatkristall (Andradit-Grossular), ebenfalls aus der Puklenintrusion (BSE-Aufnahme). Unten rechts: komplex zonierter, magmatischer Zirkonkristall (Kathodolumineszenzaufnahme, siehe Kapitel 2.5.8).

sehr schnell wachsen, was zu sehr großen Kristallen, z.B. in Pegmatiten, führt. Auf der anderen Seite lassen hohe Keimbildungsraten bei geringer Wachstumsgeschwindigkeit viele kleine Kriställchen entstehen, wie man sie z.B. in Vulkaniten findet.

2.3.3.2 Diffusion und zonierte Minerale

In der Natur treten häufig Minerale auf, die innerhalb eines strukturell einheitlichen Kornes unterschiedliche chemische Zusammensetzungen haben. Solche Körner bezeichnet man, wenn die Zusammensetzungsunterschiede regelmäßigen, geometrischen Mustern folgen, als **zoniert** (Abb. 2.39). Diese Zonierung kann sehr verschiedene Ursachen haben. Sie wird in eine **prograde** (bei metamorphen Gesteinen) bzw. primäre (bei magmatischen Gesteinen) und eine **retrograde** Zonierung unterteilt. Prograde bzw. primäre Zonierung entsteht während des Wachstums eines Kristalls, retrograde Zonierung dagegen in einem schon fertigen Kristall. Die Begriffe prograd und retrograd werden in Abschnitt 3.7 näher erläutert.

Eine primäre magmatische oder eine prograde metamorphe Zonierung entstehen dadurch, dass ein Mineral während seines Wachstums zu unterschiedlichen Zeiten und unter Umständen auch auf bestimmten Flächen unterschiedliche Elemente bevorzugt einbaut. In magmatisch gebildeten Mineralen ist dies relativ häufig, da sich während des Wachstums eines Kristalles die Zusammensetzung und die Temperatur der Schmelze verändert, aus der der Kristall heranwächst. In metamorphen Gesteinen kann der Grund dafür sein, dass sich die äußeren Parameter ändern oder dass das Mineral ein be-

Kasten 2.13 Zonierung in Granat

Granat ist ein Mineral, das sehr häufig zoniert auftritt. Ein Element, anhand dessen sich die Entstehung der prograden Zonierung im Granat besonders gut erläutern lässt, ist Mangan. Es wird sehr bevorzugt in Granat eingebaut. Daher „saugen" sich die ersten Granatnuclei, also die ersten kleinen Kristallkeime, so damit voll, dass ein Großteil des im Gestein vorhandenen Mangans in ihnen konzentriert ist. Spätere, um diese Nuclei herumwachsende Zonen von Granat können daher nur noch weniger Mn einbauen, und der entstehende Granat ist damit zoniert: ein Mn-reicher Kern ist von einem Mn-armen Rand umgeben (Abb. 2.40), der dafür andere Elemente wie Fe, Ca oder Mg in höherer Konzentration enthält.

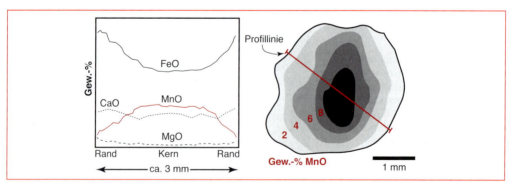

2.40 Chemische prograde Zonierung in einem Granatkorn. Links die Elementverteilung, die in der Elektronenstrahlmikrosonde entlang der Profillinie in dem rechts schematisch dargestellten Granatkorn gemessen wurde. Rechts ist außerdem die Manganzonierung dargestellt; die Zahlen bedeuten Gew.-% MnO. Nach Spear (1993).

stimmtes Element in seiner Umgebung aufgebraucht hat. Funktioniert der Herantransport aus weiter entfernten Gesteinspartien nicht schnell genug, so steht dieses Element bei weiterem Wachstum des Minerals einfach nicht mehr zur Verfügung (siehe das Beispiel Mn in Granat in Kasten 2.13). Da der Einbau bestimmter Elemente temperatur- oder druckabhängig ist (siehe z. B. im Kasten 2.14), kann auch die Änderung dieser Parameter zu einer Zonierung führen. Die prograde oder primäre Zonierung kann sehr hilfreich sein, um die Frühkristallisation von Schmelzen oder die tektonometamorphe Geschichte eines Gebietes bei ansteigenden Temperaturen nachzuvollziehen, was mit anderen Mitteln kaum gelingen kann. Die retrograde Zonierung wird durch den Austausch von Elementen in einem abkühlenden Gestein verursacht. Diesen Stofftransportprozess bezeichnet man als **Diffusion**. Auslöser für Diffusion, die innerhalb und zwischen Festphasen, Flüssigkeiten (Fluiden) und Schmelzen stattfinden kann, sind thermodynamische Ungleichgewichte. Ein Beispiel soll dies illustrieren. Nehmen wir an, in einem Gestein sitzt ein reiner Diopsid, also ein Klinopyroxen ohne Eisen. Wird dieses Gestein entlang der Korngrenzen von einem Fe-haltigen Fluid durchströmt, so befindet sich der Mg-reiche Klinopyroxen nicht im Gleichgewicht mit diesem Fluid (was genau ein Gleichgewicht ist, darauf kommen wir in Abschnitt 3.5 zu sprechen). Entsprechend diffundiert Fe in den Pyroxen hinein und im Austausch Mg aus dem Pyroxen heraus. Es ist einsichtig, dass, wenn das Fluid das Gestein wieder verlässt, der Rand des Pyroxens mehr Fe abbekommen hat als der Kern, bis zu dem es vielleicht gar nicht durchgedrungen ist. Wir halten fest: die Diffusion ist wegabhängig. Hätten wir den Pyroxen noch ein paar Millionen Jahre länger in der Fe-reichen Flüssigkeit gelassen, wäre sicher mehr Fe auch bis in den Kern vorgedrungen. Wir halten fest: Diffusion ist zeitabhängig.
Und hätten wir schließlich das ganze Gestein mit dem Pyroxen darin kräftig aufgeheizt, so wäre vielleicht sogar der ganze Pyroxen in einen Hedenbergit, also einen Ca-Fe-Pyroxen, umgewandelt worden. Wir halten fest: Diffusion ist temperaturabhängig.

Wenn wir, um dieses Gedankenspiel bis zum Ende zu treiben, nun annehmen, wir hätten statt des reinen Diopsids einen Klinopyroxen mit gleichviel Fe wie Mg auf den M1-Plätzen im Gestein gehabt, so wäre sicher weniger Fe aus dem Fluid in das Mineral hineingeströmt, denn der chemische Kontrast wäre ja geringer gewesen und damit auch das thermodynamische Ungleichgewicht. Wir halten also zu guter Letzt fest: Diffusion ist abhängig vom Unterschied der beteiligten Konzentrationen oder, wie man korrekterweise formulieren muss, vom Konzentrationsgradienten, von der Änderung der Konzentration mit dem Ort.

Die mathematische Formulierung der Diffusion ist das so genannte erste **Ficksche Gesetz**:

$$J = -D \cdot dC/dx$$

Ein erstaunlich einfaches Gesetz, wenn man bedenkt, dass darin mehrere Abhängigkeiten verborgen sind. J ist der Fluss, also die Menge an Ionen, die pro Zeiteinheit tatsächlich transportiert wird. D ist der temperatur- und materialabhängige **Diffusionskoeffizient**. Bei höherer Temperatur wird D größer und damit steigt der Fluss J. Die Temperaturabhängigkeit von D ist sehr stark und lässt sich durch den Ausdruck

$$D = D^\circ \cdot e^{\frac{-E_a}{kT}}$$

beschreiben, in dem D° ein fixer, materialabhängiger Wert ist, E_a die Aktivierungsenergie, k die Boltzmannkonstante und T die Temperatur. dC/dx schließlich ist die Konzentrationsänderung mit dem Weg. In diesem Ausdruck stecken also die Abhängigkeiten von der Konzentration und dem Weg, denn wenn man x vergrößert, wird der Fluss J insgesamt kleiner – genau, was wir nach unserem Gedankenexperiment erwartet hatten. Wir sehen aber auch, dass die Weg- und die Konzentrationsabhängigkeit eng miteinander verknüpft sind. Ein typisches Konzentrationsprofil in Mineralen, das dem Fick'schen Gesetz gehorcht, ist in Abb. 2.41 wiedergegeben. Übrigens ist das Gesetz nicht

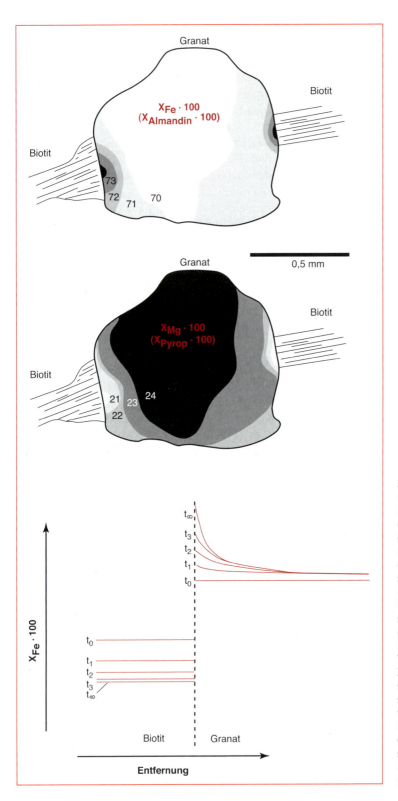

2.41 Retrograde Zonierung in einem Granatkorn in Kontakt mit Biotit. Oben die Zonierung des Almandin-, darunter des Pyropgehalts. Die Zahlen geben den Molprozentgehalt dieser jeweiligen Komponente an. Unten ist die Entwicklung der Zonierung zu verschiedenen Zeiten t_0 bis t_∞ durch das Fe/(Fe+Mg)-Verhältnis X_{Fe} dargestellt. Während sich im Biotit die Zusammensetzung des gesamten Kornes durch diffusiven Elementaustausch verändert, ändert sie sich im Granat nur in der Nähe der Korngrenze, da in diesem Mineral die Diffusion langsamer ist. Nach Spear (1993).

nur auf Ionen-, sondern auch auf Isotopendiffusion anwendbar. Die Abhängigkeit von der Zeit steckt im zweiten Fickschen Gesetz

$$dC/dt = D \cdot d^2C/dx^2,$$

das besagt, dass die Kurvatur eines Diffusionsprofils (dies ist die zweite Ableitung nach dem Ort x) die zeitliche Änderung der Konzentration bedingt. Zusammengefasst besagt das Ficksche Gesetz, dass Diffusion immer versuchen wird, vorhandene Konzentrationsgradienten auszugleichen bzw. in einen thermodynamisch stabilen Zustand zu überführen. Dies steckt in dem Minuszeichen, das andeutet, dass der Fluss immer von der höheren zur niedrigeren Konzentration stattfindet. Das zweite Ficksche Gesetz stellt fest, dass ein nicht-linearer Konzentrationsgradient auch einen Fluß, eine zeitliche Änderung der Konzentration, zur Folge hat. Dass Ungleichgewicht und daher auch Diffusion ohne Änderung irgendwelcher chemischer Parameter, sondern nur durch Änderung z. B. der Temperatur entstehen kann, wird in Kasten 2.14 behandelt. Typische Diffusionskoeffizienten D liegen in Gasen bei etwa 1 cm^2/s, in Flüssigkeiten um 10^{-5} cm^2/s und in Mineralen meist zwischen 10^{-10} und 10^{-20} cm^2/s.

Wie funktioniert nun die **intragranulare Diffusion** (auch Volumendiffusion genannt) in Feststoffen? Zunächst ist es sicher einleuchtend, dass neben den oben genannten Abhängigkeiten noch die Struktur der Minerale (sind Kanäle, größere Hohlräume oder Strukturdefekte vorhanden? Gibt es locker gepackte Schichten?) und die Größe des jeweils betrachteten Ionen eine Rolle spielen. Diese Abhängigkeiten sind in dem D° des Fickschen Gesetzes versteckt. Kleine Ionenradien, hohe Temperaturen und insbesondere das Vorhandensein von lockeren Strukturen (Kanäle wie in den Ringsilikaten, Schichten der Schichtsilikate) und von Strukturdefekten begünstigen die Diffusion (Abb. 2.42). Da diese Diffusion so stark abhängig von der Weglänge – d.h. von der Größe der beteiligten Kristalle – und von der Zeit ist, lässt sie sich als „Geospeedometer" benutzen. Sie ist

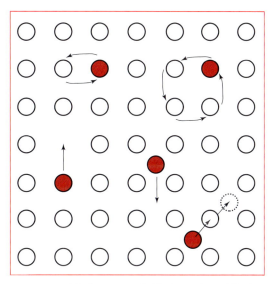

2.42 Verschiedene Möglichkeiten der Diffusion in Kristallgittern, bei der Ionen andere Ionen oder Leerstellen ersetzen oder verdrängen können oder wo Zwischengitterplätze als Diffusionswege genutzt werden. Nach Putnis (1992).

also ein Maß dafür, wie schnell ein Gestein abkühlt oder wie lange es auf bei einer bestimmten Temperatur geblieben war. Genauer wird dies in Spear (1993) erläutert.

Neben der intragranularen Diffusion, die innerhalb von Mineralen statt findet, gibt es auch noch die **intergranulare** oder **Korngrenzendiffusion**, die sich zwischen den Körnern abspielt, also im **Porenraum** oder entlang der **Korngrenzen**. Diese ist sehr viel schneller als die intragranulare Diffusion, hängt aber maßgeblich davon ab, ob ein Fluid im intergranularen Raum, also entlang der Korngrenzen, vorhanden ist oder nicht. Mit Fluid geht die Diffusion sehr schnell, ohne Fluid fast gar nicht oder nur bei sehr hohen Temperaturen.

2.4 Physikalische Eigenschaften von Mineralen

2.4.1 Farbe

Die Ursachen von Farben in Mineralen sollen hier nicht im physikalischen Detail besprochen werden. Allerdings muss man einige Grundla-

Kasten 2.14 Fe-Mg-Austausch zwischen Granat und Biotit

Wieso sollte der Fe-Mg-Austausch zwischen Granat und Biotit besonders interessant sein? Geländebeobachtungen und Experimente haben gezeigt, dass die Verteilung von Fe und Mg in zwei miteinander koexistierenden (das heißt, im Gleichgewicht nebeneinander gewachsenen, siehe Abschnitt 3.5) Mineralen stark von der Temperatur abhängt. Dies gilt für alle Fe-Mg-Minerale und es bedeutet, dass man die Verteilung dieser Elemente als ein **Geothermometer**, verwenden kann, um zu bestimmen, bei welchen Temperaturen die Minerale wuchsen. Um es ganz genau zu sagen: das Maß für die Gleichgewichtstemperatur ist der Quotient aus dem Fe-Mg-Verhältnis im einen Mineral und dem Fe-Mg-Verhältnis im anderen Mineral. Eine viel verwendete Formulierung dafür nach Ferry & Spear (1978) lautet:

$$\ln \frac{(Mg/Fe)^{Grt}}{(Mg/Fe)^{Bio}} = -2109/T + 0{,}782$$

und darin ist T die Temperatur in Kelvin (d.h., Temperatur in °C minus 273,15). Eine solche Formulierung wird als **Granat-Biotit-Thermometrie** bezeichnet.

Ein kurzer Blick in den Mineralteil genügt, um viele in Frage kommende Mineralpaare zu identifizieren, nämlich alle Fe-Mg-Silikate. Beliebt, insbesondere für Eklogitthermometrie, ist das Paar Granat-Klinopyroxen, während zur Bestimmung der Kristallisationstemperatur vieler Magmatite das Paar Orthopyroxen-Klinopyroxen verwendet wird. Das Paar Granat-Biotit jedoch ist das wichtigste, da es sehr häufig und über einen großen Temperaturbereich miteinander vorkommt und da es experimentell am besten untersucht ist.

Weiß man also, wie wichtig die Fe-Mg-Verteilung ist, so bekommt die retrograde Diffusion eine große Bedeutung: sie verwischt nämlich die Temperaturinformation, die ein solches Mineralpaar enthalten kann. Bei der Bildung der beiden Minerale hatte das Fe/Mg-Verhältnis im Granat etwa einen Wert X1 und das im Biotit einen Wert Y1. Verändert das Gestein seine Temperatur (typischer-, aber natürlich nicht notwendigerweise, zu tieferen Temperaturen, deswegen auch retrograd), so beginnen die Fe- und Mg-Ionen so hin und her zu diffundieren, damit auch für die neue Temperatur das **Verteilungsgleichgewicht** erreicht wird, in dem der Granat ein Fe-Mg-Verhältnis X2 und der Biotit ein Verhältnis Y2 haben sollten – dies ist die Triebfeder der Diffusion. Man muss sich vor Augen halten, dass all dies im geschlossenen System geschieht, also ohne dass Fe oder Mg von außen in die beiden Minerale hineingeht oder aus ihnen herauskommt. Als Reaktionsgleichung lässt sich dies so ausdrücken:

$$KMg_3AlSi_3O_{10}(OH)_2 + Fe_3Al_2Si_3O_{12} =$$
$$KFe_3AlSi_3O_{10}(OH)_2 + Mg_3Al_2Si_3O_{12}$$
$$\text{Mg-Biotit} + \text{Fe-Granat} =$$
$$\text{Fe-Biotit} + \text{Mg-Granat}$$

---

gen kennen, um die Farbe von Mineralien als nützliches Kriterium für die Bestimmung, die Abschätzung ihrer chemischen Zusammensetzung oder gar für genetische Interpretationen verwenden zu können.

Da Farbe durch die Interaktion von Elektronen mit elektromagnetischer Strahlung, also im allgemeinen mit Licht, hervorgerufen wird, ist für das Entstehen von Farbe die spezielle **Elektronenkonfiguration** von Elementen wichtig. Elektronen können durch Lichtzufuhr Energie aufnehmen, diese Energie aber auch in Form von Licht wieder abgeben. Einfallendes weißes Licht besteht aus verschiedenen Wellenlängen, die jeweils unterschiedliche Farbeindrücke bei der Wechselwirkung mit unserer Netzhaut hervorrufen. Werden manche Wellenlängen beim Durchlaufen eines Minerales besonders stark von den Elektronen **absorbiert** (= verschluckt), so werden die übrig bleibenden Wellenlängen die Farbe bestimmen. Außer dieser Möglichkeit der Farbentstehung können die Elektronen wieder auf ein anderes oder ihr ursprüngliches Energieniveau zurückfallen und dabei Licht einer be-

Nun ist aber die Diffusion zeit- und wegabhängig. Deswegen wird der direkt an den Biotit grenzende Rand des Granates den korrekten Wert X2 vielleicht erreichen, der Kern des Granates aber gar nicht verändert werden und die Zonen zwischendrin irgendwo auf halbem Wege stecken bleiben. Mit dem Biotit ist es ähnlich, doch weil Schichtsilikate viel schnellere Diffusion zulassen, wird der Biotit viel eher als der Granat als ganzes reequilibrieren, also das neue Gleichgewicht und damit seine neue Zusammensetzung erreichen. Was am Ende übrig bleibt, ist ein eingefrorener **Ungleichgewichtszustand** (Abb. 2.41), dem man bestenfalls noch entnehmen kann, was als letztes passiert ist, d.h. welche Temperatur bei der letzten Gleichgewichtseinstellung geherrscht hat. Diese Information ist aber so gut wie nutzlos: erstens hängt diese Temperatur nicht notwendigerweise mit einem geologischen Ereignis zusammen, sondern wird lediglich durch die Diffusion gesteuert, die nichts mit der Geologie zu tun hat, und zweitens hört die intragranulare Diffusion in Granat etwa bei 450 – 500 °C auf, da sie ja temperaturabhängig und somit ab einer gewissen unteren Schwellentemperatur einfach zu langsam ist. Dies ist ein Grund dafür, dass unmittelbar aneinander grenzende Granat-Biotit-Paare sehr häufig etwa 500 °C als Gleichgewichtstemperatur anzeigen. Die in anderen Zusammenhängen (Abschnitt 3.7) so nützlichen Ungleichgewichtszustände sind hier also unerwünscht, da sie keine geologische Relevanz besitzen.

Zu was ist das Ganze dann nütze? Nun, das war ja nur ein „worst case" Szenario. In vielen Gesteinen läuft die Diffusion gar nicht oder nur sehr langsam ab, nachdem die Minerale einmal gebildet sind, da die Gesteine rasch abkühlen (das ist die Zeitabhängigkeit!) oder da kein Fluid in ihnen vorhanden ist, was für die intergranulare Diffusion nötig ist. Andere Gesteine enthalten zwar Granat und Biotit, die aber nicht direkt miteinander verwachsen sind. Sie sind z. B. durch Quarz oder Feldspatkörner voneinander getrennt und können daher kein Fe und Mg mehr miteinander austauschen. In solchen Fällen muss man zwar sehr vorsichtig sein, um anhand der Texturen sicherzustellen, dass beide auch wirklich miteinander im Gleichgewicht standen, doch ist dies häufig möglich und dann kann man die Granat-Biotit-Thermometrie verwenden, um geologisch relevante Temperaturen zu berechnen, die z. B. die Grundlage für tektonometamorphe Modellierungen bilden. Und schließlich kann man sich Folgendes überlegen: Offensichtlich ist der Kern des Granates von späterer Reequilibrierung relativ unbeeinflusst geblieben, der Rand dagegen wurde verändert. Will man daher Aussagen über die frühe Metamorphose eines Gesteines machen, wird man Analysen aus dem Granatkern verwenden, zusammen mit einem der abgeschirmten Biotite, die oben schon angesprochen wurden.

stimmten Energie, also einer bestimmten Farbe aussenden. Dies erzeugt so genannte **Lumineszenz**, die in Abschnitt 2.5.8 besprochen wird (Abb. 2.43). Viele nicht kubische Minerale zeigen übrigens unterschiedliche Färbungen in unterschiedlichen Richtungen. Dies wird **Pleochroismus** genannt und ist makroskopisch besonders bei Cordierit sehr bekannt (von blau nach braun), mikroskopisch bei vielen weiteren Mineralen. Die Färbung von Mineralen wird also im Wesentlichen durch drei unterschiedliche Parameter beeinflusst: die chemische Zusammensetzung eines Minerales, die Verwachsung mit anderen Mineralen oder Defekte im Kristallgitter (so genannte **Farbzentren**, Abb. 2.44). Alle drei Varianten kommen in der Natur häufig vor und es ist gar nicht leicht, sie zu unterscheiden. Schauen wir sie uns genauer an:

1. Am wichtigsten für die Farbe eines Minerals ist seine chemische Zusammensetzung. Seine typische **Eigenfarbe** (**idiochromatische** Färbung) wird durch die in der Formel angegeben Elemente und deren Elektronenkonfiguration definiert. Entsprechend ihrer

Elektronenkonfiguration können manche Elemente immer Farbeffekte hervorrufen, andere dagegen nie (außer durch Defekte wie oben beschrieben, Abb. 2.44). Die Elemente, die nie (absolut ohne Ausnahme!) Farbeffekte in Mineralien mit defektloser Struktur hervorrufen, sind alle Alkali- und Erdalkalimetalle, Silizium und Aluminium, Sauerstoff, Wasserstoff und die Halogene (Fluor, Chlor). Allerdings gibt es Minerale wie Fluorit (CaF_2), die nominell nur farblos sein dürften, die aber eine immense Farbenvielfalt zeigen. Solche Minerale sind typischerweise durch sehr geringe Gehalte von Spurenelementen gefärbt, im Falle des Fluorits von Seltenerdelementen, die ihm eine gelbe, grüne oder blaue Farbe verleihen. Selbst kleinste Beimengungen mancher Elemente im Bereich von wenigen ppm können signifikante Farbänderungen hervorrufen. Die Elemente, die als klassische **Farbgeber** in Mineralien fungieren, sind neben den **Seltenerdelementen** (z.B. La, Nd, Sm, Dy) vor allem die so genannten **Übergangsmetalle** wie z.B. Ti, V, Cr, Mn, Fe, Co, Ni, Cu oder auch U. Das wichtigste und häufigste davon ist Fe, das in seiner zweiwertigen Form grünliche, in seiner dreiwertigen Form braune, rotbraune oder schwarze Farben hervorruft. Die Intensität der Farbe hängt natürlich auch von der Konzentration ab – je mehr Fe in einem Mineral ist, desto dunkler wird es. Dies ist besonders gut zu beobachten bei Mineralen, bei denen es ein Fe- und Mg-Endglied gibt, wie etwa Glimmer oder Granate: das Mg-Endglied ist farblos (da Mg ja ein Erdalkalimetall ist), und je mehr Fe eingebaut wird, desto bräunlicher wird das Mineral, bis das Fe-Endglied schließlich dunkelbraun oder schwarz ist. Andere färbende Übergangsmetalle sind Ni (färbt grün), Co (färbt in natürlichen Mineralen rosarot bis violett, in künstlichen Gläsern blau), Cr (färbt je nach Wertigkeit grün, orange, violett), Mn (kann je nach Wertigkeit braun, schwarz oder violett färben) oder Cu (bekannt für schöne blaue und grüne Farben). Beispiele dafür sind in Kapitel 1 zu finden.

2. Die Verwachsung mit kleinen Aggregaten anderer Minerale kann ebenfalls die Eigenfarbe eines Minerales verändern (**allochromatische** oder **Fremdfärbung**), einerseits durch die Eigenfarbe des eingeschlossenen Minerales, andererseits aber auch durch Lichtbrechungseffekte an kleinsten, weniger als haardünnen Mineralfasern, die bisweilen

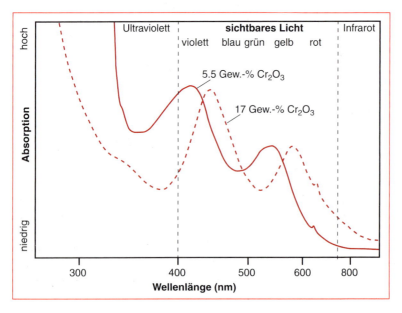

2.43 Absorptionsspektrum zweier verschieden zusammengesetzter, mit Cr_2O_3 gedopter Granat-Kristalle. Nach Langer (1987).

(a) F-Zentrum

Cl⁻ Na⁺ ... e⁻

(b) H-Zentrum

Cl⁻ Na⁺ ... Cl_2^-

2.44 Farbzentren in NaCl. F-Zentren entstehen durch die Vakanz, H-Zentren durch die Überbesetzung eines Gitterplatzes, was jeweils erniedrigte (F) bzw. erhöhte (H) Ladungsdichte zur Folge hat.

in anderen Mineralen eingeschlossen sind. Beispiele hierfür sind z. B. der Rosenquarz, der submikroskopische Nädelchen des Bor-Aluminium-Silikats Dumortierit enthält und dadurch rosa gefärbt erscheint, oder der Blauquarz, wo die bläuliche Farbe durch Einwachsungen von haarfeinem Amphibol hervorgerufen wird. Auch wenn ein Feldspat nicht rein weiß ist, weiß man sofort, dass er irgendwelche Verunreinigungen enthält, da er ja nominell nur nicht färbende Elemente in seiner Formel hat. Zum Beispiel wird die typische Rosafärbung von K-Feldspat durch feinst verteilte, rote Schüppchen von Hämatit hervorgerufen.

3. Gitterbaufehler, das heißt Unregelmäßigkeiten der submikroskopischen Atomstruktur, die im Idealfall sehr geordnet und ohne Fehler sein sollte, können als so genannte **Farbzentren** fungieren, die Farbe des einfallenden Lichts verändern und somit einen gegenüber ungestörten Gittern anderen Farbeindruck hervorrufen (Abb. 2.44). Befinden sich nämlich Elektronen in der Nähe eines Kristallstrukturdefektes, also etwa im Steinsalz neben einem unbesetzten Cl-Anion-Platz, so können sie sich wegen der positiven Ladung dorthin gezogen fühlen und dabei verschiedene Energieniveaus erreichen, bei deren Wechsel sie wieder Licht bestimmter Wellenlängen aufnehmen oder abgeben. Aus einem nominell farblosen Mineral (Steinsalz) wird somit ein farbiges (gelblich oder blau). Am häufigsten sind hierbei die durch natürliche radioaktive Strahlung hervorgerufenen Gitterzerstörungen – wie beim Menschen Zellen zerstört werden, so wird bei Kristallen ihr Kristallgitter verändert. Diese Zerstörungen lassen z. B. den Rauchquarz braun bis schwarz werden. Der schon oben in anderem Zusammenhang erwähnte Fluorit färbt sich intensiv violett bis schwarz, wenn er radioaktiver Strahlung ausgesetzt wird. Dies kann z. B. dadurch geschehen, dass er Körnchen radioaktiver Minerale eingeschlossen hat oder dass das umgebende Gestein radioaktive Strahlung freisetzt. Wird eine Mineralstruktur durch radioaktive Strahlung völlig zerstört, bezeichnet man dies als **Metamiktisierung**. Zirkon, der z. T. hohe Gehalte an U und Th einbaut, ist ein Beispiel für ein relativ häufig metamiktes Mineral.

2.4.2 Mechanische Eigenschaften

Bestimmte Minerale und Gesteine haben mechanische Eigenschaften, die sie sowohl aus wissenschaftlicher, wie auch aus wirtschaftlicher Sicht interessant machen. In diesem Abschnitt wollen wir uns mit den wichtigsten mechanischen Eigenschaften beschäftigen, aus denen Vorzüge oder Nachteile bestimmter Materialien erwachsen können. Dies sind die Dichte, die Härte, die Spaltbarkeit, die Elastizität, die Kompressibilität und die Scherfestigkeit. Die **Dichte** ϱ als der Quotient aus Masse und Volumen einer Substanz ist uns aus dem täglichen Leben geläufig. Der immer wieder Peinlichkeit hervorrufende Witz, in dem gefragt wird, ob ein kg Federn oder ein kg Blei wohl schwerer wäre, und bei dem regelmäßig das kg Blei genannt wird (obwohl es sich doch in beiden Fällen um ein kg handelt), illustriert dies sehr schön: Jeder weiß, dass dieselbe Menge (also dasselbe Volumen) Blei viel schwerer ist als dieses Volumen von Federn. Der Grund für unterschiedliche Dichte von Stoffen ist sehr einfach und auch schon mehrfach genannt: die Anordnung der Atome in der Kristallstruktur bedingt, wieviel ein cm³ davon wiegt. Selbst chemisch identische Stoffe können sehr unterschiedliche Dichten haben, da sie unterschiedliche Strukturen besitzen. Modifikationen oder Minerale, die bei höherem Druck gebildet werden, haben eine dichtere Struktur als solche, die bei hoher Temperatur stabil sind – man denke nur an die SiO_2-Polymorphe oder an Graphit (Dichte: 2,16 g/cm³) und Diamant (Dichte: 3,51 g/cm³) (Abb. 2.45). Infolgedessen kann man die Dichte makroskopisch durch $\varrho=m/V$ oder mikroskopisch durch $\varrho=MZ/V°N_A$ definieren, wobei m die Masse, V das Volumen, M die Molmasse, V° das Volumen der Elementarzelle, N_A die Avogadrozahl $6,023 \cdot 10^{23}$ und Z die Anzahl der Formeleinheiten pro Elementarzelle sind. Die Dichte von Substanzen kann für völlig unterschiedliche Dinge von Interesse sein. Der Petrologe freut sich, wenn er einen Hinweis auf unter hohem Druck in den Tiefen der Erde gebildete Gesteine findet, der Nukleartechniker freut sich, wenn ein dichtes Material wie Blei radioaktive Strahlung abschirmt, und der Papierfabrikant freut sich, wenn er besonders hochwertiges Papier durch Zugabe von reinweißem, feinst gemahlenem Baryt zur normalen Papiersubstanz herstellen kann (man beachte, dass Papierqualität in g/m² angegeben wird, also in der Schwere eines Papierbogens, und dass durch Zugabe des sehr dichten Baryts deutliche Steigerungen erreicht werden können).

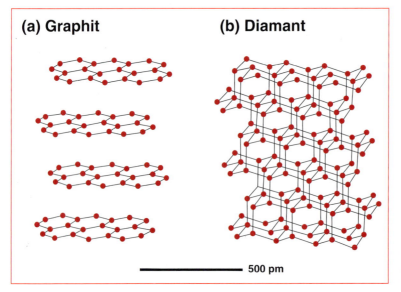

2.45 Kristallstrukturen der Kohlenstoffmodifikationen Graphit und Diamant. Graphit ist schichtig, Diamant dreidimensional vernetzt aufgebaut.

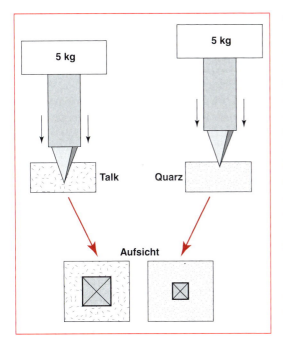

2.46 Das Prinzip der Vickershärte-Messung durch kontrolliertes Eindrücken einer Diamantspitze in das Probenmaterial. Die Größe des Eindrucks ist umgekehrt proportional zur Härte des Materials.

Auch die **Härte** ist uns geläufig und jeder wird zugeben, dass es eine enorme Rolle spielt, ob ein Messer oder ein Meißel aus besonders hartem Stahl ist oder nicht. Definiert ist die Härte als der Widerstand eines Körpers gegen das Eindringen eines anderen Körpers. Dies bedeutet aber auch, dass die Wahl der Meßmethode für Härte sehr unterschiedlich sein kann, je nachdem, ob man absolute oder relative Härten messen will. Über die Ritzhärte nach Mohs wurde in Teil 1 bereits gesprochen – dies ist eine relative Härtemessung. Die wichtigste absolute Härtemessung ist die nach der **Vickersmethode**, die eine Diamantpyramide mit definiertem Belastungsgewicht und definierter Geschwindigkeit in die zu prüfende Materialoberfläche eindrückt und danach die Größe des Abdrucks vermisst (Abb. 2.46). Es zeigt sich, dass die absoluten Härten einen wesentlich größeren Bereich überspannen als die Mohsskala vorspiegelt, und dass vor allem die Gleichförmigkeit der Mohsskala nicht mit den realen Härten übereinstimmt. Der Härteunterschied zwischen Diamant und Korund, also zwischen Mohshärte 10 und 9, ist deutlich größer als der Härteunterschied zwischen Korund und Talk (Mohshärte 9 und 1). Es ist wichtig zu erwähnen, dass Härte wie auch Spaltbarkeit in Kristallen **richtungsabhängig** sind. Man bezeichnet diese räumliche Ungleichheit als **Anisotropie**. Das Fehlen von Richtungsabhängigkeit heißt dann entsprechend **Isotropie**. Die mikroskopische Erklärung für Härte liegt überwiegend in der Festigkeit von Bindungen zwischen Atomen, also in der **Bindungsenergie**. Je höher die Bindungsenergie, desto härter ein Material. Die Entwicklung immer härterer Werkstoffe ist ein wichtiges Gebiet mineralogischer Forschung, wobei gesteigerte Härte natürlich häufig – und unerwünschterweise – auf Kosten der Elastizität, der Korrosionsbeständigkeit oder der Hitzebeständigkeit geht. Viel Raum für Forschung!

Da über die **Spaltbarkeit** bereits in Teil 1 gesprochen wurde, sei hier nur angemerkt, dass entgegen der Intuition die Härte nicht unbedingt etwas mit der Spaltbarkeit zu tun hat. Ein Mineral kann sehr hart, aber dennoch relativ gut spaltbar sein (jeder Juwelier, dem schon einmal ein Diamant heruntergefallen und zersprungen ist, kann dies bestätigen). Hier ist insbesondere die Richtungsabhängigkeit (Anisotropie) der Spaltbarkeit zu beobachten. Glimmer z. B. sind bekanntlich sogar mit einem Fingernagel spaltbar, doch sind die Blättchen erstaunlich hart, wenn man die Ritzprobe macht. Die mikroskopische Erklärung dafür wurde bereits in Abschnitt 2.3.2 gegeben.

Die **Elastizität** beschreibt die Wiederherstellung der ursprünglichen Form eines Körpers, nachdem diese durch äußere Einwirkung verändert wurde. Ist ein Material elastisch, stellt es seine Form wieder her. Ist es plastisch, stellt es sie nicht von selbst wieder her, es kann jedoch wieder durch äußere Kraftanwendung zurückgeformt werden. Bricht es, wird es als spröde bezeichnet. **Plastizität** ist die Folge der Überschreitung des elastischen Limits, das jeder

Stoff hat, das aber bei vielen sehr klein ist. Mikroskopisch wird die Elastizität durch die Versetzung von Atomen im Kristallgitter beschrieben, die aber eben eventuell wieder in ihre alten Positionen „zurückflutschen" können. Entscheidend ist dabei die angewandte Kraft pro Flächeneinheit, die Spannung (im Englischen „stress"). Werden alle Atome gleich verschoben, handelt es sich um eine einfache Translation des gesamten Kristalls, werden aber manche Atome anders verschoben als andere, entsteht eine Verformung (im Englischen „strain"), der die Änderung der Kristallgestalt beschreibt. Beide Begriffe, Verformung und Spannung, spielen in der Beschreibung deformierter Gesteine eine entscheidende Rolle. In beiden Fällen handelt es sich um Tensorgrößen, und auch die mit beiden Größen verknüpfte Elastizität ist somit eine Tensorgröße. Die **Kompressibilität** und **Scherfestigkeit** schließlich sind der Elastizität verwandte wichtige physikalische Eigenschaften von Kristallen. Sie beschreiben, welchen Widerstand ein Kristall einem äußeren Druck bzw. einem äußeren Zug entgegensetzt. Die dafür wichtigen Größen, wieder Tensoren, sind der **Kompressionsmodul** K und der **Schubmodul** µ. Diese beiden Module haben eine besondere Bedeutung, denn sie bestimmen die Geschwindigkeiten verschiedener Typen von elastischen Wellen in unterschiedlichen Materialien.

Da wir diesen Gesetzmäßigkeiten einen Großteil unseres Wissens über den Aufbau des uns nicht zugänglichen Erdinneren verdanken, sei dies hier kurz näher erläutert. Wird die mechanische Festigkeit von Mineralen oder Gesteinen überschritten, folgt eine spröde Reaktion und es kann zur Aussendung von Wellen kommen, die wir als **Erdbeben** wahrnehmen. Zwei wichtige Typen von Wellen können dabei entstehen (Abb. 2.47): **P-Wellen**, die auch **Longitudinal**- oder **Kompressionswellen** genannt werden und **S-Wellen**, die auch **Transversal**- oder **Scherwellen** heißen. Diese Wellen breiten sich nun durch die ganze Erde hindurch aus und können an verschiedenen Punkten mit Seismographen aufgezeichnet werden. Ihre Ausbreitungsgeschwindigkeiten V – und hier kommen wir wieder auf unser eigentliches Thema, die mechanischen Eigenschaften zurück – sind gegeben durch:

$$V_P^2 \varrho = K + 4\mu/3 \text{ und}$$
$$V_S^2 \varrho = \mu.$$

Wir folgern daraus, dass P-Wellen schneller sind als S-Wellen, und – viel wichtiger –, dass sich in Flüssigkeiten keine S-Wellen ausbreiten können, da µ durch

$$\mu = \tau/\alpha$$

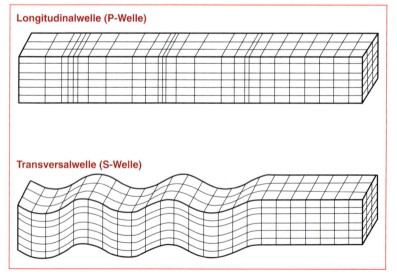

2.47 Longitudinal- und Transversalwellen.

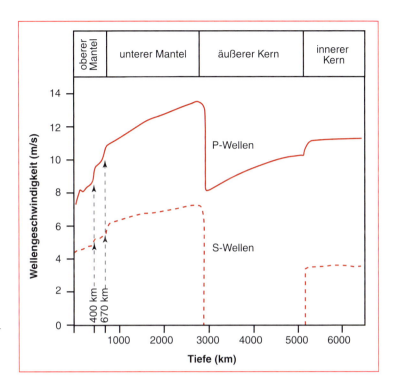

2.48 Änderung der Wellengeschwindigkeiten im Erdinneren nach Press & Siever (1995).

definiert ist, wobei τ die Schubspannung und α der Scherwinkel ist. In Flüssigkeiten ist aber μ gleich Null, da sich in ihnen keine Spannungen aufbauen lassen. Durch die Kombination von Seismometerdaten von P- und S-Wellen kann man also Gebiete im Erdinnern auskartieren, die flüssig (geschmolzen) sind, wie z. B. den äußeren Erdkern. Außerdem kann man ganz generell Geschwindigkeitsverteilungen auskartieren. Man hat festgestellt, dass es einen plötzlichen Anstieg der Wellengeschwindigkeiten beim Übergang von der Kruste in den Mantel an der so genannten **Mohorovičić-Diskontinuität** (kurz MOHO, die seismische Kruste-Mantel-Grenze) gibt, dagegen einen ebenso sprunghaften Abfall der P-Wellengeschwindigkeit zwischen unterem Mantel und äußerem Erdkern (die S-Wellen verschwinden dort ja sowieso vollständig). Weitere Diskontinuitäten, die mit der Veränderung der Strukturen wichtiger Minerale zusammenhängen, sind so ebenfalls auskartiert worden (Abb. 2.48). Die bekanntesten sind die 400- und die 670-km-Diskontinuitäten, die auf Phasentransformationen und Mineralreaktionen von Mg_2SiO_4 zurückzuführen sind (siehe Kasten 3.6).

2.4.3 Elektrische und magnetische Eigenschaften

Manche Minerale haben besondere elektrische oder magnetische Eigenschaften. Die meisten sind **Isolatoren**, viele sind aber auch **Leiter** oder **Halbleiter**. Einige wenige sind ferromagnetisch, also „sichtbar magnetisch", wie wir es von Magnetit kennen. Beschäftigen wir uns aber zunächst mit der **elektrischen Leitfähigkeit**.

Um diese Eigenschaft verstehen zu können, müssen wir kurz auf das Bändermodell der Elektronenenergien eingehen. In einem einzelnen Atom kann ein Elektron nur bestimmte, definierte Energiezustände einnehmen. Wir erinnern uns zum Beispiel an den Physikunterricht der Schule, wo es hieß, dass beim Wechseln von einem zum anderen solcher Energiezustände in Gasen charakteristische Energien

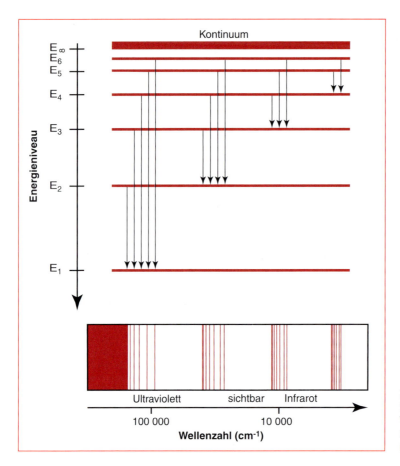

2.49 Die Entstehung von Spektrallinien durch die Veränderung der Energiezustände von Elektronen nach Riedel (1990).

abgegeben werden, die als farbiges Licht wahrgenommen werden können. Licht ist ja nichts anderes als Energie, transportiert in Form von Quanten. Dies sind die so genannten Spektrallinien und sie ermöglichen es, auch die Zusammensetzung weit entfernter Himmelskörper zu bestimmen (Abb. 2.49). Bringt man nun Atome nahe zusammen, in einem Kristall zum Beispiel, so bestimmt nicht nur einer, sondern alle in der Nähe befindlichen Atomkerne das elektrische Potential der Elektronen und die vorher in Form der Spektrallinien vorhandene Schärfe zerfließt zu Bändern. Es entstehen anstelle von definierten Niveaus aufgeweitete Energiebänder, in denen sich das Elektron bewegen kann. Man unterscheidet dabei das **Valenzband**, das die höchsten im Normalzustand mit Elektronen besetzten Energien beinhaltet, vom **Leitungsband**, das die niedrigsten Energieniveaus beinhaltet, die ganz oder teilweise leer sind (Abb. 2.50). Zwischen diesen beiden Bändern können die Elektronen unter Energieaufnahme oder Energieabgabe hin- und herspringen. Befinden sich Elektronen im Leitungsband, sind sie relativ frei beweglich, ein Strom kann fließen und damit ist das Mineral ein Halbleiter oder Leiter. Das Valenzband ist lediglich ein möglicher Lieferant für Elektronen, die an das Leitungsband abgegeben werden können oder nicht, je nach der zu überwindenden Energiehürde. Alles Weitere ist einfach:

- Isolatoren haben leere Leitungsbänder, die außerdem energetisch weit über dem Valenzband liegen ($\Delta E > 5$ eV), sodass kein Elektron vom Valenz- ins Leitungsband wechseln kann, nicht einmal bei massiver Energiezufuhr.

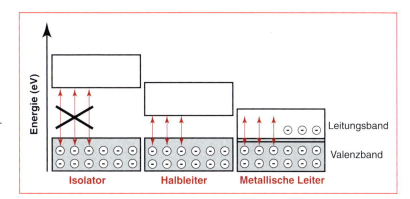

2.50 Der Bandabstand (Unterschied der Energiezustände von Valenz- und Leitungsband) als Ursache für Isolatoren, Halbleiter und metallische Leiter.

- Halbleiter haben ein leeres Leitungsband, das aber energetisch so nahe am Valenzband liegt, dass Elektronen durch Aufnahme thermischer Energie ins Leitungsband überwechseln können.
- Metallische Leiter schließlich haben „von Haus aus" ein teilweise gefülltes Leitungsband, weitere Valenzelektronen können aber zusätzlich in das Leitungsband hinüberwechseln.

Industriell wichtig ist nun, dass man Halbleiter in gewissen Grenzen „modellieren" kann, d. h. man kann den Abstand zwischen Valenz- und Leitungsband durch ganz gezielte Zugabe oder Wegnahme von Atomen einstellen. Das bedeutet, dass man Bandlücken einstellen kann, die bei der Ankunft bestimmter Energien übersprungen werden – ein Strom tritt auf –, während andere Energien dazu nicht ausreichen und somit kein Strom fließt. Jedem wird auf Anhieb mindestens ein Beispiel einfallen, wo so etwas von Nutzen sein könnte. Es ist klar, warum speziell entwickelte Halbleiter in Computern, in Detektoren oder in Handys so extrem wichtig sind. Die Entwicklung solcher Halbleiter und die Suche nach weiteren halbleitenden Strukturen, die die Natur zwar gebaut, wir aber noch nicht erkannt haben, ist auch eine Aufgabe von mineralogisch arbeitenden Geowissenschaftlern. Die unterschiedliche Leitfähigkeit verschiedener Materialien (z. B. verschiedener Gesteine) wird bei der Methode der Geoelektrik zur Untersuchung verborgener Körper im Untergrund eingesetzt, was insbesondere in der Archäologie wichtig ist.

Wenden wir uns nun den **magnetischen Eigenschaften** zu. Auch sie werden von den Elektronen gesteuert: jedes Elektron erzeugt durch

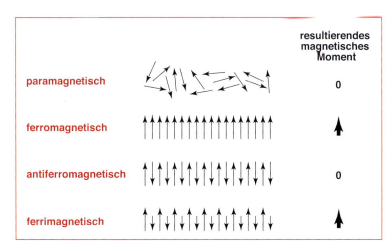

2.51 Die Ordnung der magnetischen Momente von Elektronen als Ursache für die verschiedenen Arten von Magnetismus. Das resultierende magnetische Moment ergibt sich aus der vektoriellen Addition der Einzelmomente der Elektronen. Nach Putnis (1992).

seine Bewegung ein magnetisches Moment, wobei sich bei gepaarten Elektronen diese Momente aufheben (Abb. 2.51). Minerale (aber natürlich auch künstlich hergestellte Materialien) ohne ungepaarte Elektronen sind trotzdem durch Induktion von Strömen in der Atomhülle diamagnetisch. Dies bedeutet unter anderem, dass das Mineral aus einem von außen angelegten Magnetfeld herausgedrückt wird, wobei der Effekt allerdings sehr klein ist. Calcit, Fluorit und Quarz sind **diamagnetisch**. Ein Mineral mit ungepaarten Elektronen ist **paramagnetisch**. Es wird von einem von außen angelegten Feld angezogen, da sich die magnetischen Momente der ungepaarten Elektronen in diesem Magnetfeld ausrichten. Der Effekt ist etwas größer als der beim Diamagnetismus, nimmt aber mit steigender Temperatur ab, da die Ausrichtung der magnetischen Momente durch die thermische Bewegung von Atomen behindert wird. Viele Minerale mit Übergangsmetallen, z. B. die Fe-Silikate, sind paramagnetisch.

In besonderen Fällen besteht die geordnete Ausrichtung der magnetischen Momente dauerhaft, also auch in Abwesenheit eines äußeren Magnetfeldes. Solche Minerale heißen, je nach Ordnungszustand der Momente, **ferro-, antiferro-** oder **ferrimagnetisch**. Diese Form des Magnetismus tritt ebenfalls nur in Mineralen mit ungepaarten Elektronen auf, verschwindet aber oberhalb der so genannten **Curietemperatur**. Die Minerale sind oberhalb dieser Temperatur nur noch paramagnetisch. Ferromagnetisch sind die Metalle Fe, Ni und Co, von denen nur Fe und Fe-Ni-Legierungen tatsächlich natürlich vorkommen. Antiferromagnetische Minerale sind ebenfalls selten, das Mn-Oxid Manganosit mag als Beispiel dienen. Zu den ferrimagnetischen Mineralen schließlich gehört der bekannte Magnetit und das auch als Magnetkies bekannte Fe-Sulfid Pyrrhotin. Die Magnetisierung in ferro- und ferrimagnetischen Materialien wird durch eine so genannte **Hysteresekurve** beschrieben (Abb. 2.52), die die Mag-

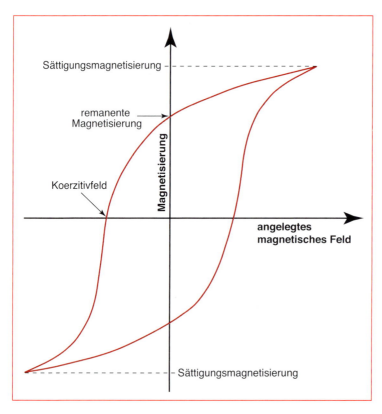

2.52 Hysteresekurve für ein magnetisches Material.

2.4 Physikalische Eigenschaften von Mineralen 173

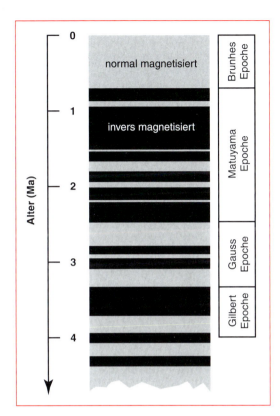

2.53 Umpolung des Erdmagnetfeldes im Quartär und späten Tertiär nach Press & Siever (1995). Man sieht, dass sich das Erdmagnetfeld in Zeiträumen zwischen etwa 1 Million und etwa 20.000 Jahren umgepolt hat, dass wir aber in einer bereits besonders lang andauernden Phase ohne Umpolung leben.

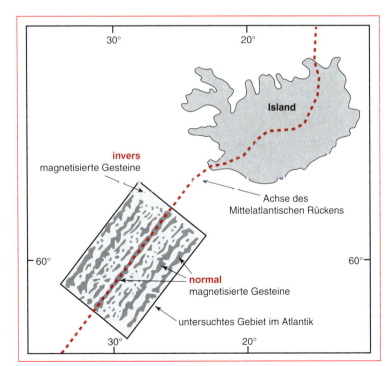

2.54 Umpolungen des Erdmagnetfeldes, wie sie in den Ozeanbodenbasalten symmetrisch um den mittelozeanischen Rücken südwestlich von Island beobachtet werden. Solche Beobachtungen führten zum Durchbruch der Theorie der Plattentektonik. Nach Press & Siever (1995).

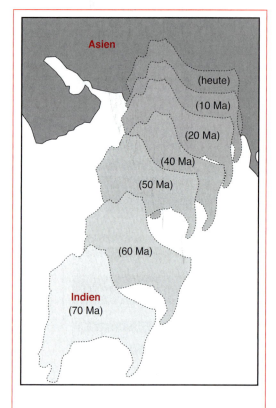

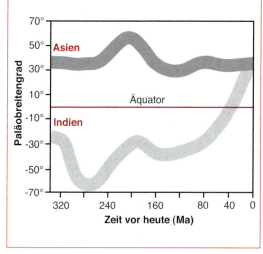

2.55 Kollision der indischen Kontinentplatte mit Asien und Veränderung des Paläobreitengrades ihrer Lage. Solche Bewegungen kann man mit Hilfe der Paläomagnetik nachvollziehen, da die zu verschiedenen Zeiten in Gesteinen gespeicherte Magnetfeld-Richtung von der jeweiligen Lage des Kontinents zum Erdmagnetfeld abhängt. Nach van der Voo (1993).

netisierung in Abhängigkeit vom äußeren Magnetfeld beschreibt. Die maximal mögliche Magnetisierung ist die **Sättigungsmagnetisierung**. Was nach Verschwinden des äußeren Feldes zurück bleibt, ist die **remanente Magnetisierung**, doch ein starkes Gegenfeld (Koerzitivfeld) kann die Orientierung natürlich wieder verändern.

Aufgrund der unterschiedlichen Stärke der Magnetisierung kann man mit normalen Handmagneten nur ferro- und ferrimagnetische Minerale anziehen, während mit starken elektrischen Feldern magnetische Felder erzeugt werden können, die auch die Trennung para- und sogar diamagnetischer Mineralpulver z.B. in Magnetscheidern ermöglichen.

Die wirkliche Bedeutung von Mineralmagnetismus liegt aber nicht in der Mineralseparation, sondern einerseits in der Erzeugung des **Erdmagnetfeldes** durch Wechselwirkungen zwischen dem flüssigen äußeren und dem festen inneren Metallerdkern, und andererseits in der Entzifferung vergangener Kontinentbewegungen und Erdmagnetfeldumpolungen durch Messung der remanenten Gesteinsmagnetisierung (**Paläomagnetik**). Dieses Argument verhalf im Endeffekt der Plattentektonik zum Durchbruch.

Die meisten Gesteine enthalten magnetische Minerale, die wichtigsten davon sind Magnetit, Hämatit und Pyrrhotin. Bilden sich diese Minerale z.B. beim Abkühlen von Laven (Ozeanbodenbasalten) oder bei der Ausfällung aus Lösungen, so richten sie ihr magnetisches Moment nach dem jeweils herrschenden Erdmagnetfeld aus. Untersucht man nun Gesteine desselben Gebietes, aber verschiedenen Alters, so kann man feststellen, ob sich der Nordpol relativ zu den Gesteinen bewegte und ob sich das Erdmagnetfeld umpolte (Abb. 2.53). Das wohl vollständigste Archiv dieser Art findet man auf den Ozeanböden, und nicht nur das: Man stellte außerdem fest, dass die Magnetisierung links und rechts ozeanischer Rücken identisch ist, also spiegelbildlich (Abb. 2.54). Somit wusste man, dass der Ozeanboden in der Mitte, an den mittelozeanischen Rücken, entstanden sein musste und schloss daraus auf die

Kontinentaldrift. Durch diese Erfolge ist die Paläomagnetik heute zu einem wichtigen Hilfsmittel geworden, das die Kontinentkonfiguration in vergangenen Erdzeitaltern zu rekonstruieren erlaubt (Abb. 2.55).

2.5 Optische und analytische Methoden der Mineralogie

Die Mineralogie setzt eine Fülle verschiedener optischer und analytischer Methoden ein, die die Bestimmung von Mineralen, von Kristallstrukturen, von Korngrößen und von chemischen Zusammensetzungen ermöglichen. Dabei gibt es Verfahren im Makromaßstab, die Gesamtgesteinszusammensetzungen ermitteln oder die Kristallstrukturen großer Kristalle entschlüsseln. Es gibt Verfahren im Mikromaßstab, mit deren Hilfe selbst μm-große Körner quantitativ analysiert werden können, und es gibt den Nanomaßstab, wo mit Hilfe von Elektronenstrahlen Analysen in nm-großen Bereichen durchgeführt und Atome direkt „sichtbar" gemacht werden können. Diese Verfahren sind Gegenstand des folgenden Abschnitts, der nicht dazu dienen soll, den eigenen Betrieb solcher Geräte zu ermöglichen, sondern lediglich die prinzipielle Funktionsweise, einen kurzen Einblick in die physikalischen Hintergründe und die mit den verschiedenen Methoden bearbeiteten Fragestellungen vorzustellen. Mit diesem Wissen versehen, sollte sich jeder selbst überlegen können, welche Methode für seine Fragestellung besonders geeignet ist und sich dann in entsprechende Spezialliteratur vertiefen und/oder an ein darauf spezialisiertes Labor wenden. Der Abschnitt über die Polarisationsmikroskopie ist etwas umfangreicher, denn er soll insbesondere als kondensierte Zusammenfassung dienen, mit deren Hilfe man – nach einem Einführungskurs – selbstständig weiter arbeiten oder auch eventuell vergessenes Wissen wieder auffrischen kann.

2.5.1 Polarisationsmikroskopie

Die Untersuchung von Gesteinsdünnschliffen mit dem Polarisationsmikroskop hat die Geologie und Mineralogie seit der Mitte des 19. Jahrhunderts revolutioniert. Erst durch diese Technik wurde es möglich, auch feinkörnige Verwachsungen und mit dem bloßen Auge nicht mehr sichtbare Minerale zu bestimmen und genetischen Prozessen zuzuordnen. Die Polarisationsmikroskopie ist auch heute noch die wichtigste in weitestem Sinn analytische Methode der Geowissenschaften. Es sollten auf eine Probe keine weiteren chemischen oder physikalischen Analyseverfahren angewendet werden, ohne vorher einen Dünnschliff oder Anschliff gemacht und mikroskopiert zu haben, damit man überhaupt weiß, was man analysiert. Gewöhnlich wird bei der Polarisationsmikroskopie zwischen der Betrachtung mit durchfallendem und auffallendem Licht unterschieden (**Durchlicht- bzw. Auflichtmikroskopie**). Die verwendete Methode hängt davon ab, ob die betrachteten Minerale im Dünnschliff **transparent** oder **opak** (undurchsichtig) sind. Da Auflichtmikroskopie nur für Erzminerale größere Bedeutung hat, die normalen, gesteinsbildenden Silikatminerale aber im Dünnschliff transparent sind, werden wir uns im Folgenden völlig auf die Durchlichtmikroskopie beschränken.

Im Polarisationsmikroskop wird die Wellennatur des Lichtes dazu benutzt, um beim Durchtritt des Lichtes durch eine (meist, aber nicht notwenigerweise feste) Substanz kristallspezifische Effekte zu beobachten, die durch die Wechselwirkung von Licht mit Substanz entstehen. Zunächst besprechen wir kurz den Aufbau eines Polarisationsmikroskops (Abb. 2.56), wobei es hilfreich ist, bei der folgenden Beschreibung und den Erläuterungen tatsächlich vor einem Mikroskop zu sitzen. Kasten 2.15 informiert darüber, was polarisiertes Licht eigentlich ist und in Abb. 2.56 ist der Strahlengang eines Polarisationsmikroskops dargestellt. Er ist relativ einfach: Einerseits gibt es das Objektiv direkt über der Probe, das ein vergrößer-

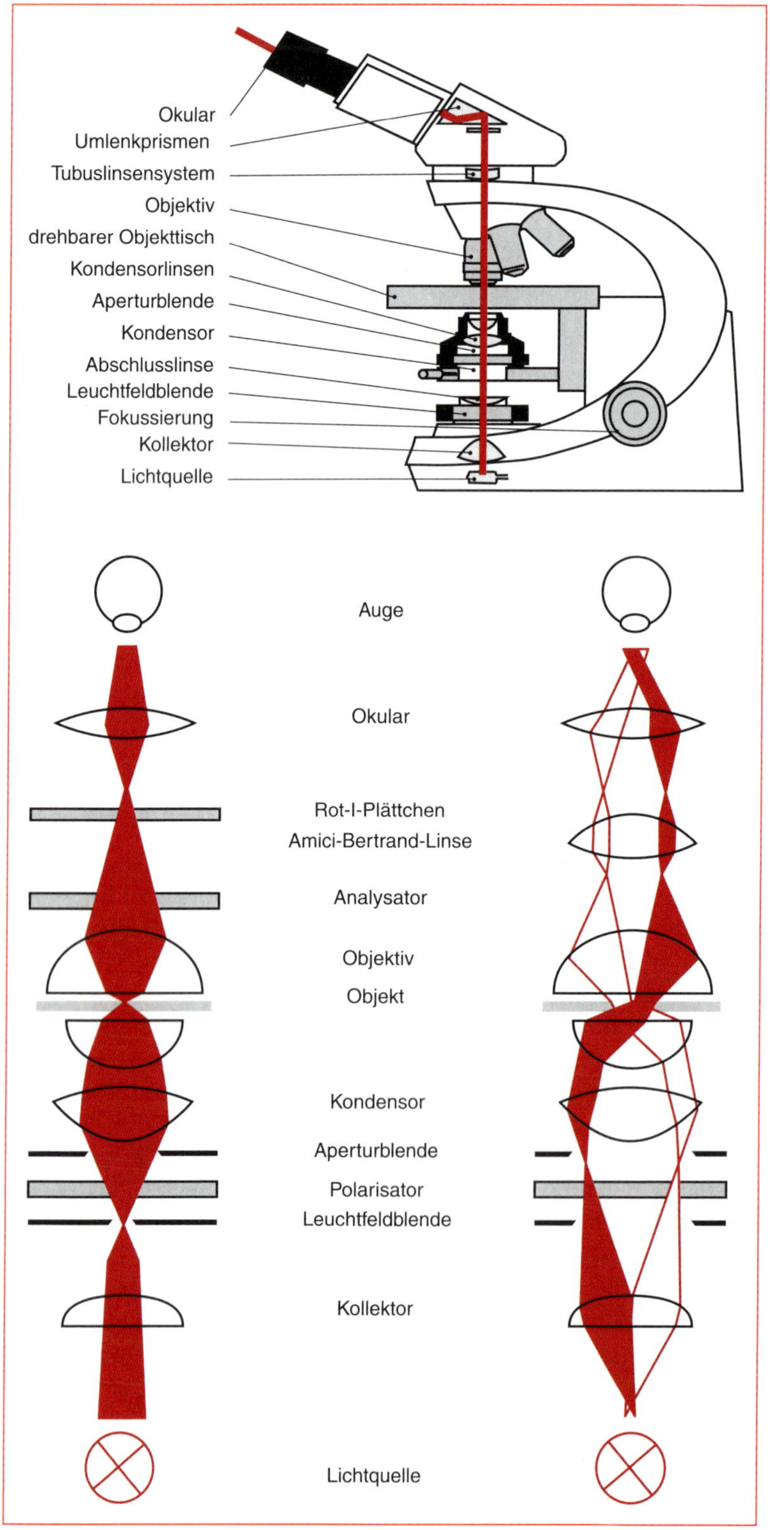

2 Allgemeine Mineralogie

Okular
Umlenkprismen
Tubuslinsensystem
Objektiv
drehbarer Objekttisch
Kondensorlinsen
Aperturblende
Kondensor
Abschlusslinse
Leuchtfeldblende
Fokussierung
Kollektor
Lichtquelle

Auge
Okular
Rot-I-Plättchen
Amici-Bertrand-Linse
Analysator
Objektiv
Objekt
Kondensor
Aperturblende
Polarisator
Leuchtfeldblende
Kollektor
Lichtquelle

2.56 Polarisationsmikroskop und der Strahlengang darin. Nach Pichler & Schmitt-Riegraf (1987).

Kasten 2.15 Was ist polarisiertes Licht?

Licht ist eine elektromagnetische Transversalwelle, was bedeutet, dass die Schwingungsebene des elektrischen Feldes senkrecht zur Ausbreitungsrichtung des Lichtstrahles steht (Abb. 2.57). In normalem, d. h. unpolarisiertem Licht ist keine dieser senkrecht auf dem Lichtstrahl schwingenden Ebenen bevorzugt, doch durch die Verwendung eines **Polarisationsfilters** kann man alle Ebenen mit einer Ausnahme herausfiltern, so dass nur linear polarisiertes Licht mit genau einer definierten Schwingungsrichtung hindurch kommt (Abb. 2.58).

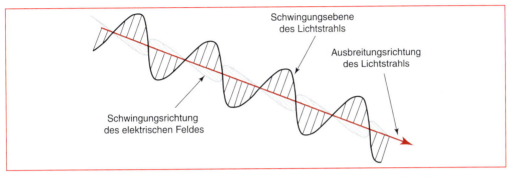

2.57 Die Schwingungsrichtungen des Lichtes und des zugehörigen elektrischen Feldvektors stehen senkrecht aufeinander.

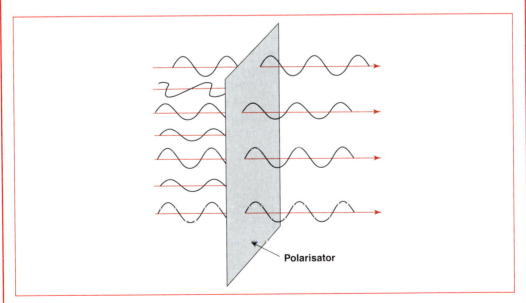

2.58 Wirkungsweise des Polarisators. Nach Müller & Raith (1981).

tes Zwischenbild erzeugt, was dann von den Okularen nachvergrößert wird. Die Gesamtvergrößerung des Mikroskops ist also das Produkt aus Objektiv- und Okularvergrößerung. Normalerweise verwendet man Objektive der Vergrößerung 2.5x, 5x, 10x, 20x, 32x, 50x und sehr selten auch 100x für Spezialanwendungen. Okulare sind typischerweise 10x oder 20x vergrößernd. Das maximale Auflösungsvermögen von Mikroskopen ist hauptsächlich durch die Wellenlänge des verwendeten Lichts gegeben (je kleiner die Wellenlänge desto größer die Auflösung).

Neben den Objektiv- und Okularlinsen dient der Kondensor unterhalb der Probe zur optimalen Ausleuchtung. Kasten 2.16 erläutert das **Köhlersche Beleuchtungsverfahren**. Die Aperturblende regelt den Öffnungswinkel der auf die Probe treffenden Lichtstrahlen, wobei ein hoher Öffnungswinkel zwar ein hohes Auflösungsvermögen, aber geringen Kontrast erzeugt. Die Leuchtfeldblende begrenzt den ausgeleuchteten Probenbereich. Die Amici-Bertrand-Linse schließlich wird lediglich im **konoskopischen Strahlengang** verwendet (siehe Abb. 2.56). Sie dient dazu, ein Beugungsbild (Interferenzbild oder auch **Achsenbild** genannt) der Strahlen in der hinteren Brennebene des Objektivs zu erzeugen. Wir werden später darauf zurück kommen.

Als weiteres „Zubehör" des Mikroskops sind noch die beiden **Polarisatoren** zu erwähnen, der Polarisator zwischen Probe und Lichtquelle und der Analysator zwischen Probe und Okular. Beide polarisieren das Licht in zueinander senkrechten Richtungen. Der Polarisator ist fest im Strahlengang installiert, während der Analysator nur bedarfsweise in den Strahlengang hinein geschoben wird. Sind sowohl Polarisator als auch Analysator im Strahlengang, spricht man von gekreuzten Polarisatoren.

Zum Schluß sei noch der **Kompensator**, das so genannte **Rot-I-Plättchen** (gesprochen Rot-Eins-Plättchen) oder Lambdaplättchen erwähnt, der meist heraus gezogen ist, aber bei Bedarf in den Strahlengang direkt unterhalb der Okulare hinein geschoben wird. Er ist unter anderem bei der Konoskopie wichtig und seine Funktion wird dort näher erläutert.

Die eigentliche Mikroskopie ist nicht nur ein einfaches „Anschauen" von Dünnschliffen, sondern man bestimmt die optischen – und damit auch einige physikalische – Eigenschaften der in einem Dünnschliff enthaltenen Kristalle (siehe dazu auch Kasten 2.17 und 2.18). Die wichtigsten dieser Eigenschaften sind die **Farbe** (trivial) und die **Doppelbrechung** (weit weniger trivial, wie zu zeigen sein wird). Es ist daher nötig, hier ein wenig ins physikalische Detail zu gehen und einige Begriffe zu klären. Wenn diese dann bekannt sind, erklären Kästen 2.19, 2.20 und 2.21 das Vorgehen beim Mikroskopieren. Viel Vergnügen! Zunächst aber die Physik:

- Licht, das durch die Grenzfläche zwischen zwei Medien (z.B. zwei Kristallen oder zwischen Luft und Meerwasser) fällt, wird im Allgemeinen gebrochen, d.h. es ändert seine Richtung (Abb. 2.59). Diese **Lichtbrechung** beruht darauf, dass die Lichtgeschwindigkeit c in beiden Medien ein klein

---

Kasten 2.16 Einstellen der Köhlerschen Beleuchtung

- Leuchtfeldblende schließen
- Frontlinse des Kondensors einklappen
- Lichtfleck durch Heben/Senken des Kondensors scharf stellen
- Zentrieren
- Leuchtfeldblende genau bis Bildrand, aber nicht weiter öffnen
- Kondensorfrontlinse wieder herausklappen

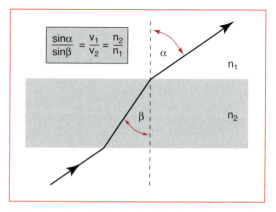

2.59 Gesetzmäßigkeit der Lichtbrechung an der Grenzfläche zweier optisch unterschiedlicher Medien ($n_1 < n_2$).

wenig unterschiedlich ist. Die berühmten 300.000 km/s sind die Lichtgeschwindigkeit c_o im Vakuum (und etwa auch in Luft). Somit kann man für jeden Stoff einen Brechungsindex n relativ zu Luft (was ungefähr gleich dem im Vakuum ist) definieren:

$$n = c_o/c$$

Die Lichtgeschwindigkeit c steht mit der Wellenlänge λ und der Frequenz ν im Zusammenhang $\nu = c/\lambda$. Da c im Vakuum die höchst mögliche Geschwindigkeit hat, ist n für alle transparenten Materialien größer als 1. Die niedrigere Lichtgeschwindigkeit in Kristallen geht mit einer Verkürzung der Wellenlänge einher, damit n konstant bleibt.

– Die **Dispersion** ist die Abhängigkeit der Lichtbrechung von der Wellenlänge des Lichtes; bei allen durchsichtigen Kristallen ist die Lichtbrechung für kurzwelliges Licht größer als für langwelliges. Sehr ausgeprägt ist sie z. B. beim Diamant (n = 2,402 bei 760,8 nm und 2,465 bei 396,8 nm), gering beim Fluorit (zwischen 1,431 und 1,442 nm).
– **Doppelbrechung**: In allen Kristallsystemen mit Ausnahme des kubischen ist die Lichtbrechung eines Kristalls in verschiedenen Raumrichtungen unterschiedlich (**optische Anisotropie**). Eine einfallende Lichtwelle wird daher in zwei Transversalwellen aufgespalten, die unterschiedliche Fortpflanzungsgeschwindigkeit und damit Lichtbrechung besitzen. Die Doppelbrechung ist definiert als der Differenzbetrag der **Brechungsindizes** der beiden Wellen. Die maximale Doppelbrechung ist ein wichtiges Kriterium zur Identifizierung von Mineralen im Dunnschliff. Je nach Schnittlage eines (nicht kubischen) Minerals variiert die beobachtete Doppelbrechung zwischen 0 (jeweils senkrecht zur optischen Achse: Kreisschnitt durch die Indikatrix, siehe dazu unten mehr) und dem maximalen Wert. Schön verdeutlichen lässt sich die Doppelbrechung an einem klaren Spaltrhomboeder von Calcit. Auf ein beschriebenes Blatt gelegt, erscheint die Schrift doppelt. Rotiert man den Kristall auf

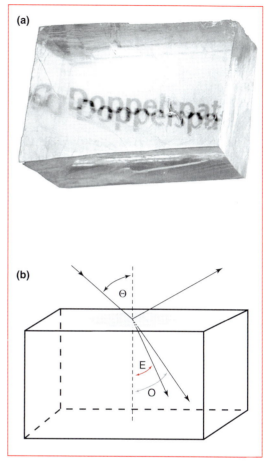

2.60 (a) Das Phänomen der Doppelbrechung am Beispiel des Doppelspats (Calcit). (b) Die im Text erläuterte Aufspaltung eines Lichtstrahles, der in ein doppelbrechendes Medium eindringt, in einen ordentlichen (O) und außerordentlichen Strahl (E).

dem Blatt, bleibt die Position einer der Schriftzüge fest, während der andere hin und her wandert (Abb. 2.60). In optisch einachsigen Kristallen breitet sich eine der beiden Wellen wie in einem isotropen Medium aus, während Ausbreitungsgeschwindigkeit und Brechungsindex der anderen richtungsabhängig sind. Der fest bleibende Schriftzug charakterisiert die erstere dieser beiden Wellen („ordentlicher" Strahl, Brechungsindex n_o oder n_ω), der wandernde Schriftzug die zweit genannte Welle („außerordentlicher"

Kasten 2.17 Methoden der Lichtbrechungsbestimmung

Die unterschiedlichen **Brechungsindizes** sind wichtige Bestimmungskennzeichen von Mineralen. Es gibt verschiedene Möglichkeiten, sie qualitativ oder quantitativ zu bestimmen. Man arbeitet dabei immer ohne Analysator.
- Die Begriffe **Chagrin** und Relief beziehen sich auf Unterschiede in der Lichtbrechung von Mineralen und ihrem Einbettungsmittel (was bei Dünnschliffen im allgemeinen Kanadabalsam mit n = 1,54 oder Epoxidharz mit n = 1,538 – 1,555 ist). Als Chagrin werden feine Helligkeitsunterschiede auf der Mineraloberfläche bezeichnet, der Begriff Relief erklärt sich selbst. Höher lichtbrechende Minerale scheinen gegenüber der Matrix herausgehoben (positives Relief), niedriger lichtbrechende Minerale scheinen dagegen abgesenkt zu sein (negatives Relief). Einengen der Irisblende erhöht das Chagrin, während das Einklappen der Kondensorfrontlinse das Chagrin erniedrigt.
- An der Grenzfläche zwischen zwei Mineralkörnern beobachtet man, wenn man leicht defokussiert, eine sehr feine weiße Linie, die **Becke'sche Linie**, die auf der Totalreflektion an der Korngrenzfläche beruht (Abb. 2.61). Es gilt die 3-H-Regel: Beim Heben des Tubus (= Absenken des Mikroskoptisches) wandert die helle Linie

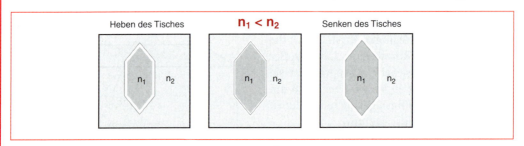

2.61 Die Becke'sche Linie. Nach Bloss (1961).

Strahl, Brechungsindex n_e oder n_ε). Kubische Minerale erscheinen bei gekreuzten Polarisatoren schwarz (Abb. 2.63), doppelbrechende erreichen diese „**Auslöschungsstellung**" nur bei bestimmten Winkeln, ansonsten zeigen sie unterschiedliche, von ihrer Eigenfarbe verschiedene Färbungen (Interferenzfarben). Diese Färbungen beruhen darauf, dass zwei in einem doppelbrechenden Medium aufgespaltete Wellen auf eine gemeinsame Schwingungsebene gebracht werden und dann interferieren. Dies ist die Funktion des Analysators. Die Interferenz und damit auch die Farben sind abhängig von der Doppelbrechung und diese wiederum ist abhängig von der optischen Anisotropie des betrachteten Kristalls und der Dicke des Präparates.

- Der **Gangunterschied** Γ ist definiert als das Produkt aus der Dicke des Kristalls und der Doppelbrechung. Wie jede Welle zeigt auch sichtbares Licht das Phänomen der **Interferenz** (Überlagerung), die beim Zusammentreffen von zwei Wellen entweder zur gegenseitigen Verstärkung (Gangunterschied der Wellen: ungefähr eine Wellenlänge) oder gegenseitigen Schwächung oder gar Auslöschung (Gangunterschied: eine halbe Wellenlänge) führt. Der Gangunterschied bestimmt somit die Amplitude interferierender Wellen (Abb. 2.64). Werden einzelne Anteile (Farben) des weißen Lichtes durch Interferenz selektiv geschwächt, entstehen im Analysator des Polarisationsmikroskops die bunten Interferenzfarben, die in der am Ende von Kapitel 1 dieses Buches befindli-

in das Medium mit dem höheren Brechungsindex. Da der Brechungsindex des Einbettungsmittels bekannt ist, ist diese Technik eine gute Bestimmungshilfe.
- Die einfachste quantitative Methode ist die **Immersionsmethode** (Abb. 2.62). Sie beruht darauf, dass Stoffe mit identischem Brechungsindex keinen Kontrast gegeneinander haben. Man kann daher Minerale in Flüssigkeiten mit bekanntem Brechungsindex „einlegen". Man variiert so lange die Flüssigkeit (z.B. durch definiertes, also berechnetes Zumischen einer anderen Flüssigkeit), bis der Kontrast zwischen Mineral und Flüssigkeit verschwindet. Für diese Methode gibt es Sortimente verschiedener Flüssigkeiten zu kaufen, die einen Bereich von etwa n = 1,4 bis n = 1,8 abdecken. Man muss bei dieser Methode allerdings immer die Richtungsabhängigkeit der Lichtbrechungswerte in anisotropen Medien bedenken – man misst nur einen von maximal drei verschiedenen Brechungsindizes eines Minerals.

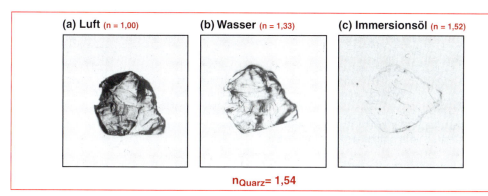

2.62 Lichtbrechungsunterschiede zwischen Quarz und Flüssigkeiten mit unterschiedlichen Brechungsindices.

chen **Michel-Lévy-Tafel** als Funktion von Gangunterschied und Schliffdicke dargestellt sind. Kasten 2.18 erklärt den Gebrauch der Michel-Lévy-Tafel. **Anomale Interferenzfarben** entstehen durch eine Änderung der Doppelbrechung in Abhängigkeit von der Wellenlänge λ. Wenn die Doppelbrechung für kurzwelliges Licht größer ist als für langwelliges, entstehen übernormale Interferenzfarben; hier gilt: $(n_\gamma - n_\alpha)_{violett} > (n_\gamma - n_\alpha)_{rot}$. Anstelle der erwarteten grauweißen und weißgelben Interferenzfarben beobachtet man lebhafte blaue (tintenblau) und gelbe (zitronengelb) Farben, die in der Michel-Lévy-Tafel nicht vorkommen (Beispiel: Epidot/Klinozoisit). Unternormale Interferenzfarben treten auf, wenn die Doppelbrechung für langwelliges Licht größer ist als für kurzwelliges, wenn also $(n_\gamma - n_\alpha)_{violett} < (n_\gamma - n_\alpha)_{rot}$. Hier werden bisweilen stumpfe Farbtöne (lederbraun, graubraun) beobachtet. Bekannt dafür sind Mg-reiche Chlorite. Anomale Interferenzfarben im engeren Sinn sind vorhanden, wenn in Abhängigkeit von der Wellenlänge ein Vorzeichenwechsel der Doppelbrechung eintritt, d.h. wenn die Doppelbrechung für das eine Ende des Spektrums positiv, für das andere aber negativ ist. Das normale Grau wird dann zu einem tintenblau bis violett (Beispiele: Vesuvian, Melilith). Dispersion der Auslöschung ist des Öfteren bei niedrig symmetrischen Kristallen (monoklin, triklin) zu beobachten. Sie äußert sich darin, dass ein Mineral nie ganz auslöscht, da der Auslöschungswinkel von λ abhängig ist, sondern auch in

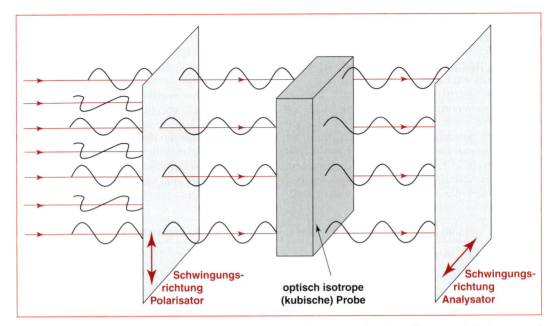

2.63 Eine isotrope Probe zwischen Polarisator und Analysator. Senkrechtstellung von Polarisator und Analysator führt zu vollkommener Auslöschung.

der dunkelsten Stellung noch stumpfe Farbtönungen zeigt.
- **Chagrin** bzw. **Relief**: Wenn Minerale eine vom Einbettungsmittel unterschiedliche Lichtbrechung aufweisen, kommt es an den Grenzflächen zur Beugung, Brechung und Reflexion des Lichts. Die daraus resultierende Struktur geringer Helligkeitsunterschiede wird als Chagrin oder Relief bezeichnet. Die höher lichtbrechenden Minerale erscheinen im Dünnschliff aus der Schliffebene herausgehoben und machen dadurch das Relief aus. **Positives Chagrin** oder Relief liegt also vor, wenn das Mineral eine höhere Lichtbrechung hat als das Einbettungsmittel, **negatives Chagrin**, wenn es eine niedrigere Lichtbrechung aufweist (Abb. 2.65).
- Die **Indikatrix** ist ein Rotationsellipsoid, das modellhaft die Lichtausbreitung in Mineralen beschreibt. Sie wird konstruiert, indem man, ausgehend vom Kristallmittelpunkt, die Lichtbrechungswerte derjenigen Wellen aufträgt, die in diesen Richtungen schwingen. Für kubische Kristalle (und andere isotrope Medien wie Gesteinsgläser) ist die Fortpflanzungsgeschwindigkeit des Lichts in allen Richtungen gleich. Das Rotationsellipsoid wird damit eine Kugel. In tetragonalen, trigonalen und hexagonalen Kristallen breitet sich die ordentliche Welle o aus wie in einem isotropen Medium. Die Lichtbrechung der außerordentlichen Welle e ist dagegen richtungsabhängig und nimmt Werte zwischen n_e und n_o an. Die Indikatrix ist ein Rotationsellipsoid, dessen Drehachse parallel zur kristallographischen c-Achse ist; sie entspricht der Schwingungsrichtung der außerordentlichen Welle n_e. Kristallschnitte senkrecht zur Rotationsachse sind Kreisschnitte. In Richtung der c-Achse pflanzt sich somit nur eine Welle (die ordentliche Welle) fort, so dass keine Doppelbrechung auftreten kann. Diese Achse der Isotropie heißt **optische Achse**, und die Kristalle dieser Systeme heißen optisch **einachsig**. In allen anderen Richtungen pflanzen sich in den Kristallen zwei Wellen mit verschiedener Lichtbrechung n_o und n_e fort (Abb. 2.66) Einachsig positiv ist ein Kristall, dessen Brechungsindex für den außerordentlichen

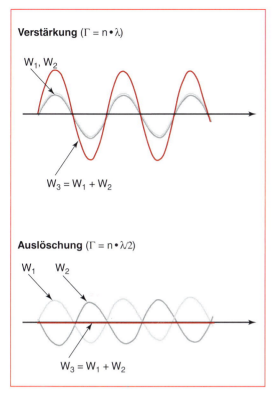

2.64 Verstärkung und Auslöschung durch Wellenüberlagerung. Maximale Verstärkung tritt auf, wenn W_1 und W_2 ihre Amplitude zur selben Zeit erreichen (oben), maximale Schwächung (Auslöschung), wenn sie einen Gangunterschied um eine halbe Wellenlänge haben (unten). Nach Müller & Raith (1981).

Strahl n_e (oder n_ε) größer ist als für den ordentlichen Strahl n_o (oder n_ω), einachsig negativ wenn $n_e < n_o$. Im ersten Fall ist die Indikatrix in Richtung von n_e gestreckt, im zweiten Fall gestaucht. In Kristallen des orthorhombischen, des monoklinen und des triklinen Systems ist die Indikatrix ein dreiachsiges Ellipsoid mit den Achsen X, Y, Z und den Brechungsindizes $n_\alpha < n_\beta < n_\gamma$ (auch mit n_x, n_y, n_z bezeichnet) (Abb. 2.67). In einem solchen Ellipsoid gibt es zwei Kreisschnitte, senkrecht zu denen sich das Licht wie in einem isotropen Medium fortpflanzt, entsprechend dem mittleren Brechungsindex n_β. Die Normalen dieser beiden Kreisschnitte sind die optischen Achsen, und die Minerale dieser Kristallsysteme werden optisch **zweiachsig** genannt. Die beiden optischen Achsen liegen immer in der Hauptschnittebene XZ, der optischen Achsenebene, auf der Y, die optische Normale, senkrecht steht. Der Winkel zwischen den beiden optischen Achsen ist der Achsenwinkel 2V; die Winkelhalbierende wird **Bisektrix** (Mittellinie) genannt. Im spitzen Winkel der optischen Achsen liegt die **spitze** Bisektrix (2V < 90°), im stumpfen Winkel die **stumpfe** Bisektrix (2V > 90°). Von einem optisch zweiachsig positiven Kristall spricht man, wenn Z die spitze Bisektrix ist, von ei-

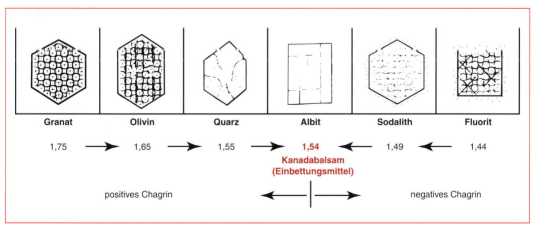

2.65 Unterschiede der Lichtbrechung und Entstehung von Reliefunterschieden („Chagrin") nach Müller & Raith (1981). Die Zahlen sind die Brechungsindizes der verschiedenen gezeigten Minerale.

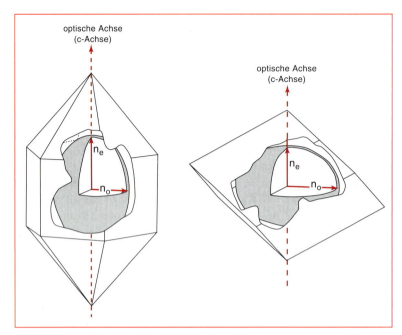

2.66 Doppelbrechung in einem einachsigen Kristall. Links ist der Brechungsindex in Richtung des außerordentlichen Strahls größer, rechts der in Richtung des ordentlichen Strahls. Daraus ergeben sich die unterschiedlichen Formen der Indikatrizen. Nach Bloss (1961).

nem optisch zweiachsig negativen Kristall, wenn X die spitze Bisektrix ist.
- Als **Auslöschungswinkel** ε oder **Auslöschungsschiefe** wird der Winkel bezeichnet, den eine Schwingungsrichtung des Lichts beim Durchtritt durch einen ein- oder zweiachsigen Kristall mit einer morphologisch definierten kristallographischen Richtung

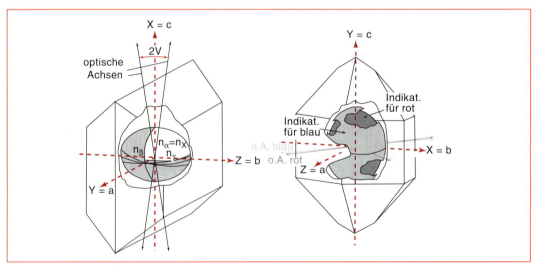

2.67 Doppelbrechung in zweiachsigen orthorhombischen Kristallen. o. A. steht für „optische Achse". Für rotes und blaues Licht ergeben sich aufgrund der unterschiedlichen Wellenlängen leicht unterschiedliche Indikatrizen („Dispersion"). Nach Bloss (1961). Die Form der Indikatrix in einem spezifischen Kristall wird von den Brechungsindizes bestimmt. Die Indikatrixachsen sind im orthorhombischen Fall immer parallel zu den kristallographischen Achsen, kann jedoch in verschiedenen Kristallen unterschiedlich orientiert sein (vergleiche links und rechts).

Kasten 2.18 Gebrauch der Michel-Lévy-Tafel

Die Farbtafel nach Michel-Lévy (siehe S. 117) ist ein sehr nützliches Hilfsmittel zur Identifizierung von Mineralen. In ihr sind die Interferenzfarben in Abhängigkeit von Schliffdicke und Gangunterschied aufgetragen. Eine wichtige optische Kenngröße von Mineralen ist ihre maximale Doppelbrechung. Sie lässt sich aus dem beobachteten Gangunterschied bei bekannter Schliffdicke (meist um 30 µm) abschätzen. Es ist zu bedenken, dass die Minerale meist in zufälligen Schnittlagen im Schliff vorliegen. Entsprechend beobachtet man Doppelbrechungen zwischen 0 und dem maximal für ein bestimmtes Mineral möglichen Wert; nur letzterer ist diagnostisch. Um z.B. für einen Gangunterschied von ca. 800 nm (grüngelb der zweiten Ordnung) bei einer Schliffdicke von 30 µm die zugehörige Doppelbrechung zu ermitteln, geht man folgendermaßen vor: Man sucht bei 800 nm Gangunterschied und 30 µm Schliffdicke eine vom Koordinatenursprung ausgehende Gerade auf und folgt ihr zum rechten Ende (Abb. 2.68). Dort lässt sich die Doppelbrechung von ca. 0,027 ablesen. Falls dies dem Maximalwert des Minerals entspricht, könnte es sich z.B. um Phlogopit oder Titanaugit handeln. Ist man sich nicht klar, ob tatsächlich grüngelb zweiter Ordnung vorlag, kann die Ordnung mit Hilfe eines Rot-I-Plättchens ermittelt werden; bei einem Gangunterschied von 800 nm würde in Subtraktionsstellung ein leicht erkennbares Hellgrau der ersten Ordnung resultieren (800 – 551 = 249 nm, wobei 551 nm die Wellenlänge des Rot-I ist). Subtraktionsstellung bedeutet, dass n_γ des Rot-I-Plättchens und der kleinere der beiden Brechungsindizes des Minerals in der Schliffebene zueinander parallel sind.

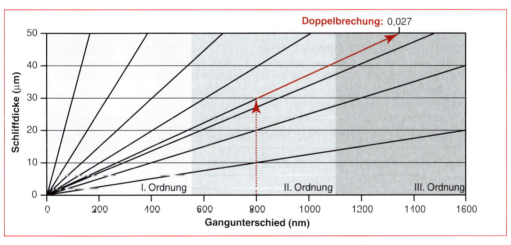

2.68 Verwendung der Michel-Lévy-Tafel. Siehe farbige Tafel auf S. 115.

im Mineralschnitt bildet. **Gerade Auslöschung** liegt vor, wenn die Schwingungsrichtung parallel zu einer morphologischen Bezugsrichtung (Kanten, Spaltrisse, Verwachsungsebenen, Lamellen) liegt und ε = 0 ist (Abb. 2.69). **Symmetrisch** wird die Auslöschung genannt, wenn die Schwingungsrichtungen Winkel zwischen zwei gleichwertigen morphologischen Bezugsrichtungen halbiert (Abb. 2.69). **Schief** heißt die Auslöschung, wenn die Schwingungsrichtung einen beliebigen Winkel (≠ 0° und ≠ 90°) mit der morphologischen Bezugsrichtung bildet. Um die Auslöschungsschiefe zu bestimmen, bringt man zunächst die morphologische Bezugsrichtung durch Drehen des Mikroskopti-

> **Kasten 2.19 Was kann ich im Polarisationsmikroskop sehen?**
>
> 1. Beobachtungen im einfach polarisierten Licht
> – Farbe: Eigenfarbe und Pleochroismus, Fremdfarben (durch Einlagerung färbender Substanzen)
> – Lichtbrechung: Relief (Vorsicht: Perfekte Spaltflächen, z.B. Glimmerbasisflächen, zeigen kein Relief trotz großen Unterschieds in der Lichtbrechung!); Beckesche Linie; Vergleich mit einer Reihe häufiger Minerale, die als „Stützpunkte" dienen können, z.B. (von niedriger zu hoher Lichtbrechung): Flußspat, Feldspatvertreter, K-Feldspat, Albit, Quarz, Apatit, Muskovit, Amphibol (variabel), Pyroxen (variabel), Olivin, Granat (variabel), Zirkon
> 2. Beobachtungen unter gekreuzten Polarisatoren
> – isotrop/anisotrop: Betrachtung mehrerer Schnittlagen (Vorsicht: auch anisotrope Minerale haben isotrope Schnittlagen! Harzgefüllte Löcher erscheinen ebenfalls isotrop!)
> – Festlegung der Schwingungsrichtung (in Dunkelstellung parallel zu Polarisatoren): Identifizierung von schneller und langsamer Welle durch Überlagerung mit Rot-I in Diagonalstellung
> – Bestimmung der Doppelbrechung (am besten in konoskopisch definierten Schnittlagen) aus maximalen Interferenzfarben; bei höherer Doppelbrechung keilförmige Mineralränder benutzen
> – anomale Interferenzfarben (Dispersion der Doppelbrechung)
> – übernormale Interferenzfarben: $n_{violett} > n_{rot}$ (z.B. Epidot: tintenblau und zitronengelb)
> – unternormale Interferenzfarben: $n_{violett} < n_{rot}$ (z.B. Mg-Chlorit: lederbraun und graubraun)
> – Auslöschung: gerade – symmetrisch – schief in definierten Schnittlagen
> – Pleochroismus in definierten Schwingungsrichtungen
> 3. Konoskopische Betrachtungen
> – Isotroper Schnitt: Bestimmung ob isotrop, einachsig oder zweiachsig
> – Bestimmung des optischen Charakters in geeigneten Schnittlagen
> – Bestimmung des Achsenwinkels (Isogyrenkrümmung)
> – Identifizierung bzw. Abschätzung der Schnittlage aus dem Interferenzbild, Lage von Indikatrixachsen, in Beziehung setzen zu kristallographischen Richtungen (soweit möglich)
> – Dispersion der optischen Achsen (Kristallsymmetrie?)
>
> (Zusammengestellt von Reiner Kleinschrodt, Universität Köln)

sches mit dem Nord-Süd-Faden des Okularfadenkreuzes zur Deckung und liest am Nonius den Winkelwert ab. Dann dreht man den Mikroskoptisch, bis das Mineral völlig auslöscht, um die optische Bezugsrichtung (Schwingungsrichtung n_γ bzw. n_α) mit dem Nord-Süd-Faden zur Deckung zu bringen. Man liest erneut den Winkelwert am Nonius ab; die Differenz der beiden Winkelwerte entspricht ε (Abb. 2.70).

– Der **optische Charakter** eines Minerals wird im **konoskopischen** Strahlengang bestimmt, bei dem das Mineral mit einem kegelförmigen Lichtbündel (unter verschiedenen Winkeln) durchstrahlt wird (bei gekreuzten Polarisatoren wird die Amici-Bertrand-Linse in den Strahlengang geklappt oder das Okular herausgenommen). Bei einachsigen Kristallen benötigt man Schnitte ungefähr **senkrecht** zur optischen Achse (erkennbar an möglichst niedriger Doppelbrechung – im Idealfall schwarz). Im konoskopischen Strahlengang sollte man dann ein schwarzes Kreuz („**Isogyrenkreuz**") beobachten, das beim Drehen des Mikroskoptisches mehr oder weniger stark wandert, je nachdem, wie hoch die Fehlorientierung der Schnittlage von der Senkrechten zur optischen

2.5 Optische und analytische Methoden der Mineralogie

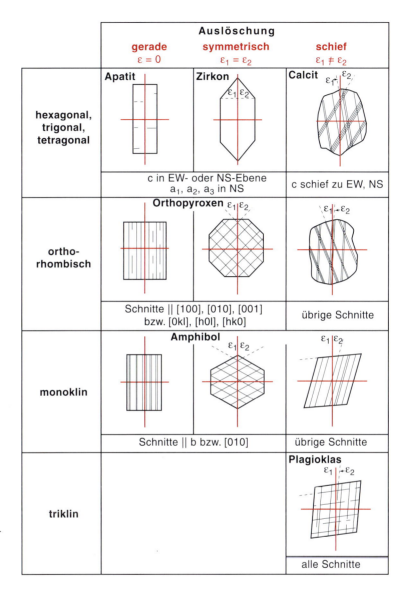

2.69 Kristallsymmetrie und Auslöschung. Die Kristalle befinden sich in Auslöschungsstellung. Nach Müller & Raith (1981).

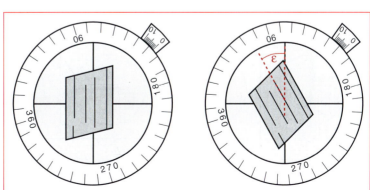

2.70 Messung der Auslöschungsschiefe ε. Nach Müller & Raith (1981).

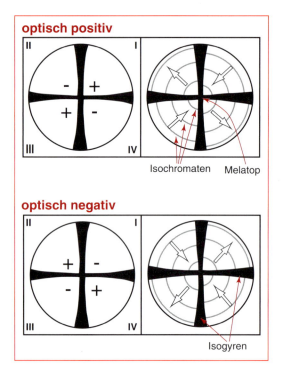

2.71 Optischer Charakter einachsiger Minerale. „+" und „–" bedeuten Farbaddition bzw. -subtraktion. Anhand der Bewegung der Isochromaten bei Drehung des Mikroskoptisches läßt sich der optische Charakter eines Minerals bestimmen. Nach Pichler & Schmitt-Riegraf (1987).

Achse ist. Schiebt man das Rot-I-Plättchen (von vorne rechts, das ist wichtig, von links ergäbe sich etwas anderes!) in den Strahlengang, dann beobachtet man im Fall von einachsig positiven Mineralen **Farbaddition** in den Quadranten I (oben rechts) und III (unten links, siehe Abb. 2.71), erkennbar an einem Blau in diesen Quadranten nahe dem Ausstichpunkt der optischen Achse (Melatop), und **Farbsubtraktion** in den Quadranten II (oben links) und IV (unten rechts), erkennbar an einem Rot in diesen Quadranten nahe dem Melatop. Bei einachsig negativen Kristallen wird Farbaddition (Blau) in den Quadranten II und IV, Farbsubtraktion (Rot oder Gelb) in den Quadranten I und III beobachtet. Die Abb. 2.72 zeigt eine Zusammenstellung konoskopischer Bilder von einachsigen Kristallen bei unterschiedlicher Schnittlage und Tischdrehung (obere Reihe: Schnitte ungefähr senkrecht der optischen Achse, untere Reihe: Schnitte deutlich schräg). Auch in Schnittlagen deutlich schräg zur optischen Achse ist die Bestimmung des optischen Charakters noch möglich, sofern man weiß oder sieht, in welche Richtung sich die Isogyren verjüngen, d.h.

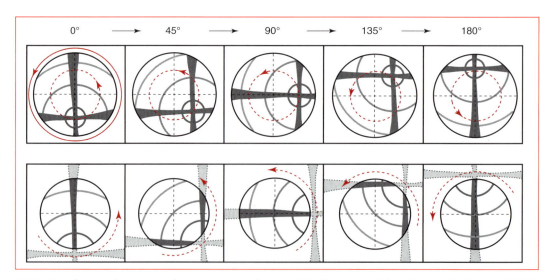

2.72 Wanderung des Isogyrenkreuzes in einachsigen Kristallen nach Pichler & Schmitt-Riegraf (1987). Obere Reihe: Schnittlage ungefähr senkrecht zur optischen Achse. Untere Reihe: Schnittlage schräg zur optischen Achse. Nach Pichler & Schmitt-Riegraf (1987)

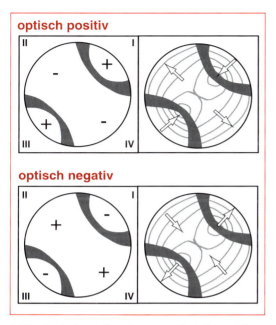

2.73 Optischer Charakter zweiachsiger Minerale. Erklärung siehe Abb. 2.66. Nach Pichler & Schmitt-Riegraf (1987).

in welcher Richtung das **Melatop** liegt. An zweiachsigen Kristallen lässt sich der optische Charakter an Schnitten ungefähr senkrecht zur spitzen Bisektrix bestimmen (Abb. 2.73). Solche Schnitte zeigen bei kleinen bis mittleren Achsenwinkeln in den Normalstellungen (0°, 90°, 180°, 270°) ein schwarzes Kreuz, das dem Kreuz einachsiger Kristalle ähnelt. Der dünnere der beiden Arme weist zwei Einschnürungen auf, die der Lage der beiden Melatope entsprechen (Abb. 2.74: obere Reihe: Schnitte senkrecht zur spitzen Bisektrix, mittlere Reihe: Schnitte ungefähr senkrecht zu einer optischen Achse [2V > 80°], untere Reihe: Schnitte senkrecht zur stumpfen Bisektrix und parallel zur optischen Achsenebene), und der Balken gibt damit die Orientierung der optischen Achsenebene an. Beim Drehen des Mikroskoptisches öffnet sich das Kreuz und wandelt sich in zwei Hyperbeln

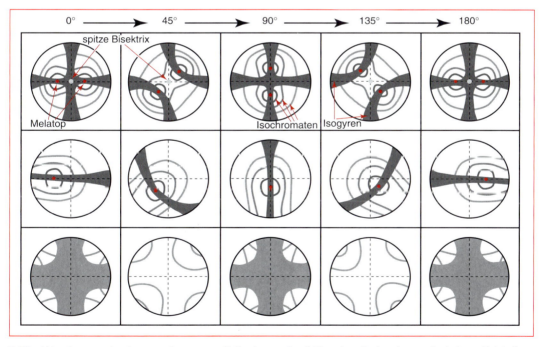

2.74 Wanderung des Isogyrenkreuzes mit Drehung des Mikroskoptisches in zweiachsigen Kristallen. Obere Reihe: Schnittlage senkrecht zur optischen Achse bei einem kleinen Achsenwinkel. Mittlere Reihe: Schnittlage senkrecht zur optischen Achse bei einem großen Achsenwinkel. Untere Reihe: Schnittlage parallel zu den optischen Achsen. Nach Pichler & Schmitt-Riegraf (1987).

um, deren Abstand in Diagonalstellung (45°, 135°, 225°, 315°) maximal wird. In Schnitten deutlich schräg zur spitzen Bisektrix oder, bei größeren Achsenwinkeln, in Schnitten ungefähr senkrecht zur spitzen Bisektrix wird man nur eine **Isogyre** sehen, die in Normalstellung gerade ist (N–S oder E–W orientiert) und sich bei Drehung des Mikroskoptisches mehr oder weniger stark verbiegt und diagonal durch das Gesichtsfeld wandert, wobei der Scheitel der Krümmung in Richtung der spitzen Bisektrix weist. In Schnitten senkrecht zur stumpfen Bisektrix sieht man in Normalstellung nur ein verwaschenes Kreuz, das sich bei Drehen des Mikroskoptisches rasch öffnet und aus dem Gesichtsfeld wandert. Schnitte parallel zur optischen Achsenebene sehen praktisch genauso aus (Vorsicht: Auch Schnitte parallel zur optischen Achse einachsiger Kristalle liefern ein sehr ähnliches Bild!). Zur Bestimmung des optischen Charakters schiebt man wieder das Rot-I-Plättchen ein. In 45° Stellung wird man in Schnitten senkrecht zur

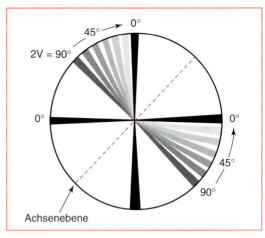

2.75 Abschätzung der Krümmung des Isogyrenkreuzes. Nach Pichler & Schmitt-Riegraf (1987).

spitzen Bisektrix, wenn beide Isogyren sichtbar sind, Addition (Blau) im ersten und dritten Quadranten auf der konkaven Seite (außen) beobachten, wenn es sich um ein zweiachsig positives Mineral handelt bzw. Subtraktion (rot oder gelb) bei einem zweiachsig negativen Mineral (siehe Abb. 2.73).

Kasten 2.20 Auf was muß ich bei der Bestimmung gesteinsbildender Minerale achten?

- Morphologie: Größe, Größenverteilung, Idiomorphie/Xenomorphie
- Korngrenzen: einfach, eckig, buchtig
- Habitus: isometrisch, stängelig, nadelig, tafelig etc. (unter Berücksichtigung verschiedener Schnittlagen)
- Spaltbarkeit: vollkommen, sehr gut, gut, mäßig, schlecht
- Zwillingsbildungen
- Nachbarschaftsverhältnisse (Clusterbildung, nicht-zufälliges Umwachsen, Reaktionsgefüge)
- Auftreten in nur einer oder in mehreren Formen, evtl. verschiedene Generationen
- Einschlüsse: umwachsene Fremdkristalle (Art, Größe, Menge, Größenverteilung, Form der Einzelkristalle, Bindung an bestimmte Flächen), reaktive Um- und Neubildungen im Kristall (z.B. Serizitisierung, d.h. Glimmerbildung in Feldspäten), Flüssigkeitseinschlüsse
- Entmischungstexturen (Stäbchen, Platten, Parallelepipede), oft mit diagnostisch wichtigen gesetzmäßigen Verwachsungen (z.B. „Sagenitgitterung", d.h. orientierte Biotit-Rutil-Verwachsungen)
- Charakteristische Deformationsmikrostrukturen: z.B. Verbiegung (in Mineralen mit gut ausgebildeter Translationsebene, z.B. bei Glimmern oder Disthen), kinkbands (Knickbänder), mechanische Zwillinge, Riß- und Fugenbildung, Rekristallisation, Drucklösung.

Zusammengestellt von Reiner Kleinschrodt, Universität Köln)

> **Kasten 2.21** Wie mikroskopiere ich einen Dünnschliff?
>
> Beginnen Sie die Beobachtung eines Dünnschliffes damit, ihn gegen das Licht zu halten; schon so können eventuell Gefügeelemente gesehen und große Mineralkörner mit ausgeprägter Eigenfarbe identifiziert werden. Bei der Beobachtung unter dem Mikroskop wählen Sie zunächst ein Objektiv mit niedriger Vergrößerung und beobachten Sie den Schliff bei nicht gekreuzten Polarisatoren. Zu Beginn der Bearbeitung sollte die Lichtquelle des Mikroskops nicht ganz aufgedreht werden; auch sollte der Kondensor ausgeklappt sein, damit man Farbunterschiede und das Relief der Minerale sehen und beurteilen kann. Auf diese Weise sollten Sie in der Lage sein, Minerale mit niedrigem Relief und ohne Eigenfarbe (z. B. Feldspäte, Quarz, Foide) von Fe-reichen Mineralen zu unterscheiden, die höheres Relief zeigen und meist eine Eigenfarbe aufweisen. Suchen Sie darüber hinaus nach solchen Eigenschaften wie Pleochroismus, und notieren Sie sich Kornformen, texturelle Beziehungen zwischen den Körnern und Spaltbarkeiten. Erst dann sollten Sie den Schliff bei gekreuzten Polarisatoren untersuchen. Soweit erforderlich, bestimmen Sie Auslöschungsschiefen, den optischen Charakter der Hauptzone, die Höhe der Doppelbrechung. Anschließend wählen Sie eine höhere Vergrößerung, um zusätzliche Beobachtungen zu machen (z. B. kleine Körnchen zu identifizieren, relative Lichtbrechungen zu bestimmen). Zuletzt machen Sie Beobachtungen im konoskopischen Strahlengang. Es ist selten erforderlich, alle optischen Eigenschaften eines Minerals zu beurteilen, um seine Identität zu ermitteln. Ein wesentlicher Gesichtspunkt des Erlernens petrographisch-mikroskopischer Methoden liegt darin zu wissen, welche optischen Eigenschaften eines Minerals für seine Identifizierung erforderlich sind.
>
> Nach Philpotts (1989)

Da die Krümmung der Isogyren ein Maß für die Größe des Achsenwinkels ist, lässt sich bei Schnitten ungefähr senkrecht zu einer optischen Achse in 45°-Stellung 2V unter Zuhilfenahme der Abb. 2.75 grob abschätzen. Die Isogyren sind in ca. 15°-Abständen eingezeichnet.

2.5.2 Spektroskopische Methoden

Spektroskopische Methoden untersuchen die Wechselwirkung von elektromagnetischer Strahlung mit Materie. Sie können dazu benutzt werden, Zusammensetzung, Struktur und Eigenschaften von Materialien zu entschlüsseln. Da elektromagnetische Strahlung ein weites Feld von Strahlungen sehr verschiedener Wellenlängen beinhaltet, zu dem neben dem für uns unsichtbaren Ultraviolett- (UV-) und Infrarot- (IR-) Licht natürlich auch das sichtbare „weiße Licht", Radio- und Mikrowellen- sowie Röntgen- und Gammastrahlung gehören (Abb. 2.76), gibt es eine Reihe verschiedener spektroskopischer Methoden, die sich in jeweils unterschiedlichen **Spektralbereichen**, also Wellenlängenbereichen, bewegen. Die wichtigsten sind in Kasten 2.22 zusammengestellt.

Was man bei der Spektroskopie typischerweise misst, ist die **Licht- bzw. Strahlungsabsorption** eines Minerals. Normalerweise wird nur Licht/Strahlung bestimmter, definierter Wellenlängen absorbiert, was ja nichts anderes bedeutet, als dass bestimmte Energiemengen (Photonen definierter Energie) vom Kristall aufgenommen werden. Dies hängt mit der **Energiequantelung** im atomaren Bereich zusammen, die auch schon bei der Besprechung der Leitfähigkeit in Abschnitt 2.4.3 angesprochen wurde. Nur bestimmte Energieniveaus und damit auch nur bestimmte Energiesprünge zwischen diesen Niveaus sind erlaubt. Diese Energiesprünge ΔE innerhalb des Kristalls von einem Grundzustand in einen angeregten Zustand kann man direkt mit der Frequenz bzw. der Wellenlänge des absorbierten Lichtes in Beziehung setzen:

$$\Delta E = E_{\text{angeregter Zustand}} - E_{\text{Grundzustand}} = E_{\text{Photon}} = h \cdot \nu,$$

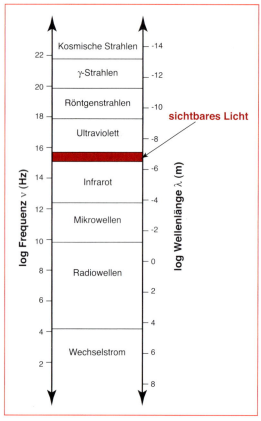

2.76 Frequenz- und Wellenlängenbereiche elektromagnetischer Strahlung.

wobei h die Plancksche Konstante und ν die Frequenz der Strahlung ist. Energien, Frequenzen, Wellenlängen und Wellenzahlen, die als das Reziproke der Wellenlänge definiert sind, sind leicht ineinander überführbar, wenn man weiß, dass die Wellenlänge λ definiert ist als der Quotient von Lichtgeschwindigkeit durch Frequenz:

$1\ cm^{-1}$ (Wellenzahl) = $3 \cdot 10^{10}$ Hz (Frequenz ν) = $1{,}24 \cdot 10^{-4}$ eV = $1{,}984 \cdot 10^{-23}$ J (Energie E)

Die aus dem Licht – oder, allgemeiner gefasst, aus der Strahlung – aufgenommene Energie kann dazu dienen, Elektronen in Atomen auf höhere Energieniveaus zu bringen oder Schwingungen zwischen den Atomen eines Kristalls anzuregen.
Spektroskopische Methoden eröffnen Möglichkeiten zur Untersuchung sehr verschiedener physikalischer und chemischer Eigenschaften nicht nur von Feststoffen, sondern auch von Flüssigkeiten und Gasen. Darin unterscheiden sie sich von den meisten anderen, unten vorgestellten Analyseverfahren. Im Detail können untersucht werden:

1. Strukturen: damit sind nicht nur Kristallstrukturen gemeint, sondern z.B. auch die Struktur eines Ions in einer Flüssigkeit (Stichworte: Hydrathüllen, Komplexionen) oder eines mehratomigen Gases. Auch Nahordnung in Gläsern ist damit untersuchbar. Beispiele sind (die Abkürzungen sind in Kasten 2.22 erläutert):

- Struktur von Gläsern und Schmelzen, die ja keine Fern-, aber doch eine Nahordnung haben, mit Infrarot(IR-)spektroskopie. Diese Nahordnung ist deshalb so interessant, da sie für die physikalischen Eigenschaften wie z. B. die Viskosität von Schmelzen verantwortlich ist, die wiederum Eruptionsmechanismen von Vulkanen beeinflusst;
- Bestimmung der Geometrie von Koordinationspolyedern in Mineralen mit optischer Spektroskopie;
- Al-Si-Verteilung in Feldspäten mit NMR-Spektroskopie;
- Mechanismen des Einbaus von Spurenelementen in Kristallgitter mit XAS, Geometrie des Koordinationspolyeders selbst bei kleinsten Gehalten eines Elementes in einer beliebigen Matrix mittels der XANES- und EXAFS-Methoden (siehe dazu Spezialliteratur);
- Strukturänderungen und Phasenumwandlungen in gesteinsbildenden Mineralen bei Druckerhöhung mit Raman- oder IR-Spektroskopie (Abb. 2.77). Dies ist besonders für Experimente unter Erdmantelbedingungen wichtig, bei denen die sehr kleinen Proben häufig unter experimentellen Bedingungen, also in Hochdruckpressen oder -zellen, untersucht werden müssen.

2. Chemische Bindungen, z.B. der Oxidationszustand von Übergangsmetallen mit optischer, ESR- und Mößbauerspektroskopie oder die Kovalenz von Bindungen mit optischer Spektroskopie.

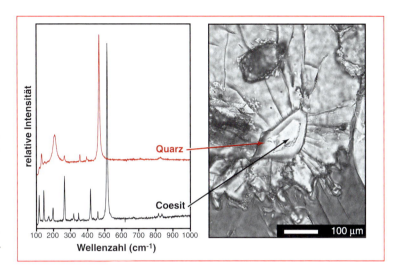

2.77 Ramanspektren von Quarz und Coesit. Es handelt sich um einen ehemaligen Coesiteinschluss in Granat aus einem Ultrahochdruckgebiet, der heute randlich zum Teil in Quarz umgewandelt ist. Die unterschiedlichen Kristallstrukturen bedingen unterschiedliche Ramanspektren. Nach O'Brien et al. (2001).

3. Physikalische Eigenschaften wie das magnetische Verhalten (Mößbauerspektroskopie), Mechanismen der elektrischen (Mößbauer- und optische Spektroskopie) und der Wärmeleitung (IR-Spektroskopie).
4. Zusammensetzung von wässrigen Lösungen, Kristallen oder auch größeren Körpern, wie z. B.
   - der Wassergehalt in Gläsern, Schmelzen oder Mineralen mittels IR-Spektroskopie (Abb. 2.78);
   - Spurenelementgehalte in wässrigen Lösungen mittels Atomabsorptionsspektroskopie (AAS); diese Methode ist besonders weit verbreitet, da sie relativ schnell und preiswert ist, sehr geringe Nachweisgrenzen hat, und man praktisch alle Gesteine und Minerale untersuchen kann, sofern man sie in Lösung bringt;
   - der Methangehalt in Flüssigkeitseinschlüssen in Mineralen mit Ramanspektroskopie (Abb. 2.79) oder die
   - Oberflächen- und Atmosphärenzusammensetzung entfernter Planeten mit IR- und optischer Spektroskopie (wobei man hier Reflexionsspektren misst, die aber in Absorptionsspektren umgerechnet werden können).

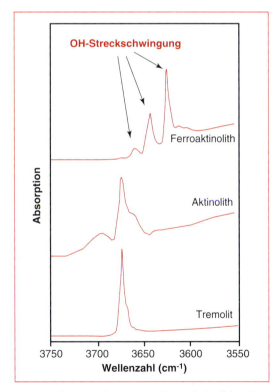

2.78 Infrarotspektren von Ferroaktinolith, Aktinolith und Tremolit. Deutlich erkennt man, dass sich die Spektren durch den Einbau von Eisen in einen Amphibol kontinuierlich verändern. Man kann solche Spektren benutzen, um die chemische Zusammensetzung von Mineralen zu bestimmen. Nach Skogby & Rossman (1991) und Ishida et al. (2002).

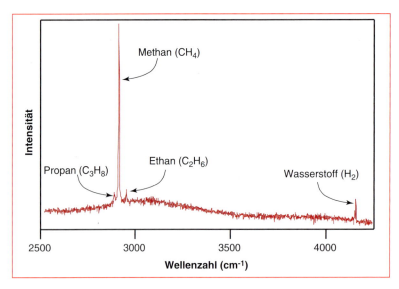

2.79 Ramanspektrum eines gasreichen Flüssigkeitseinschlusses (siehe Kapitel 2.5.10) aus der Ilimaussaqintrusion in Südgrönland. Der Einschluss in Albit enthält neben Kohlenwasserstoffen auch H_2.

2.5.3 Röntgendiffraktometrie

Die Röntgendiffraktometeranalyse (RDA bzw. XRD nach dem englischen Ausdruck „X-ray diffraction") beruht auf dem Prinzip der Reflexion und Beugung von Röntgenstrahlung an Kristallgittern. Die Röntgenstrahlen werden benutzt, um Gitterstrukturen zu untersuchen, nicht aber, um chemische Analysen anzufertigen. Das Prinzip ist relativ einfach (Abb. 2.80). Röntgenstrahlung wird wie sichtbares Licht auch an Gittern gebeugt. Bekannterweise müssen allerdings die Gitterabstände im Bereich der Wellenlänge der Strahlung liegen, sodass für Strahlung kurzer Wellenlänge und hoher Energie, wie es die Röntgenstrahlen sind, ex-

Kasten 2.22 Spektroskopische Methoden

Methode	Absorptionsprozess	Spektralbereich
Kernresonanzspektroskopie (auch NMR-Spektroskopie genannt, von nuclear magnetic resonance)	Übergänge zwischen Zuständen mit verschiedener Orientierung der Atomkerne in einem Magnetfeld	Radiowellen
Elektronenspin-Resonanzspektroskopie (ESR-Spektroskopie)	Übergänge zwischen Zuständen mit verschiedener Orientierung von Elektronen in einem Magnetfeld	Mikrowellen
Infrarotspektroskopie (IR-Spektroskopie)	Anregung von Schwingungen und Rotationen von Atomen	Infrarotlicht
Optische Spektroskopie (dazu gehört die verbreitete Atomabsorptionsspektroskopie, AAS)	Anregung äußerer Elektronen	Nahes Infrarot-, sichtbares und Ultraviolettlicht
Ramanspektroskopie	Anregung von Atomschwingungen	Sichtbares Licht
Röntgenabsorptionsspektroskopie (XAS, von X-ray absorption spectroscopy)	Anregung innerer Elektronen	Röntgenstrahlung
Mößbauerspektroskopie	Übergänge zwischen Energieniveaus des Atomkerns	Gammastrahlung

trem kleine Gitterabstände vorliegen müssen. Dies ist in den Netzebenenabständen von Kristallen verwirklicht, an denen Röntgenstrahlen gebeugt (**Refraktion**) und zurück geworfen (**Reflexion**) werden. Wie bei sichtbarem Licht gilt, dass der Einfallswinkel gleich dem Ausfallswinkel ist. Im Unterschied zum sichtbaren Licht tritt Reflexion jedoch nur bei bestimmten Winkeln auf. Diese erlaubten Winkel ϑ hängen vom Abstand d der Netzebenen und von der Wellenlänge λ ab (siehe Abb. 2.81). Die so genannte **Braggsche Gleichung** beschreibt diese Abhängigkeit:

$$2d \sin\vartheta = n \cdot \lambda,$$

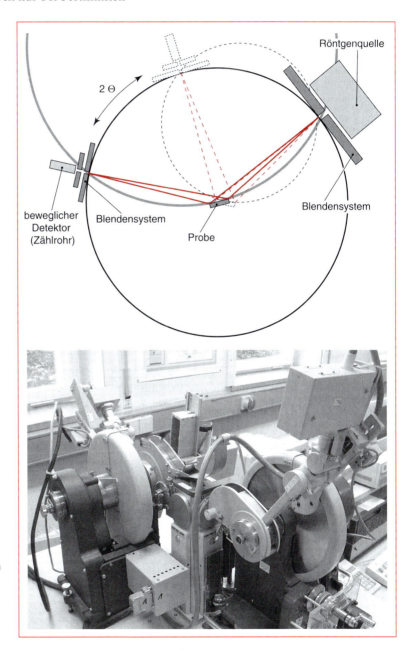

2.80 Aufbau und Ansicht eines Röntgendiffraktometers. Deutlich ist im vorderen Bildteil rechts der um die runde Probenkammer wandernde, bewegliche Detektor zu sehen.

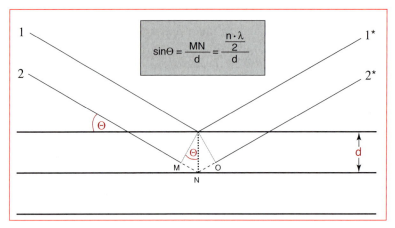

2.81 Die Braggbedingung für die Reflexion von Röntgenstrahlen an Netzebenen eines Kristalls. Die ankommenden Strahlen 1 und 2 werden gebrochen und damit zu den Strahlen 1* und 2*. d ist der Netzebenenabstand, Θ ist der Reflexionswinkel und λ ist die Wellenlänge.

wobei n eine ganze Zahl ist. Man beachte, dass Wellenlänge λ leicht in die Frequenz ν oder die Energie E eines Photons überführt werden kann, da gilt:

$$\lambda = c/\nu \text{ und } E = h \cdot \nu,$$

wobei c die Lichtgeschwindigkeit und h die Plancksche Konstante ist.

Bewegt man nun einen beliebigen Kristall im Röntgenstrahl, so treten bei bestimmten Stellungen solche Reflexionen auf, die man messen und aus denen man auf Netzebenen schließen kann. Der Nachweis der reflektierten Röntgenstrahlen kann mit Zählrohren oder mit Filmen erfolgen. Dreht man einen Kristall in allen Raumrichtungen (Vierkreisdiffraktometer) oder untersucht man ein fest montiertes, aufgeklebtes Kristallpulver (**Pulverdiffraktometrie** mit Zählrohr, **Debye-Scherrer-Methode** und **Guiniermethode** mit Film, Abb. 2.82), das durch die zufällige Anordnung der Millionen von Körnchen alle Bragg-Bedingungen nach statistischer Wahrscheinlichkeit erfüllen wird, so kann man alle Netzebenenabstände messen und diese dann zur Bestimmung der Kristallstruktur verwenden.

Die Röntgendiffraktometrie ist die einfachste und geläufigste Methode zur Bestimmung von Mineralen, da die d-Werte für alle Minerale absolut charakteristisch, für alle von der International Mineralogical Association (IMA) anerkannten Minerale bekannt und außerdem gut zugänglich tabelliert oder heute mit Computerprogrammen auswertbar sind. Für Pulverdiffraktometrie benötigt man relativ viel Material,

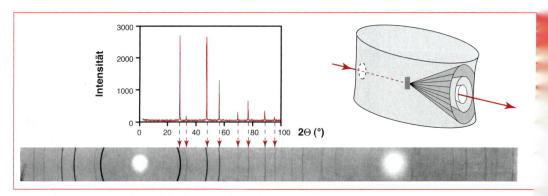

2.82 Vergleich eines digital aufgenommenen Pulver-Diffraktogramms von Zinkblende (ZnS) mit einer Debye-Scherrer-Filmaufnahme (unten; Prinzip oben rechts).

etwa 5 – 10 mm³. Für die Vierkreisdiffraktometrie dagegen genügt ein einziger Kristall, der unter einem mm groß sein kann. Dieser wird auf einen Faden montiert und gedreht. Es gibt Minerale, die nur anhand eines einzigen existierenden, etwa 1 mm großen Kristalls vollständig beschrieben wurden, also mit Struktur, Zusammensetzung und physikalischen Eigenschaften.

Zum Abschluss muss erwähnt werden, dass die Braggsche Gleichung natürlich auch umgekehrt funktioniert: Man kann nicht nur mit Strah-

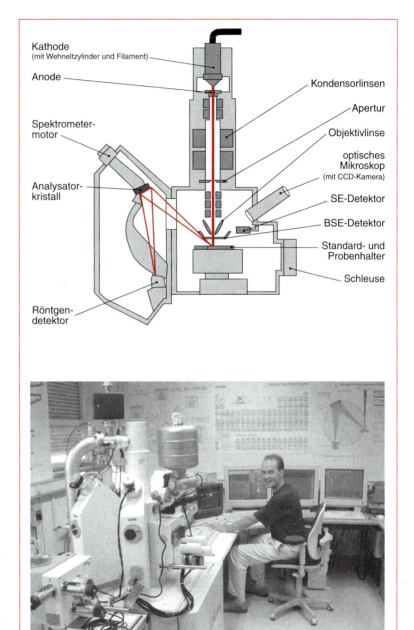

2.83 Schemazeichnung und Ansicht einer Elektronenstrahlmikrosonde. SE und BSE steht für „secondary electrons" und „back-scattered electrons", also für Sekundär- und Rückstreuelektronen, die beim Rasterelektronenmikroskop näher erläutert werden.

lung bekannter Frequenz (also bekannter Energie, da ja die Energie gleich dem Produkt der Planckkonstante mit der Frequenz einer Strahlung ist, $E = h \cdot \nu$) die Netzebenenabstände d eines Kristalls bestimmen, sondern man kann, indem man Strahlung unbekannter Energie auf einen Kristall bekannter Netzebenenabstände fallen lässt, die Energie bestimmen. Dieses Prinzip wird im wellenlängendispersiven System (WDS) der Elektronenmikrosonde, die im nächsten Abschnitt besprochen wird, angewendet.

2.5.4 Elektronenstrahlmikrosonde

Das Prinzip der Elektronenstrahlmikrosonde (Abb. 2.83) ist in gewissem Sinne dem der spektroskopischen Methoden ähnlich. Hier wird ein Material allerdings statt mit elektromagnetischer Strahlung mit Elektronen beschossen. Das führt dazu, dass andere Elektronen aus den inneren Schalen (z. B. K-Schale) der beschossenen Atome herausgeschlagen werden. Diese werden sofort von Elektronen aus den äußeren Schalen (z. B. L- und M-Schale) ersetzt, die bei diesem (energetisch gesehen) „Hinabstürzen" viel Energie verlieren und diese in Form von elektromagnetischer Strahlung, in diesem Fall Röntgenstrahlung, abgeben (Abb. 2.84). Die Linien in den daraus entstehenden Röntgenspektren erhalten ihre Bezeichnung nach der Schale, die aufgefüllt wird und nach der Schale, aus der das auffüllende Elektron kommt. Zum Beispiel entsteht beim Übergang eines Elektrons von der L-Schale auf die K-Schale eine K_α-Linie, beim Übergang von der M-Schale auf die K-Schale eine K_β-Linie und beim Übergang von der M-Schale auf die L-Schale eine L_α-Linie (Abb. 2.84).

Die emittierte Röntgenstrahlung ist nicht nur für die Energiedifferenz zwischen inneren und äußeren Schalen, sondern auch für jedes Element charakteristisch (Abb. 2.85). Daher kann man mit ihrer Hilfe feststellen, welche Elemente in der mit Elektronen beschossenen Probe vorhanden sind. Dies gelingt entweder, indem die ankommenden Röntgenquanten von einem Siliziumdetektor nach Energien getrennt, gezählt und dann in einem Spektrum wie in Abb. 2.86 aufgetragen werden, oder mit Hilfe der Bragg-Beugung an Kristallen bekannter Netzebenenabstände (**wellenlängendispersives System, WDS**). Hierbei werden Röntgenquanten, deren Energie man messen möchte, auf einen extra dafür positionierten Kristall geleitet, der in seiner Orientierung zum Röntgenstrahl genau die Braggbedingung für eine bestimmte Energie von Röntgenquanten erfüllt (siehe Abschnitt 2.5.3). Nur genau diese Quan-

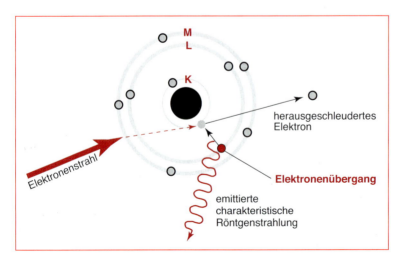

2.84 Schematische Interaktion des Elektronenstrahls mit einem Atom und die Nomenklatur der dabei emittierten Röntgenlinien.

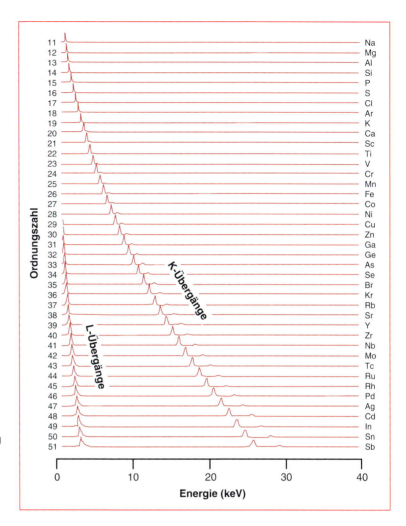

2.85 Der Zusammenhang der Energie von K- und L-Röntgenlinien mit der Ordnungszahl der Elemente. Nach Smith (1976).

ten werden reflektiert und gezählt. Indem man mehrere Kristalle auf verschiedene Braggbedingungen einstellt, kann man die Gehalte unterschiedlicher Elemente gleichzeitig messen. Es werden dabei ausschließlich künstlich gezüchtete Kristalle verwendet (z. B. Lithiumfluorid), die durch ihre d-Werte besonders gut an dieses Analyseverfahren angepasst sind. Die Analyse mit dem WDS ist erheblich genauer und erlaubt viel geringere Nachweisgrenzen als mit dem **energiedispersiven System (EDS)**, wo sie im Bereich von 0,1 – 0,5 % liegen, dauert jedoch deutlich länger (pro Analyse mehrere Minuten gegenüber etwa 10 Sekunden mit dem EDS). EDS wird besonders zur schnellen chemischen Identifizierung von Materialien an Mikrosonden und Elektronenmikroskopen eingesetzt, hin und wieder auch für Analysen, bei denen es nicht auf sehr große Genauigkeit ankommt.

Durch Vergleich der entstehenden Spektren mit solchen von Proben, in denen nicht nur die Elemente, sondern auch die Mengen dieser Elemente genau bekannt sind („Standards"), kann man die Elementgehalte quantifizieren. Da der Elektronenstrahl in einer Mikrosonde auf etwa 1 – 2 μm Durchmesser fokussiert werden kann und nur wenige μm in die Probe eindringt, erhält man die quantitative Zusammensetzung von nur μm^3-großen Probenstückchen. Dies

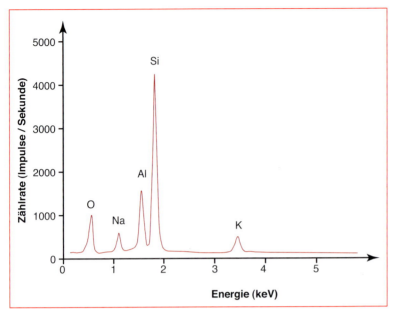

2.86 Typisches EDS-Spektrum von Alkalifeldspat, das die Intensität der wichtigsten Röntgenlinien der darin enthaltenen Elemente gegen ihre Energie aufträgt.

macht diese Analysetechnik so ungeheuer wertvoll und trug zu ihrer weiten Verbreitung bei. Einen Nachteil hat die Elektronenmikrosonde allerdings: Um Kollisionen von Elektronen mit Luftmolekülen und daraus entstehende „Störstrahlung" zu vermeiden, muss die Probe im Hochvakuum (etwa 10^{-9} bar) gehalten werden. Das heißt, die entstehende Röntgenstrahlung muss ein das Vakuum abschließendes Fenster aus dünner Folie passieren, bevor sie genauer analysiert werden kann. Dies ist für ganz leichte Elemente mit besonders niedrigen Energien ihrer Röntgenquanten nicht möglich. Wasserstoff, Helium und Lithium sind daher mit der Elektronenmikrosonde nicht messbar. Die Nachweisgrenzen sonstiger Elemente liegen generell im Bereich von etwa 50 – 100 ppm, kleinere Gehalte sind mit der Mikrosonde nicht messbar, und obwohl Gehalte unter einigen 100 ppm zwar noch detektierbar sind, sind sie generell nur schwer quantifizierbar. Die Oberfläche der Proben spielt eine große Rolle, da Elektronen daran gestreut werden können. Deshalb werden überwiegend sehr gut polierte, flache Proben wie etwa Dünnschliffe oder Materialklötzchen bis maximal 1 cm Dicke in der Mikrosonde verwendet. Um Proben leitfähig zu machen, werden sie vor der Analyse mit Gold oder Kohlenstoff bedampft.

2.5.5 Röntgenfluoreszenzanalyse

Die Röntgenfluoreszenzanalyse (RFA, Abb. 2.87) funktioniert ähnlich wie die Elektronenmikrosonde. Die Probe wird hier aber mit harten, also hochenergetischen Röntgenstrahlen beschossen statt mit Elektronen. Durch diesen Beschuss werden wie bei der Mikrosonde innere Elektronen herausgeschlagen. Die Analyse funktioniert dann identisch. Die Röntgenstrahlung entsteht dadurch, dass man Elektronen mit sehr hoher Energie auf ein „Target" genanntes Plättchen aus einem Metall schießt (typischerweise Kupfer, Molybdän oder Rhodium), das daraufhin Röntgenstrahlung aussendet. Diese ausgesendete Strahlung besteht aus der **charakteristischen Strahlung** und der **Bremsstrahlung** (Abb. 2.88). Erstere ist für jedes Element kennzeichnend und kommt in hohen Intensitäten nur in kleinen, scharf begrenzten Wellenlängenbereichen vor, während die Bremsstrahlung für alle Elemente ähnlich

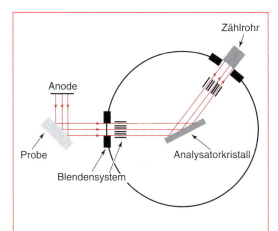

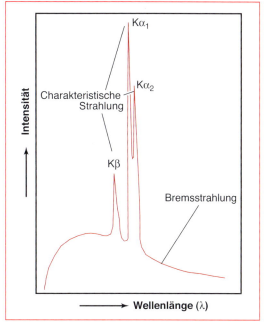

2.88 Charakteristische Strahlung und Bremsstrahlung am Beispiel von Kupfer.

2.87 Schemazeichnung und Ansicht eines Röntgenfluoreszenzspektrometers.

ist und einen breit über alle Intensitäten verschmierten „Hintergrundbuckel" ergibt.
Die Vorteile der Röntgenfluoreszenzanalyse z. B. gegenüber der Mikrosonde liegen darin,
- dass man große Proben bis zu mehreren Quadratzentimetern bestrahlen kann, was für Gesamtgesteinsanalysen wichtig ist,
- dass man kein Vakuum benötigt, da die Röntgenstrahlung nicht störend mit der Luft wechselwirkt,
- dass man auch Flüssigkeiten analysieren kann und
- dass man sogar speziell konstruierte Geräte mit ins Gelände nehmen kann, um vor Ort ungefähre Elementkonzentrationen in Gesteinen zu messen.

Die Nachweisgrenzen liegen im Bereich von wenigen ppm, sind also geringer als bei der Mikrosonde. Auch in der RFA sind die leichten Elemente Wasserstoff und Lithium nicht zugänglich, Beryllium mit neueren Geräten dagegen schon. Der Nachteil der sehr robusten und weit verbreiteten RFA gegenüber der Mikrosonde liegt lediglich in ihrer geringen räumlichen Auflösung.

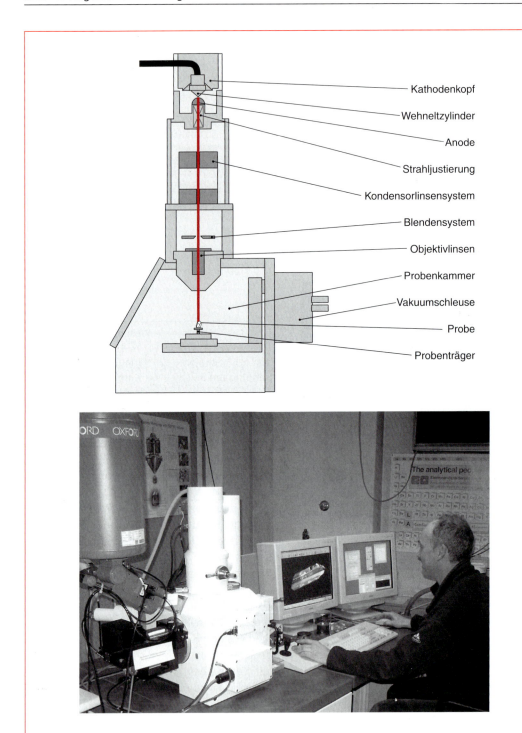

2.89 Schemazeichnung und Ansicht eines Rasterelektronenmikroskops.

2.5.6 Elektronenmikroskopie

Diese Methode umfasst zwei unterschiedliche Teilaspekte: die **Raster-** und die **Transmissionselektronenmikroskopie** (REM und TEM). Im einen Fall wechselwirken Elektronen mit der Oberfläche der Probe (REM), im anderen Fall durchstrahlen sie die Probe (TEM). Das REM erreicht etwa 100.000fache Vergrößerungen und kann damit Oberflächenstrukturen von etwa 100 nm Größe gerade noch sichtbar machen. Es gehört heutzutage zur Standardausrüstung nicht nur in den Geowissenschaften, sondern auch in der Biologie und der Physik. Erst mit dem TEM aber gelang der Vorstoß in die Sichtbarmachung der Netzebenen und Gitterpunkte, also des Subnanometerbereichs. Die beste heute zu erzielende Auflösung ist etwa 0.15 nm (= $1{,}5 \cdot 10^{-10}$ m = 1,5 Å).

Im Rasterlektronenmikroskop (Abb. 2.89) wird in einer evakuierten Kammer eine Probe wie in der Elektronenmikrosonde mit Elektronen beschossen. REM und Mikrosonde arbeiten also beide mit denselben Grundlagen und man kann – prinzipiell – dieselben Dinge mit ihnen machen. Das REM ist jedoch hauptsächlich für die Abbildung optimiert (wobei ein angeschlossenes EDS-System grobe Analysen erlaubt), die Mikrosonde hauptsächlich für die Analyse (wobei man auch hier Strukturen und Materialunterschiede abbilden kann, allerdings nicht in der Feinheit wie mit dem REM). Am REM wird nicht die beim Elektronenbeschuss entstehende Röntgenstrahlung registriert, sondern es werden die von der Probe **zurückgestreuten Elektronen** (**Rückstreuelektronen** oder englisch **back-scattered electrons, BSE**) bzw. von der Probe selbst ausgesandte **Sekundärelektronen (SE)** mit einem Siliziumdetektor aufgefangen. Der anregende Elektronenstrahl wird durch eine Spannung über die interessierende Fläche gelenkt, er rastert die Fläche also ab (daher der Name) und ein Computer setzt die Informationen der einzelnen abgerasterten Punkte zu einem Bild zusammen. Das Abrastern geht dabei natürlich extrem schnell, sodass beim Bildaufbau fast keine Verzögerung entsteht. Die Schrittweite des Rasters kann variiert werden, und bei konstanter Rasterpunktzahl ergibt sich daraus die Vergrößerung. Die sinnvolle minimale Rasterschrittgröße ist im Bereich des Elektronenstrahldurchmessers, also im Bereich von etwa 1 µm. Dies bedingt auch die maximale Vergrößerung und ist der physikalische Grund für die Unmöglichkeit, noch kleinere Objekte oder Strukturen sichtbar zu machen. SE-Bilder dienen vor allem dazu, Oberflächenstrukturen sichtbar zu machen (Abb. 2.90), während BSE-Aufnahmen die Ordnungszahl der beschossenen Elemente widerspiegeln. Da schwere Elemente mit großen Atomkernen höhere Ladungsdichten aufweisen, werden mehr Elektronen zurückgestreut

2.90 Hochvergrößernde SE-Aufnahmen aus dem Rasterelektronenmikroskop. Oben gezüchtete Quarzkristalle auf einem Faden, unten Oxidationsphänomene auf einem Siliciumkarbid-Werkstoff. Aus Kraft et al. (1998) und Schumacher (2001).

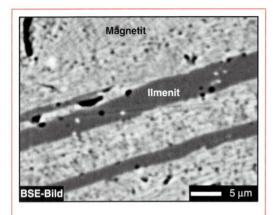

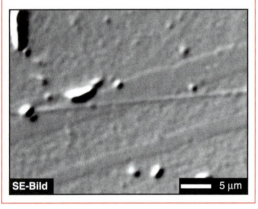

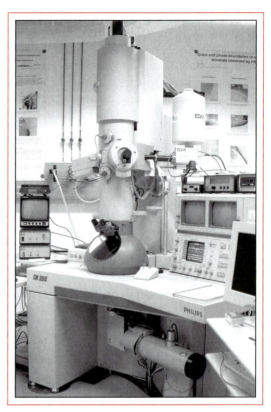

2.91 Der Unterschied von SE- und BSE-Abbildungen am Beispiel von Entmischungslamellen von Magnetit und Ilmenit in einem Fe-Ti-Oxidkorn. Während BSE-Bilder den chemischen Kontrast deutlich machen (also den Unterschied der Ordnungszahlen zwischen Fe- und Fe-Ti-Oxid abbilden), zeigen SE-Bilder auch kleinste Oberflächenphänomene, die hier auf das unterschiedliche Schleifverhalten der beiden Erzminerale zurückgehen.

und das entstehende Bild erscheint heller, während leichtere Elemente ein dunkleres Bild erzeugen (Abb. 2.91). Aus dem BSE-Bild können also qualitative Informationen zur chemischen Zusammensetzung gewonnen werden. Durch Anschluss eines energiedispersiven Systems (EDS), das die zusätzlich entstehende Röntgenstrahlung registriert, kann das REM in ähnlicher Weise benutzt werden wie die Mikrosonde, die aber durch ihr wellenlängendispersives System (WDS) in Punkto Genauigkeit und Nachweisgrenzen dem EDS eines REM

2.92a Ansicht eines Transmissionselektronenmikroskops.

deutlich überlegen ist. Der Vorteil des normalen REM gegenüber der Elektronenmikrosonde ist allerdings, dass beliebige Präparate bis etwa 20 cm Größe in den Vakuumkammern Platz finden. In einem besonderen Verfahren („selected area channeling pattern", SACP), das aber aufgrund ihrer Bauart nicht alle REMs verfügbar haben, können auch Vorzugsorientierungen von Kristallen abgebildet werden. Dies ist insbesondere für kristallographische und strukturgeologische Anwendungen wichtig.

Das TEM erlaubt gegenüber dem REM viel höhere Vergrößerungen. Allerdings sind diese auch mit Nachteilen verbunden. Die Methode ist sehr zeitaufwändig, denn schon die Präparation einer einzigen Probe aus einem Dünnschliff kann Stunden in Anspruch nehmen, da die Probe „elektronentransparent" gemacht werden muss. Das bedeutet, sie muss dünn ge-

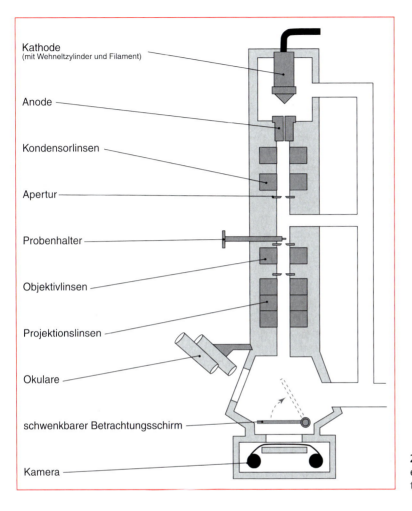

2.92b Schemazeichnung eines Transmissionselektronenmikroskops.

nug sein, im Normalfall einige Dutzend bis maximal einige Hundert Atomlagen, sodass die Elektronen die Probe durchdringen können und nicht absorbiert oder zurück gestreut werden – Transmission bedeutet ja „Hindurchgehen". Diese extrem dünnen Proben werden hergestellt, indem Ionenstrahlen über Stunden Schicht für Schicht eines Dünnschliffes abtragen, bis er dünn genug ist („**Ionendünnung**"). Hat man eine geeignete Probe, so wird sie in einer evakuierten Röhre in den Elektronenstrahl gebracht (Abb. 2.92). Der die Probe durchdringende Elektronenstrahl wird nun am Kristallgitter – und das ist der Clou dieser Technik – genau wie Licht an einem Gitter gebrochen. Für den optischen Fall ist dies in Abb. 2.93 dargestellt. Wenn der Elektronenstrahl ein Kristallgitter durchschießt, entsteht ein Punktmuster (Abb. 2.94), das dieses Gitter abbildet. Die Abbildung ist reziprok, wie es auch bei der optischen Beugung der Fall ist. Das Punktmuster wird **Elektronenbeugungsmuster** oder **Elektronendiffraktogramm** genannt. Es entspricht einem Röntgendiffraktogramm der RDA, wird aber statt mit Röntgenstrahlen eben mit Elektronen erzeugt. Aus diesem Elektronendiffraktogramm können ebenso Kristallgitter konstruiert werden wie aus einem Röntgendiffraktogramm, allerdings mit deutlich geringerer Präzision. Die Punkte in ihm sind nicht – obwohl dies intuitiv so aussehen mag – Atome.

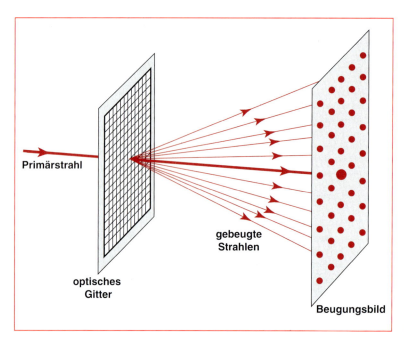

2.93 Beugung von Licht an einem Gitter. Nach Putnis (1992).

Durch Rekombination der am Gitter gebeugten Strahlen kann neben dem Diffraktogramm auch ein hoch aufgelöstes Bild der Struktur gewonnen werden, wenn man die Fokussierung des Strahls variiert. Was im optischen Fall mit geschliffenen Linsen geschieht, übernehmen im Falle von Elektronenstrahlen elektromagnetische Linsen. Das sind kleine Elektromagnete, die aufgrund der Lorentzkraft Elektronen ablenken können. So kann die zweidimensionale Projektion der Dichte des brechenden Materials sichtbar gemacht werden. Was die Brechung von Elektronen in einem Kristall aber eigentlich verursacht, sind elektrische Felder. Man bildet mit der Hochauflösungstechnik die unterschiedlichen elektrostatischen Potentiale ab, die durch Atome hervorgerufen werden (Abb. 2.95). Auch wenn es auf den Hochauflösungsbildern danach aussieht, als würde man „Atome sehen", so ist dies nicht korrekt: man sieht nur die durch sie verursachten elektrostatischen Potentiale, die nur in Ausnahmefällen mit Atomen identisch sein können. Abb. 2.95 zeigt dies sehr deutlich: man erkennt schön die Ringe der Cordieritstruktur (das ja ein Ringsilikat ist), doch die hinein gelegte Struktur des Cordierits zeigt, dass nicht einzelne Atome, sondern nur Gebiete geringerer Ladungsdichte (in den Kanälen) und Gebiete höherer La-

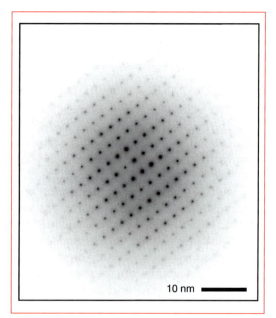

2.94 Elektronenbeugungsbild eines Apatit-Kristalls, aufgenommen an einem Transmissionselektronenmikroskop.

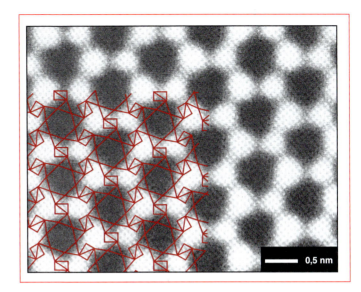

2.95 Hochauflösungsbild eines Cordierit-Kristalls aus Putnis (1992), aufgenommen an einem Transmissionselektronenmikroskop. Um das Bild interpretieren zu können, wurde die Kristallstruktur von Cordierit links unten darüber gelegt. Die hellen und dunklen Flecken zeigen also Ladungsdichteunterschiede an.

dungsdichte (die aber aus mehreren Atomen bestehen) abgebildet werden. Verschiedene andere Abbildungstechniken machen das TEM zu einem faszinierenden, aber komplizierten Gerät, das Feinstrukturen in Mineralen wie z. B. weniger als μm-große Verwachsungen, Entmischungs- oder Zwillingslamellen (siehe z. B. Kasten 2.11) erkennen und studieren lässt.

2.5.7 Massenspektrometrie

Die in der Geochemie des Kapitels 4 so wichtigen Isotopenmessungen werden allesamt mit **Massenspektrometern** durchgeführt, die hoch genaue Messungen verschiedener Isotopenverhältnisse erlauben. Ein Massenspektrometer besteht prinzipiell aus einer Ionenquelle, einem Teil, in dem die Ionen beschleunigt und fokussiert werden, einem massenselektiven Analysator und einem Detektionsmechanismus (Abb. 2.96). Das grundlegende Messprinzip ist sehr einfach und in allen verwendeten Geräten identisch, unterschiedlich ist jedoch die Aufbereitung der Probe und ihre Ionisierung sowie die Art der Detektion. Alle Geräte arbeiten im Hochvakuum bei 10^{-6} bis 10^{-9} bar.

Das Prinzip des Massenspektrometers beruht darauf, dass in ihm die ankommenden Ionen durch angelegte magnetische Felder abgelenkt und voneinander getrennt werden. Die Ablenkung und Auftrennung erfolgt aufgrund der beim Flug eines geladenen Teilchens durch ein Magnetfeld entstehenden **Lorentzkraft** nach ihrer **spezifischen Ladung**, also dem Quotienten Ladung/Masse (deswegen Massenspektrometer). Im Massenspektrometer allein bestimmt man immer Isotopenverhältnisse eines Elements, nie Elementkonzentrationen. Will man die Zusammensetzung der Probe quantitativ angeben, so muss man mindestens einen Elementgehalt in dieser Probe (z. B. Ca oder Si) durch eine andere Methode wie die Elektronenmikrosonde bestimmen. Dann kann man aus den Verhältnissen absolute Konzentrationen ausrechnen. **Quadrupol-Massenspektrometer** trennen die Ionen in einem speziellen Quadrupol-Magnetfeld auf, im Unterschied zu **Sektormagnetfeld-** und **Flugzeit-Massenspektrometern** (letztere werden TOF-MS genannt, vom englischen *time of flight*), in denen die elektrisch geladenen Teilchen in einem homogenen Magnetfeldbereich auf eine Kreisbahn abgelenkt werden. Im Flugzeit-Massenspektrometer erfolgt die Massentrennung dadurch, dass Teilchen gleicher Ladung, aber unterschiedlicher Masse unterschiedliche Geschwindigkeiten erreichen und dadurch am Ende eines Flugrohres in der Reihenfolge zunehmen-

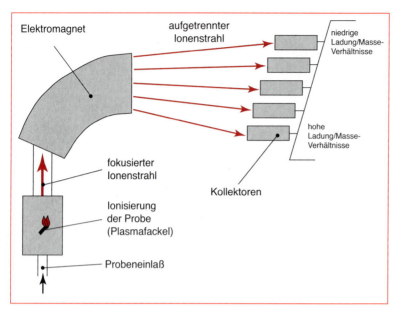

2.96 Schemazeichnung eines Massenspektrometers. Die Ionen werden darin aufgrund ihrer Ladung-zu-Masseverhältnisse aufgetrennt.

der Masse registriert werden, also in Abhängigkeit von ihrer Flugzeit.

Die Detektion erfolgt über Kollektoren, die entweder aus einem Faraday-Becher (englisch „Faraday cup") oder einem Ionenzähler bestehen. In beiden Fällen erzeugen hineinfliegende Ionen eine Änderung der elektrischen Spannung, die registriert wird und deren Stärke proportional zur Menge hineingeflogener Ionen einer spezifischen Ladung ist. Jeder Faraday-Becher misst in einem Moment nur eine spezifische Ladung. Durch Verknüpfung mehrerer Faraday-Becher und bisweilen auch weiterer Ionenzähler in einem Gerät kann man mehrere spezifische Ladungen, also mehrere Isotope gleichzeitig messen. Dies nennt man **Multi-Kollektor-Methode**. Hat ein Gerät nur einen Kollektor, so muss die Magnetfeldstärke laufend geändert werden, damit unterschiedliche Massen registriert werden können.

Betrachten wir nun nach der Massentrennung und der Detektion die Probenvorbereitung und die Ionisierung. Bei der Probenvorbereitung unterscheidet man zwischen Laser-Ablations-Techniken und chemischen Aufschlüssen, wenn eine Probe nicht sowieso schon als Flüssigkeit vorliegt und dann gar nicht vorbereitet werden muss. Die Methode der Laser-Ablation hat sich seit etwa 1995 in unglaublicher Weise ausgebreitet und ist aus der modernen Mineralogie, Petrologie und Geochemie nicht mehr wegzudenken. Sie erlaubt die Messung von Spurenelementgehalten bis in den Zehntel-ppm-Bereich und von Isotopenverhältnissen auch in sehr kleinen Proben. Dabei wird ein hochenergetischer Laserstrahl auf die Probe gerichtet (Abb. 2.97), der an der zu analysierenden Stelle das Mineral verdampft. Als Präparate werden meistens Dickschliffe von etwa 100–300 µm Dicke verwendet, auf deren Oberflächenbehandlung es nicht so stark ankommt wie bei der Elektronenstrahlmikrosonde, da die Probe an der zu analysierenden Stelle ja sowieso vom Laser verdampft wird. Der Laserfleck, an dem das Material verdampft wird, kann bis auf minimal 5–10 µm fokussiert werden, ist also etwas größer als bei der Mikrosonde. Falls die Probe nicht mit dem Laser verdampft wird, muss sie chemisch aufgeschlossen und zum Teil zeitaufwändig aufbereitet werden, bevor sie dann ionisiert und analysiert wird. Die Laser-Ablation ist typischerweise mit einem ICP-MS kombiniert, was uns zu den verschiedenen Geräten bringt. Davon gibt es sechs verschiedene Sorten, die sich nicht im Meßprinzip, aber in der Probenvorbereitung und –ionisierung unterscheiden.

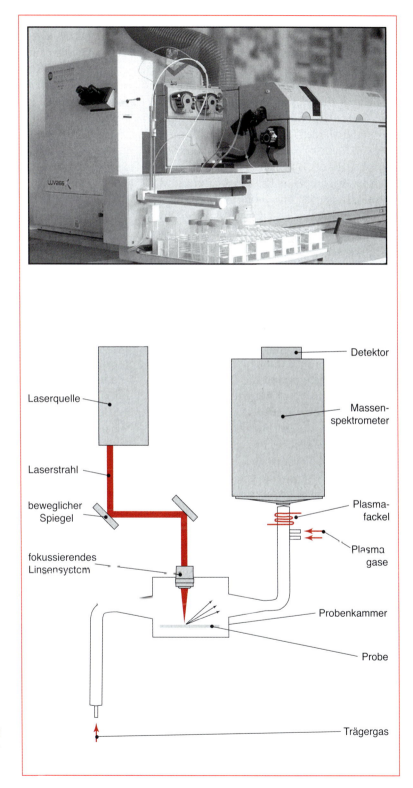

2.97 Schemazeichnung und Ansicht eines Laserablation-ICP-Massenspektrometers.

ICP-MS, induktiv gekoppelte Plasma-Massenspektrometrie: Die Probe wird in einer 5000–6000 °C heißen Plasmafackel ionisiert und dann im Massenspektrometer analysiert. Einfach ist die Analyse von Probelösungen, die schlicht in die Plasmafackel eingesprüht werden. Feste Proben können mit Laser-Ablation verdampft werden. Die Methode der *laser ablation inductively coupled plasma mass spectrometry* (Abb. 2.97), auch im Deutschen LA-ICP-MS abgekürzt, heißt übersetzt etwa: Massenspektrometrie an induktiv gekoppeltem Plasma, das durch Laserbeschuss einer Probe gewonnen wurde. Solche Geräte werden sowohl zur Messung von Isotopen-, als auch von Spurenelementverhältnissen eingesetzt, sind aber nicht so genau wie die folgende Methode, da mehr Interferenzen zwischen den Atomen und Ionen während und nach dem Laser-Beschuss auftreten.

TIMS, Thermionen-Massenspektrometrie: Hier wird die Probe (z. B. Silikate oder Oxide o. ä.) chemisch umgesetzt und die Elemente von Interesse in Form von Chloriden oder Nitraten auf ein Filament aufgebracht. Dieses wird – je nach Element – auf 900–1800 °C erhitzt und dadurch wird die Probe teilweise verdampft und ionisiert. Die dabei entstehenden Ionen werden dann ins Massenspektrometer geleitet. Da leichtere Isotope leichter verdampfen, gibt es eine Isotopenverhältnis-Drift während der Messung, die korrigiert werden muss. Die Methode ist aber trotzdem geeignet, extrem genau Isotopenverhältnisse zu bestimmen und sie wird z. B. für die Messung von Sr-, Nd- und Pb-Isotopen besonders häufig angewendet.

Im Gegensatz zu den bislang genannten Massenspektrometern, die den Teilchenstrahl nur mittels eines Magneten fokussieren, sind die folgenden Geräte deutlich hochauflösender, da sie eine **Doppelfokussierung** aus Magnet und Energiefilter haben. Diese technische Fortentwicklung erlaubte bis dahin unerreichte Genauigkeiten.

SHRIMP, *sensitive high resolution ion microprobe*, also sensitive Hochauflösungs-Ionensonde: Bei dieser Methode beschießt man eine Probe mit einem hochenergetischen Ionenstrahl aus O^-- oder Ar^+-Ionen. Dadurch werden Sekundärionen aus der Probenoberfläche herausgeschlagen (und zwar in sehr kleinen Bereichen bis hinunter zu etwa 10 µm), die dann in einem Massenspektrometer analysiert werden. Diese Methode wird z. B. für die Hochauflösungs-Datierung von einzelnen Wachstumszonen von Zirkon benutzt.

SIMS, Sekundärionen-Massenspektrometrie: Diese Methode funktioniert ähnlich wie SHRIMP, indem die Probe mit O^--Ionen beschossen wird und die dabei entstehenden Sekundärionen analysiert werden. Die genaue Trennung und Detektion in SHRIMP und SIMS sind allerdings leicht verschieden und ähneln in SIMS denen von TIMS. SIMS-Geräte haben eine sehr hohe Massenauflösung und können für viele verschiedene Messungen eingesetzt werden.

AMS, Beschleuniger (englisch *accelerator*)-Massenspektrometer: Diese Methode wird typischerweise für die Messung kosmogener Nuklide wie ^{14}C oder ^{10}Be eingesetzt (siehe Kapitel 4.8.3.9), da sie extrem hohe Sensitivitäten aufweist und diese Nuklide nur in winzigsten Mengen vorkommen. Im AMS werden Probenatome mittels eines primären Ionenstrahls (typischerweise Cs-Ionen) in negativ geladene Ionen oder Moleküle umgesetzt. Im Massenspektrometer wird der dabei entstehende Ionenstrahl dann in einen Beschleuniger abgelenkt, wo er verschiedene Prozesse durchläuft und schließlich als positiv geladene Ionen herauskommt. Diese kollidieren im Bereich des Detektors mit Gasatomen, werden verlangsamt und dieser Energieverlust ist proportional zu ihrer Masse. Da dies extrem sensitiv ist, können so sehr geringe Massenunterschiede (z. B. von ^{10}B und ^{10}Be oder von ^{14}N und ^{14}C) unterschieden werden. Das AMS ist das höchstauflösende aller Massenspektrometer und kann noch ein Atom unter 10^{15} anderen Atomen nachweisen, während beispielsweise TIMS (immerhin!) eines aus 10^9 schafft.

Gas-Massenspektrometrie: Gasmassenspektrometer analysieren im Gegensatz zu den bisher besprochenen Geräten Gase anstelle von Flüssigkeiten oder Feststoffen. Diese Gase können z. B. durch Erhitzen von Proben freigesetzt werden, aber auch durch Oxidation oder andere chemische Reaktionen (z. B. Flusssäureaufschluss). Sie dienen ausschließlich der Analyse von relativ leichten stabilen Isotopen (C, N, S, O, H) sowie von organischen Verbindungen und Edelgasen (He, Ne, Ar, Xe, Kr). Analysiert werden sehr verschiedenartige Proben von Karbonaten und Tonmineralen über Silikate, Sulfide, Wässer, Gesamtgesteine und Knochen bis hin zu organischen Substanzen. Die zu untersuchenden Elemente werden immer in gasförmige Verbindungen wie H_2, O_2, N_2, CO_2, CO oder SO_2 überführt. Es gibt eine Reihe verschiedener Geräte, die sich im experimentellen Detail unterscheiden. Ihnen allen gemein ist aber, dass die Probe in einem Elektronenstrahl ionisiert wird. Doppeleinlassgeräte sind symmetrisch aufgebaut (*dual inlet systems*) und in eine identische Probenseite und eine Standardseite getrennt, die Herstellung der Gasphase aus der festen oder flüssigen Probe erfolgt meist in einem separaten Labor (*off-line*). Ein gutes Beispiel ist hier die Extraktion von O_2 aus Silikaten. In moderneren **Trägergassystemen** (*continuous flow systems*) kann automatisch gemessen werden (*on-line*), da einem ständig das Gerät durchspülenden Trägergas (Helium) die Probe, bzw. wiederum natürlich das daraus extrahierte Gas, beigemischt wird. Dies geschieht mit verschiedenen vorgeschalteten Geräten wie z. B. Elementaranalysatoren. Dies beschleunigt die Analyse und man benötigt wesentlich kleinere Probenmengen. Somit sind große Anzahlen von Analysen gut zu bewältigen und die Methode ist zu einer Standardmethode der Umweltwissenschaften avanciert. Als Beispiel sei hier die C-N-Isotopenbestimmung in organischer Substanz genannt, oder auch die C-O-Isotopenmessung an Karbonaten. Bei der GC-MS wird ein gemischtes Gas vor der Analyse im Massenspektrometer gaschromatographisch getrennt. Es erfolgt dann keine Messung der Isotopenverhältnisse, sondern der Mengenverhältnisse der verschiedenen an der Zusammensetzung des Gases beteiligten Komponenten. Z. B. können so Methan, Ethan, Propan und andere Komponenten von Erdgas analysiert werden. Im Gegensatz dazu werden bei der GC-IR-MS (Gaschromatographie-Isotopenverhältnis (*isotope ratio*)-Massenspektrometrie) die Isotopenverhältnisse der gaschromatographisch getrennten Gase gemessen. Dadurch kann man die verschiedenen in einem Gas oder einem Fluid enthaltenen Spezies komponenten-spezifisch isotopisch analysieren.

2.5.8 Lumineszenzmikroskopie

Unter dem Begriff **Lumineszenz** werden verschiedene Phänomene zusammengefasst, die alle auf Übergängen von Elektronen zwischen verschiedenen Energieniveaus beruhen. Hierbei wird beim Zurückfallen eines Elektrons von einem auf einen anderen Energiezustand („Schale") sichtbares Licht und nicht – wie bei der Mikrosonde – Röntgenstrahlung abgegeben. Bestimmte Elemente wie Fe schließen jede Lumineszenz aus, andere wie Zn und Mn fördern die Lumineszenz. Hierbei spielen die teilweise besetzten d-Orbitale der Übergangsmetalle, aber z. B. auch die f-Orbitale der Seltenerdelemente eine entscheidende Rolle. Die Frequenz des abgestrahlten Lichtes ist stets geringer als die des eingestrahlten Lichtes. Im Einzelnen gibt es:

- **Fluoreszenz**: Emission von Licht bei Bestrahlung mit Licht einer anderen Wellenlänge. Diese Eigenschaft wird insbesondere bei UV-Fluoreszenz angewandt, wo am Tageslicht blasse oder unscheinbare Minerale intensiv leuchten, wenn sie mit UV-Licht bestrahlt werden. Bekannt ist etwa das weiße Mineral Scheelit ($CaWO_4$), das im kurzwelligen UV-Licht blau, bei geringen Molybdängehalten dagegen gelblich fluoresziert, oder die intensiv grüne UV-Fluoreszenz einiger Uran- und Zinkminerale (z. B. Autunit, Willemit).
- **Phosphoreszenz**: Nachleuchten von Stoffen nach der Bestrahlung mit Licht. Dieses Phänomen ist in der unbelebten Natur selten,

während es ein in der Biologie wichtiges Phänomen ist. Calcit kann phosphoreszieren.

- **Thermolumineszenz:** Emission von sichtbarem Licht beim Erwärmen von Kristallen. Fluorite bestimmter Fundorte können schwach gelblich bis grünlich strahlen, wenn man sie z. B. auf einer Herdplatte erhitzt.
- **Kathodolumineszenz:** Dies ist die analytisch wichtigste der Lumineszenzen. Hier wird eine Probe allerdings nicht mit Licht, sondern mit Elektronen beschossen. Dabei entsteht neben den in der Mikrosonde genutzten Röntgenstrahlen auch eine charakteristische Lichtemission. Diese ist ebenfalls von den bestrahlten Elementen abhängig und kann daher für Analysezwecke benutzt werden. Während sie nur sehr selten zur quantitativen Analyse eingesetzt wird, ist die Technik für qualitative Untersuchungen sehr verbreitet, da sich von manchen Mineralen sehr schöne, kontrastreiche und farbige Bilder machen lassen, die in besonderer Weise einen eventuellen Zonarbau erkennen lassen. Zirkon und Quarz sind die bekanntesten Beispiele (Abb. 2.98). Für die Feststellung von Zonierungen ist diese Technik allen anderen überlegen, da sie schnell und billig ist. Außerdem können schon winzige Spurenelementgehalte eine Lumineszenz anregen, die mit sonstigen Analyseverfahren nur schwer nachweisbar ist. Dies heißt, dass auch in der Mikrosonde homogen erscheinende Minerale Zonarbau aufweisen können, der mit der Kathodolumineszenz nachgewiesen werden kann. Es gibt Geräte, die mit hohem Vakuum arbeiten („Heißkathode") und solche, die mit nur geringem Vakuum arbeiten und daher schneller und billiger sind („Kaltkathode").

2.5.9 Spaltspurdatierung

Neben der in der Geochemie angewendeten radiometrischen Datierung von Gesteinen bzw. Mineralen, die auf der Messung von radioaktiv zerfallenden **Mutterisotopen** und deren bei diesem Zerfall gebildeten **Tochterisotopen** basiert, ist die Spaltspurdatierung eine weitere Datierungsmethode. Die Spaltspurdatierung beruht auf dem Prinzip des spontanen radioaktiven Zerfalls von ^{238}U. Die **spontane Spaltung** ist eine seltene Form des radioaktiven Zerfalls, bei der der schwere Atomkern in zwei etwa gleichschwere Teile und einige Neutronen zerfällt. Die beiden Kerne fliegen mit großer Masse und hoher Energie in entgegengesetzte

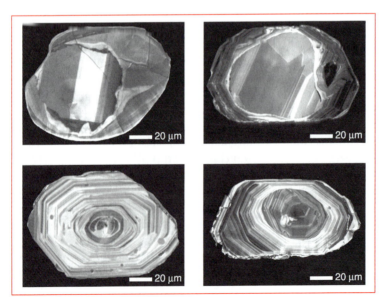

2.98 Kathodolumineszenzaufnahmen von Zirkonkristallen. Die beiden oberen Kristalle zeigen einen älteren, wiewohl zonierten Kern, überwachsen von einem ebenfalls zonierten Anwachssaum. Solche Bilder werden dazu benutzt, um unterschiedliche Generationen von Mineralen zu erkennen. Da der Kern erheblich älter sein kann als der angewachsene Rand, ist dies für die Altersdatierung wichtig. Zirkonkristalle werden häufig für die Datierung von Gesteinen verwendet.

Richtung und zerstören das umgebende Kristallgitter. Die Spuren dieses Beschusses, die so genannten **Spaltspuren** (weil sie letztendlich aus der Kernspaltung entstehen), können mit besonderen Ätzmethoden sichtbar gemacht werden (Abb. 2.99). Sie sind, abhängig vom Mineral, ca. 20 µm lang, und unter einem normalen Mikroskop bei starker Vergrößerung sichtbar. Durch das Auszählen einer statistisch signifikanten Anzahl von Spuren auf einer definierten Fläche bestimmt man die Spurendichte. Diese ist abhängig vom Urangehalt und der Zeit. Wenn man weiß, wie hoch der Urangehalt ist, kann man aus der Zahl der beobachteten Spuren bzw. der Spurendichte das Alter und somit die Geschichte des Minerals bzw. Gesteins ablesen. Diese Methode wird vor allem an Apatit und Zirkon, seltener auch an Titanit angewendet.

Abgesehen davon, dass es mühsam ist, diese kleinen Spuren auszuzählen, gibt es noch einige andere Randbedingungen dieser Methode, die man beachten muss. Zunächst gilt es, den Urangehalt des jeweiligen Minerals zu bestimmen, denn nach dem Auszählen der spontanen Spaltspuren ist nur die Anzahl der Spaltspuren bekannt, die innerhalb einer gewissen Zeit entstanden sind, nicht aber der vor einigen Millionen Jahren vorhandene Anfangsurangehalt. Um den **Urangehalt** zu bestimmen, muss das zu untersuchende Mineral mit thermischen Neutronen beschossen werden. Der Beschuss mit thermischen Neutronen induziert die Spaltung von ^{235}U. Da ^{238}U und ^{235}U in einem definierten Verhältnis zueinander in der Natur vorkommen, kann der Urangehalt durch das

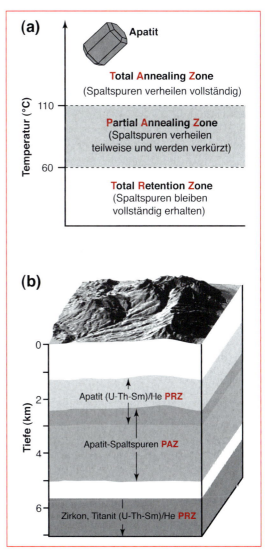

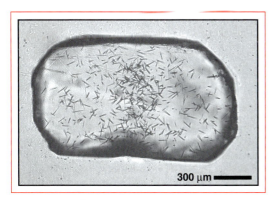

2.99 Durch Ätzen sichtbar gemachte Spaltspuren (kleine schwarze Strichlein) in Apatitkristall.

2.100 (a) Die Verheilung („*annealing*") von Spaltspuren in Apatit erfolgt in Stufen im Temperaturintervall zwischen 60 und 110 °C. (b) Entlang eines geothermischen Gradienten kann man unterschiedliche Tiefenzonen altersmäßig „auskartieren", indem man die Spaltspuren- und die (U-Th-Sm)/He-Methode (Kapitel 4.8.3.8) an verschiedenen Mineralen kombiniert. PRZ ist die „*partial retention zone*", in der He teilweise im Kristall gehalten wird.

Auszählen der induzierten Spaltspuren (verursacht durch die Spaltung von ^{235}U) bestimmt werden. Nun lässt sich das Alter des Minerals berechnen.

Die zweite wichtige Randbedingung ist, dass die durch die Kernspaltung hervorgerufenen Gitterdefekte oberhalb bestimmter Temperaturen wieder verheilen (Abb. 2.100). Dabei handelt es sich nicht um klar definierte Temperaturen sondern um Temperaturbereiche mit partieller Stabilität, in denen die Länge der Spaltspuren mit steigender Temperatur abnimmt (Abb. 2.101). Die Verringerung der Spurendichte ist sowohl abhängig von der Temperatur als auch von der Dauer der Erwärmung. Die **Verheilungszone** von Apatit liegt im Temperaturbereich von 60–120 °C, für Zirkon dagegen um 240 °C. Dies bedeutet, dass mit der Spaltspurdatierung nicht das echte Alter des Minerales seit seiner Entstehung bestimmt wird, sondern nur die Zeit, seit dieses Mineral unter seine **Verheilungstemperatur** abgekühlt ist. Das ist nicht so nachteilig, wie es auf den ersten Blick scheinen mag, denn so kann die jüngste thermische Entwicklung eines Gesteins rekonstruiert werden (Abb. 2.102). Das macht sich auch die moderne Geomorphologie z. B. zur Bestimmung der Entwicklung der Erdoberfläche zunutze, indem sie in Gebirgen die Unterschreitung der 240 °C- und der ca. 100 °C-Grenze mittels Zirkon- und Apatit-Spaltspuren datiert und dadurch die Exhumierungsrate des Gesteins bestimmen kann. Als dritte Randbedingung sei erwähnt, dass zu alte Mineralproben und solche mit zu hohem Urangehalt nicht mit dieser Methode datiert werden können, da die Spuren dann nicht mehr zu entwirren und nicht mehr zählbar sind. Zu junge oder zu wenig radioaktive Proben sind gleichermaßen ungeeignet, da die statistische Verteilung der Spaltspuren dann nicht gewährleistet ist.

2.5.10 Untersuchung von Flüssigkeitseinschlüssen

Die meisten natürlich gewachsenen Kristalle enthalten Einschlüsse von anderen Mineralen, Schmelzen, Flüssigkeiten oder Gasen, die sich während des Wachstums an der Oberfläche des Kristalls befanden und dann eingeschlossen wurden (Abb. 2.103). Die Beobachtung solcher Einschlüsse ist deswegen nützlich, weil man daraus Informationen über die während des Kristallwachstums vorhandenen Schmelzen,

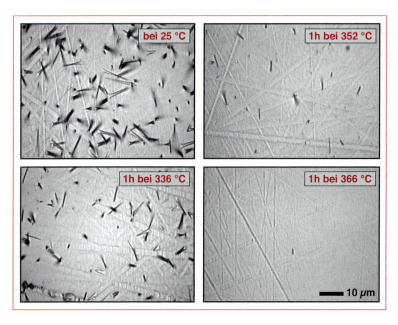

2.101 Mikroskopische Aufnahmen eines Apatit-Kristalls aus Durango, Mexiko, zeigen, wie bei sukzessive höherer Temperatur bereits nach einer Stunde die Spaltspuren teilweise (bei 336 und 352 °C) bzw. komplett (bei 366 °C) verheilt sind. Aus Green et al. (1986).

2.5 Optische und analytische Methoden der Mineralogie

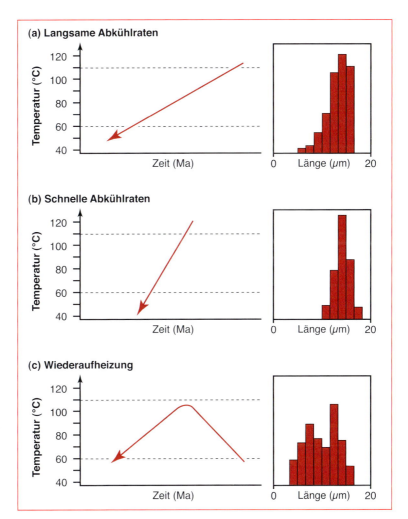

2.102 Durch die Statistik von Spaltspurlängen (rechte Histogramme) in Apatit kann man Rückschlüsse auf die Abkühlungspfade zwischen 120 und 60 °C ziehen.

2.103 Primäre Flüssigkeitseinschlüsse mit Gasblasen, die teilweise entlang der Wachstumsflächen in einem zoniert gewachsenen Quarzkristall angeordnet sind. Rechts ist die Vergrößerung einer solchen Wachstumsfläche zu sehen, die sehr den Bahnen ähnelt, die sonst für sekundäre und pseudosekundäre Einschlüsse typisch sind. Aus Audétat et al. (2003).

Flüssigkeiten und Gase erhalten kann, die man heute ansonsten nicht mehr sieht. Bei hydrothermal gebildeten Mineralen wie Fluorit und Quarz werden häufig kleine Tröpfchen der Lösung eingeschlossen, aus der sich das Mineral gebildet hat. Diese **primären** Flüssigkeitseinschlüsse (Abb. 2.104) sind interessant, weil man aus der Messung der Dichte und der Zusammensetzung dieser Einschlüsse auf die Einschluss- und damit auch auf die Bildungsbedingungen des Minerals schließen kann. Bisweilen werden aber nicht nur solche Lösungen, die bei der Bildung der Minerale vorhanden waren, in Einschlüssen eingefangen. Wenn nämlich während späterer tektonischer Prozesse der Kristall zerbricht, neues Fluid eindringt und der Riss verheilt, so entstehen dabei so genannte **sekundäre** Einschlüsse (Abb. 2.104), die mit der ursprünglichen Bildung des Kristalls selbst nichts zu tun haben (Abb. 2.105a). Während primäre Einschlüsse häufig isoliert oder nur in kleinen Clustern auftreten und häufig Negativkristallformen aufweisen (Abb. 2.105b und c), also Hohlräume in der Form des sie einschließenden Minerals, kommen sekundäre Einschlüsse meist als Bahnen vor, die den früheren, verheilten Riss nachzeichnen. Haben sich Risse jedoch während des Mineralwachstums gebildet, dann sind die dadurch entstandenen Einschlüsse zeitlich äquivalent mit primären Einschlüssen auf der ehemaligen Wachstumsoberfläche, von

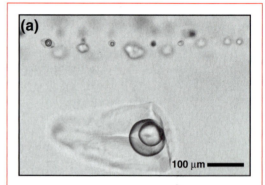

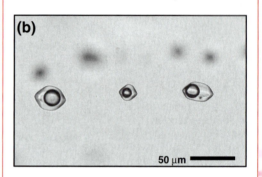

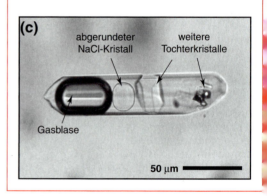

2.105 Verschiedene Typen von Flüssigkeitseinschlüssen in Quarz: (a) CO_2-Gasblase in CO_2-Flüssigkeitsblase in wassergefülltem Einschluss; (b) H_2O-Gas in wassergefüllten Einschlüssen; (c) Gasblase und Tochterkristalle in wassergefülltem Einschluss.

2.104 Schematische Unterscheidung von primären (p), sekundären (s) und pseudosekundären (ps) Flüssigkeitseinschlüssen in einem Kristall.

der die Risse ausgehen. In diesem Fall spricht man von **pseudosekundären** Einschlüssen (Abb. 2.104).

Wie untersucht man solche Flüssigkeitseinschlüsse? Sichtbar sind sie in einem normalen Polarisationsmikroskop, da sie typischerweise zwischen 5 und 100 µm groß sind (in Einzelfällen über 1 cm). Als Präparat verwendet man so genannte Dickschliffe, also etwa 100 bis 400 µm dicke transparente Gesteinsplättchen. Die Zusammensetzung der Einschlüsse kann einerseits grob aus der unten beschriebenen Messung ihrer Schmelzpunktserniedrigung konstruiert werden, andererseits kann die Einschlussflüssigkeit aber auch quantitativ bis in den ppm-Bereich mit der in Abschnitt 2.5.7 besprochenen LA-ICP-MS analysiert werden, wozu die Einschlüsse mit einem fokussierten Laserstrahl aufgeschossen und der dabei entweichende Inhalt in ein Massenspektrometer geleitet wird. Daneben kann man die Einschlüsse auch so lange erhitzen, bis sie platzen (thermische **Dekrepitation**) oder sie durch Zermahlen unter Öl aufbrechen, wonach das Öl ausgewaschen und das dabei gewonnene Fluid analysiert wird (**Crush-leach-Methode**). Ein bei hohen Temperaturen homogenes Fluid entmischt häufig beim Abkühlen auf die heutige Temperatur in eine Flüssigkeit und ein Gas und manchmal fallen sogar noch ein oder mehrere Tochterkristalle aus (Abb. 2.105c). Durch Erhitzen auf die **Homogenisierungstemperatur** kann man dies rückgängig machen und die Dichte der Einschlüsse abschätzen (Abb. 2.106). Die Homogenisierungstemperatur ist also die Temperatur, bei der ein Einschluss homogen wird und sich Gasblase und Flüssigkeit zu einer Phase (Gas oder Flüssigkeit) vereinigen (Abb. 2.107). Durch Abkühlen kann man Einschlüsse einfrieren. Die Beobachtung der **Schmelztemperatur**, bei der sie wieder flüssig werden, liefert dann wertvolle Hinweise z. B. auf den Salzgehalt der meist wässrigen Lösung.

Es liegt auf der Hand, dass die Einschlüsse bei der eben beschriebenen Messung der Homogenisierungs- und der Schmelztemperatur während des Erhitzens bzw. des Abkühlens beobachtet werden müssen. Man muss also eine Apparatur auf den Mikroskoptisch aufsetzen, in der die Probe auf tiefe Temperaturen abgekühlt und auf hohe Temperaturen aufgeheizt werden kann. Dieses Gerät heißt **Heiz-Kühl-Tisch**

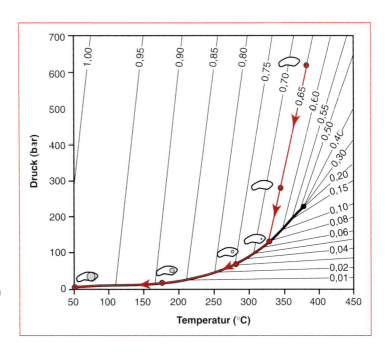

2.106 Wasserisochoren (Linien gleicher Dichte) in einem Drucktemperaturdiagramm. Die relative Größe einer Gasblase ist schematisch gezeigt. Die Zahlen sind die Dichte in g/cm³. Nach Fisher (1976).

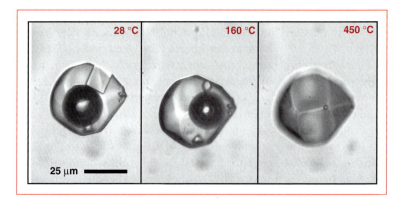

2.107 Beim Erhitzen eines Flüssigkeitseinschlusses unter dem Mikroskop verschwinden bei 28 °C zunächst die würfeligen NaCl-Tochterkristalle. Bei weiterem Erhitzen wird die Gasblase kleiner und verschwindet bei etwa 450 °C ganz.

(Abb. 2.108). In ihm kann die Probe durch Einleitung von flüssigem Stickstoff auf −195 °C abgekühlt oder mit Hilfe eines kleinen Ofens (Widerstandsofen mit Heizdrähten) auf normalerweise 600 °C, bei besonderer Konstruktion auch auf 1500 °C erhitzt werden. Letzteres ist insbesondere zur Untersuchung von **Schmelzeinschlüssen** wichtig, in denen nicht eine fluide, sondern eine Schmelzphase eingeschlossen wurde. Man beobachtet also, wie z. B. eine Gasblase bei der Homogenisierung kleiner wird (Abb. 2.107) und kann genau die Tempe-

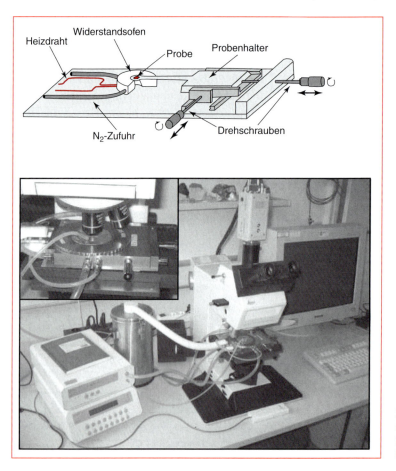

2.108 Schemazeichnung und Ansicht eines Heiz-Kühl-Tisches auf einem Polarisationsmikroskop.

ratur messen, bei der sie schließlich verschwindet.
Die Schmelztemperatur verrät normalerweise die grobe chemische Zusammensetzung des Fluids, denn ähnlich wie die Zugabe von Salz zu Eis auf unseren Straßen im Winter dessen Gefriertemperatur absenkt (und damit das Eis verflüssigt), geschieht dies auch in Flüssigkeitseinschlüssen: Gehalte von 10 Gew.-% NaCl etwa senken den Schmelzpunkt auf etwa −7 °C ab, von 20 Gew.-% NaCl auf etwa −17 °C. Da natürlich auch andere Salze wie $CaCl_2$ oder KCl

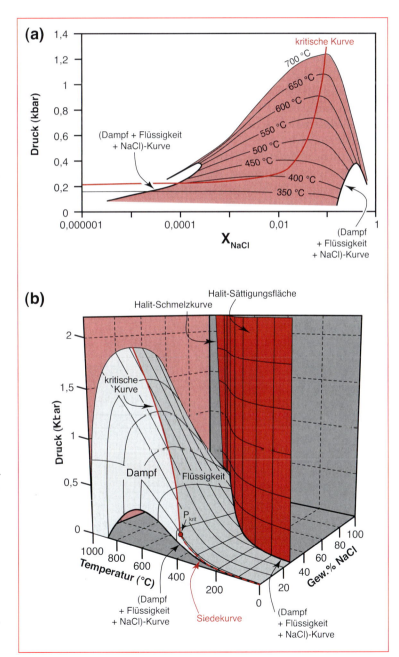

2.109 Das System Wasser-NaCl in Abhängigkeit von Druck und X_{NaCl} (a) und in Abhängigkeit von Druck, Temperatur und NaCl-Gehalt (b), (a) entspricht einem Schnitt durch (b) bei konstanter Temperatur (z. B. hellrote Fläche in (b)), wobei Kurven anderer Temperaturen auf diesen Schnitt projeziert wurden. Nach Driesner & Heinrich (2007).

im Fluid enthalten sein können, dies aber nicht einfach festzustellen ist, berechnet man ein so genanntes **NaCl-Äquivalent**. Dies ist die Menge an reinem NaCl, die nötig wäre, um die gemessene Schmelzpunktserniedrigung zu erzeugen. Sinkt der Schmelzpunkt auf unter − 21,2 °C, so weiß man allerdings, dass noch weitere Salze, meist $CaCl_2$, in diesem Fluid vorhanden sein müssen, denn tiefer kann NaCl allein den Schmelzpunkt nicht absenken. Aus der Homogenisierungstemperatur kann man ebenfalls Rückschlüsse auf die Zusammensetzung ziehen: Reines Methan homogenisiert (abhängig natürlich noch vom Druck) bei etwa − 90 °C, Methan-Wasser-Gemische je nach Methangehalt zwischen − 90 und 0 °C, reines CO_2 hat seinen kritischen Punkt bei etwa 31 °C und der kritische Punkt von reinem Wasser liegt bei 374 °C (bei einem Druck von etwa 220 bar).

Kennt man die ungefähre Zusammensetzung, also ob es z. B. ein CO_2-H_2O-Gemisch oder ein H_2O-NaCl-Gemisch ist, und die Homogenisierungstemperatur des Fluids, so kann man anhand der richtigen **Isochore** (= Linie gleicher Dichte) die Dichte ablesen (siehe Abb. 2.106) und daraus bei einem gegebenen Druck die Bildungstemperatur berechnen. Während Abb. 2.106 ein Druck-Temperatur-Diagramm für das Einkomponentensystem Wasser zeigt, ist in Abb. 2.109a ein solches Diagramm für das Zweikomponentensystem Wasser-NaCl gezeigt, das natürlich nun dreidimensional dargestellt werden muss. Häufig bildet man dann, wie in Abb. 2.109b gezeigt, zweidimensionale Schnitte ab, um die Arbeit mit dem Diagramm zu erleichtern. Abb. 2.110 schließlich veranschaulicht die Phasenbeziehungen im geologisch besonders wichtigen Dreikomponentensystem H_2O-CO_2-NaCl, das bei unterschiedlichen Druck- und Temperaturbedingungen viele Felder von Unmischbarkeit aufweist, sodass man in vielen Fällen nicht mehr von einem homogenen Fluid ausgehen kann. Die Untersuchung von Flüssigkeitseinschlüssen wird in der Erdöl-

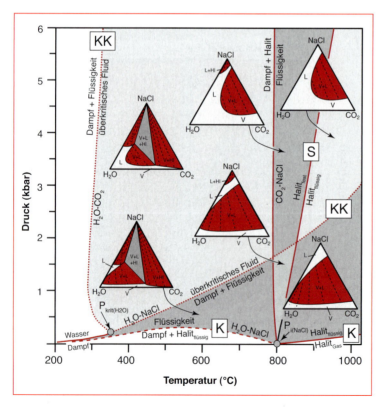

2.110 Zweidimensionaler Pseudoschnitt durch das Dreikomponentensystem H_2O-CO_2-NaCl. K sind Kondensationskurven, KK kritische Kurven und S Schmelzkurven, $P_{krit(H2O)}$ ist der kritische Punkt von Wasser, $P_{i(NaCl)}$ der invariante Punkt des NaCl-Einkomponentensystems. Hl ist die Abkürzung für Halit. In den Dreiecken sind die weißen Felder Einphasenfelder, die roten Zweiphasenfelder und die grauen Dreiphasenfelder. Nach Heinrich et al. (2004)

geologie und Sedimentologie genauso verwendet wie in der metamorphen Petrologie oder in der Lagerstättenkunde.

2.5.11 Schwermineraltrennung

Will man in klastischen Sedimenten als Relikte enthaltene Minerale analysieren, um beispielsweise Aussagen über das Liefergebiet machen zu können, so bietet sich die Methode der **Schwere- oder Dichtetrennung** an, bei der das auf etwa 125–250 µm Korngröße aufgemahlene Gestein zunächst mit Wasser über einen **Schütteltisch** geführt wird, der schon einmal eine grobe Vortrennung nach der Dichte erlaubt. Im Anschluss wird das vorgetrennte Mineralseparat mittels verschieden dichter Lösungen (Tabelle 2.1) oder mittels des **Magnetscheiders** weiter so aufgetrennt, dass man am Ende reine Mineralfraktionen einer bestimmten Dichte und mit bestimmten magnetischen Eigenschaften erhält. Bei der Dichtetrennung mit Flüssigkeiten macht man sich einfach zunutze, dass ein Mineral, das eine geringere Dichte hat als die Lösung, in der es sich befindet, aufschwimmt, ein Mineral mit höherer Dichte dagegen absinkt. Diese Verfahren kann man natürlich nicht nur auf Sedimentgesteine anwenden, sondern prinzipiell auf alle Gesteine, und häufig werden so Mineralseparate z. B. für geochemische oder isotopische Analysen hergestellt. Eine Liste wichtiger gesteinsbildender Minerale und ihrer Dichten ist in Abb. 2.111 angegeben.

2.5.12 Korngrößentrennung und -messung

Will man Körner verschiedener **Korngrößen** und nicht wie im vorigen Unterkapitel Kornarten mit unterschiedlichen physikalischen Eigenschaften voneinander trennen, um Korngrößenverteilungen zu bestimmen, gibt es verschiedene Methoden. Am einfachsten geht das natürlich mittels verschiedener, hintereinander geschalteter, sukzessive feinerer **Siebe**, doch mit Sieben können Korngrößen unter ca. 20 µm nicht mehr effizient voneinander getrennt werden. Daher wird zum Trennen kleinerer Korngrößen (i. d. R. < 63 µm) der so genannte **Atterbergzylinder** verwendet. Diese Methode beruht auf der **Stokes'schen Gleichung**:

$$V_{Korn} = \frac{(\rho_{Korn} - \rho_{Flüssigkeit})d^2 g}{18\eta}$$

in der V_{Korn} die Sinkgeschwindigkeit des Korns ist, ρ die Dichten von Korn und Flüssigkeit, d der Durchmesser des (idealerweise kugelförmigen) Korns, g die Erdbeschleunigung und η die Viskosität der Flüssigkeit. Mittels der korngrößenabhängigen Sinkgeschwindigkeit können

Tabelle 2.1 Schwereflüssigkeiten, die häufig zur Dichtetrennung von Mineralen herangezogen werden.

Schwereflüssigkeit	Dichte (g/cm³)	Verdünnungsmittel	chemische Formel
Bromoform	2,84	Methanol/Aceton	$CHBr_3$
Tetrabromethan	2,94	Methanol/Aceton	$C_2H_2Br_4$
Na-Polywolframat	> 2,98	Wasser	$Na_6(H_2W_{12}O_{40}) \cdot H_2O$
Thoulet'sche Lösung	3,196	Wasser	$KI + HgI_2$ (1,24 : 1) **Giftig!**
Methylenjodid	3,325	Äther, Aceton	CH_2I_2
Klein'sche Lösung	> 3,36	Wasser	Cadmiumborowolframat
Rohrbach'sche Lösung	3,588	Wasser	$BaI_2 + HgI_2$
Clerici-Lösung	4,25	Wasser	Tl-Malonat + Tl-Formiat (1 : 1) **Sehr giftig!**

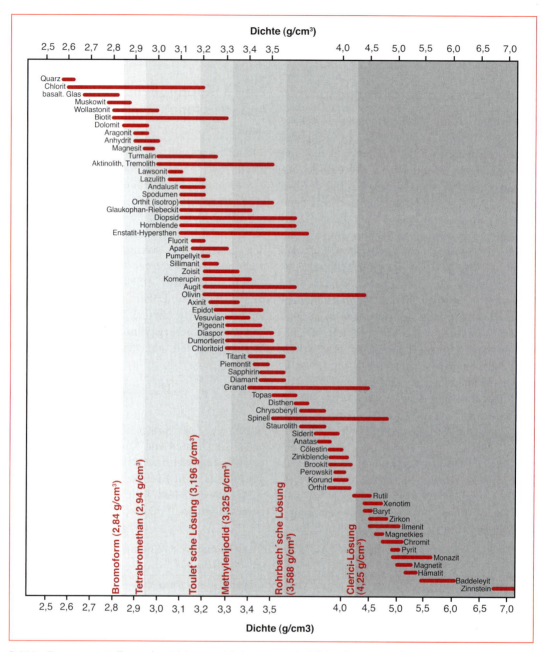

2.111 Zusammenstellung der Dichten wichtiger gesteinsbildender Minerale und der zu ihrer Trennung verwendeten Schwereflüssigkeiten. Nach Boenigk (1983).

so die einzelnen Kornfraktionen voneinander getrennt werden. Allerdings müssen hier eine Menge Voraussetzungen erfüllt sein: Die Dichte des Partikels muß bekannt sein, d. h. perfekt funktioniert dieses Verfahren nur für monomineralische Partikelkollektive, da ja sonst unterschiedliche Korndichten eingehen. Aus diesem Grund wird für polymineralische Gemische die mittlere Dichte von Quarz als häufigstem sedimentärem Mineral angenommen (2,56 g/cm³).

Auch die Dichten der Tonminerale liegen in einem ähnlichen Bereich, sodass dieser Wert für typische Sedimente verwendet werden kann. Desweiteren müssen die Partikel im Vergleich zu den Flüssigkeitsmolekülen groß sein (Faktor 10^4 bis 10^7), die Flüssigkeit muß im Verhältnis zu den Partikeln eine unendliche Ausdehnung besitzen, um Wandeffekte zu vermeiden (also benötigt man Zylinderdurchmesser > 5 cm), die Partikel dürfen sich nicht gegenseitig beeinflussen, d.h. die Konzentration der Suspension darf nicht zu hoch sein, die Partikel müssen glatt und starr sein, die Fallgeschwindigkeit darf nicht zu hoch sein, d.h. es können in Wasser Korndurchmesser von maximal 50 µm Größe abgetrennt werden, und die Partikel müssen eigentlich kugelförmig sein. Ist dies nicht der Fall, definiert man einen **Äquivalentdurchmesser**, der dem Durchmesser eines Korns äquivalent ist, welches das gleiche Sinkverhalten zeigt wie eine Kugel dieses Durchmessers. Da die Temperatur einen starken Effekt auf die Viskosität hat, muss außerdem bei konstanter Temperatur gearbeitet werden.

Trennen sich nun in einem solchen Zylinder die unterschiedlich großen Teilchen aufgrund ihrer unterschiedlichen Geschwindigkeiten voneinander, kann man z.B. auch zu unterschiedlichen Zeiten wiegen, was unten angekommen ist, und so die Korngrößenverteilung eines Gesteinspulvers mit einer sog. Sedimentationswaage bestimmen, ohne die einzelnen Korngrößen voneinander zu trennen. Man kann auch die Absorption eines Licht- oder Röntgenstrahls in Abhängigkeit von der Zeit an einer Stelle des Probengefäßes registrieren und auf diese Weise mit einem Photo- oder Röntgensedimentometer die Korngrößenverteilung über die Sinkgeschwindigkeit bestimmen.

Ein recht modernes Verfahren zur Korngrößenbestimmung ist das **Lasergranulometer**, das anhand der Laserbeugung und der dabei erzeugten Lichtstreuung die Korngrößen bestimmen läßt (Abb. 2.112). Hierbei sind die Voraussetzungen, dass die Partikel größer als die verwendete Wellenlänge des Lichtes sind (andernfalls muß neben der **Fraunhofer-Theorie**

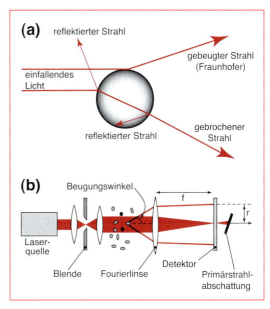

2.112 Darstellung des Prinzips der Lasergranulometrie zur Korngrößenbestimmung. Aus der Beugung des Strahls an den Körnern wird auf die Korngrößen geschlossen, wobei bei statistisch verteilten Körnern nur ein Äquivalentdurchmesser bestimmt wird (siehe Text). Nach Berthold et. al. (2000).

die sogenannte **Mie-Theorie** zur Berechnung der Korngrößenverteilung herangezogen werden), dass keine Mehrfachstreuung auftritt, d.h. die Konzentration der Partikel genügend klein ist, und dass die Partikel im Messvolumen statistisch orientiert oder kugelförmig sind, da die Auswertealgorithmen von einem rotationssymmetrischen Beugungsbild ausgehen. Abbildung 2.113 zeigt allerdings sehr deutlich, dass das Beugungsbild von der Kornform abhängt. Daher definiert man hier auch wieder einen **Äquivalentdurchmesser**, der dem Durchmesser eines Korns äquivalent ist, welches die gleiche Streulichtverteilung erzeugt wie eine Kugel dieses Durchmessers. Nur diesen Äquivalentdurchmesser kann man mittels der Lasermethode bestimmen, nicht aber die wahre Kornform.

Abbildung 2.114 zeigt, dass die unterschiedlichen Meßmethoden leider durchaus unterschiedliche Ergebnisse liefern können. Insbesondere liefern Korngrößenmessungen, die auf

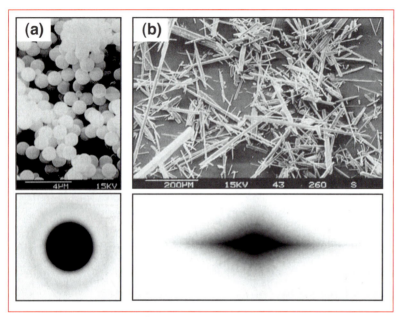

2.113 Der Zusammenhang zwischen Kornform und Beugungsbild in der Lasergranulometrie ist hier eindeutig: runde Partikel in (a) ergeben ein rundes Beugungsmuster, prismatische Partiel in (b) ein ausgelängtes. Aus Berthold et al. (2000).

Sedimentationsmethoden beruhen, in der Regel bei extrem plättchenförmigen Partikeln (z. B. Tonmineralen) einen signifikant höheren Feinkornanteil als das **Laser- oder Streulichtverfahren**. Dies beruht darauf, daß diese Partikel aufgrund ihrer Kornform deutlich langsamer absinken als eine Kugel des entsprechenden Äquivalentdurchmessers. Sedimentations-

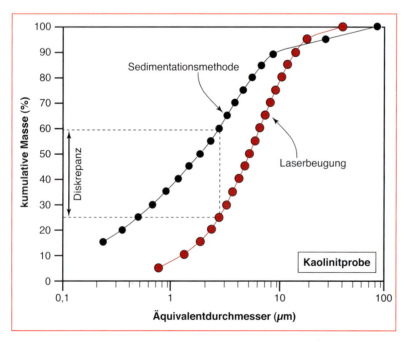

2.114 Die Schwierigkeit, eine „wahre" Korngrößenverteilung einer natürlichen Kaolinitprobe zu bestimmen, ist hier illustriert. Sedimentationsmethode und Laserbeugung liefern deutlich unterschiedliche Ergebnisse. Dargestellt ist die kumulative Masse eines bestimmten Bereichs von Korngrößen. Aus Lehmann (2003).

methoden führen daher bei diesen Materialien nicht zu einer echten Korngrößentrennung, sondern eher zu einer „Habitus"-Trennung. Ist aber die tatsächliche Korngrößenverteilung eines Materials von Interesse, so liefert die Lasergranulometrie das dem Äquivalentradius besser entsprechende Ergebnis, sofern eine statistische Verteilung der Partikel im Messvolumen vorliegt. Leider ist es unmöglich, einen generellen Korrekturfaktor zur Umrechnung von Sedimentationsergebnissen auf Lasergranulometerdaten bei tonigen Materialien zu bestimmen, da dieser Faktor die jeweilige Mineralparagenese berücksichtigen müsste, und daher genaugenommen eine probenspezifische Eigenschaft darstellt.

2.5.13 Quecksilber-Porosimetrie

Die Quecksilber-Porosimetrie ist die am weitesten verbreitete Methode zur Bestimmung der **Porosität** von Gesteinen (Abb. 2.115). Diese Technik liefert zuverlässige Informationen über die **Porengrößenverteilung**, das **Porenvolumen**, sowie die Dichte der meisten porösen Materialien, unabhängig von deren Art und Form. Die Technik beruht auf dem Eindringen der nicht benetzenden Flüssigkeit Quecksilber in ein poröses System bei angelegtem Druck. Wichtig ist dabei die Tatsache, dass Quecksilber die Probe nicht benetzt: es liegt bei Normaldruck als Tropfen auf der Probe auf, dringt aber aufgrund seiner hohen **Oberflächenspannung** nicht in Poren ein. Übt man dagegen einen Druck aus, so dringt es durch die Poren in die Festkörperprobe ein. Wie hoch dieser Druck sein muß, hängt von den Poren ab. Unter der Annahme, dass die Poren die Form einer zylinderförmigen Kapillare haben, gilt die **Washburn-Gleichung**:

$$r_{Pore} = (2\,\gamma/p)\cos\Theta,$$

wobei p der sich isostatisch einstellende Gleichgewichtsdruck ist, der sich aus dem Druckunterschied zwischen dem Grenzflächendruck und dem Dampfdruck des Quecksilbers zusammensetzt, γ die (für Quecksilber bei bestimmter Temperatur tabellierte) Oberflächenspannung, Θ der Kontakt- oder Benetzungswinkel und r_{Pore} der durchschnittliche Porenradius. Letzteres ist die Größe, die man erhalten will. Bei der Auswertung einer Messung sind die Parameterwerte für die Oberflächenspannung (bei Normaldruck 480 mN/m) und den Kontaktwinkel (typischerweise 141,3°) stets mit anzugeben. Die Messung erfolgt nun

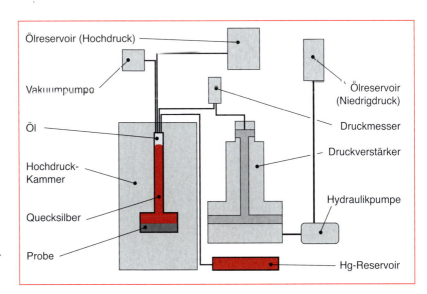

2.115 Das Prinzip der Quecksilber-Porosimetrie nach Allen (1997).

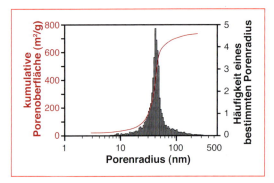

2.116 Ein typisches Ergebnis-Diagramm der Quecksilber-Porosimetrie zeigt die Porenradienverteilung als Histogramm (rechte Achsenbeschriftung) und die darüber kumulierte Summenkurve der gesamten Porenoberfläche in der Probe (linke Achsenbeschriftung), die natürlich proportional zum Probenvolumen ist.

so, dass vom Vakuum ausgehend, man bei schrittweise erhöhtem Druck eine integrale Porenverteilung aufnimmt. Wenn man diese differenziert, erhält man eine Häufigkeitsverteilung (Abb. 2.116). Die Messung des in die Probe hineingedrückten Quecksilbervolumens geschieht über die Messung der Höhe der Quecksilbersäule in einer Kapillare über dem eigentlichen Probenbehältnis, in einem sogenannten Penetrometer.

Probleme ergeben sich bei diesem Verfahren, da auf diese Weise eigentlich nur die Eintrittsradien der Poren bestimmt werden. Dies kann im Extremfall bei flaschenhalsförmigen Poren zur Bestimmung falscher Porengrößen führen, da in diesem Fall als Porenradius der Eintrittsdurchmesser, d.h. der Durchmesser des Flaschenhalses bestimmt wird. Der große dahinter liegende Porenraum wird dann als Volumen mit diesem Eintrittsdurchmesser erfasst, und damit schlussendlich eine große Anzahl von Poren mit kleinem Durchmesser bestimmt (Abb. 2.117). Es ergeben sich für verschiedene Porenformen charakteristische **Hysteresekurven** (Abb. 2.118), wenn man nicht nur die Intrusion des Quecksilbers in den Porenraum in Abhängigkeit vom anliegenden Druck verfolgt, sondern auch das Extrusionsverhalten beobachtet, wenn der Druck wieder abgebaut wird. Auf diese Weise können dann Aussagen über Porengeometrien gemacht und solche Fehler vermieden werden.

Auch sind die Annahmen einer konstanten Oberflächenspannung des Quecksilbers und eines konstanten Kontaktwinkels sowie die Vernachlässigung der Kompressibilität des Quecksilbers nicht immer gerechtfertigt, insbesondere nicht bei hohen Drucken. Rein praktisch stellen der mögliche Zusammenbruch eines vorhandenen geschlossenen Porenraumes und eine unvollständige Entgasung der Proben bei kleinen Porenradien Schwierigkeiten dar, weshalb dieses Verfahren auch für Mikroporen von weniger als zwei Nanometer Größe ungeeignet ist.

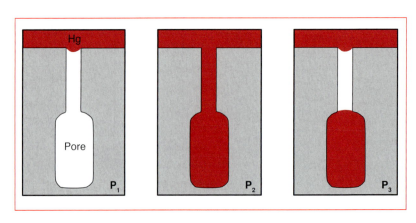

2.117 Das Problem der flaschenhals-förmigen Poren vor, während und nach der Intrusion des Quecksilbers bei drei verschiedenen Drucken P1 < P2 > P3. Nach Webb & Orr (1997).

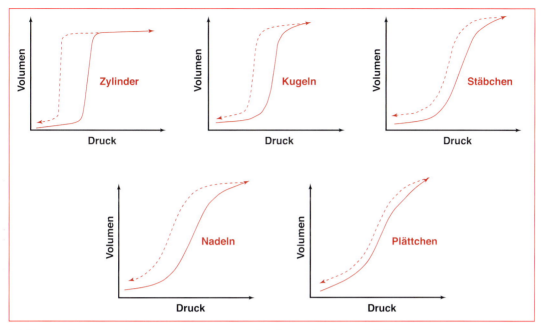

2.118 Der Zusammenhang zwischen Druck und Volumen in der Quecksilber-Porosimetrie ergibt verschiedene Hysteresekurven für verschiedene Porenformen. Nach Webb & Orr (1997).

3 Petrologie

3.1 Einführung

Die Petrologie befasst sich mit der Entstehung von Gesteinen und ihrer Veränderung in geologischen Zeiträumen durch z. B. Veränderungen von Druck oder Temperatur. Die Veränderungen, die ein Gestein „erlebt", sind prinzipiell die Folgenden:
1. Veränderungen in festem Zustand, d. h. Umkristallisation, Metamorphose oder Ersatz einer Vergesellschaftung von Mineralen durch eine neue. Damit beschäftigt sich die **metamorphe Petrologie**.
2. Veränderungen des Aggregatzustandes von fest nach flüssig oder umgekehrt. Mit diesen Schmelz- und Kristallisationsprozessen beschäftigt sich die **magmatische Petrologie**.
3. Die **Sedimentpetrologie**, die sich mit der Kompaktion und der Diagenese von Sedimenten beschäftigt, kann methodisch als eine Mischung aus Sedimentologie, mineralogischer Phasenanalyse (inklusive Flüssigkeitseinschlüssen) und metamorpher Petrologie bei tiefen Temperaturen betrachtet werden.

Die beiden ersten Teilbereiche sind wichtig, um Phänomene wie Gebirgsbildung, Vulkanismus oder Lagerstättenbildung im Detail erklären zu können. Sie arbeiten mit ähnlichen Methoden, die magmatische Petrologie arbeitet allerdings in höherem Maße als die metamorphe Petrologie mit geochemischen und isotopengeochemischen Methoden. Die Sedimentpetrologie ist durch die angewendeten Methoden ein Bindeglied zwischen Geologie (Sedimentologie), Tonmineralogie und Petrologie. Wir beginnen dieses Kapitel mit petrologischen Methoden, leiten über zur metamorphen Petrologie und kommen dann zu magmatischen Prozessen, bevor wir zum Schluss auf Sedimentpetrologie zu sprechen kommen.

3.2 Die betrachteten chemischen Zusammensetzungen

Um den größten Teil der geologisch wichtigen Gesteine und Minerale beschreiben zu können, braucht man nicht das gesamte Periodensystem in seine Betrachtungen einzubeziehen. Es genügen zehn Elemente, die aber in den Geowissenschaften meist als neun **Oxidkomponenten** angegeben werden, da sie bei den auf der Erde herrschenden Bedingungen praktisch immer (außer Kohlenstoff und sehr selten Eisen) in ihrer oxidierten Form vorliegen: SiO_2, Al_2O_3, FeO, MgO, CaO, K_2O, Na_2O, H_2O, CO_2. Diese neun Komponenten sind nur ein kleines Subsystem der Natur, das gewählt wird, um die Beschreibung zu vereinfachen bzw. erst möglich zu machen, sie machen allerdings zusammen rund 97 % des Erdgewichtes aus (Kasten 1.4 und Abb. 3.1). Vernachlässigt man alle anderen Elemente und betrachtet man die neun Oxide als Zusammensetzungsvariabeln, so sind acht von diesen linear unabhängig, da alle zusammen sich zu 100 % (sowohl in Gewichts-, als auch in Mol-%, siehe Kasten 2.1) summieren. Das heißt: Kennt man acht Komponenten, kann man die neunte leicht ausrechnen.

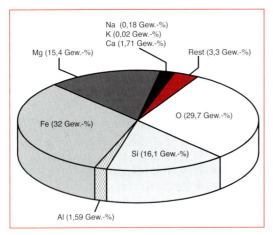

3.1 Die Zusammensetzung der Gesamterde in Gewichtsprozent nach Daten aus McDonough (2004).

3.3 Phasen und Komponenten

Phasen sind Stoffe mit definierter chemischer Zusammensetzung und definierten physikalischen Eigenschaften, während **Komponenten** lediglich chemische Bestandteile sind, aus denen Phasen aufgebaut werden. NaCl zum Beispiel ist eine feste Phase (Salz), die aus den Komponenten Na und Cl aufgebaut ist. In den Geowissenschaften werden meist oxidische Komponenten (SiO_2, H_2O, FeO...) verwendet, jedoch kann man Komponenten beliebig definieren, wenn es zur Beschreibung des chemischen Systems hilfreich ist – auch komplette Mineralzusammensetzungen können als Komponenten definiert werden. Im Allgemeinen wählt man als Komponenten die chemischen Moleküle, mit deren Hilfe man das chemische System am einfachsten beschreiben kann, und damit eine so geringe Anzahl wie möglich. Betrachtet man etwa ein Gestein, das aus den Phasen Albit ($NaAlSi_3O_8$), Jadeit ($NaAlSi_2O_6$) und Quarz (SiO_2) besteht, so könnte man zwar als Komponenten Na_2O, Al_2O_3 und SiO_2 wählen, einfacher ist es jedoch, das System durch die Komponenten $NaAlO_2$ und SiO_2 auszudrücken. Die Erfahrung zeigt dennoch: Gesteine werden meist durch einfache Oxidkomponenten am besten beschrieben, Mischkristalle von Mineralen allerdings häufig durch komplizierte Endgliedkomponenten (Kasten 3.1).

Wie immer im Leben gibt es natürlich Spezialfälle. H_2O zum Beispiel ist eine Komponente und kommt gleich in Form mehrerer Phasen vor (nämlich Wasser, Wasserdampf und Eis). Eine Komponente kann also mehrere Phasen bilden, die bei unterschiedlichen Bedingungen stabil sind (z. B. abhängig von Druck und Temperatur) und die in verschiedenen Aggregatzuständen vorliegen können, aber nicht müssen. Verschiedene Festphasen, die eine identische chemische Zusammensetzung haben (egal, ob es sich um eine Zusammensetzung handelt, die aus einer oder aus mehreren Komponenten besteht), bezeichnet man als **Polymorphe**. Ein gutes Beispiel dafür ist die oben besprochene Komponente SiO_2, die die Natur zu mindestens acht verschiedenen Phasen mit jeweils unterschiedlichen Strukturen zusammengebastelt hat, oder die Zusammensetzung Al_2SiO_5, die aus den Oxidkomponenten Al_2O_3 und SiO_2 zusammengesetzt ist und die in der Natur in Form der drei Aluminiumsilikate Andalusit, Sillimanit und Disthen (Kyanit) vorkommt.

Natürliche Minerale sind häufig Mischungen theoretischer Endglieder. Wenn man z. B. die chemische Zusammensetzung eines normalen dunklen Glimmers (also der Phase Biotit) aus einem Granit mit der Elektronenmikrosonde (siehe Abschnitt 2.5.4) bestimmt, so wird dieser überwiegend aus den Komponenten Phlogopit und Annit bestehen. Diese Mischungen von Endgliedern in Mineralen werden als **Mischkristalle** oder als **feste Lösungen** (im Englischen: solid solutions) bezeichnet. In jeder festen Lösung kann man den Anteil jedes Endgliedes eindeutig berechnen. Dazu wird eine in der Petrologie häufige Notation, der **Molenbruch** verwendet (Kasten 3.1).

Kasten 3.1 Die Berechnung von Molenbrüchen

Molenbrüche sind einfach Mol-%-Zahlen geteilt durch 100 und sind daher immer Zahlen zwischen 0 und 1. Sie tragen immer die Bezeichnung X. Man verwendet sie, um Anteile eines Elementes in einer Schmelze, Anteile eines Ions oder einer Komponente in einer Flüssigkeit, Anteile eines Elementes auf einem bestimmten Kristallgitterplatz oder Anteile eines Endgliedes an einer Mineralzusammensetzung auszudrücken. Der am häufigsten benutzte Molenbruch ist das Verhältnis der häufig zusammen in Mineralien (und auf demselben Gitterplatz) vorkommenden Elemente Fe und Mg. X_{Fe} ist definiert als:

$$X_{Fe} = \frac{Fe}{(Fe + Mg)}$$

Er wird auch zur Darstellung von Eisen-Magnesium-Verhältnissen in Schmelzen verwendet, die eine wichtige geochemische Variable darstellen.

Bisweilen ist es kompliziert, die Endgliedanteile in Mineralzusammensetzungen auszurechnen. Fangen wir mit einem einfachen Beispiel an: Ein Biotit hat beispielsweise die Zusammensetzung $KMgFe_2AlSi_3O_{10}(OH)_2$. Zunächst stellt man fest, wie viele Endglieder man braucht, um diese Zusammensetzung darzustellen. Man benötigt zwei, nämlich Phlogopit, $KMg_3AlSi_3O_{10}(OH)_2$, und Annit, $KFe_3AlSi_3O_{10}(OH)_2$. Man stellt weiterhin fest, dass der Anteil von Phlogopit durch das Mg-Fe-Verhältnis auf dem Oktaederplatz gegeben ist. Daher ist der Anteil von Phlogopit in diesem Biotit (X_{Phl}^{Bio}) = Mg-Endglied/(Mg-Endglied+Fe-Endglied) = Mg/(Mg+Fe) = 0,33. In diesem Fall kann man die Endglieder als die zwei Komponenten betrachten, die den Kristall aufbauen.

Wenn man eine Mehrkomponentenmischung vorliegen hat, wird es komplizierter. Betrachten wir den Fall eines Pyroxens der Zusammensetzung $Ca_{0,7}Na_{0,3}Mg_{0,2}Fe_{0,3}Al_{0,7}Si_{1,8}O_6$. Zunächst also wieder die Frage: wie viele Endglieder stecken darin? Man sieht, dass es Al sowohl auf dem Tetraeder-, als auch auf dem Oktaederplatz geben muss, da die Anzahl der Si-Atome pro Formeleinheit kleiner ist als die Zahl der verfügbaren Tetraederplätze und Al das einzige Element in diesem Mineral ist, das auch tetraedrisch koordiniert sein kann (das Eisen sei zweiwertig und daher oktaedrisch koordiniert). Dies kann durch die Ca-Tschermaks-Komponente $CaAl_2SiO_6$ beschrieben werden. Pro Al auf dem Tetraederplatz wird hier auch ein Ca eingebaut. Daher sind in unserer obigen Formel noch 0,5 Ca übrig, nachdem man 0,2 mal die Ca-Tschermaks-Formel abgezogen hat (0,2 mal, da dies die Zahl der tetraedrisch koordinierten Al-Atome in unserer Formel ist und da das Ca-Tschermak-Molekül neben einem oktaedrischen ein tetraedrisch koordiniertes Al pro Molekül beinhaltet). Das Rest-Ca ist am einfachsten in Diopsid ($CaMgSi_2O_6$) und Hedenbergit ($CaFeSi_2O_6$) unterzubringen: entsprechend dem Mg- und Fe-Gehalt hat man 0,2 Diopsid- und 0,3 Hedenbergiteinheiten vorliegen. Schließlich bleibt noch Na und Al übrig, das an die Jadeitformel erinnert, und es stellt sich heraus, dass noch genau 0,3 Na und 0,3 Al (bedenke: durch das Ca-Tschermak-Molekül wurden pro Formel 0,2 tetraedrische und 0,2 oktaedrische Al-Atome verbraucht) übrig sind, also 0,3 Jadeiteinheiten. Für Jadeit gilt also:

$$X_{Jd}^{Cpx} = Jd/(Jd + Ca\text{-}Tsch + Di + Hed) = 0{,}3/(0{,}3+0{,}2+0{,}3+0{,}2) = 0{,}3.$$

Wie es der Zufall (und der Autor dieses Buches) will, ist der Molenbruch des Jadeits gleich der Formelbelegung von Na. Das muss natürlich nicht immer so sein, aber man kann es immer so ausrechnen wie hier gezeigt.

3.4 Der Begriff des Gleichgewichts in der Petrologie

Wenn ein Gestein einer gegebenen chemischen Zusammensetzung unter veränderte äußere Bedingungen gerät (z. B. Druck, Temperatur, Redoxbedingungen...), so wird sich seine Mineralvergesellschaftung unter Umständen ändern, um sich den neuen äußeren Bedingungen anzupassen. Einfachstes Beispiel: ein magnetithaltiges Gestein kann, wenn es mit oxidierenden Fluiden in Berührung kommt, Hämatit bilden:

$$2\ Fe_3O_4 + 0{,}5\ O_2 = 3\ Fe_2O_3$$
2 Magnetit + 0,5 Sauerstoff = 3 Hämatit

Von größter geologischer Bedeutung sind Änderungen von Druck und Temperatur (p und T), die z. B. durch tektonische Prozesse verursacht werden. Die dabei entstehenden metamorphen Gesteine können dazu dienen, diese Prozesse zu entschlüsseln, die über viele Millionen oder gar Milliarden Jahre hinweg abgelaufen sind. Dies geschieht, indem man die abgelaufenen Mineralreaktionen rekonstruiert. Chemische Reaktionen, zu denen Mineralreaktionen natürlich gehören, laufen nur dann freiwillig ab, wenn sie in ihrem Verlauf Energie an die Umgebung abgeben können. Die Produkte erreichen so ein niedrigeres Energieniveau als die vorherigen Edukte. Dieser stabile Zustand eines Systems mit einem Minimum an freier Energie heißt **Gleichgewichtszustand** oder **thermodynamisches Gleichgewicht**. **Instabil** ist ein Zustand, der durch Energieabgabe in einen stabilen Zustand übergehen kann. **Metastabil** sind Zustände, die erst nach Energiezufuhr (**Aktivierungsenergie**) in den **stabilen** Zustand übergehen (Abb. 3.2). Fast alle metamorphen Gesteine an der Erdoberfläche sind metastabil – warum dies so ist, wird unten erläutert werden.

Eine Gesamtgesteinszusammensetzung kann durch verschiedene Minerale ausgedrückt werden. Zum Beispiel besteht ein Quarzit (reines SiO_2) unter Bedingungen der Erdoberfläche aus Quarz, in 90 km Tiefe bei einigen 100 °C aber aus Coesit. Irgendwo dazwischen müssen sich Quarz und Coesit ablösen und dort an einer Stelle beide nebeneinander an einer Reihe von p-T-Punkten, einer Reaktionskurve, stabil sein. Man sagt, an diesen p-T-Punkten befinden sie sich im Gleichgewicht.

Wenn man nun ein komplizierteres chemisches System hat, wird man mehr Minerale brauchen, um es darzustellen. Zum Beispiel besteht ein normaler Tonstein, der aus der Kompaktion von Tonschlamm hervorgeht, mineralogisch aus Kaolinit, Illit, Chlorit und Quarz und damit chemisch hauptsächlich aus Al_2O_3, FeO, MgO, K_2O, H_2O und SiO_2. Diese Minerale stehen im Gleichgewicht miteinander, sind eine

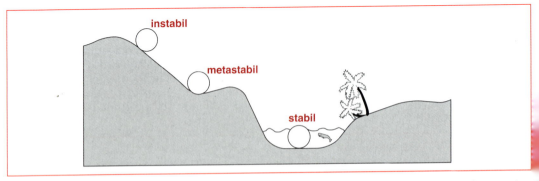

3.2 Stabile, metastabile und instabile Zustände. Das Relief kann man als Energiekurve deuten. Aus metastabilen Zuständen kann ein Ball (oder, allgemeiner, ein System) durch geringen Energieaufwand (Aktivierungsenergie, die ihn über das kleine Hügelchen hebt) in stabile und energetisch günstigere Zustände überführt werden.

Gleichgewichtsparagenese. Erhöht man die Temperatur, wird als erster bei etwa 280 °C Kaolinit instabil, er reagiert zu Pyrophyllit:

$Al_2Si_2O_5(OH)_4 + 2\ SiO_2 = Al_2Si_4O_{10}(OH)_2 + H_2O$
Kaolinit + 2 Quarz = Pyrophyllit + Wasser.

Die Gleichgewichtsparagenese Kao-Ill-Chl-Qz wird also durch die Gleichgewichtsparagenese Pyr-Ill-Chl-Qz abgelöst. Dies bedeutet, dass die Energie des Gesamtsystems durch diese Reaktion minimiert wurde.

Das Maß für die freie Energie eines Systems ist die **Gibbs'sche Freie Enthalpie** (oder Energie) G, die in kJ/mol gemessen wird (Abb. 3.3). Ist sie für ein System minimal, befindet es sich im Gleichgewicht. Demzufolge laufen Mineralreaktionen dann ab, wenn ein Wechsel der Paragenese eine Verkleinerung der Gibbs'schen Energie des Gesamtsystems zur Folge hat. Dies ist die Triebkraft der Reaktion. Das heißt für unser Beispiel: Unterhalb von 280 °C haben Kaolinit und Quarz zusammen eine kleinere Gibbs'sche Freie Enthalpie als Pyrophyllit und Wasser sie zusammengenommen hätte. Bei 280 °C haben beide Varianten exakt dieselbe Gibbs'sche Freie Enthalpie, weil sie ja an der Reaktionskurve miteinander koexistieren müssen, sonst kann die Reaktion gar nicht ablaufen. Oberhalb von 280 °C ist Pyrophyllit mit Wasser energetisch günstiger. Für Reaktionen gilt also, dass der Unterschied der Gibbs'schen Freien Enthalpien der Produkt- und der Eduktvergesellschaftung Null ist:

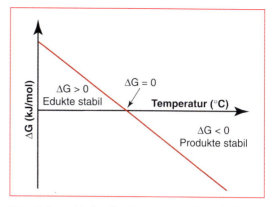

3.3 Schematische Zeichnung zum Verhältnis von Gibbs'scher Freier Enthalpie (auch freie Energie) G und Temperatur. Ist der Abstand zwischen Edukt- und Produktvergesellschaftung (ΔG) gleich Null, so sind alle Phasen miteinander stabil. Dies ist die Temperatur, an der die Gleichgewichtsreaktion von Kaolinit und Quarz zu Pyrophyllit und Wasser abläuft (wenn sie nicht kinetisch gehemmt ist).

$$\Delta G = 0\ (Abb.\ 3.4).$$

Dies ist das **Gleichgewichtskriterium**. In welche Richtung sich dieses Gleichgewicht bei irgendeiner Änderung der äußeren Bedingungen verschiebt, ob also mehr Kaolinit oder mehr Pyrophyllit gebildet wird, beschreibt qualitativ das **Prinzip von Le Chatelier** (Kasten 3.2), quantitativ die **Gleichgewichtskonstante** (Kasten 3.3).

Die Energie eines Systems ändert sich mit der Temperatur und mit dem Druck, da die Gibbs'sche Freie Enthalpie jeden Minerals von p und T abhängig ist. Diese Abhängigkeit ist nicht

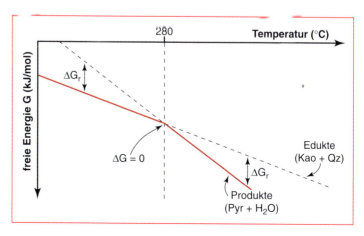

3.4 Die Gibbs'sche Freie Enthalpieänderung ΔG einer Reaktion ist im Gleichgewichtsfall gleich Null. Bei gegebenem Druck tritt dieser Fall nur bei einer einzigen Temperatur auf.

Kasten 3.2 Das Prinzip von Le Chatelier

Dieses Prinzip besagt, dass ein chemisches System immer versucht, einem äußeren Zwang entgegen zu wirken. Wenn also in einem Gestein wenig Wasser vorhanden ist, so wird die Seite einer Reaktionsgleichung begünstigt sein, die Wasser frei setzt, um diesen Mangel auszugleichen. Erhöht sich der auf einem Gestein lastende Druck, so wird immer die Mineralparagenese mit dem kleineren Volumen stabilisiert und Temperaturerhöhung führt unweigerlich zur Bildung einer möglichst hoch-entropischen (siehe Kasten 3.7) Vergesellschaftung mit großem Volumen, wie sie z. B. durch die Freisetzung einer Fluidphase entstehen kann. Mit dem Prinzip von Le Chatelier kann man zwar nur qualitativ, aber sehr schnell und einfach abschätzen, wie sich die Änderung einer Randbedingung auf die Lage eines Gleichgewichtes auswirkt.

Kasten 3.3 Die Gleichgewichtskonstante und der Begriff der Aktivität

Für jede chemische Reaktion kann man eine Gleichgewichtskonstante definieren. Lautet die Reaktion schematisiert

$$aA + bB = cC + dD$$

(a, b, c und d sind die stöchiometrischen Koeffizienten, A, B, C und D die beteiligten Phasen) so lautet die druck- und temperaturabhängige Gleichgewichtskonstante K dazu

$$K = \frac{a_C^c \cdot a_D^d}{a_A^a \cdot a_B^b}$$

wobei z. B. a_C^c die (Aktivität von C hoch c) bedeutet. Die **Aktivität** ist der thermodynamische Ausdruck für die besser bekannte Konzentration. Ein Beispiel mag erklären, warum es durchaus sinnvoll ist, zwischen diesen beiden Größen zu unterscheiden: in einer Gruppe von Studierenden, die das Glück haben, eine Petrologievorlesung zu hören, sind 18 Männer und sechs Frauen. Die Konzentration von Frauen in dieser Gruppe liegt demnach bei 25 %. Trotzdem kann es durchaus sein, dass diese sechs Frauen zusammen 18mal pro Stunde Fragen des Dozenten beantworten, während ihre 18 männlichen Kollegen zusammen auch nur 18 Fragen beantworten. Die Frauen beantworten also 50 % der Fragen und damit ist ihre Aktivität doppelt so groß wie ihre Konzentration.
Zurück zur Chemie: Die Menge und die Reaktivität der Teilchen in einer Lösung oder der Endgliedkomponenten in einer festen Lösung muss nicht linear proportional sein, da die Teilchen auch miteinander wechselwirken und sich dabei gegenseitig behindern oder verstärken können. Somit ist es viel wichtiger, etwas über die tatsächliche „Wirksamkeit" der Teilchen, also ihre chemische **Aktivität**, zu wissen, als über ihre Menge, also über ihre **Konzentration**. Daher arbeitet man in der Petrologie immer mit Aktivitäten. Leider können diese nicht direkt gemessen, sondern müssen aus Konzentrationen berechnet werden. Aktivitäten sind immer dimensionslose Zahlen zwischen Null und Eins. Gegen Null gehende Werte sagen aus, dass entweder die Konzentration sehr gering oder praktisch keine chemische Reaktivität vorhanden ist. Gehen Werte gegen Eins, so reagieren alle Teilchen mit ihrer maximal möglichen Reaktivität. Eine Wasseraktivität von Eins in einer Schmelze z. B. bedeutet, dass diese wassergesättigt ist, also so viel Wasser enthält, wie nur überhaupt bei diesen p-T-Bedingungen hineingeht. Eine Aktivität von Eins in festen Lösungen (Mischkristallen) bedeutet normalerweise, dass man es mit einer reinen Phase zu tun hat. Die Aktivität von Jadeit in einem Klinopyroxen ist etwa dann Eins, wenn es sich um einen reinen Jadeit handelt. Die Notation ist dann entweder a_{Jd} oder a_{Jd}^{Cpx}, sprich: Aktivität von Jadeit in Klinopyroxen.

nur für jede Paragenese, sondern auch für jedes Mineral unterschiedlich (Abb. 3.3). Den Umstand, dass bestimmte Kombinationen von Mineralen nur bei bestimmten Druck-Temperatur-Bedingungen stabil sind, kann man sich zunutze machen, da jede Mineralvergesellschaftung bei gegebener Gesamtgesteinschemie einem bestimmten Druck- und Temperaturbereich zugeordnet werden kann und man somit weiß, unter welchen Bedingungen sich das Gestein einmal befand. Dank der Arbeit vieler Experimentatoren sind heutzutage die Gibbs'schen Freien Enthalpien der meisten wichtigen gesteinsbildenden Minerale für viele geologisch relevante Druck- und Temperaturbereiche bekannt. Daher kann man mit Methoden der physikalischen Chemie berechnen, unter welchen Bedingungen Minerale stabil sind, welche Reaktionen ablaufen, und somit kann man die in diesem Buch gezeigten Phasendiagramme konstruieren.

Die Änderung der Gibbs'schen Freien Enthalpie einer Reaktion ist mit der Gleichgewichtskonstante über eine einfache Beziehung verknüpft:

$$\Delta G = -RT\ln K$$

wobei R die Allgemeine Gaskonstante (8,314 J/K · mol), T die Temperatur in K und lnK der natürliche Logarithmus der Gleichgewichtskonstante ist. Da K von p und T abhängt, hängt automatisch auch ΔG von p und T ab. Deshalb ist jedes Mineralgleichgewicht von p und T abhängig. Dies ist der Grund dafür, dass bei unterschiedlichen Druck- und Temperaturbedingungen unterschiedliche Mineralvergesellschaftungen stabil sind.

3.5 Arbeiten mit petrologisch wichtigen Diagrammen

3.5.1 Phasendiagramme

Um zu beschreiben, unter welchen Bedingungen eine Phase stabil ist, verwendet man Phasendiagramme. Ein Phasendiagramm zeigt immer drei Typen von **Topologien**: Felder, Kurven/Geraden und Punkte (Abb. 3.5). Felder beinhalten Minerale oder Mineralvergesellschaftungen, die im Fall eines Druck-Temperatur- (p-T-) Diagramms bei verschiedenen Drucken und Temperaturen stabil sind. Sie werden **divariant** genannt, da man zwei Variablen, so genannte **Freiheitsgrade**, innerhalb gewisser Grenzen voneinander unabhängig und frei wählen kann (eben Druck und Temperatur), wenn man ihren Stabilitätsbereich untersuchen will. Die Geraden oder Kurven zeigen Reaktionen zwischen zwei oder mehr Mineralen an, sie werden **univariant** genannt. Sie fixieren eine Variable (entweder Druck oder Temperatur) und lassen nur noch einen Freiheitsgrad zu, denn wenn man weiß, dass die beobachteten Minerale nur entlang dieser Linie, der Reaktionskurve, stabil miteinander vorkommen, so kann man zwar eine Variable frei wählen, die andere ist aber dann durch den Lauf der Kurve fixiert. Die Punkte, an denen sich mehrere Kurven schneiden, sind **invariante** Punkte. Die Minerale, die nur an diesem einen Punkt im p-T-Raum miteinander stabil sind, lassen keinen Freiheitsgrad mehr zu, p und T sind fixiert. Bekanntestes Beispiel dafür ist der invariante Punkt der Aluminiumsilikate Disthen, Sillimanit und Andalusit bei etwa 4 kbar und 500 °C, an dem alle drei Minerale miteinander stabil sein können und der, weil es drei sind, auch **Tripelpunkt** genannt wird. Dies ist aber ein

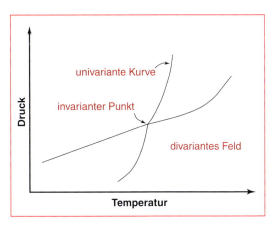

3.5 Terminologie von Phasendiagrammen.

vereinfachter Fall. Im Allgemeinen koexistieren an einem solchen invarianten Punkt mehrere Mineralvergesellschaftungen, nicht nur drei Minerale. Der Winkel zwischen zwei univarianten Kurven um einen invarianten Punkt kann nie größer als 180° sein. Dies ist eine der **Schreinemakers-Regeln**), die die geometrische Anordnung von Reaktionskurven in Phasendiagrammen bestimmen.

Die **Gibbs'sche Phasenregel** beschreibt, wie die Zahl der Freiheitsgrade F, d.h. die Zahl der unabhängig wählbaren Variablen, mit der Zahl der Komponenten K und der Zahl der Phasen P eines Systems zusammenhängt:

$$F = K + 2 - P$$

Dies bedeutet beispielsweise, dass in einem chemischen System mit zwei Komponenten K drei Phasen P genügen (also z.B. drei Minerale oder zwei Minerale plus ein Fluid, wobei ein gemischtes H_2O-CO_2-Fluid trotzdem nur ein Fluid ist), um entweder Druck oder Temperatur eindeutig festzulegen, da F = 1 und damit nur eine Variable frei wählbar ist. Diese Variable ist eben Druck oder Temperatur, und wenn z.B. der Druck frei gewählt wurde, so ist die restliche Variable sofort und eindeutig festgelegt. Für die korrekte Anwendung der Gibbs'schen Phasenregel ist es unbedingt erforderlich, die **minimale** Anzahl der Komponenten zu wählen, die ein chemisches System vollständig beschreiben. Die drei Aluminiumsilikate muß man dann beispielsweise als Einkomponentensystem (Al_2SiO_5) betrachten, da ansonsten, z.B. bei Betrachtung als Zweikomponentensystem aus Al_2O_3 und SiO_2, ein falsches Ergebnis herauskommt.

3.5.2 Dreiecksdiagramme

Chemische oder mineralogische Zusammenhänge werden am besten mit graphischen Hilfsmitteln (Diagrammen) bearbeitet, doch ist ein Neunkomponentensystem natürlich graphisch nicht darstellbar. Zwei-, Drei- oder Vierkomponentensysteme können als Linien, Dreiecke oder Tetraeder dargestellt werden, doch komplexere Systeme müssen soweit vereinfacht werden, dass sie z.B. durch ein Dreikomponentensystem repräsentiert werden. Algebraisch, also mit Matrizen, kann man selbstverständlich auch mit dem Neunkomponentensystem arbeiten.

Das Zweikomponentensystem MgO-SiO_2 (Abb. 3.6) lässt sich mit rechtwinkligen Koordinaten darstellen. Jede Mineralzusammensetzung ist eindeutig durch einen Zusammensetzungs- oder **Phasenvektor** definiert, z.B. Forsterit (Mg_2SiO_4) durch (2,1), da er zwei Teile MgO und ein Teil SiO_2 enthält. Werden Mineralzusammensetzungen durch Molenbrüche angegeben, so liegen sie auf einer Linie, die (1,0) mit (0,1) verbindet, und zwar dort, wo die Phasenvektoren diese Linie schneiden. Somit ist es nicht mehr notwendig, die Zusammensetzungen auf einer zweidimensionalen Figur darzustellen, die notwendigen topologischen Informationen sind mit Hilfe einer Linie darstellbar (Abb. 3.6).

Ein Dreikomponentensystem lässt sich mit Hilfe eines **Molenbruchdreieckes** darstellen. Als Beispiel dient das System MgO-SiO_2-H_2O. Wird das System in kartesischen Koordinaten aufgezeichnet, ist dies klar erkennbar (Abb. 3.7). Wiederum repräsentiert das Dreieck eine Fläche, auf der die Summe aller Molenbrüche 1 ist und eine Mineralzusammensetzung wird wiederum durch den Schnittpunkt eines Pha-

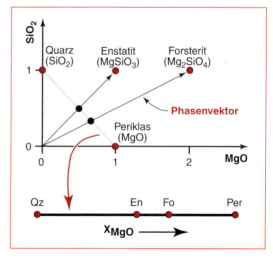

3.6 Ein Zweikomponentensystem in kartesischen Koordinaten und seine Projektion auf eine Linie.

3.5 Arbeiten mit petrologisch wichtigen Diagrammen

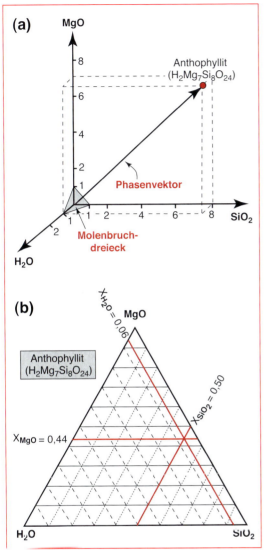

3.7 (a) Ein Dreikomponentensystem in kartesischen Koordinaten und seine Projektion auf eine Ebene (Molenbruchdreieck). (b) Das Verfahren, Mineralzusammensetzungen in einem Molenbruchdreieck einzutragen. Anthophyllit besteht aus einem Mol H_2O, 7 Mol MgO und 8 Mol SiO_2, daher ist der Anteil von SiO_2 darin 8/16 = 0,5, der von H_2O = 1/16 = 0,06 und der von MgO = 7/16 = 0,44.

senvektors mit dem Dreieck definiert. So besteht Anthophyllit, ein Amphibol der Formel $Mg_7Si_8O_{22}(OH)_2$, in Bezug auf die Systemkomponenten aus sechzehn Einheiten: 7 MgO,

8 SiO_2 und 1 H_2O. Somit ist X_{MgO} = 7/16 = 0,44, X_{SiO2} = 8/16 = 0,5 und X_{H2O} = 1/16 = 0,06.
Dies ist auch die Methode, wie die Analyse bzw. die Zusammensetzung eines Minerals in einem Dreiecksdiagramm eingezeichnet wird. Die Analyse bzw. Formel wird in die Komponenten zerlegt, die die Ecken des Dreiecks bilden. Diese zusammen werden dann auf 100 % normiert, und die einzelnen Komponenten werden dann entsprechend ihrer Häufigkeit eingetragen. Dies geschieht wie in Abb. 3.7b gezeigt.
Mögliche Mineralzusammensetzungen können in **Dreiecksdiagrammen** Punkte, Linien oder Balken bilden (Abb. 3.8). Ein Punkt zeigt an, dass ein Mineral definierter chemischer Zusammensetzung vorliegt, also z. B. Disthen (Al_2SiO_5) oder Quarz (SiO_2), eine Linie bedeutet, dass in einer Richtung im Diagramm chemische Mischbarkeit vorliegt, ein Balken zeigt Mischbarkeit in zwei Richtungen an. Eine einzelne Mineralanalyse allerdings bildet immer einen Punkt in einem Dreiecksdiagramm.
Neben den Mineralzusammensetzungen kann man in Dreiecksdiagrammen auch Mineralvergesellschaftungen (Paragenesen) und Gesamtgesteinszusammensetzungen einzeichnen

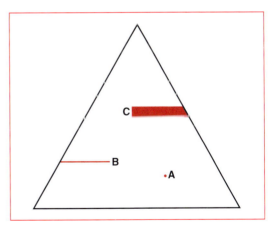

3.8 Mineralzusammensetzungen in ternären Zusammensetzungsdiagrammen. Phasen mit definierter Zusammensetzung werden als Punkte dargestellt (A), Phasen mit Mischbarkeit zwischen zwei Komponenten als Linien (B) und Phasen mit einer gewissen Mischbarkeit aller drei Komponenten als Balken (C).

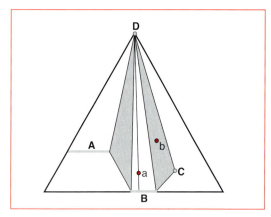

3.9 Mineralparagenesen in ternären Zusammensetzungsdiagrammen („Chemographien"). Die grauen Dreiecke deuten Dreiphasenfelder an, in denen entweder die Phasen A, B und D oder die Phasen B, C und D stabil sind. Bei einer Gesamtzusammensetzung eines Gesteins b ist letzteres der Fall. Hat ein Gestein dagegen eine Gesamtzusammensetzung a, so liegt es im Zweiphasenfeld und wird aus den zwei Mineralen B und D aufgebaut (plus eventuell vorhandene Projektionsphasen), wobei B exakt die Zusammensetzung hat, die durch den Schnittpunkt von B mit der dünnen schwarzen Linie vorgegeben ist.

(Abb. 3.9). Solche Diagramme werden **ternäre Zusammensetzungsdiagramme** oder auch **Chemographien** genannt. Gesamtgesteinszusammensetzungen werden genauso projiziert wie Mineralzusammensetzungen (näheres dazu im nächsten Abschnitt 3.5.3), und ergeben entsprechend einen Punkt. Mineralparagenesen werden durch die Verbindung der jeweils miteinander stabil vorkommenden Minerale (das heißt, im thermodynamischen Sinne stabil, dazu mehr in Abschnitt 3.4) mit Strichen oder Dreiecken dargestellt. Ein Dreieck repräsentiert dann die Kombinationsmöglichkeiten von Mineralen in einem chemischen System bei fixiertem Druck und fixierter Temperatur. Merke: bei anderen Bedingungen können ganz andere Vergesellschaftungen möglich sein. So besteht bei denselben Druck- und Temperaturbedingungen das Gestein der Gesamtzusammensetzung a aus den Mineralen B und D, das Gestein der Zusammensetzung b aber aus B, C und D (Unterschied von Zwei- und Dreiphasenfeldern).

Dreiecksdiagramme haben den großen Vorteil, dass man anhand der Geometrie von Mineralzusammensetzungen sehr einfach ablesen kann, welche Reaktionen in diesem chemischen System möglich sind. In korrekten Dreiecksdiagrammen gibt es genau drei Möglichkeiten (Abb. 3.10): **Kreuz-, Linear- und Dreiecksreaktionen**. Zwei weitere wichtige Begriffe, nämlich rekonstruktive Reaktionen und Austauschreaktionen, sind in Kasten 3.4 näher besprochen.

3.5.3 Projektion von Phasen

Möchte man ein chemisches System mit mehr als drei Komponenten graphisch darstellen, so ist dies mit Schwierigkeiten verbunden, da schon Tetraeder auf dem Papier nicht mehr anschaulich sind. Mehr als drei Dimensionen darzustellen ist sogar unmöglich. An einem Beispiel soll erläutert werden, wie man ein

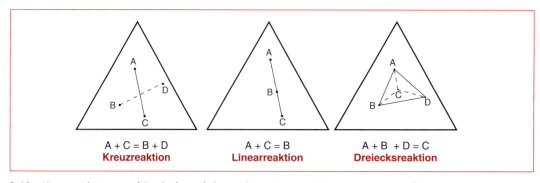

3.10 Kreuz-, Linear- und Dreiecksreaktionen in ternären Zusammensetzungsdiagrammen.

Kasten 3.4 Verschiedene Reaktionstypen

Bei **rekonstruktiven Reaktionen** (im Englischen „*net transfer reactions*") werden alte Mineralstrukturen zerstört und neue dafür aufgebaut. Diese Reaktionen werden durch Linear-, Kreuz- oder Dreiecksreaktionen in Dreiecksdiagrammen symbolisiert (Abb. 3.10). Beispiel für eine rekonstruktive Dreiecksreaktion:

$Al_2SiO_5 + 2\ H_2O + SiO_2 = Al_2Si_2O_5(OH)_4$.
Disthen + 2 Wasser + Quarz = Kaolinit

Austauschreaktionen dagegen beschreiben den Austausch z. B. von Fe und Mg zwischen den an einer Paragenese beteiligten Mineralen. Diese Reaktionen resultieren nicht in der Zerstörung oder im Wiederaufbau einer Mineralstruktur, sondern verteilen nur bestimmte Elemente zwischen weiterhin stabilen Phasen um. Beispiel:

$Mg_3Al_2Si_3O_{12} + KFe_3AlSi_3O_{10}(OH)_2 =$
$Fe_3Al_2Si_3O_{12} + KMg_3AlSi_3O_{10}(OH)_2$

Mg-Granat (Pyrop) + Fe-Biotit (Annit) =
Fe-Granat (Almandin) + Mg-Biotit (Phlogopit)
Solche Reaktionen sind nur durch Kreuzreaktionen in Dreiecken darstellbar, wobei die verbindende Linie sich zwar dreht, also ihre Steigung ändert, aber vor und nach der Reaktion dieselben Mineralbalken oder -linien miteinander verbindet (Abb. 3.11). Während Austauschreaktionen immer bezogen auf die an ihnen beteiligten Endglied-Komponenten geschrieben werden, ist dies bei rekonstruktiven Reaktionen nicht einheitlich. Manchmal schreibt man diese Reaktionen mit Endgliedern, manchmal

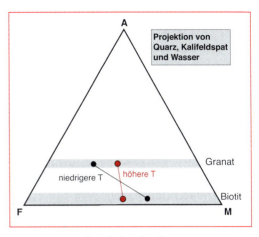

3.11 Austauschreaktion in einem ternären Zusammensetzungsdiagramm. Granat und Biotit kommen stabil nebeneinander vor. Bei tieferer Temperatur haben sie die schwarzen Zusammensetzungen, bei Temperaturerhöhung allerdings ändert sich die Fe-Mg-Verteilung, bis beide Minerale die roten Zusammensetzungen erreicht haben.

mit Mischkristallen. Um diesen Unterschied zwischen **Endglied-** und **Mischphasenreaktionen** deutlich zu machen, sei ein und dieselbe Reaktion in beiden Varianten dargestellt:

Endgliedreaktion:
2 Ann + 6 Qz = 2 Kfsp + 3 Fs + 2 H_2O

Mischphasenreaktion:
2 Bt + 6 Qz = 2 Alkfsp + 3 Opx + Fluid

Sechskomponentensystem soweit vereinfachen kann, dass es graphisch darstellbar wird.
Man betrachtet metapelitische Gesteine (also metamorphe Tonsteine), die sich im Wesentlichen durch die Systemkomponenten Al_2O_3, FeO, MgO, SiO_2, H_2O und K_2O beschreiben lassen. Durch die mathematische Prozedur der **Projektion** kann man die Zahl der darzustellenden Komponenten auf drei erniedrigen, nämlich auf Al_2O_3, FeO und MgO. Die Projektion führt also dazu, dass man die restlichen Komponenten nicht mehr zu beachten braucht, um das System graphisch darzustellen und alle Mineralreaktionen qualitativ formulieren zu können. Voraussetzung dafür ist allerdings, dass diese Komponenten im Überschuss im Gestein vorhanden sind, sie also an jeder Reaktion in beliebiger Menge teilnehmen können und ihre Knappheit nicht zum bestimmenden Faktor einer Reaktion wird. Weiterhin gilt, dass man nur von im Gestein vorhandenen Phasen aus projizieren darf, nicht von beliebigen

Komponenten. Da metapelitische Gesteine meist Quarz enthalten und da während der interessierenden Mineralreaktionen immer eine fluide Phase anwesend war (die man näherungsweise als reines Wasser betrachten kann), bieten sich zunächst die Phasen als Projektionsphasen an, die die Komponenten SiO_2 und H_2O ersetzen. Als dritte zu ersetzende Komponente wählt man typischerweise K_2O, allerdings darf man eben nicht von der Komponente aus projizieren, sondern nur von einer Phase, die diese Komponente enthält und die im Überschuss im Gestein vorhanden ist. Im konkreten Fall ist dies Muskovit (oder bei höheren Temperaturen über etwa 650 °C, bei denen Muskovit nicht mehr stabil ist, K-Feldspat).

Projektion von den Phasen Quarz, Wasser und Muskovit aus bedeutet nun, dass die Phasen Quarz, Wasser und Muskovit zu **Systemkomponenten** gemacht werden und sie die alten Systemkomponenten SiO_2, H_2O und K_2O ersetzen, wobei es ein glücklicher, aber keineswegs notwendiger Zufall ist, dass Quarz und Wasser dieselbe Zusammensetzung haben wie die alten Systemkomponenten. Alle Minerale dieses Gesteins werden dann nicht mehr durch ihre Gehalte an SiO_2, FeO, MgO, Al_2O_3, H_2O und K_2O charakterisiert, sondern durch ihre Gehalte an SiO_2, FeO, MgO, Al_2O_3, H_2O und $KAl_3Si_3O_{10}(OH)_2$.

Anschaulich geschieht die Projektion so, dass man sich gedanklich auf den Projektionspunkt stellt, also z. B. auf den Zusammensetzungspunkt von Quarz oder Muskovit, und von dort auf die Projektionsfläche schaut (z. B. von der Ecke eines Tetraeders auf die gegenüberliegende Dreiecksfläche). Projektionspunkt und -fläche müssen das System begrenzen. Man hat ein Licht in der Hand und schaut, wohin die Schatten der zu projizierenden Mineralzusammensetzungen auf der Fläche fallen (Abb. 3.12).

Mathematisch geschieht die Projektion durch Weglassen der Systemkomponenten, die durch im Überschuss vorhandene Phasen im Gestein vertreten sind. Die Systemkomponenten (die in diesem Fall eben auch Phasen sein müssen) müssen Eckpunkte des Koordinatensystems sein. Es ist also ein **Umrechnen des Koordinatensystems** notwendig, sodass die Phasen zu Systemkomponenten werden. Dazu benötigt man Matrizenrechnung.

In unserem Beispiel ist das System vor der Umrechnung des Koordinatensystems Al_2O_3-FeO-MgO-SiO_2-H_2O-K_2O, nach der Umrechnung dagegen: Al_2O_3-FeO-MgO-SiO_2-H_2O-Muskovit. In Matrizen lässt sich das so ausdrücken:

Alte Matrix [A]:

	Muskovit	Ferrosilit	Pyrop	Annit	Sillimanit
Al_2O_3	1,5	0	1	0,5	1
FeO	0	2	0	3	0
MgO	0	0	3	0	0
SiO_2	3	2	3	3	1
H_2O	1	0	0	1	0
K_2O	0,5	0	0	0,5	0

Die neue Matrix [N], die gesucht wird, sieht folgendermassen aus:

	Muskovit	Ferrosilit	Pyrop	Annit	Sillimanit
Al_2O_3'	?	?	?	?	?
FeO'	?	?	?	?	?
MgO'	?	?	?	?	?
SiO_2'	?	?	?	?	?
H_2O'	?	?	?	?	?
Muskovit	?	?	?	?	?

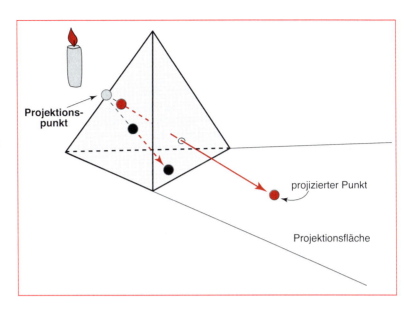

3.12 Schema zur im Text detailliert erläuterten Projektion von Komponenten. Vom hellgrauen Projektionspunkt werden die rote und die schwarze Zusammensetzung auf die Grundfläche des Tetraeders projiziert (dargestellt durch das Kerzenlicht, das Schatten wirft). Der rote Punkt landet dabei außerhalb des Tetraeders, bekommt also negative Komponenten.

Man benötigt dazu die Operation: $[A] = [V] \cdot [N]$ bzw. $[N] = [V^{-1}] \cdot [A]$ und die Matrix $[V]$ ist eine Matrix, die alte und neue Komponenten miteinander verbindet. Entsprechend werden in dieser Verbindungsmatrix V nach rechts die neuen, nach unten die alten Komponenten aufgetragen. Diese Matrix ist immer quadratisch und die Reihenfolge der Komponenten muss beibehalten werden.

Matrix [V]:						
	Al$_2$O$_3$'	FeO'	MgO'	SiO$_2$'	H$_2$O'	Muskovit
Al$_2$O$_3$	1	0	0	0	0	1,5
FeO	0	1	0	0	0	0
MgO	0	0	1	0	0	0
SiO$_2$	0	0	0	1	0	3
H$_2$O	0	0	0	0	1	1
K$_2$O	0	0	0	0	0	0,5

Die Matrixoperationen (Invertierung der Matrix $[V]$ zur Matrix $[V^{-1}]$, Multiplikation von links mit der Matrix $[A]$) kann man mit jedem Tabellenkalkulationsprogramm im Computer ausführen. Wenn man dann projizieren will, kann man die Projektionskomponenten (bei uns: H$_2$O', SiO$_2$', Muskovit) einfach weglassen. Aus den restlichen drei Komponenten (Al$_2$O$_3$', FeO', MgO') kann man ein Dreieck (genannt AFM-Dreieck, das in Abschnitt 3.8.4 näher behandelt wird) konstruieren und die Minerale gemäß ihren neuen Koordinaten darin einzeichnen. Es kann nur angewendet werden, um Gesteine zu beschreiben, die Quarz und Muskovit enthalten und in denen eine freie Fluidphase während ihrer Metamorphose vorhanden war.

Es kann – wie im vorliegenden Fall beim Biotit – passieren, dass Minerale negative Koeffizienten bekommen. Diese müssen dann zwar außerhalb des eigentlichen Dreiecks eingezeichnet werden (siehe dazu Kasten 3.3), aber man kann mit ihnen genauso arbeiten wie mit den Phasen innerhalb des Dreiecks. Es empfiehlt sich lediglich, ein großes Stück Papier zur Hand zu haben.

Kasten 3.5 Einzeichnen von Mineralen mit negativen Koeffizienten in Dreiecksdiagramme

Ein Mineral mit den Koordinaten (a,b,c) = (1,0,0) wird in einer Ecke eines Dreiecks eingezeichnet, ein anderes mit den Koordinaten (1,1,0) in der Mitte der Seite, denn es besteht zu 50 % aus a und zu 50 % aus b. Ein Mineral mit den Koordinaten (−1, 1, 0) besteht immer noch zu 50 % aus a und zu 50 % aus b, lediglich wird a außerhalb des Dreiecks eingezeichnet, bei einem Molenbruch von −0.5. Kompliziert wird es, wenn nicht mehr eine der Komponenten 0 ist. Dann muss zunächst auf 1 (oder 100 %) normiert werden. Ein Mineral P zum Beispiel, das die Koordinaten (−0,5, 1, 2) hat, wird auf (-0,2, 0,4, 0,8) normiert, da dies zusammen 1 ergibt (−0,2 + 0,4 + 0,8 = 1). Da die Komponente a außerhalb des Dreiecks eingezeichnet wird, behält sie ihr negatives Vorzeichen. Dadurch aber summieren sich (b + c) zu 1.2, und somit muss (b + c) separat nochmals auf 1 oder 100 normiert werden. Schlussendlich wird also der Punkt P bei −0,2 (= −20 %) a-Komponente und bei 2/3 (= 66,6 %) auf der Linie b-c eingezeichnet, wie in Abb. 3.13 gezeigt.

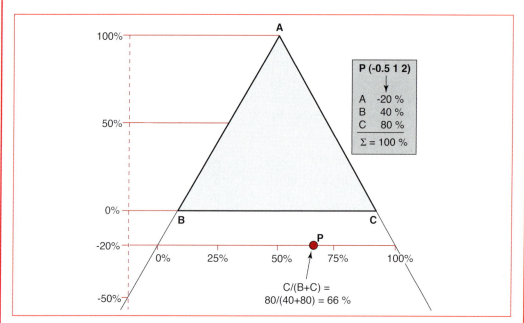

3.13 Die Projektion negativer Komponenten in Dreiecksdiagrammen. Es ist schwer verständlich, aber mathematisch korrekt, dass manche Projektionspunkte außerhalb des Dreiecks zu liegen kommen (siehe auch Abb. 3.12).

3.5.4 Berechnung von Reaktionsstöchiometrien mit Hilfe von Matrizen

Matrixmanipulation lässt sich übrigens auch dazu verwenden, **Stöchiometrien von Reaktionsgleichungen** zu berechnen. Dies ist besonders bei komplizierten Reaktionen sehr von Nutzen. Das Verfahren ist ähnlich wie oben. Man setzt eine Matrix an, in der alle bis auf eines der an einer Reaktion beteiligten Minerale vorhanden sind (dabei muss man schon vorher wissen, welche das sind, z. B. aus der Arbeit mit einem Dreiecksdiagramm). Das einzig verbliebene Mineral (Mineral X) dieser Reaktion bekommt eine eigene, kleine Matrix und eine dritte, die gesuchte Matrix, enthält die gesuchten stöchiometrischen Koeffizienten:

[Mineral X] = [andere Minerale] · [stöchiom. Koeffizienten]

Umformuliert lautet die zu lösende Gleichung dann:

[stöchiom. Koeffizienten] = [andere Minerale]$^{-1}$ · [Mineral X]

In der Matrix der stöchiometrischen Koeffizienten ergeben sich bei dieser Berechnung natürlich negative Vorzeichen für etwaige Eduktphasen (Mineral X ist automatisch Produkt). Ergeben sich Dezimalzahlen, so muss man lediglich das kleinste gemeinsame Vielfache finden und hat eine fertige Reaktion vor sich.

3.5.5 Aktivitätsdiagramme

Ein spezieller Typ von Diagrammen bildet die Stabilität von Festphasen in Abhängigkeit von den Aktivitäten (Kasten 3.3) in Wasser gelöster Spezies ab, die mit diesen Festphasen koexistieren. Solche Aktivitätsdiagramme sind unentbehrlich für das Verständnis von Fluid-Gesteins-Wechselwirkungen wie z. B. die Auflösung und Ausfällung von Mineralen in metamorphen oder sedimentären Gesteinen (in Klüften oder im Porenraum genauso wie bei der Umkristalisation unter Beteiligung einer Fluidphase), die Ausbildung einer Kontaktaureole um Plutone oder die Bildung von Erzlagerstätten. In letzterem Zusammenhang werden häufig auch **Eh-pH-Diagramme** verwendet, die eng mit den Aktivitätsdiagrammen verwandt sind, aber nur auf einer Achse eine Aktivität die H^+-Ionen-Aktivität, genannt pH-Wert) aufträgt, auf der anderen aber den Redoxzustand des Systems ausgedrückt durch den chemoelektrischen Spannungswert Eh in Volt, der durch die **Nernst'sche Gleichung** definiert ist:

$$Eh = E_o + (RT/nF) \cdot \ln Q,$$

wobei E_o das aus der Chemie bekannte Standardpotential (z. B. einer Halbzelle, aber auch einer Gesamtreaktion bei Standardbedingungen), R die allgemeine Gaskonstante, T die Temperatur in Kelvin, n die Anzahl ausgetauschter Elektronen bei der betrachteten Reaktion, F die Faraday-Konstante und Q eine Art Gleichgewichtskonstante der an der Reaktion beteiligten ionischen Spezies ist. Sie werden prinzipiell genauso konstruiert und gelesen wie Aktivitätsdiagramme und werden daher im Folgenden nicht jedesmal gesondert genannt. Prinzipiell gibt es verschiedene Arten, Reaktionsgleichungen für die Transformation eines Minerals in ein anderes zu schreiben. Alle sind (wenn man sie richtig aufschreibt!) korrekt, aber sie sind für unterschiedliche Prozesse und Fragestellungen geeignet. Betrachten wir die Reaktion von K-Feldspat nach Muskovit in einem fluidgesättigten, Sillimanit und Quarz führenden Gestein, die man z. B. in einem Dünnschliff in Form einer Sericitisierung beobachten kann. Diese Beobachtung kann man in folgende Reaktionsgleichungen kleiden:

K-Feldspat + Sillimanit + Wasser = Muskovit + Quarz,

3 K-Feldspat + 2 H^+ = Muskovit + 6 Quarz + 2 K^+ oder

K-Feldspat + 2 Al^{3+} + 4 Wasser = Muskovit + 6 H^+

Obwohl zweifellos in jedem Fall K-Feldspat in Muskovit überführt wird, ist es offensichtlich, dass hier völlig unterschiedliche Mechanismen vorliegen, die man aber im Gestein, d. h. im Dünnschliff voneinander unterscheiden kann: Im ersten Fall wird Sillimanit aufgelöst und etwas Quarz neu gebildet, im zweiten Fall bleibt der Sillimanit unverändert und es bildet sich sehr viel neuer Quarz, im dritten Fall dagegen bleiben sowohl Sillimanit als auch die Quarzmenge im Gestein unverändert. Im ersten Fall wird Wasser nur als an der Reaktion beteiligte Phase betrachtet, ohne dass man sich Gedanken darüber zu machen braucht, welche gelösten Spezies in diesem Wasser herumschwimmen. Die erste Formulierung ist daher hilfreich, wenn man Druck-Temperatur-Diagramme konstruieren will und davon ausgeht, dass die Muskovitbildung in einem bis auf Wasser geschlossenen System abgelaufen ist. Die zweite und dritte Reaktion dagegen beschreiben ein unter Umständen offenes System, in dem metasomatischer Austausch mit der Umgebung über eine wässrige Fluidphase stattfinden kann. Im einen Fall wird Kalium in Form der K^+-Ionen vom Reaktionsort hinweg transportiert, im anderen Fall Aluminium in Form von Al^{3+}-Ionen dorthin transportiert. Damit das System und die Reaktionsgleichungen in der Ladungsbilanz ausgeglichen sind, werden die Gleichungen jeweils mittels Wasser und H^+-Ionen elektroneutralisiert. Hier kommt also als wichtige Größe der pH-Wert mit ins Spiel.

Die Erkenntnis, dass nicht nur Druck- und Temperaturänderungen, sondern auch Zu- und Abtransport von Material zur Stabilisierung oder Destabilisierung von Phasen führen kann, ist eine ganz grundlegende. Sie führt direkt zu der Frage, die von **Aktivitätsdiagrammen** beantwortet wird: im Kontakt mit welcher Fluidzusammensetzung ist welche Festphase stabil? Solche Aktivitätsdiagramme sind erfreulicherweise recht einfach aus leicht aufzustellenden Reaktionsgleichungen zu konstruieren, da die Steigungen der Reaktionen im Diagramm direkt aus den Stöchiometrien der Reaktionsgleichungen abgelesen werden können. Bleiben wir beim obigen Beispiel, für das in Abb. 3.14 Akti-

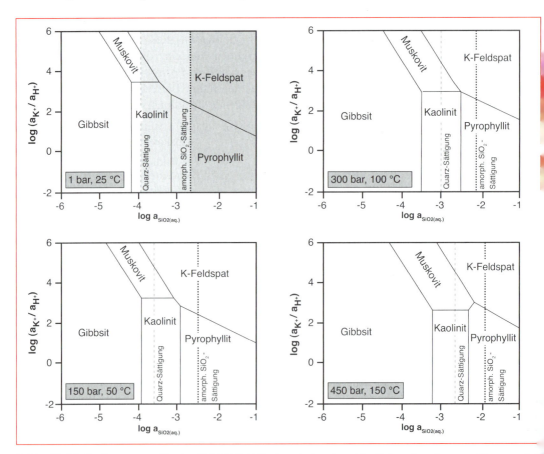

3.14 Aktivitätsdiagramme für das K-Al-Si-O-H-System bei unterschiedlichen Drucken und Temperaturen entlang eines geothermischen Gradienten. Durch Veränderung der P-T-Bedingungen ändert sich nicht nur die Größe der Felder, sondern es können auch neue Feldgrenzen, d. h. neue Mineralparagenesen entstehen, wie z. B. für die im untersten Diagramm neu entstandene Grenze von Muskovit zu Pyrophyllit gezeigt. Man bemerkt außerdem, dass amorphes SiO_2 sich besser in Wasser löst als Quarz.

vitätsdiagramme bei unterschiedlichen Drucken und Temperaturen (entlang eines geothermischen Gradienten) gezeigt sind. Man sieht, dass die isotherm und isobar divarianten Felder der Festphasen durch isotherm und isobar univariante Linien, Reaktionslinien, voneinander getrennt sind. Ob also K-Feldspat oder Muskovit stabil ist, hängt davon ab, ob man sich rechts oder links der Linie befindet, die das Muskovit- und das K-Feldspat-Feld voneinander trennt. Man hat natürlich die Freiheit, die Variablen zu wählen, die man für seine spezielle Fragestellung am geeignetsten hält. In unserem Fall könnten dies also z.B. K^+ gegen H^+- oder Al^{3+} gegen H^+-Diagramme sein. Allerdings stellt man häufig fest, dass man eigentlich noch mehr Variabeln auftragen möchte, z.B. weitere Fluidspezies oder auch den Druck, die Temperatur oder eben den oben erwähnten Eh-Wert. Daher hat es sich eingebürgert, Kationenaktivitäten immer im Verhältnis zu H^+-Ionenaktivitäten, also zum pH-Wert anzugeben, da somit eine Achse „freigemacht" wird für einen anderen Parameter, und kaum Information verloren geht. Aber wohlgemerkt: dies ist Konvention, aber nicht verpflichtend! Jeder kann das für seine Bedürfnisse optimale Diagramm konstruieren und Abb. 3.15 zeigt, dass bisweilen auch dreidimensionale Diagramme konstruiert werden, um spezielle Probleme zu betrachten. Ebenfalls Konvention ist es, die Speziesaktivitäten oder –Verhältnisse logarithmisch aufzutragen.

In unserem Fall der Abb. 3.14 ist es offenbar sinnvoll, neben pH-Wert und Al^{3+}-Ionenaktivität auch noch die SiO_2-Aktivität (die der Menge an im Fluid gelöstem SiO_2 proportional ist) anzugeben, da nicht alle Gesteine Quarz-gesättigt sind. Die Quarzsättigung ist in solchen Diagrammen dann als senkrechte Linie eingetragen, da sie unabhängig von pH-Wert oder sonstigen Ionenkonzentrationen ist. Interessanterweise tritt die Quarzsättigung bei geringeren SiO_2-Aktivitäten im Fluid auf als die Sättigung

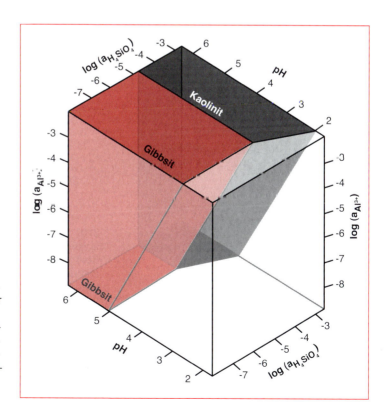

3.15 Dasselbe chemische System wie in Abb. 3.14 wird hier dreidimensional, also in Abhängigkeit dreier unterschiedlicher Variablen gezeigt, nämlich der Al^{3+}-Aktivität, der Kieselsäure-Aktivität und dem pH-Wert. Nach Garrels & Christ 1965).

mit amorphem SiO$_2$ (Opal), obwohl es sich um dieselbe Zusammensetzung (SiO$_2$) handelt. Dazu wird in Kapitel 3.10.2.2 mehr gesagt.

Hat man sich für seine Achsenvariabeln entschieden, so muss man die für das betrachtete chemische System relevanten Festphasen zusammensuchen und zwischen den Phasen Reaktionen schreiben, die in Abhängigkeit der Achsenvariabeln formuliert sind. Es macht also z.B. keinen Sinn, in einem K$^+$/H$^+$- gegen SiO$_2$-Aktivitätsdiagramm Reaktionen wie die obige dritte einzutragen, die in Abhängigkeit von Al^{3+} formuliert ist. Wenn man dann alle derartigen Reaktionen formuliert hat, so formuliert man als nächstes die Gleichgewichtskonstanten der Reaktionen, wie es in Kasten 3.3 erklärt ist. In unserem Fall wäre dies für die mittlere Reaktion:

$$K_{Kfsp\text{-}Musk} = (a_{Musk} \cdot a^6_{SiO2} \cdot a^2_{K+})/(a^3_{Kfsp} \cdot a^2_{H+}).$$

Geht man davon aus, dass K-Feldspat und Muskovit keine Mischphasen, sondern reine Phasen sind, so ist ihre Aktivität eins und die entsprechenden Terme fallen weg. Handelt es sich dagegen um Mischphasen, kann man ihre Aktivitäten aus ihrer Zusammensetzung berechnen und hier einsetzen. Wir gehen aber im Folgenden vom ersten, einfacheren Fall aus. Durch Umformung ergibt sich dann nämlich die Gleichung

$$(a_{K+}/a_{H+})^2 = K_{Kfsp\text{-}Musk}/a^6_{SiO2},$$

die durch Logarithmieren in eine einfache Geradengleichung übergeht:

$$2 \cdot \log(a_{K+}/a_{H+}) = -6 \cdot \log(a^6_{SiO2}) + \log K_{Kfsp\text{-}Musk}$$
$$\text{oder } \log(a_{K+}/a_{H+}) = -3 \cdot \log(a^6_{SiO2}) + 0{,}5 \cdot \log K_{Kfsp\text{-}Musk}$$

Der letzte Term ist dann der y-Achsenabschnitt, -3 die Steigung. Den log$K_{Kfsp\text{-}Musk}$ kann man für ein Druck-Temperatur-Paar ausrechnen und dann die Reaktionslinie in das Diagramm einzeichnen. Wie man Abb. 3.14 entnimmt, muss sodann diese Prozedur mit allen Feldergrenzen, also allen relevanten Reaktionen durchgeführt werden. Wenn man Diagramme bei verschiedenen Drucken und Temperaturen konstruieren will, so verändert man einfach den logK. Es ist zu beachten, dass man leicht auch **metastabile** Reaktionen (Kapitel 3.4) formulieren und ausrechnen kann, die aber auf dem Diagramm nicht auftauchen. So haben z.B. Gibbsit und K-Feldspat keine gemeinsame Feldergrenze, obwohl man natürlich theoretisch leicht eine Reaktion formulieren könnte. Hier hilft nur Nachdenken, Üben, Rechnen und geologische Erfahrung, um festzustellen, welche Reaktionen wohl stabil und welche metastabil sind. Auf eine Regel kann man sich leider nicht verlassen. Angesichts der Phasengrenze von Muskovit und Pyrophyllit sieht man allerdings, dass sich solche Metastabilitäten ändern können, wenn sich Druck und Temperatur ändern: während in Abb. 3.14 bei 25, 50 und 100 °C Kaolinit und K-Feldspat eine gemeinsame Phasengrenze haben, Muskovit

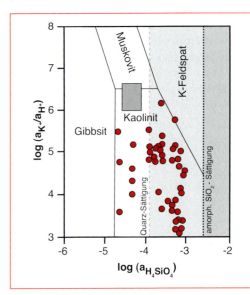

3.16 Analysen natürlicher Porenwässer aus Arkosen (rote Punkte) und von Meerwasser (graue Box) werden in diesem Aktivitätsdiagramm in Beziehung zu Mineralstabilitäten gesetzt. Alle Porenwässer aus Arkosen sollten demnach in Gleichgewicht mit Kaolinit stehen, wobei manche noch zusätzlich mit Quarz und ein Wasser noch zusätzlich mit K-Feldspat in Gleichgewicht steht, da es genau auf der Kaolinit-K-Feldspat-Feldgrenze liegt. Mit Muskovit steht nur ein kleiner Teil der Meerwasser-Analysen im Gleichgewicht, der Rest ebenfalls mit Kaolinit. Aus Füchtbauer (1988).

und Pyrophyllit aber nicht, hat sich das bei 150 °C genau vertauscht. Entscheidend für diese Konfigurationen ist wieder die in Kapitel 3.4 kurz erläuterte Gibbs'sche Freie Enthalpie, und hier ganz konkret, ob die Paragenese Kaolinit+K-Feldspat oder die Paragenese Muskovit+Pyrophyllit die niedrigere Gibbs'sche Freie Enthalpie hat. Über etwa 100 °C hat offenbar letztere die niedrigere Enthalpie, unter etwa 100 °C erstere.

Schließlich kann man dann die gemessenen (und von Konzentrationen in Aktivitäten umgerechneten) Zusammensetzungen natürlicher Wässer in ein solches Diagramm eintragen, wie z. B. in Abb. 3.16 gezeigt. Man kann daraus dann ablesen, mit welchen Mineralen diese Wässer im Gleichgewicht standen.

3.6 Metamorphe Reaktionen

3.6.1 Phasenumwandlungen

Phasenumwandlungen sind Reaktionen, bei denen eine Phase einer bestimmten Zusammensetzung zu einer neuen Phase gleicher Zusammensetzung reagiert, die aber dann natürlich eine andere Struktur haben muss. Wenn Zusammensetzung und Struktur identisch wären, würde es sich ja um dasselbe Mineral handeln. Wir haben dies bereits im System SiO_2 kennen gelernt (Kasten 2.6, Abb. 2.23), wo sich acht verschiedene Phasen ineinander umwandeln können. Auch von Forsterit (Mg_2SiO_4) gibt es mehr als eine Modifikation (siehe Kasten 3.6). Phasentransformationen wichtiger Minerale in krustalen Gesteinen sind außerdem die Umwandlung von Calcit zu Aragonit bei hohen Drucken und die Umwandlung der Aluminiumsilikate Disthen, Sillimanit und Andalusit ineinander.

3.6.2 Sonstige Festphasenreaktionen

Festphasenreaktionen sind solche, die aus einer oder mehreren Festphasen eine oder mehrere neue Festphasen bilden, ohne dass dabei Fluid (H_2O, CO_2) verbraucht oder freigesetzt wird. Damit sie ablaufen, muss zwar gewöhnlich Fluid im Gestein anwesend sein, dieses

---

Kasten 3.6 Phasenumwandlung und Reaktionen von Mg_2SiO_4 bei hohen Drucken

Wie in Abschnitt 2.4.2 erläutert, gibt es im Erdmantel zwei seismische Diskontinuitäten bei 410 und bei etwa 660 km Tiefe (Abb. 1.3 und 2.48). Diese Diskontinuitäten zeigen an, dass an ihnen der Erdmantel seine Dichte verändert. Die Diskontinuität bei 410 km wird durch die Phasentransformation von Forsterit nach **Wadsleyit** hervorgerufen, der auch die Formel Mg_2SiO_4, aber eine andere, dichter gepackte Struktur hat. Innerhalb der Übergangszone erfolgt dann in 520 km Tiefe die Umwandlung von Wadsleyit zu **Ringwoodit**, ebenfalls Mg_2SiO_4, aber nochmals mit anderer, wiederum etwas dichterer Struktur, nämlich der von Spinell. Die 520-km-Diskontinuität wird nicht überall seismisch „gesehen", sie ist nur schwach ausgeprägt. In 660 km Tiefe zerfällt Ringwoodit dann zu **Mg-Si-Perowskit + Magnesiowüstit**.

Mg-Si-Perowskit, $MgSiO_3$, ist nach dem Mineral Perowskit mit einer sehr ähnlichen Struktur und der Formel $CaTiO_3$ benannt, Magnesiowüstit ist $(Mg,Fe)O$. Die Reaktion in 660 km Tiefe ist keine Phasentransformation mehr, da zwei neue Phasen mit neuer Zusammensetzung entstehen. Wie bei SiO_2 sind also dichtere Phasen bei höheren Drucken bevorzugt. Während in Forsterit und der Ringwooditstruktur nur Oktaederplätze für Mg und Tetraederplätze für Si vorliegen, ist bei den hohen Drucken im unteren Erdmantel das Mg in der Perowskitstruktur vermutlich achtfach und das Si sechsfach koordiniert (dies ist jedoch noch nicht ganz sicher). Bei höherem Druck sind die Metalle also höher koordiniert, da die großen O-Ionen besser kompressibel sind als die kleinen Kationen.

wirkt aber lediglich katalytisch. Wir haben schon mehrere solcher Reaktionen kennen gelernt, die obigen Phasentransformationen sind ein Teil davon. Auch die Reaktion von Mg_2SiO_4 zu Mg-Si-Perowskit und Magnesiowüstit ist eine Festphasenreaktion. All diese Festphasenreaktionen haben konstante Steigungen in p-T-Diagrammen (sind also gerade Linien). Die geometrische Anordnung dieser univarianten Kurven auf einem Phasendiagramm ist strikten Regeln unterworfen (**Schreinemakers-Regeln**). Diese Regeln erlauben es allerdings nicht, Steigungen von Kurven in Phasendiagrammen zu berechnen. Dazu benötigt man die **Clausius-Clapeyron-Gleichung** (Kasten 3.7). Reaktionen ohne fluide Phasen sind immer Geraden in p-T-Diagrammen, da die Änderung der Entropie und die Änderung

Kasten 3.7   Die Clausius-Clapeyron-Gleichung

Die Clausius-Clapeyron-Gleichung beschreibt in einem p-T-Diagramm die Steigung jeder Reaktionskurve (Abb. 3.17). Sie lautet

$$\frac{dp}{dT} = \frac{\Delta S}{\Delta V}$$

wobei dp/dT die Ableitung des Druckes nach der Temperatur, also die Steigung ist, ΔS die die Änderung der Entropie durch eine Mineralreaktion und ΔV die Änderung des Gesamtvolumens der Mineralvergesellschaftung. Die **Entropie** ist eine mit Energien verwandte Größe (ihre Einheit ist J/mol), die ein Maß der Unordnung in einer Substanz darstellt. Je größer die Entropie, desto ungeordneter ist ein System. Jedes Mineral hat pro Mol Substanz eine bestimmte Entropie und ein bestimmtes Volumen, und diese Werte für S und V sind für die meisten wichtigen gesteinsbildenden Minerale tabelliert. ΔS und ΔV werden dann nach der Regel „Summe der Entropien oder Volumina der Produkte einer Reaktion minus Summe der Entropien oder Volumina der Edukte einer Reaktion" berechnet. Für Einkomponentensysteme ist dies sehr einfach. Betrachten wir z.B. die Reaktion von Hochquarz nach Tiefquarz:

Tiefquarz   S = 41,259 J/(K · mol),
             V = 2,2688 J/(bar · mol)
Hochquarz   S = 44,007 J/(K · mol),
             V = 2,3352 J/(bar · mol)
→ Steigung dp/dT = (41,259 – 44,007)/ (2,2688 – 2,3352) = 41,39 bar/K

In Mehrkomponentensystemen ist es meist komplizierter. So kann man z.B. für folgende Reaktion die ΔS- und ΔV-Werte berechnen:

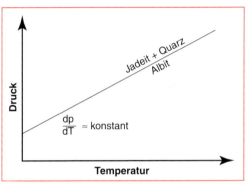

3.17 Festphasenreaktionen wie z.B. Albit = Jadeit + Quarz bilden Geraden konstanter Steigung in p-T-Diagrammen.

$$2\,CaSiO_3 + CaAl_2Si_2O_8 = Ca_3Al_2Si_3O_{18} + SiO_2$$

2 Wollastonit + Anorthit (Komp. in Feldspat)
= Grossular (Komp. in Granat) + Quarz

In diesem Fall ist die Volumenänderung der Reaktion $\Delta V = V_{Grs} + V_{Qz} - 2 \cdot V_{Wo} - V_{An}$, die Entropieänderung ist $\Delta S = S_{Grs} + S_{Qz} - 2 \cdot S_{Wo} - S_{An}$. Man beachte den stöchiometrischen Koeffizienten vor Wollastonit! Mit den tabellierten Werten für S und V kann man dann die Steigung dieser Reaktionskurve in einem p-T-Diagramm berechnen:

S_{Grs} = 255,15 J/(K·mol) V_{Grs} = 12,538 J/(bar·mol)
S_{Qz} = 41,25 J/(K·mol) V_{Qz} = 2,269 J/(bar·mol)
S_{Wo} = 81,81 J/(K·mol) V_{Wo} = 3,983 J/(bar·mol)
S_{An} = 200,18 J/(K·mol) V_{An} = 10,075 J/(bar·mol)

Es folgt, dass $\Delta V = -3,234$ J/(bar · mol), $\Delta S = -67,4$ J/(K · mol) und daher dp/dT = 20,84 bar/K ist.

des Volumens für solche Mineralreaktionen für unterschiedliche Drucke und Temperaturen konstant sind.

3.6.3 Entwässerungsreaktionen

Sind bei Mineralreaktionen **Fluidphasen** involviert, so gilt die obige Feststellung nicht mehr, dass die Änderung des Volumens für unterschiedliche Drucke und Temperaturen konstant ist, weil Fluidphasen im Gegensatz zu Festphasen stark kompressibel sind. Bei steigenden Temperaturen steigt zum Beispiel das Molvolumen von Wasser im Unterschied zu einer Festphase stark an, bei steigendem Druck nimmt das Molvolumen dagegen stark ab (Abb. 3.18). Entsprechend ist das ΔV einer fluidinvolvierenden Reaktion nicht konstant, und damit ist die Steigung nicht konstant. Daraus

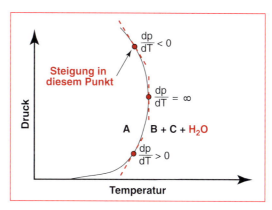

3.19 Reaktionen mit fluiden Phasen (z. B. Wasser) sind in p-T-Diagrammen gekrümmt. Wasser steht bei solchen Reaktionen immer auf der Hochtemperaturseite.

folgt, dass solche Reaktionskurven in p-T-Diagrammen immer gebogen sind, und zwar typischerweise konkav nach oben (Abb. 3.19).

Hydrosilikate, also wasserhaltige Silikate wie Glimmer oder Amphibole, geben bei Temperaturerhöhung ihr Wasser ab und wandeln sich in wasserärmere oder wasserfreie Minerale um (Abb. 3.20). Solche Reaktionen werden **Entwässerungsreaktionen** genannt, und sie sind für die metamorphe Entwicklung in Gesteinen sehr wichtig, da sie Wasser freisetzen, das als **Katalysator** bei Mineral- oder Schmelzreaktionen wirkt. Eine charakteristische Reaktion ist z. B.

$$2\ Mg_7Si_8O_{22}(OH)_2 = 7\ Mg_2Si_2O_6 + 2\ SiO_2 + H_2O$$
2 Anthophyllit = 7 Enstatit + 2 Quarz + Wasser.

Da Wasser den Schmelzpunkt von Gesteinen herabsetzt, also als Flussmittel agiert, können Reaktionen wie die Muskovit- oder die Biotitentwässerung

$$KAl_3Si_3O_{10}(OH)_2 + SiO_2 =$$
$$KAlSi_3O_8 + Al_2SiO_5 + H_2O$$
Muskovit + Quarz =
K-Feldspat + Sillimanit + Wasser bzw.

$$2\ KMg_3AlSi_3O_{10}(OH)_2 + 6\ SiO_2 =$$
$$3\ Mg_2Si_2O_6 + 2\ KAlSi_3O_8 + 2\ H_2O$$
Biotit + Quarz =
Orthopyroxen + K-Feldspat + Wasser,

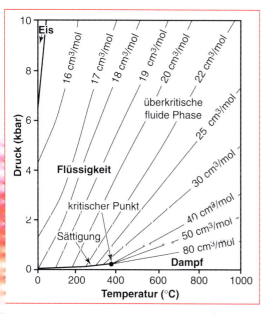

3.18 Das Molvolumen von Wasser in cm³/mol s.o. nach Helgeson & Kirkham (1974). Der kritische Punkt benennt den p-T-Punkt, an dem die physikalischen Eigenschaften von Gas- und Flüssigphase identisch werden. Über dem kritischen Punkt kann man sie nicht mehr unterscheiden und man spricht von einer überkritischen fluiden Phase. Die Sättigungskurve ist die Reaktionskurve von flüssigem zu gasförmigem Wasser.

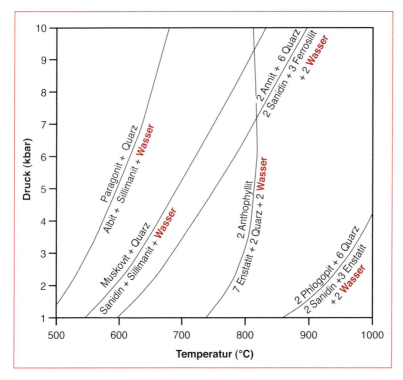

3.20 p-T-Diagramm mit geologisch relevanten Entwässerungsreaktionen.

die bei Temperaturen zwischen 600 und 900 °C ablaufen (Abb. 3.20), zur Schmelzbildung in Gesteinen führen. Dazu mehr in Abschnitt 3.8.4 und 3.9.

3.7 p-T-t-Pfade und ihre Rekonstruktion

Im Laufe seiner Geschichte wird sich ein Gestein auf einem zeitabhängigen Pfad durch den Druck-Temperatur-Raum bewegen (**p-T-t-Pfad**). Im Idealfall bedeutet das, dass es ständig seine Mineralzusammensetzungen und bisweilen seine Mineralvergesellschaftungen ändern müsste, wenn es ständig die jeweilig stabile Mineralvergesellschaftung annehmen wollte. Folglich würde ein Sediment, das subduziert und danach wieder an die Oberfläche gebracht würde, nachher aussehen wie vorher und die ganze metamorphe Petrologie wäre zu nichts nütze bzw. alle Petrologen wären arbeitslos. Dies ist zum Glück nicht der Fall.

Neben der **Thermodynamik** von Mineralreaktionen gibt es nämlich auch noch die **Kinetik**. Während die Thermodynamik bestimmt, welche Vergesellschaftung stabil ist, bestimmt die Kinetik, ob und wie schnell eine Mineralreaktion ablaufen kann. Tatsächlich ist es so, dass die Kinetik in den meisten Fällen verhindert, dass Reaktionen ablaufen. Da die Reaktionskinetik vor allem von der Temperatur abhängt, benötigt man relativ hohe Temperaturen, um Reaktionen vollständig ablaufen zu lassen. Vollständig heißt hier, dass eine thermodynamisch instabile Mineralvergesellschaftung komplett durch eine stabile Vergesellschaftung ersetzt wird. Dies geschieht meist nur bei Temperaturen über etwa 300 °C, und auch dann nur, wenn genügend Fluid (vereinfacht: Wasser) im Gestein vorhanden ist, um den Ionenaustausch zu gewährleisten, und wenn das Gestein genügend lange bei hohen Temperaturen bleibt (einige 100.000 bis Millionen Jahre). Wir halten fest: ohne Fluid und ohne hohe Temperaturen kann kein Gestein in komplettes Gleichgewicht kommen.

Daneben gibt es aber noch den Fall des **lokalen Gleichgewichtes**. Dies bedeutet, dass zum Beispiel der Rand eines thermodynamisch instabilen Mineralkorns – der Kaolinit aus unserem Beispiel – reagiert und ordentlich Pyrophyllit bildet, der Kern des Korns aber unverfälscht erhalten bleibt, da die Temperatur nicht ausreicht, die Ionen durch den gebildeten Rand hindurch zum Kern hin oder vom Kern weg zu transportieren. Dies geschieht sehr häufig und insbesondere dann, wenn die Gesteine nur kurze Zeit hohen Temperaturen ausgesetzt sind oder wenn kein oder nicht genug Fluid im Gestein vorhanden ist. Bei Temperaturen über 600 °C führen solche Reaktionen zur Bildung von **Coronatexturen** (Abb. 3.21), da die neu gebildeten Minerale wie Kronen um die zentralen, unbeeinflussten Kerne herum angeordnet sind. Unvollständige Reaktionen führen also zu **Ungleichgewichtstexturen**. Wie erkennt man diese? **Gleichgewichtstexturen** haben typischerweise Dreiwinkelkorngrenzen mit 120°-Winkeln. Ungleichgewichtstexturen haben dies nicht (Abb. 3.21). Hier sind die Winkel beliebig, und häufig treten wirre Verwachsungen oder Überwachsungen auf, z. B. die oben erwähnten Coronen.

Wenn Mineralreaktionen unvollständig ablaufen, also die alten, eigentlich instabilen Paragenesen noch zum Teil erhalten bleiben, ist dies ein Glücksfall für Geowissenschaftler, da sie sonst keinerlei Hinweise auf Prozesse unterhalb

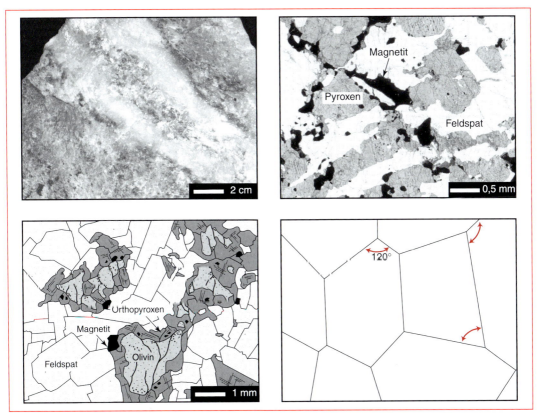

3.21 Gleichgewichts- und Ungleichgewichtstexturen. Oben links eine Ader, entlang derer Fluid durch einen Marmor geflossen ist und dabei symmetrische Reaktionszonen gebildet hat – ein Fall von lokalem Gleichgewicht, bei dem das Gesamtgestein nicht im Gleichgewicht ist. Unten links Coronatexturen in einem Olivingabbro, ebenfalls typische Anzeichen für Ungleichgewicht. Oben rechts eine Gleichgewichtstextur in einem magmatischen Gestein (Gabbro mit Feldspat und Orthopyroxen), unten rechts eine schematische Gleichgewichtstextur, in der die Korngrenzwinkel ca. 120° haben.

der Erdoberfläche hätten. Alle unsere Vorstellungen zur Bildung von Gebirgen, zur Subduktion von Ozeanen oder zur Aufschmelzung und Kristallisation von Gesteinen beruhen auf diesen „thermodynamischen Versagern", deren Texturen wir im Dünnschliff erkennen und entschlüsseln können. Hier sind Einschlüsse in Mineralen, Reaktionstexturen, entsprechende Gefüge und zonierte Minerale von besonderer Bedeutung (siehe auch Abschnitt 2.3.3).

Die Notwendigkeit der Anwesenheit von Fluid in einem Gestein, um wenigstens lokale Gleichgewichtseinstellung zu ermöglichen, bedeutet, dass man nur die Punkte auf einem p-T-t-Pfad eines Gesteines „abgebildet" sieht, an denen Fluide gegenwärtig waren oder wo es so hohe Temperaturen erreicht hatte (über etwa 750 °C), dass selbst ohne Fluid Reaktionen abliefen. Durch unvollständige Überprägung kann man, wenn man Glück hat, mehrere Punkte auf dem p-T-t-Pfad rekonstruieren, vor allem auch dann, wenn man verschiedene Gesteine aus demselben Gebiet untersucht, die vielleicht unterschiedlich reagiert haben.

Innerhalb eines Metamorphosezyklus, z. B. einer Subduktion oder Gebirgsbildung, erreicht

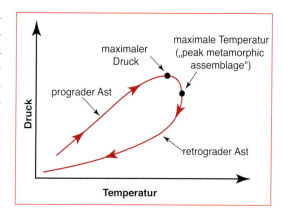

3.22 Schematischer p-T-Pfad.

n irgendwann den Punkt höchster Temperatur und meistens wird sich dort auch eine stabile Paragenese bilden. Diese wird als die „**peak metamorphic assemblage**" bezeichnet (Abb. 3.22). Der Teil des p-T-Pfades, der vor diesem Punkt liegt, wird als **prograd** bezeichnet, der danach kommende (der Abkühlast) als **retrograd**.

Bestimmte tektonische Prozesse haben charakteristische p-T-Pfade, die mit den typischen **geothermischen Gradienten** zusammen hängen (Abb. 3.23). Die Entzifferung von stabilen Mi-

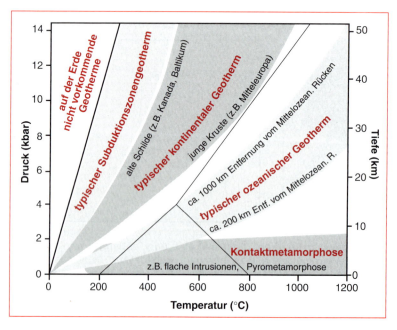

3.23 Verschiedene typische geothermische Gradienten. Nach Winter (2001).

neralvergesellschaftungen und damit assoziierten p-T-Pfaden kann solche Prozesse belegen, die sich mitunter vor Milliarden von Jahren abspielten. Einzig wichtig ist: Es darf nachher kein Wasser mehr in die Gesteine gekommen sein, denn sonst werden frühere Spuren verwischt oder ausgelöscht. Wie man Druck- und Temperaturbedingungen der Bildung eines Gesteins tatsächlich berechnen kann, ist in Kasten 3.8 erklärt.

Kasten 3.8   Geothermobarometrie

Die Methoden der **Geothermobarometrie** erlauben es, Temperaturen und Drucke in Gesteinen während ihrer Bildung bzw. ihrer Metamorphose zu bestimmen. Grundlage dafür ist die oben gewonnene Erkenntnis, dass sowohl Zusammensetzungen zweier koexistierender Minerale als auch Mineralvergesellschaftungen für bestimmte p- und T-Bedingungen charakteristisch sein können. Der erste Fall wurde bereits in Kasten 2.14 anhand der Granat-Biotit-Thermometrie ausführlich erläutert, wo das Verhältnis von Fe und Mg in zwei koexistierenden Fe-Mg-Silikaten die Bestimmung der Gleichgewichtstemperatur erlaubt. Der zweite Fall wird in Abschnitt 3.8. ausführlich besprochen. Dort wird gezeigt, dass jede Gesamtgesteinszusammensetzung für bestimmte p-T-Bedingungen charakteristische Mineralvergesellschaftungen aufweist. Dies allerdings erlaubt nur die Eingrenzung eines Stabilitätsfeldes, das im Einzelfall viele kbar und mehrere Hundert °C umfassen kann während die Granat-Biotit-Thermometrie bei einem gegeben Druck einen definierten Temperaturwert liefert. Es gibt also grundsätzlich unterschiedliche Möglichkeiten der Thermobarometrie.

Verwendet man einzelne Reaktionen, die experimentell für verschiedene p und T kalibriert sind und in die man nur einige gemessene Zahlenwerte – z. B. das Fe/Mg-Verhältnis von Biotit und Granat – einsetzen muss, so spricht man von **konventioneller** Thermobarometrie. Es gibt Kalibrationen für eine Vielzahl von Fe-Mg-Austauschreaktionen, die als Thermometer verwendet werden können (siehe Kasten 2.14).

Als Barometer dienen praktisch ausschließlich rekonstruktive Reaktionen mit großer Volumenänderung ΔV. Hierzu gehören z. B. feldspatinvolvierende Reaktionen, da Feldspäte eine sehr lockere Struktur haben, die aus ihnen bei Temperatur- und Druckerhöhung gebildeten Minerale wie Granat oder Aluminiumsilikate aber eine relativ dichte. Folglich weist die Reaktion eine große Volumenänderung auf. Ein Beispiel einer solchen Reaktion ist die in Kasten 3.7 genannte Reaktion von Wollastonit und Plagioklas zu Granat und Quarz.

Solche Thermo- und Barometer sind über verschiedene Computerprogramme leicht zugänglich (z. B. GTB von Frank Spear, *http://ees2.geo.rpi.edu/MetaPetaRen/GTB–Prog/GTB.html*) und auch für Nicht-Petrologen anwendbar. Allerdings sei angemerkt: aufgrund retrograder Veränderungen kommen nicht immer interpretierbare Ergebnisse dabei heraus, also Vorsicht bei der Interpretation und Verwendung der einfach zu errechnenden Zahlen!

Daneben kann man aber mittels thermodynamischer Daten von Mineralen und dafür geschriebener Computerprogramme auch selbst berechnen, bei welchen p- und T-Bedingungen bestimmte, für das Verständnis eines Gesteines interessante Reaktionen ablaufen. Hierfür muss man zusätzlich zur Zusammensetzung der Minerale auch noch deren thermodynamische Eigenschaften kennen, also ihre Gibbs'sche Freie Enthalpie, ihre Entropie und ihr Molvolumen, um nur einige zu nennen, die schon besprochen wurden. Dieses Vorgehen nennt man die Berechnung von Phasengleichgewichten. Es gibt verschiedene, im Detail unterschiedliche Methoden der Berechnung von Phasengleichgewichten (Multiequilibriummethode, Gibbs Freie Enthalpieminimierung, Berechnung petrogenetischer Netze), die aber alle auf demselben Prinzip beruhen. Diese im Detail zu erläutern, kann jedoch leider nicht Aufgabe des vorliegenden Buches sein.

3.8 Metamorphe Prozesse

3.8.1 Das metamorphe Fazieskonzept

Der geologisch relevante p-T-Bereich wird in verschiedene Felder aufgeteilt, die als **Faziesfelder** bezeichnet werden (Abb. 3.24). Die Namen der Felder wurden nach metamorphen, basaltischen Gesteinen vergeben, die z. B. in der Grünschieferfazies tatsächlich als grüne Schiefer vorliegen. Die Namen gelten allerdings für alle Gesteine unter den für diese Fazies charakteristischen p-T-Bedingungen. Ein grünschieferfazielles Kalksilikat wird also im Allgemeinen kein grüner Schiefer sein. Die Begrenzung der Felder wird durch in basischen Gesteinen wichtige metamorphe Mineralreaktionen vorgegeben. Die schematische Verteilung der verschiedenen Fazien in einem tektonischen Szenario zeigt Abb. 3.25.

Verschiedene tektonische Prozesse führen zu verschiedenen charakteristischen Geothermen (Abb. 3.23) und p-T-Pfaden. Es werden folgende **Metamorphosetypen** generell unterschieden (siehe auch Abb. 1.8):
- Tieftemperatur-Hochdruckmetamorphose (Subduktion)
- Hochdruck-Hochtemperaturmetamorphose (Gebirgsbildung, Krustenverdopplung)
- Hochtemperatur-Niederdruckmetamorphose: (regional: „**magmatic underplating**"; lokal: Kontaktmetamorphose)
- Ozeanbodenmetamorphose (**Spilitisierung**/Hydratisierung von Basalten)
- Versenkungsmetamorphose (z. B. Sedimentation in Becken)
- Impaktmetamorphose (in Zusammenhang mit Meteoriteneinschlägen)

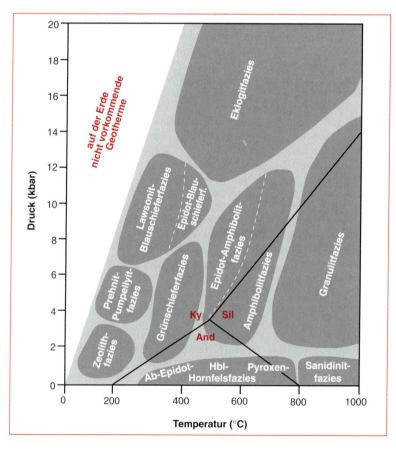

3.24 Metamorphe Faziesfelder und der Tripelpunkt der Aluminiumsilikate Andalusit, Disthen und Sillimanit.

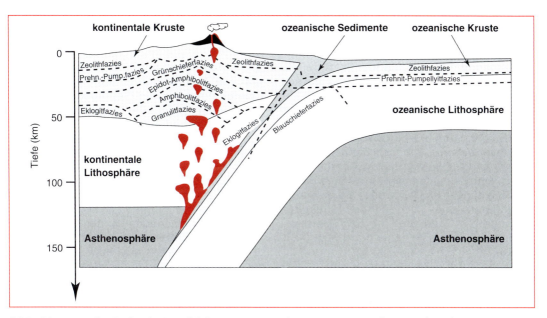

3.25 Metamorphe Fazien im Bereich konvergenter Plattengrenzen nach Spear (1993).

Die ersten drei davon sind im regionalen Maßstab wichtig und weit verbreitet. Ozeanbodenmetamorphose spielt naturgemäß nur für basaltische Gesteine größere Rolle, da überwiegend diese den Ozeanboden aufbauen. Die letzten beiden Metamorphosetypen sind von eher untergeordneter Bedeutung und werden im Folgenden auch nicht weiter betrachtet. Der klassische p-T-Pfad für Orogenesen (Gebirgsbildungen) wird als **Barrows Metamorphosesequenz** bezeichnet. Der britische Geologe Barrow stellte Anfang des 20. Jahrhunderts fest, dass im schottischen Hochland Gesteine überall identischer Gesamtzusammensetzung anstehen, die aber sukzessive ihre Mineralvergesellschaftungen ändern und er „erfand" daraufhin das Konzept der metamorphen Fazies. Der Barrow-Typ ist dadurch charakterisiert, dass Druck und Temperatur relativ gleichmäßig zunehmen; d.h., ein Gestein auf einem solchen Pfad wird durch die Grünschieferfazies und anschließend durch die Amphibolitfazies kommen, jedoch oberhalb des Aluminiumsilikat-Tripelpunktes und daher im Disthenfeld (sehr typisch, Abb. 3.23, daher auch der Name „Kyanitgeotherm"). Der Aluminiumsilikat-Tripelpunkt bei ca. 4 kbar und 500 °C ist ganz generell ein wichtiger invarianter Punkt, da er – in erster Näherung – druckbetonte (Disthen), temperaturbetonte (Sillimanit) und kontaktmetamorphe Prozesse (Andalusit) voneinander zu unterscheiden hilft oder doch zumindest erste Druck/Temperatur-Eingrenzungen bereits im Gelände zulässt. Damit kein Missverständnis auftritt, soll hier erwähnt werden, dass Andalusit als retrograde Bildung auch bei Gebirgsbildungen und Sillimanit auch in heißen Kontaktaureolen auftreten kann.

Jedes Gestein hat seine eigenen typischen Paragenesen in jedem Faziesfeld. Ein granulitfazieller Kalk sieht anders aus als ein granulitfazieller Basalt, obwohl beide vielleicht die identischen Metamorphosebedingungen erlebt haben. Das heißt, es ist sinnvoll, sich die typischen metamorphen Mineralvergesellschaftungen für verschiedene, verbreitete Gesteinstypen anzusehen. Um Aussagen über p-T-t-Pfade zu machen, werden vor allem drei Gesteinstypen verwendet: **Metabasite** (ehemals basaltische Gesteine), **Metapelite** (ehemalige Tonsteine) und **Marmore** sowie **Kalksilikatgesteine** (metamorphe Kalksteine). Ein chemisch einfaches System

Kasten 3.9 Metamorphose und Gebirgsbildung

Metamorphe und tektonische Prozesse sind eng gekoppelt, und so kann man aus der Verbreitung bestimmter metamorpher Gesteine und aus den Druck- und Temperaturbedingungen, die sie widerspiegeln, die Details z. B. von Gebirgsbildungsprozessen nachvollziehen. Gebirgsbildungen folgen dem so genannten Barrow-Geotherm, in dem Druck und Temperatur in etwa gleichmäßig zunehmen. Wir wollen als besonders gut untersuchtes Paradebeispiel für ein Barrow-artiges Deckengebirge den Zentralteil der Alpen ein wenig näher betrachten (Abb. 3.26).

Der Begriff **Deckengebirge** (nicht zu verwechseln mit Deckgebirge) bedeutet, dass ursprünglich horizontal nebeneinander liegende Gesteinspakete im Zuge der Kollision zweier Kontinentplatten übereinander geschoben und dabei teilweise metamorph überprägt wurden. In den Schweizer Alpen war die Nordwärtsdrift der afrikanisch-apulischen Platte dafür verantwortlich, dass zunächst vor etwa 100 – 40 Millionen Jahren der zwischen dieser Platte und Europa liegende Ozean (**penninischer Ozean**, ein Teil des frühen Atlantiks) unter Afrika subduziert, anschließend der Kontinentrand Europas in mehrere Decken zerlegt und diese gestapelt wurden (so genannte **helvetische Decken** der Nordschweiz, Abb. 3.26 und 3.27). Einzelne Kontinentfragmente, die innerhalb des penninischen Ozeans gelegen hatten (z. B. Sesia-Lanzo-Zone), wurden zusammen mit den ozeanischen Einheiten auf die europäische Platte überschoben und daran angeschweißt (so genannte **penninische Decken** der Zentral- und Südschweiz, Abb. 3.27). Die höchste Einheit, der afrikanisch-apulische Rand (**ostalpine Decken**), ist über die penninischen Decken überschoben, aber in den Schweizer Alpen weitgehend erodiert worden. Die Hebung seit etwa 30 Millionen Jahren vor heute machte diesen mittelkrustalen Deckenbau dann sichtbar. Derzeit beträgt die Hebungsrate der Alpen immer noch etwa 1 mm pro Jahr. Die Subduktion des penninischen Ozeans führte zu einer Fülle von vor allem basischen Höchdruckgesteinen, die heute noch z. B. in der Zermatt-Saas Fee-Zone zu sehen sind, wobei Blauschiefer in den ganzen Westalpen verbreitet vorkommen (Abb. 3.26). Im Detail werden diese Gesteine in Abschnitt 3.8.5 und Kasten 3.14 besprochen. Die helvetischen und penninischen Decken spiegeln in ihren unterschiedlichen Metamorphosebedingungen die unterschiedliche Versenkungstiefe und das Übereinanderstapeln des Gebirgsbaues wider.

Während der Einengung wurden Fragmente des unter der Ozeankruste befindlichen subozeanischen Mantels wie auch Fragmente des unter dem Kontinentrand befindlichen subkontinentalen Mantels in die Decken eingeschuppt. Diese Fragmente liegen heute als eigenständige Einheiten (z. B. Malenco-Komplex, Zone von Zermatt-Saas Fee) und als ultrabasische Fremdgesteinslinsen von m- bis km-Größe in vielen penninischen Decken vor. Die im Tessin sehr genau untersuchten Linsen in penninischen Decken zeigen durch unterschiedliche Mineralvergesellschaftungen, die näher in Abschnitt 3.8.2 besprochen werden, dass dort auch im Detail eine regionale Zonierung der metamorphen Bedingungen beobachtet werden kann (Abb. 3.28). Von Norden nach Süden nehmen die Temperatur und der Druck kontinuierlich zu, von unmetamorph am Vierwaldstätter See auf etwa 500 °C/4 – 5 kbar in der Pioramulde knapp südlich des Gotthards und bis zu etwa 750 °C/7 kbar bei Bellinzona an der insubrischen Linie, der Nahtlinie zwischen apulischer und europäischer Platte. Vergleicht man diese metamorphe Zonierung mit dem Schnitt aus Abb. 3.26 und 3.27, so erkennt man, dass dort, wo die Kruste am meisten verdickt wurde, besonders hohe Temperaturen herrschten, und dass nahe der Nahtstelle der **insubrischen Linie** besonders tiefe und heiße Gesteine an die Oberfläche gebracht wurden. Dies lässt auf unterschiedliche Hebungsraten nach der eigentlichen Kollision der Platten schließen. Ein wenig weiter östlich, im Val Codera bei Chiavenna, sind sogar Gesteine der verdickten Krustenwurzel an die Oberfläche gekommen, die Bedingungen

3.8 Metamorphe Prozesse 257

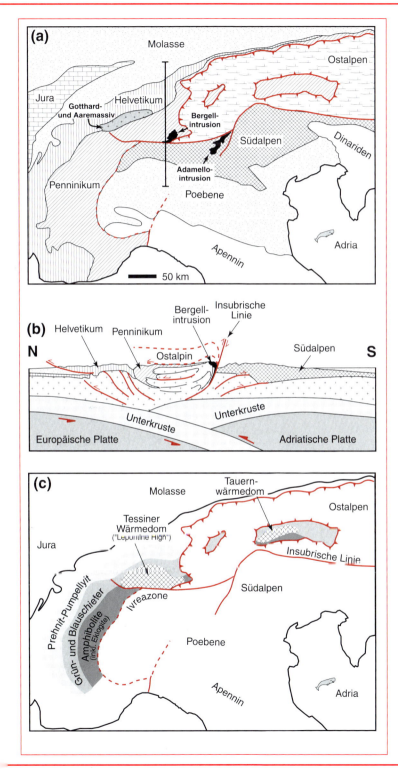

3.26 (a) und (b) Geologie und (c) metamorphe Zonierung der Alpen, modifiziert und zusammengesetzt nach Pfiffner & Hitz (1997), Schmid et al. (1996), Ernst (1971) und Ernst (1975).

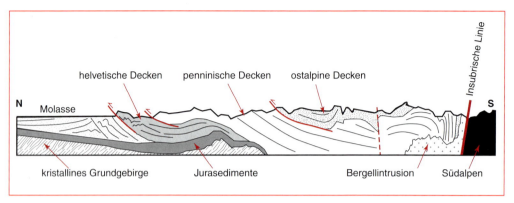

3.27 Der Deckenbau in den Zentralalpen, etwas östlich des Schnitts in Abb. 3.26 oben, modifiziert nach Labhart (1982).

von über 800 °C und 10 kbar anzeigen (die Granat-Sapphirin-Granulite des Grufkomplexes). In ähnlicher Weise lässt sich noch großräumiger eine metamorphe Zonierung anhand der Mineralvergesellschaftung in basischen Gesteinen und Mergeln auskartieren. Ohne solche detaillierten und aufwändigen Feldstudien würde man den Bau und die Entstehung von komplizierten Gebirgen nicht verstehen können.

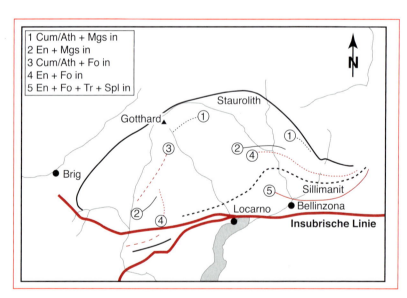

3.28 Isograden in ultramafischen und metapelitischen Gesteinen der Zentralalpen nach Tromsdorff & Evans (1974). Jeder Isograd und jedes „in" bedeutet das jeweils erste Auftreten eines Minerals oder einer Paragenese in Gesteinen bestimmter Zusammensetzung. Manche Isograden sind – aufgrund des Fehlens der dafür geeigneten Gesteine – nicht überall im Gelände zu verfolgen. Von N nach S nimmt die Temperatur zu und entsprechend tritt in Metapeliten zunächst in der Nähe des Gotthards Staurolith, nahe der Insubrischen Linie dann Sillimanit auf, in Ultramafiten zunächst Orthoamphibol + Magnesit, dann Enstatit + Magnesit usw.

sind außerdem **Metaultrabasite**, also ehemalige Erdmantelgesteine, die zum Beispiel im Rahmen von Gebirgsbildungen in die Kruste eingeschuppt werden können (Kasten 3.9).

3.8.2 Metamorphose von Ultrabasiten

Bestimmte ultrabasische Gesteine (Dunite, Harzburgite) lassen sich gut durch ein vereinfachtes chemisches System beschreiben, das aus den Komponenten MgO, SiO$_2$ und H$_2$O besteht, da **Dunite** überwiegend forsteritischen Olivin, **Harzburgite** zusätzlich noch Mg-reichen Orthopyroxen enthalten. Will man auch noch **lherzolithische** Gesteine beschreiben, muss man um die Komponente CaO erweitern, um Klinopyroxen zu berücksichtigen, und um Al$_2$O$_3$, wenn man auch noch die Al-Phasen Plagioklas, Spinell und Granat diskutieren will (Kasten 3.10).

Wir betrachten aber zunächst einen einfachen Ca- und Al-freien Harzburgit. Gerät solch ein Gestein im Zuge von Obduktionsvorgängen an die Erdoberfläche oder in ihre Nähe (z. B. am Ozeanboden), so wird es durch den Kontakt mit Meerwasser zunächst vollständig hydratisiert (Abb. 3.29). Hierbei werden Orthopyroxen und Olivin instabil und es bildet sich eine

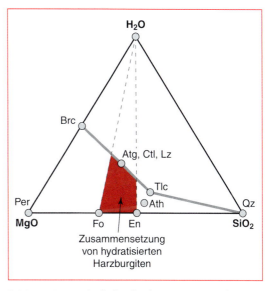

3.29 MSH-Dreieck für hydratisierte Harzburgite nach Bucher & Frey (2002). Der rote Bereich umfasst die möglichen Gesamtgesteinszusammensetzungen.

neue stabile Paragenese aus Chrysotil oder Antigorit (Serpentinminerale) und Brucit (ein Schichthydroxid) (Abb. 3.30). Wird dieses Gestein erwärmt, bilden sich nach und nach charakteristische Mineralvergesellschaftungen, die eine ziemlich genaue Temperaturabschätzung zulassen (Abb. 3.30 und 3.31): Talk ist charak-

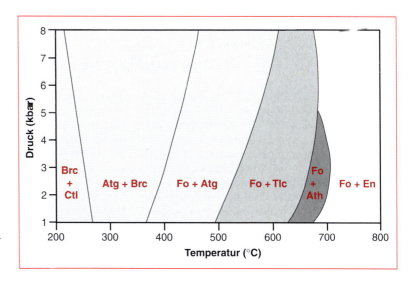

3.30 p-T-Diagramm für Ca- und Al-freie Ultramafitite (Harzburgite) nach Bucher & Frey (2002).

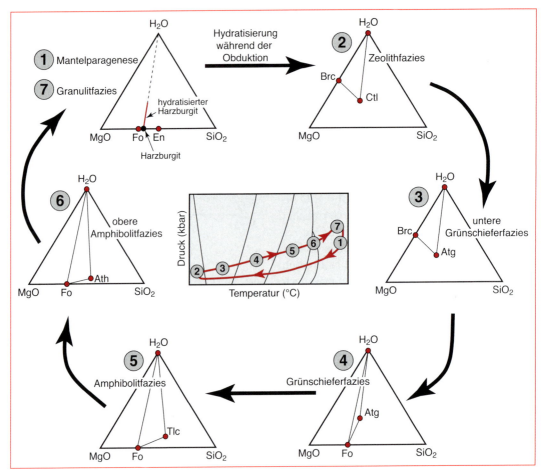

3.31 P-T-Pfad eines Harzburgits mit den unter verschiedenen P-T-Bedingungen gültigen Chemographien. Wasser als Phase wurde weggelassen, ist aber mit allen Paragenesen stabil. Der rote Balken in ① zeigt die Gesamtzusammensetzung eines hydratisierten Harzburgits.

Kasten 3.10 Ca und Al in Ultrabasiten

Mantelgesteine, die noch nie Aufschmelzungsprozessen unterworfen waren und daher im Unterschied zu den Harzburgiten und Duniten noch keine Ca- und Al-reiche basaltische Schmelze abgegeben haben, enthalten immer Ca- und Al-Phasen. Solche Gesteine heißen **Lherzolithe**, und die in ihnen enthaltenen Ca- und Al-Phasen lassen eine Einteilung in unterschiedliche Druck- und Temperatur-Stabilitätsbereiche zusätzlich zum reinen MgO-SiO_2-H_2O-System zu (Abb. 3.32). Es kommen Chlorit und Spinell bei orogenen Peridotiten hinzu, wenn man Al zusätzlich betrachtet, sowie Klinopyroxen und Tremolit als Ca-Träger. Während Chlorit wenig diagnostisch für eine bestimmte Temperatur ist (siehe Abb. 3.32), kommt diopsidischer Klinopyroxen in der Grünschieferfazies und dann wieder in der Granulitfazies vor, Tremolit ist auf die Amphibolitfazies und untere Granulitfazies beschränkt und Spinell ist ebenfalls ein Anzeiger für die Granulitfazies. Betrachtet man Ca und Al nicht getrennt, wie in Abb. 3.32, sondern gemeinsam, erhält

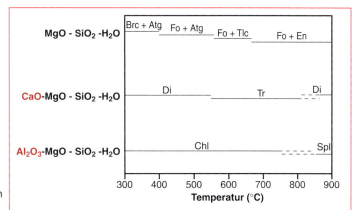

3.32 Die Temperaturabhängigkeit von Mineralparagenesen in Ca- und Al-haltigen Mantelgesteinen nach Bucher & Frey (2002).

man ein wichtiges Kriterium für die **Druckabschätzung in Mantelgesteinen** und damit einen Hinweis, aus welcher Tiefe im Mantel sie stammen (Abb. 3.33). Plagioklas zeigt in Olivingesteinen Drucke unter 8 kbar an, Cr-armer Spinell ist zwischen etwa 6 und 16 kbar stabil, stark Cr-haltiger Spinell sogar bis über 20 kbar und die tiefsten Proben des oberen Erdmantels, die wir besitzen, führen pyropreichen Granat. Besonders hoher Druck führt zu einer „**Majorit**" genannten Komponente im Granat ($Mg_4Si_4O_{12}$), die zwei Al auf dem Oktaederplatz durch je ein zusätzliches Mg und (**oktaedrisches!**) Si ersetzt. Die relevanten Reaktionen von Olivin zu Spinell und von Spinell zu Granat, geschrieben für reine Mg-Endglieder, sind die folgenden:

$$2\ Mg_2SiO_4 + CaAl_2Si_2O_8 = Mg_2Si_2O_6 + CaMgSi_2O_6 + MgAl_2O_4$$
2 Forsterit + Anorthit = Enstatit + Diopsid + Spinell

$$2\ Mg_2Si_2O_6 + MgAl_2O_4 = Mg_3Al_2Si_3O_{12} + Mg_2SiO_4$$
2 Enstatit + Spinell = Pyrop + Forsterit

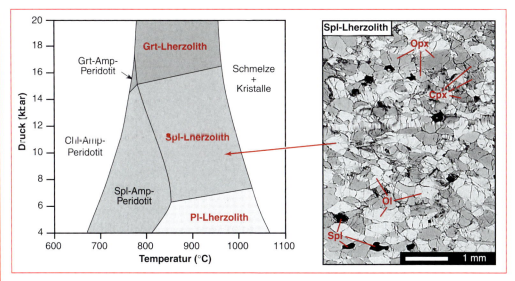

3.33 Stabilität von Ca- und Al-haltigen Mineralphasen unter wassergesättigten Bedingungen des Oberen Erdmantels nach Bucher & Frey (2002). Rechts ein Dünnschliff mit der typischen Textur eines Spinell-Lherzoliths (hellgrau Olivin, dunkelgrau Pyroxene, schwarz Spinell).

Kasten 3.11 Kontaktmetamorphose und Isograde

Kontaktmetamorphose ist die isobare Rekristallisation in der Umgebung von Plutonen, die ihre Wärme und ihre Fluide während ihrer Kristallisation an das Nebengestein abgeben und dadurch dort metamorphe Mineralreaktionen auslösen (Abb. 3.34). Fluid strömt dabei übrigens nicht nur aus dem kristallisierenden Pluton, sondern aufgrund einer sich entwickelnden Konvektion auch zum Pluton hin (Abb. 3.34). In Abhängigkeit von der Entfernung zum Pluton bildet sich dabei eine Kontaktaureole, also eine Abfolge unterschiedlicher Mineralparagenesen in denselben Gesteinen (Abb. 3.34, 3.35 und 3.36), da die Temperatur kontinuierlich vom Rand des Plutons nach außen abnimmt. Als grobe Faustregel für die höchste in Kontaktaureolen erreichte Temperatur, direkt am Kontakt, gilt: 0,5 · (Schmelztemperatur + Nebengesteinstemperatur). **Kontaktaureolen** haben aus Sicht des Petrologen den großen Vorteil gegenüber anderen Gesteinskomplexen, dass man ihre Geometrie zur Zeit der Metamorphose auch heute noch gut einschätzen kann und dass die unterschiedlichen Mineralvergesellschaftungen meist nur Temperaturänderungen anzeigen, da der Druck als etwa konstant angenommen werden kann. Daher wurden und werden an ihnen viele grundsätzliche Arbeiten zur Temperaturstabilität von Mineralvergesellschaftungen gemacht. Die Zonen unterschiedlicher Mineralvergesellschaftungen kann man durch die Auskartierung von **Isograden** im Gelände unterscheiden. Dies sind Linien, an denen ein Mineral im Gelände zum ersten oder zum letzten Mal (in einem räumlichen Bezug gesehen) auftritt. Klassische Kontaktaureolen liegen etwa in den Ophiolithen (Serpentinite, Ophicarbonate) des Ostrandes der Bergellintrusion im Val Malenco (italienische Alpen, Abb. 3.35) und in den Marmoren um die Monzoniintrusion in Südtirol (Abb. 3.36). Die Abbildungen zeigen deutlich die Abfolge der Isograden in diesen Gesteinen. Besonders spektakulär sind Kontaktaureolen dort, wo der Granit in Kalke intrudiert ist. Dort bilden sich mitunter **Skarne**, das sind Fe-reiche Kalksilikatgesteine, die auch bauwürdige Anreicherungen von Industriemineralen (z. B. Granat, Wollastonit) oder Fe-Lagerstätten enthalten können.

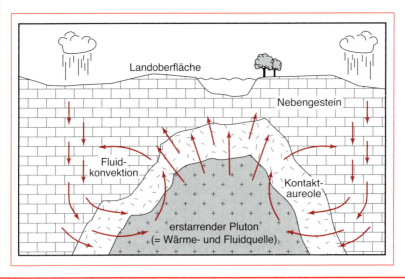

3.34 Schema einer Kontaktaureole. Man beachte, dass der abkühlende Pluton sowohl magmatisches Wasser abgibt (insbesondere nach oben), als auch meteorisches Wasser aus den Nebengesteinen in einer Konvektionszelle „ansaugt" und erhitzt wieder abgibt.

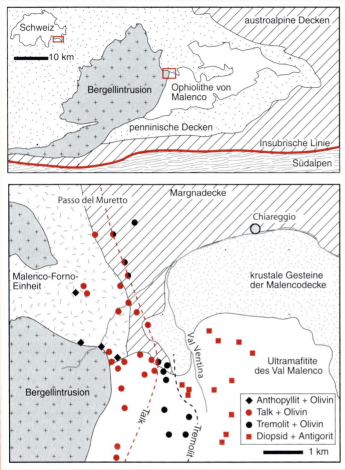

3.35 Mineralparagenesen in Ultramafiten der Kontaktaureole um den Bergell-Pluton im Val Malenco, italienische Alpen. Nach Trommsdorff & Evans (1972). Oben: Lage des Gebietes; unten: Detailkarte der Mineralparagenesen.

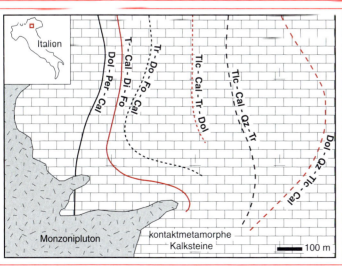

3.36 Mineralparagenesen in Marmoren der Kontaktaureole um den Monzoni-Pluton in Südtirol nach Masch & Huckenholz (1993).

teristisch für Grünschiefer- und niedrig amphibolitfazielle Ultrabasite, zum Teil auch zusammen mit Forsterit, während der Orthoamphibol Anthophyllit ein relativ enges Temperaturfenster im oberamphibolitfaziellen Temperaturbereich um 650 °C einnimmt. Bei noch höheren Temperaturen wird dann wieder die ursprüngliche Mantelparagenese von Olivin mit Orthopyroxen stabil. Solche Metamorphosesequenzen kann man zum Beispiel in Kontaktaureolen beobachten, wo Serpentinite in der unmittelbaren Umgebung eines heißen Plutons (etwa 1 km um den Kontakt herum) diese Abfolge von Paragenesen erkennen lassen. Ein Beispiel hierfür ist die in Kasten 3.11 beschriebene Kontaktaureole um den Bergeller Pluton im Val Malenco-Serpentinit der italienischen Zentralalpen. Auch in manchen regionalmetamorphen Gebieten wie zum Beispiel dem Schweizer Tessin, das einen Temperaturgradienten erkennen lässt, findet man solche Sequenzen (Kasten 3.9, Abbildung 3.28).

3.8.3 Metamorphose von kieseligen Kalksteinen

Es gibt zwei Hauptklassen von Karbonatgesteinen, die entweder hauptsächlich aus Calcit oder vornehmlich aus Dolomit bestehen. Beide enthalten häufig Quarz als weiteren Bestandteil. Die metamorphen Äquivalente der Karbonatgesteine heißen **Calcit- oder Dolomitmarmore**. **Kalksilikatfelse** dagegen enthalten überwiegend Silikate und – wenn überhaupt – nur noch untergeordnet Karbonate sowie meist weitere Komponenten wie Al oder Fe.

Im einfachsten Fall reiner Dolomit-Calcit-Quarz-Marmore braucht man nur fünf Systemkomponenten, um die chemische Zusammensetzung des Systems auszudrücken: CaO, MgO, SiO_2, H_2O und CO_2, da diese Gesteine meist sehr Fe-arm sind und somit nicht die in allen anderen Gesteinen wichtigen Fe-Mg-Austauschreaktionen vorkommen. X_{Mg} in diesen Marmoren ist meist über 0,95. Dies bedeutet natürlich, dass die sonst häufig als Thermometer eingesetzten Fe-Mg-Austauschreaktionen in Marmoren nicht angewendet werden können. Für Druckabschätzungen sind Marmore – abgesehen von der Calcit-Aragonit-Phasenumwandlung – sogar völlig ungeeignet.

Daher muss man für p-T-Abschätzungen die Umgebungsgesteine verwenden, während die Marmore dazu benutzt werden, die Zusammensetzung der metamorphen Fluide in diesem Gebiet abzuschätzen. Da man dies mit kaum einem anderen Gesteinstyp so gut kann, sind Marmore sehr wichtig für das petrologische Verständnis eines Gebietes und für das Verständnis von fluidgesteuerten Stofftransportprozessen.

Der Zusammensetzungsraum kann für Marmore in zwei Kategorien aufgeteilt werden, die durch die Verbindungslinie Calcit-Diopsid im CMS-Dreieck getrennt sind (Abb. 3.37): quarzreiche Calcitmarmore und dolomitreiche Dolomit- oder Calcitmarmore. Diese Aufteilung ist günstig, da bei höherem Metamorphosegrad in diesen Gesteinen unterschiedliche Reaktionen ablaufen. Metamorphe Gesteine der quarzreichen Sorte werden häufig auch Kalksilikatgesteine genannt, besonders wenn als zusätzliche Komponente Al vorhanden ist. In letzte-

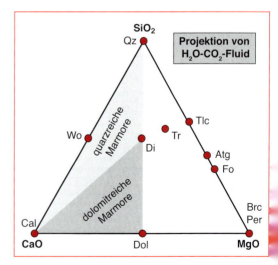

3.37 Chemographie des CMS-Systems mit der Unterteilung in Quarz-reiche und Dolomit-reiche Calcitmarmore. Nach Bucher & Frey (2002).

rem Fall handelt es sich meist um metamorphe Mergel, die wir aber nicht weiter besprechen wollen.

Für die Metamorphose von Marmoren ist es von entscheidender Bedeutung, welche Zusammensetzung die koexistierende Fluidphase hatte, die hier erstmals nicht als reines Wasser, sondern als binäre H_2O-CO_2-Mischung angenommen wird, da in Marmoren CO_2 eine wichtige Komponente ist. Man hat dadurch außer p und T noch eine zusätzliche Variable eingeführt: die Fluidzusammensetzung. Daher verwendet man – je nach Problemstellung – entweder T-X_{CO_2} (Abb. 3.38) für kontaktmetamorphe Marmore oder Geotherm-X_{CO_2}-Diagramme, in denen p und T mittels eines Geothermen fest miteinander verknüpft sind (Abb. 3.39), für regionalmetamorphe Marmore. Die für diese Abbildungen relevanten Reaktionen sind in Kasten 3.12 zusammengestellt.

In einem regionalmetamorphen Dolomit-Calcit-Gestein mit wenig Quarz (Abb. 3.39a) ist unterhalb von etwa 400 °C Calcit mit Dolomit und Quarz stabil. Nur in den extrem H_2O-reichen Fluidzusammensetzungen hat Talk ein kleines Stabilitätsfeld. Bei höheren Temperaturen wird dann Tremolit stabil und in der oberen Amphibolit- und der Granulitfazies ist ent-

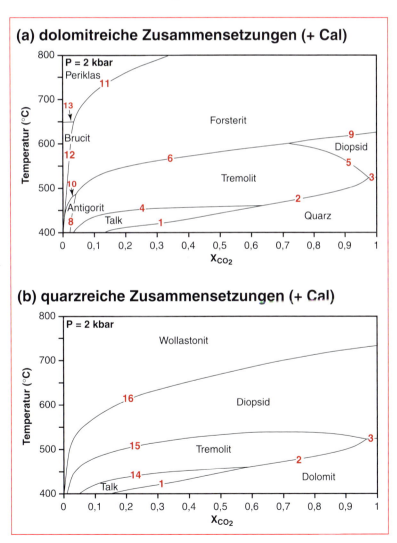

3.38 T-X_{CO_2}-Diagramme für dolomit- und quarzreiche Marmore bei konstantem Druck nach Bucher & Frey (2002).

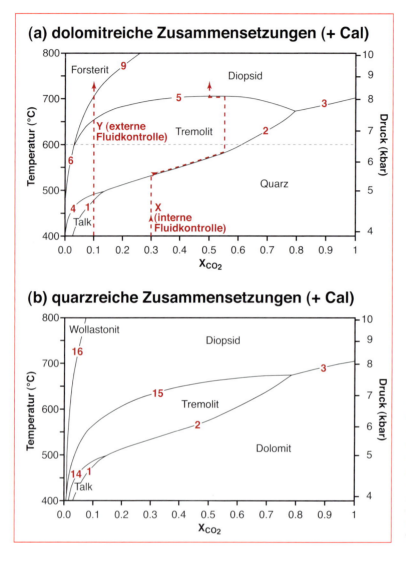

3.39 Geotherm-X_{CO_2}-Diagramme für dolomit- und quarzreiche Marmore nach Bucher & Frey (2002). Druck und Temperatur sind hier entlang des Kyanit-Geotherms gekoppelt. Die Beispiele für externe und interne Fluidkontrolle sind im Text erläutert.

weder Diopsid in CO_2-reichen oder Forsterit in H_2O-reichen Fluiden stabil. Diese Indexminerale kann man dann benutzen, um im Gelände unterschiedliche Metamorphosegrade auszukartieren (Abb. 3.40 und 3.41). Die wichtigsten Reaktionen sind in Kasten 3.12 aufgelistet. In orogenen Marmoren – z. B. denen der Zentralalpen – ist Talk meist ein retrogrades Mineral, das in späten Adern während der Hebung gebildet wird. Tremolit kann häufig gut erkannt und als Isograd auskartiert werden, der meist mit dem Beginn der Amphibolitfazies zusammenfällt.

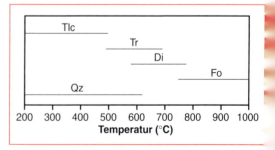

3.40 Charakteristische Minerale in Dolomitmarmoren in Abhängigkeit von der Temperatur. Nach Bucher & Frey (2002).

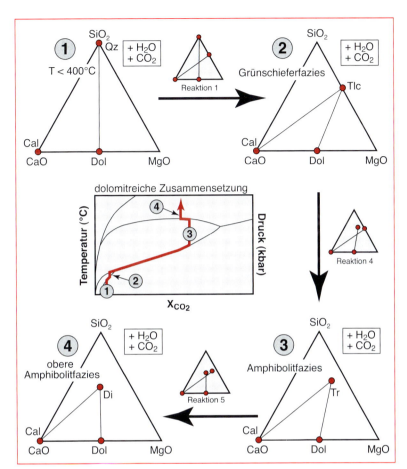

3.41 Metamorphe Veränderungen in einem Dolomitmarmor bei interner Fluidkontrolle und mit den zugehörigen Chemographien.

Schauen wir uns nun an, was mit der Fluidzusammensetzung während der Bildung z. B. von Tremolit passiert. Tremolit wird durch die Reaktion

$$5\ CaMg(CO_3)_2 + 8\ SiO_2 + H_2O =$$
$$Ca_2Mg_5Si_8O_{22}(OH)_2 + 3\ CaCO_3 + 7\ CO_2$$
$$5\ Dolomit + 8\ Quarz + Wasser =$$
$$Tremolit + 3\ Calcit + 7\ CO_2$$

gebildet. Eine in das Gestein einströmende H_2O-reiche Fluidphase wird während der Reaktion immer CO_2-reicher, da die Reaktion CO_2 freisetzt. Sie entwickelt sich entlang der Reaktionskurve (X in Abb. 3.39a) zu immer höheren T und X_{CO_2}, bis ein Reaktant, Quarz in diesem Fall, aufgebraucht ist. Dann schneidet sie ins divariante Dreiphasenfeld (Tremolit, Dolomit, Calcit) und diese Vergesellschaftung ist die typische für die allermeisten amphibolitfaziellen Dolomitmarmore. Allerdings kann es bei z. B. 6,5 kbar und 600 °C in Dolomitmarmoren folgende verschiedene Vergesellschaftungen geben, wie ein waagerechter Strich bei 600 °C leicht erkennen läßt: Fo-Dol-Cal (selten), Fo-Di-Tr-Dol-Cal (am invarianten Punkt, äußerst selten), Tr-Dol-Cal (häufig), Tr-Dol-Cal-Qz (auf der Reaktionskurve, selten), Dol-Cal-Qz (selten). Die Mineralparagenesen sind also stark von der Fluidzusammensetzung abhängig, was die Thermometrie mit Marmoren etwas erschwert. Ab etwa 670 °C beginnt Diopsid, den Tremolit zu ersetzen (Diopsid-in-Isograd). Die höchste Temperatur, bei der Tremolit entlang des Kyanitgeotherms noch stabil sein kann, ist etwa 700 °C (Tremolit-out-Isograd). Zwischen den beiden Isograden können in nah beieinan-

Kasten 3.12 Reaktionen in silikathaltigen Dolomiten

Die Reaktionen sind in Endgliedkomponenten geschrieben.

Dolomitreiche Gesteinszusammensetzungen:

obere Grenze von Quarz
- (1) $3\,Dol + 4\,Qz + H_2O$ → $Tlc + 3\,Cal + 3\,CO_2$ — Talk
- (2) $5\,Dol + 8\,Qz + H_2O$ → $Tr + 3\,Cal + 7\,CO_2$ — Tremolit
- (3) $Dol + 2\,Qz$ → $Di + 2\,CO_2$ — Diopsid

obere Grenze von Talk
- (4) $2\,Tlc + 3\,Cal$ → $Tr + Dol + CO_2 + H_2O$ — Tremolit

obere Grenze von Tremolit
- (5) $3\,Cal + Tr$ → $Dol + 4\,Di + H_2O + CO_2$ — Diopsid
- (6) $11\,Dol + Tr$ → $13\,Cal + 8\,Fo + 9\,CO_2 + H_2O$ — Forsterit
- (7) $5\,Cal + 3\,Tr$ → $11\,Di + 2\,Fo + 5\,CO_2 + 3\,H_2O$ — Fo + Di
- (8) $7\,Dol + Tr + 7\,H_2O$ → $9\,Cal + 2\,Atg + 10\,CO_2$ — Antigorit

obere Grenze von Diopsid
- (9) $3\,Dol + Di$ → $4\,Cal + 2\,Fo + 2\,CO_2$ — Forsterit

obere Grenze von Antigorit
- (10) $2\,Dol + Atg$ → $2\,Cal + 4\,Fo + 2\,CO_2 + 4\,H_2O$ — Forsterit

obere Grenze von Dolomit
- (11) Dol → $Cal + Per + CO_2$ — Periklas
- (12) $Dol + H_2O$ → $Cal + Brc + CO_2$ — Brucit

obere Grenze von Brucit
- (13) Brc → $Per + H_2O$ — Periklas

Quarzreiche Gesteinszusammensetzungen:

obere Grenze von Dolomit
- (1) $3\,Dol + 4\,Qz + H_2O$ → $Tlc + 3\,Cal + 3\,CO_2$ — Talk
- (2) $5\,Dol + 8\,Qz + H_2O$ → $Tr + 3\,Cal + 7\,CO_2$ — Tremolit
- (3) $Dol + 2\,Qz$ → $Di + 2\,CO_2$ — Diopsid

obere Grenze von Talk
- (14) $5\,Tlc + 6\,Cal + 4\,Qz$ → $3\,Tr + 6\,CO_2 + 2\,H_2O$ — Tremolit

obere Grenze von Tremolit
- (15) $3\,Cal + 2\,Qz + Tr$ → $5\,Di + H_2O + 3\,CO_2$ — Diopsid

obere Grenze von Quarz und Calcit
- (16) $Cal + Qz$ → $Wo + CO_2$ — Wollastonit

der vorkommenden Gesteinen Diopsid und Tremolit gefunden werden, oder sogar beide zusammen als univariante Vergesellschaftung. Anhand dieses Beispiels kann der Unterschied zwischen **interner** und **externer Fluidkontrolle** erläutert werden. Im oben geschilderten Fall wurde das ins Gestein strömende Fluid durch die Reaktion im Gestein immer CO_2-reicher, veränderte also seine Zusammensetzung. Dies ist der **intern gepufferte** Fall (Pfeil X in Abb. 3.39a), die Zusammensetzung des Fluids befindet sich zu jedem Zeitpunkt im Gleichgewicht mit der Mineralvergesellschaftung und wird durch die Reaktionen im Gestein bestimmt. Häufig gibt es aber den Fall, dass Fluid in so großen Mengen das Gestein durchfließt, dass die Reaktionen, die im Gestein ausgelöst werden, gar keine Chance haben, die Fluidzusammensetzung zu verändern, da soviel Wasser von außen nachkommt. Hierbei versucht das

Gestein, durch Reaktionen ins Gleichgewicht mit dem Fluid zu kommen und daher wird dieser Fall als **extern gepuffert** bezeichnet. Er entspricht dem Pfeil Y in Abb. 3.39a. Es ist offensichtlich, dass sich Forsterit in orogenen Marmoren nur bei externer Fluidkontrolle (H_2O-reich) oder bei sehr hohen Temperaturen (>800 °C) bildet.

Bei der Regionalmetamorphose eines Calcit-Quarz-Gesteines mit wenig Dolomit (Abb. 3.39b) ist das Tremolitfeld kleiner, das Diopsidfeld erheblich größer und das Forsteritfeld komplett verschwunden. Dafür taucht Wollastonit auf, der auch wieder überwiegend bei externer Fluidkontrolle oder in hoch temperierten, granulitfaziellen Gebieten gebildet wird. Neben Temperatur und Fluidzusammensetzung bestimmt also auch noch die modale Zusammensetzung des Ausgangsgesteines die metamorphen Vergesellschaftungen der Marmore. In orogenen Calcitmarmoren ist also Diopsid das typische granulitfazielle Mineral, sowie Wollastonit bei extrem wasserreichen (d.h. extern gepufferten) Fluidzusammensetzungen, in Dolomitmarmoren ist es Forsterit und bei Vorhandensein von Aluminium noch zusätzlich Spinell. Bei der Gegenwart von Fluor-reichen Fluiden wird Forsterit sowohl in kontakt- als auch in regionalmetamorphen Gebieten häufig von den F-reichen Endgliedern der **Humitgruppe** (Norbergit, Chondrodit, Klinohumit oder Humit) begleitet oder ersetzt.

Kommen wir nun zur **Kontaktmetamorphose** von Kalksteinen. Diese sieht wieder etwas anders aus (Abb. 3.38), da man nun von konstanten, niedrigen Drucken (0,5 – 3 kbar sind für viele Kontakaureolen typisch) ausgeht. In dolomitreichen Marmoren treten dann weitere Minerale auf: Brucit ($Mg(OH)_2$), Antigorit (ein Serpentin, ca. $Mg_6Si_4O_{10}(OH)_8$) und Periklas (MgO). Alle drei Minerale bilden sich nur in extrem wasserreichen Fluidzusammensetzungen, während der Forsterit jetzt das typische Mineral über 600 °C geworden ist. Niedriger Druck erhöht offenbar die Stabilität von Olivin in Marmoren. Da Kontaktmetamorphose häufig mit dem Zustrom großer Fluidmengen aus einem abkühlenden Pluton verbunden ist, und dieses Fluid meist H_2O-reich ist, werden Brucit und Periklas regelmäßig vor allem in heißen, z.B. monzonitischen Kontaktaureolen beobachtet (Abb. 3.36 in Kasten 3.11). Die Isogradenabfolge (von kalt nach heiß) (Antigorit)-Talk-Tremolit-(Diopsid)-Forsterit-(Periklas) ist typisch für viele Kontaktaureolen weltweit.

Kontaktmetamorphe quarzreiche Calcitmarmore haben – ähnlich den Verhältnissen bei den Dolomitmarmoren – ein extrem erweitertes Stabilitätsfeld für die regionalmetamorph nur bei wasserreichen Bedingungen stabile Phase Wollastonit (Abb. 3.38b). Es treten allerdings keine neuen Phasen hinzu, und bei geringen Drucken ist in Kontaktaureolen Diopsid oder Wollastonit das typische Indexmineral hochgradiger Zonen.

3.8.4 Metamorphose von Tonsteinen (Metapeliten)

Metapelite sind die metamorphen Äquivalente von Tonsteinen, d.h. von Al-reichen klastischen Sedimenten, die häufig auf Schelfgebieten oder an Kontinentabhängen abgelagert werden. Gewöhnlich beobachtet man die – aus Sicht der metamorphen Petrologie sehr nützliche – Assoziation dieser Metapelite mit Kalken und Basalten. Metapelitische Gesteine sind die am häufigsten zur Entzifferung einer tektonometamorphen Geschichte verwendeten Gesteine. Sie sind insbesondere nützlich, da sie eine sehr genaue Temperaturaufschlüsselung zulassen, die z.B. zum Erkennen von Temperaturgradienten in einem Gebiet führen können (siehe auch Kasten 2.14). Hierfür kann man im Gelände wieder Isograde auskartieren, wobei der Biotit-in-Isograd, der Granat-in-Isograd, der Staurolith-in-Isograd und der Sillimanit-in-Isograd die wichtigsten sind. Zur Druckabschätzung sind Metapelite nur bedingt geeignet, da stark druckabhängige Reaktionen fast völlig fehlen. Daher sind zur Druckbestimmung häufig Daten aus metabasischen Gesteinen des gleichen Gebietes nötig.

Bei ihrer Ablagerung bestehen Tonsteine hauptsächlich aus verschiedenen Tonmineralen und Schichtsilikaten wie Kaolinit, Montmorillonit, Chlorit, Illit, Sericit sowie aus Quarz und z. T. Kalifeldspat. Dementsprechend sind sie durch hohe K-, Al- und H_2O-Gehalte charakterisiert und das vereinfachte chemische System, in dem sie beschrieben werden können, ist K_2O- FeO-MgO-Al_2O_3-SiO_2-H_2O (KFMASH). Ca und Na spielen dagegen nur eine untergeordnete Rolle und viele Metapelite haben keinen oder nur sehr geringe Gehalte an Plagioklas.

Wir haben bereits in Abschnitt 3.5.3 gesehen, wie das KFMASH-System für die Darstellung im AFM-Diagramm (Abb. 3.42) vereinfacht werden kann, in dem man von drei Phasen aus projiziert: von Fluid (H_2O), Quarz und Muskovit (oder, oberhalb der Amphibolitfazies, von K-Feldspat). Das AFM-Diagramm hat den entscheidenden Vorteil, dass die für die Temperaturabschätzung so wichtigen Fe-Mg-Variationen in Mineralzusammensetzungen graphisch dargestellt werden können.

Der prograde Metamorphosepfad entlang eines typischen Geotherms (z. B. Kyanitgeotherm) führt von grünschieferfaziellen Metapeliten mit Pyrophyllit, Chlorit und K-Feldspat über disthenhaltige Vergesellschaftungen mit Chloritoid, Staurolith, Biotit und/oder Granat zu Granuliten, die Orthopyroxen und Sillimanit führen (Abb. 3.43). Die wichtigsten Paragenesen sind in Abb. 3.44 gezeigt, die Reaktionen sind in Kasten 3.13 zusammengestellt. Chloritoid, ein Fe-Mg-haltiges Aluminiumsilikat, deutet auf grünschieferfazielle Metamorphosebedingungen hin, Staurolith ist das Charaktermineral der Amphibolitfazies in Metapeliten und Cordierit und Spinell zeigen oberamphibolit- bis granulitfazielle Bedingungen an, vorwiegend allerdings bei niedrigem Druck (Abb. 3.43). Bei mittleren und hohen Drucken tritt Granat mit Sillimanit an die Stelle von Cordierit und häufig hercynitischem Spinell. Hochdruckmetamorphe Metapelite sind durch die Vergesellschaftung von Talk mit Disthen und Phengit, z. T. mit Granat, charakterisiert (so genannte **Weißschiefer**, Abb. 3.43). Ist Coe-

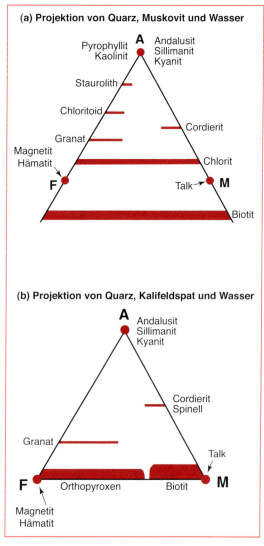

3.42 AFM-Diagramme für Bedingungen, unter denen (a) Muskovit oder (b) Kalifeldspat stabil ist (letzteres in der Granulitfazies).

sit anstelle von Quarz vorhanden, so handelt es sich um **Ultrahochdruckgesteine**, die z. B. aus dem Dora Maira-Gebiet der Westalpen besonders bekannt geworden sind.

Metapelite beginnen bei Anwesenheit von Wasser bei etwa 700 – 750 °C partiell aufzuschmelzen (Abb. 3.45). Die dabei gebildeten **Minimumschmelzen** (siehe in Abschnitt 3.9.2) bestehen hauptsächlich aus Quarz und Alkalifeldspat. Das Wasser kann von außen ins Gestein

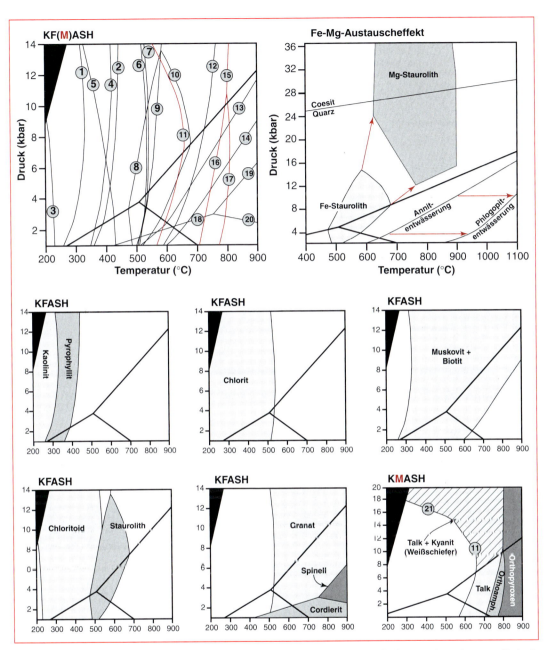

3.43 Wichtige Reaktionen und Stabilitätsfelder metamorpher Minerale bzw. Mineralvergesellschaftungen in metamorphen Tonsteinen (Metapeliten). Vereinfachte Systeme KFASH und KMASH (also K_2O-Al_2O_3-SiO_2-H_2O mit FeO oder MgO), wobei oben rechts der Effekt des Austausches von Mg und Fe in Fe-Mg-Silikaten an zwei Beispielen gezeigt ist (Staurolith und Biotit). Die zugehörigen Reaktionsnummern finden sich in Kasten 3.13. Grundlage der Diagramme sind u. a. Diagramme aus Bucher & Frey (2002), das Stabilitätsfeld von Mg-Staurolith ist nach Fockenberg (1998) eingezeichnet. Man beachte die unterschiedliche p-T-Skalierung!

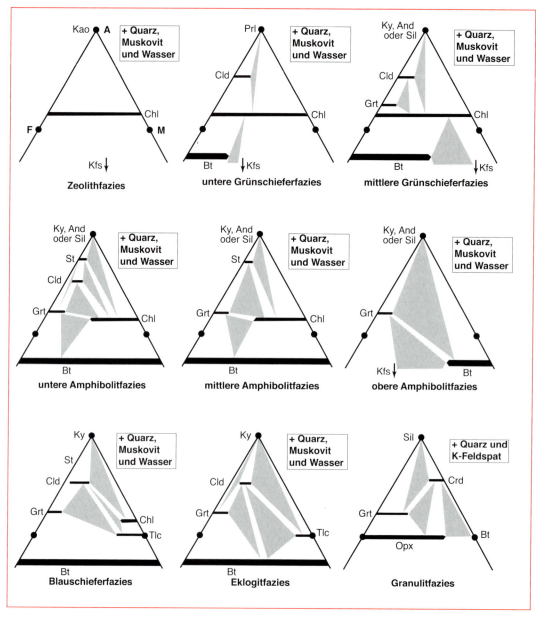

3.44 Chemographien metamorpher Tonsteine bei prograder Barrow-Typ Metamorphose.

gebracht werden, z. B. durch Spalten und Störungen, die aufgrund tektonischer Prozesse entstehen. Eine weitere Möglichkeit ist die Fluidabgabe von Plutonen: in metapelitischen Kontaktaureolen beobachtet man immer wieder Migmatisierung nahe am Kontakt zum Pluton. Das Wasser kann aber auch im Gestein selbst durch Entwässerungsreaktionen generiert werden. Die wichtigsten beiden sind:

$$KAl_3Si_3O_{10}(OH)_2 + SiO_2 =$$
$$KAlSi_3O_8 + Al_2SiO_5 + H_2O$$
Muskovit + Quarz = K-Feldspat + Sillimanit/
Andalusit + Wasser bzw.

Kasten 3.13 Wichtige Reaktionen in Metapeliten

Die Reaktionen sind in Endgliedkomponenten geschrieben

(1)	Kln + 2 Qz	→	Prl + H$_2$O
(2)	Prl	→	Als + 3 Qz + H$_2$O
(3)	2 Chl + 8 Prl	→	5 Cld + 28 Qz + 6 H$_2$O
(4)	2 Chl + Hem + O$_2$	→	Cld + 4 Mag + 4 Qz + 6 H$_2$O
(5)	3 Chl + 8 Kfsp	→	5 Ann + 3 Ms + 9 Qz + 4 H$_2$O
(6)	2 Chl + Cld + 4 Qz	→	4 Alm + 10 H$_2$O
(7)	Ms + 3 Chl + 3 Qz	→	4 Alm + Ann + 12 H$_2$O
(8)	2 Cld + 5 Als	→	2 St + Qz
(9)	23 Cld + 16 Qz	→	8 St + 10 Alm + 30 H$_2$O
(10)	6 St + 11 Qz	→	4 Alm + 23 Als + 12 H$_2$O
(11)	3 Chl + 14 Qz	→	5 Tlc + 3 Als + 7 H$_2$O
(12)	Ms + Ann + 3 Qz	→	Alm + 2 Kfsp + 2 H$_2$O
(13)	Ms + Qz	→	Kfsp + Als + H$_2$O
(14)	2 Ann + 6 Qz	→	2 Kfsp + 3 Fs + 2 H$_2$O
(15)	2 Tlc	→	3 En + 2 Qz + 2 H$_2$O
(16)	7 Tlc	→	3 Ath + 4 Qz + 4 H$_2$O
(17)	2 Ath	→	7 En + 2 Qz + 2 H$_2$O
(18)	2 Alm + 4 Als + 5 Qz	→	3 Crd
(19)	Alm + 2 Als	→	3 Hc + 5 Qz
(20)	2 Hc + 5 Qz	→	Crd
(21)	6 Chl + 20 Qz	→	8 Tlc + 3 Cld + 10 H$_2$O

$$2\ KMg_3AlSi_3O_{10}(OH)_2 + 6\ SiO_2 =$$
$$3\ Mg_2Si_2O_6 + 2\ KAlSi_3O_8 + 2\ H_2O$$
$$\text{Biotit + Quarz =}$$
$$\text{Orthopyroxen + K-Feldspat + Wasser.}$$

Entsprechend treten Migmatisierungsphänomene häufig bei Bedingungen auf, bei denen sich die Soliduskurve des Granits mit einer Entwässerungsreaktion schneidet (Abb. 3.45). Ohne Wasserzufuhr von außen kann dies in muskovithaltigen Gesteinen nur oberhalb von etwa 3 kbar passieren. Entweicht das Wasser, z. B. zusammen mit der Schmelze, aus dem Gestein, so bleiben wasserarme oder wasserfreie Gesteine zurück, die **Granulite**.

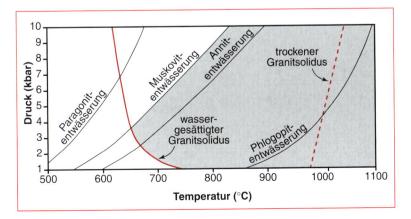

3.45 Produktion von granitischen Schmelzen durch Entwässerungsreaktionen in Metapeliten. Nur oberhalb des Schnittpunktes von wassergesättigtem Solidus und Reaktionskurven können sich Schmelzen bilden (grauer Bereich).

3.8.5 Metamorphose von Basalten (Metabasiten)

Werden im weitesten Sinne basaltische Gesteine metamorph überprägt, so spricht man von Metabasiten. Sie zeigen mit zunehmender Metamorphose sehr charakteristische Änderungen ihrer Mineralvergesellschaftung und es ist kein Zufall, dass die Faziesfelder auf der Basis der in Metabasiten beobachteten Mineralvergesellschaftungen definiert wurden. So ist ein blauschieferfazieller Metabasit tatsächlich ein blauer Schiefer, ein grünschieferfazieller Metabasit ist ein grüner Schiefer, und ein eklogitfazieller Metabasit ist ein Eklogit. Dies kann man von Metapeliten der verschiedenen Fazies nicht ohne weiteres behaupten.

Um die Mineralparagenesen in Metabasiten darzustellen, wird meist ein ACF-Diagramm verwendet, wobei A = Al_2O_3(+ Fe_2O_3), C = CaO und F = FeO + MgO ist (Abb. 3.46). In solchen Diagrammen wird von Quarz und Wasser aus projiziert. Da nur die wenigsten Basalte Quarz enthalten, ist diese Projektion eigentlich problematisch. Andere, thermodynamisch korrekte Projektionen sind aber deutlich komplizierter und werden daher hier außer Acht gelassen.

Wenn ein Basalt z. B. auf dem Ozeanboden extrudiert, so reagiert er zunächst mit dem ihn umgebenden Meerwasser (**Spilitisierung**, Kasten 3.14). Häufig beobachtet man dabei nicht nur Wasser-, sondern auch Na-Aufnahme, eine Na-Metasomatose also. Im Gegenzug wird Ca an das Meerwasser abgegeben. Unter der Einwirkung von Meerwasser bilden sich also die ersten Hydratminerale in Basalten, die ursprünglich keine oder nur sehr wenige wasserhaltige primärmagmatische Phasen enthalten. Unter den niedrigen Metamorphosebedingungen der Zeolithfazies sind dies Serpentin, Chlorit und insbesondere Zeolithe, die in Entgasungshohlräumen von Basalten sehr schöne Mineralstufen bilden können. Desweiteren treten Karbonate wie Calcit und Dolomit auf. Um solche Vorgänge sinnvoll in Diagrammen darstellen zu können, benötigt man ein umfangreicheres chemisches System. In Abb. 3.50 wurde das NCMASH-System, also Na-Ca-Mg-Al-Si-Oxide mit Wasser, gewählt. Die in Abb. 3.50 wichtigen Reaktionen sind in Kasten 3.15 zusammengestellt.

Bei höheren Metamorphosegraden werden die Zeolithe schnell instabil und werden zunächst durch Prehnit (ein zeolithähnliches Phyllosilikat mit etwas Fe und Mg) und Pumpellyit (ein kompliziertes gemischtes Inselgruppensilikat mit Ca, Al und Fe) und dann in der Grünschieferfazies durch andere Ca-Al-haltige Minerale

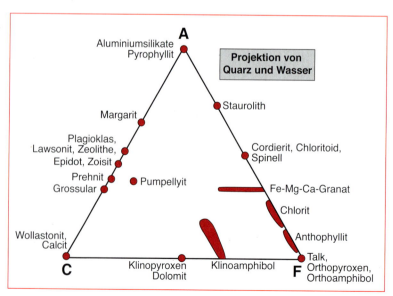

3.46 ACF-Diagramm mit den in Metabasiten wichtigen Mineralphasen.

Kasten 3.14 Ozeanboden- und Subduktionszonenmetamorphose

Ein typisches, etwa 5 – 10 km mächtiges Profil durch einen Ozeanboden beeinhaltet von oben nach unten folgende Elemente (Abb. 3.47):

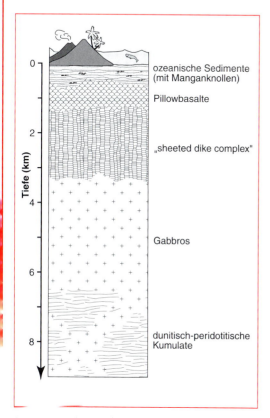

3.47 Typischer Aufbau der ozeanischen Kruste.

- die ozeanischen Sedimente (häufig mit Manganknollen darin),
- die Pillowbasalte, d.h. die ins Meerwasser am Ozeanboden ausgetretenen Kissenlaven;
- einen „sheeted dike complex", d.h. eine Einheit, in der viele vertikale Gänge („dikes") angetroffen werden, die als Zufuhrkanäle für Basaltschmelzen gedeutet werden;
- Gabbros als in der Tiefe erstarrte Äquivalente der Basalte;

- eine lagige Kumulateinheit mit dunitischer bis peridotitischer Zusammensetzung, bestehend aus den Olivinkristallen, die aus den basaltischen Schmelzen in der Tiefe (-> Gabbros) ausgefallen sind.

Diese Ozeankruste macht zwei wichtige Typen von Metamorphose mit: die eher allochemische, also metasomatische Überprägung am Ozeanboden und die Hochdruck-Niedertemperaturmetamorphose während der Subduktion (Abb. 1.8 und 3.25). Wird in der Folge der Subduktion ein Stück der Ozeankruste mit ihrem typischen Schichtaufbau in die kontinentale Kruste eingeschuppt, spricht man von einem **Ophiolit**. Aus der Untersuchung solcher Ophiolite hat man viel über den Aufbau der ozeanischen Kruste gelernt, die auch heute noch nicht komplett durch Tiefseebohrungen zugänglich ist. Bekannte und gut untersuchte Beispiele dafür finden sich in den Alpen (Zermatt-Saas Fee-Zone), auf Zypern (Troodos-Ophiolit) und im Oman.

Die **Ozeanbodenmetamorphose** wird außer durch die chemischen Veränderungen im Zuge der **Spilitisierung** durch den „normalen" geothermischen Gradienten des Ozeanbodens gesteuert, d.h. die Gesteine in größerer Tiefe sind wärmer als die an der Oberfläche, stehen unter höherem Druck und bilden daher andere Mineralvergesellschaftungen. Je weiter sich die Basalte von der konstruktiven Plattengrenze, dem mittelozeanischen Rücken, entfernen, desto niedriger wird der geothermische Gradient, die ozeanische Lithosphäre kühlt aus und taucht immer tiefer in die Asthenosphäre ein. Der Prozess der Subduktion verläuft geologisch gesehen sehr schnell. Die Unterplatte wird etwa 2 bis 20 cm pro Jahr versenkt. Die Platte ist kühl und dicht und wird unter den wärmeren Kontinent bzw. Mantelkeil geschoben. Mittels Tiefenbeben kann man den Weg der Platte nach unten verfolgen („**Wadati-Benioff-Zone**", s. Abschnitt 3.9.1, Abb. 3.63). Da die Wärmeleitfähigkeit von Gesteinen relativ gering ist und das Hinabschieben sehr schnell geht, kann kein thermisches Gleichgewicht hergestellt werden: in identischer Tiefe hat man sehr stark kontrastierende Temperaturen in

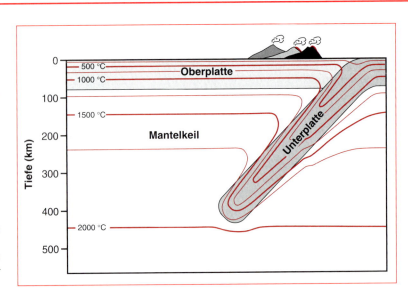

3.48 Schematischer Schnitt durch eine Subduktionszone samt einem Inselbogen mit Isothermen, die zeigen, dass durch diesen geologisch schnellen Prozess verhältnismäßig kalte Gesteine der ozeanischen Kruste („Unterplatte") in Kontakt mit heißen Gesteinen des Mantelkeils kommen.

der Oberplatte (heiß) und in der Unterplatte (kühl) (Abb. 3.48). In der Unterplatte bilden sich daher die Hochdruck-Niedertemperatur-Mineralvergesellschaftungen (Blauschiefer und Eklogit), in der Oberplatte Blauschiefer gar nicht und Eklogit erst bei sehr viel höheren Drucken (Abb. 3.25). Es kann noch mehrere Millionen Jahre über das Ende der Subduktion hinaus dauern, bis sich die Temperaturen einander angeglichen haben und das geothermische Gleichgewicht wieder hergestellt ist.

Ein weiterer wichtiger Punkt bei der Subduktion ist, dass sie Material von der Erdoberfläche bis hinunter an die Kernmantelgrenze „recyclen" kann. Am wichtigsten ist dieser Prozess für das Wasser. In Hydratmineralen wird es bis in größere Tiefen gebracht, bis diese die Grenze ihrer Stabilität erreicht haben und durch Entwässerungsreaktionen (Abschnitt 3.6.3) zerstört werden (Abb. 3.49). Bei der Abgabe des Wassers ab etwa 100 km Tiefe ist aber meist die Temperatur in der subduzierten Platte (und in der Oberplatte und im Mantelkeil sowieso) so hoch (Abb. 3.25 und 3.48), dass bei Anwesenheit von Wasser Schmelzprozesse einsetzen können, ähnlich denen, die in Abschnitt 3.8.4 bespro-

wie Zoisit, Epidot oder bei druckbetonter Metamorphose in der Blauschieferfazies durch Lawsonit (ein wasserhaltiges Ca-Al-Gruppensilikat) ersetzt (Abb. 3.50). Die Grünschieferfazies ist dann durch Chlorit, Epidot, den grünen Amphibol Aktinolith, der aus einem Teil des Chlorits und den Karbonaten entstanden ist, und Albit charakterisiert (Abb. 3.51). Die ersten drei dieser Minerale sind für die typische Grünfärbung der Gesteine verantwortlich.

Bei Drucken um 7 kbar bildet sich dann der blaue, für die Färbung der Blauschiefer verantwortliche Na-Amphibol Glaukophan durch den Abbau der Albitkomponente des Plagioklases. Lawsonit-Glaukophan oder Epidot-Glaukophan sind die charakteristischen Mineralvergesellschaftungen dieser Fazies, wobei Law-Glau niedrigere und Epi-Glau höhere Temperaturen anzeigt (Abb. 3.51). Auch Granat und Hellglimmer (Paragonit, Phengit) können in diesen Gesteinen vorkommen. Die Blauschieferfazies ist charakteristisch für die Subduktionszonenmetamorphose (Kasten 3.14) und kann ausschließlich in diesem Hochdruck-Niedertemperaturmilieu gebildet werden. Bei höhere-

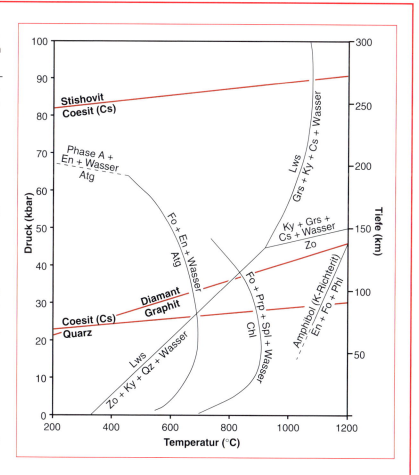

3.49 Unter Bedingungen des Oberen Mantels wichtige Entwässerungsreaktionen in Metabasiten und Metaultrabasiten nach experimentellen Daten von Wunder & Schreyer (1997), Bromiley & Pawley (2003), Pawley (1994), Pawley (2003) und Konzett et al. (1997) mit wichtigen Phasentransformationen (Quarz, Coesit, Stishovit, Diamant und Graphit). Phase A ist ein erst in den letzten Jahren entdecktes Wasser-haltiges Mg-Silikat, von dem vermutet wird, dass es bei sehr schneller Subduktion Serpentine als Wasserspeicher unter Bedingungen des oberen Mantels ablösen kann.

chen wurden. Diese Schmelzprozesse sind verantwortlich für den mit Subduktionszonen verknüpften Magmatismus an Inselbögen und konvergenten Kontinentrandern.

Drucken und Temperaturen schließlich bildet sich aus dem immer noch vorhandenen Chlorit Granat, und der Glaukophan beginnt, zu Na-reichem Klinopyroxen (Omphacit) zu reagieren. Die Paragenese Granat + Omphazit zeigt dann die Eklogitfazies an (Abb. 3.50 und 3.51). Auch hier können als weitere Phasen Zoisit in besonders Ca-reichen und Disthen in besonders Al-reichen Gesteinen hinzutreten.

Überprägt man Gesteine in einem Kollisionsorogen anstelle einer Subduktionszone, wird man andere charakteristische Mineralvergesellschaftungen antreffen (Abb. 3.50). Bei Temperaturerhöhung über die Grünschieferfazies hinaus wird um etwa 400 °C der Aktinolith durch Abbau von Chlorit Al-reicher und geht dadurch in eine Hornblende über (Epidot-Amphibolitfazies), und schließlich bildet sich Ca-reicher Plagioklas auf Kosten von Epidot. Damit hat das Gestein eine amphibolitfazielle Paragenese angenommen. Etwas höhere Temperaturen führen zu Orthoamphibol (Anthophyllit)-Klinoamphibol (Hornblende)-Plagioklas-Paragenesen bei niedrigen und Hornblende-Plagioklas-Granat-Paragenesen bei höheren Drucken um 5 – 7 kbar. Bei weiterer

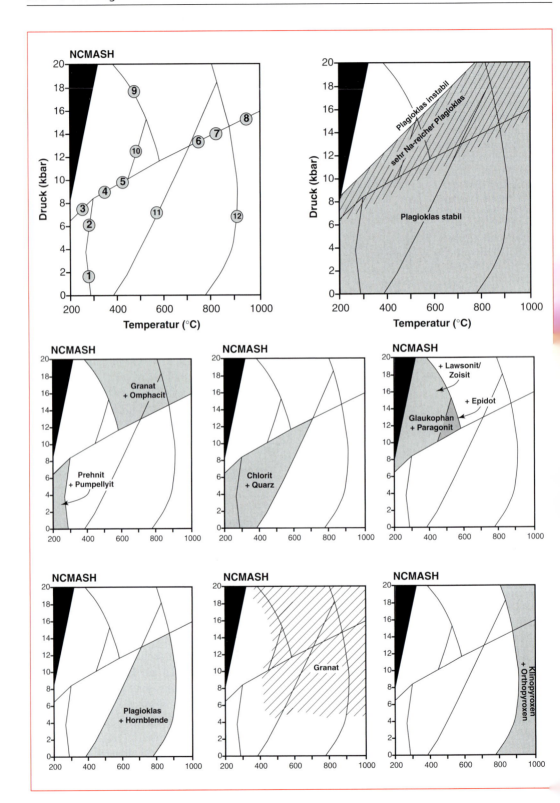

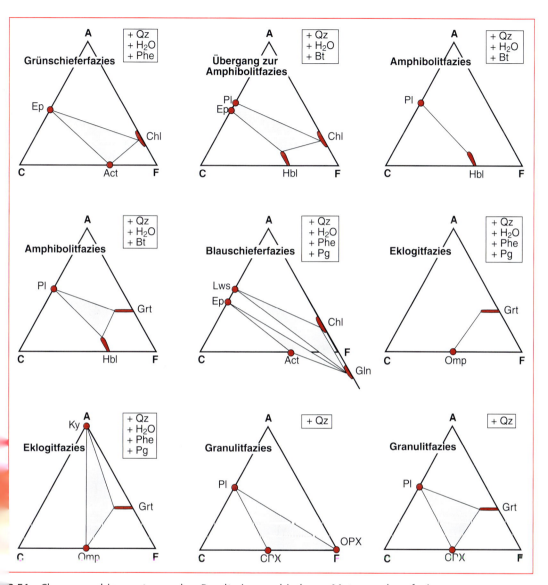

3.51 Chemographien metamorpher Basalte in verschiedenen Metamorphosefazien.

3.50 Wichtige Reaktionen und Stabilitätsfelder metamorpher Minerale bzw. Paragenesen in metamorphen Basalten (Metabasiten). Vereinfachtes NCMASH-System, also Na_2O-CaO-MgO-Al_2O_3-SiO_2-H_2O. Oben rechts ist angedeutet, dass manche der Reaktionen aufgrund von Mischkristallbildungen nicht scharfe Kurven, sondern bänderartige Bereiche umfassen, so z.B. der Plagioklasabbau: im schraffierten Bereich kommen nur noch Na-reiche Varietäten vor. Auch der Austausch von Mg durch Fe führt zu einer Verbreiterung der Reaktionen. Die zugehörigen Reaktionen finden sich in Kasten 3.15. Grundlage der Diagramme sind u. a. Diagramme aus Bucher & Frey (2002).

Kasten 3.15 Wichtige Reaktionen in Metabasiten

Die Reaktionen sind in Endgliedkomponenten geschrieben

(1) 5 Prh + Chl + 2 Qz   → 4 Zo + Tr + 6 H$_2$O
(2) 25 Pmp + 2 Chl + 29 Qz   → 7 Tr + 18 Zo + 42 H$_2$O
(3) Tr + 10 Ab + 2 Chl   → 2 Lws + 5 Gln
(4) 6 Tr + 50 Ab + 9 Chl   → 25 Gln + 6 Zo + 7 Qz + 14 H$_2$O
(5) 13 Ab + 3 Chl + Qz   → 5 Gln + 3 Pg + 4 H$_2$O
(6) Jd + Qz   → Ab
(7) CaTS + Qz   → An
(8) 2 En + An   → Prp + Di + Qz
(9) Gln + Pg   → Prp + 3 Jd + 2 Qz + 2 H$_2$O
(10) 12 Lws + Gln   → 2 Pg + Prp + 6 Zo + 5 Qz + 20 H$_2$O
(11) 14 Chl + Tr + 24 Zo + 28 Qz → 25 Ts + 44 H$_2$O
(12) 2 Tr   → 4 Di + 3 En + 2 Qz + 2 H$_2$O

Temperaturerhöhung bilden sich schließlich granulitfazielle Mineralvergesellschaftungen: bei niedrigem Druck (unter etwa 6 – 7 kbar) Orthopyroxen-Klinopyroxen-Plagioklas, bei hohem Druck dagegen Granat-Klinopyroxen-Plagioklas, die bei weiterer Druckerhöhung wiederum in die Eklogitfazies übergehen können, in der Plagioklas instabil ist. Diese Instabilität von Plagioklas ist ein wichtiges Kennzeichen der Hochdruckfazien (Blauschiefer- und Eklogitfazies). Bei Erhöhung des Druckes wird zunächst Ca-reicher, später dann auch Na-reicher Plagioklas instabil. Dies ist durch die Schraffur in Abb. 3.50 angedeutet, die besagt, dass Plagioklas sukzessive über einen gewissen Druckbereich instabil wird. Der letzte bei Druckerhöhung wegreagierende Plagioklas ist ein reiner Albit.

3.9 Magmatische Prozesse

3.9.1 Der Zusammenhang von Plattentektonik und Magmatismus

Verschiedene Typen von Magmatiten stehen in Zusammenhang mit verschiedenen **tektonischen Milieus**, einige Magmatite scheinen aber auch unabhängig von Tektonik vorzukommen (Abb. 3.52). Man kann Magmatismus dementsprechend unterteilen:
1. Magmatismus in Extensionszonen (z. B. konstruktive Plattengrenzen)
   1a. Mittelozeanische Rücken (MOR)
   1b. Kontinentale Grabenbrüche
   1c. Back-Arc Basins („Randbecken", für die kein passender deutscher Name existiert)

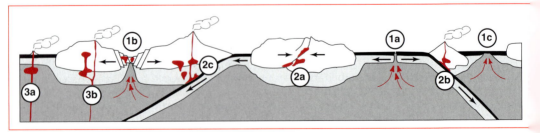

3.52 Tektonische Zuordnung magmatischer Prozesse. Die Nummern beziehen sich auf die Nummerierung im Text.

2. Magmatismus in Kollisionszonen (z. B. über Subduktionszonen)
   2a. Kontinentale Kollisionszonen, Gebirgsbildungen
   2b. Inselbögen
   2c. Aktive Kontinentränder
3. Magmatismus ohne Zusammenhang zu großtektonischen Ereignissen
   3a. Ozeaninseln
   3b. Kontinentale Flutbasalte
   3c. Intrakontinentale Magmatite außer 1b, 2c., 3b.

Es hat sich im Verlauf der letzten Jahrzehnte gezeigt, dass für die oben genannten tektonischen Milieus unterschiedliche Schmelztypen charakteristisch sind. Diese entstehen durch das Aufschmelzen unterschiedlicher Reservoire in Kruste und Mantel unter variablen Schmelzbedingungen, die in Abschnitt 3.9.3 näher erläutert werden.

3.9.1.1 Tektonische Milieus und ihr Zusammenhang mit vornehmlich basischem Magmatismus

Um den Zusammenhang zwischen Tektonik und charakteristischen Schmelztypen zu verstehen, müssen wir uns näher mit den vorgenannten **Reservoiren** beschäftigen, insbesondere mit dem **Erdmantel**. Gesteinsschmelzen kommen aus sehr verschiedenen Tiefen an die Erdoberfläche oder zumindest in die oberen Bereiche der Erdkruste. Ganz prinzipiell entstehen Basalte immer durch die Aufschmelzung des Erdmantels, während granitische Gesteine überwiegend (aber nicht ausschließlich) krustale Schmelzen sind. Der Mantel selbst allerdings ist in seiner Zusammensetzung nicht homogen, und so können neben verschiedenen Basalttypen (Kasten 3.16) auch ganz andersartige Gesteine wie Karbona-

---

Kasten 3.16   Die petrologische Klassifikation von Basalten

Basalte sind die an der Erdoberfläche häufigsten magmatischen Gesteine. Es gibt drei wichtige Basaltgruppen, die sich durch ihre chemische Zusammensetzung und ihre Mineralparagenesen unterscheiden: **Tholeiite**, **Quarztholeiite** und **Alkaliolivinbasalte** (Abb. 3.53). Zusätzlich zu augitischem Klinopyroxen und Plagioklas, die definitionsgemäß in jedem Basalt vorhanden sind, sind in Quarztholeiiten Quarz und Orthopyroxen, in Tholeiiten Olivin und Orthopyroxen ohne Quarz und in Alkaliolivinbasalten nur Olivin stabil. Offenbar besteht der Hauptunterschied somit im SiO$_2$-Gehalt der Basalte: ist er hoch, kann freier Quarz vorhanden sein, mit dem zusammen Mg-reicher Olivin nie vorkommen kann, da die beiden sofort zu Enstatit reagieren:

$$\text{Forsterit} + \text{SiO}_2 = \text{Enstatit}$$

Ist der Quarzgehalt sehr niedrig, kann sich neben Olivin auch Nephelin bilden, der bei höheren SiO$_2$-Gehalten nach folgender Gleichung zu Albit reagiert:

$$\text{Nephelin} + 2\,\text{SiO}_2 = \text{Albit}$$

In Basalten ist Nephelin allerdings sehr selten. Lediglich in Nepheliniten, die so SiO$_2$-arm sind, dass sie keine Feldspäte mehr enthalten, kommt er in unter dem Mikroskop gut sichtbaren Mengen vor.

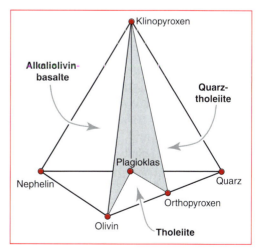

3.53 Basalt-Tetraeder nach Yoder & Tilley (1962).

tite oder Kimberlite entstehen (siehe in Abschnitt 3.9.4).

Sehr grob geht man heute davon aus, dass unter der **Lithosphäre**, die die Kruste und den festen obersten Bereich des Mantels umfasst, die **Asthenosphäre**, eine Zone des teilgeschmolzenen Mantels folgt. Diese Asthenosphäre kann im Laufe der Erdgeschichte bereits in erheblichem Umfang basaltische Schmelze verloren haben und wird dann als „abgereichert" oder „verarmt" bezeichnet (im Englischen „depleted mantle", DM). Die Lithosphäre ist unter Ozeanen erheblich dünner als unter normalen Kontinenten und dort wieder dünner als unter kratonischen Bereichen. Die Lithosphärenplatten „schwimmen" auf der teilgeschmolzenen Asthenosphäre und befinden sich mit dieser im **isostatischen** („Schwimm-") **Gleichgewicht** oder streben dieses an. Abgereicherte Erdmantelgesteine bestehen im extremsten Fall aus Dunit (Olivin) oder Harzburgit (Olivin + Orthopyroxen), in weniger extremen Fällen immer noch aus klinopyroxenarmem Lherzolith. Darunter und als isolierte Partien auch darin liegen Teile des Mantels, die bisher kaum oder keine Schmelze verloren haben. Diese werden als **primordialer** oder **primitiver** Mantel bezeichnet und bestehen aus den charakteristischen Lherzolithen (Olivin + Orthopyroxen + Klinopyroxen + eine Aluminiumphase, entweder Plagioklas, Spinell oder Granat; siehe Kasten 3.10). Schließlich gibt es noch Teile im Mantel, die durch metasomatische Prozesse, z. B. Schmelzen oder Fluide in der Umgebung einer Subduktionszone, mit bestimmten Elementen angereichert wurden und die daher als **angereicherter** oder auch als metasomatisch veränderter Mantel bezeichnet werden (im Englischen „enriched mantle", EM). Diese Mantelgesteine können neben Olivin, Orthoyproxen, Klinopyroxen und einer Al-Phase auch Karbonate (Dolomit, Magnesit, aber keinen Calcit, da dieser bei hohen Drucken nicht mehr stabil ist) und Hydrosilikate (Phlogopit, Amphibole) sowie unterschiedliche Akzessorien enthalten. Mit Hilfe von Spurenelementen und insbesondere mit Hilfe von Isotopenstudien (Kasten 3.17 und Abschnitt 4.6 bis 4.8) kann man diese verschiedenen Reservoire im Erdmantel und die verschiedenen daraus entstehenden Schmelzen unterscheiden.

Betrachten wir nun die verschiedenen Typen von Magmatiten und ihren Zusammenhang mit Tektonik etwas genauer.

1a. Mittelozeanische Rücken. Diese ziehen sich als riesige, Zehntausende von Kilometer lange Gebirgsgürtel durch alle Ozeane (Abb. 3.55). Es handelt sich um Spreizungsachsen, an denen zwei Lithosphärenplatten auseinandergedrückt werden. Zwischen diesen steigt basaltisches Material nach oben, das den Ozeanboden aufbaut. Der **M**ittel**o**zeanische **R**ücken**b**asalt (**MORB**) stammt aus den oberen, verarmten Bereichen des Erdmantels. Die typische Struktur eines mittelozeanischen Rückens ist in Abb. 3.56 gezeigt. Man beachte den typischen Aufbau der ozeanischen Kruste (Abb. 3.47) und die Tatsache, dass die eigentliche Magmenkammer unter dem mittelozeanischen Rücken sehr klein ist, während das Einzugsgebiet der dort geförderten Schmelzen riesig sein kann.

Obwohl immer relativ ähnliche Basalte an mittelozeanischen Rücken gefördert werden, hängt deren genaue Zusammensetzung von der Geschwindigkeit der Plattenbewegung ab (Abb. 3.57). An langsamen Rücken mit Spreizungsgeschwindigkeiten unter 5 cm/Jahr sind die Basalte etwas Mg-reicher und zeigen weniger Variationen ihrer chemischen Zusammensetzung als an schnellen Rücken mit Geschwindigkeiten über 8 cm/Jahr, wie sie derzeit nur im Pazifik vorkommen. In der Nähe mittelozeanischer Rücken finden sich die berühmten „**black smokers**", die „**Schwarzen Raucher**", aus denen in aktiven Erzbildungsprozessen heiße, metallhaltige Lösungen austreten und beim Kontakt mit kaltem Meerwasser Sulfide ausfällen (Abb. 3.58). Einige Massivsulfidlagerstätten, die in der geologischen Vergangenheit durch solche Prozesse gebildet wurden, werden heute zur Metallgewinnung abgebaut.

1b. Grabenbrüche in Kontinenten entstehen durch passives Rifting oder durch eine Aufwölbung der Asthenosphäre. Häufig geschieht dies

Kasten 3.17 Strontium- und Neodymisotope und ihre Verwendung in der magmatischen Petrologie

Die meisten Elemente haben mehrere **Isotope**: ihre Atome haben zwar dieselbe Anzahl an Protonen und Elektronen, aber eine unterschiedliche Anzahl an Neutronen. Einige dieser Isotope sind instabil und zerfallen mit der Zeit. Dieser **radioaktive Zerfall**, der eben nicht nur bei Uran und Plutonium vorkommt, erfolgt auch bei so „gewöhnlichen" Elementen wie Kalium oder Rubidium. Abgesehen von der Möglichkeit, diesen radioaktiven Zerfall für die Altersdatierung von Gesteinen oder geologischen Prozessen zu verwenden, hat man festgestellt, dass insbesondere zwei **Isotopensysteme** gut geeignet sind, um unterschiedliche Ursprungsgebiete von Schmelzen in der Erde voneinander zu unterscheiden. Diese zwei Isotopensysteme beruhen auf dem sehr langsamen radioaktiven Zerfall von ^{87}Rb zu ^{87}Sr und von ^{147}Sm zu ^{143}Nd (Abb. 3.54). Da Rb ein im Mantel inkompatibles Element ist, wird es im Laufe der geologischen Geschichte in der Kruste angereichert. Daher ist die Kruste reich an Rb und dem daraus entstandenen ^{87}Sr. Der an Rb verarmte Mantel dagegen ist relativ arm an ^{87}Sr. Wenn man das Verhältnis zum anderen, nicht durch einen radioaktiven Zerfall gebildeten Sr-Isotop ^{86}Sr bildet, kann man krustale und mantelderivierte Gesteine voneinander unterscheiden (Abb. 3.54).

Ähnlich funktioniert es mit dem Neodym. Auch hier zeigen Verhältnisse des durch den radioaktiven Zerfall des Samariums entstandenen Neodymisotops ^{143}Nd und des „normalen" Neodymisotopes ^{144}Nd eindeutig messbare Unterschiede in verschiedenen Teilen des Erdmantels und zwischen Erdmantel und Erdkruste. Sowohl Samarium als auch Neodym sind Seltenerdmetalle und daher geochemisch sehr ähnlich. Sie werden lediglich im Mantel durch partielle Schmelzbildung voneinander getrennt, weshalb man mit ihnen gut langfristige krustale Entwicklungsprozesse studieren kann. Neben diesen zwei werden heute noch eine Reihe weiterer Isotopensysteme eingesetzt, um insbesondere die Inhomogenität des Erdmantels und die Unterschiede zwischen Lithosphäre und Asthenosphäre besser verstehen zu können. Hierbei sind Blei-, Hafnium- und Osmiumisotope von besonderer Bedeutung, daneben aber auch die stabilen Isotope der Edelgase, insbesondere He und Ne.

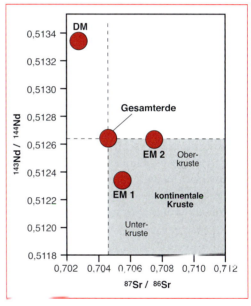

3.54 Sr-Nd-Isotopendiagramm mit wichtigen Mantel-Endglied-Zusammensetzungen (EM1 und EM2 = verschiedene Varianten von „enriched mantle", also angereichertem Mantel, DM = „depleted mantle", also verarmter Mantel) und der Zusammensetzung der Gesamterde (häufig CHUR oder „bulk Earth" genannt). Nach Rollinson (1993) und Faure (2001).

im Zusammenspiel mit einem Plume, der die subkontinentale Lithosphäre ausdünnt, z. B. indem er sie aufschmilzt und/oder zu den Seiten wegdrückt und schließlich die kontinentale Kruste zum Auseinanderbrechen bringt (Abb. 3.59). **Plumes** sind aus dem unteren Mantel aufsteigende Gesteinspartien mit oder ohne Schmelze. Man beachte, dass auch feste Ge-

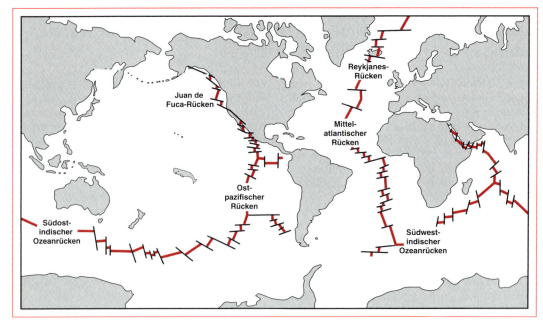

3.55 Weltweite Verbreitung mittelozeanischer Rücken nach Minster et al. (1974).

steine durch festes Gestein aufsteigen können, wenn ein z. B. durch Temperatur- oder Zusammensetzungsunterschiede bedingter Dichtekontrast herrscht. Plumes bestehen aus primitivem oder angereichertem Mantel und seinen Schmelzen. In **Grabenbrüchen** (englisch „**rifts**") können sich Schmelzen also aus sehr verschiedenen Quellen bilden, nämlich aus der subkontinentalen Lithosphäre, der Kruste, dem verarmten Mantel der oberen Asthenophäre und dem angereicherten bzw. primitiven Mantel, der von Plumes nach oben gebracht wird. Entsprechend vielfältig sind die Gesteine, die man in Grabenbrüchen findet, sie reichen von

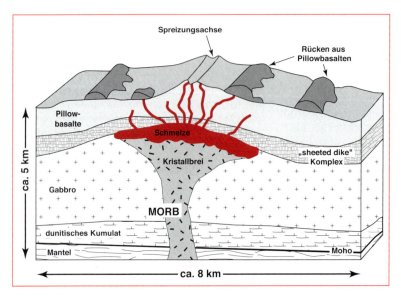

3.56 Schnitt durch einen mittelozeanischen Rücken nach Perfit et al. (1994).

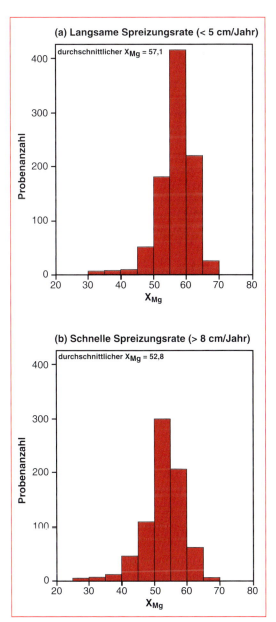

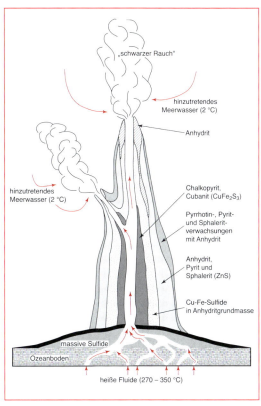

3.57 Zusammenhang zwischen chemischer Zusammensetzung von MORBs (aufgetragen: X_{Mg}) und Spreizungsrate der zugehörigen mittelozeanischen Rücken nach Sinton & Detrick (1992).

3.58 Schnitt durch einen „Schwarzen Raucher" nach Haymon & Kastner (1981) und Barnes (1988).

Basalten bis zu Karbonatiten (Abschnitt 3.9.4) und Granitoiden (Abschnitt 3.9.1). Das bekannteste Beispiel eines aktiven Grabenbruchs ist das **ostafrikanische Riftsystem** (Abb. 3.60), das uns nächstgelegene ist der **Oberrheingra**-ben, der ein im Tertiär gebildetes, aber nicht bis zur Vollendung gelangtes Rift ist (Abb. 3.61). Die „Vollendung" eines Rifts ist die Bildung eines neuen, zunächst kleinen, aber immer weiter wachsenden Ozeans, wie es derzeit im Roten Meer geschieht und sich nach Nordäthiopien ins Afardreieck fortsetzt (Abb. 3.60). Dieser neue Ozeanboden besteht wieder aus den typischen Ozeanbodenbasalten, wie sie in der verarmten Asthenosphäre produziert und an mittelozeanischen Rücken gefördert werden.

1c. Back-Arc Basins treten immer im Zusammenhang mit Inselbögen auf und werden mit diesen unter 2b. besprochen.

2a. Im Rahmen von Gebirgsbildungen können sehr verschiedene Magmentypen entstehen, da eine Gebirgsbildung eine Vielzahl verschiedener geologischer Prozesse beinhaltet:

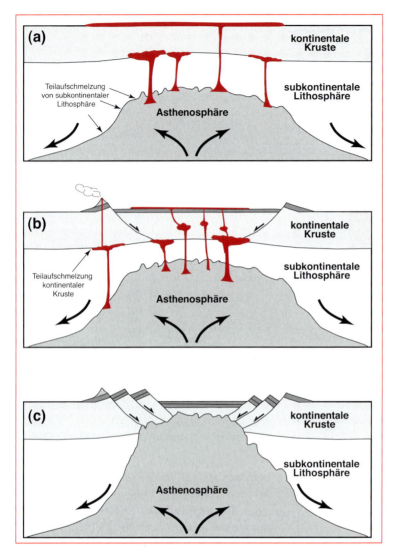

3.59 Entwicklung eines Grabenbruchsystems (Rifts) nach Kampunzu & Lubala (1991).

- Schließung eines Ozeans durch Subduktion des Ozeanbodens,
- beginnende Kollision mit Subduktion von Kontinentspänen,
- Hauptkollision mit Krustenverdickung,
- Ende der Kollision mit Gravitationskollaps und Lithosphärendelamination (siehe dazu auch Abschnitt 3.9.3) und schließlich
- Extension und Hebung.

Während der Subduktionsphase entstehen die unter 2c. besprochenen Magmatite aus Kompressionsregimes. Während der eigentlichen Kollision werden generell nur wenig Magmatite produziert, die Mischungen aus Schmelzen der Subduktionszone, der subkontinentalen Lithosphäre und der kontinentalen Kruste darstellen und meist granodioritischen bis tonalitischen Charakter haben. Während einer Lithosphärendelamination, also dem Abgleiten kontinentaler Lithosphäre in die darunter liegende Asthenosphäre, bilden sich typischerweise kleine Mengen von sehr K-reichen Schmelzen aus den abgetrennten und versenkten lithosphärischen Mantelspänen. Diese Schmelzen heißen **shoshonitisch** (siehe dazu Abb. 3.92) oder **ultrapotassisch** (nach dem englischen Wort „potassi-

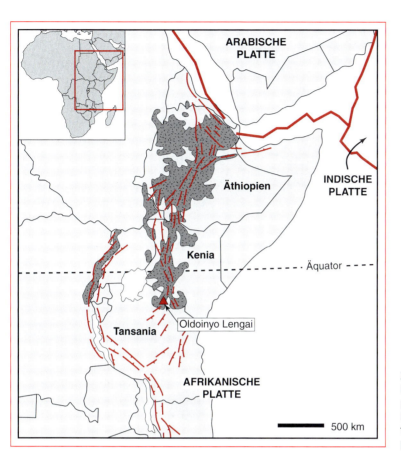

3.60 Das Ostafrikanische Riftsystem nach Kampunzu & Lubala (1991). Die dunkelgrau getrichelten Flächen sind Vulkanitprovinzen.

um" für Kalium). Während der späten Extension können insbesondere in der Unterkruste charakteristische granitische Schmelzen entstehen, die häufig als „postkollisional" bezeichnet werden, da sie nach der Kollision entstanden sind. Die Bergellintrusion in den Alpen (Abb. 3.26 und 3.27) enthält zum Beispiel syn- und postkollisionalen Schmelzen, die im Abstand von etwa 8 – 10 Millionen Jahren intrudierten.

2b. und 2c. Inselbögen und aktive Kontinentränder gehören in einen geodynamischen Zusammenhang, da sie bei der Kollision von Ozeankruste mit anderer Ozeankruste, mit einem Mikrokontinent oder mit echter kontinentaler Kruste entstehen. Sie sind weltweit verbreitet, und besonders um den Pazifik herum dominant, was auch den Begriff des pazifischen „Feuergürtels" prägte, des Rings aus Vulkanen um den Pazifik (Abb. 3.62). Ein **Inselbogen** entsteht, wenn Ozean- mit Ozeankruste mit oder ohne Beteiligung eines Mikrokontinents kollidiert. Ein **kontinentaler Vulkangürtel** bildet sich, wenn Ozeankruste wie z.B. am Westrand Südamerikas unter einen stabilen, großen Kontinent subduziert wird (Abb. 3.25). Dabei wird die dichte, kalte Ozeankruste unter die weniger dichten Kontinent- oder Inselbogengesteine subduziert. Die abtauchende Platte kann mittels der von ihr ausgelösten Erdbeben („Wadati-Benioff-Zone") in guter räumlicher Auflösung abgebildet werden (Abb. 3.63). Unmittelbar vor Inselbögen bilden sich **Tiefseegräben** wie z.B. der Marianengraben, dann folgt zum Inselbogen oder zum Kontinent hin das Akkretionsgebiet des „**Forearcs**", wofür, ähnlich wie beim Back-Arc Basin, kein deutscher Begriff gebräuchlich ist. In durchschnittlich etwa 100

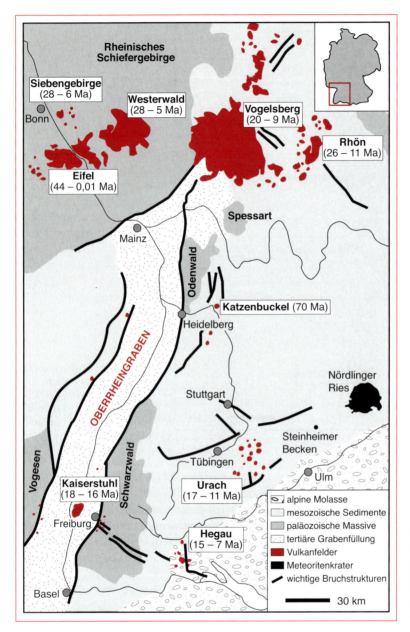

3.61 Magmatismus im Bereich des Oberrheingrabens nach Carlé (1955) mit Altersangaben u.a. aus Lippolt (1983) und Becker (1993).

bis 150 km Entfernung von der Subduktionsnaht führen die uns interessierenden magmatischen Vorgänge zur Bildung von Inselbogen- oder Kontintentrandmagmatiten.

Während der Subduktionszonenmetamorphose werden ab einer gewissen Tiefe (etwa 100 km) große Mengen an Fluiden dadurch freigesetzt, dass die in der hydratisierten ozeanischen Kruste enthaltenen Hydratminerale zerstört werden (Abb. 3.49). Die dabei frei gesetzten Fluide bewirken Aufschmelzprozesse sowohl in der abtauchenden Ozeankruste als auch im überliegenden Mantelkeil oder Kontinent. Die an Inselbögen und aktiven Kontinenträndern produzierten Magmatite sind also generell durch die subduzierte ozeanische

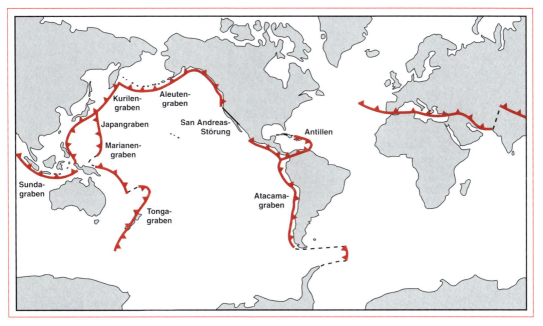

3.62 Konvergente Plattengrenzen nach Wilson (1989).

Kruste und deren Fluide beeinflusst, doch entstammen sie verschiedenen Reservoiren und können sehr verschiedene Ursprungsgesteine haben (hydratisierte Basalte der abtauchenden Ozeankruste, Peridotite des darüber liegenden Mantelkeils und krustale Gesteine). Dementsprechend weisen sie variable Zusammensetzungen auf. Die häufig beobachteten alkalinen bis kalkalkalinen **Andesite**, **Rhyolithe** und **Dacite** (Beispiel: Indonesien, Abb. 3.64) entstammen zu variablen Anteilen dem aufgeschmolzenen oberen Mantel, der ozeanischen und der kontinentalen Kruste, während tholeiitische Basalte eher dem Mantelkeil entstammen. Die ozeanische Lithosphäre und Asthenosphäre spielen dagegen wohl keine signifikante Rolle bei der Genese dieser Magmen. An konvergenten Kontinenträndern bilden sich riesige Plutone, **Batholithe** genannt, die meist granitische bis granodioritische Zusammensetzung aufweisen (siehe dazu auch in Abschnitt 3.9.1).

Schmelzen aus Inselbögen und von aktiven Kontinenträndern sind meist relativ oxidiert

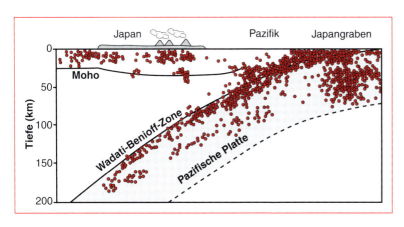

3.63 Erdbebenherde im Bereich der Subduktionszone von Japan nach Zhao (2001).

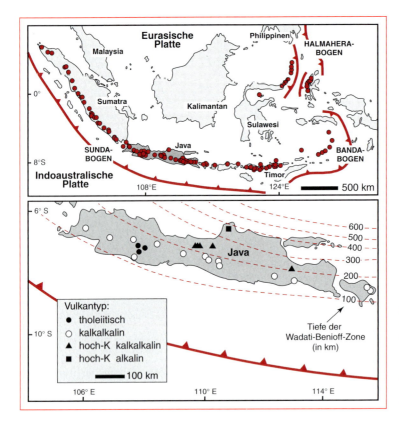

3.64 Inselbögen im Bereich von Indonesien (oben) und der Zusammenhang von Tiefe der Benioff-Zone und Magmenchemismus (unten). Nach Hamilton (1979), Nicholls et al. (1980) und Simkin & Siebert (1994).

und wasserreich (im Unterschied zu den MORBs), was durch die Beteiligung der Subduktionsfluide verständlich wird. In weiterer Entfernung von der Subduktionsnaht, hinter dem Vulkangürtel, kann das kompressive tektonische Milieu in ein extensionales Milieu umschlagen. Dies geschieht insbesondere, wenn die Subduktionszone sich zurückzieht („roll back") oder sich sprunghaft nach hinten verlagert („jump back"; Abb. 3.65). In diesem extensionalen Milieu bildet sich dann ein **Back-Arc Basin**, das u. a. eine spezielle Art von Magmatismus mit besonders K-reichen Magmen („Shoshoniten", Abb. 3.92) aufweisen kann.

3a. und 3b. Ozeaninseln und kontinentale Flutbasalte. Ozeaninseln bilden die größten Vulkanbauten der Welt. Sie sind mit **Hotspots** assoziiert, die nichts anderes als die Ausstichspunkte von aus dem tiefen Erdmantel aufsteigenden Plumes sind. So ist der Mauna Loa auf Hawaii volumenmäßig der größte Berg der Welt. Hotspots können mehrere Hundert Kilometer Durchmesser erreichen, über mehr als 100 Millionen Jahre aktiv sein und in ihrer Position weitgehend stabil bleiben, während die Lithosphärenplatten darüber hinwegziehen. Sie hinterlassen charakteristische „**hot spot tracks**", in denen perlschnurartig Vulkane aneinander gereiht sind, die entgegen der Plattenbewegung zunehmend jünger werden (Abb. 3.66). Diese sind gute Marker, um relative Plattenbewegungen in der jüngeren geologischen Vergangenheit abzuschätzen. Hotspots und mit ihnen assoziierte Ozeaninseln sind weltweit verbreitet (Abb. 3.67).

Ein Hotspot kann natürlich nicht nur unter ozeanischer Kruste auftauchen, sondern er kann auch unter Kontinenten liegen (siehe die Spuren auf Abb. 3.68), wo sie bisweilen (aber nicht immer) mit dem Aufbrechen eines Kontinentes verknüpft sind. Häufig geht dem Aufbrechen eines Kontinents ein großes Ereignis

3.9 Magmatische Prozesse

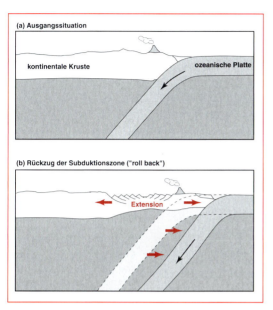

3.65 Schema zum Rückzug einer Subduktionszone nach Winter (2001).

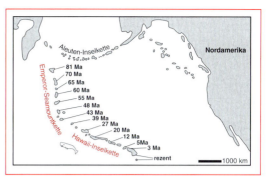

3.66 Die Hawaii-Emperor-Seamount-Kette mit Altersdaten von Dalrymple et al. (1980).

von **Flutbasaltvulkanismus** voraus. Flutbasalte heißen so, weil innerhalb weniger 100.000 Jahre gigantische Mengen von tholeiitischen Magmen gefördert werden, die alles andere „überfluten". Charakteristisch für ein solches Aufbrechen ist z. B. der Hotspot, der heute unter der Insel Tristan da Cunha im Südatlantik liegt (Abb. 3.68). Als er zum ersten Mal die Erdoberfläche erreichte, befand sich an dieser Stelle ein daraufhin auseinanderbrechender Kontinent und der Hotspot führte zur Bildung der Flutbasalte, die heute auf verschiedenen Seiten des Atlantiks liegen: Paraná in Brasilien und Etendeka in Namibia. Mit der weiteren Öffnung des Atlantiks bildete der genau auf der

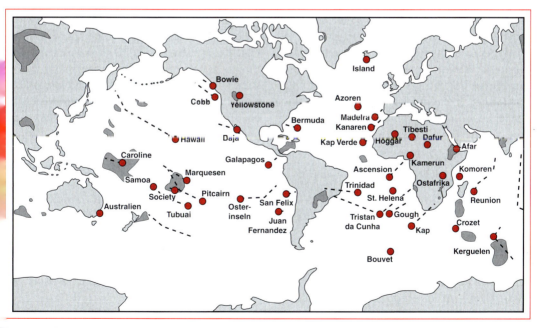

3.67 Weltweite Verbreitung von Hotspots (rote Kreise) nach Crough (1983) und Flutbasalten (dunkelgraue Felder) nach Coffin & Eldholm (1994).

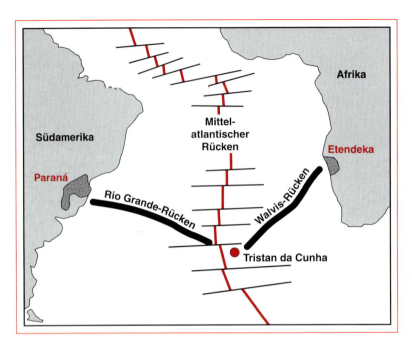

3.68 Der Tristan da Cunha-Hotspot als Ursache des Walvis- und Rio Grande-Rückens sowie der Etendeka- und Paraná-Flutbasalte. Nach Wilson (1989).

Rückenachse liegende Hotspot nach Osten den Walvis-Rücken, nach Westen den Rio Grande-Rücken als kontinuierliche Folge von untermeerischen Seebergen. Wie der Tristan da Cunha Plume für die Paraná- und Etendeka Flutbasalte verantwortlich ist, so ist der heute unter der Insel Reunion liegende Hotspot für die Dekkan-Basalte in Indien verantwortlich, die an der Kreide-Tertiär-Grenze eruptierten.

Ein **Plume** besteht aus primitivem oder angereichertem Erdmantelmaterial und die daraus entstehenden Ozeaninselbasalte (OIBs) bilden den größten Teil ozeanischer Inseln. Auch viele **Seeberge**, kleinere, zum Teil aber auch mehrere tausend Meter hohe Berge, die sich vom Ozeanboden erheben, aber die Wasseroberfläche nicht erreichen, bestehen daraus. Wie in Abb. 3.69 gezeigt, können verschiedene ozeanische Hotspots unterschiedliche geochemische Entwicklungslinien verfolgen, die mit zunehmendem SiO_2-Gehalt im Falle von Tristan da Cunha sehr alkalibetont, im Falle von Island relativ alkaliarm und im Falle von Ascension intermediär verlaufen. Dies wird in Abschnitt 3.9.2 genauer erklärt und bedeutet, dass neben Basalten im Bereich des Tristan da Cunha Hotspots keine Rhyolithe, sondern Phonolithe gefunden werden, während auf der Insel Ascension Trachyte und Rhyolithe und auf Island nur Rhyolithe die SiO_2-reichsten Gesteine repräsentieren.

Im Bereich von kontinentaler Kruste ist der geochemisch definierte OIB meist nicht unverfälscht zu erkennen, da hier der Plume stärker mit dem oberen Teil der Asthenosphäre, der subkontinentalen Lithosphäre und der kontinentalen Kruste wechselwirkt. Es besteht hier ein Übergang zu den oben beschriebenen Grabenbrüchen, wo ja auch ein Plume auf einen Kontinent trifft. Die riesigen Flutbasaltprovinzen, die untermeerisch (Ontong-Java-Plateau) und an Land (Paraná-Etendeka-Basalte, Dekkantrapp in Indien, Sibirische Flutbasaltprovinz) vorkommen, markieren die jeweils erste Auswirkung eines Plumes an der Erdoberfläche. Die großen Flutbasaltvorkommen sind heute als **LIPs** bekannt, als „**large igneous provinces**" (igneous ist ein englisches Wort für magmatisch).

3c. Restliche kontinentale Magmatite. Dieser Punkt vereint die restlichen magmatischen „Kuriositäten", die im kontinentalen Bereich

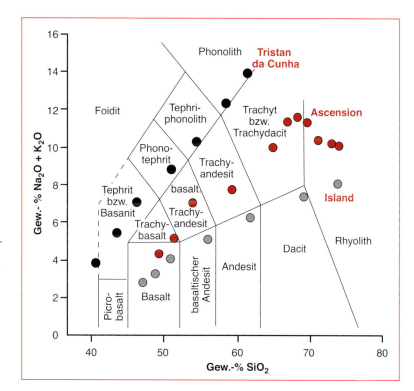

3.69 Entwicklung ozeanischer Inselbasalte (OIBs) im TAS-Diagramm (siehe Abb. 1.16) nach Wilson (1989). Unterschiedliche Vorkommen zeigen unterschiedliche Entwicklungslinien, die sich insbesondere in ihren Alkaligehalten unterscheiden.

beobachtet werden. Hierzu gehören die kleineren Vulkangebiete, die gerade in Mitteleuropa so verbreitet sind und zu denen die Eifel, die Rhön, der Vogelsberg, der Hegau oder das Uracher Vulkangebiet auf der Schwäbischen Alb gehören. Sie sind zwar häufig mit lokalen Störungszonen assoziiert, doch ist meist kein direkter Zusammenhang mit großtektonischen Vorgängen nachweisbar.

In Mitteleuropa legen neue Forschungsergebnisse die Existenz sehr kleiner Plumes von vielleicht nur einigen Zehner Kilometern Durchmesser nahe (Abb. 3.70), da hier das Modell eines großen, stabilen Plumes nicht die Varianz und zeitlich-räumliche Verteilung der magmatischen Aktivität erklären kann. Diese „Plümchen" werden als kleine, nur über geologisch kurze Zeiträume aktive und nicht aus dem tiefen Erdmantel, sondern vermutlich aus dem Bereich der Übergangszone im mittleren Erdmantel (Abb. 1.3) stammende Phänomene gedeutet. Die geförderten Zusammensetzungen sind extrem variabel und reichen von Phonolithen über Trachyte und Nephelinite bis zu Basalten. Es handelt sich hierbei offenbar um kleinräumige Aufschmelzungen aus einem metasomatisch veränderten, fluidreichen Mantel, der durch tektonische Prozesse immer wieder unter Druckentlastung und damit zur kleinräumigen Aufschmelzung kommt. Ein Zusammenhang mit der alpinen Gebirgsbildung, die das erst von ca. 300 Millionen Jahren während der **variskischen Gebirgsbildung** konsolidierte Terranemosaik Mitteleuropas zeitweise stark beansprucht und dadurch die beginnende Riftbildung im Oberrheingraben (Abb. 3.61) verursacht hat, wird vermutet, ist aber nicht bewiesen.

Generell und von Mitteleuropa unabhängig wird als Quelle für solchen intrakontinentalen Magmatismus überwiegend angereicherter Mantel der subkontinentalen Lithosphäre angenommen. Allerdings konnten auch Komponenten der kontinentalen Kruste und des abgereicherten oberen Mantels geochemisch und isotopengeochemisch nachgewiesen werden (Abb. 3.71). Weitere, charakteristische Gesteine

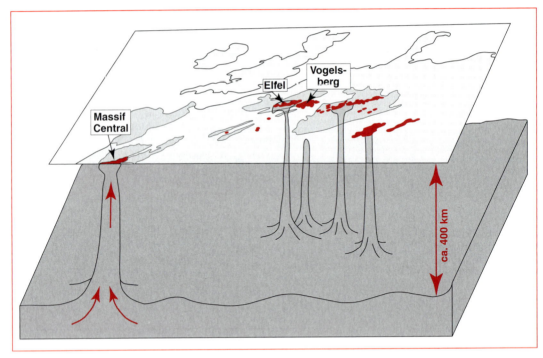

3.70 Hypothetische „Plumes" unter Mitteleuropa nach Granet et al. (1995). Geophysikalische Daten deuten an, dass diese kleinen Plumes in der Übergangszone und nicht im Unteren Mantel entstehen.

dieses tektonischen Milieus sind Karbonatite, Kimberlite und Anorthosite. Da diese Gesteine nicht nur wissenschaftlich, sondern z. T. auch ökonomisch interessant sind, werden sie in einem separaten Abschnitt (3.9.4) besprochen.

3.9.1.2 Klassifikation und tektonische Zuordnung von granitoiden Schmelzen

Ist es bei Basalten klar, dass es sich immer um Schmelzen aus dem Erdmantel handelt, so ist dies bei Granitoiden weniger einfach. Unterschiedliche Typen von Granitoiden können

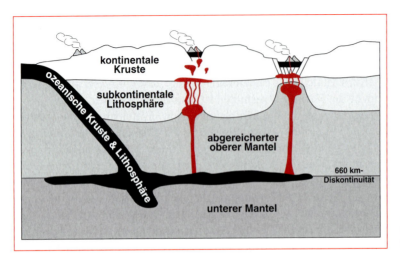

3.71 Schematische Bildung von intrakontinentalem Magmatismus nach Winter (2001).

durch rein krustale Aufschmelzung, durch die Fraktionierung (Abschnitt 3.9.2) aus Basalten und durch die Aufschmelzung von in der Unterkruste erstarrten basaltischen Gesteinen entstehen. Letzteres stellt gewissermaßen einen hybriden Fall zwischen krustaler und mantelderivierter Entstehung dar. Diese Vielfalt an Möglichkeiten rechtfertigt einen eigenen Abschnitt über granitoide Gesteine und ihre geochemische Klassifikation.

Granitoide Gesteine umfassen nicht nur Granite, sondern auch Granodiorite, Alkaligranite, Syenite, Diorite, Monzonite und Tonalite und deren vulkanische Äquivalente, also einen großen Teil des oberen Dreiecks im Streckeisendiagramm (siehe Abb. 1.13 und 1.14). Es ist sinnvoll, diese leicht verschiedenen Schmelztypen miteinander zu betrachten, da sie in der Natur ineinander übergehen können. Das K-Feldspat/Plagioklas-Verhältnis und der mengenmäßige Anteil an Quarz können stark variieren, ohne dass dies automatisch einen grundlegenden Unterschied in ihrem Entstehungsprozess anzeigt. Im Folgenden werden um der besseren Lesbarkeit willen die vulkanischen Äquivalente nicht ständig genannt, doch wenn z.B. von Graniten die Rede ist, sollte man die Rhyolithe auch im Hinterkopf haben.

Wie die Basalte unterscheiden sich auch Granitoide aus unterschiedlichen tektonischen Milieus in ihrer chemischen Zusammensetzung und Mineralparagenese. Wie bei den Basalten hängt dies damit zusammen, dass unterschiedliche Ausgangsgesteine aufgeschmolzen werden. Von besonderer Bedeutung ist hierbei der jeweilige Anteil an Krusten- und Mantelschmelze, der in einem spezifischen Granitoidtyp an der Gesamtzusammensetzung beteiligt ist. Diese Erkenntnisse führten zu zwei weit verbreiteten Klassifikationen insbesondere plutonischer Granitoide aufgrund chemischer Kriterien (Kasten 3.18 und 3.19).

Granitoide werden grob tektonisch klassifiziert, nämlich in **orogene**, deren Entstehung mit Gebirgsbildungen zusammen hängt, **anorogene**, bei denen dies nicht der Fall ist, und **Übergangsgranitoide**, bei denen die Entstehung nicht klar zugeordnet werden kann (Abb. 3.73). Diese Einteilung ist leicht mit der in Abschnitt 3.9.1. gewählten tektonischen Klassifikation für Magmatismus zu korrelieren. Granitoide aus kompressiven und extensionalen tektonischen Milieus entsprechen den orogenen und anorogenen Graniten und die Übergangsgranitoide sind dem postkollisionalen Stadium einer Orogenese zuzuordnen. Im Folgenden betrachten wir diese tektonisch definierten Typen von Granitoiden.

Orogene Granitoide in kompressiven tektonischen Milieus kommen in Inselbögen, an aktiven Kontinenträndern und in kontinentalen Kollisionsorogenen vor (Abb. 3.73). Während in ozeanischen Inselbögen die Menge an Granitoiden relativ klein im Vergleich zur Menge an Basalten und Andesiten ist, kommen an konvergenten Kontinenträndern und in Kollisionsorogenen zum Teil gewaltige Mengen an granitoiden Gesteinen vor. In Gebirgen wie den Anden, also an konvergenten Kontinenträndern, überwiegen eher I-Typ-Granitoide, insbesondere Granodiorite, während in Kollisionsorogenen eher S-Typ-Granite verbreitet sind. Tonalite können in allen drei orogenen Milieus vorkommen. Die Anden sind für ihre gewaltigen Batholithe bekannt (Abb. 3.74), riesige granitoide Körper, die häufig mit Erzlagerstätten, insbesondere für Kupfer und Zinn, vergesellschaftet sind. Granitoide Gesteine und der andesitische Vulkanismus in Inselbögen sind ebenfalls häufig mit Kupfer-, daneben aber auch mit Gold- und Tellur-Vererzungen verknüpft.

Die Beteiligung von Mantelschmelzen an der Granitentstehung nimmt von Kollisions- über Kontinentrand- zu Inselbogengranitoiden zu, wie sie auch von Granit über Granodiorite zu Tonalit zunimmt. Die meisten Kontinentrand- und Inselbogengranitoide sind als Mischungen von Mantelschmelzen aus dem Mantelkeil oder dem obersten Teil der subkontinentalen Lithosphäre und krustalen Schmelzen aus der lokalen Anatexis (partiellen Aufschmelzung) der Unterkruste anzusehen (Abb. 3.73). Mitteleuropa ist voll von (meist S-Typ) Kollisionsgrani-

Kasten 3.18 Die Klassifikation von Graniten nach Chapell & White (1974)

Aufgrund geochemischer Kriterien, insbesondere dem Alkalien-Aluminium-Verhältnis (Kasten 3.19) und der Sr-Isotopie (Kasten 3.17) sowie aufgrund von Unterschieden des Auftretens im Gelände wurde 1974 eine Einteilung granitoider Gesteine in I-, S- und A-Typ Granite vorgeschlagen. **S-Typ** kommt von „sedimentary source", also „aus Sedimenten erschmolzen", **I-Typ** von „igneous source" (igneous ist das englische Wort für magmatisch), also aus Magmatiten erschmolzen oder durch Fraktionierung von Magmatiten entstanden, und **A-Typ** steht für „anorogenic", also ohne Gebirgsbildung entstanden. Es fällt auf, dass diese Kriterien nicht kompatibel sind, da sie z. T. auf die Quelle, z. T aber auch auf die Tektonik oder das Fehlen derselben Bezug nehmen, doch so hat es sich eingebürgert.

Granite, die sich in alpinotypen Kollisionsorogenen bilden, sind häufig aus Sedimenten erschmolzen worden, d. h. durch Migmatisierung bzw. Anatexis einer sedimentär dominierten Unterkruste entstanden. Diese meist peralumischen S-Typ-Granite sind erkennbar durch ihren Gehalt an Al-reichen Mineralen wie Granat, Cordierit oder Hellglimmer (**Zweiglimmergranite**). Ökonomisch wichtig in dieser Gruppe sind Leukogranite, die nur einen sehr kleinen Anteil an mafischen Mineralen enthalten, dafür aber mitunter hohe Anreicherungen u. a. an Zinn, Fluor, Wolfram, Beryllium und Lithium. Mit diesen Graniten sind auch so genannte „**Greisen**" assoziiert (Abschnitt 3.9.3).

I-Typ-Granitoide bilden sich bei der Kristallisation von basaltischen Gesteinen (fraktionierte Kristallisation, siehe Abschnitt 3.9.2) oder durch die Aufschmelzung magmatischer Edukte. Sie sind selten echte Granite, sondern Granodiorite oder Tonalite und zeichnen sich durch eine Reihe von Spurenelementcharakteristika aus. Echte I-Typ-Granite sind meist metalumische Biotitgranite (bisweilen mit Amphibol oder Pyroxen), die im Gelände von den S-Typ-Graniten schwer oder gar nicht unterscheidbar sind. Wie die S-Typ-Granitoide sind auch die I-Typ-Granitoide in Kollisionsorogenen verbreitet, doch dominieren sie eher in andinotypen Gebirgen, während S-Typ-Granite eher für Kontinent-Kontinent-Kollisionen typisch sind, allerdings ausgerechnet mit der Ausnahme der Alpen. An mittelozeanischen Rücken und an Hotspots kennt man sehr kleine Mengen von I-Typ-Granitoiden, die durch partielles Schmelzen von Gabbros unter wasserreichen Bedingungen entstehen. Diese werden „Plagiogranite" und „Granophyre" genannt, sind aber K-Feldspat-arme Granodiorite und Tonalite.

A-Typ-Granitoide schließlich scheinen keinen unmittelbaren Zusammenhang zu tektonischen Prozessen zu zeigen. Diese Gruppe umfasst unterschiedliche, meist metalumische bis peralkaline Typen, die durch verschiedene Prozesse entstehen. Am bekanntesten sind die Rapakivigranite mit ihren zonierten, eiförmigen Feldspäten (siehe in Kapitel 1 bei Granit), die man häufig als zierende Natursteine an Banken und Versicherungsgebäuden sehen kann. Benannt sind sie nach einer finnischen Lokalität. Mangerite und Charnockite (siehe in Kapitel 1 bei Granit) sind wasserarme A-Typ-Syenite und -Granite, von denen wegen des Charnockits bisweilen auch als C-Typ-Granitoide gesprochen wird.

---

ten (Abb. 3.75), die im Schwarzwald, im Odenwald, im Bayerischen Wald, in den Vogesen, im Harz, im Fichtelgebirge und im Erzgebirge vorkommen und auch in den Pyrenäen und im Gotthard- und Aaremassiv der Zentralalpen verbreitet sind. Im Gegensatz zu diesen **variskischen** Graniten aus der Zeit zwischen 340 und 290 Millionen Jahren fehlen jüngere Granite außerhalb der Alpen vollständig und auch in den Alpen haben sie nur eine erstaunlich geringe Verbreitung. Die zwei größten magmatischen Körper der Alpen, der Bergell- und der Adamellopluton in den italienischen Alpen (Abb. 3.26), sind überwiegend granodioriti-

Kasten 3.19 Das Alkalien+Erdalkalien-zu-Aluminium-Verhältnis

Die Klassifikation in A-, C-, S- und I-Typ beruht zum Teil auf einer nützlichen geochemischen Unterteilung, die direkt mit der im Dünnschliff oder in manchen Fällen sogar makroskopisch beobachtbaren Mineralogie in Zusammenhang steht. Diese Unterteilung vergleicht den molaren Gehalt von Aluminumoxid in der Gesamtgesteinsanalyse eines Granitoids mit den Gehalten von Calciumoxid, Natriumoxid und Kaliumoxid (Abb. 3.72) und wird gleichermaßen auf Plutonite wie auch auf Vulkanite angewendet. Was bedeutet dies? Normalerweise sind die Hauptträger für diese vier Elemente in granitoiden Gesteinen die Feldspäte. Enthält das Gestein nun mehr Aluminium als Ca-, Na- und K-Oxid zusammen, so nennt man dies **peralumisch** und es müssen in diesem Gestein neben den Feldspäten weitere Al-reiche, aber alkaliarme Minerale wie Muskovit, Cordierit, Andalusit oder Granat vorkommen. Dies ist in vielen S-Typ-Graniten der Fall.

Ist der Gehalt an Aluminiumoxid zwar höher als der der Alkalioxide, aber niedriger als der der (Alkali+Calcium)oxide, so nennt man das Gestein **metalumisch**. Es enthält weder besonders Al-reiche noch besonders alkalireiche Minerale. Biotit sowie Hornblende oder auch Pyroxen in wasserärmeren Varianten sind typische Minerale solcher Granitoide, zu denen insbesondere die I-, A- und C-Typ-Granitoide gehören.

Ist schließlich schon der Gehalt an Alkalioxiden allein höher als der Gehalt an Aluminiumoxid, so können die im Gestein vorhandenen Feldspäte allein die Alkalien nicht mehr aufnehmen, und man findet weitere alkalireiche Minerale wie Na-Pyroxene (Aegirin) und Na- oder K-Amphibole (Arfvedsonit, K-Richterit). Diese **peralkalischen** Granitoide treten insbesondere im Bereich von Grabenbrüchen und bei der extremen Fraktionierung von Alkalibasalten auf. Besonders häufig sind es Alkaligranite, Syenite und Nephelinsyenite. Interessant ist, dass peralkalische Schmelzen aufgrund ihrer anderen Schmelzstruktur HFSE-Elemente wie Zr, Nb, Ta oder SEE (siehe Kapitel 4.6.1, Abb. 4.46) um Größenordnungen besser lösen können, als per- und metalumische. Deshalb zeigen sie häufig große Anreicherungen dieser Elemente. Innerhalb der peralkalischen Gesteine gibt es **agpaitische**, die seltene, komplexe Na-Zr-Silikate wie Eudialyt führen, und **miaskitische**, die Zirkon als Zr-haltiges Mineral enthalten.

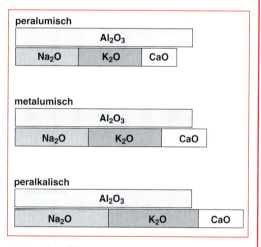

3.72 Klassifikation von Gesteinen nach ihrem molaren Alkalien/Aluminium-Verhältnis.

---

scher bis tonalitischer Zusammensetzung und enthalten große Anteile von Mantelschmelzen, was mit Hilfe von Isotopenstudien nachgewiesen wurde. Beide Komplexe sind dominiert von I-Typ-Granitoiden (Kasten 3.18).

Übergangsgranitoide bilden sich in der Folge eines Kollisionsorogens nach der eigentlichen Kollision, sozusagen während der Phase der Entspannung. In dieser Phase lässt der Druck der Platten gegeneinander nach, die kompressive weicht einer extensionalen Tektonik und es kommt häufig zu einem Gravitationskollaps der verdickten Krustenwurzel. Dies bedeutet, dass das weniger dichte Krustengestein im untersten Teil eines Orogens aufgrund seiner Auftriebskräfte gegenüber dem ihn umgebenden, dichteren Mantel nach oben drückt. Durch die adiabatische Druckentlastung innerhalb des

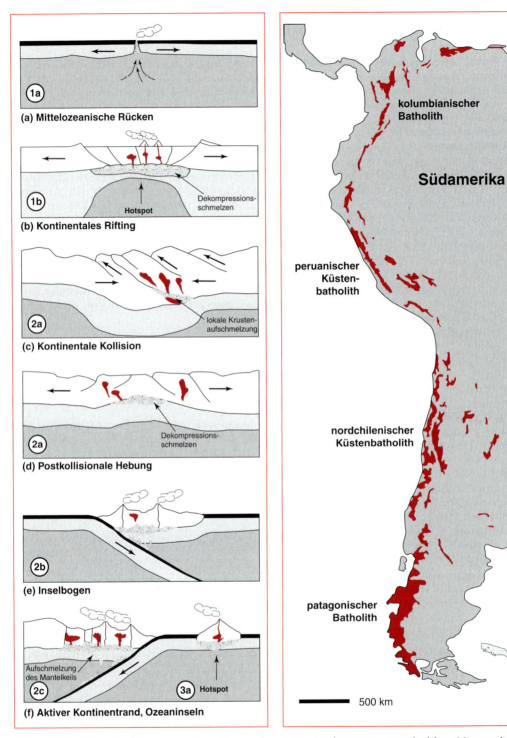

3.73 Tektonische Zuordnung von Graniten nach Winter (2001). Die Nummerierung orientiert sich am Text.

3.74 Vorkommen granitoider Magmatite am westlicher Kontinentrand Südamerikas nach Winter (2001).

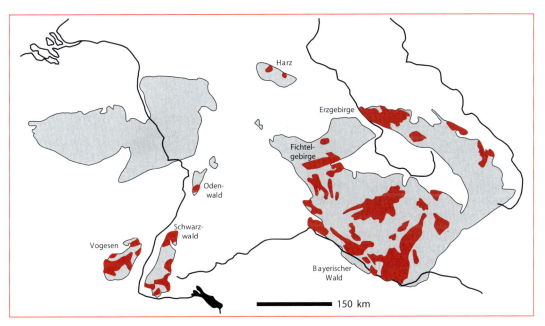

3.75 Vorkommen von granitoiden Magmatiten (rot) in den Grundgebirgsrümpfen Mitteleuropas (hellgrau) nach Franke (1989).

sich entspannenden und hebenden Orogens entstehen ebenso wie in Plumes Dekompressionsschmelzen, und zwar sowohl in der Mittel- als auch in der Unterkruste. Die Schmelzen sind in diesem Fall leukogranitischer Zusammensetzung, bestehen also fast nur aus Quarz und Feldspäten, insbesondere K-Feldspat und albitischem Plagioklas, und enthalten nur sehr wenig mafische Gemengteile. Diese Leukogranite gehören zu den S-Typ-Graniten (Kasten 3.18) und sind häufig mit Zinn-, Wolfram-, Lithium- und Berylllummineralisationen vergesellschaftet. In den Alpen ist der Novategranit nordöstlich des Lago di Como ein typisches Beispiel für einen solchen postkollisionalen Leukogranit, im Schwarzwald sind Teile des Triberger Granites so entstanden und auch Teile der Erzgebirgsgranite und die Granite von Cornwall in Südwestengland zählen hierzu. Die letzten drei Vorkommen sind alle der variskischen Gebirgsbildung zwischen 340 und 290 Millionen Jahren zuzuordnen. Die wissenschaftlich am besten untersuchten auf diese Weise entstandenen Leukogranite sind allerdings die aus dem Himalaya, wo anhand von Geländedaten und experimentellen Befunden nachgewiesen werden konnte, wie tektonische Position, Entwässerungsreaktionen in der verdickten Krustenwurzel, Aufstieg dieser Fluide und mittelkrustale Anatexis mit der Genese dieser Leukogranite zusammenhängen (Abb. 3.76).

Anorogene Granitoide in extensionalen Milieus kommen insbesondere im Bereich von Grabenbrüchen vor. Dort sind neben Alkaligraniten insbesondere Syenite und Nephelinsyenite, seltener auch Monzonite verbreitet. All diese Gesteine enthalten einen großen Anteil an fraktionierter Mantelkomponente, der in Syeniten und Nephelinsyeniten relativ wenig, in Quarzsyeniten und Alkaligraniten dagegen relativ stark mit krustalen, granitischen Schmelzen vermischt wurde („kontaminiert", siehe Abschnitt 3.9.2). Es handelt sich also überwiegend um hybride **Dekompressionsschmelzen**, d.h. also solche Schmelzen, die sich bei Druckentlastung bilden. Beispiele solcher Gesteine finden sich z.B. im Oslorift in Südnorwegen, in der Gardarprovinz Südgrönlands und an verschiedenen Stellen des baltischen Schildes, z.B. in Finnland und auf der Halbinsel Kola.

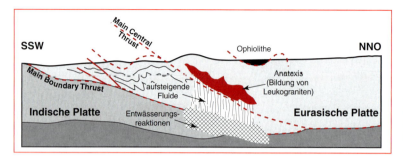

3.76 Modell für die Entstehung von S-Typ Leukograniten im Himalaya nach France-Lonord & LeFort (1988).

In manchen Gebieten ohne deutliche Extensionstektonik kommen die ebenfalls anorogenen C-Typ-Granitoide vor (Kasten 3.18), die durch ihre sehr wasserarme Zusammensetzung, ihre hohen Kristallisationstemperaturen, ihre Vergesellschaftung mit Anorthositen (Abschnitt 3.9.4) und mit einer granulitfaziellen Metamorphose des Nebengesteins charakterisiert sind. Diese wasserarmen Äquivalente von Granit, Monzonit und Syenit werden als Charnockite (Granit) und Mangerite (Syenit bis Monzonit), insgesamt auch als reduzierte A-Typ oder C-Typ-Granitoide bezeichnet und entstehen in Gebieten mit anomal hohem Wärmefluss. Schöne Beispiele solcher Gesteine finden sich in Südnorwegen (Rogaland), Nordnorwegen (Lofoten) und in verschiedenen Teilen Nordamerikas, Indiens, Madagaskars und der Ostantarktis (Dronning Maud Land). Ein solcher anomal hoher Wärmefluss kann durch so genanntes „magmatic underplating" hervorgerufen werden, bei dem basaltische Schmelze sich an der Kruste-Mantel-Grenze sammelt, dadurch die Unterkruste aufheizt und dabei granitoide Schmelzen produziert. Siehe dazu auch im Kapitel über Anorthosite.

3.9.2 Methoden und physikalisch-chemische Grundlagen der magmatischen Petrologie

Magmatische Prozesse unterscheiden sich von metamorphen Prozessen darin, dass sie drei klar voneinander getrennte Stadien durchlaufen. Während bei der Metamorphose ein Gestein in einem größeren Gesteinsverband zu einem anderen Gestein umkristallisiert, sind beim Magmatismus die Entstehung einer Gesteinsschmelze, deren Bewegung und Platznahme sowie die Kristallisation zu einem Festgestein räumlich voneinander getrennt und müssen getrennt betrachtet werden.

Bei der Entstehung einer Schmelze sind die Zusammensetzung des aufgeschmolzenen Gesteins, der **Aufschmelzgrad** (also wie viel dieses Gesteins geschmolzen wird und wie viel fest als Restit zurück bleibt), die Anwesenheit von Fluiden und die äußeren Bedingungen wie Druck, Temperatur und Redoxbedingungen von Bedeutung. Die Zusammensetzung der Schmelze wird von all diesen Faktoren bestimmt.

Die Bewegung, typischerweise der Aufstieg, einer Schmelze ist ein physikalisch gesteuerter Prozess, der von der Viskosität der Schmelze, also ihrer Zähigkeit, und von ihrer Dichte im Vergleich zur Dichte der umgebenden Gesteine abhängt. Beide Größen hängen wiederum von der chemischen Zusammensetzung der Schmelze und von Druck und Temperatur ab. Während des Aufstiegs kann sich die Schmelze durch Kontamination mit Nebengesteinsschmelzen chemisch verändern.

Bei der Kristallisation von Schmelzen ist die Geschwindigkeit der Abkühlung, die Abkühlrate (siehe Abschnitt 2.3.3), von besonderer Bedeutung, da sie die relativen Bildungs- und Wachstumsgeschwindigkeiten von Kristallkeimen bestimmt. Daneben sind der Druck und die Redoxbedingungen wichtige Größen, und der Prozess der fraktionierten Kristallisation bewirkt die An- und Abreicherung bestimmter Elemente in der Schmelze.

Bevor diese drei Stationen – Schmelzbildung, Aufstieg und Kristallisation – in Abschnitt 3.9.3 für die wichtigsten magmatischen Gesteine besprochen werden, werden wir in diesem Abschnitt die petrologischen Grundlagen und Methoden einführen, die man benötigt, um magmatische Prozesse zu verstehen. Es sei angemerkt, dass die magmatische Petrologie viele Untersuchungsergebnisse der Geochemie und der Isotopengeochemie einbezieht. Wer sich intensiver für Magmatismus interessiert, sollte sich unbedingt auch mit den geochemischen Voraussetzungen vertraut machen.

3.9.2.1 Binäre Schmelzdiagramme

Im Unterschied zu den in Abschnitt 3.8 behandelten Phasendiagrammen betreffen die in **Schmelzdiagrammen** gezeigten Reaktionen die Bildung oder die Kristallisation einer Schmelze. Binäre Schmelzdiagramme, die einfachsten Mitglieder dieser Familie von Phasendiagrammen, zeigen immer die Phasenbeziehungen in einem Zweikomponentensystem, aufgetragen gegen die Temperatur. Der Druck wird konstant gehalten.

Prinzipiell gibt es zwei verschiedene Typen von Schmelzsystemen: solche mit Eutektikum und solche ohne. Ein System mit Eutektikum ist das der Alkalifeldspäte oder das System Leucit-SiO_2. Da die Phasenbeziehungen der Alkalifeldspäte im System K-Feldspat-Albit überaus kompliziert sind, beginnen wir zunächst mit einem schematischen binären Phasendiagramm (Abb. 3.77a) und gehen dann zum System Leucit-SiO_2 über, das K-Feldspat als intermediäre Phase enthält (Abb. 3.77b). Beide Systeme zeigen verschiedene Arten von Kurven und Linien, die verschiedene Felder begrenzen. Die Kurven, die das Schmelzfeld von den Feldern trennen, in denen zumindest eine feste Phase stabil ist, heißen **Liquiduskurven**. Ist in so einer Liquiduskurve ein Hochpunkt, an dem eine Phasenzusammensetzung liegt, so spricht man von einer **thermischen Schwelle**, die eine Schmelze während ihrer chemischen und Temperaturentwicklung nicht überwinden kann (Abb. 3.77a). Treffen zwei Liquiduskurven in einem Tal zusammen, dessen Boden eine waagerechte Phasengrenze bildet, so handelt es sich um ein **Eutektikum**. Die eutektische Zusammensetzung ist die Zusammensetzung niedrigster Schmelztemperatur im gesamten System. Am Eutektikum läuft im System Leucit-SiO_2 die Reaktion

Schmelze = K-Feldspat + Tridymit

ab. In manchen Systemen gibt es auch lokale Punkte tiefer Temperatur, die aber bei anderen Zusammensetzungen vom Eutektikum noch unterboten werden. Diese lokalen Punkte tiefer Temperatur heissen **thermisches Minimum**. Wenn eine Liquiduskurve ohne Tal eine waagerechte Linie berührt (mit kleiner Einbuchtung), so ist dies ein **Peritektikum**. Eine Phase an einem Peritektikum schmilzt **inkongruent**, d.h. es bildet sich eine neue Phase anderer Zusammensetzung und eine Schmelze. K-Feldspat z. B. schmilzt inkongruent (Abb. 3.77b), er zersetzt sich bei 1150 °C zu Leucit und Schmelze. Die **peritektische Reaktion** lautet also:

K-Feldspat = Leucit + Schmelze

oder, generalisiert

Festphase 1 = Festphase 2 + Schmelze; Festphase 1 ≠ Festphase 2

Tridymit dagegen schmilzt bei 1 bar Druck gar nicht, sondern wandelt sich in Cristobalit um, und Cristobalit schmilzt – wie Leucit – **kongruent**, das heißt, es bildet sich beim Aufschmelzen keine neue Festphase, sondern nur eine Schmelze. Beispiele für die korrekte Verwendung dieses Diagramms sind in Kasten 3.20 gegeben.

Das Alkalifeldspatsystem (Abb. 3.79) zeigt noch ein zusätzliches Merkmal: den **Solvus** (die **Mischungslücke**) zwischen Albit und Orthoklas, die ja auch schon in Abschnitt 2.3.3, Kasten 2.11, diskutiert wurde. Die verschiedenen Bereiche zeigen also verschiedene Phasen: bei tiefen Temperaturen sind zwei trikline Feldspäte (Tiefalbit und Mikroklin) stabil. Bei

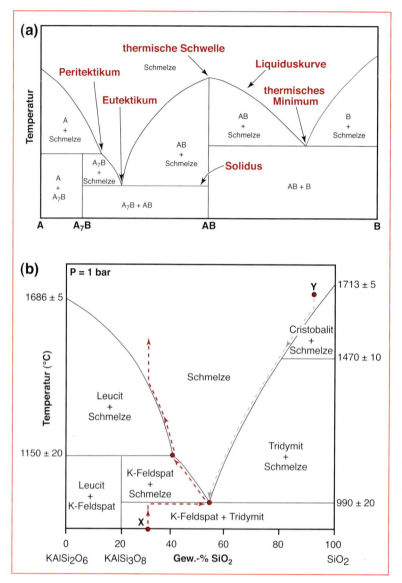

3.77 (a) Schematisches binäres Phasendiagramm mit Eutektikum, Peritektikum und thermischer Schwelle, ohne Mischkristallbildungen. (b) Das binäre System Leucit-SiO$_2$ nach Schairer & Bowen (1948). Die Schmelz- und Abkühlpfade von Zusammensetzung X und Y sind im Text erklärt.

Temperaturerhöhung geht dann der Mikroklin in monoklinen Orthoklas über, die Mischungslücke wird kleiner (T > T1). Bei T2 geht Tiefalbit in Mittelalbit über (T > T2), bevor er dann als trikliner Hochalbit oder monokliner Monalbit vorliegt. Oberhalb von etwa 600 °C herrscht vollständige Mischbarkeit zwischen Albit und Orthoklas und oberhalb 1100 °C schließlich erreicht man das Schmelzfeld. Während die Na-reichen Feldspäte kongruent schmelzen (Zusammensetzung des Kristalls = Zusammensetzung der entstehenden Schmelze), schmilzt der K-Feldspat inkongruent unter Bildung von Leucit. Diese Verhältnisse sind nun auch noch druckanhängig. Oberhalb von etwa 5 kbar z. B. schmilzt auch K-Feldspat kongruent, der Solvus, die Liquidus- und die Soliduskurven berühren sich, es gibt kein Feld mehr für einen homogenen, intermediären Alkalifeldspat (Abb. 3.80). Leider gilt dies nur im wassergesättigten System, denn im wasserarmen oder -freien System kann auch bei niedri-

Kasten 3.20 Aufschmelzung und Kristallisation in einem binären System mit Eutektikum

Betrachten wir die Zusammensetzungen X und Y in Abb. 3.77b. Bei Aufschmelzen von Zusammensetzung X geschieht folgendes: Das feste Ausgangs"gestein" besteht bei 950 °C und 1 bar (in Komponenten ausgedrückt) zu 30 % aus SiO_2 und zu 70 % aus $KAlSi_2O_6$ oder (in Phasen ausgedrückt) zu 86 % aus K-Feldspat und zu 14 % aus Tridymit. Bei Temperaturerhöhung auf etwa 990 °C erreicht es die eutektische Temperatur – es beginnt aufzuschmelzen. Die erste Schmelzzusammensetzung ist etwa 55 % SiO_2 und 45 % $KAlSi_2O_6$ (Eutektium). Das Gestein verharrt so lange bei dieser Temperatur (allerdings bei stetiger Energiezufuhr, die Energie wird allein zum Aufschmelzen verwendet und nicht in Temperaturerhöhung investiert), bis aller Tridymit geschmolzen ist, dann bewegt sich die Schmelzzusammensetzung bei weiterer Energiezufuhr entlang der Liquiduskurve nach links oben. Die Schmelze ändert stetig ihre Zusammensetzung, wird durch Aufschmelzen von K-Feldspat immer $KAlSi_2O_6$-reicher, aber nach wie vor steht sie mit kristallinem K-Feldspat im Gleichgewicht. Bei etwa 1150 °C erreicht sie das Peritektikum. Der noch übrige K-Feldspat zerfällt in Leucit und SiO_2, wobei das SiO_2 in die Schmelze geht. Auch hier bleibt die Temperatur konstant, bis die gesamte Konversion von K-Feldspat nach Leucit vollzogen ist. Ist sie abgeschlossen, steigt die Temperatur weiter, Leucit schmilzt langsam auf und die Schmelze entwickelt sich weiter entlang der Liquiduskurve bis zu dem Punkt, wo die Schmelzzusammensetzung exakt der ursprünglichen Gesteinszusammensetzung (30 % SiO_2) entspricht. Dort schmilzt der letzte Leucitkristall und das System ist komplett geschmolzen. Die Kristallisation dieser Zusammensetzung verläuft exakt vergleichbar, aber natürlich umgekehrt.

Die Kristallisation der Zusammensetzung Y ist etwas einfacher, da kein Peritektikum auftritt. Die Schmelze gerät beim Abkühlen bei etwa 1600 °C an die Liquiduskurve und kristallisiert zunächst reinen Cristobalit. Bei der Abkühlung bewegt sich daher die Zusammensetzung der Schmelze weg von SiO_2 (da der Schmelze die ganze Zeit SiO_2 entzogen wird) auf der Liquiduskurve nach schräg links unten. Bei etwa 1470 °C wird der gesamte bisher kristallisierte Cristobalit in die andere SiO_2-Modifikation Tridymit umgewandelt. Dann geschieht nichts weiter, als dass die Schmelze weiter der Liquiduskurve folgt und Tridymit auskristallisiert. Erst bei 990 °C, am Eutektikum, kristallisiert der erste K-Feldspat zusammen mit Tridymit aus. Dort kristallisiert also gleichzeitig die gesamte restliche Schmelze als „eutektisches Gemisch", das meist eine typische Textur aufweist (Abb. 3.78). Die Kristallisation ist damit abgeschlossen.

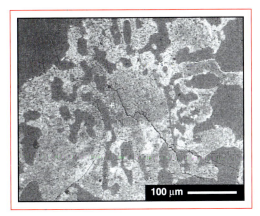

3.78 BSE-Aufnahme eines eutektischen Gemisches: Kalifeldspat (hellgrau) und Quarz (dunkelgrau) aus einem Granophyr der Puklenintrusion, Südgrönland.

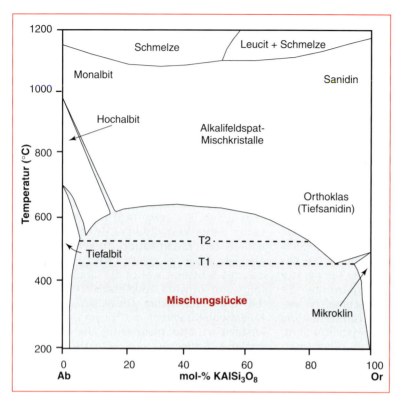

3.79 Die Temperaturabhängigkeit der Mischungslücke im System Ab-Or nach Smith (1974) und Hurlbut & Klein (1977). Man beachte die verschiedenen Namen für unterschiedliche Feldspäte, wobei die Hochtemperaturvarianten (Sanidin, Monalbit) monoklin, die Tieftemperaturvarianten aber triklin kristallisieren.

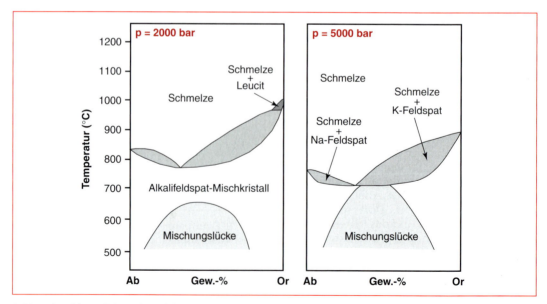

3.80 Die Abhängigkeit der Bildung von einem oder von zwei Feldspäten von der Temperatur und vom Druck, wobei p hier der Wasserdruck ist, da das experimentelle System, mit dem dies untersucht wurde, wassergesättigt war. Bei Drucken über 5 kbar kristallisieren zwei unterschiedliche Feldspäte mit Zusammensetzungen auf dem Solvus, die bei Abkühlung ihre Zusammensetzung durch Entmischung weiter verändern. Nach Bowen & Tuttle (1951).

gen Drucken der Solvus schon den Solidus berühren. Die Kristallisation und Aufschmelzung in einem solchen System ist in Kasten 3.20 näher erläutert.

Ein sehr einfaches System ohne Eutektikum, das geologisch relevant ist, ist das Schmelzdiagramm der Plagioklase (Abb. 3.81). Albit und Anorthit sind als Plagioklas bei hohen Temperaturen vollkommen mischbar. Plagioklas schmilzt kongruent, das heißt, es bildet sich aus einem Kristall von Plagioklas eine Schmelze ebenfalls von Plagioklaszusammensetzung. Die Zusammensetzung niedrigster Schmelztemperatur ist die reine Phase Albit. Das Schmelzdiagramm besteht demgemäß lediglich aus der Liquidus- (der oberen) und der Soliduskurve (der unteren), die ein Feld einrahmen, in dem Schmelze und Festphase koexistieren. Um deren Proportionen zu ermitteln, wird das **Hebelgesetz** angewendet (Kasten 3.21). Schmelzdiagramme wie das für die Alkalifeldspäte oder für die Plagioklase sind wichtig, um die chemische Entwicklung von Schmelzen zu verstehen und die Zusammensetzungsunterschiede zu erklären, die man in natürlichen, magmatischen Feldspäten findet.

Schmelzen können auf zwei unterschiedliche Arten kristallisieren, die beide in der Natur vorkommen und deutlich unterschiedliche Ergebnisse produzieren: durch **fraktionierte Kristallisation** oder durch **Gleichgewichtskristallisation**. Bei der Gleichgewichtskristallisation steht der gesamte gebildete Kristall immer im Gleichgewicht mit der jeweiligen Schmelze, d.h., wenn die Schmelzzusammensetzung sich verändert, verändert sich auch die Kristallzusammensetzung. Das gebildete Gestein besteht am Ende aus lauter homogenen Kristallen (potentiell verschiedenen Typs, aber intern homogen), und die Gesamtzusammensetzung aller Kristalle zusammen ist exakt die Zusammensetzung der Anfangsschmelze. Fraktionierte Kristallisation dagegen heißt, dass Kristalle vom Kontakt mit der Schmelze abgeschnitten werden. Dies kann zum Beispiel dadurch geschehen, dass sie von später wachsenden Mineralschichten umhüllt werden (Zonierung, siehe Abschnitt 2.3.3), dass sie auf den Boden der Magmenkammer sinken oder an der Wand festkleben. Sie können danach nicht mehr mit der Schmelze equilibrieren (= ins thermodynamische Gleichgewicht kommen). Solche physikalisch von der Schmelze abgetrennten Kristalle heißen **Kumulat**. Das sich bei diesem Prozess bildende Gestein wird aus unterschiedlich zusammengesetzten, häufig zonierten Mineralien desselben Typs bestehen, und die Gesamtzusammensetzung des Gesteines ist nicht mehr notwendigerweise identisch mit der anfänglichen Schmelzzusammensetzung, wenn Kristalle dem System verloren gingen (also z. B. in einer tieferen Magmenkammer zurückbleiben, während die Schmelze weiter aufsteigt und in einem höheren Niveau auskristallisiert). Die Gesteinszusammensetzung berechnet sich dann nach:

Gesteinszusammensetzung (Ende) = Schmelzzusammensetzung (Anfang) − Zusammensetzung der Kristalle, die dem System entzogen wurden.

Im ersten Fall spricht man von einem geschlossenen, im zweiten von einem offenen System. Gleichgewichts- und fraktionierte Kristallisation werden in Kasten 3.21 am Beispiel des binären Plagioklassystems im Detail besprochen.

3.9.2.2 Ternäre Schmelzdiagramme

Ternäre Schmelzdiagramme kämpfen mit dem Problem, mit dem wir schon bei der Projektion von Phasen in Abschnitt 3.4.3 zu tun hatten: während man zwei Komponenten und die Temperatur noch in einem zweidimensionalen System darstellen kann, benötigt man für drei Komponenten und die Temperatur als Variablen eine dreidimensionale Darstellung (Abb. 3.82). Allerdings hat es sich bewährt, dieses Problem dadurch zu umgehen, dass man Temperaturisolinien wie die Höhenlinien einer Landkarte dazu verwendet, die entstehenden Berge und Täler zu modellieren (Abb. 3.82). So kommt man wieder zu den in der Petrologie so geschätzten Dreiecksdiagrammen.

> **Kasten 3.21** Aufschmelzung und Kristallisation in einem binären System ohne Eutektikum; fraktionierte und Gleichgewichtskristallisation
>
> Die Aufschmelzung in einem System ohne Eutektium ist denkbar einfach. Ein Feldspat der Zusammensetzung X bestehe zu 30 % aus Anorthit und zu 70 % aus Albit (Abb. 3.81). Bei Temperaturerhöhung erreicht er bei etwa 1200 °C die Soliduslinie. Die erste Schmelzzusammensetzung X' liest man dann auf der Liquiduskurve bei derselben Temperatur ab, indem man eine waagerechte Linie zeichnet. Bei weiterer Temperaturerhöhung bewegt sich nun die Festphasenzusammensetzung entlang der Soliduskurve nach oben rechts, die Schmelzzusammensetzung entlang der Liquiduskurve. Bei jeder Temperatur kann man eine waagerechte Linie durch beide Zusammensetzungen ziehen, die durch die Gesamtzusammensetzung X in zwei Teile geteilt wird: die Länge des linken Teiles entspricht dem Anteil an Festphase, die Länge des rechten Teils dem an Schmelzphase. Dies ist das Hebelgesetz. Logischerweise wird der Anteil an Schmelzphase immer größer und die Aufschmelzung endet, wenn das gesamte System geschmolzen ist. Dies ist soweit, wenn die Schmelzzusammensetzung und die Gesamtzusammensetzung X identisch sind.
> Anhand der Abkühlung derselben Zusammensetzung X soll der Unterschied zwischen fraktionierter und Gleichgewichtskristallisation erklärt werden. Die Gleichgewichtskristallisation funktioniert exakt umgekehrt wie die Aufschmelzung. Jeder Kristall steht zu jeder Zeit in seiner Gänze im Gleichgewicht mit der Schmelze und die Gesamtzusammensetzung bleibt konstant. Die fraktionierte Kristallisation beginnt zunächst identisch. Bei der Abkühlung bildet sich ein erster Kristall der Zusammensetzung X1, der aber mit der Schmelze in der Folge nicht mehr reagieren soll. Die Schmelze entwickelt sich nach links unten entlang der Liquiduskurve. Zu einem späteren Zeitpunkt kristallisiert dann diese Schmelze wieder einen Feldspat, diesmal der Zusammensetzung X2. Dieser kann als weitere Zone den schon gebildeten Feldspat X1 umhüllen (Bildung zonierter Minerale) oder, wenn dieser schon der Schmelze entzogen wurde, neue Kristalle bilden. So geht es weiter. Wenn man nun die Gesamtzusammensetzung des Systems verfolgt, stellt man fest, dass diese sich natürlich ändert, wenn Kristalle verloren gehen oder abgekapselt werden. Die Entwicklung der Gesamtzusammensetzung der Kristalle ist in Abb. 3.81 als Funktion der Temperatur ebenfalls eingezeichnet. Dies bedeutet aber, dass die Kristallisation im Unterschied

Was im binären System ein Feld war, z. B. das Schmelzfeld, wird nun zu einem Schmelzraum, die vorherigen Liquiduskurven werden zu Flächen, auf denen Schmelze mit einem Mineral koexistiert. Sowohl die eutektischen Punkte als auch die Peritektika werden zu **kotektischen Linien**, an denen zwei Minerale miteinander und mit Schmelze im Gleichgewicht stehen. Schließlich gibt es **thermische Minima**, an denen sich zwei oder drei kotektische Linien treffen und daher drei feste Phasen und die Schmelze im Gleichgewicht miteinander stehen. Das tiefste dieser Minima ist das ternäre **Eutektikum**, es ist der Punkt tiefster Schmelztemperatur im ternären System. Wie man mit solchen Systemen umgeht, ist anhand dreier Beispiele für basaltische und granitische Schmelzen in Abschnitt 3.9.3.3 beschrieben.

3.9.2.3 Der Verteilungskoeffizient

Während der Bildung und der Kristallisation von Schmelzen können Elemente in der Schmelze oder in der residualen oder gerade kristallisierenden Festphase vorhanden sein. Normalerweise wird ein beliebiges Element i in jeder dieser Phasen vorhanden sein, allerdings in unterschiedlichen Konzentrationen. Wäh-

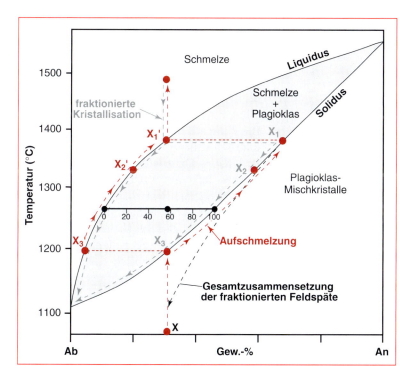

3.81 Das binäre Plagioklassystem Ab-An mit unbegrenzter Mischbarkeit bei 1 bar Druck nach Bowen (1913). Aufschmelzung und Kristallisation von Zusammensetzung X sowie die dafür nötigen Hilfslinien und -punkte sind im Text erläutert.

zum Gleichgewichtsfall nicht zu Ende ist, wenn die letzte Kristallzusammensetzung gleich der anfänglichen Schmelzzusammensetzung ist, da ja das Gesamtsystem abzüglich der entschwundenen Kristalle seine Zusammensetzung geändert hat. Die Kristallisation geht weiter, im Extremfall bis zur reinen Albitzusammensetzung. Fraktionierte Kristallisation bringt also tiefer temperierte und chemisch stärker differenzierte Schmelzen hervor als die Gleichgewichtskristallisation.

rend die Verteilung der Hauptelemente zwischen den Phasen überwiegend durch Schmelzgleichgewichte bestimmt wird (also für Mg z. B. dadurch, ob Olivin ausfällt oder nicht), ist es bei nur in kleinen Konzentrationen vorhandenen Spurenelementen anders. Diese diffundieren solange zwischen den einzelnen Phasen hin- und her (Abschnitt 2.3.3), bis eine Gleichgewichtsverteilung erreicht ist, die durch den **Verteilungskoeffizienten** beschrieben wird.

Der Verteilungskoeffizient wird meist mit D_i abgekürzt und ist wie folgt definiert:

$$D_i = c_i(\text{Mineral}) / c_i(\text{Schmelze}),$$

wobei c_i die Konzentration eines Spurenelements in einem Mineral oder einer Schmelze ist. Ist $D_i < 1$, so wird ein Element hauptsächlich in der Schmelze angereichert, ist $D_i > 1$, so wird es hauptsächlich ins Mineral eingebaut. In letzterem Falle spricht man von **kompatiblen**, in ersterem von **inkompatiblen** Elementen. Ni und Cr sind in basaltischen Systemen sehr kompatible Elemente mit Verteilungskoeffizienten weit größer als 1. Kompatible Spurenelemente werden auf diese Weise schnell aus der Schmelze „ausgefällt" bzw. bleiben bei der Bildung von Schmelzen großenteils im Residuum zurück, während stark inkompatible Elemente

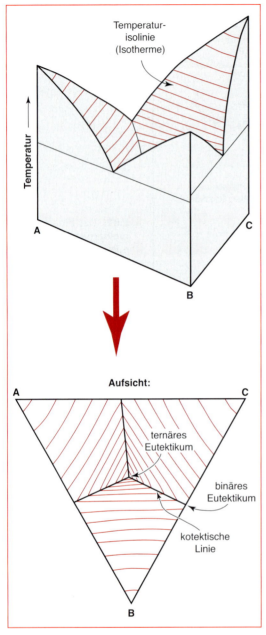

3.82 Wie wird aus einem ternären Schmelzdiagramm eine Fläche? Projektion der Isothermen auf die Grundfläche.

schon bei geringen Schmelzmengen zum größten Teil in der Schmelze und nur zu geringen Teilen noch in den residualen Mineralen anzutreffen sind. Ob ein Element kompatibel oder inkompatibel ist, hängt sehr von den beteiligten Schmelz- und Festphasenzusammensetzungen ab: in basaltischen Systemen kompatible Elemente wie Ni können in granitischen Systemen inkompatibel sein, da Olivin, der Ni gut einbaut, hier nicht vorkommt. In unterschiedlichen Schmelzen haben Mineralphasen also unterschiedliche Verteilungskoeffizienten.

Die **Kompatibilitäten** von Elementen, die durch unterschiedliche Ausgangskonzentrationen, und durch Unterschiede der äußeren Bedingungen bei der Aufschmelzung modifiziert werden, ergeben sehr charakteristische Gehalte verschieden kompatibler bzw. inkompatibler Elemente in unterschiedlichen Schmelzen. Die unterschiedlichen geotektonischen Milieus hinterlassen dabei typische „Fingerabdrücke" in der chemischen Zusammensetzung von Schmelzen (siehe auch Abschnitt 3.9.1). Dies kann man sich zunutze machen, um die nicht direkt beobachtbaren Prozesse in der Tiefe zu rekonstruieren (z.B. Aufschmelzgrade, Ausgangsgestein) und um verschiedene Magmatite miteinander zu vergleichen, wenn man sich nicht sicher ist, durch welchen Prozess und in welchem geotektonischen Milieu ein magmatisches Gestein entstand. Dazu verwendet man die so genannten **Spiderdiagramme** (Kasten 3.22). In ähnlicher Weise werden auch Isotopenzusammensetzungen (insbesondere der Elemente Strontium, Neodym und Blei) verwendet, um die Quellen magmatischer Gesteine zu charakterisieren und zu unterscheiden (Kasten 3.17).

3.9.2.4 Kontamination von Schmelzen

Durch die Interaktion mit dem Nebengestein verändert sich eine Schmelze während ihrer gesamten Entwicklung. Hineinfallende Blöcke werden durch die heißen Schmelzen angeschmolzen und im Extremfall sogar komplett aufgeschmolzen und „verdaut". Dasselbe kann mit Nebengesteinen passieren, wobei diese natürlich nicht komplett aufgeschmolzen werden sondern höchstens Teilschmelzen oder kleiner

Kasten 3.22 Spiderdiagramme

Spurenelemente sind nur in sehr kleinen Konzentrationen, typischerweise unter einem halben Prozent, in Gesteinen oder Mineralen vorhanden. Für den Vergleich der Spurenelementgehalte verschiedener Gesteine verwendet man Multielement-Variations-Diagramme, die wegen der spinnennetzartigen Anordnung der Linien (Abb. 3.83) auch einfach Spiderdiagramme genannt werden. Diese Diagramme zeigen auf der X-Achse die analysierten Elemente in der Reihenfolge zunehmender Kompatibilität, wobei diese Anordnung natürlich nur für einen bestimmten Schmelztyp gilt. Was in Basalten inkompatibel ist (z.B. Rb), kann in Rhyolithen kompatibel sein. Auf der Y-Achse ist der Gehalt des jeweiligen Elementes abgetragen, und zwar typischerweise geteilt durch eine Referenzkonzentration. Dafür wird z.B. die Zusammensetzung bestimmter Meteorite (Chondrite), die die Durchschnittszusammensetzung unseres Sonnensystems haben, die durchschnittliche Zusammensetzung Mittelozeanischer Rückenbasalte oder eine primitive Mantelzusammensetzung verwendet. Vergleicht man diese normierten Zusammensetzungen (also gemessener Gehalt geteilt durch Referenzgehalt) verschiedener Gesteine wie in Abb. 3.83 gezeigt, so sieht man sehr deutlich Unterschiede der Spurenelementmuster, selbst wenn man einander sehr ähnliche Gesteine vergleicht wie z.B. verschiedene Basalttypen. Diese Unterschiede beruhen auf kleinen Unterschieden der chemischen Zusammensetzung der Quellregion, in der diese Schmelzen erzeugt wurden, auf leicht unterschiedlichen Aufschmelzprozessen, wobei Druck, Temperatur, beteiligte Wassermenge, Oxidationsgrad und Aufschmelzgrad variieren können, oder auf der Kontamination von Schmelzen.

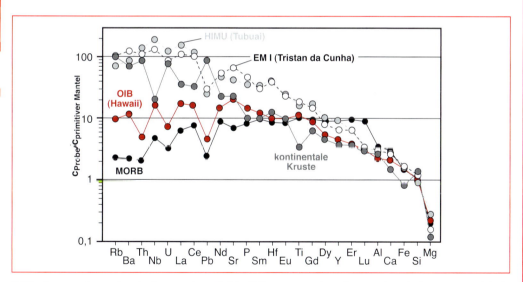

3.83 Spurenelementvariations- oder „Spider"diagramm, das die geochemischen Unterschiede zwischen MORBs, OIBs und kontinentaler Kruste zeigt. Ganz links stehen die inkompatibelsten Elemente, nach rechts nimmt die Inkompatibilität ab. Die kontinentale Kruste ist gegenüber OIB und OIB gegenüber MORB an den besonders inkompatiblen Elementen angereichert. Nach Daten von Hofman (1988), Hofmann (1993) und Rudnick & Fountain (1995).

Blöcke verlieren. Den Prozess der Mischung mit „fremden" Schmelzen, also aufgeschmolzenen Xenolithen oder Teilschmelzen aus Nebengesteinen, bezeichnet man als **Assimilation** oder **Kontamination**. Er ist von enormer Bedeutung, da er die chemische und isotopische Zusammensetzung von Schmelzen massiv verändern kann (Abb. 3.84), was auch schon in Abschnitt 3.9.1 bei der Besprechung von Graniten angedeutet wurde. Abb. 3.84 zeigt auch, dass die Kontamination andere Spuren in der Entwicklung einer Schmelze zurücklässt als die im nächsten Abschnitt besprochene Fraktionierung. Allerdings gibt es natürlich energetische Beschränkungen, die die Menge intrudierender Schmelze und den Temperaturunterschied zwischen der Schmelze und den Gesteinen berücksichtigen müssen, da die Schmelze während der Kontamination abkühlt und letztendlich dabei erstarren kann. Die chemische Zusammensetzung einer Schmelze verändert sich aber nicht nur durch externe, sondern auch durch interne Prozesse, nämlich durch ihre Abkühlung und die damit zusammenhängende, schrittweise Kristallisation.

3.9.2.5 Fraktionierte Kristallisation

Den Prozess der Ausfällung von Mineralen und die dadurch bewirkte Änderung der Schmelzzusammensetzung bezeichnet man als fraktionierte Kristallisation (siehe Abschnitt 3.9.2.1) oder kurz als **Fraktionierung**. Sie geschieht bei der Abkühlung von Schmelzen während des Aufstiegs oder in mitunter tiefsitzenden Magmenkammern. Während der Begriff Fraktionierung nur die Änderung der Schmelzzusammensetzung durch Kristallisation beinhaltet, kommt bei dem Begriff **Differentiation** noch die oben erwähnte Kontamination durch Nebengesteinsschmelzen hinzu. Solche kombinierten Prozesse von Kontamination und Kristallisation werden häufig **AFC-Prozesse** genannt („assimilation and fractional crystallization"). Jede Schmelzzusammensetzung unterhalb des Liquidus steht bei einem bestimmten Druck und einer bestimmten Temperatur im Gleichgewicht mit einer oder mehreren Festphasen, die aus der Schmelze kristallisieren. Von **multipler Sättigung** spricht man, wenn mehrere Festphasen im Gleichgewicht mit der Schmelze stehen.

Anhand eines Beispiels soll erläutert werden, wie die Fraktionierung funktioniert. In Abb. 3.85 ist multiple Sättigung für wasserfreie Basalte von mittelozeanischen Rücken gezeigt: mit abnehmender Temperatur kristallisieren sie bei Drucken von etwa 2 kbar zunächst Olivin, dann Olivin plus Plagioklas und schließlich Olivin, Pyroxene und Plagioklas. Bei höheren Drucken verändert sich dies und Klinopyroxen ist die erste Liquidusphase oberhalb von etwa 8 kbar. Betrachten wir nun, was mit diese

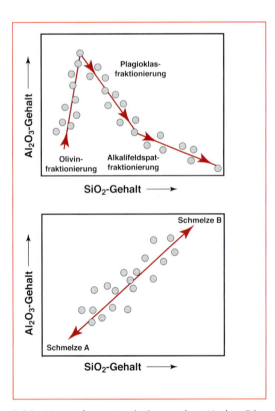

3.84 Hauptelementvariations- oder „Harker-Diagramme", die den Unterschied zwischen Fraktionierung einer Schmelze (oben) und Mischung zweier Schmelzen A und B (unten) am Beispiel des Aluminiumoxids zeigen. Die Punkte repräsentieren Schmelzzusammensetzungen verschiedener Fraktionierung bzw. Mischung.

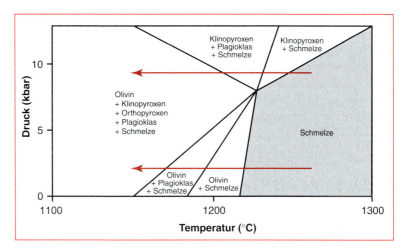

3.85 Liquidusparagenesen in tholeiitischen Basalten nach Fujii & Kushiro (1977). Je nachdem, bei welchen Drucken (also in welchen Tiefen) Schmelzen isobar abkühlen, können unterschiedliche Mineralabfolgen in Basalten beobachtet werden: bei höheren Drucken ist Klinopyroxen, bei niedrigen Olivin die erste Liquidusphase.

Schmelze geschieht, wenn sie ihren Liquidus überschreitet, also abkühlt. Olivin fällt aus und kann entweder gleichmäßig verteilt in der Schmelze schweben (wenn Schmelze und Olivin dieselbe Dichte haben) oder er trennt sich von der Schmelze und bildet ein Kumulat. Die meisten plutonischen Gesteine sind Kumulate. Was beobachtet man also? Wenn sich olivinreiche Gesteine bilden, so bleiben Schmelzen zurück, die an den im Olivin eingebauten Komponenten verarmt sind (Abb. 3.86). Je nachdem, wie viel Olivin abgezogen wurde, reichern sich bestimmte, im Olivin inkompatible Komponenten in der Restschmelze an, z.B. CaO, TiO_2 und SiO_2 (rechts vom grauen Balken der Abb. 3.86). Im Olivin kompatible Komponenten wie FeO, MgO oder auch NiO (nicht gezeigt) verarmen dagegen in der Schmelze und reichern sich im olivinreichen Gestein an (links vom grauen Balken der Abb. 3.86). Die Zusammensetzung des olivinreichen Gesteins wird zwischen der Zusammensetzung des reinen Olivins und der Ursprungsschmelze liegen, je nach dem Anteil von zwischen den Olivinkristallen eingefangener, so genannter interstitieller Schmelze.

Nach einiger Zeit wird die Schmelzzusammensetzung sich soweit verändert haben und die Schmelze soweit abgekühlt sein, dass eine weitere Phase kristallisieren kann – im Falle von MORBs Plagioklas (Abb. 3.85). Bei weiterer Fraktionierung werden nach und nach weitere Minerale auskristallisieren und manche der früh kristallisierten Phasen auch nicht mehr weiter ausgefällt werden, bevor die Schmelze endgültig erstarrt ist (siehe auch Abschnitt 3.9.2.1). Auf diese Weise werden in den letzten wenigen Prozent oder Zehntelprozent der Schmelze die Elemente angereichert sein, die in allen kristallisierten Mineralen am inkompatibelsten waren. Bei der Kristallisation von basaltischen Schmelzen sind dies z.B. Kalium,

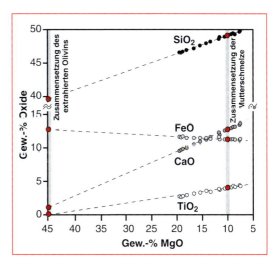

3.86 Bei der Fraktionierung einer Basaltschmelze entstehen aus einer Anfangsschmelze, deren Zusammensetzung auf dem grauen Balken liegt, Mg-reiche Olivinkumulate (ganz links), Olivin-Schmelz-Gemische (links vom grauen Balken) und Mg-arme Restschmelzen (rechts vom grauen Balken). Nach Murata & Richter (1966)

Zirkonium, Seltene Erden, daneben auch Wasser und, was auf den ersten Blick erstaunen mag, Silizium. Bei der Fraktionierung von Basalten kommt man am Ende also zu granitischen Schmelzzusammensetzungen (I-Typ-Granite). Vermutlich entstanden so die ersten Vorläufer von Krustengesteinen auf unserer Erde.

3.9.2.6 Dichte und Viskosität von Schmelzen

Steigen Schmelzen eigentlich immer auf, oder können sie auch absinken? Zur Klärung dieser Frage muss man sich mit der Dichte und der Viskosität von Schmelzen beschäftigen. Intuitiv ist es offensichtlich, dass geringer viskose und weniger dichte Schmelzen leichter und schneller aufsteigen. Beide physikalischen Parameter sind hauptsächlich von der Zusammensetzung und der Temperatur der Schmelzen abhängig und nehmen mit abnehmender Temperatur zu (Abb. 3.87).

Um die **Viskosität** einer Schmelze zu verstehen, müssen wir in die mikroskopische Betrachtung der Schmelzstruktur einsteigen. Schmelzstrukturen sind denen von Silikatstrukturen ähnlich. Meist sind es mehr oder minder lange SiO_4-Tetraederketten. Je länger diese Ketten, desto zäher die Schmelze (was man höhere Viskosität nennt), und desto eher bleibt sie stecken und „verklumpt". Die verheerendsten Vulkanausbrüche („**plinianische Eruptionen**") entstehen bei der Explosion solcher zäher, „verklumpter" Schmelze, die gewaltige Überdrücke aufbauen und aushalten kann, bevor sie dann katastrophal ausbricht. Die Viskosität wird also hauptsächlich vom SiO_2-Gehalt einer Schmelze bestimmt: SiO_2-reiche Schmelzen sind zähflüssiger als SiO_2-arme (Abb. 3.87). Einen geringeren Einfluß auf die Viskosität haben Wasser und andere **Flussmittel** (die die Schmelze flüssig machen, daher der Name) wie F, B oder Na, denn diese können Silikatketten aufspalten (Abb. 3.88) und dadurch die Viskosität herabsetzen. Bei gleichem SiO_2-Gehalt be-

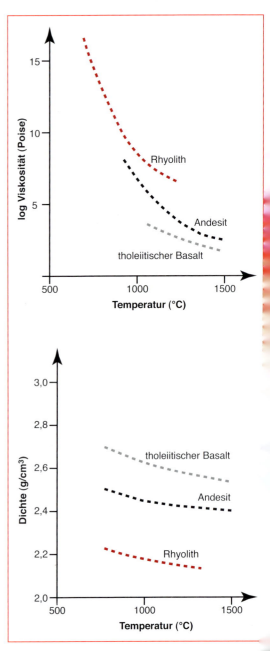

3.87 Die Korrelation der Dichte und Viskosität von Schmelzen mit der Temperatur und der Schmelzzusammensetzung. Nach McBirney (1984)

deutet dies auch, dass man weniger Energie benötigt, um diese niedriger viskose Schmelze flüssig zu halten und entsprechend erniedrigt sich die Schmelztemperatur. Die Wirkung von

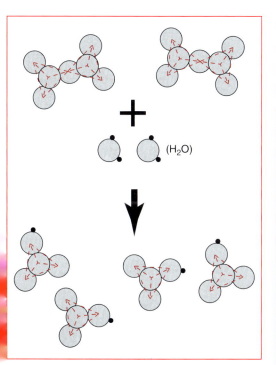

3.88 Die Aufspaltung größerer Silikatmoleküle durch Interaktion mit Wassermolekülen in Schmelzen. Nach Philpotts (1990).

Flussmitteln in natürlichen Silikatschmelzen besteht also in der submikroskopischen Aufspaltung langer Silikatketten.

Die **Dichte** hängt ebenfalls mit der submikroskopischen Struktur zusammen, doch spielt hier insbesondere der Gehalt an schweren Elementen eine Rolle. Daher sind, völlig im Einklang mit unserer Intuition, eisenreiche Schmelzen dichter als eisenarme. Während der Fraktionierung von Basaltschmelzen verändert sich die Dichte wie in Abb. 3.89 gezeigt: In kalkalkalinen Schmelzen nimmt die Dichte rasch ab, da diese stärker oxidiert sind, früher Eisentitanoxide (Magnetit, Ilmenit) kristallisieren und damit die Schmelze Eisen verliert (siehe dazu Kasten 3.23). In tholeiitischen Schmelzen dagegen nimmt die Dichte zunächst leicht ab, wenn Olivin und/oder Pyroxene kristallisieren, dann wieder zu, wenn Plagioklas ausfällt und schließlich stark ab, wenn die Eisentitanoxide ausfallen. Da die tholeiitischen Schmelzen also in viel größerem Maße Eisen

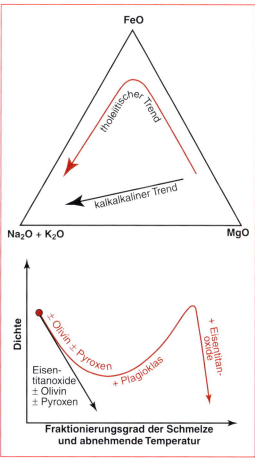

3.89 Die Entwicklung der Dichte einer Schmelze (unten) in Abhängigkeit von ihrem Fraktionierungspfad (oben) nach Sparks et al. (1984). Im Text sind die Ursachen genauer erläutert. Im unteren Diagramm sind die jeweils fraktionierenden Phasen angegeben.

anreichern können als kalkalkaline Schmelzen, steigen relativ unfraktionierte Tholeiite langsamer auf als kalkalkaline Schmelzen oder hochfraktionierte Tholeiite. Typische Schmelzdichten liegen zwischen 2,7 und 3,0 g/cm³, während Plagioklas je nach Zusammensetzung, Druck und Temperatur eine Dichte von 2,60 bis 2,75 g/cm³ hat. Einige sehr eisenreiche Schmelzen sollten sogar deutlich dichter sein als ihre Umgebungsgesteine, z. B. so genannte Ferrodiorite in Anorthositkomplexen, die bis über 20 Gew.-% Eisenoxid enthalten können (Abschnitt 3.9.4, Abb. 3.90). Diese Schmelzen, so vermutet man, sinken ab und steigen nicht auf. Einen Geländebeweis dafür gibt es allerdings noch nicht.

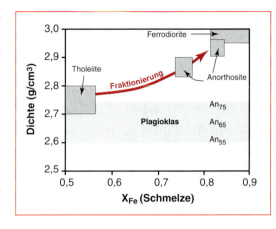

3.90 Die Entwicklung der Dichte von tholeiitischen Basaltschmelzen während der Fraktionierung in Abhängigkeit von ihrem X_{Fe}-Verhältnis. Nach Markl & Frost (1999). Man beachte, dass Plagioklas typischerweise weniger „dicht" ist als die ihn umgebende Schmelze und daher aufschwimmt (flotiert).

Kasten 3.23 Kalkalkaline und tholeiitische Entwicklung basaltischer Schmelzen

Basaltische Gesteine können zwei prinzipiell unterschiedliche Entwicklungen während ihrer Fraktionierung nehmen. Man spricht vom **kalkalkalinen** und vom **tholeiitischen** Trend. Diese Trends unterscheidet man am besten im FAM-Diagramm (Gesamteisenoxid-Alkalioxide-Magnesiumoxid) (Abb. 3.91). In diesem Diagramm, das bisweilen auch AFM-Diagramm genannt wird (was ich aber hier nicht tue, da man es dann mit dem AFM-Diagramm aus der metamorphen Petrologie verwechseln könnte), werden Gesamtgesteinsanalysen von Schmelzen (oder von Vulkaniten, die so schnell erstarrten, dass sich keine Kumulateffekte ausbilden konnten) eingetragen. Man macht sich hierbei zunutze, dass ein Vulkan oder eine Gruppe von Vulkanen ähnlicher Entstehung im Laufe ihrer Entwicklung Gesteine unterschiedlichen Entwicklungsgrades fördern. Durch eine Vielzahl von Analysen kann man dann – mit etwas Glück – die gesamte chemische Entwicklung eines speziellen Schmelzreservoirs nachvollziehen.
Primitive Schmelzen befinden sich auf der rechten Seite des FAM-Diagramms und während ihrer Kristallisation entwickeln sie sich nach links unten. Der kalkalkaline Trend, wie er z.B. in Papua beobachtet wird, weist keine Eisenanreicherung auf und ist daher ein relativ gerader Trend in Richtung auf die A-Ecke; der tholeiitische Trend, wie er von den Tongavulkaniten in beispielhafter Weise verkörpert wird, entwickelt sich zunächst in Richtung der F-Ecke, weist also eine Eisenanreicherung auf, bevor er umbiegt und danach die Alkalien anreichert. Dieser Unterschied liegt im **Oxidationsgrad** der Schmelzen begründet: Oxidierte Schmelzen, also die kalkalkalinen, kristallisieren von Anfang an Eisentitanoxide wie Magnetit und Ilmenit und reichern Eisen daher nicht stark an. Relativ reduzierte Schmelzen, die tholeiitischen, müssen Eisen dagegen erst stark anreichern, ehe sie diese Eisentitanoxide kristallisieren können. Andesite folgen übrigens

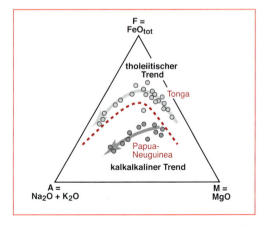

3.91 Die Entwicklung tholeiitischer und kalkalkaliner Schmelzen von Tonga und Papua im FAM-Diagramm nach Winter (2001).

Man kennt aber das Phänomen, dass manche Schmelzen dichter sind als einige der aus ihnen auskristallierenden Festphasen. In diesem Fall steigen diese Kristalle nach oben, schwimmen quasi auf der Schmelze (sie „flotieren"). In der Natur wurden nephelinsyenitische Gesteine der Ilimaussaqintrusion in Südgrönland so interpretiert, in denen Sodalith ein solches „**Flotationskumulat**" bildet. Außerdem vermutet man, dass die hellen Gesteine des Mondes, lunare Anorthosite, und ihre irdischen Verwandten, die proterozoischen Anorthosite (siehe Abschnitt 3.9.4), durch Aufschwimmen von Plagioklas auf basaltischer Schmelze gebildet wurden. Experimente haben nämlich gezeigt, dass wasserarme Basaltschmelzen bei Drucken über etwa 4 kbar dichter sind als die aus ihnen kristallisierenden Plagioklase (Abb. 3.126).

3.9.2.7 Fluide in der magmatischen Petrologie

Fluide sind flüssige (oder überkritische, d. h. flüssig-gasförmige) Phasen und in diesem Sinne sind natürlich auch Schmelzen Fluide. Trotzdem besteht ein großer Unterschied hin-

immer dem kalkalkalinen Trend. Subduktionsfluide machen die mit ihnen in Verbindung stehenden Schmelzen also nicht nur wasserreicher, sondern auch oxidierter und sind daher für den kalkalkalinen Trend verantwortlich, während sonstige Basalte (MORBs, viele OIBs) dem tholeiitischen Trend folgen. Innerhalb der kalkalkalinen Gruppe werden übrigens je nach ihrem Kaliumgehalt nochmals vier Subgruppen unterschieden (Abb. 3.92): niedrig-K, mittel-K, hoch-K und shoshonitische Serien.

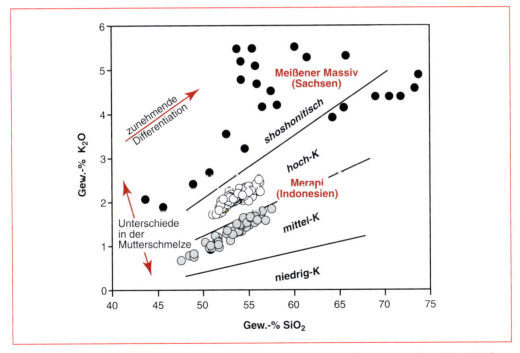

3.92 Die Entwicklung von alkalischen Magmen am Merapi in Indonesien und aus dem Meißner Massiv in Sachsen während der Fraktionierung. Man beachte, dass es am Merapi zwei Anfangsmagmentypen gibt (weiße und hellgraue Kreise). Daten von Wenzel et al. (2000) und Gertisser & Keller (2003).

sichtlich der physikalischen Eigenschaften von normalerweise als Fluide bezeichneten wässrigen Flüssigkeiten oder Gasen und hochviskosen Silikatschmelzen. Da es aber auch silikatfreie Schmelzen (Karbonatite) und Übergänge zwischen wasserreichen Silikatschmelzen und silikatreichen wässrigen Fluiden gibt, ist eine scharfe Trennung in manchen Fällen erschwert. Allerdings ist dies auf Spezialfälle beschränkt, und normalerweise weiss man genau, ob man es mit einer zähen, heißen, dichten Schmelze oder einem dünnflüssigen und wenig dichten Fluid zu tun hat.

Warum sind Fluide für das Verständnis von magmatischen Gesteinen so wichtig? Fluide haben auf Schmelztemperaturen und auf den Kristallisationsverlauf von Schmelzen einen großen Einfluss. Wasser als das wichtigste Fluid senkt den Schmelzpunkt aller bekannten Schmelztypen (z.B. Abb. 3.93), da es die Silikatketten spaltet (Abb. 3.88) und somit die Viskosität erniedrigt (Abb. 3.87) bzw. die „Fließfähigkeit" erhöht. Besonders granitische Schmelzen können in den späten Stadien ihrer Kristallisation hohe **Wassergehalte** (über 10%) erreichen (Abb. 3.93 und 3.94), was dann auch zum pegmatitischen Stadium überleitet. Pegmatite sind unter anderem deshalb so grobkörnig, weil in den wasserreichen, relativ dünnflüssigen Schmelzen die Diffusion von Elementen erleichtert ist und sich somit schnell große Kristalle bilden können (Abschnitt 2.3.3).

Es sind allerdings zwei verschiedene Fragen, wie viel Wasser in einer Granitschmelze vor-

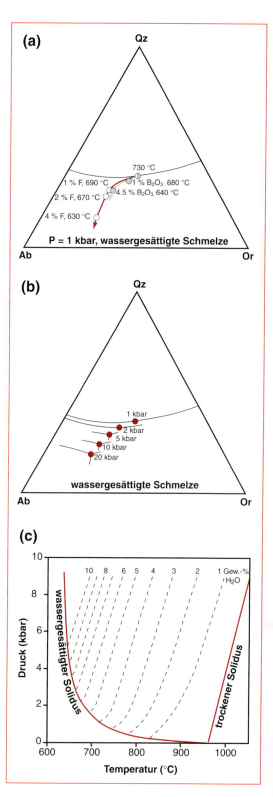

3.93 Fluide und Granitschmelzen. (a) Die Lage und die Temperatur des ternären Minimums im System Qz-Ab-Or in Abhängigkeit vom Gehalt der Flussmittel F und B. Zunehmende F- und B-Gehalte verschieben das Minimum zu tieferen Temperaturen und höheren Ab-Gehalten. (b) Einfluss des Drucks auf die Zusammensetzung des ternären Minimums. Höherer Druck begünstigt Ab-reiche Schmelzen. (c) Wasserlöslichkeit in Granitschmelzen in Abhängigkeit von Druck und Temperatur. Geringere Temperatur und höherer Druck begünstigt die Wasserlöslichkeit in Granitschmelzen. Siehe auch Abschnitt 3.9.3.1.2. Nach Johannes & Holtz (1996).

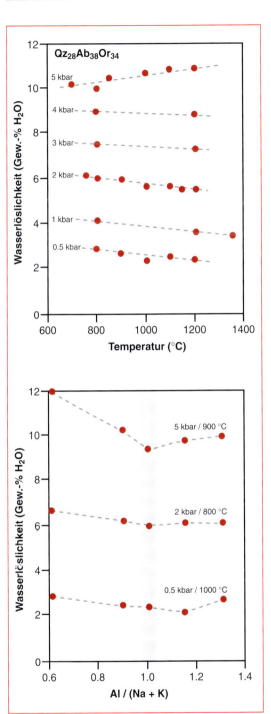

3.94 Wasserlöslichkeit in einer granitischen Schmelze definierter Zusammensetzung in Abhängigkeit von Druck und Temperatur (oben) und in Abhängigkeit vom molaren Al/Alkalien-Verhältnis (unten). Aus Johannes & Holtz (1996).

handen ist, und wie viel maximal darin gelöst sein könnte, wenn genug Wasser vorhanden wäre. Den Maximalwert bezeichnet man als maximale Löslichkeit oder **Sättigung**. Diese hängt hauptsächlich von Druck und Temperatur, untergeordnet auch von der chemischen Zusammensetzung der Schmelze ab (Abb. 3.94). Es ist leicht einsichtig, dass bei hohem Druck mehr Wasser in der Schmelze gelöst werden kann, da es sozusagen „hineingepresst" wird, während bei hoher Temperatur das freie Wasser mit seiner hohen Entropie bevorzugt ist, also nur wenig Wasser in der Schmelze gelöst wird. Eine wassergesättigte Schmelze steht im Gleichgewicht mit einem wässrigen Fluid, es liegen also zwei flüssige Phasen (oder eine flüssige und eine gasförmige Phase) stabil nebeneinander vor, wobei eine davon die Schmelze ist.

Die Wassersättigung hat große Bedeutung insbesondere für verschiedene Typen von Erzlagerstätten, da Wasser verschiedene Elemente aus der Schmelze „herauszieht" und anreichert, die später in Lagerstätten ausgeschieden werden können. Es gibt also genauso einen Verteilungskoeffizienten für jedes Element zwischen dem wässrigen Fluid und der Schmelze wie es einen Verteilungskoeffizienten zwischen einem Mineral und einer Schmelze gibt (Abschnitt 3.9.2). Die Verteilung von Elementen zwischen Schmelzen, Mineralen, Fluiden und Gasen ist Gegenstand intensiver Forschung. Sie ist von enormer Bedeutung, um Stoffkreisläufe, die Mobilität und Anreicherungen von Elementen zu verstehen.

Aus einer Schmelze können wasserhaltige und wasserfreie Minerale auskristallisieren, also z. B. aus einer granitischen Schmelze Biotit und Feldspat. Intuitiv ist es einsichtig, dass es etwas mit dem Wassergehalt der Schmelze zu tun hat, ob aus einer Schmelze mehr wasserfreie oder mehr wasserreiche Minerale gebildet werden. Die Konzentration von Wasser in der Schmelze wird thermodynamisch korrekt aber durch die **Aktivität** beschrieben (Kasten 3.3). Diese Aktivität wird in einer kristallisierenden Granitschmelze z. B. durch folgende Mineralreaktion bestimmt:

$$3\ MgSiO_3 + KAlSi_3O_8 + H_2O =$$
$$KMg_3AlSi_3O_{10}(OH)_2 + 3\ SiO_2$$

$$3\ En + Kfsp + H_2O = Phl + 3\ Qz$$

Ist viel Wasser in der Schmelze, so verschiebt sich dieses Gleichgewicht entsprechend dem **Prinzip von Le Chatelier** (siehe Kasten 3.2) nach rechts, es bildet sich also ein biotitführender Granit. Ist wenig oder gar kein Wasser vorhanden, werden Orthopyroxen (oder, bei geringen Drucken, auch Fayalit) und K-Feldspat kristallisieren.

Für die oben angegebene Reaktion ist die **Gleichgewichtskonstante** (Kasten 3.3) dann

$$K = \frac{a_{Qz}^3 \cdot a_{Phl}}{a_{En}^3 \cdot a_{Kfs} \cdot a_{H2O}}$$

und sie ist offenbar von der Wasseraktivität abhängig. Das heißt: bei gegebenem p und T hängt es hauptsächlich von der Wasseraktivität ab, ob sich die Paragenese Biotit + Quarz oder die Paragenese Orthopyroxen + K-Feldspat bildet, daneben auch noch von der Zusammensetzung der beteiligten Minerale.

Neben Wasser ist CO_2 das nächst wichtige Fluid. Es hat jedoch eher die gegenteilige Wirkung: viel CO_2 in einer Silikatschmelze erhöht den Schmelzpunkt eher oder verändert ihn nicht sehr stark. CO_2 kann nicht wie Wasser die Silikatketten aufbrechen, da es keine Protonen abgeben kann. Anders sieht es in Karbonatitschmelzen aus, die ja praktisch keine Silikatketten enthalten, sehr niedrig viskos sind und daher niedrige Schmelztemperaturen besitzen.

Die **Halogene** Fluor und Chlor sind in vielen Schmelzen und Fluiden enthalten. Während Fluor in Schmelzen ähnliche Flussmitteleigenschaften hat wie Wasser, also den Schmelzpunkt und die Viskosität herabsetzt, bewirkt Chlor eher das Gegenteil. In wassergesättigten Schmelzen wird Fluor mit Verteilungskoeffizienten $D_{Schmelze/Fluid}$ zwischen 1 und 3 eher in der Schmelze verbleiben, während Chlor sehr stark in die wässrige Fluidphase partitioniert und dort als wichtiges Komplexion z. B. für Metalle wirkt.

3.9.2.8 Redoxreaktionen in magmatischen Systemen

Während der Fraktionierung von Schmelzen ändern sich die Temperatur und in manchen Fällen auch der auf der Schmelze lastende Druck (z. B. wenn diese aufsteigt). Eine weitere wichtige Variable ist der **Oxidationsgrad** des Systems, für den als wichtigster Faktor die Menge an in einer Schmelze oder einem Fluid gelöstem Sauerstoff entscheidend ist. Dabei geht es um den molekular gelösten Sauerstoff O_2 und nicht um die in allen Silikaten, Karbonaten, Oxiden usw. gebundenen O^{2-}-Ionen. Genauer gesagt ist allerdings nicht nur die wirkliche Menge, sondern vor allem die davon für Redoxreaktionen zur Verfügung stehende Menge von Bedeutung, die in der **Sauerstofffugazität** f_{O2} ausgedrückt wird. Diese ist in geologischen Systemen extrem klein, Zahlen im Bereich von 10^{-5} bis 10^{-40} sind dabei nichts Ungewöhnliches. Die Sauerstofffugazität ist ebenso ein Indikator für die Oxidiertheit einer Schmelze oder eines Fluides wie die Wasseraktivität für den Wassergehalt einer Schmelze oder eines Fluides (Abschnitt 3.9.2 und Kasten 3.3). Wie die Aktivität die thermodynamisch aktive Konzentration eines Stoffes in einer Phase (Schmelze, Festphase, Fluid) ist, ist die **Fugazität** der thermodynamisch wirksame Partialdruck eines Stoffes in einer Gas- oder Fluidphase. Wohlgemerkt: Oxidationsgrad und Sauerstofffugazität sind nicht deckungsgleich, wie in Kasten 3.24 erläutert wird.

Mehr Sauerstoff in einer Schmelze, also höhere Sauerstofffugazitäten, können diese oxidieren, während der Entzug von Sauerstoff reduzierend wirkt. Am wichtigsten ist dies für Elemente, die in verschiedenen Oxidations- oder Wertigkeitsstufen vorliegen können, und das in geologischen Systemen häufigste davon ist Eisen. In einem stark oxidierten System liegt das Eisen überwiegend dreiwertig vor und aus einer oxidierten Schmelze bilden sich Minerale, die dreiwertiges Eisen enthalten. Dies sind zum Beispiel Hämatit oder der Na-Eisen-Pyroxen Aegirin. Aus weniger oxidierten Schmelzen

Kasten 3.24 Pufferreaktionen für die Sauerstofffugazität

Pufferreaktionen für die Sauerstofffugazität sind chemische Redoxreaktionen zwischen Festphasen und/oder Fluiden, die molekularen Sauerstoff umsetzen. Beispiele dafür sind:

$$3\ Fe_2SiO_4 + O_2 = 2\ Fe_3O_4 + 3\ SiO_2$$
3 Fayalit + O_2 = 2 Magnetit + 3 Quarz (FMQ)

$$3\ Fe_2O_3 = 2\ Fe_3O_4 + 0{,}5\ O_2$$
3 Hämatit = 2 Magnetit + 0,5 O_2 (HM)

$$CH_4 + 2\ O_2 = 2\ H_2O + CO_2$$
Methan + 2 O_2 = 2 Wasser + Kohlendioxid

$$Ni + 0{,}5\ O_2 = NiO$$
Nickelmetall + 0,5 O_2 = Nickeloxid (NNO)

Während die ersten beiden Reaktionen in der Natur vorkommende Festphasen beinhalten, ist die dritte Reaktion eine in natürlichen Fluiden vorkommende Reaktion. Die vierte ist eine in der Natur (bzw. zumindest auf der Erde) nicht vorkommende Festphasenreaktion, die im Labor häufig verwendet wird, um bestimmte Redoxbedingungen in Experimenten einzustellen.

Man kann beliebig viele weitere solcher Reaktionen finden und definieren, aber in geologischen Systemen gibt es nur eine Handvoll wirklich wichtiger Sauerstoffpuffer. Die zweifellos wichtigste Reaktion in geologischen Systemen ist der **Fayalit-Magnetit-Quarz-Puffer** (FMQ-Puffer, manchmal auch QFM genannt), da viele wichtige geologische Systeme relativ nahe um ihn herum liegen.

Was genau bedeutet das? Es heißt einfach, dass die Minerale Fayalit, Magnetit und Quarz im chemischen Gleichgewicht bei einer bestimmten Temperatur eine mit ihnen im Gleichgewicht stehende Sauerstofffugazität definieren („puffern") und dass viele geologische Systeme bei gleicher Temperatur sehr ähnliche Gehalte an Sauerstoff aufweisen, die alle im Bereich von wenigen Zehnerpotenzen übereinstimmen.

Um genau anzugeben, ob eine Schmelze oder ein Fluid bei einer bestimmten Temperatur oxidierter oder reduzierter ist als die FMQ-Reaktion, vergleicht man die dekadischen Logarithmen der Sauerstofffugazität der FMQ-Reaktion und der untersuchten Schmelze und zieht den FMQ-Wert vom gemessenen oder errechneten Wert ab. Der Unterschied wird dann als ΔFMQ angegeben:

ΔFMQ = (logf$_{O_2}$(Probe bei Temperatur T) – logf$_{O_2}$(FMQ-Puffer bei Temperatur T))

Ist die untersuchte Schmelze oxidierter als der FMQ-Puffer, so ist die Zahl positiv, da ihre Sauerstofffugazität größer war als die mit dem FMQ-Puffer im Gleichgewicht stehende. Ist sie reduzierter, ist die Zahl negativ.

Ein Beispiel: Wenn eine Schmelze bei einer Temperatur eine Sauerstofffugazität von $10^{-14,32}$ bar hat, die FMQ-Reaktion bei dieser Reaktion aber eine Sauerstofffugazität von $10^{-15,52}$ bar einstellen würde (wenn diese Minerale denn in der betrachteten Schmelze vorkämen), so ist die Schmelze oxidierter als der FMQ-Puffer und der Unterschied, das ΔFMQ, beträgt + 1,2. Man kann auch sagen: Der Logarithmus der Sauerstofffugazität beträgt FMQ + 1,2.

Unabhängig von der Sauerstofffugazität kann allerdings der Oxidationsgrad variieren. Zum Beispiel ist der Oxidationsgrad eines Gesteins mit 60 Vol.-% Hämatit und 40 Vol.-% Magnetit sicherlich höher als der eines Gesteins mit 20 Vol.-% Hämatit und 80 Vol.-% Magnetit. Trotzdem ist die Sauerstofffugazität durch die Anwesenheit beider Minerale bei demselben Wert gepuffert. Der Oxidationsgrad ist also eine **extensive** Größe, durch die Mengenverhältnisse von – in diesem Fall – Eisen und Sauerstoff definierte Größe, die Sauerstofffugazität dagegen eine von der Menge unabhängige, **intensive** Größe.

oder Fluiden kristallisiert eher Magnetit, der zwei- und dreiwertiges Eisen enthält, und bei sehr reduzierten Bedingungen kann sich sogar elementares Eisen bilden. Auch andere Übergangsmetalle wie Kupfer, Blei, Mangan oder Vanadium können verschiedene Oxidationsstufen annehmen, die vom Oxidationsgrad des Systems abhängen. Auf die Bedeutung des Redoxzustands eines Systems für den Fraktionierungstrend von Basalten wurde in Kasten 3.23 bereits hingewiesen.

Nun wurde allerdings festgestellt, dass dieselbe Menge und Fugazität von Sauerstoff bei hohen Temperaturen mit sehr reduzierten Mineralvergesellschaftungen im Gleichgewicht steht, bei niedrigen Temperaturen aber mit sehr oxidierten. Offenbar hat also die Temperatur einen großen Einfluss auf den Oxidationsgrad des Systems (Abb. 3.95). Da somit die absolute Zahl der Sauerstofffugazität ohne Temperaturangabe nicht wirklich aussagekräftig ist, gibt man häufig die Oxidiert- oder Reduziertheit eines Systems relativ zu einer Referenzreaktion an, die als Sauerstoffpuffer wirkt (Abb. 3.95). In Kasten 3.24 ist erläutert, was eine **Pufferreaktion** ist und wie diese **Referenzreaktionen** verwendet werden.

Wie kann man die Sauerstofffugazität in einer Schmelze oder in einem Fluid messen? Die direkte Messung ist in geologischen Systemen meist nicht möglich, und so muss man sich wieder auf die Untersuchung von Gesteinen verlegen, die aus der untersuchten Schmelze auskristallisiert sind oder mit dem zu untersuchenden Fluid im Gleichgewicht standen. Die Phasenbeziehungen der Fe-Ti-Oxide Ilmenit und Magnetit sind hierbei von besonderer Bedeutung, denn sie spiegeln, wie in Abb. 3.96 gezeigt, in ihrer Zusammensetzung die Bedingungen wider, die zu der Zeit herrschten, als sie zum letzten Mal miteinander im Gleichgewicht standen („**Oxybarometrie**"). Dies beruht darauf, dass sowohl Ilmenit als auch Magnetit Mischkristalle bilden können: Ilmenit-Hämatit ($FeTiO_3$-$FeFeO_3$) und Magnetit-Ulvöspinell (Fe_2FeO_4-Fe_2TiO_4). Ilmenit und Ulvöspinell enthalten nur zweiwertiges Eisen, Hämatit nur

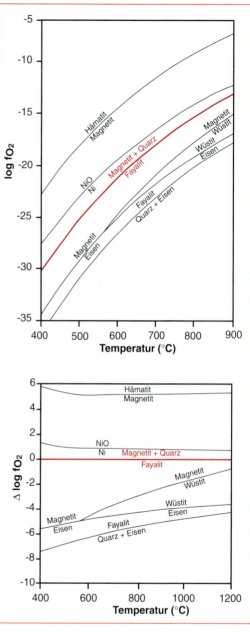

3.95 Wichtige Sauerstoffpufferreaktionen in absoluten Sauerstofffugazitäts-Angaben (oben) und im Unterschied zur FMQ-Pufferreaktion (unten) bei 1 bar. Siehe Kasten 3.24 für Erklärungen. Nach Frost (1991).

dreiwertiges und Magnetit beides. Insofern definieren zwei miteinander im Gleichgewicht stehende Mischkristallzusammensetzungen genau zwei äußere Parameter, nämlich bei gegebenem Druck die Temperatur und die Sauerstofffugazität. Hat man die chemische Zusammensetzung der Oxide z. B. mit der Elektronenstrahlmikrosonde (Abschnitt 2.4.4) bestimmt, so kann man aus dem Diagramm der Abbildung 3.96 T und f_{O_2} einfach ablesen.

Diese Methode funktioniert allerdings nur gut in Vulkaniten, da diese schnell abkühlen. Hier spiegeln die Fe-Ti-Oxide die magmatischen T-f_{O_2}-Bedingungen tatsächlich wieder. In langsam abkühlenden Plutoniten allerdings können sie ihre magmatische Zusammensetzung nicht beibehalten, sondern haben sie in einer Weise verändert, wie sie schon für die Feldspäte beschrieben wurde und wie sie auch für Pyroxene typisch ist: Die homogenen Hochtemperaturformen entmischen dabei in zwei, in seltenen Fällen sogar mehr, Tieftemperaturformen (siehe Abb. 3.97). Diese Entmischungen allerdings können in manchen Fällen reintegriert werden und somit kann man auch in plutonischen Gesteinen mittels der kogenetischen Fe-Ti-Oxide Informationen über f_{O_2} bekommen.

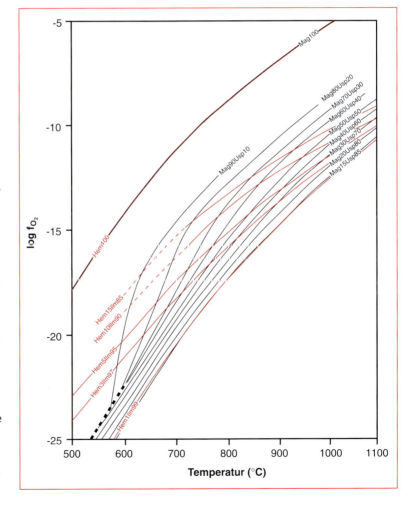

3.96 Koexistierende Fe-Ti-Oxide und ihre Zusammensetzung im System Magnetit-Ulvöspinell (Fe$_3$O$_4$-Fe$_2$TiO$_4$) und Hämatit-Ilmenit (Fe$_2$O$_3$-FeTiO$_3$) bei 1 bar. Bei gegebener Temperatur puffern zwei koexistierende Oxide exakt die Sauerstofffugazität, die somit durch die Beobachtung natürlicher Oxidpaare in Gesteinen abgeschätzt werden kann. Dies geschieht praktisch durch das Ablesen des Schnittpunkts der roten und schwarzen Kurven für die in dem betrachteten Gestein vorkommenden Oxidzusammensetzungen. Nach Buddington & Lindsley (1964).

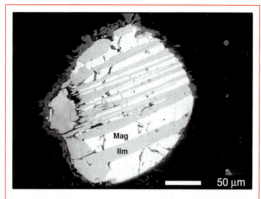
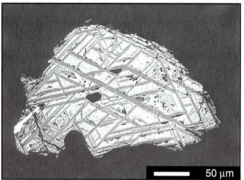
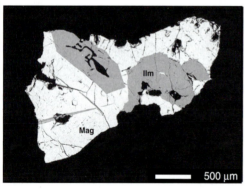
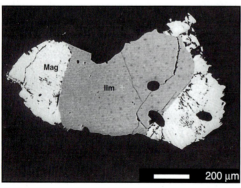

3.9.3 Bildung, Aufstieg und Kristallisation von Schmelzen

3.9.3.1 Die Entstehung von Schmelzen

3.9.3.1.1 Die Entstehung von Schmelzen im Erdmantel

Der Obere Erdmantel besteht aus ultramafischen Gesteinen, die als Hauptkomponenten Olivin und Orthopyroxen enthalten, als untergeordnete Komponenten können Klinopyroxen, eine Al-Phase (Plagioklas, Spinell oder Granat, Kasten 3.10), Phlogopit, Amphibol oder Karbonate hinzutreten. Aus diesen Spinell-, Plagioklas-, Granat-, Phlogopit-, Amphibol- oder Karbonatperidotiten lassen sich unter den entsprechenden Druck- und Temperaturbedingungen alle dem Mantel entstammenden, in Abschnitt 3.9.1 angesprochenen Schmelzzusammensetzungen produzieren.

Wie kann man ein solches Mantelgestein überhaupt zum Schmelzen bringen? Zunächst muss man sich über die Lage von **Solidus-** und **Liquiduskurven** in Peridotiten unter Mantelbedingungen sowie über die Lage von realistischen geothermischen Gradienten Klarheit verschaffen, die diese Soliduskurven schneiden können. Der Abstand zwischen Liquidus und Solidus in trockenen (d.h. wasserfreien) Peridotiten beträgt bei niedrigen Drucken etwa 800 °C, bei hohen Drucken über etwa 50 kbar dagegen nur noch ca. 200 – 300 °C. In einem stabilen tektonischen Milieu ohne thermische Anomalie im Mantel schneidet der Geotherm den trockenen Peridotitsolidus nicht (Abb. 3.95), sondern liegt typischerweise etwa 200 °C tiefer. Das heißt, dass unter diesen Bedingungen keine Schmelze gebildet wird. Damit Schmelzen gebildet werden, gibt es prinzipiell drei Möglichkeiten (Abb. 3.98):

3.97 Entmischte (zwei obere Bilder) und koexistierende (untere zwei Bilder) magmatische Fe-Ti-Oxide (Magnetit und Ilmenit) aus der Ilímaussaq-Intrusion in Südgrönland, teilweise aus Marks & Markl (2001). Die Bilder sind BSE-Aufnahmen von der Mikrosonde (Abschn. 2.5.4).

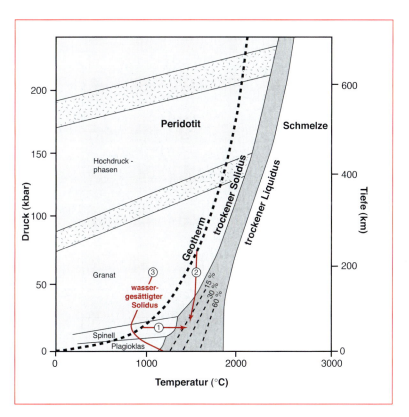

3.98 Experimentell bestimmter Solidus und Liquidus in wasserfreien und wassergesättigten Lherzolithen nach Wyllie (1981) mit Angabe des Schmelzgrades in %. 1, 2 und 3 beziehen sich auf die im Text genannten Möglichkeiten, in Lherzolithen Teilschmelzen zu erzeugen. Man beachte, dass der trockene Solidus von typischen Mantelgeothermen nicht geschnitten wird. Die gestrichelten Felder bezeichnen Phasenübergänge von Olivin zu den Mg-Si-Hochruckphasen (siehe Kasten 3.6).

1. Aufschmelzen bei **Temperaturerhöhung**. Eine Temperaturerhöhung kann z. B. durch das Hinzuströmen heißen, aus der Tiefe stammenden Materials, z. B. in einem **Plume**, ausgelöst werden.
2. **Dekompressionsschmelzen**. Ein Gestein schmilzt, wenn es nicht entlang des Geotherms, sondern adiabatisch, d. h. ohne konduktiven Wärmeverlust, unter geringeren Druck gerät. Dies ist bei schnell aufsteigenden Plumes die am meisten verbreitete Art des Schmelzens.
3. Schmelzen bei Anwesenheit von wässrigen **Fluiden**. Die Anwesenheit von Wasser setzt den Schmelzpunkt von Gesteinen signifikant herab (Abschnitt 3.9.2). Der wassergesättigte Peridotitsolidus liegt bei Drucken oberhalb 1 kbar etwa 500 °C tiefer als der trockene Peridotitsolidus, und somit wird er von den typischen geothermischen Gradienten geschnitten.

Dieser dritte Punkt verlangt weiteres Nachdenken. Wie kann Wasser in den Mantel gelangen? Entweder wird es direkt aus einer subduzierten Ozeankruste an den darüber liegenden Mantelkeil abgegeben, wie es in Subduktionszonen ab einer gewissen Tiefe der Fall ist. Hier werden bei Temperaturerhöhung nach und nach die in der hydratisierten Ozeankruste vorhandenen Hydratminerale abgebaut und somit Fluid abgegeben. Das Wasser kann aber auch im Peridotit in Hydratmineralen wie Glimmern oder Amphibolen gespeichert sein, die es bei ihrer Zerstörung infolge von Druck- oder Temperaturerhöhung freisetzen (Abb. 3.49 und 3.99). Schneidet die Entwässerungskurve des Minerals die wassergesättigte Soliduskurve des Peridotits, so führt die Entwässerungsreaktion unmittelbar zur Produktion von Schmelze; dies bezeichnet man als **Dehydratationsschmelzen**. Lherzolithe schmelzen nie komplett, sondern immer nur partiell (d. h. teilweise) auf. Ein par-

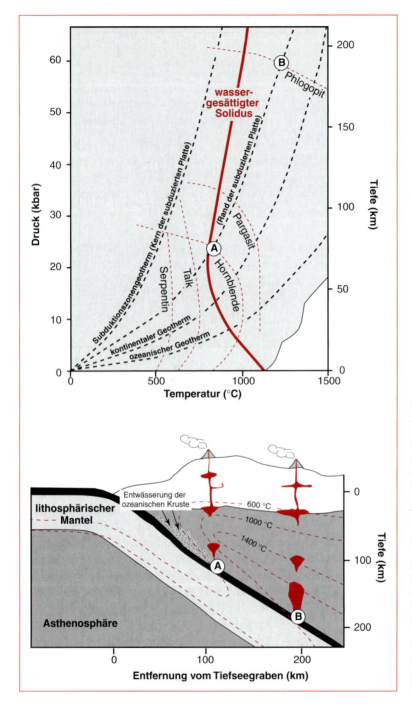

3.99 Die Bildung von Subduktionszonen-Magmatiten durch Fluidtransfer aus der subduzierten ozeanischen Kruste und dadurch verursachtes Schmelzen. Oben: die Lage des wassergesättigten Peridotit-Solidus aus Abb. 3.98 und wichtiger Entwässerungsreaktionen (siehe auch Abb. 3.49). Unten: Vulkane entstehen nach diesem Modell etwa über Regionen, wo Entwässerungskurven am oder oberhalb des Solidus vom Geothermen geschnitten werden (A und B). Nach Tatsumi (1989) und Tatsumi & Eggins (1995).

tielles Schmelzen bedeutet nicht, dass alle Minerale in gleichen Anteilen aufschmelzen. Manche Minerale schmelzen zuerst auf, andere später (z. B. Abb. 3.98). Eine typische, allerdings qualitative Schmelzreaktion in Granatlherzolithen ist:

$$Cpx + Opx + Grt + Ol = Schmelze$$

Die stöchiometrische Quantifizierung dieser Reaktion hängt stark von Druck, Temperatur und Details der Gesteinszusammensetzung ab, sodass es hier nicht sinnvoll ist, sie anzugeben. Der **Aufschmelzgrad**, also wie viel Prozent des vorher festen Gesteines geschmolzen werden, bestimmt die Zusammensetzung der Schmelze, da Klinopyroxen und die Al-Phasen in deutlich geringeren Mengen im Lherzolith vorhanden sind als Orthopyroxen und vor allem Olivin. Kleine Schmelzgrade enthalten demnach relativ viel Komponenten aus der Aufschmelzung dieser „seltenen" Minerale, bei hohen Schmelzgraden sind diese Minerale aber schon verbraucht und die Schmelzen werden zunehmend von der Aufschmelzung des Olivins dominiert. Kleine Schmelzgrade produzieren daher Schmelzen, die besonders reich an inkompatiblen Elementen sind.

Basalt ist laut Definition ein vulkanisches Gestein, das Plagioklas und Klinopyroxen enthält. Hinsichtlich seiner restlichen Mineralogie und seiner chemischen Zusammensetzung kann es jedoch in weiten Bereichen schwanken, ohne dass dies makroskopisch ins Auge fällt. Diese nur analytisch oder mikroskopisch festzustellenden Unterschiede sind aber für das Verständnis der im Erdinneren ablaufenden Prozesse von entscheidender Bedeutung. Will man die Entstehung chemisch verschiedener Basalte verstehen, so muss man die Aufschmelzung der zwei Hauptbestandteile des Mantels, der **abgereicherten** bzw. **verarmten** und der **angereicherten** bzw. **primitiven** Peridotite, getrennt betrachten. Prinzipiell gilt: Schmilzt ein Lherzolith teilweise auf, so bildet sich eine basaltische Schmelze und ein an inkompatiblen Elementen verarmtes Residuum (Abb. 3.100), der abgereicherte oder verarmte Peridotit bzw. Harzburgit. Ca und Al sind die Elemente, die den Peridotiten zuerst „abhanden kommen", da Basalte ja hauptsächlich aus Plagioklas und Klinopyroxen, also Ca- und Al-haltigen Phasen bestehen. Diese werden also bevorzugt aus dem Lherzolith ausgeschmolzen. Ein Lherzolith kann auch mehrfach partiell aufgeschmolzen werden, wobei sich immer etwas

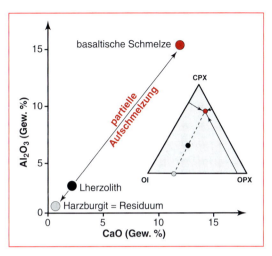

3.100 Partielle Aufschmelzung eines Lherzoliths führt zu einem Ca-Al-armen harzburgitischen oder dunitischen Residuum und Ca-Al-reicher basaltischer Schmelze, die mit Olivin, Klinopyroxen und Orthopyroxen gesättigt ist. Ternäres Phasendiagramm bei ca. 20 kbar. Nach Yoder (1976).

unterschiedliche Schmelzen bilden. So entstehen Mittelozeanische Rückenbasalte (MORBs) hauptsächlich durch Aufschmelzen von bereits teilweise abgereicherten Peridotiten.

Betrachten wir zunächst einen verarmten Mantel (Abb. 3.101a). Aus einem solchen Mantel können lediglich verschiedene Varianten von tholeiitischen Basalten ausgeschmolzen werden und dies ist relativ unabhängig von den herrschenden Druck- und Temperaturbedingungen. Die Schmelzgrade liegen immer zwischen 20 und 30%. Es fällt auf, dass niedrige Drucke quarzgesättigte **Tholeiite** hervorbringen, während bei höherem Druck olivinreichere Schmelzen produziert werden.

Dieser Effekt ist beim angereicherten Mantel sogar noch deutlicher (Abb. 3.101b), wo **Tholeiite** noch bei höheren Drucken produziert werden können als im abgereicherten Fall, jedoch dort extrem olivinreich („pikritisch") werden. Wiederum liegen die Schmelzgrade bei 20 bis 30%, für die **Pikrite** sogar bei bis zu 40%. Niedrige Schmelzgrade um 10% schmelzen dagegen aus den angereicherten Peridotiten an inkompatiblen Elementen reiche Alkalibasalte aus, bei höheren Drucken auch Alkali-

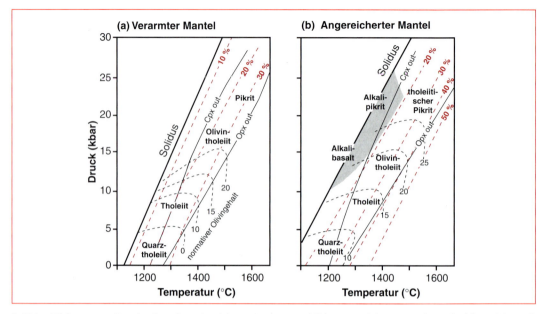

3.101 Bildung von Basaltschmelzen im (a) verarmten und (b) angereicherten oder primitiven Mantel. Je nach Druck und Schmelzgrad (Zahlen in %) entstehen unterschiedliche Typen von Basalten, wobei Pikrite besonders Olivin- und daher Mg-reiche Basalttypen sind. Alkalibasalte bilden sich nur bei kleinen Schmelzgraden und relativ hohen Drucken. Die gestrichelten Linien geben den normativen Gehalt an Olivin in den entstehenden Schmelzen an. Zusätzlich sind noch die Kurven eingezeichnet, an denen bei der Aufschmelzung eines typischen Lherzoliths Klino- bzw. Orthopyroxen komplett aufgeschmolzen werden (Cpx bzw. Opx out), also nur noch harzburgitische bzw. dunitische Residua im Mantel verbleiben. Nach Jaques & Green (1980).

pikrite, also wieder olivinreiche Varianten. Diese inkompatiblen Elemente wie z.B. Natrium oder Seltene Erden sitzen insbesondere im Klinopyroxen und wurden daher ausgeschmolzen, bevor der Klinopyroxen bereits bei Schmelzgraden zwischen 10 und 25 % vollkommen aufgebraucht wurde. Hohe Schmelzgrade von 20 bis 40 % dagegen produzieren an inkompatiblen Elementen ärmere Tholeiite, deren hohe Aufschmelzgrade sogar den Orthopyroxen komplett aufschmelzen können und dann ein dunitisches Residuum zurück lassen. Generell kann man also sagen: Je höher der Druck ist und je geringer der Schmelzgrad, desto alkalischer ist die Schmelze.

Wichtig für das Verständnis dieser Prozesse ist hierbei, dass die absolute Menge an inkompatiblen Elementen in den Alkaliolivinbasalten und den Tholeiiten durchaus sehr ähnlich sein kann, dass aber diese Menge in den Tholeiiten viel stärker „verdünnt" ist als in den Alkaliolivinbasalten, da die Menge an ausgeschmolzenem Tholeiit einfach größer ist (etwa zwei- bis dreimal größer als bei Alkaliolivinbasalten, entsprechend dem Unterschied der Schmelzgrade).

Zum Abschluss dieses Abschnitts wollen wir noch einen Spezialfall untersuchen, nämlich die Schmelzproduktion in subduzierten Ozeanbodenbasalten. Es wurde bereits in Abschnitt 3.9.1 darauf hingewiesen, dass **Subduktionszonenmagmatismus** aus verschiedenen Quellen gespeist wird. Während die Schmelzproduktion im Mantelkeil bereits in diesem Abschnitt besprochen wurde, da es sich um das fluid-assistierte Aufschmelzen eines Peridotits handelt, und krustale Aufschmelzungen in Abschnitt 3.9.3. besprochen werden, fehlt also noch die Schmelzproduktion in der versenkten Ozeankruste. Die Ozeankruste besteht nicht mehr nur aus frischem Basalt, der durch eine ausgeprägte Wasserarmut gekennzeichnet ist, sondern durch die intensive Reaktion mit dem Meerwasser auch noch aus Hydratmineralen wie den Zeolithen, Chlorit und Amphibolen. Diese Hydratminerale haben nur begrenzte Temperatur- und Druckstabilitäten und somit wird die subduzierte Ozeankruste nach und nach Wasser abgeben, wenn Hydratminerale zu wasserärmeren oder wasserfreien Mineralen reagieren – ganz entsprechend dem, was wir bei der prograden Metamorphose bereits besprochen haben (Abschnitt 3.8.4 und 3.8.5). Schematische, das heißt nicht stöchiometrisch ausbalancierte Reaktionen, die bei der Dehydratisierung von Ozeankruste eine Rolle spielen, sind z. B. (Abb. 3.49):

Chlorit = Forsterit + Pyrop + Spinell + H_2O

Lawsonit = Zoisit oder Grossular + Disthen + Quarz oder Coesit + H_2O

Serpentin (Antigorit) = Forsterit + Enstatit + H_2O

Zoisit = Grossular + Disthen + Coesit + H_2O

Amphibol (K-Richterit) = Enstatit + Forsterit + Phlogopit

Wie in den oben diskutierten Peridotiten kann die Wasserabgabe bei der Zerstörung von Chlorit und von Hornblende **Dehydratationsschmelzen** produzieren. Unter Beteiligung dieser Aufschmelzung des teilweise hydratisierten Basalts entstehen die andesitischen Schmelzen, die für Inselbögen so charakteristisch sind. Daneben spielen für Andesite aber auch Aufschmelzprozesse im über der abtauchenden Platte liegenden Mantelkeil eine Rolle, die durch die Wasserabgabe der abtauchenden Platte gesteuert werden. Unterschiedliche Entwässerungsreaktionen der abtauchenden Platten führen zur Wasserabgabe in unterschiedlichen Tiefen und können somit die Breite der Zone mit aktivem Vulkanismus über einer subduzierten Platte erheblich vergrößern oder gar eine zweite Vulkankette hervorbringen

(Abb. 3.99). Der Einfluß der Viskosität der Schmelzen auf die Lage der Vulkankette über Subduktionszonen wird in Abschnitt 3.9.3.2 diskutiert.

3.9.3.1.2 Die Entstehung granitischer Schmelzen

Da granitoide Gesteine durch eine Vielfalt von Prozessen und unter Beteiligung so vieler verschiedener, auch hinsichtlich ihrer Hauptelementzusammensetzung so variabler Quellen gebildet werden, ist eine erschöpfende Behandlung dieses Themas hier nicht möglich. Dieser Abschnitt beschränkt sich auf die Grundlagen der Entstehung der Granite im engeren Sinne, und setzt einen Schwerpunkt auf die in Mitteleuropa so verbreiteten S-Typ-Granite.

Bei der prograden Metamorphose Al-reicher Metasedimentgesteine, also z. B. metamorpher Grauwacken oder Tonsteine, wird bei etwa 650 bis 750 °C (abhängig vom Druck) die Hellglimmerstabilität und bei etwa 800 bis 900 °C die Biotitstabilität überschritten (Abb. 3.102).

$$KAl_3Si_3O_{10}(OH)_2 + SiO_2 = KAlSi_3O_8 + Al_2SiO_5 + H_2O$$

Muskovit + Quarz = K-Feldspat + Sillimanit/Andalusit + Wasser bzw.

$$NaAl_3Si_3O_{10}(OH)_2 + SiO_2 = NaAlSi_3O_8 + Al_2SiO_5 + H_2O$$

Paragonit + Quarz = Albit + Aluminiumsilikat (Andalusit oder Sillimanit) + Wasser

$$2\,KMg_3AlSi_3O_{10}(OH)_2 + 6\,SiO_2 = 3\,Mg_2Si_2O_6 + 2\,KAlSi_3O_8 + 2\,H_2O$$

Biotit + Quarz = Orthopyroxen + K-Feldspat + Wasser.

Da Hellglimmer in diesen Gesteinen meist einen hohen Gehalt an Muskovit und einen niedrigen Gehalt an Paragonit haben, laufen zwar die beiden Endgliedreaktionen (also mit Muskovit und mit Paragonit) ab, es wird aber meist deutlich mehr K-Feldspat als Albit gebildet. Diese Reaktionen setzen das Flussmittel Wasser frei, und das Wasser aus der Muskovit-Entwässerungsreaktion kann bei Drucken ober-

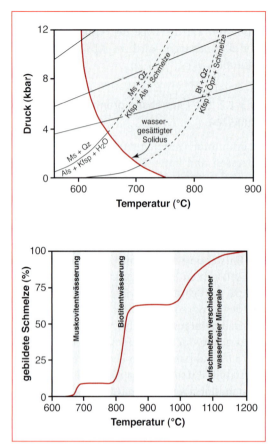

K-Feldspat + Albit + Quarz + Wasser = Schmelze

Insgesamt läuft also bei genügend hohen Drucken und Temperaturen in quarzgesättigten Gesteinen die folgende schematische Reaktion ab:

Hellglimmer + Plagioklas + Quarz = Aluminiumsilikat + K-Feldspat + Schmelze

Diese Schmelze enthält die wichtigsten Bestandteile eines Granites, kann also zwei Feldspäte und Quarz kristallisieren, und hat daher eine im weitesten Sinne granitische Zusammensetzung. Man kann also beim **Entwässerungsschmelzen** von Al-reichen Metasedimenten granitische Schmelzen produzieren (siehe auch Abschnitt 3.8.4). Die gebildete Schmelzmenge nimmt natürlich bei weiterer Temperaturerhöhung und insbesondere bei der Überschreitung der Entwässerungsreaktion von Biotit zu und so steigt die in einem aufgeheizten Gestein vorhandene Schmelzmenge nicht linear, sondern sprunghaft an (Abb. 3.102).

Innerhalb eines vereinfachten ternären Granitsystems wie z. B. Ab-Or-Qz (Abb. 3.93) liegen die auf diese Weise produzierten granitischen Schmelzen typischerweise im Bereich der ternären Minima bzw. der Eutektika bei Drucken zwischen 1 und 5 kbar, wobei die Lage dieser Minima bzw. Eutektika vom Druck und vom Gehalt an Flussmitteln wie Wasser, Fluor und Bor stark abhängt: Je mehr dieser Flussmittel in einem Gestein vorhanden ist, desto niedriger ist der Schmelzpunkt der eutektischen granitischen Schmelze und desto quarzärmer und Ab-reicher ist die Schmelzzusammensetzung (Abb. 3.93a). Wieviel Wasser eine Granitschmelze bei verschiedenen p-T-Bedingungen maximal aufnehmen kann, ist in Abb. 3.93c gezeigt – bei relativ geringen Temperaturen kann über 10 Gew.-% aufgenommen werden.

Um einen richtigen Granit zu bilden, der dann auch Biotit und Nebengemengteile wie Apatit, Muskovit, Cordierit oder Zirkon enthält, reichen die obigen vereinfachten Reaktionen zwar noch nicht aus und es müssen weitere, inkon-

3.102 Zusammenhang von Entwässerungsreaktionen (oben) und sukzessiver Schmelzbildung bei Temperaturerhöhung (unten) in metapelitischen Systemen. Signifikante Schmelzproduktion unter 1000°C setzt immer nur in Zusammenhang mit Entwässerungsreaktionen ein. Nach Vielzeuf & Holloway (1988) und Clarke (1992).

halb etwa 3 kbar dazu führen, dass sich die erste Schmelze im Gestein bildet. Unterhalb von 3 kbar liegt die Entwässerungskurve von Muskovit noch unterhalb der Soliduskurve von Granit (Abb. 3.102), weshalb sich noch keine Schmelze bilden kann. Wenn die Entwässerungs- und die Soliduskurve sich schneiden oder wenn die Temperatur oder der Druck höher ist als dieser Schnittpunkt im p-T-Diagramm, so läuft simultan mit obigen Entwässerungsreaktionen eine weitere Reaktion ab, die Schmelze produziert:

gruente Schmelzreaktionen stattfinden (siehe Abschnitt 3.9.2). Prinzipiell funktioniert dies wie oben vereinfacht erklärt mittels verschiedener Schmelzreaktionen, die häufig, aber nicht immer Wasser involvieren. Dies geschieht natürlich nicht nur in Al-reichen Metasedimenten, bei deren Aufschmelzung häufig Al-reiche S-Typ-Granite entstehen (die dann Al-reiche Minerale wie Muskovit, Cordierit, Andalusit, Granat oder Sillimanit enthalten können). Unterschiedliche Arten von Schmelzzusammensetzungen kann man auch durch das partielle, inkongruente Schmelzen während der prograden Metamorphose beinahe aller Gesteine erhalten. Das Aufschmelzen von Amphiboliten führt z. B. zur Entstehung von tonalitischen Schmelzen, und das Aufschmelzen von Orthogneisen zu relativ Al-armen Graniten (ohne Muskovit oder Al-reiche Minerale). A-Typ-Granitoide beinhalten sehr verschiedene chemische Zusammensetzungen (siehe Abschnitt 3.9.1 und Kasten 3.18). Sie entstehen durch Fraktionierungsvorgänge von basaltischen Schmelzen oder durch Aufschmelzungsprozesse in einer anomal erhitzten Unterkruste. Vermutlich hängt der hohe geothermische Gradient einer solchen Wärmeanomalie mit **„magmatic underplating"** zusammen, d. h. mit der Intrusion großer Mengen basaltischen Magmas aus dem Mantel an der Grenze zwischen Kruste und Mantel. Dieses Magma wird Modellvorstellungen zufolge an der Kruste-Mantel-Grenze durch den Dichtekontrast aufgehalten und fängt an, die Unterkruste zu erhitzen und partiell zu schmelzen. Bei der Erhitzung werden in einem frühen Stadium wasserreiche, granitische Schmelzen produziert und zurück bleiben trockene Granulite. Bei anhaltender Erhitzung sind spätere Schmelzen dann entsprechend wasserarm und sehr heiß. Wenn diese aufsteigen, kristallisieren sie in der Mittelkruste, wobei keine Gebirgsbildung, Subduktion o. ä. beteiligt ist und daher auch keine tektonischen Prozesse im Zusammenhang mit ihrer Intrusion festgestellt werden. Je nachdem, ob in der Unterkruste Sedimente oder basische Gesteine aufgeschmolzen werden, bilden sich die verschiedenen Varianten der A-Typ-Granite. Die Fraktionierungsvorgänge basaltischer oder basaltähnlicher (nephelinitischer) Schmelzen, die nicht nur zur Bildung bestimmter A-Typ-Granite, sondern z. B. auch von Nephelinsyeniten führen, werden in Abschnitt 3.9.3.3 besprochen.

3.9.3.2 Aufstieg von Schmelzen

Zwischen der Produktion einer Schmelze und deren Erstarrung bzw. Kristallisation liegt in den allermeisten Fällen das Stadium des Transports, denn nur sehr wenige Schmelzen erkalten genau dort, wo sie erschmolzen wurden. Zwei Fragen umreißen diesen Abschnitt der magmatischen Petrologie:
– Wie geschieht die Bewegung von Schmelzen in Gesteinen? und
– Wie verändern sich Schmelzen während ihres Transportes?

Eine Schmelze ist eine Art von viskoser Flüssigkeit. Obwohl Gesteine „dicht" zu sein scheinen, bewegen sich Schmelzen offenbar durch die Erdkruste und den Erdmantel hindurch, denn sonst würden sie nicht an die Erdoberfläche gelangen. Natürlich geschieht ein großer Teil des Schmelztransports entlang von Brüchen und Spalten, die wir heute als Gänge wahrnehmen. Solche Spalten öffnen sich insbesondere in Gebieten mit extensionaler Tektonik, wo die Gesteine „auseinander gezogen" werden.

Betrachtet man jedoch Migmatite, so stellt man fest, dass in diesen Gesteinen offenbar keine Spalten vorhanden waren, und es fällt generell schwer zu glauben, dass z. B. im oberen Erdmantel bei Drucken von 30 kbar offene Spalten existieren, die nicht sofort geschlossen werden. In Migmatiten kann man anhand der Texturen feststellen, dass sich kleinste Schmelztröpfchen zunächst dort gebildet haben, wo die geeigneten Minerale, also z. B. Muskovit, Quarz und Alkalifeldspat, aneinander stießen (eutektische Schmelzen, siehe Abschnitt 3.9.2). Ein an solch einer Tripelpunktkorngrenze gebildetes Tröpfchen kann nun entweder isoliert dort sitzen bleiben und später wieder erstarren, oder es kann einen Film auf der Korngrenze bilden, diese benetzen und sich dadurch entlang von weiteren Korngrenzen ausbreiten und fortbewegen.

Die Größe, die eine solche Bewegung bestimmt, ist der **Benetzungswinkel** ϑ (Abb. 3.103), der zwischen der Korngrenze und der Oberfläche des Tröpfchens gemessen wird. Ist er groß, benetzt die Schmelze das Mineral schlecht und bleibt isoliert stecken, ist er klein, benetzt sie das Mineral gut und kann entlang von Korngrenzen durch das Gestein „kriechen". Ein miteinander verbundes Netzwerk von schmelzbenetzten Korngrenzen ist für die Separation und Segregation (Abtrennung) von Schmelzen unabdingbar, also dafür, dass die einzelnen Schmelztröpfchen das Gestein verlassen und sich zu größeren Massen verbinden können. In manchen Handstücken oder Aufschlüssen von Migmatiten kann man die eingefrorenen Überreste solcher Schmelzbewegungen von der Millimeter- bis zur Meterskala sehen. Bevor sich eine Schmelze bewegen kann, muss es eine Mindestmenge von Schmelze in einem Gestein geben (Abb. 3.102). Diese Schmelzmenge, die nötig ist, um einen zusammenhängenden Schmelzfilm auf den Korngrenzen zu produzieren, nennt man kritische Schmelzmenge. Ein einzelnes Tröpfchen, selbst wenn es gut benetzt, kann sich nicht weit bewegen, sondern würde schnell einfrieren.

Die Entstehung und den Transport von Schmelzen muss man sich also so vorstellen, dass sich in einem Gestein bei Temperaturerhöhung zunächst winzige Schmelztröpfchen bilden. Wenn sie die Korngrenzen gut benetzen und wenn sich genügend von ihnen gebildet

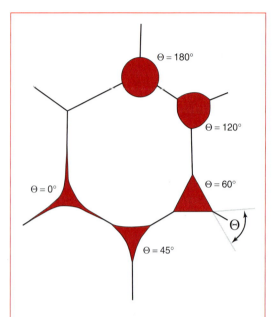

(a) großer Benetzungswinkel

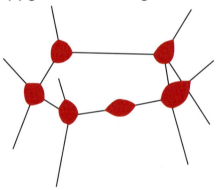

(b) kleiner Benetzungswinkel

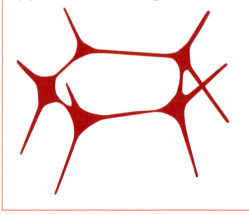

3.103 Benetzungswinkel von Fluiden oder Schmelzen auf Korngrenzen. Nur kleine Benetzungswinkel < 60° erlauben einen kontinuierlichen Fluid- oder Schmelzfilm auf den Korngrenzen und damit eine Bewegung des Fluids/der Schmelze durch das Gestein. Nach Hunter (1987).

haben, um ein untereinander verbundenes Netzwerk zu bilden, fangen sie an, sich zu bewegen, zu sammeln und zu größeren Schmelzpools zu vereinigen. Solche Schmelzpools können aufgrund ihrer gegenüber dem Nebengestein geringeren Dichte entlang von Störungen oder offenen Spalten nach oben steigen. Sie können sich im Endeffekt zu riesigen Plutonen aggregieren, bevor sie abkühlen, stecken bleiben und auskristallisieren. Große Plutone findet man sehr häufig direkt auf Störungen oder sogar am Schnittpunkt zweier Störungen, die offenbar besonders gute Aufstiegswegsamkeiten boten.

Zwei Dinge wirken beim Schmelzaufstieg gegeneinander: die Viskosität der Schmelzen und die Benetzungseigenschaften auf Korngrenzen (Abb. 104). Während Schmelzen mit nur wenigen Gew.-% Wasser relativ gute Benetzungseigenschaften, also niedrige Benetzungswinkel haben (Abb. 104b), haben sie auch hohe Viskositäten (Abb. 104a) und intrudieren daher

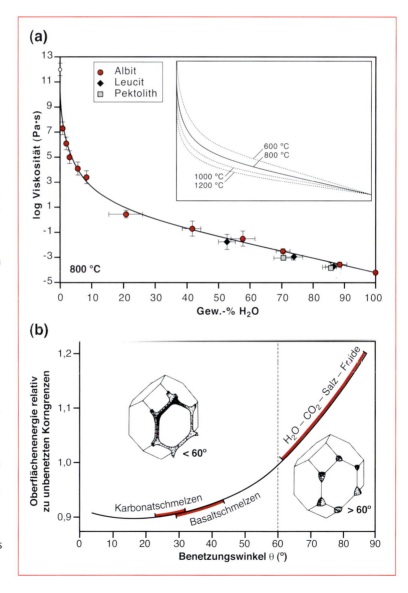

3.104 (a) Der Zusammenhang von Schmelzviskosität und Wassergehalt von Schmelzen. Schmelzen mit weniger als 10 Gew.-% Wassergehalt sind sehr hochviskos. Pektolith ist ein Na-Ca-Silikat. Aus Audétat & Keppler (2004). (b) Flüssigkeiten bzw. Schmelzen mit einem Benetzungswinkel von unter 60° sind entlang von Korngrenzen leicht beweglich, während Winkel über 60° dazu führen, dass z. B. H_2O-CO_2-Salz-Fluide ein Gestein nicht verlassen können. Wässrige Fluide können sich an die Benetzungseigenschaften von Schmelzen durch erhöhte Silikatlöslichkeit annähern, was z. B. durch höhere Drucke unterstützt wird. Beide Diagramme sind – wie im Text erläutert – für das Verhalten von Fluiden und Schmelzen in Subduktionszonen besonders wichtig. Nach Watson et al. (1990).

schwerer. Mit höheren Wassergehalten nimmt die Viskosität rasch ab und Schmelzen mit mehr als etwa 10 Gew.-% Wasser haben so niedrige Viskositäten, dass sie leicht beweglich und daher aus Gesteinen extrahierbar sind. Reine H_2O-CO_2-Salz-Fluide mit extrem niedrigen Viskositäten haben dagegen wiederum Benetzungswinkel über 60° und können daher nicht aus Gesteinen extrahiert werden. Es gibt also ein Fenster im Silikatschmelze-Wasser-Gemisch, bei dem Schmelzen gut extrahierbar sind: nicht zu hohe und nicht zu niedrige Wassergehalte (quantitativ gezeigt in Abb. 104).

Diese Beziehung hat aber noch eine weitere Konsequenz, die insbesondere für den Vulkanismus an Subduktionszonen von Bedeutung ist. Eventuell wird nämlich die Lage der Vulkankette(n) über Subduktionszonen nicht nur von den Dehydratisierungsreaktionen bestimmt (wie oben bereits besprochen), sondern auch von der durch die Tiefe der Subduktionszonen, also den herrschenden Druck, bestimmten Extrahierbarkeit von Fluiden aus der abtauchenden Platte in den darüber liegenden Mantelkeil. Die Extrahierbarkeit ist druckabhängig, da die Fluide bei höheren Drucken immer mehr Silikat lösen können und dadurch die Benetzungswinkel kleiner werden. Erst wenn diese Fluide silikatreich genug sind, um sich aus der subduzierten Platte in den Mantelkeil zu bewegen, können dort Schmelzprozesse einsetzen und kann sich an der Erdoberfläche eine Vulkankette bilden.

Bei manchen großen Intrusionen spielt ein im Englischen **„stoping"** genannter Prozess eine Rolle, ins Deutsche wohl am Besten mit „nach oben durchfressen" übersetzt. Hierbei werden durch den Aufstieg großer Schmelzmengen z. T. große Blöcke des über der Schmelze liegenden Gesteins gelöst und fallen in die Schmelze, die dadurch weiter aufsteigen kann (Abb. 3.105a). Ein anderer Aufstiegsprozess, der aber nur bei geringer Gesteinsauflast wirksam ist, ist das „doming", das Aufdomen, wo die nach oben strömende Schmelze überlagernde Gesteinsschichten weg- bzw. zusammendrückt (Abb. 3.105b).

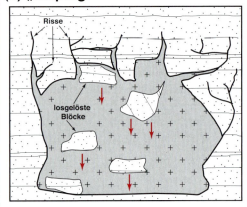

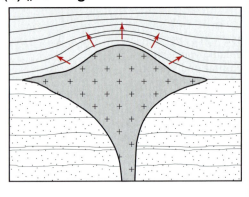

3.105 Intrusion von Magmen in die Oberkruste durch (a) „stoping" oder (b) „doming". Beide Prozesse sind im Text erklärt. Umgezeichnet nach *http://www.tulane.edu/~sanelson/geol111/igneous.html*.

3.9.3.3 Kristallisation

3.9.3.3.1 Kristallisation basaltischer Schmelzen

Die Zusammensetzung der aus einer Basaltschmelze kristallisierenden Minerale (Plagioklas, Olivin, Orthopyroxen, Klinopyroxen) ist abhängig davon, wie fraktioniert, also wie chemisch entwickelt diese ist. **Primitive Schmelzen** d.h. Schmelzen, die am Anfang ihrer Kristallisation stehen, haben noch hohe Gehalte an kompatiblen Elementen, während **fraktionierte Schmelzen** durch hohe Gehalte an inkompatiblen Elementen gekennzeichnet sind (siehe Abschnitt 3.9.2). Primitive Basalte z. B. enthalten hohe Mg/Fe-Verhältnisse und viel Cr und Ni. Dementsprechend enthalten die Minerale, die mit dieser Schmelze im Gleichgewicht stehen, die also aus ihr kristallisieren, relativ viel Mg, Cr und Ni, allerdings nach Maßgabe der Verteilungskoeffizienten (Abschnitt 3.9.2): Olivin enthält auch im Gleichgewicht mit solchen primitiven Schmelzen praktisch kein Cr, dafür aber viel Mg und Ni, während Chromit viel Cr, aber kein Ni enthält. So haben die ersten, aus primitiven Mantelschmelzen gebildeten Olivine einen Forsteritgehalt von etwa 86–90 % und Ni-Gehalte um 3000 ppm. Diese Werte ändern sich während der Fraktionierung rasch zu Forsteritgehalten um 60 % und Ni-Gehalten unter 100 ppm (Abb. 3.106). Cr wird durch den Chromspinell Chromit relativ schnell und ziemlich quantitativ aus der Schmelze entfernt. Relativ primitive Basalte zeichnen sich auch durch Ca-reichen Plagioklas (ca. An$_{80}$ und Mg-reichen Augit aus. Das am besten untersuchte Beispiel einer heute an der Erdoberfläche aufgeschlossenen Magmenkammer, in der perfekte fraktionierte Kristallisation die Entwicklung der Schmelze bestimmte, ist die in Kasten 3.25 vorgestellte **Skaergaard-Intrusion** in Ostgrönland. In Abb. 3.111 sind auch die typischen Mineralparagenesen und Zusammensetzungen während der Basaltfraktionierung angegeben.

Um die Kristallisation basaltischer Schmelzen graphisch anschaulich zu machen, gibt es verschiedene vereinfachte Modellsysteme, die nun anhand von zwei Beispielen erläutert werden sollen. Diese Beispiele sind die Systeme Anorthit-Diopsid-Forsterit (Abb. 3.107) und Anorthit-Forsterit-Tridymit (Abb. 3.108). Beide haben keine Mineralmischbarkeiten (da vereinfacht Anorthit für den natürlichen Plagioklas, Forsterit für den natürlichen Olivin und Diopsid für den natürlichen Klinopyroxen stehen) und sind daher besonders einfach.

Betrachten wir zunächst das System An-Di-Fo (Abb. 3.107). Eine Schmelze der Zusammenset-

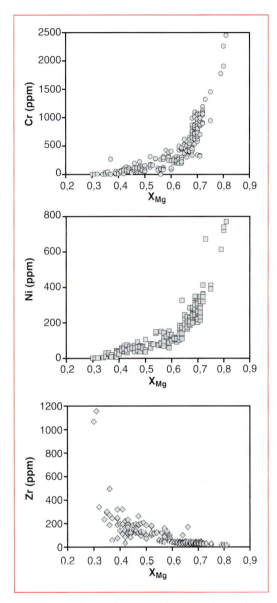

3.106 Geochemische Auswirkungen der Fraktionierung auf basaltische Schmelzen. Primitive Schmelzen (rechts, mit hohen X_{Mg}-Werten) verlieren durch die Fraktionierung (u. a. von Olivin und Spinell) schnell kompatible Elemente wie Mg, Cr und Ni, reichern aber inkompatible Elemente wie Zr an. Daten aus der GEOROC Datenbank *(http://georoc.mpch-mainz.gwdg.de/)*.

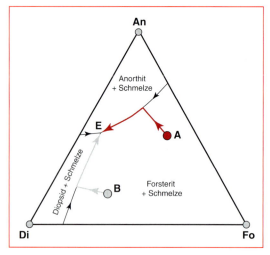

3.107 Die Entwicklung basaltischer Schmelzen im vereinfachten Modellsystem An-Di-Fo. Die Entwicklungen von Zusammensetzung A und B sind im Text erklärt. Nach Morse (1994).

zung A wird zunächst Forsterit kristallisieren und sich dadurch von Forsterit weg auf die kotektische Linie mit Anorthit zubewegen, nach Erreichen dieser Linie Anorthit und Forsterit kristallisieren und im Eutektium E zu einem Gemisch aus Anorthit, Forsterit und Diopsid erstarren. Eine Schmelze der Zusammensetzung B, die weniger An- und mehr Di-Kompo-

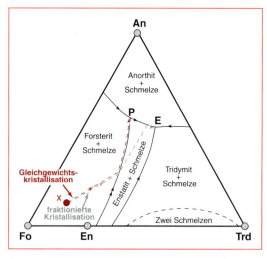

3.108 Das System An-Fo-SiO$_2$. P und E stehen für Peritektium und Eutektikum, die Entwicklung der Schmelze X ist im Text erklärt. Nach Ernst (1976).

nente enthält, würde zu Anfang ebenfalls Forsterit, in der Folge aber zunächst Diopsid und erst im Eutektikum Plagioklas bilden.

Im System Anorthit-Forsterit-Tridymit kommen bei 1 bar als Festphasen die Minerale Forsterit, Enstatit, Plagioklas und Tridymit vor. Außerdem weist dieses System im Unterschied zum Vorigen eine peritektische Reaktion von Forsterit mit Schmelze zu Enstatit auf. Wir wollen den Verlauf der Abkühlung einer Schmelze X bei fraktionierter und bei Gleichgewichtskristallisation verfolgen (Abb. 3.108).

Das erste kristallisierende Mineral ist Olivin (Forsterit). Die Schmelzzusammensetzung entwickelt sich entlang eines Pfeiles weg vom Olivin, der durch die Zusammensetzung X und die Forsteritzusammensetzung geht, und zwar so lange, bis sie die kotektische Linie erreicht, an der Enstatit auszufallen beginnt. Im Gleichgewichtsfall wird die Schmelze sich dann entlang dieser kotektischen Linie in Richtung niedrigerer Temperatur entwickeln und es wird, neben der Kristallisation von Enstatit, die **peritektische Reaktion**

Fo + SiO$_2$ (aus der Schmelze) = Enstatit

stattfinden. Dass es sich bei dieser Linie um die Spur eines Peritektikums und nicht eines Eutektikums handelt, kann man dem Diagramm dadurch ansehen, dass ja bei tieferen Temperaturen noch eine kotektische Linie folgt und zwischen diesen beiden keine Phase, also keine thermische Schwelle mehr liegt. Diese Reaktion läuft prinzipiell so lange ab, bis der gesamte Olivin verbraucht ist. Dies ist jedoch nicht der Fall, bevor die Schmelze das **thermische Minimum** P erreicht, an dem Plagioklas zu kristallisieren beginnt. Dass dort noch Olivin vorhanden sein muss, kann man einfach ablesen: an diesem Punkt koexistieren definitionsgemäß die Phasen der angrenzenden Felder, und dazu gehört Olivin. Hier endet nun auch die Kristallisation im Gleichgewichtsfall, denn die Gesamtzusammensetzung X liegt in dem von den Festphasen Forsterit, Plagioklas und Enstatit aufgespannten Dreieck, muss also aus diesen drei Mineralen bestehen, und das ist nur am

Kasten 3.25 Die Skaergaard-Intrusion in Ostgrönland und das magmatische Layering

Die etwa 7 mal 12 km große Skaergaard-Intrusion (Abb. 3.109) wurde erst um 1930 von einem englischen Forscher entdeckt, der im Auftrag des dänischen geologischen Dienstes die Küste Ostgrönlands kartierte. Bereits kurz nach dieser Entdeckung begann die in-

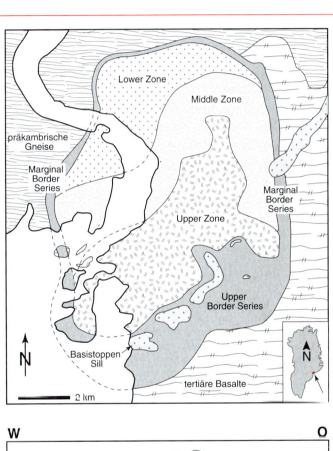

3.109 Die Skaergaard-Intrusion in Ostgrönland auf der Karte (oben) und im Schnitt (unten). Die Intrusion kann als Approximation an eine zumindest teilweise geschlossene Magmakammer angesehen werden, in der die einzelnen Lagen unterschiedliche Fraktionierungsprodukte repräsentieren. Die Teile der Intrusion haben seit jeher englische Namen, die hier beibehalten wurden. Die Marginal Border Series kristallisierte von den Seitenwänden der Intrusion, die Upper Border Series vom Dach und die Lower, Middle und Upper Zones entstanden durch sukzessive fraktionierte Kristallisation von Kumulaten. Nach Hoover (1978) und Stewart & DePaolo (1990).

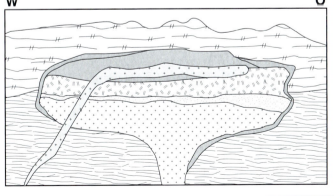

tensive Erforschung der schnell als einzigartig erkannten Intrusion, in der eine basaltische Schmelze wie in einem Dampfkochtopf abkühlte und viele Stadien ihrer chemischen und mineralogischen Entwicklung heute sichtbar sind. Besonders berühmt ist Skaergaard für die bilderbuchmäßige Ausbildung eines bisher unerwähnten magmatischen Phänomens: des **Layerings**. Magmatisches Layering bezeichnet die Lagigkeit einer Intrusion, die durch Ablagerung von Mineralen in der Magmenkammer zustande kommt. **Kryptisches Layering** ist die nicht sichtbare („verborgene") Veränderung der chemischen Zusammensetzung. **Modales Layering** ist durch den Wechsel z. B. von hellen und dunklen Mineralen in unterschiedlichen Gesteinslagen sehr auffällig und mit bloßem Auge zu sehen (Abb. 3.110). Häufig besteht ein Zusammenhang zwischen der Orientierung des Layerings und der Form der Intrusion, sodass zumindest einer von mehreren heute als wichtig erkannten Prozessen in kristallisierenden Magmenkammern das gravitative Absinken von Kristallen auf den Boden oder das Festkleben von Kristallen an

3.110 Fotos von magmatischem Layering in der Skaergaard-Intrusion. Oben: Ein hereingefallener Block aus plagioklasreichem Kumulat sorgte für eine Delle im sich darüber ablagernden Layer. Unten: Sehr schön zu sehen ist das rhythmische Auftreten und die Sortierung innerhalb der Layers: dunkle und damit schwere, Fe-reiche Minerale wie Pyroxene oder Olivine liegen unten, helle Minerale wie Plagioklas oben. Dies nennt man wie in der Sedimentologie gradierte Schichtung.

Punkt P der Fall. Auch im ternären Diagramm kann man übrigens das **Hebelgesetz** (Abschnitt 3.9.2.1, Kasten 3.21) immer dadurch anwenden, dass man eine Linie von der momentanen Schmelzzusammensetzung durch die Gesamtzusammensetzung zieht. Die Zusammensetzung aller Festphasen zusammen zu diesem Zeitpunkt liegt dann automatisch auch auf dieser Linie, auf der anderen Seite der Gesamtzusammensetzung.

Kniffliger wird es im Falle der fraktionierten Kristallisation. Der Anfang ist wieder identisch, aber bei Erreichen der kotektischen Linie kann die peritektische Reaktion nicht oder nur zu einem sehr kleinen Teil ablaufen, weil der anfangs kristallisierte Olivin nicht mehr für die Reaktion mit der Schmelze zur Verfügung steht. Damit ist aber die Schmelze frei, sich von der kotektischen Linie fortzubewegen, an die sie nur durch die Koexistenz der Phasen Forsden abkühlenden Wänden der Magmenkammer ist. Durch dieses Absinken bzw. Festkleben bilden sich z.T. sehr reine Kumulate nur eines Minerals, die mit Kumulaten eines anderen Minerales rhythmisch abwechseln können („**rhythmisches Layering**"). Diese im Falle von Basaltschmelzen hellen und dunklen Lagen von Mafiten und Feldspäten können sich in einer einzelnen Intrusion Dutzende und Aberdutzende von Malen wiederholen, während die Schmelze sich chemisch weiter entwickelt.

Im Detail ändern sich die Mineralvergesellschaftungen und die Zusammensetzung der Minerale in den Kumulaten der Skaergaard-Intrusion kontinuierlich und nach den theoretischen Gesetzen der Fraktionierung (Abb. 3.89 und 3.111). Die Natur hat also hier den Lehrbuchfall einer fraktionierenden basaltischen Schmelze mit starker Eisenanreicherung vorgeführt. Zu Beginn der beobachtbaren Kristallisation bildeten sich Mg-reiche Olivine und Ca-reicher Plagioklas, während die am meisten fraktionierten Gesteine tatsächlich granitische Zusammensetzung aufweisen und nur noch Fe-Endglieder der mafischen Minerale und reinen Albit sowie praktisch kein Ni, Cr und Mg mehr enthalten.

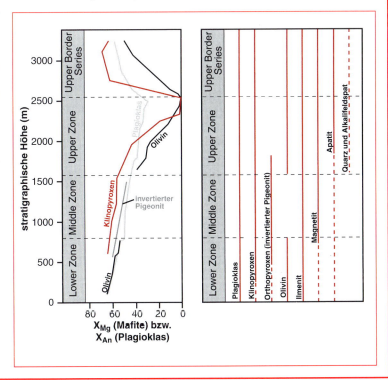

3.111 Mineralparagenesen (rechts) und Änderung von Mineralzusammensetzungen (links) in Abhängigkeit von der stratigraphischen Höhe (und damit von ihrem Fraktionierungsgrad) in der Skaergaard-Intrusion. In etwa 2500 m Höhe treffen sich die von unten und die von oben kristallisierenden Kumulate am so genannten „Sandwichhorizont". Dort enthalten die Plagioklase praktisch kein Ca und die Mafite (Pyroxene und Olivin) praktisch kein Mg mehr, was auf die Effizienz der Fraktionierung hindeutet. Nach Wager & Brown (1967) und Naslund (1983).

terit und Enstatit gebunden ist. Sie wird sich dann direkt vom Enstatit wegentwickeln, also entlang eines Pfeiles, der durch die Schmelz- und durch die Enstatitzusammensetzung geht. Warum? Ganz einfach, weil Enstatit als einziges Mineral kristallisiert und damit der Schmelze entzogen wird. Sie gerät dadurch ins Enstatitfeld und durchquert es, bis sie die kotektische Linie mit Plagioklas erreicht, an der entlang sie sich weiter bis zum Eutektikum entwickelt.

Dort kristallisiert dann zusammen mit Plagioklas und Enstatit erstmals auch Tridymit aus. Wie schon beim Plagioklassystem besprochen, endet also die Kristallisation dieser Schmelze bei tieferen Temperaturen und sie ist chemisch stärker differenziert als die unter Gleichgewichtsbedingungen kristallisierte Schmelze gleicher Zusammensetzung.

In allen besprochenen Systemen ist es typisch, dass zu Beginn der Kristallisation nur eine

Phase ausfällt, die häufig, aber nicht immer Olivin ist (Abb. 3.85) sondern bisweilen auch Ca-reicher Plagioklas oder Augit. Dies ist auch in der Natur so. Mit zunehmender Abkühlung fallen dann zunehmend mehr Phasen aus (**multiple Sättigung**, Abb. 3.85), wobei in den ternären Modellsystemen nicht mehr als drei Phasen nebeneinander kristallisieren können. In der Natur ist dies aber durchaus möglich.

Während die besprochenen ternären Diagramme die Hauptkristallisation von Basalten zu verstehen helfen, sind sie für hochdifferenzierte Basaltschmelzen (z. B. die eisenreichen Ferrobasalte und Ferrodiorite) zu sehr vereinfacht. Zwar tritt im An-Fo-Trd-Diagramm Tridymit als kristallisierende Phase in Erscheinung, aber da das System K-frei ist, kann man nichts über die Stabilität von K-Feldspat aussagen, obwohl sich K als stark inkompatibles Element in den Restschmelzen anreichert. Ohne hier näher ins Detail zu gehen, sei darauf hingewiesen, dass die letzten Schmelzzusammensetzungen von fraktionierenden Basalten I-Typ granitische, granodioritische oder auch tonalitische Zusammensetzungen haben können und dann gelegentlich Granophyre genannt werden.

3.9.3.3.2 Kristallisation granitischer, syenitischer und nephelinsyenitischer Schmelzen

Es klang gerade an, dass bestimmte Typen von granitoiden Schmelzen (I-Typ-Granite) sich durch die Fraktionierung aus Basalten entwickeln können (siehe auch in Abschnitt 3.9.2). Krustale Schmelzen allerdings liegen häufig in ihrer Zusammensetzung schon näher an granitischen Zusammensetzungen und kristallisieren schon zu einem frühen Zeitpunkt ihrer Entwicklung K-Feldspat oder zwei Feldspäte.

Um die Entwicklung der verschiedenen Typen von granitischen und auch syenitischen Schmelzen zu verstehen, werden wir nun zwei ternäre Systeme mit Mischbarkeiten der Minerale betrachten. Wir kommen also zu sukzessive komplizierteren Systemen, auch wenn es im vorliegenden Fall, dem für Granitsysteme als Approximation dienenden System Albit-Orthoklas-Quarz, Abb. 3.112), zunächst einfach

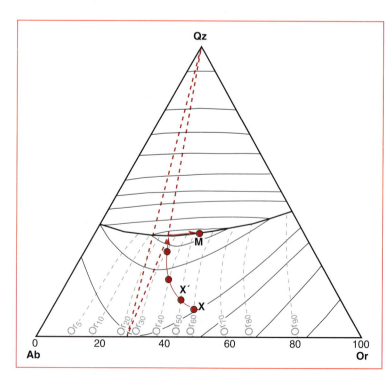

3.112 Das System Qz-Ab-Or. Die gestrichelten Linien geben an, mit welcher Feldspatzusammensetzung eine auf dieser Linie liegende Schmelze koexistiert. M ist das thermische Minimum. Die Entwicklung der Schmelze X ist im Text erklärt. Nach Tuttle & Bowen (1958) und Barron (1972).

aussieht. Wie im vorigen Abschnitt über basaltische Schmelzen gibt es auch in diesem eine Schmelze X, die abgekühlt wird, allerdings diesmal nur für den Gleichgewichtsfall – sonst führt es zu weit. Sie kristallisiert einen Feldspat, dessen Zusammensetzung allerdings nicht trivial, sondern ein Mischkristall zwischen Albit und Orthoklas ist. Man benötigt also in solchen Diagrammen eine zusätzliche Information, nämlich nicht nur, welche Kristallart, sondern auch, welche Kristallzusammensetzung mit einer bestimmten Schmelzzusammensetzung im Gleichgewicht steht. Diese ist durch die gestrichelten Linien mit den kleinen Zahlen gegeben, die die Or-Gehalte der Feldspäte angeben, die mit einer auf dieser Linie liegenden Schmelzzusammensetzung koexistieren. Mit der Schmelze X koexistiert also ein Feldspat der Zusammensetzung Or_{60} (d. h. 60% Orthoklas, 40% Albit). Wie gehabt, zeichnet man daraufhin wieder ein Pfeilchen durch diesen Feldspat und durch X, und entlang dieses Pfeiles entwickelt sich die Schmelze weg vom Feldspat. Allerdings nicht sehr lange, denn wenige mm später stößt sie auf eine Linie, die besagt, dass sie nun mit einem Feldspat der Zusammensetzung Or_{50} koexistieren muss. Somit muss ein neues Pfeilchen gezeichnet werden, durch Or_{50} und die inzwischen veränderte Schmelze X'. So geht es weiter, und man stellt fest, dass in solchen Systemen mit Mischbarkeiten keine geraden Schmelzpfade innerhalb von Feldern entstehen, wie noch im ternären System ohne Mischbarkeit, sondern gekrümmte Wege. Die Krümmung erfolgt dabei natürlich kontinuierlich, die Änderung der mit der Schmelze koexistierenden Feldspatzusammensetzung wird allerdings der Übersichtlichkeit halber nur in 10%-Schritten angegeben. Erreicht die Schmelzzusammensetzung die kotektische Linie, ergibt sich ein Dreiphasendreieck: Schmelze koexistiert jetzt mit Feldspat und Quarz. Sie entwickelt sich dann weiter in Richtung des ternären Minimums M, wo der letzte Schmelztropfen kristallisiert.

Kommen wir nun zum Diagramm Quarz-Nephelin-Kalsilit, also SiO_2-$NaAlSiO_4$-$KAlSiO_4$, das in Abbildung 3.113 gezeigt ist. Mithilfe die-

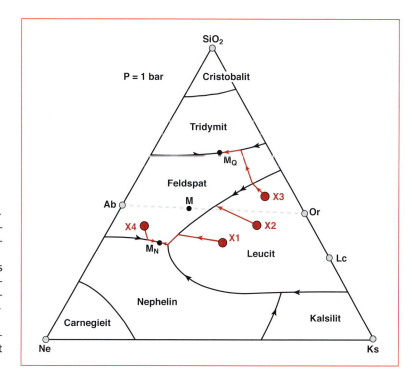

3.113 Ternäres SiO_2-Ne-Ks-Diagramm nach Schairer (1950). M ist das thermische Minimum im quarzgesättigten, M_N das Minimum im quarzuntersättigten und M_Q das Minimum im quarzübersättigten Bereich. Die Entwicklung der Zusammensetzungen X_{1-4} ist im Text erläutert.

ses Diagramms kann man gut erklären, wie und warum sich hochfraktionierte Schmelzen zu Graniten, zu Syeniten oder zu Nephelinsyeniten entwickeln, es wird daher auch als „petrogenetisches Residualsystem" bezeichnet. In diesem chemischen System können bei niedrigen Drucken aus Schmelzen die Minerale Cristobalit und Tridymit (als Hochtemperaturmodifikation von Quarz), Feldspat, Leucit, Kalsilit (eine Art Kaliumnephelin), Nephelin und Carnegieit (ebenfalls ein Nephelinverwandter, der aber in natürlichen Gesteinen nicht auftritt) kristallisieren. Welches Mineral sich zuerst bildet, hängt davon ab, welche Zusammensetzung die Schmelze hat. Von besonderer Bedeutung ist dabei die Verbindungslinie Albit-Orthoklas, die eine thermische Schwelle bildet (Abb. 3.114): Schmelzen, die oberhalb dieser Verbindungslinie in Abb. 3.113 liegen, werden am Ende unweigerlich zu quarzgesättigten Gesteinen, also Graniten, Granodioriten oder Tonaliten kristallisieren und im Punkt M_Q enden. Schmelzen, die direkt auf der Ab-Or-Linie liegen, werden in M als Syenite enden, die weder Nephelin noch Quarz enthalten, und Schmelzen unterhalb der Ab-Or-Linie werden zu Nephelinsyeniten, die ihre Kristallisation im Punkt M_N beenden. Ein Überschreiten dieser thermischen Schwelle während der Gleichgewichtskristallisation ist nur möglich, wenn von außen Material, z. B. SiO_2, durch Kontamination der Schmelze hinzugefügt wird.

Betrachten wir nun einige typische **Gleichgewichtskristallisationsverläufe**. Liegt die Schmelze im Leucitfeld unterhalb der Feldspatverbindungslinie und innerhalb des Dreiecks Ab-Or-Ne unterhalb der Verbindungslinie Ab-Lc (Schmelze X1), so kristallisiert sie zunächst Leucit, entwickelt sich daher von diesem Leucit weg nach „Nordwesten" im Diagramm, und trifft dann auf die peritektische Linie zwischen Feldspat und Leucit. Entlang dieser wandelt sich Leucit in K-Feldspat um gemäß der **peritektischen Reaktion**

$$\text{Leucit} + SiO_2 \text{ (Schmelze)} = \text{K-Feldspat}$$

Dies geht solange, bis aller Leucit verbraucht ist (das ist dort der Fall, wo sich die Leucit-, Feldspat- und Nephelinfelder treffen) und die Schmelze den Pfeilen zu niedrigerer Temperatur folgt. Sie endet im **ternären Minium** M_N, wo Feldspat und Nephelin stabil sind. Hätte die Schmelze zwar unterhalb der Ab-Or-Linie, aber innerhalb des Dreiecks Ab-Or-Lc gelegen (Schmelze X2), wäre die Kristallisation beendet gewesen, bevor Leucit komplett weg reagiert hätte; sie wäre also auf der peritektischen Reaktionslinie beendet worden. Schmelze X3, die innerhalb des Leucitfeldes, aber oberhalb der Ab-Or-Linie liegt, hätte zwar mit Leucit ihre Kristallisation begonnen, diesen aber an der peritektischen Reaktionskurve verbraucht. Die Kristallisation wäre dann durch das Feldspatfeld zur Feldspat-Tridymit kotektischen Linie gewandert, entlang derer sie dann ins Minimum M_Q gekommen wäre und als Feldspat-Tridymit-Gemisch kristallisiert wäre. Eine Schmelze X4, die zum Abschluß dieser Betrachtungen im Feldspatfeld unterhalb der AbOr-Linie liegt, wird sich wie schon X1 zum Minimum M_N entwickeln, einfach, indem sie Feldspäte und Nephelin kristallisiert.

Die Endprodukte solcher Kristallisationsreihen sind immer durch die Lage der Anfangszusam-

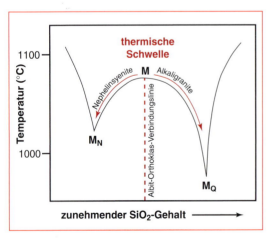

3.114 Die thermische Schwelle aus Abb. 3.113. Kleine Unterschiede im Anfangs-SiO_2-Gehalt einer Schmelze bedingen drastisch unterschiedliche Fraktionierungsprodukte (Granite oder Nephelinsyenite). Nach Schairer & Brown (1935).

mensetzungen relativ zu den Mineralzusammensetzungen (also Ab, Or, Lc, Ne oder Trd) gegeben, nicht aber durch ihre Lage relativ zu den durch schwarze Linien in Abb. 3.113 begrenzten Feldern, in denen ein Mineral mit einer Schmelze stabil ist! X1 liegt im Dreieck Ab-Or-Lc und ein daraus kristallisiertes Gestein muss daher im Gleichgewichtsfall diese drei Minerale enthalten, während X3 im Dreieck Ab-Or-SiO$_2$ liegt und daher am Ende diese drei Minerale enthält, obwohl zuerst Leucit aus der Schmelze ausfällt.

Man lernt aus diesen Kristallisationsverläufen, dass schon winzige Unterschiede in den Anfangszusammensetzungen von Schmelzen, insbesondere im SiO$_2$-Gehalt, zu drastischen Änderungen der mineralogischen Zusammensetzung der daraus kristallisierenden Gesteine führen können (Abb. 3.113): 1 % mehr SiO$_2$ am Anfang der Kristallisation kann zu einem Granit führen, während 1 % weniger einen Nephelinsyenit hervorbringt, wenn die Schmelze in der Nähe der thermischen Schwelle liegt. Daher entwickeln sich nephelinhaltige Gesteine eher aus Mantel- als aus krustalen Schmelzen.

Auf die Bedeutung von Fluiden, insbesondere von Wasser, bei der Kristallisation granitischer Schmelzen und auf die Möglichkeiten der Quantifizierung solcher Effekte wurde bereits in Abschnitt 3.9.2 und Kasten 3.3 hingewiesen. Neben der Bildung von wasserhaltigen Mineralen bedingt Wasser insbesondere Unterschiede beim Kristallisationsverhalten der Feldspäte (Abb. 3.80 und Abschnitt 3.9.2), denn es gibt Granitoide, die zwei verschiedene Feldspäte enthalten (jeweils überwiegend binär zusammengesetzten Plagioklas und Alkalifeldspat), die also unterhalb des Feldspatsolvus kristallisierten („**Subsolvusgranitoide**") und solche, die nur einen, dann allerdings ternären Alkalifeldspat enthalten und die daher oberhalb des Feldspatsolvus kristallisierten („**Hypersolvusgranitoide**"). Dies deutet auf Unterschiede im Wassergehalt der Schmelzen (und damit zusammenhängend auf Temperatur- und Druckunterschiede) hin: die heißeren Granite enthalten weniger Wasser und kristallisieren dem-

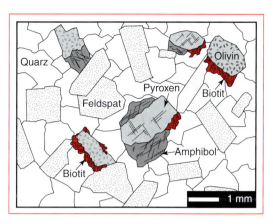

3.115 Späte Hydratisierungstexturen in Magmatiten sehen häufig so aus: Amphibole und Biotite überwachsen frühmagmatische Phasen wie Olivin und Pyroxen in einem Syenit.

nach auch wasserärmere oder wasserfreie Minerale, während die Subsolvusgranitoide wasserreichere Minerale enthalten. Es ist daher typisch, dass die Subsolvusgranitoide weißliche oder charakteristisch rosa gefärbte Feldspäte enthalten und bei Temperaturen zwischen 550 und 750 °C Biotit und z. T. auch Muskovit (z. B. die S-Typ-„Zweiglimmergranite") ausbilden. Hypersolvusgranitoide dagegen enthalten bei Temperaturen zwischen 800 und 900 °C neben den charakteristischerweise bräunlich bis grünlich gefärbten ternären Feldspäten Orthopyroxen, Klinopyroxen oder bisweilen auch fayalitischen Olivin (vor allem in sehr Fe-reichen Graniten, z. B. dem A-Typ „Rapakivigranit"). Biotit und Amphibol überwachsen oder ersetzen in den Hypersolvusgranitoiden zwar häufig die frühen mafischen Silikate (Abb. 3.115), bilden sich aber entweder erst sehr spät magmatisch oder sind metamorphe Bildungen. Sie sind meist Cl- und/oder F-reich und koexistieren z. T. mit Fluorit. Dies leitet bereits über zum nächsten Abschnitt über spät- und postmagmatische Phänomene.

3.9.3.3.3 Spät- und postmagmatische Phänomene

Gegen Ende der Kristallisation einer Schmelze reichern sich inkompatible Elemente bzw.

Komponenten in der Restschmelze an. Die für geologische Prozesse wichtigste dieser Komponenten ist Wasser, ökonomisch wichtig sind eine Reihe von Elementen wie Cu, Zr, Be oder Sn. Es wurde ebenfalls bereits angedeutet, dass im Spätstadium der Kristallisation von Schmelzen, die mit einem genügend hohen Wassergehalt zu fraktionieren beginnen, **Wassersättigung** eintreten kann. Dies bedeutet aber, dass zu einem bestimmten Zeitpunkt, wenn die Aufnahmefähigkeit der Schmelze für Wasser überschritten wird, relativ kurzfristig Wasser aus der Schmelze zu **entmischen** beginnt. Dies kann man sich als die Bildung kleiner Tröpfchen vorstellen, die überall in der Schmelze entstehen, sich schnell zu größeren Blasen vereinigen und wegen ihrer wesentlich geringeren Dichte aufsteigen. Dieser Prozess ist von fundamentaler Bedeutung, da er mit einer sprunghaften und sehr großen Volumenveränderung verbunden ist. Das bei magmatischen Temperaturen überkritische oder gasförmige Wasser hat ein viel größeres Volumen, wenn es als eigene Phase existiert, als wenn es in der Silikatschmelze gelöst ist. Somit ist diese Entmischung von Wasser (und auch von anderen Volatilen wie CO_2) ein wichtiger auslösender Faktor für den Aufstieg von Schmelzen, das Zerbrechen des umliegenden Gesteins (das dann anschließend z.B. von Schmelze durchströmt werden kann und die spätmagmatischen Gänge ausbildet; Abb. 3.116) und für den Ausbruch von Vulkanen. Da die Entmischung von Fluiden sowohl durch die Fraktionierung bei konstantem Druck in einer Magmenkammer als auch durch Druckerniedrigung in einer aufsteigenden Schmelze ausgelöst werden kann, kommt sie in der Natur häufig vor.

Das entmischende Fluid kann hohe Konzentrationen ökonomisch wichtiger Elemente enthalten und verschiedene Typen von Lagerstätten entstehen so, z.B. die **porphyrischen Kupferlagerstätten** und insbesondere die **Greisenlagerstätten** für Zinn und Wolfram. Prozesse, die bei Temperaturen zwischen etwa 50 und 350 °C zur Abscheidung von Mineralen aus einer überwiegend wässrigen Fluidphase führen, werden als **hydrothermal** bezeichnet. Hierzu gehören viele lagerstättenbildende Prozesse. Der Ausdruck Greisen ist ein alter Bergmannsausdruck und bezeichnet ein durch die Wirkung der magmatischen Fluide verändertes („gealtertes") Gestein. Dies sind durch die Reaktion mit magmatischen Fluiden stark verquarzte, feldspatfreie Gesteine, die neben Hellglimmern charakteristische Minerale wie Topas und Zinnstein führen und deswegen abgebaut werden. Solche Gesteine enthalten typischerweise keine Feldspäte mehr, da diese nicht mit den spätmagmatischen Fluiden im Gleichgewicht stehen können und wegreagieren. Sie enthalten Quarz und Hellglimmer, die aus dem

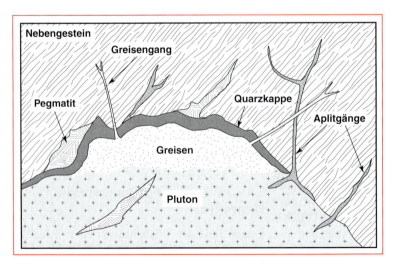

3.116 Der Dachbereich von Plutonen enthält häufig Aplitgänge, Pegmatite, bisweilen Greisen (siehe Text) oder eine Quarzkappe. All dies ist das Ergebnis spätmagmatischer Fluidaktivität. Nach Guilbert & Lowell (1974).

K-Feldspat nach folgender Reaktion gebildet wurden:

$$3\ KAlSi_3O_8 + 2\ H^+ =$$
$$KAl_3Si_3O_{10}(OH)_2 + 6\ SiO_2 + 2\ K^+$$

$$3\ \text{K-Feldspat} + 2\ H^+ =$$
$$\text{Muskovit} + 6\ \text{Quarz} + 2\ K^+$$

Wie man sieht, werden dem Fluid bei der Feldspatalteration H^+-Ionen entzogen. Also sinkt der pH-Wert und dies kann – unter anderem – zur Ausfällung von Erzen wie dem aus Greisen gewonnenen Zinnstein (Kassiterit, SnO_2) führen, da die Löslichkeit von Zinn in Fluiden unter anderem vom pH-Wert abhängt. Zusammen mit Quarz, Hellglimmer und Zinnstein kommen in solchen Greisenparagenesen häufig Topas und Fluorit vor, daneben auch Wolframit (Fe-Mn-Wolframat), Lithiumminerale (insbesondere Li-haltige Glimmer), Turmalin und Beryll. Die in den Greisenfluiden angereicherten – und damit in Graniten und ihren Schmelzen inkompatiblen – Elemente sind also hauptsächlich Sn, F, B, Be, W und Li.

Spätmagmatische Fluide können offenbar metamorphe und/oder **metasomatische** Reaktionen hervorrufen. Reagieren die Restfluide eines Plutons mit den früher kristallisierten Teilen desselben Plutons, so spricht man von **Autometasomatose**. Hierzu gehören insbesondere die in Hypersolvusgraniten verbreiteten Reaktionssäume von Amphibol und Biotit um die primären wasserfreien Olivine und Pyroxene (Abb. 3.115). Häufig werden auch primäre Feldspäte serizitisiert, also durch feinste Muskovitschüppchen ersetzt. In Syeniten und Nephelinsyeniten werden in diesem Stadium häufig primäre Feldspäte und Foide (Nephelin, Sodalith) durch reinen Albit oder durch Zeolithe ersetzt (Abb. 3.117). Wirken diese Fluide in der Umgebung des Plutons, so spricht man von **Kontaktmetasomatose** oder Kontaktmetamorphose (Siehe Kasten 3.11). Intrudieren Granitoide bei geringen Drucken in Kalke oder Mergel, wie es z. B. bei Auerbach im Odenwald, im Bergell in Norditalien, im Osloriſt in Südnorwegen oder an vie-

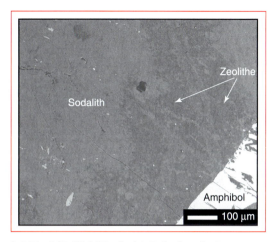

3.117 BSE-Bild (Kapitel 2.5.4), das die Ersetzung magmatischen Sodaliths durch hydrothermale Zeolithe entlang von Brüchen in Nephelinsyeniten der Ilímaussaqintrusion in Südgrönland zeigt.

len Stellen im Westen der USA vorkommt, so bilden sich charakteristische Kalksilikatgesteine, die sehr eisenreich sein können und dann als Skarn bezeichnet werden (was ebenfalls ein Bergmannsausdruck ist, diesmal aber ein schwedischer; Abb. 3.118). Solche Skarne enthalten insbesondere Granat (Andradit), Klinopyroxen (Hedenbergit), Epidot und verschiedene weitere Ca-Al-Fe-Silikate (Vesuvian, Ilvait) und waren in der Vergangenheit wichtige Eisenlagerstätten (z. B. auf der Insel Elba, Italien). Um Alkaligesteinskomplexe (Karbonatite, Syenite) bilden sich während kontaktmetasomatischer Prozesse charakteristische Zonen K- und Na-reicher Minerale, die nach dem Fen-Karbonatit-Komplex in Norwegen „**Fenite**" genannt werden.

3.9.4 Wichtige Kuriositäten: Karbonatite, Kimberlite, Anorthosite

Dieser Abschnitt beschäftigt sich mit relativ seltenen, aber dennoch wichtigen magmatischen Gesteinen – sei es aus ökonomischen oder wissenschaftlichen Gründen. Alle drei hier besprochenen Gesteinsgruppen sind Magmatite, deren Ursprung im Mantel liegt. Obwohl wir bisher immer nur von Basalten gere-

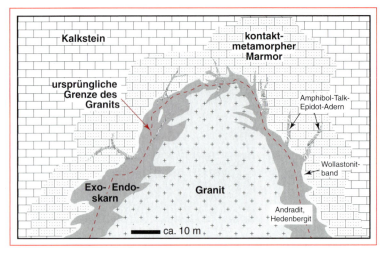

3.118 Skarne und die Kontaktaureole um einen Granit mit typischen darin vorkommenden Mineralien. Skarne entwickeln sich durch spätmagmatische und hydrothermale Fluidaktivität, wenn Granite in Kalke oder Marmore intrudieren. Endo- bzw. Exoskarn sagt man dann, wenn der Skarn den ehemaligen Granit bzw. die ehemaligen Nebengesteine ersetzt.

det haben, wenn es um Mantelschmelzen ging, gibt es also offenbar noch weitere Schmelzvarianten, die dort entstehen können. Wie wir sehen werden, haben diese sehr verschiedene chemische Zusammensetzungen.

Karbonatite sind insofern absolute Exoten, als sie fast kein SiO_2 enthalten und ihre Schmelzen fast ausschließlich aus Karbonat bestehen. Diese Schmelzen sind sehr dünnflüssig, da keine vernetzten Si-O-Ketten in den Schmelzen für Zähigkeit sorgen. Die meisten der etwa 330 weltweit bekannten Karbonatite liegen in Afrika (Abb. 3.119) und so befindet sich auch der einzige aktive Karbonatitvulkan der Welt, der

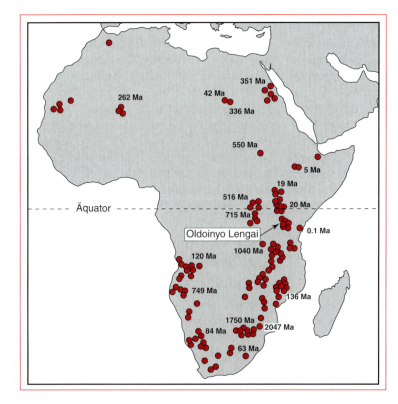

3.119 Vorkommen und ausgewählte Altersdaten von Karbonatiten in Afrika. Der Natrokarbonatit am Oldoinyo Lengai ist extra erwähnt, da er der einzig aktive Karbonatitvulkan der Welt ist. Nach Woolley (1989).

Oldoinyo Lengai, in Afrika, genauer gesagt in Tansania. Er produziert Na-Ca-Karbonatschmelzen, die wie Wasser ausfließen und nur etwa 500 °C heiß sind. Normale Karbonatite bestehen aus magmatischem Calcit, Dolomit oder Siderit, wobei Calcit der häufigste Fall ist, und einer Reihe weiterer, untergeordneter Minerale, unter denen Forsterit, Apatit, Magnetit, Phlogopit und Pyrochlor (ein kompliziertes Oxidmineral, das unter anderem Titan und Niob enthalten kann) die wichtigsten sind. Isotopische Untersuchungen belegen eindeutig, dass es sich um Mantelschmelzen handelt, und man nimmt an, dass sie aus einem karbonatisierten Lherzolith der subkontinentalen Lithosphäre ausgeschmolzen wurden (Abb. 3.120). Dieser Mantel hatte also vorher eine Metasomatose durchgemacht, bei der CO_2-haltige Fluide oder Schmelzen, die vermutlich aus dem tiefen Mantel stammten, die ursprüngliche Mantelvergesellschaftung verändert und Karbonate gebildet hatten. Nach dieser Theorie müsste die afrikanische Lithosphäre besonders stark durch solche metasomatischen Prozesse verändert worden sein. In anderen Fällen wird vermutet, dass nicht direkt eine Karbonatschmelze aus dem Mantel ausgeschmolzen wird, sondern eine CO_2-reiche Silikatschmelze (z. B. Nephelinite, Abb. 3.120), die sich durch Fraktionierung und/oder **Schmelzentmischung**, d. h. durch Entmischung in zwei separate, miteinander koexistierende, aber nicht mischbare Schmelzen (eine silikat-, eine karbonatreich), zu einer reinen Karbonatschmelze entwickelt. Eine der klassischen Lokalitäten der Karbonatitforschung liegt in Südwestdeutschland, im Kaiserstuhl, wo Karbonatite auch heute noch gut im Gelände studiert werden können (Abb. 3.121). Einige Karbonatite bilden wichtige Lagerstätten, aus denen Niob, Seltene Erden und in einem Fall Kupfer gewonnen werden. Die Anreicherung des Metalls Niob und der Seltenerdmetalle ist für Karbonatite typisch.

Wie die Karbonatite stammen auch die **Kimberlite** aus einem metasomatisch veränderten Mantel. Sie sind aber meist in Kratonen oder an deren Rändern zu finden, also dort, wo besonders stark verdickte Lithosphäre zu finden ist (Abb. 3.122). In ihrem Fall wurde der ursprüngliche Lherzolith durch Fluide nicht nur mit CO_2, sondern auch mit Wasser und inkompatiblen Elementen angereichert, insbesondere an Kalium, daneben aber auch Barium, Seltene

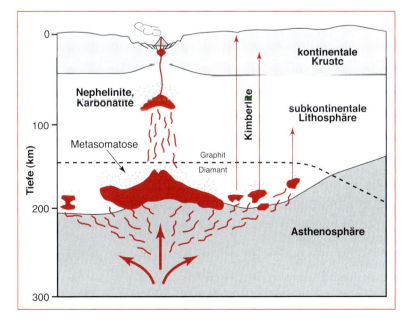

3.120 Schematisches Modell zur Bildung von Karbonatiten, Nepheliniten und Kimberliten durch Aufschmelzungsprozesse an der Basis und in der subkontinentalen Lithosphäre. Die Schmelzen müssen nicht immer die Erdoberfläche erreichen, sondern können auch auf ihrem Weg nach oben stecken bleiben. Nach Wyllie (1989) und Wyllie et al. (1990).

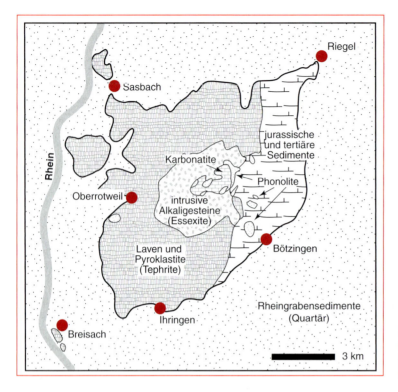

3.121 Geologische Karte des Kaiserstuhls im Breisgau. Nach Wimmenauer (1985).

3.122 Weltweite Vorkommen von Kimberliten nach Eckstrand et al. (1995). Kratone sind dunkelgrau gemustert ausgehalten.

Erden und andere mehr. Kimberlite sind deshalb von Bedeutung, da sie die meisten Diamantlagerstätten der Erde enthalten. Ihren Namen erhielten sie von der berühmten Diamantenmine nahe Kimberley in Südafrika. Kimberlite selbst sind für Diamanten jedoch nur die „Transporteure", die bei ihrem sehr schnellen Aufstieg aus großen Tiefen und ihrem explosiven Ausbruch die Diamanten in Eklogiten und Peridotiten mit aus dem oberen Erdmantel bringen. Die Kimberlitschmelzen selbst sind sehr K-reiche Silikatschmelzen, die etwa 700 – 900 °C heiß waren, und die aufgrund ihres hohen Volatilgehaltes (H_2O und CO_2) eine relativ geringe Dichte und Viskosität und daher hohe Aufstiegsgeschwindigkeiten (vermutlich bis zu 100 km pro Tag) und Explosivitäten haben. Soweit bekannt, sind Kimberlitvulkane zwar sehr explosiv (die bekannten Krater sind voller Bruchstücke und Brekzien), jedoch relativ klein. Typische Kraterdurchmesser sind einige Hundert Meter, die Explosionsröhre („Pipe") ist maximal etwa einen Kilometer tief und geht darunter in relativ schmale Gänge und Sills über, durch die die Schmelze nach oben stieg (Abb. 3.123). Wichtige Minerale sind Olivin, Klinopyroxen, bisweilen Serpentin, Ilmenit und eine Reihe seltener Minerale, zu denen jedoch nicht Diamant gehört. Diamant und Granat sind lediglich Xenokristalle aus den mitgerissenen Mantelxenolithen, aber nicht alle Kimberlite sind diamantführend. Aktive oder historische Kimberlitvulkane gibt es nicht. Die überwiegende Zahl der heute bekannten Kimberlite hat kretazische Alter um 90–120 Millionen Jahre, was mit einem sog. „Superplume"-Ereignis in Zusammenhang gebracht wird, bei dem anomal hohe Temperaturen in manchen Gebieten des Mantels und dadurch anomal hohe Schmelzproduktion postuliert werden. Die Diamanten dagegen, die anhand ihrer Mineraleinschlüsse datiert werden konnten, zeigen überwiegend präkambrische, häufig sogar archaische Alter über 2 Milliarden Jahre. **Anorthosite** sind relativ verbreitete Gesteine, die letztendlich Feldspatkumulate aus Basalten darstellen. Sie sind z. T. wegen ihrer Ti-Anrei-

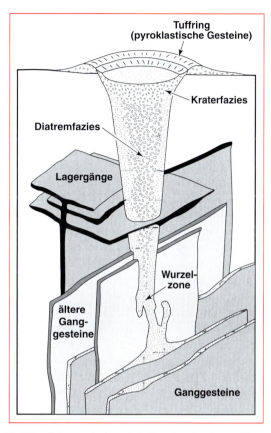

3.123 Schematischer Schnitt durch einen Kimberlitschlot („Pipe"). Nach Mitchell (1986).

cherungen von ökonomischer Bedeutung, sind jedoch insbesondere wissenschaftlich interessant und erst in den letzten Jahren wirklich verstanden worden. Anorthosite sind plagioklasdominierte Plutonite (daher auch ihr Name, von Anorthit), die riesige Flächen einnehmen können. Es werden mehrere Typen unterschieden, unter denen die proterozoischen „massif type" Anorthosite und die lunaren Anorthosite die interessantesten und volumenmäßig wichtigsten sind. Betrachten wir zunächst die **lunaren Anorthosite**, also die Anorthosite des Mondes. Diese sind für uns insofern von Interesse, als die gesamten hellen Teile des Mondes von solchen lunaren Anorthositen gebildet werden, bzw. genauer gesagt von dem durch Meteoriteneinschläge gebildeten Grus aus solchen Anorthositen, dem so genannten **Regolith**. Die dunklen Flecken dagegen sind Basalte, die später in Meteoritenkratern die Anorthosite überflossen. Ursprünglich hatte der gesamte Mond eine mindestens 50 km, vermutlich aber noch deutlich dickere Kruste aus Anorthosit mit Plagioklaszusammensetzungen zwischen An_{75} und An_{97}. Das derzeit favorisierte Modell besagt, dass dieser weniger dichte Feldspat auf der dichteren Basaltschmelze, die bei der Bildung des Mondes vorhanden war, aufschwamm („Magmaozean") und daher diese Kruste aus Anorthosit bilden konnte. Im Detail gibt es mit diesem Modell noch Probleme, da z. B. verschiedene Generationen von Anorthositen auf dem Mond unterschieden werden können. Es gibt derzeit aber kein anderes Modell, das die beobachteten Fakten vollständig erklären könnte.

Die irdischen **Anorthosite des „massif types"** sind aus zweierlei Gründen bemerkenswert. Erstens sind sie offenbar auf eine gewisse Periode der Erdgeschichte beschränkt, nämlich auf die Zeit zwischen 1,8 und 0,6 Milliarden Jahren vor heute. Sie sind also alle proterozoisch. Zweitens sind es zum Teil riesige Körper erstaunlich konstanter Plagioklaszusammensetzung ($An_{50\pm10}$), was mit einfachen Fraktionierungsmodellen nicht zu erklären ist. Das derzeit von den meisten Forschern akzeptierte Modell (Abb. 3.124) geht davon aus, dass im Mantel gebildete Basaltschmelze an der Kruste-Mantel-Grenze gestaut wird (da die Basaltschmelze etwa 10 % dichter ist als die Erdkruste) und dort einen riesigen Brei aus Schmelze und Kristallen bildet („**magmatic underplating**"). Dieser Brei kristallisiert Pyroxen und Spinell, die aufgrund ihrer höheren Dichte absinken, aber auch Plagioklas, der wegen seiner geringeren Dichte aufschwimmt (Flotationskumulat, Abb. 3.124). Bei den hohen Drucken der Kruste-Mantel-Grenze kristallisiert aus relativ primitiven Basaltschmelzen relativ Na-reicher Plagioklas (um An_{50}), da dieser druckstabiler ist als der Ca-reiche Anorthit, der bei niedrigen Drucken aus derselben Schmelze kristallisieren würde (Abb. 3.125). Mit der Zeit

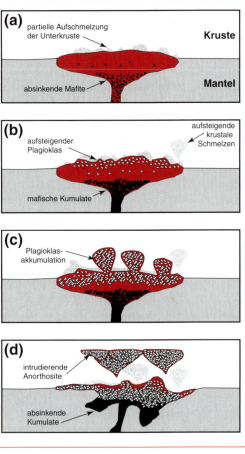

3.124 Im Text erläutertes Modell zur Entstehung von „massif-type" Anorthositen. Eine an der Kruste-Mantel-Grenze intrudierende Basaltschmelze schmilzt die Unterkruste partiell auf, wird dadurch Al-reicher und fraktioniert Plagioklas (a). Der Plagioklas schwimmt in der Basaltschmelze bei den hohen Drucken auf (b) und Teile des Kristallbreies beginnen zu intrudieren (c), bevor sie in der Mittel- und Oberkruste steckenbleiben (d). Nach Ashwal (1993).

steigt dieser plagioklasreiche Kristallbrei aufgrund seiner geringen Dichte weiter nach oben und bleibt erst in der Mittelkruste als Anorthosit stecken. Beim Aufstieg wirken Druckabnahme (die Anorthit im Plagioklas bevorzugt) und Fraktionierung (die Albit im Plagioklas bevorzugt) gegeneinander, sodass weiterhin ungefähr An_{50} kristallisiert. Die mafischen Mi-

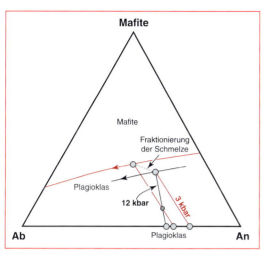

3.125 Erklärung der Homogenität der Feldspatzusammensetzung in Anorthositen. Aufstieg und Fraktionierung von basaltischen Schmelzen haben gegenläufige Effekte, die sich in ihrer Wirkung auf die Plagioklaszusammensetzung gerade aufheben, sodass über weite Strecken der Basaltentwicklung ein Feldspat sehr eng begrenzter Zusammensetzungsvariation gebildet wird. Nach Longhi et al. (1993).

nerale sind zu großen Teilen an der Kruste-Mantel-Grenze zurück geblieben, sodass die heute sichtbaren, in der Kruste sitzenden Gesteine ungewöhnlich reich (nach den Nomenklaturregeln streng genommen über 90%) an Plagioklas sind. Der Plagioklas bildet große Kristalle (bis Metergröße) und nur interstitiell finden sich relativ eisenreiche Minerale wie z. B. Pyroxene. Diese repräsentieren die Restschmelze innerhalb des aufsteigenden Plagioklasbreies, können aber zur Abschätzung der Kristallisationstemperatur verwendet werden (siehe Kasten 3.26).

Sowohl für die Entstehung der lunaren wie auch der proterozoischen Anorthosite ist also das Aufschwimmen von Plagioklas auf einer dichteren Basaltschmelze von zentraler Bedeutung. Auf dem Mond wird dies durch die extrem niedrigen Wassergehalte der Schmelze hervorgerufen. Schon 0,1% Wasser erniedrigen die Dichte der Basaltschmelze so deutlich, dass Plagioklas bei niedrigen Drucken nicht mehr aufschwimmt. Auf der Erde sorgen Drucke über etwa 4 kbar dafür (Abb. 3.126).

Dieser letzte Abschnitt sollte noch einmal die Vielfalt an Prozessen beleuchten, die sich auch und gerade in den „Kuriositäten" unter den magmatischen Gesteinen widerspiegeln. Die komplexe Entwicklung unserer Erde setzt sich aus all diesen Prozessen zusammen und wir müssen versuchen, diese Vielfalt und ihre Folgen aus den verschiedenen Gesteinen wie Detektive herauszulesen. Gesteine und die in ihnen enthaltenen Minerale sind häufig die einzigen Spuren, die wir haben, um einen geologischen Prozess aufzuklären. Wer geologische Prozesse wirklich verstehen will, muss verschiedene Methoden kombinieren und über regionale Geologie, Erdgeschichte und Geophysik genauso Bescheid wissen wie über die Zusammensetzung, Stabilität und Veränderung von Mineralen und Gesteinen.

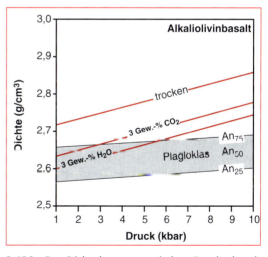

3.126 Der Dichtekontrast zwischen Basaltschmelzen und Plagioklas in Abhängigkeit von Druck und H_2O- bzw. CO_2-Gehalt der Schmelze. Auf wasserfreien Basaltschmelzen schwimmt Plagioklas jeder Zusammensetzung bei allen Drucken auf, bei Drucken über etwa 6 kbar muss Plagioklas aber sogar auf den wasserreichsten vorstellbaren Basaltschmelzen aufschwimmen. Nach Lange (1992) mit Plagioklasdaten aus Gottschalk (1997).

Kasten 3.26 Pyroxenthermometrie

Viele Anorthosite enthalten zwei Pyroxene, also z.B. Ortho- und Klinopyroxene. Sind diese Minerale im Gleichgewicht miteinander gebildet, so kann man ihre Zusammensetzung nutzen, um ihre Bildungstemperatur zu bestimmen, denn die Verteilung von Ca, Mg und Fe zwischen koexistierenden Pyroxenen ist überwiegend temperatur-, in geringerem Maße auch druckabhängig (Abb. 3.127). Die Graphiken der Abb. 3.127 kann man daher benutzen, um die Kristallisationstemperatur magmatischer Gesteine abzuschätzen. Besonders gut funktioniert dies bei Vulkaniten, da hier die Minerale kaum postmagmatische Zusammensetzungsänderungen durchgemacht haben, doch kann man die Pyroxenthermometrie auch in Plutoniten wie z.B. in Anorthositen, pyroxenführenden Graniten (Charnockiten) und Gabbros anwenden, sofern zwei verschiedene magmatische Pyroxene vorhanden sind und deren Zusammensetzung unverändert erhalten ist oder rekonstruiert werden kann. Da postmagmatische Veränderungen in Pyroxenen insbesondere in der Entmischung der jeweils anderen Pyroxenphase bestehen (also: Orthopyroxen entmischt Lamellen von Klinopyroxen und umgekehrt), kann man in vielen Fällen einfach die Lamellen und den Matrixkristall mit der Elektronenmikrosonde analysieren, die Flächen der Lamellen und des Matrixkristalls mit konventioneller Bildverarbeitung an einem Computer im Dünnschliff bestimmen und aus diesen Informationen die Ursprungszusammensetzung des magmatischen Pyroxens berechnen.

Wie verwendet man nun die Graphiken der Abb. 3.127, die die Pyroxenzusammensetzungen ausgedrückt durch die in magmatischen Gesteinen wichtigen Endglieder Diopsid, Hedenbergit, Enstatit und Ferrosilit zeigen? Es gibt prinzipiell vier verschiedene Möglichkeiten, mehrere Pyroxenarten in einem Gestein anzutreffen: entweder enthält das Gestein Augit und Orthopyroxen oder Augit und Pigeonit (was ein spezieller, nur bei hohen Temperaturen stabiler Ca-armer Pyroxen ist, der zunächst monoklin kristallisiert und bei der Abkühlung orthorhombisch wird) oder Orthopyroxen und Pigeonit oder alle drei zusammen. Diese Möglichkeiten sind in Abb. 127a dargestellt: die jeweils mit gestrichelten Linien verbundenen roten Punkte sind koexistierende Zusammensetzungen bei 15 kbar und 1000 °C. Sie liegen auf den Mischungslücken (Solvi, Abb. 3.79 und Kasten 2.11) der Pyroxene. Das Dreieck symbolisiert eine Drei-Pyroxen-Vergesellschaftung, mit der sogar Temperatur und Druck bestimmt werden können. Das heisst also: bei gegebenem Druck und gegebener Temperatur koexistieren nur ganz bestimmte Pyroxenzusammensetzungen. In Abb. 3.127b ist die eigentliche Thermometrie gezeigt, da hier nur der Druck konstant gehalten, die Temperatur aber variiert wird. Die sich mit der Temperatur verändernden Mischungslücken sind mit ihren Temperaturen gekennzeichnet und die Drei-Pyroxen-Zusammensetzungen sind in rot gehalten, um die Übersichtlichkeit zu verbessern. Man bemerkt, dass mit abnehmender Temperatur der Orthopyroxen weniger Ca einbauen kann, der Augit aber mehr Ca einbaut, und dass der Pigeonit immer eisenreicher wird. Der gestrichelte Bereich ganz rechts zeigt an, dass dort Pigeonit nicht mehr stabil ist, d.h. er tritt bei Temperaturen unter etwa

3.10 Sedimentpetrologie

3.10.1 Einleitung

Nachdem wir bislang über die Bildung metamorpher und magmatischer Gesteine gesprochen haben, ist es nun an der Zeit, diese zu verwittern, zu erodieren und in der Folge eine neue Klasse von Gesteinen, die Sedimente und Sedimentgesteine, herzustellen. Bereits in Kapitel 1.6.3 wurde auf die wichtigsten Strukturen, Prozesse und Klassifikationen von Sedimentgesteinen eingegangen. Das folgende Kapitel wird dazu dienen, dies zu vertiefen und

850 °C nicht mehr auf. Um eine Temperatur zu bestimmen, zeichnet man seine gemessenen oder rekonstruierten Pyroxenzusammensetzungen nun einfach in dieses Diagramm ein (d. h., man muss vorher die Gehalte der vier wichtigen Komponenten Di, Hd, En und Fs aus der Analyse berechnen) und dann sieht man ja, auf welcher Mischungslücke oder zwischen welchen Mischungslücken sie liegen – das ergibt sofort die Temperatur. Das Pyroxenpaar X würde danach eine Temperatur von etwa 1050 °C anzeigen.

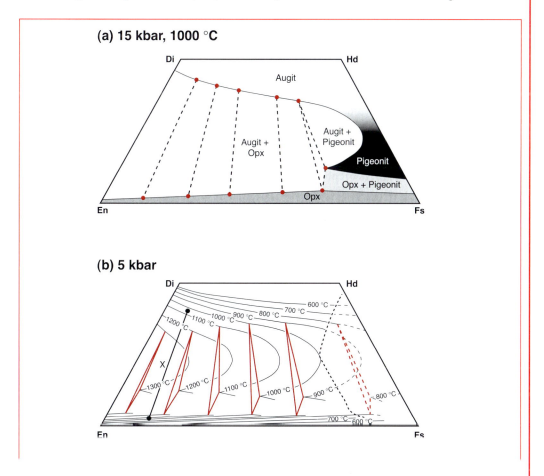

3.127: Pyroxenthermometrie. Der Gebrauch der Diagramme ist im Text erklärt. Nach Lindsley (1983).

mit den bisher in Kapitel 2 und 3 besprochenen Methoden in Verbindung zu bringen. Wir werden dabei feststellen, dass es zwischen Sedimentgesteinen und Metamorphiten zum Teil fließende Übergänge gibt, da die als **Diagenese** bekannte Niedertemperaturüberprägung nahtlos in niedriggradige Metamorphose übergeht.

Besondere Bedeutung kommt in der Sedimentpetrologie dem **Porenraum** zu, da hier Mineral-Fluid-Wechselwirkungen stattfinden, Minerale gelöst und ausgefällt werden und generell der Porenraum von Sedimenten und Sedimentgesteinen unser wichtigster Grundwasserspeicher ist. Beginnen wir nun aber mit der Verwitterung von Gesteinen, die die Voraussetzung für die Bildung von Sedimenten und Sedimentgesteinen schafft.

3.10.2 Die Verwitterung

3.10.2.1 Chemische und physikalische Verwitterung

Die Verwitterung von Gesteinen umfasst alle Prozesse, die im Kontakt von Gesteinen mit Luft und/oder Wasser geschehen. Als Festgesteins-Petrologe denkt man normalerweise, dass Verwitterung das Traurigste ist, was einem Gestein passieren kann. Dieses Kapitel soll allerdings zeigen, dass auch die Verwitterung spannend ist und zudem einen wichtigen Einfluss auf das Erdklima hat. Verwitterung ist deutlich von **Erosion** zu unterscheiden: Ersteres ist die Zersetzung eines Gesteins in situ, letzteres der mechanische Abtransport gelockerter Gesteinsmassen. Am Ort der Verwitterung entstehen **Böden**, durch Transport der veränderten Komponenten durch Wasser, Wind oder Eis entstehen **Sedimente** und nach deren Kompaktion **Sedimentgesteine**, wobei auch die Sedimente schon als Gesteine definiert werden („Lockergesteine").

Bei der Verwitterung von Gesteinen können Minerale entweder chemisch oder physikalisch zersetzt werden. Im Falle der **chemischen Verwitterung** entstehen gelöste Stoffe, die letztendlich über Flüsse bis ins Meer transportiert werden (wenn sie nicht vorher ausgefällt werden), im Falle der **physikalischen Verwitterung** entsteht kleingebröseltes Gestein, das ebenfalls in Flüssen, aber diesmal als Roll- oder Schwebfracht, zum Meer oder zu einem Sedimentationsraum transportiert wird. Abb. 3.128 zeigt, dass die mechanische Erosion gegenwärtig einen viel größeren Anteil an der **Denudation** hat, d.h. an der flächigen Abtragung von Gesteinen, als die chemische. Insgesamt werden jährlich etwa 28,1 Gt Sedimentfracht von den

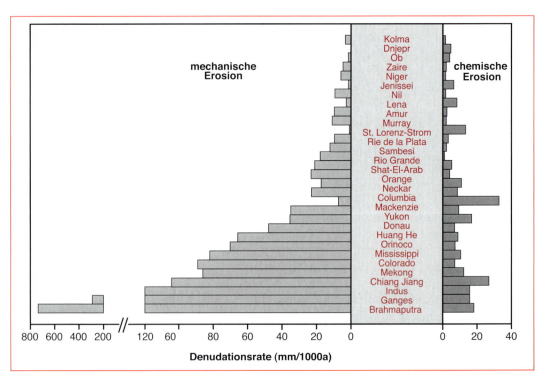

3.128 Denudationsraten weltweit großer Flüsse, die durch mechanische bzw. chemische Erosion bedingt werden. Verändert nach Summerfield & Hulton (1994).

Landgebieten in die Ozeane transportiert, davon allein 25 Gt durch Flüsse. Innerhalb der Flüsse werden nur 5 Gt als Lösungsfracht transportiert. Dies entspicht einem Verhältnis von fester zu gelöster Fracht von etwa 4 zu 1. Abbildung 3.129 zeigt, wie groß die in die Ozeane gelieferten Schwebstofffrachten an einzelnen Flussläufen tatsächlich sind – im Einklang mit unserer Intuition sind es ganz offensichtlich die tektonisch aktiven Gebiete, die mit Abstand die größten Erosionsraten haben. Interessanterweise ist es nicht die Topographie allein, sondern das Zusammenwirken von Topographie, Klima und Tektonik, was die Erosionsraten kontrolliert.

Im Zuge der chemischen Verwitterung reagiert ein Gestein mit Wasser, verschiedenen natürlichen Säuren (z.B. Kohlensäure oder schweflige Säure, die durch die in der Luft enthaltenen Gase CO_2 und SO_2 gebildet werden) sowie natürlich mit Luftsauerstoff. Werden durch biologische Aktivität im oder auf dem Boden zusätzlich z.B. organische Säuren (wie Huminsäuren in Mooren) gebildet, so nimmt die Verwitterungsrate ebenso zu, wie wenn die Temperatur ansteigt. Die Verwitterungsrate nimmt ebenfalls zu, wenn die physikalische Erosionsrate hoch ist (Abb. 3.130), da dann die **vadose (wassergesättigte) Zone**, in der die meiste Verwitterung geschieht, sukzessive aufgebrochen wird und mehr angreifbare Mineraloberfläche entsteht. Entsprechend ist dann die chemische Verwitterungsrate auch direkt proportional zur Infiltrationsrate von Wasser in den Boden oder ins Gestein, wobei diese Infiltrationsrate sich aus dem Niederschlag minus dem Abfluss und der Verdunstung zusammensetzt.

Bei der Verwitterung entsteht als Residuum ein **Boden**, und von den exakten physiko-chemischen Verhältnissen während der Verwitterung und natürlich vom Ausgangsmaterial hängt es ab, was das für ein Boden ist. Mineralogisch bestehen Böden aus unter Atmosphärenbedingungen stabilen Neubildungen plus unverwitterten Resten. Besonders wichtig sind Tonminerale (wobei deren genaue mineralogische

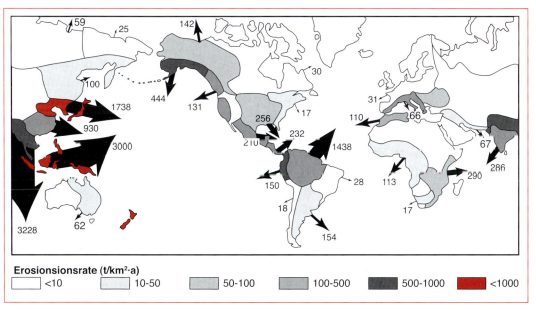

3.129 Weltweite Verteilung von Erosionsraten (verschiedene Farben auf den Kontinenten) und der durchschnittliche jährliche Sedimenteintrag durch Flüsse ins Meer aus diesen Gebieten (schwarze Pfeile). Man beachte, dass die Pfeile nicht notwendigerweise die Richtung des Sedimenteintrages angeben, sondern lediglich die Größenordnung der von einem Gebiet abgegebenen Sedimentmenge. Aus Milliman & Meade (1983).

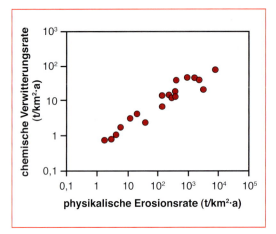

3.130 Die chemische ist mit der physikalischen Erosionsrate korreliert. Nach Dupré et al. (2003)

Zusammensetzung über Fruchtbarkeit und Unfruchtbarkeit eines Bodens entscheidet!), Quarz, Eisenhydroxiden und Karbonaten sowie seltener (und unerwünschter) auch aus Salzen. Im Gegensatz zu den Ausgangsgesteinen vor der Verwitterung sind sie also stärker hydratisiert (Feldspäte wurden durch Tonminerale ersetzt) und enthalten weniger Metalle, insbesondere Alkalien und Erdalkalien. Außerdem weisen sie oxidiertere Minerale auf, also z. B. als Eisenträger Goethit anstelle von Biotit.

Die Umsetzung von Gesteinen in Böden geschieht immer unter Beteiligung von **Kohlensäure** – darauf wird unten noch zurückzukommen sein. Wichtige Verwitterungsreaktionen sind in Tabelle 3.1 zusammengestellt. Die Kine-

Tabelle 3.1 Wichtige Verwitterungsreaktionen

Karbonat-Verwitterung
$CaCO_3 + H_2CO_3 \rightarrow Ca^{2+} + 2\ HCO_3^-$
$MgCO_3 + H_2CO_3 \rightarrow Mg^{2+} + 2\ HCO_3^-$
Gelöstes Kohlendioxid in Regenwasser
$CO_2 + H_2O \leftrightarrow H_2CO_3$
$H_2CO_3 \leftrightarrow HCO_3^- + H^+$
Fe(II)-Oxidation, Fe-Oxihydroxid-Bildung, Goethit-Bildung
$2\ Fe^{2+} + (n+5)\ H_2O + \tfrac{1}{2} O_2 \rightarrow 2\ Fe(OH)_3 \cdot n\ H_2O + 4\ H^+ \rightarrow 2\ \alpha\text{-FeOOH} + (n+2)\ H_2O + 4\ H^+$
Silikatische Verwitterungsreaktionen
$3\ KAlSi_3O_8 + 2\ H^+ + 12\ H_2O \leftrightarrow KAl_3Si_3O_{10}(OH)_2 + 6\ H_4SiO_4 + 2\ K^+$ Orthoklas — Muskovit — Kieselsäure
$2\ KAl_3Si_3O_{10}(OH)_2 + 2\ H^+ + 3\ H_2O \leftrightarrow 3\ Al_2Si_2O_5(OH)_4 + 2\ K^+$ Muskovit — Kaolinit
$3\ Al_2Si_2O_5(OH)_4 + 5\ H_2O \leftrightarrow 2\ Al(OH)_3 + 2\ H_4SiO_4$ Kaolinit — Gibbsit — Kieselsäure
$2\ KAlSi_3O_8 + 2\ H^+ + 9\ H_2O \leftrightarrow Al_2Si_2O_5(OH)_4 + 6\ H_4SiO_4 + 2\ K^+$ Orthoklas — Kaolinit — Kieselsäure
$KAl_3Si_3O_{10}(OH)_2 + H^+ + 9\ H_2O \leftrightarrow 3\ Al(OH)_3 + 3\ H_4SiO_4 + K^+$ Muskovit — Gibbsit — Kieselsäure
$NaAlSi_3O_8 + H_2CO_3 + 7\ H_2O \rightarrow Al(OH)_3 + Na^+ + HCO_3^- + 3\ H_4SiO_4$ Albit — Gibbsit — Kieselsäure
$KAlSi_3O_8 + H_2CO_3 + 7\ H_2O \rightarrow Al(OH)_3 + K^+ + HCO_3^- + 3\ H_4SiO_4$ Orthoklas — Gibbsit — Kieselsäure
$CaAl_2Si_2O_8 + 2\ H_2CO_3 + 7\ H_2O \rightarrow Ca^{2+} + Al_2Si_2O_5(OH)_4 + 2\ HCO_3^- + 2\ H_4SiO_4$ Anorthit — Kaolinit — Kieselsäure
$Mg_5Al_2Si_3O_{10}(OH)_8 + 10\ H_2CO_3 \rightarrow 5\ Mg^{2+} + Al_2Si_2O_5(OH)_4 + 10\ HCO_3^- + H_4SiO_4 + 5\ H_2O$ Chlorit — Kaolinit — Kieselsäure
$Ca_2(Mg_3Fe_2)Si_8O_{22}(OH)_2 + 14\ H_2CO_3 + 8\ H_2O \rightarrow 2\ Ca^{2+} + 3\ Mg^{2+} + 2\ Fe^{2+} + 14\ HCO_3^- + 8\ H_4SiO_4$ Amphibol — Kieselsäure

tik solcher Verwitterungsreaktionen ist übrigens sehr unterschiedlich, und so geht die Verwitterung eines bestimmten Volumens von Anorthit zwanzigmal so schnell, wie die derselben Menge an Olivin, und sogar 5000-mal so schnell wie bei Albit. Quarz schließlich löst sich 240.000-mal schlechter auf als Anorthit (Tabelle 3.2). Diese Zahlen zeigen eindeutig, dass am Ende der chemischen Verwitterung ein silikatisches Gestein aus Kaolinit und Quarz (wobei letzterer auch komplett weggelöst sein kann und dann fehlt) bestehen sollte. Ein konkretes Beispiel für die Verwitterung eines Granits ist in Abb. 3.131 dargestellt.

Es ist logisch, dass nicht nur Kristallingesteine verwittern, sondern auch Karbonatgesteine und Evaporite. Obwohl ihr Anteil an der Erdoberfläche sehr gering ist, tragen letztere z.B. 17% zu den globalen gelösten Flussfrachten bei, Karbonate sogar zu 50%, wobei gelöste Stoffe aus Kristallingesteinen nur zu 12% beitragen. Dies hängt natürlich mit den durch die Löslichkeitsprodukte bestimmten **Löslichkeiten** in Wasser zusammen. Man kann übrigens an der Analyse von Flusswasser gut ablesen, welche Gesteine im Hinterland dieser Flüsse hauptsächlich verwittert werden (Abb. 3.132). Wie leicht unterschiedliche Gesteine erodiert werden, zeigt z.B. Abb. 3.133, und wieviel die Verwitterung unterschiedlicher Gesteinstypen zur gelösten globalen Flussfracht einzelner wichtiger Elemente beiträgt, ist in Tabelle 3.3 zusammengefasst. Darin ist auch ersichtlich, dass der Mensch bereits in großem Umfang dabei ist, die Wirkung der Verwitterung, zumindest für einzelne Elemente, zu übertreffen.

3.10.2.2 Verwitterungsbildungen

Wie oben gezeigt, gibt es zwei verschiedene Möglichkeiten der chemischen Verwitterung von Mineralen: Manche lösen sich einfach komplett auf (**kongruente Auflösung**), manche dagegen lösen sich sozusagen teilweise auf, geben nur bestimmte Elemente ab und rekristallisieren dann zu neuen Mineralen (**inkongruente Auflösung**). Während Quarz ein Beispiel für kongruentes Auflösungsverhalten ist, reagieren Glimmer oder Feldspäte inkongruent – bei ihrer Verwitterung entstehen unterschiedliche Typen neuer Schichtsilikate.

Besonders wichtig hierbei sind die **Tonminerale** (siehe Seite 66) in Kapitel 1.7 und Kasten 2.9). Sie entstehen entweder pseudomorph nach vorher vorhandenen Schichtsilikaten wie Biotit und Muskovit (d.h., die äußere Form der ehemaligen Minerale wird beibehalten, die Zusammensetzung ändert sich jedoch) oder sie fallen aus Verwitterungslösungen aus, die z.B. durch die Auflösung von Feldspat reich an Al und Si sind. Häufig fallen Tonminerale sogar direkt auf teilweise angelösten Feldspäten aus,

Tabelle 3.2 Auflösungsraten verschiedener Minerale in Wasser bei 25°C und pH = 5 und die daraus berechnete „Lebenszeit" von ein Millimeter großen Würfelchen.

Mineral	-log Auflösungsrate (mol/m^2 · s)	Lebenszeit (Jahre)	Mineral	-log Auflösungsrate (mol/m^2 · s)	Lebenszeit (Jahre)
Wollastonit	8,00	7,9 · 10^1	Tremolit	11,70	5,8 · 10^4
Anorthit	8,55	1,12 · 10^2	Sanidin	12,00	2,91 · 10^5
Nephelin	8,55	2,11 · 10^2	Albit	12,26	5,75 · 10^5
Forsterit	9,50	2,3 · 10^3	Mikroklin	12,50	9,21 · 10^5
Diopsid	10,15	6,8 · 10^3	Muskovit	13,07	2,6 · 10^6
Enstatit	10,00	1,01 · 10^4	Kaolinit	13,28	6,0 · 10^6
Biotit	11,25	3,8 · 10^4	Quarz	13,39	2,4 · 10^7
Gibbsit	11,45	2,76 · 10^5			

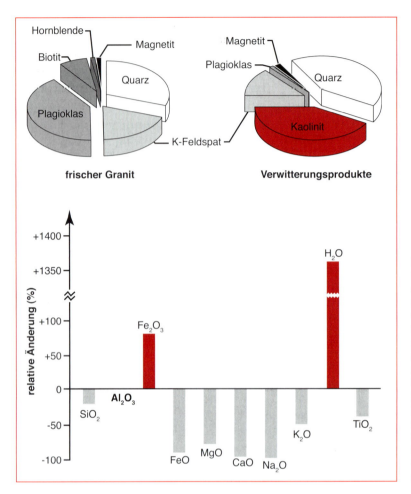

3.131 Bei der unvollständigen Verwitterung eines Granits (links oben) entsteht ein überwiegend aus Kaolinit und Quarz zusammengesetztes Gestein (rechts oben). Bei dieser metasomatischen Umwandlung wird Wasser und Eisen zugeführt, Al bleibt etwa konstant, alle anderen Elemente werden abgeführt (unten). Nach Goldich (1938) und Krauskopf (1967).

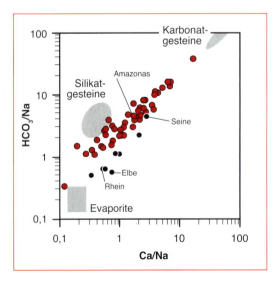

3.132 Elementverhältnisse in Mol in 60 der weltweit größten Flüsse. Als verschmutzt werden die mit schwarzen Symbolen markierten Flüsse mit mehr als 500 mg/l gelöstem Stoffinhalt angesehen. Die Quelle der Lösungsfracht läßt sich durch den Vergleich mit den grauen Gesteinsfeldern gut eingrenzen und ist für jeden Fluss unterschiedlich. Besonders „verschmutzte" Flüsse beziehen einen Großteil ihrer Lösungsfracht offenbar aus Evaporiten. Nach Gaillardet et al. (1997).

3.10 Sedimentpetrologie

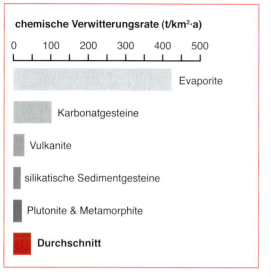

3.133 Die chemischen Verwitterungsraten unterschiedlicher Gesteine nach Meybeck (1987).

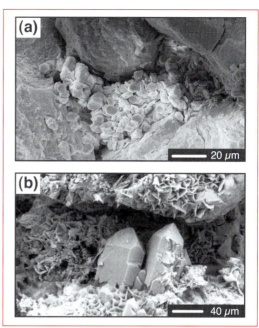

3.134 Authigene Mineralbildungen in Sedimenten in REM-Bildern von *http://www.geogallery.de*. (a) Authigener Kaolinit in typischen Stapeln aus Blättchen im Porenraum eines Sandsteins. (b) Idiomorphe Quarz-Kristalle neben Illit-Blättchen auf detritischen, gerundeten Quarzkörnern in einem Sandstein.

bisweilen aber auch in Porenhohlräumen in mikrokristalliner Form, zusammen mit **kolloidalem** Kieselgel, Alumogel oder authigenem Quarz (Abb. 3.134). Unter bestimmten geochemischen Bedingungen (z. B. neutraler pH-Wert und hohe K-Ionen-Konzentration) kann auch authigener K-Feldspat aus sedimentären Verwitterungslösungen ausfallen. **Authigen** ist die Bezeichnung für in Sedimenten neu gebildete Minerale.

Die Gruppe der **Tonminerale** umfasst ein weites Feld kristallographisch sehr unterschiedlich zusammengesetzter Schichtsilikate. Der Begriff

Tabelle 3.3 Die Quellen verschiedener Hauptelemente in weltweiten Flusswässern in Prozent ihrer Konzentrationen.

Spezies	Atmosphärisch zirkulierendes Salz	Verwitterung			Anthropogene Verschmutzung
		Karbonate	Silikate	Evaporite	
Ca^{2+}	< 1	65	18	8	9
HCO_3^-	<< 1	61	37	0	2
Na^+	8	0	22	42	28
Cl^-	13	0	0	57	30
SO_4^{2-}	2	0	0	22	54
Mg^{2+}	2	36	54	<< 1	8
K^+	1	0	87	5	7
H_4SiO_4	<< 1	0	>> 99	0	0

Tonmineral beinhaltet die Aussage, dass die Korngrößen sehr gering sind und häufig im mikrokristallinen Bereich liegen. Ihre Bestimmung ist demnach nicht mehr polarisationsmikroskopisch möglich, sondern erfolgt in der Regel mittels Röntgenmethoden oder unter Umständen am REM oder TEM (siehe Kapitel 2), nachdem sie zunächst einmal umständlich aufbereitet werden müssen (Kasten 3.27).

Generell werden Tonminerale von Tetraeder-, Oktaeder- und Interlayerschichten aufgebaut (Kapitel 2.3.2). Wie bei den Glimmern unterscheidet man di- und trioktaedrische Strukturen, die in Gruppen eingeteilt werden, nämlich Zweischicht-, Dreischicht- und Vierschichtsilikate sowie Wechsellagerungen und Tonminerale mit Faserstruktur. Diese Bezeichnungen rühren von der Anordnung der Tetraeder- und Oktaederschichten her: Zweischicht ist T-O, Dreischicht T-O-T, und Vierschicht T-O-T-O. Tonminerale sind aufgrund ihrer **Wasserspeicher-** und Ionenaustauschkapazität für die Fruchtbarkeit von Böden sehr wichtig, allerdings in sehr unterschiedlicher Ausprägung: Besonders die Dreischicht-Tonminerale sind von Bedeutung. Tabelle 3.4 zeigt die chemische Zusammensetzung der wichtigsten Tonminerale. In Kasten 3.28 sind ökonomisch wichtige

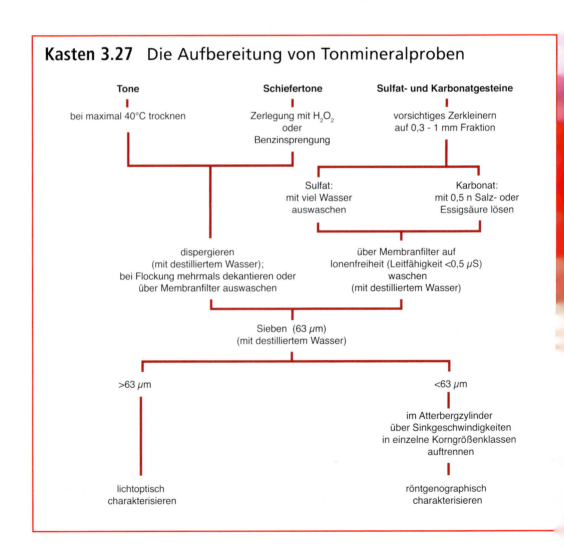

Kasten 3.27 Die Aufbereitung von Tonmineralproben

Tabelle 3.4 Die wichtigsten Schichtsilikate, geordnet nach ihren Strukturtypen.

Schichtsilikate	Formel
Zweischichtsilikate	
Kaolinit	$Al_2Si_2O_5(OH)_4$
Dickit	$Al_2Si_2O_5(OH)_4$
Nakrit	$Al_2Si_2O_5(OH)_4$
Halloysit	$Al_2Si_2O_5(OH)_4$
Cronstedtit	$Fe_2^{2+}Fe^{3+}(Si,Fe^{3+})O_5(OH)_4$
Berthierin	$(Fe^{2+},Fe^{3+},Al,Mg)_{2-3}(Si,Al)_2O_5(OH)_4$
Amesit	$Mg_2Al(SiAl)O_5(OH)_4$
Greenalith	$(Fe^{2+},Fe^{3+})_{2-3}Si_2O_5(OH)_4$
Dreischichtsilikate	
Pyrophyllit	$Al_2Si_4O_{10}(OH)_2$
Glimmergruppe	$IM_3[T_4O_{10}](OH,F,Cl)_2$
Biotite	$K(Mg,Fe^{2+})_3[AlSi_3O_{10}](OH)_2$
Annit	$KFe_3[AlSi_3O_{10}](OH)_2$
Phlogopit	$KMg_3[AlSi_3O_{10}](OH)_2$
Eastonit	$KMg_2Al[Al_2Si_2O_{10}](OH)_2$
Hellglimmer	
Muskovit	$KAl_2[AlSi_3O_{10}](OH)_2$
Paragonit	$NaAl_2[AlSi_3O_{10}](OH)_2$
Phengit	$KAlMg[Si_4O_{10}](OH)_2$
Margarit	$CaAl_2[Al_2Si_2O_{10}](OH)_2$
Zinnwaldit	$KFeLiAl[AlSi_3O_{10}](OH)_2$
Talk	$Mg_3[Si_4O_{10}](OH)_2$
Seladonit	$K(Mg,Fe^{2+})(Fe^{3+},Al)[Si_4O_{10}](OH)_2$
Glaukonit	$(K,Na)(Fe^{3+},Al,Mg)_2(Si,Al)_4O_{10}(OH)_2$
Illit	$(K,H_3O)(Al,Mg,Fe)_2(Si,Al)_4O_{10}[(OH)_2,H_2O]$
Vermiculit	$(Mg,Fe^{2+},Al)_3(Al,Si)_4O_{10}(OH)_2 \cdot 4\,H_2O$
Smektite	
Montmorillonit	$(Na,Ca)_{0,3}(Al,Mg)_2Si_4O_{10}(OH)_2 \cdot n\,H_2O$
Beidellit	$Na_{0,5}Al_2(Si_{3,5}Al_{0,5})O_{10}(OH)_2 \cdot n\,H_2O$
Nontronit	$Na_{0,3}Fe^{3+}_2(Si,Al)_4O_{10}(OH)_2 \cdot n\,H_2O$
Saponit	$(Ca_{0,5},Na)_{0,3}(Mg,Fe)_3(Si,Al)_4O_{10}(OH)_2 \cdot n\,H_2O$
Hectorit	$Na_{0,3}(Mg,Li)_3Si_4O_{10}(OH)_2$
Vierschichtsilikate	
Chlorite	$(Fe,Mg,Al)_6(Si,Al)_4O_{10}(OH)_8$
Sudoit	$Mg_2(Al,Fe^{3+})_3Si_3AlO_{10}(OH)_8$
Cookeit	$LiAl_4(Si_3Al)O_{10}(OH)_8$
Klinochlor	$(Mg,Fe)_5Al(Si_3Al)O_{10}(OH)_8$
Donbassit	$Al_2[Al_{2,33}][Si_3AlO_{10}](OH)_8$
Serpentine	
Antigorit	$(Mg,Fe)_3Si_2O_5(OH)_4$
Chrysotil	$Mg_3Si_2O_5(OH)_4$
Lizardit	$Mg_3Si_2O_5(OH)_4$
Faserstruktur	
Palygorskit	$(Mg,Al)_2Si_4O_{10}(OH) \cdot 4\,H_2O$
Sepiolith	$Mg_4Si_6O_{15}(OH)_2 \cdot 6\,H_2O$

Kasten 3.28 Ökonomisch wichtige Verwitterungsböden und -gesteine

Durch Verwitterung und gering-temperierte hydrothermale Aktivität entstandene Gesteine haben zum Teil enorme wirtschaftliche Bedeutung. **Bentonite** etwa sind Montmorillonit-reiche Verwitterungsprodukte, in der Regel von vulkanischen Tuffen und Aschen, mit äußerst begehrten technischen Eigenschaften wie **Thixotropie**, Quellfähigkeit und Ionenaustauschkapazität. Thixotropie bedeutet, dass eine Bentonit-Suspension ihre Viskosität signifikant verringert (d. h. dünnflüssig wird), wenn man sie bewegt, dass sie aber ihre Ausgangsviskosität wieder aufbaut, wenn sie in Ruhe steht, was ihren Einsatz z. B. als Bohrspülung so wertvoll macht, da sie beim Abbrechen der Bohrung verhindert, dass das Bohrklein wieder nach unten sinkt und so das Bohrloch verstopft. Weiterhin werden **Kaoline** und andere Residualtone, die sich meist unter tropisch-humiden Bedingungen in der Gegenwart organischer Säuren, also bei niedrigen pH-Werten aus Graniten, Arkosen oder Rhyolithen bilden, weltweit im Millionen-Tonnen-Maßstab als Grundstoffe für Baumaterialien und Keramik abgebaut. Die sauren Verwitterungslösungen in solchen Gesteinen sind sowohl Al- als auch Si-gesättigt, weshalb Si-Al-Minerale ausgeschieden werden. Ma spricht dann von **siallitischer** Verwitterung, die dabei entstehenden Böden sind die extrem ausgelaugten und unfruchtbaren typisch rostrot gefärbten **Laterite**. In solchen Böden können sich durch Anreicherung von Fe-, Mn- und Ni-Verbindungen (die Fe-Oxide sind auch für die rote Färbung verantwortlich) große Lagerstätten dieser Metalle bilden. Ni-Laterite entstehen bei der Verwitterung von Erdmantelgesteinen, die ja bekanntlich Ni-reichen Olivin enthalten. Dabei entsteht als wichtigstes Ni-Mineral das Nickel-Silikat Népouit (früher Garnierit), neben dem Ni-Talk Willemseit (früher Pimelit).

Im Gegensatz zur siallitischen Verwitterung wird bei der **allitischen** Verwitterung Si abgeführt und es bleiben extrem Al-reiche Residualböden bzw. -gesteine zurück, die **Bauxite**. Dazu kommt es, wenn die Verwitterung nicht in dauerfeuchten, sondern in wechselfeuchten Klimaten mit temporärer Trockenheit abläuft. Da sich in den dann aufsteigenden Kapillarwässern der pH-Wert zu höheren Werten hin ändert, wird Al in Form von Al-Hydroxiden (Gibbsit, Böhmit oder Diaspor) ausgeschieden, während Si in Lösung bleibt. Je nach ihrem Ursprungsgestein unterscheidet man verschiedene Arten von Bauxiten, die alle ökonomisch wichtig sind, da sie die wichtigsten Aluminiumerze darstellen.

Anreicherungen von Tonmineralen sowie weitere Verwitterungsbildungen beschrieben.

Zweischichtsilikate: Die dioktaedrische Kaolingruppe umfasst die Al-Minerale Kaolinit (Abb. 3.136), Dickit, Nakrit und Halloysit. Sie sind die wichtigsten Grundstoffe für Keramik und werden jährlich im Millionen-Tonnen-Maßstab gefördert. Sie entstehen typischerweise bei der Zersetzung granitischer Gesteine unter hohem Wasserdurchfluss (Niederschlag) und bei niedrigen pH-Werten. Kaolinit bildet sich bei der Verwitterung, die anderen drei Minerale unter Beteiligung mehr als 40 °C warmer hydrothermaler Lösungen. Große Kaolinlagerstätten finden sich z. B. in der Oberpfalz (Selb), in Sachsen (Meißen) und in Cornwall/England. Zur trioktaedrischen Serpentingruppe gehören neben Chrysotil, Antigorit und Lizardit auch die Fe-Mg-Minerale Cronstedtit, Berthierin, Amesit und Greenalith. Einige davon finden sich in sedimentären Eisenerzen, die Mg-reichen Glieder bilden sich bevorzugt bei der Verwitterung von Erdmantelgesteinen und kieseligen Dolomiten.

Dreischichtsilikate: Diese große Gruppe umfasst sowohl nicht quellfähige Minerale, wie den dioktaedrischen Pyrophyllit, den trioktaedrischen Talk und die Glimmergruppe mit

Schließlich müssen hier noch die Verwitterungsbereiche von sulfidischen Erzlagerstätten genannt werden (Abb. 3.135). Heute wird der oberste Bereich, der überwiegend sekundäre Oxidationsminerale (Oxide, Sulfate, Karbonate, Arsenate usw.) führt, **Oxidationszone** genannt, während er früher von den alten Bergleuten oft als „**Eiserner Hut**" bezeichnet wurde. Darunter, unterhalb des Grundwasserspiegels, folgt die eher reduzierte **Zementationszone**, in der bisweilen gediegene Metalle wie Kupfer oder Silber oder aber Sulfide mit hohen Metall-zu-Schwefel-Verhältnissen angereichert sind. Hier gilt aufgrund der wechselseitigen Beeinflussung der im Grundwasser gelöst vorliegenden Metallionen, dass das jeweils edlere Metall ausgefällt wird (z. B. Cu, Ag, Au), während das unedlere (z. B. Fe) in Lösung verbleibt.

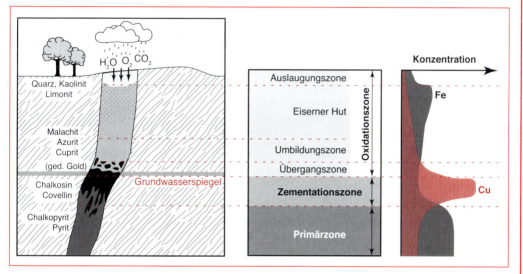

3.135 Schematischer Schnitt durch einen an der Erdoberfläche bei Zutritt von Regenwasser und Luft verwitternden hydrothermalen Kupfererzgang. Die Verwitterung löst große Elementmobilität aus und kann zu erheblichen Metallanreicherungen führen. Verändert nach Baumann et al. (1979) und Pohl (1991).

Muskovit, Seladonit, Glaukonit und Illit als auch quellfähige (die also in der Lage sind, ihre Gitterabstände bei Temperaturänderung zu verändern), wie die Vermiculite und die Smektite. Beide Mineralgruppen beinhalten sowohl di- wie auch trioktaedrische Minerale. Zu den Smektiten gehören die Montmorillonite sowie die dioktaedrischen Minerale Beidellit und Nontronit und die trioktaedrischen Saponit und Hectorit. Smektitreiche Tone finden sich insbesondere in Gebieten mit hydrothermal alterierten und verwitterten vulkanischen Tuffen und Aschen („Bentonit"), in tropischen Gebieten bilden sich Smektite bei Staunässe anstelle von Kaolinit, Nontronit besonders in Tiefseetonen und als Verwitterungsprodukt von Basalten und Ultrabasiten, während Vermiculite überwiegend aus verwitterten Dunkelglimmern und Chloriten, selten auch authigen entstehen. **Vierschichtsilikate**: Diese Gruppe umfasst die verschiedenen Typen von Chloriten, zu denen z. B. Sudoit, Cookeit, Klinochlor, Donbassit und viele weitere gehören. Sie entstehen insbesondere bei der Verwitterung von Fe-Mg-Silikaten wie Dunkelglimmern, Amphibolen, Pyroxenen oder Granat, können aber auch authigen beispielsweise in marinen Sedimenten gebildet werden.

Wechsellagerungen: Wie Abb. 3.137 zeigt, gibt es sehr viele verschiedene Möglichkeiten, die verschiedenen Schichttypen miteinander zu kombinieren. Es entsteht eine Fülle von neuen Namen, die hier aber nicht einzeln aufgeführt werden. Typischerweise bilden sich solche häufig schlecht kristallisierten Strukturen in Böden, also bei niedrigen Temperaturen.

Tonminerale mit Faserstruktur: Zu diesen relativ exotischen Tonmineralen gehören das „Bergleder" Palygorskit sowie der „Meerschaum" Sepiolith. Beide Bezeichnungen lassen klar erkennen, dass es sich um weiche, hoch poröse Aggregate von feinen Röhrchen handelt. Sie entstehen entweder bei der Verwitterung von basischen Gesteinen oder kalkreichen Böden arider Klimazonen, häufig bei alkalischem pH (um 8) oder in der Gegenwart salzreicher Lösungen und sind Anzeiger für Wüstenstaub.

SiO$_2$-Phasen: Bei tiefen Temperaturen bilden sich zunächst schlecht kristallisierte SiO$_2$-Phasen wie Kieselgel, Opal oder mikrokristalliner Chalcedon. Diese werden bei höheren Temperaturen (d. h. bei zunehmendem Alter und damit zunehmender Versenkungstiefe) instabil und kristallisieren zu Quarz um (Abb. 3.138).

Eine wichtige Übergangsphase zwischen röntgenamorphem Opal (Opal-A), aus dem die Skeletteile von Kieselalgen (Diatomeen), Radiolarien oder Kieselschwämmen bestehen, und Quarz ist dabei Opal-CT (Abb. 3.139), der zumindest geringe Ansätze von kristalliner Struktur zeigt. Das CT steht dabei für Cristobalit-Tridymit, d. h. für die beginnende Ausbildung einer Fernordnung mit Cristobalit/Tridymitstruktur. Dies erscheint besonders merkwürdig, da doch sowohl Cristobalit, als auch Tridymit Hochtemperatur-Modifikationen von SiO$_2$ sind, doch handelt es sich hier um Ungleichgewichtsprozesse, die nicht nach thermodynamischen Regeln ablaufen. Die weitergehende Kristallisation führt dann zum Opal-C mit Cristobalitstruktur, bevor letztendlich die eigentlich unter diesen Bedingungen stabile Tiefquarzstruktur gebildet wird. In **Hornsteinen** (englisch „*cherts*") liegt mikrokristalliner Quarz als sogenannter Chalcedon z. T. gemischt mit amorphem Opal-A vor.

Diese Umwandlungen von Kieselgel in Opal und hin zu Quarz bewirken eine sukzessive Abnahme des in wässriger Lösung befindlichen SiO$_2$. Allerdings nimmt die Löslichkeit von Quarz dann nicht nur mit der Temperatur, son-

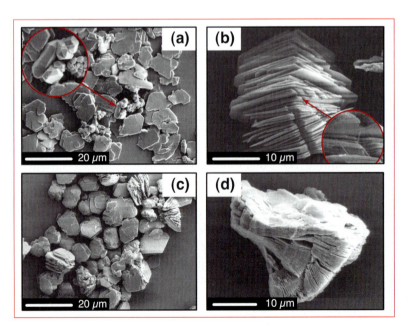

3.136 Typisches Aussehen von Kaolinit-Blättchen und -Aggregaten unter dem Raster-Elektronenmikroskop. Aus Lehmann (2003).

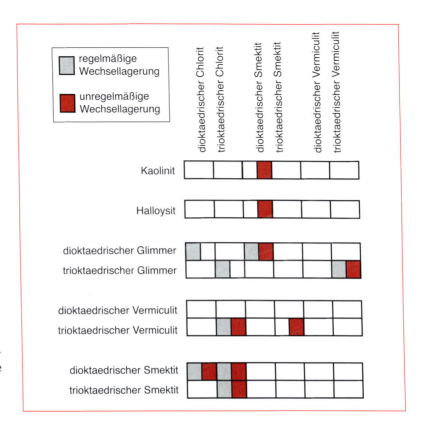

3.137 Die roten Felder zeigen real existierende Kombinationsmöglichkeiten in wechselgelagerten Schichtsilikaten.

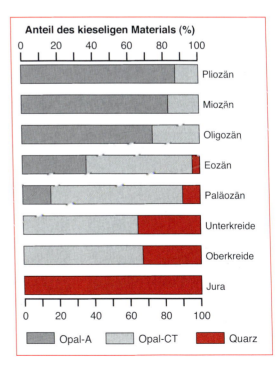

3.138 Reale Sedimente aus dem Atlantik zeigen mit zunehmendem Alter, d. h. auch mit zunehmender Versenkungstiefe, eine Änderung ihrer SiO$_2$-Phasenzusammensetzung. Eine vollständige Rekristallisation zum eigentlich thermodynamisch stabilen Tiefquarz ist erst in jurassischen Sedimenten erfolgt. Nach Riech & von Rad (1979).

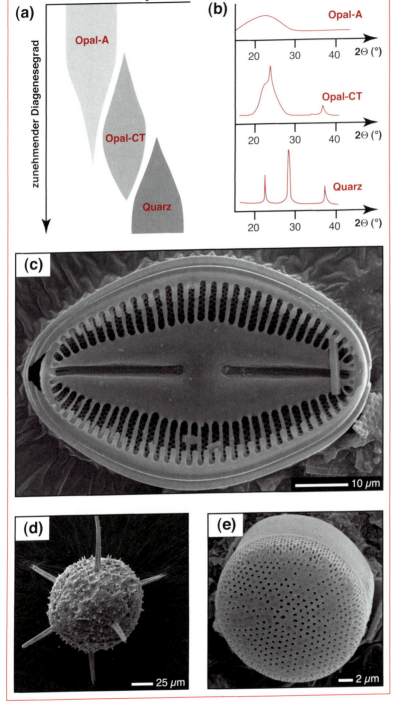

3.139 Kieseliges Material unter Diagenesebedingungen. (a) Umkristallisation von amorphem Opal-A zu Quarz und (b) die Auswirkungen in Röntgen-Diffraktometer-Diagrammen aus Tucker (1988). (c) bis (e) sind REM-Aufnahmen biogener kieseliger Materialien: (c) Diatomee *Diploneis*, (d) Radiolarie, (e) Diatomee *Actinocyclus*.

dern auch mit dem Druck wieder zu (Abb. 3.140), sodass bei der sukzessiven Versenkung der Sedimente zunehmend Quarz in Lösung geht. Lösung und Ausfällung von Quarz z. B. in Sandsteinen kann man polarisationsmikroskopisch häufig nur schwer oder gar nicht nachweisen, sehr gut aber mithilfe der Kathodolumineszenz (Kapitel 2.5.8, Abb. 3.141).

3.10.2.3 Der globale Thermostat: ein Zusammenhang zwischen Verwitterung und Klima

Im ersten Moment ist dies vermutlich überraschend, doch gibt es einen fundamentalen Zusammenhang zwischen Verwitterung und Klima. Es wurde oben bereits festgestellt und in Tabelle 3.1 belegt, dass Kohlensäure bei der Verwitterung von entscheidender Bedeutung ist. Anders ausgedrückt: Verwitterung entzieht der Atmosphäre CO_2, da es als Hydrogenkarbonat in Lösung geht. Unterschiedliche Gesteine sind dabei für unterschiedlich große Teile des CO_2-Budgets verantwortlich (Abb. 3.142), je nach der Häufigkeit ihres Auftretens, der Leichtigkeit ihrer Verwitterung und der Stöchiometrie der in ihnen ablaufenden CO_2-verbrauchenden Reaktionen. Die Änderung des CO_2-Gehaltes der Atmosphäre ist also proportional zur exponierten Fläche verwitterbaren Materials:

$$\frac{\partial}{\partial t} P_{CO_2} \propto Fläche_{erodierbar}$$

Beschleunigte Verwitterung wird also den CO_2-Gehalt der Atmosphäre verringern. Andererseits beeinflusst sich dies wechselseitig, denn ein höherer CO_2-Gehalt der Atmosphäre wird – da leichter Kohlensäure gebildet wird und da die Durchschnittstemperaturen ansteigen – die Verwitterung beschleunigen. Somit ist die Änderung des atmosphärischen CO_2-Gehaltes direkt vom CO_2-Gehalt selbst abhängig:

$$\frac{\partial}{\partial t} P_{CO_2} \propto P_{CO_2}$$

Diese und die oben geschilderten Beobachtungen haben zu zwei unterschiedlichen Hypothe-

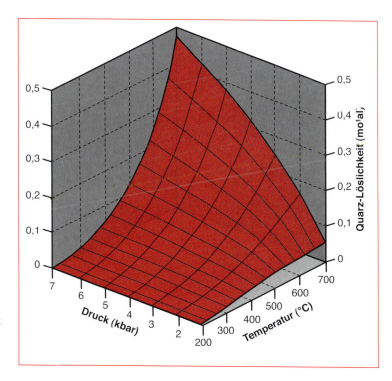

3.140 Die Quarz-Löslichkeit in Abhängigkeit von Druck und Temperatur nach Fournier & Potter (1982).

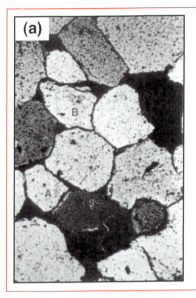
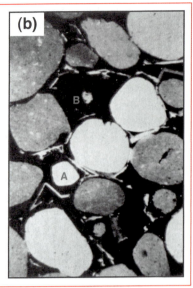

3.141 Mikroskopische (a) und Kathodolumineszenz-Aufnahme (b) eines Sandsteines mit gerundeten, detritischen Körnern, die im CL-Bild klare Anwachssäume zeigen. Aus Blatt (1992).

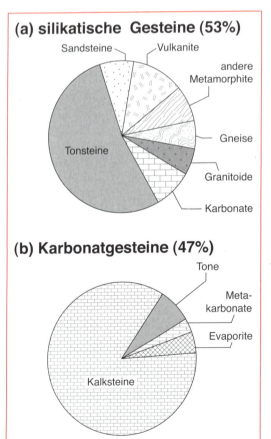

3.142 Relative Aufnahme von CO_2 aus der Atmosphäre durch die chemische Verwitterung verschiedener Gesteine. Silikatverwitterung (a) macht 53 % der CO_2-Aufnahme auf, Karbonatverwitterung 47 %, obwohl Karbonatgesteine an Land deutlich seltener sind als Silkikatgesteine. Innerhalb der Silikatgesteine spielen die Tonsteine die größte Rolle, innerhalb der Karbonatgesteine die Kalksteine. Aus Stallard (1995).

sen darüber geführt, wie das globale Klima zumindest über geologisch kurze Zeiten vor zu großen Ausschlägen bewahrt wird („Thermostathypothesen"). Beide werden derzeit intensiv diskutiert:

Fall 1: Klima und Verwitterung steuern sich gegenseitig, Tektonik spielt dabei keine große Rolle.

Erhöht sich die Temperatur durch einen erhöhten CO_2-Gehalt der Atmosphäre, wird die Verwitterung angekurbelt und kühlt das System (was allerdings viele Millionen Jahre dauert). Sinkt die Temperatur, wird die Verwitterung heruntergefahren und ermöglicht so bei konstanter vulkanischer Ausgasung eine Erwärmung. Konkret ist in diesen Prozessen die bei Temperaturanstieg erhöhte Ozeanwasserverdunstung mit in der Folge erhöhten Niederschlägen von entscheidender Bedeutung (Abb. 3.143).

Fall 2: Die Tektonik steuert das Klima, Verwitterung ist dabei eine abhängige Variable.

Nur bei starker tektonischer Aktivität ist überhaupt die Möglichkeit vorhanden, CO_2 auf niedrigem Niveau abzupuffern, denn die Verwitterungsraten lassen sich sonst nicht steigern. In tekonisch ruhigen Perioden steigt der CO_2-Gehalt der Atmosphäre damit automatisch an, bis wieder genügend Gebirgsbildungen einsetzen, um ihn herunterzuregulieren.

Beide Varianten sehen natürlich den Zusammenhang zwischen atmosphärischem CO_2-Gehalt und Verwitterung, doch wird die Frage der Wichtigkeit endogener Kräfte, die die Tektonik antreiben, für exogene Phänomene wie Klima und Erosion noch heiß debattiert und beforscht.

Natürlich sind die Rückkopplungen in beiden Fällen mit längeren Zeiträumen (bis zu Zehner Millionen Jahre) verbunden, die das System braucht, um zu reagieren (siehe z.B. Kasten 3.29), wobei im Fall von Modell 2 Gebirgsbildungen in solchen Zeiträumen episodisch vorkommen (wo tritt denn wohl wann die nächste Gebirgsbildung auf?), auch wenn die Theorie der **Wilson-Zyklen** besagt, dass es Gesetzmäßigkeiten hinter den plattentektonischen Prozessen und damit immer wiederkehrende Abläufe und zyklische Gebirgsbildungsphasen gibt. Angesichts von Warm- und Eiszeiten schafft es das System ganz offensichtlich nicht immer, thermostatisch zu wirken. Wird der äußere Einfluss zu schnell zu gross, z.B. durch massive CO_2-Erhöhung in der Luft durch Vulkanismus, derzeit durch die anthropogene Verbrennung fossiler Energieträger oder nach Modell 2 durch langfristig verringerte tektonische Aktivität, so wird die **Pufferkapazität** des Systems überschritten und es gerät aus dem sensibel eingestellten **Verwitterungsgleichgewicht**. Die aktuelle Forschung sucht Schwellenwerte für bestimmte Zustände und kritische Variable, um Veränderungen im

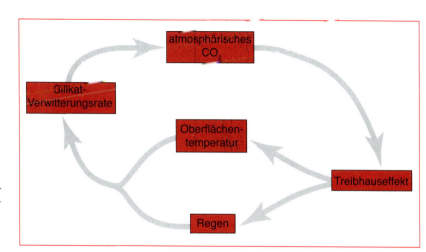

3.143 Die Rückkopplung von Verwitterung und atmosphärischem CO_2-Gehalt gemäß dem im Text erwähnten Modell 1.

System Erde zu verstehen. Derzeit scheint das Gesamtsystem durch die Kombination von relativ schwachem Vulkanismus, relativ vielen Kollisionsorogenen und durch das Vorhandensein von eher N-S-gerichteten Ozeanen ohne äquatoriale Ozeanverbindung relativ anfällig für kleine, sich aufschaukelnde Oszillationen in geologisch kurzen Zeiträumen zu sein.

Im Kern berühren die beiden unterschiedlichen Modelle natürlich die Frage, ob rein exogene, also auch menschengemachte Einflüsse den Thermostaten überlasten und das Klima verändern können, oder ob alles endogen bestimmt und daher von allem menschlichen Tun unabhängig ist. Die Menschheit ist gerade dabei, diese Frage durch ein spannendes Experiment zu untersuchen (Kasten 3.29; Abb. 3.144).

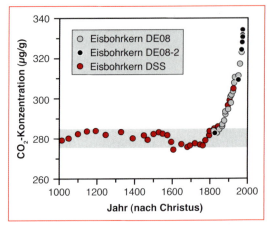

3.144 Die atmosphärische CO_2-Konzentration der letzten tausend Jahre, wie sie aus Eisbohrkernen rekonstruiert wurde. Im Jahr 2008 beträgt der atmosphärische CO_2-Gehalt bereits 385 µg/g. Aus dem IPCC-Panelbericht 2007.

Kasten 3.29 Der globale Treibhauseffekt

Es ist unbestritten, dass natürliche **Klimaschwankungen** existieren und zu drastischen Temperaturveränderungen in der geologischen Vergangenheit geführt haben (Abb. 3.145). Es ist allerdings inzwischen auch klar, dass die derzeitige auf fossilen Energieträgern beruhende Lebensweise des Menschen einen Einfluss auf die atmosphärische CO_2-Konzentration und damit auf das Klima hat (Abb. 3.144 und 3.146), wobei letzteres von manchen Leuten noch angezweifelt wird. Allerdings entnimmt man diesen Abbildungen auch, dass die Natur ohne Zutun des Menschen in den letzten 350.000 Jahren ganz offensichtlich wirksame Rückkopplungs- und Pufferungsinstrumente gefunden hatte, den in diesem Kapitel diskutierten Thermostaten. Die natürlichen von den anthropogen bedingten Variationen zu unterscheiden ist demnach außerordentlich schwierig, doch weisen z.B. die $\delta^{13}C$-Daten aus Korallen und Schwämmen (siehe z.B. Abb. 4.94) eindeutig darauf hin, dass der Mensch zumindest großen Anteil an der derzeit beobachteten Erwärmung hat. So veränderte sich beispielsweise in den letzten Jahrzehnten durch die Verbrennung isotopisch leichter fossiler Brennstoffe der $\delta^{13}C$-Wert des atmosphärischen CO_2 von –7 auf –9 und in Ballungsräumen schon auf -12 ‰. Abbildung 3.147 zeigt, wie sich bei verschiedenen Szenarien der atmosphärische CO_2-Gehalt und die Durchschnittstemperatur in unserer Lebenszeit verändern könnte – es ist interessant, diese Entwicklungen mit den natürlichen Schwankungen der Abb. 3.145 zu vergleichen. Auf lange Sicht hin wird sich wohl durch das Versiegen der fossilen Brennstoffe und durch das Anspringen des Verwitterungs-Thermostaten wieder ein Gleichgewicht auf vor-industriellem Niveau einstellen (Abb. 3.148), doch muss man hier mit Zeiträumen von vielen Tausend bis einigen Hunderttausend Jahren rechnen.

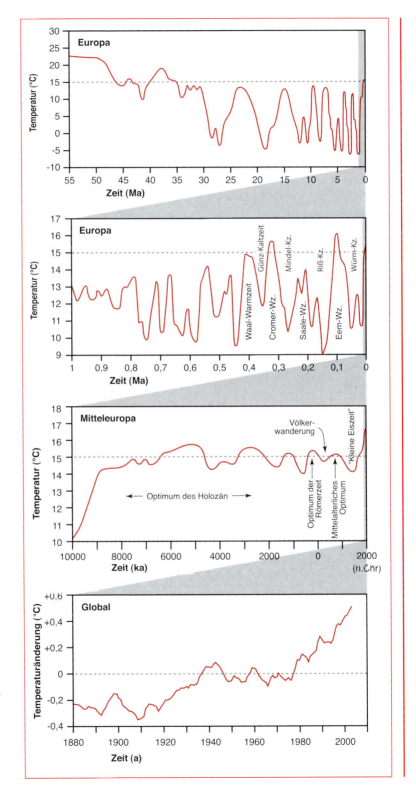

3.145 Die Entwicklung der jährlichen Durchschnittstemperatur in den vergangenen 50 Millionen Jahren, rekonstruiert nach verschiedenen Verfahren und ab 1880 gemessen. In der untersten Abbildung sind 5-Jahres-Mittel aufgetragen. Man beachte die Unterschiede der Y-Achsen-Werte. Nach Dansgaard et al. (1969), Schönwiese (1995) und NASA GISS Surface Temperature Analysis 2005.

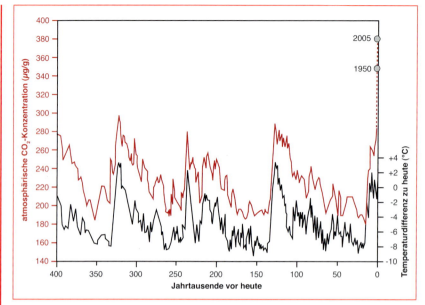

3.146 Die atmosphärische CO_2-Konzentration in den letzten 400.000 Jahren und die daraus ermittelte Temperaturdifferenz zu heute, rekonstruiert aus Daten des Vostoc-Eisbohrkerns aus der Antarktis. Nach Petit et al. (1999) und IPCC Panelbericht 2007.

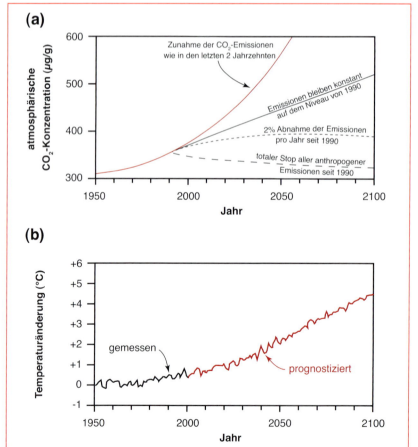

3.147 Verschiedene Szenarien, wie der Mensch den CO_2-Gehalt der Atmosphäre beeinflussen kann (a) und wie sich gemäß dem wahrscheinlichsten Szenario die globale Durchschnittstemperatur entwickeln wird (b). Aus Veröffentlichungen des IPCC und des Deutschen Klimarechenzentrums.

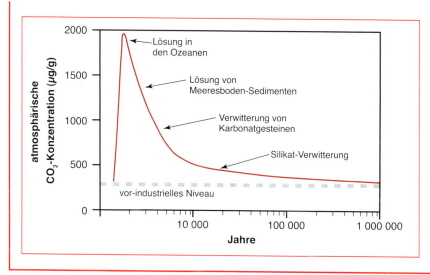

3.148 Der Abbau massiv erhöhter CO_2-Konzentrationen durch das Anspringen des „Verwitterungs-Thermostaten" (siehe Text) würde etwa Hunderttausend Jahre benötigen, um wieder annähernd ein vor-industrielles CO_2-Niveau einzustellen. Nach Kump et al. (1999).

3.10.3 Die Diagenese

3.10.3.1 Einleitung und Klassifikation der Diagenese

Die Diagenese ist der Vorläufer der Metamorphose bei niedrigeren Temperaturen und setzt im Prinzip in dem Moment ein, wo eine Sedimentschicht unter einer nächsten Schicht begraben wird. Da die Diagenese in unterschiedlichen Lithologien sehr unterschiedliche Wirkung hat, lässt sich die Grenze zwischen niedrig-gradiger Metamorphose und Diagenese nicht wirklich scharf fassen; im allgemeinen (aber ohne absolute Verbindlichkeit) wird bei Temperaturen von unter 200 °C von Diagenese gesprochen, darüber beginnt dann die Zeolithfazies der Metamorphose. Die Veränderungen bis etwa 300 °C werden häufig auch in eine **Frühdiagenese** (um 50 bis maximal 100 °C), eine **Spätdiagenese** oder **Katagenese** (um 100 bis maximal 200 °C) und die **Anchizone** (bis 300 °C) eingeteilt, woraufhin die Grünschieferfazies oder **Epizone** folgt.
Während der Diagenese treten verschiedene charakteristische Prozesse auf, unter denen die sukzessive Veränderung der Tonmineralogie, der Abbau bzw. die Veränderung organischer Substanz und die Veränderung des Porenraumes, insbesondere seine Schließung durch Zusammenrücken der Körner und Ausfällung von Mineralen aus dem Porenfluid, wohl die wichtigsten sind. Bezüglich der Tonmineralogie beginnt die Umwandlung authigener Tonminerale, insbesondere von Smektiten, zu Illit bei etwa 70 °C in der Frühdiagenese. In der Katagenese rekristallisiert dieser Illit dann sukzessive zu größeren Kristallen, was ein wichtiges Thermometer darstellt (Kasten 3.30).
In Abb. 3.149 ist gezeigt, dass sich bei zunehmender Temperatur- und Druckerhöhung weitere wichtige Prozesse abspielen: die Freisetzung von Fluiden durch Kompaktion und durch Entwässerungsreaktionen, sowie die Bildung von **Erdgas** und **Erdöl**. Diese Prozesse werden uns in den nächsten Kapiteln beschäftigen.

3.10.3.2 Das Schicksal des organischen Kohlenstoffs in der Diagenese

Werden organische Bestandteile wie z. B. Pflanzen oder Tierkadaver in Sedimente eingebettet, so unterliegen sie charakteristischen Veränderungen, die einerseits für die Temperarab-

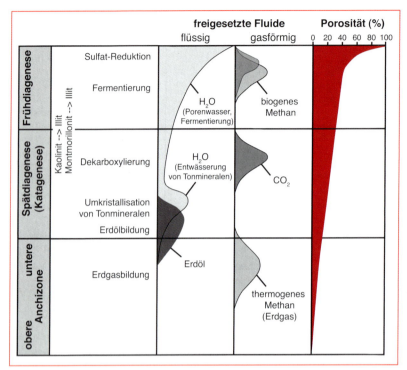

3.149 Die Entwicklung der Porosität, wichtige geochemische Prozesse und die Art und typische Zusammensetzung freigesetzter Fluide bei zunehmender Diagenese und niedrig-gradiger Metamorphose. Das Diagramm überdeckt einen Bereich von Oberflächentemperaturen (oben) bis etwa 300 °C (unten). Aus Selley (1988).

Kasten 3.30 Die Illitkristallinität

Durch empirische Studien hat man festgestellt, dass sich die Kristallinität von Tonmineralen mit zunehmender Diagenese sukzessive und in einer zwischen Proben vergleichbaren Weise ändert. Diese Veränderungen können zur Einordnung in Kata-, Anchi- oder Epizone herangezogen werden, auch wenn die Zuweisung konkreter Temperaturen häufig schwierig ist. Neben der Temperatur werden untergeordnet auch Fluidchemie und Druck, tektonische Spannungen und Gesteinszusammensetzung als Einflussfaktoren für die Tonmineralkristallinität genannt, doch spielt die Temperatur wohl die mit Abstand wichtigste Rolle. Die Methode basiert auf kinetisch kontrollierten strukturellen und chemischen Umwandlungen, die eine makroskopisch kontinuierliche Reihe metastabiler **Phasenumwandlungen** darstellen.

Zur Bestimmung der Tonmineralkristallinität wird die Form der Basisreflexe im Röntgendiffraktogramm vor allem der Minerale Illit und Chlorit analysiert. Meist wird die **Halbwertsbreite** (FWHM = *full width at half maximum*) von Reflexen gemessen (Abb. 3.150), die die Netzebenen senkrecht zur c-Achse

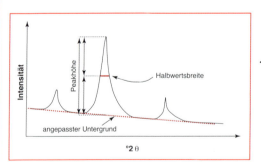

3.150 Zur Ermittlung des Illit-Kristallinitäts-Indexes wird die Breite des Illit-(001)-Peaks auf halber Höhe – gemessen nicht ab dem Diagrammboden, sondern bezogen auf den angepassten Untergrund – in °2Θ-Einheiten gemessen.

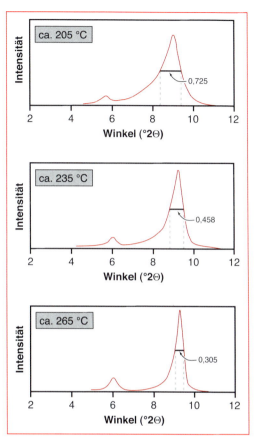

3.151 Die Veränderung des Illit-(001)-Peaks mit zunehmender Diagenese. Bei erhöhten Temperaturen – diese wurden in diesem Beispiel mit Hilfe von Flüssigkeitseinschluss-Daten ermittelt – wird der Peak sukzessive schmaler. Die °2Θ-Werte gelten so nur, wenn mit CuK$_\alpha$-Strahlung gemessen wird! Aus Mullis et al. (2002).

der Tonminerale abbilden (das sind die so genannten (001)-, (002)-, (003)- usw. Reflexe). An dieser Breite ist interessant, dass sie sich mit zunehmender Kristallitgröße und abnehmendem Anteil von Smektit-Zwischenlagen verkleinert, was als Δ°2Θ angegeben wird (Abb. 3.151). Da die Kristallitgröße in diesem Fall mit Druck und Temperatur, also der Stärke der Diagenese oder Metamorphose, zusammenhängt, hat man für letztere hier ein relativ einfach zu bestimmendes Maß gefunden. So lässt sich der Grad der Rekristallisation in Illit-führenden Gesteinen feststellen, die in die verschiedenen Zonen (Diagenesezone, Anchizone, Epizone) und bisweilen sogar noch detaillierter in eine Obere und Untere Anchizone eingeteilt werden, wobei die Grenze für die Halbwertsbreite des Illit-(001)-Wert bisweilen bei 0,335 °2Θ definiert wird. Die genaue Festlegung der Grenzen zwischen den einzelnen Zonen hat sich aber aufgrund der fehlenden Standardisierung der Daten als schwierig erwiesen, da unterschiedliche Messparameter, verschiedene Auswertungsmethoden und vor allem eine nicht einheitliche Probenaufbereitung zu großen Abweichungen der Messdaten einzelner Labors führen.

schätzung nützlich sein können (z. B. die Vitrinitreflexion, Kasten 3.31), andererseits aber von höchstem wirtschaftlichem Interesse sind, da dabei Kohle, Erdöl und Erdgas entstehen. Die Masse der Kerogene, also des organischen Kohlenstoffs in Sedimenten, stammt von Pflanzen. Es ist offensichtlich, dass die Sedimentation unter Luftabschluss erfolgen und unter anoxischen Bedingungen bleiben muss, da die organischen Verbindungen ansonsten zu CO_2 aufoxidiert würden. Unter solchen anoxischen Bedingungen beginnen sich oberhalb von etwa 50 °C **Kohlenwasserstoffe** zu bilden. Oberhalb dieser Temperatur, die als Inkohlungsprung bezeichnet wird, dehydrieren manche Organika und die Kerogene differenzieren sich in die in Kasten 3.31 genannten unterschiedlichen Mazerale auf. Während sich zwischen 60 und etwa 120 °C **Erdöl** bildet („Ölfenster"), bildet sich zwischen 120 und etwa 150 °C **Erdgas**. Oberhalb von 150 °C hat das organische Material nicht mehr die Fähigkeit, Kohlenwasserstoffe zu bilden (es besteht aus reiner Kohle) und ab etwa 200 °C liegt es nur noch in fester Form als Graphit vor.

Die **Kohlebildung** durchläuft ebenfalls unterschiedliche, temperatur- und druckabhängige Stadien. Zunächst werden die Hölzer durch Mikroorganismen zersetzt, dabei werden die in ihnen enthaltenen Zucker und Proteine hydro-

Kasten 3.31 Die Vitrinitreflexion

Obwohl von Petrologen viel zu häufig vergessen, bestehen Gesteine nicht nur aus Mineralen und Porenräumen, sondern können auch organische Komponenten enthalten, z. B. **Kerogene**, also organische Polymere, die sich bei Versenkung und Aufheizung zu Kohlenwasserstoffen umsetzen. Diese Kerogene sind die häufigste Form von organisch gebundenem Kohlenstoff in der Erdkruste und bestehen aus unterschiedlichen Bestandteilen, den **Mazeralen**, die ihrerseits wiederum überwiegend aus ehemaligen, im Zuge von Diagenese und Metamorphose umgewandelten und umkristallisierten Pflanzenteilen entstanden sind. Die Mazerale der Kerogene werden in drei Gruppen eingeteilt: **Vitrinite**, **Inertinite** und **Exinite** oder **Liptinite** (Abb. 3.152). Inertinite bilden sich aus bereits verbrannten Pflanzenteilen und Aschen und sind nicht mehr brennbar, Exinite sind bei der Diagenese von Harzen, Wachsen, Sporen, Pollen und Algen entstanden und im Durchlicht durchsichtige Aggregate, Vitrinite bilden sich dagegen bei der Zersetzung von Holz. Sie zeigen braune bis schwarze Eigenfarbe, sind im Durchlicht opak und zeigen mit zunehmendem **Inkohlungsgrad** zunehmenden Glanz. Dasselbe gilt übrigens für Kohlen, die ebenfalls aus unterschiedlichen Mazeralen, dem Vitrit, Durit, Clarit und Fusit bestehen und mit zunehmender Kompaktion und Temperaturüberprägung härter und glänzender werden. Die Endstufe in der Umwandlung sowohl der Kerogene als auch der Kohlen wäre entweder der Abbau zu Methan, zu Kohlendioxid oder zu elementarem Kohlen-

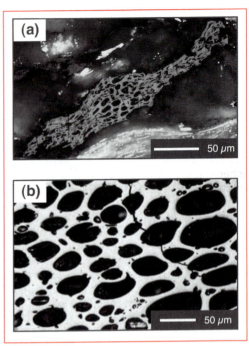

3.152 Typische Bilder von Kerogenen unter dem Polarisationsmikroskop (reflektiertes Licht). (a) Mittelgraues Vitrinitband (R_{max} = 1,7%) mit noch gut erkennbarer zellulärer Struktur des ursprünglichen organischen Materials aus einem Tonstein. (b) Stark reflektierender Inertinit, der aus einem ehemals hözernen Material entstanden ist. Von *http://www.geogallery.de* und *http://www.ucl.ac.uk/~ucfbrxs*.

stoff in Form von kristallinem Graphit. Bevor es allerdings dazu kommt, ist der Glanz, also das Reflexionsvermögen solcher organischer

lysiert und oxidiert. Später entstehen dann **Lignite**, weiche **Braunkohlen**, in denen das Pflanzenmaterial immer noch gut zu erkennen ist. Beim Inkohlungssprung um 60 °C wird dieses Material nicht nur verdichtet, sondern gibt auch Volatile (v. a. Methan) ab. Die organischen Substanzen ordnen sich neu, und zwar Schichtungs-parallel, und der Anblick der Kohle verändert sich von braun, weich und stumpf zu schwarz, hart und glänzend, es entsteht **Steinkohle**. Die verschiedenen Kohlen sind mit zunehmendem Inkohlungsgrad sub-bituminöse Kohle, volatil-reiche bituminöse Kohle, mittelvolatilreiche bituminöse Kohle und volatilarme bituminöse Kohle. Diese Umwandlungen finden im Temperaturbereich bis etwa 120 °C statt und führen bis etwa 150 °C unter Wasserstoff- bzw. Erdgas-Verlust zur Bildung von reinem **Anthrazit**. In der Prehnit-Pumpellyit-Fazies bildet sich Meta-Anthrazit, der in

Substanzen ein gutes Maß, um den Reifegrad und damit die Stärke der metamorphen Überprägung anzuzeigen. Dies wird (bei Kerogenen) als **Vitrinitreflexion** bezeichnet (die anderen Mazerale werden hierbei nicht berücksichtigt!). Zusammen mit der Tonmineralkristallinität (Kasten 3.30) und der Untersuchung von Flüssigkeitseinschlüssen (Kapitel 2.5.10) ist sie das wichtigste Thermometer in kata- bis anchizonalen Gesteinen und wird auch in der Ölindustrie häufig eingesetzt, da es natürlich einen Zusammenhang zwischen der Temperaturüberprägung organischen Materials und der Bildung von **Erdöl**- und **Erdgaslagerstätten** gibt.

Die Bestimmung der Vitrinitreflexion ist genau, schnell und billig. Zudem ist Vitrinit in vielen sedimentären Gesteinen vorhanden.

Die Methode ist denkbar einfach: Man stellt einen polierten Anschliff her und misst, wieviel normales weißes Licht von einem bestimmten Vitrinit im Verhältnis zu einem Material, das 100 % reflektiert (z. B. ein Spiegel), reflektiert wird. Dann gibt der Reflektivitätswert R in Prozent an, wieviel Prozent des Lichts reflektiert werden (Abb. 3.153). Leider ist Vitrinit anisotrop und die Reflekivität ist immer auf den Schichtungs-parallelen Oberflächen am größten.

Die Vitrinitreflexion gibt immer die maximalen Temperaturen an, denen eine Probe ausgesetzt war, doch ist es leider nicht möglich, diesen Zeitpunkt zu datieren. Auch treten Vitrinite in terrestrischen post-silurischen Sedimenten zwar häufig auf, fehlen aber in präsilurischen und sind in marinen Sedimenten generell selten.

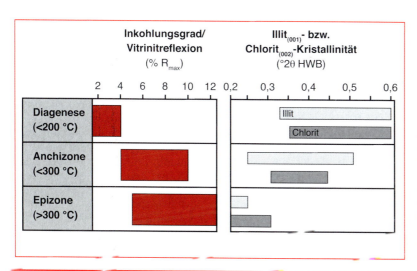

3.153 Ungefähre Zusammenhänge von Temperatur, Vitrinitreflexion und Illit- oder Chlorit-Kristallinität. Die verschiedenfarbigen Balken zeigen, dass große Unsicherheiten bzw. Schwankungsbreiten existieren und die Methoden für exakte Temperaturbestimmungen ungeeignet sind. Verändert nach Füchtbauer (1988).

er Grünschieferfazies zu Graphit rekristallisiert.

Während organische Substanz bereits abgebaut wird, treibt sich natürlich auch noch sehr viel lebende Biomasse im Sediment herum (und, wie man heute weiß, bei genügend tiefen Temperaturen unter etwa 120 °C auch in Magmatiten und Metamorphiten). Größere solcher Lebewesen erzeugen die charakteristischen Spuren der Bioturbation, wie sie z. B. in Abb. 3.154

gezeigt werden. Diese und auch viel kleinere, einzellige Lebewesen bauen, wie oben erwähnt, u. a. organischen Vorgängerkohlenstoff ab und basteln sich daraus und aus sonstigen in Fluiden oder auf Mineraloberflächen gefundenen Spezies Skelette, Panzer und Gewebe. Das Fachgebiet, das sich damit beschäftigt, und das gerade eine massive Ausweitung erfährt, ist die **Geomikrobiologie**. Eine besonders eindrucksvolle Verbindung von Mineral und Mikrobe

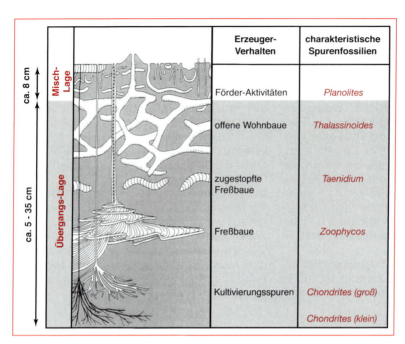

3.154 Bioturbation in europäischen Kreideablagerungen. Aus dem Lexikon der Geowissenschaften (2000).

Kasten 3.32 Magnetotaktische Bakterien

Magnetotaktische Bakterien enthalten eine „Perlschnur" aus magnetischen Kriställchen (die so genannten **Magnetosomen**, Abb. 3.155). Magnetosomen bestehen aus Kristallen von Magnetit und Greigit (Fe_3S_4, ein Thiospinell), haben einen Durchmesser von etwa 40–90 nm und sind von einer aus Phospholipiden, Proteinen und Glykoproteinen bestehenden Membran umgeben.
Die Gestalt der Magnetosomen variiert zwischen verschiedenen Spezies stark. Sie kann würfel- bis quader-, aber auch nagel- oder tropfenförmig sein. Jede Zelle enthält mehrere Magnetosomen, die in Ketten angeordnet sind. Solche Magnetosomen-tragenden, im Meer lebenden Bakterien richten sich daher im Erdmagnetfeld aus und werden entlang der Magnetfeldlinien auf der Nordhalbkugel nach Norden und in die Tiefe gezogen, auf der Südhalbkugel nach Süden und in die Tiefe, d. h. in die besonders nährstoffreiche Grenzschicht zwischen Ozean und Sediment. Dies scheint auch der ökologische Sinn der bakteriellen Magnetisierbarkeit zu sein.

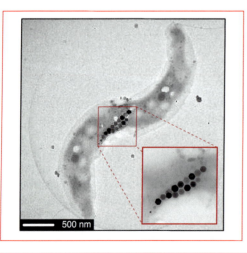

3.155 TEM-Aufnahmen von Magnetosomen in magnetotaktischen Bakterien. Aus Isambert et al. (2007).

stellen so genannte magnetotaktische Bakterien dar (Kasten 3.32). Es sei hier nur erwähnt, aber nicht im Detail diskutiert, dass Mikroorganismen vermutlich bei den meisten, zumindest aber bei sehr vielen an oder in der Nähe

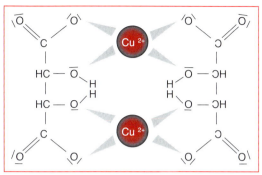

3.157 Chelat-Komplexe wie der abgebildete können z. B. Kupfer stark binden und damit aus gelaugten Erzen herausfiltern. Der Stoffwechsel von Mikroorganismen kann zur Bildung solcher Chelatkomplexe beitragen.

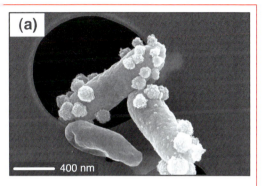

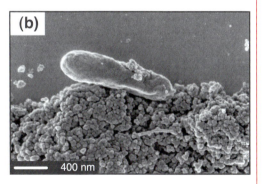

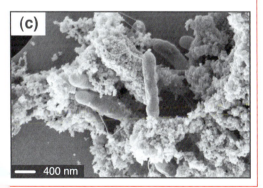

3.156 So unauffällig sehen die in Gesteinen und auf Mineraloberflächen lebenden Mikroorganismen selbst unter dem REM aus. (a) Eisenmineralbildung durch das phototrophe Fe(II)-oxidierende Bakterium *Rhodobacter ferrooxidans* Stamm SW2. (b) und (c) Zellen des eisenreduzierenden Bakteriums *Shewanella oneidensis* Stamm MR-1 lösen Eisen(III)Hydroxid auf.

der Erdoberfläche ablaufenden Prozessen eine wichtige Rolle spielen, so z. B. bei der Verwitterung (Abb. 3.156), bei der Oxidation von Erzlagerstätten (Abb. 3.157) und generell bei Stoffumsätzen an der Grenzfläche zwischen Mineralen und Fluiden.

3.10.3.3 Die Veränderung des Porenraumes und des Drucks im Gestein

Ein lockeres Sediment besteht nach seiner Ablagerung prinzipiell aus zwei Arten von Material: festen Körnern und Flüssigkeit, die den Porenraum ausfüllt, wobei letztere interessanter ist, wenn es um die während der Diagenese eintretenden Veränderungen geht. Sowohl die Mineralkörner als auch der Porenraum ändern ihre Form und Größe während der Diagenese, wobei der Porenraum grundsätzlich sowohl durch **Kompaktion** (wenn über dem betrachteten Gesteinsvolumen weitere Sedimente abgelagert werden) als auch durch **Ausfällung** von Mineralien aus dem Porenfluid verkleinert wird. Je stärker ein Sediment diagenetisch verändert wird, desto geringer ist sein Porenraum und damit sein Wassergehalt. Während ein lockeres toniges Sediment beispielsweise bei seiner Ablagerung (als Schlamm) bis zu 80 % Wasser enthalten kann, enthalten Tonsteine in einigen Tausend Metern Tiefe noch etwa 20 %

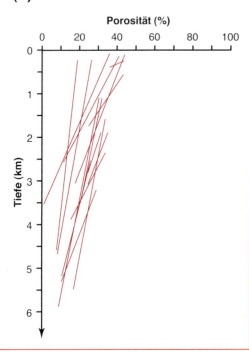

3.158 Die Veränderung der Porosität von (a) Tonsteinen und (b) Sandsteinen mit zunehmender Versenkungstiefe. Aus Selley (1988).

Wasser (Abb. 3.158), das hier schon überwiegend in Hydratmineralen gebunden ist und nur noch zum Teil in Porenräumen als freie Fluidphase vorliegt. Metapelite enthalten dann je nach Metamorphosegrad sukzessive weniger Wasser, bis es in granulitfaziellen Granat-Sillimanit-K-Feldspat-Quarz-Orthopyroxen-Gesteinen praktisch vollkommen aus dem Gestein ausgetrieben ist. Diagenese und prograde Metamorphose führen also zum Austreiben von Wasser aus Gesteinen, wobei natürlich unterschiedliche Gesteinstypen unterschiedlich reagieren (Abb. 3.158).

Betrachten wir nun aber die Prozesse während der Diagenese genauer. Durch das engere Aneinanderrücken der Körner während der Versenkung wird der Porenraum sukzessive verkleinert, wobei das Fluid immer noch frei im Gestein zirkulieren kann. Die Poren sind also

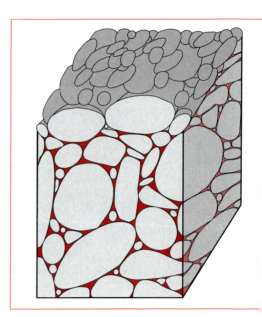

3.159 Typisches Gefüge in einem schwach kompaktierten Sandstein, in dem die Körner untereinander verbunden sind und unter lithostatischer Druck stehen, während die Flüssigkeit ebenfalls ein räumlich verbundenes Netzwerk bildet und unter hydrostatischem Druck steht.

netzwerkartig miteinander verbunden (im Englischen wird dies als *„interconnected network"* bezeichnet). Wenn die Körner alle aneinanderstoßen, aber der Porenraum immer noch entlang von Korngrenzen miteinander verbunden ist (Abb. 3.159), dann herrschen zwei verschiedene Drucke im Gestein: die Minerale spüren das gesamte Gewicht der Gesteinssäule, die über ihnen liegt, denn sie sind untereinander wie durch Streben verbunden. Hier gilt die schon oben angegebene Faustformel von etwa 1 kbar Druckzunahme pro 3 km Versenkungstiefe. Dieser Druck wird **lithostatischer Druck** genannt und er ist es, von dem wir in den vorangegangenen Kapiteln ausschließlich gesprochen haben, wenn es um Metamorphose und Magmatismus ging. Demgegenüber spüren die wassergefüllten Poren, die ja durch ihr Netzwerk untereinander und dadurch auch mit der Erdoberfläche direkt verbunden sind, diesen lithostatischen Druck nicht. Auf einer wassergefüllten Pore lastet dann nur der Druck der überlagernden Wassersäule, der **hydrostatische Druck**, der natürlich deutlich geringer ist als der lithostatische (etwa 1/3, Abb. 3.160), da Wasser ja nur etwa ein Drittel so dicht ist wie das krustale Durchschnittsgestein. „Anomale" Druckschwankun-

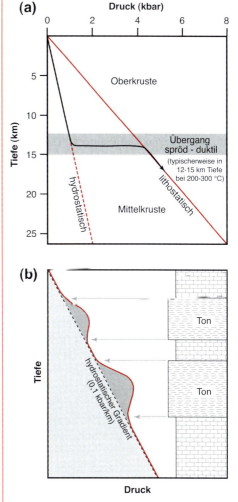

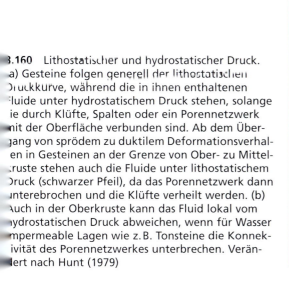

3.160 Lithostatischer und hydrostatischer Druck. a) Gesteine folgen generell der lithostatischen Druckkurve, während die in ihnen enthaltenen Fluide unter hydrostatischem Druck stehen, solange sie durch Klüfte, Spalten oder ein Porennetzwerk mit der Oberfläche verbunden sind. Ab dem Übergang von sprödem zu duktilem Deformationsverhalten in Gesteinen an der Grenze von Ober- zu Mittelkruste stehen auch die Fluide unter lithostatischem Druck (schwarzer Pfeil), da das Porennetzwerk dann unterbrochen und die Klüfte verheilt werden. (b) Auch in der Oberkruste kann das Fluid lokal vom hydrostatischen Druck abweichen, wenn für Wasser impermeable Lagen wie z. B. Tonsteine die Konnektivität des Porennetzwerkes unterbrechen. Verändert nach Hunt (1979)

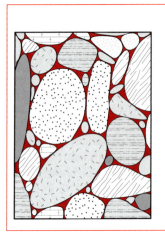 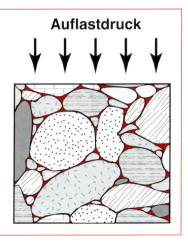

Auflastdruck

3.161 Unter erhöhtem Auflastdruck durch die Kompaktion ändern sich die Kornformen durch Drucklösung, der Porenraum wird verringert und der Porendruck erhöht.

gen zwischen hydro- und lithostatisch können dann auftreten, wenn z. B. Fluid in einem porösen Gestein (z. B. Kalk) zwischen zwei undurchlässigen Lagen (z. B. Tonen) eingesperrt ist und sich dadurch bei zunehmendem Auflastdruck auch der Porendruck erhöht (Abb. 3.160 b).

Sowohl in den Körnern, als auch in den fluidgefüllten Poren nimmt also der Druck mit der Tiefe zu, aber eben mit unterschiedlicher Steigung (Abb. 3.160). An der Grenze zwischen Porenraum und Körnern kommt es zu verschiedenen Lösungs- und Ausfällungsprozessen: Durch **Drucklösung** werden die Körner sich bei zunehmendem Druck an eine Form anpassen, die eine optimale Raumausnutzung erlaubt und den dazwischenliegenden Porenraum verkleinert (Abb. 3.161). Aus dem Fluid werden insbesondere Minerale mit **retrograden Löslichkeiten** wie z. B. Calcit ausgefällt werden, das sind solche Minerale, die sich bei höherer Temperatur schlechter in Wasser lösen als bei niedriger Temperatur (wobei natürlich auch der Effekt des Druckes auf die Löslichkeit betrachtet werden muss, wenn man quantitativ verstehen will, wie sich die Löslichkeit eines Minerales in Wasser mit zunehmender Diagenese verändert). Kompaktion, Auflösung und Wiederausfällung führen also im Endeffekt dazu, dass der Porenraum nicht nur kleiner wird (Abb. 3.162), sondern dass irgendwann auch das in alle Raumrichtungen verbundene Fluidnetzwerk beginnt, unterbrochen zu werden, da zunehmend mehr Kanäle verstopft werden. Auch die diagenetische (authigene) Bildung von Tonmineralen oder die Umwandlung reliktischer Feldspäte in Tonminerale fördert diesen Verstopfungsprozess. Was sich hierbei ändert, ist nicht nur die **Porosität**, also die „Löchrigkeit" des Gesteins, sondern auch die **Permeabilität**, die ein Maß für die Durchlässigkeit eines Gesteines ist (Kasten 3.33). Ge-

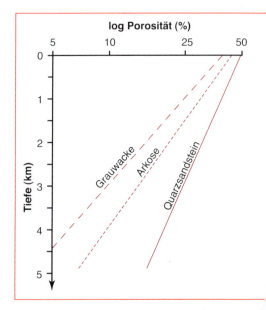

3.162 Veränderung der Porosität mit der Tiefe für unterschiedliche Typen von Sandsteinen. Aus Tucker (1988).

Kasten 3.33 Porosität und Permeabilität

Intuitiv ist es zwar offensichtlich, dass Porosität und Permeabilität irgendwie miteinander verknüpft sein sollten, denn große Porosität scheint auch in guter Durchlässigkeit des Gesteins zu münden, doch möge ein kleines Gedankenexpertiment veranschaulichen, dass es sich um deutlich unterschiedliche Eigenschaften handelt. Betrachten wir zwei Gesteine, die beide eine Porosität von 20 % haben, d.h. also, dass 20 Volumen-% des Gesteins aus Löchern bestehen (Abb. 3.163). Im einen Gestein sind die kleinen Poren untereinander verbunden, im anderen Gestein sind viel größere Poren nur vereinzelt zu finden und haben keinen Kontakt zu ihrer Nachbarpore. Nun ist es offenbar, dass das Gestein mit den untereinander verbundenen Poren eine sehr hohe Permeabilität haben wird. Zieht man also links Wasser hinaus, wird rechts leicht Wasser nachströmen können und die Poren sind immer fluid-gefüllt. Aus dem anderen Gestein kann man gar kein Fluid herausziehen (außer, man bricht die die Poren umgebender Mineralkörner auseinander), und natürlich kann auch kein Fluid nachströmen. Das Gestein hat also eine Permeabilität von praktisch Null (z.B. Bimsstein), obwohl es dieselbe Porosität hat wie das andere Gestein (z.B. Sandstein). Abbildung 3.164 zeigt, dass dennoch in realen Gesteinen Porosität und Permeabilität korreliert sind, da Korngrenzen meist für eine Verbindung zwischen den Poren sorgen.

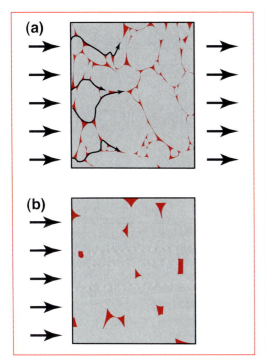

3.163 Die Bedeutung einer netzwerkartig verbundenen Konnektivität für die Fluidmigration: in (a) sind die Poren (rot) miteinander verbunden und Fluid (schwarz) kann durch das Gestein hindurchströmen, was in (b) nicht möglich ist.

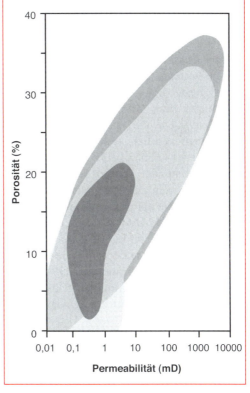

3.164 Der Zusammenhang von Porosität und Permeabilität in drei verschiedenen Sandsteinen der Golfküstenregion aus Tucker (1988).

messen werden Porositäten in Volumen-%, Permeabilitäten in cm^2 oder mD („Millidarcy"). 1 mD sind ungefähr 10^{-5} cm^2.

Eine weitere Ursache für Ausfällung ist das Überschreiten des Löslichkeitsproduktes eines Minerals durch Änderungen von pH oder Redoxzustand (Sauerstofffugazität), oder einfach durch Zumischen eines Fluides anderer Zusammensetzung (wenn z. B. Regenwasser in das Gestein einsickert und sich mit dem Gesteinswasser vermischt). Die Änderung des Redoxzustandes und des pH-Wertes kann insbesondere SiO$_2$-Modifikationen (siehe Kapitel 3.10.2.2 und 3.10.3.4) oder Eisen- und Manganoxide und –hydroxide ausfällen. Nimmt man all diese Prozesse zusammen, so entsteht mit zunehmender Diagenese also eine Art Zement, der die vorher lose aneinander liegenden Körner zusammenbäckt. Dieser Zement kann z. B. aus SiO$_2$-Modifikationen (Opal, Chalcedon, Quarz), Tonmineralen, Calcit oder Eisenhydroxiden (Goethit) bestehen. Häufig kann man auch Anwachssäume neu gebildeter Minerale um alten **Detritus**, also die kantigen oder gerundeten Reste der Vorläufergesteine, optisch gut erkennen (Abb. 3.165). Quarzkörner z.B. zeigen gern klare und im Kathodolumineszenzbild auch deutlich andersfarbige Ränder um trübe Kerne (Abb. 3.141).

Da mit zunehmender Diagenese immer mehr Wasser in Minerale eingebaut wird (vor allem in Tonminerale bei der Feldspat- und sonstigen Silikatverwitterung) und dadurch Salze und andere gelöste Stoffe im Wasser passiv angereichert werden, und da außerdem viele Minerale bei höherem Druck besser löslich werden, nimmt die **Salinität**, der Anteil an gelöster Substanz im Porenwasser, mit zunehmender Versenkungstiefe zu (Abb. 3.166). Dies ist eine charakteristische Beobachtung, die übrigens nicht nur in Sedimentbecken, sondern auch für Wässer aus Grundgebirgsaquiferen gilt. **Tiefenwässer** aus mehreren Kilometern Tiefe in Gneisen oder Graniten haben typische Salinitäten um 30 Gew.-%!

Mit zunehmender Diagenese und Versenkungstiefe gewinnt noch ein anderer Effekt an

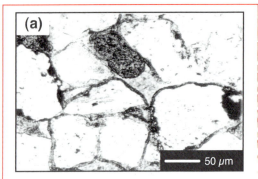

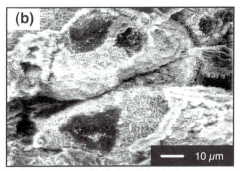

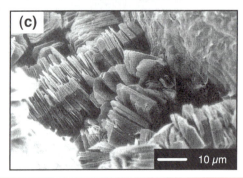

3.165 Bildung von diagenetischen Tonmineralen als Anwachssäume um detritische Mineralkörner bei nach unten zunehmender Vergrößerung. (a) Lichtmikroskopisches Bild, (b) und (c) REM-Bilder Aus Blatt (1992).

Bedeutung, der letztendlich die Permeabilität ganz massiv reduziert: die **duktile Deformation**. Während in der Oberkruste **spröde Deformation** vorherrscht, also das Zerbrechen von Gesteinen, was die Bildung von verbundenen Fluidnetzwerken fördert, wird der Übergang zwischen Ober- und Mittelkruste durch den Beginn der duktilen, also plastischen Deforma

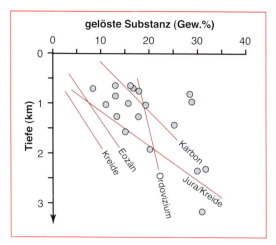

3.166 Fluidzusammensetzung in diagenetischen Sedimenten. Rote Linien zeigen die Zusammensetzungsvariation von Porenwässern in verschiedenen Sedimentbecken der USA nach Dickey (1969), während die grauen Punkte Wässer aus dem Zechstein und der Unterkreide Deutschlands darstellen (nach von Engelhardt, 1960).

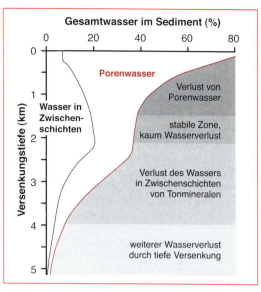

3.167 Wie liegt das Wasser in Tonen vor? Während an der Oberfläche das Porenwasser überwiegt, nimmt dies mit zunehmender Versenkungstiefe durch verschiedene Prozesse besonders stark ab. Aus Tucker (1996).

tion definiert (Abb. 3.160), die in verschiedenen Mineralen bei unterschiedlichen Temperaturen, für Calcit bei etwa 200 °C, bei Quarz z. B. bei etwa 300 °C unter fluid-gesättigten Bedingungen einsetzt. Wenn ein Mineral aber plastisch deformiert werden kann, so kann es mühelos Poren und Kanäle verstopfen und das Fluidnetzwerk damit unterbrechen. Ab dem Beginn der duktilen Deformation herrscht also sowohl für Fluid als auch für Mineralkörner gleichermaßen lithostatischer Druck. Dies geschieht allerdings typischerweise nicht mehr im diagenetischen, sondern im metamorphen Bereich.

Es wurde oben schon angesprochen, dass der Wassergehalt und die Porosität von Gesteinen bei gleichen Diagenesebedingungen sehr unterschiedlich sind, je nachdem, mit was für einem Gestein man es zu tun hat (z. B. Abb. 3.158). Die wasserreichsten Sedimente sind die Tone, doch nimmt in ihnen die Porosität im Verhältnis zur Veränderung z. B. in Sandsteinen auch besonders schnell ab. Wie in Abb. 3.167 gezeigt, überwiegt in Tonen am Anfang das Porenwasser über das in den Zwischenschichten von Tonmineralen gebundene Wasser, doch ändert sich dieses Verhältnis sukzessive und in verschiedenen Schritten. Mit diesen Veränderungen gehen auch Umkristallisationen oder Neubildungen von Tonmineralen einher, sodass nach und nach Kaolinit und Montmorillonit durch Illit und Chlorit ersetzt werden und diese dann – wie in Kasten 3.30 beschrieben – sukzessive besser und gröber rekristallisieren. In Sandsteinen beobachtet man bisweilen die **authigene** Neubildung von Alkalifeldspäten um detritische Feldspäte oder frei in Porenräumen sowie die Bildung eines karbonatischen Zements, wenn im früheren Sand karbonatschalige Organismen lebten bzw. mit ihm abgelagert wurden.

In manchen Sedimenten entstehen bei der Diagenese **Konkretionen** durch Auflösungs- und punktuell bevorzugte Wiederausfällungsreaktionen. Dies sind häufig rundliche Gebilde von mm- bis dm-Größe, die eine deutlich andere Zusammensetzung als das Umgebungsgestein haben können und die durch selektiven Entzug eines Minerals aus der Umgebung und Anlage-

Kasten 3.34 Peloide, Ooide, Pisoide und Onkoide

Pillen, Peloide oder Pellets sind rundliche unterschiedlich geformte 0,1–1 mm große Körner ohne Schalenbau, die im Fall der Pillen vermutlich Kotpillen von bodenlebenden Würmern oder Schnecken darstellen. Falls die Herkunft nicht eindeutig nachweisbar ist, werden diese auch als Peloide bezeichnet.

Ooide sind kugelförmige Körner zwischen 0,5 und 2 mm Größe, die aus einem Kern und einer oder mehreren konzentrischen Hüllen aufgebaut sind (Abb. 3.168). Als Oolithe werden Sedimente bezeichnet, die aus kugelförmigen Körnern mit konzentrisch umwachsenen Kernen („Ooiden") mit Durchmessern bis 2 mm bestehen. Sogenannte Tangentialooide entstehen in hochenergetischen Flachwasserbereichen, beispielsweise in Gezeitenkanälen, während Radialooide in der Regel als Stillwasser-Ooide anzusehen sind; sie entstehen in randmarinen Gebieten bzw. nichtmarinen, z.T. hypersalinen Bereichen oder auch als Höhlenperlen. Letztere sind 5–30 mm große „Bohnen" mit radialnadeligen Kristallen, die in Pfützen von kalkgesättigtem Wasser mit regelmäßig hineinfallenden Tropfen entstehen.

Pisoide generell sind Rundkörper mit Durchmessern über 2 mm, die typischerweise in anoxischem, stehendem Wasser ausgefällt werden. Caliche-Pisoide sind unregelmäßigrundliche Gebilde von 2–20 mm Durchmesser, die in Böden oder an Wurzelfäden als Vorläufer und als Miniform von Konkretionen entstehen. Häufig zeigen sie radiale Risse und unregelmäßig konzentrischen Internbau.

Als Onkoide werden marin gebildete Komponenten mit unregelmäßigem, bohnenförmigem bis ovalem Schalenbau und biogener Beteiligung (z.B. von Bakterien oder Algen) bezeichnet (Abb. 3.169). Diese haben typische Durchmesser von ein bis drei cm, können aber von μm bis dm groß werden.

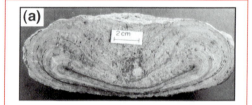

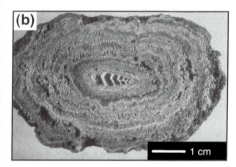

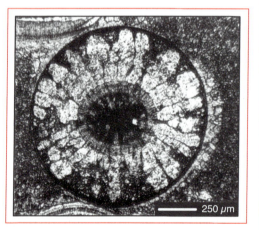

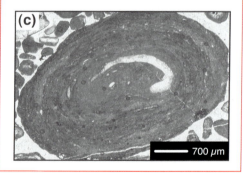

3.168 Lichtmikroskopisches Bild eines präkambrischen Zweiphasenooids mit radialcalcitischem Ooid als Kern und sekundärem säulenartigem Calcit, der den ursprünglichen Aragonit verdrängt. Aus Füchtbauer (1988).

3.169 Verschiedene Peloide (a und b, aus Füchtbauer (1988) und ein Onkoid aus den slowenischen Karawanken. (b) und (c) zeigen als Nukleationskeim im Kern angelöste Schnecken.

rung an die Konkretion wachsen. Sie sind häufig konzentrisch-schalig aufgebaut, wenn sie nicht kontinuierlich gewachsen sind. Bekannt sind die Feuerstein- oder Flintkonkretionen in der Kreide von Rügen (aber nicht nur dort, sondern auch in vielen anderen Kalksteinen), die aus SiO_2 bestehen, aber es gibt auch Gipskonkretionen in Mergeln und Karbonatkonkretionen in Peliten. Auch die im Löss gebildeten Karbonatkonkretionen („**Lösskindel**") gehören hierher. Im Unterschied zu solchen Konkretionen, die sich erst nach der Sedimentation bilden, entstehen die kleinen in Kapitel 1.6.3 bereits erwähnten und in Kasten 3.34 genauer besprochenen **Ooide** vor der Sedimentation. **Bohnerze** schließlich sind eisenhaltige rundliche Konkretionen aus Limonit und/oder Goethit, die sich z. B. in Karsthöhlen im Bereich von bewegtem Oberflächenwasser bilden.

3.10.3.4 Fluidzusammensetzung und Mineralstabilitäten in Sedimenten

Porenlösungen in Sedimenten stehen im Gleichgewicht mit den Mineralkörnern, die sie umgeben oder sie versuchen, ins Gleichgewicht mit ihnen zu kommen. Ersteres bedeutet, dass jede Porenlösung eine thermodynamisch bestimmte Menge an gelösten Stoffen enthält, wobei hier insbesondere Alkali- und Erdkaliionen und gelöstes SiO_2 sowie als Anionen Chlorid, Sulfat und Hydrogenkarbonat zu nennen sind. Letzteres bewirkt **Fluid-Gesteins-Wechselwirkungen**, die Minerale auflösen, ausfallen oder diagenetisch verändern können. Auch diese Reaktionen sind prinzipiell thermodynamisch kontrolliert (wenn auch bisweilen die Kinetik einen Strich durch die saubere thermodynamische Rechnung macht). Beachtet man allerdings diese (inzwischen meist bekannten) Fälle von kinetischen Schwierigkeiten, so kann man quantitativ berechnen, welche Fluidzusammensetzung im Gleichgewicht mit einer sedimentären Mineralparagenese steht oder ob sich bei Hinzutritt eines neuen Fluids (z. B. Regenwasser) Minerale in Sedimenten auflösen

oder ausscheiden. Im vorigen Kapitel wurde bereits besprochen, dass z. B. Quarz in SiO_2-untersättigten Lösungen aufgelöst, aus anderen Lösungen aber wieder ausgefällt werden kann und dass sich silikatische oder karbonatische Zemente in den Porenhohlräumen bilden können. Ebenfalls bereits mehrfach erwähnt wurde, dass sich Alkalifeldspäte aus manchen Porenlösungen (z. B. in Sandsteinen) neu bilden (authigener Feldspat), dass sie in sehr vielen Sedimenten aber zu Tonmineralen zersetzt werden. Schließlich ist Karbonatlösung und -fällung in Sedimenten, insbesondere in Kalksteinen und verwandten Gesteinen, ganz offensichtlich von enormer Bedeutung, wenn man an Phänomene wie den **Karst** oder **Kalksinter** denkt. Wir werden jetzt nacheinander Stabilitätsbedingungen für die in Sedimenten besonders wichtigen Minerale Quarz, Calcit, Feldspat und Tonminerale erörtern.

Betrachten wir also die Auflösung und Ausfällung von SiO_2-Phasen im sedimentären Bereich. Wie Abb. 3.170 zeigt, hängt die Löslichkeit von SiO_2 in Wasser ganz erheblich von der SiO_2-Phase ab, die aufgelöst wird, sowie vom pH-Wert und der Temperatur des Wassers. Quarz löst sich eindeutig am schlechtesten, während sich Opal, Cristobalit und insbesondere amorphes SiO_2 (sogenanntes Kieselgel) deutlich besser lösen, letzteres bis zu 20mal so gut wie Quarz. Die pH-Abhängigkeit der Löslichkeit hängt mit der Speziation des Siliziums im Wasser zusammen (Abb. 3.171): Während das ungeladene Molekül H_4SiO_4 eine pH-unabhängige Löslichkeit aufweist, werden bei zunehmenden pH-Werten geladene Komplexe bedeutsamer, die im Wasser erheblich höher konzentriert auftreten können (Abb. 3.171). Tatsächlich bilden sich in Oberflächenwässern komplizierte polymere Moleküle, in die auch andere Kationen wie Fe eingebaut sein können (Abb. 3.172). Dieser Abbildung entnimmt man auch, dass je weiter die Polymerisation fortschreitet, desto mehr H_2O freigesetzt wird. So vollzieht sich allmählich der Übergang von einer SiO_2-haltigen Lösung zu wasserhaltigem Kieselgel und schließlich zu praktisch wasser-

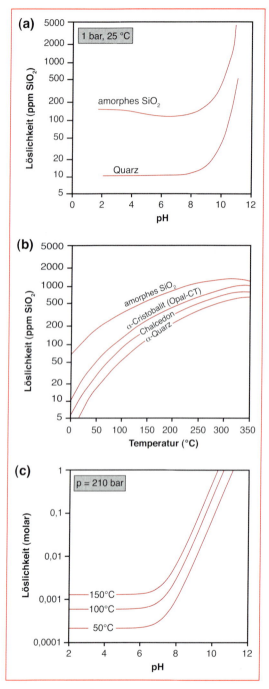

freiem Quarz. Die Löslichkeit von Quarz selbst in Wasser steigt mit zunehmender Temperatur und mit zunehmendem pH-Wert (Abb. 3.170). Auch die Calcitlöslichkeit in wässrigen Fluiden hängt im Wesentlichen vom pH-Wert ab, daneben aber auch von der CO_2- bzw. HCO_3^--Konzentration, wobei letztere auch wieder über ein pH-abhängiges Gleichgewicht miteinander verbunden sind. Am einfachsten zeigen dies zwei Reaktionsgleichungen:

$$2\ CaCO_3 + 2\ H^+ = 2\ Ca^{2+} + 2\ HCO_3^-$$
$$HCO_3^- + H^+ = CO_2 + H_2O$$

Dies bedeutet, dass bei pH-Absenkung (was ja einer höheren H^+-Ionenkonzentration entspricht) Calcit aufgelöst und in Hydrogencarbonationen und CO_2 umgewandelt wird. Die Ca^{2+}-Ionen verbleiben dissoziiert im Wasser. Bei pH-Anhebung dagegen wird nach dem Prinzip von LeChatelier bzw. einfach gemäß der Gleichgewichtskonstanten Calcit ausgefällt. Abb. 3.173 zeigt den Vergleich der SiO_2 und $CaCO_3$-Löslichkeit in Wasser in Abhängigkeit vom pH-Wert. Ganz offensichtlich gibt es unterschiedliche Be-

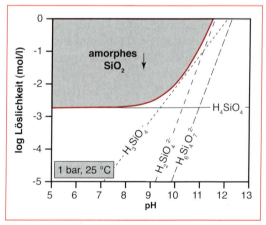

3.170 Die Löslichkeit von SiO_2-Phasen in Wasser in Abhängigkeit von Temperatur und pH-Wert. In (c) geht es um Tiefquarz. Nach Füchtbauer (1988) und Staude et al. (2007).

3.171 Löslichkeit von SiO_2 in Wasser bei 25 °C und 1 bar sowie die Bedeutung der einzelnen Si-haltigen Spezies für die Erhöhung der Löslichkeit bei steigendem pH-Wert. Im grauen Feld oberhalb der roten Kurve fällt amorphes SiO_2 aus. Aus Dove & Rimstidt (1994).

dingungen, bei denen SiO$_2$-Phasen und Calcit miteinander gelöst, miteinander ausgefällt oder eines von beiden gelöst, das andere aber ausgefällt wird. Dies zu begreifen ist für das Verständnis von marinen Ablagerungen und für die Diagenese von Sedimenten enorm wichtig.

Die Temperatur- und Druckabhängigkeit dieser Gleichgewichte ist beim Calcit etwas Besonderes: seine Löslichkeit ist **retrograd**, was bedeutet, dass er sich in kaltem Wasser besser löst als in warmem (Abb. 3.174). Die Druckabhängigkeit der Löslichkeit bewirkt, dass sich bei zunehmendem Druck immer mehr Calcit in Wasser löst. Dieser Effekt ist für die **CCD**, die **Calcit-Kompensations-Tiefe** (*calcite compensation depth* im Englischen, Kasten 4.8) verantwortlich, unterhalb derer im Ozean kein Calcit mehr stabil ist und daher auch keine Organismen mit (ungeschützten) Kalkschalen mehr existieren. Zusammenfassend kann man also feststellen, dass Druck-, Temperatur- und pH-Änderungen zu Calcitlösung und –fällung führen können. Für die gegenwärtige Klimade-

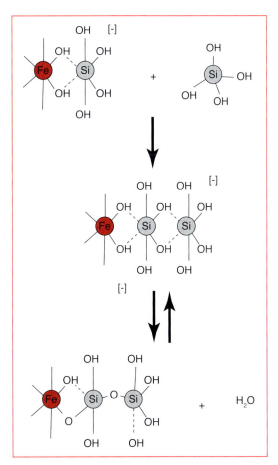

3.172 Große, komplexe, polymere Moleküle mit Si können in Oberflächenwässern z.B. Eisen komplexieren.

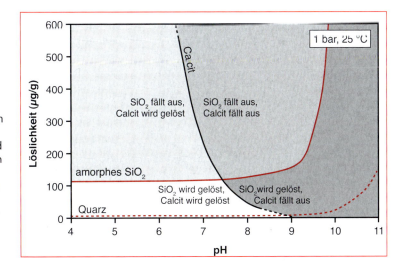

3.173 Die Unterschiede im Löslichkeitsverhalten von Quarz, amorphem SiO$_2$ und Calcit bei 25 °C und 1 bar in Abhängigkeit vom pH-Wert. Dieses Diagramm ist u. a. für die Stabilität von kieseligen oder karbonatischen Skeletten von Organismen von zentraler Bedeutung. Aus Blatt (1992).

batte ist außerdem der CO_2-Gehalt der Atmosphäre und der damit im Gleichgewicht stehende CO_2-Gehalt des Meeres von Bedeutung (Kasten 4.8).

Da Regenwasser praktisch Ca-frei und damit massiv an Calcit untersättigt ist, treten in Kalkgebieten häufig oberflächennahe Lösungenserscheinungen, der **Karst**, auf. Dabei entstehen entlang unterirdischer Fließwege des Regenwassers zum Teil riesige Höhlenkomplexe. Das Regenwasser löst so lange Kalk auf, bis es an Calcit gesättigt ist. Mischen sich zwei unterschiedliche, aber beide an Calcit gesättigte Wässer, so ist das entstehende Mischwasser häufig wieder leicht an Calcit untersättigt und kann wieder Kalk auflösen. Dieses Phänomen wird als **Mischungskorrosion** bezeichnet.

Überirdisch entstehen an verschiedenen Stellen zum Teil sehr auffällige und großvolumige Kalkausfällungen. Ist vulkanisches CO_2 im Spiel, so spricht man von Sauerwasserkalken, im Bereich von Quellen bilden sich Quellkalke oder Travertin. Die Fällung von Quellkalken beruht auf der retrograden Löslichkeit von Calcit, also auf dem Temperatureffekt: Tritt kalkgesättigtes Wasser aus kalkigem oder mergeligem Untergrund im Sommer an die Oberfläche aus, so erwärmt es sich und fällt daher Calcit aus. Im Winter läuft dieser Prozess dagegen nicht ab. Übrigens hat Wasser in Böden durch mikrobielle Prozesse und den Zerfall organischer Stoffe häufig einen höheren CO_2-Gehalt als er sich im Gleichgewicht mit der Atmosphäre einstellen würde.

Generell sind die meisten gesteinsbildenden Silikate in metamorphen und magmatischen Gesteinen unter oberflächennahen Bedingungen also in Sedimenten, instabil. Olivin, Pyroxene Amphibole, Biotite und Plagioklase werden zu verschiedenen Arten von Tonmineralen umgewandelt, auch Alkalifeldspäten und Hellglimmern ergeht es häufig so. Für unterschiedliche Minerale geht dies unterschiedlich schnell (Abb. 3.175). Wie schon für SiO_2-Phasen und Calcit gesehen, spielt auch hier wieder der pH-Wert eine entscheidende Rolle für die Löslichkeit z. B. von Aluminium und Eisen in Wasser Dies hängt mit Komplexstabilitäten zusammen Sowohl Eisen als auch Al werden nämlich nicht nur als Fe^{2+}, Fe^{3+} oder Al^{3+} in Wasser gelöst sondern pH-abhängig auch als Hydroxo-Komplexe (Abb. 3.176). Daher haben beide dreiwertigen Ionen, also Fe^{3+} und Al^{3+}, Löslichkeitsminima im ungefähr neutralen pH-Bereich: in sauren pH-Bereich liegen sie überwiegend als dreiwertige, unkomplexierte oder mit Wasser komplexierte Ionen vor, im basischen pH-Bereich dagegen als gut lösliche Hydroxokom

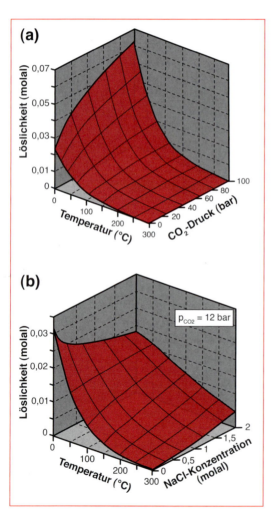

3.174 Die Calcitlöslichkeit in Abhängigkeit von Temperatur, CO_2-Partialdruck und Salinität nach Segnit et al. (1962), Ellis (1963) und Plumer & Wigley (1976).

plexe (z. B. $Al(OH)_4^-$), doch im neutralen pH-Bereich werden sie als schwerlösliches $Fe(OH)_3$ und $Al(OH)_3$ augefällt.

Die Aluminium-Löslichkeit ist insbesondere für das Verständnis von Feldspat-Tonmineral-Stabilitätsbeziehungen wichtig. Allerdings spielen hier auch andere Faktoren wie die Kalium-Ionen-Konzentration in der Lösung oder auch die SiO_2-Aktivität eine Rolle. Dies ist auf Abbildung 3.177 und Abbildung 3.14 bis 3.16 zu sehen, wo offensichtlich ist, dass die Stabilität von K-Feldspat beispielsweise hohe K^+/H^+- und SiO_2-Aktivitäten voraussetzt. Insbesondere ersteres ist aber in vielen Bodenlösungen nicht gegeben (siehe die roten Punkte in Abb. 3.16) und daher wird K-Feldspat zu Illit, Smektit und/oder Kaolinit zersetzt. Bei tropischer Verwitterung kann zusätzlich SiO_2 abgeführt werden und das System dann ins Gibbsit-Stabilitätsfeld kommen (siehe auch Laterite und Bauxite in Kasten 3.28). Wichtige bei solchen Prozessen ablaufende Mineralreaktionen sind in Tabelle 3.1 zusammengestellt.

Eisen liegt unter oberflächennahen Bedingungen in zwei Wertigkeitsstufen vor: Fe^{2+} und Fe^{3+}. Ersteres überwiegt in eher reduzierendem Milieu (z. B. in anoxischem Milieu, wo durch die Zersetzung organischer Substanz, was ja nichts anderes ist als eine Oxidation zu CO_2 und H_2O, Sauerstoff verbraucht wird), letzteres in eher oxidierendem, wie es im Kontakt mit Luftsauerstoff gegeben ist. Gut durchlüftete Oberflächenwässer und auch typische Wässer in den oberen Kilometern der Erdkruste sind meist so oxidiert, dass Eisen nur in seiner dreiwertigen Form vorliegt. Diese ist aber sehr schlecht löslich, da sofort unlösliche Eisenhydroxide wie FeOOH oder $Fe(OH)_3$ ausfallen. Eisen wird also in oxidierenden Lösungen fast nicht transportiert. Eine Ausnahme können lediglich Wässer wie Fluss- oder Moorwasser bilden, die niedrige Elektrolytkonzentrationen,

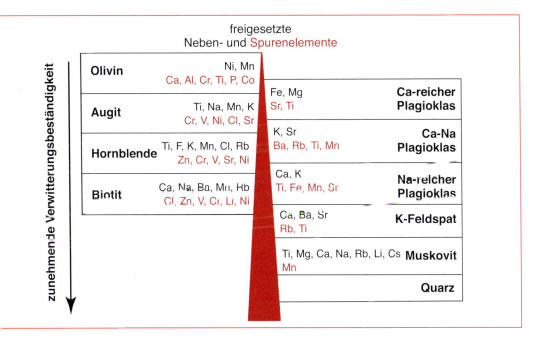

3.175 Dieses Diagramm zeigt die relative Verwitterungsbeständigkeit von mafischen (links) und felsischen (rechts) Silikaten und die bei ihrer Verwitterung freigesetzten Neben- und Spurenelemente, die z. T. erhebliche wirtschaftliche Bedeutung erlangen können, wenn sie in Erzlagerstätten angereichert werden. Hauptelemente werden nicht extra dargestellt, fallen aber natürlich auch an. Nach unten nimmt die Verwitterungsbeständigkeit zu.

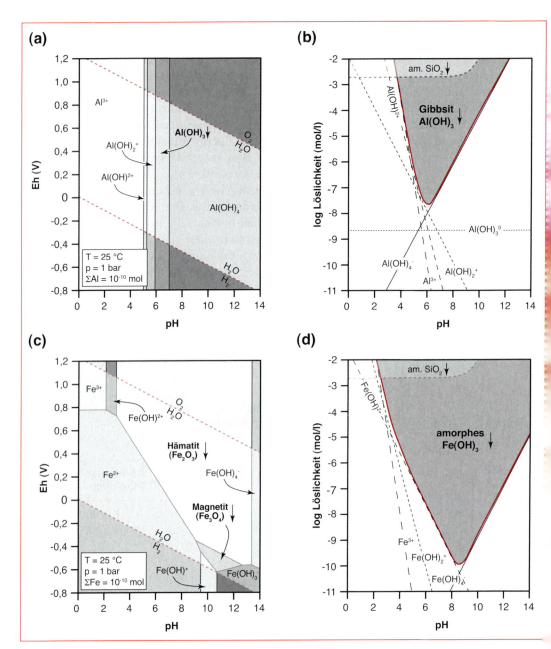

3.176 Eh-pH (a und c) sowie Löslichkeit-pH-Diagramme (b und d) für wichtige Al- (a und b) sowie Fe-Spezies (c und d). Alle Diagramme sind für 1 bar und 25 °C konstruiert. Die Diagramme (a) und (c) zeigen, welche Festphasen oder gelösten Spezies mit einem Wasser bestimmten pH-Wertes und Redoxwertes im Gleichgewicht steht, während die Diagramme (b) und (d) die durch verschiedene gelöste Spezies definierten Löslichkeiten von Gibbsit und amorphem $Fe(OH)_3$ zeigen. Die grauen Felder in (b) und (d) geben den Bereich an, in dem die Minerale ausgefällt werden, die roten Kurven sind demnach Löslichkeitskurven.

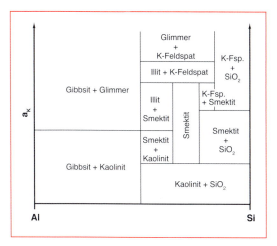

3.177 Die Stabilität verschiedener Al-haltiger Silikatvergesellschaftungen in Abhängigkeit vom Al/Si-Verhältnis des Gesamtgesteins und von der Kaliumionen-Aktivität in einem koexistierenden Fluid. Aus Velde (1985).

aber relativ hohe Organikanteile haben können. In Flüssen können sich um $Fe(OH)_3$-**Kolloide** organische Schutzschichten bilden, die vermutlich einen Eisentransport bis ins Meer erlauben, wo das Eisen dann allerdings im küstennahen Bereich sofort ausflockt, da die Mischung mit dem Elektrolyt-reichen Meerwasser die organisch geschützten Kolloide zerstört. Die Flöckchen im Gezeitenbereich können sich an andere Partikel, z. B. Karbonate, anlagern und so können sich die eisenreichen Ooide bilden, die in Kapitel 1.6.3 bereits erwähnt wurden. Das „vermutlich" vor einigen Sätzen bezieht sich darauf, dass solch ein Prozess, also so eisenreiches Flusswasser, derzeit weltweit nirgendwo beobachtet wird, während heutige Moorwässer durchaus so eisenreich sein können.

In reduzierenden Lösungen kann Eisen dagegen in seiner zweiwertigen Form gut transportiert werden – insbesondere in Form von Hexa-

3.178 Diagramme von Eh (Redoxpotential) gegen pH und Schwefelionenkonzentration für (a) und (b) eisenhaltige Festphasen sowie für (c) verschiedene natürliche Wasserzusammensetzungen. Nach Tucker (1996), Blatt (1992) und Füchtbauer (1988).

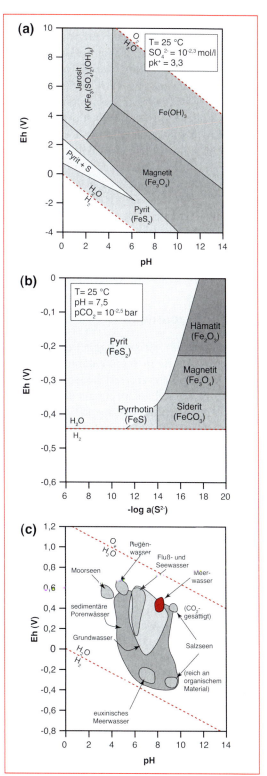

quo- ($Fe(H_2O)_6^{2+}$) und verschiedenen **Chloro-Komplexen**. Bei Vorhandensein von größeren Mengen Schwefel (z. B. aus dem Abbau organischer Substanz), Kalium oder Karbonat fallen dann bei Übersättigung Pyrit, Jarosit oder Siderit aus (Abb. 3.178), ansonsten bisweilen Magnetit oder ein Fe-reicher Chlorit, der Chamosit. Die Stabilitätsdiagramme der Abbildung 3.178 zeigen die Abhängigkeit der jeweilig kristallisierenden Mineralspezies von den wichtigsten Zusammensetzungs-, pH- und Redox-Variablen sowie die Eh-pH-Bedingungen für eine Reihe wichtiger Oberflächenwässer. Das chemische Redoxpotential Eh ist hierbei, wie in Kapitel 3.5.5 erläutert, ein Maß für den Redoxzustand eines Fluides oder einer Paragenese.

3.10.3.5 Evaporite

Nachdem wir im vorigen Kapitel die Fluidzusammensetzungen in sedimentären Gesteinen bei ihrer Diagenese erörtert haben, soll in einem letzten Kapitel noch einmal ein Schritt zurück zur eigentlichen Sedimentation gemacht werden. Während bei biogenen und klastischen Sedimenten insbesondere physikalische Vorgänge die Art der entstehenden Gesteine bestimmen, spielen diese bei chemischen Sedimenten gar keine Rolle. Wiederum, wie im vorigen Kapitel, müssen wir hier die Löslichkeit von Mineralen in Wasser näher betrachten, um die Bildung von Evaporiten zu verstehen.

Evaporite sind chemisch ungewöhnliche, mineralogisch interessante (Tabelle 3.5) und aufgrund ihres Gips-, Kalisalz- und Steinsalzgehaltes wirtschaftlich enorm bedeutende Gesteine. Man unterscheidet **terrestrische**, also auf dem Festland in Salzsümpfen, Salzpfannen, Salzseen und versalzenen Böden gebildete Evaporite von den **marinen Evaporiten**. Obwohl interessant, sind die terrestrischen Vorkommen, die sich insbesondere bei der Eindampfung von Seen (Lake Natron in Kenia, Kaspisches Meer, Aralsee) und bei der kapillaren Austrocknung von Böden bilden, gegenüber den marin gebildeten von kleinerer Ausdehnung und auf extrem aride Gebiete beschränkt. Eine gewisse wirtschaftliche Bedeutung haben terrestrische Spezialfälle, wo Nitrate (in der chilenischen Atacama-Wüste) und Borate (in Kalifornien und der Türkei) zur Abscheidung gelangten. Insbesondere letztere decken bis zu 90% des weltweiten Bor-Bedarfs. Ihre Entstehung wird mit **Bor-reichen vulkanischen Thermen** in lakustrinem Milieu in Verbindung gebracht.

Marine Evaporite leiten ihre Bildung von der Eindampfung des Meerwassers ab. Das Meerwasser enthält durchschnitlich etwa 3,5% gelöste Salze, wobei das Steinsalz (NaCl) die überwiegende Menge ausmacht (Kapitel 4.5.4, Tabelle 4.9). Die wichtigsten Kationen sind neben Natrium das Kalium, Magnesium und Calcium, während an Anionen neben Chlorid noch Sulfat, Hydrogencarbonat und Bromid zu erwähnen sind. Aus Meerwasser selbst fällt zunächst einmal kein Salz aus, da die Löslichkeitsprodukte aller Salzminerale in normalem Meerwasser bei weitem unterschritten sind. Erst wenn das Meerwasser auf etwa 1/3 seiner Ursprungsmenge eingedampft und dadurch aufkonzentriert wird, beginnt Gips auszufallen. Solche Fälle sind zwar besonders und ungewöhnlich, kommen jedoch in geologischen Zeiträumen trotzdem relativ regelmäßig vor. Voraussetzung für die Bildung von mächtigen Salzablagerungen ist die Abschnürung eines Randmeeres oder Meeresbeckens vom offenen Ozean. In diesem Randmeer verdampft Meerwasser und wird immer wieder durch nachströmendes Meerwasser aufgefüllt, wobei jedoch die an Salzen angereicherte Verdampfungslösung nicht ins Meer zurückströmen kann. Dies wird durch untermeerische Schwellen oder „Barren" bewirkt, weshalb diese Theorie der Salzbildung auch **Ochsenius'sche Barrentheorie** heißt (Ochsenius war ein deutscher Forscher, der sie anhand seiner Beobachtungen am Kaspischen Meer entwickelte). Die untermeerischen Barren halten die salzreichere und daher dichtere, nach unten gesunkene Salzlösung im Randbecken zurück, während salzärmeres, weniger dichtes Meerwasser leicht

Tabelle 3.5 Wichtige Salzminerale in Evaporiten

Karbonate		Marin	Terrestrisch
Dolomit	$CaMg(CO_3)_2$	X	X
Aragonit, Calcit	$CaCO_3$	X	X
Magnesit	$MgCO_3$	X	
Natron (Soda)	Na_2CO_3		X
Trona	$Na_2CO_3 \cdot NaHCO_3 \cdot 2\,H_2O$		X
Chloride			
Halit	$NaCl$	X	X
Sylvin	KCl	X	
Carnallit	$KCl\,MgCl_2 \cdot 6\,H_2O$	X	
Bischofit	$MgCl_2 \cdot 6\,H_2O$	X	
Tachhydrit (Tachyhydrit)	$CaCl_2 \cdot 2\,MgCl_2 \cdot 12\,H_2O$	X	
Rinneit	$NaCl \cdot 3\,KCl \cdot FeCl_2$	X	
Rokühnit	$FeCl_2 \cdot H_2O$	X	
Sulfate			
Gips	$CaSO_4 \cdot 2\,H_2O$	X	X
Anhydrit	$CaSO_4$	X	X
Kainit	$MgSO_4 \cdot KCl \cdot 3\,H_2O$	X	
Langbeinit	$K_2SO_4 \cdot 2\,Mg_2SO_4$	X	
Polyhalit	$K_2SO_4 \cdot MgSO_4 \cdot 2\,CaSO_4 \cdot 2\,H_2O$	X	
Leonit	$K_2SO_4 \cdot MgSO_4 \cdot 4\,H_2O$	X	
Kieserit	$MgSO_4 \cdot H_2O$	X	
Hexahydrit	$MgSO_4 \cdot 6\,H_2O$	X	
Epsomit	$MgSO_4 \cdot 7\,H_2O$	X	X
Mirabilit (Glaubersalz)	$Na_2SO_4 \cdot 10\,H_2O$		X
Thenardit	Na_2SO_4		X
Borate			
Boracit	$Mg_3B_7O_{13}Cl$	X	
Danburit	$CaB_2(SiO_4)_2$	X	
Kernit	$Na_2B_4O_6(OH)_2 \cdot 3\,H_2O$		X
Borax (Tinkal)	$Na_2B_4O_5(OH)_4 \cdot 8\,H_2O$		X
Colemanit	$Ca_2B_6O_{11} \cdot 5\,H_2O$		X
Ulexit	$NaCaB_5O_6(OH)_6 \cdot 5\,H_2O$		X
Nitrate			
Natronsalpeter	$NaNO_3$		X
Kalisalpeter	KNO_3		X

über die Barre nachströmen kann. Zudem darf aus den umliegenden (ariden) Gebieten kein Süßwasser nachströmen. Durch diese Verkettung von Randbedingungen kann Meerwasser bis an die Salzsättigung gelangen und es können sich relativ mächtige Salzablagerungen auch in relativ flachen Becken bilden. Man überlege sich: Aus einer 1000 m hohen Meerwassersäule mit einer Salinität von 3,5 % scheiden sich etwa 15,9 m Salze mit einer Durchschnittsdichte von 2,2 g/cm^3 ab, wie sie für typische marine Salzablagerungen berechnet wird. Um 100 m Salze so auszufällen, würde man also ein etwa 7000 m tiefes Meeresbecken benötigen. Es wird aber nirgendwo beobachtet, das sich 100 m Salz am Boden eines 7 km tiefen Beckens findet, sondern Salze finden sich überwiegend in flachmarinen Schelf- und Küstenbereichen.

Für die Ausfällung von Salzen aus der Meereslauge gibt es eine charakteristische Abfolge (Abb. 3.179). Zunächst werden Karbonate wie Calcit und Dolomit ausgefällt. Sind rund 2/3 des Meerwassers verdunstet, bildet sich Gips (der sich später diagenetisch in Anhydrit umwandeln kann; Anhydrit selbst wird aus kinetischen Gründen nicht ausgefällt). Wenn etwa 89 % verdunstet sind, fällt Halit aus und erst ab etwa 98,5 % entstehen Kalium- und Magnesiumsalze, wie z. B. Carnallit, und K-Mg-Sulfate, wie Kainit oder Kieserit. Das letzte ausfallende Mineral ist das Magnesiumchlorid Bischofit (Abb. 3.180). Es sei hier noch darauf hingewiesen, dass die thermodynamisch stabile Abscheidungsreihenfolge in der Natur durch kinetische Hemmungen verändert wird, was beispielsweise zur primären Abscheidung von Sylvin anstelle von Carnallit führt. Unter thermodynamischen Gleichgewichtsbedingungen würde kein Sylvin ausfallen, obwohl er das wichtigste Kaliumsalz darstellt. Die Unterschiede zwischen stabiler und metastabiler Salzausscheidung sind in Abb. 3.180 gezeigt. Zu diesen Effekten kommen noch Schwankungen in der Lösungszusammensetzung hinzu, die regional und zeitlich unterschiedlich sein können. So können beispielsweise höhere Ca-Ionen-Konzentrationen die

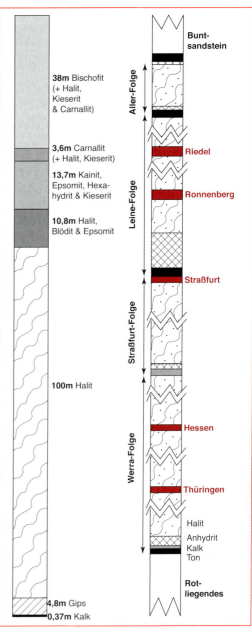

3.179 Theoretisches (links) und reales (rechts) Profil durch eine Salzlagerstätte. Das linke Profil zeigt eine auf 100 m Halit normierte Salzlagerstätte, die beim Eindampfen in einem geschlossenen System entstehen sollte (nach Braitsch, 1962). Das rechte Profil zeigt schematisch die Salzlagerstätten des Zechsteins in Mitteleuropa nach Baumann et al. (1979). Die unbeschrifteten Muster im rechten Profil entsprechen den beschrifteten Mustern im linken Profil.

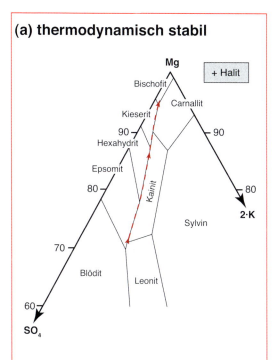

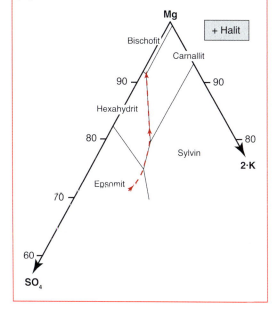

3.180 Stabile (a) und metastabile (b) Abscheidungsfolge von Salzmineralen im System Kalium-Magnesium-Sulfat mit Halit als Projektionsphase. Nach Holser (1981).

Abscheidungsreihenfolge gegenüber dem theoretischen, Ca-freien System der Abb. 3.180 signifikant verändern.

Ein wichtiger Indikator dafür, wie weit die Eindampfung des Meerwassers ging, ist das **Cl/Br-Verhältnis** in Salzlösungen (siehe auch Kapitel 4.6.2, Kasten 4.15). In Meerwasser ist es konstant bei etwa 300, und dies bleibt auch erhalten, solange Karbonate und Gips ausfallen, da weder Cl noch Br darin eingebaut werden (Abb. 4.53). Fällt allerdings Halit aus, so wird Cl gegenüber Br deutlich bevorzugt eingebaut (Cl/Br in der Größenordnung von 10.000). Das Cl/Br-Verhältnis der koexistierenden Lösung sinkt daher drastisch, bis Sylvin auskristallisiert, der Br besser einbaut als Cl, weshalb es langsam wieder ansteigt. In darunterliegende Gesteine einsickernde Lösungen behalten nach gegenwärtigem Wissensstand ihr Cl/Br-Verhältnis auch während späterer Fluid-Gesteins-Reaktionen bei.

Nach ihrer Ablagerung werden Salzgesteine leicht durch Druck- und Temperaturänderungen sowie insbesondere durch Zutritt von salzuntersättigten Lösungen verändert. Man spricht dann von **Salzmetamorphose**, obwohl die dabei herrschenden Temperaturen und Drucke eigentlich diagenetische Größenordnungen haben. Beim Zutritt von Lösungen kann sich zum Beispiel Carnallit nach folgender Gleichung in Sylvin umwandeln:

$$KMgCl_3 \cdot 6\,H_2O \text{ (Carnallit)} = KCl \text{ (Sylvin)} + MgCl_2 \text{ (in Lösung)} + 6\,H_2O$$

Bei Druck- und Temperaturerhöhung beginnt sich Salz schon im Bereich von wenigen 100 bar und um 100 °C duktil zu deformieren und langsam zu fließen, was zur Bildung der bekannten **Salztektonik** (u. a. **Salzdiapire**) führt, die aufgrund ihrer geringen Dichte und guten Fließfähigkeit ähnlich wie Schmelzen durch umliegendes dichteres Gestein aufsteigen können (Abb. 3.181).

Ein oben beschriebener **salinarer Zyklus**, also die sukzessive Ausscheidung von Karbonaten, Gips, Halit, Sylvin und K-Mg-Salzen, kann sich

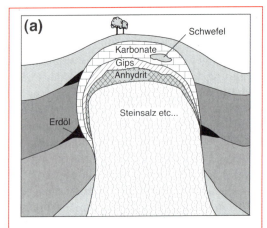

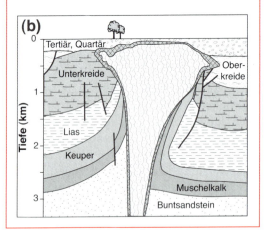

3.181 Ein theoretischer (a) und ein realer (b) Schnitt durch einen Salzdiapir. Während in (a) die ideale Ausbildung des Gips- und Karbonathutes zu sehen ist, zeigt (b) den Schnitt durch den Salzstock von Wienhausen-Eicklingen bei Celle mit den typischen Störungen, dem Aufbiegen der Schichten und dem den ganzen Salzstock umgebenden Anhydrit. Man beachte die Erdölfallen in (a). Nach Richter (1992).

durch Meeresspiegelschwankungen natürlich mehrfach wiederholen. In Nord- und Mitteldeutschland werden die Ablagerungsprodukte solcher salinarer Zyklen aus dem Zechstein (Perm) an vielen Stellen abgebaut. Hier ging die Eindampfung bis zu den als Düngemitteln wirtschaftlich besonders wichtigen Kalisalzen. In Süddeutschland finden sich Salze in Gesteinen des Muschelkalks und des Oligozäns (Tertiär). Im Muschelkalk wurde allerdings nur das Halitstadium erreicht – das Steinsalz wird bei Haigerloch, bei Heilbronn und bei Bad Reichenhall überwiegend als Streusalz für den Winter abgebaut (Hall ist ein altes Wort, das Salz bedeutet, so in Schwäbisch Hall und Hallein und vermutlich stammt auch der Name Heilbronn eigentlich von „Hallbronn", einem Salzbrunnen). Oligozänes Salz kommt nur im südlichen Oberrheingraben vor, südlich von Freiburg. Es wurde bis etwa zum Jahr 2000 im Elsass und bis in die 1970er Jahre auf deutscher Seite abgebaut. Hier wurde im Gegensatz zum Muschelkalk auch das Sylvin-Stadium erreicht.

4 Geochemie

4.1 Einführung

Die Geochemie ist ein Teilgebiet der Geowissenschaften, das sich seit den 1920er Jahren aus der Mineralogie heraus entwickelt und seitdem einen ungebremsten Aufschwung und Bedeutungsgewinn erfahren hat. Ihr Begründer war ein deutscher Professor aus Göttingen, Victor Moritz **Goldschmidt**, der wegen seiner jüdischen Herkunft aus Deutschland fliehen musste und seine Arbeiten dann in Norwegen fortsetzte. Er definierte die Geochemie 1954 in seinem posthum erschienenen Standardwerk so: „Die Geochemie befasst sich mit den Gesetzen, die die Verteilung der chemischen Elemente und ihrer Isotope in der gesamten Erde und im Universum bestimmen."

In Kapitel 4 dieses Lehrbuchs werden wir uns mit der Entstehung der Elemente, der Zusammensetzung von Himmelskörpern, unserer Erde und gewisser Teilsysteme der Erde sowie mit den Möglichkeiten beschäftigen, geologische und kosmochemische Prozesse mithilfe von Spurenelementen und Isotopensystemen geochemisch zu verstehen.

Was aber ist ein **Isotop**? Prinzipiell hat jedes Element seine charakteristische Protonenzahl im Atomkern, und diese Zahl bestimmt die **Ordnungszahl Z**. Allerdings können unterschiedliche Isotope ein und desselben Elements eine unterschiedliche Anzahl an Neutronen N in ihrem Atomkern enthalten, weshalb unterschiedliche Massen- bei gleichen Ordnungszahlen vorkommen. Grundsätzlich gilt: Die **Massenzahl A** setzt sich zusammen aus der Protonenzahl Z plus der Neutronenzahl N. Interessanterweise kann es nun Isotope identischer Massen-, aber unterschiedlicher Ordnungszahl geben – diese werden als **Isobare** bezeichnet. Spricht man nur von Atomkernen, ohne sie in Beziehung zu einem Element zu setzen, so spricht man von **Nukliden**. Man kennt etwa 270 stabile Nuklide und derzeit 115 Elemente, von denen nur etwa 90 tatsächlich in der Natur vorkommen. Unter diesen 90 gibt es 20 Elemente, die so genannten **Reinelemente**, die nur aus einem stabilen Isotop bestehen, während alle übrigen mindestens 2 und maximal 10 stabile Isotope (Zinn) haben. Die Reinelemente sind Be, F, Na, Al, P, Sc, Mn, Co, As, Y, Nb, Rh, I, Cs, Pr, Tb, Ho, Tm, Au und Bi. Neben einer gewissen, relativ kleinen Zahl von stabilen Isotopensystemen (siehe Abschn. 4.7) sind in den Geowissenschaften die **Radionuklide** von besonderer Bedeutung, also instabile, unter Aussendung radioaktiver Strahlung zerfallende Nuklide (siehe Kasten 4.2 und Abschn. 4.8).

Die Geochemie beschäftigt sich also mit der Ermittlung der stofflichen Zusammensetzung geologischer Systeme und zieht daraus Rückschlüsse auf geologische Prozesse. Während die allgemeine Geochemie Gesetzmäßigkeiten z. B. zur Verteilung von Elementen zwischen Fluiden, Festphasen und Schmelzen erarbeitet, ist die Isotopengeochemie besonders für Altersdatierungen, die quantitative Rekonstruktion von geologischen Prozessen und für das Verständnis der Verbindung von Geo- und Biosphäre wichtig. Um die heutzutage angetroffene Verteilung der Elemente auf unserer Erde zu verstehen, müssen wir uns zurückversetzen an den Zeitpunkt der Entstehung des Universums und später unseres Sonnensystems, zur so genannten Nukleosynthese, als die Elemente gebildet wurden. Von dort arbeiten wir uns durch die Entstehung von Himmelskörpern über Meteorite zur Zusammensetzung unserer Erde (die in Abschn. 1.3 und 1.4 schon angesprochen wurde) und danach zu den allgemeinen geochemischen und isotopengeochemischen Gesetzmäßigkeiten vor, die zur Rekonstruktion und zum Verständnis geologischer Prozesse wichtig sind.

4.2 Nukleosynthese

Wasserstoff (^{1}H) und darin enthalten auch Deuterium (^{2}H) sowie Helium (^{3}He und ^{4}He) sind die beiden Elemente, die neben wenig Lithium bereits kurz nach dem Urknall bei extrem hohen Temperaturen und Dichten „geboren" wurden. Diesen Prozess bezeichnet man als **primordiale Nukleosynthese**. „Kurz" bedeutet nach der heute gängigsten Theorie „in den ersten 5 Minuten", was also nicht nur geologisch kurz ist. Alles begann etwa eine Hundertstelsekunde nach dem Urknall. Zu dieser Zeit war das Universum soweit abgekühlt (auf „nur" noch etwa 10 Milliarden Kelvin), dass sich die vorher als Plasma vorliegenden Quarks (winzigste Elementarteilchen) zu Protonen und Neutronen im Verhältnis 1 : 1 verbinden konnten. Während der weiteren Abkühlung sank das Neutronen/Protonen-Verhältnis ab, nach einer Sekunde z. B. auf etwa 1 : 6. Eine Minute nach dem Urknall konnte sich erstmals stabiles Deuterium bilden, das freie Neutronen einfing und überwiegend in ^{4}He-Kernen einband, zu einem sehr geringen Anteil auch in ^{7}Li. Die kleine Hochzahl gibt hierbei die Massenzahl, also die Summe der Protonen plus Neutronen an. Bei diesem Prozess sollten laut Theorie 75 % Wasserstoff und 25 % Helium entstanden sein, was gut mit unseren Beobachtungen der ältesten beobachtbaren Sterne, auch außerhalb unserer Milchstraße, übereinstimmt. Das heutige H/He-Verhältnis ist allerdings durch spätere Prozesse verändert und liegt zwischen 9 und 12. Nach wenigen Minuten war die primordiale Nukleosynthese beendet, das Universum enthielt nun neben den oben genannten Elementen noch ein wenig Tritium (^{3}H) und ^{3}He sowie freie Protonen und Neutronen, wobei letztere sich innerhalb weniger Minuten in andere Teilchen umwandelten, da sie ungebunden instabil sind.

Weitere Elemente entstanden dann nur noch im Zuge der **stellaren Nukleosynthese** im Inneren von Sternen. Nach der Entstehung eines Protosterns durch die gravitative Zusammenballung interstellaren Staubs und Gases und weiterer Verdichtung begannen bei den dann herrschenden Temperaturen ab etwa 10^7 K (also bei etwa zehn Millionen Grad) die ersten **Fusionsreaktionen** abzulaufen. Solche Fusionsreaktionen spielen eine entscheidende Rolle im Universum, da sie die Sterne (wie z. B. auch unsere Sonne) mit Energie versorgen (siehe dazu Kasten 4.1).

Wenn nach Milliarden von Jahren der Wasserstoffvorrat eines Sternes zur Neige geht, wird der Fusionsprozess in seinem Inneren gestoppt und er fällt unter dem Einfluss seiner eigenen Schwerkraft in sich zusammen. Während dieses Prozesses wird er heißer und dichter und es bilden sich unter diesen extremen Zuständen die Elemente höherer Ordnungszahlen in verschiedenen aufeinanderfolgenden, von ganz bestimmten Druck- und Temperaturbedingungen abhängigen Stufen. Kleinere Sterne mit geringen Massen können übrigens durch Fusionsreaktionen nur leichte Elemente erzeugen, da sie nicht die erforderlichen Bedingungen zur Synthese schwererer Elemente erreichen. Unsere Sonne ist z. B. so klein, dass nur Elemente bis zum Kohlenstoff erzeugt werden können. Größere Sterne schaffen es, alle Elemente bis zum Eisen zu synthetisieren. Weiter kann man mit Fusionsreaktionen aber nicht kommen, denn hier endet die positive Energiebilanz der Fusionsreaktionen (Abb. 4.1), und durch die Fusion von Eisen können keine schwereren Elemente mehr hergestellt werden. Um die schwereren Elemente zu erzeugen (z. B. die besonders beliebten Gold, Silber oder Platin, um nur drei zu nennen), muss es also einen weiteren Nukleosynthese-Mechanismus geben.

Kasten 4.1   Fusionsreaktionen und das Wasserstoffbrennen

Fusionsreaktionen versorgen Sterne mit Energie, doch was genau läuft dabei eigentlich ab? Betrachtet man die Verschmelzung von vier Wasserstoffkernen zu einem Heliumkern, so fällt eine kleine Massendifferenz auf: vier Wasserstoffkerne wiegen $4 \cdot 1{,}674 \cdot 10^{-24} = 6{,}696 \cdot 10^{-24}$ g, doch die Masse eines Heliumkerns beträgt nur $6{,}648 \cdot 10^{-24}$ g. Dies bezeichnet man als **Massendefekt** (Abb. 4.1). Nun könnte man ja annehmen, dass so eine kleine Massendifferenz vielleicht vernachlässigbar ist, doch bedenkt man erstens, dass dieser Prozess in einem Stern unvorstellbar oft abläuft, und zweitens, dass seit Einstein Masse und Energie äquivalent sind (seine berühmte Gleichung $E = mc^2$, wobei c die Lichtgeschwindigkeit ist), so entspricht dieser lächerlichen Massedifferenz von $0{,}048 \cdot 10^{-24}$ g eine Energie (die **Bindungsenergie**, in die die Masse nämlich bei der Fusion umgewandelt wird) von $4{,}2 \cdot 10^{-11}$ Joule (10^{-11} Kalorien). Auch das scheint noch nicht wirklich viel, doch bei der Fusion von 1 g Wasserstoff zu Helium werden dadurch etwa $6{,}3 \cdot 10^{11}$ Joule frei, mit denen man 2 Millionen Liter Wasser von 25 auf 100 °C erhitzen könnte! Diese unvorstellbare Energieausbeute ist es, die die Fusionsforschung auf der Erde derzeit beflügelt.

Besonders wichtig bei diesen Fusionsprozessen ist das „Wasserstoff-Brennen", die Verschmelzung zweier Wasserstoff-Kerne zu einem Helium-Kern (der auch als **Alpha-Teilchen** bezeichnet wird), und der so genannte „Drei-Alpha-Prozess" („Helium-Brennen"), bei dem aus drei ^{4}He-Kernen ein ^{12}C-Kern entsteht. Als „Reaktionsgleichungen" geschrieben, sehen diese Fusionsreaktionen so aus:

$$\begin{aligned}
{}^{1}_{1}H + {}^{1}_{1}H &\rightarrow {}^{2}_{1}H + \beta^{+} + \nu \\
{}^{2}_{1}H + {}^{1}_{1}H &\rightarrow {}^{3}_{2}He + \gamma \\[4pt]
{}^{4}_{2}He + {}^{4}_{2}He &\rightarrow {}^{8}_{4}He \\
{}^{8}_{4}Be + {}^{4}_{2}He &\rightarrow {}^{12}_{6}C + \gamma
\end{aligned}$$

wobei β^+, ν und γ ein Positron, ein Neutrino bzw. Gammastrahlung bedeuten.

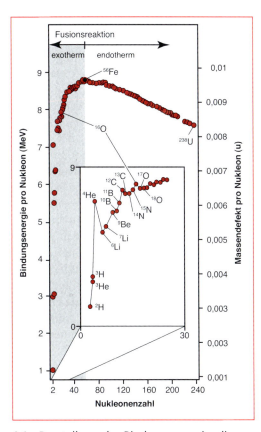

4.1 Darstellung der Bindungsenergie, die pro Nukleon freigesetzt wird, wenn ein Nuklid sich durch eine Fusionsreaktion bildet. Auf der x-Achse ist die Zahl der Nukleonen (also Neutronen plus Protonen) pro Atom aufgetragen. Man beachte, dass links die Bindungsenergie und rechts der bei der Fusion in Energie umgesetzte Massendefekt aufgetragen ist. Bis zum ^{56}Fe verlaufen solche Fusionsreaktionen exotherm, d.h. es wird Energie freigesetzt, danach würde bei der Fusion keine Energie mehr freigesetzt, weshalb sich die Elemente, die schwerer sind als Eisen, durch andere Prozesse bilden (siehe Text). Der Kasten in der Mitte ist eine Vergrößerung des linken Teils der Abbildung, um die Irregularitäten beim ^{4}He, ^{12}C und ^{16}O zu zeigen.

Dieser läuft allerdings nur in sehr großen Sternen ab, den „Roten Riesen". Die kleineren wie z. B. unsere Sonne fallen nämlich, nachdem sie ausgebrannt sind, langsam in sich zusammen und stoßen ihre äußere Hülle ab. Sie werden zu schwach leuchtenden „Weißen Zwergen" und enden nach Abschluss aller Brennprozesse als „Schwarze Zwerge".

Größere dagegen, ab etwa zehn Sonnenmassen, kontrahieren so schnell, dass sie praktisch implodieren. Dabei werden sie so extrem verdichtet, dass große Mengen von Gravitationsenergie frei werden, die zu extremer Temperaturerhöhung und vielen weiteren möglichen **Kernreaktionen** führen. Die Helligkeit des Sterns nimmt bei einem solchen Prozess innerhalb weniger Tage extrem zu – es entsteht eine Supernova, die bis zur Hälfte ihrer Materie in den interstellaren Raum hinausschleudert. Dort und im Inneren des Sterns können durch Reaktionen, die freie Neutronen involvieren, die Elemente entstehen, die schwerer sind als Eisen. Diese können entweder kontinuierlich im Inneren größerer Sterne, in denen Kernfusion stattfindet, produziert werden (langsame Neutronen), oder aber in kollabierenden Sternen, so genannten Supernovae (schnelle Neutronen).

Es gibt nun zwei verschiedene Prozesse, nach denen sich neue schwere Elemente bilden. Beim **s-Prozess** (das s steht für *slow*, also langsam) wird von einem Atomkern nur ein langsames Neutron eingefangen, und das neu entstehende Nuklid bleibt entweder stabil oder zerfällt in einem langsamen Prozess, bis ein stabiles Tochternuklid entsteht. Die Wahrscheinlichkeit, dass ein Neutron von einem bestimmten Nuklid eingefangen wird, wird mit dem schönen deutschen Wort „**Neutroneneinfangwirkungsquerschnitt**" beschrieben und ist in jeder Nuklidkarte nachzulesen.

In einer Supernova fangen Atomkerne ähnlich wie in einem Kernreaktor die umherfliegenden schnellen Neutronen in kurz aufeinanderfolgenden Prozessen ein (**r-Prozess**, r steht erwartungsgemäß für *rapid*, also schnell), die durch anschließende Betazerfälle zu stabilen Atomkernen (schwerer als Eisen) werden. Aus den Resten einer Supernova können in weiteren Galaxie- und Sternbildungsprozessen neue Sterne und auch Planeten wie unsere Erde entstehen. Die Materie unserer Erde ist also vielfach rezykliertes Material ehemaliger Sterne. Es ist offenkundig, dass aufgrund der oben beschriebenen Prozesse die Menge an schweren Elementen mit zunehmendem Alter des Universums zunimmt.

Betrachten wir zum Abschluss, was wir durch die verschiedenen Fusions- und Neutroneneinfangprozesse nun gebildet haben: eine Vielzahl von **Nukliden** (also Atomkernen unterschiedlicher Massenzahlen) aller natürlich vorkommenden Elemente, die teilweise stabil und teilweise instabil sind. Die instabilen zerfallen mit der Zeit (und zwar so schnell, wie es ihre **Halbwertszeit** vorgibt, siehe Kasten 4.2) und langfristig bildet sich somit die stabile Materie, auf und von der wir derzeit leben. Natürlich gibt es auch heute und auf unserer Erde immer noch instabile Nuklide, z. B. die beiden Uranisotope ^{235}U und ^{238}U, deren Halbwertszeit so groß ist, dass sie noch nicht komplett zerfallen sind. Bei diesen Zerfällen entstehen auch kurzlebige radioaktive Isotope (z. B. ^{234}U), die zwar schnell zerfallen, aber immer wieder neu nachgebildet werden. Andere Elemente wie z. B. Promethium Pm, Technetium Tc oder Plutonium Pu und viele Nuklide sind dagegen auf unserer Erde ausgestorben – sie können nur künstlich in Atomreaktoren oder in ganz seltenen natürlichen reaktorähnlichen Prozessen hergestellt werden. Ein Beispiel für letzteres ist die Uranlagerstätte Oklo in Gabun (siehe Kasten 4.3).

Die mit großem Abstand häufigsten Elemente sind Wasserstoff und Helium: Von 1000 Atomen im Universum sind etwa 900 Wasserstoffatome, weitere 99 sind Heliumatome und nur eines gehört zu einem weiteren Element. Wie Abb. 4.2 zeigt, nimmt bis zur Atomzahl 50 (Zinn) die Elementhäufigkeit exponentiell ab (mit einigen Unregelmäßigkeiten wie z. B. beim Eisen, die zu erklären hier zu weit führen würde). Ab Element 50 variiert die Häufigkeit der Elemente nicht mehr sehr stark, lediglich

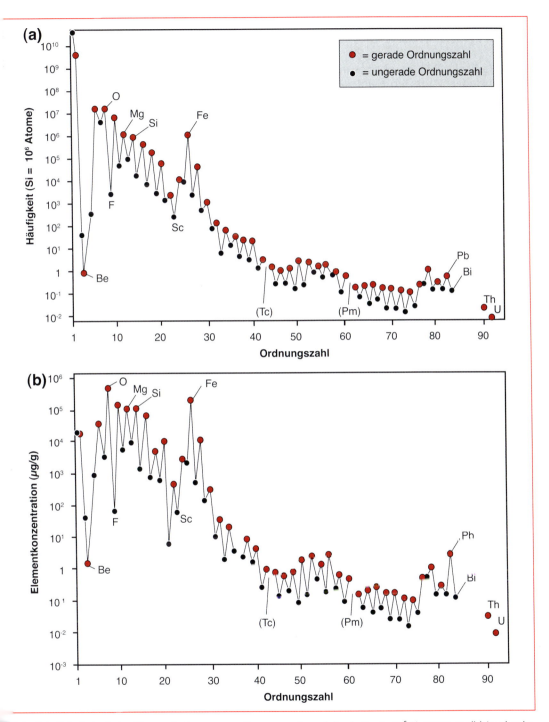

4.2 Die Häufigkeit der Elemente in unserem Sonnensystem, (a) relativ zu 10^6 Si-Atomen, (b) in absoluten Konzentrationen. Man beachte die logarithmische Auftragung! Es ist offensichtlich, dass die Elemente bis zum Eisen häufiger sind als die schwereren Elemente, und dass – mit wenigen Ausnahmen – Elemente mit gerader Ordnungszahl häufiger sind als solche mit ungerader Ordnungszahl.

Kasten 4.2 Radioaktivität und Zerfallsgesetze

Als Radioaktivität bezeichnet man den Zerfall instabiler Atomkerne unter Abgabe von energiereichen Teilchen und/oder Strahlung (Gammastrahlung). Das Endprodukt einer radioaktiven Zerfallskette ist ein stabiles Isotop. So zerfällt etwa ^{238}U in einem vielstufigen Prozess zu verschiedenen Blei-Isotopen. Die Geschwindigkeit des Zerfalls wird durch die **Zerfallskonstante** λ bzw. die **Halbwertszeit** bestimmt, also die Zeit, die eine bestimmte Masse eines Isotops benötigt, um zur Hälfte zur zerfallen. Mathematisch wird dies durch das exponentielle **Zerfallsgesetz** $N(t) = N_0 \cdot e^{-\lambda t}$ beschrieben. Das bedeutet, dass nach der Zeit t von einer Anfangsmenge eines Isotops N_0 nur noch der Anteil $N(t)$ vorhanden ist. Die Zerfallskonstante ist abhängig u. a. von der Bindungsenergie der Atomkerne und kann für unterschiedliche Isotope zwischen Bruchteilen von 1/Sekunden und über 1/100 Milliarden Jahren variieren. Setzt man für $N(t)/N_0 = 0{,}5$ ein, so erhält man beim Auflösen nach t die Halbwertszeit: $t_{0{,}5} = \ln 2/\lambda = 0{,}693/\lambda$.

Beim radioaktiven Zerfall unterscheidet man α- und β-Zerfall (Abb. 4.3 und 4.4). Während beim α-Prozess ein ^{4}He-Kern aus einem Atomkern herausgeschleudert wird, verlässt beim β-Zerfall ein Elektron (β^-) oder ein Positron (β^+) den Atomkern. Beim α-Zerfall verändert sich also die Kernladung um zwei und die Massenzahl um vier, während beim β^--Zerfall ein Neutron in ein Proton plus ein Elektron sowie ein Antineutrino, beim β^+-Zerfall ein Proton in ein Neutron plus ein Positron sowie ein Neutrino umgewandelt wird und sich damit die Kernladungszahl bei konstanter Massenzahl um eins erhöht oder erniedrigt. Für das in Abschn. 4.8.3.4 besprochene K-Ar-System ist der dem β^+-Zerfall ähnliche **Elektroneneinfang** noch von besonderer Bedeutung, bei dem sich ein Proton mit einem eingefangenen Elektron zu einem Neutron und einem Neutrino umwandelt. Im Zusammenhang mit vielen radioaktiven Zerfällen wird auch hochenergetische **Gammastrahlung** frei (siehe Abb. 2.76), doch hat dies keine Auswirkung auf Atommasse oder Kernladung.

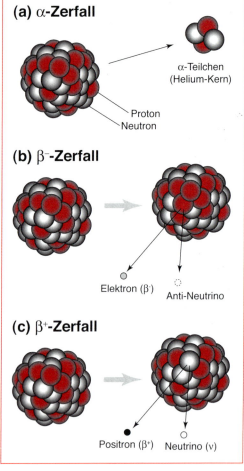

4.3 Die drei wichtigen Arten des radioaktiven Zerfalls.

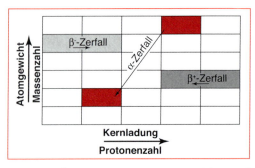

4.4 Die Änderung von Atomgewicht und Kernladung durch α-, β^+- und β^--Zerfall.

Kasten 4.3 Die natürlichen Atomreaktoren der Oklo-Mine in Gabun

In Uranerzen aus der Oklo-Mine im afrikanischen Gabun analysierten französische Wissenschaftler in den 1970er Jahren ungewöhnlich niedrige ^{235}U/^{238}U-Verhältnisse. ^{235}U zerfällt etwa 6,3-mal schneller als ^{238}U, das eine Halbwertszeit von rund 4,5 Milliarden Jahren hat, und produziert daher deutlich mehr thermische (das sind hochenergetische) Neutronen, die zum Start und zur Aufrechterhaltung einer nuklearen Kettenreaktion, wie sie z. B. in Atomreaktoren abläuft, benötigt werden. Da sich (siehe Abschn. 4.8.3.3) das ^{235}U/^{238}U-Verhältnis durch normale radioaktive Zerfallsreaktionen ohne Kettenreaktionen nur entlang einer leicht berechenbaren Kurve verändert, belegt jede Abweichung von dieser Linie Prozesse, die nichts mit dem normalen radioaktiven Zerfall zu tun haben. Die Wissenschaftler interpretierten die gemessenen Verhältnisse als Anzeichen für eine natürlich abgelaufene nukleare Kettenreaktion, bei der mehr ^{235}U als ^{238}U verbraucht wurde. Den endgültigen Beweis stellte der Nachweis der dabei entstehenden Spaltprodukte, also Elementen wie Curium und Americium, dar. Insgesamt fanden sich dort die Überreste von 15 natürlichen, etwa 1,7 Milliarden Jahre alten Atomreaktoren. Zu dieser Zeit lagen noch etwa 3 % des Urans als ^{235}U vor, während es heutzutage nur noch 0,7 % sind. Die 3 % reichten aus, um unter bestimmten geologischen Umständen eine atomare **Kettenreaktion** zu starten. Wichtig hierbei scheint nach heutiger Interpretation das Vorhandensein von hochkonzentrierten, oberflächennahen Uranerzen im Kontakt mit Wasser gewesen zu sein, da letzteres die beim ^{235}U-Zerfall entstehenden schnellen Neutronen abbremst und dadurch erst die Spaltung weiterer Kerne ermöglicht, die wiederum Neutronen freisetzen usw. Die schnellen Neutronen würden ungebremst einfach von Atomkernen abprallen, ohne die Kettenreaktion in Gang zu setzen. Läuft dieser Prozess eine Weile, so wird das umgebende Wasser so stark aufgeheizt, dass es dampfförmig wird. Damit hört seine Bremswirkung auf und die natürliche Kettenreaktion klingt ab. Nach der darauf folgenden Wasserabkühlung konnte es von vorne losgehen, und man schätzt, dass es in Oklo bis zu eine Million Jahre lang solche aufeinanderfolgenden Kettenreaktionsprozesse gab. Interessanterweise entstand bei diesen rein natürlichen Vorgängen etwa eine Tonne Plutonium, das aber bis heute wieder fast komplett zerfallen ist. Es wird angenommen, dass im Präkambrium, also zu Zeiten hoher ^{235}U/^{238}U-Verhältnisse, noch mehr oder sogar viele solcher natürlicher Reaktoren existierten. Möglicherweise hatte die dabei erzeugte radioaktive Strahlung in Form von durch sie ausgelösten Mutationen sogar Einfluss auf die Evolution? Auch dies wird diskutiert.

Blei zeigt eine signifikante Häufigkeitsanomalie, was darauf zurückzuführen ist, dass bei Blei die Zerfallsreihen von Uran und Thorium enden.
Ab Element 83 (Wismut) sind die Abstoßungskräfte im Atomkern größer als die Anziehungskräfte, sodass keine stabilen Isotope mehr gebildet werden können. Diese Elemente kommen daher nur als mehr oder minder kurzlebige (wobei die Halbwertszeit durchaus Milliarden Jahre betragen kann!) Zerfallsprodukte der ebenfalls radioaktiven Elemente Uran (U) und Thorium (Th) vor. Auch Technetium (Tc) und Promethium (Pm) sind solche auf der Erde ausgestorbenen Elemente, die kein stabiles Isotop besitzen.
Betrachtet man nicht die Element-, sondern die Isotopenhäufigkeiten, so sind aufgrund von Beiträgen des r-Prozesses neutronenreiche Isotope häufiger als neutronenarme. Neutronenarme Isotope schwerer Elemente entstehen überwiegend durch den s-Prozess. Es bestehen auffällige Häufigkeitsmaxima bei Nukliden mit den Neutronenzahlen 28, 50, 82 und 126. Der

Grund dafür ist ein niedriger Neutroneneinfangwirkungsquerschnitt, da Neutronen ähnlich wie Elektronen durch Orbitalmodelle beschrieben werden können und die erwähnten Neutronenkonfigurationen besonders hoch symmetrisch sind. Aus ähnlichen Gründen der Neutronenorbitalsymmetrie sind auch Isotope mit geraden Neutronenzahlen häufiger als ungerade, da sie niedrigere Neutroneneinfangwirkungsquerschnitte haben. Schließlich ist dies auch der Grund dafür, dass Isotope (und damit auch Elemente) gerader Ordnungszahl häufiger sind als solche ungerader Ordnungszahl (Abb. 4.2). Dies wird als **Oddo-Harkins-Regel** bezeichnet. Dabei spielt auch eine Rolle, zumindest für die leichteren Elemente, dass Fusionsreaktionen mit ^{4}He natürlich nur geradzahlige Kernladungszahlen hervorbringen. Zusammenfassend kann man also festhalten, dass Nuklide gerader Ordnungs- und Neutronenzahl stabiler sind als Nuklide ungerader Ordnungs- und Neutronenzahl.

4.3 Die Entstehung und frühe Entwicklung der Planeten

Nach der Explosion einer Supernova liegt Materie als im interstellaren Raum verteiltes Gas vor. Dort und in den äußeren Bereichen von „Roten Riesen"-Sternen entstehen bei der Abkühlung kleine Körner fester Materie, die in später gebildete Himmelskörper eingebaut werden können. So wurden in manchen Meteoriten „**präsolare**", d.h. vor der Entstehung unserer Sonne entstandene, maximal 1 Mikrometer große Körner von Diamant, Graphit, Korund, Spinell, Siliziumcarbid, Siliziumnitrid, Titan-, Zirkonium- und Molybdäncarbid, Eisen und Eisen-Nickel-Legierung sowie Olivin nachgewiesen (Abb. 4.5). Sie zeigen exotische Isotopenverhältnisse (z.B. von N und Xe), die nicht dem entsprechen, was wir in unserem Sonnensystem finden und erwarten können (Abb. 4.6). So können anhand von Isotopenmessungen an

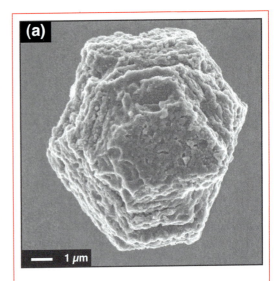

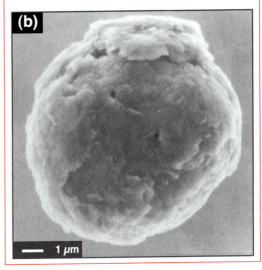

4.5 Präsolares, also vor der Entstehung unserer Sonne bereits existentes Material. REM-Aufnahmen präsolarer Körner von (a) Siliziumcarbid und (b) Graphit. Nach Zinner (2003).

präsolaren Mineralen Modelle der Nukleosynthese in Supernovae und in der Umgebung von „Roten Riesen" überprüft werden. Seit Neuestem übrigens ist bekannt, dass eine besondere Sorte auf der Erde gefundener und bis mehrere cm großer Diamanten, die „Carbonados", ebenfalls interstellaren Ursprungs ist (Kasten 4.4).

Wie wird nun aus dem interstellaren Material, dem Gas und den winzigen Staub-Körnchen wieder ein ordentlicher Stern oder sogar ein wohnlicher Planet? Zunächst zieht sich das umherfliegende Staub-Gas-Gemisch unter dem Einfluss der Gravitation zu einer Gaswolke zusammen und kollabiert, z. B. durch die Druck-

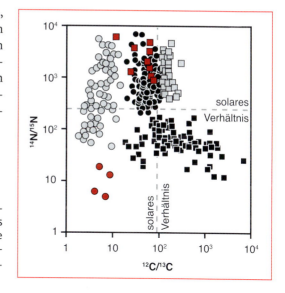

4.6 Die N-C-Isotopensystematik präsolarer SiC-Körner weicht klar vom solaren Wert ab. Jedes Symbol ist ein individuelles Korn, jede Gruppe entspricht vermutlich einem speziellen Entstehungsprozess in unterschiedlichen Sterntypen. Nach Zinner (2003).

Kasten 4.4   Carbonados – makroskopische, interstellare Diamanten

Carbonados, grauschwarze, poröse, polykristalline und bis mehrere Zentimeter große Diamanten aus je einem Sedimenthorizont in Brasilien und in der Zentralafrikanischen Republik, sind zwar schon lange bekannt, doch gaben sie ihren Bearbeitern immer Rätsel auf. Sie sind 2,6–3,8 Milliarden Jahre alt, sonderbarerweise stark porös (Abb. 4.7), kommen nie im Zusammenhang mit Kimberliten, sondern nur in den erwähnten Sedimenthorizonten vor und weisen sowohl Kohlenstoff-Isotopenwerte als auch Spurenelementgehalte auf, die mit sonstigen Diamanten absolut nicht vergleichbar sind. Sie enthalten auch keine Einschlüsse von Mantelmineralen, sondern zeigen für meteoritische Minerale typische planare Schocklamellen sowie Einschlüsse von Fe, Ni, und Fe-Ni-, Fe-Cr- und Ni-Cr-Legierungen, sowie von SiC und TiN. Der Vergleich ihrer IR-Spektren mit denen von präsolaren und von künstlichen Diamanten, die aus der Dampfphase bei hohen Temperaturen ausgeschieden wurden (CVD, *chemical vapour deposition*) ergab, dass es sich um präsolare, im interstellaren Raum entstandene Körner handeln muss, die in Gegenwart einer wasserstoffreichen Atmosphäre entstanden und dann gesintert wurden, wodurch sich die Porosität erklärt. Man kann möglicherweise von einem asteroidgroßen Carbonado-Körper ausgehen (also einem Asteroiden aus Diamant!), von dem die Carbonados als Meteorite auf die Erde kamen.

4.7 Bruchstück eines interstellaren Diamanten („Carbonado"), dessen graue, poröse, fast bimsartige Erscheinungsform hier gut zu erkennen ist. Aus Garai et al. (2006).

welle einer weiteren, „nahen" Supernova. Durch Dichtefluktuationen entstehen beim Zusammenziehen Protosterne, aus denen später die Sterne hervorgehen. Aufgrund des Drehimpulses der Protosterne bildet sich um diese eine rotierende Scheibe aus Gas und Staub, die **Akkretionsscheibe**, aus der diese weiter Materie aufnehmen (akkretieren) und damit zum Stern werden. In unserem Fall heißt dieser Stern „Sonne" und enthält rund 99% der Masse unseres Sonnensystems. Die Masse einer typischen Akkretionsscheibe besteht nur zu etwa 1% aus Staub (also z. B. präsolare Körner wie Diamanten), überwiegend aber aus Gas. Aus dem nicht in der Sonne verbauten Rest der Akkretionsscheibe kann sich z. B. – wie in unserem Fall – ein Planetensystem bilden.

Eines von mehreren Modellen, die derzeit für die Planetenentstehung diskutiert werden – denn ihre Entstehung ist bis heute nicht abschließend verstanden – ist das **Kernakkretions-Modell**. Danach wachsen in einer ersten „Keimbildungs"-Phase kleine Staubkörner durch das „Zusammenkleben" von nur mikrometer-großen Staubpartikelchen, die entweder schon vorhanden sind oder aus der Gasphase kondensieren und zur Äquatorialebene der Akkretionsscheibe wandern. Die am frühesten, d. h. bei den höchsten Temperaturen von ca. 2100–2400 °C kondensierenden Elemente sind Ca, Al und Si, die als Korund, Spinell, Perowskit und Ca-Aluminate in den so genannten **CAIs** (*Ca-Al-rich inclusions*, Abb. 4.8) kristallisieren. Heute wird diesem Prozess ein Maximumalter von 4,5695 ± 0,0002 Milliarden Jahren zugewiesen. Später folgen Mg, Fe und Ni, die als Olivin und Metall kondensieren (Abb. 4.9).

Durch Koagulation wachsen diese aus Körnern aggregierten Staubbällchen weiter an und schmelzen dann etwa zwei bis fünf Millionen Jahre nach der Bildung der CAIs auf. Dieser Prozess ist nicht gut verstandenen, möglicherweise spielt ein Aufflackern der Protosonne eine Rolle. Bei Temperaturen von vermutlich etwa 1500–1900 °C entstehen die **Chondren**, kleine Silikatschmelztröpfchen (Abb. 4.8, 4.16 und 4.17). Ihr Maximumalter wird derzeit mit 4,5647 ± 0,0006 Milliarden Jahren angegeben. Diese lagern sich schließlich mit weiterem interplanetarem Staub und einzelnen Mineralkörnern zu kleinen Körpern, den so genannten **Planetesimalen** zusammen. Die größten von diesen „saugen" die Materie in ihrer Umgebung weiter an und wachsen dadurch weiter. Durch dieses „oligarchische Wachstum", bei dem die jeweils wenigen größeren Körper die kleineren ihrer Umgebung „schlucken", kön-

4.8 Typische Chondrite: (a) der CV3-Chondrit Allende mit den hellen Ca-Al-reichen Einschlüssen (CAIs), (b) der CV3-Chondrit Axtell. In beiden sind die Chondren gut zu erkennen. Aufnahmen von Dr. Zipfel, Forschungsinstitut Senckenberg, Frankfurt/Main.

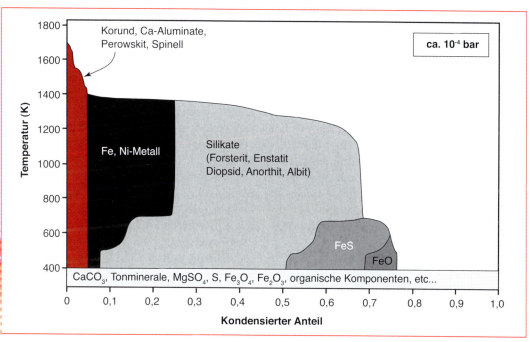

4.9 Die Reihenfolge der Kondensation in einer Akkretionsscheibe bei der Abkühlung. Ab etwa 1700 K kondensieren Oxide, aber erst ab etwa 1400 K kondensieren mit Fe-Ni-Metall und Silikaten die Hauptmasse der Festphasen, etwa 65 %. Nach Morgan & Anders (1980).

nen bis zu Mars-große Objekte akkretiert werden. Etwa drei bis vier Millionen Jahre nach der Entstehung der CAIs schmelzen manche dieser Planetesimale wieder auf und **differenzieren** sich in einen metallischen Kern und einen silikatischen Mantel.

In den nächsten wenigen Millionen Jahren beginnen nun die größeren (etwa Mars-großen) dieser Objekte miteinander in Wechselwirkung zu treten, zu kollidieren und zu fraktionieren. So kommt man zu Venus- oder Erd-großen Objekten. Ab einer kritischen Größe von etwa zehn Erdmassen beginnt ein solches Objekt auch Gas zu akkretieren und es entsteht innerhalb von 6–10 Millionen Jahren nach Bildung der Scheibe ein Gasgigant (wie z. B. der Jupiter). Da in der Nähe des Zentralgestirns weniger Masse als in der protoplanetaren Scheibe vorhanden ist, haben die inneren Planeten keine Möglichkeit, zu Gasgiganten anzuwachsen. Das Modell erklärt damit relativ gut den chemischen Gradienten, der im Sonnensystem beobachtet wird.

Sind die Planeten erst einmal entstanden, so differenzieren sie sich aufgrund von Dichteunterschieden intern weiter, wobei z. B. die Erde durch die bei ihrer Bildung frei werdende Gravitationsenergie der sich zusammenballenden Materie vermutlich komplett aufgeschmolzen wurde. Bei Gesteinsplaneten wie der Erde bildet sich durch Absinken des schweren, geschmolzenen Metalls ein innerer **Kern** aus Eisen (mit etwas Kobalt und Nickel sowie einer noch nicht geklärten Menge von evtl. Kalium, Schwefel und/oder Sauerstoff), der von einem silikatischen, Mg-dominierten **Mantel** umgeben ist (siehe Abschn. 1.4 und Kasten 3.6). Im weiteren Verlauf von magmatischen Prozessen kam es dann auf der Erde zur Bildung einer **Kruste** (Abschn. 1.4), die aber möglicherweise in unserem Sonnensystem einzigartig ist.

Während der ersten etwa 100 Millionen Jahre ihrer Entwicklung wurde die Erde von unzähligen, teilweise auch großen **Meteoriten** getroffen. In diese Zeit (4527 ± 10 Ma, also etwa 30–50 Millionen Jahre nach der Erdentstehung) fällt auch die Kollision mit einem Mars-großen Objekt (das heute „**Theia**" genannt wird, nach der griechisch-mythologischen Mutter der Mondgöttin Selene), die gemäß einer heute akzeptierten Theorie die Zertrümmerung der Erde und die **Bildung des Mondes** zur Folge hatte. Was damals (und auch heute noch) an Objekten in unserem Sonnensystem herumfliegt, das betrachten wir im nächsten Abschnitt.

4.4 Meteorite und Kometen

Bevor wir uns mit extraterrestrischer Materie beschäftigen können, gilt es, einige Begriffsdefinitionen zu geben: Ein **Meteoroid** ist der Ursprungskörper eines Meteoriten im interplanetaren Raum; beim Eintritt in die Erdatmosphäre erzeugt dieser eine Leuchterscheinung, die als **Meteor** bezeichnet wird. Verglüht er in der Atmosphäre nicht vollständig und erreicht den Boden, so wird er schließlich **Meteorit** genannt. **Kometen** dagegen sind kleine Himmelskörper, die zumindest in den sonnennahen Bereichen ihrer Bahn von einer durch Ausgasen entstandenen Hülle umgeben sind, die man **Koma** nennt.

Kometen sind sehr komplexe und noch nicht vollständig verstandene Körper. Der viel kleinere Kometenkern bildet zusammen mit der Hülle den Kopf des Kometen, während das auffälligste der Schweif ist, der normalerweise einige Zehn Millionen Kilometer, ausnahmsweise aber bis zu einigen 100 Millionen Kilometer lang sein kann. Während Meteorite immer überwiegend aus Silikatmineralen, Sulfiden oder einer Eisen-Nickel-Legierung bestehen, bestehen Kometen zu großen Teilen aus gefrorenem H_2O, CO_2, CO, CH_4 und NH_3, die mit meteoritenähnlichen Staub- und Mineralkörnern vermischt sind. Es besteht noch Uneinigkeit, ob Eis oder Gesteinspartikel in Kometen überwiegen.

Zumindest manche Kometen scheinen von einer schwarzen Kruste (möglicherweise einer Rußschicht oder eine Schicht aus Gesteinsschutt) umgeben zu sein, weshalb Kometenkerne zu den schwärzesten Objekten des Sonnensystems gehören. Dies erscheint paradox, da Kometen doch gerade durch ihre Leuchterscheinungen auffallen, doch entstehen diese nur in Sonnennähe in der Hülle des Kometen beim Ausgasen des Kerns durch Risse in der schwarzen Außenschicht. Näheren Aufschluss über die Zusammensetzung eines Kometen soll die derzeit laufende „**Rosetta**"-Mission der Europäischen Raumfahrtagentur ESA geben. Diese wenigen Worte zu Kometen sollen für dieses Buch genügen, denn nur die Meteorite zählen zu den auf der Erde beprobbaren Gesteinen, um die es in diesem Abschnitt gehen soll.

4.4.1 Allgemeines zu Meteoriten

Die meisten der auf die Erde fallenden Meteorite stammen von kleinen Körpern unseres Sonnensystems, den so genannten **Asteroiden**, die im zwischen Mars und Jupiter liegenden Asteroidengürtel gehäuft auftreten. Gravitative Resonanzen in der Umgebung des riesigen Jupiters verhinderten dort die Bildung eines eigenen Planeten, sodass wir in den Asteroiden bzw. ihren Bruchstücken, den Meteoriten, Materie vorliegen haben, die keinen Prozess der Planeten-Entstehung und damit häufig auch keine Differenzierung durchgemacht hat. Manche der Körper wurden nach ihrer Akkretion niemals mehr heißer als 250 °C („**thermische Metamorphose**"), und auch das nur für wenige Millionen Jahre. Sie gestatten daher Einblick in die Bildungsbedingungen fester Materie im frühen Sonnensystem.

Die aus dem Asteroidengürtel stammende Meteoriten fliegen im Bereich des Erdorbits mit der so genannten „**kosmischen**" oder „**heliozentrischen**" **Geschwindigkeit** von etwa 42 km/ im interplanetaren Raum. Da die Geschwindigkeit der Erde auf ihrer Bahn um die Sonne 30 km/s beträgt, sind – wenn beide Bewegungen in entgegengesetzte Richtungen gehen – Relativgeschwindigkeiten von bis zu 72 km/s oder 260.000 km/h möglich.

Während kleine Meteorite mit Massen unter 10 t beim Eintritt in die Erdatmosphäre noch durch die Reibung abgebremst werden können, fallen größere Meteorite wenig oder praktisch ungebremst auf die Erde. Die Reibungsenergie lässt in jedem Fall die äußere Hülle schmelzen und teilweise verdampfen, sodass auch hier – wie bei Kometen – Leuchterscheinungen (Meteore) sichtbar sind. Während aber Kometen Sonne sind), leuchten Meteorite nur wenige Sekunden – so lange, wie sie benötigen, um die Erdatmosphäre zu durchqueren. Meteorite mit großen Massen haben also beim Aufschlag nicht nur die Zerstörungskraft ihrer Riesenmasse (m), sondern auch eine gewaltige kinetische Energie (E_{kin}), da diese nach $E_{kin} = 1/2 \, mv^2$ quadratisch mit der Geschwindigkeit (v) zunimmt und die Geschwindigkeit großer Meteorite auch beim Aufprall noch hoch ist. Daher verdampfen große Meteorite beim Aufprall auch mehr oder minder vollständig, wie es z. B. beim Meteoriten des **Nördlinger Ries** in Bayern der Fall war (Kasten 4.5).

Kasten 4.5 Das Nördlinger Ries

Das Nördlinger Ries in Bayern (NE von Ulm, siehe Abb. 3.61) ist ein im Durchmesser etwa 20 km großer Meteoritenkrater (Abb. 4.10), der vor rund 14,3 Millionen Jahren entstanden ist. Die an der Einschlagstelle vorhandenen mehrere Hundert Meter mächtigen mesozoischen Sedimente wurden herausgeschleudert, z. T. zu einer Art Plasma verdampft und nach Osten verdriftet, woraus sich beim Abkühlen die in der Tschechischen Republik gefundenen **Tektite** gebildet haben, das sind durch den Meteoriteneinschlag entstandene Gläser, die mit dem Lokalnamen **Moldavit** bezeichnet werden. In der Umgebung des Ries wurden die „Bunten Trümmermassen" kilometerweit herausgeschleudert, z. T. werden hausgroße Blöcke gefunden, die durch die Luft geflogen sein müssen. Sie bestehen z. T. aus den mesozoischen Sedimenten, z. T. aber auch aus Grundgebirge, denn auch dieses wurde durch den Meteoriteneinschlag in Mitleidenschaft gezogen. In den dabei freigelegten Gneisen, die denen des mittleren Schwarzwaldes und des Bayerischen Waldes sehr ähnlich sind, wurde der gesteinsbildende Graphit teilweise in **Mikrodiamanten** umgewandelt, der Quarz teilweise in **Coesit**. Durch die Vermischung von teilweise aufgeschmolzenem und teilweise nicht aufgeschmolzenem, stark brekziiertem und teilweise bimsartig aufgeschäumtem Material entstand ein charakteristisches Gestein, der Suevit (Abb. 4.11, benannt nach dem lateinischen Namen von Schwaben), der ehemals geschmolzene, heute flachgedrückte, schwarze „Flädle" enthält, was der schwäbische Ausdruck für Pfannkuchen ist.

Der Ries-Meteorit war beim Aufprall etwa 1 km groß, doch war er wohl vor dem Einschlag zerbrochen, da das Ries einen kleineren, westlich gelegenen Zwillingskrater hat, nämlich das **Steinheimer Becken**. Im Gegensatz zum Ries besitzt das Steinheimer Becken einen Zentralhügel (Abb. 4.12), den für seine **Strahlenkalke** berühmten Klosterberg. Strahlenkalke, im Englischen „*shatter cones*" (Abb. 4.11), sind typische radiale Strukturen in Gesteinen, die ausschließlich bei Meteoriteneinschlägen durch Überschallgeschwindigkeitswellen entstehen und daher ein charakteristisches Kennzeichen für Meteoritenkrater sind. Der Unterschied zwischen dem Ries und dem Steinheimer Becken hängt mit der Größe der Meteorite und mit den physikalischen Vorgängen beim Einschlag zusammen: Oberhalb und unterhalb einer Maximal- bzw. Minimalgröße bildet sich kein **Zentralhügel** mehr. Der Riesmeteorit war einfach zu groß. Sowohl das Steinheimer Becken als auch das Nördlinger Ries wurden post-meteoritisch übrigens mit hübschen Seen gefüllt, in denen hoch interessante Fossilien abgelagert wurden.

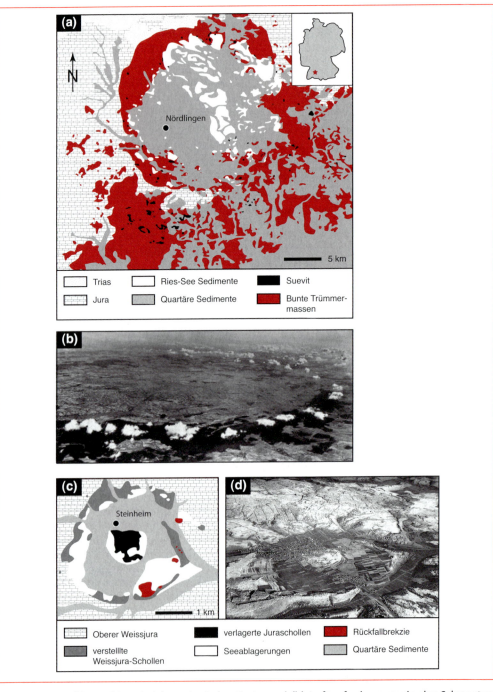

4.10 Das Nördlinger Ries als (a) geologische Karte und (b) Luftaufnahme sowie der Schwesterkrater des Steinheimer Beckens als (c) geologische Karte und (d) Luftaufnahme. Man beachte, dass letzteres einen Zentralhügel aus verlagerten Juraschollen hat, das Ries aber nicht, da die Impaktoren unterschiedlich groß waren (siehe auch Abb. 4.12).

4.11 (a) Strahlenkalk, ein Jurakalk mit beim Meteoritenimpakt entstandenen typisch strahligen Strukturen aus dem Steinheimer Becken. (b) Anschnitt eines „Schwabensteines" (Suevit nach dem lateinischen Namen für Schwaben) mit typischer Trümmerstruktur und vielen dunklen Glasfetzen. Der Suevit ist beim Einschlag des Riesmeteoriten entstanden und enthält neben zerbrochenen und zermahlenen Gesteinsstücken und zu Impaktglas erstarrten Schmelzen auch Höchstdruckminerale wie Stishovit, Coesit und Diamanten. Zumindest die heute als Glas vorliegenden dunklen „Flädle" (schwäbisch für Pfannkuchen) hatten Temperaturen bis zu 1950 °C erreicht.

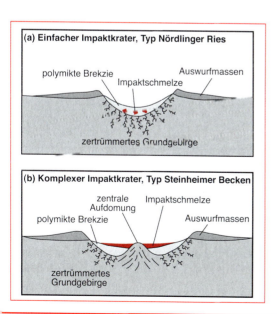

4.12 Einfacher (a) und komplexer (b) Impaktkrater.

Die Meteorite, die nicht vollständig verdampfen, haben beim Auftreffen auf die Erdoberfläche meist eine schwarze **Schmelzkruste**, die sehr charakteristisch ist und bei der Identifikation von Meteoriten helfen kann (Abb. 4.13). Leider verwittert diese Schmelzkruste innerhalb einiger Jahre, sodass sie nur bei relativ frisch gefallenen Meteoriten sichtbar ist. Es ist wichtig zu betonen, dass sich in der kurzen „Aufheizphase" beim Durchflug durch die Atmosphäre nur die äußersten Millimeter erhitzen, der Kern des Meteoriten aber unbeeinflusst und kalt bleibt. Dies ist wichtig, da Meteorite somit ungestörte Einblicke in ihre Mutterkörper und damit vielfach in die Frühzeit des Sonnensystems (und selbst darüber hinaus, siehe z. B. Abb. 4.5 und 4.6) gestatten.

Die Benennung von Meteoriten erfolgt nach ihrem Fundort. So heißt ein im Jahre 2002 in Südbayern gefallener (und teilweise aufgefundener) Meteorit „Neuschwanstein", da er in der Nähe dieses Schlosses niedergegangen ist. Meteorite aus Gebieten ohne Ortschaften, wo noch dazu besonders große Stückzahlen gefunden wurden, erhalten Abkürzungen und Nummern. So steht ALH77011 für den elften im Jahr 1977 in den Alan Hills (Antarktis) gefundenen Meteoriten.

4.4.2 Alter und Herkunft von Meteoriten

Das Alter eines Meteorits ist eine komplexe Angelegenheit. Zu unterscheiden hat man nämlich zwischen dem Entstehungsalter, dem Zeitpunkt, seitdem der Meteorit im Weltall herumgeflogen ist und dem terrestrischen Alter, der Zeit also, seit er auf der Erde liegt. Alle drei Alter kann man mittels geeigneter geochemischer Verfahren bestimmen.

Das maximale **Entstehungsalter** der primitivsten Partikel unseres Sonnensystems, der so genannten „**CAIs**" („*Ca-Al-rich Inclusions*"), also Ca-Al-reiche Einschlüsse in manchen chondritischen Meteoriten, Abb. 4.8), konnte mit verschiedenen Datierungsmethoden auf $4{,}5695 \pm 0{,}0002$ Ma (Milliarden Jahre) eingegrenzt werden. Dies markiert die „Geburt" unseres Sonnensystems, die erste Materie. **Angri**

4.13 (a) Meteorit Slobodka, ein L6-Chondrit, mit typischer, beim Flug durch die Atmosphäre gebildeter, schwarzer geriefter Schmelzkruste. (b) Aus Fe-Ni-Metall und großen Olivinkristallen bestehender Pallasit Imilac. (c) Der typisch feinkörnige sehr metallreiche Mesosiderit Emery. Aufnahmen Dr. Udo Neumann, Universität Tübingen, und Dr. Jutta Zipfel, Forschungsinstitut Senckenberg.

te, die häufig als meteoritische Basalte interpretiert werden (siehe in Abschn. 4.4.3), belegen aufgrund ihrer magmatischen Textur eindeutig das Aufschmelzen von Planetesimalen. Sie zeigen ein Alter von 4,5662 ± 0,0001 Ma, also ca. 3,5 Ma nach der Entstehung der CAIs. Dazwischen, also rund ein bis zwei Millionen Jahre nach den CAIs, entstanden die **Chondrite** und aus ihnen die Planetesimale, die dann durch die Wärmeentwicklung beim Zerfall kurzlebiger, heute ausgestorbener Nuklide (hauptsächlich ^{26}Al und ^{60}Fe) aufgeschmolzen wurden, wobei sich die Angrite bilden konnten. Solche hochpräzisen Altersdaten werden überwiegend mittels der in Abschn. 4.8.3.3 beschriebenen Pb-Pb-Methode bestimmt und sind für die Erforschung der Entstehung unseres Planetensystems sehr wichtig, da sie eine zunehmend genauere zeitliche Einordnung der einzelnen Prozesse im frühen Sonnensystem erlauben. Sie implizieren, dass die Meteorite seit ihrer Bildung keine Temperaturen über etwa 700 °C mehr erlebt haben.

Die Zeit, die Meteorite seit dem Herausschlagen aus ihrem Mutterkörper durch ein Impaktereignis im interplanetaren Raum verbracht haben, wird **Bestrahlungsalter** genannt und mithilfe **kosmogener Nuklide** (siehe Abschn. 4.8.3.9) bestimmt. Diese Nuklide entstehen durch Kernreaktionen zwischen kosmischer Strahlung und extraterrestrischer Materie und hören auf, wenn der Meteorit in die schützende Erdatmosphäre eintaucht. Kosmische Strahlung wird nicht nur durch die Erdatmosphäre, sondern auch durch geringe Gesteinsdicken von etwa einem Meter komplett abgeschirmt. Wenn also ein Meteorit aus Tiefen von mehr als einem Meter in seinem Mutterkörper stammt, dann beginnt die Produktion der kosmogenen Nuklide zum Zeitpunkt des Impaktes und endet, wenn er auf die Erde fällt. Bei bekannten **Produktionsraten** kann man dann über Konzentrationsmessungen dieser Nuklide die Verweildauer des Meteorits im All bestimmen. Verwendet werden gern stabile Edelgase oder langlebige Radionuklide wie ^{3}He, ^{21}Ne, ^{38}Ar, ^{53}Mn oder bei längeren Flugdauern ^{41}K und ^{40}K, die nach Beendigung ihrer Produktion, d. h. nach Eintritt in die Erdatmosphäre gar nicht oder nicht sehr schnell abgebaut werden. Es hat sich gezeigt, dass **Steinmeteorite** kürzere Bestrahlungsalter als **Eisenmeteorite** haben, da letztere wesentlich beständiger gegenüber der „Erosion" durch Mikrometeoritenbombardement im All sind. Generell wurden Bestrahlungsalter zwischen 0,2 und 100 Millionen Jahren gemessen.

Das **terrestrische Alter** von Meteoriten, also die Zeit, die sie bereits auf der Erde „herumliegen", wird durch den Abbau der im All produzierten kurzlebigen Nuklide bestimmt. Sind geringe terrestrische Alter im Bereich einiger 1000 Jahre zu erwarten, so bieten sich ^{39}Ar und ^{14}C an, bei hohen terrestrischen Altern, wie z. B. bei Antarktismeteoriten, die bis zu mehrere Millionen Jahre im oder auf dem Eis gelegen haben können, werden der Zerfall von ^{41}Ca, ^{36}Cl, ^{26}Al oder ^{10}Be verwendet. Die Auswahl hier wie auch bei der Bestimmung der Bestrahlungsalter richtet sich also einfach nach den Halbwertszeiten der gemessenen kosmogenen Nuklide (Abschn. 4.8.3.9), die in deselben Größenordnung wie das erwartete Alter liegen sollten.

Insgesamt repräsentieren alle auf der Erde bislang gefundenen Meteorite Material von etwa **100 Mutterkörpern** (die geochemisch begründete Abschätzung liegt zwischen 20 und rund 115), wobei die größte Vielfalt an Mutterkörpern durch die Eisenmeteorite repräsentiert zu werden scheint – Steinmeteorite repräsentieren nur zwischen 10 und 15 Mutterköper. Einige der Mutterkörper kennt man, so z. B. den Mond und den Mars, die 52 bzw. 37 Meteorite geliefert haben (derzeitige Zahl, weitere Funde und Fälle sind zu erwarten).

Aufgrund des Vergleichs von **spektroskopischen Daten** der Elementhäufigkeiten von Planeten und Asteroiden mit gemessenen Meteoritenzusammensetzungen gibt es eine Reihe von Vermutungen über die Mutterkörper. So wird als Mutterkörper des Chondriten Kaidun der **Marsmond Phobos** vorgeschlagen, für den Enstatitchondrit Abee der Merkur und manche Eukrite scheinen in ihrer Zusammensetzung mit spektroskopischen Analysen des **Asteroiden 4Vesta** übereinzustimmen, auf dessen Oberfläche auch tatsächlich ein großer Impaktkrater nachgewiesen wurde, bei dessen Entstehung die Meteorite den Körper verlassen haben könnten. Für einen Großteil der Meteorite sind die Mutterkörper aber nach wie vor unbestimmt, was angesichts der riesigen Zahl von Asteroiden auch nicht wirklich verwundert.

4.4.3 Die Klassifikation von Meteoriten

Meteorite werden aufgrund textureller und geochemischer Kriterien in verschiedene Klassen und Typen unterteilt (Kasten 4.6). Zunächst unterscheidet man petrographisch **undifferenzierte** und **differenzierte** Meteorite sowie in einer anderen, aber teilweise überlappenden Klassifikation **Eisenmeteorite** mit mehr als 90 % Metall, **Steinmeteorite** mit mehr als 80 % Nicht-Metall (überwiegend Silikate) und **Stein-Eisenmeteorite**, die ähnlich viel Metall wie Silikat enthalten. Undifferenziert bedeutet hierbei, dass diese Meteorite von einem Himmelsköper stammen, der keine komplette Schmelzphase und damit auch keine **Differentiation** in einen metallischen Kern und einen silikatischen Mantel erfahren hat.

Die Klasse der Steinmeteorite umfasst die undifferenzierten **Chondrite** (Abb. 4.8, 4.16, 4.17), die zwischen < 1 und bis zu 80 Vol.-% runde Schmelztröpfchen, die Chondren, oder Bruchstücke davon führen, und die differenzierten **Achondrite**, die keine Chondren enthalten.

Sowohl Eisen- wie Stein-Eisenmeteorite sind differenzierte Meteorite. Die Eisenmeteorite stammen aus dem Kern differenzierter Körper wie z. B. Asteroiden oder zerbrochenen Kleinplaneten, während zumindest die grobkörnigen Stein-Eisenmeteorite, die **Pallasite**, aus dem Grenzbereich von Kern und Mantel stammen (Abb. 4.13). Feinkörnige Stein-Eisenmeteorite, die **Mesosiderite** (Abb. 4.13), sowie Achondrite repräsentieren vermutlich die äu-

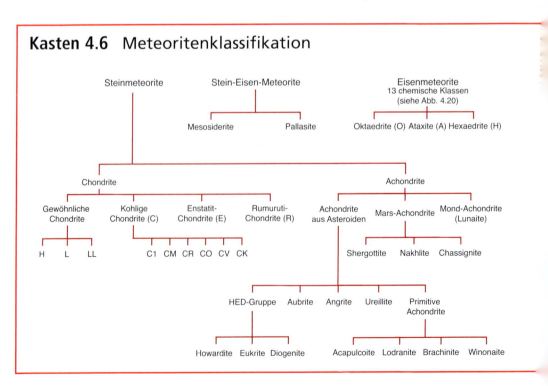

Kasten 4.6 Meteoritenklassifikation

ßeren Teile differenzierter Himmelskörper und zeigen teilweise eindeutig ihre Kristallisation aus Silikatschmelzen an. Aufgrund ihrer genetischen Verwandtschaft werden Mesosiderite teilweise auch zu den Asteroiden-Achondriten gruppiert, obwohl sie petrographisch etwa zur Hälfte Metall und „Stein" enthalten. Der Beleg magmatischen Ursprungs zumindest für manche der Achondrite deutet auf größere Ursprungskörper und/oder auf impakt-induzierte Schmelzereignisse hin. Einige der auf der Erde gefundenen Achondrite stammen vom Mond und vom Mars, wie der Vergleich mit Mondproben bzw. mit spektroskopischen Analysen des Mars ergab.

Chondrite schließlich stammen von Körpern, die zu klein waren (und damit zu schnell abgekühlt sind), um zu differenzieren. In ihnen hat sich die Geburt des Sonnensystems also am wenigsten verfälscht erhalten und ein bestimmter Typ dieser Meteoriten, die **kohligen C1-Chondrite**, weist in Bezug auf viele Elemente die Gesamtzusammensetzung der Sonne und damit des Sonnensystems auf.

4.4.4 Funde und Fälle

Bis 1970 waren etwa 2500 Meteorite bekannt. Seitdem hat sich ihre Zahl mehr als verzehnfacht (derzeit ca. 26.000, davon allein knapp 20.000 aus der Antarktis).

Man unterscheidet verschiedene Fundarten von Meteoriten, die, wie man gleich sehen wird, wissenschaftlich große Bedeutung haben. Die rund 900 beobachteten **Fälle**, von denen man Material bergen konnte, stellen einen repräsentativen Querschnitt von auf die Erde auftreffenden Makrometeoriten dar. Hier dominieren die Chondrite mit rund 87 %, während Eisenmeteorite mit lediglich 4,6 %, Stein-Eisenmeteorite mit 1,1 % und Achondrite mit 7,6 % vertreten sind. **Funde** dagegen repräsentieren nicht nur einen Querschnitt der auf die Erde auftreffenden Körper, sondern reflektieren auch die unterschiedlichen Verwitterungsraten und Fundhäufigkeiten. Achondrite z. B. sind sehr viel leichter verwitterbar und fallen unter irdischen Gesteinen viel weniger auf als z. B. Eisenmeteorite, da sie, wenn ihre Schmelzkruste verwittert ist, wie irdische Basalte oder Gabbros aussehen. Entsprechend ist der Anteil der Eisenmeteorite unter den etwa 1700 bekannten **Zufallsfunden** mit 41 % ungleich höher, die Chondrite sind mit nur noch 54 % knapp dominierend.

Schließlich gibt es Gebiete, in denen Meteorite gezielt gesucht und wegen besonderer geologischer Voraussetzungen auch gehäuft gefunden werden. Hier spricht man nicht mehr von Zufallsfunden, da der Suche meist ein System zugrunde liegt. Diese besonders meteoritenreichen Gebiete sind insbesondere manche Teile der Antarktis, die allein fast 20.000 Stücke (allerdings von einer deutlich geringeren Anzahl an Meteoriten, da die meisten beim Fall zerbrochen sind) geliefert hat, und bestimmte Steinwüsten in Australien, Libyen, Algerien, dem Oman und Marokko (Abb. 4.14). Während bei den antarktischen Funden etwa 2 % Eisenmeteorite etwa 85 % Chondriten gegenüberstehen und damit in etwa die Verteilung der Fälle erreicht wird, zeigt sich in den Wüsten (zumindest der Sahara) ein eklatanter Unterschied: nur 0,2 % aller dort gefundenen Meteorite sind Eisenmeteorite! Die derzeit wahrscheinlichste Erklärung ist, dass bereits prähistorischen Völkern diese Metallklumpen aufgefallen sind und dass sie daher gezielt abgesammelt und zu Metallobjekten verarbeitet wurden.

Was macht nun die Gebiete großer Meteoritenhäufigkeit so besonders, dass es seit 1970 zu einer **Verzehnfachung** unseres Meteoriteninventars kommen konnte? Zunächst sind es Gebiete mit einen hellen Untergrund, wo also die überwiegend dunklen Meteorite sehr gut sichtbar sind. In der **Antarktis** kommt hinzu, dass die meteoritenreichen Gebiete auf der Innenseite der die Antarktis wie ein Kranz umgebenden Gebirge liegen. Dort kommen die Gletscher aus dem Inland an, schieben sich an den Gebirgen nach oben und sublimieren. Die Fracht von mitgebrachten Meteoriten, die natürlich nicht mitsublimieren, wird dort dann angereichert (Abb. 4.15). Das bedeutet, dass an solchen Stellen auf wenigen Quadratkilometern die Bruch-

4.14 So sieht der glückliche Finder eines Meteoriten in der Sahara aus. Das Foto zeigt den Original-Geländebefund – die Meteoriten liegen in manchen Gegenden einfach auf dem Boden herum!

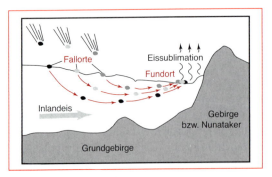

4.15 Schematische Erklärung der Meteoritenanreicherung am Fuß von Gebirgen in der Antarktis. Das Inlandeis der Antarktis bewegt sich ständig zum Rand des Kontinents hin und sublimiert dort, wo Gebirge „im Weg stehen". Sublimation ist die direkte Umsetzung eines Feststoffes (hier Eis) in ein Gas (hier Wasserdampf) ohne den Umweg über die Flüssigphase.

stücke von Meteoriten akkumuliert werden, die während Jahrtausenden auf Tausenden von Quadratkilometern Gletscher gefallenen sind. Dies erklärt die extrem hohe Zahl von Funden. Bei den **Steinwüsten** handelt es sich um Flächen, die aufgrund besonders glücklicher Umstände die Meteoritenfälle mehrerer Jahrtausende oder gar Jahrzehntausende konserviert haben. Wichtig war dabei, dass die Meteorite zunächst einsedimentiert und somit auch über Jahrzehntausende vor Witterungseinflüssen geschützt wurden. In der vor etwa 3000 Jahren einsetzenden trockeneren Klimaphase wurden diese einsedimentierten Meteorite durch Winderosion wieder freigelegt. Dabei ist von besonderer Bedeutung, dass in den meteoritenreichen Gebieten kein Quarzsand vorhanden sein darf, da umherfliegende Quarzkörner die Meteorite durch den Sandstrahleffekt schnell zerstören würden. Die hohen Meteoritenkonzentrationen in der Sahara liegen deshalb in der Regel auf **Kalkplateaus** oberhalb des Sandflugs oder im Lee von Höhenzügen. Diese Plateaus sollten optimalerweise helle (Kalk-)böden und keine dunklen vulkanischen Gerölle aufweisen, da das Auffinden von Meteoriten wegen ihres den vulkanischen Geröllen sehr ähnlichen Aussehens auf letzteren praktisch unmöglich ist. Weiterhin sorgt ein möglichst geringes hydraulisches Gefälle der Plateaus dafür, dass sowohl chemische wie auch mechanische Verwitterung verlangsamt sind. Wenn alle Randbedingungen optimal sind, so kann man hoffen, auf 10 bis 12 Quadratkilometern einen Meteoriten zu finden.

Dies führt uns schließlich zur Frage der **Häufigkeit von Meteoritenfällen**. Angesichts der Tatsache, dass pro Jahr geschätzte 20.000 Meteorite mit einem Gewicht über 100 g auf die Erde fallen, ist es offenkundig, dass nur ein sehr kleiner Teil der extraterrestrischen Materie auf der Erde überhaupt gefunden wird. Man hat errechnet, dass pro Jahr etwa drei Meteorite von über 1 kg Gewicht auf das Gebiet der Bundesrepublik fallen. Tatsächlich aber wurden seit 1900 lediglich 13 Fälle mit anschließendem Fund bekannt, die auch nicht alle über 1 kg

Gewicht hatten. Es ist offensichtlich, dass sowohl das Auffinden als auch das Abschätzen von gefallenen Meteoriten ein schwieriges Geschäft ist. Diese Zahlen betreffen übrigens nur die makroskopisch sichtbaren Meteorite. So genannte **Mikrometeorite**, also interplanetare Staubkörner, fallen täglich mit einer Gesamtmasse von rund 40 t auf die Erde.

4.4.5 Die verschiedenen Meteoritenarten

4.4.5.1 Steinmeteorite

Obwohl fast 90% der gefallenen Meteorite Steinmeteorite sind, lassen sie sich sehr wenigen Mutterkörpern zuordnen – derzeit werden nur zwölf unterschieden. Der überwiegende Anteil unter den Steinmeteoriten fällt dabei den Chondriten zu, der relativ kleine Rest sind Achondrite.

Chondrite

Die allermeisten Chondrite haben eine sehr typische Textur (Abb. 4.8 und 4.16) aus runden Kügelchen, den 0,1 bis wenige mm großen **Chondren**, oder deren Bruchstücken, die in einer feinkörnigen Matrix aus ehemaligem interplanetarem Staub verbacken sind. Darin können außerdem gröbere Mineralkörner oder deren Bruchstücke sowie unterschiedliche Mengen der bei hohen Temperaturen kondensierten CAIs mitverbacken sein (Abb. 4.8).
Die Chondren bestehen aus Olivin, Ortho- oder Klinopyroxen sowie einem in seiner Zusammensetzung feldspatähnlichen Glas (Abb. 4.16 und 4.17), wohingegen sich die Matrix aus winzigen Silikaten, Oxiden, Sulfiden und Metallen (Ni-Fe-Legierungen) sowie in kohligen Chondriten auch organischen Substanzen zusammensetzt. Die CAIs bestehen aus Ca-Al-Silikaten und Oxiden, die gröberen Mineralkörner aus Pyroxenen, Olivin, Nickeleisen, Apatit, dem Pyrrhotin-Verwandten Troilit, Chromit oder seltenen, bislang nur aus Meteoriten bekannten Phasen wie Carlsbergit CrN, Oldhamit CaS oder Schreibersit $(Fe, Ni)_3P$. In bei Impak-

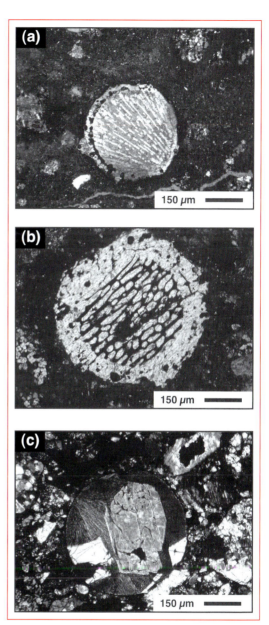

4.16 Typische (a) Radial-, (b) Balken- und (c) Porphyrische Chondren aus chondritischen Meteoriten.

ten entstandenen **Schockadern** kommen als Hochdruckäquivalente von Pyroxen und Olivin die Minerale Majorit und Ringwoodit vor (Tabelle 4.1). In ihrer Mineralogie ähneln Chondrite also sehr reduzierten irdischen Basalten. Vier Unterklassen werden aufgrund geochemi-

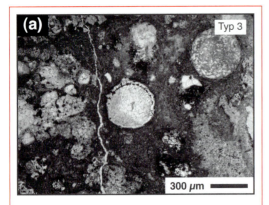

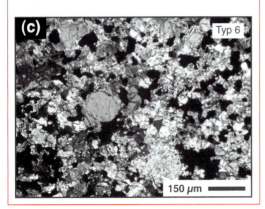

4.17 Thermische Metamorphosetypen von Chondriten. (a) Typ 3 ist praktisch unmetamorph, während (b) Typ 5 stärker überprägt ist und (c) Typ 6 praktisch keine chondritische Textur mehr erkennen lässt.

scher und petrologischer Kriterien unterschieden: Gewöhnliche Chondrite, die wiederum in die Typen H, L und LL unterteilt werden, was für „high iron", „low iron" und „low iron, low metal" steht, Enstatitchondrite (E), Rumuruti-Chondrite (R) und Kohlige Chondrite (C, von englisch „carbonaceous").

Da die Chondrite aus unterschiedlichen Teilen von Planetesimalen variabler Größe stammen und daher bei ihrer Bildung verschiedene Temperaturen erreicht hatten, gibt es für Chondrite nicht nur die unten besprochene Einteilung in Schock- und Verwitterungsklassen, sondern auch die durch ihr Gefüge definierten thermischen Überprägungstypen (**Gefügetypen**), die mit Zahlen von 1 bis 6 ausgedrückt werden. Diese Zahlen werden dem Buchstaben einfach angehängt; man spricht also von C1- oder H5-Chondriten. Der am wenigsten veränderte Typ ist dummerweise nicht Typ 1, sondern Typ 3. Von dort ausgehend weisen die Typen 1 und 2 **hydrothermale Alteration** auf, Typ 4–6 dagegen thermische metamorphe Überprägung. Die hydrothermale Alteration hat in Typ 1 zum völligen Verschwinden der Chondren geführt, in Typ 2 ist diese Überprägung schwächer. Typ 4 hat relativ schwache Metamorphose erlebt, Typ 6 die stärkste und auch hier beginnen die Chondren zu verwischen. Die relativ kalt gebliebenen Typen 1 bis 3 werden als **unequilibriert** bezeichnet, da die in ihnen enthaltenen Minerale kein Gleichgewicht erreicht haben. In ihnen sind entweder keine Chondren vorhanden (Typ 1) oder sie sind klar erkennbar (Typ 2 und 3). Typ 1 bis 3 kommen nur in kohligen Chondriten vor, die Temperaturen lagen zwischen 150 und 600 °C. Typ 3–6 zeigen sukzessive höhere Temperaturen und bessere Equilibrierung, sodass in Typ 4 die Chondren gut, in Typ 5 noch schwach und in Typ 6 nur noch schlecht erkennbar sind (Abb. 4.17).

Gewöhnliche Chondrite sind die häufigsten Chondrite und die häufigsten Meteorite überhaupt (Tabelle 4.2). Sie gliedern sich nach ihrem **Gesamteisen- und Metallgehalt** in H, L und LL-Chondrite.

– H-Chondrite werden auch Olivin-Bronzit-Chondrite genannt, da sie bei 25–30 Gew.-% Gesamteisen neben Olivin (Fa$_{16-19}$) und etwa 15–19 Mod.-% metallischem Eisen auch Or-

Tabelle 4.1 In Meteoriten gefundene Minerale

Mineral	Formel	Vorkommen
Olivin	$(Mg,Fe)_2SiO_4$	Ch, Pal, Mes, Ach, (Fe)
Orthopyroxen	$(Mg,Fe)_2Si_2O_6$	Ch, Ach, Pal, Mes, (Fe)
Klinopyroxen	$(Ca,Na,Mg,Fe,Mn,Al,Ti)_2(Si,Al)_2O_6$	Ch, Ach, Mes, (Fe)
Feldspat	$(Na,K,Ca)Al(Si,Al)_3O_8$	Ach, Ch, Mes, (Fe)
Nickeleisen		Fe, Ch, Mes, Pal, (Ach)
Kamazit, α-Fe	FeNi, 4–7 % Ni	
Taenit, γ-Fe	FeNi, 20–50 % Ni	
Tetrataenit	FeNi, 50 % Ni	
Troilit	FeS	Ch, Fe, Mes, Pal, (Ach)
Tonminerale	Wasserhaltige Silikate	kCh: C1 und C2
Fe-Serpentin	Hauptbestandteile:	
Septchlorit	SiO_2, FeO u. Fe_2O_3, MgO, Al_2O_3, CaO,	
Cronstedtit	ca. 10 % Wasser	
Chromit	$FeCr_2O_4$	Ch, Ach, Mes, Pal, Fe
Magnetit	Fe_3O_4	kCh, Ch: Typ 3
Ilmenit	$FeTiO_3$	Ch, Ach, Mes
Spinell	$MgAl_2O_4$	kCh, Ch: Typ 3
Apatit	$Ca_5(PO_4)_3Cl$	Ch, Mes, (Fe)
Whitlockit	$Ca_3(PO_4)_2$	Ch, Ach, Mes, Pal, (Fe)
Pentlandit	$(Fe,Ni)_9S_8$	kCh, Pal
Schreibersit	$(Fe,Ni)_3P$	Fe, Mes, Pal
Cohenit	Fe_3C	Fe, ECh, (Ch: Typ 3)
Seltene Minerale		
Elemente, Carbide, Nitride, Silicide		
Diamant	C	Ach: Ureilite, Fe, kCh
Graphit	C	Fe, Ch, Mes, Ach: Ureilite
Kupfer	Cu	Ch
Haxonit	$(Fe,Ni)_{23}C_6$	Fe, Ch: Typ 3
Carlsbergit	CrN	Fe
Osbornit	TiN	Ch: Aubrite
Sinoit	Si_2N_2O	ECh
Perryit	$(Ni,Fe)_2(Si,P)$	Fe
Sulfide		
Alabandin	$(Mn,Fe)S$	ECh, Ach: Aubrite
Daubréelith	$FeCr_2S_4$	Fe, ECh
Djerfisherit	$K_3Cu(Fe,Ni)_{12}S_{14}$	ECh
Heideit	$(Fe,Cr)_{1+x}(Ti,Fe)_2S_4$	Ach: Aubrite
Niningerit	MgS	ECh
Oldhamit	CaS	ECh, Ach: Aubrite
Oxide		
Hibonit	$CaAl_{12}O_{19}$	kCh: CAI
Perowskit	$CaTiO_3$	kCh: CAI
Rutil	TiO_2	Mes, Ch
Carbonate, Sulfate		
Calcit	$CaCO_3$	kCh: C1, C2
Dolomit	$CaMg(CO_3)_2$	kCh: C1
Magnesit	$(Mg,Fe)CO_3$	kCh: C1
Epsomit	$MgSO_4 \cdot 7\,H_2O$	kCh: C1
Gips	$CaSO_4 \cdot 2\,H_2O$	kCh: C1, C2

Fortsetzung nächste Seite

Tabelle 4.1 In Meteoriten gefundene Minerale (Fortsetzung)

Mineral	Formel	Vorkommen
Phosphate		
Farringtonit	$Mg_3(PO_4)_2$	Pal
Panethit	$(Ca,Na)_2(Mg,Fe)_2(PO_4)_2$	Fe
Stanfieldit	$Ca_4(Mg,Fe)_5(PO_4)_6$	Pal, Mes
Silikate		
Quarz	SiO_2	Ach, ECh
Cristobalit	SiO_2	ECh
Tridymit	SiO_2	Ach, ECh, Mes
Ringwoodit	$(Mg,Fe)_2SiO_4$	Ch: in Schockadern
Melilith	$Ca_2(Al,Mg)(Si,Al)_2O_7$	kCh: CAI
Nephelin	$KNa_3(AlSiO_4)_4$	kCh: CAI
Sodalith	$Na_8(AlSiO_4)_6Cl_2$	kCh: CAI

Abkürzungen: Ch = Chondrite, Ach = Achondrite, kCh = kohlige Chondrite, ECh = Enstatit-Chondrite, CAI = *Ca-Al-reiche Einschlüsse*, Pal = Pallasite, Mes = Mesosiderite, Fe = Eisenmeteorite. Abkürzung in Klammern: in dieser Klasse selten

thopyroxen der Zusammensetzung Fs_{12-30}, also Bronzit (s. Abb. 2.26) enthalten.
- L-Chondrite oder Olivin-Hypersthen-Chondrite bestehen bei 20–24 Gew.-% Gesamteisen aus 4–9 Mod.-% metallischem Eisen, Olivin (Fa_{21-25}) und Orthopyroxen (Fs_{30-50}).
- LL-Chondrite, so genannte Amphoterite, enthalten nur 19–22 Gew.-% Gesamteisen und nur 0,3–3 Mod.-% Eisenmetall, sowie Olivin der Zusammensetzung Fa_{26-32}.

Es ist offenbar, dass der Grad der Reduziertheit von H über L zu LL-Chondriten abnimmt.

Die relativ seltenen Enstatitchondrite (E-Chondrite) sind die reduziertesten aller Chondrite und bestehen großenteils aus absolut reinem Enstatit (En_{100}) mit wenig Olivin (> Fo_{99}) und etwa 5% Plagioklas. Praktisch das gesamte Eisen liegt in Form von Metall oder Sulfiden vor, und selbst Metalle wie Mg, Mn, Cr oder Ti bilden in ihnen Sulfid- oder Nitridphasen. Der letzte deutsche Meteoritenfall nahe beim Schloss Neuschwanstein im April 2002 war ein solcher Enstatitchondrit.

Rumuruti-Chondrite sind extrem selten, nur 16 Stücke sind bislang bekannt. Meteorite dieser Klasse sind sehr oxidiert, was dazu führt, dass sie bei 24–25 Gew.-% Gesamteisen fast kein Eisenmetall enthalten. Sie bestehen überwiegend (um 70 Mod.-%) aus eisenreichem Olivin (Fa_{38-41}).

Die kohligen Chondrite schließlich sind von größerer geochemischer Bedeutung und sollen daher hier detaillierter besprochen werden. Es sind generell Chondrite mit hohen Gehalten an Wasser und organischem Kohlenstoff, die bis auf die CK-Chondrite (siehe unten) nur in den Gefügetypen 1–3 vorkommen. Sie sind schwarz, bröselig und erinnern an Kohlestücke, was ihnen ihren Namen eintrug. Kohlige Chondrite enthalten komplexe organische Moleküle wie **Aminosäuren** und polyzyklische **aromatische Kohlenwasserstoffe** sowie im Falle des Meteoriten Murchison sogar **Fullerene** und **Diaminosäuren**. Insbesondere letztere könnten eine wichtige Rolle in präbiotischen chemischen Reaktionen gespielt haben, die letztendlich zur Entstehung von RNA und DNA führten. Diese Entdeckung könnte somit darauf hindeuten, dass wichtige Bausteine des Lebens durch Meteorite auf die Erde gelangt sein könnten.

Die nur in sieben Exemplaren (fünf Fälle, zwei Funde, einer davon unglaublicherweise auf dem Mond während der Apollo-12-Mission!) bekannte Unterart der kohligen C1-Chondrite, die CI-Chondrite (nach dem Fundort Ivuna in Tansania), haben die höchste Konzentration von präsolaren Körnern und die höchsten Volatilgehalte. Zwischen 17 und 22 Gew.-% Wasser sind in Form von Hydrosilikaten wie Mont-

Tabelle 4.2 Die Häufigkeit verschiedener Typen von Meteoriten

Meteoriten-Typ	Fälle	Alte Funde	Funde Antarktis*	Gesamtzahl der Funde
Chondrite	784	897	7004	13918
C1(=CI)	5	0	1	
C2(=CM und CR)	18	15	172	
Andere C	12	15	91	
E	13	11	72	
H	276	405	3059	
L	319	350	3341	
Andere	0	0	5	
Achondrite	69	46	214	525
Asteroiden				
Howardite	18	3	21	
Eukrite	23	7	85	
Diogenite	9	0	13	
Aubrite	9	1	33	
Angrite	1	0	2	
Ureilite	4	6	31	
Andere	1	2	9	
Mars				
Shergottite	2	13	5	
Nakhlite	1	3	1	
Chassignit	1	0	0	
Orthopyroxenit	0	0	1	
Mond				
Anorthosit-Breccie	0	8	12	
Mare-Basalt(-Breccie)	0	2	2	
Mare-Breccie	0	0	2	
Olivin-Norit	0	1	0	
Steinmeteorite (unklassifiziert)				5781
Stein-Eisenmeteorite	10	57	32	104
Lodranite	1	0	3	
Mesosiderite	6	22	25	
Pallasite	3	35	4	
Eisenmeteorite	42	683	51	815

*Die antarktischen Funde schliessen häufig mehrere Bruchstücke ein und desselben Meteoriten ein. Korrigiert man dies, so vermindert sich z. B. die Zahl der Chondrite von 7004 auf 1476 Funde. Das heißt, dass 7004 Bruchstücke von 1476 unterschiedlichen Meteoriten gefunden wurden.

morillonit und serpentinähnlichen **Schichtsilikaten** gebunden, daneben enthalten CI-Chondrite Karbonate und Sulfate, Magnetit und Fe-Ni-Sulfide.

Kohlige C1-Chondrite sind meist sehr weiche, bisweilen gar pulvrig zerbröselnde Gesteine, die nur frisch gefallen geborgen werden können, da sie sehr schnell verwittern. Sie haben auf ihrem Mutterkörper offensichtlich **hydrothermale Alteration** erfahren, wobei die ursprünglichen Hochtemperatursilikatphasen wie Olivin zu Tonmineralen und Serpentin umgewandelt worden sind. Dies zeigt, wie gering die Temperaturen seit ihrer Entstehung gewesen sein müssen, nämlich unter etwa 250 °C. CI-Chondrite enthalten keine Chondren, sondern sind praktisch reine **Tonmineralklumpen**. C1-Chondrite ähneln in ihrer chemischen Zusammensetzung am meisten von allen Meteoriten der spektroskopisch bestimmten Zusammensetzung der Sonne (Abb. 4.18). Diese Ähnlichkeit hat aber laut Abb. 4.18 offenbar einige wenige Ausnahmen: H, O, C und N werden nicht komplett in kondensierter Materie gebunden und sind in Chondriten daher gegenüber der Sonne verarmt, Li dagegen wurde in der frühen Sonne in Fusionsreaktionen verbrannt und ist daher dort abgereichert. Wir halten damit ein wenig Materie in Händen, die wir nach allen Regeln der Kunst chemisch und isotopisch analysieren können (was dazu führte, dass ein guter Teil der wenigen bekannten kohligen CI-Chondriten schon verbraucht ist), und die in ihrer Zusammensetzung – mit den erwähnten Ausnahmen – das Sonnensystem repräsentiert. Deshalb wird in vielen geochemischen Diagrammen die gemessene Elementhäufigkeit in einer Probe über die chondritische Häufigkeit normiert, wobei hier die C1-chondritische Häufigkeit gemeint ist. In der Literatur findet man für manche Spurenelemente z. T. deutlich unterschiedliche chondriti-

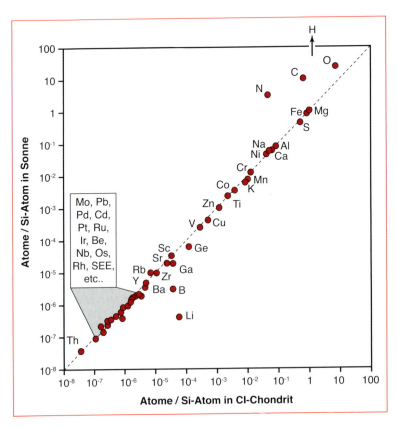

4.18 Auf Si normierte Elementhäufigkeiten in der Sonne und in CI-Chondriten nach Holweger (1996).

sche Werte. Dies ist auf Messunsicherheiten bei den z. T. extrem geringen Gehalten und kleinen Probenmengen sowie auf unterschiedliche Analysemethoden zurückzuführen. Bei den Selten-Erd-Elementen gibt es beispielsweise durchaus Diskrepanzen im 20 Relativ-%-Bereich (siehe Tabelle 4.3).

Die anderen Chondrittypen sind sukzessive reicher an Hochtemperatur-Mineralen, sodass die CM- und CR-Chondrite (nach den Fundorten Mighei, Ukraine und Renazzo, Italien) überwiegend als Typ 2 vorliegen, CO- und CV-Chondrite (Ornans, Frankreich und Vigarano, Italien) überwiegend als Typ 3 und CK-Chondrite (Karoona, Australien) als Typ 4–6. Wissenschaftlich bedeutsame kohlige Chondrite sind der CI-Chondrit Orgueil, der 1864 gefallen ist und das meiste Material dieser Untergruppe für Analysen lieferte, der CM2-Chondrit Murchison, in dem man über 70 extraterrestrische Aminosäuren und, wie oben erwähnt, einen Zoo anderer organischer Moleküle gefunden hat, sowie der CV3-Chondrit Allende, der 1969 in Mexiko gefallen ist und in dessen Bruchstücken, insgesamt mehr als 2 Tonnen, erstmals die in Abschn. 4.3 genannten CAIs entdeckt worden sind (Abb. 4.8).

Abschließend sei darauf hingewiesen, dass auch die Erde durch die Akkretion chondritischen Materials entstanden ist. Interessant ist, dass die Konzentration **lithophiler** Elemente (s. Abschn. 4.6.1) in einem bestimmten Chondrittyp, den CV3-Chondriten (Abb. 4.8), und die Zusammensetzung des Erdmantels so viele Parallelen aufweisen, dass angenommen wird, die Erde könnte annähernd CV3-chondritische Zusammensetzung haben (Tabelle 4.4).

Achondrite

Achondrite bestehen wie Basalte überwiegend aus Olivin, Pyroxenen und Plagioklas und enthalten als Nebengemengteile Troilit, Chromit, Phosphate und Quarz oder Tridymit. Wie der Name schon sagt, enthalten sie keine Chondren und sind auf differenzierten Mutterkörpern durch Kristallisation aus silikatischen Magmen entstanden. Sie sind deutlich seltener als Chondrite. Meist sind Achondrite durch Impaktereignisse auf ihrem Mutterkörper zerbrochen und liegen als geschockte Brekzien vor. Da sie irdischen Gesteinen sehr ähnlich sehen, sind Funde aus der Zeit vor den neuen Wüsten- und Antarktis-Funden gegenüber Fällen sehr viel seltener. Unterschieden werden Achondrite vom Mond, vom Mars und von Asteroiden.

Die Mond-Achondrite („Lunaite") unterscheiden sich in Textur und Geochemie deutlich von allen anderen Achondriten und lassen sich aufgrund ihrer Texturen und ihrer Isotopie eindeutig dem Mond zuweisen. Sie wurden erst

Tabelle 4.3 Selten-Erd-Element-Gehalte (in µg/g) in CI-Chondriten nach verschiedenen Autoren

in µg/g	Boynton (1984)	Anders & Grevesse (1989)	Palme & Beer (1993)	McDonough & Sun (1995)	Palme & O'Neill (2003)
La	0,3100	0,2347	0,245	0,237	0,245
Ce	0,8080	0,6032	0,638	0,613	0,638
Pr	0,1220	0,0891	0,0964	0,0928	0,0964
Nd	0,6000	0,4524	0,474	0,457	0,474
Sm	0,1950	0,1471	0,154	0,148	0,154
Eu	0,0735	0,0560	0,0580	0,0563	0,058
Gd	0,2590	0,1966	0,204	0,199	0,204
Tb	0,0474	0,0363	0,0375	0,0361	0,0375
Dy	0,3220	0,2427	0,254	0,246	0,2540
Ho	0,7180	0,0556	0,0567	0,0546	0,0567
Er	0,2100	0,1589	0,166	0,160	0,166
Tm	0,0324	0,0242	0,0256	0,0247	0,0256
Yb	0,2090	0,1625	0,165	0,161	0,165
Lu	0,0322	0,0243	0,0254	0,0246	0,0254

Tabelle 4.4 Haupt- und Spurenelementgehalte in verschiedenen Chondriten als Annäherung der Elementhäufigkeiten im Sonnensystem (n.d. = *not determined*, also nicht analysiert)

	CI	CM	CO	CV	H	L	LL	EH	EL
in Gew. %									
SiO_2	22,78	27,60	34,01	33,37	36,15	39,58	40,43	35,73	39,79
TiO_2	0,07	0,10	0,13	0,16	0,10	0,11	0,10	0,08	0,10
Al_2O_3	1,62	2,23	2,70	3,31	2,14	2,31	2,25	1,53	1,98
FeO_{tot}	23,41	27,02	31,91	30,23	35,38	27,66	23,80	37,31	28,30
MnO	0,025	0,022	0,021	0,019	0,030	0,033	0,034	0,028	0,021
MgO	16,00	19,40	24,05	24,05	23,22	24,71	25,37	15,58	23,38
CaO	1,28	1,78	2,21	2,66	1,75	1,83	1,82	1,19	1,41
Na_2O	0,69	0,55	0,55	0,44	0,86	0,94	0,94	0,92	0,78
K_2O	0,07	0,05	0,04	0,04	0,09	0,10	0,10	0,10	0,09
P_2O_5	0,25	0,21	0,24	0,23	0,25	0,22	0,19	0,46	0,27
H_2O	17,87	12,51	0,63	2,50	n.d.	n.d.	n.d.	n.d.	n.d.
CO_2	11,73	8,06	1,65	2,05	0,40	0,33	0,44	1,47	1,32
in μg/g									
Li	1,57	1,36	1,2	1,24	1,7	1,8	2,1	2,1	0,58
Be	0,027	n.d.	n.d.	n.d.	0,051	0,043	0,051	n.d.	n.d.
B	1,2	0,6	n.d.	0,3	0,5	0,4	n.d.	n.d.	n.d.
N	1500	1520	90	80	48	43	70	n.d.	n.d.
F	64	38	30	24	32	41	63	238	180
S	54000	33000	20000	22000	20000	22000	23000	58000	33000
Cl	680	160	240	210	80	76	130	660	210
Sc	5,9	8,2	9,6	11,4	7,9	8,6	8,4	5,7	7,4
V	55	75	92	96	74	77	75	54	60
Cr	2650	3050	3550	3600	3660	3880	3740	3150	3050
Co	508	575	688	655	810	590	490	840	670
Ni	10700	12000	14000	13400	16000	12000	10200	17500	13000
Cu	121	115	125	100	82	90	80	185	110
Zn	312	185	100	116	47	50	46	250	17
Ga	9,8	7,8	7,1	6,0	6,0	5,7	5,0	16,0	11,0
Ge	31	23	21	17	13	10	9,0	42	28
As	1,84	1,80	1,95	1,60	2,05	1,55	1,35	3,45	2,20
Se	19,6	12,7	7,6	8,3	7,7	9,0	9,9	25,5	13,5
Br	3,6	2,6	1,3	1,5	0,5	0,8	0,6	2,4	0,8
Rb	2,22	1,7	1,45	1,25	2,9	3,1	3,1	2,6	2,5
Sr	7,9	10,1	12,7	15,3	10,0	11,1	11,1	7,2	8,2
Y	1,44	2,0	2,4	2,4	2,2	2,1	2,0	1,3	n.d.
Zr	3,8	8,0	7,8	8,3	6,3	5,9	5,9	4,9	5,2
Nb	0,270	0,370	0,450	0,540	0,360	0,390	0,370	0,250	n.d.
Mo	0,92	1,50	1,90	2,10	1,70	1,30	1,10	n.d.	n.d.
Ru	0,710	0,883	1,090	1,130	1,100	0,750	n.d.	0,915	0,831
Rh	0,134	n.d.	n.d.	0,250	0,220	n.d.	n.d.	n.d.	n.d.
Pd	0,560	0,640	0,703	0,705	0,870	0,560	0,530	0,885	0,690
Ag	0,208	0,157	0,097	0,107	0,045	0,065	0,072	0,236	0,023
Cd	0,650	0,368	0,350	0,373	0,017	0,011	0,037	0,484	0,027
In	0,080	0,050	0,025	0,033	0,011	0,007	0,012	0,058	0,002
Sn	1,72	1,01	0,89	0,90	0,86	0,71	n.d.	0,80	n.d.
Te	2,4	1,90	0,90	1,02	0,26	0,48	0,49	2,23	0,80
Sb	0,153	0,115	0,105	0,085	0,070	0,068	0,060	0,198	0,090
I	0,500	0,425	0,200	0,188	0,068	0,053		0,150	0,053
Cs	0,183	0,125	0,080	0,095	0,120	0,280	0,180	0,200	0,100
Ba	2,3	3,3	4,29	4,9	4,2	3,7	4,8	2,6	n.d.

Fortsetzung nächste Seite

Tabelle 4.4 Haupt- und Spurenelementgehalte in verschiedenen Chondriten als Annäherung der Elementhäufigkeiten im Sonnensystem (Fortsetzung)

	CI	CM	CO	CV	H	L	LL	EH	EL
La	0,236	0,317	0,387	0,486	0,295	0,310	0,315	0,235	0,190
Ce	0,616	0,838	1,020	1,290	0,830	0,900	0,907	0,660	0,300
Pr	0,093	0,129	0,157	0,200	0,123	0,132	0,122	0,094	n.d.
Nd	0,457	0,631	0,772	0,990	0,628	0,682	0,659	0,460	0,233
Sm	0,149	0,200	0,240	0,295	0,185	0,195	0,200	0,140	0,135
Eu	0,056	0,076	0,094	0,113	0,073	0,078	0,076	0,054	0,054
Gd	0,197	0,276	0,337	0,415	0,299	0,310	0,303	0,214	0,107
Tb	0,036	0,047	0,057	0,065	0,053	0,057	0,048	0,035	n.d.
Dy	0,245	0,330	0,404	0,475	0,343	0,366	0,351	0,240	0,139
Ho	0,055	0,077	0,094	0,110	0,073	0,081	0,077	0,050	n.d.
Er	0,160	0,218	0,266	0,315	0,226	0,248	0,234	0,166	0,097
Tm	0,025	0,033	0,040	0,045	0,039	0,039	0,034	0,025	n.d.
Yb	0,159	0,222	0,270	0,322	0,205	0,220	0,220	0,160	0,165
Lu	0,245	0,033	0,040	0,048	0,031	0,033	0,033	0,024	0,024
Hf	0,120	0,186	0,178	0,194	0,180	0,170	0,150	0,140	0,150
Ta	0,016	0,022	0,027	0,032	0,022	0,023	0,022	0,015	n.d.
W	0,100	0,140	0,160	0,190	0,160	0,110	n.d.	n.d.	n.d.
Re	0,037	0,046	0,055	0,065	0,070	0,040	0,033	0,052	0,047
Os	0,490	0,640	0,790	0,825	0,820	0,515	0,400	0,654	0,589
Ir	0,460	0,595	0,735	0,760	0,760	0,490	0,360	0,565	0,525
Pt	0,990	1,100	1,200	1,250	1,400	1,050	0,850	1,200	n.d.
Au	0,144	0,165	0,184	0,144	0,215	0,162	0,140	0,330	0,225
Hg	0,390	n.d.	n.d.	n.d.	n.d.	n.d.	n.d.	n.d.	n.d.
Ti	0,142	0,092	0,042	0,046	0,0037	0,002	0,0072	0,103	0,005
Pb	2,4	1,7	2,2	1,4	0,24	0,37	n.d.	1,1	n.d.
Bi	0,1100	0,075	0,0330	0,0480	0,0170	0,0140	0,0160	0,0880	0,0120
Th	0,029	0,040	0,0450	0,0600	0,0420	0,0430	0,0430	0,0300	0,0350
U	0,0082	0,011	0,0130	0,0170	0,0120	0,0130	0,0130	0,0090	0,0100

1982, nach dem Fund der ersten typischen Hochland-Brekzie, als vom Mond stammend erkannt und sind mit 52 bislang bekannten Exemplaren nach wie vor sehr selten. Es gibt neben anorthositischen Hochland-Brekzien auch Basalte und Brekzien aus den Maria (siehe Abschnitt 4.5.5), ihre Kristallisationsalter liegen zwischen 4,5 und 3,1 Milliarden Jahre.

Die Mars-Achondrite werden als „SNC-Gruppe" zusammengefasst: **Shergottite, Nakhlite** und **Chassignite** ähneln texturell stark terrestrischen Basalten. Sie sind generell oxidierter und alkalienreicher als Meteorite aus Asteroiden, und sie sind erheblich jünger, um 1,2–1,3 Milliarden Jahre, einzelne Shergottite sogar weniger als 180 Millionen Jahre. Ihr Mutterkörper muss also groß genug gewesen sein, um 3 Milliarden Jahre nach der Entstehung des Sonnensystems noch magmatische Aktivität aufzuweisen. Dass es sich tatsächlich um den Mars handelt, ergaben Gasanalysen aus Schockadern eines in der Antarktis gefundenen Shergottits. Diese **Schockadern** haben, als der Shergottit durch einen Impakt aus dem Mars herausgeschleudert wurde, Gase wie Wasserstoff, Stickstoff, CO_2 und Edelgase aus dessen Atmosphäre eingefangen, die in ihren Mengenverhältnissen und ihrer Isotopie mit den Analysen der Marsatmosphäre, wie sie die Viking-Sonden zur Erde gefunkt haben, übereinstimmen. Das Alter des Impaktes wurde auf 360 Millionen Jahre datiert.

Shergottite zeigen Kumulat- oder Fließgefüge aus Pigeonit (s. Abb. 2.26), Augit und durch Impaktereignisse überwiegend zu Feldspatglas (Maskelynit) umgewandeltem Plagioklas mit

Bytownit-Zusammensetzung (siehe Abb. 2.32). Sie enthalten als Nebengemengteile Titanomagnetit, Ilmenit, Quarz, Fayalit und Pyrrhotin, ähnlich den irdischen Ferrobasalten. Nakhlite sind reine Kumulate aus 80% Augit und etwas Olivin (Fa$_{65-68}$) mit den Interkumulus-Mineralen Pigeonit, Plagioklas und K-Feldspat. Der Olivin ist teilweise iddingsitiert (Iddingsit ist ein Gemenge verschiedener Hydratminerale), was das Vorkommen von freiem Wasser auf dem Mars nahelegt. Von Chassigniten ist bislang nur ein einziges Stück bekannt (der Meteorit Chassigny), das zu rund 90% aus Olivin (Fa$_{32}$) neben kleinen Anteilen an Orthopyroxen (Fs$_{12-28}$), durch Impaktmetamorphose verglastem Plagioklas (An$_{16-37}$) und Chromit besteht. Wenn man von der eisenreicheren Zusammensetzung absieht, erinnert der Chassignit an einen Dunit.

Die Achondrite aus Asteroiden schließlich bilden eine bunte Gruppe von Meteoriten, die die **HED-Gruppe** (Howardite, Eukrite und Diogenite), **Aubrite, Angrite, Ureilite** und die **primitiven Achondrite** (Acapulcoite, Lodranite, Brachinite, Winonaite) umfasst. Jeder dieser Typen ist in weniger als 100 Exemplaren bekannt, manche nur als ein oder zwei Exemplare. Am häufigsten sind Asteroiden-Achondrite der HED-Gruppe.

Die HED-Gruppe ähnelt texturell wieder einmal stark den terrestrischen Basalten, doch haben Eukrite z. B. neben fast reinem Anorthit und Pigeonit kleine Gehalte an Eisenmetall. Diogenite sind orthopyroxenreich mit geringen Mengen an Plagioklas, Olivin, Troilit und Chromit. Howardite schließlich sind Impaktbrekzien aus Eukriten und Diogeniten, was beweist, dass alle drei Gesteinstypen vom selben Asteroiden stammen, die Eukrite vermutlich aus der Ober-, die Diogenite aus der Unterkruste. Als Ursprungskörper wird aufgrund von Spektraluntersuchungen der Asteroid **4 Vesta** angenommen.

Aubrite werden als Mantelbrekzien eines teilweise differenzierten, Enstatit-chondritischen Mutterkörpers interpretiert, dessen überwiegender (aber nicht kompletter!) Metallanteil in einen Kern abgetrennt werden konnte. Aubrite bestehen überwiegend aus Enstatit mit sehr geringen Gehalten an Troilit und metallischer Eisen-Nickel-Legierung.

Angrite gehören zu den seltensten Meteoriten überhaupt und bestehen aus der interessanten Mineralparagenese Fassait (ein Ca-Al-reicher Klinopyroxen) mit geringen Anteilen an Ca-reichem Olivin (teilweise mit Entmischungslamellen von Kirschsteinit, CaFeSiO$_4$), Anorthit, Spinell, Troilit und Fe-Ni-Metall. Der Angrit **Sahara 99555** spielt für die exakte **Datierung** der Vorgänge bei der Bildung unseres Sonnensystems eine entscheidende Rolle und ist das älteste, sicher datierte magmatische Gestein unseres Sonnensystems (siehe Abschn. 4.4.2).

Ureilite sind wiederum ungewöhnliche Meteorite, die wegen ihres hohen Gehalts an Kohlenstoff in Form von Graphit – oder Diamant, verursacht durch Impaktmetamorphose, bzw. der Kohlenstoff-Hochdruckmodifikation Lonsdaleit – mit kohligen Chondriten in Verbindung gebracht werden. Sie zeigen jedoch ein kumulatisches Gefüge aus grobkörnigem Olivin (Fa$_{6-13}$) und Pigeonit mit **kohlenstoffreichen Adern** und kleinen Mengen an Eisen-Nickel-Metall, Troilit und dem Eisencarbid Cohenit.

Primitive Achondrite schließlich sind mineralogisch den Chondriten ähnlich und sie sind primitiver als die anderen Achondrite (was der Name ja bereits vermuten ließ!). Daher nimmt man an, dass sie aus nur teilweise differenzierten oder nur bei Impaktereignissen partiell aufgeschmolzenen chondritischen Mutterkörpern stammen. Acapulcoite und Lodranite stellen Olivin-Orthopyroxen-Kumulate mit relativ viel Eisen-Nickel-Metall (ca. 20 Mod.-%) vermutlich aus demselben Mutterkörper dar. Wegen ihres hohen Metallgehaltes werden sie bisweilen auch zu den **Stein-Eisenmeteoriten** gezählt. Brachinite ähneln terrestrischen Duniten (allerdings: Olivin mit Fa$_{30-35}$), und Winnonaite sind Silikateinschlüssen in Eisenmeteoriten nicht unähnlich, die weiter unten besprochen werden.

4.4.5.2 Stein-Eisenmeteorite

Petrographisch bestehen sowohl **Mesosiderite** als auch **Pallasite** zu jeweils etwa 50 % aus Metall und Silikat. Obwohl Mesosiderite genetisch zu den Achondriten gestellt werden, sollen sie wegen ihrer Petrographie und ihrer traditionellen Eingruppierung doch hier besprochen werden.

Mesosiderite sind Impaktbrekzien (Abb. 4.13c) vermutlich aus den äußeren Schichten eines differenzierten Asteroiden und enthalten den Eukriten und Diogeniten ähnliche Mineralphasen – nur eben mehr Metall. Sie ähneln damit metallreichen Howarditen, die auch sauerstoffisotopisch ähnlich sind – eventuell müssen sie also der HED-Gruppe zugerechnet werden. Mesosiderite sind texturell sehr variabel, aber deutlich feinkörniger als die im folgenden besprochenen Pallasite, und sie können große und grobkörnige Fragmente verschiedener Silikatgesteine und Metallkörner enthalten. Es wird vermutet, dass sie eine Mischung des Mantels eines differenzierten Mutterkörpers mit dem Metallkern eines beim Impakt zerschlagenen Köpers darstellen und dass so ihre 50:50-Zusammensetzung zustande gekommen ist.

Demgegenüber werden Pallasite wirklich als Gesteine der **Kern-Mantel-Grenze** eines differenzierten Asteroiden gedeutet, sind also genetisch deutlich von Mesosideriten unterschieden. Sie sind die makroskopisch spektakulärsten Meteorite mit einer schönen Textur aus Eisen-Nickel-Legierung, in die häufig wunderbar hell- bis gelbgrüne, cm-große Körner aus Olivin eingebettet sind, die manchmal sogar schleifwürdig sind. Leider stellen sie sehr seltene Meteorite mit nur drei beobachteten Fällen dar, doch gibt es etwa drei Dutzend alte und neue Funde.

Wie die Mesosiderite sind auch die Pallasite texturell sehr variabel und, obwohl sie typischerweise zu 95 % aus Metall und Olivin bestehen, herrscht manchmal Metall- und manchmal Olivinvormacht. So kann der Metallgehalt zwischen 28 und 88 Gew.-% schwanken. Neben Metall und Olivin kommen Troilit, Schreibersit, Phosphate, Orthopyroxen und Chromit in Pallasiten vor. Aufgrund der Zusammensetzung ihrer Hauptmineralphasen teilt man sie in eine Hauptgruppe mit Fa_{11-19} sowie mit 14–16 % Ni-Anteil am Metall und die kleine Eagle-Station-Gruppe mit Fa_{20-21} und mit 8–12 % Ni-Anteil ein. Löst man übrigens das Metall weg, so stellt man fest, dass die freigelegten Olivine als **facettenreiche Kristalle mit gerundeten Kanten** vorliegen, was dafür spricht, dass sie kurzzeitig in flüssigem Metall schwammen – bei längeren Verweilzeiten in der Metallschmelze hätten sich Metall und Olivin gravitativ getrennt.

Die Pallasite sind nach dem Forscher **Pallas** benannt, der im Jahre 1772 eine 700 kg schwere Eisenmasse mit eingelagerten Olivinen aus **Krasnojarsk** in Sibirien beschrieben hat. Pallasite sind wissenschaftshistorisch interessant, da der deutsche Physiker Ernst **Chladni** im Jahre 1794 erstmals vorgeschlagen hat, dass es sich bei diesem Pallasit und anderen Meteoriten um extraterrestrisches Material handelt. Er stellte eine Verbindung zu den häufig beobachteten **Leuchterscheinungen** her, doch wurde seine Theorie von maßgeblichen Zeitgenossen, zu denen auch Goethe, Humboldt und Lichtenberg zählten, abgelehnt (wie es bei bahnbrechenden Theorien oft der Fall war, wobei andererseits eine Ablehnung durch Andere noch kein unumstößlicher Beleg für die eigene Genialität ist!). Spektakuläre beobachtete Fälle und die Entdeckung der ersten Asteroiden (Ceres und Pallas) an der Grenze vom 18. zum 19. Jahrhundert verhalfen ihr dann allerdings rasch zum Durchbruch.

4.4.5.3 Eisenmeteorite

Eisenmeteorite bestehen aus einer **Eisen-Nickel-Legierung** mit kleinen Einschlüssen von Sulfiden, vor allem dem Pyrrhotin-Verwandten Troilit, FeS. Sie entstammen den Kernen kleiner Planetesimale von etwa 20 bis 200 km Durchmesser, die durch die beim radioaktiven Zerfall von ^{26}Al und ^{60}Fe entstehende Wärme komplett geschmolzen worden waren. Da beide Nuklide sehr geringe Halbwertszeiten haben (0,7 und 3,5 Ma), ist dies ausschließlich ganz zu Beginn der Lebenszeit unseres Sonnensystems geschehen. Eisenmeteorite scheinen daher die **ältesten Gesteine** des Asteroidengürtels zu repräsentieren. Derzeit wird angenommen, dass die bekannten Eisenmeteorite möglicherweise über 100 Mutterkörper repräsentieren – 13 größere Klassen und bis zu 90 „anomale", bislang ungruppierte Eisenmeteorite, die in weniger als fünf Exemplaren vorliegen (so viele müssen es sein, um eine neue Klasse zu bilden).

Ihre Zusammensetzung wirkt auf den ersten Blick zwar einfach, denn neben häufig zu runden Knollen aggregierten Ansammlungen aus Graphit, Troilit, Schreibersit, Chromit, Phosphaten und Chondrit-ähnlichen Silikaten bestehen sie zu mehr als 90 % aus Eisen-Nickel-Metall, doch hat es diese Eisen-Nickel-Legierung mineralogisch in sich. Es werden zwei separate Phasen (**Kamazit**, Balkeneisen und **Taenit**, Bandeisen) sowie ein feinkörniges Gemisch aus beiden (**Plessit**, Fülleisen) unterschieden, die für die texturellen Varianten von Eisenmeteoriten verantwortlich sind. Kamazit ist kubisch-innenzentriert kristallisiert und enthält maximal 7,5 Gew.-% Ni, während Taenit kubisch-flächenzentriert ist und bis über 50 Gew.-% Nickel einbauen kann. Koexistieren beide Phasen, ist Taenit immer nickelreicher (Abb. 4.19). Die berühmten **Widmanstätten'schen Figuren** (Kasten 4.7) entstehen durch die Umwachsung der groben Kamazit-Balken, die von Säure leicht angegriffen werden, durch den feinkörnigen, säurebeständigeren Taenit. Diese Figuren sind ein eindeutiger Beleg für meteoritisches Eisen, da sie im Fe-Ni-System auf der Erde nicht entstehen und im Fe-Ni-System nicht einmal experimentell simuliert werden können. Plessit füllt die Hohlräume zwischen den großen Balken. Anhand ihrer durch das Fe/Ni-Verhältnis des Meteoriten vorgegebenen Metallgefüges werden Eisenmeteorite in drei unterschiedliche texturelle Gruppen eingeteilt: **Oktaedrite**, **Hexaedrite** und **Ataxite**, doch ergibt die chemische Klassifikation eine

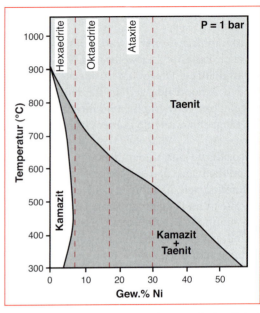

4.19 Das Phasendiagramm für Fe-Ni-Metall bei 1 bar und die Beziehung zwischen Entmischungstextur (Hexaedrit, Oktaedrit oder Ataxit) und dem Nickelgehalt des Metalls. Nach Goldstein & Ogilvie (1965).

größere Vielfalt. Aufgrund von Korrelationen zwischen Ni einerseits und anderen Elementen wie Ir, Ge oder Ga andererseits werden dreizehn durch mehrere Meteorite repräsentierte chemische Gruppen unterschieden, die mit römischen Zahlen und Großbuchstaben gekennzeichnet werden (Abb. 4.20). Jede chemische Gruppe repräsentiert einen – heute vermutlich zerstörten – Mutterköper. Etwa 15 % aller Eisenmeteorite lassen sich keiner dieser Gruppen zuordnen. Sie repräsentieren bis zu 90 weitere Mutterkörper.

Oktaedrite (O), die mit Abstand häufigste Gruppe der Eisenmeteorite, enthalten zwischen 6,5 und 18 Gew.-% Nickel im Metall. Nur in ihnen bilden sich die berühmten Widmanstätten'schen Figuren (Kasten 4.7). Das Phasendiagramm der Abb. 4.19 zeigt, dass nur in diesem Zusammensetzungsintervall Kamazit und Taenit bei Temperaturen koexistieren, die hoch genug sind, um durch Diffusion die Bildung der grobkörnigen Gefüge zu ermöglichen.

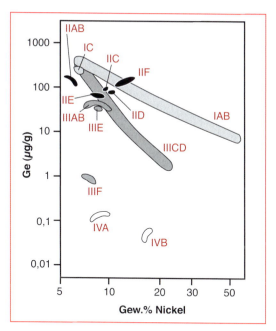

4.20 Die verschiedenen Typen von Eisenmeteoriten lassen sich im Ge-Ni-Diagramm gut voneinander unterscheiden. Nach Wai & Wasson (1979).

4.21 Der mit etwa 50–60 t schwerste bekannte Eisenmeteorit, ein Ataxit, liegt auf der Hoba-Farm in der Nähe von Grootfontein, Namibia, noch immer an dem Platz, an dem er vor rund 80.000 Jahren gefallen ist.

Ataxite (D, von Dichteisen) dagegen enthalten häufig sehr Ni-reiches Metall (16–30 Gew.-%), das sich erst bei einer für die Diffusion zu niedrigen Temperatur (unterhalb etwa 600 °C) entmischt und daher keine großen Kristalle mehr bilden kann. Sie sind extrem feinkörnige Verwachsungen von Taenit-Nädelchen, die in diesem Fall von Kamazit umwachsen werden – also genau umgekehrt wie in den Oktaedriten. Ni-arme Ataxite mit weniger als 10 Gew.-% Ni im Metall bestehen fast ausschließlich aus feinkörnigem Kamazit und werden interpretiert als bei der Wiederaufheizung von Oktaedriten entstanden. Der berühmte **Hoba-Meteorit** in Namibia (bei Tsumeb), mit knapp 60 t der schwerste Meteorit der Welt (Abb. 4.21) und deshalb immer noch an dem Platz, wo er gefallen ist, ist ein nickelreicher Ataxit.

Hexaedrite (H) schließlich enthalten weniger als 6 Gew.-% Ni im Metall und bestehen, da das kurze Temperaturintervall (s. Abb. 4.22) eine diffusive Trennung in Kamazit und Taenit nicht erlaubt, aus einheitlichen Kamazitwürfeln (Hexaedern), die homogen sind und keine Widmanstätten'schen Figuren zeigen. Stattdessen enthalten sie **Neumannsche Linien**, die als nur Mikrometer dicke durch Impaktdeformation entstandene Zwillingslamellen interpretiert werden.

4.4.5 Weitere Beurteilungskriterien für Meteorite

Bislang haben wir Meteorite nach geochemischen und petrographischen Kriterien eingeteilt. Praktisch bedeutsam für wissenschaftliche Untersuchungen sind allerdings noch zwei weitere Merkmale, die ebenfalls klassifiziert werden: die Verwitterung und der Grad der **Schockmetamorphose**. Beides entscheidet darüber, ob und wie viel an Aussagen über das frühe Sonnensystem dem Meteorit entlockt werden kann. Gemäß dem Grad der erst nach dem Fall auf die Erde einsetzenden Verwitterung werden Meteorite in die **Verwitterungsklassen** A, B oder C bzw., alternativ W0–W6, eingeteilt. Schwach verwitterte Meteorite haben den Verwitterungsgrad A (= W0), die am stärksten verwitterten haben den Verwitterungsgrad C (= W6). Zur Schockmetamor-

Kasten 4.7 Die Widmanstätten'schen Figuren

Für manche Eisenmeteorite (Oktaedrite) charakteristische und praktisch nur dort angetroffene Texturen sind die bekannten Widmanstätten'schen Figuren. Sie werden auf polierten und mit einer schwachen Salpetersäure **angeätzten Schnittflächen** sichtbar und sehen aus wie ein schräg verwobenes Gitter (Abb. 4.22). Benannt wurden sie nach ihrem Entdecker, dem Grafen Alois Beckh, Edlem **von Widmanstätten**, einem österreichischen Geschäftsmann und Gelehrten des 18. und 19. Jahrhunderts.

Die Bildung dieser Figuren ist relativ kompliziert und benötigt im Fe-Ni-System so lange Zeiträume, dass sie nicht experimentell simuliert (und damit auch nicht gefälscht!) werden kann. Sie entstehen nur, wenn festes Eisen-Nickel-Metall extrem langsam, d. h. über Millionen von Jahren, **entmischt**. Bei hohen Temperaturen über etwa 900 °C liegt das Metall nämlich als reiner Taenit vor (Abb. 4.22). Abhängig vom Nickelgehalt beginnt bei tieferen Temperaturen die Entmischung des Ni-armen Kamazits, was aber im festen Zustand passiert und daher nur durch langsame **Feststoffdiffusion** geschehen kann. Nur bei extrem langsamer Abkühlung können große Kristalle von Kamazit wachsen, die sich entlang der Oktaederflächen des vorherigen Taenit-Kristallgitters anordnen und dann die Widmanstätten'schen Figuren bilden.

Es bedarf also verschiedener Randbedingungen, um Figuren einer gewissen Mindestgröße zu erzeugen: extrem langsame Abkühlung und Ni-Gehalte, die einerseits hoch genug sind, um über ein genügend großes Temperatur- (und damit Zeit-) Intervall zu entmischen, aber andererseits niedrig genug, damit dies nicht erst bei zu tiefen Temperaturen geschieht, bei denen die Diffusion so langsam ist, dass sie selbst in Milliarden von Jahren nicht zur Bildung grober Kristalle führen könnte (s. Abb. 4.22). Nickelgehalte von unter 6 % führen daher zu (figurenfreien) Hexaedriten, Gehalte zwischen 6 und 9 % zu sehr groben Oktaedriten, und weiter zunehmender Nickelgehalt lässt die Figuren immer feiner werden.

Da die Diffusion zeit- und temperaturabhängig ist (s. Abschn. 2.3.3.2 und Kasten 2.13), kann man aus der spezifischen Nickelverteilung zwischen Taenit und Kamazit, also der Nickelzonierung im Taenit (Abb. 4.22) **Abkühlgeschwindigkeiten** bestimmen. Diese liegen für den Temperaturbereich 700 bis 450 °C bei ein bis 500 K pro Million Jahre. Unterhalb 450 °C kommt die Ni-Diffusion weitgehend zum Erliegen (mit der Ausnahme komplexer Zerfallsreaktionen, die aber keine makroskopischen Texturveränderungen mehr bewirken), bei schnelleren Abkühlgeschwindigkeiten bilden sich keine Widmanstätten'schen Figuren mehr.

Die richtigen Abkühlgeschwindigkeiten sind nur im Inneren von Himmelskörpern bestimmter Größe verwirklicht. Nach dem Vorgesagten ist es offenbar, dass nicht jeder Eisenmeteorit Widmanstätten'sche Figuren zeigt – das hängt ganz von seiner Zusammensetzung und seiner thermischen Geschichte ab. Der Grund dafür, dass sich die Figuren nicht oder nur höchst selten in **metallführenden Chondriten** bilden, hängt nach neuen Ergebnissen nicht mit einer anderen Abkühlgeschichte zusammen, sondern damit, dass Entmischungsvorgänge in kleineren Metallkörnern geringfügig anders verlaufen als in großen Eisenmassen – es bildet sich anscheinend eher einhüllender als lamellarer Kamazit.

phose kommt es bei Impaktereignissen, und nicht nur extraterrestrische Materie kann die Spuren solcher Einschläge in Form von bestimmten Deformationstexturen, Hochdruckmineralphasen oder Teilschmelzen tragen, sondern auch irdische Gesteine, z. B. aus dem Nördlinger Ries. Da Meteorite durch Impaktereignisse aus ihrem Mutterkörper herausgeschlagen worden sind, weisen sie nicht selten Anzeichen von Schockmetamorphose auf. Diese werden durch die **Schockklassen** S1–S6 beschrieben, wobei S1 für nicht oder nur sehr schwach geschockte Meteorite und S6 für die am schwersten geschockten Meteorite steht.

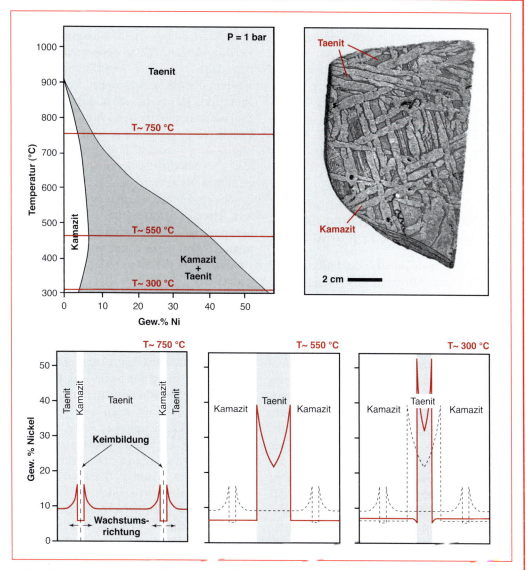

4.22 Die Entwicklung der Widmanstätten'schen Figuren bei der langsamen Abkühlung von Fe-Ni-Metall. Bei verschiedenen Temperaturen bilden sich unterschiedlich breite Lamellen von Kamazit und Taenit. Nach Goldstein & Axon (1973).

4.5 Die Zusammensetzung von Erde und Mond

In Abschnitt 1.3 wurde die Zusammensetzung der Erde und ihrer großen Reservoire bereits sehr kurz und oberflächlich angesprochen. Für das Verständnis der in Kapitel 1 bis 3 besprochenen mineralogischen und petrologischen Grundlagen und Prozesse mag dies genügt haben, doch für das tiefere Verständnis geochemischer Prozesse müssen wir uns der Frage nach den chemischen Zusammensetzungen der großen Reservoire nochmals zuwenden. Dies betrifft insbesondere die bislang kaum erwähnten **Spurenelemente**, also solche Elemente, die nur in winzigen Mengen in den Gesteinen enthalten sind, die aber in der Geochemie für die Rekonstruktion geologischer Prozesse große Bedeutung haben. Eine hervorragende Datenbank der chemischen und isotopischen Zusammensetzung aller großen Reservoire der Erde ist GERM (*General Earth Reference Model*), das man unter *http://earthref.org/cgi-bin/er.cgi?s=germ-s0-main.cgi* findet.

4.5.1 Die Zusammensetzung der Gesamterde und des Erdkerns

Wie bestimmt man die **Durchschnittszusammensetzung** eines Körpers, der so riesig und so vielfältig ist wie unsere Erde? Dieses Problem ist außerordentlich knifflig und beschäftigt Geochemiker wohl schon so lange, wie es diese Wissenschaft gibt.

Zunächst einmal läge es nahe zu erwarten, dass die Erde in etwa chondritische Zusammensetzung hat, da sie ja, wie oben besprochen, aus Chondren akkretiert wurde. Sehr grob ist das wohl auch richtig, aber uns interessieren natürlich Details: wenn chondritisch, dann welcher Typ von Chondrit? Gingen vielleicht doch im Lauf der Zeit Elemente z. B. durch Ausgasen verloren oder kamen welche durch Eintrag aus dem All, durch Meteorite und Kometen, hinzu? Angesichts der Unmöglichkeit, eine angemessene Durchschnittsprobe zu sammeln, ist es offensichtlich, dass man die Gesamtzusammensetzung nur berechnen und nicht analysieren kann. Dies man kann auf zwei Arten machen: entweder durch die **gewichtete Aufsummierung** der einzelnen Reservoire der Erde, also von Kruste, Mantel, Kern, Ozeanen und Atmosphäre, oder durch die **Rekonstruktion anhand von chondritischen Meteoritenzusammensetzungen**.

Die Rekonstruktion der Zusammensetzung der Gesamterde mithilfe von Meteoritendaten erfolgt in zwei Schritten: Zunächst muss die Zusammensetzung des primitiven Erdmantels möglichst präzise bestimmt werden, bevor daraus in Kombination mit Daten kohliger Chondrite Rückschlüsse auf die Gesamterde gezogen werden können. Die so gewonnen Daten können dann mit einer Berechnung verglichen werden, die die verschiedenen Reservoire aufsummiert. Man wird sehen, dass in jedem der Schritte und in jeder Gewichtung und Summation Vereinfachungen und Annahmen stecken, und es ist offensichtlich, dass die gewonnenen Daten weder für die Gesamterde noch für die einzelnen Reservoire auch nur annähernd so genau sein können wie eine normale RFA-Analyse. Trotzdem sind sie das Beste, was wir haben, und trotz ihrer Ungenauigkeit von enormem Nutzen, da sie immer noch genau genug sind, um Hypothesen zu testen und Prozesse zu verstehen.

Wie geht man also vor? Es gibt verschiedene im Detail unterschiedliche Ansätze, von denen hier nur einer näher vorgestellt werden soll, der von **Allègre** und anderen im Jahr 1995 publiziert wurde. Zunächst rekonstruiert man die Zusammensetzung des primitiven Erdmantels. Dies ist ein **hypothetischer, homogener Erdmantel, wie er** direkt nach der Trennung von Kern und Mantel existiert hatte, bevor also weitere Differenziationsprozesse zur Bildung der Kruste und dadurch zur chemischen Veränderung des Mantels führten. Zu diesem Zweck analysiert man möglichst viele Proben von potentiell primitiven Mantelgesteinen, die möglichst wenig Effekte von Basaltausschmelzung zeigen. Das heißt, man sucht fertile Peridotite, sei es als Xenolithe in Vulkaniten oder als Bestandteil alpinotyper Mantelgesteinsassoziationen (siehe Abschn. 3.8.2). Dann ermittelt man graphisch das Verhältnis zweier perfekt lithophiler Elemente (das sind Elemente, die gut in Silikate eingebaut werden, näheres dazu in Abschn. 4.6) in der am wenigsten differenzierten Probe (Abb. 4.23). Dieses Verhältnis lithophiler Elemente bezieht also Elemente ein, die nicht in die Eisen-Nickel-Legierung des Erdkerns partitionieren. So schließt man aus, dass das Elementverhältnis durch die Absonderung des Metalls bei der Erdkernbildung verändert

4.5 Die Zusammensetzung von Erde und Mond

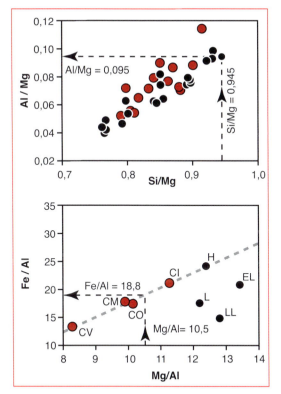

4.23 Darstellung der im Text erläuterten Methode zur Bestimmung der Zusammensetzung des Erdmantels nach Allègre et al. (1995).

worden ist. Ein solches Elementverhältnis ist zum Beispiel Al/Mg. Die Probe mit dem am wenigsten differenzierten, also höchsten Si/Mg-Verhältnis wird als charakteristisch für den undifferenzierten Mantel angesehen, und somit erhält man ein Al/Mg-Verhältnis des undifferenzierten Mantels und gleichzeitig der Gesamterde von 0,095.

Diese Vorgehensweise enthält **vier Annahmen**: erstens, dass mehrere heutzutage analysierbare Peridotite tatsächlich seit Anbeginn der Mantelbildung unbeeinflusst geblieben sind, zweitens, dass der Mantel homogen ist, also kein Unterschied zwischen oberem und unterem Mantel besteht, drittens, dass sowohl Al als auch Mg im Erdkern absolut inkompatibel sind und viertens, dass das höchste Si/Mg-Verhältnis der richtige Anzeiger für die primitivste Probe ist. Während die erste Annahme wohl problematisch ist (wobei aber trotzdem keine bessere Methode existiert) und die zweite immer noch heiß diskutiert wird, können die beiden anderen Annahmen experimentell getestet und bestätigt werden, was auch geschehen ist.

Im zweiten Schritt kommen nun die kohligen Chondrite ins Spiel, was wiederum eine Annahme beinhaltet, nämlich, dass die Erde tatsächlich nach wie vor eine chondritische Durchschnittszusammensetzung hat. Wir werden unten sehen, dass dies überwiegend korrekt zu sein scheint, dass es aber signifikante Abweichungen in Bezug auf die **volatilen Elemente** gibt, weil diese bei den hohen Temperaturen während der Erdakkretion zum Teil verdampft sind.

Zunächst legt man in einem Diagramm eine **Regressionsgerade** durch die Daten der kohligen Chondrite (Abb. 4.23), das das oben ermittelte nicht-siderophile Mg/Al-Verhältnis gegen ein Elementverhältnis aufträgt, das ein siderophiles Element enthält. Durch die Kombination des nicht-siderophilen Verhältnisses mit der Chondritgeraden kann man das andere Elementverhältnis ablesen. Dies kann man mit allen Elementen so durchführen, von denen man glaubt, dass sie immer noch chondritische Konzentrationen in der Erde haben.

Um nun absolute Gehalte aus den rekonstruierten Elementverhältnissen berechnen zu können, benötigt man noch die **Zusammensetzung des Kerns**. Prinzipiell geht man aufgrund der seismologischen Daten (s- und p-Wellen, vgl. Abschn. 2.4.2) und anhand des Vergleichs mit Eisenmeteoriten davon aus, dass der Erdkern überwiegend aus einer Eisen-Nickel-Legierung besteht, dass der äußere Erdkern flüssig, der innere dagegen fest ist. Wiederum aufgrund der seismologischen Daten ist die Dichte von äußerem und innerem Kern bekannt. Unter Zuhilfenahme experimentell-petrologischer Ergebnisse zur Dichte von Eisen-Nickel-Legierungen unter den Druck-Temperatur-Bedingungen des Erdkerns ergibt sich, dass etwa 80–90 % der Kernzusammensetzung **Eisen und Nickel** sein müssen, dass aber 10–15 % des Kerns aus leichteren Elementen bestehen muss, um die gegenüber reinem Eisen-Nickel-Metall zu geringe Dichte des Kerns zu erklären.

Aufgrund des folgenden einfachen Massenbilanz-Ansatzes, der wiederum voraussetzt, dass Mg nicht in das Metall des Kerns partitioniert, kann man die Kernzusammensetzung dann leicht berechnen:

$$\left(\frac{Fe}{Mg}\right)_{Gesamterde} = \frac{m_{Mantel}^{Fe(PRIMA)} + m_{Kern}^{Fe(Kern)}}{m_{Mantel}^{Mg(Prima)}}$$

wobei PRIMA der primitive Mantel und m die Masse bedeuten. Man erhält daraus die in Kasten 1.4 wiedergegebene Kernzusammensetzung, wobei die Daten für Schwefel und Sauerstoff nicht einfach aus Meteoritenkorrelationen berechnet werden können, sondern weitere Annahmen erfordern, die den Rahmen dieses Abschnitts sprengen würden. Gemäß solcher Berechnungen enthält der Kern neben knapp 80% Eisen und knapp 5% Nickel noch rund 7% Silizium, etwas über 2% Schwefel und etwa 4% Sauerstoff. Daneben werden noch Kalium und Kohlenstoff als leichte Elemente genannt, die im Kern potentiell im Prozentbereich vorhanden sein könnten, und auch Cr und Mn werden als Kernbestandteile angenommen. Andere Bearbeiter kommen zwar zu ähnlichen Verhältnissen von Metall zu leichteren Elementen, doch zu deutlich unterschiedlichen Gehalten, was die einzelnen leichten Elemente anbelangt.

Die Gesamtzusammensetzung der Erde berechnet sich schließlich durch die gewichtete Summation aus Kern und primitivem Mantel und auch hier gibt es wieder unterschiedliche Ergebnisse je nach der im Einzelnen verwendeten Methode (Tabelle 4.5). Immerhin sind sich alle Bearbeiter einig, dass unsere Erde eine ungefähr **chondritische Zusammensetzung** in Bezug auf die **refraktären** Elemente hat, also die Elemente mit hohen Kondensationstemperaturen. Außerdem stimmen heutzutage die meisten Kosmochemiker darin überein, dass sie eine kohlige Chondritzusammensetzung hat, doch während früher C1-Chondrite bevorzugt wurden, wurden nach 1995 CM-Chondrite als wahrscheinlicher angesehen, und neueste Arbeiten deuten auf CV3-Chondrite hin. Die Arbeiten sind ganz offensichtlich noch im Gange. Verschiedene Abschätzungen und Berechnungen haben gezeigt, dass die Konzentrationen

Tabelle 4.5 Die geschätzte Zusammensetzung der Gesamterde in Gew.-% nach verschiedenen Autoren

	Ringwood (1966)	Mason (1966)	Ganapathy & Anders (1974)	Javoy (1999) C1-Modell	Javoy (1999) HE-Modell
Fe	31	34,63	35,98	29,41	33,15
Ni	1,7	2,39	2,02	1,71	2,00
Co	–	0,13	0,093	–	–
S	–	1,93	1,66	–	0,84
O	30	29,53	28,65	32,01	30,07
Sie	18	15,20	14,76	17,30	19,09
Mg	16	12,70	13,56	15,68	12,12
Ca	1,8	1,13	1,67	1,50	1,00
Al	1,4	1,09	1,32	1,40	0,92
Na	0,9	0,57	0,143	0,19	0,11
Cr	–	0,26	0,472	0,43	0,36
Mn	–	0,22	0,053	0,31	0,25
P	–	0,10	0,213	–	–
K	–	0,07	0,017	0,018	0,00026
Ti	–	0,05	0,077	0,07	0,05

einiger Elemente auf der Erde zu gering sind, um noch chondritisch sein zu können. Dies betrifft insbesondere **volatile Elemente**, die bei hohen Temperaturen leicht **verdampfen**, und die daher im Zuge der Erdakkretion durch Abdampfen ins All verloren gegangen sind (Abb. 4.24). Solche Elemente sind z. B. Na, K, S und P, aber auch H, C, Cl, Hg, Tl, Pb, Zn, Cd oder Ge. Man geht davon aus, dass durch solche Volatilitätsverluste fast ein Drittel der Erdmasse ins All abgegeben worden ist.

Umgekehrt gibt es Hinweise, dass nach der Kern-Mantel-Differentiation noch zusätzliches, undifferenziertes extraterrestrisches Material in den Mantel eingearbeitet worden ist. Diese *„late veneer"* - Theorie („später Überzug", da es um Material geht, das nach der Akkretion hinzugefügt worden ist) erhielt insbesondere dadurch Aufschwung, dass stark siderophile Elemente wie z. B. die Platingruppenelemente, die bei der Kern-Mantel-Trennung eigentlich überwiegend im Kern „verschluckt" worden sein sollten, im Mantel in deutlich zu hohen Konzentrationen auftreten (Abb. 4.25). Um dies zu erklären, müssten 0,7 % der Erdmasse in Form von Chondriten auf die Erde gefallen und in den Mantel eingearbeitet worden sein, was bei den Hauptelementen und den lithophilen Spurenelementen kaum, bei den siderophilen Spurenelementen dagegen signifikante Konzentrationsveränderungen bewirken konnte.

4.5.2 Die Zusammensetzung des Erdmantels

Im Prinzip wurde der Erdmantel bereits im letzten Abschnitt am Rande mitbesprochen, als es um die Berechnung der Gesamtzusammensetzung der Erde ging. Trotzdem ist es notwendig, sich dem Mantel noch einmal im Detail zuzuwenden.

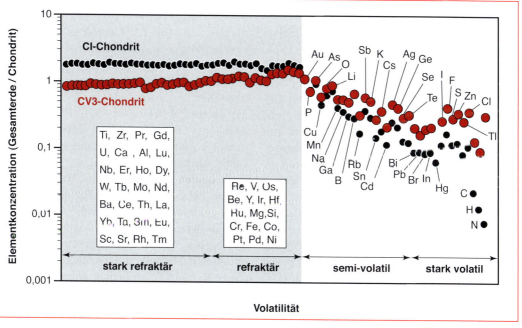

4.24 Die Gesamtzusammensetzung der Erde relativ zu CI- und CV3-Chondriten. Während refraktäre Elemente gute Übereinstimmungen zeigen, sind volatile Elemente auf der Erde mehr oder minder stark verarmt. Man beachte, dass viele Daten dieser Darstellung mit z. T. relativ großen Unsicherheiten behaftet sind.

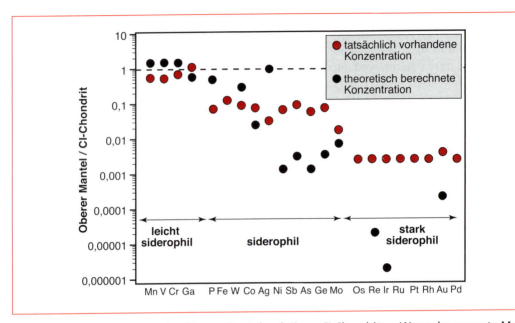

4.25 Die Zusammensetzung des Oberen Mantels relativ zu CI-Chondriten. Wenn der gesamte Mantel mit dem Metallkern equilibriert hätte, würde man die theoretisch berechneten Elementkonzentrationen erwarten. Da viele Elemente aber in höheren Konzentrationen vorliegen, kam die Theorie des „late veneer" auf, nach der Metalle nach der Erdentstehung von außen, also extraterrestrisch, hinzugefügt worden sind. Nach Righter (2003)

Heutzutage besteht der Erdmantel zweifellos aus einer Vielzahl unterschiedlicher Gesteine, von denen wir einige als **Xenolithe** oder in **alpinotypen Mantelgesteinsassoziationen** direkt untersuchen können. Diese beprobbaren Gesteine sind überwiegend Olivin-dominiert, doch reichen ihre Zusammensetzungen von Duniten über verschiedenste Arten von Peridotiten bis zu Eklogiten. Es erscheint jedoch wahrscheinlich, dass einfache **Granatperidotite** die Gesamtzusammensetzung des Mantels wohl am besten widerspiegeln und alle anderen Gesteine eher lokale, durch Fluideinwirkung oder Schmelzprozesse veränderte Peridotite sind, wobei ersterer Vorgang insbesondere fluid-mobile Elemente wie z. B. Na, K, Cl, H, C oder Ba betrifft, nicht aber die meisten anderen Hauptelemente.

Obwohl es schön ist, dass wir direkte Proben besitzen, muss man sich doch vor Augen halten, dass die aus den größten Tiefen stammenden Proben (einige wenige Kimberlite mit Diamanten, in denen Höchstdruckparagenesen eingeschlossen sind) aus **maximal 750 km Tiefe** kommen, also ausschließlich aus dem oberen Mantel, der Übergangszone und den obersten Bereichen des unteren Mantels (Abb. 1.3). Über die tieferen Bereiche des Mantels wissen wir daher nur aus seismischen Messungen und durch geochemische Argumente etwas.

Unglücklicherweise scheinen sich ausgerechnet diese beiden Quellen unseres Wissens zu widersprechen. Während nämlich die seismische Tomographie keinerlei Hinweise auf einen **Lagenbau** liefert, was auf einen chemisch relativ homogenen, wenn auch mineralogisch lokal und tiefenabhängig unterschiedlichen Mantel (siehe Kasten 3.6) hindeutet, gibt es eine Reihe von Hinweisen aus der Geochemie, die einen chemisch stratifizierten Mantelaufbau nahelegen. Diese Hinweise sind:

– Ozean-Insel-Basalte (OIBs) enthalten gegenüber MORBs erhöhte Mengen an Edelgasen in primordialen Isotopenverhältnissen, ob

wohl der obere Mantel eigentlich längst entgast sein müsste, weshalb diese nur aus nicht entgasten unteren Mantelbereichen kommen können.
– Auch andere inkompatible Spurenelemente sind in OIBs weniger stark verarmt als in MORBs, was ebenfalls für das Vorhandensein zweier unterschiedlicher Reservoire im Mantel spricht. Die weniger verarmte Quelle von Basalten wird gern als „Plume-Quelle" bezeichnet.

Hinzu kommt das petrologische Argument, dass die verschiedenen Phasenübergänge des Olivins (siehe Kasten 3.6) den Erdmantel dichtemäßig stratifizieren und damit den Materialaustausch über den gesamten Erdmantel hinweg verhindern sollten. Letzterem steht allerdings entgegen, dass neuere seismisch-tomographische Arbeiten eindeutig belegen, dass in manchen Fällen subduzierte Ozeankruste bis an die Kern-Mantel-Grenze absinken kann (Abb. 4.26).

Nachdem über Jahrzehnte hinweg verschiedene Mantelmodelle vorgeschlagen worden sind (Abb. 4.27), versucht man derzeit, die unterschiedlichen Beobachtungen alle unter einen Hut zu bringen, denn alle haben offensichtlich

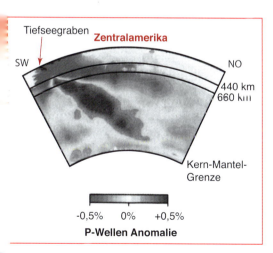

4.26 Seismische Tomographie einer von der Erdoberfläche (Subduktionszone) bis an die Kern-Mantel-Grenze abtauchenden Lithosphärenplatte. Aus van der Hilst et al. (1997).

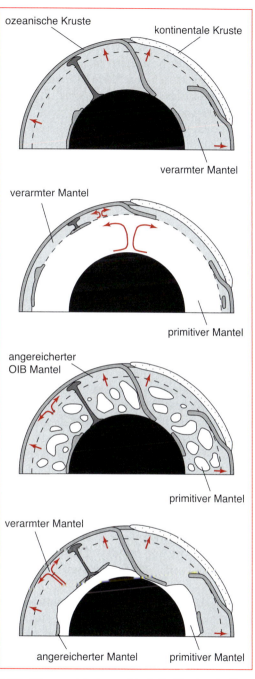

4.27 Die verschiedenen Modelle für den Aufbau des Erdmantels nach Albarède & van der Hilst (1999).

ihre Berechtigung. So geht man davon aus, dass der Mantel in der Tat zu Beginn chemisch homogen zusammengesetzt war und dass er natürlich Dichte-stratifiziert ist, was aber offenbar den Austausch von Material innerhalb des Mantels, zwischen Mantel und Kruste und über die Kern-Mantel-Grenze hinweg nicht behindert. Auch glaubt man, dass der obere Mantel bis in große Tiefen (ca. 2000 km) überwiegend verarmt und ausgegast ist, dass aber die mit der Tiefe zunehmende Viskosität ab etwa 1000 km Tiefe die Durchmischung verlangsamt, sodass in tieferen Bereichen eher **primordiale** Zusammensetzungen erhalten geblieben sein können.

Eine neue Idee von **Bercovici und Karato** aus dem Jahr 2003 bietet möglicherweise die Chance, alle Beobachtungen in einer einheitlichen Hypothese zu erklären. Konkret schlägt diese Theorie, die von einem einzigen durchmischten Mantel ausgeht, folgendes vor: Durch die fortwährende Subduktion von ozeanischer Kruste bis in den unteren Mantel werden dauernd Mantelgesteine (im festen Zustand) nach oben „gedrückt". Beim Verlassen der **Übergangszone** in 410 km Tiefe findet die bekannte Phasenumwandlung von Wadsleyit nach Olivin statt (siehe Kasten 3.6). Da Wasser in Wadsleyit und anderen Übergangszonenmineralen besser löslich ist als im Olivin des oberen Mantels, findet hier eine **Dehydratisierungsreaktion** statt, und das frei werdende Wasser bedingt partielle Schmelzvorgänge. Wohlgemerkt – wir reden über wenige hundert bis tausend ppm Wasser in diesen nominell wasserfreien Mineralen.

Eine solche **Schmelzschicht** könnte nun wie ein Filter die inkompatiblen Elemente der nach oben steigenden festen Mantelgesteine herausfiltern, sodass im oberen Mantel ein an inkompatiblen Elementen verarmtes Reservoir entsteht, aus dem z. B. die MOR-Basalte ausgeschmolzen werden. Für Plumes könnte dieser Filter außer Kraft gesetzt werden, weil durch die höhere Aufstiegsgeschwindigkeit die Verweilzeit in der kritischen Schmelzzone kürzer ist und die Wasserlöslichkeit aufgrund der höheren Temperatur reduziert ist, was dazu führt, dass sich beim Eintritt in den oberen Mantel weniger Schmelze bilden kann. Diese Theorie erscheint elegant und geeignet, die Mantelkontroverse beizulegen.

Wenn man also tatsächlich von einem großräumig konvektierenden Mantel ausgeht, so kann man durch die Analyse der oben erwähnten Granatperidotite auch tatsächlich die heutige Mantelzusammensetzung bestimmen. Sie ist in Tabelle 4.6 angegeben, wobei wiederum verschiedene Quellen zitiert sind, um **Unsicherheiten** der Abschätzung deutlich zu machen. Der primordiale Mantel vor der Bildung der Erdkruste errechnet sich dann entweder wie in Abschnitt 4.5.2 beschrieben, oder aber einfach aus der Addition von heutigem Mantel und heutiger Kruste, was im nächsten Abschnitt besprochen wird.

Zum Abschluss des Abschnitts über den Erdmantel muss noch ein Modell erwähnt werden, das wesentlich zum Verständnis des Erdmantels und seiner Phasenpetrologie beigetragen hat: das **Pyrolit**-Modell von Green und Ringwood aus dem Jahr 1963. Da damals nicht völlig klar war, ob Peridotite wirklich die Durchschnittszusammensetzung des Mantels widerspiegeln, da außerdem immer wieder Basalte in Form subduzierter Ozeanböden in den Mantel rezykliert werden und da auch basaltische Schmelzen beim Aufstieg noch im Mantel stecken bleiben und unter den dort herrschenden Druck-Temperatur-Bedingungen als magmatische Eklogite auskristallisieren, betrachteten sie den Mantel vereinfacht als ein Gemisch aus Dunit (aus dem die Basalte ausgeschmolzen worden waren) und Basalt im Verhältnis 3 zu 1. Dies ist der in vielen Publikationen erwähnte Pyrolit, der für viele Experimente verwendet wurde, und diese Zusammensetzung war gut genug gewählt, dass man mit den gefundenen Phasenzusammenhängen in der Tat seismische, geologische und geochemische Daten erklären konnte. Sie ist dem Granatperidotit auch tatsächlich sehr ähnlich, wenn auch etwas ärmer an Mg und reicher an Al, Fe, Ca und Na (Tabelle 4.6).

Tabelle 4.6 Verschiedene Abschätzungen der Durchschnittszusammensetzung des Erdmantels

in Gew. %	Dunit-Mittel	Basalt-Mittel	3 Dunit + 1 Basalt (Green & Ringwood, 1963)	Pyrolit (Ringwood, 1975)	Granat-Lherzolith (Brown & Musset, 1993)
SiO_2	41,3	50,8	43,7	45,1	45,3
Al_2O_3	0,54	14,1	3,9	4,6	3,6
FeO_{tot}	7,0	11,7	8,2	8,4	7,3
MgO	49,8	6,3	39,0	38,1	41,3
CaO	0,01	10,4	2,6	3,1	1,9
Na_2O	0,01	2,2	0,6	0,4	0,2
K_2O	0,01	0,8	0,2	0,02	0,1
Summe	99,77	96,3	98,2	99,7	99,7

4.5.3 Die Zusammensetzung der Erdkruste

Bei der Behandlung der Erdkruste müssen wir zunächst zwischen **kontinentaler** und **ozeanischer** Kruste unterscheiden, die ja sehr verschiedene Zusammensetzungen haben.

Auch wenn die kontinentale Kruste ein viel kleineres Reservoir darstellt als die Gesamterde, ist es dennoch riesig und heterogen. Wo könnte man denn eine angemessene Durchschnittsprobe davon finden? In den Kalken der Schwäbischen Alb? In den Gabbros des Harzes? In den Graniten oder Gneisen des Erzgebirges? Es ist offensichtlich, dass eine einzelne „Patentprobe" das Problem nicht lösen kann. Eine Lösung wäre also, möglichst viele Gesteine zu analysieren und nach ihrem volumenmäßigen Vorkommen zu gewichten, wofür man allerdings recht genaue Vorstellungen von den Volumina der verschiedenen Gesteinstypen in Ober-, Mittel- und Unterkruste haben müsste. Eine andere Möglichkeit ist, **Durchschnittsproben** zu analysieren, die die Natur für uns bereitgestellt hat, indem sie große Einzugsgebiete verwittert, abgerappelt und z. B. durch Flüsse oder Gletscher als gut gemischtes Sediment wieder abgelagert hat. Beide Methoden wurden angewendet und führten zu sehr ähnlichen Ergebnissen, sodass man inzwischen glaubt, die Zusammensetzung der kontinentalen Ober- und Mittelkruste relativ gut zu kennen, während die Unterkruste leider noch nicht gut verstanden ist. Ein verblüffendes Beispiel dafür, wie gut diese natürliche Mischungsmethode funktioniert, wird in Kasten 4.28 vorgestellt.

Für die ozeanische Kruste ist es aus naheliegenden Gründen unmöglich, natürliche Durchschnittsproben aus Fluss- oder Gletschersedimenten zu gewinnen. Hier ist also das Verfahren, möglichst viele der inzwischen aus Tausenden von Bohrungen gewonnenen Gesteine des Ozeanbodens zu analysieren und einen nach ihrem beobachteten Volumen gewichteten Mittelwert zu bilden.

Der erste, der den Versuch unternahm, anhand einer großen Anzahl chemischer Analysen die Krustenzusammensetzung (allerdings kontinentale und ozeanische gemeinsam) zu bestimmen, war der Amerikaner Frank Wigglesworth **Clarke**, der zu Beginn des 20. Jahrhunderts aus über 5000 Magmatit-Analysen eine Gesamtzusammensetzung der Erdkruste berechnete. Obwohl er Sedimente und Metamorphite nicht einbezog, erhielt er Ergebnisse, die auch heute noch Bestand haben (Tabelle 4.7) und als „Clarke-Werte" oder einfach „Clarkes" bekannt sind (welch ein Glück, dass er nicht Rembremerdeng hieß!). Dies hängt damit zusammen, dass etwa 65 Vol.-% der Erdkruste ohnehin aus Magmatiten, überwiegend Graniten und Basalten, bestehen, auch wenn 75 % der Erdoberfläche von dünnen (d. h. meist nur einige Hundert bis Tausend Meter mächtigen) Sedimenthäutchen bedeckt sind, und dass ein Großteil der Sedimente und Metamorphite ja ohnehin durch die Verwitterung oder Umkristallisation solcher Magmatite entstanden ist.

Tabelle 4.7 Die 12 häufigsten Elemente der Erdkruste in Gewichts-, Atom- und Volumen-Prozent mit ihren Ionenradien und Koordinationszahlen (KZ) in Mineralstrukturen

	Gew.-%	Atom-%	Vol.-%	Ionenradius (pm)	KZ
O	46,60	62,55	93,77	127	
Si	27,72	21,22	0,86	34	4
Al	8,13	6,47	0,47	47	4
				61	6
Fe	5,00	1,92	0,43	Fe^{3+}: 63	6
				Fe^{2+}: 69	6
Ca	3,63	1,94	1,03	120	8
Na	2,83	2,64	1,32	124	8
K	2,59	1,42	1,83	159	8
				168	12
Mg	2,09	1,84	0,29	80	6
Ti	0,44			69	6
H	0,14			18	2
P	0,12			25	4
Mn	0,10			75	6

Nachdem man inzwischen die zu Clarkes Zeiten noch fast unbekannten Ozeanböden durch das **ODP** (*ocean drilling program*, also das Erbohren des Ozeanbodens von speziellen Bohrschiffen aus, Abb. 4.28) und ähnliche Projekte relativ gut kennt, haben sich die statistischen Möglichkeiten natürlich verbessert, und man ist heute in der Lage, die in Tabelle 4.8 angegebenen Werte für ozeanische, kontinentale Ober- und kontinentale Unterkruste anzugeben. Von diesen ist die Zusammensetzung der **Unterkruste** am schlechtesten bekannt, da sie nur aus heute durch tektonische Prozesse aufgeschlossenen ehemaligen Unterkrustengebieten sowie aus Xenolithen in Vulkaniten rekonstruiert werden kann. Es ist auch offensichtlich, dass die Schätzungen verschiedener Autoren leicht variieren, was einen guten Einblick in die mit solchen Abschätzungen verbundenen Unsicherheiten erlaubt. Auch sieht man: Clarke lag mit seinen Werten von vor fast 100 Jahren wirklich nicht schlecht.
Während die ozeanische Kruste also basaltischen Charakter hat, ist die kontinentale Kruste granodioritisch zusammengesetzt, wobei die Oberkruste eher granitisch, die Unterkruste eher andesitisch ist. Die ozeanische Kruste weist deshalb deutlich höhere Ca- und Mg-Gehalte bei geringeren Si- und K-Gehalten

auf. Insgesamt machen gewichtsmäßig drei Elemente, nämlich Si, Al und O, etwa zwei Drittel der Erdkruste aus, acht Elemente (Si, Al, Fe, Mg, Ca, Na, K, O) sind mit jeweils mehr als 1 % an ihrer Zusammensetzung beteiligt und machen fast 99 Gew.-% aus, nimmt man noch Ti, P, Mn, C und H hinzu, so ist nur noch weniger als ein halbes Prozent für alle restlichen Elemente übrig. Dies halte man sich vor Augen, wenn man in einer Kupfer- oder Fluoritlagerstätte steht, und staune, welch eine enorme Anreicherung die Natur hier zuwege gebracht hat!

4.28 Ein typisches Forschungsschiff (die „Poseidon"), mit dem Proben vom Ozeanboden gewonnen werden können, sei es durch Bohren (man erkennt den Bohrturm mit Gestänge), sei es durch Nachziehen eines am Heck-Ausleger befestigten Schleppnetzes, das Material vom Meeresboden abhobelt („dredging").

Tabelle 4.8 Abschätzungen der Durchschnittszusammensetzung (Haupt- und Spurenelemente) der verschiedenen Teile der Erdkruste nach verschiedenen Autoren.

in Gew.-%	5159 Magmatite (Clarke, 1924)	Ozeanische Kruste (Ronov & Yaroshevky, 1969)	Kontinentale Kruste (Ronov & Yaroshevky, 1969)	Kontinentale Kruste (Wedepohl, 1994)	Kontinentale Unterkruste (Ronov & Yaroshevky, 1969)	Kontinentale Oberkruste (Ronov & Yaroshevky, 1969)
SiO_2	59,12	48,6	60,2	61,5	58,2	63,9
TiO_2	1,05	1,4	0,7	0,68	0,9	0,6
Al_2O_3	15,34	16,5	15,2	15,1	15,5	15,2
Fe_2O_3	3,08	2,3	2,5	6,3	2,8	2,0
FeO	3,80	6,2	3,8	–	4,8	2,9
MnO	0,12	0,2	0,1	0,1	0,2	0,1
MgO	3,49	6,8	3,1	3,7	3,9	2,2
CaO	5,08	12,3	5,5	5,5	6,0	4,0
Na_2O	3,84	2,6	3,0	3,2	3,1	3,0
K_2O	3,13	0,4	2,8	2,4	2,6	3,3
P_2O_5	0,30	0,1	0,2	0,18	0,3	0,2
CO_2	0,10	1,4	1,2	–	0,5	0,8
C	–	<0,5	0,2	–	0,1	0,2
S	–	<0,05	0,07	<0,05	<0,05	<0,05
Cl	–	<0,05	0,05	–	<0,05	0,05
H_2O	1,15	1,1	1,4	–	1,0	1,5
Summe	99,60	99,9	100,02	98,66	99,9	99,95

	Obere Kruste	Mittlere Kruste (Rudnick & Gao, 2004)	Untere Kruste	Gesamtkruste	PAAS = Post Archaean Australian Shale (Taylor & McLennan, 1985)
in Gew.-%					
SiO_2	66,6	63,5	53,4	60,6	65,63
TiO_2	0,64	0,69	0,82	0,72	0,8
Al_2O_3	15,4	15	16,9	15,9	19,03
FeO_{tot}	5,04	6,02	8,57	6,71	6,29
MnO	0,1	0,1	0,1	0,1	0,09
MgO	2,48	3,59	7,24	4,66	2,21
CaO	3,59	5,25	9,59	6,41	0,94
Na_2O	3,27	3,39	2,65	3,07	0,64
K_2O	2,8	2,3	0,61	1,81	4,25
P_2O_5	0,15	0,15	0,1	0,13	0,17
total	100,05	100	100	100,12	100
in µg/g					
Li	24	12	13	16	–
Be	2,1	2,3	1,4	1,9	–
B	17	17	2	11	63,75
N	83		34	56	–
F	557	524	570	553	–
S	621	249	345	404	–
Cl	249	182	250	244	–
Sc	14	19	31	21,9	18,13
V	97	107	196	138	103
Cr	92	76	215	135	130

Fortsetzung nächste Seite

Tabelle 4.8 Abschätzungen der Durchschnittszusammensetzung (Haupt- und Spurenelemente) der verschiedenen Teile der Erdkruste nach verschiedenen Autoren (Fortsetzung).

	Obere Kruste	Mittlere Kruste (Rudnick & Gao, 2004)	Untere Kruste	Gesamtkruste	PAAS = Post Archaean Australian Shale (Taylor & McLennan, 1985)
Co	17,3	22	38	26,6	18,14
Ni	47	33,5	88	59	58,63
Cu	28	26	26	27	45,31
Zn	67	69,5	78	72	–
Ga	17,5	17,5	13	16	20,25
Ge	1,4	1,1	1,3	1,3	–
As	4,8	3,1	0,2	2,5	–
Se	0,09	0,06	0,2	0,13	–
Br	1,6	–	0,3	0,88	
Rb	82	65	11	49	191,7
Sr	320	282	348	320	104
Y	21	20	16	19	–
Zr	193	149	68	132	194,13
Nb	12	10	5	8	18,94
Mo	1,1	0,6	0,6	0,8	0,85
Ru	0,34	–	0,75	0,57	–
Pd	0,52	0,76	2,8	1,5	–
Ag	53	48	65	56	–
Cd	0,09	0,06	0,1	0,08	–
In	0,06	–	0,05	0,05	–
Sn	2,1	1,3	1,7	1,7	4,28
Sb	0,4	0,28	0,1	0,2	–
I	1,4	–	0,14	0,71	–
Cs	4,9	2,2	0,3	2	13,63
Ba	628	532	259	456	577,5
La	31	24	8	20	42,54
Ce	63	53	20	43	90,98
Pr	7,1	5,8	2,4	4,9	10,08
Nd	27	25	11	20	34,8
Sm	4,7	4,6	2,8	3,9	6,31
Eu	1	1,4	1,1	1,1	1,16
Gd	4	4	3,1	3,7	4,87
Tb	0,7	0,7	0,48	0,6	0,81
Dy	3,9	3,8	3,1	3,6	4,52
Ho	0,83	0,82	0,68	0,77	1,03
Er	2,3	2,3	1,9	2,1	2,9
Tm	0,3	0,32	0,24	0,28	–
Yb	2	2,2	1,5	1,9	2,82
Lu	0,31	0,4	0,25	0,3	–
Hf	5,3	4,4	1,9	3,7	4,07
Ta	0,9	0,6	0,6	0,7	–
W	1,9	0,6	0,6	1	0,95
Re	0,2	–	0,00018	0,000188	–
Os	0,03	–	0,00005	0,000041	–
Ir	0,02	–	0,00005	0,000037	–
Pt	0,5	0,85	0,0027	0,0015	–

Fortsetzung nächste Seite

Tabelle 4.8 Abschätzungen der Durchschnittszusammensetzung (Haupt- und Spurenelemente) der verschiedenen Teile der Erdkruste nach verschiedenen Autoren (Fortsetzung).

	Obere Kruste	Mittlere Kruste	Untere Kruste	Gesamtkruste	PAAS = Post Archaean Australian Shale
		(Rudnick & Gao, 2004)			(Taylor & McLennan, 1985)
Au	1,5	0,66	0,0016	0,0013	–
Hg	0,05	0,01	0,01	0,03	–
Ti	0,9	0,27	0,32	0,5	–
Pb	17	15,2	4	11	23,16
Bi	0,16	0,17	0,2	0,18	0,34
Th	10,5	6,5	1,2	5,6	16,34
U	2,7	1,3	0,2	1,3	2,86

Die krustalen Gesamtzusammensetzungen machen außerdem sofort deutlich, dass Silikate und insbesondere **Feldspäte** die dominierenden Minerale der Erdkruste sind – über 50 Vol.-% der Kruste bestehen aus Feldspäten! Es sei hier am Rande erwähnt, dass die „*post-Archaean Australian shales*" (PAAS) häufig als Annäherung an kontinentale Krustenzusammensetzung verwendet werden. Diese PAAS sind australische Tonsteine aus post-archaischen Gebieten, die aus riesigen kontinentalen Einzugsbereichen stammen und deren Zusammensetzung mitteln. Post-archaisch ist deshalb wichtig, da es im Archaikum aufgrund des höheren Wärmeflusses noch einige Besonderheiten wie z. B. Komatiite, spezielle Granitoide („TTG-Gesteine" der Tonalit-Trondhjemit-Granodiorit-Assoziation) oder Hoch-Ca-Anorthosite gab, die heute nicht mehr beobachtet werden, die aber einen Einfluss auf die Krustenzusammensetzung hatten.

Eine weitere interessante Beobachtung ergibt sich, wenn man die **Gewichtsprozente** in **Volumenprozente** umrechnet (Tabelle 4.7). Dann nämlich besteht die Kruste zu über 93 % aus Sauerstoff! Im Endeffekt wandeln wir also auf einem offenbar sehr stabilen Sauerstoffgerüst (man bedenke, was für Mühe es bereitet, eine frische Gesteinsprobe aus einem Fels herauszuschlagen!), in das die kleinen Kationen eingebettet sind.

4.5.4 Die Zusammensetzung der Ozeane und der Atmosphäre

Auch Ozeane und die Atmosphäre gehören zu einer Betrachtung der großen geochemischen Reservoire der Erde hinzu, obwohl sie keine Minerale und Gesteine sind, zumal sie ja zumindest mit der Erdkruste ständig interagieren und über den Vulkanismus Beiträge aus dem Mantel erhalten (Abb. 4.29). Insofern ist eine kurze Betrachtung wichtig, wenn man z. B. Gesteinsverwitterung oder Ozeanbodenmetamorphose im Detail verstehen will.

Zunächst muss man sich vergegenwärtigen, dass das Vorhandensein von **flüssigem Wasser** etwas für Himmelskörper durchaus besonderes ist. Obwohl es deutliche Belege dafür gibt, dass es wohl auch auf dem Mars flüssiges Wasser zumindest gab, scheint H_2O auf anderen Planeten und ihren Monden eher als Eis oder als Wasserdampf vorzuliegen. Dass die Erdoberfläche genau im für Wasser und damit für die Entstehung von Leben „richtigen" Temperaturintervall liegt, verdankt sie einer Kombination von **Treibhauseffekt**, der es nicht zu kühl werden lässt, und **Gesteinsverwitterung**, die – wie in Abschnitt 3.10.2.3 gezeigt wurde – als globaler „Thermostat" wirkt.

Es besteht auch heute noch eine gewisse Unklarheit, welches der großen Reservoire wie viel Wasser beinhaltet. Hier einfach einige Fakten nach derzeitiger Wissenslage: 71 % der Erdoberfläche sind von Ozeanen bedeckt („Blauer

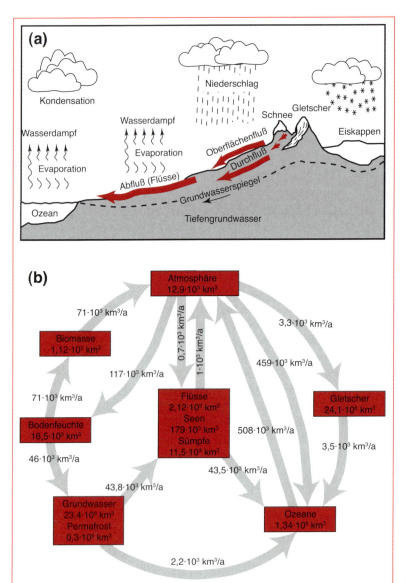

4.29 Der qualitative (a) und quantitative (b) Wasserkreislauf.

Planet"), die 96,5 % des an der Erdoberfläche (d. h., innerhalb der obersten ca. 50 m der Erdkruste) befindlichen Wassers enthalten. Dies entspricht 1,338 Milliarden km³. Demgegenüber liegen nur 3,5 % oder 48 Millionen km³ als **Süßwasser** vor, davon wiederum sind knapp über 50 % als Eis an den Polen, in Gletschern und in Permafrostböden gebunden, knapp 49 % liegen als als **Grundwasser** vor und knapp 1 % ist in Seen und Flüssen, im Boden und in der Atmosphäre vorhanden. Letztere enthält z. B. nur rund 13.000 km³ Wasser in Gasform, was nur 0,001 % des Gesamt-Erdoberflächenwassers entspricht. Hinzu kommt aber das häufig übersehene **Wasser im Erdinneren**, das zwar nur zum kleinsten Teil als fluide Phase, sondern überwiegend in Mineralen gebunden vorliegt, das aber ein riesiges Reservoir darstellt, aus dem durch Entwässerungsreaktionen kontinuierlich Wasser freigesetzt und dem durch Hydratationsreaktionen kontinuierlich Wasser hinzugefügt wird. Die Abschätzung dieses Reservoirs ist extrem schwierig, da kleinste Wassergehalte in nominell wasserfreien Silikaten wie Olivin die Bilanz massiv verändern. Heute weiß man, dass Mantelolivin und -orthopyroxen zwischen etwa 40 und 400 ppm Wasser enthalten können, Klinopyroxen sogar noch etwas mehr, und somit geht man in gut begründeten Modellen davon aus, dass im oberen Mantel etwa 11 % der Ozeanwassermasse in Silikaten gelöst sind, in der Übergangszone sogar etwa 45 % und im unteren Mantel nochmals 2 %. Das bedeutet, dass noch einmal etwa ein halber zusätzlicher Ozean im Mantel gelöst ist.

Die Ozeane haben ihr Wasser vermutlich schon sehr früh, in den ersten 100 bis 200 Millionen Jahren der Erdgeschichte, durch das magmatische Ausgasen des Erdinneren erhalten. Es ist wahrscheinlich, dass durch die im **Archaikum** besonders starke magmatische Aktivität und das damit verbundene Ausgasen des Mantels nach genügender Abkühlung der Erde sehr schnell Ozeane gebildet wurden. Selbst die ältesten bekannten Mineralkörner, Zirkone aus Westaustralien mit einem Alter von über 4,4 Milliarden Jahren (Abb. 1.5), weisen bereits eine Sauerstoffisotopie auf, die auf Verwitterung unter Beteiligung von Wasser hindeutet. Ozeane sind mithin alt.

Eine andere Frage betrifft ihren Lösungsinhalt. Ob dieser von Anfang an gleich wie heute war oder im Laufe der Zeit Veränderungen unterworfen war, wird noch diskutiert, doch zumindest für das **Phanerozoikum**, also die letzten 550 Millionen Jahre, geht man von einer ungefähr konstanten Ozeanchemie aus. Es gilt als wahrscheinlich, dass Cl und H_2O gemeinsam magmatisch ausgasten und dass der Urozean bereits salin war.

Es ist bekannt, dass Ozeanwasser rund 3,5 % Salz, im wesentlichen NaCl, gelöst enthält. NaCl ist zwar mit weitem Abstand die häufigste gelöste Komponente, aber beileibe nicht die einzige (Abb. 4.30). Tabelle 4.9 zeigt, wie viele Elemente in welchen Konzentrationen im Meerwasser gelöst vorliegen. Natürlich: Mit genügend guter Analytik findet man dort das gesamte Periodensystem (Abb. 4.31), und so beschränkt sich Tabelle 4.9 auf die wichtigsten.

Woher kommen all diese Elemente? Prinzipiell gibt es, wie oben gesagt, zwei große Quellen: die Erdkruste und den Erdmantel. Das heißt, die spezifischen Quellen für Elemente in Ozeanen sind **mittelozeanische Rücken** und dabei speziell die **Hydrothermalsysteme** (s. Abb. 3.58), **Flüsse**, die Elemente in gelöster Form oder als Schwebteile in Suspension transportieren können, und **Wind**, der Staub herantransportiert. Diese Mengen sind relativ gut bekannt. Das ist also der Eintrag von Elementen. Genauso gibt es natürlich auch einen Elementverlust z. B. dadurch, dass Partikel absinken, Minerale ausgefällt und sedimentiert werden,

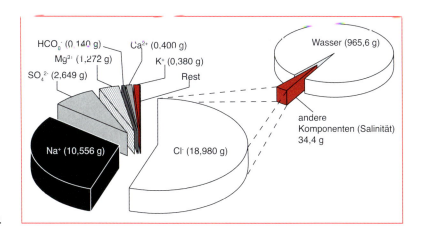

4.30 Die wichtigsten Bestandteile von einem Kilogramm Meerwasser.

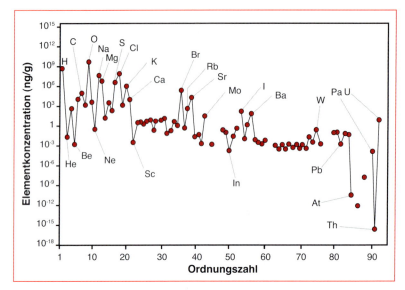

4.31 Die Zusammensetzung des Meerwassers nach Huheey et al. (1993).

Tabelle 4.9 Die Hauptkomponenten des Meerwassers (neben H_2O)

Ion	g/kg (bei einer Salinität von 35‰)	Anteil der gelöste Feststoffe (%)
Cl^-	19,354	55,05
SO_4^{2-}	2,649	7,68
HCO_3^-	0,140	0,41
$B(OH)_4^-$	0,0323	0,07
Br^-	0,0673	0,19
F^-	0,0013	0,00
Na^+	10,77	30,61
Mg^{2+}	1,290	3,69
Ca^{2+}	0,412	1,16
K^+	0,399	1,10
Sr^{2+}	0,008	0,03

dass Tiere Elemente aufnehmen, in ihre Schalen einbauen, absterben und zu Sediment werden, oder durch Verdampfen. Letzteres ist für alle Elemente außer dem Wasser selbst vernachlässigbar, und der wichtigste Verlust entsteht somit durch **Sedimentation**. Es ist wichtig anzumerken, dass das Ozeanwasser nur in Bezug auf ganz wenige Phasen gesättigt ist, d.h. Ausfällung wegen Überschreitung des Löslichkeitsprodukts kommt im offenen Ozean so gut wie nie vor, sondern nur unter speziellen Bedingungen wie z.B. in Lagunen. Die Ausfällung erfolgt daher überwiegend durch Adsorption oder unter Einbeziehung **biogeochemischer** Prozesse. Eine Ausnahme bilden die **Manganknollen** der Tiefsee, die überwiegend aus verschiedenen Manganoxiden und -hydroxiden bestehen, aber extrem langsam wachsen (in der Größenordnung von Millionen Jahren pro Zentimeter). Eine weitere wichtige Ausnahme wird in Kasten 4.8 besprochen.

Wie stark ein Element im Meerwasser angereichert werden kann, hängt davon ab, wie groß der Eintrag absolut ist (was wiederum damit zusammenhängt, wie häufig das Element in der Erdkruste vorkommt, wie gut es gelöst und transportiert wird) und wie groß der Eintrag im Verhältnis zum Verlust in einer gegebenen Zeiteinheit ist. Letzteres drückt man am besten durch die **Verweildauer** τ eines Elements im Ozeanwasser aus (Abb. 4.32, Tabelle 4.10).

Die Verweildauer τ ist definiert durch den Quotienten der Masse eines in einem Reservoir enthaltenen Stoffes durch seinen Zufluss bzw. Verlust:

$$\tau = \text{Stoffmenge/Zufluss } F_{in} = \text{Stoffmenge/Verlust } F_{out}$$

wobei die Stoffmenge als Masse m oder als Volumen V definiert werden kann, und F eine Massen- oder Volumenflussdichte (dm/dt bzw. dV/dt) ist, die auch Flux genannt wird.

4.5 Die Zusammensetzung von Erde und Mond

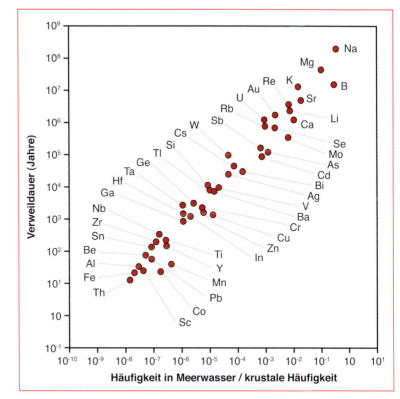

4.32 Die Verweildauer τ gegen die auf Krustenhäufigkeiten normierte Elementhäufigkeit in Meerwasser. Es ist offensichtlich, dass die Elemente mit den höchsten Verweildauern auch am meisten im Meerwasser gegenüber der Erdkruste angereichert sind. Nach Taylor & MacLennan (1985)

Tabelle 4.10 Die Verweildauer verschiedener Elemente im Ozean in Jahren (berechnet nach drei verschiedenen Modellen).

Element	Goldberg (1965) River input	Goldberg (1965) Sedimentation	Brewer (1975)	Element	Goldberg (1965) River input	Goldberg (1965) Sedimentation	Brewer (1975)
Li	$1{,}2 \cdot 10^7$	$1{,}9 \cdot 10^7$	$2{,}3 \cdot 10^6$	Cu	$4{,}3 \cdot 10^4$	$5 \cdot 10^4$	$2 \cdot 10^4$
B	–	–	$1{,}3 \cdot 10^7$	Zn	–	–	$2 \cdot 10^4$
F	–	–	$5{,}2 \cdot 10^5$	Ga	–	–	$1 \cdot 10^4$
Na	$2{,}1 \cdot 10^8$	$2{,}6 \cdot 10^8$	$6{,}8 \cdot 10^7$	As	–	–	$5 \cdot 10^4$
Mg	$2{,}2 \cdot 10^7$	$4{,}5 \cdot 10^7$	$1{,}2 \cdot 10^7$	Se	–	–	$2 \cdot 10^4$
Al	$3{,}1 \cdot 10^3$	$1{,}0 \cdot 10^2$	$1{,}0 \cdot 10^2$	Br	–	–	$1 \cdot 10^8$
Si	$3{,}5 \cdot 10^4$	$1{,}0 \cdot 10^4$	$1{,}8 \cdot 10^4$	Rb	$6{,}1 \cdot 10^6$	$2{,}7 \cdot 10^5$	$4 \cdot 10^6$
P	–	–	$1{,}8 \cdot 10^5$	Sr	$1{,}0 \cdot 10^4$	$1{,}9 \cdot 10^7$	$4 \cdot 10^6$
Cl	–	–	$1 \cdot 10^8$	Mo	$2{,}1 \cdot 10^6$	$5 \cdot 10^5$	$2 \cdot 10^5$
K	$1 \cdot 10^7$	$1{,}1 \cdot 10^7$	$7 \cdot 10^6$	Ag	$2{,}5 \cdot 10^5$	$2{,}1 \cdot 10^6$	$4 \cdot 10^4$
Ca	$1 \cdot 10^6$	$8 \cdot 10^6$	$1 \cdot 10^6$	Sb	–	–	$7 \cdot 10^3$
Sc	–	–	$4 \cdot 10^4$	I	–	–	$4 \cdot 10^5$
Ti	–	–	$1{,}3 \cdot 10^4$	Cs	–	–	$6 \cdot 10^5$
V	–	–	$8 \cdot 10^4$	Ba	$5 \cdot 10^4$	$8{,}4 \cdot 10^4$	$4 \cdot 10^4$
Cr	–	–	$6 \cdot 10^3$	La	–	–	$6 \cdot 10^{12}$
Mn	–	–	$1 \cdot 10^4$	W	–	–	$1{,}2 \cdot 10^5$
Fe	–	–	$2 \cdot 10^2$	Au	–	–	$2 \cdot 10^5$
Co	–	–	$3 \cdot 10^4$	Hg	–	–	$8 \cdot 10^4$
Ni	$1{,}5 \cdot 10^4$	$1{,}8 \cdot 10^4$	$9 \cdot 10^4$	Pb	$5{,}6 \cdot 10^2$	$2 \cdot 10^3$	$4 \cdot 10^2$
U	–	–	$3 \cdot 10^6$	Th	–	–	$2 \cdot 10^2$

Kasten 4.8 Die ozeanische Kalziumkarbonat-Chemie

Kalziumkarbonat kommt an der Erdoberfläche in zwei Modifikationen vor, als **Calcit** und als **Aragonit**, wobei nur Calcit bei niedrigen Drucken thermodynamisch stabil ist und reiner Aragonit deshalb oberflächennah nur in biogeochemischen Prozessen gebildet wird, in denen die Thermodynamik manchmal außer Kraft gesetzt ist.

Die wichtigsten **Fällungsprodukte** aus Kalziumkarbonat in Ozeanen sind Schalen von Foraminiferen (Protozoen, hauptsächlich Calcit), Coccolithophoriden (Algen, Calcit), Mollusken (Schnecken und Muscheln, Calcit und Aragonit) sowie vor allem Korallenriffe (Korallen, Aragonit und überwiegend Rotalgen, Calcit), aus denen schätzungsweise bis zu 50 % der globalen Karbonatablagerungen hervorgehen, Algenriffe (überwiegend Grünalgen, Calcit) und vermutlich anorganische Ausfällungen wie z.B. Ooide – an deren Ausfällung aber eventuell Bakterien beteiligt sind.

Für die **Lösung und Fällung von Calcit** sind Kombinationen folgender Gleichgewichte verantwortlich:

$$CO_2 + H_2O = H_2CO_3 = HCO_3^- + H^+ = CO_3^{2-} + 2H^+$$
$$CO_2 + CO_3^{2-} + H_2O = 2 HCO_3^-$$
$$H_2O + CaCO_3 + CO_2 = 2 HCO_3^- + Ca^{2+}$$

Das Löslichkeitsprodukt von reinem Calcit ($a_{Cal} = 1$) ist $K_{Cal} = a_{Ca^{2+}} \cdot a_{CO_3^{2-}}$ und wenn man es mit dem diesbezüglichen Ionenprodukt von Meerwasser, also dem Produkt aus gemessener Ca^{2+}- und CO_3^{2-}-Konzentration, vergleicht, so stellt man fest, dass Meerwasser deutlich übersättigt in Bezug auf Calcit ist. Dies gilt selbst dann, wenn man die Effekte der Komplexierung durch andere Ionen wie z.B. Mg herausrechnet, die die Löslichkeit erhöhen.

Trotzdem wird kein oder kaum Calcit ausgefällt. Man vermutet, dass kleinste Calcit-Keimkristalle so schnell mit einem **Biofilm** überzogen werden, dass es zu effektiver Ausfällung nicht kommt und dass es überwiegend Organismen sind, die dem Meerwasser Kalk entziehen. Dies ist für das Leben im Ozean enorm wichtig, denn wäre das Meerwasser an Kalziumkarbonat untersättigt, so liefen die kalkschaligen Organismen ständig Gefahr, dass ihre mühsam gebastelten Schalen aufgelöst würden, wenn sie nicht mit einer aufwendigen biogenen Schutzschicht überzogen wären.

Das zu guter Letzt ausgefällte Karbonat ist nun drei Effekten ausgesetzt: der **Temperatur-, der Salinitäts- und der Drucklösung**. Ungewöhnlich ist, dass die Löslichkeit von Calcit mit steigender Temperatur leicht ab-, jedoch mit steigender Salinität und mit steigendem Druck deutlich zunimmt, wobei letzterer Effekt der stärkste ist. Die Löslichkeitszunahme mit steigendem Druck ist mit der höheren Löslichkeit von CO_2 bei höherem Druck erklärbar, das nach obigen Gleichungen bei der Auflösung von Kalziumkarbonat verbraucht wird. Völlig kontraintuitiv

---

Es scheint zunächst sonderbar anzumuten, dass die Verweildauer durch Zufluss und durch Verlust gleichermaßen berechnet werden kann, doch gilt dies tatsächlich auch nur im stationären Gleichgewichtszustand, in dem sich die Masse oder das Volumen eines Stoffes mit der Zeit nicht ändert, in dem also gilt:

$$dV/dt = F_{in} - F_{out} = 0.$$

Diese Gleichgewichtsbedingung ist im globalen Wasserkreislauf tatsächlich für relativ kurze Zeiten (Zehner bis Hunderte Jahre) erfüllt, und nur über längere Zeiträume kann z.B. der Klimawandel durch Vereisungen oder Abschmelzung die Wassermenge und damit die Massenflüsse verändern.

Unter der Voraussetzung stationären Gleichgewichts ergeben sich also die in Tabelle 4.10 genannten Verweildauern, die von 100 Jahren für Al bis zu 100 Millionen Jahren für Cl reichen können. Durch Vergleich mit Tabelle 4.10 ist offensichtlich, dass lange Verweildauern mit hohen Konzentrationen korreliert sind (Abb. 4.32). Es besteht außerdem ein Zusammenhang zwischen **Hydrolyse** (Auflösung in Wasser unter Bildung von Hydroxidkomplexen) und Ele-

setzt also nach der dritten obigen Gleichung die **Fällung** von Calcit CO_2 frei, die **Auflösung** verbraucht CO_2.

Diese Druckabhängigkeit bedingt auch, dass sowohl Calcit wie Aragonit in größeren Wassertiefen aufgelöst werden. Bis zur so genannten **Lysokline** in Tiefen von etwa 4000 m ist Meerwasser übersättigt an Calcit (Abb. 4.33). Im Detail ist die Tiefe der Lysokline natürlich abhängig von der Meerestemperatur, der Salinität und den Konzentrationen der spezifischen Ionen, sie ist daher auch in Atlantik und Pazifik unterschiedlich, wie weiter unten anhand der rezyklierten Tracer gezeigt wird. Darunter bildet sich kein Calcit mehr und nur große Kristalle oder Aggregate wie z. B. Foraminiferen „überleben", wenn sie in Sediment eingebettet werden. Unterhalb der **CCD**, der *„calcite compensation depth"* bei etwa 4500 m, bleibt kein Calcit bestehen und es werden nur noch Tiefseetone abgelagert. Für Aragonit gilt ähnliches, aber bereits bei deutlich geringeren Wassertiefen, etwa 500 bis 1000 m oberhalb der Calcit-Lysokline.

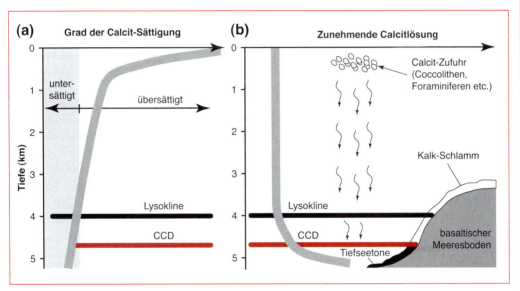

4.33 Darstellung der Calcitsättigung (a) und der Auflösung von Calcit (b) in Meerwasser. Die graue Linie zeigt jeweils die in unterschiedlichen Meerestiefen herrschenden Bedingungen. Nach Andrews et al. (2004).

mentkonzentration: Nicht hydrolysierende Elemente wie Alkali- und Erdalkalimetalle (außer Be) sind häufiger und verweilen länger als hydrolysierende Elemente wie Al, Ti oder Fe, da letztere – abhängig vom pH – schnell **Kolloide** bilden, ausflocken und dann zu Boden sinken, also sedimentieren. Angesichts der Mischungszeit von Ozeanwasser, die 1000–3000 Jahre beträgt, ist für eine Reihe von Elementen mit kurzer Verweildauer nicht zu erwarten, dass sie in den Ozeanen homogen verteilt sind.

Bezüglich der Verteilung im Ozean kann man prinzipiell vermuten, dass nicht jedes Element überall im Ozean in identischer Konzentration vorkommt, da es an bestimmten Orten und/ oder in bestimmten Tiefen Quellen und Senken gibt, wo das Element eingetragen oder aus dem Wasser entfernt wird. Tatsächlich gibt es drei verschiedene Elementgruppen mit unterschiedlichem Verteilungsverhalten (Abb. 4.34), die als Tracer verwendet werden. Tracer sind stabile, leicht nachzuweisende Substanzen, die entweder natürlicherweise vorkommen oder einem System zugegeben werden, um physikalische und/oder chemische Veränderungen (z. B. Strömungen, Reaktionen, Mischungspro-

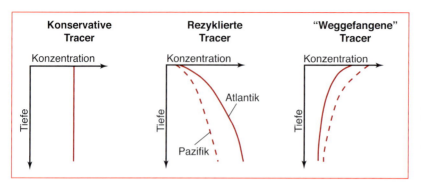

4.34 Schematische Tiefenprofile im Ozean für konservative, rezyklierte und „weggefangene" (*scavenged*) Tracer.

zesse) sichtbar zu machen, die in diesem System stattfinden.
- **Konservative Tracer** haben lange Verweilzeiten, mischen sich gut und gehen keine chemischen Reaktionen mit dem Meerwasser ein. Hierzu gehören die Alkali- und Erdalkalimetalle.
- **Rezyklierte Tracer** haben mittlere Verweilzeiten und zeigen mit der Tiefe ansteigende Konzentrationen, da sie in der Nähe der Oberfläche als Nährstoffe von Organismen aufgenommen, in den Bodenschichten aber vom Sediment abgegeben, sozusagen „wieder aufgefüllt" werden (daher der Name). Diese Elemente werden also „weggefressen", dann nach verschiedenen Zwischenphasen in Phytoplankton, Zooplankton und höheren Lebewesen als Gehäuse, Körper oder Kotpille absedimentiert und dann wieder ans Meerwasser abgegeben, also rezykliert. Sie werden auch **biolimitierende Tracer** genannt. Hierzu gehören z. B. Phosphat, Nitrat und Silikat und interessanterweise auch Cd.
- **„Weggefangene"** (im Englischen *scavenged*) **Tracer** sind solche wie Al oder Fe, die kurze Verweilzeiten mit starker Hydrolyse verbinden. Ihre Konzentration hängt von einem Gleichgewicht aus Adsorption z. B. an Tonminerale und Freisetzung aus solchen Partikelchen ab. Überwiegt die Adsorption, so nimmt die Konzentration mit zunehmender Wassertiefe ab. Dies ist in Abb. 4.35 für Al beispielhaft gezeigt, das zunächst ab-, dann aber wieder zunimmt, da bodennahe Trübeströme Al freisetzen.

Tonminerale sind für **Adsorptionsprozesse** von Kationen besonders gut geeignet, da sie in Suspension meist eine negative Oberflächenladung tragen. Solange sie oberflächlich negativ geladen sind, stoßen die Partikelchen sich auch gegenseitig ab, was dazu führt, dass sie nicht ausflocken und absedimentieren können. Erst wenn ihre Oberfläche durch Kationenanlagerung neutralisiert worden ist, kann dies in großem Umfang geschehen.

Übrigens ist nicht nur die vertikale, sondern auch die horizontale Verteilung rezyklierter Tracer nicht homogen, da die mit größeren

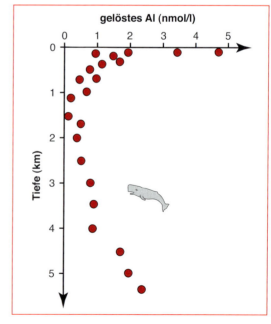

4.35 Tiefenprofil für im Meerwasser gelöstes Aluminium. Nach Orians & Bruland (1986).

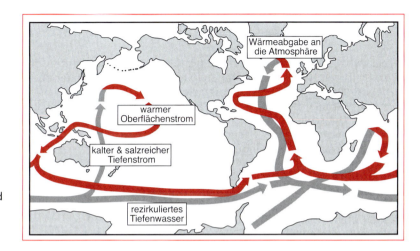

4.36 Oberflächen- und Tiefenwasserströme in den Weltmeeren nach Broecker (1991).

biogenen Teilen absinkenden Elemente somit in den Tiefenwässern der Ozeane angereichert werden. Diese Tiefenwässer aber haben ein charakteristisches Fließmuster vom Atlantik über den Indik in den Pazifik (Abb. 4.36, siehe auch Kasten 4.9), sodass letzterer nährstoffreicher in Bezug auf die biolimitierenden Tracer ist als ersterer.

Kommen wir zum Abschluss des Abschnitts nun noch kurz zur Atmosphäre, um unseren Überblick über die großen geochemischen Reservoire der Erde zu beenden. Die Erde hat eine ausreichend große Masse, um auch leichte Gase gravitativ an sich zu binden – ansonsten gäbe es nämlich keine Atmosphäre und die Erde wäre sowohl erheblich kühler als auch erheblich stärker dem hoch energetischen „Sonnenwind", einem stetig die Sonne verlassenden Strom geladener Teilchen, ausgesetzt. Die gesamte Atmosphäre hat eine Masse von knapp $5 \cdot 10^{18}$ kg, was etwa einem Millionstel der Erdmasse entspricht.

Die Atmosphäre unterteilt sich nach ihrer chemischen Spezierung in die erdnahe, relativ homogene **Homosphäre**, die bis in etwa 90 km Höhe reicht, und die darüber liegende **Ionosphäre**, in der das dünne, sie aufbauende Gas nicht mehr aus Molekülen, sondern aus Ionen besteht, da die Moleküle von der hochenergetischen Sonneneinstrahlung zerlegt werden.
Nach ihrem Temperaturverlauf (Abb. 4.37) gliedert man die Atmosphäre anders:

– die **Troposphäre** vom Meeresspiegel bis in Höhen zwischen 7 (Polargebiete) und 17 km (Tropen);
– die **Stratosphäre** darüber bis in 50 km Höhe,
– die **Mesosphäre** darüber bis in etwa 80 km Höhe,
– die **Thermosphäre** bis in ca. 500–600 km Höhe und schließlich
– die **Exosphäre**, die kontinuierlich in den interplanetaren Raum übergeht.

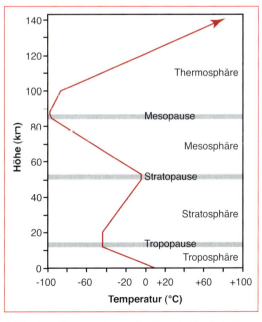

4.37 Der Temperaturverlauf und die Einteilung der Atmosphäre.

Kasten 4.9 Rekonstruktion der Paläoozeanzirkulation

Die heutige Ozeanzirkulation bedingt Gradienten in den Nährstoffgehalten der Ozeane. Da die Ozeanzirkulation andererseits auch mit dem Klima gekoppelt ist, ist man daran interessiert, sie genau zu verstehen. Wie aber rekonstruiert man die Ozeanzirkulation in der geologischen Vergangenheit? Am einfachsten geschieht dies über den Umweg der Nährstoffe: Wenn Paläo-Nährstoffgradienten nachgewiesen werden können, so kann man nach oben vorgestellter Argumentation auf **Tiefenwasserzirkulation** schließen.

Oben wurde erwähnt, dass Cd sich wie ein biolimitierender Tracer verhält. Dies ist deswegen der Fall, weil Cd anstelle von Ca in das Karbonatgehäuse benthischer Foraminiferen (einer Art von Zooplankton) eingebaut wird und es somit eine lineare Korrelation zwischen z. B. Phosphat und Cd gibt. Gleichzeitig ist das Cd/Ca-Verhältnis in den Foraminiferenschalen natürlich direkt mit dem Cd/Ca-Verhältnis des Ozeanwassers korreliert, in dem sie leben. Diese Korrelation ist zwar nicht 1 : 1, sondern 2,8 : 1, was darauf hindeutet, dass Cd besser in Foraminiferenschalen eingebaut wird als Ca, doch kann man sie einfach verwenden, um Unterschiede in Ozeanwasserzusammensetzungen zu rekonstruieren. In dem Beispiel aus Abb. 4.38 ergibt sich, dass es während des *„last glacial maximum"*, also dem Höhepunkt der letzten Kaltzeit, ebenfalls Nährstoffgradienten gegeben hat. Diese waren zwar geringer als heute, doch sie existierten und belegen damit das Vorhandensein ozeanischer Tiefenwasserzirkulation auch während der Eiszeiten.

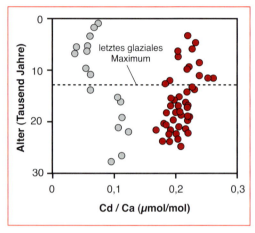

4.38 Cd/Ca-Verhältnisse in Foraminiferenschalen aus nordatlantischen (schwarze Punkte) und äquatornahen pazifischen (rote Punkte) Sedimenten aufgetragen gegen das Alter. Der Sprung in den Daten um die Zeit des letzten glazialen Maximums ist in den nordatlantischen Proben gut zu erkennen, während die Klimaänderung in äquatornahen Gebieten offenbar keine Auswirkungen auf die Foraminiferen hatte. Nach Boyle & Keigwin (1985).

Die international und mehr oder weniger willkürlich festgelegte Grenze zwischen Atmosphäre und Weltraum liegt allerdings bei 100 km. Man beachte, dass z. B. in der Thermosphäre nominell Temperaturen von 1700 °C herrschen. Dies hat aber keine praktische Bedeutung zum Beispiel für Space Shuttles, die diese Zone durchfliegen: Die Temperatur wird ja über die kinetische Energie der Teilchen definiert, also salopp gesprochen über ihre Geschwindigkeit. Da aber in der Thermosphäre die Teilchendichte so extrem gering ist (die mittlere freie Weglänge von Teilchen beträgt mehrere Kilometer!), ist der Wärmeaustausch extrem gering.

Während die Homosphäre aus 78 % Stickstoff, knapp 21 % Sauerstoff, 0,9 % Argon und anderen Edelgasen, 0,038 % CO_2 sowie weiteren Gasen und Aerosolen in kleinen Mengen besteht, reichern sich in der Ionosphäre gravitationsbedingt insbesondere **leichtere Gase** wie Wasserstoff man. Zu den nur in kleinen Mengen vorhandenen Gasen gehören Methan, Ozon, Fluorchlorkohlenwasserstoffe, Schwefeldioxid und verschiedene Stickstoffverbindungen.

Wasserdampf, der in der Atmosphäre zwischen 0 und 4 % ausmacht, sowie der geringe CO_2-Gehalt verursachen den natürlichen **Treibhauseffekt**, der die Erde gegenüber atmosphäre-losen Planeten deutlich wärmer hält. Das Wetter wird

Kasten 4.10 Die Entwicklung der Atmosphäre im Verlaufe der Erdgeschichte

Die kurz nach der Bildung der Erde entstandene **Uratmosphäre** bestand wohl überwiegend aus Wasserstoff, Methan, Helium und Ammoniak, ging aber aufgrund der hohen Temperaturen, der schnelleren Erdrotation, des Einsetzens des Sonnenwindes und der großen Zahl an Impakten vermutlich innerhalb der ersten 100 Millionen Jahre völlig verloren.

Nach deutlicher Abkühlung entstand aus den durch Vulkanismus verursachten Ausgasungen eine **neue Erdatmosphäre**, die aufgrund der inzwischen erfolgten Differentiation von Kern und Mantel deutlich oxidierter war (da das reduzierte Eisen ja großenteils im Kern verpackt worden war und damit eine große Masse an Reduktionsmittel wegfiel). Unter der Voraussetzung, dass die Erdatmosphäre noch zu warm war, um Niederschläge zuzulassen und Ozeane zu bilden, würde die Atmosphäre zu ca. 80 % aus Wasserdampf, 10 % CO_2, 5–7 % H_2S und kleinen Mengen von Stickstoff, Methan, Helium, Kohlenmonoxid und Ammoniak bestanden haben. Nachdem die Siedetemperatur unterschritten war, regnete das Wasser dann großenteils aus (man geht von bis zu 40.000 Jahren Dauerregen aus!), die Ozeane bildeten sich, und zurück blieben überwiegend CO_2 und Stickstoff, da die anderen Verbindungen durch die starke UV-Strahlung wohl leicht zerstört wurden oder in den Weltraum entwichen. Da CO_2 in hohem Maße in den Urozeanen gelöst bzw. dann als Karbonat ausgefällt wurde, reicherte sich **Stickstoff** passiv immer weiter an. Ab etwa 3,5 Milliarden Jahren gab es in den Ozeanen die ersten Photosynthese betreibenden Lebewesen, die CO_2 und Wasser zu Biomasse und Sauerstoff verarbeiteten. Zunächst wurde der dabei erzeugte Sauerstoff noch in den Ozeanen für chemische Reaktionen wie z. B. die Oxidation von Eisen oder die Oxidation von H_2S verbraucht. Dabei entstanden z. B. die **Bändereisenerze**, die auch als **BIFs**, „banded iron formations", bekannt sind. Ab etwa 2,3 Milliarden Jahre allerdings konnte sich Sauerstoff über lange Zeit immer weiter in der Atmosphäre anreichern und hatte vermutlich bei einer Milliarde Jahren eine Konzentration von 3 % erreicht. Ab etwa 1,5 Milliarden Jahren entstanden die ersten **aeroben Lebewesen**, die Sauerstoff zum Energiegewinn nutzten („Atmung"). Die Bildung von **Ozon** in der höheren Atmosphäre trug zur Abschirmung von UV-Strahlung auf der Erdoberfläche bei, was Auswirkungen auf die Entwicklung der Lebewesen hatte. Nachdem die restlichen „Sauerstoffsenken", also zweiwertiges Eisen oder Sulfide, großenteils oxidiert waren, stieg vor 500–600 Millionen Jahren der Sauerstoffgehalt der Atmosphäre **Photosynthese**-bedingt relativ schnell auf vermutlich etwa 12 % an. Um diese Zeit setzte auch die als „**kambrische Explosion**" bekannte Entwicklung höheren Lebens ein. Im weiteren Verlauf erhöhte sich der Sauerstoffgehalt weiter auf über 30 % im Karbon, zeigte danach jedoch massive Schwankungen (siehe Abb. 4.39) zwischen 15 % in der Untertrias und 26 % in Jura und Kreide, um später auf den heutigen Wert von 21 % abzufallen. Die Rekonstruktion des paläoatmosphärischen Sauerstoffgehalts erfolgt dabei über die Variation von **Kohlenstoffisotopen** in Sedimenten basierend auf der Hypothese, dass es eine Verbindung zwischen der Akkumulation reduzierten Kohlenstoffs in Sedimenten, ihrer Kohlenstoffisotopie und dem Sauerstoffgehalt der Atmosphäre gibt.

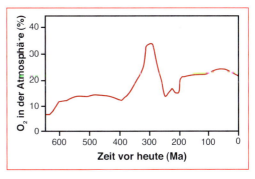

4.39 Der Sauerstoffgehalt der Atmosphäre in den letzten 650 Millionen Jahren, rekonstruiert durch die Untersuchung der Kohlenstoff- und Schwefelkreisläufe (siehe z. B. Abschn. 4.9), die den Sauerstoffgehalt der Atmosphäre maßgeblich puffern bzw. von ihm abhängig sind. Nach Berner (1999).

überwiegend über Wasserdampf-Schwankungen, Zufuhr von Sonnenenergie und Druckausgleichsbewegungen der Luft gesteuert.
Die Zusammensetzung der Erdatmosphäre war über geologische Zeiträume alles andere als konstant (siehe Kasten 4.10).

4.5.5 Die Zusammensetzung des Mondes

Der Mond war fast von Anbeginn an der kleinere Begleiter der Erde und umkreist uns in etwa 384.000 km Entfernung, wobei er uns immer dieselbe Seite zuwendet – er hat also einen perfekt auf die Erde „abgestimmten" **Eigendrehimpuls**. Nach heutigem Wissen wurde er etwa 30 Millionen Jahre nach der Entstehung der Erde von einem etwa Mars-großen Körper, der heute nach der griechisch-mythologischen Mutter der Mondgöttin **Theia** genannt wird, aus der Erde herausgeschlagen. In seiner Zusammensetzung gleicht der Mond der Erde nicht. Z. B. scheint er kein Oberflächenwasser zu führen, abgesehen von einer kleinen Menge Eis, die man an einem der Pole identifiziert zu haben glaubt, die aber nur auf etwa 100 t geschätzt wird. Dennoch hat er im Hinblick auf die stabilen Isotope dieselbe Zusammensetzung. Der Durchmesser des Mondes beträgt nur etwa ein Viertel des Erddurchmessers und er hat eine deutlich geringere mittlere **Dichte** (3,34 g/cm^3) als die Erde (5,52 g/cm^3), obwohl auch er – wie man aus der geophysikalischen Auswertung von durch Gezeitenkräfte oder Impaktereignisse (nicht aber Tektonik!) verursachten Mondbeben weiß – einen **Schalenbau** hat und in Kern(?), Mantel und Kruste differenziert ist.
Interessanterweise ist die Kruste des Mondes deutlich mächtiger als die der Erde, nämlich 60 km auf der erdzugewandten und 86 km auf der erdabgewandten Seite, während der Kern, wenn er überhaupt existiert (es ist wahrscheinlich, aber bislang nicht gesichert), nur 2 % der Mondmasse ausmacht und lediglich die innersten ca. 330 km umfassen würde (daher auch die geringere durchschnittliche Dichte im Vergleich zur Erde). Entsprechend ist der Mantel rund 1350 km dick. Es wird derzeit diskutiert, ob die etwa 950 km mächtige, starre und komplett erkaltete Lithosphäre von einer ca. 400 km dicken, teilgeschmolzenen Asthenosphäre unterlagert wird. Ein Beweis für die heutige Existenz von Teilschmelzen steht aber noch aus.
In seiner Zusammensetzung entspricht der (hypothetische) Mondkern dem Erdkern, der Mondmantel weicht dagegen davon ab und besteht wohl im unteren Bereich (zwischen etwa 400 und 1400 km Tiefe) aus nicht verarmten, „primordialen" Fe-reichen Olivin-Pyroxeniten, während im oberen Bereich bis 100 km Tiefe Olivinkumulate und zwischen 100 und 400 km dunitische Restite dominieren.
Diese Rückschlüsse zieht man wiederum aus einer Kombination von geophysikalischen Daten und den an der Mondoberfläche beobachteten Gesteinen. Letztere kennt man aus Mondmeteoriten (vergleiche Abschn. 4.4.5.1) und von den bemannten **Mondmissionen** der 1960er und 70er Jahre, von denen insgesamt über 380 kg Mondgesteine auf die Erde mitgebracht wurden.
Auf der der Erde zugewandten Seite der Mondoberfläche gibt es zwei prinzipielle Gesteinstypen, nämlich **Regolithe** und **Basalte**. Diese sind es, die man mit bloßem Auge beim Blick zum Mond unterscheiden kann: Die Regolithe bilden helle, kraterübersäte und reliefierte **Hochländer**, die Basalte dunkle, flache, kraterarme bis –freie „Maria" (auf der ersten Silbe betont!), was dem Plural von *mare*, dem lateinischen Wort für Meer, entspricht. Die Maria sind meist rundlich ausgebildet und stellen basaltgefüllte **Impaktkrater** dar (Abb. 4.40).
<u>Regolithe</u> sind durch Impaktereignisse erzeugte und mit Staub verkittete, schuttartige Brekzien (Abb. 4.41), die auf dem Mond bis zu 25 km mächtig sind. Sie bestehen aus Bruchstücken der vier prinzipiellen Gesteine der Hochländer (Abb. 4.42):
– Anorthosite bis anorthositische Gabbros (siehe auch Abschn. 3.9.4) mit calcischen Plagioklas-Zusammensetzungen überwie-

4.5 Die Zusammensetzung von Erde und Mond

4.40 Die der Erde zugewandte Seite des Mondes. Deutlich erkennbar sind die mit schwarzen Basalten gefüllten Maria und die weißen Hochländer. Um junge Krater herum sind deutlich helle Streifen von Auswurfmassen zu erkennen.

4.41 Fußabdruck eines Astronauten im Regolith des Mondes. Die Oberfläche des Mondes ist von einem solchen feinen Sand überzogen, der aus bei Impakten zerbröseltem Material besteht. Von der Webseite der NASA.

gend zwischen An_{94} und An_{99} sowie Mg/(Mg+Fe)-Verhältnissen im Gesamtgestein von 0,4–0,75;
- Mafische, Mg-reiche Norite, Gabbronorite, Gabbros und Troktolithe mit Mg/(Mg+Fe)-Verhältnissen von 0,7–0,9 und deutlich Albit-reicheren Plagioklasen;
- Alkali-reiche Anorthosite und Gabbronorite sowie extrem selten Granite und Rhyolithe mit generell sehr niedrigem Mg/(Mg+Fe)-

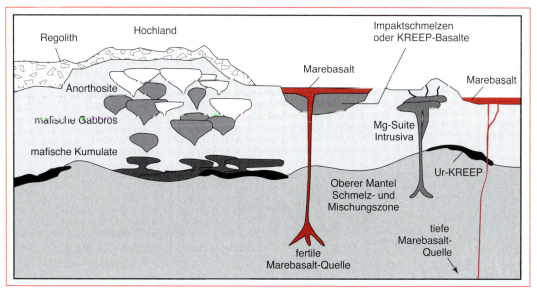

4.42 Vermutlicher Aufbau der obersten 500 km des Mondes. Die verschiedenen Gesteinstypen sind im Text ausführlicher beschrieben. Umgezeichnet nach Vorlagen von Taylor et al. (2006).

Verhältnis und noch Na-reicheren Plagioklasen, die bis zu An_{58} reichen;

- Spezielle, in den Maria nicht gefundene Typen von Basalten, die aufgrund ihrer erhöhten Gehalte an K, Seltenen Erden (REE) und Phosphor **KREEP-Basalte** genannt werden. Sie sind außerdem angereichert an Zr, Ba und U, also inkompatiblen Elementen. Die KREEP-Basalte werden als an inkompatiblen Elementen extrem angereicherte Restschmelzen nach der Kristallisation der Olivin-Pyroxen-Plagioklas-Gesteine interpretiert.

Die Anorthosite sind eher im oberen Bereich der Kruste zu finden, die Norite und anderen Gesteine tendenziell eher im unteren.

Die Marebasalte sind aus den irdischen Tholeiiten ähnlichen Decken aufgebaut, deren Mächtigkeit man auf typischerweise etwa 400 m schätzt und die – wie irdische Basalte auch – z. T. porphyrisch ausgebildet sind. Ein Unterschied besteht darin, dass lunare Basalte bisweilen Fe-Ni-Metall und Troilit führen, und dass Fe^{3+}-haltige Minerale völlig fehlen, was auf geringe Sauerstoff-Fugazitäten bei ihrer Kristallisation hindeutet (vergleiche Abschn. 3.9.2.8). Auch Hydrosilikate sind extrem selten, was die **Wasserarmut** der Schmelzen und des gesamten Himmelskörpers belegt. Innerhalb der Mare-Basalte werden nach ihrem Titangehalt drei Gruppen mit hohem, niedrigem und sehr niedrigem TiO_2-Gehalt unterschieden (> 9, 1,5–9 und < 1,5 Gew.-%), deren Unterschiede wie auf der Erde auch mit unterschiedlichen Aufschmelzgraden und AFC-Prozessen erklärt werden – geringe Aufschmelzgrade in geringerer Tiefe werden den Basalten mit hohem Ti-Gehalt zugeschrieben. Seit der Übertragung der ersten Bilder von der Rückseite des Mondes durch eine russische Sonde im Jahr 1959 ist bekannt, dass Maria nur auf der erdzugewandten Seite des Mondes vorhanden sind. Interessanterweise sind die beiden wichtigen Gesteinsgruppen des Mondes unterschiedlich alt: Altersbestimmungen von Hochlandgesteinen mit Isotopen (womit nicht der Regolith, sondern seine Komponenten gemeint sind) deuten auf ihre Bildung vor 4,5 bis 4,2 Milliarden Jahren hin, während die Mare-Basalte zwischen 3 und 4, die meisten zwischen 3,2 und 3,8 Milliarden Jahre alt sind. Die geologische Geschichte des Mondes endete also schon vor ca. 3 Milliarden Jahren, wenn man von der noch heute anhaltenden Umformung der Kruste durch Impaktereignisse absieht. Seit dieser Zeit ist der Mond soweit abgekühlt, dass **keine Tektonik und kein Magmatismus** mehr stattfinden.

Die genauen Abläufe bei der Bildung der Mondkruste und der Basalte werden noch diskutiert. So gibt es Modelle, gemäß denen sich die Kruste aus einzelnen, riesigen Layered

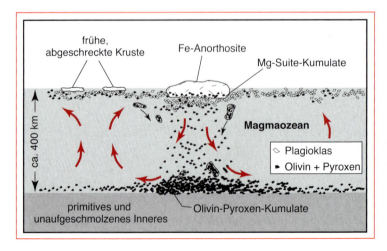

4.43 Modell zur Entstehung der lunaren anorthositischen Kruste durch Fraktionierung und Flotation von Plagioklas in einem lunaren Magmaozean kurz nach der Entstehung des Mondes. Nach Ashwal (1993).

Intrusions, aus einem den gesamten Mond umfassenden lunaren **Magmaozean** gebildet haben soll, der „nur" die äußeren 400–500 km umfasste (Abb. 4.43). Die Anorthosite bildeten sich dabei in jedem Fall als **Flotationskumulate** (s. a. Abschn. 3.9.4 und Abb. 3.124), wobei die Plagioklase auf den extrem wasserarmen und daher dichteren Basaltschmelzen aufschwammen – ob in einer Magmakammer oder einem Magmaozean, ist dabei egal. Die weiße Hülle des Mondes ist also eine Folge der Wasserarmut der Mondschmelzen. Die früh gebildete Kruste wurde durch partielle Wiederaufschmelzung – zumindest teilweise im Zusammenhang mit den gewaltigen weit über das normale Maß hinausgehenden Impaktereignissen vor 3,8–4,1 Milliarden Jahren, die als „*late heavy bombardment*" oder „*lunar cataclysm*" bekannt sind – weiter verändert, wobei vermutlich auch die speziellen plutonischen Mg- und Alkali-Suiten-Gesteine neben KREEP-Basalten und frühen Mare-Basalten entstanden. Vermutlich vor etwa 3,8–3,9 Milliarden Jahren begann sich bei weiteren Einschlägen auf der mittlerweile konsolidierten Kruste der Regolith zu bilden. In der Folge entstand der Großteil der Mare-Basalte durch Aufschmelzvorgänge in immer tieferen Bereichen der Mondkruste. Es kam dabei vermutlich nicht nur zu effusivem, sondern auch zu explosivem Vulkanismus.

4.6 Die Verteilung der Elemente

Nachdem wir in den bisherigen Abschnitten über die Entstehung der Elemente, der Himmelskörper und die Zusammensetzung der großen globalen Reservoire gesprochen haben, ist es nun an der Zeit, die Gesetzmäßigkeiten aufzuzeigen, nach denen sich Elemente zwischen den verschiedenen Reservoiren verteilen. Dies geschieht nämlich nicht etwa zufällig, sondern wird von den chemischen Eigenschaften der Elemente sowie von mineralogischen Randbedingungen gesteuert.

4.6.1 Die geochemische Einteilung der Elemente

Elemente werden nach zwei verschiedenen Kriterien eingeteilt: ihrer Häufigkeit und ihrer chemischen Affinität. Nach ihrer Häufigkeit unterscheidet man **Haupt-, Neben- und Spurenelemente**. Während der Übergang zwischen Haupt- und Nebenelementen (im Englischen *major* und *minor elements*) fließend ist, sind Spurenelemente eindeutig definiert: es sind dies Elemente, die weder die physikalischen, noch die chemischen Eigenschaften eines Systems ändern, da sie so „verdünnt" auftreten, dass sie keine Phasenstabilitäten beeinflussen. Dies geschieht in dem Konzentrationsbereich, in dem **Henry's Gesetz** gilt, das in Kasten 4.11 erklärt ist. Hauptelemente sind in Gesteinen oder Mineralen also im Prozent- bis Zehnerprozentbereich erhalten, Nebenelemente typischerweise im Bereich von 0,1–1 Gew.-%, und Spurenelemente im Bereich von ppb bis in den drei-, selten vierstelligen ppm-Bereich. Natürlich kann ein und dasselbe Element in einem Gestein Hauptelement, in einem anderen dagegen Spurenelement sein – das hängt sowohl von der Quelle ab, aus der das Gestein stammt, als auch von den Phasen, die das Gestein aufbauen, da diese die Elemente ja einbauen müssen.

Um Elementgehalte in einem Reservoir – z. B. der kontinentalen Kruste oder dem Mantel – ohne zu große Spreizung der Achsen darstellen zu können, und um die Gehalte auch in einen zumindest groben genetischen Zusammenhang zu stellen, werden Elementgehalte und speziell Spurenelementgehalte häufig auf **chondritische Konzentrationen** normiert. So sieht man schnell, ob bestimmte Elemente gegenüber dem Sonnensystem bzw. der Gesamterde angereichert oder verarmt sind (Tabelle 4.4). Man beachte, dass es für Spurenelemente unterschiedliche Chondrit-Werte verschiedener Bearbeiter gibt (Tabelle 4.3). Bisweilen werden auch andere Normierungen wie **MORB**, „**primitiver Mantel**" oder „**Post-Archaean Australian Shale, PAAS**" herangezogen, je nachdem,

Kasten 4.11 Henry's Gesetz

In Kasten 3.5 wurde der Aktivitätsbegriff eingeführt. Er ist nicht nur auf Festphasen, sondern auf Phasen aller Aggregatzustände anwendbar. In idealen Mischungen sind die Aktivität und die durch den Molenbruch ausgedrückte Konzentration einer Komponente identisch, in realen Mischungen dagegen können sie stark voneinander abweichen (siehe Abb. 4.44). Diese Abweichungen werden durch teilweise sehr komplexe thermodynamische Formulierungen beschrieben. Immer gibt es allerdings einen Bereich sehr kleiner Konzentrationen, in dem Henry's Gesetz erfüllt ist, was besagt, dass Aktivität und Konzentration durch eine einfache Proportionalitätskonstante k verknüpft sind: $a_i = k \cdot X_i$. In diesem Bereich beeinflusst also die zugemischte Komponente nicht die thermodynamischen Mischungseigenschaften der Gesamtphase. Eine zugemischte Komponente kann z.B. ein Spurenelement in einer Schmelze sein, das damit ein hervorragender „stiller Beobachter" geologisch-geochemischer Prozesse oder auch ein für bestimmte Quellregionen (z.B. angereicherten oder abgereicherten Mantel) typischer Fingerabdruck ist.

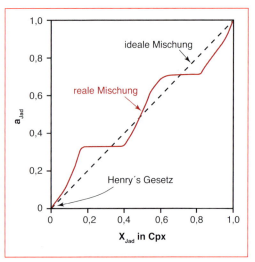

4.44 Reale und ideale Mischungen am Beispiel eines Na-haltigen Klinopyroxens. Im Falle einer idealen Mischung der verschiedenen Endgliedkomponenten wäre a_{Jad} streng mit X_{Jad} korreliert (schwarze gestrichelte Linie). In der Realität dagegen ist der Zusammenhang von a_{Jad} und X_{Jad} höchst kompliziert (rote Linie). Der Bereich, wo sich ideales und reales Mischungsverhalten gleichen, wird als Geltungsbereich von Henry's Gesetz bezeichnet. Nach Holland (1990).

was die Fragestellung verlangt. Werden solche normierten Elementgehalte dann noch entsprechend der Kompatibilität der Elemente angeordnet (wobei „kompatibel" hier „kompatibel in wasserarmen basaltischen Systemen" bedeutet), so erhält man die in Kasten 3.22 besprochenen **Spiderdiagramme**.

Neben dieser Häufigkeitseinteilung stellt man fest, dass es Gruppen von Elementen gibt, die sich geochemisch ähnlich verhalten und die sich insbesondere in Silikatstrukturen, Sulfiden, Metallen oder Gasen anreichern. Diese Elementgruppen wurden vom „Vater der Geochemie", V. M. Goldschmidt, als **lithophil** („steinliebend"), **chalkophil** („kupferliebend"), **siderophil** („eisenliebend") und **atmophil** („dampfliebend") bezeichnet. Elemente mit derselben „-philie" finden sich häufig zusammen in bestimmten Reservoiren wieder, also siderophile Elemente z.B. im Erdkern, lithophile im Mantel, chalkophile in Sulfiden und atmophile in Ozeanen oder der Atmosphäre. Diese Begriffe bezeichnen also grundsätzliche, für manche Elementgruppen ähnliche geochemische Verhaltensweisen (Abb. 4.45).

Diese Bevorzugungen werden quantitativ durch die im nächsten Abschnitt besprochenen Verteilungskoeffizienten beschrieben. Sie haben Ähnlichkeiten mit der Verwandtschaft der chemischen Elemente, die sich aus ihrer Stellung im Periodensystem ergibt – allerdings nur Ähnlichkeiten, denn die Ursachen für chemisch gleichartige Reaktivität und geochemische Verteilungsgesetzmäßigkeiten sind zwar

4.6 Die Verteilung der Elemente

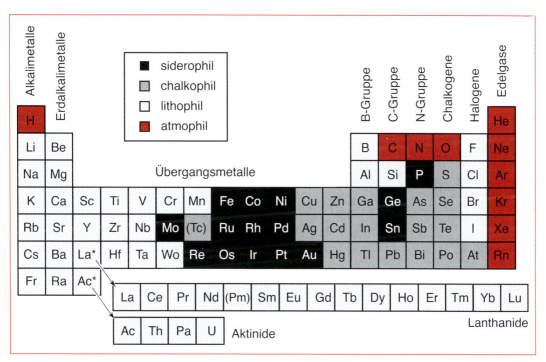

4.45 Die Einteilung der Elemente nach ihrem bevorzugten geochemischen Verhalten. Nach Albarède (2003).

verknüpft, aber leicht unterschiedlich. Die chemische Reaktivität wird praktisch ausschließlich durch die Besetzung der äußersten **Elektronenschale** bestimmt, während das geochemische Verteilungsverhalten überwiegend durch die Kristallchemie der einbauenden Festphase (natürlich nicht bei Gasen!) und damit über die Elektronegativität bestimmt wird (siehe Abschn. 2.3.1), die allerdings wiederum von der äußeren Elektronenkonfiguration abhängt. Insbesondere zeigt sich, dass lithophile Elemente häufig **Elektronegativitäten** kleiner als 1,6 haben, chalkophile zwischen 1,6 und 2 und siderophile zwischen 2 und 2,4 (siehe Tabelle 4.11). Anders ausgedrückt stellt man fest, dass lithophile Elemente überwiegend stabile **Ionen mit Edelgaskonfiguration** der äußersten Elektronenschale oder – im Falle von Si, P und B – besonders starke **kovalente Sauerstoff-Bindungen** bilden. Siderophile Elemente gehen dagegen häufig keine stabilen kovalenten Bindungen mit Sauerstoff ein, sondern überwiegend

Metallbindungen. Chalkophile Elemente bilden überwiegend kovalente Bindungen zu Schwefel aus, die häufig thermodynamisch stabiler als Sauerstoff-Bindungen sind. Atmophile Elemente sind überwiegend solche, die wie die Edelgase in atomarer Form mit gefüllten äußeren Elektronenschalen oder wie Stickstoff als extrem stabiles kovalent gebundenes Molekül überwiegend in Gasform vorliegen. Es ist offensichtlich, dass Sauerstoff nicht gut in eine solche Klassifikation passt, und auch Wasserstoff mit seiner Konzentration in einer bei dieser Klassifikation nicht berücksichtigten Fluidphase wirkt etwas stiefmütterlich behandelt.

Man darf also diese Klassifikation nicht überinterpretieren, denn es gibt selbstverständlich Elemente höherer Elektronegativitäten mit lithophilem Charakter, es gibt „ambivalente" Elemente, die Affinitäten zu verschiedenen Phasen haben, und es gibt Elemente, bei denen ihr Charakter sehr stark von der chemischen Zusammensetzung des Gesamtsystems ab-

Tabelle 4.11 Die Elektronegativität der Metalle (sowie As und P) und ihre geochemische Einteilung

E < 1,6 Lithophil				1,6 < E < 2,1 Chalkophil		2,0 < E < 2,4 Siderophil	
Cs^+	0,7			Pb^{2+}	1,6	As^{3+}	2,0
Rb^+	0,8			Fe^{2+}	1,65		
K^+	0,8			Co^{2+}	1,7		
Ba^{2+}	0,85			Ni^{2+}	1,7		
Na^+	0,9			Zn^{2+}	1,7		
Sr^{2+}	1,0	U^{4+}	1,7				
Ca^{2+}	1,0	W^{4+}	1,7			Ru^{4+}	2,2
Li^+	1,0	Si^{4+}	1,8			Rh^{3+}	2,2
REE^{3+}	1,05–1,2			Ge^{4+}	1,8	Pd^{4+}	2,2
Mg^{2+}	1,2			Fe^{3+}	1,8	Os^{4+}	2,2
Sc^{3+}	1,3			Cu^+	1,8	Ir^{4+}	2,2
Th^{4+}	1,3			Ag^+	1,9	Pt^{2+}	2,2
V^{3+}	1,35			Sn^{4+}	1,9	Au^+	2,4
Zr^{4+}	1,4			Hg^{3+}	1,9		
Mn^{2+}	1,4			Sb^{3+}	1,9		
Be^{2+}	1,5			Bi^{3+}	1,9		
Al^{3+}	1,5			Re^{3+}	1,9		
Ti^{4+}	1,5			Cu^{2+}	2,0		
Cr^{3+}	1,6			P^{5+}	2,1		

hängt. Eisen ist so ein Fall: eigentlich aufgrund seiner Elektronegativität ein chalkophiles Element, bildet es bei Anwesenheit von Schwefel zunächst Sulfide (z. B. Pyrit, Troilit oder Pyrrhotin), doch wird es – nachdem dieser verbraucht ist – auch gut in Silikate eingebaut und bildet bei geringen Sauerstoff-Fugazitäten, also wenn aller Sauerstoff für die Bildung von Silikaten verbraucht ist, metallisches Eisen. Das Fe : S : Si : O-Verhältnis eines Reservoirs, also z. B. eines Asteroiden, eines Planeten oder einer Hochofenschmelze, bestimmt also das geochemische Verhalten von Eisen und das Vorhandensein von verschiedenen eisenhaltigen Phasen.

Aus Abb. 4.45 ist offensichtlich, dass die Position eines Elementes im Periodensystem ihr geochemisches Verhalten und damit ihre Anreicherung in bestimmten geologischen Reservoiren bestimmt. Die **Platingruppenelemente** z. B. haben einheitlich siderophilen Charakter, sind also überwiegend im metallischen Kern angereichert und unter anderem deshalb in unserer Erdkruste so selten. Die **Halogene** werden als Salzbildner zu den lithophilen Elementen gerechnet, die **Alkali- und Erdalkalimetalle** sind typisch lithophil. **Halbmetalle und Buntmetalle** sind chalkophil, und die **Edelgase** sind logischerweise atmophil.

Betrachtet man Ionenladung Z und Ionenradius r sowie das Verhältnis dieser beiden Größen, das **Ionenpotential** $I = Z/r$, so ergeben sich weitere Kriterien zur Abgrenzung geochemisch ähnlicher Elementgruppen (siehe Abb. 4.46). Ionen gleicher Ladung mit ähnlichem Ionenradius und ähnlicher Elektronegativität können sich einfach in Mineralen **diadoch** ersetzen. Typische Beispiele sind die zweiwertigen Übergangsmetalle (also z. B. Co, Ni, Mn, Fe, Cu, Zn). Man spricht bisweilen von „getarnten Elementen", wenn seltene Elemente, z. B. Co, anstelle z. B. des häufigeren Eisens eingebaut werden. Sind Ionenradius und -ladung praktisch identisch, so spricht man von **geochemischen Zwillingen**, die in Kasten 4.12 erläutert werden.

Die „*High Field Strength Elements*" (HFSE) und die „*Large Ion Lithophile Elements*" (LILE) sind die bekanntesten Elementgruppen, die aufgrund ihres Ionenpotentials definiert werden (Abb. 4.46). HFSE haben hohe Ionenladungen bei niedrigen Radien und deswegen

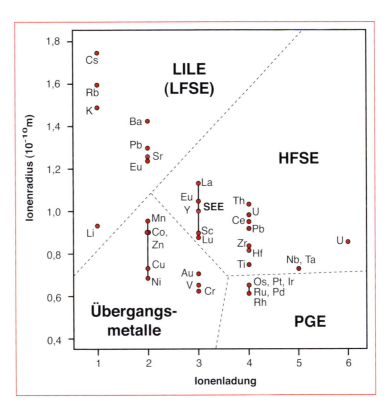

4.46 Die Einteilung von Metallen nach ihrem Ionenradius und ihrer Ionenladung. Große Ionen mit kleiner Ladung sind für „large ion lithophile elements" (LILE, auch als „low field strength elements", LFSE bezeichnet) charakteristisch, relativ kleine Radien bei großen Ladungen für „high field strength elements" (HFSE), die auch die Selten-Erd-Elemente (SEE) beinhalten. Übergangsmetalle finden sich bei geringen Ionengrößen und -ladungen, während Platingruppen-Elemente (PGE) wiederum relativ hohe Ionenladungen haben. Nach Rollinson (1993), Ionenradien nach Shannon & Prewitt (1970).

hohe elektrische Felddichten (Ionenpotentiale) um ihre Ionen, woher sie ihren Namen haben. Zu ihnen gehören als bekannteste Zr, Hf, Ti, Nb, Ta, U, Th und die Selten-Erd-Elemente. LILE dagegen haben genau umgekehrt niedrige Ladungen und relativ große Ionenradien und werden deshalb auch als *Low Field Strength Elements (LFSE)* bezeichnet. Viele Alkali- und Erdalkali-Metalle gehören zu dieser Gruppe.

Interessanterweise bestimmen die elektrischen Felddichten die Löslichkeit dieser Ionen in Wasser: LIL-Elemente haben geringe positive Ladungsanteile pro Oberfläche, die von den Wasserdipolen kompensiert werden, indem Hydrathüllen gebildet werden. Diese Ionen sind gut wasserlöslich und damit in wässrigen Fluiden mobil. **HFSE** dagegen werden nicht mehr hydratisiert, sondern ihre hohen Ladungsdichten ziehen vielmehr OH$^-$-Ionen an, sodass diese Elemente in vielen geologischen Fluiden als wasserunlösliche Hydroxide ausfallen und damit in ihnen immobil sind. Ausnahmen bilden lediglich extrem halogenreiche Fluide oder Fluide mit sehr hohen oder sehr niedrigen pH-Werten. In ihnen bilden sich entweder Halogen-Komplexe (z. B. ZrF^{3+}, ZrF_2^{2+}...), Hydroxokomplexe (z. B. $Ti(OH)_3^+$ oder $Ti(OH)_4$) oder die Hydroxidbildung wird unterdrückt und es bilden sich unkomplexierte oder nur hydrolysierte Ionen (z. B. UO_2^{2+}). Obwohl typischerweise nicht zu den HFSE gezählt, verhält sich Al übrigens in wässrigen Fluiden ähnlich – es fällt in neutralen Lösungen als $Al(OH)_3$ aus und wird in sauren als Al^{3+} oder in basischen Lösungen als $Al(OH)_4^-$ transportiert. Eine sich chemisch sehr homogen verhaltende Untergruppe der HFSE sind die **Selten-Erd-Elemente** (**SEE** oder häufiger **REE** genannt, nach „Rare Earth Elements"). Diese haben eine so große Bedeutung in der Geochemie, dass ihnen ein gesonderter Abschnitt, 4.6.4, gewidmet ist. Generell stellt man fest, dass kompatible Elemente eher kleine, inkompatible Elemente dagegen eher große Ionenradien und Ionen-

Kasten 4.12 Geochemische Zwillinge

Der Extremfall praktisch identischer Ionenradien und -ladungen ist in den geochemischen Zwillingspaaren verwirklicht: Y ist mit Ho, Zr mit Hf und Nb mit Ta „verzwillingt". Da diese Elemente sich geochemisch so extrem ähnlich verhalten, bleiben ihre Verhältnisse in vielen geologischen Prozessen (z. B. bei den meisten Aufschmelz- und fraktionierten Kristallisationsprozessen) konstant und liegen sehr nahe bei chondritischen Verhältnissen, also für Y/Ho, Zr/Hf und Nb/Ta bei rund 28, 36 und 17. Solche Prozesse, die die Zwillingsverhältnisse nicht verändern, werden als **CHARAC**-Prozesse bezeichnet, als „*charge and radius controlled*", also durch Ladung und Radius kontrolliert.

Ändert sich dagegen ihr Verhältnis z. B. innerhalb eines magmatischen Komplexes, so können dafür unterschiedliche Quellen (aus denen verschiedene Schmelzportionen mit unterschiedlichen Zwillingsverhältnissen bezogen wurden) verantwortlich sein oder eine sehr spezielle, alkali-halogen-reiche Schmelzzusammensetzung, in der sich unterschiedlich stabile Komplexe der Zwillinge bilden. Wie Abb. 4.47 zeigt, haben auch Seewasser und marine Eisen-Mangan-Krusten sowie hydrothermale Fluorite deutlich fraktionierte Y/Ho und Zr/Hf-Verhältnisse. Letztere wurden bei relativ tiefen Temperaturen < etwa 400 °C aus wässrigen Fluiden ausgefällt. In all diesen Milieus werden Komplexe gebildet, z. B. mit F, Cl, Phosphat, Karbonat o. ä., die leicht unterschiedliche Stabilitäten für die jeweiligen Zwillinge haben – ganz

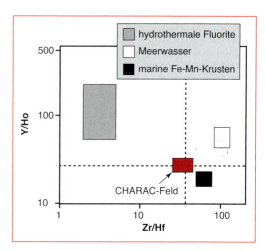

4.47 Typische Konzentrationsverhältnisse geochemischer Zwillinge in hydrothermalen Fluoriten, im Meerwasser und in marinen Fe-Mn-Krusten nach Bau (1996). Die gestrichelten Linien geben die chondritischen Verhältnisse an. Das CHARAC-Feld zeigt den Bereich, in dem die Verhältnisse bei Ladungs- und Radius-kontrollierten Prozessen („*charge and radius controlled*") liegen und es ist offensichtlich, dass andere Prozesse für die gezeigten Zusammensetzungen eine Rolle spielen müssen.

eineiig sind unsere Zwillinge halt doch nicht. Diese Effekte sind jedoch so klein, dass sie nur in bestimmten geologischen Prozessen eine Rolle spielen, wobei es im Endeffekt eine Frage der Massenbilanz ist, ob etwas geochemisch sichtbar wird oder nicht.

ladungen haben, wobei man auch diese Faustregel nicht ohne nachzudenken anwenden darf, zumal die Kompatibilität ja bekanntlich stark variiert, je nachdem, ob man z. B. basaltische oder granitische Schmelzen betrachtet (siehe Abschn. 3.9.2.3). Damit kommen wir zu den Formulierungen, die die Verteilung der Elemente zwischen Festphasen, Schmelzen und/ oder Fluiden korrekt beschreiben, den Verteilungskoeffizienten, die kurz schon in Abschn. 3.9.2.3 angetippt wurden. Kasten 4.13 und 4.14 zeigen, wie Spurenelementgehalte für Aussagen über tektonische Bildungsmilieus verwendet werden können.

4.6.2 Verteilungskoeffizienten

In Abschnitt 3.9.2.3 wurde festgestellt, dass Verteilungskoeffizienten die Kompatibilität oder Inkompatibilität eines Elementes in einem Mineral ausdrücken. Sie waren definiert als

$$D_i = c_i(\text{Mineral})/c_i(\text{Schmelze}).$$

Ist der Verteilungskoeffizient unabhängig von der Konzentration des betrachteten Elements,

Um ein konkretes Beispiel zu geben: Y kann von Ho fraktioniert werden, wenn Fluorit aus einer wässrigen 200 °C heißen hydrothermalen Lösung auskristallisiert, in der die Y- und Ho-Ionen als Fluoridkomplexe (z. B. als YF_3- oder HoF_3-Komplex) vorliegen. Fluorit baut REE und Y gut in sein Kristallgitter ein, doch müssen dafür die komplexierten Ionen „aufgebrochen" werden. Da nun der Y-F-Komplex ein wenig stabiler ist als der Ho-F-Komplex, wird Y ein wenig schlechter in Fluorit eingebaut und reichert sich daher mit zunehmender Fluoritausfällung im Fluid an. Bei geringen Gehalten von Y und Ho und hoher Fluoritausfällung macht sich dies in einem Anstieg des Y/Ho-Verhältnisses bemerkbar. Zr und Hf werden zum Beispiel durch die Kristallisation von Zirkon in granitoiden Schmelzen voneinander fraktioniert, wie Abb. 4.48 zeigt.

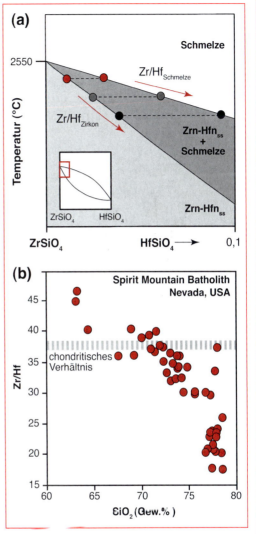

4.48 (a) Schematisches Phasendiagramm für Zirkon-Hafnon-Mischkristallstabilitäten. Da die Schmelze immer Hf-reicher ist als der daraus kristallisierende Zirkon, reichert sich Hf mit zunehmender Differenzierung an (wenn Zirkon kristallisiert) und das Zr/Hf-Verhältnis sinkt, wie an dem Beispiel in (b) zu sehen ist. Nach Claiborne et al. (2006).

so spricht man von Nernst'schen Verteilungskoeffizienten und es gilt Henry's Gesetz (siehe Kasten 4.11).
Es sei an dieser Stelle der Vollständigkeit halber auch nochmals an die Begriffe **kompatibel** und **inkompatibel** erinnert (siehe Abschn. 3.9.2.3), die angeben, ob ein Element in einem gegebenen chemischen System eher in Minerale (D > 1) oder in die Schmelze (D < 1) partitioniert. Man beachte, dass ein in Basalten inkompatibles Element wie Kalium oder Rubidium in Rhyolithen sehr kompatibel sein kann!

Der **Gesamtverteilungskoeffizient** („*bulk distribution coefficient*") D_{bulk} schließlich gibt die Verteilung zwischen einer Schmelze und mehreren aus ihr kristallisierenden Festphasen an, die alle dasselbe Spurenelement einbauen. Hier gilt wieder Henry's Gesetz (Kasten 4.11) und daher ist D_{bulk} nur für Spurenelemente anwendbar. Er berechnet sich durch die gewichtete Aufsummierung der Verteilungskoeffizienten der verschiedenen Phasen. Für Ni in einer basaltischen Schmelze, aus der Olivin, Klinopyroxen und Magnetit ausfallen, gilt z. B.:

Kasten 4.13 Diskriminations-Diagramme

Durch die Analyse von tausenden von Proben von Gesteinen aus bekannten tektonischen Zusammenhängen konnte man Spurenelementcharakteristika magmatischer Gesteine mit tektonischen Prozessen in Verbindung bringen (siehe auch Kasten 4.14). Dies führte zu einer Reihe von Diskriminationsdiagrammen, in die Spurenelementkon-

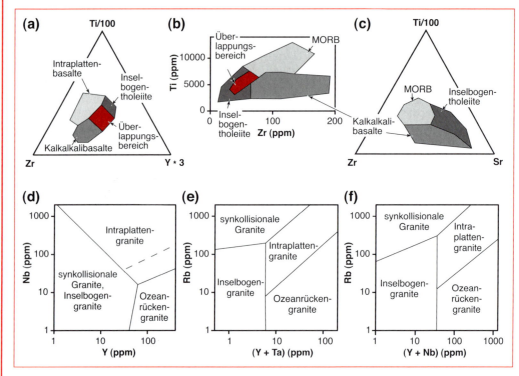

4.49 Einige häufig verwendete so genannte „Pearce-Diagramme". Diese chemischen Klassifikationsdiagramme dienen dazu, anhand charakteristischer Elementgehalte tektonische Rahmenbedingungen bei der Bildung von Basalten (a–c) oder Graniten (d–e) zu bestimmen. Nach Pearce & Cann (1973) und Pearce et al. (1984).

$$D_{bulk} = X_{Ol} \cdot D_{Ol} + X_{Cpx} \cdot D_{Cpx} + X_{Mt} \cdot D_{Mt},$$

wobei X_i die Molenbrüche der kristallisierenden Phasen sind, D_i deren Verteilungskoeffizienten.
Im Englischen gibt es weiterhin die Unterscheidung zwischen dem „*partition coefficient*", von dem wir hier bislang gesprochen haben, und dem „*distribution coefficient*", was beides im Deutschen als Verteilungskoeffizient bezeichnet (und in vielen englischen Publikationen auch herzhaft durcheinander geschmissen) wird. Der K_D ist der „*distribution coefficient*", der auch für Elemente angewendet wird, die Henry's Gesetz (Kasten 4.11) nicht mehr gehorchen, da sie nicht nur in Spuren, sondern in höheren Konzentrationen in einer Schmelze vorhanden sind. Für die Verteilung von Eisen und Magnesium zwischen Olivin und Schmelze gilt beispielsweise

$$K_{D_{Fe-Mg}}^{Olivin-Schmelze} = \frac{\left(\frac{X_{Mg}}{X_{Fe}}\right)_{Schmelze}}{\left(\frac{X_{Mg}}{X_{Fe}}\right)_{Olivin}},$$

zentrationen bzw. –Verhältnisse von Gesamtgesteinsanalysen magmatischer Gesteine hineingeplottet werden und die dann zumindest Hinweise auf ihre tektonische Herkunft geben. Die wichtigsten sind in Abb. 4.49 wiedergegeben. Es sei allerdings an dieser Stelle ein Wort der Vorsicht angefügt: Die Tatsache, dass beispielsweise etwa 70 % aller damals analysierter Ozeaninselbasalte in das umrandete OIB-Feld fallen, heißt automatisch auch, dass etwa 30 % nicht in dieses Feld fallen. Man sollte also mit der Interpretation solcher Diagramme und dem unkritischen Übernehmen der Aussagen der kleinen Feldchen sehr zurückhaltend sein. Zusätzliche Komplikationen können dadurch entstehen, dass sekundäre Alteration ja auch einmal Spurenelement-Konzentrationen und –Verhältnisse verändern kann, und dass manche Gesteine, insbesondere granitische Magmen, ja älteres Material „recyceln". Dies schmälert die Brauchbarkeit von Gesamtgesteinsanalysen sehr – insbesondere, wenn man keine Kontrolldünnschliffe angefertigt hat, um Alterationsphänomene zu erkennen und abzuschätzen.

Ähnliche Diskriminationsdiagramme wurden übrigens auch zur Unterscheidung von Tonsteinen, Arkosen und Grauwacken aus unterschiedlichen Ablagerungsmilieus erstellt. Ein Beispiel dafür ist in Abb. 4.50 gezeigt.

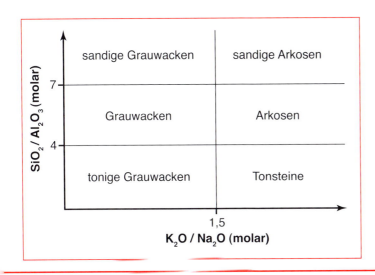

4.50 Chemisches Klassifikationsdiagramm für einige klastische Sedimente nach Wımmenauer (1984).

wobei X_i der Molenbruch des Elements i ist, der hier anstelle der eigentlich thermodynamisch korrekten Aktivität eingesetzt wird. Der Wert dieses Verteilungskoeffizienten ist für basaltische Schmelzen relativ temperaturunabhängig und liegt bei etwa 0,3. Es ist eindeutig, dass hier die Fe-Mg-Verteilung zwischen Olivin und Schmelze von der Schmelzzusammensetzung abhängig ist. Auch das bei der Granat-Biotit-Thermometrie wichtige Verhältnis von $(Mg/Fe)_{Granat}$ zu $(Mg/Fe)_{Biotit}$ (siehe Kasten 2.14) ist in diesem Zusammenhang zu erwähnen, doch ist dieses Verhältnis temperaturabhängig (weswegen es ja für die Thermometrie verwendet wird!). Tatsächlich kann man Verteilungskoeffizienten natürlich auch weiter fassen, denn Elemente können sich nicht nur zwischen Festphase und Schmelze verteilen, sondern zwischen jeder beliebigen Phasenkombination: Festphase-Festphase, Fluid-Festphase, Schmelze-Fluid usw. Deshalb ist es wichtig, immer klar zu definieren, von welchen Phasen man spricht.

Welche Art von Verteilungskoeffizient für eine gegebene Fragestellung besonders nützlich ist,

Kasten 4.14 Typische Spurenelementmuster von Subduktionszonenschmelzen

Sehr viele Schmelzen aus Vulkanen über Subduktionszonen haben einige typische Spurenelement-Kennzeichen, die es erlauben, auch in Paläo-Vulkaniten eine tektonische Zuordnung festzustellen (Abb. 4.51). Insbesondere die relativen Verarmungen an Titan, Niob und Tantal (bisweilen als negative **Nb-, Ta- bzw. Ti-Anomalie** bezeichnet) sind sehr charakteristisch. Dies beruht nach experimentellen Ergebnissen wohl einerseits darauf, dass Rutil in der Quelle dieser Magmen stabil ist, der neben Ti auch Ta und Nb bevorzugt einbaut. Da Rutil sehr **refraktär** ist, also nicht leicht aufschmilzt, hält er diese Elemente bei partiellen Schmelzvorgängen zurück. Andererseits sind HFSE in Hochdruckfluiden, wie sie für Subduktionszonen typisch und für Elementtransport und Schmelzbildung wichtig sind, generell schlechter löslich als LILE, sodass hier ein zweiter Grund für ihre relative Verarmung vorliegt. Neben anderen Prozessen ergeben insbesondere diese Faktoren die für Subduktionszonenmagmatite charakteristischen Spurenelementmuster.

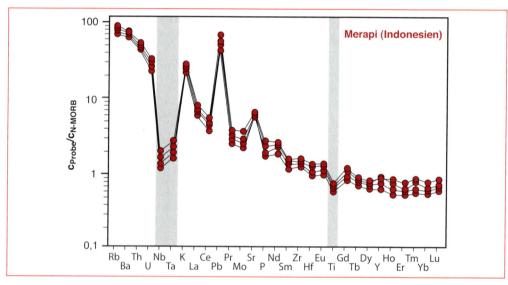

4.51 Typische, über N-MORB normierte Spurenelement-Muster von Inselbogen-Vulkaniten vom Merapi in Indonesien. Nach Gertisser & Keller (2003).

hängt natürlich davon ab, welches System man betrachtet. Für das Verständnis der Elementkonzentrationen in vulkanischen Fumarolengasen ist offenbar der Koeffizient zwischen Fluid oder Gas und Schmelze besonders interessant, wobei man zunächst mittels des Verteilungskoeffizienten zwischen Schmelze und Festphase untersuchen muss, wie viel eines bestimmten Elementes überhaupt von der Quellregion bis in die subvulkanische Magmenkammer in der Schmelze erhalten bleibt und wie viel vorher in Minerale eingebaut wird. Solche Betrachtungen spielen aufgrund ihrer Klimarelevanz eine große Rolle für Schwefel- und Halogenverbindungen (Abb. 4.52).

Kasten 4.15 Das Cl/Br-Verhältnis

Aus eindampfendem Meerwasser in einer vom Meer abgetrennten Lagune fällt ab einer bestimmten Salinität zunächst Gips und dann Halit aus, wie es den Löslichkeitsprodukten dieser Minerale entspricht. Neben H_2O, $CaSO_4$ und $NaCl$ enthält Meerwasser auch noch geringe Mengen an Br (siehe Tabelle 4.9), das Cl/Br-Verhältnis (nach Gew.-%) in Meerwasser ist 288. Solange keine Festphase ausfällt, ändert sich das Cl-Br-Verhältnis bei der Eindampfung nicht. Auch bei der Ausfällung von Gips, der weder Cl noch Br einbaut, bleibt es konstant (Abb. 4.53). Da aber der Verteilungskoeffizient D_{Cl} zwischen Halit und Meerwasser größer als D_{Br} zwischen Halit und Meerwasser ist, reichert sich Br im residualen, eindampfenden Meerwasser relativ zu Cl sukzessive an, sobald Halit ausfällt, Cl/Br sinkt also. Da für Sylvin die Verteilungskoeffizienten anders sind, knickt dieser Trend ab, sobald Sylvin ausfällt, während Sulfat-Phasen das Cl/Br-Verhältnis kaum beeinflussen. Man kann daher aus dem Cl/Br-Verhältnis von Salzen auf die eingedampfte Meerwasserfraktion zurückschließen. Umgekehrt gibt das Cl/Br-Verhältnis z. B. in Flüssigkeitseinschlüssen (Abschn. 2.5.10) Aufschluss darüber, ob man ehemaliges Meerwasser (Cl/Br um 288), eingedampftes Meerwasser (Cl/Br < 288) oder ein Fluid vor sich hat, das Steinsalz aufgelöst hat (Cl/Br > 288). Dies ist besonders nützlich, da bislang kaum metamorphe oder hydrothermale Prozesse bekannt sind, die Cl von Br fraktionieren, und man somit durch diese Prozesse auf die ursprüngliche Quelle der an ihnen beteiligten Fluide"hindurchsehen" kann. Lediglich im Bereich hydrothermaler Fluide an mittelozeanischen Rücken sind größere Cl-Br-Variationen bekannt, die z. T. auch mit der Cl-Isotopie der Wässer korrelieren (Abb. 4.115).

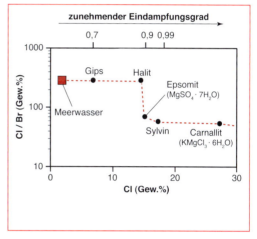

4.53 Veränderung des Cl/Br-Verhältnisses von eindampfendem Meerwasser bei der Ausfällung charakteristischer Salzminerale nach Banks et al. (2000). Die rote Linie ist die Meerwasserevaporationslinie nach Fontes & Matray (1993).

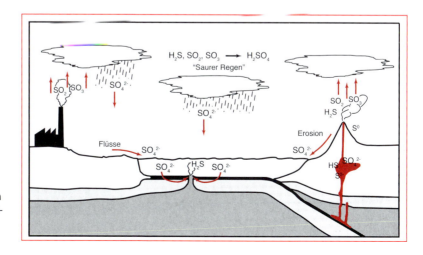

4.52 Der qualitative Schwefelkreislauf. Man beachte die verschiedenen Oxidationsstufen des Schwefels.

Verteilungskoeffizienten zwischen Fluid und Festphase sind besonders wichtig, um Lösungs- und Fällungsreaktionen in tieftemperierten oder hydrothermalen Fluiden zu verstehen. Wie Kasten 4.15 und 4.16 zeigen, können dies z. B. für lagerstättengenetische, paläozeanographische oder sedimentologische Fragestellungen wichtige Parameter sein.

Verteilungskoeffizienten werden klassicherweise nach zwei Methoden bestimmt: Entweder misst man in natürlichen Proben die Gehalte in zwei koexistierenden Phasen, oder man macht Experimente. Schmelz-Festphasen-Verteilungskoeffizienten werden üblicherweise an glasförmig erstarrten Vulkaniten mit Einsprenglingskristallen bestimmt – aber waren

Kasten 4.16   Zonierte Fluorite in hydrothermalen Erzgängen

Viele Fluorite aus hydrothermalen Erzgängen oder Pegmatiten zeigen auffällige Zonierungen (Abb. 4.54), die auf den unterschiedlichen Einbau von Spurenelementen und insbesondere von REE zurückgehen. Misst man die Konzentrationen solcher Spurenelemente ortsaufgelöst entlang eines Profils senkrecht zu den Zonen (Abb. 4.54) mittels LA-ICP-MS (Abschn. 2.5.7), so zeigt sich in manchen Fluoriten ein stetig ansteigender Trend vom Kern zum Rand. Da der Verteilungskoeffizient D_{REE} zwischen Fluorit und Fluid kleiner 1 ist, reichern sich die REE im Restfluid an und später gebildete Fluoritzonen enthalten damit ebenfalls höhere REE-Gehalte. Die Untersuchung solcher Zonierungsmuster erlaubt also Rückschlüsse darauf, ob sie in einem geschlossenen System gebildet wurden oder nicht, und man sieht sehr deutlich, wenn ein erneuter Fluidpuls mit anderer Spurenelementzusammensetzung die Kristallzusammensetzung verändert.

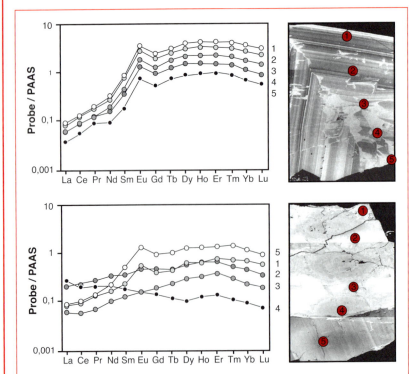

4.54 Typische, auf PAAS normierte SEE-Muster von unterschiedlich zonierten hydrothermalen Fluoriten aus dem Schwarzwald. Rechts sind Kathodolumineszenz-Bilder der mittels LA-ICP-MS untersuchten Kristalle abgebildet. Nach Schwinn & Markl (2005).

die wirklich im Gleichgewicht miteinander? Experimente bringen meist sehr kleine Kristalle hervor, in denen relativ hohe Konzentrationen der interessanten Spurenelemente eingebaut werden müssen, um sie mit kleinem Fehler messen zu können – dann ist aber unter Umständen der Bereich von Henry's Gesetz (Kasten 4.11) überschritten. Es ist somit nicht ganz einfach, Verteilungskoeffizienten zweifelsfrei zu bestimmen, und somit versucht man seit langem, dieses Problem theoretisch, mittels thermodynamischer Modelle, anzugehen. Solche Modelle heißen „*lattice strain models*", was übersetzt etwa **Gitterspannungsmodelle** bedeutet. Wie dieser Begriff schon andeutet, ist die wichtigste Voraussetzung dieser Modelle der Gedanke, dass ausschließlich die Elastizität eines Kristallgitters (definiert durch ein so genanntes Elastizitätsmodul E) und nicht etwa die Schmelzzusammensetzung bestimmt, wie gut ein Spurenelement eingebaut wird. Daneben spielen natürlich noch Ionengröße, Ionenladung und die Größe des Gitterplatzes, auf den das Element eingebaut wird, eine Rolle. Andere externe Parameter wie Druck und Temperatur gehen über die p- und T-Abhängigkeit der Elastizitätsmodule in diese Betrachtung ein. Mathematisch ausgedrückt: Der Verteilungskoeffizient D ist eine Funktion von Ionengröße, Ionenladung, Gitterplatzgröße und Elastizitätsmodul des Kristalls, welche selbst wiederum abhängig von p und T sind (Abb. 4.55).

Das Schöne an einem solchen Modell ist, dass man mit relativ wenigen Parametern und recht

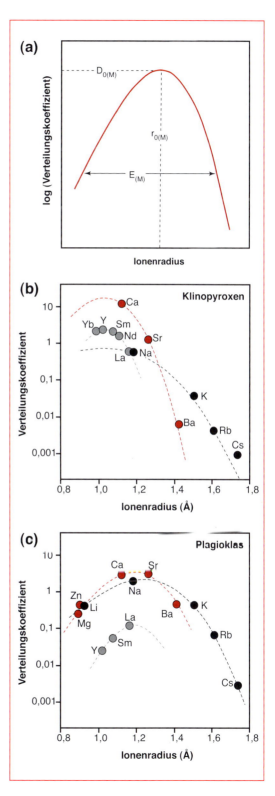

4.55 Das Modell zur Bestimmung von Verteilungskoeffizienten aus Kristallparametern. (a) zeigt die wichtigen Parameter und ihre Wirkung in einem Diagramm von Verteilungskoeffizient gegen Ionenradius. $E_{(M)}$ ist das Elastizitätsmodul eines Minerals, $D_{0(M)}$ der Verteilungskoeffizient eines (möglicherweise hypothetischen) Elements, dessen Ion exakt den Radius des betrachteten Gitterplatzes hat und $r_{0(M)}$ die Größe des betrachteten Gitterplatzes. (b) und (c) sind konkrete, aus Experimenten gewonnene Daten für Klinopyroxen und Plagioklas. Nach Blundy & Wood (1994; 2003).

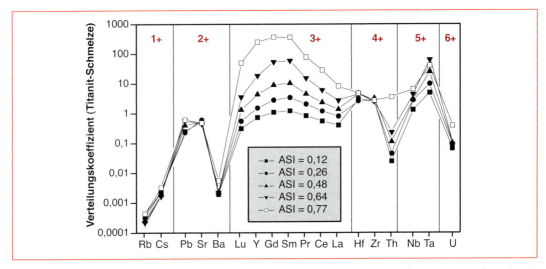

4.56 Im Gegensatz zu Abb. 4.55 zeigt diese Darstellung der Verteilungskoeffizienten zwischen Titanit und Schmelze, dass die Schmelzzusammensetzung – hier ausgedrückt durch den Aluminium-Sättigungs-Index ASI (molares Al_2O_3/molare Gehalte an Alkali- und Erdalkalimetallen) – sehr wohl einen Einfluss auf die Verteilung von Elementen zwischen Kristallen und Schmelze haben kann. Nach Prowatke & Klemme (2005).

einfachen Messungen an heute vorliegenden Kristallen für eine Vielzahl von Elementen (und nicht nur Spurenelementen!) die Zusammensetzung der Schmelze rekonstruieren kann, die mit diesen Kristallen einmal im Gleichgewicht war. Allerdings muss man vorsichtig sein: Der Ansatz, dass die Schmelzzusammensetzung keine Rolle spielt, stellt wohl in vielen Fällen eine zu starke Vereinfachung dar, und das Verhalten mancher Elemente wie z. B. Ni oder Al lässt sich auf diese Weise einfach nicht beschreiben – es ist komplexer, als das Modell es erlaubt. So zeigen neuere Experimente z. B. deutlich, dass der Einbau von Spurenelementen in Titanit – bei identischer Hauptelementzusammensetzung des Titanits – je nach Schmelzzusammensetzung sehr unterschiedlich sein kann (Abb. 4.56 und 4.57). Ins-

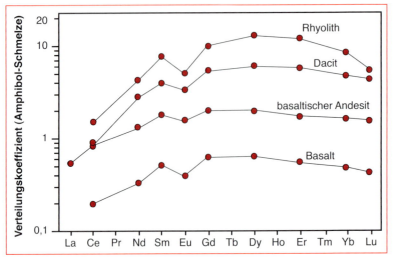

4.57 Der Verteilungskoeffizient zwischen Amphibol und Schmelze für Selten-Erd-Metalle in verschieden zusammengesetzten Schmelzen. Diese Abbildung sagt aus, dass Amphibole aus Rhyolithen höhere SEE-Konzentrationen haben als solche aus anderen Vulkaniten, selbst wenn der SEE-Anfangsgehalt in den verschiedenen Schmelzen identisch war. Verändert nach Rollinson (1993).

besondere scheint das Alkalien/Aluminium-Verhältnis eine große Rolle zu spielen, da es ein gutes Maß für den **Polymerisationsgrad** der Schmelze ist, der wiederum die Löslichkeitseigenschaften beeinflusst.

4.6.3 Die Quantifizierung der Elementverteilung bei Schmelz- und Kristallisationsprozessen

Bisher haben wir beliebig einfache Systeme betrachtet, in denen ein Mineral mit einer Schmelze oder einem Fluid im Gleichgewicht stand und in denen man ein Element verteilte. Dies ist natürlich nur ein winziger Ausschnitt eines natürlichen Systems, in dem z. B. mehrere Minerale in verschiedenen Proportionen aus einer Schmelze kristallisieren, während ein Fluid entmischt wird und die Verteilungskoeffizienten sich konzentrationsabhängig ändern. Die quantitative Behandlung eines derartigen realen Systems werden wir innerhalb dieses Einführungslehrbuchs nicht versuchen, dennoch wird dieses Abschnitt der quantitativen Behandlung etwas komplexerer Systeme gewidmet sein.

4.6.3.1 Gleichgewichtskristallisation

Wir betrachten eine Schmelze, aus der gleichzeitig (kotektisch) drei Festphasen auskristallisieren, also z. B. eine Basaltschmelze im Gleichgewicht mit Klinopyroxen (Cpx), Plagioklas (Plag) und Olivin (Ol), und die während des gesamten Kristallisationsprozesses im Gleichgewicht mit diesen Phasen steht (siehe auch Abschn. 3.9.2.1). Ein Element wie Zr wird in alle drei Minerale partitionieren, aber natürlich unterschiedlich: in Olivin und Plagioklas extrem wenig, in Klinopyroxen ein wenig mehr. Damit muss man, um die Gesamtbilanz dieses Elementes zu quantifizieren und seine Konzentrationsentwicklung während der Kristallisation zu verfolgen, alle drei Verteilungskoeffizienten zu einem **Gesamtverteilungskoeffizienten** zusammenführen:

$$D^{Zr}_{ges} = c^{Zr}_{alle\ Minerale}/c^{Zr}_{Gesamtschmelze}$$
$$= X_{Cpx} \cdot D^{Zr}_{Cpx} + X_{Plag} \cdot D^{Zr}_{Plag} + X_{Ol} \cdot D^{Zr}_{Ol},$$

wobei $X_{Mineral}$ der Anteil des Minerals an der Gesamtkristallmasse ist und $D^{Zr}_{Mineral}$ der schon bekannte Einzelverteilungskoeffizient. Möchte man nun die Konzentration eines Elementes in der Gesamtschmelze (im Folgenden c_L genannt) während der Kristallisation dieses Gesteins verfolgen, so ergibt sich zu einem beliebigen Zeitpunkt:

$$c_L = 1/L \cdot (c_0 \cdot L_0 - c_{alle\ Minerale} \cdot M_{alle\ Minerale}) =$$
$$1/L \cdot (c_0 \cdot L_0 - c_L \cdot D_{ges} \cdot M_{Kristalle}).$$

Hierbei ist L die zum beliebigen Zeitpunkt noch vorhandene Restschmelze, in der das Element die Konzentration c_L hat, L_0 und c_0 das Gleiche für den Anfangszeitpunkt der Kristallisation, D_{ges} der Gesamtverteilungskoeffizient für das betrachtete Element und $M_{Kristalle}$ die Gesamtmasse der bislang ausgefallenen Kristalle.

Es hat sich gezeigt, dass es nicht sinnvoll ist, von einem Zeitpunkt zu sprechen – denn dies würde kinetische Betrachtungen über Kristallisationsgeschwindigkeiten erfordern, die hier nicht gefragt und nur schwer zu ermitteln sind –, sondern einen **Anteil von noch nicht kristallisierter Schmelze F** zu definieren, der von 0 bis 1 variiert: F = 1 bedeutet, dass nichts kristallisiert ist, F = 0 bedeutet, dass alles kristallisiert und die Schmelze verbraucht ist. Da $L+M_{Kristalle}$ gleich der Masse des Gesamtsystems M_{gesamt} ist, kann man folgendes formulieren:
$F \cdot L + (1 - F)M_{Kristalle} = M_{gesamt} = L + M_{Kristalle}$.
Daraus ergibt sich durch Umformung:

$$(F - 1) \cdot L = F \cdot M_{Kristalle}$$

Durch Verknüpfung mit der obigen Gleichung erhält man die wichtige Beziehung

$$C_L = \frac{C_0}{F + D_{ges}(1-F)}.$$

Entsprechend ergibt sich für die Konzentration des Elementes in den ausgefallenen Kristallen, c_S,

$$C_S = \frac{C_0 D_{ges}}{F + D_{ges}(1-F)}.$$

Gemäß dieser Formel kann für die so genannte „batch crystallization", wie die Gleichgewichtskristallisation bisweilen im Englischen genannt wird, die Entwicklung der Elementkonzentrationen leicht errechnet werden (Abb. 4.58), allerdings unter den in der Natur nur selten bis nie erfüllten Voraussetzungen, dass der Anteil der kristallisierenden Minerale am Gesamtkristallisat während des gesamten Kristallisationsvorganges konstant bleibt, dass sich die D-Werte nicht mit Druck, Temperatur und Konzentration ändern, und dass wirklich immer Gleich-

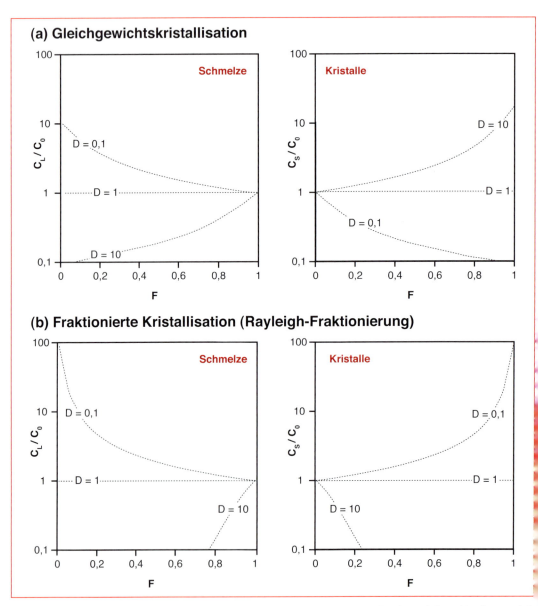

4.58 Die Veränderung der Konzentration eines Elementes in der Schmelze (a und c) und in den ausfallenden Kristallen (b und d) mit zunehmender Kristallisation F und bei Gleichgewichts- (a und b) oder fraktionierter Kristallisation (c und d). Gezeigt sind verschiedene Szenarien für verschiedene Verteilungskoeffizienten D.

gewicht zwischen Kristallen und Schmelze herrscht. Übrigens können mit derselben Formel auch **Gleichgewichtsaufschmelzprozesse** (im Englischen „*batch melting*") modelliert werden. So kann man berechnen, welche Gehalte eines Spurenelementes in einer Schmelze anzutreffen sind, wenn der Aufschmelzgrad variiert und die Konzentrationen in der Quelle bzw. im Residuum, also für Basaltschmelzen z. B. in Peridotiten und Harzburgiten, bekannt sind.

4.6.3.2 Fraktionierte Kristallisation

Beseitigen wir eine der oben genannten Unwahrscheinlichkeiten, nämlich die fortwährende Einstellung von Gleichgewicht im Gesamtsystem, so kommen wir zur fraktionierten Kristallisation (siehe auch Abschn. 3.9.2.1), die nach dem ersten Wissenschaftler, der sie theoretisch durchdacht hat, auch **Rayleigh-Fraktionierung** genannt wird. Ohne dies hier im Detail herzuleiten, sei festgestellt, dass im Fall der fraktionierten Kristallisation gilt:

$$C_L = C_0 F^{D_{ges}-1} \text{ und } C_S = C_0 D_{ges} F^{D_{ges}-1}$$

Die Buchstaben haben dieselben Bedeutungen wie im vorigen Abschnitt, c_0 ist die Anfangskonzentration in der Schmelze und c_S ist hier die Konzentration in einem Kristall zu dem Zeitpunkt, in dem er kristallisiert. Interessiert man sich für die Durchschnittskonzentration eines Elements in allen bislang ausgefallenen Kristallen, so gilt:

$$C_S = C_0(1 - F)^{D_{ges}-1}$$

Da der Verteilungskoeffizient nun nicht mehr als Faktor, sondern als Hochzahl eingeht, verändern sich die Konzentrationen von Spurenelementen – in Übereinstimmung mit dem in Abschnitt 3.9.2.1 bereits Gesagten – viel schneller als während der Gleichgewichtskristallisation (Abb. 4.58). Auch hier gilt übrigens wieder, dass ähnliche Formeln für Rayleigh-Aufschmelzprozesse herangezogen werden können. Ebenso treten Rayleigh-Fraktionierungsprozesse auch bei **Isotopen** auf (siehe Abschn. 4.7.3.1). Kasten 4.17 erklärt, wie man mithilfe von Verteilungskoeffizienten die chemischen Prozesse bei der Kristallisation eines Magmas nachvollziehen kann.

4.6.4 Die Seltenen Erden

Die Selten-Erd-Elemente (SEE oder REE, von *Rare Earth Elements*) sind eine chemisch äußerst homogene Gruppe von Elementen, die in der Geochemie in vielfältiger Hinsicht von großer Bedeutung sind. Da sie dem Normalbürger weithin unbekannt sind (obwohl sie ihn im Alltag z. B. in seinem Fernseher oder in Feuerzeugen täglich umgeben), sind sie in Tabelle 4.12 mit ihren wichtigsten Eigenschaften aufgelistet. Häufig wird in den Geowissenschaften (und auch in diesem Buch) der Begriff **Selten-Erd-Elemente** synonym für die **Lanthaniden** verwendet, die dem Lanthan im Periodensystem folgen, doch ist dies streng chemisch-nomenklatorisch nicht korrekt, da die Lanthaniden nur einen Teil der REE ausmachen, zu denen auch noch Scandium (Sc) und Yttrium (Y) gehören. Letzteres wird aufgrund seiner sehr ähnlichen Ionengröße und chemischen Eigenschaften häufig bei der Betrachtung der REE mit hinzugenommen und entsprechend seiner Ionengröße zwischen Dy und Ho eingereiht. Dagegen verhält sich Sc geochemisch unterschiedlich und wird daher in diesem Zusammenhang normalerweise nicht betrachtet. Hier unterscheiden sich der chemische und der geochemische Sprachgebrauch also etwas. Im Folgenden und im Vorangegangenen sind mit REE immer die 15 Lanthaniden gemeint, von denen allerdings nur 14 in der Natur vorkommen (Pm ist radioaktiv mit kurzer Halbwertszeit und daher schon ausgestorben).

Die chemische Ähnlichkeit von Y mit den REE beruht auf ihrer sehr ähnlichen **Ionengröße** (Tabelle 4.12) und ihrer identischen **Konfiguration der Außenelektronen**. Sie alle haben gefüllte s-, p- und d-Schalen und füllen nach und nach die f-Unterschalen auf, wobei die äußerste f-Unterschale immer zwei Elektronen enthält,

Kasten 4.17 Die Rekonstruktion der Entwicklung eines kristallisierenden Magmas

Es ist prinzipiell möglich, die Entwicklung eines kristallisierenden Magmas quantitativ nachzuvollziehen, wenn man die Endzusammensetzung des abgekühlten Plutons, Ganges oder Lagerganges kennt und heute beproben kann. Dabei spielen sowohl Verteilungskoeffizienten, als auch phasenpetrologische Ansätze (aus welcher Schmelzzusammensetzung kristallisieren bei den gegebenen Drucken und Temperaturen welche Minerale?) und die Aufsummierung von Kumulathorizonten eine Rolle. Man geht dann von einer Anfangsschmelzzusammensetzung aus (die man z.B. aus der Analyse eines abgeschreckten Randes der Intrusion bestimmt hat, oder die in assoziierten Gängen

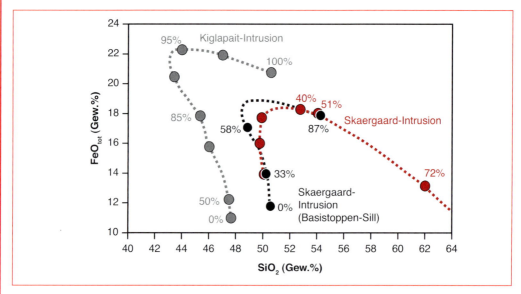

4.59 Die Entwicklung des Eisen- und des Siliziumoxidgehaltes von Schmelzen während der fraktionierten Kristallisation in drei verschiedenen Intrusionen, nämlich der Kiglapait-Intrusion in Labrador (nach Morse, 1981), in der Skaergaard-Intrusion in Ostgrönland (nach Hunter & Sparks, 1987, siehe auch Kasten 3.25) und im Basistoppen-Sill der Skaergaard-Intrusion (nach Naslund, 1989). Die Prozentzahlen geben den Anteil an bereits auskristallisierter Schmelze an. Mit zunehmender Fraktionierung zeigen alle drei Schmelzen einen starken Anstieg des Eisengehaltes bei konstantem bis leicht abnehmendem SiO_2-Gehalt. Dies wird als **Fenner-Trend** bezeichnet.

die mittlere acht oder neun. Eine stabile Unterschalenbesetzung erreichen alle REE in Form ihrer dreiwertigen Kationen, in denen die mittlere Unterschale mit acht Elektronen besetzt und die äußere leer ist. Als Besonderheit kann Cer bei extrem oxidierenden Bedingungen (vornehmlich bei tiefen Temperaturen) vierwertiges Ce^{4+} bilden, Europium bei reduzierenden Bedingungen Eu^{2+}. Alle anderen REE liegen ausschließlich als dreiwertige Kationen vor.

Die Häufigkeiten der REE variieren generell über etwa zwei Größenordnungen von den häufigeren leichten (LREE) zu den selteneren schweren REE (HREE, von *heavy REE*) (siehe dazu auch Tabelle 4.12). Selbst die seltenste Seltene Erde, Thulium, ist allerdings in der Kruste noch häufiger als Gold oder Platin – der Name „Seltene Erden" ist also nicht sehr glücklich gewählt. Sie stammt noch aus der Zeit ihrer Entdeckung und beruht darauf, dass sie nur in selder Umgebung vorliegt und plausibel erscheint), berechnet dann, welche Minerale welcher Zusammensetzung daraus ausfallen würden, wie sich das mit den beobachteten Mengenverhältnissen vergleicht, wie die Haupt- und Spurenelementkonzentrationen der Schmelze sich dadurch verändern, und beginnt dann von neuem. Durch den stetigen Abgleich mit den natürlichen Gesteinen kann man überprüfen, ob die theoretisch berechnete Kristallisationsabfolge und Änderung der Schmelzzusammensetzung auch tatsächlich so abgelaufen ist. Dies wurde an verschiedenen Beispielen im Detail studiert, wobei das berühmteste sicher die (noch immer heftig diskutierte) **Skaergaard-Intrusion** in Ostgrönland ist (s. Kasten 3.25). Hier wurden z. B. die in Abb. 4.59 abgebildeten Trends rekonstruiert. Auch die **Kiglapait-Intrusion** in Labrador wurde so untersucht (Abb. 4.59). In anderen Fällen wurde lediglich die Änderung der Schmelzzusammensetzung während der Kristallisation untersucht, z. B. an dem vor den Toren New Yorks gelegenen basaltischen **Palisades Sill** (Abb. 4.60). Hier zeigte sich ganz klar, dass die Kumulatbildung von unten und der Fortschritt der Kristallisationsfront von oben zur Bildung eines an inkompatiblen Elementen (z. B. Th) reichen Restschmelzepools im oberen Drittel einer Magmenkammer bzw. eines Ganges geführt haben, während sich die kompatiblen Elemente (z. B. Cr) am Boden und am Dach besonders angereichert haben. Die dort abgebildeten Elementprofile kann man mit Abb. 4.58 vergleichen, um sich einen Eindruck von realen gegenüber den theoretisch berechneten Systemen zu verschaffen.

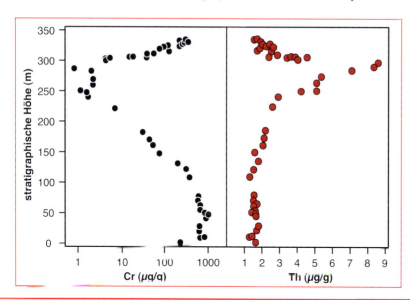

4.60 Cr- und Th-Gehalte im Palisades Sill vor den Toren von New York City, aufgetragen gegen die stratigraphische Position innerhalb dieses 350 m mächtigen Lagerganges. Nach Shirley (1987).

tenen Mineralen angereichert sind und in den normalen kleinen Konzentrationen, in denen sie in anderen Mineralen oder in Gesteinen vorkommen, damals nicht nachweisbar waren. Der Begriff „Erden" bedeutete damals übrigens nichts anderes als Oxide, in welcher Form sie zunächst rein dargestellt wurden – als Metalle wurden sie erst später erkannt.
Nach der in Abschnitt 4.2 besprochenen Entstehung der Elemente verwundert es nicht, dass die Häufigkeiten zickzackförmig variieren (Abb. 4.61), REE mit geraden Ordnungszahlen sind häufiger als solche mit ungeraden Ordnungszahlen – dies ist ein Grund dafür, dass REE-Gehalte praktisch immer über die **chondritische Zusammensetzung** normiert werden (Abb. 4.61).
Trotz ihrer chemischen Ähnlichkeit reagieren die einzelnen REE doch ein klein wenig unterschiedlich, was hauptsächlich mit ihrem Mas-

Tabelle 4.12 Die wichtigsten Informationen zu den Selten-Erd-Elementen und Yttrium.

Element	Symbol und Ionenladung	Ionengröße (pm) bei 8-facher Koordination	Atommasse (u)	Chondritische Häufigkeit (McDonough & Sun, 1995)
Lanthan	La^{3+}	116	138,91	0,237
Cer	Ce^{3+}	114	140,12	0,613
	Ce^{4+}	97		
Praseodym	Pr^{3+}	113	140,91	0,093
Neodym	Nd^{3+}	111	144,24	0,457
Promethium	Pm^{3+}	109	146,92	
Samarium	Sm^{3+}	108	150,36	0,148
Europium	Eu^{2+}	125	151,96	0,056
	Eu^{3+}	107		
Gadolinium	Gd^{3+}	105	157,25	0,199
Terbium	Tb^{3+}	104	158,93	0,036
Dysprosium	Dy^{3+}	103	162,50	0,246
Holmium	Ho^{3+}	102	164,93	0,055
Erbium	Er^{3+}	100	167,26	0,160
Thulium	Tm^{3+}	99	168,93	0,025
Ytterbium	Yb^{3+}	99	173,04	0,161
Lutetium	Lu^{3+}	98	174,97	0,025
Yttrium	Y^{3+}	102	88,91	1,57

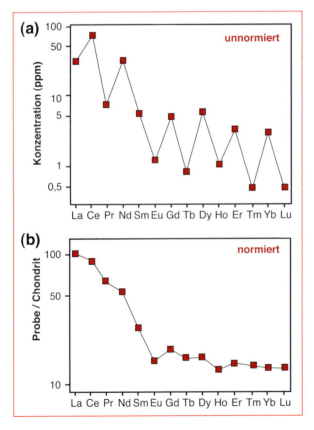

4.61 Unnormiertes (a) und auf chondritische Gehalte normiertes (b) REE-Muster eines durchschnittlichen nordatlantischen Meeresbodentons.

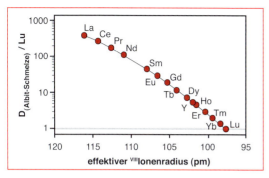

4.62 Veränderung des Verteilungskoeffizienten zwischen Albit und albitischer Schmelze für die REE. Das Diagramm ist über Lu normiert. ^{VIII}Ionenradius bedeutet Ionenradius für achtfache Koordination.

seunterschied und ihren geringfügig unterschiedlichen Ionengrößen zusammenhängt (was als **Lanthanidenkontraktion** bezeichnet wird). So wurde in Kasten 4.16 bereits die unterschiedliche Komplexstabilität in hydrothermalen Lösungen angesprochen, und in Abb. 4.62 sieht man, dass sich die Verteilungskoeffizienten der REE zwischen Albit und albitischer Schmelze mit der Ordnungszahl kontinuierlich verändern. Solche Veränderungen sind für unterschiedliche Minerale charakteristisch, was mit der unterschiedlichen Gitterplatzgröße in unterschiedlichen Mineralen zusammenhängt – auf manche werden größere, auf andere kleinere Ionen besser eingebaut. Daher kann man durch Vergleich von Seltenerd-Mustern verschiedener Gesteine z. B. innerhalb eines magmatischen Komplexes auf Schmelz- und Kristallisationsvorgänge zurückschließen. **Granat** beispielsweise bevorzugt deutlich die schweren Seltenen Erden (HREE) (Abb. 4.63) – der Verteilungsko-

4.63 REE-Muster, die bei der Fraktionierung von (a) Granat, (b) Apatit und (c) Monazit aus dazitischer, basaltischer und granitischer Schmelze entstehen. Die Kurven, die mit c_S/c_0 markiert sind, zeigen auf die Anfangsgehalte der Schmelze c_0 normierte REE-Muster in Kristallen nach 0,1, 1 und 5 % Kristallisation (bei Monazit entsprechend andere Werte), die mit c_L/c_0 bezeichneten Kurven die der zugehörigen Schmelze. Es ist deutlich zu sehen, dass signifikante Granatfraktionierung eine Verarmung von schweren REE in der Schmelze hervorruft.

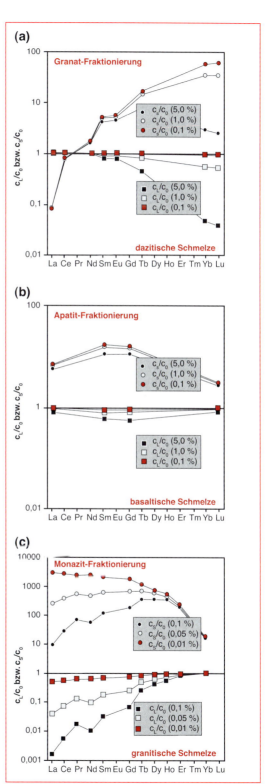

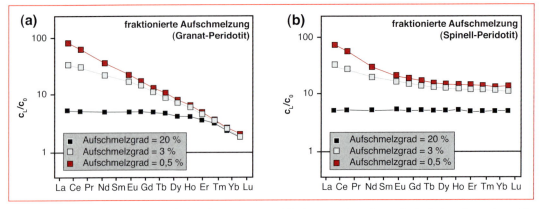

4.64 Bei der fraktionierten Aufschmelzung von Peridotit entstehen je nach Aufschmelzgrad und je nach vorhandener Al-Phase ((a) Granat oder (b) Spinell) sehr unterschiedliche REE-Muster in der Schmelze.

effizient für Lu ist in basaltischen Systemen mehr als 1000-mal größer als der für La. Dadurch verarmt die koexistierende Schmelze massiv an diesen Elementen und es entwickelt sich ein schiefes, nach rechts abfallendes Muster (Abb. 4.63). Da Granat bei krustalen Drucken allerdings nie aus basaltischen Schmelzen ausfällt, ist dies weniger für Kristallisations-, als für Aufschmelzprozesse von Bedeutung: man kann an einem REE-Muster erkennen, ob

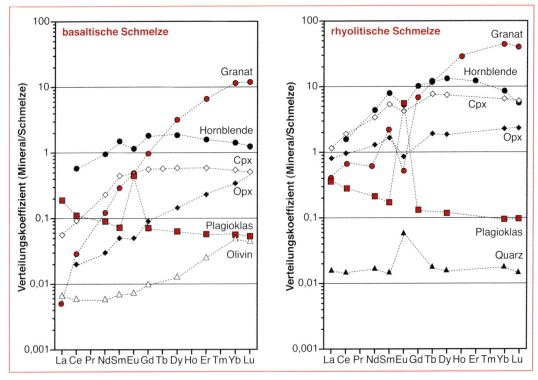

4.65 REE-Verteilungskoeffizienten zwischen wichtigen Mineralen und basaltischen und rhyolithischen Schmelzen. Nach Rollinson (1993).

Granat in der Mantelquelle war, aus dem ein Basalt ausgeschmolzen wurde, da Granat eben die HREE zurückhält und die Schmelze daher an schweren REE (HREE) verarmt ist. Sprich: man kann mit Hilfe der REE unterscheiden, ob ein Basalt aus dem Granat- oder dem Spinell-Peridotit-Stabilitätsfeld stammt. Allerdings gilt dies nur bei relativ kleinen Schmelzgraden (Abb. 4.64).

In felsischen Schmelzen wie Graniten und Syeniten spielen auch nur in geringen Mengen enthaltene Minerale, wie Zirkon, Monazit, Titanit, Rutil, Xenotim, Allanit oder Apatit, eine Rolle, die relativ hohe Konzentrationen von REE einbauen können, da sie hohe Verteilungskoeffizienten bis zu 2000 haben. Abb. 4.63 zeigt den Einfluss von Apatit, der die mittleren REE bevorzugt einbaut, und von Monazit, der die LREE bevorzugt. Im Endeffekt ist es eine reine Massenbilanzfrage: Minerale in geringen Mengen mit hohen REE-Konzentrationen können ähnlich große Effekte auf das REE-Muster haben wie modal häufige Minerale mit geringen REE-Konzentrationen. Wichtige Verteilungskoeffizienten der REE für basaltische und rhyolithische Schmelzen sind in Abb. 4.65 gezeigt.

Neben der Verteilung, Abflachung oder Verbiegung der Seltenerd-Muster gibt es noch zwei weitere Effekte, die im magmatischen Umfeld von Bedeutung sind: die Ce- und die Eu-Anomalien. Da Ce als vierwertiges und Eu als zweiwertiges Ion neben den normalen dreiwertigen REE-Ionen auftreten kann, kommt es in Abhängigkeit vom Ce^{4+}/Ce^{3+}- bzw. vom Eu^{2+}/Eu^{3+}-Verhältnis zu von den anderen REE deutlich abweichenden Verteilungskoeffizienten (Abb. 4.66). Diese Verhältnisse wiederum hängen einzig und allein vom **Redoxzustand** des Systems ab, da oxidierende Bedingungen Ce^{4+} und reduzierende Bedingungen Eu^{2+} begünstigen. In einem f_{O2}-Zusammensetzungs-Diagramm kann man demnach die Verhältnisse konturieren (Abb. 4.66) und darstellen, bei welchen Sauerstoff-Fugazitäten welche Eu^{2+}/Eu^{3+}-Verhältnisse in einer Schmelze zu erwarten sind (vgl. hierzu Abschn. 3.9.2.8).

Es zeigt sich, dass in normalen basaltischen Systemen, deren Redoxzustand um den FMQ-Puffer liegt, bei hohen Temperaturen viel Eu als Eu^{2+} vorliegt. Da dieses deutlich besser in Plagioklas eingebaut wird als Eu^{3+} und die restlichen REE (es kann ohne zusätzlichen Ladungsausgleich Ca^{2+} ersetzen), entsteht in Schmelzen, die viel Plagioklas fraktionieren, eine negative Eu-Anomalie (Abb. 4.67), während der Plagioklas eine positive Anomalie annimmt. Anorthosite sind beispielsweise Gesteine mit großen positiven Europium-Anomalien, während die meisten Granite negative Eu-Anomalien aufweisen. Andere Minerale haben keinen so großen Effekt auf die Eu-Anomalie wie Plagioklas. Wohlgemerkt: In oxidierenden Schmelzen, z. B. in Andesiten, sind häufig keine Eu-Anomalien zu beobachten, da dort Eu überwiegend oder nur in dreiwertiger Form vorliegt, was kaum anstelle von Ca^{2+} eingebaut wird.

In manchen magmatischen Gesteinen werden negative Ce-Anomalien beobachtet, deren Herkunft noch nicht wirklich verstanden ist, da vierwertiges Ce eigentlich ein Niedertemperaturphänomen ist. Allerdings ist bekannt, dass bei magmatischen **Zirkonen** Ce-Anomalien vorkommen können, doch haben diese nie negative, ganz selten keine (z. B. lunare Zirkone und solche aus Meteoriten) und daher typischerweise positive, oft sogar sehr große positive Ce-Anomalien (Abb. 4.66). Obwohl Experimente dazu bislang fehlen, ist die derzeit akzeptierte Interpretation, dass in der Schmelze geringe Spuren von Ce^{4+} vorhanden sind, die dann natürlich wunderbar (und viel besser als das größere Ce^{3+}) ins Kristallgitter von Zirkonen hineinpassen und daher regelrecht „abgesaugt" werden.

Auch bei der Untersuchung von Tieftemperaturphänomenen sind die REE nützlich. In hydrothermalen Lösungen zwischen 100 und 500 °C können sich ebenfalls positive oder negative Europium-Anomalien bilden und somit Rückschlüsse auf Kristallisationsprozesse zulassen. Sehr ausgeprägt negative Europium-Anomalien bilden sich z. B. in hochfraktionierten Restschmelzen mit vorheriger Plagioklas-

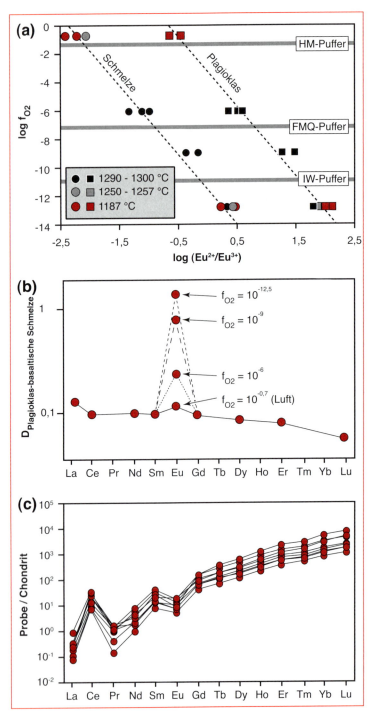

4.66 (a) und (b) Die Abhängigkeit der Eu-Anomalie von den Redoxbedingungen in aus basaltischer Schmelze gewachsenem Plagioklas bei 1 bar nach experimentellen Daten von Drake & Weill (1975). Bei hoch oxidierten Bedingungen in Luft entsteht kaum eine Eu-Anomalie, da das Eu fast komplett als Eu^{3+} vorliegt. Nur bei reduzierteren Bedingungen bilden sich deutliche Anomalien. HM, FMQ und IW sind die Sauerstoffpuffer-Reaktionen zwischen Hämatit und Magnetit, Quarz, Fayalit und Magnetit und zwischen Eisen (englisch *Iron*) und Wüstit (FeO). (c) Interessanterweise (und bislang nicht wirklich verstanden) können bei hohen Temperaturen gebildete magmatische Zirkone nicht nur Eu-, sondern auch Ce-Anomalien aufweisen, wie hier für Proben aus dem Boogy Plain Pluton in Australien (nach Hoskin et al., 2000) gezeigt.

4.6 Die Verteilung der Elemente   481

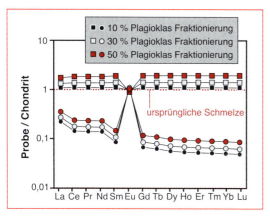

4.67 Der Effekt der Plagioklas-Fraktionierung auf das REE-Muster einer hypothetischen Schmelze chondritischer Zusammensetzung.

thermal und pegmatitisch gebildete Fluorite. Dieses Diagramm beruht darauf, dass typischerweise sowohl die absoluten REE-Konzentrationen (ausgedrückt durch Tb/Ca), als auch die Steigungen der Muster von leichten zu mittleren REE (ausgedrückt durch Tb/La) für ein bestimmtes Bildungsmilieu charakteristisch sind. Beides wird letztendlich durch Komplex-Stabilitäten in wässrigen Lösungen bestimmt, die aber bei Temperaturen über 25 °C bisher nur ungenügend bekannt sind.

Durch Sorptionsprozesse und unterschiedliche Komplex-Stabilitäten können sich auch die Muster und nicht nur die Anomalien verändern, wie es schon in Kasten 4.16 angedeutet

Fraktionierung, und pneumatolytisch-hydrothermalen Fluiden, die bei solchen Prozessen entstehen, weshalb pegmatitische Fluorite häufig die in Abb. 4.68a gezeigten Muster zeigen. Für **Fluorite** wird gern ein Diagramm angewendet, in dem Tb/Ca gegen Tb/La aufgetragen ist (Abb. 4.68b). Es erlaubt eine grobe Einteilung in sedimentär bzw. tief-temperiert, hydro-

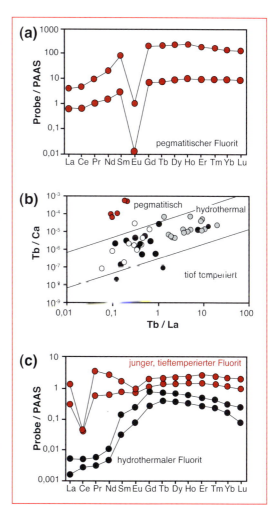

4.68 (a) Typisches REE-Muster zweier pegmatitischer Fluorite von Hornberg im Schwarzwald. Nach Schwinn & Markl (2005). (b) Ein häufig verwendetes Diagramm, um genetische Aussagen aus REE-Mustern von Fluoriten abzuleiten, ist das Tb/Ca gegen Tb/La-Diagramm, das pegmatitische, hydrothermale und in tief-temperiertem, z. B. sedimentärem Milieu gebildete Fluorite zu unterscheiden hilft. Man beachte allerdings, dass die Begrenzungslinien der Felder eine Eindeutigkeit vortäuschen, die real nicht so zu interpretieren ist! Dies wird besonders deutlich, wenn man die Variationen innerhalb einer einzelnen Probe betrachtet (jede Punktgruppe einer Farbe ist eine Probe). Nach Schönenberger et al. (2008). (c) Beim Auflösen von hydrothermalen Fluoriten in Oberflächenwässern (z. B. Regenwasser) können in daraus gebildeten, jungen Fluoritkrusten Ce-Anomalien entstehen, wie hier an Proben aus dem Schwarzwald (nach Schwinn & Markl, 2005) gezeigt. Da das Cer unter solchen Bedingungen zum Ce^{4+} oxidiert werden kann und dieses stärker an z. B. Tonminerale adsorbiert wird, entstehen Lösungen und daraus kristallisierende Fluorite mit negativer Ce-Anomalie.

Kasten 4.18 Die Leichtelemente Lithium, Beryllium und Bor

Die Elemente Li, Be und B und die stabilen Isotope von Li und B (^{6}Li, ^{7}Li, ^{10}B, ^{11}B, siehe dazu auch in Abschn. 4.8.3.9) werden als wichtige Tracer für viele geochemische Fragestellungen eingesetzt, bei denen es u. a. um die Interaktion von Fluiden und Festphasen (und bisweilen auch Schmelzen) geht.

Die Verteilung von Li, Be und B zwischen Festphasen und **Schmelzen** wurde in verschiedenen Systemen untersucht. Bei partiellen Schmelzprozessen im oberen Erdmantel (Spinell- und/oder Granat-führender Peridotit) verhalten sich demnach die beiden Elemente Be und B stark inkompatibel ($D_{Be}^{Peridotit/Schmelze} \approx D_B^{Peridotit/Schmelze} \approx 0{,}01$), das Element Li dagegen nur mäßig inkompatibel ($D_{Li}^{Peridotit/Schmelze} \approx 0{,}2$). Dagegen wird Be zumindest in basaltischen Systemen etwas besser in Plagioklas und Amphibol eingebaut als B und Li. Auch in rhyolithischen Systemen verhalten sich Li, Be und B überwiegend inkompatibel, doch scheinen in peralumischen wassergesättigten granitischen Systemen alle drei Elemente kompatibel in Muskovit

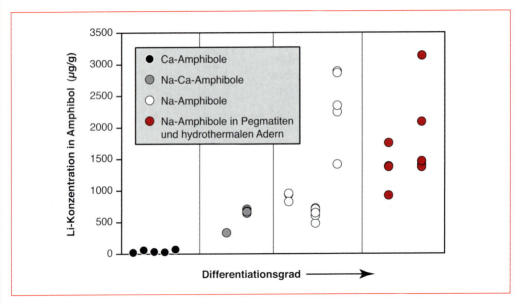

4.69 Beispiel für die Veränderung der Li-Konzentration in Amphibolen während der magmatischen Fraktionierung des Granit-Syenit-Komplexes von Ilímaussaq, Südgrönland. Man beachte, dass wohl nicht nur der Anstieg der Li-Konzentration in der Schmelze, sondern auch die Veränderung der Kristallchemie der Amphibole dazu führt, dass die späteren Amphibole Li-reicher sind. Nach Marks et al. (2007).

wurde. Die Details dieser Prozesse sind noch ungenügend verstanden und für das Verständnis von Mischungs-, Auflösungs- und Ausfällungsprozessen in Grund- und Tiefenwässern Gegenstand aktueller Forschung. Gerade in Bezug auf die **tiefe Geothermie,** die damit zu kämpfen hat, dass das erwünschte heiße Wasser beim Aufstieg große Mengen an gelösten Stoffen ausfällt und damit die Fließwege verstopft, sind Fragestellungen zur Herkunft von Lösungen und zur Massenbilanz von Ausfällungsreaktionen von großem Interesse.

In sehr tief temperierten Lösungen ($< 50\,°C$) liegt Cer häufig überwiegend als Ce^{4+} vor, das

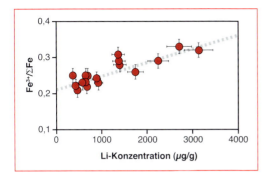

4.70 An Proben der Ilímaussaq-Intrusion in Südgrönland lässt sich eindeutig zeigen, dass der Li-Einbau in Amphibole mit dem Redox-Zustand des Magmensystems bzw. mit dem Fe^{3+}/Gesamteisen-Verhältnis der Amphibole korreliert. Nach Marks et al. (2007).

zu sein. Untersuchungen an peralkalinen Nephelin-Syeniten zeigen, dass der Einbau von Li in Amphibol unter anderem durch die Hauptelementzusammensetzung gesteuert wird, was kristallchemisch begründet ist (Abb. 4.69). Anscheinend ist es dabei so, dass sich Li in Bezug auf Ca-Amphibole inkompatibel, in Bezug auf Na-Amphibole allerdings kompatibel verhält. Außerdem scheint die Sauerstofffugazität beim Einbau von Li in die Amphibol-Struktur von besonderer Relevanz zu sein, da Li auf einen Oktaederplatz eingebaut wird und bei hohem f_{O2} der Austausch $Li + Fe^{3+} = 2 M^{2+}$ mit M = Fe, Mg, Mn usw. ablaufen kann (Abb. 4.70).
Die Verteilung zwischen wässrigen Fluiden und Festphasen ist leicht unterschiedlich. Bei hohen Temperaturen und Drucken (900 °C und 20 kbar) partitionieren B und Li generell bevorzugt ins H_2O-reiche Fluid, während sich Be teilweise kompatibel verhält. Dies hängt allerdings von den konkret anwesenden Mineralphasen ab, doch scheint Be generell in

Fluiden immobil zu sein, wenn nicht relativ niedrige pH-Werte oder sehr halogenreiche Fluide vorliegen. Es scheint also, dass man bei Betrachtung der drei Leichtelemente zwischen Schmelz-Festphasen- und Fluid-Festphasen-Interaktionen unterscheiden kann. Dies ist insbesondere für das Verständnis metasomatischer Prozesse (z. B. im Erdmantel) und für die Entmischung von Fluidphasen im Zuge magmatischer Prozesse von Bedeutung, doch befindet sich die Forschung hier gerade noch im Stadium der Erarbeitung von Grundlagen.

Zusätzlich ist es allerdings wichtig festzuhalten, dass alle drei Elemente und insbesondere Li eine extrem hohe **Diffusivität** haben. In plutonischen Systemen können insbesondere die Li-Verteilungen auch noch lange nach der Abkühlung zwischen koexistierenden Phasen diffusiv modifiziert werden, und teilweise mag dies sogar für vulkanische Systeme zutreffen. Die hohe Diffusivität von Li zusammen mit seiner Mobilität in Fluiden hat zwar einerseits den Nachteil, dass die Aussichten, durch Untersuchung von Li an langsam abgekühlten Plutoniten primäre magmatische Charakteristika zu entschlüsseln, im allgemeinen gering sind, umgekehrt allerdings ist das Li-System potentiell ein sehr gut geeigneter Tracer für tieftemperierte Fluid- bzw. Diffusions-gesteuerte Prozesse wie z. B. hydrothermale Alteration, Zirkulation und Entmischung von Fluiden.

Beryllium und Bor scheinen in vulkanischen Systemen im Gegensatz zu Lithium nach der Eruption nicht mehr wesentlich modifiziert zu werden, doch kann ihr Verhalten in plutonischen Systemen, die je nach Intrusionstiefe Tausend bis Hunderttausend Jahre zur Abkühlung benötigen, nicht sicher vorhergesagt werden.

aufgrund seiner höheren Ladung bevorzugt an Tonminerale adsorbiert wird. Entsprechend weisen solche Lösungen und die aus ihnen kristallisierenden Minerale häufig negative Ce-Anomalien auf, während Tone positive Ce-Anomalien haben können. Der Temperatureffekt wird in Abb. 4.68c besonders dadurch deutlich, dass hydrothermale, bei 150–200 °C gebildete Fluorite aus Schwarzwälder Erzgängen keine Ce-Anomalie zeigen, deren sekundäre, durch Auflösung und Wiederausfällung unter Beteiligung von Oberflächenwasser gebildeten Umlagerungsprodukte dagegen z. T. extreme negative Ce-Anomalien. Die exakte

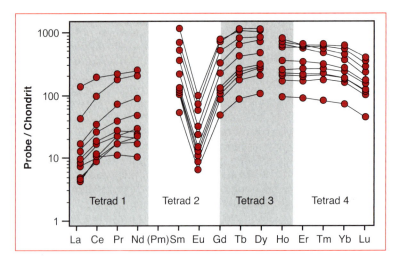

4.71 Manche REE-Muster zeigen charakteristische Unterteilungen, die als „Tetraden-Effekt" bezeichnet werden, wie die hier gezeigten Muster. Aus Schönenberger et al. (2008).

Thermodynamik solcher Prozesse ist kompliziert, mit Sorptionsvorgängen verbunden und bisher nicht exakt verstanden.

In granitischen, pegmatitischen und manchen hydrothermalen Systemen kann man bisweilen beobachten, dass jeweils vier im Periodensystem benachbarte REE sich zu einem „Untermuster" gruppieren (Abb. 4.71). Dies wird „**Tetraden-Effekt**" genannt. Alle REE werden dabei aufgeteilt in Tetrad 1 (La-Nd), Tetrad 2 (Pm-Gd, da aber Pm nicht natürlich vorkommt, wird dieser Tetrad typischerweise nicht berücksichtigt), Tetrad 3 (Gd-Ho, Gd gehört sowohl zu Tetrad 2, als auch zu Tetrad 3) und Tetrad 4 (Er-Lu). Nach gängiger Lehrmeinung hängt auch dieser Tetraden-Effekt mit unterschiedlichen Komplex-Stabilitäten zusammen, wobei besonders die Fluorid-Komplexe eine prominente Rolle zu spielen scheinen. In Graniten wird das Auftreten des Tetraden-Effekts denn auch auf die Wirkung einer F-reichen Fluidphase zurückgeführt, die die REE unterschiedlich stark komplexiert und mobilisiert. Neue experimentelle Arbeiten zeigen allerdings, dass auch die Fraktionierung von Monazit ohne hydrothermale Komplexe einen Tetraden-Effekt hervorrufen kann, da Monazit sich manche REE gezielt „herauspickt" und bevorzugt einbaut. Vermutlich spielen beide Prozesse in unterschiedlichen Zusammenhängen eine Rolle.

4.7 Stabile Isotope

4.7.1 Die Fraktionierung stabiler Isotope

Wie in Abschnitt 4.1 schon gesagt, gibt es viele Elemente mit zwei oder mehr stabilen Isotopen. Diese Isotope können sehr verschiedene Häufigkeiten haben (Tab. 4.13). Da die chemische Reaktivität eines Elements überwiegend von seiner Außenelektronenkonfiguration und von seinem Ionenradius bestimmt wird, und da diese Parameter für alle Isotope eines Elementes identisch sind, sollte sich das Mengenverhältnis der stabilen Isotope eines Elements durch chemische Reaktionen eigentlich nicht verändern. Tatsächlich aber gibt es noch sehr kleine Effekte – weit geringer als die der vorgenannten Parameter, die von der Masse der Isotope abhängen (und diese ja für unterschiedliche Isotope desselben Elements unterschiedlich ist!). Diese Effekte bewirken, dass eines der stabilen Isotope bevorzugt reagiert oder wegen der geringeren Masse schneller diffundiert. Dadurch kommt es zur **massenabhängigen Isotopenfraktionierung** in geologischen Prozessen. Stabile Isotopenverhältnisse von Gasen, Fluiden oder Festphasen können dann dazu verwendet werden, solche fraktionierenden Prozesse qualitativ und in vielen Fällen sogar

Tabelle 4.13 Die stabilen Isotope wichtiger Elemente, ihre jeweilige Häufigkeit und der Standard, auf den Analysen dieser Isotope jeweils bezogen werden

Element	Isotop	Häufigkeit (%)	Standard	Material
Sauerstoff	^{16}O	99,762	V-SMOW	Meerwasser
	^{17}O	0,038		
	^{18}O	0,200		
Wasserstoff	^{1}H	99,985	V-SMOW	Meerwasser
	^{2}H	0,015		
Kohlenstoff	^{12}C	98,89	V-PDB	PeeDee-Belemniten aus einer kretazischen Formation in South Carolina, USA
	^{13}C	1,11		
Stickstoff	^{14}N	99,63	Atmosphäre	
	^{15}N	0,37		
Schwefel	^{32}S	95,02	Troilit (FeS)	Canyon-Diablo-Eisenmeteorit
	^{33}S	0,75		
	^{34}S	4,21		
	^{36}S	0,02		
Eisen	^{54}Fe	5,84	IRMM-14	Metallstandard
	^{56}Fe	91,76		
	^{57}Fe	2,12		
	^{58}Fe	0,28		
Kupfer	^{63}Cu	69,17	NIST-SRM 976	Metallstandard
	^{65}Cu	30,83		
Calcium	^{40}Ca	96,94	verschiedene	
	^{42}Ca	0,647		
	^{43}Ca	0,135		
	^{44}Ca	2,086		
	^{46}Ca	0,004		
	^{48}Ca	0,187		
Lithium	^{6}Li	7,5	L-SVEC	Li$_2$CO$_3$-Lösung, hergestellt aus Spodumen aus North Carolina, USA
	^{7}Li	92,5		
Bor	^{10}B	19,9	NIST-SRM 951	Borsäure
	^{11}B	80,1		
Silizium	^{28}Si	92,23	NBS 28	Quarzsand
	^{29}Si	4,67		
	^{30}Si	3,1		
Chlor	^{35}Cl	75,77	SMOC	Chlorid des Meerwassers
	^{37}Cl	24,23		

quantitativ zu verstehen, da unterschiedliche Phasen im Laufe solcher Fraktionierungsprozesse unterschiedliche Isotopenverhältnisse annehmen. Im Prinzip eröffnet sich hierdurch eine der „normalen" Chemie überlagerte „neue" Chemie, für die man genau wie für normale Reaktionen Reaktionsgleichungen schreiben kann und bei der sich wie bei normalen Reaktionen ein – in diesem Falle – **isotopisches Gleichgewicht** einstellt. Dieses ist, ganz vergleichbar mit der Gleichgewichtskonstante, temperatur- und in sehr geringem Umfang druckabhängig.

Betrachten wir das Beispiel Sauerstoff: dieser kommt in der Natur als ^{16}O, ^{17}O und ^{18}O vor (hier muss man darauf hinweisen, dass der normale Sprachgebrauch „O sechzehn" nicht ganz korrekt ist, eigentlich sollte man „sechzehn O" sagen). Man kann nun eine isotopenchemische Reaktion formulieren, die z.B. lautet:

$$C^{16}O_2 + 2\,H_2^{18}O = C^{18}O_2 + 2\,H_2^{16}O.$$

Das heißt, dass die zwei Fluidspezies CO_2 und H_2O Sauerstoffisotope miteinander austauschen. Normalerweise ist immer eine Phase an einem Isotop angereichert und zwar bei allen Temperaturen (so genannte „cross-overs", bei denen sich das ändert, sind selten), das Ausmaß der Anreicherung in einer Phase ist aber stark temperaturabhängig. Man kann dafür – völlig analog zur in Abschnitt 3.5 besprochenen Gleichgewichtskonstante chemischer Reaktionen – eine isotopengeochemische **Gleichgewichtskonstante** und eine Gibb'sche Freie **Reaktionsenthalpie** definieren, die für die obige Reaktion allerdings zahlenmäßig viel kleiner ist als für „normale" Reaktionen, nämlich nur etwa −100 J/mol, während die Werte für sonstige Reaktionen im kJ/mol-Bereich liegen. Kalibriert man die Isotopenverteilung experimentell und analysiert dann z.B. natürlich vorkommende CO_2-H_2O-Fluide (getrennt nach Spezies), so kann man z.B. Temperaturen bestimmen, bei denen die Spezies miteinander im Gleichgewicht stehen. Es gibt allerdings noch viele weitere faszinierende Anwendungen, die wir weiter unten betrachten werden.

An dieser Stelle sei darauf hingewiesen, dass es sich in der Isotopengeochemie eingebürgert hat, von „**leichten**" und „**schweren**" Isotopenwerten zu sprechen. Dies ist auf alle stabilen Isotopensysteme anwendbar, es ist immer relativ zu einem anderen Wert zu verstehen, und „leichter" bedeutet einfach, dass eine Phase oder Spezies gegenüber der anderen Spezies an dem Isotop mit geringerer Massenzahl angereichert ist. Da Stabile-Isotopen-Zusammensetzungen meist als Verhältnisse eines Isotops mit höherer zu einem Isotop mit geringerer Massenzahl angegeben werden, hat sich die Ausdrucksweise „leicht" bzw. „schwer" bewährt. Wird das Verhältnis (häufig als R bezeichnet) als Quotient aus Gehalt des Isotops mit höherer durch Gehalt des Isotops mit geringerer Massenzahl angegeben, sind kleinere δ-Werte bzw. negativere δ-Werte leichter als größere bzw. positivere, wobei die δ-Werte in Abschnitt 4.7.2 definiert werden.

Nun zurück zur Gibb'schen Freien Enthalpie. Der Unterschied der Gibbs'schen Freien Enthalpie zwischen z.B. $C^{16}O_2$ und $C^{18}O_2$ beruht auf der unterschiedlichen **Schwingungsenergie** der Atome im Molekül. Es gibt im Molekül Vibrations-, Translations- und Rotationsschwingungen (Abb. 4.72), von denen nur die Vibrationsenergie für die Isotopenfraktionierung wirklich relevant ist, und zwar beim Aufbrechen und Zusammenbauen von Bindungen. Beim Aufbrechen von Bindungen nämlich muss Energie entsprechend dem Unterschied zwischen Dissoziations- und Nullpunktsenergie (das ist die Energie des im Grundzustand vibrierenden Moleküls) zugeführt werden (Abb. 4.73). Da für Moleküle leichter Isotope die Nullpunktsenergie höher ist, ist die zum Aufbrechen einer Bindung benötigte Energiemenge geringer und Moleküle aus leichten Isotopen brechen leichter auseinander. Umgekehrt wird beim Einbau von schwereren Isotopen mehr Energie frei, weshalb diese leichter eingebaut werden. Da diese Energieunterschiede bei einem höheren Gesamtenergieinhalt des Systems, also bei höheren Temperaturen, immer weniger ins Gewicht fallen, nimmt die Stabile-Isotopen-Fraktionierung generell mit steigender Temperatur ab.

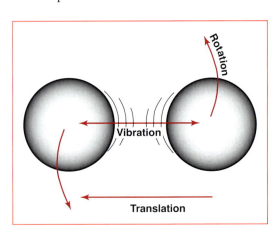

4.72 Mögliche Bewegungen von Molekülen

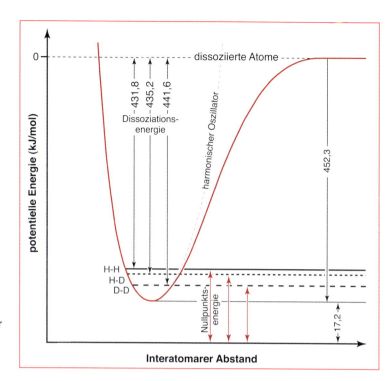

4.73 Moleküle leichter Isotope brechen einfacher auseinander, da die dazu benötigte Energiemenge geringer ist. Dies ist hier am Beispiel des Wasserstoffs gezeigt. Nach O'Niel (1986).

Neben der bisher besprochenen **Gleichgewichtsfraktionierung** gibt es auch eine **kinetisch gesteuerte Fraktionierung**, bei der beide Reaktionspartner kein Gleichgewicht erreichen. Der bei der **Verdunstung von Wasser** entstehende Dampf hat beispielsweise eine andere, leichtere Isotopenzusammensetzung als das zugehörige Wasser, da leichtere Moleküle natürlich leichter in die Dampfphase übergehen als schwerere bzw. sich dort leichter bewegen können. Ein isotopisch homogenes Fluidreservoir wird dadurch in einen leichteren Dampf und ein schwereres Residualwasser aufgetrennt (Abb. 4.74). Hier handelt es sich um einen teilweise kinetisch getriebenen Prozess, da sich zwischen Dampf und Wasser bei Luftfeuchtigkeiten unter 100 % kein vollständiges Gleichgewicht einstellt. Der Dampf entfernt sich – aufgrund seiner geringeren Dichte und aufgrund seiner kinetischen Energie – von der Phasengrenze, wobei sich leichtere Moleküle schneller entfernen, denn es gilt: $E_{kin} = 1/2\, m\, v^2$, und die kinetische Energie aller Moleküle ist bei konstanter Temperatur gleich. Wenn also die Massen unterschiedlich sind, so müssen bei konstanter Energie auch die Geschwindigkeiten unterschiedlich sein: Leichtere Moleküle haben höhere Geschwindigkeiten. Somit werden sie der Rückreaktion eher entzogen als die schweren Moleküle und reichern sich daher im Gas an. Dasselbe geschieht übrigens auch bei Diffusionsprozessen durch semipermeable Membranen in Flüssigkeiten.

Betrachten wir die Fraktionierung bei der Reaktion

$$H_2O\ (Wasser) = H_2O\ (Wasserdampf)$$

ein wenig genauer. Folgende sechs Spezies können eine Rolle spielen: $H_2^{18}O$ (Molekülmasse 20), $HD^{16}O$ (19), $H_2^{16}O$ (18), $HD^{18}O$ (21), $D_2^{18}O$ (22) und $D_2^{16}O$ (20), wobei in der Natur nur die ersten drei tatsächlich wichtig sind. Wäre die Isotopenfraktionierung beim Verdunsten von Wasser nun rein kinetisch gesteuert, so hinge ihr Ausmaß also lediglich von dem Verhältnis 19/18 für H zu 20/18 für O ab und würde bei 0 % Luftfeuchtigkeit 32,5 ‰ für O und 16,6 ‰ für H betragen. Die tatsächlich beobachtete

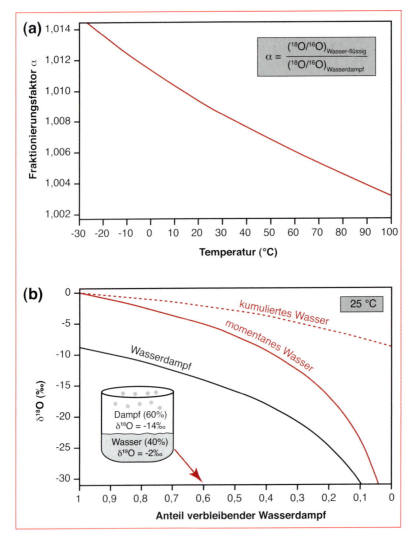

4.74 Die Fraktionierung von Sauerstoff-Isotopen zwischen flüssigem Wasser und Wasserdampf. (a) Der Fraktionierungsfaktor α bei verschiedenen Temperaturen. (b) Rayleigh-Fraktionierung bei der Kondensation von Wasserdampf der anfänglichen O-Isotopenzusammensetzung − 9,2 ‰ und Ausregnen des Kondensats bei 25 °C. Der Wasserdampf kondensiert nach und nach, wobei sich immer Wasser einer momentanen Isotopenzusammensetzung bildet, das sich mit schon früher kondensiertem Wasser zum „kumulierten Wasser" vermischt, wie es in dem kleinen Topf für das Beispiel bei 40 % Ausregnen gezeigt ist. Die Summation über Wasserdampf und Wasser muss wieder den Ursprungswert von − 9,2 ‰ ergeben: (− 14 ‰ · 0,6) + (− 2 ‰ · 0,4) = − 9,2 ‰. Nach Faure (1986)

Fraktionierung meteorischen Wassers ist dagegen durchschnittlich nur zu einem geringen Anteil kinetisch bestimmt und hat einen hohen Gleichgewichtsanteil (siehe weiter unten bei der Meteorischen Wasserlinie).

In biologischen Systemen ist die kinetische Isotopenfraktionierung von großer Bedeutung, da es sich häufig um **irreversible**, also unidirektionale **Prozesse** handelt, die dadurch per se kein Gleichgewicht einstellen können. Ein Beispiel ist der Einbau von CO_2 in Pflanzen im Zuge der Photosynthese. Die relative Diffusionsgeschwindigkeit von Molekülen in einem idealen Gas ist nur von ihrer Masse abhängig. Vergleicht man die Geschwindigkeit von $C^{16}O_2$ und $C^{18}O_2$, so ergibt sich ein Geschwindigkeitsunterschied von:

$$\frac{v_{C^{16}O_2}}{v_{C^{18}O_2}} = \sqrt{\frac{m_{C^{18}O_2}}{m_{C^{16}O_2}}} = \sqrt{\frac{48}{44}} = 1,022$$

$C^{16}O_2$ ist also 2,2 % schneller als $C^{18}O_2$. Dies wiederum bedeutet, dass bei diffusionskontrollierten Austauschprozessen das ^{16}O relativ zum ^{18}O umso mehr angereichert wird, je länger die Diffusionswege sind.

4.7 Stabile Isotope

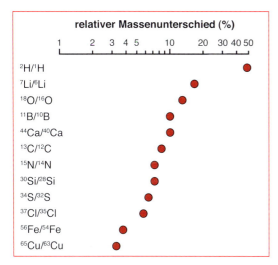

4.75 Der relative Massenunterschied zwischen verschiedenen Isotopenpaaren.

Man sieht an diesem Beispiel sehr deutlich, was die Isotopenfraktionierung primär steuert: der relative Unterschied der Isotopenmassen, und nicht die Isotopenmasse selbst. So ist der Fraktionierungseffekt zwischen Wasserstoff und Deuterium viel größer als zwischen ^{12}C und ^{13}C, und der Effekt bei schweren Isotopen wie Eisen oder Kupfer war bis vor wenigen Jahren kaum messbar (Abb. 4.75). Diese Regel gilt übrigens für Gleichgewichts- und die kinetische Fraktionierung gleichermaßen.

4.7.2 Fraktionierungsfaktoren und gebräuchliche Notationen

Der **Fraktionierungsfaktor** α beschreibt, wie sich ein Isotopenverhältnis ändert:

$$\alpha_{\text{Phase 1-Phase 2}} = \text{Isotopenverhältnis}_{\text{Phase 1}} / \text{Isotopenverhältnis}_{\text{Phase 2}}$$

Für Sauerstoffisotope hieße dies:

$$\alpha_{\text{Phase 1-Phase 2}} = (^{18}O/^{16}O)_{\text{Phase 1}} / (^{18}O/^{16}O)_{\text{Phase 2}}$$

Bei einem α-Wert von beispielsweise 1,061 verändert sich das $^{18}O/^{16}O$-Verhältnis also von 0,002005 in Phase 1 (siehe Tabelle 4.13) auf 0,002127 in Phase 2. Das sind sehr kleine Zahlen, weshalb man sich darauf geeinigt hat, sie in einer anderen Notation, der so genannten **Delta-Notation**, anzugeben. Hierbei wird der gemessene Wert auf einen international anerkannten Standard bezogen (für Sauerstoff z. B. *Standard Mean Ocean Water*, genannt SMOW) und mit 1000 multipliziert. Dadurch ergeben sich gut handhabbare Zahlen der Isotopenverhältnisse, die dann in Promille angegeben werden.

$$\delta^{18}O_{\text{Probe}} = \left(\frac{^{18}O/^{16}O_{\text{Probe}}}{^{18}O/^{16}O_{\text{SMOW}}} - 1 \right) \cdot 1000$$

Neben der „Klein-Delta" Notation gibt es auch noch die „**Groß-Delta**" **Notation**, die die Fraktionierung zwischen zwei Phasen angibt. „Groß-Delta" ist definiert durch:

$$\Delta_{\text{Phase 1 - Phase 2}} = \delta_{\text{Phase 1}} - \delta_{\text{Phase 2}}$$

Es besteht ein enger Zusammenhang mit dem Fraktionierungsfaktor α, und zwar:

$$\Delta \sim 1000 \cdot \ln\alpha$$

Die für die wichtigsten stabilen Isotopensysteme gebräuchlichen Standards sind in Tabelle 4.13 zusammengestellt.

4.7.3 „Traditionell" häufig in den Geowissenschaften benutzte stabile Isotope

4.7.3.1 Wasserstoff und Sauerstoff

Diese beiden Elemente werden gemeinsam behandelt, da sie im Wasser eng miteinander verkoppelt sind, da Wasser in sehr vielen geologischen Prozessen enorm wichtig ist und somit bei vielen zu erklärenden Phänomenen beide Isotopensysteme involviert sind.

Das Verhältnis zwischen ^{18}O und ^{16}O ist wohl das am häufigsten benutzte Isotopensystem überhaupt, da Sauerstoff in unserer Umwelt und auf unserer Erde allgegenwärtig ist – schließlich besteht unsere Erde zu rund 30 % ihrer Masse aus Sauerstoff! Sauerstoff besteht zwar aus drei Isotopen (^{16}O, ^{17}O und ^{18}O mit Häufigkeiten von 99,762, 0,038 und 0,2 %), und

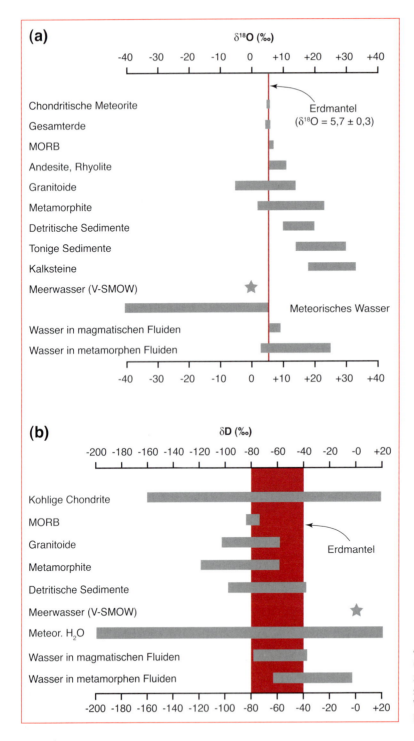

4.76 (a) Sauerstoff- und (b) Wasserstoff-Isotopenzusammensetzungen verschiedener Gesteine, Wässer und Reservoire. Nach Rollinson (1993).

gerade $^{17}O/^{16}O$-Unterschiede sind wichtig, um extraterrestrische Reservoire voneinander unterscheiden zu können, da im solaren Nebel bei der Bildung des Sonnensystems massenunabhängig fraktioniert wurde, doch für terrestrische Fragestellungen wird fast ausschließlich das $^{18}O/^{16}O$-**Verhältnis** verwendet, das gut messbar ist. Da auf der Erde massenabhängige Fraktionierung herrscht, ergäben ^{17}O-Messungen keine Zusatzinformationen (da $^{18}O/^{17}O$-Verhältnisse aufgrund der rein massenabhängigen Fraktionierung mit $^{18}O/^{16}O$-Verhältnissen direkt verknüpft sind), würden aber bisweilen – je nach Analyseverfahren – erhöhten apparativen Aufwand bedeuten.

Die Sauerstoff-isotopische Zusammensetzung $\delta^{18}O$ (das ist das $^{18}O/^{16}O$-Verhältnis in Bezug zum *Standard Mean Ocean Water*, SMOW) wichtiger terrestrischer Reservoire schwankt zwischen – 40 und + 40 ‰, wobei Sedimente und meteorische Wässer die größten Variationsbreiten aufweisen (Abb. 4.76). **Meteorisches Wasser** ist Wasser, das mindestens einmal den meteorischen Kreislauf durchlaufen hat, also das Wasser von Gletschern, Seen, Flüssen und das Regenwasser – dies hat nichts mit Meteoriten, sondern viel mit Meteorologie zu tun! Ozeanwasser ist dagegen relativ homogen, da es ja ständig durch die Ozeanzirkulation durchmischt wird, weist aber durch die Verdunstung an der Ozeanoberfläche und den Eintrag von Süßwasser trotzdem eine geringe Variabilität auf.

Wasserstoff tritt heutzutage in der Natur ebenfalls in drei Isotopen auf, die Wasserstoff oder **Protium** (^{1}H), **Deuterium** (^{2}H oder D) und Tritium (^{3}H oder T) heißen. Davon sind allerdings nur die ersten beiden stabil. **Tritium** entsteht in winzigen Mengen kosmogen (was das ist, steht in Abschn. 4.8.3.9), die Hauptmenge des heute in der Natur vorhandenen Tritiums ist allerdings als Nebenprodukt der **Atombombentests** ab der Mitte des 20. Jahrhunderts entstanden. Es zerfällt mit einer Halbwertszeit von 12,32 Jahren. Auch um Atomkraftwerke herum kann es zu geringer Tritium-Kontamination kommen. Anhand ihres Tritium-Gehaltes kann man z. B. nach ~ 1950 gebildete Grundwässer, die Tritium enthalten, von vor 1950 gebildeten unterscheiden, die Tritium-frei sind, denn das natürliche kosmogen entstandene Tritium ist schon praktisch komplett zerfallen. Deuterium dagegen ist in der Natur verbreitet, wenn auch gegenüber ^{1}H viel seltener: In SMOW beträgt die Deuterium-Konzentration nur 155,8 ppm. Die H/D-Variation in der Natur ist die größte aller Isotopensysteme (da ja auch der Massenunterschied am größten ist) und δD (also das isotopische D/H-Verhältnis in Bezug auf SMOW) variiert zwischen – 200 und + 20 ‰ (Abb. 4.76). Oberflächenwässer zeigen eine klare Korrelation zwischen Sauerstoff- und Wasserstoff-Isotopie, die als **meteorische Wasserlinie** (*meteoric water line*, MWL) bezeichnet wird (Abb. 4.77). Diese berechnet sich zu

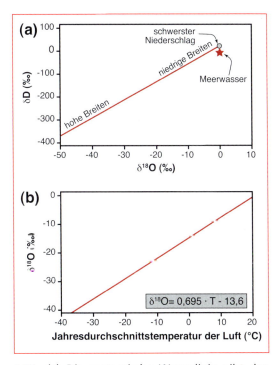

4.77 (a) Die meteorische Wasserlinie gibt den Zusammenhang zwischen Wasserstoff- und Sauerstoffisotopenwerten von Niederschlagswasser an. Siehe Text für nähere Erläuterungen. (b) Die hier gezeigte Gerade gibt den Zusammenhang zwischen Jahresdurchschnittstemperatur und Sauerstoffisotopie des Regenwassers für Küstenstationen an. Nach Faure (1986).

$$\delta D = a\, \delta^{18}O + b,$$

wobei die Konstanten a und b von den präzisen Bedingungen der Verdampfung abhängen und typischerweise $a \sim 8$ und $b = 5\text{–}10$ ist. Die „präzisen Bedingungen" sind Temperatur und Luftfeuchtigkeit, die den Anteil an Gleichgewichts- und an kinetischer Fraktionierung steuern. Im Mittelmeer ist die MWL beispielsweise anders als in Mitteleuropa (Kasten 4.19). Zusätzlich zeigen sich starke Korrelationen der Sauerstoff- und Wasserstoffisotopie mit der Jahresdurchschnittstemperatur der Region, in der das Wasser gesammelt wird, und damit auch mit der geographischen Breite. In niedrigen Breiten, also in den Tropen, wo auch der Niederschlag am größten ist, haben Oberflächenwässer die schwerste Sauerstoff- und Wasserstoff-Isotopie, während in hohen Breiten, in den Polregionen, niedrige Isotopenwerte gefunden werden (Abb. 4.78). Schließlich gibt es im ozeanischen Oberflächenwasser auch noch eine Abhängigkeit der Isotopenwerte von der **Salinität** des Meerwassers, die dadurch zustande kommt, dass Flüsse niedrig-salinares und damit weniger dichtes und isotopisch leichtes Wasser ins Meer führen, das sich dort überwiegend mit dem ozeanischen Oberflächenwasser, zunächst aber nicht mit dem höher salinaren Tiefenwasser mischt. Daher gibt es räumlich begrenzte Korrelationen zwischen der Sauerstoffisotopie von Oberflächenwasser und der Salinität, für den Nordatlantik gilt z. B.

$$\delta^{18}O = -21{,}2 + 0{,}61 \cdot \text{Salinität in ‰}$$

(Abb. 4.79).

Die Korrelation zwischen O- und H-Isotopen ist eine Folge von kinetischer und Gleichgewichtsfraktionierung, die für Wasserstoff aufgrund des größeren Massenunterschieds viel stärker ist. Überregional starke Abweichungen von der meteorischen Wasserlinie entstehen lediglich in Wässern eindampfender Randbecken und in einigen Seen mit extremer Verdampfungsrate, lokal kann bereits ein Baggersee in einem trockenen Sommer Abweichungen zeigen, wenn ein hoher Anteil seines „ehemals meteorischen" Wassers verdunstet ist.

Wie kommt es nun überhaupt zur Entstehung der meteorischen Wasserlinie? Die Grundlage dafür ist der **atmosphärische Wasserkreislauf** (Abb. 4.80) und die Temperaturabhängigkeit

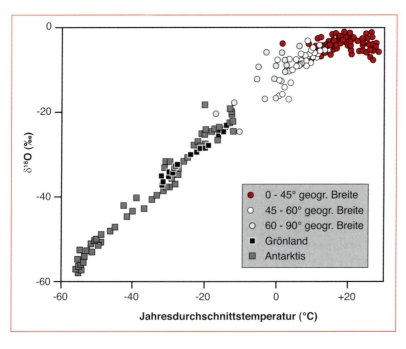

4.78 Die Sauerstoffisotopie von Oberflächenwässern und die Jahresdurchschnittstemperatur sind streng korreliert. Nach Alley & Cuffey (2001).

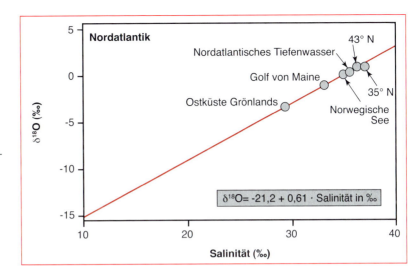

4.79 Räumlich begrenzt existieren Korrelationen zwischen der Sauerstoffisotopie von Oberflächenwasser eines Ozeans und seiner Salinität – hier dargestellt für den Nordatlantik. Nach Hoefs (1996).

der Fraktionierung, wobei dies sowohl im Gleichgewichts- wie im kinetisch kontrollierten Fall gilt. Es besteht eine inverse Korrelation sowohl für O-, wie auch für H-Isotope mit der Temperatur, d.h., die Fraktionierung ist bei hohen Temperaturen minimal, bei tiefen maximal. Die Abhängigkeit ist sogar quadratisch, α ist also proportional zu T^{-2}.

Wasser verdunstet überwiegend über den Ozeanen und regnet über den Kontinenten wieder ab. Aufgrund der Massenabhängigkeit ist das am leichtesten verdampfende Wasser $H_2^{16}O$, das am schwersten verdunstende $D_2^{18}O$. Der Fraktionierungsfaktor α für die Fraktionierung zwischen $H_2^{16}O$ und $H_2^{18}O$ ist bei 25 °C 1,0092 für Sauerstoff, die Gleichgewichtsfraktionierung beträgt also bei dieser Temperatur fast 10 ‰, hinzu kommen die Effekte der kinetischen Fraktionierung. Daher steigt an ^{18}O abgereichertes Wasser in die Atmosphäre auf (Wolken haben also negative $\delta^{18}O$-Werte), und dies ist umso stärker ausgeprägt, je tiefer die Jahresdurchschnittstemperatur ist.

Das Atmosphärenwasser regnet dann sukzessive ab, wenn es über die Kontinente gelangt. Hierbei findet eine weitere Isotopenfraktionierung statt, da bevorzugt die schweren Isotope ausregnen, also bevorzugt schweres Wasser $H_2^{18}O$, HDO und das sehr seltene $D_2^{18}O$. Entsprechend reichert sich das meteorische Was-

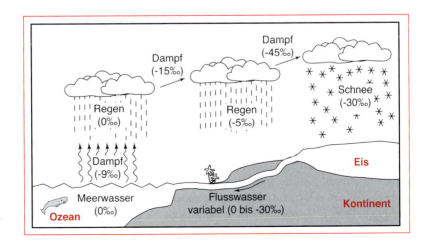

4.80 Der atmosphärische Wasserkreislauf.

Kasten 4.19 Wir kochen uns meteorische Wasserlinien

<u>Zutaten</u>: Man besorge sich frische Daten unter *www.isohis.iaea.org*, der internationalen Atomenergie-Organisation, die über ein weit verzweigtes Netzwerk von Messstationen für die Zusammensetzung und Isotopie von Niederschlägen weltweit verfügt.

<u>Zubereitung</u>: Man trage die oben erhaltenen Daten in ein Diagramm δD gegen $\delta^{18}O$ ein und versuche, eine Linie hindurch zu fitten (Abb. 4.81).

<u>Serviervorschlag</u>: Man trage mehrere meteorische Wasserlinien unterschiedlicher Stationen in dasselbe Diagramm ein, um so den Einfluss des lokalen Klimas auf die meteorische Wasserlinie zu verdeutlichen.

(a) Reykjavik, Island (64°)
$\delta D = 7{,}01 \cdot \delta^{18}O - 1{,}3$
($r^2 = 0{,}877$)

(b) Stuttgart, Deutschland (49°)
$\delta D = 8{,}55 \cdot \delta^{18}O + 8{,}17$
($r^2 = 0{,}969$)

(c) Athen, Griechenland (38°)
$\delta D = 7{,}19 \cdot \delta^{18}O + 9{,}28$
($r^2 = 0{,}878$)

4.81 Die Messwerte von drei Stationen zu unterschiedlichen Jahreszeiten (und damit bei unterschiedlichen Temperaturen) zeigen die Veränderung der Steigung der meteorischen Wasserlinie mit der geographischen Breite. Die Daten zu diesen Abbildungen stammen von der Website *www.isohis.iaea.org*.

ser in Seen und Flüssen an ^{18}O an und hat höhere $\delta^{18}O$-Werte als das atmosphärische Wasser, allerdings immer noch niedrigere bis maximal gleiche wie das Meerwasser (siehe Abb. 4.81). Dieser Effekt wird umso stärker, je weiter der Niederschlagsort vom Meer entfernt ist, da ja bis dorthin schon mehrmals Regen gefallen sein kann und daher eine **Rayleigh-Fraktionierung** stattgefunden hat, wie wir sie schon in Abschnitt 4.6.3.2 besprochen haben. Zusätzlich steuert die inverse Temperatur-Abhängigkeit der Gleichgewichtsisotopenfraktionierung den Effekt, dass das abregnende Wasser an den Polen niedrigere, am Äquator aber höhere $\delta^{18}O$-Werte aufweist. Die Summe all dieser Effekte ist, dass der Wasserdampf, der in der Atmosphäre verbleibt, isotopisch immer leichter wird. Dabei ist es wichtig, nochmals festzuhalten: Während die Verdunstung ein Prozess ist, der immer gewisse Anteile an kinetisch kontrollierter Fraktionierung beinhaltet, führt die Kondensation und das Abregnen zu einer reinen Gleichgewichtsfraktionierung.

Da der dem Ozeanwasser entsteigende Wasserdampf der Grenzfläche effektiv durch Advektion („Wind") entzogen wird, kann man dieses

Kasten 4.20 Klimarekonstruktion mithilfe von Sauerstoffisotopen

Wenn viel Wasser als isotopisch leichtes Eis in Gletschern der Polargebiete gebunden ist, so wird das Ozeanwasser immer schwerer. Zu Zeiten großer Vereisungen hatte das Ozeanwasser also hohe $\delta^{18}O$-Werte, zu Zeiten abgeschmolzener Polkappen niedrige. Durch $\delta^{18}O$-Messungen an Karbonatschalen von Organismen, die vor Jahrtausenden gelebt haben (speziell **Foraminiferen**), kann man Klimaveränderungen rekonstruieren. Diese bauen nämlich Sauerstoff aus dem sie umgebenden Meerwasser ein und bilden so dessen Isotopenverhältnis ab, aus dem man wiederum auf die Eismenge und damit aufs Klima schließen kann. Eine Schwierigkeit gibt es allerdings dabei noch zu überwinden: Beim Einbau in die Organismenschale fraktionieren die Sauerstoff-Isotope schon wieder, und zwar wieder temperaturabhängig und sogar noch ein klein wenig unterschiedlich, je nachdem, ob Aragonit oder Calcit gebildet wird (Abb. 4.82). Es gilt:

$$CaC^{16}O_3 + 3\,H_2^{18}O = CaC^{18}O_3 + 3\,H_2^{16}O$$

Mit einem Messwert aus Foraminiferen-Schalen stehen wir also vor zwei Unbekannten: der Paläotemperatur und der isotopischen Meerwasserzusammensetzung. Natürlich hängen diese miteinander zusammen,

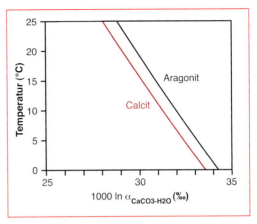

4.82 Sauerstoffisotopenfraktionierung (dargestellt als $1000\,\ln\alpha$) zwischen Calcit und Aragonit bei 0 bis 25 °C. Aragonit ist nach diesen Daten immer isotopisch schwerer als Calcit, doch gibt es darüber derzeit heftige Kontroversen zwischen verschiedenen Wissenschaftler-Gruppen. Nach Kim et al. (2007) und Kim & O'Neil (1997).

doch gibt es ja, wie oben dargelegt, auch noch die Variabilität der Meerwasserzusammensetzung in Abhängigkeit von Salinität und geographischer Breite. Wenn man also nicht mithilfe weiterer, unabhängiger Daten

System mit einer Rayleigh-Fraktionierung vergleichen, die in Abschnitt 4.6.3.2 quantifiziert wurde. Sie kann man nun auch hier verwenden, um die isotopische Entwicklung bei der Wasserverdunstung und -abregnung zu quantifizieren.

Für die Abregnung geschieht dies folgendermaßen: Wenn R das Isotopenverhältnis des momentanen Wasserdampfes ist, R_0 das Isotopenverhältnis des Wasserdampfes bei seiner Bildung (in Bezug auf die Abregnung ist dies das initiale Verhältnis) und F der Anteil des noch nicht abgeregneten Wasserdampfes, so gilt:

$$R/R_0 = F^{(\alpha-1)}$$

für α = Fraktionierung zwischen Wasser und Wasserdampf.
In der Delta-Notation drückt sich dies so aus:

$$\frac{R}{R_0} = F^{(\alpha-1)} = \frac{\delta^{18}O + 1000}{\delta^{18}O_0 + 1000}$$

Das Isotopenverhältnis des in der Luft verbleibenden Wasserdampfes berechnet sich dann zu

$$\delta^{18}O = F^{(\alpha-1)} \cdot (\delta^{18}O_0 + 1000) - 1000.$$

Es ergibt sich, dass durch diesen „Destillationsprozess" unterschiedlich leichtes Wasser gebildet wird. Das isotopisch leichteste Wasser fällt als Schnee an den Polen herab.

eine der beiden Unbekannten als Ursache für Variationen ausschließen kann, so ist diese Methode nur bedingt brauchbar, um echte Paläotemperaturen zu bestimmen. Sie wird daher überwiegend verwendet, um Unterschiede zwischen verschiedenen Klimaperioden abzubilden (Abb. 4.83). Es sei allerdings angemerkt, dass **benthische Foraminiferen**, die im Tiefwasser leben, nur globale Isotopenänderungen durch Klimavariationen widerspiegeln und somit von manchen Phänomenen des Oberflächenwassers unabhängig sind. Letztere werden in den oberflächennah lebenden **planktischen Foraminiferen** „abgebildet". Natürlich schränkt die diagenetische Veränderung der Isotopenwerte die Brauchbarkeit älterer Mikrofossilproben stark ein oder kann die Paläoklimainformationen sogar völlig auslöschen. Allerdings wird diese Methode verwendet, um immerhin noch paläoklimatische Schlussfolgerungen für das mittlere Tertiär zu ziehen.

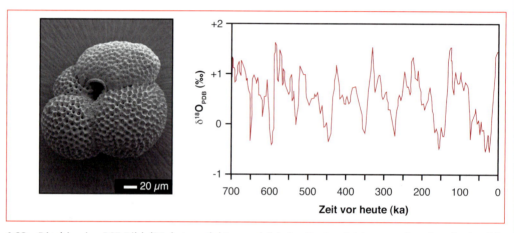

4.83 Die hier im BSE-Bild (Rückstreuelektronenbild des Rasterelektronenmikroskops) abgebildete planktische Foraminifere *Globigerinoides sacculifer* (mit der typischen sackförmigen Endkammer) wird dazu verwendet, globale Variationen der Sauerstoffisotopie in der Vergangenheit zu rekonstruieren. Dabei ergeben sich die rechts abgebildeten, regelmäßigen Muster, die durch orbitale oder kosmologische Zyklen bestimmt sind. Nach Emiliani (1978).

Kommen wir nun zur isotopischen Variation von Wasserstoff und Sauerstoff in Gesteinen. Sowohl in der metamorphen, wie auch in der magmatischen Petrologie spielt insbesondere die Sauerstoffisotopie eine große Rolle, einerseits als Thermometer, andererseits für die Rekonstruktion von Quellgebieten von z.B. Schmelzen und drittens für die Quantifizierung von Fluid-Gesteins-Wechselwirkungen. Diese Möglichkeiten werden im Folgenden kurz erläutert.

Sauerstoff-Isotopen-Thermometrie

Wie schon für Fe und Mg in Kasten 2.14 besprochen, diffundieren auch Sauerstoff-Isotope zwischen sauerstoffhaltigen Phasen hin und her, seien diese nun fest, flüssig oder gasförmig. Wie im Falle des Eisens und des Magnesiums, ist diese Diffusion darauf ausgerichtet, das chemische bzw. isotopische Gleichgewicht der Phasen bei sich verändernden Temperaturen herzustellen, und in beiden Fällen funktioniert dies nur bei genügend hohen Temperaturen, da ansonsten die Diffusion zu langsam wird. Im Falle der Sauerstoff-Isotopie ist die Temperaturuntergrenze („**Schließungstemperatur**") materialabhängig, und während in fluiden Phasen natürlich selbst bei Raumtemperatur noch problemlos diffundiert und damit Gleichgewicht erreicht werden kann, ist dies in Mineralen nicht so. Quarz z. B. „schließt" bei etwa 500 °C, Feldspäte dagegen bei etwa 200 °C und Pyroxene bei ca. 700–800 °C. Wie viel Isotopenänderung diffusiver Austausch in einer Phase bei einer Temperaturänderung bewirken kann, hängt allerdings zusätzlich von der Korngröße und der Abkühlrate ab: Große Körner werden, insbesondere bei schnellen Abkühlraten, isotopisch kaum mehr verändert. Selbst wenn am Rand noch diffusive Veränderungen auftreten, spielt dies für das Gesamtkorn kaum eine Rolle. Wird die Diffusion zu langsam, können also eine Festphase und ein damit im isotopischen Ungleichgewicht stehendes Fluid nicht mehr equilibrieren, und die Gesamtgesteinsisotopie eines Gesteins, dessen Minerale alle unterhalb ihrer jeweiligen Schließungstemperatur liegen, ändert sich nur, wenn das Gestein umkristallisiert und dabei mit dem Fluid wechselwirkt.

Der Unterschied der Isotopie zwischen zwei Phasen hängt mittels folgender einfacher Beziehung von der Temperatur ab:

$$1000 \ln \alpha \sim A \cdot 10^6/T^2 + B = \Delta,$$

wobei T in Kelvin einzusetzen ist. Für Mineralaustauschgleichgewichte ist B oft 0. Wenn man also Gleichgewichtseinstellung zwischen zwei in einem Gestein aneinandergrenzenden Mineralen x und y oder zwischen einem Mineral und einem wässrigen Fluid annimmt, so sollte der Unterschied ihrer Isotopenzusammensetzung (genannt Δ, und definiert als $\Delta = \delta_x - \delta_y \sim 1000 \ln \alpha$) die Temperatur ihrer Equilibrierung widerspiegeln (Abb. 4.84). Dies ist häufig so und wird gerne benutzt, um metamorphe oder magmatische Temperaturen abzuschätzen, wobei letzteres natürlich durch die hohen Temperaturen, die dabei nur geringen Isotopenfraktionierungen und aufgrund der großen Gefahr der späteren Überprägung nicht immer gelingt. Die Temperatur berechnet sich einfach zu

$$T = \sqrt{\frac{A \cdot 10^6}{\Delta - B}}$$

Ist die Sauerstoff-Isotopenfraktionierung zwischen zwei Mineralphasen nicht quantitativ bekannt, so gibt es verschiedene Möglichkeiten,

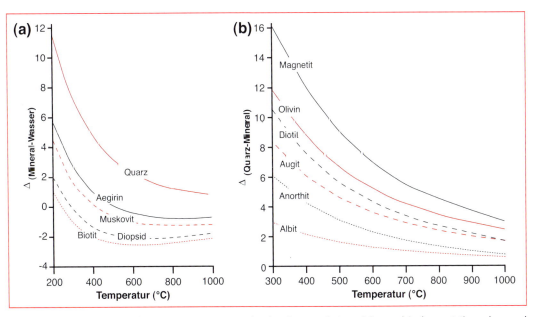

4.84 Sauerstoffisotopenfraktionierung, ausgedrückt als Δ, zwischen (a) verschiedenen Mineralen und Wasser und (b) Quarz und verschiedenen Mineralen bei unterschiedlichen Temperaturen. Nach Zheng (1993).

die Fraktionierungsfaktoren zu bestimmen: 1. Man macht Experimente, 2. Man berechnet das $\Delta_{\text{Mineral-Mineral}}$ aus der Kombination der zwei evtl. besser bekannten, da experimentell leichter zu bestimmenden $\Delta_{\text{Mineral-Wasser}}$ oder 3. man berechnet die theoretische Isotopenfraktionierung aus empirischen Beobachtungen oder thermodynamisch begründeten Annahmen („*first principles*"). Leider ist es problematisch, Daten aus diesen drei Varianten miteinander zu kombinieren.

Es sei am Ende dieses Abschnitts ausdrücklich darauf hingewiesen, dass das Δ, also der Unterschied der Mineralisotopenzusammensetzungen, und nicht das δ, also die einzelne Isotopenzusammensetzung, die Temperatur anzeigt. So können Feldspäte aus ein und demselben syenitischen Pluton trotz deutlich unterschiedlicher $\delta^{18}O$-Werte bei derselben Temperatur gebildet worden sein, wenn der Pluton in sich isotopisch heterogen war. Erst die Messung koexistierenden Quarzes (oder eines anderen O-haltigen Minerals) schafft darüber Klarheit. Zeigt dieses Mineral überall dieselben Isotopenzusammensetzungen, so spiegeln die unterschiedlichen Feldspatisotopenzusammensetzungen tatsächlich Temperaturunterschiede bzw. spätere, unterschiedliche Überprägung wider. Ergeben mehrere Δs im selben Gestein ähnliche oder identische Temperaturen, so kann von einer Gleichgewichtseinstellung ausgegangen werden. Häufig werden Δ-Δ-Plots benutzt, um isotopische Equilibrierung zu belegen – isotopisch equilibrierte Mineralpaare sollten in einem solchen Diagramm auf einer Geraden liegen, wobei dies in Spezialfällen auch ohne Gleichgewichtseinstellung geschehen kann.

Sauerstoff- und Wasserstoff-Isotope in magmatischen Prozessen

Hunderte von Messungen an frischen, unkontaminierten Mittelozeanische-Rücken-Basalten (MORBs) haben gezeigt, dass der **Erdmantel** ein Sauerstoffisotopenverhältnis von etwa $\delta^{18}O = 5{,}7$ ‰ hat, was auch ziemlich konstant zu sein scheint. Messungen an Mineralen zeigen, dass peridotitischer Olivin sehr konstant ein $\delta^{18}O$ von $5{,}3 \pm 0{,}3$ ‰ hat, koexistierende Pyroxene haben um etwa 0,3–0,4 ‰ höhere Werte und interessanterweise hat sich dies auch in der Erdgeschichte nicht verändert, wie Messungen an in Diamanten eingeschlossenen, archaischen Olivinen belegen – trotz der Subduktion von Gesteinen anderer, hoch variabler Sauerstoffisotopie. Für primäre, aus dem Erdmantel ausgeschmolzene Karbonatite werden Sauerstoff-Isotopenwerte von etwa 6–8 ‰ angegeben.

Wie oben ausgeführt, ist die Sauerstoffisotopie von Oberflächenwasser, Ozeanwasser und Krustengesteinen von den silikatischen Mantelgesteinen sehr unterschiedlich und z.T. hoch variabel. Als mittlerer Wert für Krustengesteine wird etwa 7,5 ‰ oder sogar höher angenommen. Wird also eine Mantelschmelze durch krustale Fluide, Schmelzen oder Gesteine kontaminiert, so schlägt sich dies in ihrem Sauerstoff-Isotopenverhältnis nieder, es wird ansteigen (z. B. Abb. 4.85). Man kann damit nicht nur bestimmen, ob man eine Mantel-, eine Krusten- oder eine kontaminierte Schmelze vor sich hat, sondern auch gegebenenfalls die Menge an krustalen **Kontaminan-**

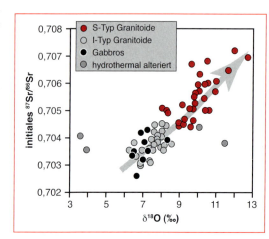

4.85 Der hier dargestellte Zusammenhang zwischen Sr- und O-Isotopie an magmatischen Gesteinen des Peninsula-Ranges-Batholiths aus Südkalifornien deutet auf krustale Kontamination von Mantelschmelzen hin. Nach Taylor (1986).

ten abschätzen. Dies wird durch die Kombination mit anderen Isotopensystemen (z. B. Sr, Nd, Pb) und/oder mit geochemischen Zusammensetzungsdaten noch wirkungsvoller (Abb. 4.86).

Obwohl sie hilfreiche Anzeiger für die Quelle eines magmatischen Gesteins sein können, und obwohl während der Kristallisation und magmatischen Fraktionierung von Schmelzen natürlich Minerale mit deutlich unterschiedlichen Sauerstoff-Isotopenverhältnissen gebildet werden, kann man Sauerstoff-Isotope kaum verwenden, um den Grad der Fraktionierung abzuschätzen. Erstens gibt es nur sehr wenige magmatische Gesteinskomplexe, die nicht syn- oder postmagmatisch von hydrothermalen Fluiden verändert wurden, und zweitens zeigen Studien an den sehr wenigen relativ unveränderten basaltischen Komplexen, dass sich in den ersten 80–90 % der Kristallisation die Sauerstoff-Isotopenzusammensetzung der Schmelze nur um wenige Zehntel ‰ ändert. Dies bedeutet, dass offensichtlich die Summe der bis dahin kristallisierenden Minerale (Feldspäte, Olivine, Pyroxene) eine der Schmelze sehr ähnliche Isotopenzusammensetzung hat, auch wenn das Einzelmineral deutlich abweichen kann. Erst dann in der magmatischen Fraktionierung, wenn entweder Fluid entmischt wird, oder wenn reichlich Minerale extrem unterschiedlicher O-Isotopie kristallisieren, spiegelt sich dies in einer Änderung der O-Isotopie wieder. Solche Minerale sind Magnetit, Quarz oder Biotit. Entsprechend wird erst in den sauren **Restdifferentiaten** von Basalten eine O-Isotopenänderung von > 1 ‰ zu erwarten sein. Positiv betrachtet stellt diese Konstanz allerdings auch die Grundlage dafür dar, dass O-Isotope überhaupt für die **Identifikation der Quelle** und einer möglichen Kontamination genutzt werden können.

Kontamination, auch **Assimilierung** genannt, ist das „Verdauen" von externen Gesteinen, Fluiden oder Schmelzen in einem Magma. Solche Kontaminationen geschehen entweder direkt durch das Hineinfallen und Aufschmelzen von Nebengestein in ein aufsteigendes oder stagnierendes Magma, oder durch die Assimilation von Minimumschmelzen oder Fluiden aus dem Nebengestein, die dann in die Magmenkammer hineinfließen. In beiden Fällen werden die chemische und die isotopische Zusammensetzung der Schmelzen verändert. Besonders gut kann man so etwas sichtbar machen, wenn man zwei Systeme kombiniert, die sich in Schmelze und Nebengestein deutlich unterscheiden. Hierfür eignen sich z. B. O-, Sr- oder Nd-Isotope (siehe auch Abschn. 4.8). Die Berechnungen, die zur Abschätzung der möglichen Kontamination durchgeführt werden, hei-

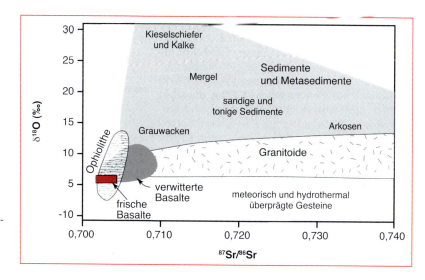

4.86 Typische O- und Sr-Isotopenwerte verschiedener magmatischer und sedimentärer Gesteine. Nach Taylor (1986).

ßen **AFC-Modellierungen** (vom Englischen *Assimilation and Fractional Crystallization*) und werden in Kasten 4.21 vorgestellt. Da bei der Aufschmelzung des Nebengesteins oder von in das Magma hineingefallenen Brocken **Energie** verbraucht wird, kühlt die Schmelze durch die Assimilation von Fremdgestein oder Fremdschmelze ab. Dieses Faktum begrenzt die Menge der möglichen Kontamination effektiv auf maximal wenige Zehner % einer Schmelze, da sie dann bis zur völligen Auskristallisation abgekühlt ist.

Leider können Wasserstoff-Isotope nicht in der oben beschriebenen Weise benutzt werden, um **Quellregionen** zu identifizieren. Weder die primordiale noch die heutige Durchschnitts-Zusammensetzung der irdischen Wasserstoff-Isotope ist bekannt, es gibt zwar große Unterschiede zwischen verschiedenen Gesteinen, aber keine erkennbare Systematik, die mit der Quellregion zusammenhängt. Mantel- und Krustenschmelzen lassen sich damit also nicht unterscheiden. Vermutlich hat der Verlust von Wasserstoff aus der Atmosphäre an den interstellaren Raum, die dadurch veränderte H-Isotopenzusammensetzung an der Erdoberfläche und die über Milliarden von Jahren ablaufende Subduktion mit der Rezyklierung von Oberflächenwasser in den Mantel dazu geführt, dass potentielle Unterschiede verwischt wurden. Auch Meteorite zeigen übrigens gewaltige Unterschiede in der H-Isotopenzusammensetzung

---

Kasten 4.21 Die AFC-Modellierung mittels Sauerstoffisotopen

Während des Aufstiegs und der Kristallisation von Schmelzen kommt es fast unweigerlich zu Kontaminationsvorgängen. Dies ist insbesondere für basaltische Schmelzen von Bedeutung, die durch die Kruste aufsteigen, da sie einerseits so heiß sind, dass sie leicht die Nebengesteine auf über-eutektische Temperaturen erhitzen, und da andererseits bei der Öffnung von Wegsamkeiten, z. B. Störungen, durch die diese Schmelzen sich ihren Weg nach oben bahnen, leicht Gesteinsbruchstücke entstehen, die dann in das Magma hineinsinken und dort verdaut werden. Abbildung 4.85 zeigt sehr deutlich, wie stark sich die Isotopengeochemie von granitoiden Gesteinen über einer **Subduktionszone** ändert, wenn Assimilation im Spiel ist. Abgebildet sind Isotopenanalysen von Granitoiden aus den westlichen USA, die über einer nach Osten abtauchenden Subduktionszone entstanden sind. Je weiter im Osten die Granite liegen, d. h. je dicker die Kruste über der abtauchenden Platte ist, desto mehr verschieben sich Sr- und O-Isotopenzusammensetzung zu höheren, krustalen Werten hin (siehe dazu auch Abschn. 4.8.3.1). Interessanterweise geht dies auch mit einer Entwicklung der Hauptelementchemie und damit der Mineralogie einher, denn die Granite ändern ihre Zusammensetzung von I- zu S-Typ, wie man es auch erwarten würde (siehe Abschn. 3.9.1.2). Nebenbei sei gesagt, dass auch die typischen variskischen S-Typ-Granite z. B. aus dem Schwarzwald oder dem Bayrischen Wald O-Isotopenzusammensetzungen von etwa 10 ‰ und höher haben – der Wert von 10 ‰ wird bisweilen sogar als definitionsmäßige Trennlinie zwischen **S- und I-Typ Granitoiden** genannt. Da Assimilation und fraktionierte Kristallisation immer Hand in Hand gehen, spricht man von AFC-Prozessen.

Quantitativ kann man solche AFC-Prozesse z. B. mit Hilfe der folgenden Gleichungen modellieren:

$$\frac{C_m}{C_m^0} = F^{-z} + \frac{C_a}{C_m^0} \times \frac{1-f^{-z}}{1-\varphi(1-\beta)}$$

und

$$\frac{R_m - R_m^0}{R_a - R_m^0} = 1 - \frac{C_m^0}{C_m} f^{-z} \quad \text{mit } z = \frac{1-\Phi\beta}{\varphi-1}$$

Dabei ist
- β der Verteilungskoeffizient zwischen der Summe aller Kumulatminerale und der Schmelze
- φ das Verhältnis von Kumulaten und assimiliertem Material
- c die Konzentration eines betrachteten Elementes

(δD zwischen -500 und 9000 ‰), sodass es auch nicht möglich ist, hieraus das primordiale H-Isotopenverhältnis abzuschätzen. Irdische Gesteine, deren H-Budget überwiegend durch OH-haltige Silikate wie Amphibole und Glimmer bestimmt wird, sowie magmatisches Wasser variieren heute meist zwischen $\delta D = -40$ und -95 ‰. Die vermutlich beste Schätzung für **primitiven Mantel** (gewonnen aus frischen MORBs mit einem $\delta^{18}O$ von 5,5 ‰) liegt bei etwa $\delta D = -80$ ‰.

Selten und nur in außergewöhnlich reduzierten und alkalireichen Schmelzen werden magmatische **Amphibole** mit Werten bis -230 ‰ gefunden (siehe Abb. 4.90). Obwohl die Entstehung dieser extremen Zusammensetzungen noch nicht vollständig geklärt ist, involviert die derzeit beste Erklärung dafür **magmatisches Methan**, das im Verlauf der magmatischen Fraktionierung quantitativ zu CO_2 und Wasser oxidiert wird. Dabei ändert sich die Wasserstoffisotopenzusammensetzung nicht, und da Methan sehr niedrige Wasserstoffisotopenzusammensetzungen hat, viel niedriger als im Gleichgewicht damit stehendes Wasser, kann bei der Oxidation des Methans ein Niedrig-δD-Wasser entstehen, aus dem ein Niedrig-δD-Amphibol kristallisiert. Allerdings wird auch ein weiteres wichtiges Phänomen in magmatischen Systemen, die Entgasung, als Erklärung herangezogen, die im Folgenden kurz diskutiert wird.

- R das Isotopenverhältnis (z. B. $^{18}O/^{16}O$ oder $^{87}Sr/^{86}Sr$) und
- f der Anteil der noch verbleibenden (d.h. noch nicht kristallisierten) Schmelze, der zwischen 0 und 1 variieren kann.

0, m und a stehen für anfängliche Schmelze vor der Kontamination, Schmelze (*melt*) während der Kontamination, und assimiliertes Material.

Da die Menge von Sauerstoff in der Schmelze, in den Kumulaten und im Kontaminanten ungefähr gleich groß ist (es handelt sich immer um Silikate), und da die Kumulate ungefähr dieselbe O-Isotopenzusammensetzung haben wie die Schmelze, kann man c_m, c_m^0 und c_a für das O-Isotopensystem ungefähr gleichsetzen und β als 1 betrachten. Damit vereinfacht sich obige Gleichung im Falle des Sauerstoffs (und nur für dieses Element!) zu

$$R_m = (R_a - R_m^0)\,[1 - f^{1/(\varphi - 1)}] + R_m^0$$

Berechnet man die O-Isotopenzusammensetzung eines Magmas während der mit der Assimilation eines Kontaminanten einhergehenden Kristallisation, so entsteht ein Bild wie in Abb. 4.87. Es ist offensichtlich, dass die Assimilationsmengen anhand von Entwicklungskurven der O-Isotopen in später nicht mehr hydrothermal veränderten Magmatiten abgeschätzt werden können.

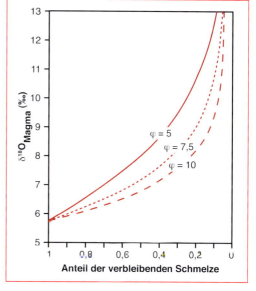

4.87 Hier wird das Ergebnis einer einfachen AFC-Modellierung mit der im Text angegebenen Formel gezeigt, also die fraktionierte Kristallisation eines MOR-Basalts (mit einem $\delta^{18}O$ von 5,7 ‰) bei gleichzeitiger Assimilation von krustalen Nebengesteinsschmelzen (mit einem $\delta^{18}O$ von 19 ‰). Die x-Achse zeigt, wie viel Schmelze schon auskristallisiert ist und φ ist das Verhältnis von gebildetem Kumulat zu assimiliertem Nebengestein.

Magmenkammern verlieren Fluide, also insbesondere Wasser und Kohlendioxid, wenn die in ihnen kristallisierende Schmelze Fluidsättigung erreicht hat. Diese **Entgasung** findet z. B. bei Vulkanausbrüchen statt und kann insbesondere die Wasserstoffisotopie drastisch ändern, da abhängig von der Temperatur Wasserdampf (im Gas) und flüssiges Wasser (das z. B. in der Schmelze gelöst ist oder das als fluide Phase neben der Schmelze vorliegt) sehr unterschiedliche Wasserstoff-Isotopien haben. Wasser ist relativ zu damit im Gleichgewicht stehenden Mineralen oder auch einer Schmelze an D angereichert (aber an ^{18}O verarmt!). Bei einer solchen Entgasung kommt es also zu sukzessive niedrigeren δD-Werten in der residualen Schmelze und den daraus kristallisierenden Festphasen (Abb. 4.88). Allerdings beobachtet man in Fällen, in denen molekularer Wasserstoff (anstelle von H_2O) entgast, das umgekehrte Phänomen: Deuterium wird im Residuum angereichert und eine sukzessive Entgasung fördert die Entstehung hoher δD-Werte. Mit der Entgasung von Wasserstoff ist übrigens logischerweise auch die Oxidation der entgasenden Schmelze direkt verknüpft, da sich das Gleichgewicht

$$H_2O = H_2 + 0{,}5\ O_2$$

gemäß dem Prinzip von LeChatelier nach rechts verschiebt und der Sauerstoff viel weniger leicht ausgast als der kleinere Wasserstoff. Es sei hier speziell darauf hingewiesen, dass wie alle anderen Fraktionierungsfaktoren auch, die hier wichtigen (also insbesondere die zwischen Gas und Fluid) temperaturabhängig sind und die Fraktionierung mit abnehmenden Temperaturen deutlich zunimmt.

Zum Abschluss dieses Abschnitts sei noch die häufig zitierte „**magmatische Wasser-Box**" erwähnt (Abb. 4.89), die die typische Variation magmatischer Wässer in Bezug auf ihre O- und H-Isotopie angibt. Sie sollte allerdings in dem Wissen verwendet werden, dass magmatische Wässer durch Kontamination und Entgasung deutlichen Isotopenvariationen unterworfen sind. Auch metamorphe Fluide haben eine eigene, derartige Box in einem D-O-Isotopendiagramm (Abb. 4.89).

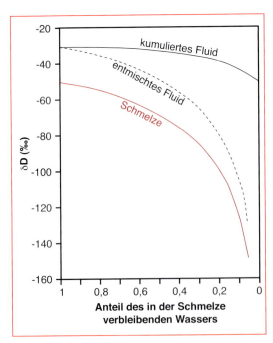

4.88 Die Auswirkung der Gleichgewichtsentgasung einer Schmelze auf deren Wasserstoffisotopie. Nach Taylor (1986).

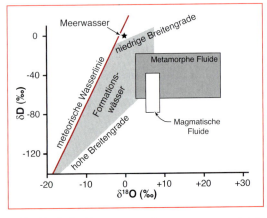

4.89 Typische Zusammensetzungen von magmatischen und metamorphen Fluiden sowie von sedimentären Formationswässern im O-H-Isotopendiagramm und mit Bezug zur meteorischen Wasserlinie. Nach Rollinson (1993).

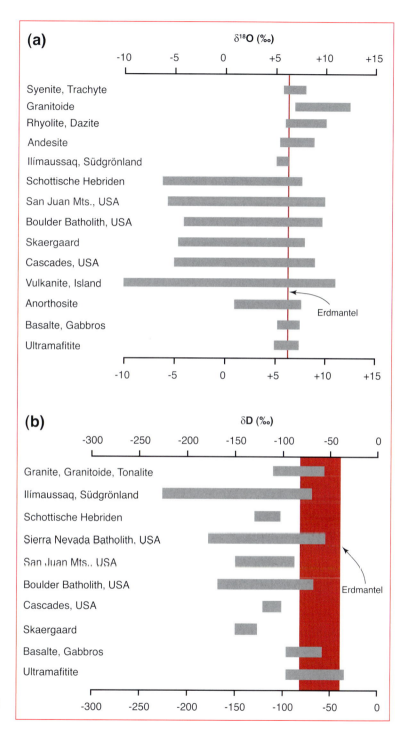

4.90 Die O- und H-Isotopen-Zusammensetzungen verschiedener magmatischer Gesteine. Nach Rollison (1993), ergänzt mit Daten für die alkalisyenitische Ilímaussaq-Intrusion aus Marks et al. (2004).

Sauerstoffisotope und Fluid-Gesteins-Wechselwirkungen

Eine Übersicht von Wasserstoff- und Sauerstoff-Isotopendaten (Abb. 4.90) in Gesteinen zeigt, wie groß ihre Variabilität in unterschiedlichen Gesteinstypen ist. Diese Variabilität kann verschiedene Ursachen haben:
- Unterschiede der isotopischen Zusammensetzungen der Quellen
- Unterschiede durch magmatische Fraktionierung und/oder Kontamination
- Unterschiede durch **Fluid-Gesteins-Wechselwirkungen**

Da wir die ersten zwei Ursachen bereits diskutiert haben, kommen wir nunmehr zur letzten, die insbesondere in erdoberflächennahen Systemen große Bedeutung hat. Wie schon in Kapitel 3 beschrieben, steht Wasser bei niedrigen Temperaturen (z. B. an der Erdoberfläche oder in der Oberkruste) normalerweise nicht im Gleichgewicht mit bei hohen Temperaturen gebildeten Gesteinen wie Graniten, Gneisen oder Amphiboliten und den in ihnen enthaltenen Mineralen. Dies führt dazu, dass solche Gesteine im Laufe der Zeit entweder metamorph-hydrothermal verändert (sprich: umkristallisiert) oder aufgelöst werden. Letzterer Prozess ist zwar an der Erdoberfläche häufig, aber für die Isotopengeochemie von Gesteinen nicht sehr relevant. Ersterer dagegen führt zu drastischen Veränderungen insbesondere der Sauerstoff-Isotopie und ist daher hier von besonderem Interesse. Es sei hier nochmals auf das Konzept der isotopischen Schließungstemperatur hingewiesen, das bereits im Zuge der Isotopen-Thermometrie behandelt wurde: Ein Mineral kann unter seiner Schließtemperatur nicht mehr isotopisch mit einem im isotopischen Ungleichgewicht befindlichen Fluid austauschen. Daher finden isotopische Veränderungen in Gesteinen bei niedrigen Temperaturen praktisch ausschließlich durch Umkristallisation oder Lösung und Ausfällung statt, nicht aber durch diffusive Reequilibrierung.

Gesteine, die größere Mengen an Feldspäten, Glimmern, Amphibolen oder Pyroxenen enthalten, werden durch die Einwirkung von Wasser bei Temperaturen unter 150 °C zu Gemengen aus Quarz, Tonmineralen, Hämatit und Chlorit zersetzt. Dies geschieht besonders intensiv entlang von Scherzonen und auf **Störungen**, wobei die so genannten „Lettenklüfte" oder „Ruschelzonen" entstehen, also weiche, tonmineral-gefüllte Zonen, die häufig Gebirgsteile auch hydraulisch voneinander separieren, da sie wasserundurchlässig sind. Die kontinentale Oberkruste ist durchzogen von solchen Klüften, die mit mehr oder weniger dicken Belägen aus Tonmineralen, Zeolithen, Calcit, Chlorit, Hämatit und Quarz bedeckt sind.

Auch in undeformierten Gesteinen kann das auf Korngrenzen vorhandene Wasser dazu führen, dass Feldspäte zu Tonmineralen oder Sericit (feinschuppiger Hellglimmer) sowie Biotit oder Amphibole zu Chlorit und Hämatit umgewandelt werden. Die dabei freigesetzten Spurenelemente (z. B. Pb oder Ba aus Feldspäten, Cu oder Zn aus Mafiten) spielen bei der Entstehung **hydrothermaler Erzlagerstätten** eine wichtige Rolle, die jedoch leider über den Rahmen dieses Buches hinausgeht.

Isotopisch ändert sich die Gesteinszusammensetzung bei solchen Prozessen deshalb, da die Fraktionierungsfaktoren zwischen Festphasen und Wasser bei solch niedrigen Temperaturen besonders groß sind. Typischerweise zeigen daher bei oder unter 150 °C entstandene Mineralparagenesen der kontinentalen Kruste (z. B. hydrothermale Quarzgänge) relativ hohe O-Isotopenwerte bis über 25 ‰. Kontamination mit solchen Gesteinen hinterlässt sehr deutliche Spuren in Mantelschmelzen. Bei bekannter Wasserisotopie kann entweder die Temperatur der Fluid-Gesteinswechselwirkung bestimmt werden (oder umgekehrt!), oder, wenn Temperatur und Wasserisotopie bekannt sind, können sogar Aussagen über das Fluid-Gesteins-Mengenverhältnis gemacht werden, also wie viel Fluid ein untersuchtes Gestein zeitintegriert (über den untersuchten Abschnitt der geologischen Entwicklungsgeschichte des Gesteins aufsummiert) durchflossen hat. Solche Daten sind für das Verständnis von Fluidbewegungen in der Erdkruste von Bedeutung, über die man in Tiefen größer etwa 100 m erstaunlich wenig weiß.

Auch in Ozeanen spielen Fluid-Gesteins-Wechselwirkungen eine große Rolle, da der an mittelozeanischen Rücken austretende tholeiitische Basalt natürlich genauso im Ungleichgewicht mit Meerwasser steht wie ein Granit mit Wasser in einer neu geöffneten Störung. Dementsprechend reagieren die Basalte ab dem Zeitpunkt ihres ersten Kontaktes mit Meerwasser, was in Kapitel 3 bereits als **Spilitisierung** bezeichnet wurde. Ebenfalls dort erwähnt wurde das wichtigste Erzlagerstätten-relevante Phänomen dieser Fluid-Gesteins-Wechselwirkung, die „**Schwarzen Raucher**" (Abschn. 3.9.1.1). Was genau geschieht nun bei der **Ozeanbodenmetamorphose**?

Der Basalt reagiert mit dem Meerwasser und zersetzt sich. Dabei werden neue Minerale gebildet, und wenn man das gesamte System betrachtet, ist dies natürlich nicht ein isochemischer Prozess, sondern ein metasomatischer, bei dem z. B. Ca ans Meerwasser abgegeben sowie Na und Wasser durch das Gestein aufgenommen wird. Dieser Reaktionsprozess findet bei sehr verschiedenen Temperaturen statt, und zwar von etwa 4 bis fast 500 °C, da die Basalte ja je nach Alter und je nach ihrer Position in der ozeanischen Kruste unterschiedlich warm sind. Je nach herrschender Temperatur zeigen die dabei entstehenden alterierten Gesteine dann sehr unterschiedliche Sauerstoffisotopien. Unterhalb etwa 150 °C (dieser Bereich wird „subozeanische Verwitterung" genannt) steigt die O-Isotopie der Ozeankruste, ähnlich wie in der kontinentalen Kruste, wo ähnliche Prozesse ja von denselben Gesetzen, d.h. denselben hohen Fraktionierungsfaktoren zwischen Fluid und Mineral, gesteuert werden, auf bis zu 25 ‰ an. Häufig beobachtet man dabei eine positive Korrelation zwischen $\delta^{18}O$-Werten und dem Wassergehalt eines Gesteins. Diese Prozesse finden typischerweise bei hohen Fluid-Gesteins-Verhältnissen weit über eins statt, sind also fluid-dominiert (im Englischen „*fluid-buffered*").

Bei höheren Temperaturen („hydrothermale Alteration") nimmt die Fraktionierung dagegen ab und es kann sogar dazu kommen, dass bei Temperaturen über etwa 300 °C das ^{18}O der Silikate gegenüber den ursprünglichen MORB-Werten abnimmt (Abb. 4.91). Solche Prozesse sind typischerweise durch das Gestein und nicht durch das Fluid gepuffert, da die miteinander reagierenden Fluid- und Gesteinsvolumina häufig in derselben Größenordnung liegen und das Gestein dann mehr O enthält. Wie man die Isotopieänderung in solchen Prozessen quantifiziert, ist im folgenden Abschnitt für den Kohlenstoff gezeigt.

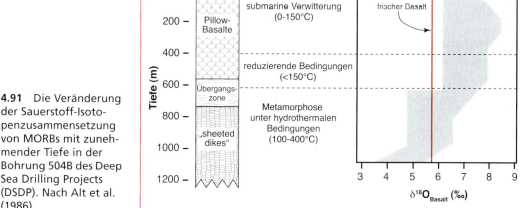

4.91 Die Veränderung der Sauerstoff-Isotopenzusammensetzung von MORBs mit zunehmender Tiefe in der Bohrung 504B des Deep Sea Drilling Projects (DSDP). Nach Alt et al. (1986).

4.7.3.2 Kohlenstoff

Kohlenstoff liegt in der Natur in Form der zwei stabilen Isotope ^{12}C und ^{13}C vor, die Häufigkeiten von 98,89 und 1,11 % haben. Das „berühmte" Isotop ^{14}C, das für Datierungszwecke benutzt wird („**Radiokarbonmethode**"), liegt in der Atmosphäre nur in einer Häufigkeit von 10^{-10} % vor und ist außerdem nicht stabil – es zerfällt mit einer Halbwertszeit von 5370 Jahren, weshalb es für die Datierung von bis zu etwa 50.000 Jahre alten Proben genutzt werden kann (siehe Abschn. 4.8.3.9) – hier gilt die Faustregel, dass ein Isotopensystem für die Datierung von Zeiträumen genutzt werden kann, die etwa dem Zehnfachen der Halbwertszeit entsprechen.

Wenden wir uns aber nun der stabilen Kohlenstoffisotopie zu. Angegeben werden die Variationen als $\delta^{13}C$ im Vergleich zu einem als „PDB" bekannten Standard, dem fossilen PeeDee-Belemniten, dem karbonatischen Überbleibsel eines Tintenfischs aus einer kretazischen Formation in South Carolina, USA. Es gilt dann, wie beim Sauerstoff:

$$\delta^{13}C_{Probe} = \left(\frac{^{13}C/^{12}C_{Probe}}{^{13}C/^{12}C_{PDB}} - 1\right) \times 1000$$

Die beobachteten isotopischen Variationen betragen insgesamt rund 100 ‰, wobei Karbonate schwere Isotopien bis zu + 10 ‰, selten auch bis zu + 20 ‰, organische Materie leichte bis zu – 40 ‰ und Methan sehr leichte Isotopien bis zu – 80 ‰ aufweisen können (Abb. 4.92). Es ist offensichtlich, dass Kohlenstoff potentiell sehr nützlich sein kann, um verschiedene terrestrische Reservoire voneinander zu unterscheiden, so z. B. Erdmantel- von Erdoberflächengesteinen und anorganische karbonatische von organischen Reservoiren. Der **Erdmantel** scheint eine Isotopie von etwa – 5 ‰ zu haben, doch zeigen Diamanten und auch MORBs weit streuende Isotopenwerte zwischen 0 und – 30 ‰, was unten noch diskutiert wird.

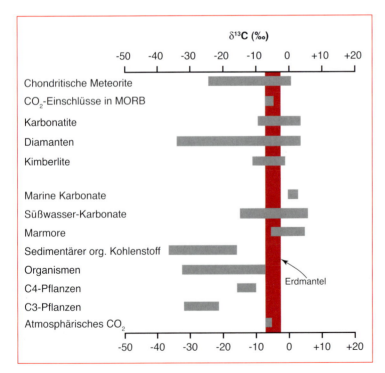

4.92 Die Variation der Kohlenstoffisotopie verschiedener Materialien. Nach Hoefs (1996) und Rollinson (1993).

Da Kohlenstoff in der Natur in drei Wertigkeitsstufen (– IV in Methan und Organika, 0 in Graphit und Diamant sowie + IV in Karbonaten) vorkommt und in Fest-, Flüssig- und Gasphasen vorliegt, gibt es reichlich Möglichkeiten der Isotopenfraktionierung. Anorganisch geschieht die Fraktionierung überwiegend zwischen festem Karbonat, in Wasser gelöstem Hydrogenkarbonat (HCO_3^-) und gasförmigem CO_2 aus der Luft. Die drei wichtigsten Reaktionsschritte bei der Auflösung von Kalk involvieren all diese Phasen und Spezies, und stellen die wichtigste Quelle der anorganischen Isotopenfraktionierung dar. Es sind

$$CO_2(g) = CO_2(aq)$$
$$CO_2(aq) + H_2O(l) = H^+(aq) + HCO_3^-(aq)$$
$$CaCO_3(s) + H^+(aq) = Ca^{2+}(aq) + HCO_3^-(aq).$$

Diese ergeben die Gesamtreaktion

$$CO_2(g) + H_2O(l) + CaCO_3(s) = Ca^{2+}(aq) + 2\,HCO_3^-(aq)$$

Bei den Temperaturen der Erdoberfläche liegt also in Wasser gelöster Kohlenstoff im neutralen pH-Bereich überwiegend als **Hydrogenkarbonat** vor. Die experimentell bestimmten Fraktionierungskurven für die an dieser Reaktion beteiligten Spezies sind in Abb. 4.93 als Funktion der Temperatur abgebildet, bei 20 °C sind die α-Werte in Tabelle 4.14 angegeben.
Marine Karbonate haben häufig $\delta^{13}C$ Werte um + 4 bis + 5 ‰. Dies lässt sich anhand der Fraktionierungsfaktoren leicht erklären: Luft-CO_2 hat einen Isotopenwert von $\delta^{13}C = -9$ ‰ (vor einigen Jahrzehnten war er noch – 7 ‰, in Ballungsräumen erreicht er heute schon – 12 ‰). Ein willkürliches Beispiel:

Tabelle 4.14 Fraktionierungsfaktoren α für Kohlenstoffisotopengleichgewichte zwischen Calcit, CO_2 und Hydrogenkarbonat bei 20 °C

Isotopenaustausch	α bei 20 °C
$CaCO_3 - HCO_3^-$	1,00185 ± 0,00023
$HCO_3^- - CO_2$	1,00838 ± 0,00012
$CaCO_3 - CO_2$	1,01017 ± 0,00018

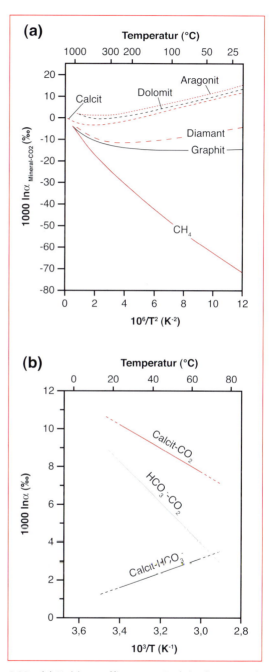

4.93 (a) Kohlenstoffisotopen-Fraktionierung zwischen Methan bzw. verschiedenen Mineralen und CO_2 bei verschiedenen Temperaturen. Nach Chacko et al. (2001). (b) Kohlenstoffisotopen-Fraktionierung zwischen Calcit, CO_2 und Hydrogenkarbonationen bei 0 bis 80 °C. Nach Emrich et al. (1970). Man beachte die unterschiedlichen Steigungen!

wenn $\alpha_{CaCO_3\text{-}CO_2(g)} = 1{,}011$, dann ist das $\Delta_{CaCO_3\text{-}CO_2(g)}$ ungefähr 11 ‰ und damit das $\delta^{13}C_{CaCO_3}$ ca. + 2 ‰. Es ist zu beachten, dass der $\delta^{13}C$-Wert von Calcit im Gleichgewicht mit Hydrogenkarbonat zwar mit zunehmender Temperatur ansteigt (positive Steigung im Diagramm der Abb. 4.93), dass aber das Hydrogenkarbonat gleichzeitig im Gleichgewicht mit Luft-CO_2 steht und daher sein Kohlenstoff-Isotopenwert mit steigender Temperatur stark abnimmt. Insgesamt wird dann auch der $\delta^{13}C$-Wert des Calcits mit steigender Temperatur abnehmen, da der zweite Effekt den ersten überkompensiert. Wird übrigens auf anorganischem Wege Methan gebildet, z. B. durch die Reduktion von **Graphit** oder CO_2 in Metamorphiten oder Schmelzen, so wird dabei das **Methan** eine deutlich leichtere C-Isotopie aufweisen als die ursprüngliche Kohlenstoffspezies, da es C-Isotope sehr stark fraktioniert – wobei der Fraktionierungsfaktor natürlich wieder temperaturabhängig ist (Abb. 4.93). Eine wichtige Reaktion der anorganischen Methan-Produktion ist

$$CO_2 + 2\,H_2O = CH_4 + 2\,O_2$$

oder, anders ausgedrückt,

$$CO_2 + 4\,H_2 = CH_4 + 2\,H_2O.$$

Abiogenes, vermutlich durch die Reduktion von CO_2 bei hohen Temperaturen (> 800 °C) im Erdmantel gebildetes Methan findet sich zum Beispiel in großen Mengen in manchen alkalisyenitischen Magmatiten wie denen von Lovozero und Khibina auf der russischen Kola-Halbinsel oder in Ilimaussaq in Südgrönland. Im <u>organischen</u> Bereich, d. h. dort, wo Lebewesen involviert sind, spielen im Gegensatz zum rein thermodynamisch kontrollierten anorganischen Bereich kinetische Effekte eine große Rolle. Dies wird uns auch beim Schwefel, beim Stickstoff und beim Eisen wieder begegnen. So nehmen Pflanzen bei der **Photosynthese** bevorzugt leichten Kohlenstoff auf, der dann über die Nahrungskette auch in Tiere und den Menschen gelangt (Abb. 4.106). Diffundiert CO_2 aus der Luft in ein Blatt, so beträgt die kinetische Fraktionierung $\Delta_{CO_2(g)\text{-}CO_2(Blatt)}$ schon 4 ‰. Bei der eigentlichen Photosynthese beträgt die Fraktionierung je nach Pflanzenart und genutztem Reaktionsweg zwischen − 11 und − 37 ‰ (bezogen auf das Verhältnis von Luft-CO_2 zu Pflanze). So genannte **C4-Pflanzen** stellen dabei aus CO_2 in einer Reihe von Umsetzungen ein bestimmtes organisches Molekül mit vier Kohlenstoffatomen her (daher C4) und fraktionieren den Kohlenstoff nur zwischen 11 und 14 ‰, während **C3-Pflanzen** ein entsprechendes organisches Molekül mit drei Kohlenstoffatomen produzieren, dabei aber Fraktionierungen zwischen 20 und 37 ‰ erzeugen. C4-Pflanzen sind überwiegend Gräser inklusive Mais und Zuckerrohr, während C3-Pflanzen die restlichen 90 % aller Pflanzen von Algen bis zu Bäumen, aber auch Weizen und Reis umfassen. C4-Pflanzen nutzen Luft-CO_2 effizienter, da sie größere Mengen des kinetisch ungünstigeren ^{13}C-Isotops verarbeiten können und daher geringere Fraktionierungen erzeugen.

Die organische Kohlenstoff-Isotopen-Biogeochemie hat verschiedene interessante und z. T. unerwartete Anwendungen. Einige seien hier genannt.

− Durch die Untersuchung der Kohlenstoffisotopie von Pferdezähnen (genauer: ihrem Zahnschmelz) kann man die **Nahrungsgrundlage** der Pferde rekonstruieren, da der Zahnschmelz immer einen um 14 ‰ schwereren $\delta^{13}C$-Wert hat als die verwendete Nahrung. Dies funktioniert wesentlich besser, als Pflanzenüberreste zu analysieren, da diese bei der Zersetzung ihre Isotopie ändern, während Zahnschmelz sehr gut über lange Zeiträume erhalten bleibt. So wurde rekonstruiert, dass ab ca. 8 Millionen Jahren vor heute C4-Pflanzen an Land zu dominieren begannen, was durch einen geringeren CO_2-Gehalt der Luft erklärt wird, auf den C4-Pflanzen flexibler reagieren konnten als C3-Pflanzen.

− **Fossile Brennstoffe** bewahren zumindest ungefähr die Kohlenstoff-Isotopie ihrer Ursprungsmaterialien. Kohle beispielsweise hat relativ konstante $\delta^{13}C$-Werte um − 25 ‰, da sie ausschließlich aus Landpflanzen entsteht, während die Werte für Erdöl zwischen −18 und −34 ‰ variieren, was auf Fraktionierungen bei der Umwandlung zurückgeführt wird, aber auch darauf, dass sich Erdöl teils aus Landpflanzen, teils aus marinen Lebewesen gebildet hat. Erdgas schließlich (das überwiegend aus Methan besteht und bei der Erwärmung komplexerer organischer Moleküle gebildet wird) weist Werte zwischen −40 und −70 ‰ auf, was durch das bevorzugte „thermische Cracken" ^{12}C-haltiger längerkettiger organischer Moleküle erklärt wird. Dies funktioniert übrigens nicht nur in der Natur bei der Bildung von Erdgas, sondern z. B. genauso in **Mülldeponien**, wo isotopisch leichtes Methan eher entweicht und isotopisch schwereres CO_2 zurückbleibt, wenn CH_4 aus der biogenen Reduktion von CO_2 gebildet wird.

- Aus dem eben genannten Beispiel ergibt sich ein weiteres. Pflanzen, wie z. B. Bäume, und Tiere, wie Korallen oder Schwämme, bauen CO_2 aus der Luft ein. Die Untersuchung von Baumringen oder von Korallen oder Schwämmen bekannten Alters erlaubt also die **Rekonstruktion** der atmosphärischen C-Isotopie. Wie Abb. 4.94 zeigt, nimmt der δ^{13}C-Wert von karibischen und neukaledonischen Schwämmen seit etwa 1840, dem Beginn der Industrialisierung, kontinuierlich ab und läuft absolut parallel mit der Kohlenstoff-Isotopenzusammensetzung der Luft. Dies ist ein Beleg für die – von manchen Leuten immer noch bezweifelte – anthropogene Ursache des Anstiegs der atmosphärischen CO_2-Konzentrationen seit dieser Zeit, denn das durch Verbrennen von fossilen Brennstoffen entstandene CO_2 ist mit Werten von ca. −25 ‰ δ^{13}C deutlich negativer als das der Atmosphäre (anthropogen unbeeinflusst −7 ‰).

- Für eine Reihe von niederen Tieren ist in Abb. 4.95 gezeigt, dass es eine sehr gute Korrelation zwischen der Kohlenstoffisotopie des Körpers und ihrer **Nahrung** gibt, dass aber bisweilen das Körpergewebe isotopisch schwerer ist als die Nahrung (z. B. bei Motte

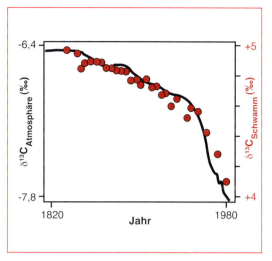

4.94 Die Kohlenstoffisotopie von neukaledonischen und karibischen Schwämmen aus der Zeit von 1820 bis 1980 (rote Punkte), nach Böhm et al. (1996). Zum Vergleich ist die Kohlenstoffisotopie von atmosphärischem CO_2, nach Friedli et al. (1986), als schwarze Linie eingezeichnet. Es ist offensichtlich, dass ab 1840 eine deutliche Veränderung einsetzte, die sich ab 1950 noch beschleunigte.

und Heuschrecke). Untersucht man daraufhin die von ihnen respirierte Atemluft, so stellt man fest, dass über das ausgeatmete CO_2 bevorzugt leichteres ^{12}C abgegeben wird. Im Körper findet also eine Fraktionierung zwischen Gewebe und CO_2 statt.

- Der Zusammenhang zwischen Körper- und Nahrungs-Isotopie hat noch weitere interessante Anwendungen. So zeigte sich durch die Kohlenstoff-Isotopen-Analyse von Knochen amerikanischer Ureinwohner, dass diese um 800 n. Chr. begannen, ihre Nahrung von C3 auf C4-Pflanzen, in diesem Fall Mais umzustellen (Abb. 4.96), was möglicherweise entscheidend zur Entwicklung von **Hochkulturen** ab dieser Zeit beitrug.

- Durch die Analyse von benthischen **Foraminiferen**, also im Tiefwasser lebenden Einzellern, kann man die Kohlenstoff-Isotopie des Wassers rekonstruieren, in dem sie gelebt haben. Dies gelingt auch, wenn sie nur noch fossil vorliegen. So können – aufgrund verschiedener Argumente, die hier auszubreiten

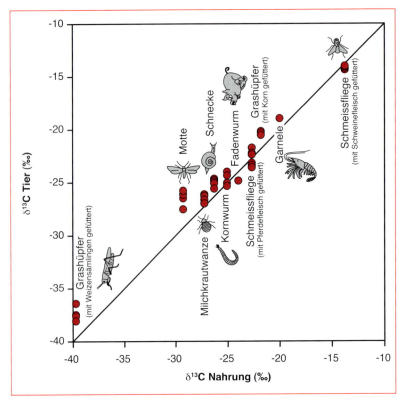

4.95 Die Kohlenstoffisotopen-Zusammensetzung verschiedener Tiere und ihrer Nahrung. Interessanterweise tritt die hier beobachtete 1 : 1-Korrelation bei höheren Tieren wie z. B. Säugetieren nicht auf; Pferde beispielsweise fraktionieren den Kohlenstoff bis zu 14 ‰ gegenüber ihrer Nahrung. Nach DeNiro & Epstein (1978)

den Rahmen des Abschnitts sprengen würde – Paläomeeresströmungen rekonstruiert und Wassermassen bilanziert werden.

Betrachten wir nun magmatische Gesteine. Hier spielen Kohlenstoff-Isotope keine so große Rolle wie z. B. Sauerstoff-Isotope, da durch die vielen Reaktions- und Fraktionierungsmöglichkeiten Reservoire nur schwer eindeutig festzulegen sind. Es wurde allerdings bereits erwähnt, dass Kohlenstoff-Isotope wichtig sind, um biogenes von **abiogen gebildetem Methan** zu unterscheiden, das in manchen Magmatiten eine wichtige Fluidphase darstellt. Methan in solchen Alkalisyeniten kann sowohl hochtemperiert-magmatisch als auch spätmagmatisch bei Temperaturen unter 400 °C gebildet werden, wobei in ersterem Fall besonders reduzierte Ausgangsschmelzen (unter FMQ-2, siehe Abschn. 3.9.2.8) die Reduktion von CO_2 bedingen, während man in letzterem Fall durch Eisenminerale katalysierte CO_2-Reduktion als Erklärung heranzieht. Hierbei kann z. B. Magnetit zu Hämatit oxidiert und gleichzeitig CO_2 zu Methan reduziert werden. Dies ähnelt der industriellen Herstellung von Kohlenwasserstoffen aus Kohlenmonoxid, das als **Fischer-Tropsch-Verfahren** bekannt ist. Die Natur kennt und verwendet dieses im 20. Jahrhundert

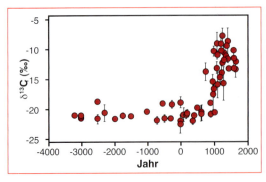

4.96 Die Kohlenstoffisotopen-Zusammensetzung von Knochen nordamerikanischer Ureinwohner zeigt Veränderungen der Nahrungsgewohnheiten (siehe Text). Nach Larsen (1997).

„entdeckte" Verfahren bereits seit Jahrmilliarden. Schließlich kann durch Abkühlung in einem geschlossenen magmatischen System auch ein CO_2-H_2O-Fluid zu CH_4 und O_2 reagieren. In allen Fällen kommt es zu Isotopenfraktionierungen, die – wie immer – bei höheren Temperaturen geringer sind als bei tiefen. Abiogen entstandenes magmatisches Methan hat $\delta^{13}C$-Werte zwischen – 40 und – 50 ‰.

Daneben spielt Kohlenstoff noch in den karbonatreichen Magmatiten der **Karbonatite** und der **Kimberlite** eine prominentere Rolle. Beide Gesteinstypen zeigen im frischen, unalterierten Zustand $\delta^{13}C$-Werte um – 5 ‰ (– 4 bis – 8 ‰), und dies sind auch typische Werte von CO_2-Einschlüssen in MORBs. Allerdings ist es wichtig zu betonen, dass spätmagmatische oder hydrothermale Alteration diese Werte stark verändern kann und solche alterierten Karbonatite zeigen häufig $\delta^{13}C$-Werte bis zu 0 ‰. Bei vielen **MORBs** und **Inselbogenbasalte** sind die Werte allerdings auch deutlich niedriger, bis zu – 35 ‰. Bei MORBs deutet man das als Ergebnis einer Entgasung durch Rayleigh-Fraktionierung, bei Inselbogenbasalten als eine Mischung von Signaturen des Mantel und subduzierter Kruste. Allerdings sind beide Interpretationen nicht unumstritten. Ähnliches gilt für die Interpretation der Diamant-Kohlenstoff-Isotopie: **Diamanten** aus mit Kimberliten an die Oberfläche gebrachten Peridotiten haben typische $\delta^{13}C$-Werte um – 5 ‰, während Diamanten aus mit Kimberliten an die Oberfläche gebrachten Eklogiten deutlich niedrigere Werte bis zu – 25 ‰ haben (Abb. 4.97). Auch hier wird eine subduzierte krustale Komponente ins Spiel gebracht, zumal die eklogitischen Diamanten – aufgrund von Sm/Nd-Datierungen darin eingeschlossener Minerale wie Granat und Klinopyroxen – deutlich jünger zu sein scheinen als die peridotitischen.

Schließlich werden Kohlenstoff-Isotope in metamorphen Gesteinen dazu verwendet, beispielsweise Equilibrierungstemperaturen in Marmoren (zwischen Graphit und Calcit) oder den Einfluss externer Fluide während der Metamorphose (z. B. in einer Kontaktaureole) zu rekonstruieren. Die **Thermometrie** funktioniert genauso wie beim Sauerstoff besprochen, die Massenbilanzierung benötigt dagegen einige erklärende Worte. Solche Prozesse sind z. B. bei der Bildung von Skarnen oder in metasedimenären Kontaktaureolen von Bedeutung. Dringt ein CO_2-haltiges Fluid einer bestimmten

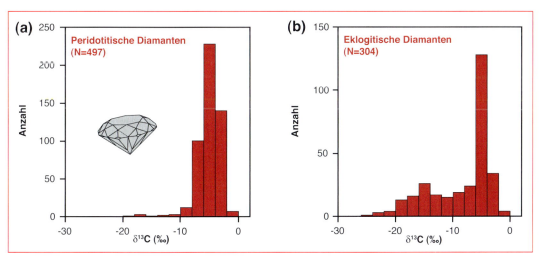

4.97 Die Kohlenstoffisotopen-Zusammensetzung von Diamanten verschiedener Mantelreservoire (eklogitische und peridotitische Gesteine) zeigt signifikante Unterschiede. Die leichtere Isotopie eklogitischer Diamanten wird durch die Assimilation organischen Kohlenstoffs im Zuge von Subduktionsvorgängen erklärt. Nach Stachel (pers. Mitt.).

isotopischen Zusammensetzung in ein Gestein einer anderen isotopischen Zusammensetzung ein, so hängt es von diesen Isotopenwerten, den beteiligten Mengen an Fluid und Gestein sowie von den Kohlenstoff-Konzentrationen in beiden Reservoiren ab, wie stark sich die isotopische Zusammensetzung des Gesteins verändert. Dies lässt sich in einem geschlossenen System mit der einfachen Massenbilanzgleichung

$$\left(\frac{F}{R}\right)_{\text{geschlossenes System}} = \frac{\delta^f_{\text{Gestein}} - \delta^0_{\text{Gestein}}}{\delta^0_{\text{Fluid}} - \delta^f_{\text{Gestein}} + \Delta}$$

ausrechnen, in der F und R die Atomprozente des Kohlenstoffs im Fluid und im Gestein sind (beachte: F + R = 100 %!), Δ der Unterschied $\delta_{\text{Gestein}} - \delta_{\text{Fluid}}$, und δ^0 bzw. δ^f die Anfangs- bzw. Endisotopie des Fluids bzw. Gesteins. Die kleinen Deltas lassen sich häufig gut abschätzen, indem man eine vom Fluid nicht beeinflusste Gesteinspartie (für $\delta^0_{\text{Gestein}}$), das alterierte Gestein (für $\delta^f_{\text{Gestein}}$) und eine bekannte Fluidquelle betrachtet (für δ^0_{Fluid}). Für Δ benötigt man experimentelle Fraktionierungsdaten und die Kenntnis der Temperatur des Infiltrationsvorganges, die man gut aus Phasengleichgewichten oder Flüssigkeitseinschlussuntersuchungen erhalten kann. Geschieht die Fluid-Gesteins-Wechselwirkung in einem offenen System, so gilt

$$\left(\frac{F}{R}\right)_{\text{offenes System}} = \ln\left[\left(\frac{F}{R}\right)_{\text{geschlossenes System}} + 1\right].$$

Es ist interessant, sich noch einige Gedanken zu **Dekarbonatisierungreaktionen** bei der prograden Metamorphose von karbonathaltigen Metasedimenten, also z. B. Kalken oder Mergeln, zu machen. In diesem Fall nämlich wird eine CO_2-haltige Fluidphase entstehen, die natürlich gegenüber dem zurückbleibenden Karbonat sowohl Kohlenstoff- als auch Sauerstoff-Isotope fraktioniert. Bei typischen metamorphen Temperaturen hat diese Fluidphase dabei die schwerere C- und O-Isotopie, das dekarbonatisierte Gestein wird also isotopisch leichter, wenn das Fluid das Gestein verlässt. Da das Fluid mobil ist und somit Rayleigh-Fraktionierung zum Tragen kommt, und da in manchen Metasedimenten sehr viel Karbonat wegreagieren kann, können die Änderungen der Kohlenstoff-Isotopie durch solche Prozesse beträchtlich sein, in der Größenordnung von mehreren Promille (Abb. 4.98). Aufgrund der höheren Konzentration von Sauerstoff gegenüber Kohlenstoff in Gesteinen (sogar in einem Kalzit-Marmor ist dreimal mehr Sauerstoff als Kohlenstoff vorhanden!) ändern sich die δ^{13}C-Werte deutlich schneller als die δ^{18}O-Werte im selben Gestein und beim selben Prozess (Abb. 4.99).

Abschließend sei noch festgehalten, dass natürlich auch in hydrothermalen Prozessen, wie sie

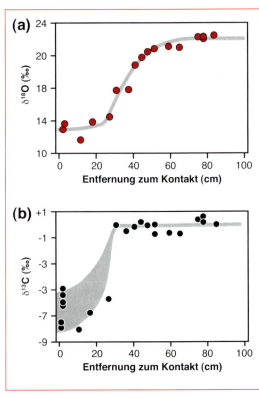

4.98 In der Umgebung eines Granodiorit-Ganges in der Kontaktaureole des Adamello-Plutons in den Alpen zeigen sich signifikante Veränderungen sowohl der O-, als auch der C-Isotopie, die auf die Wirkung magmatischer Fluide zurückgeführt werden. Nach Gerdes et al. (1995).

bei der Bildung von Erzlagerstätten ablaufen, Kohlenstoff in Form von CO_2 und Karbonaten involviert ist. Hier können Kohlenstoff-Isotopenmessungen an Karbonaten oder an Flüssigkeitseinschlüssen im Verbund z. B. mit Sauerstoff-Isotopenuntersuchungen dazu beitragen, **Fluidmischungen** (die zur Mineral- und/oder Erzausfällung führen) zu quantifizieren, die Quelle der beteiligten Fluide (zumindest des in ihnen enthaltenen Kohlenstoffs) einzugrenzen und die Details der **Ausfällungsprozesse** (offenes oder geschlossenes System, Gleichgewichts- oder Rayleigh-Ausfällung, erstmalige Ausfällung oder Remobilisierung) zu untersuchen (Abb. 4.100).

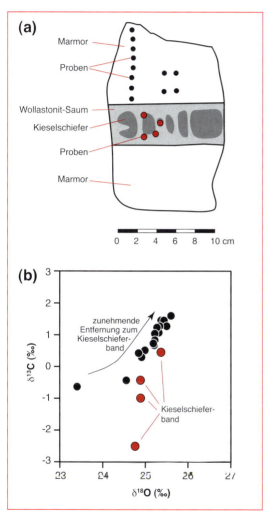

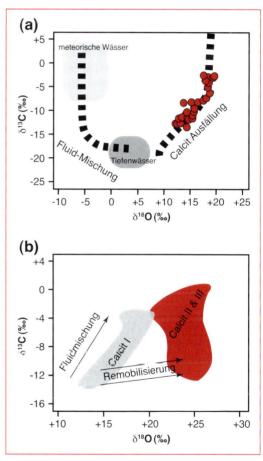

4.99 In einer aus Marmor und Kieselschiefer bestehenden Probe (a) aus einer mexikanischen Kontaktaureole wurden die Veränderungen von Sauerstoff- und Kohlenstoff-Isotopie analysiert (b). In der Kieselschieferlage führte magmatisches Fluid zum Ablaufen der Reaktion Calcit + Quarz = Wollastonit + CO_2. Das dabei freigesetzte CO_2 diffundierte nach oben in die Marmorlage und veränderte dort die Isotopie. Daher zeigen sich klare Korrelationen mit der Entfernung von der Quarz-Wollastonit-Grenze (schwarze Grenze). Nach Heinrich et al. (1995).

4.100 Die C- und O-Isotopie hydrothermal gebildeten Calcits kann Hinweise auf seine Genese geben, hier an Beispielen aus dem Schwarzwald. Calcite, die bei der Vermischung meteorischer und mittelkrustaler Tiefenwässer entstehen, können charakteristische, in (a) gezeigte Isotopenvariationen zeigen. In (b) wird gezeigt, dass sich dieser Trend (Calcit I) deutlich von remobilisiertem, also aufgelöstem und wieder ausgefälltem Calcit II und III unterscheidet. Nach Schwinn et al. (2006).

4.7.3.3 Schwefel

Schwefel spielt bei vielen geochemischen und biologischen Prozessen eine wichtige Rolle: bei der Bildung von Erzlagerstätten (Sulfide), beim Vulkanismus (Schwefeldioxid), in Sedimenten (Sulfate wie Gips) und in biogeochemischen Systemen (Bestandteil von Aminosäuren). Es ist daher leicht verständlich, dass Schwefel und seine vier stabilen Isotope wichtige Hinweise für das Verständnis solcher Prozesse liefern können. Die stabilen Schwefel-Isotope kommen in der Natur mit Häufigkeiten von 95,02 % (^{32}S), 4,21 % (^{34}S), 0,75 % (^{33}S) und 0,02 % (^{36}S) vor. Es hat sich eingebürgert, die Schwefel-Isotopenzusammensetzung als δ^{34}S auszudrücken, was das Verhältnis von ^{34}S zu ^{32}S relativ zum entsprechenden Isotopenverhältnis des Troilits (FeS) aus dem Canyon-Diablo-Eisenmeteoriten angibt.

Natürliche Sulfide und Sulfate, deren wichtigste Pyrit, Pyrrhotin, Gips, Anhydrit und Baryt sind, zeigen eine isotopische Variation von über 100 ‰ (Abb. 4.101).

Wie schon beim Sauerstoff beschrieben, können verschiedene Reservoire mit deutlich unterschiedlicher Schwefel-Isotopie voneinander unterschieden werden. Während der **Erdmantel** eine relativ konstante S-Isotopie zu haben scheint, die nahe bei oder nur geringfügig höher ist als die des Canyon-Diablo-Meteoriten (δ^{34}S = 0 bis 2 ‰), weisen Basalte eine geringfügig größere Variation zwischen etwa − 5 und + 7 ‰ auf (Abb. 4.101). Allerdings scheinen insbesondere die niedrigen Werte damit zusammenzuhängen, dass oxidierter Schwefel (als SO_2) aus den Basaltschmelzen entgast ist und dadurch die S-Isotopie der Schmelze verändert worden ist. Dies erinnert an die Auswirkungen der Entgasung von Schmelzen auf deren Wasserstoff-Isotopie (Abschn. 4.7.3.1).

Krustale Gesteine – egal, ob Sedimente, Metamorphite oder granitoide Magmatite – zeigen eine erheblich größere Variation, wobei insbesondere die Werte für Sedimente sehr variabel sind und zwischen − 40 und + 50 ‰ liegen können. Meerwasser hat eine räumlich konstante, aber in geologischen Zeiträumen sehr stark schwankende Schwefel-Isotopie, die heute bei etwa + 20 ‰ liegt.

Will man die Variabilität der Schwefelisotopenzusammensetzungen verstehen, so muss man sich zunächst vor Augen halten, dass Schwefel in der Natur in mehreren **Oxidationsstufen** vorliegt (als Sulfid –II, als elementarer Schwefel 0, als Schwefeldioxid +IV und als Sulfat +VI), die entsprechend den in einem System herrschenden **Redoxbedingungen** ineinander umgewandelt werden können, die aber häufig auch in wechselnden Mengen nebeneinander vorliegen. So ist es nicht ungewöhnlich, in Baryt (Bariumsulfat) eingewachsene Sulfide wie Bleiglanz und Zinkblende zu finden, die auf das gemeinsame Vorkommen von oxidiertem und reduziertem Schwefel hindeuten. Zwischen den verschiedenen Schwefel-Spezies in einer

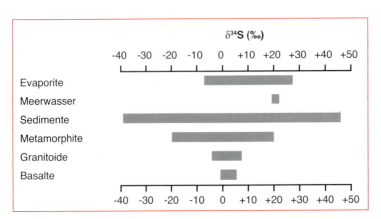

4.101 Die Variation der Schwefelisotopenzusammensetzungen verschiedener Gesteine und Meerwasser nach Hoefs (1996).

Lösung, zwischen koexistierenden Gas-, Fluid- und Festphasen sowie zwischen koexistierenden Festphasen kommt es wie bei den bereits besprochenen Stabile-Isotopen-Systemen zur Isotopen-Fraktionierung, wobei die schweren Schwefel-Isotope normalerweise in der weniger flüchtigen Phase angereichert werden. Da H_2S einen höheren Dampfdruck hat als SO_2 oder SO_3, zeigen Sulfate typischerweise schwerere S-Isotopiewerte (höheres $\delta^{34}S$) als koexistierende Sulfide (z. B. Abb. 4.102). Trotzdem ist es wichtig festzuhalten, dass die überwiegende Menge des aus Vulkanen an die Atmosphäre abgegebenen Schwefels in Form oxidierter Spezies, insbesondere als SO_2, freigesetzt wird, da die meisten subaerisch aktiven Vulkane über Subduktionszonen stehen und relativ oxidierte Schmelzen (Andesite bis Rhyolithe) fördern (siehe auch Abschn. 3.9.2). Im Meerwasser liegt Schwefel weit überwiegend als Sulfat vor.

Neben der rein thermodynamisch gesteuerten S-Isotopen-Fraktionierung zwischen verschiedenen Phasen und gelösten Spezies gibt es noch die kinetisch gesteuerte, z. T. entgegen den Gesetzen der Thermodynamik verlaufende S-Isotopenfraktionierung, die unter mikrobieller Beteiligung abläuft. Es gibt sowohl Schwefel oxidierende, als auch Schwefel reduzierende **Mikroorganismen**, die aus den Schwefel involvierenden oder unter Beteiligung von Schwefel-Spezies ablaufenden Redox-Reaktionen Energie für ihren Stoffwechsel beziehen (also das, wofür wir atmen, was ja auch nichts anderes ist als Zufuhr von Sauerstoff für im Körper ablaufende Redox-Reaktionen). Dabei ist es wichtig, zwischen Mikroorganismen, die Sulfid oxidieren (siehe Kasten 4.22) und dabei wirklich Energie für sich gewinnen, und solchen, die Sulfat reduzieren, diesen Schritt aber nicht zur Energiegewinnung nutzen, zu unterscheiden. Diese Organismen oxidieren lediglich ein energiereicheres Substrat (eine organische Verbindung) und übertragen die Elektronen auf ein energieärmeres Substrat (das Sulfat). Diese

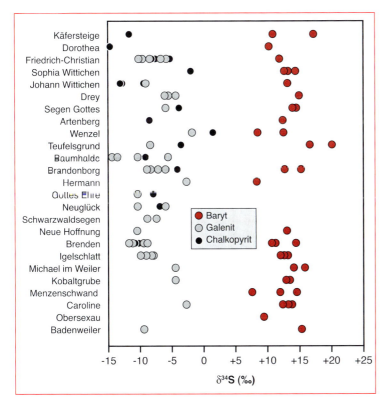

4.102 Hydrothermale Minerale aus Erzgängen zeigen typische, sehr unterschiedliche Schwefelisotopen-Zusammensetzungen, je nachdem, ob es sich um Sulfide (Galenit und Chalkopyrit) oder um Sulfate (Baryt) handelt. Sulfate sind durchweg isotopisch schwerer als damit koexistierende Sulfide. Dies ist hier an Beispielen aus alten Erzgruben des Schwarzwaldes gezeigt (nach Schwinn et al., 2006).

Oxidation ist ihre eigentliche Energiequelle, das Sulfat fungiert nur als „Müllhaufen" für die überschüssigen Elektronen. Die Zerlegung von $^{32}SO_4^{2-}$ ist dabei gegenüber der Zerlegung von $^{34}SO_4^{2-}$ kinetisch begünstigt, weshalb es dabei zur S-Isotopen-Fraktionierung kommt (siehe Abschn. 4.7.1).

Die wichtigsten solcher Mikroorganismen sind die im anoxischen Milieu lebenden zwei Ordnungen der **Delta-Proteobakterien**: Desulfovibrionales und Desulfobacterales. Die wichtigsten dazugehörigen Gattungen sind: *Desulfovibrio, Desulfuromonas, Desulfobulbus, Desulfobacter, Desulfococcus, Desulfosarcina, Desulfonema* und *Desulfotomaculum*. Bei ihrem Wirken, d.h. der Reduktion von Sulfat zu Sulfid, werden die leichten S-Isotope im entstehenden Sulfid bzw. H_2S angereichert, und zwar viel stärker, als es ein thermodynamischer Prozess bewirken könnte. Wird das gebildete Sulfid dem System entzogen, z.B. dadurch, dass es als Festphase (z.B. Pyrit oder Chalkopyrit) ausgefällt wird und am Boden absedimentiert, so hat man es mit einem offenen System und daher mit einem **Rayleigh-Prozess** zu tun (siehe Abschn. 4.6.3.2). Im Zuge der weiteren Sulfatreduktion wird also das gebildete Sulfid isotopisch immer schwerer (siehe Abb. 4.103). Diese Schwefel-Isotopen-Fraktionierung bei der Sulfatreduktion erzeugt nicht nur enorm große Isotopen-Unterschiede, sondern sie tut dies auch noch bei tiefen Temperaturen (unter 50°C), bei denen normale anorganisch-chemische Reaktionen gar nicht mehr ablaufen.

Schwefel-Isotopen-Variationen in marinen Sulfiden weisen darauf hin, dass bereits seit mindestens 2,3 Milliarden Jahren solche **Sulfatreduzierer** am Werke waren, während archaische marine Sulfide Isotopenwerte von 0 ‰ zeigen. Im Labor zeigt sich übrigens, dass solche Schwefel verarbeitenden Bakterien erstaunlich unverwüstlich sind. Sie leben und reproduzie-

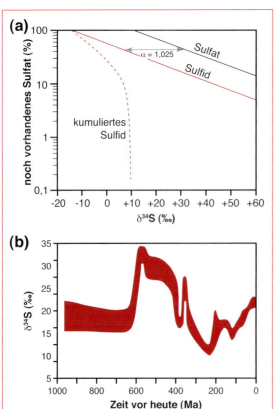

4.103 (a) Bei der mikrobiell katalysierten Reduktion von Sulfat zu Sulfid ist das kumulierte Sulfid während der ersten etwa 80 % des Umsatzes isotopisch deutlich leichter als das Sulfat, das momentan gebildete Sulfid ist immer isotopisch leichter als das momentan noch vorhandene Sulfat. (b) Die rekonstruierte Schwefelisotopen-Zusammensetzung von Sulfat aus Ozeanwasser in den letzten 950 Millionen Jahren. Nach Holser (1977).

Kasten 4.22 Bakterielle Schwefelumsetzung in Bergbaufolgelandschaften

In der Folge von Erzbergbau werden häufig riesige Halden aufgetürmt, die entweder ökonomisch uninteressante Erzminerale (z. B. Pyrit) oder aber das interessante Erzmineral in subökonomischen Konzentrationen führen. In diesen der Luft ausgesetzten Halden findet dann eine intensive Oxidation der Sulfide zu Schwefelsäure und Sulfaten statt, die häufig leicht in Wasser löslich sind. Pyrit beispielsweise wird anorganisch gemäß folgender Gleichung umgesetzt:

Nicht katalysierte Pyrit-Oxidation:
$4 FeS_2 + 15 O_2 + 2 H_2O = 2 Fe_2(SO_4)_3 + 2 H_2SO_4$

Rein thermodynamisch kontrolliert, würde die Oxidation unter Oberflächenbedingungen sehr langsam ablaufen, doch wird sie durch Sulfid oxidierende, acidophile (säureliebende) Mikroorganismen wie z. B. *Acidothiobacillus thiooxidans* stark beschleunigt. Dabei katalysieren die Bakterien die folgenden zwei Reaktionen, die für die dann effizientere Oxidation des Pyrits in der dritten Gleichung nötig sind:

$4 Fe^{2+} + O_2 + 4 H^+ = 4 Fe^{3+} + 2 H_2O$
$2 S_2^{2-} + 7 O_2 + 2 H_2O = 4 H^+ + 4 SO_4^{2-}$

Katalysierte Pyrit-Oxidation:
$14 Fe^{3+} + FeS_2 + 8 H_2O = 15 Fe^{2+} + 2 SO_4^{2-} + 16 H^+$

Solche Umsetzungen treten automatisch im Bereich alter Bergbauhalden wie auch an übertage anstehenden Erzkörpern auf. Zum Teil wird diese Umsetzung aber auch biotechnologisch genutzt, um Spurenelemente wie Kupfer, Uran oder Gold aus ansonsten kaum prozessierbarem Erz herauszulösen („*acid mine drainage*"). Diese extrem sauren und z. T. toxischen Bergbauwässer können natürlich erhebliche Umweltzerstörungen anrichten. In Spanien ist dies in den 1990er Jahren auch tatsächlich geschehen.

---

ren sich bei Temperaturen zwischen 0 und 100 °C, bei Salinitäten bis zu 30 % NaCl, also dem Zehnfachen der Meerwassersalinität, und auch Drücke bis zu 1 kbar oder pH-Wert-Variationen zwischen 4 und 10 können sie nicht an ihrer Vermehrung hindern.

Man geht heute davon aus, dass solche Bakterien an der Bildung vieler Sulfid-Lagerstätten im marinen Milieu maßgeblichen Anteil hatten. Prominentes Beispiel dafür ist der mitteleuropäische **Kupferschiefer**, ein riesiges, von Hessen durch Sachsen-Anhalt, Sachsen und Brandenburg bis nach Polen hineinziehendes kupferhaltiges toniges Sedimentpaket mit hohen Gehalten an Kupfer und mit Anreicherungen von Nickel, Silber und Platingruppenelementen, das in der DDR bis in die 80er Jahre hinein abgebaut wurde und das derzeit in Ostdeutschland, z. B. in der Lausitz, wieder intensiv exploriert wird. Doch auch in **Bergbaufolgelandschaften** sind S umsetzende Bakterien aktiv (Kasten 4.22).

Da Sedimente generell relativ hohe Sulfidgehalte haben (durchschnittlich 5000 ppm gegenüber etwa 200 ppm in Magmatiten und Metamorphiten), ist in ihnen ein Großteil, nämlich fast 2/3, des Schwefels gebunden, der im System Kruste + Ozean vorhanden ist, während im Ozean immerhin 10 % des Schwefels residieren. Da die mittlere Verweildauer des Schwefels im Ozean knapp unter 8 Millionen Jahre beträgt, wird dieser Schwefel also innerhalb geologisch kurzer Zeiträume umgesetzt, was konkret heißt: ausgefällt, überwiegend als Gips, aber vermutlich unter bakterieller Beteiligung auch zu etwa einem Drittel als Sulfid. Diese Sedimente (Ozeanbodensedimente oder Evaporite) werden natürlich in den normalen Gesteinskreislauf einbezogen, sodass der **Ozean** mit dem krustalen Schwefel gleichsam „kommuniziert" und in Form dieser Sedimente innerhalb geologisch kurzer Zeiten ein Archiv der Schwefelisotopie produziert. Durch die Untersuchung mariner S-haltiger Sedimente konnte man z. T. drastische Variationen in der S-Isotopen-Zusammensetzung des Ozeans in der geologischen Vergangenheit nachweisen (Abb. 4.103b). Derzeit werden diese Variationen als Ausdruck unterschiedlich starker Evaporit-Bildung gedeutet, bzw. als eine Folge der Verschiebung von sedimentärem in ozeanischen Schwefel und umgekehrt. In Zeiten, in denen mehr **Evaporite** gebildet werden, wird dem Ozean Schwefel entzogen und seine Isotopie kann dann durch kontinentale Beiträge, z. B. magmatischen Schwefel, verändert werden. Dies könnte im Perm der Fall gewesen sein. Die isotopischen Unterschiede zwischen Kambrium und Perm würden in diesem Szenario erfordern, dass bis zu 30 % des (Krusten+Ozean)-Schwefels zwischen Sedimenten und Ozean umgelagert würde. Das Modell wird allerdings noch heftig diskutiert.

Zum Abschluss dieses Abschnitts sei noch darauf hingewiesen, dass natürlich auch die Verteilung der stabilen Schwefel-Isotopen zwischen zwei Festphasen als Thermometer genutzt werden kann, wie dies ja schon ausführlich beim Sauerstoff besprochen wurde. Während die Kombination von Sulfid mit Sulfat, also beispielsweise von Baryt und Bleiglanz häufig (jedoch nicht immer!) problematische Resultate ergibt, werden Sulfid-Sulfid-Thermometer (z. B. Bleiglanz–Zinkblende oder Pyrit–Kupferkies) häufig angewendet, um die Bildungstemperaturen von Lagerstätten zu ermitteln. Natürlich kann dies genauso auch in metamorphen Gesteinen angewendet werden (z. B. Pyrit–Pyrrhotin), doch da die Schließtemperatur von Sulfiden sehr niedrig ist, werden metamorphe Peak-Temperaturen typischerweise nicht erhalten. Die experimentell bestimmten Gleichgewichts-Fraktionierungskurven verschiedener **Sulfid-Sulfid**- sowie **Sulfid-Sulfat-Thermometer** sind in Abbildung 4.104 gezeigt.

Der Grund für die Vorsicht, die man bei der Anwendung von Sulfid-Sulfat-Paaren walten lassen sollte, liegt in der unterschiedlichen Reaktionskinetik: Sulfat reagiert gewöhnlich deutlich langsamer als Sulfid, und die Gleich-

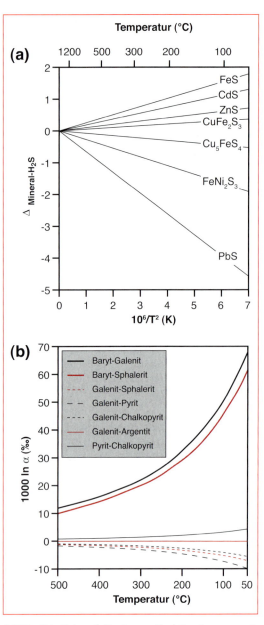

4.104 Die Schwefelisotopen-Fraktionierung zwischen (a) verschiedenen Sulfiden und H_2S sowie zwischen (b) verschiedenen Sulfiden untereinander bzw. Sulfiden und Baryt, jeweils bei verschiedenen Temperaturen. Nach Li & Liu (2006) und Seal (2006).

gewichtseinstellung bei tiefen Temperaturen benötigt häufig sehr lange Zeit (z. B. mehrere tausend Jahre zwischen HS$^-$ und SO$_4^{2-}$ bei 150 °C). Wenn Sulfid und Sulfat erst kurz vor der eigentlichen Erzbildung zusammentreffen, z. B. durch die Mischung zweier unterschiedlich oxidierter Lösungen, bei der dann Sulfide und z. B. Baryt ausgefällt wird, so können das Sulfat und das Sulfid aus den unterschiedlichen Lösungen nicht mehr miteinander equilibrieren. In hydrothermalen Systemen und bei der Bildung **hydrothermaler Lagerstätten** ist dies ein häufig beobachtetes Phänomen.

Neben der Temperatur kann man mithilfe der Schwefel-Isotopie auch versuchen, Aussagen über die Herkunft des Schwefels in Lagerstätten zu machen, da sich ja beispielsweise magmatischer und ozeanischer Schwefel deutlich (um fast 20 ‰!) in ihrer Isotopie unterscheiden (siehe Abb. 4.101). Allerdings können Zumischungen bakteriellen Schwefels, sekundäre Prozesse oder Rayleigh-Prozesse bei der Lagerstättenbildung diese Anwendung sehr erschweren und dazu führen, dass die ursprüngliche Isotopie der Gesamtlagerstätte gar nicht mehr eindeutig rekonstruiert werden kann. In sorgfältig ausgewählten Fällen und unter Anwendung verschiedener geochemischer Werkzeuge (z. B. Kombination verschiedener stabiler Isotopensysteme wie C, O und S mit Sr-Isotopen, Phasengleichgewichten und Flüssigkeitseinschlüssen) können allerdings sehr differenzierte Aussagen gemacht werden.

4.7.3.4 Stickstoff

Stickstoff mit seinen zwei Isotopen ^{14}N und ^{15}N, die jeweils Häufigkeiten von 99,63 % und 0,37 % haben, ist ein in Gesteinen wenig verstandenes Element, dessen Isotopie bislang lediglich in **biogeochemischen** Zusammenhängen genauer untersucht wurde. Vermutlich stellt die Atmosphäre das größte irdische Stickstoff-Reservoir dar, und Stickstoff-Isotopenvariationen werden daher als δ^{15}N im Vergleich zur Atmosphärenisotopie angegeben. Hier tritt Stickstoff als Element-Molekül N$_2$ auf. In Gesteinen kommt Stickstoff meist in Form des Ammonium-Ions NH$_4^+$ vor, das anstelle des ähnlich großen Kaliums in Glimmer (Ammoniumhellglimmer Tobelit) oder Feldspäte (Ammoniumfeldspat Buddingtonit) eingebaut oder an Tonminerale adsorbiert wird. In Flüssigkeitseinschlüssen wird regelmäßig auch N$_2$ gefunden, insbesondere in Sedimenten, deren Stickstoffgehalte auch deutlich höher sind (bis über 1000 ppm) als die von Metamorphiten und Magmatiten (meist 10 bis 100 ppm).

Die Stickstoff-Isotopie des Mantels ist nicht gut bekannt, frische **MORBs** scheinen N-Isotopien um 0 ‰ zu haben, doch wurden auch Isotopenwerte bis zu + 17 ‰ gemessen. Bei Diamanten weisen eine große Stickstoff-Isotopen-Variation zwischen − 11 und + 10 ‰ auf (Abb. 4.105), die mit ihrem Stickstoff-Gehalt positiv korreliert, aber noch nicht wirklich verstanden ist. Interpretationen gehen davon aus, dass die tiefen Werte von primordialen Prozessen bei der heterogenen Akkretion der Erde herstammen, für die hohen Werte werden rezyklierte Erdoberflächengesteine mit ihren insbesondere biogen veränderten N-Isotopensignaturen als Ursache genannt. Wiederum, wie schon beim Schwefel, verursacht bakterieller Stickstoffumsatz die größten Isotopenfraktionierungen. Bei **Magmatiten** können die Stickstoff-Isotopien in weiten Grenzen streuen (Abb. 4.105). Abbildung 4.106 zeigt, dass es in vielen stabilen Isotopensystemen – und so auch beim Stickstoff regelmäßige Fraktionierungstrends innerhalb der **Nahrungskette** gibt. Vermutlich durch das Ausatmen isotopisch leichten Stickstoffs wird die Stickstoffisotopie umso schwerer, je höher der Organismus in der Nahrungskette steht. Eine große Bedeutung hat die Stickstoff-Isotopie in der **Hydrogeochemie** (Stichwort: Quellen der Nitratbelastung von Grundwasser) und der **Bodenkunde** (Stichwort: Düngemittel, Nitratbildung und -abbau).

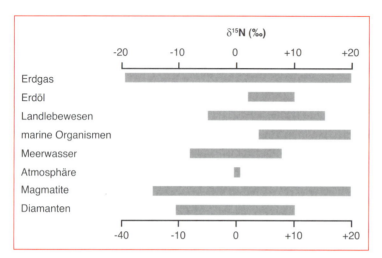

4.105 Die Variationsspanne der Stickstoffisotopie in verschiedenen Materialien. Nach Hoefs (1996).

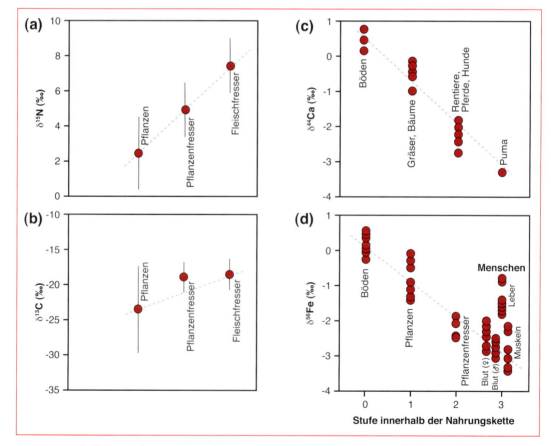

4.106 Innerhalb der Nahrungskette gibt es regelmäßige Variationen verschiedener stabiler Isotopensysteme, hier dargestellt für N, C, Ca und Fe. Während N und C vermutlich durch preferentielles Ausatmen isotopisch leichter Spezies entlang der Nahrungskette schwerer werden, ist es für Ca und Fe umgekehrt, was für bevorzugte Aufnahme leichter Isotope in Knochen und Körpergewebe sowie Blut spricht. Nach Walczyk & von Blanckenburg (2005).

4.7.4 „Neue" stabile Isotopensysteme

Die Überschrift dieses Abschnitts enthält das Wort „neu", da die folgenden Isotopensysteme überwiegend erst seit den 1990er Jahren ein breitere Anwendung erfahren, obwohl sie teilweise bereits seit Jahrzehnten als prinzipiell interessant bekannt sind. Der Hauptgrund für diese kleine „Revolution" liegt in der technischen Weiterentwicklung der Massenspektrometer. Durch die seit einigen Jahren eingeführte Multikollektor-ICP-MS-Technik können sehr viel kleinere relative Massenunterschiede (bzw. Ladungs/Masse-Unterschiede, siehe Abschn. 2.5.7) und Fraktionierungen aufgelöst werden, was die Messung von bis dahin nur in ganz wenigen Speziallabors messbaren Isotopensystemen einer breiteren Forschergemeinde zugänglich machte. Außerdem spielt eine Rolle, dass früher (und für viele Systeme auch heute noch) Isotope mit dem so genannten Thermionenmassenspektrometer gemessen wurden (Abschn. 2.5.7), bei dem die instrumentell bedingte Fraktionierung bei der Messung nicht so gut korrigiert werden kann wie bei der ICP-MS-Methode, die außerdem ein hohes Ionisierungspotential hat. Beides trägt zur besseren Nachweisgenauigkeit der ICP-MS bei. Da man bei den „neuen" Isotopensystemen typischerweise mit kleineren Isotopenänderungen arbeitet als in den „traditionellen" stabilen Isotopensystemen, wird manchmal anstelle der δ-Notation (die einen Faktor 1000 enthält) die ε **Notation** gewählt, da der darin enthaltene Faktor 10.000 größere Zahlen ergibt. Auf Dauer wird sich aber wohl auch hier die δ-**Notation** durchsetzen. Es sei darauf hingewiesen, dass derzeit eine ganze Reihe weiterer stabiler Isotopensysteme „in der Erprobung" ist. Das heißt, dass einzelne Forschergruppen beginnen, sich z. B. intensiver mit der Isotopengeochemie von Zn, Cd, Cr, Se oder Sn zu beschäftigen. Diese Untersuchungen sind noch nicht weit genug gediehen, um hier Eingang zu finden, doch ist damit zu rechnen, dass wir in den nächsten 20 Jahren interessante Ergebnisse dieser Untersuchungen sehen werden.

4.7.4.1 Eisen

Das bislang am weitesten verbreitete dieser „neuen" Isotopensysteme ist das Eisen. Es kommt in Form der vier stabilen Isotope ^{54}Fe, ^{56}Fe, ^{57}Fe und ^{58}Fe vor, die Häufigkeiten von 5,84, 91,76, 2,12 und 0,28 % haben. In der Geochemie werden standardmäßig nur die ersten drei gemessen und meist als δ^{56}Fe angegeben, das das Verhältnis von ^{56}Fe und ^{54}Fe zu demselben Verhältnis z.B. im künstlich erzeugten Standard IRMM-14 in Beziehung setzt, einem Metallstandard des *Institute for Reference Materials and Measurement*.

Eisen spielt natürlich in unserer Umwelt eine herausragende Rolle. Nicht nur ist es in praktisch allen Gesteinen im Prozent-Bereich enthalten, sondern es ist auch ein wesentlicher **Nährstoff** in Ozeanwasser, obwohl es nur mit Gehalten von 0,03 µg/l enthalten ist (im Gegensatz dazu führt Flusswasser bis zu 50 µg/l) und schließlich spielt es eine enorme Rolle für das auf Sauerstoff-Atmung basierende Leben – man denke nur an das Eisen im roten Blutfarbstoff **Hämoglobin**. Da Eisen in der Natur in drei **Wertigkeitsstufen** (selten 0 sowie häufig +II und +III) und sowohl als in Wasser gelöste und verschieden komplexierte gelöste Spezies als auch in Form einer Vielzahl von Festphasen auftritt, ergeben sich besonders viele Fraktionierungsmöglichkeiten bei Lösungs-, Fällungs-, Redox- und Komplexierungsreaktionen. Natürlich gibt es diese Möglichkeiten mit und ohne Beteiligung von Fe umsetzenden **Bakterien**, die – ähnlich wie beim Schwefel – die thermodynamischen Fraktionierungsfaktoren umgehen und kinetisch kontrollierte Reaktionen und Fraktionierungen ablaufen lassen.

Betrachten wir, um die Komplexität der Eisenisotopie zu verdeutlichen, die rein anorganisch ablaufende Auflösung des Eisenkarbonats Siderit in einem hydrothermalen Fluid, den Transport des Eisens zu einem anderen Ort und die dortige Ausfällung als Hämatit. Dabei können bei folgenden Schritten Fe-Isotopenfraktionierungen auftreten (Abb. 4.107):

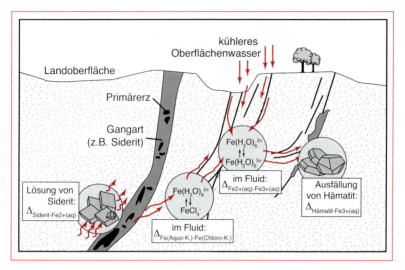

4.107 Fraktionierung von Eisenisotopen tritt in verschiedenen Prozessschritten auf, wenn primärer, hydrothermaler Siderit aufgelöst und sekundärer Hämatit ausgefällt wird. Siehe Text für nähere Erklärungen.

- Bei der Auflösung von Siderit fraktioniert das Eisen zwischen dem Siderit und dem Fe^{2+} des Fluids; $\Delta_{Siderit-Fe2+(aq)} = -0,5$ bis -1 ‰ bei 25 °C (bei 150 °C im hydrothermalen Milieu noch unbekannt)
- Enthält das hydrothermale Fluid beträchtliche Mengen an Chlorid (was sehr häufig der Fall ist), so stellt sich ein Gleichgewicht zwischen dem Hexaquo- und verschiedenen Chloro-Komplexen des Eisens ein, also zwischen $Fe(H_2O)_6^{2+}$ und z. B. $FeCl_4^-$; die Fraktionierung zwischen beiden Komplexen beträgt bei 25 °C mehrere Promille, wobei der Chlorokomplex isotopisch leichter ist.
- Das hydrothermale Fluid transportiert das Eisen nun in gelöster Form, bis es sich zum Beispiel mit einem anderen, kühleren Oberflächenwasser mischt. Dabei wird das gelöste, komplexierte Eisen zunächst oxidiert (wenn nicht schon vorher geschehen), der vorherige Komplex zerstört, evtl. ein neuer gebildet oder das Eisen gleich mehr oder weniger quantitativ als Hämatit (z. B. als roter Glaskopf) ausgefällt. Bei der Oxidation beträgt die Fraktionierung zwischen $Fe(H_2O)_6^{2+}$ und $Fe(H_2O)_6^{3+}$ $\Delta_{Fe3+(aq)-Fe2+(aq)} = 2,9$ ‰ bei 25 °C, und wohl etwa 1,5 ‰ bei 250 °C, bei der anschließenden Ausfällung beträgt $\Delta_{Hämatit-Fe3+(aq)}$ rund $-1,8$ ‰ bei 25 °C und $-0,6$ ‰ bei 250 °C.

Nicht weniger als viermal wurde also das Eisen in diesem relativ simplen und in der Natur sehr häufig ablaufenden Prozess isotopisch fraktioniert. Wird das Eisen schließlich auch noch in einem **Rayleigh-Prozess** ausgefällt, so ändern sich Fluid- und Hämatit-Isotopie ständig und potentiell drastisch. Man könnte annehmen, dass die Komplexität den wirksamen Einsatz dieses geochemischen Werkzeugs verhindert, doch ist dem nicht so. Durch geeignete Probenwahl und z. B. die Möglichkeit, mit dem Laser ortsaufgelöst auch die Eisenisotopie messen zu können (mittels LA-MC-ICP-MS, also Laserablations-Multikollektor-ICP-MS), kann man solche vorher kaum quantifizierbaren Prozesse anhand der beobachteten Festphasen nachvollziehen (Abb. 4.108). In solchen aus geologischer Sicht **tief-temperierten Prozessen** beobachtet man $\delta^{56}Fe$-Werte zwischen etwa -3 und $+3$ ‰. Bei höheren Temperaturen scheint Fe auch zu fraktionieren, so z. B. zwischen Spinell und Olivin im **Erdmantel**, doch gibt es zur Größe dieses Effekts noch widersprüchliche Messungen und Meinungen. Er dürfte wohl deutlich geringer ausfallen als bei den geringeren Temperaturen und im Bereich von wenigen Zehntel ‰ liegen, wobei der Messfehler im Bereich um oder unter 0,1 ‰ liegt. Der mittlere $\delta^{56}Fe$-Wert zumindest der silikatischen Erde (evtl. sogar der Gesamterde) wird mit etwa

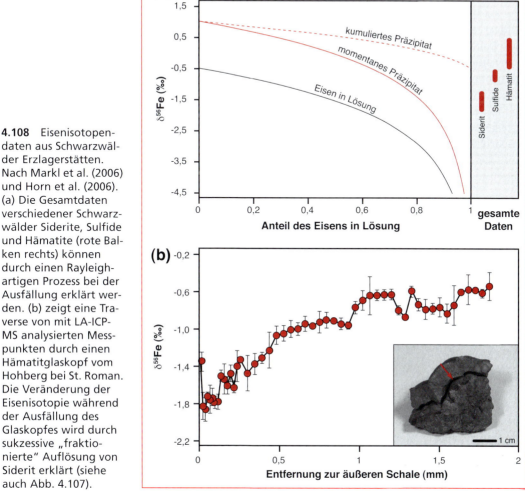

4.108 Eisenisotopendaten aus Schwarzwälder Erzlagerstätten. Nach Markl et al. (2006) und Horn et al. (2006). (a) Die Gesamtdaten verschiedener Schwarzwälder Siderite, Sulfide und Hämatite (rote Balken rechts) können durch einen Rayleigh-artigen Prozess bei der Ausfällung erklärt werden. (b) zeigt eine Traverse von mit LA-ICP-MS analysierten Messpunkten durch einen Hämatitglaskopf vom Hohberg bei St. Roman. Die Veränderung der Eisenisotopie während der Ausfällung des Glaskopfes wird durch sukzessive „fraktionierte" Auflösung von Siderit erklärt (siehe auch Abb. 4.107).

0,15 ± 0,18 ‰ angegeben, liegt also nahe bei Null. **Basalte** dagegen scheinen geringfügig, um etwa 0,5 ‰ höhere δ^{56}Fe-Werte zu haben, was auf eine Hochtemperatur-Fraktionierung zwischen Schmelze und Festphasen in dieser Größenordnung hindeutet.

Ein weiteres Tieftemperaturphänomen sind **Eisen-Mangan-Krusten der Tiefsee**, bei denen interessanterweise eine Korrelation von Fe- und Pb-Isotopen gefunden wurde. Dies wurde als Beleg für den Beitrag von kontinentalem Eisen bei der Bildung dieser Knollen gedeutet, die man sonst eher auf die hydrothermale Aktivität der Schwarzen Raucher zurückführt. Um das Rätsel der Entstehung der proterozoischen bis archaischen „*banded iron formations*" (BIFs) zu lösen, werden ebenfalls derzeit Eisen-Isotopen-Studien durchgeführt. Die isotopische Variation reicht von − 2,5 bis 1 ‰, die Interpretation dieser Daten von rein biogen bis rein anorganisch gesteuert.

In **biologischen Systemen** fraktioniert Eisen, wie oben schon gesagt, überwiegend kinetisch kontrolliert. Menschliches und auch tierisches Blut ist dabei am leichten Isotop ^{54}Fe angereichert und zeigt δ^{56}Fe-Werte zwischen − 2 und − 3 ‰ (Abb. 4.106). Auch bakteriell umgesetztes Eisen zeigt generell leichtere Isotopenwerte als z. B. die Böden, aus denen das Eisen bezogen wird (Fraktionierungen um etwa 0,5 bis 1 ‰ sind hierbei typisch). Das Isotop mit der geringeren Massenzahl wird also offenbar biologisch leichter umgesetzt. Kurios mutet die Beobachtung an, dass Männer und Frauen sich eisenisotopisch unterscheiden: Frauen sind Fe-isotopisch etwas schwerer als Männer (nicht viel, keine Sorge!). Als Grund hierfür wird die gesteigerte Eisenaufnahme nach dem mit der Menstruation verbundenen Blutverlust angegeben, bei der offenbar notgedrungen auch schwereres Eisen aufgenommen werden muss.

4.7.4.2 Kupfer

Kupfer hat nur zwei natürliche stabile Isotope, nämlich ^{63}Cu und ^{65}Cu, die in den Häufigkeiten 69,17 and 30,83 % auftreten. Das δ^{65}Cu wird im Vergleich zum künstlich hergestellten Standard NIST 976 des *National Institute of Standards* (auch SRM 976, von *Standard Reference Material*) angegeben.

Wie schon beim Eisen spielt auch beim Kupfer insbesondere die **Redox-Chemie** sowie der Übergang von gelöster Spezies zu Festphase eine entscheidende Rolle. Während in allen bislang untersuchten **magmatischen Lagerstätten** frischer Chalkopyrit δ^{65}Cu-Werte nahe bei Null hatte, zeigt Chalkopyrit aus **hydrothermalen** oder **sedimentären Lagerstätten** eine etwas größere Variation bis etwa ± 1 ‰. Hierbei scheinen einerseits Remobilisierungs- und andererseits **Rayleigh-Fraktionierungsprozesse** eine Rolle zu spielen. Demgegenüber zeigt durch Verwitterungsprozesse alterierter Chalkopyrit Werte bis zu – 3 ‰, während die bei der Verwitterung entstehenden sekundären Kupferminerale wie Malachit oder Chrysokoll isotopisch schwerere Werte bis zu + 6 ‰ erreichen können. Wie schon beim Eisen spielt hierbei wohl einerseits die Oxidation vom einwertigen zum zweiwertigen Kupfer und der Transport in der Lösung, andererseits aber auch die Fraktionierung bei Auflösung und Ausfällung eine Rolle.

Interessant ist, dass man mithilfe der Cu-Isotopie z. B. die **Umlagerung** von Kupfer in der Umgebung einer Lagerstätte untersuchen kann. So zeigte sich, dass selbst frische Kupfersulfide mancher hydrothermaler Kupferlagerstätten im Schwarzwald deutlich negative δ^{65}Cu-Werte bis zu – 2 ‰ aufwiesen (Abb. 4.109). Dies kann wohl darauf zurückgeführt werden, dass diese Lagerstätten schon einmal oxidiert worden waren. Da nur ein spezieller Lagerstättentyp im sedimentären Deckgebirge diese Isotopenanomalie zeigte, während die hydrothermalen Gänge im Grundgebirge Kupfersulfide mit δ^{65}Cu-Werten um 0 ± 0,5 ‰ aufweisen, scheint hier eine Remobilisierung vorzuliegen. In der sedimentären McArthur-River-Lagerstätte in Australien wurde eine Tiefen- und Temperaturabhängige leichte Veränderung der Kupferisotopie beobachtet, die mit einer Veränderung

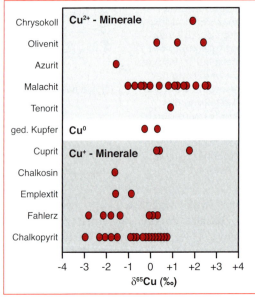

4.109 Die Kupferisotopie verschiedener Kupferminerale mit unterschiedlicher Kupfer-Wertigkeit in Proben aus Schwarzwälder Erzgängen. Deutlich unterscheiden sich meist primäre Cu(I)-Minerale (Chalkopyrit, Fahlerz, Emplextit und Chalkosin) von sekundären Cu(I)-, Cu(II)- und Cu(0)-Mineralen, was auf eine Fraktionierung bei Oxidationsvorgängen in den Lagerstätten hindeutet. Nach Markl et al. (2006).

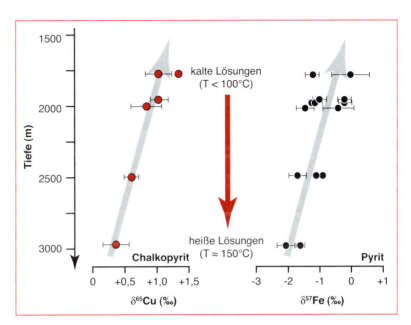

4.110 Korrelation der Kupfer- mit der Eisenisotopie in der sedimentären McArthur-River-Lagerstätte in Australien. Nach Griffin et al. (2002). Die Autoren deuten die Isotopenvariation als Folge eines Rayleigh-artigen Prozesses, bei dem später bei niedrigeren Temperaturen gebildete Cu- und Eisensulfide schwerere Isotopien zeigen, da leichtere Sulfide bereits ausgefällt worden waren.

der Eisenisotopie korreliert ist (Abb. 4.110). Die vorstehenden Beobachtungen machen eindeutig klar, dass die Kupferisotopie ungeeignet ist, um die Herkunft (z. B. den Lagerstättenbezirk) von in **archäometallurgischen** Artefakten verarbeitetem Kupfer festzustellen, wie es von Archäologen erhofft wurde. In biologischen Systemen verhält sich Kupfer ebenso wie Eisen und biologisch umgesetztes Kupfer zeigt bis zu 2 ‰ leichtere $\delta^{65}Cu$-Werte als das ursprüngliche Substrat.

4.7.4.3 Die Leichtelemente Lithium, Beryllium und Bor

Lithium, Beryllium und Bor sind drei Leichtelemente, die häufig gemeinsam analysiert und diskutiert werden, da ihre Kombination viel über die Wechselwirkung von Fluiden, Schmelzen und Festphasen aussagen kann (siehe Kasten 4.18). Ihre stabile Isotopie ist relativ übersichtlich: Lithium kommt in zwei stabilen Isotopen, ^6Li und ^7Li mit Häufigkeiten von 7,5 und 92,5 % vor, Bor ebenfalls in zweien, ^{10}B mit 19,9 und ^{11}B mit 80,1 % Häufigkeit, doch Be hat nur ein stabiles Isotop, ^9Be. Nun wäre damit seine isotopengeochemische Nützlichkeit schon beendet, doch findet das mit einer Halbwertszeit von 1,5 Millionen Jahren zerfallende ^{10}Be umfangreiche Anwendung in der Geochemie (siehe Abschn. 4.8.3.9).

Generell wird die Li-Isotopenzusammensetzung als δ^7Li relativ zum Standard L-SVEC (siehe Tabelle 4.13) angegeben, die B-Isotopenzusammensetzung als $\delta^{11}B$ relativ zum Standard NIST/SRM-951 (*National Institute of Standards/Standard Reference Material*). Aufgrund der sehr großen Massendifferenz (ca. 17 %) zwischen den beiden Lithium-Isotopen beobachtet man für das Lithium eine große isotopische Variation von bis zu 80 ‰, und auch Bor zeigt isotopische Variationen in dieser Größenordnung.

Über das Verhalten der Li- und B-Isotope bei hohen Temperaturen ist relativ wenig bekannt. So ist es etabliert, dass in Basaltsystemen zwischen Kristallen und Schmelzen keine messbare Li-Isotopen-Fraktionierung stattfindet, doch über eine mögliche Isotopenfraktionierung zwischen Schmelzen und Entgasungsfluiden oder zwischen Mineralen und hochtemperierten zirkulierenden wässerigen Fluidphasen ist nichts bekannt. Tieftemperierte (hydrothermale) Lösungen dagegen zeigen deutliche Li-Isotopenfraktionierungen bei **Fluid-Gesteins-Wechselwirkungen**. Bei der hydrothermalen Zersetzung von Graniten beispielsweise wird Li wird aus dem Granit herausgelöst und dabei wird das schwere Li bevorzugt. Verwitterter Granit wird also isotopisch leichter und ist verarmt an Li im Vergleich zum frischen Granit. Je nach Verwitterungsgrad können δ^7Li-Werte bis zu − 20 ‰ erreicht werden. Wenn Basalte mit Meerwasser reagieren, wird Li aus dem Meerwasser in neu gebildete Tonminerale (v. a. Smektite) eingebaut. Daher sind alterierte Basalte reich an Li (bis > 75 ppm) und sie sind isotopisch schwerer als unalterierte Basalte (bis + 14 ‰).

Bor ist ungleich komplizierter. Experimente und Naturbeobachtungen haben nämlich gezeigt, dass die Fraktionierung der Bor-Isotope zwischen zwei Phasen nicht nur von der Temperatur, sondern vor allem auch vom **pH-Wert** gesteuert wird (Abb. 4.111), da vom pH-Wert die **Koordination der Bor-Atome** mit Sauerstoff abhängt und dies − wie auch bei anderen Elementen, z. B. Li, die Fraktionierung entscheidend beeinflussen kann (Abb. 4.111). Dabei reichert sich das schwerere Isotop ^{11}B auf **trigonal** koordinierten Strukturplätzen an (also mit drei umgebenden Sauerstoffatomen in einer Ebene), während ^{10}B **tetraedrische** Koordination bevorzugt. In Borosilikaten kann Bor trigonal und/oder tetraedrisch durch Sauerstoff koordiniert sein, das ist von Mineral zu Mineral verschieden; Turmalin z. B. scheint überwiegend (aber nicht ausschließlich) trigonales Bor einzubauen. Als Spurenelement in magmatischen Mineralen ist Bor dagegen immer tetraedrisch koordiniert. In Silikatschmelzen ist Bor sowohl tetraedrisch als auch trigonal koordiniert, wobei der relative Anteil stark

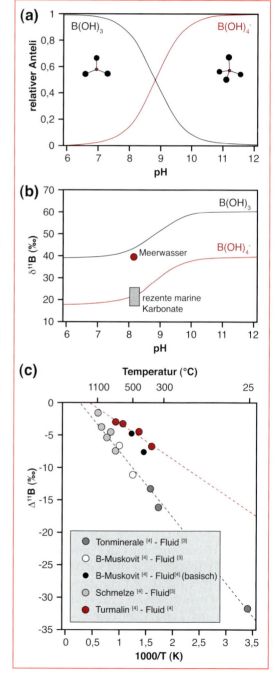

4.111 Bor und seine Isotope. (a) Die Abhängigkeit der Bor-Koordination vom pH-Wert. (b) Die Ausfällung von marinen Karbonaten aus Meerwasser geht offensichtlich mit der Änderung der Koordinationszahl einher, was auch die Isotopenfraktionierung bedingt. Nach Hemming & Hanson (1992). (c) Borisotopen-Fraktionierung zwischen verschiedenen Mineralen und Fluid. Nach Wunder et al. (2005). Es zeigt sich die starke Abhängigkeit der Borisotopenfraktionierung nicht nur von der Temperatur, sondern wiederum auch von pH-Wert und Koordinationszahl (die in kleinen eckigen Klammern angegeben ist).

vom Chemismus der Schmelze abhängt, und in Fluidphasen hängt die Koordination stark vom pH-Wert und weniger stark von der Temperatur und vom Druck ab. Es überwiegt die trigonale Koordination, ein größerer Anteil von tetraedrischem $[B(OH)_4]^-$ scheint nur in stark alkalischen Fluidphasen vorhanden zu sein. In welcher Form Bor in hochtemperierten (> 600 °C) Lösungen transportiert wird, ist bislang nicht bekannt.

Aus dem Gesagten folgt, dass zwischen der wichtigsten festen Borphase, Turmalin, und wässerigen Fluidphasen mit pH < 9 eine relativ zu anderen B-haltigen Phasen geringere B-Isotopenfraktionierung zu erwarten ist, dass aber zwischen den üblichen magmatischen Mineralen, in denen Bor tetraedrisch koordiniert ist, und wässrigen Fluidphasen mit überwiegend trigonal koordiniertem Bor große, von der Temperatur abhängige Bor-Isotopenfraktionierungen beobachtet werden (Abb. 4.111). Die Fraktionierungen zwischen Mineralen und Schmelzen sowie zwischen Schmelzen und wässrigen Fluidphasen sind vermutlich geringer; bei Temperaturen von 550–1100 °C und Drucken von 1–2 kbar zeigte sich, dass die $\delta^{11}B$-Werte der Schmelzen um ca. 1–7 ‰ leichter waren als die der koexistierenden Fluidphase. Diese experimentellen Befunde können im Einzelfall bedeuten, dass an entgasten Magmatiten gemessene $\delta^{11}B$-Werte deutlich geringer sind als der Wert des ursprünglichen, nicht entgasten Magmas.

4.7.4.6 Calcium

Calcium hat insgesamt 20 Isotope, von denen sechs stabil sind. In der Geochemie werden typischerweise lediglich ^{40}Ca und ^{44}Ca mit Häufigkeiten von 96,94 bzw. 2,09 % berücksichtigt, da die restlichen nur in sehr kleinen Mengen vorkommen. Entsprechend wird die Ca-Isotopie als $\delta^{44}Ca$ angegeben, das das $^{44}Ca/^{40}Ca$-Verhältnis der Probe mit dem eines Standards vergleicht. Dies birgt inhärent Komplikationen, da ^{40}Ca auch beim radioaktiven Zerfall von ^{40}K entsteht, sodass der $\delta^{44}Ca$-Wert gar nicht von Ca allein abhängt. Hinzu kommt, dass man sich noch nicht auf einen international verbindlichen Standard geeinigt hat, was den Vergleich der verschiedenen publizierten Messwerte erschwert. Meist wird allerdings Meerwasser (SMOW, *Standard Mean Ocean Water*) verwendet.

Dessen ungeachtet werden (bei Verwendung ein und desselben Standards) in den verschiedenen irdischen Reservoiren Ca-Isotopen-Variationen von rund 3–4 ‰ gemessen (Abb. 4.112). Generell scheint Meerwasser das höchste $\delta^{44}Ca$ zu haben (0, wenn es als Standard gewählt wird), während marine Karbonate, seien sie biologischen oder anorganischen Ursprungs, gegenüber dem koexistierenden Meerwasser leichtere Werte aufweisen. Es ist bislang nicht klar, ob diese Fraktionierung kinetisch bedingt ist. Sehr leichte **Flusswässer** wie das Gangeswasser aus Abb. 4.112 sind möglicherweise durch ^{40}Ca „kontaminiert", das aus den K-reichen Himalaja-Graniten stammt, wo also viel ^{40}K zu ^{40}Ca zerfallen konnte.

Natürlich ist die Ca-Isotopenfraktionierung wieder temperaturabhängig und bei geringen Temperaturen am größten – hierin unterscheidet sich das Ca- nicht vom O-Isotopensystem, doch ist die Richtung der Isotopenfraktionierung verschieden: Bei niedrigen Temperaturen fallen O-isotopisch schwere Karbonate aus **Meerwasser** aus, die aber Ca-isotopisch besonders leicht sind. Es besteht die Hoffnung, dass in naher Zukunft verschiedene marine Kalkschaler (z. B. Foraminiferen) zur Rekonstruktion von Paläotemperaturen in unterschiedlichen Bereichen des Ozeans genutzt werden können (z. B. in Tief- und Flachwasser, in tropischen und polaren Regionen, Abb. 4.112). Auch in terrestrischen **biologischen** Systemen fraktionieren die Ca-Isotope, wie Abb. 4.106 zeigt, doch ist der Mechanismus noch nicht völlig verstanden.

Auch heute noch ist die Analyse von Ca-Isotopen präparativ und messtechnisch sehr aufwendig, sodass sie nur in relativ wenigen Labors durchgeführt wird. Bei Magmatiten

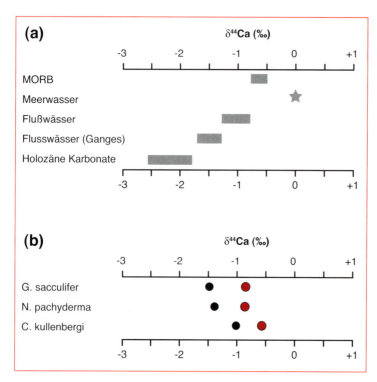

4.112 (a) Calciumisotopen-Variation in MORBs, Karbonaten und verschiedenen Wässern. (b) Calciumisotopen-Variationen verschiedener Foraminiferen deuten auf temperaturabhängige Fraktionierungen hin, da jeweils bei unterschiedlichen Temperaturen lebende Mitglieder derselben Spezies unterschiedliche Isotopenwerte zeigen: Das bei tieferen Temperaturen lebende Individuum (schwarz) zeigt stärker gegenüber Meerwasser fraktionierte Werte. Nach Zhu & MacDougall (1998).

und Metamorphiten wurde diese Methode bislang so gut wie nicht angewendet, da bei hohen Temperaturen die Fraktionierungsfaktoren sehr klein sind. Allerdings zeigt das Beispiel Eisen, dass man auch hier unerwartete Entdeckungen erhoffen kann.

4.7.4.7 Silizium

Silizium hat drei stabile Isotope, die in der Natur mit Häufigkeiten von 92,23 % (^{28}Si), 4,67 % (^{29}Si) und 3,1 % (^{30}Si) vorkommen. Angegeben wird die Si-Isotopenvariation als δ^{30}Si gegenüber dem Standard NBS28 (*National Bureau of Standards*), einem natürlichen Quarz, der auch als Standard für die Messung von Sauerstoff-Isotopen verwendet wird. Obwohl Silizium keine Redox-Chemie hat, kann es in natürlichen Fluiden je nach pH und Temperatur verschiedene **Komplexe** bilden. Während Granite, Gneise, Migmatite, Quarzite und Sandsteine allesamt δ^{30}Si-Werte um Null (± 0,2 ‰) haben, zeigen Tonminerale aus Böden Werte bis zu – 2,09 ‰ und silikatische Zemente (*Silcretes*) sogar Werte bis zu – 3,36 ‰. Die Präzipitation sekundärer Silikatphasen im Verlauf der Verwitterung scheint also signifikante Si-Isotopen-Fraktionierung zu bedingen. Bei der **Ausfällung von SiO$_2$** kann es, ebenfalls pH- und temperaturabhängig, zur Bildung von Kieselgel/Opal, Chalcedon oder Quarz kommen. Entsprechend ist bekannt, dass es bei biogener oder abiogener Kieselsäure- oder Opal-Ausfällung zu besonders leichten Si-Isotopen-Werten kommt. Residuale Lösungen, aus denen diese Minerale ausgefällt wurden, zeigen schwerere δ^{30}Si-Werte. Von **Diatomeen** (Kieselalgen) ist bereits bekannt, das sie Silizium-Isotope fraktionieren, was bei der Untersuchung von Ozeanbodensedimenten (mit eingelagerten Diatomeen-Skeletten) für die Rekonstruktion der Paläo-Bioproduktivität genutzt werden soll. Silizium-Isotope werden also für das quantitative Verständnis von Verwitterungsprozessen und für die Rekonstruktion globaler Kreisläufe in der geologischen Vergangenheit wertvolle Dienste leisten, während in Hochtemperaturprozessen bislang keine großen Fraktionierungen bekannt

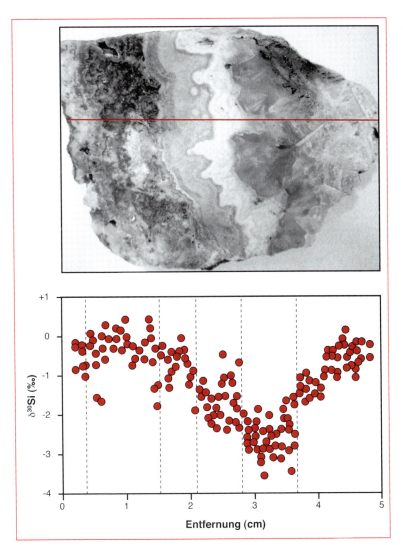

4.113 Diese Probe aus dem hydrothermalen Quarzgang der Grube Silberbrünnle im Schwarzwald zeigt zwischen den makroskopisch klar unterscheidbaren Zonen von Quarz, Achat und Chalcedon deutliche Unterschiede in der Si-Isotopenzusammensetzung, die eventuell durch Tieftemperatur-Wechselwirkungen der hydrothermalen Wässer mit quarzhaltigen Gesteinen zustande kommen. Die Messungen wurden mit einem Laser entlang der roten Linie gemacht. Nach Chmeleff et al. (in Vorbereitung).

waren. Erste Ergebnisse aus hydrothermalen Erzlagerstätten des Schwarzwaldes allerdings zeigen Silizium-Isotopen-Schwankungen von bis zu 5 ‰ in **hydrothermalem Gangquarz**, der aus 150–200 °C heißen Lösungen ausgefällt wurde (Abb. 4.113). Möglicherweise zeigt dies die Remobilisierung von Verwitterungsböden an, doch steht eine wirklich befriedigende Erklärung noch aus. Untersuchungen an 3,8 Milliarden Jahre alten Gesteinen aus Grönland legen nahe, dass Silizium während **metamorpher Prozesse** weitgehend seine Isotopie beibehält. Außerdem wurde bislang weder bei der meteoritischen Differentiation, noch in magmatischen Prozessen eine signifikante Si-Isotopen-Fraktionierung nachgewiesen. Die in den grönlandischen Gesteinen beobachteten Isotopenvariationen zwischen $\delta^{30}Si = -2,8$ und $+0,7$ ‰ werden daher als archaische Tieftemperaturphänomene (**Bodenbildung**) gedeutet.

4.7.4.8 Chlor

Chlor hat zwei stabile Isotope, ^{35}Cl und ^{37}Cl, die mit Häufigkeiten von etwa 76 und 24 % auftreten. Obwohl der Masseunterschied der Isotope mit 5,7 % ungefähr in der Größenordnung der Massenunterschiede der Kohlen- und Stick-

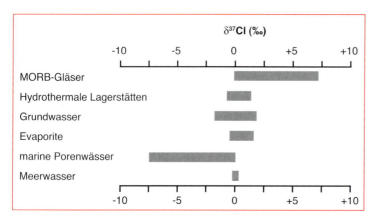

4.114 Chlorisotopenvariationen in verschiedenen Gesteinen und Wässern. Nach Hoefs (1996).

stoff-Isotope liegt, haben Chlor-Isotopen-Studien eine deutlich geringere Verbreitung und erst den letzten 20 Jahren blieb es vorbehalten, ihre Fraktionierung in verschiedenen geologischen Prozessen zu zeigen. Ausgedrückt wird das Chlor-Isotopenverhältnis als $\delta^{37}Cl$, relativ zu Meerwasser (SMOC = *Standard Mean Ocean Chloride*). Die maximale Isotopenvariation von Gesteinen zeigt $\delta^{37}Cl$-Werte zwischen etwa −3 und +8 ‰ (Abb. 4.114). Allerdings muss man anmerken, dass es noch relativ wenige Studien zu Cl-Isotopen gibt, da sie in Cl-armen Gesteinen nach wie vor schwierig zu messen sind. Die größten Variationen scheinen bei relativ niedrig-temperierten Fluid involvierenden Prozessen zu entstehen, also beispielsweise bei der hydrothermalen Überprägung von Basalten mit Meerwasser (**Spilitisierung**) oder bei der **Entmischung einer Fluidphase** in eine Gas- und eine neue Fluidphase (Abb. 4.115). In

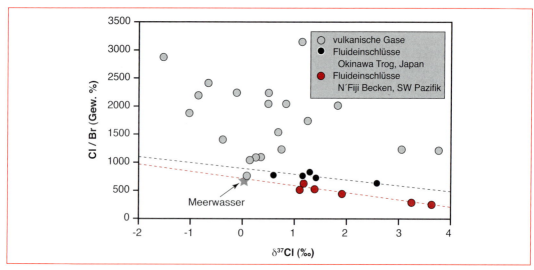

4.115 Variation von Cl/Br-Verhältnissen mit der Cl-Isotopie von Fluideinschlüssen aus Zinkblende, die von Schwarzen Rauchern aus dem Okinawa-Trog und dem Fiji-Becken stammen. Die klare Korrelation zwischen Cl/Br-Verhältnis, $\delta^{37}Cl$ und der Meerwasser-Zusammensetzung wird als das Ergebnis von Phasenseparation („Kochen") von Meerwasser bis zum Erreichen der Salzsättigung gedeutet. Zum Vergleich sind auch Daten vulkanischer Gase eingetragen, die deutlich anders zusammengesetzt sind, was darauf hindeutet, dass die hydrothermalen Fluide keinen magmatischen Ursprung haben. Nach Lüders et al. (2002) und Pitcairn (2000).

manchen Subduktionszonen haben marine Porenwässer auch deutlich niedrigere δ^{37}Cl-Werte, bis – 7 ‰. Diese werden als Resultat der Wechselwirkung zwischen Porenwasser und Silikatmineralen entlang eines längeren Fließweges interpretiert, also quasi als Anzeiger einer chromatographischen Fraktionierung. Kontinentale Fluide und Evaporite dagegen haben meist δ^{37}Cl-Werte, die sehr nahe (um 1 ‰) um Meerwasser liegen. Es wird angenommen, dass der CI-chondritische Wert von 2,7 ‰ der unentgaste Mantelwert, also der Durchschnittswert der irdischen Chlorisotopie war. Dieser Unterschied zwischen Mantel- und Meerwasser- bzw. Kontinent-Isotopie wird als Folge der Fraktionierung bei der Mantelentgasung interpretiert. Insgesamt scheint die Chlor-Isotopie für Festgesteins-Fragestellungen nur einen relativ begrenzten Nutzen zu haben. Das kosmogene Isotop ^{36}Cl mit einer Halbwertszeit von 308.000 Jahren wird für die Bestimmung des Bestrahlungsalters von Meteoriten benutzt (siehe Abschn. 4.8.3.9).

4.8 Radiogene Isotope

4.8.1 Einführung

Im Gegensatz zu den Systemen mit stabilen Isotopen, die in Abschnitt 4.7 besprochen wurden, involvieren die Methoden mit radiogenen Isotopen auch solche Isotope, die radioaktiv, also instabil sind, und die daher in unterschiedlich langen von ihrer Halbwertszeit bestimmten Zeiträumen (siehe Kasten 4.2) zerfallen. Im Falle von Uran und Thorium geschieht das in **Zerfallsketten,** d. h. über unterschiedlich viele Zwischenglieder. Die radioaktiven Zwischenglieder und die stabilen Endglieder eines solchen Zerfalls oder einer solchen Zerfallskette sind dann die radiogenen, also durch radioaktiven Zerfall entstandenen, Isotope. Man spricht von **Mutterisotopen**, die radioaktiv zerfallen, und **Tochterisotopen**, die sich dabei bilden, und die entweder stabil sind oder selbst wieder weiter zerfallen können.

In Systemen mit radiogenen Isotopen betrachtet man meist das Verhältnis eines radiogen entstandenen heute stabilen Isotops eines Elementes zu einem nicht-radiogen entstandenen ebenfalls stabilen Isotop desselben Elements. Dies hat gegenüber der absoluten Konzentrationsmessung zwei Vorteile: Erstens kann man mit dem Massenspektrometer ein Verhältnis durch Peakhöhenvergleich viel leichter messen als absolute Konzentrationen, die meist mit der **Isotopenverdünnungsmethode** gemessen werden (Kasten 4.23), und zweitens sagt die Konzentration eines Elements oder eines Isotops zunächst einmal gar nicht soviel aus, wenn sie nicht zu einem Referenzwert in Beziehung gesetzt wird (siehe Kasten 4.24). Dies war schon bei den Spurenelementen in Abschnitt 4.6 angeklungen, wo alle Werte immer in Bezug z. B. zu der chondritischen oder zur PAAS-Zusammensetzung gesetzt wurden. Die Änderung eines solchen Verhältnisses von radiogenen zu nicht-radiogenen Isotopen erlaubt also direkte petrogenetische Rückschlüsse, wie wir in diesem Abschnitt sehen werden.

Man beachte: das Verhältnis von Mutter- zu Tochterisotopen ist nicht identisch mit dem Verhältnis des radiogenen Isotops (das ja selbst ein Tochterisotop ist!) zu seinem stabilen Isotopenpartner. Ersteres involviert nämlich zwei Isotope verschiedener Elemente, von denen eines radioaktiv ist, während letzteres zwei Isotope desselben Elementes beinhaltet, die beide stabil sind. Außerdem ist aufgrund der analytischen Rahmenbedingungen die Messung der Isotopenverhältnisse desselben Elementes etwa 100-mal genauer als die Messung der Mutter-Tochter-Verhältnisse.

Der fundamentale Unterschied zwischen Methoden mit radiogenen und solchen mit stabilen Isotopen ist, dass radiogene Isotope sich ständig neu bilden, sich also sozusagen vermehren können (Abb. 4.117). Das gilt selbst in einem geschlossenen System ohne Interaktion mit Nachbarsystemen. Dagegen behalten Systeme stabiler Isotope konstante Werte bei, wenn sie einmal geschlossen sind. Dieser Unterschied kann Vor- und Nachteile haben, und

Kasten 4.23 Die Isotopenverdünnungsmethode

Will man ein Alter radiometrisch bestimmen, so muss der Gehalt sowohl der Mutter- als auch der Tochternuklide gemessen werden. Um dies mit besonders hoher Präzision machen zu können, auch in Proben, in denen vielleicht eines der Isotope nur in geringer Menge enthalten ist bzw. in denen die Mengenverhältnisse sehr ungleich verteilt sind, wendet man die Isotopenverdünnungsmethode an. Hierbei gibt man zur Probe, aus der die Analyselösung durch Auflösung gewonnen worden ist, eine Lösung bekannter Isotopenzusammensetzung und bekannter Konzentration hinzu, die als „**Spike**" bezeichnet wird. Im Spike ist ein in der Natur normalerweise seltenes Isotop weit über seine normale Häufigkeit angereichert (Abb. 4.116). Beispielsweise beträgt das heutige natürliche Verhältnis von ^{85}Rb zu ^{87}Rb etwa 2,593, die Spikelösung enthält dagegen fast nur ^{87}Rb (ein typisches Spike-Verhältnis für $^{85}Rb/^{87}Rb$ liegt bei etwa 0,02). ^{87}Rb ist deswegen interessant, weil es als Mutterisotop zum Tochterisotop ^{87}Sr zerfällt (siehe Abschn. 4.8.3.1). Nun kann man einfach und mit hoher Präzision das Verhältnis der beiden Rubidium-Isotope in der Mischung analysieren und daraus mittels der nach N_{Probe}^{87Rb} aufzulösenden Beziehung

$$\left(\frac{N^{85Rb}}{N^{87Rb}}\right)_{Mischung} = \frac{N_{Probe}^{87Rb}\left(\frac{N^{85Rb}}{N^{87Rb}}\right)_{Probe} + N_{Spike}^{87Rb}\left(\frac{N^{85Rb}}{N^{87Rb}}\right)_{Spike}}{N_{Probe}^{87Rb} + N_{Spike}^{87Rb}}$$

die ^{87}Rb-Gehalte in der Probe ausrechnen. N steht für Teilchenzahl oder Konzentration. Da Massenspektrometer nur Verhältnisse messen und keine absoluten Konzentrationen, ist die Isotopenverdünnungs-Methode dort unabdingbar, wo absolute Konzentrationen bekannt sein müssen (wie z. B. bei der Rb-Sr-Methode). Nur mittels eines geeigneten Spikes kann man absolute Konzentrationen bestimmen, da man durch die Zugabe der Spikelösung bekannter Isotopie und Konzentration die Zahl der unbekannten (die man dann messen oder ausrechnen kann) um eins erniedrigt.

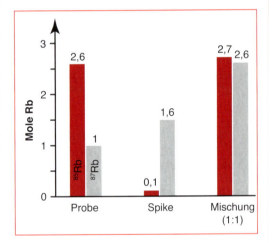

4.116 Graphische Erklärung der im Text beschriebenen Isotopenverdünnungsmethode.

so ist es sehr gut, beide Arten der Isotopengeochemie komplementär einzusetzen, da sie sich hervorragend ergänzen.

Die radiogenen Isotopensysteme haben durch ihre Veränderbarkeit zwei entscheidende Vorteile:

1. Da man die Halbwertszeiten vieler radioaktiver Isotope relativ genau kennt (Abb. 4.118), kann man die Veränderungen der Verhältnisse radiogener Isotope direkt mit der Zeit korrelieren und so – unter bestimmten, unten näher erläuterten Voraussetzungen – für Datierungen nutzen. Dies wird als **radiometrische Altersdatierung** bezeichnet. Diese Art von Altersdatierungen bilden ein wichtiges Teilgebiet der **Geochronologie**, mithilfe von Verhältnissen stabiler Isotopen sind solche Datierungen nicht möglich.
2. Wenn zwei Reservoire sich trennen, z. B. Schmelze von dem Ursprungsgestein, aus dem sie erschmolzen wurde, so zeigen beide Reservoire zum Zeitpunkt der Trennung

Kasten 4.24 Warum betrachtet man radiogene Isotopenverhältnisse und nicht Konzentrationen?

Abgesehen davon, dass es viel einfacher und präziser ist, in massenspektrometrischen Messungen Verhältnisse anstelle von Konzentrationen zu ermitteln, sollen zwei Beispiele belegen, um wie viel nützlicher dies auch unabhängig von der Messtechnik ist.
In Meerwasser beträgt die Konzentration von ^{87}Sr nur ca. 1 ppm, in aus dem Meerwasser ausgefälltem Calcit dagegen 1000 ppm. Trotz dieses riesigen Konzentrationsunterschiedes ist das Sr-Isotopenverhältnis in beiden Phasen gleich, da es bei der Ausfällung nicht fraktioniert.
Im Erdmantel beträgt die mittlere ^{143}Nd-Konzentration etwa 0,3 ppm, in daraus ausgeschmolzener Basaltschmelze aber etwa 3 ppm, da Nd inkompatibel ist. Eine Verzehnfachung der Konzentration, doch beide Reservoire, Gestein und Schmelze, haben dasselbe Nd-Isotopenverhältnis, das beweist, dass die beiden zueinander gehören.
In beiden Beispielen kann man die Konzentrationen nur dann für genetische Aussagen verwenden, wenn man die Verteilungskoeffizienten für die involvierten Prozesse genau kennt. Gerade dies ist aber häufig nicht der Fall, da Verteilungskoeffizienten u.a. von Konzentration und Temperatur abhängig sein können, und da man ja bisweilen den genauen Prozess vor den geochemischen Untersuchungen noch nicht kennt. Ein radiogenes Isotopenverhältnis ist dagegen wie ein geochemischer Fingerabdruck.

noch dieselbe radiogene Isotopie, doch kann sich jedes Teilsystem dann unterschiedlich entwickeln, also im Lauf der Zeit unterschiedliche Isotopenverhältnisse annehmen, da die beiden Reservoire im allgemeinen unterschiedliche Verhältnisse zwischen Mutter- und Tochterisotopen aufweisen. Man kann

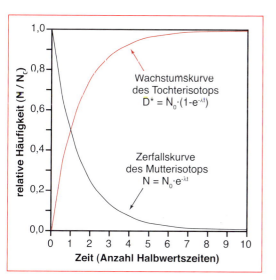

4.117 Mengenveränderung von Mutter- und Tochterisotop beim radioaktiven Zerfall.

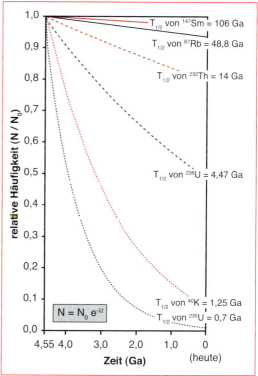

4.118 Die Mengenveränderung in der Isotopengeochemie wichtiger, radioaktiv zerfallender Isotope mit der Zeit. $T_{1/2}$ ist die Halbwertszeit.

also die zeitliche und chemische Entwicklung solcher ehemals gemeinsamer, heute aber getrennter Reservoire verfolgen und rekonstruieren, und dies beinhaltet natürlich auch den Nachweis von Mischungs- bzw. Kontaminationsvorgängen. Dies ist eine gegenüber der Geochemie stabiler Isotope verfeinerte Methode der Entzifferung von Kontaminationsvorgängen.

Die massenabhängige Fraktionierung, die für Systeme stabiler Isotope so charakteristisch ist und dort eine Vielzahl von Anwendungen erlaubt, wenn physikalische Vorgänge, wie z.B. Verdampfen, Ausfällen usw., ins Spiel kommen, spielt bei radiogenen Isotopensystemen keine direkte Rolle. (Man muss wohl sagen: bislang, denn wer weiß, was da noch an technischen Neuerungen auf uns wartet?). D. h. die Verhältnisse radiogener Isotope werden wegen ihrer geringen Massenunterschiede durch solche Prozesse nicht unmittelbar verändert. Da allerdings die Mutterisotope aufgrund ihrer Verteilungskoeffizienten z.B. in Gas- und Fluidphasen unterschiedlich partitionieren können (siehe Abschn. 4.6.2 und 4.6.3), und dadurch im Rahmen solcher physikalischer Prozesse unterschiedliche Mutter-Tochter-Verhältnisse entstehen können, werden sich auf längere Sicht auch die Verhältnisse der radiogenen Isotope auseinander entwickeln, doch kann dies eben – abhängig von der Halbwertszeit und dem Ausmaß der Fraktionierung – z.T. sehr lange dauern. Dieser Unterschied zwischen radiogenen und stabilen Isotopen macht die Kombination beider Systeme so wertvoll, da man kurz- und langfristige Änderungen getrennt untersuchen, aber unter Umständen einem gemeinsamen Prozess zuordnen und diesen dann besser verstehen und quantifizieren kann.

4.8.2 Geochronologie

Die Geochronologie beruht darauf, dass radioaktive Mutterisotope mit konstanten Zerfallsraten zu entweder ebenfalls radioaktiven oder aber stabilen Tochterisotopen zerfallen (Kasten 4.2). Je nachdem, wie alt das zu datierende Material ist, muss das System radiogener Isotope mit der dazu passenden **Halbwertszeit** gewählt werden. Beispielsweise wird es nicht gelingen, Krustenbildungsprozesse vor mehreren Milliarden Jahren mit der Radiokarbonmethode zu datieren (Abschn. 4.7.3.3), da die Halbwertszeit von ^{14}C nur 5730 Jahre beträgt. In so alten Gesteinen ist einfach nichts mehr davon erhalten. Andererseits sollte man nicht versuchen, Baumringe oder quartäre Vulkanite mit der Sm-Nd-Methode zu datieren, da das radioaktive ^{147}Sm mit einer Halbwertszeit von rund 106 Milliarden Jahren zerfällt. In so kurzen Zeiträumen ändert sich das radiogene Isotopenverhältnis nicht messbar, und damit ist das System als Chronometer für so kurze Zeiträume unbrauchbar. Generell sagt man, dass für die Geochronologie Isotopensysteme eingesetzt werden können, deren Halbwertszeit etwa ein Tausendstel bis etwa das Zehnfache des zu datierenden Alters beträgt. Hinzu kommt, dass es natürlich wichtig ist, ein System von Elementen zu wählen, die in dem untersuchten Material in messbaren Mengen vorhanden sind. Neben der geeigneten Halbwertszeit und dem chemisch geeigneten System muss man sich – bevor man überhaupt an die eigentliche Datierung eines Materials denken kann – zunächst auch noch darüber klar werden, was für ein Alter man eigentlich datieren will bzw. kann (siehe Kasten 4.25). Dies klang auch bei der Datierung von Meteoriten schon an, wo es um Bestrahlungsalter, Alter des Herausschlagens aus dem Mutterkörper oder Kristallisationsalter ging. Auch bei irdischen Gesteinen ist es von Bedeutung, sich die geologische Relevanz eines Alters genau vor Augen zu führen.

Der radioaktive Zerfall eines Mutterisotops mit der Anfangsmenge N_0 wird nach Kasten 4.2 beschrieben durch die Gleichung

$$N^{Mutter} = N_0^{Mutter} \cdot e^{-\lambda t},$$

wobei λ die Zerfallskonstante und t die Zeit ist. Beim radioaktiven Zerfall eines Isotops reichert sich prinzipiell das Tochterisotop, oder wenn dies auch radioaktiv ist, im Endeffekt das stabile Endglied der Zerfallskette im Gestein an. Da immer gleichviele Töchter geboren wie Mütter verbraucht werden, gilt:

$N^{Tochter} = N_0^{Mutter} - N^{Mutter}(t)$.

Damit aber gilt:

$N^{Tochter} = N^{Mutter} \cdot e^{\lambda t} - N^{Mutter} = N^{Mutter} \cdot (e^{\lambda t} - 1)$.

Natürlich kann schon zu Beginn des radioaktiven Zerfalls eine gewisse Menge von Tochteratomen $N_0^{Tochter}$ im Gestein gewesen sein. Zieht man dies in Betracht, so ergibt sich:

$N^{Tochter} = N_0^{Tochter} + N^{Mutter} \cdot (e^{\lambda t} - 1)$.

Nach t aufgelöst, erhält man die Gleichung, nach der prinzipiell die gesamte Geochronologie funktioniert:

$$t = \frac{1}{\lambda} \ln\left[\frac{N^{Tochter} - N_0^{Tochter}}{N^{Mutter}} - 1\right].$$

Sowohl $N^{Mutter}(t)$ als auch $N^{Tochter}(t)$ kann man im Gestein messen, $N_0^{Tochter}$ ist genauso wie t unbekannt. Man hat also eine Gleichung mit zwei Unbekannten. Dieses mathematisch zunächst fatal erscheinende Problem lässt sich aber sehr elegant lösen, nachdem man festgestellt hat, dass die obige Gleichung

$N^{Tochter} = N_0^{Tochter} + N^{Mutter} \cdot (e^{\lambda t} - 1)$

nichts anderes ist als eine Geradengleichung des Typs

$$y = a \cdot x + b,$$

wobei $y = N^{Tochter}$, $a = (e^{\lambda t} - 1)$, $x = N^{Mutter}$ und $b = N_0^{Tochter}$ (Abb. 4.119). Eine Gerade ist aber durch zwei Punkte eindeutig definiert. Somit kann man, wenn man zwei Punkte dieser Geraden kennt, die Steigung und den y-Achsenabschnitt berechnen bzw. ablesen, und genau das sind unsere beiden Unbekannten! Dies ist der Grund dafür, dass man immer dann mindestens zwei verschiedene Minerale eines Gesteins oder aber mindestens ein Mineral und das Gesamtgestein analysieren muss, wenn die Anfangstochterkonzentration (meist **Initialverhältnis** genannt) eines Systems nicht bekannt ist. Wichtig ist dabei, dass sich die Mutter-Normierungs-Verhältnisse der verschiedenen analysierten Proben stark unterscheiden, um eine statistisch gute Ausgleichsgerade berechnen zu können (durch nah beieinander liegende Punkte wird die Geradensteigung nur unzureichend definiert, s. Abb. 4.120). Warum verschiedene Minerale verschiedene Isotopenverhältnisse haben (was ja die Grundlage für die

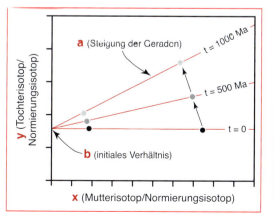

4.119 Graphische Erklärung der im Text beschriebenen Isochronenmethode.

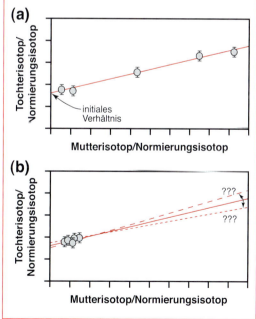

4.120 Der Unterschied zwischen einer gut definierten Isochrone in (a) und einer schlecht definierten in (b) ist hier sehr augenfällig.

Kasten 4.25 Die verschiedenen Alter eines Gesteins

Magmatische und metamorphe Gesteine der Mittel- und Unterkruste bilden sich gewöhnlich bei hohen Temperaturen, bei denen die Diffusion von Elementen noch relativ leicht möglich ist. Solange also ein Gestein noch bei Temperaturen verweilt, bei denen entweder Mutter- oder Tochterisotope leicht zwischen den Mineralphasen hin- und herdiffundieren können, beginnt die radioaktive Uhr noch gar nicht oder noch nicht präzise zu arbeiten. Erst bei Unterschreiten der so genannten **Schließungstemperatur**, unterhalb der der diffusive Austausch zwischen Festphasen und auch mit Fluiden kinetisch gehemmt ist, setzt die radioaktive Uhr wirklich ein, denn nur dann können die verschiedenen Isotope, die für eine Datierung wichtig sind, im Gestein erhalten bleiben und akkumuliert werden. Es gibt also ein Zusammenspiel von temperaturabhängiger Diffusionskonstante und Abkühlrate: Bei schneller Abkühlung und geringer Diffusionsrate ist ein isotopisches Alter gut messbar, bei langsamer Abkühlung und hoher Diffusionsrate nicht. Dazwischen gibt es eine „Grauzone". Die Schließungstemperatur liefert immerhin Anhaltspunkte, ob eine Datierung eher Kristallisations- oder eher Abkühlalter ergibt. Metamorphosealter sind aufgrund der sehr langen Zeiträume von Temperaturänderungen – im Unterschied zu vielen magmatischen Altern – meist Abkühlalter. Lediglich prograd gewachsene Zirkone oder Monazite liefern bisweilen „**Aufheizungsalter**".

Es ist leicht einsichtig, dass die Schließungstemperatur für unterschiedliche Minerale und unterschiedliche Isotopensysteme unterschiedlich ist (Abb. 4.121), da ja sowohl die Mineralstruktur als auch die Ionengröße und Ladungsdichte die diffusiven Eigenschaften eines Elements bestimmen. Abbildung 4.122 zeigt, dass auch die Korngröße darüber bestimmt, welche Schließungstemperatur ein Mineral hat, da die diffusive Reequilibrierung natürlich von der Größe der Körner abhängt, in die und aus denen diffundiert wird. Wenn ein Isotopensystem in einem (oder mehreren) Mineralen eine Schließungstemperatur oberhalb der Temperatur

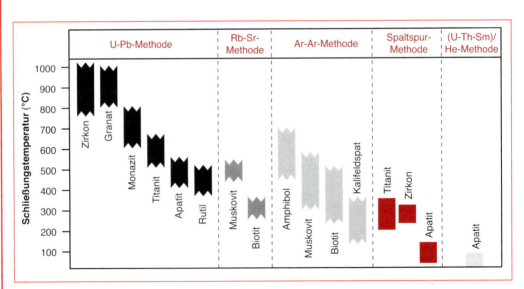

4.121 Typische ungefähre Schließungstemperaturen unterschiedlicher Minerale für in Rot genannten Datierungsmethoden. Man beachte, dass die genaue Schließungstemperatur von mehreren, im Text erwähnten Variablen abhängt (siehe auch Abb. 4.122).

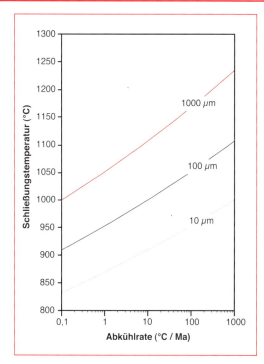

4.122 Die Abhängigkeit der Zirkon-Schließungstemperatur von der Korngröße in µm und von der Abkühlrate in K/Ma. Nach Daten aus Cherniak & Watson (2001).

hat, bei der das oder die Minerale kristallisieren (egal ob magmatisch oder metamorph), so erhält man bei der Datierung mittels dieses Systems das **Kristallisationsalter (Intrusions- oder Metamorphosealter)**. Dies ist z. B. der Fall für das U-Pb-System in Zirkonen aus Graniten, wo Schließungstemperaturen von 900 °C oder höher genannt werden. Wenn dies allerdings nicht möglich (oder vielleicht ja auch gar nicht gewünscht) ist, so erhält man z. B. mit der Rb-Sr-Methode an Biotiten aus Graniten **Abkühlalter**, die also nicht die Bildung des Gesteins, sondern seine Abkühlung unter die Schließungstemperatur von in unserem Beispiel etwa 300 °C datieren. Wohlgemerkt: der Begriff Abkühlung hat hier keinen Bezug zu einem geologischen Prozess. Man datiert also mittels Abkühlaltern nicht notwendigerweise geologische Prozesse, sondern das Durchschreiten einer bestimmten Temperatur (die möglicher-, aber nicht notwendigerweise nahe an einem geologischen Prozess liegt)! Durch geschickte Kombination verschiedener Isotopensysteme und verschiedener Minerale kann man sich diese Unterschiede zunutze machen und eine ganze Kristallisations- und Abkühlgeschichte eines Gesteins oder eines Krustenkomplexes rekonstruieren, was für das Verständnis der Kinetik von tektonischen Prozessen enorm interessant sein kann (Abb. 4.121). Die jeweils letzten Abkühlalter eines Gesteins liefern die in Abschnitt 2.5.9 besprochenen **Spaltspurdatierungen** an Apatit, für die die Spontanspaltung des Urans entscheidend ist. Die partielle Verheilung der Spaltspuren setzt bei 60 °C (Abb. 4.123) ein, die komplette Ausheilung bei 120 °C, sodass die Schließungstemperatur dieses Systems bei 60 °C liegt.

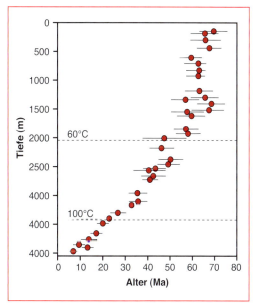

4.123 Durch die höhere Temperatur in größeren Tiefen verheilen ab etwa 60 °C Spaltspuren in Apatit partiell und ergeben daher in der Spaltspurdatierung jüngere, d. h. falsche Alter (siehe Abschn. 2.5.9). Dies ist hier an Daten aus der Vorbohrung des Kontinentalen Tiefbohrprogramms (KTB) in der Oberpfalz gezeigt. Nach Wagner & Van den haute (1992).

Anwendungsmöglichkeit dieser Methode ist), ist am Beispiel des Strontiums in Abschnitt 4.8.3.1 genauer erklärt. Die durch gleich alte Datenpunkte konstruierte Gerade wird **Isochrone** genannt, die Methode heißt **Isochronenmethode** und wird z. B. häufig bei den Sm-Nd und Rb-Sr-Methoden eingesetzt. Bei anderen Systemen, wie z. B. K-Ar oder Ar-Ar an K-haltigen Mineralen, kann man davon ausgehen, dass die Anfangskonzentration der Tochter in dem untersuchten Mineral Null war. Zum Beispiel wird Ar in K-Feldspat so gut wie nicht eingebaut; daher muss alles gemessene Argon durch den radioaktiven Zerfall entstanden sein. In diesem Fall entfällt der Term der störenden zweiten Unbekannten und man kann auch Einzelminerale datieren.

Im Fall der Isochrone ist es meistens so, dass nicht alle Messpunkte perfekt auf einer Geraden liegen (Abb. 4.124), weswegen eine Regressionsgerade berechnet werden muss. Dies schlägt sich einerseits in der angegebenen Unsicherheit der Altersangabe (z. B. 407 ± 14 Millionen Jahre) nieder, andererseits im immer anzugebenden **MSWD-Wert** (von Englisch *mean standard weighted deviation*), also der mittleren gewichteten Standardabweichung. Mit dieser statistischen Analyse kann man feststellen, ob eine Gerade eine für die Datierung brauchbare Isochrone, oder aufgrund isotopischen Ungleichgewichts eine nicht brauchbare **Errorchrone** ist (siehe Kasten 4.26).

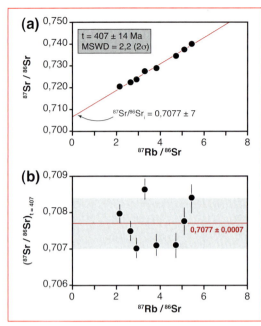

4.124 (a) Typische Isochrone, hier an einem Beispiel von acht Gesamtgesteinsproben eines Orthogneises aus dem Spessart. Nach Dombrowski et al. (1995). In (b) ist die Sr-Isotopie auf die Zeit vor 407 Ma zurückgerechnet und die Streuung der Daten veranschaulicht: Die schwarzen Fehlerbalken sind die 1σ-Fehler der externen Reproduzierbarkeit, der grau unterlegte Bereich gibt die 2σ-Umhüllende an, in der 95 % der Daten liegen.

Kasten 4.26 Wann ist's eine Isochrone, wann eine Errorchrone?

Um zu entscheiden, ob eine Datierung „gut" ist, d. h. das zu bestimmende Alter auch präzise und vertrauenswürdig angibt, muss man eine Fehlerbetrachtung durchführen und diese in Beziehung zum MSWD-Wert setzen. Bezogen auf ein Sigma (das ist die Variationsbreite, die 66 % aller Messwerte beinhaltet) gilt laut simpler Statistik:

$$1\sigma = \sqrt{\frac{2}{n}},$$

wobei zwei die Anzahl der Freiheitsgrade und n die Anzahl der Messungen ist. Bei sechs Messungen ergibt der Wurzelterm 0,58, d. h. der MSWD-Wert einer Isochrone darf zwischen 0,42 und 1,58 variieren. Dies bedeutet, dass die Abweichungen der Einzelmessungen von der Regressionsgerade nicht größer sind als die Standardabweichungen der Einzelmessungen. Ist MSWD kleiner als 0,42, halt man falsche Fehlerannahmen gemacht, man spricht dann von einer **Hyperchrone**. Ist MSWD größer als 1,58, so liegt eine Errorchrone vor und die Datierung ist als zumindest zweifelhaft anzusehen, weil isotopisches Gleichgewicht zwischen den verschiedenen analysierten Mineralen bzw. Gesteinen offenbar nicht mehr vorliegt oder evtl. auch nie vorgelegen hat.

4.8.3 Wichtige Systeme radiogener Isotope

4.8.3.1 Das Rb/Sr-System

Das Rb-Sr-System beruht auf dem Zerfall von ^{87}Rb zu ^{87}Sr mit einer Halbwertszeit von 48,8 Milliarden Jahren (was einem λ von $1{,}42 \cdot 10^{-11}$ pro Jahr entspricht; Abb. 4.118). Als Normierungsisotop verwendet man das stabile ^{86}Sr. Es ergibt sich also in Anlehnung an die Geochronologen-Gleichung in Abschnitt 4.8.1

$$\left(\frac{^{87}Sr}{^{86}Sr}\right) = \left(\frac{^{87}Sr}{^{86}Sr}\right)_0 + \left(\frac{^{87}Rb}{^{86}Sr}\right)_0 \times (e^{\lambda t} - 1)$$

Wie das im nächsten Abschnitt folgende Sm-Nd-System ist auch das Rb-Sr-System aufgrund der sehr langen Halbwertszeit dazu geeignet, geologisch frühe bzw. lange Prozesse zu datieren und zu verfolgen, also z. B. die Entstehung der Erdkruste oder verschiedener Reservoire des modernen Erdmantels durch Differenzierung des primitiven Erdmantels. Aufgrund des sehr langsamen Rb-Zerfalls müssen Sr-Isotopen-Verhältnisse extrem präzise gemessen werden, typischerweise auf vier bis fünf Nachkommastellen. Durch den Vergleich mit dem Wert der **Durchschnittserde** (im Englischen **Bulk Earth**) erhält man den ε_{Sr}-Wert, der folgendermaßen definiert ist:

$$\varepsilon_{Sr} = \left[\frac{\left(\frac{^{87}Sr}{^{86}Sr}\right)_{Gesteinsprobe}}{\left(\frac{^{87}Sr}{^{86}Sr}\right)_{Durchschnittserde}} - 1\right] \times 10.000$$

Allerdings muss angemerkt werden, dass der Wert der Durchschnittserde nur relativ ungenau bekannt ist und von verschiedenen Autoren unterschiedlich zwischen 0,7045 und 0,7052 angegeben wird, was die Schönheit dieses Ansatzes doch signifikant beeinträchtigt.
In der Geochronologie ist die Rb-Sr-Methode zwar weit verbreitet, sie hat aber einige Haken, die es zu erwähnen gilt. Einerseits sind sowohl Rb als auch Sr relativ leicht durch Fluide mobilisierbar. Das bedeutet, dass in Gesteinen, die lange zurückliegende Kristallisations- oder Metamorphoseereignisse anzeigen, die große Gefahr besteht, dass die Rb-Sr-Systematik durch spätere, auch relativ kleine und vielleicht petrographisch gar nicht stark in Erscheinung tretende Fluid-Gesteins-Wechselwirkungen durcheinandergebracht worden ist. Hinzu kommt, dass die Schließungstemperaturen für dieses System aufgrund relativ schneller Diffusion auf Korngrenzen und z. T. auch in Feststoffen bei den meisten Mineralen meist relativ niedrig sind, in der Größenordnung von 300–500 °C (Abb. 4.121). Trotzdem wurden insbesondere in der Vergangenheit sehr viele plutonische Komplexe erfolgreich mit dieser Methode datiert. Häufig sind dabei allerdings Unsicherheiten von mehreren Millionen bis sogar Zehnermillionen Jahren in Kauf zu nehmen. Erschwerend kommt hinzu, dass das initiale

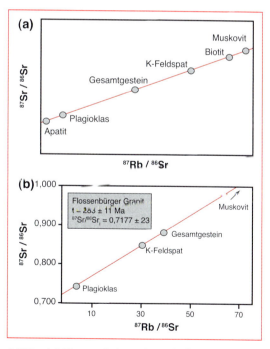

4.125 (a) Theoretische, also mit frei gewählten Daten konstruierte Isochrone, die die relative Lage der verschiedenen Minerale zueinander korrekt wiedergibt. (b) Reale Isochrone für ein Beispiel aus Köhler et al. (1974).

⁸⁷Sr/⁸⁶Sr -Verhältnis eines Gesteins nicht bekannt ist und somit diese Datierung immer mit der Isochronenmethode erfolgen muss, was zwangsläufig die Genauigkeit herabsetzt, da ja mehrere Datenpunkte mit ihren jeweiligen Mess- und Alterationsfehlern eingehen. Häufig werden dafür bei granitischen Gesteinen ein Glimmer oder ein frischer Feldspat (wenn vorhanden) im Verbund mit dem Gesamtgestein verwendet (Abb. 4.125).

Die petrogenetische Bedeutung des Rb-Sr-Systems beruht auf dem unterschiedlichen geochemischen Verhalten von Rb und Sr. Beides sind zwar relativ seltene, inkompatible Elemente, doch ist Rb deutlich inkompatibler als Sr: D-Werte für Peridotit-Basaltschmelze sind 0,046 für Sr, aber nur 0,0006 für Rb. Folglich wird Rb in Schmelzen deutlich stärker angereichert als Sr, das dafür im Residuum gegenüber Rb angereichert wird. Je kleiner die gebildete Schmelzfraktion ist, desto stärker ist die Fraktionierung der beiden Elemente. Bei einem Mantel-Rb/Sr-Verhältnis von etwa 0,05 bedeutet dies, dass in einer 5%-Partialschmelze ein Rb/Sr-Verhältnis von 0,093 erreicht wird, im Residuum dagegen nur noch ein Verhältnis von 0,0012 herrscht. Wenn das ⁸⁷Rb nach der Trennung von Schmelze und Peridotit (die zu Be-

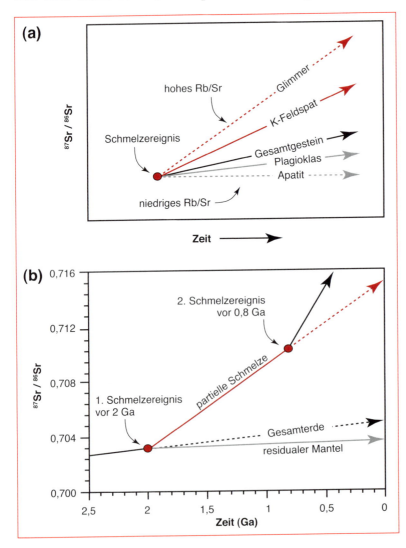

4.126 (a) Je nach dem Rb/Sr-Verhältnis des Ausgangsminerals steigt das $^{87}Sr/^{86}Sr$-Verhältnis im Laufe der Zeit unterschiedlich stark an. (b) Mehrfache partielle Schmelzereignisse haben immer wieder Steigungsänderungen der $^{87}Sr/^{86}Sr$-Entwicklung zur Folge. Gezeigt sind Entwicklungslinien für die partiellen Schmelzen, die Gesamterde und den residualen Mantel.

Kasten 4.27 Die Sr-Isotopie des Meerwassers als stratigraphischer Indikator

Sr-Isotope können hervorragend genutzt werden, um marine Karbonate zeitlich in eine Stratigraphie einzuordnen. Dies beruht darauf, dass Sr im Meerwasser eine relativ lange Verweildauer von einigen Millionen Jahren hat, daher perfekt gemischt ist und damit marine Karbonate bei ihrer Ausfällung zum selben Zeitpunkt weltweit eine einheitliche Sr-Isotopie aufweisen. Zeitlich dagegen ist die Sr-Isotopie variabel (Abb. 4.127), da sie sich aus drei Quellen zusammensetzt, deren jeweiliger relativer Anteil schwanken kann: dem Fluss-Sr, das erodierte kontinentale Kruste in den Ozean transportiert (derzeitiger Durchschnitts-Wert für $^{87}Sr/^{86}Sr$ bei relativ großer lokaler Variabilität: um 0,711), dem hydrothermalen Sr von mittelozeanischen Rücken (derzeit Werte um etwa 0,703) und dem Sr aus aufgelösten Karbonaten (derzeit um 0,709). Das derzeitige Meereswasser hat einen $^{87}Sr/^{86}Sr$-Wert von etwa 0,70916 (Abb. 4.127). Die Schwankungen des Sr-Isotopenwerts im Meerwasser kann man bis ins Archaikum zurückverfolgen (Abb. 4.127). Ihre Veränderungen werden entsprechend den unterschiedlichen Sr-Quellen durch Schwankungen der Kontinentverwitterung und -erosion, der Ozeanspreizungsraten und des Meeresspiegels bzw. der CCD hervorgerufen. Der Anstieg der $^{87}Sr/^{86}Sr$-Werte seit etwa 40 Millionen Jahren wird mit der Hebung und Erosion des Himalaja in Verbindung gebracht, und die Veränderungen der letzten drei Millionen Jahre könnten mit den känozoischen Vereisungen zusammenhängen. Somit ist das Sr-Isotopenverhältnis des Meerwassers ein wichtiger global-tektonischer Indikator, der in allen Erdzeitaltern eingesetzt werden kann.

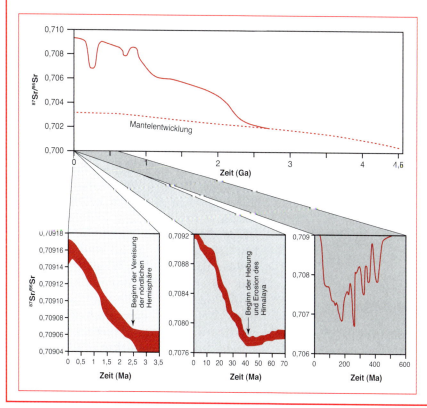

4.127 Die Entwicklung der Sr-Isotopenzusammensetzung des Meerwassers mit der Zeit. Man beachte, dass die Rekonstruktion natürlich umso genauer und höher auflösend ist, je rezenter die betrachtete Zeitscheibe ist. Nach Faure & Mensing (2004) und Capo & DePaolo (1990).

ginn beide dasselbe $^{87}Sr/^{86}Sr$-Isotopenverhältnis hatten, weil dieses eben bei solchen Prozessen nicht fraktioniert) zu zerfallen beginnt, werden sich die $^{87}Sr/^{86}Sr$-Werte in der Rb-reicheren Partialschmelze und in daraus kristallisierenden Gesteinen stärker ändern als in den Rb-ärmeren Residualgesteinen. Da die inkompatibelsten Elemente sich in der Folge solcher Prozesse letztendlich in der Erdkruste anreichern, werden dort das Rb/Sr-Verhältnis am höchsten und dementsprechend die heutigen $^{87}Sr/^{86}Sr$-Verhältnisse am höchsten sein. Innerhalb eines an Rb angereicherten so genannten Hoch-$^{87}Sr/^{86}Sr$-Granits gibt es natürlich auch noch unterschiedliche Entwicklungslinien für jedes Einzelmineral (Abb. 4.126) je nachdem, wie gut ein Mineral Rb und Sr relativ zueinander einbaut. K einbauende Minerale bauen Rb besser ein als Sr, weshalb Glimmer und K-Feldspäte immer höhere Rb/Sr und höhere $^{87}Sr/^{86}Sr$-Verhältnisse haben als Ca-haltige Minerale, die Sr besser einbauen als Rb. Beispiele für letztere sind z. B. Plagioklas oder Apatit.

Ein späterer Aufschmelzprozess z. B. in der Erdkruste würde dann das bis zu diesem Zeitpunkt entstandene Sr-Isotopenverhältnis als sein Initialverhältnis ererben und es würde sich davon weiterentwickeln (Abb. 4.126). Wenn man dann das Initialverhältnis dieses Gesteins mittels der Isochronenmethode rekonstruiert, so stellt man fest, dass es nicht auf der Entwicklungslinie des Mantels liegt und folglich das Gestein einem (mindestens) zweistufigen Prozess entstammen muss. Solche Argumentationen sind für das Verständnis der Entwicklung der kontinentalen Kruste und verschiedener Mantelreservoire extrem wichtig.

4.8.3.2 Das Sm/Nd-System

Das Sm-Nd-System beruht auf dem radioaktiven Zerfall von ^{147}Sm zu ^{143}Nd mit einer Halbwertszeit von 106 Milliarden Jahren (Abb. 4.118). Entsprechend lautet die auf das nicht radiogene ^{144}Nd bezogene Zerfallsgleichung

$$\left(\frac{^{143}Nd}{^{144}Nd}\right) = \left(\frac{^{143}Nd}{^{144}Nd}\right)_0 + \left(\frac{^{147}Sm}{^{144}Nd}\right)_0 \times (e^{\lambda t} - 1)$$

Aufgrund der extrem langen Halbwertszeit sind die beobachteten Isotopenvariationen so klein, dass man auf sechs Stellen nach dem Komma genau messen muss. Deshalb gibt man häufig den ε_{Nd}-Wert an, der durch die Standardisierung und die Multiplikation mit 10.000 gut handhabbar ist und folgendermaßen definiert ist:

$$\varepsilon_{Nd} = \left(\frac{(^{143}Nd/^{144}Nd)_{Gestein}}{(^{143}Nd/^{144}Nd)_{CHUR}} - 1\right) \times 10.000$$

CHUR ist dabei ein Referenzwert, der als „*Chondritic Uniform Reservoir*" bekannt ist und der einem Mittelwert für das chondritische Reservoir entspricht, aus dem die Erde entstanden ist. Er wurde durch die Analyse von Chondriten und Achondriten bestimmt und beträgt heutzutage 0,512638. Wird dieser Wert auf die Zeit der Entstehung unserer Erde zurückgerechnet, so wird dies dann als Ursprungswert für den nicht differenzierten „Ur-Erdmantel" kurz nach der Bildung der Erde angenommen. Häufig wird dieser ε_{Nd}-Wert auch für die Entstehungszeit t des Gesteins angegeben, wobei dann gilt:

$$\varepsilon_{Nd}^t = \left(\frac{(^{143}Nd/^{144}Nd)_{Gestein, t}}{(^{143}Nd/^{144}Nd)_{CHUR, t}} - 1\right) \times 10.000$$

Man beachte, dass dieses t der Entstehungszeitpunkt vor z. B. 2,3 Milliarden Jahren ist, das Verhältnis ist also zurückgerechnet. Dem $(^{143}Nd/^{144}Nd)_{Gestein, t}$ aus der letzten Gleichung entspricht also das $(^{143}Nd/^{144}Nd)_0$ aus der vorletzten. So berechnet man $(^{143}Nd/^{144}Nd)_{Gestein, t}$ (zur Zeit t also z. B. vor 2,3 Milliarden Jahren) mithilfe der obigen Zerfallsgleichung, indem man für t = 2,3 Milliarden Jahre einsetzt, für $^{143}Nd/^{144}Nd$ und $^{147}Sm/^{144}Nd$ die heute gemessenen Werte, und dann nach $(^{143}Nd/^{144}Nd)_0$ auflöst was dem gesuchten Verhältnis $(^{143}Nd/^{144}Nd)_{Gestein, t}$ entspricht.

Man beachte, dass sich das Sm-Nd und das Rb-Sr-System wegen der unterschiedlichen Verteilungskoeffizienten zwischen Sm, Nd, Rb oder

Sr und Schmelze in Bezug auf Aufschmelzprozesse genau gegenläufig verhalten: beim Rb/Sr-System hat die partielle Schmelze ein hohes Mutter/Tochter (Rb/Sr)-Verhältnis, beim Sm/Nd-System hat sie ein niedriges Mutter/Tochter (Sm/Nd)-Verhältnis. Sm und Nd verhalten sich also, obwohl beide REEs sind, bei der Aufschmelzung von Mantelgesteinen unterschiedlich kompatibel, wobei Sm etwas kompatibler ist als Nd und sich daher mit der Zeit im verarmten Erdmantel anreichert, während sich Nd in der Erdkruste anreichert. Daher entwickeln sich – wie beim Rb-Sr-System – der sukzessiv **verarmte Erdmantel** („*depleted mantle*", abgekürzt DM) und die Kruste nach ihrer Trennung unterschiedlich voneinander (Abb. 4.128). Dieses Faktum kann man für eine hochinteressante und für die Rekonstruktion der Erdentwicklung wichtige Methode verwenden, nämlich die Bestimmung von so genannten **Modellaltern**. Das Modellalter gibt den modellierten (nicht gemessenen!) Zeitpunkt wieder, an dem sich ein bestimmtes Gestein von der Mantelentwicklungslinie abgekoppelt hat, zu dem es also aus dem Mantel extrahiert wurde (Abb. 4.128). Man kann damit in der kontinentalen Kruste Bereiche geochemisch „auskartieren", die zu ähnlichen Zeiten aus dem Mantel ausgeschmolzen wurden, und somit z. B. auf erdgeschichtliche Perioden besonders intensiven **Krustenwachstums** rückschließen. Modellalter werden entweder auf den verarmten Erdmantel DM oder auf den Anfangserdmantel CHUR bezogen, häufiger ist aber ersteres:

$$T_{DM}^{Nd} = \frac{1}{\lambda} \ln \left[\frac{(^{143}Nd/^{144}Nd)_{Gestein,\,heute} - (^{143}Nd/^{144}Nd)_{DM}}{(^{147}Sm/^{144}Nd)_{Gestein,\,heute} - (^{147}Sm/^{144}Nd)_{DM}} + 1 \right].$$

Wegen der langen Halbwertszeit ist das Sm-Nd-System besonders gut geeignet, um alte Prozesse zu datieren, z. B. in Meteoriten oder in proterozoischen bis archaischen Gesteinen. Wie beim Rb-Sr-System wird auch hier wieder die Isochronen-Methode eingesetzt. Besonders geeignete Minerale sind z. B. Granat, Klinopyroxen und Amphibol, da letztere relativ hohe Gehalte an REE einbauen und Granat hohe Sm/Nd-Verhältnisse und nur eine geringe Diffusivität und damit eine hohe Schließungstemperatur von etwa 600 °C (Kasten 4.25) für diese Elemente hat. In glücklichen Fällen kann ein chemisch zonierter Granat sogar in seinen un-

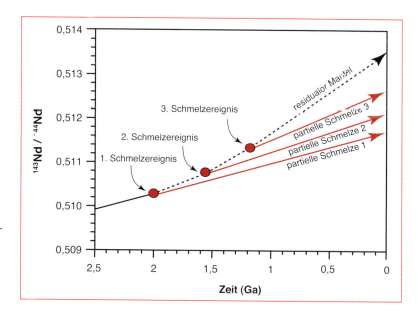

4.128 Die Nd-Isotopenentwicklung des residualen Erdmantels bei drei Schmelzereignissen zu unterschiedlichen Zeiten.

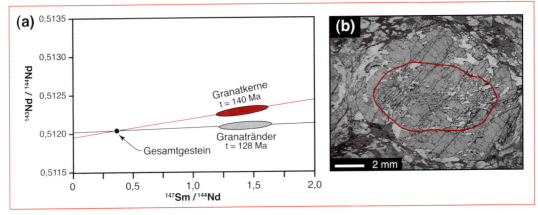

4.129 Die ortsaufgelöste Analyse von Granat-Kernen und –Rändern erlaubt es, die Granat-Zonierung und somit unterschiedliche tektonometamorphe Ereignisse zu datieren. Rechts ist das Dünnschliffbild des datierten, zonierten Granats gezeigt. Nach Getty et al. (1993).

terschiedlichen Zonen unterschiedliche Nd-Isotopenverhältnisse konservieren und damit die Datierung der Dauer seines Wachstums erlauben, wenn man ihn schrittweise anlöst (Abb. 4.129).

Der Vergleich zeigt, dass sich das Rb-Sr- und das Sm-Nd-System insofern ähneln, als beide Systeme Halbwertszeiten im Bereich von Zehner-Milliarden-Jahren haben, bei beiden die Isochronen-Methode angewendet wird, und beide zwei Elemente miteinander verknüpfen, von denen eines beim Aufschmelzen von Peridotit kompatibler, das andere inkompatibler ist. Der Unterschied liegt allerdings darin, dass beim Rb-Sr-System das zerfallende Element Rb inkompatibler ist, beim Sm-Nd-System das zerfallende Element Sm dagegen kompatibler als das jeweils andere Element. Das bedeutet, dass sich im Zuge der Differenzierung der Erde, also der Verarmung des Erdmantels an inkompatiblen Spurenelementen, die ε_{Sr}- und ε_{Nd}-Werte in verschiedene Richtungen entwickeln werden: Ersteres wird mit der Zeit abnehmen, letzteres zunehmen.

Durch die Kombination beider Systeme kann man die Entwicklung von Krustenteilen, die Herkunft von Schmelzen, ihre Kontamination und ihre Abkopplung vom System des verarmten Erdmantels besonders gut nachvollziehen. So haben unterschiedliche Reservoire unterschiedliche und charakteristische Zusammensetzungen im ε_{Sr}-ε_{Nd}-Diagramm (siehe auch Kasten 31.7; Abb. 4.130).

4.8.3.3 Das U/Pb-System

Der Zerfall von Uran in Form des U-He-Systems wurde bereits kurz nach der Entdeckung der Radioaktivität im Jahre 1905 genutzt, um Gesteine zu datieren (siehe Kasten 4.28), die Methode war jedoch mit Problemen behaftet (siehe Abschn. 4.8.3.7). Bereits 1907 folgte

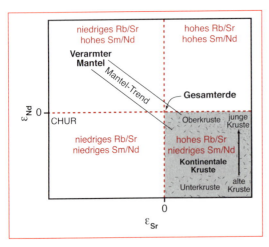

4.130 Typische Positionen von Erdmantel und Erdkruste im ε_{Nd}-ε_{Sr}-Diagramm. Nach DePaolo & Wasserburg (1979).

Kasten 4.28 Das Alter der Erde – eine historische Entwicklung

Die erste Abschätzung des Erdalters nahm der irische **Bischof James Ussher** im Jahre 1654 vor. Er errechnete anhand der biblischen Überlieferung, dass Gott die Erschaffung der Welt am Vorabend („*nightfall*" ist die genaue Zeitangabe) zum Sonntag, den 23. Oktober 4004 vor Christus abgeschlossen hatte. Im 18. Jahrhundert allerdings fiel damaligen Geologen wie z. B. **James Hutton** auf, dass der vor 1500 Jahren von den Römern erbaute „Hadrians Wall" in Nordengland kaum Veränderungen aufwies, woraus man auf ein deutlich älteres Alter der Erde mit ihren Bergen und Tälern schließen musste. **Charles Lyell** schätzte anhand der Evolutionsgeschwindigkeit von Mollusken seit dem Pleistozän das Alter von tertiären Mollusken ab und kam für das Känozoikum auf ein Alter von rund 80 Millionen Jahren – was einem Fehler von nur 25 % entspricht! Ende des 19. Jahrhunderts dann publizierte der englische **Lord Kelvin** seine Ansicht, die Erde müsse 20–40 Millionen Jahre alt sein, da sie am Anfang geschmolzen gewesen sei und dies die Zeit sei, die sie zum Abkühlen benötige. Mit der Entdeckung der Radioaktivität, durch die ja eine interne Wärmeproduktion stattfindet, war allerdings klar, dass dieser Zeitraum zu kurz geschätzt war. Um 1900 berechnete dann der Ire **John Joly** ein Alter von 90 bis 100 Millionen Jahre, indem er analysierte, wie viel Salz ein Fluss ins Meer einträgt und wie viel Salz dort heute enthalten ist. Über gemessene Sedimentationsraten und eine Abschätzung der Mächtigkeiten von Sedimentgesteinen wurde das Alter zwischen 1860 und 1910 auf 1,6 Milliarden Jahre erhöht.

Nachdem **Becquerel** im Jahre 1896 die **Radioaktivität** entdeckt hatte, bestimmten **Rutherford** und **Boltwood** im Jahr 1905 das Alter von Gesteinen mit der U-He-Methode und kamen auf ein Erdalter von etwa 500 Millionen Jahren. Dieser Bestimmung folgte ein Alter von 1,68 Milliarden Jahren, das Boltwood bei Anwendung des U-Pb-Systems für einen Uraninit erhielt.

Im Jahre 1956 schließlich publizierte der Amerikaner **Clair Patterson** Blei-Isotopen-Analysen, die auf ein Erdalter von 4,55 Milliarden Jahren hindeuteten. Ihm war klar, dass durchschnittliches terrestrisches Blei auf den Trend der Bleiisotope von Meteoriten fallen müsste, wenn die Erde und die Meteorite gleich alt sind und ursprünglich isotopisch identisches Blei enthielten. Also analysierte er rezentes atlantisches **Ozeanbodensediment**, da er annahm, dies zeige eine terrestrische Durchschnittszusammensetzung. In der Tat war diese Probe (durch Zufall oder Können?) offenbar so gut gewählt, dass der gemessene Wert auf den meteoritischen Blei-Isotopentrend fiel und er nach der U-Pb-Methode ein Alter für die Erde erhielt, dass nur um 0,1 % vom heute, nach Jahrzehnten und einer großen Zahl höchst genauer und umständlicher Untersuchungen, als gesichert angesehenen Alter abwich! Hätte er übrigens Tiefseesedimente anstelle der von ihm gewählten Probe analysiert, so wäre das Ergebnis wohl deutlich anders gewesen, da man heute weiß, dass hier die Blei-Isotopie deutlich variabler ist. Dies ist das Glück, das ein Wissenschaftler halt auch manchmal braucht.

---

dann die Anwendung des U-Pb-Systems, allerdings, da man von Isotopen noch gar nichts wusste, als **chemische Datierung**, indem man einfach Uran- und Blei-Konzentrationen verwendete. Dieses System ist noch heute eines der genauesten Datierungssysteme in den Geowissenschaften. Bei Anwendung höchster präparativer Reinheit und genauester Messungen liegen die Fehler unter 0,1 ‰! Damit ist es möglich, z. B. die Entstehung angritischer Meteorite vor 4,5662 Milliarden Jahren auf 100.000 Jahre genau zu datieren!

Das U-Pb-Th-System ist komplexer als die zuvor behandelten Rb-Sr- und Sm-Nd-Systeme, da es mehrere Mutter- und verschiedene Tochterisotope gibt. Prinzipiell zerfallen Uran und das häufig mit ihm zusammen vorkommende Thorium über eine Reihe relativ kurzlebiger

Zwischenprodukte zu Blei. Konkret zerfällt ^{238}U zu ^{206}Pb, ^{235}U zu ^{207}Pb und ^{232}Th zu ^{208}Pb (Abb. 4.131). Ohne Normierung gilt wie üblich für das ^{206}Pb:

$$^{206}Pb = {}^{206}Pb_0 + {}^{238}U \cdot (e^{\lambda t} - 1)$$

Die anderen Zerfallsgleichungen lauten entsprechend. Die Halbwertszeit für ^{238}U ist 4,47 Milliarden, für ^{235}U etwa 704 Millionen und für ^{232}Th etwa 14,05 Milliarden Jahre. Wegen der relativ kurzen Halbwertszeit ist das natürliche ^{235}U bereits weitgehend zerfallen (siehe auch

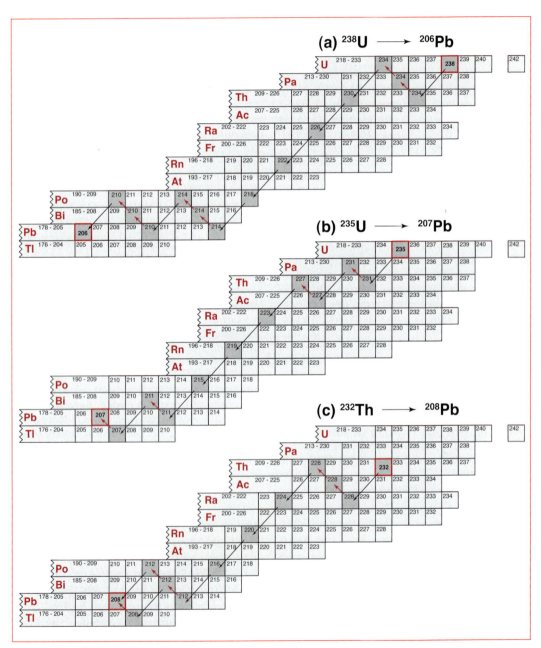

4.131 Die drei zum Blei führenden Zerfallsreihen von ^{238}U, ^{235}U und ^{232}Th.

Kasten 4.3) und kommt nur noch zu 0,72 % im natürlichen Uran vor. Durch künstliche Uran-Anreicherung, z. B. in Gaszentrifugen, kann der Anteil des ^{235}U am Gesamturan erhöht werden. Auf 2–4 % ^{235}U angereichertes Uran wird in Kernkraftwerken verwendet, auf > 80 % ^{235}U angereichertes Uran in Kernwaffen. Der Grund für die Anreicherung ist, dass ^{235}U anders als ^{238}U durch thermische Neutronen spaltbar ist; und dies wiederum ist die Voraussetzung für die atomare Kettenreaktion, aus der Energie gewonnen wird.

Neben diesen drei radiogenen Bleiisotopen gibt es noch das nicht-radiogene Bleiisotop ^{204}Pb, über das normiert wird, wenn man eine Isochronen-Darstellung wie im Falle der Rb/Sr- und Sm/Nd-Systeme wünscht. Dies ist aber im U-Pb-System eher selten, da hier das **U-Pb-Konkordia-Diagramm** angewendet werden kann (Abb. 4.132, 4.133), das ohne Normierung über ein nicht-radiogenes Isotop auskommt und das auch Einzelkorndatierungen erlaubt (im Unterschied zu den anderen Methoden, wo immer mehrere Minerale und/oder Gesteine analysiert werden müssen, um eine Datierung zu erreichen). Voraussetzung für die Anwendung des Konkordia-Diagramms ist, dass das zu analysierende Mineral anfangs kein oder wenig Blei enthielt (da ja genau diese Anfangsgehalte der radiogenen Isotope die Isochronenmethode bei den Sr- und Nd-Isotopensystemen notwendig machten). Glücklicherweise ist diese Vorbedingung bei einer Reihe von für Datierungszwecke wichtigen Mineralen erfüllt, insbesondere für **Zirkon** (ZrSiO$_4$), Baddeleyit (ZrO$_2$) und Monazit (REEPO$_4$). Die geringen Anfangsgehalte an ^{206}Pb$_0$ und ^{207}Pb$_0$ kann man abziehen, wenn man sie durch die Analyse eines bleihaltigen, aber U- und Th-freien Minerals aus demselben Gestein bestimmt hat.

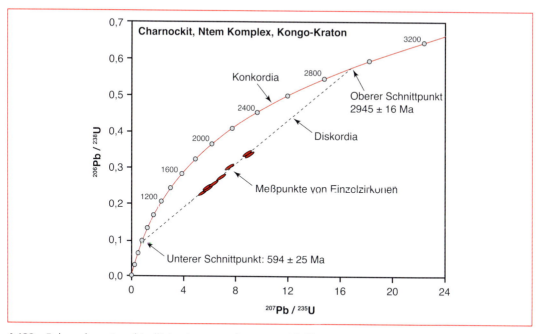

4.132 Folgende unterschiedliche Aussagen können mithilfe des Konkordia-Diagramms gemacht werden (Zahlen an der Konkordia = Alter in Ga): In (a) war ein magmatisches Gestein bereits 2 Ga alt und es trat Bleiverlust aus der Probe auf; die drei Punkte belegen unterschiedlich starken Bleiverlust zum selben Zeitpunkt. Das Diagramm zeigt also nicht die heutigen Messwerte, sondern die Messwerte, wie sie 2 Ga nach der Bildung des Gesteins und 1 Ga vor heute ausgesehen hätten. In (b) ist die U-Pb-Isotopie derselben Probe zum heutigen Zeitpunkt gezeigt. Der obere Schnittpunkt belegt das Kristallisationsalter (3 Ga), der untere den Bleiverlust vor 1 Ga. Nach Shang et al. (2004).

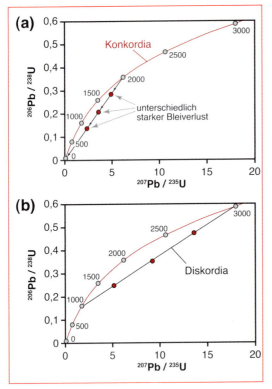

4.133 Diskordia-Diagramm eines vor rund 2945 Ma kristallisierten und vor ca. 594 Ma metamorph überprägten Charnockits aus dem kamerunischen Kongo-Kraton. Bei der Metamorphose trat Bleiverlust auf, weshalb es zur Bildung der Diskordia kam (Zahlen an der Konkordia = Alter in Ga). Nach Shang et al. (2004)

Dies wird als „*common lead*", also „**gewöhnliches Blei**" oder „Hintergrundblei" bezeichnet; gemessen wird jeweils das Verhältnis von $^{206}Pb/^{204}Pb$ bzw. $^{207}Pb/^{204}Pb$, und Blei mit diesen Verhältnissen wird dann auch für die Korrektur der Bleiverhältnisse der U-haltigen Proben verwendet – hier ist also die Normierung über ^{204}Pb wieder von Bedeutung. Alternativ wird das gewöhnliche Blei auch aus einem theoretischen Modell berechnet, nach dem sich die terrestrische Bleiisotopie seit der Erdentstehung entwickelt haben sollte, und dann abgezogen. Diese Berechnungen beinhalten allerdings eine Fülle von Annahmen und Argumenten, die für dieses Einführungsbuch zu sehr ins Detail gehen würden.

Mit dem korrigierten Pb-Isotopenwert gilt dann vereinfacht:

$$(^{206}Pb_{korr}/^{238}U)_{gemessen} = e^{\lambda_{238}t} \text{ und}$$

$$(^{207}Pb_{korr}/^{235}U)_{gemessen} = e^{\lambda_{238}t}$$

Theoretisch würde jede einzelne dieser beiden Gleichungen für eine Altersbestimmung ausreichen. Allerdings würde man auch ein Alter ermitteln – das dann allerdings keinen Bezug zu einem geologischen Prozess hätte – wenn das U-Pb-Isotopensystem nicht über die gesamte Geschichte des Gesteins hinweg geschlossen gewesen wäre, wenn also z. B. das kleinere Blei aus dem Kristall hinaus diffundiert wäre; das größere Uran diffundiert normalerweise nicht. Dies geschieht relativ häufig, weil die eigene radioaktive Strahlung die Kristallstruktur des Minerals zerstört (**Metamiktisierung**, siehe Abschn. 2.4.1), daher muss man eine Kontrolle einbauen, um zu prüfen, ob eine solche Störung des U-Pb-Isotopensystems vorliegt oder nicht. Dies erreicht man durch die Kopplung beider Zerfallsgleichungen im Konkordia-Diagramm (Abb. 4.132, 4.133). Verbindet man alle Punkte mit identischen Altern aus $(^{206}Pb_{korr}/^{238}U)_{gemessen}$ und $(^{207}Pb_{korr}/^{235}U)_{gemessen}$, so erhält man eine Linie, die **Konkordia** heißt. Liegt eine Mineralanalyse auf dieser Linie, so weiß man, dass das System geschlossen war und keinen Bleiverlust erlitten hat und dann kann man das **konkordante Alter** direkt ablesen (Abb. 4.132).
Sofern Bleiverlust eintritt, bewegt sich ein Punkt von der Konkordia nach unten (Abb. 4.133). Geschah dies nur einmal im Verlauf der geologischen Geschichte, z. B. während einer Metamorphose, so liegen alle von der Konkordia abgewichenen Punkte auf einer Linie, der **Diskordia**. Diese Linie schneidet die Konkordia in zwei Punkten, die beide eine geologische Bedeutung haben: Der obere Schnittpunkt entspricht dem ursprünglichen Kristallisationsalter („*upper intercept age*"), der untere dem Zeitpunkt des Bleiverlusts, also z. B. Hebung, Metamorphose oder der Fluideinwirkung („*lower intercept age*"), wobei bei einer Metamor-

phose auch neuer Zirkon wachsen kann. Fand der Bleiverlust über lange Zeit hinweg kontinuierlich oder immer wieder einmal statt, oder dauert er bis heute an, so geht die geologische Aussage des unteren Schnittpunktes verloren. Bei mehrmaligem Bleiverlust zu unterschiedlichen Zeiten verliert auch der obere Schnittpunkt seine geologische Bedeutung – er rutscht nach unten.

Das am häufigsten auf diese Art und Weise datierte Mineral ist Zirkon. Dieser hat den Vorteil, in vielen magmatischen und metamorphen Gesteinen häufig zu sein, sogar Verwitterungs- und Erosionsprozesse gut zu überstehen und dann als Schwermineral in Sedimente eingelagert zu werden (sodass man das Alter von deren Liefergebieten datieren kann, was man **Herkunfts**- oder **Provenanceanalyse** nennt). Außerdem sind seine Schließungstemperaturen sehr hoch, um 900 °C oder höher, sodass nach seiner Kristallisation kaum ein Prozess außer Ultra-Hochtemperatur-Metamorphose und Aufschmelzung sein U-Pb-System stören kann – wenn man vom Bleiverlust durch Metamiktisierung und Zirkonneuwachstum absieht. Es ist daher nicht verwunderlich, dass Zirkone die ältesten datierten irdischen Mineralkörner sind (Abb. 1.5). Zirkon ist aber auch in anderer Hinsicht ein nützliches und faszinierendes Mineral (Kasten 4.29 und 4.30).

Monazite haben gegenüber Zirkon bisweilen den Vorteil, dass sie soviel U und Th enthalten, dass sie mit der Elektronenstrahl-Mikrosonde ortsaufgelöst datiert werden können. Diese Methode ist viel ungenauer als die normalerweise angewendete Massenspektrometrie (Fehler bis zu 20 %), und man kann mit ihr nur hinreichend alte Monazite datieren, da nur diese genügend Blei akkumuliert haben. Außerdem kann eine „*common lead*"-Korrektur nicht durchgeführt werden, da man ja keine Isotopen- sondern nur Elementgehalte analysiert. Trotz dieser Nachteile ist diese Methode so schnell durchzuführen und so preiswert, dass sie sich z. B. zur groben Unterscheidung verschiedener Metamorphose-Zyklen, zur Unterscheidung unterschiedlicher magmatischer Ereignisse oder zur Abgrenzung unterschiedlich alter Krustenprovinzen großer Beliebtheit erfreut (Abb. 4.134).

Die $^{206}Pb/^{204}Pb$-, $^{207}Pb/^{204}Pb$- und $^{208}Pb/^{204}Pb$-Verhältnisse können ähnlich wie ε_{Sr}- und ε_{Nd}-Werte als petrogenetische Tracer eingesetzt werden, um verschiedene Reservoire zu unterscheiden. Insbesondere können mit Sr- oder Nd-Isotopen nicht eindeutig unterscheidbare Mantelreservoire sich in ihrer Blei-Isotopie unterscheiden, und die Kombination der drei Iso-

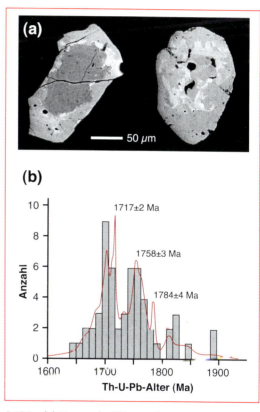

4.134 (a) Unregelmäßig zonierte Monazitkörner wie die in BSE-Aufnahmen (Rückstreuelektronenbild des Rasterelektronenmikroskops) abgebildeten aus dem französischen Massif Central in können mit der Elektronenmikrosonde datiert werden. Aus Mezeme et al. (2006). In (b) ist solch ein typisches, mit der Mikrosonde erhaltenes Th-U-Pb-Altersspektrum, in diesem Fall aus South Dakota, USA, gezeigt. Bei solchen Daten ist es nicht völlig eindeutig, ob es sich um drei verschiedene Alter (wie rot gezeigt) oder um einen großen Alterspeak handelt. Nach Dahl et al. (2005).

Kasten 4.29   Zirkonologie I: Morphologie

Der tetragonale Zirkon (ZrSiO$_4$), der anstelle des Zr^{4+} auch vierwertiges U^{4+} einbauen kann, kommt in vielen magmatischen, metamorphen und sedimentären Gesteinen vor. Da Zirkon ein sehr temperatur- und korrosionsbeständiges Mineral ist, kann er in allen drei Gesteinstypen als sekundäres, d. h. umgelagertes Mineral auftreten, das bereits zu einem früheren Zeitpunkt kristallisiert war (detritischer oder „ererbter" Zirkon). Neu bildet sich Zirkon dagegen überwiegend in magmatischen und metamorphen Gesteinen bei Temperaturen über etwa 500 °C, seltener sind hydrothermal gebildete Zirkone.

Die Temperatur der Zirkonbildung kann man seit wenigen Jahren sehr einfach mittels Mikrosonden- oder Ionensondenanalysen nach der **Ti-in-Zirkon-Thermometrie** bestimmen, wenn Zirkon durch Kontakt mit Ti-Phasen wie Rutil oder Ilmenit Ti-gesättigt ist – der Ti-Einbau in Zirkon ist nämlich sehr temperaturabhängig.

Für magmatische Zirkone entwickelte Pupin in den 1970er Jahren eine Methode, mit deren Hilfe man die Temperaturen und die ungefähre Alkalinität von Schmelzen, aus denen Zirkon auskristallisiert, anhand ihrer Morphologie, also der Tracht und des Habi-

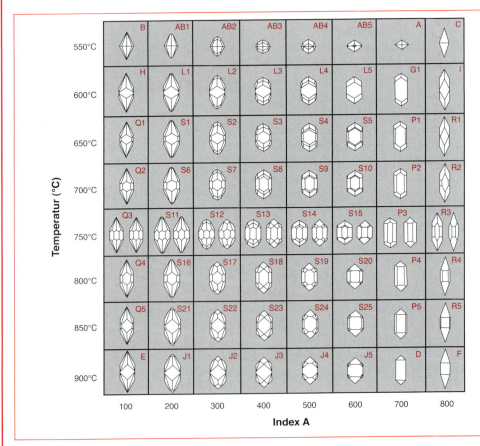

4.135 Trachten von magmatischen Zirkonkristallen aus granitoiden Gesteinen nach Pupin (1980). Sie sind aufgrund unterschiedlicher Temperaturabschätzungen der Gesteine, in denen sie enthalten waren, mit einer groben Temperatureinteilung verknüpft. Der Index A hängt mit der Alkalinität der Schmelze zusammen (siehe auch Abb. 4.136).

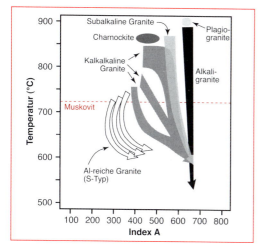

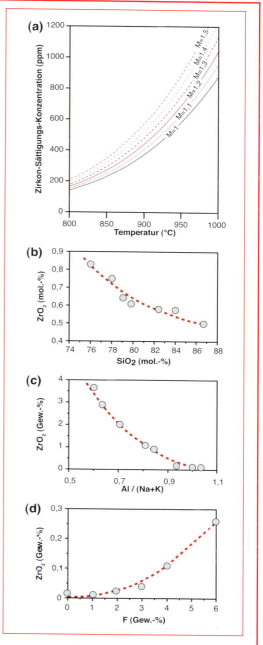

4.136 In diesem Diagramm ist der Zusammenhang zwischen dem Pupin-Index A und der Alkalinität der granitoiden Schmelzen gezeigt. Die Pfeile können mit den Zirkonmorphologien der Abb. 4.135 korreliert werden. Nach Pupin (1980).

tus, abschätzen kann (Abb. 4.135 und 4.136). Es ist offensichtlich, dass die Zirkonmorphologie ein wirksames Mittel ist, um magmatische Kristallisationsprozesse in größerem Detail zu verstehen. In diesem Zusammenhang sind auch **Zirkonsättigungstemperaturen** von Interesse. Wenn aus einer Schmelze Zirkon kristallisiert, ist sie offenbar an diesem Mineral übersättigt. Man kann dann aus dem Zr-Gehalt der Gesamtschmelze (d. h. des heute beprobten Gesteins, wenn es kein Kumulat ist) maximale Kristallisationstemperaturen berechnen (Abb. 4.137). War die Schmelze allerdings untersättigt an Zirkon, so kann man aus ihrem Zr-Gehalt Minimum-Temperaturen bei der Kristallisation der Schmelze berechnen. Findet man ererbte Zirkone in diesem Gestein, so kann man aus dem Gesamtgesteins-Zirkoniumgehalt sogar initiale Schmelztemperaturen an der Quelle berechnen, die ansonsten nicht zugänglich sind.

4.137 (a) der Zusammenhang zwischen Zirkonsättigung und Temperatur in Schmelzen verschiedener Alkalinität. M ist definiert als (Na + K + 2 Ca)/(Al · Si). In Schmelzen unterschiedlicher M-Werte kristallisiert Zirkon bei einem bestimmten Zr-Gehalt der Schmelze (in ppm) ab der Temperatur aus, die an der zum M-Wert gehörigen Linie abgelesen werden kann. Nach Watson & Harrison (1983). (b) bis (d) Der Zusammenhang von Zirkonsättigung (hier ausgedrückt in mol-% oder Gew.-% ZrO_2) und (b) SiO_2-Gehalt; nach Ellison & Hess (1986), (c) molarem Aluminium-Alkalien-Verhältnis; nach Watson (1979) und (d) F-Gehalt von Schmelzen; nach Linnen & Keppler (2002) und Keppler (1993).

Kasten 4.30   Zirkonologie II: Datierung

Da Zirkon ein gegenüber Metamorphose und Erosion so beständiges Mineral ist, kann man aus seiner Zonierung häufig auf die unterschiedlichen Stationen seiner geologischen Geschichte zurückschließen. Dies geschieht mithilfe von Kathodolumineszenz-Aufnahmen (siehe Abschn. 2.5.8). In ihnen lassen sich z.B. ererbte Kerne, die häufig vom Flusstransport oder durch leichte Korrosion von außen gerundet sind, deutlich von metamorph neu gewachsenen Rändern unterscheiden (Abb. 2.98). Es ist übrigens auffällig, dass metamorphe Zirkone meist rundlich und gedrungen, magmatische aber häufig eher prismatisch ausgebildet sind.

Mit Hilfe der seit den 1980er Jahren zunächst in Australien entwickelten, jetzt aber weltweit in einigen Labors betriebenen **SHRIMP**-Technologie (*Sensitive High-Resolution Ion Microprobe*, siehe Abschn. 2.5.7) kann man sogar ortsaufgelöste Datierungen durchführen, indem man etwa 5–20 Mikrometer große Bereiche mit einem Ionenstrahl beschießt und die dabei freigesetzten sekundären Ionen in einem Massenspektrometer analysiert. Diese Analysen haben zwar eine etwas geringere Genauigkeit als hochpräzise Datierungen an sorgfältig vorbereiteten Mineralseparaten, aber sie erlauben es, Kern und Rand getrennt voneinander zu

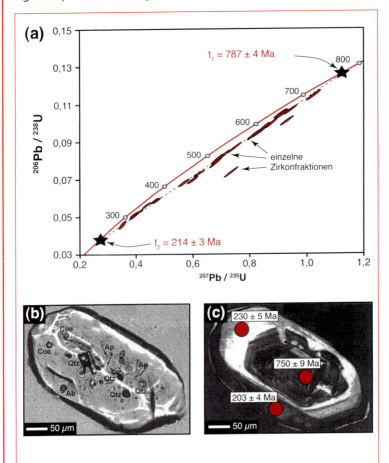

4.138 Zirkon-Geochronologie: (a) Typisches, mit TIMS gemessenes Diskordiadiagramm aus dem Ultrahochdruckgebiet von Dabie-Sulu in Ostchina. (b) Zirkonkorn im Durchlicht, (c) dasselbe Zirkonkorn im Kathodolumineszenzbild, auf dem man gut drei verschiedene Zonen erkennen kann, die mit SHRIMP gemessen wurden (Abschn. 2.5.7) und an denen man klar unterschiedliche Wachstumsperioden datieren konnte. (b) und (c) zeigen jeweils dasselbe Zirkonkorn mit Einschlüssen von Quarz, Apatit, Albit und Coesit aus demselben Gebiet in China wie in (a). Man beachte die durch SHRIMP gegenüber TIMS erhaltenen Zusatzinformationen über den ganz jungen äußeren Rand des Kristalls. (a) nach Chen et al. (2003), (b) und (c) aus Liu et al. (2005).

datieren, was bei konventioneller Datierung Mischalter ergäbe (Abb. 4.138). Wenn gerade keine SHRIMP zur Verfügung steht, werden Zirkone auch **abradiert**, also quasi geschält, um metamikte Zonen und Anwachssäume zu entfernen, wobei in den letzten Jahren die chemische der physikalischen Abrasion vorgezogen wird. Solche Messungen werden dann als CA-TIMS-Messungen bezeichnet (*chemical abrasion thermal ion mass spectrometry*, Abschn. 2.5.7). Bei einer anderen Technik, der so genannten **Kober-Methode** (benannt nach dem Heidelberger Geochronologen Bernd Kober), wird ein Zirkon sukzessive erhitzt und dabei das Blei stufenweise ausgetrieben. Hierbei wird kein Uran, sondern nur Blei analysiert und aus den $^{207}Pb/^{206}Pb$-Verhältnissen das Alter berechnet. Mittlerweile ist es auch mit konventioneller Technologie möglich, Einzelzirkone zu datieren, lediglich die ortsaufgelöste Datierung ist immer noch auf SHRIMP oder andere Ionensonden beschränkt.

Die Altersverteilung von in klastischen Sedimenten (z. B. Sandsteinen oder Grauwacken) gefundenen magmatischen Zirkonen ist übrigens hervorragend geeignet, um verschiedene Liefergebiete voneinander zu unterscheiden und die geologische Geschichte der Liefergebiete einzugrenzen. So kann man in Südschwarzwälder Grauwacken aus der **Badenweiler-Lenzkirch-Zone** Zirkone mit Altern zwischen etwa 2600 und 370 Millionen Jahren finden (Abb. 4.139), was auf ein Liefergebiet am Rande Gondwanas (z. B. Nordafrika) und aufgrund der sehr alten Zirkone auf die Beteiligung kratonischen Materials hindeutet. Auch kann man damit die Schließung des Ozeans, in dem die Grauwacken abgelagert wurden, auf später als 370 Millionen Jahren datieren. Ebenfalls aus klastischen Sedimenten, nämlich aus westaustralischen Quarziten, stammen die mit 4,4 Milliarden Jahren ältesten Zirkonrelikte der Erde (Abb. 1.5). Die Quarzite sind viel jünger, haben aber Material aus einem älteren, erodierten Hinterland ererbt.

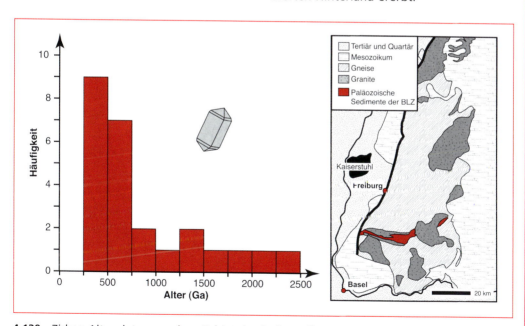

4.139 Zirkon-Altersdaten aus dem Gebiet der Badenweiler-Lenzkirch-Zone im Südschwarzwald belegen ein großes Altersspektrum und damit wohl auch ein großes Einzugsgebiet des erodierten Hinterlands, das diese Zirkone in den ehemaligen Badenweiler-Lenzkirch-Ozean geliefert hat. Nach Hegner et al. (2005).

topensysteme erlaubt somit eine erheblich differenziertere Betrachtung der Geochemie des Erdmantels, was für das Verständnis von Mischungsvorgängen oder der langfristigen Entwicklung des Mantels von Bedeutung ist. Näheres wird in Abschnitt 4.8.4 besprochen.

4.8.3.4 K/Ar und Ar/Ar

Dieses Isotopensystem basiert auf dem radioaktiven Zerfall des ^{40}K, der für einen großen Teil der Wärmeproduktion im Erdinneren verantwortlich ist (Abb. 4.118). Da K ein häufiges Element ist (und eben kein Spurenelement wie im Falle der bislang besprochenen Radiogene-Isotopen-Systeme), muss man nicht so extreme Genauigkeiten bei der Messung erreichen wie z. B. beim Nd. Dafür allerdings ist der radioaktive Zerfall des Kaliums relativ kompliziert.
^{40}K ist nur zu 0,012 % am Gesamtkalium beteiligt, das von den stabilen Isotopen ^{39}K (93,26 %) und ^{41}K (6,73 %) dominiert wird. Es zerfällt entweder in einem β$^-$-Zerfall zu ^{40}Ca oder in einem Elektronen-Einfangprozess zu ^{40}Ar. Ersteres ist zwar der weitaus häufigere Zerfall (rund 89 % des ^{40}K zerfallen zu ^{40}Ca), jedoch produziert er das geochemisch viel uninteressantere Nuklid, da radiogenes ^{40}Ca nur rund 3 % des natürlichen ^{40}Ca ausmacht und daher nur sehr kleine Isotopenveränderungen beobachtet werden. Außerdem ist Ca ja selbst ein Hauptelement in vielen Gesteinen. Für Datierungszwecke relevant ist daher ausschließlich der Zerfall zu ^{40}Ar. Das Edelgas Argon macht etwa 0,93 Vol.-% der Erdatmosphäre aus. 99,6 % davon sind radiogenes, beim Zerfall von ^{40}K entstandenes ^{40}Ar, dieses Vorkommen des häufigsten Edelgases in der Atmosphäre ist also fast ausschließlich auf den K-Zerfall zurückzuführen. Die zwei anderen natürlichen Ar-Isotope ^{36}Ar und ^{38}Ar sind an der atmosphärischen Ar-Zusammensetzung nur mit 0,34 und 0,06 % beteiligt.
Aufgrund des zweigliedrigen Zerfalls in Ca und Ar muss man eine **kombinierte Zerfallskonstante** definieren, die sich aus der Zerfallskonstante des β$^-$-Zerfalls und des Elektronen-Einfang-Prozesses zusammensetzt. Insgesamt ergibt sich dadurch eine Gesamt-Konstante von $5{,}543 \cdot 10^{-10}$ pro Jahr, was einer Halbwertszeit von 1,25 Milliarden Jahren entspricht. Diese Zahlen werden allerdings immer noch diskutiert und derzeit erscheint eine Korrektur um etwa 1 % erforderlich (was dann auch zur Korrektur der bislang publizierten Alter führen würde). Diese Halbwertszeit ist perfekt geeignet, um die Lücke zwischen den sehr großen Halbwertszeiten der bislang besprochenen Systeme Rb-Sr, Sm-Nd und U-Pb und den sehr kurzen Halbwertszeiten z. B. des ^{14}C-Zerfalls (Abschn. 4.8.3.9) und der U-Th-Ungleichgewichte (Abschn. 4.8.3.7) zu schließen. K-Ar und Ar-Ar-Datierungen sind daher für irdische Gesteine mit Altern zwischen wenigen Hunderttausend Jahren und Jahrmilliarden geeignet.
Der ^{40}K-Zerfall wird nun in zwei verschiedenen Varianten für Datierungszwecke genutzt, in Form der K-Ar- und der Ar-Ar-Methode. Diese unterscheiden sich darin, dass die K-Ar-Methode einfacher, schneller und billiger ist, die Ar-Ar-Methode aber präziser. Beide seien hier kurz erläutert.
Bei der <u>K-Ar-Methode</u> lautet die Zerfallsgleichung

$$^{40}\text{Ar} = {}^{40}\text{Ar}_0 + \lambda_{\text{Elektroneneinfang}}/\lambda_{\text{Gesamt}} \cdot {}^{40}\text{K}(e^{\lambda_{\text{Gesamt}} t} - 1)$$

und nach t aufgelöst erhält man für den Fall, dass ^{40}Ar$^0 = 0$ war, d. h., dass das beprobte Mineral zum Zeitpunkt des zu datierenden geologischen Prozesses, vollständig entgast war und kein ererbtes Ar enthielt, die folgende einfache Beziehung:

$$t = \frac{1}{\lambda_{\text{Gesamt}}} \ln \left[\frac{\lambda_{\text{Gesamt}}}{\lambda_{\text{Elektrone\,einfang}}} \times \frac{{}^{40}Ar}{{}^{40}K} + 1 \right].$$

Man muss also lediglich die Gehalte von ^{40}Ar und ^{40}K in einem Mineral messen und erhält ein Alter. Da Ar allerdings ein Edelgas ist, geht es nach seiner Bildung aus ^{40}K keine Bindungen ein und kann in einem K-haltigen Mineral

(z. B. K-Feldspat, Amphibol oder Glimmer) nur physikalisch eingeschlossen werden. Das heißt aber auch, dass es leicht hinausdiffundieren kann und dass dann zu junge Alter gemessen werden. Andererseits kann aber atmosphärisches Ar, das ja größtenteils aus ^{40}Ar besteht, als Kontamination bei der Analyse in Erscheinung treten und dadurch zu hohe Alter vortäuschen – dies muss durch die gleichzeitige Messung von ^{36}Ar korrigiert werden. Und schließlich kann in einem Mineral schon vor Beginn des mit einer der Methoden zu datierenden geologischen Ereignisses ^{40}Ar vorhanden gewesen sein, was ebenfalls zu hohe Alter generiert. Das Fazit dieser Feststellungen ist, dass die alleinige Messung von ^{40}Ar und ^{40}K unter Umständen „falsche", d.h. geologisch irrelevante Alter liefert.

Die Probleme mit Argon-Verlusten durch Diffusion kann man bei der Ar-Ar-Methode vermeiden. In diesem Fall wird die Probe vor der Analyse mit **schnellen Neutronen** beschossen, die in einem Neutroneneinfangs-Protonenabgabe-Prozess bewirken, dass ein Teil des ^{39}K in der Probe zu ^{39}Ar wird. ^{39}Ar ist zwar radioaktiv, hat aber eine Halbwertszeit von 269 Jahren, sodass man es für die Zeit der Messung als konstant ansieht oder auf das Ende der Bestrahlung korrigiert (da die Probe nach der Bestrahlung stark radioaktiv ist, kann sie sowieso nicht sofort gemessen werden, sondern muss einige Wochen abklingen). Anschließend werden durch schrittweises Aufheizen der Probe in einem evakuierten Massenspektrometer das künstliche ^{39}Ar und das natürliche ^{40}Ar gemeinsam aus dem Mineral ausgetrieben und analy-

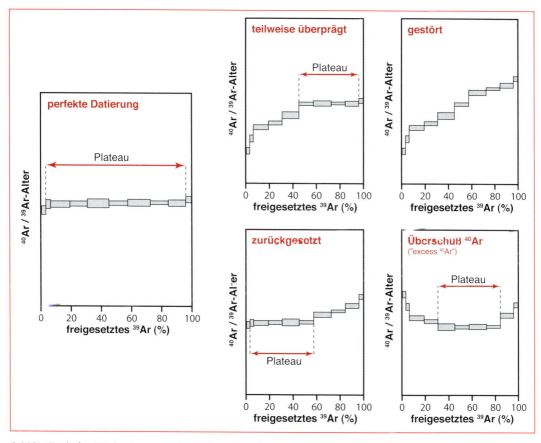

4.140 Typische Varianten von Ar-Ar-Altersbestimmungen bei stufenweiser Entgasung (jeder graue Balken entspricht einem Entgasungsschritt).

siert. Wenn in allen Aufheizschritten dasselbe Alter errechnet wird, dann kann man davon ausgehen, dass kein Ar-Verlust stattgefunden hat. Wenn allerdings zum Beispiel am Rand der Körner Ar hinausdiffundiert ist, so wird man zunächst zu junge Alter und erst bei den folgenden Aufheizschritten geologisch sinnvolle Alter erhalten. In einem Diagramm, das das berechnete Alter gegen die Aufheizschritte bzw. die Prozentanteile des bis zu einer Messung ausgetriebenen Argons aufträgt, entsteht somit ein Plateau (Abb. 4.140). Durch Anwendung eines Lasers kann man Ar-Ar-Alter sogar ortsaufgelöst erhalten, indem man ein mit Neutronen bestrahltes Korn mit einem Laser in einem kleinen Gebiet (z. B. 20·20 Mikrometer) verdampft und das dabei freigesetzte $^{39}Ar/^{40}Ar$-Verhältnis bestimmt (Abb. 4.141).

Wie errechnet man nun aber bei einem Aufheizschritt oder bei einer Laser-Verdampfungsmessung ein Alter aus dem gemessenen $^{39}Ar/^{40}Ar$-Verhältnis? Dies ist erstaunlich kompliziert, für das Verständnis der Methode allerdings wesentlich. Wie erwähnt, wird die Probe in einem Reaktor mit schnellen Neutronen beschossen. Die Anzahl der neu gebildeten ^{39}Ar-Atome hängt dann von einer Vielzahl von Parametern ab, nämlich der Zahl der Targetatome (also ^{39}K), der Bestrahlungsdauer, dem Wirkungsquerschnitt der Kernreaktion und dem Neutronenfluss bei einer Neutronenenergie E, über die integriert werden muss. Das sind so viele während der Bestrahlung unter Umständen variable Parameter, dass durch die Mitbestrahlung eines K-haltigen Minerals exakt bekannten Alters ein Korrekturfaktor J bestimmt wird, der sich zu

$$J = \frac{e^{\lambda t} - 1}{^{40}Ar/^{39}Ar}$$

berechnet. Durch Auflösen nach J an der Probe bekannten Alters t bestimmt man zunächst diesen Korrekturfaktor, durch Auflösen dieser Gleichung nach t erhält man die gesuchte Altersinformation der zu datierenden Proben. Abschließend sei noch darauf hingewiesen, dass für beide Systeme das Konzept der Schließungstemperatur besonders wichtig ist, die für Glimmer und Amphibole zwischen 450 und 650 °C liegt. Dies ist einerseits darin begründet, dass das Ar als Edelgas besonders lose im Kristallgitter „gebunden" ist und relativ leicht diffundieren kann, andererseits aber darin, dass es wünschenswert ist, dass ein Mineral vor einem geologischen Ereignis komplett Argonfrei war, damit das gemessene Argon nur aus

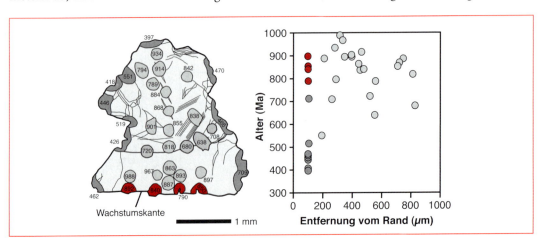

4.141 Ortsaufgelöste Laser-Ar-Ar-Datierung eines Muskovitkornes, das in seinen verschiedenen Zonen sehr unterschiedliche Alter repräsentiert. Der ursprünglichen präkambrischen Kristallisation steht eine Paläozoische Überprägung am Rand gegenüber. Die von den übrigen Randaltern abweichenden Alter am unteren Rand (in rot) kommen dadurch zustande, dass das Mineralkorn dort durchgebrochen ist und Argon entweichen konnte. Nach Hames & Cheney (1997).

4.142 Dieses Beispiel aus der Kontaktaureole einer 55 Ma alten Quarzmonzonit-Intrusion in den Colorado Front Ranges, USA, zeigt deutlich die Überprägung der Altersinformation in verschiedenenen Mineralen durch die kontaktmetamorphe Temperaturerhöhung. Amphibol ist hier deutlich „widerstandsfähiger" als K-Feldspat und Biotit. Nach Hart (1964).

dem K-Zerfall seit dem geologischen Ereignis stammt. Während dies für magmatische Proben meist kein Problem darstellt, ist diese wünschenswerte Vorbedingung bei metamorphen Proben häufig nicht erfüllt, und dann sind die Ar-Ar-Alter problematisch. Die Verschiebung der K-Ar-Alter älterer regionalmetamorpher Minerale während der Intrusion eines jüngeren Plutons ist in Abb. 4.142 dargestellt und zeigt, wie anfällig das K-Ar-System für Ar-Verlust ist. Diese Altersverschiebung wird häufig als „resetting" bezeichnet.

4.8.3.5 Das Lu/Hf-System

In den letzten Jahren wird dieses System insbesondere für die geochronologische Einordnung metamorpher Prozesse und den Test von Entwicklungsmodellen für Kruste und Mantel zunehmend beliebter. Es verbindet das stark inkompatible (ähnlich Nd) HFS-Element Hafnium (den geochemischen Zwilling des Zirkoniums, siehe Kasten 4.12) mit dem schwersten Seltenerdelement Lutetium, das weniger inkompatibel ist. Lu hat nur zwei natürliche Isotope hat, ^{175}Lu mit einer Häufigkeit von 97,4 % und ^{176}Lu mit 2,6 %. Hf hat dagegen sechs Isotope zwischen ^{174}Hf und ^{180}Hf, von denen ^{180}Hf mit 35,1 % das häufigste und ^{177}Hf mit immerhin 18,6 % das zeithäufigste ist, während das radiogene ^{176}Hf nur 5,2 % ausmacht.

Das Isotopensystem beruht auf dem β$^-$-Zerfall von ^{176}Lu zu ^{176}Hf. Die Halbwertszeit des ^{176}Lu beträgt nach verschiedenen Autoren rund 35,5, 35,9 oder 37,17 Milliarden Jahre, ist also nur auf etwa eineinhalb Milliarden Jahre genau bekannt. Für die Isochronen-Methode werden die Verhältnisse dieser Isotope zum stabilen ^{177}Hf in einem Diagramm aufgetragen, die Zerfallsgleichung lautet dann

$$\left(\frac{^{176}Hf}{^{177}Hf}\right) = \left(\frac{^{176}Hf}{^{177}Hf}\right)_0 + \left(\frac{^{176}Lu}{^{177}Hf}\right) \times (e^{\lambda t} - 1)$$

Wie bei Sr- und Nd-Isotopen wird auch bei Hf ein ε_{Hf} und ein **Hf-Modellalter** in gleicher Weise definiert. Da Hafnium der geochemische Zwilling von Zirkonium ist, findet man es insbesondere in **Zirkonen** angereichert, die sehr geringe Lu/Hf-Verhältnisse aufweisen. Da diese außerdem sehr verwitterungsresistent sind, hohe Schließungstemperaturen haben und mit der U-Pb-Methode gut datiert werden können, sind unterschiedlich alte Zirkone ideal geeignet, um mithilfe der Lu-Hf-Methode **Krusten- und Mantelentwicklungsprozesse** zu untersuchen (z.B. Abb. 4.143). Dies diente im Wesentlichen dem Test von Modellen, die auf dem analytisch einfacher handhabbaren Sm-Nd-System beruhen.

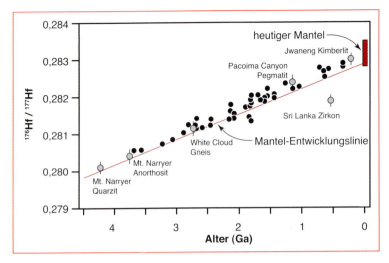

4.143 Die Hf-Isotopen-Entwicklung des Mantels in der Erdgeschichte kann durch die Untersuchung sicher datierter und unterschiedlich alter Zirkone rekonstruiert werden. Man beachte, dass die schwarzen Daten mit TIMS, die grauen mit SIMS analysiert wurden – SIMS hat um etwa eine Größenordnung größere Fehler (siehe Abschn. 2.5.7). Nach Kinny et al. (1991).

Lu und Hf werden in verschiedenen geologischen Prozessen und Reservoiren voneinander fraktioniert, sodass zum Beispiel unterschiedliche Mantelreservoire im Laufe der Erdgeschichte klar unterscheidbare Hf-Isotopen-Signaturen entwickelt haben (siehe Abschn. 4.8.4). Fraktionierungen treten z. B. im sedimentären Zyklus auf. Hf reichert sich in Sedimenten im resistenten Zirkon an, Lu dagegen in leicht verwitterbaren Schwermineralen wie Monazit oder Apatit, die sich im Laufe des Sedimenttransportes zersetzen. Daher tritt in **Ozeansedimenten** eine Fraktionierung zwischen beiden Elementen auf: Hf wird in Sanden angereichert, die typische ^{176}Lu/^{177}Hf-Werte um 0,0075 haben, während Lu sich in der Tonfraktion mit Werten um durchschnittlich 0,027 findet (Lu wird an Tonmineral-Oberflächen adsorbiert), wobei rote Tone und Manganknollen Werte bis zu 0,08 erreichen. Turbidite zeigen normalerweise Werte um 0,0075. Eine solche Fraktionierung kann durch Subduktionsprozesse Rückwirkungen auf die Mantel-Hf-Isotopie haben (Abb. 4.144 und Abschn. 4.8.4).

Wichtiger für die Fraktionierung von Lu und Hf sind allerdings Schmelz- und metamorphe Rekristallisationsprozesse, die Granat involvieren, da Granat Lutetium gegenüber Hafnium stark anreichert. So ist der Verteilungskoeffizient zwischen Granat und Kimberlitschmelze für Lu etwa 60-mal so groß wie der für Hf. Das bedeutet, dass bei partiellen Aufschmelzprozessen von Peridotit im Granat-Stabilitätsfeld (mit kleinen Schmelzgraden, bei denen Granat in der Quelle zurückbleibt) ein Lu-angereichertes Residuum zurückbleibt, dessen Hf-Isoto-

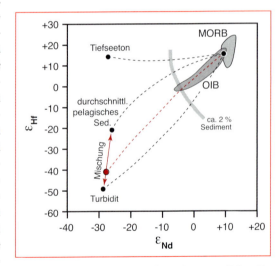

4.144 ε_{Nd}-ε_{Hf}-Diagramm, das eine mögliche Erklärung der isotopischen Zusammensetzung von OIBs erläutert. Eine Mischung aus durchschnittlichen pelagischen Sedimenten und Turbiditen (rote Linie) liegt genau auf dem von MORBs ausgehenden Trends der OIBs. Zumischung von etwa 2 % solcher Sedimente zu den Mantel-Schmelzen würde bereits die gesamte isotopische Variation erklären, während Tiefseetone deutlich andere Hf-Isotopien aufweisen. Nach Patchett et al. (1984).

penwerte über die Zeit immer mehr durch das radiogene Isotop geprägt werden, während in den Schmelzen die Anteile der nicht radiogenen Hf-Isotope erhöht werden. Da in Spinell-Peridotiten die Verteilungskoeffizienten nicht so stark unterschiedlich sind, entwickeln diese als Residua nicht so stark radiogen geprägte Hf-Isotopenwerte, und man kann mithilfe der Hf-Isotopie Rückschlüsse über die **Tiefe von Aufschmelzprozessen** machen. Die starke Fraktionierung von Lu und Hf durch Granat bedingt, dass man Granat führende metamorphe Gesteine besonders gut mit der Isochronen-Methode datieren kann, indem man z. B. Granat, Klinopyroxen und Gesamtgestein analysiert. Die Schließungstemperatur für Hf in Granat liegt sogar noch etwas über der des Sm-Nd-Systems. Aufgrund der starken Präferenz des Granats für Lu (und damit der starken Anreicherung von Lu im zuerst wachsenden Granatkern) wird zumindest für manche zonierte Granate darüber diskutiert, ob das Lu-Hf-System nicht sogar prograde Metamorphose-Alter datiert.

4.8.3.6 Das Re/Os-System

Die Re-Os-Methode beruht auf dem radioaktiven Zerfall von ^{187}Re, das mittels eines β^--Zerfalls zu ^{187}Os zerfällt. Die Halbwertszeit ist sehr ungenau bekannt, doch liegt sie zwischen 41 und 45 Milliarden Jahren. Der derzeit beste Wert liegt bei 42,3 ± 1,3 Milliarden Jahren. Während Re nur zwei Isotope hat und das radioaktive Isotop ^{187}Re immerhin 62 % des Rheniums ausmacht, hat das Platingruppenelement Os sieben natürliche Isotope, deren häufigstes das ^{192}Os mit einem Anteil von 41,1 % ist. Das ^{186}Os schlägt nur mit knapp 1,6 % zu Buche, das ^{188}Os mit knapp 13,3 %. Für die Isochronenmethode werden die gemessenen Gehalte an ^{187}Re- und ^{187}Os meist über ^{186}Os normiert. Da allerdings dieses ^{186}Os selbst radiogen ist und beim Zerfall des (extrem seltenen, aber z. B. in Platinerzen mit hohen Pt/Os-Gehalten angereicherten) Pt-Isotops ^{190}Pt entsteht, wird bisweilen auch über ^{188}Os normiert. Die Zerfallsgleichung lautet dann:

$$\left(\frac{^{187}Re}{^{186\ oder\ 188}Os}\right) = \left(\frac{^{187}Re}{^{186\ oder\ 188}Os}\right)_0 + \left(\frac{^{187}Os}{^{186\ oder\ 188}Os}\right) \times (e^{\lambda t} - 1)$$

Im Gegensatz zu den Sr-, Nd- und Hf-Isotopen wird die Os-Isotopie nicht mit einem ε_{Os}, sondern gern mit einem γ_{Os} ausgedrückt, wobei der Unterschied darin liegt, dass der Faktor in der Definitionsformel nicht 10.000, sondern 100 beträgt. Im Unterschied zu den bisher behandelten radiogenen Isotopensystemen handelt es sich bei Rhenium und Osmium nicht um zwei lithophile, sondern um zwei **siderophile Elemente** mit **chalkophilen** Affinitäten (letzteres insbesondere, wenn kein Metall vorhanden ist), die also in **Metallen und Sulfiden** besonders angereichert sind. Aufgrund der Seltenheit von Osmium (siderophiles, also in den Kern partitioniertes Platingruppenelement!) stellt dieses System besondere Anforderungen an analytische Genauigkeit und wird nur von relativ wenigen Labors weltweit angewendet. Es dient beispielsweise dazu, **Lagerstätten bildende Prozesse** zu untersuchen. Daneben wurden mit dieser Methode **Eisenmeteorite** datiert, in denen die Gehalte von Sr, Nd oder Hf verschwindend gering sind. Die Untersuchung von Krusten- und Mantelgesteinen kann Aufschluss über die Extraktion von Sulfiden oder Sulfidschmelzen sowie über Kontaminationsprozesse geben, da die Os-Isotopie des Mantels von der der Kruste deutlich unterschieden ist. Dies hängt damit zusammen, dass Rhenium moderat inkompatibel ist und daher gut in silikatische Schmelzen partitioniert (wobei es noch deutlich besser in Sulfidschmelzen partitionieren würde!), während Osmium extrem refraktär ist und im Mantel zurückbleibt. Die Kruste entwickelte daher im Laufe der Erdgeschichte stark radiogen geprägte Os-Isotopenzusammensetzungen. Mischungslinien von Kruste- und Mantelgesteinen z. B. in kombinierten Nd-Os-Diagrammen zeigen aufgrund der sehr unterschiedlichen Nd/Os-Konzentrationsverhältnisse (Mantel: etwa 400; Kruste: etwa 400.000) einen extrem hyperbolischen Verlauf (Abb. 4.145). Ein nettes Beispiel der Anwendung der Re-Os-Methode zeigt Kasten 4.31. Durch den Schnittpunkt der Entwicklungslinie von Sulfiden aus mantelderivierten Schmelzen mit der Mantelentwicklungslinie für Os-Isotope lassen sich Mantel-Extraktionszeiten bestimmen bzw. die Sulfidkristallisation sogar wirklich datieren (Abb. 4.147). Ein dabei gern verwendetes Mineral ist **Molybdänit**, da Re und Mo sich geochemisch ähnlich sind und dieses Mineral daher sehr hohe Re/Os-Verhältnisse hat. Allerdings gibt es unterschiedliche Meinungen dazu, wie gut dieses System über geologische Zeiträume geschlossen bleibt, da die graphitartige Schichtstruktur des Molybdänits die Diffusion begünstigt.

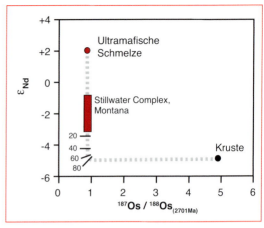

4.145 Die Zumischung von weniger als 20% kontinentaler Kruste zu den Mantelschmelzen kann die Nd- und Os-Isotopenvariationen des Stillwater-Komplexes in Montana, USA, erklären, der aus einer ultramafischen Schmelze kristallisiert ist. Nach Lambert et al. (1989).

Kasten 4.31   Os-isotopische Hinweise zur Kreide/Tertiär-Grenze

An der Grenze von Kreide und Tertiär vor 65 Millionen Jahren starben, wie bekannt, die Dinosaurier und mit ihnen viele andere Organismengruppen aus. Diskutierte Gründe dafür sind u. a. Klimaveränderungen durch extensiven Flutbasaltvulkanismus rein biologische Ursachen und die Impakthypothese, die in den letzten Jahren dadurch gestärkt wurde, dass man in Mexiko einen großen Impaktkrater passenden Alters fand, der als **Chicxulub-Krater** bekannt ist. Schon länger war beobachtet worden, dass in Sedimenten, speziell in Tonen, an der Kreide-Tertiär-Grenze (auch kurz als K/T-Grenze bezeichnet) erhöhte Gehalte an Platingruppenelementen, insbesondere Ir, auftreten. Dies wurde schon vor dem Auffinden des Kraters als Beleg für einen Impakt betrachtet. Rekonstruiert man die Os-Isotopie des Meerwassers aus marinen Karbonaten (Abb.

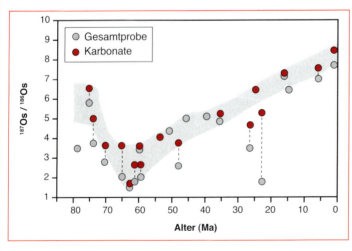

4.146 Variation der Os-Isotopenzusammensetzung in metallreichen pazifischen Sedimenten während der vergangenen 80 Ma. Die Karbonatproben werden als Annäherung der Os-Isotopie des Meerwassers interpretiert, während die Gesamtgesteine – vermutlich durch die Beimengung von Mikrometeoriten – bisweilen zu niedrige Isotopenverhältnisse zeigen. Nach Peuker-Ehrenbrink et al. (1995).

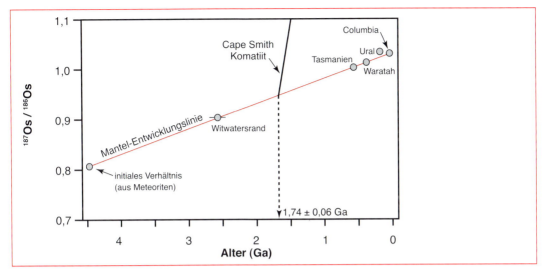

4.147 Beispiel für die Datierung mantelderivierter Sulfide aus einem Komatiit (ein Hoch-Magnesium-Basalt) durch den Schnittpunkt der Sulfid- mit der aus verschiedenen unabhängig datierten Vorkommen rekonstruierten Mantel-Entwicklungslinie. Nach Luck & Allègre (1984).

4.146), so stellt man fest, dass vor ungefähr 65 Millionen Jahren besonders niedrige $^{187}Os/^{186}Os$-Werte erreicht wurden. Eine feinstratigraphische Aufnahme von drei Tiefseesediment-Bohrkernen aus dem Atlantik, dem Indik und dem Pazifik (Abb. 4.148) zeigte zudem, dass die Abnahme der Os-Isotopenwerte um 30.000 Jahre vor der K/T-Grenze zunächst langsam, dann direkt an der Grenze aber abrupt geschah, was mit dem frühen Einsetzen des Flutbasaltvulkanismus und dann dem plötzlichen Impakt in Verbindung zu bringen naheliegt. Somit scheint die Os-Isotopie das Vorhandensein von zwei der für das Aussterbe-Ereignis an der K/T-Grenze diskutierten Ursachen zu belegen.

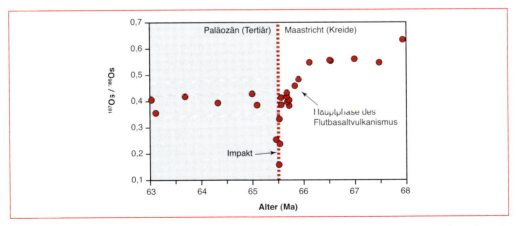

4.148 Veränderung der Os-Isotopenzusammensetzung von Tiefsee-Sedimenten über die KT-Grenze hinweg aus drei Tiefseebohrkernen aus dem Atlantik, Indik und Pazifik. Das Aussterbeereignis der Dinosaurier zu dieser Zeit wird mit dem Impakt eines großen Meteoriten im heutigen Mexiko und/oder den riesigen Flutbasalt-Extrusionen im Dekkan-Gebiet in Indien in Zusammenhang gebracht. Die Os-Isotopie sagt darüber zunächst nichts aus, zeigt aber eindeutig die weltweite Verbreitung der chemischen Folgen des Impakts. Nach Ravizza & Peuker-Ehrenbrink (2003).

4.8.3.7 Die Ungleichgewichtsmethoden des Urans und Thoriums

Wie in Abschnitt 4.8.3.3 erläutert, zerfallen Uran und Thorium ja nicht direkt zu Blei, sondern über eine relativ lange Kette unterschiedlicher radioaktiver Zerfälle. Die dabei entstehenden Zerfallsprodukte sind allesamt kurzlebig mit Halbwertszeiten bis maximal 250.000 Jahre. In geschlossenen Systemen stellt sich nach einigen Halbwertszeiten des längstlebigen Zwischenprodukts ein so genanntes „**säkulares Gleichgewicht**" ein, bei dem die Aktivitäten aller Nuklide gleich sind. Wenn U, Th und ihre instabilen Zerfallsprodukte in Lösung gehen oder in eine sich bildende Schmelze partitionieren, finden wegen der unterschiedlichen chemischen Eigenschaften der Elemente Fraktionierungen statt, das System ist nicht mehr geschlossen und das säkulare Gleichgewicht ist zerstört. Werden dann die Nuklide wieder aus der Lösung ausgefällt oder in aus der Schmelze auskristallisierende Minerale (oder ein Glas) eingebaut, so ist das System wieder geschlossen und es beginnt, sich ein neues Gleichgewicht aufzubauen. Diese wegen der kurzen Halbwertszeiten nur wenige Zehntausend bis Hunderttausend Jahre dauernde Periode der Gleichgewichtsannäherung kann man nun als Datierungsmethode für Prozesse nutzen, die innerhalb der letzten Jahrhunderttausende abgelaufen sind und die mit anderen Datierungsmöglichkeiten (außer ^{14}C, für das man aber organischen Kohlenstoff benötigt, siehe Abschn. 4.8.3.9) unzugänglich sind.

Nur vier Zwischenprodukte sind langlebig genug, um tatsächlich von Relevanz für das Verständnis geologischer Prozesse zu sein: ^{234}U, ^{230}Th, ^{226}Ra und ^{231}Pa. Ihre jeweiligen Halbwertszeiten sind rund 246.000, 75400, 1600 und 32500 Jahre. Drei dieser Isotope kommen in der ^{238}U-Zerfallsreihe vor, eines in der ^{235}U-Reihe, keines in der Th-Reihe. Die wichtigsten der Ungleichgewichtsdatierungen beruhen auf der Trennung von U und Th. Sie werden vorwiegend bei der Datierung von chemischen Sedimenten angewendet (Karbonaten, z. B. Korallen und Höhlensinter), seltener auch an klastischen Sedimenten, sowie als Tracer in Magmenbildungsprozessen und für die Datierung junger Vulkanite.

Die ^{230}**Th-Methode** (auch **Ionium-Methode** genannt, da man früher dachte, das beim ^{238}U-zerfall produzierte ^{230}Th sei ein eigenes Element, das Ionium) wird angewendet, um bis zu wenige Hunderttausend Jahre alte Sedimente zu datieren. Sie beruht darauf, dass U und Th in Fluiden sehr unterschiedlich mobil sind: Uran kann als sechswertiges Ion mobilisiert und dann auch in die Ozeane transportiert werden, wo es lange in Lösung bleibt (Verweildauer 500.000 Jahre, Abschn. 4.5.4), Thorium dagegen liegt in der Natur nur vierwertig vor (überwiegend als ^{232}Th), wird daher schlecht mobilisiert, und das bisschen, was die Ozeane erreicht, fällt auch schnell wieder aus (Verweildauer 300 Jahre). Durch den Zerfall von ^{238}U entstehen die kurzlebigen Isotope ^{234}U und ^{230}Th (Ionium). Insbesondere letzteres wird dann schnell in Sedimenten ausgefällt und dort in Zeolithe, Baryt oder Karbonate eingebaut. Aus dem Verhältnis von ^{230}Th zu ^{232}Th kann man dann Altersaussagen erhalten, da das ^{230}Th – wenn es nicht durch ^{238}U-Zerfall nachproduziert wird – weiter zerfällt, bis die ^{230}Th-Aktivität Null ist. Bei der Untersuchung von Sedimentbohrkernen aus der Tiefsee, mit denen man **Sedimentationsraten** bestimmen wollte, fand man dann unterschiedliche Muster (Abb. 4.149), die auf unterschiedliche Prozesse hindeuten. Eine konstante Abnahme des $^{230}Th/^{232}Th$-Verhältnisses mit zunehmender Sedimenttiefe deutet auf konstante Sedimentationsraten hin, eine abknickende Kurve auf eine Veränderung der Sedimentationsrate, ein im oberen Teil horizontaler Verlauf auf die Homogenisierung durch wühlende Organismen und eine Zunahme auf den Zerfall von ^{238}U in relativ U-reichen Sedimenten. Das Alter eines solchen Sediments lässt sich nach der kompliziert herzuleitenden und nach t aufzulösenden Bateman-Gleichung

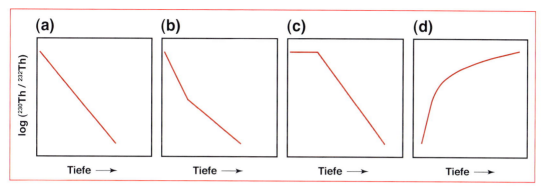

4.149 Variabilität der ^{230}Th/^{232}Th-Aktivitätsverhältnisse mit der Tiefe in theoretisch konstruierten Sedimentbohrkernen. (a) ist das Muster, das bei konstanten Sedimentationsraten entsteht, in (b) ändert sich die Sedimentationsrate während des Ablagerungszeitraumes, der Knick in (c) wird durch bohrende und wühlende Organismen im obersten Teil des Profils bewirkt und (d) zeigt den Fall, dass ^{230}Th durch Uranzerfall nachgebildet wird, bis sich das radioaktive Zerfallsgleichgewicht wieder eingestellt hat. Nach Goldberg & Kolde (1962)

$$\left(\frac{A_{230}}{A_{232}}\right)_{Gesamt} = \left(\frac{A_{230}}{A_{232}}\right)^0_{ausgefällt} e^{-\lambda_{230}t} + \left(\frac{A_{238}}{A_{232}}\right)(1-e^{-\lambda_{230}t})$$

berechnen, in der A_i die Aktivität des Nuklids i ist. Der linke Term der rechten Seite beschreibt den Zerfall des aus dem Meerwasser ausgefällten ^{230}Th, der rechte Teil den Zuwachs an ^{230}Th durch Zerfall von mit ausgefälltem ^{238}U (oder auch ^{234}U). Es ist wichtig, dass es sich hierbei um Aktivitäts- und nicht um Isotopenverhältnisse handelt!

Die in der Vulkanologie viel diskutierte Beobachtung, dass manche Zerfallsprodukte von ^{238}U in jungen Vulkaniten häufig nicht im säkularen Gleichgewicht vorliegen, wird von manchen Forschern auf Fraktionierungsprozesse zwischen U und Th bei partiellen Aufschmelzprozessen zurückgeführt, von anderen auf sekundäre Veränderungen wie den isotopischen Austausch mit Meerwasser oder Fremdgesteins-Kontamination. Ist die erste Theorie richtig, kann mittels der zuletzt genannten Gleichung eine Datierung nach einer Isochronen-Methode erfolgen (die Gleichung hat dieselbe Form wie eine Isochronen-Gleichung!), wenn alle Minerale und das Gesamtgestein am Anfang identische ^{230}Th/^{232}Th-Werte hatten, also im isotopischen Gleichgewicht waren. Die ^{238}U/^{232}Th-Werte können durchaus unterschiedlich gewesen sein, doch müssen für die korrekte Anwendung der Methode ^{234}U und ^{238}U im säkularen Gleichgewicht gewesen sein, was durch eine A_{234}/A_{238}-Messung leicht überprüft werden kann. Bei 1,0 liegen sie im säkularen Gleichgewicht vor, bei Annäherung an den Wert 1,15 ist Austausch mit Meerwasser wahrscheinlich.

Im Laufe seiner Geschichte ändern sich dann die A_{230}/A_{232}-Verhältnisse der Komponenten des Gesteins: Bei niedrigem U/Th-Verhältnis überwiegt der Zerfall von ^{230}Th und A_{230}/A_{232} sinkt, bei hohen U/Th-Verhältnissen überwiegt die Produktion von ^{230}Th aus ^{238}U und das Verhältnis A_{230}/A_{232} steigt. Mit zunehmendem Alter rotiert die Isochrone dabei um einen Punkt, den so genannten **Equipoint** (Abb. 4.150). Nach einigen Halbwertszeiten erreicht die Isochrone dann eine stabile Steigung von 1, ^{230}Th und ^{238}U sind wieder im säkularen Gleichgewicht. Das Gesamtgestein braucht nicht mit dem Equipoint zusammenzufallen. Dieses **Isochronensystem** verhält sich völlig anders als Isochronen in anderen Isotopensystemen, in denen das auf der Ordinate aufgetragene Verhältnis in allen Komponenten des Gesteins anwächst. Im ^{230}Th/^{238}U-Isochronendiagramm lässt sich aus der Steigung der Isochronen $(1-e^{-\lambda t})$ das Alter des Gesteins ebenso errechnen wie bei den übrigen Isochronensystemen, aus dem Schnittpunkt der Isochronen mit der Equilinie kann

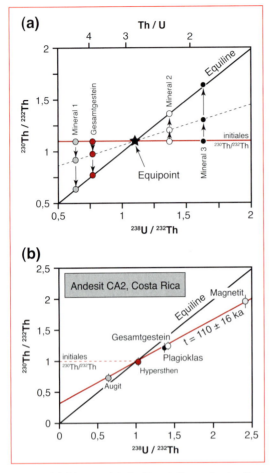

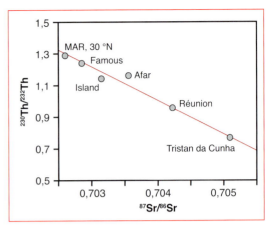

4.151 Th-Sr-Isotopensystematik verschiedener Vulkanite. Die Bedeutung dieser Kovariation ist noch nicht wirklich verstanden. Nach Newman (1983).

4.150 (a) Die graphische Darstellung des im Text erklärten „Equipoints"; nach Newman (1983). (b) Datierung eines jungen Andesits aus Costa Rica; nach Allègre & Condomines (1976).

das initiale ^{230}Th/^{232}Th-Verhältnis abgelesen werden. Dieses wird als petrogenetischer Tracer ähnlich wie andere, in Abschnitt 4.8.4 näher besprochene Isotopenverhältnisse verwendet, doch ist die Bedeutung der Variation dieser Verhältnisse (Abb. 4.151) noch nicht wirklich verstanden.

Die ^{234}U/^{238}U-Methode ist für die Datierung mariner Sedimente von Bedeutung. Interessanterweise – und aus noch nicht ganz verstandenen Ursachen, die aber vermutlich mit dem Mineral Zirkon zusammenhängen – werden bei der Verwitterung das Mutterisotop ^{238}U und das Tochterisotop ^{234}U unter Beteiligung wässriger Lösungen voneinander fraktioniert. ^{234}U wird dabei bevorzugt ins Wasser der Flüsse und Seen und dann letztlich in die Ozeane transportiert, wo es unter reduzierenden Bedingungen an Detritus adsorbiert und in neue Minerale – vor allem Karbonate – eingebaut wird. In den Sedimenten stellt sich nach einigen Hunderttausend Jahren wieder ein säkulares Gleichgewicht ein. Die Datierung dieser Karbonate erfolgt dann über die Beziehung

$$\left(\frac{A_{234}}{A_{238}}\right)_{Gesamt} = 1 + \left(\frac{A^0_{234}}{A_{238}} - 1\right) e^{-\lambda t}.$$

Wiederum ist A_i die Aktivität des Nuklids i. Die Aktivität des ^{234}U in dieser Gleichung ist immer die Gesamtaktivität von ^{234}U, die sich ja aus ausgefälltem und durch ^{238}U-Zerfall immer neu gebildetem ^{234}U zusammensetzt. Für diese Datierungsmethode muss man also das initiale ^{234}U/^{238}U-Verhältnis kennen, was für Süßwasser wohl schwerlich möglich sein wird, für Meerwasser hat es sich aber erstaunlicherweise als zeitlich und räumlich relativ konstant um den Wert 1,15 erwiesen. Insbesondere **Korallen** werden so datiert, während Molluskenschalen nach ihrer Bildung noch U aufnehmen, sodass das System bei ihnen nicht anwendbar ist.

4.8.3.8 Die U-Th-(Sm)/He-Methode

Es ist lange bekannt und wurde auch schon des Öfteren erwähnt, dass Uran und Thorium zu Blei zerfallen und Samarium zu Neodym. Im Zuge der radioaktiven Zerfallsketten wird dabei eine – je nach dem Mutterisotop unterschiedliche – Anzahl von **Alphapartikeln** (He-Kerne) gebildet, die sich mit eingefangenen Elektronen zu Heliumatomen verbinden. Das U-Th-(Sm)/He-System ist eigentlich ein potentes Geochronometer, leidet aber daran, dass das sehr kleine Edelgas He aus den meisten Kristallstrukturen sehr leicht diffusiv entweicht. In den 1980er und 1990er Jahren gab es erfolgreiche Versuche, insbesondere sehr niedrig temperierte Prozesse zu datieren, z.B. die Bildung hydrothermaler Erzgänge anhand von **Hämatit**, der kleine Mengen Uran einbaut. Auch Titanit wurde so schon erfolgreich datiert. Weitere Minerale wurden und werden untersucht, doch ist ihre He-Diffusivität entweder unbekannt oder zu groß.

Das einzige Mineral, bei dem sich die Methode in den letzten 20 Jahren wirklich in größerem Umfang durchgesetzt hat, ist **Apatit**, der unterhalb von etwa 85 °C für He „dicht" zu sein scheint. In Verbindung mit Spaltspurdatierungen erlaubt diese Methode eine sehr präzise Alterseinstufung geologischer Prozesse wie z.B. Gebirgshebung und Erosion. Während die Spaltspurdatierung an Apatit den Zeitabschnitt datiert, in dem eine Probe durch das Temperaturfenster zwischen 60 und 120 °C gegangen ist, datiert die U-Th-(Sm)/He-Methode den Temperaturbereich zwischen 40 und 85 °C.

U-Th-(Sm)/He-Altersdatierungen werden typischerweise als Zweistufenprozess durchgeführt. Zunächst wird der zu untersuchende Kristall durch Erhitzen entgast und das dabei frei werdende ^{4}He wird gas-massenspektrometrisch analysiert. Derselbe Kristall wird dann hinterher mittels ICP-MS auf seine Gehalte an U, Th und Sm analysiert. ^{4}He (α-Teilchen) entsteht also beim Zerfall der Mutterisotope ^{238}U, ^{235}U, ^{232}Th und ^{147}Sm. Die Datierung beruht auf der fundamentalen Annahme, dass zwischen allen Tochterelementen in der Zerfallskette säkulares Gleichgewicht herrscht (siehe Abschn. 4.8.3.7), und dass beim Unterschreiten der Schließungstemperatur kein He im Kristallgitter vorhanden war. Unter diesen Voraussetzungen gilt (da der ^{238}U-Zerfall acht Alphateilchen freisetzt, der ^{235}U-Zerfall sieben, der ^{232}Th-Zerfall sechs und der ^{147}Sm-Zerfall eines):

$$^4\text{He} = 8\ ^{238}\text{U}\ (e^{\lambda 238\ t} - 1) +$$
$$7\ ^{235}\text{U}\ (e^{\lambda 235\ t} - 1) +$$
$$6\ ^{232}\text{Th}\ (e^{\lambda 232\ t} - 1) + {}^{147}\text{Sm}\ (e^{\lambda 147\ t} - 1).$$

Löst man diese Gleichung nach t auf, so kann man mit den gemessenen Werten der in ihr enthaltenen Isotope und mit den entsprechenden in den vorigen Abschnitten bereits angesprochenen Zerfallskonstanten das (Abkühl-) Alter der Probe berechnen.

4.8.3.9 Kosmogene Radionuklide

Kosmogene Radionuklide entstehen, wenn **kosmische Strahlung** – ein Gemenge verschiedener, teils hoch energetischer Teilchen – mit Materie wechselwirkt. Dies geschieht in der Atmosphäre, aber auch in Meteoriten, während diese durchs All fliegen. Durch Zusammenstöße mit hochenergetischen α-Teilchen und Protonen entstehen Neutronen, die durch die Energieübertragung in **Spallations- und Neutroneneinfangreaktionen** wiederum so genannte Targetatome oder -moleküle zerstören und auf diese Weise neue Nuklide produzieren. Die wichtigsten Targetkerne in der Atmosphäre sind natürlich O, N und Ar, die geochemisch wichtigsten der entstehenden radioaktiven Nuklide sind ^{14}C, ^{10}Be und ^{26}Al mit Halbwertszeiten von 5730, 1,5 Millionen und 716.000 Jahren. Wenn die in der Atmosphäre entstandenen Radionuklide in den hydrologischen, biologischen oder geologischen (Gesteins-) Kreislauf gelangen, werden sie von der ständig fortgesetzten Produktion abgeschnitten und zerfallen mit ihrer Halbwertszeit (im biologischen Kreislauf natürlich erst nach dem Tod des jeweiligen Lebewesens). Bei Kenntnis ihrer Anfangskonzentration bzw. -aktivität kann somit ein geologisches Alter ermittelt werden. Die durch die kosmische Strahlung in Meteoriten neu erzeugten Radionuklide wie z. B. ^{36}Cl oder ^{53}Mn mit einer Halbwertszeit von rund 308.000 bzw. 3,7 Millionen Jahren werden nach dem Fall des Meteoriten auf die Erde ebenfalls nicht mehr weiter produziert, da dieser dann ja durch die Atmosphäre vor weiterer Bestrahlung geschützt ist. So kann man die Zeit seit dem Fall eines Meteoriten bestimmen.

Kommen wir zunächst zum ^{14}C, das bei der so genannten **Radiokarbonmethode** insbesondere für archäologische Altersbestimmungen verwendet wird. Innerhalb der festen Erde ist ^{14}C zerfallen, in der Atmosphäre liegt es in winzigen Konzentrationen von etwa 10^{-10}% vor. Es entsteht ständig in der äußeren Atmosphäre durch den Beschuss von ^{14}N mit einem Neutron (entstanden aus vorherigen Reaktionen der kosmischen Strahlung mit Atmosphärenatomen) und der dann folgenden Abspaltung eines Protons. Bildung und Zerfall scheinen sich in etwa die Waage zu halten, sodass die Konzentration etwa (± 20%) konstant bleibt, zumal die Durchmischung der Atmosphäre im Vergleich zur Halbwertszeit sehr rasch stattfindet. Durch Reaktion mit Sauerstoff oder Austauschreaktionen mit CO_2 tritt ^{14}C in den irdischen CO_2-Kreislauf ein. Insbesondere wird es durch die Photosynthese in Pflanzen eingebaut, von wo es direkt oder indirekt in Tiere und Menschen gelangen kann. Dadurch findet sich in aller *lebenden* Materie (fast) dieselbe ^{14}C-Aktivität. Mit dem *Tod* des Organismus allerdings endet der ^{14}C-Einbau, und das Nuklid wird mit seiner Halbwertszeit abgebaut. Bei bekannter ^{14}C-Aktivität beim Absterben des Organismus lässt sich aus der heute gemessenen Radioaktivität das ^{14}C-Alter berechnen:

$$t = 1/\lambda \cdot \ln(A_0/A),$$

wobei $\lambda = 1{,}209 \cdot 10^{-4}$ pro Jahr und A die heute gemessene Aktivität ist. Als bester Wert für die initiale oder die **Sättigungsaktivität** A_0 eines lebenden Organismus im Austauschgleichgewicht mit der Atmosphäre gilt 13,56 ± 0,07 dpm/g Kohlenstoff, wobei dpm „*decays per minute*", also „Zerfälle pro Minute" bedeutet. Anders ausgedrückt: In einer frischen Kohlenstoff-Probe kommt auf 10^{12} Atome des Isotops ^{12}C nur ein ^{14}C-Atom, eine Tonne Kohlenstoff enthält also nur 1 µg ^{14}C! Diese extrem geringen Gehalte werden in neuerer Zeit mit so genannten **Beschleunigungs-Massenspektrometern** gemessen (Abschn. 2.5.7), für ^{14}C-Messungen wird aber auch immer noch die alte **Zählrohrmethode** (Aktivitätsmessung) angewendet.

Die Radiokarbonmethode hat einen Nachteil: Die ^{14}C-Konzentration ist zwar räumlich, nicht aber zeitlich konstant. Einerseits hängt dies mit Veränderungen der kosmischen Strahlung, z.B. unterschiedlicher Sonnenflecken-Aktivität, zusammen, andererseits hat der Mensch durch die **Atomwaffenversuche** und -abwürfe im 20. Jahrhundert viel zusätzliches ^{14}C in die Atmosphäre gebracht und schließlich wird das in der Atmosphäre vorhandene ^{14}C durch das Verbrennen fossiler Brennstoffe und den anthropogenen Kohlenstoffeintrag in die Atmosphäre verdünnt. Alle drei Effekte müssen korrigiert werden. Während dies bei den zwei letzteren relativ einfach ist, da ja rezente Messungen vorliegen, musste für ersteren Effekt eine **Kalibrationskurve** erstellt werden. Dies erfolgte durch den Abgleich mit dendrochronologischen Daten (also Daten aus Baumringen) für die letzten 6000 Jahre (Abb. 4.152), durch Abgleich mit ^{14}C-Daten aus einem Eiskern aus Grönland sowie mit ^{14}C-Daten aus mit der U-Th-Ungleichgewichtsmethode datierten Korallen für die letzten 50.000 Jahre (Abb. 4.153). Die notwendigen Korrekturen können bis zu 20% betragen.

Das ^{10}Be und das ^{26}Al entstehen durch den Beschuss von Sauerstoff und Stickstoff mit kosmischer Strahlung in ziemlich konstanter Rate überwiegend in der Atmosphäre und bis in wenige Meter Tiefe in Böden und Gesteinen (tiefer dringen die kosmischen Strahlen nicht ein). Die in der Atmosphäre gebildeten kosmogenen Nuklide werden ausgeregnet, gelangen so auf die Erdoberfläche, in die Gewässer und

4.8 Radiogene Isotope 567

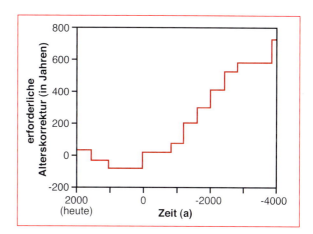

4.152 Die bei Anwendung der ^{14}C-Methode erforderliche Alterskorrektur für Alter der letzten 6000 Jahre. Nach Libby (1969).

schließlich in die Ozeane, wo sie durch Adsorption an Tonminerale in Sedimenten innerhalb kurzer Zeit ausgefällt werden und so in die Tiefseetone gelangen. Dort zerfallen sie dann mit ihrer Halbwertszeit. Prinzipiell könnte man dann Sedimentationsraten äquivalent zur Ionium-Methode (Abschn. 4.8.3.7) bestimmen:

$$\ln{}^{10}Be = \ln{}^{10}Be_0 - \lambda \cdot h/a,$$

wobei h die Tiefe des Sediments unter dem Meeresboden und a = h/t die Sedimentationsrate ist. Geschickter ist die Kopplung von ^{10}Be und ^{26}Al, da sich Fluktuationen in den Produktionsraten (z.B. durch unterschiedliche solare

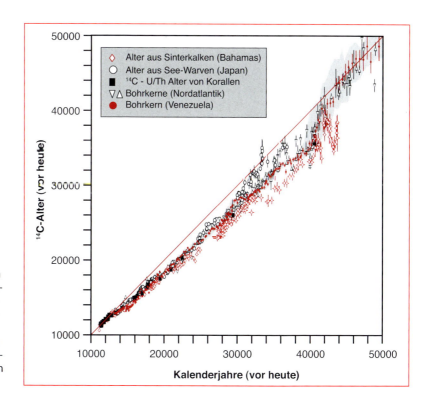

4.153 Abweichungen von ^{14}C-Altern von realen Altern in den letzten 50.000 Jahren, zusammengestellt aufgrund von Messreihen in verschiedensten Materialien. Nach Hughen et al. (2004).

Anteile in der kosmischen Strahlung) auf beide gleichermaßen auswirken. Durch die Kopplung kann man solche Schwankungen identifizieren und herausfiltern. Es gilt:

$\ln(^{26}\text{Al}/^{10}\text{Be}) = \ln(^{26}\text{Al}/^{10}\text{Be})_0 - (0{,}506 \cdot 10^{-6} \cdot h/a)$

Nachdem es von der stetigen Produktion abgeschnitten ist, zerfällt das ^{10}Be gemäß seiner Halbwertszeit. Die ^{10}Be-Systematik kann daher für die **Datierung von Sedimentations- und Subduktionsprozessen** und die Rekonstruktion von Massenverlagerungen, z. B. auch für die Bestimmung der Quellen in Subduktionsmagmatiten verwendet werden. Da die Gehalte von ^{10}Be und auch ^{26}Al in Tiefseesedimenten sehr gering sind (obwohl diese noch eine Zehnerpotenz höher sind als in terrestrischen Sedimenten!), wird diese Methode nur selten für solche Datierungszwecke angewendet. Ihre Anwendung auf **Manganknollen** hat allerdings ergeben, dass diese mit Geschwindigkeiten von nicht mehr als 2 mm pro Million Jahre wachsen, also unglaublich langsam!

In **Vulkaniten** hat die Methode aber einiges Aufsehen erregt. Es zeigte sich, dass MORB-Gläser, OIBs und kontinentale Flutbasalte nur extrem geringe ^{10}Be-Gehalte haben, manche (nicht alle!) Subduktionszonen-Vulkanite aber signifikante ^{10}Be-Gehalte (Abb. 4.154). Dies belegt die rasche Subduktion ^{10}Be-haltiger Tiefsee-Sedimente und deren Beteiligung (bzw. die Beteiligung aus ihnen freigesetzter Fluide) an Aufschmelzprozessen über Subduktionszonen. Offenbar gibt es Subduktionszonen wie die Aleuten oder Mittelamerika, wo dies der Fall ist, während am Marianengraben kein ^{10}Be in die Vulkanite gelangt ist.

Schließlich dient seit den 1990er Jahren nicht in der Atmosphäre, sondern im Erdboden gebildetes ^{10}Be noch zur Quantifizierung **geomorphologischer Prozesse**. Beispielsweise bilden sich durch Spallationsreaktionen in Quarz an der Erdoberfläche auf Meereshöhe etwa 5 Atome ^{10}Be pro Jahr und Gramm Quarz, auf 3000 m Höhe etwa 50. Diese zerfallen, doch stellt sich ohne Erosion natürlich ein Gleichgewicht zwischen Zerfall und neuer Produktion ein, das durch die Erosion verändert wird (bei konstanter Erosion stellt sich ein neues Gleichgewicht ein), da durch sie immer tiefere, bislang abgeschirmte und daher Radionuklidfreie Bereiche an die Oberfläche kommen. So kann man dann mithilfe von ^{10}Be oder wiederum mit der Kombination von ^{10}Be und ^{26}Al Erosionsraten bestimmen, was nach der Einführung dieser neuen Methode für das quantitative Verständnis der Erdoberflächenentwicklung einen erheblichen Schritt nach vorn be-

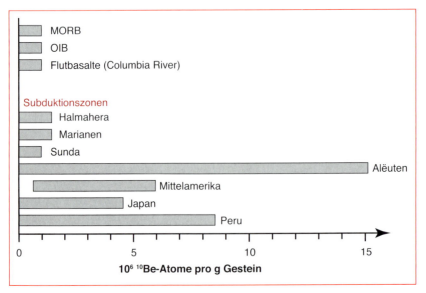

4.154 ^{10}Be-Konzentrationen in verschiedenen magmatischen Gesteinen. Es ist offensichtlich, dass nur manche Subduktionszonenvulkanite kosmogenes ^{10}Be enthalten. Nach Tera et al. (1986).

deutete. Man stellte so fest, dass **Erosionsraten** großen Variationen unterliegen können – als Extreme wurden < 0,2 m und 5 m Abtragung pro Millionen Jahre in der Atacama bzw. der Namibwüste berichtet.

4.8.3.10 Edelgase

Die in der Erde nur in kleinen Mengen vorkommen, aber dafür inerten, d. h. nicht an chemischen Reaktionen teilnehmenden Edelgase sind sowohl von geo- als auch von **kosmochemischem** Interesse, wobei wir uns hier auf die Geochemie beschränken wollen.

Das wichtigste Edelgas ist zweifellos das Helium, wenn es auch in der Atmosphäre nicht das häufigste ist, sondern hier von Argon überholt wird. Die He-Konzentration in der Atmosphäre liegt bei nur 5,24 Volumen-ppm, während Ar fast ein Prozent erreicht. He liegt in Form seiner zwei Isotope ^{3}He und ^{4}He vor, und die irdische Variation des ^{3}He/^{4}He-Verhältnisses beträgt etwa vier Größenordnungen, zwischen 10^{-5} und 10^{-9}. Diese Variation lässt sich prinzipiell durch drei **Reservoire** und deren Mischung erklären: Erdmantel-He mit ^{3}He/^{4}He-Verhältnissen um 10^{-5}, radiogenes He um 10^{-7} und (durch Uran-α-Zerfall) auch tiefer, sowie atmosphärisches He mit $1,4 \cdot 10^{-6}$. Letzteres wird, da es sehr konstant ist, als He-Isotopenstandard benutzt und als R_A bezeichnet. Andere Reservoire werden häufig in Form von R/R_A-Verhältnissen angegeben. Der He-Isotopenwert der Atmosphäre ist wahrscheinlich in erdgeschichtlichen Zeiträumen nicht konstant gewesen, da er sich zusammensetzt aus entgasendem He aus dem Erdmantel und gewonnenem He aus dem Sonnenwind. Er verändert sich außerdem durch präferentielles Diffundieren von ^{3}He in den Weltraum.

Das radiogene Reservoir mit R/R_A von 0,1 bis 0,01 liegt hauptsächlich in (U- und Th-reicher) kontinentaler Kruste, Mantel-Helium mit R/R_A-Werten über 1 wird als primordial gedeutet, also von der Entstehung der Erde herrührend. Allerdings kann das nur noch ein kleiner Teil sein, da der (primordiale) Sonnenwind R/R_A-Werte um 1000 aufweist. Typische Hotspots wie Hawaii zeigen R/R_A-Werte zwischen 1 und 35, MORBs liegen sehr konstant bei 8–12 (Abb. 4.155), was auf eine gute Durchmischung des Heliums im oberen Mantel hindeutet. Verbindet man das He- mit dem Ar-System, das radiogen beim K-Zerfall gebildetes ^{40}Ar mit überwiegend primordialem ^{36}Ar vergleicht (siehe auch Abschn. 4.8.3.4), so kann man die verschiedenen Reservoire und ihre Mischungen noch deutlicher fassen (Abb. 4.155b).

Das Interesse an Mantel-Helium als überlebender Anzeiger von Prozessen, die bei der Entstehung der Erde abgelaufen sind, hat dazu geführt, dass He-Isotopenwerte in großem Umfang in Basaltgläsern (mit den obigen Ergebnissen) und in **Thermalwässern** analysiert wurden. Der am besten untersuchte Hotspot, der auch die höchsten gesicherten R/R_A-Werte zeigt, ist **Hawaii**. In Mitteleuropa wurden z. T. erhebliche Variationen der ^{3}He/^{4}He-Werte gemessen (Abb. 4.156). Besonders hohe R/R_A-Werte, über 0,08, treten vor allem in jungen Vulkangebieten wie z. B. dem Rhein- oder dem Egergraben sowie in Sizilien auf (Abb. 4.156). Es wird vermutet, dass solche Werte die Beteiligung von Mantelhelium anzeigen.

Xenon- und Neon-Isotope sind überwiegend (allerdings nicht ausschließlich) von kosmochemischem Interesse, da sie Prozesse aus der Frühphase unseres Sonnensystems anzeigen. Abbildung 4.157 ist gezeigt, wie sich die wichtigsten Edelgas-Isotopien in den großen Reservoiren Atmosphäre und Erdmantel im Verlauf der Erdgeschichte vermutlich entwickelt haben. Da ^{4}He und ^{40}Ar durch U-Th-Sm und K-Zerfall immer weiter gebildet werden, sinken die ^{3}He/^{4}He- und steigen die ^{40}Ar/^{36}Ar-Verhältnisse der Reservoire im Laufe der Erdgeschichte, wenn es auch Veränderungen durch Entgasung und Diffusion gibt. ^{129}Xe dagegen ist aus dem Zerfall des sehr kurzlebigen (rund 17 Millionen Jahre) ^{129}I entstanden, das längst ausgestorben ist, weshalb die Xe-Isotopie seit etwa 100 Millionen Jahre nach Bildung der Erde als konstant angenommen wird. Aus dem ^{129}Xe-Überschuss der Atmosphäre gegenüber dem Wert von koh-

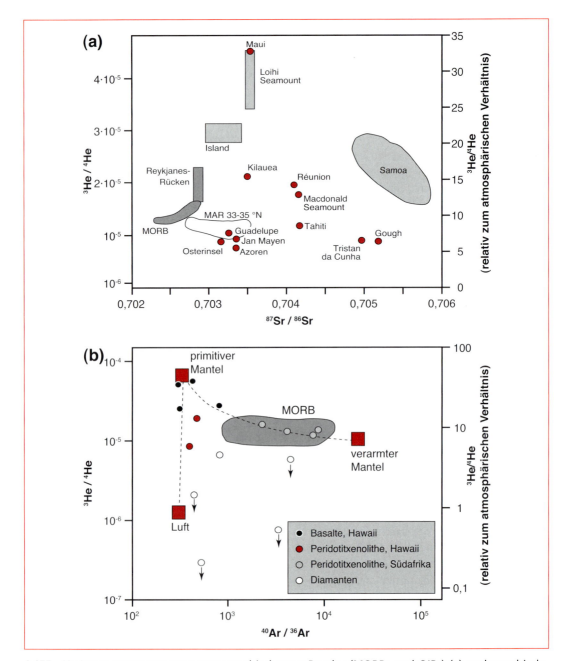

4.155 He-Isotopenzusammensetzung verschiedenster Basalte (MORBs und OIBs) (a) und verschiedener Mantelproben (b). Der Vergleich mit dem Luftwert in (b) zeigt, dass manche Proben Mischungen von Mantel- mit Luftwerten anzeigen. Man beachte, dass (b) eine viel größere Skala hat als (a). Nach van Soest et al. (2002) und Lupton (1983).

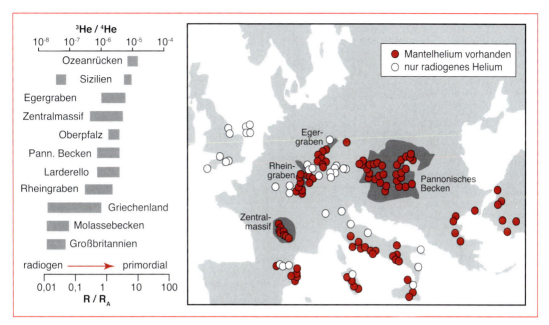

4.156 Europäische Thermalwässer mit Mantelhelium. Thermalwässer werden dann als Mantelhelium-führend angesehen, wenn das Verhältnis von $^3He/^4He$ in ihnen größer als 0,08-mal das $^3He/^4He$-Verhältnis der Luft ist. Auffällig und intuitiv zu erwarten ist die Korrelation des Mantelheliums mit jungem Vulkanismus. Nach Oxburgh & O'Nions (1987)

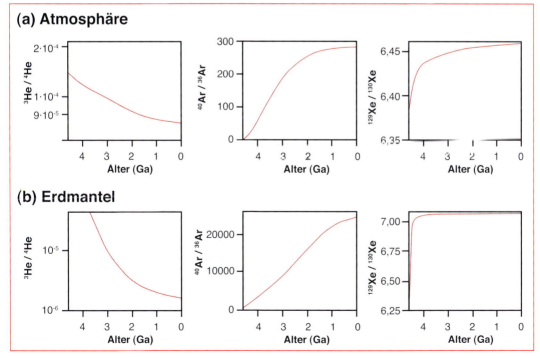

4.157 Die Entwicklung der He-, Ar- und Xe-Isotopien im Laufe der Erdgeschichte in der Atmosphäre (a) und im Erdmantel (b). Nach Allègre et al. (1986).

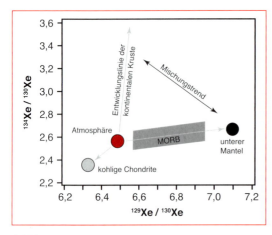

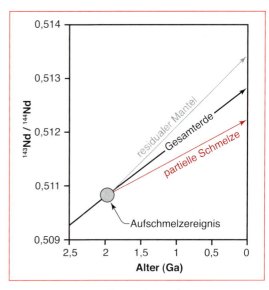

4.158 Xenon-Isotopenzusammensetzungen verschiedener terrestrischer und extraterrestrischer Reservoire. Nach Staudacher & Allègre (1982).

4.159 Die Entwicklung der Nd-Isotopenzusammensetzung der Gesamterde, einer partiellen Mantelschmelze und des residualen Mantels.

ligen Chondriten wurde übrigens ein Bildungs- (bzw. Entgasungs-)Alter der Atmosphäre von etwa 10–25 Millionen Jahren nach der Entstehung der Erde abgeschätzt. Abb. 4.158 schließlich soll lediglich als Beispiel dienen, dass Xe-Isotope auch irdischen Gesteinen als Tracer für Reservoire und ihre Mischungen dienen können.

4.8.4 Radiogene Isotope als petrogenetische Tracer in magmatischen Prozessen

In Abschnitt 4.8.3 klang bereits an, dass radiogene Isotope prinzipiell für zwei Arten von Untersuchungen eingesetzt werden: für Datierungen und als petrogenetische Tracer. Während erstere bislang im Vordergrund standen, wenden wir uns jetzt letzterem Thema zu.

Jedes radiogene Isotopensystem, das Mutter- und Tochterisotop in denselben Reservoiren (wenn auch in unterschiedlichen Mengen) enthält, und dessen Mutter- und Tochterisotope sich bei geologischen Prozessen geochemisch unterschiedlich verhalten, wird mit der Zeit charakteristische „**Fingerabdrücke**" für **verschiedene Reservoire** ausbilden, die sich auseinander entwickeln (Abb. 4.159). Der bei weitem wichtigste geologische Prozess in diesem Zusammenhang ist die Bildung von partiellen Schmelzen und die Trennung von Schmelze und Residuum. Im globalen Maßstab geschah (und geschieht) dies bei der Differenzierung von Kruste und Mantel, im lokalen Maßstab finden solche Prozesse natürlich in jeder Zone magmatischer Aktivität statt. Neben der geochemischen Trennung unterschiedlich kompatibler bzw. inkompatibler Spurenelemente ist auch die Zumischung von Material zu aufsteigenden Schmelzen – sei es in Form einer Fest-, einer Fluid- oder einer Schmelzphase – dazu geeignet, die Isotopensignatur zu verändern. Dies ist völlig analog zur **Kontamination** im Haupt- und Spurenelementbereich, wo natürlich die Zusammensetzung der Schmelze, die in einer Magmenkammer kristallisiert oder in einem Vulkan gefördert wird, einerseits durch die Aufschmelzprozesse (Tiefe, Zusammensetzung der Quelle, Anwesenheit von Fluiden, Temperatur), andererseits durch Veränderungen beim Aufstieg (Assimilation von Nebengesteinsmaterial, sei es in der Unter-, Mittel- oder Oberkruste) bestimmt wird. Die ebenfalls wichtigen Veränderungen der Schmelzzusammensetzung durch Fraktionierung spielen isotopisch keine Rolle, da unterschiedliche Isotope ein und desselben Elements dabei nicht fraktionieren. Und genau dieser Punkt macht radiogene Isotope nun im Vergleich- bzw. in Kombination mit Haupt- und Spurenelement-Geochemie so wertvoll: Sie definieren unterschiedliche Reservoire und werden durch Fraktionierungsprozesse nicht verändert – man blickt mit ihnen gleichsam durch den Kumulateffekt hindurch. Die verschiedenen Isotopensysteme reagieren unterschiedlich bei Differenzierungs-Vorgängen, je nachdem, ob sich das Mutter- oder das Tochterisotop in magmatischen Prozessen kompatibler verhält. Insbesondere zwei Anwendungen haben in den letzten Jahrzehnten dazu geführt, dass radiogene Isotope aus der magmatischen Petrologie nicht mehr wegzudenken sind: die Definition von unterschiedlichen **Erdmantel-Reservoiren** und die **Quantifizierung von Mischungsprozessen**, wie sie bei krustaler Kontamination von Mantelschmelzen auftreten. Ersteres involviert neben radiogenen Isotopen häufig auch die Spurenelementgeochemie von Schmelzen, letzteres neben diesen beiden Methoden auch stabile Isotope, insbesondere Sauerstoff.

In den vergangenen etwa 25 Jahren wurde versucht, den Erdmantel geochemisch zu untergliedern. Nach charakteristischen Isotopenmerkmalen, insbesondere mittels des Sr- und des Nd-Systems, und bisweilen Spurenelementmerkmalen wurden zunächst unterschiedliche Quellregionen definiert, die folgendermaßen bezeichnet wurden:

– „*depleted mantle*" (DM, **verarmter Mantel**, manchmal auch DMM, verarmter MORB-Mantel genannt, d. h. verarmt an inkompatiblen Spurenelementen, insbesondere durch frühere und andauernde Aufschmelzprozesse),
– „*enriched mantle*" (EM I und EM II, **angereicherter Mantel,** zwei geochemisch unterschiedliche Mantelzusammensetzungen mit Anreicherungen inkompatibler Spurenelemente, z. B. durch metasomatische Prozesse, die wohl der Rückführung ozeanischer Kruste und ihrer Sedimente in den Mantel zu verdanken sind),
– „*prevalent mantle reservoir*" (PREMA, das **vorherrschende Mantelreservoir**),
– „*bulk silicate Earth*" (BSE, die durchschnittliche **Gesamterdezusammensetzung** ohne Kern),
– „*mid-ocean ridge basalts*" (MORBs, **mittelozeanische Rückenbasalte**, deren Reservoir eigentlich DM sein sollte, die aber trotzdem häufig weiter gefasste Zusammensetzungen haben und daher getrennt genannt werden; man unterscheidet je nach Spurenelementzusammensetzungen unterschiedliche Typen von MORBs, nämlich normale N-MORBs und angereicherte (*enriched*) E-MORBs; Tabelle 4.15),

Tabelle 4.15 Verhältnisse inkompatibler Spurenelemente in Krusten- und Mantelreservoiren. Nach Saunders et al. (1988) und Weaver (1991).

	Zr/Nb	La/Nb	Ba/Nb	Ba/Th	Rb/Nb	Th/Nb	Th/Nb	Th/La	Ba/La
Primitiver Mantel	14,8	0,94	9,0	77	0,91	323	0,117	0,125	9,6
N-MORB	30	1,07	1,7–8,0	60	0,36	210–350	0,025–0,071	0,067	4,0
E-MORB			4,9–8,5			205–230	0,06 –0,08		
Kontinentale Kruste	16,2	2,2	54	124	4,7	1341	0,44	0,204	25
HIMU OIB	3,2–5,0	0,66–0,77	4,9–6,9	49–77	0,35–0,38	77–179	0,078–1,01	0,107–0,133	6,8–8,7
EMI OIB	4,2–11,5	0,86–1,19	11,4–17,8	103–154	0,88–1,17	213–432	0,105–0,122	0,107–0,128	13,2–16,9
EMII OIB	4,5–7,3	0,89–1,09	7,3–13,3	67–84	0,59–0,85	248–378	0,111–0,157	0,122–0,163	8,3–11,3

- „focal zone" (FOZO, ein noch kontrovers diskutiertes Endglied, das möglicherweise im unteren Erdmantel vorhanden ist),
- das so genannte „HIMU"-Reservoir, das im nächsten Absatz näher erläutert wird.

All diese verschiedenen Mantelreservoire haben charakteristische isotopische Zusammensetzungen oder Zusammensetzungsspannbreiten, die in Abb. 4.160 und Tabelle 4.16 gezeigt sind. Tabelle 4.17 zeigt isotopische Charakteristika wichtiger Gesteine aus verschiedenen geologischen Zusammenhängen. Durch die Kombination unterschiedlicher Isotopensysteme kann man nun versuchen festzustellen, aus welchem Reservoir ein bestimmter Basalt stammt (z. B. Abb. 4.161). Diesen Ansatz hat man verwendet, um die geochemische Heterogenität des Erdmantels „auszukartieren", und obwohl er heute wohl den Zenit seiner Nützlichkeit bereits überschritten hat, da er nur klassifiziert, aber nicht mit konkreten Prozessen verbindet, die zur Entwicklung der unterschiedlichen Reservoire führen, ist er trotzdem noch weit verbreitet. In ähnlicher Weise kann man übrigens auch die Kruste klassifizieren, wobei hier üblicherweise nur (Ober+Mittel)- und Unterkruste voneinander unterschieden werden (siehe Tabelle 4.16 und 4.17).

Nun zum **HIMU-Reservoir**. In der U-Pb-Isotopensystematik wird das Verhältnis $^{238}U/^{204}Pb$ als µ definiert. Im Erdmantel gibt es Teil-Reservoire, die durch besonders hohe $^{206}Pb/^{204}Pb$ und $^{208}Pb/^{204}Pb$-Verhältnisse (bei gleichzeitig niedrigen $^{87}Sr/^{86}Sr$- und mittleren $^{143}Nd/^{144}Nd$-Verhältnissen) ausgezeichnet sind (siehe Tabelle 4.16), was auf erhöhte (U,Th)/Pb-Verhältnisse hinweist. Diese Reservoire werden als HIMU (gesprochen „heimiu", abstammend vom englischen *high-µ*) zusammengefasst. Ihre Entstehung wird erklärt entweder mit Uran- und

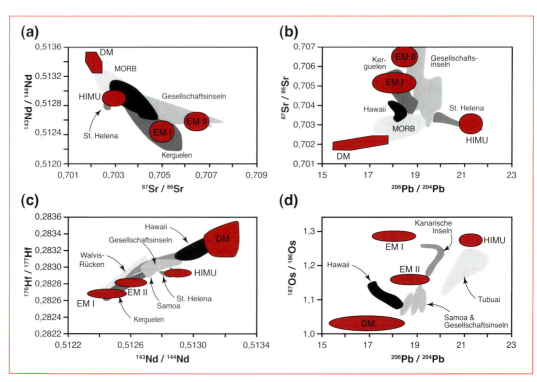

4.160 Durch radiogene Isotopenverhältnisse definierte Reservoire im Erdmantel und die Sr-Nd-Pb-Isotopensystematik verschiedener Basalte. Die Bedeutung der Abkürzungen ist im Text erläutert, Daten finden sich in Tabelle 4.16 und 4.17. Nach Hofmann (1997), White (1985), Salters & Hart (1991) und Hauri et al. (1996).

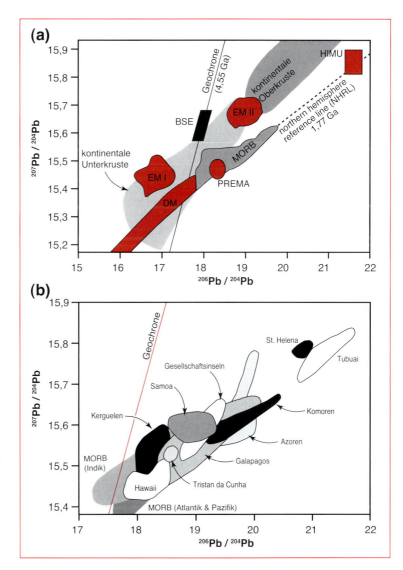

4.161 Dreiisotopendiagramme mit Bleiisotopen (^{204}Pb, ^{207}Pb, ^{208}Pb) können zur Unterscheidung verschiedener Krusten- und Mantel-Reservoire herangezogen werden. Nach Rollinson (1993), Sun & McDonough (1989) und Hofmann (1997).

Thoriumzufuhr bei konstanten Blei- und Rb/Sr-Werten vermutlich bei der Alteration von MORBs durch Meerwasser oder als Blei- (und Rubidium-)Verlust z. B. durch metasomatische Fluide, die durch Entwässerungsreaktionen bei der Subduktion generiert worden sind. Im Blei-Isotopensystem zeigen BSE, PREMA, EM II und die kontinentale Oberkruste hohe ^{206}Pb/^{204}Pb und ^{207}Pb/^{204}Pb-Werte, während EM I, DM und die kontinentale Unterkruste eher niedrige Werte zeigen (Abb. 4.160). Abb. 4.161 zeigt auch, wie sich die Zusammensetzungen einzelner Ozeaninsel- bzw. Ozeanrückenbasalte Blei-isotopisch unterscheiden bzw. überlappen. Ein Zusammenhang zwischen tektonischem Milieu und Isotopenzusammensetzung ist eindeutig, und dies spricht dafür, dass unterschiedliche tektonomagmatische Prozesse unterschiedliche Reservoire anzapfen. Die Pb-Isotopenvariation der kontinentalen Unterkruste überlappt mit dem MORB-Feld und deutet damit an, dass Krustenwachstum möglicherweise zu einem guten Teil durch „underplating", also „von-unten-Ankristallisieren" von MORB-ähnlichen Basalten an bereits existierende Unterkruste vonstatten geht.

Tabelle 4.16 Isotopische Charakteristika verschiedener Krusten- und Mantelreservoire mit ungefähren heutigen Werten. Aus Rollinson (1993) und Hoffmann (1997)

	^{87}Rb/^{87}Sr	^{147}Sm/^{143}Nd	^{238}U/^{206}Pb	^{235}U/^{207}Pb	^{232}Th/^{208}Pb
Krustale Reservoire					
Oberkruste	Hohes Rb/Sr; hohes ^{87}Sr/^{86}Sr	Niedriges Sm/Nd; $\varepsilon < 0$	Hohes U/Pb; ^{206}Pb/^{204}Pb = ca. 19,3	^{207}Pb/^{204}Pb = ca. 15,7	Hohes Th/Pb; ^{208}Pb/^{204}Pb = ca. 38,5
Unterkruste	Niedriges Rb/Sr; niedriges ^{87}Sr/^{86}Sr = 0,702–0,705	verzögerte Nd-Entwicklung in der Kruste im Verhältnis zu chondritischen Quellen	Starke U-Verarmung; ^{206}Pb/^{204}Pb = ca. 17,5	^{207}Pb/^{204}Pb = ca. 15,3	Starke Th-Verarmung; ^{208}Pb/^{204}Pb = ca. 38,5
Mantelreservoire					
DM	^{87}Sr/^{86}Sr = ca. 0,702	Hohes Sm/Nd; ^{143}Nd/^{144}Nd > 0,5132	Niedriges U/Pb; ^{206}Pb/^{204}Pb = ca. 17,2–17,7	^{207}Pb/^{204}Pb = ca. 15,4	^{208}Pb/^{204}Pb = ca. 37,2–37,4
HIMU	^{87}Sr/^{86}Sr = 0,7025–0,7035	Mittleres Sm/Nd; ^{143}Nd/^{144}Nd = 0,5128–0,5130	Hohes U/Pb; ^{206}Pb/^{204}Pb = 20–22	^{207}Pb/^{204}Pb = 15,65–15,85	^{208}Pb/^{204}Pb = 39,5–40,5
EM I	^{87}Sr/^{86}Sr = 0,7045–0,7055	Niedriges Sm/Nd; ^{143}Nd/^{144}Nd = 0,5123–0,5126	Niedriges U/Pb; ^{206}Pb/^{204}Pb = 17,5–18,5	^{207}Pb/^{204}Pb = 15,45–15,55	^{208}Pb/^{204}Pb = 37–39,5
EM II	^{87}Sr/^{86}Sr = 0,706–0,707	Niedriges Sm/Nd; ^{143}Nd/^{144}Nd = 0,5125–0,5127	Niedriges U/Pb; ^{206}Pb/^{204}Pb = 18–19	^{207}Pb/^{204}Pb = 15,5–15,65	^{208}Pb/^{204}Pb = 38–39,5
Gesamterde	^{87}Sr/^{86}Sr = 0,7052	^{143}Nd/^{144}Nd = 0,51264	^{206}Pb/^{204}Pb = 18,4 ± 0,3	^{207}Pb/^{204}Pb = 15,58 ± 0,08	^{208}Pb/^{204}Pb = 38,9 ± 0,3

Tabelle 4.17 Sr-, Nd- und Pb-Isotopenzusammensetzungen ausgewählter Gesteinstypen

Gesteinstyp	^{87}Sr/^{86}Sr	^{143}Nd/^{144}Nd	^{206}Pb/^{204}Pb	^{207}Pb/^{204}Pb	^{208}Pb/^{204}Pb	Ref.
Mittelozeanische Rückenbasalte (MORB)						
Atlantik	0,702290,70316	0,5130–0,5132	18,28–18,5	15,45–15,53	37,2–38,0	(1)
Pazifik	0,70240–0,70256	0,5130–0,5133	17,98–18,2	15,44–15,51	37,6–38,0	(1)
Indik	0,70274–0,70311	0,5130–0,5131	17,31–18,5	15,43–15,53	37,1–38,7	(1)
E-Typ	0,70280–0,70334	0,81299–0,5130	18,50–19,69	15,50–15,60	38,0–39,3	(1)
Ozeaninselbasalte (OIB)						
Mangaia	0,702720	0,512850	21,69	15,84	40,69	(1)
Upolu (Samoa)	0,705560	0,512650	18,59	15,62	38,78	(1)
Samoa	0,704410–0,70651	0,512669–0,512935				(7)
Walvis-Rücken	0,705070	0,512312	17,54	15,47	38,15	(1)
St. Helena	0,702818–0,70309	0,512824–0,512970	20,40–20,89	15,71–15,81	39,74–40,17	(3)
Kap Verde	0,702919–0,703875	0,512606–0,513095	18,88–20,30	15,52–15,64	38,71–39,45	(4)
Tristan da Cunha	0,704400–0,70505	0,512520–0,51267	18,60–18,76	15,52–15,59	38,93–39,24	(6)
Kerguelen	0,703880–0,70598	0,512498–0,513006	17,99–18,31	15,48–15,59	38,29–38,88	(7,8)
Hawaii	0,703170–0,70412	0,512698–0,513060	17,83–18,20	15,55–15,48	37,69–37,86	(9)
Kontinentale Deckenbasalte						
Westliche USA	0,70351–0,70689	0,51224–0,512925				(2)
Paraná	0,70468–0,71391	0,51221–0,51278				(5)
Mantelxenolithe						
Subkontinentale Lithosphäre						
Schottland	0,703200–0,71410	0,510967–0,512798				(10)

Fortsetzung auf nächster Seite

Tabelle 4.17 Sr-, Nd- und Pb-Isotopenzusammensetzungen ausgewählter Gesteinstypen (Fortsetzung)

Gesteinstyp	$^{87}Sr/^{86}Sr$	$^{143}Nd/^{144}Nd$	$^{206}Pb/^{204}Pb$	$^{207}Pb/^{204}Pb$	$^{208}Pb/^{204}Pb$	Ref.
Mantelxenolithe (Fortsetzung)						
Ostchina	0,702215–0,704300	0,512491–0,513585				(39)
Zentralmassiv	0,702440–0,70459	0,512368–0,513203				(40)
Subozeanische Lithosphäre						
Hawaii	0,703188–0,704207	0,512924–0,513100				(41)
Kanarische Inseln	0,702967–0,703286	0,512856–0,513017				(41)
Kerguelen	0,704221–0,705025	0,512647–0,512816				(41)
Kimberlite/Lamproite						
Westaustralien	0,71066–0,72008	0,51104–0,51144				(11)
Südafrika	0,70280–0,70691	0,51274–0,5132				(37)
Vulkanische Gesteine über Subduktionszonen						
Junge vulkanische Inselbögen						
Philippinen	0,70356–0,70476		18,27–18,47	15,49–15,64	38,32–38,83	(12)
Marianen	0,70332–0,70378	0,512966–0,513032	18,70–18,78	15,49–15,57	38,14–38,43	(12,26)
Java	0,70504–0,70576		18,70–18,72	15,63–15,65	38,91–38,96	(12)
Stromboli	0,70603–0,70750		18,93–19,10	15,64–15,97	39,01–39,08	(12)
Große Antillen	0,70359–0,70897	0,512120–0,512978	19,17–19,93	15,67–15,85	38,85–39,75	(26, 27)
Andesite						
Anden	0,70566–0,70951	0,512223–0,512556	18,57–18,92		38,37–38,98	(28, 42)
Westliche USA	0,70386–0,70500	0,512660–0,512836	18,82–18,91	15,57–15,62	38,45–38,65	(29)
Obere Kruste						
Südbritannien	0,71463–0,78662	0,511843–0,512261				(31)
Junge Granitoide	0,70400–0,82131	0,511700–0,512790				(33)
Präkambrische Granitoide	0,70330–0,84050	0,510660–0,51210				(33)
Archaisch	0,73307–1,54807	0,510236–0,510943	15,64–33,96	14,56–18,89	34,76–53,00	(38)
Herzynische Granite (Feldspat)			17,60–19,79	15,48–15,72	38,00–39,14	(36)
S-Typ-Granitoide						
Australien	0,70940–0,87933	0,510791–0,511325				(14)
Malaysia	0,73709–0,81187	0,511480–0,51163				(35)
I-Typ-Granitoide						
Australien	0,70453–0,80803	0,510842–0,511657				(14)
Malaysia	0,70676–0,73006	0,511390–0,511640				(35)
Heutige pelagische Sedimente						
Pazifik	0,706900–0,722530		16,72–19,17	15,57–15,75	38,43–39,19	(12)
Atlantik	0,709288–0,723619	0,511646–0,512065	18,61–19,01	15,68–15,74	38,93–39,19	(13)
Terrigene Sedimente						
Amazonasbecken	0,714675–0,722524	0,512033–0,512266				(15)
Südbritannien	0,711440–0,78919	0,511816–0,512259				(31)
Mesozoisch Nordsee		0,511435–0,511954			(32)	
Phanerozoische franz. Schiefer		0,511851–0,512627			(17)	
Archaische Meta-Sedimente		0,510418–0,512214			(16)	
Chemische Sedimente						
Kalksteine	0,70821–0,72982	0,512012–0,512050				(31)
Archaische BIFs		0,511179–0,512355				(34)
Unterkrusten-Granulite						
Archaisch						
Lewisian	0,70920–0,7668	0,509818–0,513518	13,52–20,68	14,43–15,67	33,19–57,36	(18,19,20)
Enderby Land	0,70780–0,8160		15,68–27,05	15,61–19,52	35,50–126,6	(22)
Südindien	0,70210–0,72580	0,510377–0,511432	13,52–27,71	14,54–17,47	33,61–4,32	(25)
Proterozoisch						
Arunta-Block	0,70195–3,61759	0,510481–0,517585				(23)
Phanerozoisch						
Beni Bousera	0,71958–0,72468	0,511980–0,512060				(24)
Ivrea-Zone	0,71014–0,73911	0,512260–0,512370				(24)
Xenolithe						
Zentralmassiv	0,70469–0,71876	0,512027–0,512651	18,19–18,70	15,65–15,72	38,49–39,35	(21,36)
Lesotho	0,70372–0,70590	0,511764–0,512951				(30)

Die **Assimilation** von krustalem Material bzw. die Mischung von Material aus unterschiedlichen geochemischen Reservoiren drückt sich in Isotopendiagrammen immer in Form mehr oder weniger stark gekrümmter hyperbolischer Kurven aus, deren Krümmung von den Gehalten der jeweiligen Elemente in den Endgliedern der Mischung abhängt. Man kann solche Mischungshyperbeln nach verschiedenen, in der Spezialliteratur nachzulesenden Methoden berechnen und dann für die jeweiligen Prozentanteile der Endglieder einteilen, die an einer Mischung beteiligt sind (Abb. 4.162). Dies wird als **AFC- oder EC-AFC-Modellierung** bezeichnet (*„energy-constrained assimilation and fractional crystallization"*), wobei *energy-constrained* bedeutet, dass auch die Energie-Bilanz der Assimilation mit in die Berechnungen einbezogen wird, denn das „Verdauen" von Nebengestein, also das Aufschmelzen, verbraucht ja Energie. Solche Berechnungen sind hilfreich, um die unterschiedliche geochemische Entwicklung räumlich und/oder zeitlich korrelierter, geochemisch ähnlicher Schmelzen zu verstehen.

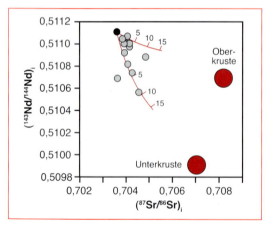

4.162 Beispiel einer EC-AFC-Modellierung (*„energy-constrained assimilation and fractional crystallization"*) für gabbroide Gesteine von Isortoq in Südgrönland. Die grauen Datenpunkte zeigen deutlich variable Mengen an unterkrustaler Kontamination (zwischen 1 und 10 %) in den Mantelschmelzen an. Nach Halama et al. (2004).

4.9 Biogeochemische Kreisläufe am Beispiel des Kohlenstoffs

Um den globalen Effekt einzelner, zeitlich und räumlich lokalisierter Prozesse zu untersuchen, wurden in den vergangenen Jahrzehnten für viele wichtige Elemente globale **Stoffkreisläufe** untersucht. Da an solchen Kreisläufen neben geologischen auch biologische (und darunter auch anthropogen beeinflusste) Prozesse teilnehmen, und da geologische Prozesse immer auch chemisch-physikalische Prozesse sind, werden sie auch als biogeochemische Kreisläufe bezeichnet. Ohne ins Detail zu gehen, und nur, um das Prinzip zu verdeutlichen, soll der Kohlenstoffkreislauf hier kurz vorgestellt werden. Es sei an dieser Stelle darauf hingewiesen, dass z. B. der globale Wasserkreislauf noch nicht befriedigend quantifiziert ist; es gibt sowohl Abschätzungen, nach denen die Ozeane bei fortschreitender Subduktion irgendwann ausgetrocknet sein sollten, als auch solche, nach denen sie immer größer werden müssten, und schließlich solche, die für alle Zeit von ungefähr gleich großen Ozeanen ausgehen. Offenbar ist die Datengrundlage für so eine wichtige Komponente wie Wasser noch nicht ausreichend präzise. Insbesondere die Bedeutung des Erdmantels als Wasserreservoir in Form von kleinen und kleinsten Gehalten (von einigen Zehner bis Hundert ppm in den nominell wasserfreien Mineralen wie Olivin und Pyroxenen) ist noch nicht wirklich verstanden, wird aber intensiv beforscht.

Nun aber zum Kohlenstoff. Um einen kompletten Kreislauf (egal welchen Elements) zusammenstellen zu können, muss man sich über die Teilsysteme klar werden, zwischen denen Kohlenstoff ausgetauscht wird. Jedes dieser **Teilsysteme** muss eindeutig charakterisiert werden in Bezug auf seine Speicherkapazität, Zuflüsse und Abflüsse, Verweildauer und die Form, in der der Kohlenstoff in diesem System gespeichert wird (also für den Kohlenstoff z. B. als Karbonat, als CO_2 oder als organische Substanz).

Die für einen globalen Kreislauf zu betrachtenden Teilsysteme (auch Reservoire genannt) sind Lithosphäre (im Sinne von Gesteinen, nicht als Gegensatz zur Asthenosphäre zu verstehen), Hydrosphäre, Atmosphäre und Biosphäre. Für drei dieser Reservoire ist in Abbildung 4.166 ein Flussdiagramm dargestellt, das die jährlichen Stoffflüsse anzeigt, doch ist hierbei die tiefe Lithosphäre außer acht gelassen. Es handelt sich dabei also lediglich um den exogenen Kohlenstoffkreislauf. Er ist allerdings gut geeignet, um wichtige Reservoire und Prozesse schon einmal zu identifizieren.

Betrachten wir nun die einzelnen Reservoire. Die **Gesamterde** enthält insgesamt etwa 75 Millionen Gigatonnen Kohlenstoff (Gt C). Davon entfallen auf die **Atmosphäre** mit rund 800 Gt nur etwa 0,001 %, die überwiegend als CO_2 vorliegen. Da der CO_2-Gehalt derzeit um rund 0,4 % pro Jahr zunimmt (von 381 ppm im Jahre 2007), vergrößert sich dieses Reservoir leicht. Die Verweilzeit des CO_2 in der Atmosphäre beträgt zwischen 5 und 200 Jahren und die Atmosphäre ist damit das wichtigste Reservoir unter Beteiligung kurzfristiger Umsätze.

Die **Hydrosphäre** enthält rund 39.000 Gt C in Form von gelöstem CO_2 sowie von Karbonat- und Hydrogenkarbonat-Ionen. Dies sind rund 0,05 % des globalen Kohlenstoffs. Hierin sind auch die C-Gehalte von Gletschern und Polkappen enthalten. Da die Hydrosphäre mit Atmo- und Biosphäre wechselwirkt, spielen auch hier kurzfristige Umsätze eine große Rolle.

Die **terrestrische Biosphäre** (ohne Böden, die hier zur Lithosphäre gerechnet werden) ist mit rund 610 Gt C ein ähnlich kleines Reservoir wie die Atmosphäre. Der Kohlenstoff liegt überwiegend in Form organischer Verbindungen, in geringerem Maße auch als Karbonat (Hartteile von Organismen) vor. Das Massenverhältnis von terrestrischem zu marinem biogenem Kohlenstoff ist etwa 200 zu 1. Da Kohlenstoff mit nur 0,099 Gew.-% Anteil an der Erdkruste ein global gesehen seltenes Element ist, müssen auf Kohlenstoff basierende Lebensformen (also wir alle) versuchen, möglichst kurzfristig geschlossene Kreisläufe zu etablieren. Daher ist die Biosphäre aufgrund der ständigen biogenen Stoffwechsel-Umsätze der Motor der kurzfristigen Umsätze im System Erde.

Die **Lithosphäre** schließlich enthält rund 99,8 % des globalen Kohlenstoffs, wobei darin der im Mantel gespeicherte Kohlenstoff noch nicht einmal enthalten ist (da man darüber einfach sehr wenig weiß). Die Karbonatsedimente und sonstige Karbonatgesteine umfassen rund 60 Millionen Gt C, fossile organische Stoffe in Gesteinen (z. B. Ölschiefer) rund 15 Millionen Gt, **Gashydrate** 10.000 Gt (siehe Kasten 4.32), Kohle, Erdgas und Erdöl zusammen rund 5000 Gt und die Böden rund 1600 Gt. Über die Gehalte im Erdmantel ist wenig bekannt (weswegen auch typischerweise nur der in Abb. 4.166 abgebildete exogene Kohlenstoffkreislauf gezeigt wird), doch macht der Fluss von CO_2 in die Atmosphäre durch die Entgasung von Magmen in Vulkanen nur rund 0,06 Gt pro Jahr aus. Es ist nicht bekannt, wie viel Kohlenstoff im Gegenzug subduziert wird. Klar ist allerdings, dass der lithosphärische Kohlenstoff überwiegend nicht Bestandteil der kurzfristigen Umsetzungen ist.

Innerhalb der einzelnen Reservoire und zwischen ihnen findet eine Umlagerung von Kohlenstoff statt, die so genannten Stoffflüsse (siehe Abb. 4.166). So sinkt in den Ozeanen kaltes Oberflächenwasser ab und transportiert dabei kurzfristig 33 Gt C in tiefere Wasserschichten. Durch das Absinken abgestorbener Organismen werden außerdem langfristig 11 Gt C ins Sediment überführt, also aus der Hydro- in die Lithosphäre abgegeben. Innerhalb der Biosphäre findet der in Abb. 4.167 qualitativ gezeigte komplizierte Teilkreislauf statt, der natürlich mit Sedimenten und der Atmosphäre in Wechselwirkung steht. Um nur zwei Beispiele zu nennen:

– Die **Korallenriffe** der Erde nehmen rund 285.000 km^2 Fläche ein und fällen pro Jahr etwa 0,64 Gt Calcit aus, was gemäß der Gleichung

$$Ca^{2+} + 2\ HCO_3^- = CaCO_3 + H_2O + CO_2$$

Kasten 4.32 Gashydrate

Gashydrate und als deren wichtigster Vertreter das Methanhydrat bestehen sozusagen aus mit Gasen angereichertem Eis, wobei dies mineralogisch nicht korrekt ist, da sie nicht die Kristallstruktur von Eis haben. Es handelt sich um bei Oberflächenbedingungen gasförmige, bei tiefen Temperaturen und leicht erhöhten Drucken (z.B. in Meeresbodensedimenten oder in Permafrostböden, Abb. 4.163) aber feste und kristallisierte setzt werden, in die Atmosphäre gelangen und dort als starkes Treibhausgas wirken. Man fürchtet, dass in Permafrostböden gebundenes Methan durch die Klimaerwärmung freigesetzt werden und die Erwärmung noch verstärken kann.

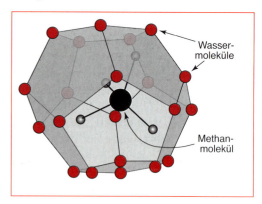

4.164 Die Struktur des Methanhydrat-Moleküls. Nach Suess et al. (1999).

4.163 Stabilitätsbedingungen für Methanhydrat. Nach Suess et al. (1999).

Gemische aus Gasen, wie Methan, und Wasser. Im Methanhydrat sitzt das Methan wie in kleinen Käfigen, die durch das Wassereis aufgebaut werden („Klathrat", Abb. 4.164). Wird das in der Tiefsee gebildete Methanhydrat an die Oberfläche geholt, schmilzt es. Es kann dabei aber angezündet werden (Abb. 4.165). Das für ihre Bildung nötige Methan entsteht bei anaeroben bakteriellen Prozessen in Böden oder am Meeresgrund, kann aber durch Druck- und/oder Temperaturänderungen aus dem Methanhydrat freige-

4.165 Frisch vom schlammigen Meeresgrund geborgenes, weißes Gashydrat zersetzt sich an der Erdoberfläche. Das dabei freigesetzte Methan kann leicht in Brand gesteckt werden, wie hier zu sehen ist. Quelle: IFM-GEOMAR.

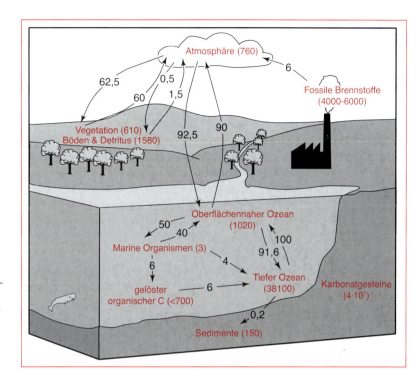

4.166 Der exogene Kohlenstoffkreislauf mit den wichtigsten Reservoiren und Flüssen. Die Zahlen geben Kohlenstoffgehalte und -flüsse pro Jahr in Gt an. Nach Kump et al. (1999).

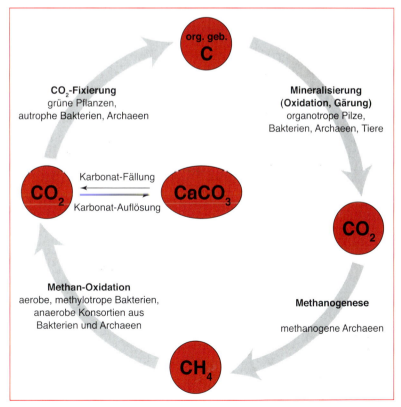

4.167 Ein Teilkreislauf des exogenen Kohlenstoff-Kreislaufes ist der biogeochemische Kreislauf, der biologische Umsätze beinhaltet. Nach einer Vorlage von Dr. Axel Schippers, Hannover.

etwa 0,28 Gt CO_2 freisetzt, die z. T. an die Atmosphäre abgegeben, z. T. wieder im Meerwasser gelöst werden.
- Im Nordatlantik kommen z. T. riesige, sich über Zehntausende von Quadratkilometern erstreckende **Schwärme von Salpen** (das sind freischwimmende, zu den Manteltieren gehörende Meereslebewesen) vor, die sich von Phytoplankton ernähren. Dieses wiederum deckt seinen Kohlenstoffbedarf aus der Atmosphäre. Da die Salpen die Reste als festen Kot ausscheiden und dieser mit bis zu 1000 Metern pro Tag auf den Grund des Meeres absinkt, werden der Atmosphäre damit pro Schwarm und Tag effektiv bis zu mehrere Tausend Tonnen Kohlenstoff entzogen und der Lithosphäre hinzugefügt.

Die Lithosphäre gewinnt also durch Sedimentation Kohlenstoff hinzu, verliert aber durch Vulkanismus Kohlenstoff an die Atmosphäre und durch Verwitterung karbonatischer Sedimente an die Hydro- und Biosphäre.

Es ist offensichtlich, dass die globalen Abschätzungen dieser Vielzahl von Prozessen, Teilprozessen und Reservoiren besonders schwierig ist. Andererseits kann es nur bei genauer Kenntnis dieser Reservoire und Prozesse gelingen, den kurz- und mittelfristigen Einfluss des menschlichen Tuns auf dieses komplizierte System zu verstehen. Es wurde in Abschnitt 4.9.1 und in Kasten 4.10 bereits erklärt, welchen Einfluss gerade der Kohlenstoffkreislauf auf die Vorhersage unserer Umweltbedingungen hat – und gerade deshalb ist solche Grundlagenforschung in der heutigen Zeit besonders wichtig.

Abbildungsnachweis

Kapitel 1

1.03 Nach Bukowinski (1999): Nature 401, 432 – 433
1.05 Nach Wilde et al. (2001): Nature 409, 175 – 178
1.06 Nach Hofmann (1997): Nature 385, 219 – 228
1.09 Nach Wimmenauer (1985): Petrographie der magmatischen und metamorphen Gesteine. Enke, Stuttgart, 382 S.
1.10 dito
1.12 Nach Streckeisen (1976): Earth Sci. Rev. 12, 1 – 34
1.13 dito
1.14 Nach Streckeisen (1976): N. Jb. Miner. Abh. 107, 144 – 240 und (1978): N. Jb. Miner. Abh. 134, 1 – 14
1.16 Nach Le Maitre (1984): Austral. J. Earth. Sci. 31, 243 – 255
1.17 Nach Fisher (1966): Earth. Sci. Rev. 1, 287 – 298
1.20 Nach Füchtbauer & Müller (1970): Sedimente und Sedimentgesteine. Schweizerbart, Stuttgart, 726 S.
1.21 Nach Pettijohn et al. (1972): Sand and Sandstone, Springer, Berlin, 618 S.
1.22 (a) nach von Engelhardt (1953), (b) nach DIN 4022 von 1995, (c) nach Wentworth (1922): U. S. geol. Bull 730, 91 102 (d) nach Folk et al. (1957): J. sediment. Petrol 27, 3-26.
1.23 Nach Folk (1962): Mem. Ass. Petrol. Geol. 1, 62 – 84; aus Tucker (1985): Einführung in die Sedimentpetrologie. Enke, Stuttgart, 265 S.

Kapitel 2

2.13 Nach Shannon & Prewitt (1970): Acta. Cryst. B26, 1046
2.14 dito
2.15 Atomradien aus: Reimann & Caritat (1998): Chemical elements in the environment: factsheets for the geochemist and environmental scientist. Springer, Berlin Heidelberg, 398 S.
2.17 Aus Krug et al. (1955): Zeit. Phys. Chem. 4, 36
2.21 Nach Strunz (1982): Mineralogische Tabellen, 8. Auflage, Akademische Verlagsgesellschaft Geest & Portig, Leipzig, 222S.
2.22 Nach Vorlagen von C. Röhr, Institut für Chemie, Universität Freiburg
2.23 umgezeichnet nach Schreyer (1976): Hochdruckforschung in der modernen Gesteinskunde. Rhein Westf Akad, Westdeutscher Verlag, Opladen, Vorträge N259
2.24 umgezeichnet nach Lindsley (1976): Reviews in Mineralogy 3, L1-L88.
2.25 unten: Putnis (1992): Introduction to mineral sciences, Cambridge University Press, 457 S.
2.26 Nach Morimoto (1988): Mineral. Mag. 52, 535 – 550
2.27 unten. umgezeichnet nach Guggenheim (1984): Reviews in Mineralogy 13, 61-104
2.29 unten: Putnis (1992): Introduction to mineral sciences, Cambridge University Press, 457 S.
2.30 Aus Mathes (1993): Mineralogie. Springer, Berlin Heidelberg New York, 461 S.
2.35 a) Aus Donaldson (1976): Contrib. Mineral. Petrol. 57, 187 – 213. b) Aus Kretz (2003): Can. Mineral. 41, 1049 – 1059
2.36 Nach Leutwein & Sommer-Kulatewski (1960): Allgemeine Mineralogie. Bergakademie Freiberg, Fernstudium, Freiberg, 365 S.
2.37 Nach Kleber (1990): Einführung in die Kristallographie, Verlag Technik, Berlin, 416 S.

2.40 Nach Spear (1993): Metamorphic Phase Equilibria and Pressure – Temperature – Time Paths. Mineralogical Society of America, Washington, 799 S.
2.41 dito
2.42 Nach Putnis (1992): Introduction to mineral sciences. Cambridge University Press, 457 S.
2.43 Aus Langer (1987): In: Salje (Hrsg.): Physical properties and thermodynamic behaviour of minerals. NATO ASI Series C: Mathematical and Physical Sciences, 225, 639 – 685
2.45 Aus Hollemann & Wiberg (1985): Lehrbuch der Anorganischen Chemie, de Gruyter, Berlin, New York, 1451 S.
2.47 Aus Bolt (1995): Erdbeben: Schlüssel zur Geodynamik, Spektrum Akademischer Verlag, Heidelberg, Berlin, Oxford, 219 S.
2.48 Nach Press & Siever (1995): Allgemeine Geologie. Spektrum akademischer Verlag, Heidelberg, 602 S.
2.49 Nach Riedel (1990): Anorganische Chemie. De Gruyter, Berlin, 849 S.
2.51 Nach Putnis (1992): Introduction to mineral sciences. Cambridge University Press, 457 S.
2.53 Nach Press & Siever (1995): Allgemeine Geologie. Spektrum akademischer Verlag, Heidelberg, 602 S.
2.54 dito
2.55 Nach van der Voo (1993): Paleomagnetism of the Atlantic, Tethys and Iapetus oceans, Cambridge University Press, 411 S.
2.56 Nach Pichler & Schmitt – Riegraf (1987): Gesteinbildende Minerale im Dünnschliff, Enke, Stuttgart, 230 S.
2.58 Nach Müller & Raith (1981): Methoden der Dünnschliffmikroskopie. Clausthaler tektonische Hefte 14, Ellen Pilger, Clausthal – Zellerfeld, 151 S.
2.60 dito
2.64 Nach Müller & Raith (1981): Methoden der Dünnschliffmikroskopie. Clausthaler tektonische Hefte 14, Ellen Pilger, Clausthal – Zellerfeld, 151 S.
2.65 dito
2.66 Nach Bloss (1961): An introduction to the methods of optical crystallography. Holt, Rinehart & Winston, New York, 294 S.
2.67 dito
2.69 Nach Müller & Raith (1981): Methoden der Dünnschliffmikroskopie. Clausthaler tektonische Hefte 14, Ellen Pilger, Clausthal – Zellerfeld, 151 S.
2.70 dito
2.71 Nach Pichler & Schmitt – Riegraf (1987): Gesteinbildende Minerale im Dünnschliff, Enke, Stuttgart, 230 S.
2.72 dito
2.73 dito
2.74 dito
2.75 dito
2.77 Nach O'Brien et al. (2001): Geology 29, 435 – 438
2.78 Nach Skogby & Rossman (1991): Phys. Chem. Minerals 18, 64 – 68 und Ishida et al. (2002): Amer. Mineral. 87, 891 – 898.
2.85 Aus Smith (Hrsg.) (1976): Microbeam Techniques. Mineral. Assoc. Canada, Short Course Volume 1, 186 S.
2.87 Bild zur Verfügung gestellt von der Firma Bruker, Karlsruhe.
2.90 Aus Kraft et al. (1998): J. Mat. Sci. 33, 4357 – 4364 und Schumacher (2001): Oxidationsverhalten von Bor und Kohlenstoff beinhaltenden gesinterten Siliciumcarbidwerkstoffen bei 1500 °C. – Dissertation, Uni Tübingen, Tübinger Geowiss. Arbeiten, Reihe E, Shaker Verlag, Aachen, 153 S.
2.93 Aus Putnis (1992): Introduction to mineral sciences. Cambridge University Press, 457 S.
2.95 dito
2.101 Aus Green et al. (1986): Chem. Geology 59, 237-253
2.103 Aus Audétat et al. (2003): Geochim. Cosmochim. Acta 67, 97 – 121
2.106 Nach Fisher (1976): U.S. Geol. Survey J. Res. 4, 189 – 193
2.109 Nach Driesner & Heinrich (2007): Geochim. Cosmochim. Acta 71, 4880 – 4901
2.110 Nach Heinrich et al. (2004): Contrib. Miner. Petrol. 148, 131 – 149
2.111 aus Boenigk (1983): Schwermineralanalyse. Enke, Stuttgart, 158 S.
2.112 Nach Berthold et al. (2000): Ziegelind. Intern. 53, 38 – 45
2.113 Aus Berthold et al. (2000): Part. Part. Syst. Charact. 17, 113 – 116
2.114 Aus Lehmann (2003): Korngrößen- und Kornformcharakterisierung an Kaolinen. Ein Vergleich von Laserbeugungs- und Sedimentationsmethoden. Diplomarbeit, Universität Tübingen, 146 S.
2.115 Nach Allen (1997): Particle Size Measurement. Vol. 2 Surface Area and Pore Size Determination. Chapman & Hall, London, 624 S.
2.117 Aus Webb & Orr (1997): Analytical Methods in Fine Particle Technology. Micrometrics Instrument Cooperation, Norcross, 301 S.
2.118 dito

Kapitel 3

3.01 Nach Daten aus McDonough (2004). In Holland & Turekian (Hrsg.) Treatise on Geochemistry 2, 547 – 569, Elsevier – Pergamon, Oxford.
3.15 Aus Garrels & Christ (1965): Solutions, Minerals and Equilibria. Harper & Row, New York, 450 S.
3.16 Aus Füchtbauer (1988): Sedimente & Sedimentgesteine. Schweizerbart, Stuttgart, 1443 S.
3.18 Nach Helgeson & Kirkham (1974): Am. J. Sci. 274, 1089 – 1098
3.23 Nach Winter (2001): An Introduction to Igneous and Metamorphic Petrology. Prentice Hall, 697 S.
3.25 Nach Spear (1993): Metamorphic Phase Equilibria and Pressure – Temperature – Time Paths. Mineralogical Society of America, Washington, 799 S.
3.23 Nach Pfiffner & Hitz (1997): Results of NRP 20, Deep structure of the Swiss Alps, Birkhäuser Verlag, Basel und Schmid et al. (1996): Tectonics 15, 1036 – 1064 Isogradenkarte Nach Ernst (1971): Contrib. Mineral. Petrol. 34, 43 – 59 und Ernst (1975): Tectonophysics 26, 229 – 246
3.27 Nach Labhart (1982): Geologie der Schweiz, Hallwag AG, Bern, 164 S.
3.28 Nach Tromsdorff & Evans (1974): Schweiz. Mineral. Petr. Mitt. 54, 333 – 352
3.29 Nach Bucher & Frey (2002): Petrogenesis of Metamorphic Rocks. Springer, Berlin, 341 S.
3.30 dito
3.32 dito
3.33 dito
3.35 Nach Trommsdorff & Evans (1972): Am. J. Sci. 272, 423 – 437
3.36 Nach Masch & Huckenholz (1993): Beih. Europ. J. Mineral. 5, 81 – 136
3.37 Nach Bucher & Frey (2002): Petrogenesis of Metamorphic Rocks. Springer, Berlin, 341 S.
3.38 dito
3.39 dito
3.40 dito
3.43 Nach Bucher & Frey (2002): Petrogenesis of Metamorphic Rocks. Springer, Berlin, 341 S. und Fockenberg (1998): Contrib. Mineral. Petrol. 130, 187-198
3.44 dito
3.49 Nach Wunder & Schreyer (1997): Lithos 41, 213 – 227; Bromiley & Pawley (2003): American Mineralogist 88, 99 – 108; Pawley (1994): Contrib. Mineral. Petrol. 118, 99 – 108; Pawley (2003): Contrib. Mineral. Petrol. 144, 449 – 456 und Konzett et al. (1997): J. Pertrol. 88, 537 – 568
3.50 Nach Bucher & Frey (2002): Petrogenesis of Metamorphic Rocks. Springer, Berlin, 341 S. und Fockenberg (1998): Contrib. Mineral. Petrol. 130, 187 – 198
3.53 Nach Yoder & Tilley (1962): J. Petrol. 3, 342 – 532
3.54 Nach Faure (2001): Origin of igneous rocks: the isotopic evidence. Springer, Berlin, Heidelberg , 496 S. und Rollinson (1993): Using geochemical data: evaluation, presentation, interpretation. Longman, New York, 352 S.
3.55 Nach Minster et al. (1974): Gephys. J. roy. Astr. Soc. 36, 541 – 576
3.56 Nach Perfit et al. (1994): Geology 22, 375 – 379
3.57 Nach Sinton & Detrick (1992): J. Geophys. Res. 97, 197 – 216
3.58 Nach Haymon & Kastner (1981): Earth Planet. Sci. Lett. 53, 363 – 381 und Barnes (1988): Ores and Minerals, Open University Press, 378 S.
3.59 Nach Kampunzu & Lubala (Hrsg.): Magmatism in Extensional Settings, the Phanerozoic African Plate. Springer, Berlin, 85 – 136
3.60 dito
3.61 Nach Daten von Carlé (1955): Beih. Geol. Jb., 16, 272 S., Becker (1993): Geol. Rundschau. 82, 67 – 83, Lippolt (1983): in Fuchs (Hrsg.) Plateau uplift. Springer, Berlin, Heidelberg, 112 – 120 und Schmitt et al. (2007): Europ. J. Mineral. 19, 849-857
3.62 Nach Wilson (1989): Igneous Petrogenesis. Chapman & Hall, London, 466 S.
3.63 Nach Zhao (2001): Phys. Earth Planet. Inter. 127, 197 – 214
3.64 Nach Hamilton (1979): Tectonics of the Indonesian region. US Geological Survey, Professional Papers, 1078, 1 – 345, Simkin & Siebert (1994): Volcanoes of the world. Tuscon, Arizona, Geoscience Press und Nicholls et al. (1980): Chem. Geology 30, 177 – 199
3.65 Nach Winter (2001): An Introduction to Igneous and Metamorphic Petrology. Prentice Hall, 697 S.
3.66 Nach Dalrymple et al. (1980): Init. Rept. Deep Sea Drill. Proj. 55, 659 – 676
3.67 Hotspots nach Crough (1983): Ann. Rev. Earth Planet. Sci. 11, 165 – 193 Flutbasalte nach Coffin & Eldholm (1994): Rev. Geophys. 32, 1 – 36

3.68 Nach Wilson (1989): Igneous Petrogenesis. Chapman & Hall, London, 466 S.
3.69 dito
3.70 Nach Granet et al. (1995): Earth. Planet. Sci. Lett. 136, 281 – 296
3.71 Nach Winter (2001): An Introduction to Igneous and Metamorphic Petrology. Prentice Hall, 697 S.
3.73 Nach Winter (2001): An Introduction to Igneous and Metamorphic Petrology. Prentice Hall, 697 S.
3.74 dito
3.75 Nach Franke (1989): Geol. Soc. Amer. spec. Pap. 230, 67 – 90
3.76 Nach France-Lonord & LeFort (1988): Trans. Roy. Soc. Edinburgh 79, 183 – 195
3.77 Nach Schairer & Bowen (1948): Amer. J. Sci. 245, 193 – 204
3.79 Nach Smith (1974): Feldspar Minerals; 1, Crystal Structure and Physical Properties, Springer, Berlin; Hurlbut & Klein (1977): Manual of Mineralogy, John Wiley and Sons, New York, 299 S.
3.80 Nach Bowen & Tuttle (1951) Geol. Soc. Amer. Bull. 62, S. 1425 und Yoder et al. (1957): Geol. Soc. Amer. Bull. 68, 1815 – 1816
3.81 Nach Bowen (1913): Am. J. Sci. 35, 577 – 599
3.83 Nach Rudnick & Fountain (1995): Rev. Geophys. 33, 267 – 309, Hofman (1988): Earth Planet. Sci. Lett. 90, 297 – 314 und Hofmann (1993): Eos 74, 630
3.85 Nach Fujii & Kushiro (1977): Carnegie Inst. Wash. Yearb. 76, 461 – 465
3.86 Nach Murata & Richter (1966): Amer. J. Sci. 264, 194 – 203
3.87 Aus McBirney (1984): Igneous Petrology, Freeman, San Francisco, 554 S.
3.88 Nach Philpotts (1990): Principles if igneous and metamorphic petrology. Prentice Hall, New Jersey, 498 S.
3.89 Nach Sparks et al. (1984): Phil. Trans. R. soc. Lond. A310, 511 – 530
3.90 Nach Markl & Frost (1999): J. Petrol. 40, 61 – 77
3.91 NachWinter (2001): An Introduction to Igneous and Metamorphic Petrology. Prentice Hall, 697 S.
3.92 Nach Wenzel et al. (2000): N. Jb. Mineral. Abh. 175, 249 – 293 und Gertisser & Keller (2003): J. Petrol. 44, 457 – 489.
3.93 Nach Johannes & Holtz (1996): Petrogenesis and experimental petrology of granitic rocks. Springer, Berlin, 335 S.
3.94 dito
3.95 Nach Frost (1991): Reviews in Mineralogy 25, 1 – 10
3.96 Nach Buddington & Lindsley (1964): J. Petrol. 5, 310 – 357
3.97 Aus Marks & Markl (2001): J.Petrol. 42, 1947 – 1969
3.98 Nach Wyllie (1981): Geol. Rundschau 70, 128 – 153
3.99 Nach Tatsumi (1989): J. Geophys. Res. 94, 4697 – 4707; Tatsumi & Eggins (1995): Subduction Zone Magmatism. Blackwell, Oxford, 263 S.
3.100 Nach Yoder (1976): Generation of basaltic magma. Washington DC, National Academy of Science, 167 S.
3.101 Nach Jaques & Green (1980): Contrib. Mineral. Petrol. 73, 287 – 310
3.102 Nach Clarke (1992): Granitoid rocks. Chapman Hall, London; Vielzeuf & Holloway (1988): Contrib. Mineral. Petrol. 98, 257 – 276
3.103 Nach Hunter (1987) in Parsons (Hrsg.): Origins of igneous layering. Reidel, Dordrecht, 473 – 504.
3.104 a. aus Audetat & Keppler (2004): Science 303, 513 – 516; b. nach Watson et al. (1990) in: Menzies (Hrsg.): Continental Mantle. Clarendon Press, Oxford, 184 S.
3.105 Nach http://www.tulane.edu/~sanelson/geol111/igneous.html
3.106 Daten aus der GEOROC Datenbank (http://georoc.mpch – mainz.gwdg.de/)
3.107 Nach Morse (1994), Basalts and Phase diagrams. Krieger Publishing Company, Malabar, 493 S.
3.108 Nach Ernst (1976): Petrologic Phase Equilibria. Freeman, San Francisco, 266 S.
3.109 Nach Hoover (1978): Carnegie Inst. Wash. Yearb. 77, 732 – 739 und Stewart & DePaolo (1990): Contrib. Mineral. Petrol. 104, 125 – 141
3.110 Nach Wager & Borwn (1967): Layered ingenous Rocks, Oliver & Boyd, Edinburgh & London, 588 S. und Naslund (1983): J. Petrol. 25, 185 – 212
3.112 Nach Schairer (1950): J. Geol. 58, 512 – 517
3.113 Nach Schairer & Brown (1935): Trans. Amer. Geophy. Union, 16th Ann. Meeting, 135 S.
3.114 Nach Tuttle & Bowen (1958): Geol. Soc. America Mem. 74, 153 S.
3.116 Nach Guilbert & Lowell (1974): Can. Inst. Min. Metall. Bull. 67, 99 – 109
3.119 Nach Woolley (1989): The spatial and temporal distribution of Carbonatites. In: Bell (Hrsg.), Carbonatites: Genesis and evolution. Hyman, London. 311 S.

3.120 Nach Wyllie (1989): Origin of Carbonatites: Evidence from phase equilibrium studies. In: Bell (Hrsg.), Carbonatites: Genesis and evolution. Hyman, London, 311 S. und Wyllie et al. (1990): Lithos 26, 3 – 19
3.121 Nach Wimmenauer (1985): Petrographie der magmatischen und metamorphen Gesteine. Enke, Stuttgart, 382 S.
3.122 Nach Eckstrand et al. (1995): Geology of Canada No.8, Geological survey of Canada, 156 S.
3.123 Nach Mitchell (1986): Kimberlites: Mineralogy, Geochemistry, and Petrology. Plenum, New York, 442 S.
3.124 Nach Ashwal (1993): Anorthosites. Springer, Berlin, 422 S.
3.125 Nach Longhi et al. (1993): Amer. Min. 78, 1016 – 1030
3.126 Nach Lange (1994): Reviews in Mineralogy 30, 331 – 370; Daten für Plagioklas aus Gottschalk (1997): Eur. J. Mineral. 9, 175 – 223
3.127 Nach Lindsley (1983): Amer. Min. 68, 477 – 493.
3.128 Umgezeichnet nach Summerfield & Hulton (1994): J. Geophys. Res. 99, 13871–13883
3.129 Aus Milliman & Meade (1983): J. Geology 91, 1 – 21
3.130 Dupré et al. (2003): Chem. Geol. 202, 257 – 273
3.131 Nach Daten von Goldich (1983): J. Geol. 46, 17 – 58 und Krauskopf (1967): Introduction to Geochemistry. MacGraw-Hill, Tokyo, 567 S.
3.132 Aus Gaillardet et al. (1997): Chem Geol 142, 141 – 173
3.133 Nach Daten von Meybeck (1987): Am. J. Sci. 287, 401 – 428
3.134 http://www.geogallery.de
3.135 Verändert nach Baumann et al. (1979): Einführung in die Geologie und Erkundung von Lagerstätten. Glückauf, Essen, 503 S. und Pohl (1992): Lagerstättenlehre. Schweizerbart, Stuttgart, 504 S.
3.136 Aus Lehmann (2003): Korngrößen- und Kornformcharakterisierung an Kaolinen. Ein Vergleich von Laserbeugungs- und Sedimentationsmethoden. Diplomarbeit, Universität Tübingen, 146 S.
3.138 Nach Riech & von Rad (1979) in Talwani et al. (Hrsg.): M. Ewing Series 3, 315 – 340
3.139 Aus Tucker (1996) Sedimentary Petrology, Blackwell, Oxford, 262 S.
3.140 nach Fournier & Potter (1982): Geochim. Cosmochim. Acta 46, 1969 – 1973

3.141 Aus Blatt (1992): Sedimentary Petrology. Freeman and Co., New York, 514 S.
3.142 Aus Stallard (1995): Reviews in Mineralogy 31, 543-564
3.144 IPCC Panelbericht 2007
3.145 Nach Dansgaard et al. (1969): Science 166, 377-380, Schönwiese (1995): Klimaänderungen. Daten, Analysen, Prognosen. Berlin, Heidelberg, New York: Springer und NASA GISS Surface Temperature Analysis 2005.
3.146 Nach Petit et al. (1999): Nature 399, 429 – 436. Gestrichelte Linie: IPCC Panelbericht 2007
3.147 Aus Veröffentlichungen des IPCC und des Deutschen Klimarechenzentrums.
3.148 Nach Kump et al. (1999): The Earth System. Prentice-Hall, London, 351 S.
3.149 Aus Selley (1988): Applied Sedimentology. Academic Press, London, 446 S.
3.151 Aus Mullis et al. (2002): Schweiz. Min. Petr. Nachr. 82, 325 – 340.
3.152 http://www.geogallery.de und http://www.ucl.ac.uk/~ucfbrxs.
3.153 Verändert nach Füchtbauer (1988): Sediment & Sedimentgesteine. Schweizerbart, Stuttgart, 1443 S.
3.154 Aus Lexikon der Geowissenschaften (2000): Spektrum Akademischer Verlag, Heidelberg, Berlin.
3.155 Aus Isambert et al. (2007): Amer. Mineral. 92, 621-620
3.158 Aus Selley (1988): Applied Sedimentology. Academic Press, London, 446 S.
3.160 Verändert nach Hunt (1979): Petroleum Geochemistry and Geology. Freeman and Co., New York, 617 S.
3.162 Aus Tucker (1996) Sedimentary Petrology, Blackwell, Oxford, 262 S.
3.164 dito
3.165 Aus Blatt (1992): Sedimentary Petrology. Freeman and Co., New York, 514 S.
3.166 Nach v. Engelhardt (1960): Der Porenraum der Sedimente. Springer, Berlin, Göttingen, Heidelberg. 207 S. und Dickey (1969): Chem. Geol 4, 361 – 370.
3.167 Aus Tucker (1996) Sedimentary Petrology, Blackwell, Oxford, 262 S.
3.168 Aus Füchtbauer (1988): Sediment & Sedimentgesteine. Schweizerbart, Stuttgart, 1443 S.
3.169 dito
3.170 a) und b) nach Füchtbauer (1988): Sediment & Sedimentgesteine. Schweizerbart, Stuttgart, 1443 S.; c) aus Staude et al. (2007): Canad. Mineral. 45, 1147 – 1176

3.171 Aus Dove & Rimstidt (1994): Reviews in Mineralogy 29, 259 – 308
3.173 Aus Blatt (1992): Sedimentary Petrology. Freeman and Co., New York, 514 S.
3.174 Aus Barnes (1997) Geochemistry of hydrothermal ore deposits. John Wiley & Sons, New York, 972 S. Daten von Segnit et al. (1962): Geochim. Cosmochim. Acta 26, 1301 – 1331, Ellis (1963): Am. J. Sci. 261, 259 – 267 und Plumer & Wigley (1976): Geochim. Cosmochim. Acta 40, 191 – 202
3.177 Aus Velde (1985): Clay Minerals, A Physico-Chemical Explanation of their Occurrence. Elsevier, Amsterdam, 388 S.
3.178 Aus Blatt (1992): Sedimentary Petrology. Freeman and Co., New York, 514 S., Tucker (1996) Sedimentary Petrology, Blackwell, Oxford, 262 S. und Füchtbauer (1988): Sedimente & Sedimentgesteine. Schweizerbart, Stuttgart, 1443 S.
3.179 Nach Braitsch (1962): Entstehung and Stoffbestand der Salzlagerstätten. Springer, Berlin, Göttingen, 212 S. und Baumann et al. (1979): Einführung in die Geologie und Erkundung von Lagerstätten, Glückauf, Essen, 503 S.
3.180 Aus Holser (1981): Reviews in Mineralogy 6, 211 – 294.
3.181 b: umgezeichnet nach Richter (1992): Allgemeine Geologie. Walter de Gruyter, Berlin, 349 S.

Kapitel 4

4.05 Aus Zinner (2003). In Holland & Turekian (Hrsg.) Treaties on Geochemistry 1, 17-40
4.06 dito
4.07 Aus Garai et al. (2006): Astrophys. J. 653, L153-L156
4.08 Nach Morgan & Anders (1980): Proc. Natl. Acad. Sci. USA. 77, 6973–6977
4.18 Nach Daten von Holweger (1996): Pysica Scripta T65, 151-157
4.19 Nach Goldstein & Ogilvie (1965): Trans. Met. Soc. AIME 233
4.20 Nach Wai & Wasson (1979): Nature 282, 790 – 793
4.22 Nach Goldstein & Axon (1973): Naturwissenschaften 60, 313 – 321
4.23 Nach Allégre et al. (1995): Earth Planet. Sci. Lett. 134, 515-526
4.25 Nach Righter (2003): Ann. Rev. Earth Planet. Sci. 31, 135-174
4.26 Aus van der Hilst et al. (1997): Nature 386, 578-584
4.27 Nach Albarède & van der Hilst (1999): EOS Trans. Amer. Geophys. Union 80, 535-539
4.31 Nach Huheey et al. (1993): Inorganic Chemistry: Principles of Structure and Reactivity. Harper Collins, New York, 964 S.
4.32 Nach Taylor & MacLennan (1985): The Continental Crust: Its Composition and Evolution. Blackwell Scientific Publications, London, 312 S.
4.33 Umgezeichnet nach Andrews et al. (2004): An Introduction to Environmental Chemistry. Blackwell, London, 296 S.
4.35 Nach Orians & Bruland (1986): Earth Planet. Sci. Lett. 78, 397–410
4.36 Nach Broecker (1991): Oceanography 4, 79-91
4.38 Nach Boyle & Keigwin (1985): Earth Planet. Sci. Lett. 76, 135 – 150
4.39 Nach Berner (1999): Proc. Natl. Acad. Sci. USA 96, 10955–10957
4.41 *http://www.nasa.gov*
4.42 Nach Taylor et al. (2006): Rev. in Mineralogy and Geochemistry 60, 657-704
4.43 Aus Ashwal (1993): Anorthosites. Springer, Berlin, 422 S.
4.44 Nach Holland (1990): Contrib. Miner. Petrol. 105, 446-453
4.45 Aus Albarède (2003): Geochemistry An Introduction. Cambridge University Press, Canbridge, 248 S.
4.46 Aus Rollinson (1993): Using geochemical data: evaluation, presentation, interpretation. Longman, New York, 352. Ionenradien nach Shannon & Prewitt (1970): Acta. Cryst. B26, 1046.
4.47 Nach Bau (1996): Contrib. Minerl. Petrol 123, 323 – 333
4.48 Claiborne et al. (2006): Mineralogical Magazine 70, 517 – 543
4.49 Nach Pearce & Cann (1973): Earth Planet. Sci. Letters 19, 290 – 300 und Pearce et al (1984): J. Petrol. 25, 956 – 983.
4.50 Nach Wimmenauer (1984): Fortschritte Miner. 62, Bh.2, 69 – 86
4.51 Daten von Gertisser & Keller (2003): J. Petrol. 44, 457 – 489
4.53 Nach Banks et al. (2000): Mineralium Deposita 35, 699 – 713 und Fontes & Matray (1993): Chem. Geol. 109, 149-175
4.54 Aus Schwinn & Markl (2005): Chem. Geol. 216, 224-248
4.55 Nach Blundy & Wood (1994): Nature 372, 452 – 454 und Blundy & Wood (2003): Earth Planet. Sci. Letters 210, 383 – 397

4.56 Aus Prowatke & Klemme (2005): Geochim. Cosmochim. Acta 69, 695 – 709
4.57 Verändert nach Rollinson (1993): Using geochemical data: evaluation, presentation, interpretation. Longman, New York, 352 S.
4.59 Nach Hunter & Sparks (1987): Contrib. Miner. Petrol. 95, 451 – 461; Naslund (1989): J. Petrol. 30, 299 – 319 und Morse (1981): Geochim. Cosmochim. Acta 45, 461 – 479
4.60 Aus Shirley (1987): J. Petrol 28, 835 – 865
4.65 Rollinson (1993): Using geochemical data: evaluation, presentation, interpretation. Longman, New York, 352 S.
4.66 Nach Drake & Weill (1975): Geochim. Cosmochim. Acta 39, 689 – 712 und Hoskin et al. (2000): J. Petrol 41, 1365 – 1396.
4.68 Aus Schwinn & Markl (2005): Chem. Geol. 216, 224 – 248 und Schönenberger et al. (2008): Chem. Geol. 247, 16 – 35
4.69 Aus Marks et al. (2007): Chem. Geol. 246, 207-230
4.70 dito
4.71 Aus Schönenberger et al. (2008): Chem. Geol. 247, 16 – 35.
4.73 Aus O'Niel (1986): Plasma Phys. Contr. Fus. 32, 46 – 55
4.74 Aus Faure (1986): Isotope Geology. John Wiley & Sons, Now York, 589 S.
4.76 Nach Rollinson, H. (1993): Using geochemical data: evaluation, presentation, interpretation. Longman, New York, 352 S.
4.77 Aus Faure (1986): Isotope Geology. John Wiley & Sons, Now York, 589 S.
4.78 Nach Alley & Cuffey (2001): Reviews in Mineralogy & Geochemistry 43, 527 – 554
4.79 Nach Hoefs (1996): Stable Isotope Geochemistry. Springer, Berlin, 241 S.
4.81 www.isohis.iaea.org
4.82 Nach Kim & O'Neil (1997): Geochim. Cosmochim. Acta 61, 3461 – 3475 und Kim et al. (2007): Geochim. Cosmochim. Acta 71, 4704 – 4715
4.83 Nach Emiliani (1978): Earth Planet. Sci. Lett. 37, 349 – 352
4.84 Nach Zheng 1993: Earth Planet. Sci. Letters 120, 247 – 263
4.85 Aus Taylor (1986): Reviews in Mineralogy 16, 273 – 317
4.86 dito
4.88 Aus Taylor (1986): Reviews in Mineralogy 16, 185 – 226
4.89 Nach Rollinson, H. (1993): Using geochemical data: evaluation, presentation, interpretation. Longman, New York, 352 S.
4.90 Nach Rollinson, H. (1993): Using geochemical data: evaluation, presentation, interpretation. Longman, New York, 352 S. und Marks et al. (2004): Geochim. Cosmochim. Acta 68, 3379 – 3395
4.91 Nach Alt et al. (1986): Earth Planet. Sci. Lett. 80, 217 – 229
4.92 Nach Hoefs (1996) Stable Isotope Geochemistry. Springer, Berlin, 241 S. und Rollinson, H. (1993): Using geochemical data: evaluation, presentation, interpretation. Longman, New York, 352 S.
4.93 a) Aus Chacko et al. (2001): Reviews in Mineralogy 43, 1 – 82; b) Nach Emrich et al. (1970): Earth Planet. Sci. Lett. 8, 363 – 371
4.94 Nach Böhm et al. (1996): Earth Planet. Sci. Lett. 139, 291 – 303 und Friedli et al. (1986): Nature 324, 237 – 238.
4.95 Nach DeNiro & Epstein (1978): Geochim. Cosmochim. Acta 42, 495 – 506
4.96 Aus Larsen (1997): Bioarchaeology: Interpreting Behavior from the Human Skeleton. Cambridge University Press, Cambridge, 461 S.
4.97 T. Stachel (perönliche Mitteilung)
4.98 Nach Gerdes et al. (1995): Amer. Mineral. 80, 1004 – 1019
4.99 Nach Heinrich et al. (1995): Contrib. Mineral. Petrol. 119, 362 – 376
4.100 Nach Schwinn et al. (2006): Geochim. Cosmochim. Acta 70, 965 – 982
4.101 Nach Hoefs (1996) Stable Isotope Geochemistry. Springer, Berlin, 241 S.
4.102 Nach Schwinn et al. (2006): Geochim. Cosmochim. Acta 70, 965 – 982
4.103 b) Nach Holser (1977): Nature 267, 403 – 408
4.104 a) Nach Li & Liu (2006): Geochim. Cosmochim. Acta 70, 1789 – 1795 b) Nach Daten aus Seal (2006) Reviews in Mineralogy 61, 633 – 678
4.105 Nach Hoefs (1996) Stable Isotope Geochemistry. Springer, Berlin, 241 S.
4.106 Nach Walczyk & von Blanckernburg (2005): Intern. J. Mass Spectr. 242. 117 – 134
4.108 Nach Markl et al. (2006): Geochim. Cosmochim. Acta 70, 3011 – 3030 und Horn et al. (2006): Geochim. Cosmochim. Acta 70, 3677 – 3688.
4.109 Nach Markl et al. (2006) Geochim. Cosmochim. Acta 70, 4215 – 4228
4.110 Verändert nach Griffin et al. (2002): GEMOC 2001 Annual Report, 26 – 27
4.111 a und b): Nach Hemming & Hanson (1992): Geochim. Cosmochim. Acta 56, 537 – 543 c) Nach Wunder et al. (2005): Lithos 84, 206 – 211

4.112 Nach Zhu & Macdougall (1998): Geochim. Cosmochim. Acta 62, 1691 – 1698
4.113 Nach Chmeleff et al. (in Voirbereitung)
4.114 Nach Hoefs (1996) Stable Isotope Geochemistry. Springer, Berlin, 241 S.
4.115 Lüders et al. (2002) Mineralium Deposita 37, 765 – 771 und Pitcairn, I (2000): $\delta^{37}Cl$ and Cl/Br systematics in volcanic gases. Diplomarbeit, Universität Leeds, 41 S.
4.122 Nach Daten aus Cherniak & Watson (2001): Chem. Geol. 172, 5 – 24
4.123 Nach Wagner & Van den haute (1992): Fission-Track Dating. Enke Verlag, Stuttgart, 285 S.
4.124 Nach Dombrowski et al. (1995): Geol. Rundsch. 84, 399-411
4.125 b) Nach Köhler et al. (1974): N. Jb. Miner. Abh. 123, 63 – 85
4.127 Nach Faure & Mensing (2004): Isotopes: Principles and Applications. John Wiley & Sons, New York, 928 S. und Capo & DePaolo (1990): Science 231, 51 – 55
4.129 Nach Getty et al. (1993): Contrib. Mineral. Petrol. 115, 45 – 47
4.130 Nach DePaolo & Wasserburg (1979): Geochim. Cosmochim. Acta 43, 615 – 627
4.132 Aus Shang et al. (2004): Bull. Geosci. 79, 205 – 219
4.134 (a) Nach Mezeme et al. (2006): Lithos 87, 276 – 288 (b) nach Dahl et al. (2005): Amer. Mineral. 90, 619 – 638
4.135 Nach Pupin (1980): Contrib. Mineral. Petrol. 73, 207 – 220
4.136 dito.
4.137 a) Nach Watson & Harrison (1983): Earth Planet. Sci. Lett. 64, 295 – 304; b) Ellison & Hess (1986): Contrib. Mineral. Petrol. 53 (343 – 351; c) Nach Daten von Watson (1979): Contrib. Mineral. Petrol. 70, 407 – 419 und Linnen & Keppler (2002): Geochim. Cosmochim. Acta 66, 3293 – 3302; d) Nach Keppler (1993): Contrib. Mineral. Petrol. 114, 479 – 488
4.138 Nach Chen et al. (2003): Prec. Res. 120, 131 – 148 und Liu et al. (2005): Lithos 78, 411 – 429
4.139 Nach Daten von Hegner et al (2005): J. Geol. Soc. London 62, 87 – 96
4.141 Nach Hames & Cheney (1997): Geochim. Cosmochim. Acta 61, 3863 – 3872
4.142 Nach Hart (1964): J. Geol. 72, 493 – 525
4.143 Nach Kinny et al. (1991): Geochim. Cosmochim. Acta 55, 849 – 859
4.144 Nach Patchett et al. (1984): Earth Planet. Sci. Lett. 69, 365 – 378
4.145 Nach Lambert et al. (1989): Science 244, 1169 – 1174
4.146 Nach Peucker-Ehrenbrink et al (1995): Earth Planet. Sci. Lett. 130, 155 – 167
4.147 Nach Ravizza & Peucker-Ehrenbrink (2003): Science 302, 155 – 167
4.148 Nach Luck & Allegre (1984): Earth Planet. Sci. Lett. 68, 205 – 208
4.149 Nach Goldberg & Kolde (1962): Geochim. Cosmochim. Acta 25,417 – 450
4.150 a) Umgezeichnet nach Daten aus Newman (1983): ^{230}Th-^{238}U disequilibrium systematics in young volcanic rocks. PhD thesis, University of California, San Diego, 283 S. b)nach Allègre & Condomines (1976): Earth Planet. Sci. Lett. 28, 395 – 406
4.151 Nach Newman (1983): ^{230}Th-^{238}U disequilibrium systematics in young volcanic rocks. PhD thesis, University of California, San Diego, 283 S.
4.152 Nach Libby (1969): Altersbestimmung mit der C14-Methode. BI-Hochschultaschenbuch 403/403a
4.153 Nach Hughen et al. (2004): Science 303, 202 – 207
4.154 Nach Tera et al. (1986): Geochim. Cosmochim. Acta 50, 535 – 550
4.155 (a) Nach van Soest et al. (2002): J. Petrol 43, 143 – 170 (b) nach Lupton (1983): Annu. Rev. Earth. Planet. Sci. 11, 371 – 414
4.156 Nach Oxburgh & O'Nions (1987): Science 237, 1583 – 1588
4.157 Nach Allègre et al (1986): Earth Planet. Sci. Lett. 81, 127 – 150
4.158 Nach Staudacher & Allègre (1982): Earth Planet. Sci. Lett. 60, 389 – 406
4.160 Nach Hoffmann (1997): Nature 385, 219 – 229; White (1985); Salters & Hart (1991): Earth Planet. Sci. Lett. 104, 364 – 380 und Hauri et al. (1996): J. Geophys. Research 101, 793 – 806
4.161 Nach Rollinson (1993): Using geochemical data: evaluation, presentation, interpretation. Longman, New York, 352 S.; Sun & McDonough (1989): Geol. Soc. London Special Publ 42, 313 – 345 und Hoffmann (1997): Nature 385, 219 – 229
4.162 Nach Halma et al. (2004): Lithos 74, 199 – 232
4.163 Nach Suess et al: (1999): Spektrum der Wissenschaft 6, 62-73
4.164 dito
4.165 Aus Markl (2004): Die Erde. DVA Sachbuch, 240 S.
4.166 Nach Kump et al. (1999): The Earth System. Prentice-Hall, London, 351 S.
4.167 Nach einer Vorlage von Dr. Axel Schippers, Hannover

Tabellennachweis

Kapitel 3

3.2: Nach Daten von Lasaga et al. (1994): Geochim. Cosmochim. Acta 58, 2361 – 2386

3.3: Nach Daten von Meybeck (1979): Water, Air & Soil Poll. 70, 443 – 463

Kapitel 4

4.1 Aus Heide (1988): Kleine Meteoritenkunde. Springer, Heidelberg, 188 S.

4.2 Aus Okrusch & Matthes (2005): Mineralogie. Springer, Berlin, Heidelberg, New York, 526 S. nach Lipschutz & Schultz (1988): Meteorites. In Weissmann, MacFadden & Johnson (Hrsg.): The Encyclopedia of the Solar System. Academic Press, San Diego, 629 – 671 und Ergänzungen von Norton (2002): The Cambridge Encyclopedia of meteorites. Cambridge University Press, Cambridge, 354 S.

4.3 Daten von Boynton (1984): In Henderson (Hrsg.): Rare earth element geochemistry. Elsevier, Amsterdam, 63 – 114, Anders & Grevesse (1989): Geochim. Cosmochim. Acta 53, 197-214, Palme & Beer (1993): In Voigt (Hrsg.) 1993: Landolt–Börnstein, Numerical Data and Functional Relationships in Science and Technology vol. 3, Springer, Berlin, 196 – 206, McDonough & Sun (1995): Chem. Geol. 120 223 – 253 und Palme & O'Neill (2003): In Holland & Turekian (Hrsg.) Treaties on Geochemistry 1, 17-40

4.4 Nach Wasson & Kallemeyn (1988): Phil. Trans. Royal Soc. London, A 325, 535 – 544

4.5 Daten von Ringwood (1966): In Hurley (Hrsg.): Advances in earth sciences. MIT Press, Cambrdige, 287 – 356, Mason (1996): Principles of Geochemistry. Wiley, New York, London, Sydney, 310 S., Ganapathy & Anders (1974): Proc. 5th Lunar Sci. Conf. 2, 1181 – 1206 und Javoy (1999): CR. Acad. Sci. Paris 329, 537 – 555.

4.6 Daten von Green & Ringwood (1963): J. Geophys. Res. 68, 937 – 945, Ringwood (1975): Composition and petrology of the Earth's mantle. Mc-Graw-Hill, New York, 617 S. und Brown & Musset (1993): The inaccessible Earth, Alan & Unwin, London, 253 S.

4.7 Aus Okrusch & Matthes (2005): Mineralogie. Springer, Berlin, Heidelberg, New York, 526 S. nach Clarke (1924): The Data of Geochemistry. US geol. Survey Bull. 770. Ionenradien nach Whittacker & Muntos (1970): Geochim. Cosmochim. Acta 34, 945 – 956

4.8 Teilweise aus Okrusch & Matthes (2005): Mineralogie. Springer, Berlin, Heidelberg, New York, 526 S. mit Daten von Clarke (1924): The Data of Geochemistry. US geol. Survey Bull. 770, Ronov & Yaroshevky (1969): In Hart (Hrsg.): The Earth's crust and upper mantle. Am. Geol. Union, 37 – 57 und Wedepohl (1994): Mineral. Mag. 58A, 959 – 960, Rudnick & Gao (2003): In Holland & Turekian (Hrsg.): Treaties on Geochemistry 3, 1 – 64 und Taylor & McLennan (1985): The Continental Crust. Its composition and evolution; an examination of the geochemical record preserved in sedimentary rocks. Blackwell, Oxford. 312 S.

4.10 Nach Goldberg (1965): In Riley & Skirrow (Hrsg.): Chemical Oceanography Vol. 1, Academic Press, London, 164 – 165 und Brewer (1975): In Riley & Skirrow (Hrsg.): Chemical Oceanography Vol. 1, Academic Press, London, 415 – 496

4.11 Aus Okrusch & Matthes (2005): Mineralogie. Springer, Berlin, Heidelberg, New York, 526 S. Elektronegativitäten nach Pauling (1959): The nature of the chemical bond. Oxford University Press, Oxford, 644 S.

4.12 Ionengrößen nach Shannon & Prewitt (1970): Acta. Cryst. B26, 1046, chondritische Häufigkeiten nach McDonough & Sun (1995): Chem. Geol. 120 223 – 253

4.14 Fraktioierungsfaktoren nach Emrich et al. (1970): Earth Planet. Sci. Lett. 8, 363 – 371

4.15 Nach Saunders et al. (1988): J. Petrol. Special Lithosphere Issue, 415 – 445 und Weaver (1991): Earth Planet. Sci. Lett. 104, 381 – 397

4.16 Nach Rollinson (1993): Using geochemical data: evaluation, presentation, interpretation. Longman, New York, 352 S. und Hoffmann (1997): Nature 385, 219 – 229

4.17 Aus Rollinson (1993): Using geochemical data: evaluation, presentation, interpretation. Longman, New York, 352 S., mit Daten von Saunders et al. (1988): J. Petrol., Special lithosphere issue, 415 – 445, Fitton et al. (1988): J. Petrol., Special lithosphere issue, 331 – 349, Chaffey et al. (1989): Magmatism in ocean basins, Spec. Publ. Geol. Soc. 42, 257 – 276, Gerlach et al.(1988): Geochim. Cosmochim. Acta 52, 2979 – 2992, Piccirillo et al. (1989): Chem. Geol. 75, 103 – 122, Cliff et al. (1991): Chem. Geol. 92, 251 – 260, White & Hofmann (1982): Nature 296, 821 – 825, Storey et al. (1988): Nature 336, 371 – 374, Stille et al. (1983): Nature 304, 25 – 29, Menzies & Halliday (1988): J. Petrol., Special lithosphere issues, 275 – 302, McCulloch et al. (1983): Nature 302, 400 – 403, McDermott & Hawkesworth (1991): Earth Planet. Sci. Lett. 104, 1 – 15, Hoernle et al. (1991): Earth Planet. Sci. Lett. F, 44 – 63, McCulloch & Chapell (1982): Earth Planet. Sci. Lett. 58, 51 – 64, Basu et al. (1990): Earth Planet. Sci. Lett. 100, 1 – 17, Maas & McCulloch (1991): Geochim. Cosmochim. Acta 55, 1915 – 1932, Michard et al. (1985): Geochim. Cosmochim. Acta 49, 601 – 610, Whitehouse (1989a): Tectonophysics 161, 245 – 256, Whitehouse (1989b): Geochim. Cosmochim. Acta 53, 717 – 724, Moorbath et al. (1975): Geol. Soc. Lond. 131, 213 – 222, Hamilton et al. (1979a): Nature 277, 25 – 28, Downes & Leyreloup (1986): Geol. Soc. Lond. Spec Publ. 24, 319 – 330, DePaolo (1982): Nature 298, 614 – 618, Windrim & McCulloch (1986): Contrib. Mineral. Petrol. 94, 289 – 303, Ben Othman et al. (1984): Nature 307, 510 – 515, Peucat et al. (1989): J. Geol. 97, 537 – 550, White & Patchett (1984): Earth Planet. Sci. Lett. 67, 167 – 185, Davidson (1983): Nature 306, 253 – 256, Hawkesworth et al. (1982): Earth Planet. Sci. Lett. 58, 240 – 254, Norman & Leeman (1990): Chem. Geol. 81, 167 – 189, Rogers & Hawkesworth (1982): Nature 299, 409 – 413, Davies et al. (1985): Earth Planet. Sci. Lett. 75, 1 – 12, Mearns et al. (1989): J. Geol. Soc. Lond. 146, 217 – 228, Allegre & Ben Othman (1980): Nature 286, 335 – 342, Miller & O'Nions (1985): Nature 314, 325 – 330, Liew & McCulloch (1985): Geochim. Cosmochim. Acta 49, 587 – 600, Vitrac et al. (1981): Nature 291, 460 – 464, Kramers et al. (1981): Nature 291, 53 – 56, Bickle et al. (1989): Contrib. Mineral. Petrol. 101, 361 – 376, Song & Frey (1989): Geochim. Cosmochim. Acta 53, 97 – 114, Downes & Dupuy (1987): Earth Planet. Sci. Lett. 82, 121 – 135, Vance et al. (1989): Earth Planet. Sci. Lett. 96, 147 – 60 und Wörner et al. (1992): Geology 20, 1103 – 1106

Literaturverzeichnis

In diesem Literaturverzeichnis finden sich vertiefende Werke zu den meisten der im Text angesprochenen Gebiete. Es sind auch vergriffene Werke enthalten, die besonders empfehlenswert sind und die in den meisten Universitätsbibliotheken vorhanden sind, sodass sie dort für Studierende und Laien zur Verfügung stehen. Besonders empfehlenswert zu vielen Gebieten der Mineralogie und Geochemie ist die Serie „Reviews in Mineralogy" der Mineralogical Society of America, deren vollständige Liste man auf der Webpage *www.minsocam.org* einsehen und bestellen kann. Die einzelnen Bände sind nur in Ausnahmefällen hier ins Literaturverzeichnis aufgenommen worden.

Kapitel 1

Makroskopische Mineral- und Gesteinsbestimmung

Duda, D. & Rejl, L.: Der Kosmos Mineralienführer. Kosmos-Verlag, Stuttgart, 2. Aufl. 2003, 319 S.

Hochleitner, R.: Mineralien. Gondrom Verlag, Bindlach 2002, 240 S.

Hochleitner, R.: Fotoatlas der Mineralien und Gesteine. Gräfe und Unzer, München, 2. Aufl. 1981, 238 S.

Medenbach, O., Medenbach, U. & Steinbach, G.: Steinbachs Naturführer – Mineralien. Mosaik Verlag, München 1997, 191 S.

Schumann, W.: Der neue BLV Steine- und Mineralienführer. BLV Verlagsgesellschaft München, 4. Aufl. 1994, 383 S.

Steinbach, G. (Hrsg.): Steinbachs Naturführer – Gesteine. Mosaik Verlag GmbH, München 1996, 287 S.

Mineraldaten im Internet: *http://webmineral.com*.

Kapitel 2

Kristallmorphologie, Kristallographie

Bloss, F. D.: Crystallography and crystal chemistry. Mineralogical Society of America Monograph, Washington 1994, 453 S.

Borchardt-Ott, W.: Kristallographie. Springer, Heidelberg, 1976, 188 S.

Giacovazzo, C. et al.: Fundamentals of Crystallography. International Union on Crystallography Texts on Crystallography, Oxford University Press, Oxford 1994, 654 S.

Kleber, W.: Einführung in die Kristallographie. Verlag Technik GmbH, Berlin, 17. Aufl. 1990, 416 S.

Nickel, E.: Grundwissen in Mineralogie. Ott Verlag, Thun 1971.

Allgemeine und systematische Mineralogie

Anthony, J., Bideaux, R., Bladh, K. & Nichols, M.: Handbook of mineralogy. Mineral data publishing, Tucson 1995.

Nesse, W. D.: Introduction to Mineralogy. Oxford University Press, Oxford 2000, 442 S.

Nickel, E.: Grundwissen in Mineralogie. Ott Verlag, Thun 1971.

Okrusch, M. & Matthes, S.: Mineralogie. Springer-Verlag, Berlin, 8. Aufl. 2008, ca. 570 S.

Putnis A.: Introduction to mineral sciences. Cambridge University Press, Cambridge 1995, 457 S.

Ramdohr, P. & Strunz, H.: Klockmanns Lehrbuch der Mineralogie. Enke, Stuttgart, 16. Aufl. 1978/1980, 932 S.

Rösler, H. J.: Lehrbuch der Mineralogie. Deutscher Verlag für Grundstoffindustrie, Leipzig, 5. Aufl. 1991, 845 S.

Strunz, H. & Nickel, E.: Strunz Mineralogical Tables. E. Schweizerbart'sche Verlagsbuchhandlung, Stuttgart 2001, 870 S.

Wenk, H.-R. & Bulakh, A.: Minerals – their constitution and origin. Cambridge University Press 2004, 645 S.

Um Kristallstrukturen zu zeichnen, seien die beiden für die Abbildungen in diesem Buch verwendeten Computerprogramme ATOMS von Shape Software (*www.shapesoftware.com*) und CrystalMaker von CrystalMaker Software (*www.crystalmaker.com*) empfohlen.

Mineraldaten im Internet: *http://webmineral.com*.

Gesteinsbildende Minerale

Deer, W. A., Howie, R.A. & Zussman, J.: An Introduction to the Rock-Forming Minerals. Longman Scientific and Technical, Harlow/England, 2. Aufl., 1992, 696 S.

Mineraldaten im Internet *http://webmineral.com*.

Polarisationsmikroskopie (Methodik)

Baumann, L. & Leeder, O.: Einführung in die Auflichtmikroskopie. Deutscher Verlag für Grundstoffindustrie, Leipzig 1991, 402 S.

Müller, G. & Raith, M.: Methoden der Dünnschliffmikroskopie. Clausthaler Tektonische Hefte 14, Verlag Sven von Loga, 5. Auflage, Köln 1993, 111 S.

Pichler, H. & Schmitt-Riegraf, C.: Gesteinsbildende Minerale im Dünnschliff. Enke, Stuttgart, 2. Auflage, 1993, 233 S.

Puhan, D.: Anleitung zur Dünnschliffmikroskopie. Enke, Stuttgart 1994, 172 S.

Tröger, W. E.: Optische Bestimmung der gesteinsbildenden Minerale. Schweizerbart'sche Verlagsbuchhandlung, Teil 1: Stuttgart 1982, 188 S., Teil 2: Stuttgart 1969, 822 S.

Wimmenauer, W.: Petrographie der magmatischen und metamorphen Gesteine. Enke, Stuttgart 1985, 382 S.

Polarisationsmikroskopie (Bebilderte Bestimmungsbände)

MacKenzie, W. S. & Adams, A. E.: Minerale und Gesteine in Dünnschliffen. Enke, Stuttgart 1995, 191 S.

MacKenzie, W. S., Donaldson, C. H. & Guilford, C.: Atlas der magmatischen Gesteine in Dünnschliffen. Enke, Stuttgart 1989, 147 S.

MacKenzie, W. S. & Guilford, C.: Atlas gesteinsbildender Minerale in Dünnschliffen. Enke, Stuttgart 1981, 98 S.

Shelley, D.: Igneous and Metamorphic Rocks under the Microscope. Chapman & Hall, London 1993, 445 S.

Yardley, B. W. D., MacKenzie, W. S. & Bühn, B.: Atlas metamorpher Gesteine und ihrer Gefüge im Dünnschliff. Enke, Stuttgart 1992, 120 S.

Analysemethoden (generell)

Pavicevic, M. K. & Amthauer, G.: Physikalisch-chemische Untersuchungsmethoden in den Geowissenschaften. E. Schweizerbarth'sche Verlagsbuchhandlung, Stuttgart 2000, 252 S.

Spektroskopische Methoden

Hawthorne, F.: Spectroscopic Methods in Mineralogy and Geology. Reviews in Mineralogy, Vol. 18, Mineralogical Society of America, Washington 1988, 698 S.

Röntgenstrukturanalyse

Haussühl, H.: Kristallstrukturbestimmung. Physikverlag, Weinheim 1979, 158 S.

Krischner, H.: Einführung in die Röntgenfeinstrukturanalyse. Verlag F. Vieweg & Sohn, Braunschweig, 4. Aufl. 1997

Krischner, H. & Koppelhuber-Bitschnau, B.: Röntgenstrukturanalyse und Rietveldmethode. Vieweg-Verlag, Braunschweig 1994, 247 S.

Elektronenstrahlmikrosonde, Rasterelektronenmikroskop

Heinrich, K. F. J. & Newbury, D. E. (Hrsg.): Electron probe quantification. Plenum Press, New York 1991, 400 S.

Reed, S. J. B.: Electron microprobe analysis and scanning electron microscopy in geology. Cambridge University Press, Cambridge 1996, 201 S.

Röntgenfluoreszenzanalyse

Hahn-Weinheimer, P., Hirner, A. & Wever-Diefenbach, K.: Grundlagen und praktische Anwendung der Röntgenfluoreszenzanalyse (RFA). Vieweg Verlag, Braunschweig 1984, 253 S.

Williams, K.: Introduction to X-ray spectrometry. Allen & Unwin, London 1987, 370 S.

Transmissionselektronenmikroskopie

Drits, V. A.: Electron diffraction and high-resolution electron microscopy of mineral structures. Springer-Verlag, Berlin 1987, 304 S.

LA-ICP-MS

Sylvester, P. (Hrsg.): Laser-Ablation-ICPMS in the Earth Sciences. Mineralogical Association of Canada Short Course Series, Vol. 29, St. John's (Newfoundland) 2001, 243 S.

Kathodolumineszenz

Pagel, M., Barbin, V., Blanc P. & Ohnenstetter, D.: Cathodoluminescence in Geosciences. Springer-Verlag, Berlin 2000, 514 S.

Spaltspurdatierung

Gallagher, K., Brown, R. W. & Johnson, C.J.: Geological Applications of fission track analysis. Annual Review of Earth and Planetary Sciences, Band 26 (1998): S. 519-572.

Gleadow, A. G. W., Belton, D. X., Kohn, B. P. & Brown, R. W.: Fission Track dating of Phosphate Minerals and the Thermochronology of Apatite. In: Kohn, M.J., Rakovan, J., Hughes, J.M. (Hrsg.): Phosphates – Geochemical, Geobiological and Materials Importance. Reviews in Mineralogy, Vol. 48, Mineralogical Society of America, Washington 2002, S. 579-630.

Wagner, G. & Van den haute, P.: Fission track dating. Solid Earth Sciences Library Vol. 6, Kluwer Academic Publishers, Dordrecht, 1992, 220 S.

Flüssigkeitseinschlüsse

De Vivo, B. & Frezzotti, M. L.: Fluid inclusions in minerals: methods and applications. Short Course of the working group (IMA) „Inclusions in minerals", Siena, 2. Aufl. 1995, 377 S.

Roedder, E.: Fluid inclusions. Reviews in Mineralogy, Vol. 12, Mineralogical Society of America, Washington 1984, 645 S.

Samson, I., Anderson, A., Marshall, D.: Fluid inclusions – Analysis and interpretation. Mineralogical Association of Canada Short Course Series Vol. 32, Ottawa 2003, 375 S.

Kapitel 3

Metamorphe und Magmatische Petrologie, Allgemeines, Phasendiagramme

Best, M. G.: Igneous and metamorphic petrology. Blackwell, Oxford, 2. Aufl. 2003, 729 S.

Morse, S. A.: Basalts and phase diagrams. Krieger Publishing Company, Malabar (Florida) 1994, 493 S.

Philpotts, R.: Principles of igneous and metamorphic petrology. Prentice Hall, New Jersey 1990

Will, T. M.: Phase equilibria in metamorphic rocks. Springer-Verlag, Berlin 1998, 315 S.

Winter, J.: An Introduction to Igneous and Metamorphic Petrology, Prentice Hall, New Jersey 2001, 699 S.

Metamorphe Petrologie

Bucher, K. & Frey, M.: Petrogenesis of metamorphic rocks. Springer, Berlin, 7. Aufl. 2002, 341 S.

Kretz, R.: Metamorphic crystallization. Wiley & Sons, New York 1994, 507 S.

Spear, F.: Metamorphic Phase Equilibria and Pressure – Temperature – Time Paths. Mineralogical Society of America Monograph, Washington 1993, 799 S.

Yardley, B. W. D.: Einführung in die Petrologie metamorpher Gesteine. Enke, Stuttgart 1997, 253 S.

Sedimentpetrologie

Blatt, M.: Sedimentary Petrology. Freeman and Co., New York 1992, 514 S.

Füchtbauer, M.: Sedimente und Sedimentgesteine. Schweizerbart, Stuttgart 1988, 1443 S.

Selley, J.: Applied Sedimentology. Academic Press, London 1988, 446 S.

Tucker, R.: Sedimentary Petrology, Blackwell, Oxford 1996, 262 S.

Magmatische Petrologie und Geochemie

Faure, G.: Origin of igneous rocks. Springer-Verlag, Berlin 2001, 496 S.

Wilson, M.: Igneous Petrogenesis. Chapman & Hall, London 1994, 466 S.

Vulkanologie

Pichler, H. & Pichler, T.: Vulkangebiete der Erde. Spektrum Akadermischer Verlag, Heidelberg, 2007, 262 S.

Schmincke, H.-U.: Vulkanismus. Wissenschaftliche Buchgesellschaft, Darmstadt, 2. Aufl. 2000, 264 S.

Lagerstättenkunde

Evans, A. M.: Ore geology and industrial minerals. Blackwell Scientific Publications, Oxford, 3. Aufl. 1993, 390 S.

Guilbert, J. M. & Park, C. F.: The geology of ore deposits. Freeman & Company, New York, 1986, 985 S.

Kesler, S. E.: Mineral resources, economics and the environment. Macmillan College Publishing Company, New York 1994, 391 S.

Okrusch, M. & Matthes, S.: Mineralogie. Springer-Verlag Berlin, 8. Aufl. 2008, 570 S.

Pohl, G.: Lagerstättenlehre. Schweizerbart, Stuttgart 1992, 504 S.

Sawkins, F. J.: Metal Deposits in Relation to Plate Tectonics. Springer, Berlin, 2. Aufl. 1990, 461 S.

Kapitel 4

Geochemie

Albarède, F.: Geochemsitry. Cambridge University Press, Cambridge 2003, 248 S.

Dickin, A.: Radiogenic Isotope Geology. Cambridge University Press, Cambridge 1995, 490 S.

Faure, G.: Principles of Isotope Geology. J. Wiley & Sons, New York, 2. Aufl. 1986

Faure, G.: Origin of igneous rocks. Springer, Berlin 2001, 496 S.

Faure, G. & Mensing, T.: Introduction to Planetary Science. Springer, Berlin 2007, 526 S.

Hoefs, J. (1996): Stable Isotope Geochemistry. Springer, Berlin, 241 S.

Holland, H. D., Turekian, K. K.: Treatise on geochemistry. Elsevier-Pergamon, Oxford, 2003, 10 Bände.

Rollinson, H.: Using geochemical data. Longman, New York 1993, 352 S.

Shaw, D.: Trace Elements in Magmas. Cambridge University Press, Cambridge 2006, 244 S.

Wilson, M.: Igneous Petrogenesis. Chapman & Hall, London 1994, 466 S.

Mineraltabelle

Name	Abk.	Beschreibung/Formel
Achat		Mikrokristalline, bunt gebänderte Varietät von Quarz
Adular		Varietät von Orthoklas, ein K-Feldspat
Aegirin	Aeg	$NaFeSi_2O_6$, ein Klinopyroxen-Endglied
Aegirinaugit		Mischkristall von Aegirin und Augit, ein Klinopyroxen
Akmit	Acm	andere Bezeichnung für den Klinopyroxen Aegirin
Aktinolith	Act	siehe Ferro-Aktinolith, ein Amphibol-Endglied
Alabaster		feinkörnige Varietät von Gips
Albit	Ab	$NaAlSi_3O_8$, ein Feldspat-Endglied
Almandin	Alm	$Fe_3Al_2Si_3O_{12}$, ein Granat-Endglied
Aluminiumsilikat	Als	Überbegriff für Andalusit, Disthen und Sillimanit
Amazonit		grüne Varietät des K-Feldspats Orthoklas
Amesit		$Mg_2Al(Si,Al)O_5(OH)_4$
Amethyst		violette Varietät von Quarz
Amphibol	Amp	allgemeine Formel: $A_{0-1}B_2C_5(Si,Al)_8O_{22}(OH,Cl,F)_2$
Analcim	Anl	$NaAlSi_2O_6 \cdot H_2O$
Anatas		TiO_2
Andalusit	And	Al_2SiO_5
Andesin		Plagioklas mit 30–50% Anorthitanteil
Andradit	Adr	$Ca_3Fe_2Si_3O_{12}$, ein Granat-Endglied
Anglesit		$PbSO_4$
Anhydrit		$CaSO_4$
Annit	Ann	$KFe_3AlSi_3O_{10}(OH,F)_2$, ein Biotit-Endglied
Anorthit	An	$CaAl_2Si_2O_8$, ein Feldspat-Endglied
Anorthoklas		Na-reicher Mischkristall von Albit und Orthoklas, ein Alkalifeldspat
Antophyllit	Ath	$Mg_7Si_8O_{22}(OH)_2$, ein Amphibol-Endglied
Antigorit	Atg	ca. $Mg_6Si_4O_{10}(OH)_8$, ein Serpentin
Antiperthit		Verwachsung von Orthoklas in Plagioklas, ein Feldspat
Apatit	Ap	$Ca_5(PO_4)_3(OH,Cl,F)$
Apophyllit		$KCa_4Si_8O_{20}(OH,F) \cdot 8 H_2O$
Aquamarin		blaue Varietät von Beryll
Aragonit		$CaCO_3$
Arfvedsonit		$Na_3Fe_5Si_8O_{22}(OH,F)_2$, ein Amphibol-Endglied
Argentit		Ag_2S
Asbest		Name für faserige Amphibole oder Serpentine
Augit	Aug	$(Ca,Na)(Mg,Fe,Al,Ti)(Si,Al)_2O_6$
Autunit		$Ca(PO_4)_2(UO_2)_2 \cdot 10-12 H_2O$
Azurit		$Cu_3(CO_3)_2(OH)_2$
Baryt		$BaSO_4$
Bazzit		$Be_3(Sc,Al)_2Si_6O_{18}$
Beidellit		$Na_{0.5}Al_2(Si_{3.5}Al_{0.5})O_{10}(OH)_2 \cdot n H_2O$
Bergkristall		durchsichtige, kristalline Varietät von Quarz
Berthierin		$(Fe^{2+},Fe^{3+},Al,Mg)_{2-3}(Si,Al)_2O_5(OH)_4$
Beryll		$Al_2Be_3Si_6O_{18}$
Biotit	Bt	Minerale der Mischreihe Annit-Phlogopit-Eastonit
Bischofit		$MgCl_2 \cdot 6 H_2O$
Blauquarz		blaue Varietät von Quarz
Bleiglanz		alter Name für Galenit
Böhmit		$AlO(OH)$
Boracit		$Mg_3B_7O_{13}Cl$
Borax (Tinkal)		$Na_2B_4O_5(OH)_4 \cdot 8 H_2O$
Bronzit		$(Mg,Fe)_2Si_2O_6$, ein Ortopyroxen
Brucit	Brc	$Mg(OH)_2$
Brunsvigit		Endglied der Chlorit-Mischkristallreihe
Bytownit		Ca-reicher Plagioklas mit 70–90% Anorthitanteil
Calcit	Cal	$CaCO_3$
Caledonit		$Pb_5Cu_2(CO_3)(SO_4)_3(OH)_6$
Carnallit		$KCl \cdot MgCl_2 \cdot 6 H_2O$
Carnegieit		$NaAlSiO_4$
Cerussit		$PbCO_3$
Chabasit		ca. $(Ca,Na_2)Al_2Si_4O_{12} \cdot 6 H_2O$, ein Zeolith
Chalcedon		mikrokristalline, hellblaugraue Varietät von Quarz
Chalkopyrit		$CuFeS_2$
Chamosit		$(Fe^{2+},Mg,Fe^{3+})_5Al(Si_3Al)O_{10}(OH,O)_8$
Chesterit		$(Mg,Fe)_{17}Si_{20}O_{54}(OH)_6$
Chiastolith		kreuzförmig verzwillingte Varietät von Andalusit
Chlorit	Chl	$(Fe,Mg,Al)_6(Si,Al)_4O_{10}(OH)_8$
Chloritoid	Cld	$(Fe,Mg,Mn)_2Al_4Si_2O_{10}(OH)_4$
Chlormuskovit		$KAl_2Si_3O_{10}Cl_2$, ein Hellglimmer-Endglied
Chondrodit		$Mg_5(SiO_4)_2(F,OH)_2$
Chromit		$FeCr_2O_4$, ein Spinell-Endglied
Chrysokoll		$(Cu,Al)_2H_2Si_2O_5(OH)_4 \cdot n H_2O$
Chrysopras		grüne, mikrokristalline Varietät von Quarz
Chrysotil	Ctl	ca. $Mg_6Si_8O_{10}(OH)_8$, ein Serpentin
Citrin		gelbe Varietät von Quarz
Clarait		$(Cu,Zn)_3CO_3(OH)_4 \cdot 4 H_2O$
Coesit	Cs	SiO_2, Hochdruckmodifikation von Quarz
Cölestin		$SrSO_4$
Colemanit		$Ca_2B_6O_{11} \cdot 5 H_2O$
Cookeit		$LiAl_4(Si_3Al)O_{10}(OH)_8$
Cordierit	Crd	$(Mg,Fe)_2Al_4Si_5O_{18}$
Cristobalit	Crs	SiO_2, Hochtemperaturmodifikation von Quarz
Cronstedtit		$Fe^{2+}_2Fe^{3+}(Si,Fe^{3+})O_5(OH)_4$
Cualstibit		$Cu_6Al_3Sb_3O_{12}(OH)_{12} \cdot 10 H_2O$
Cubanit		$CuFe_2S_3$
Cummingtonit	Cum	$Mg_7Si_8O_{22}(OH)_2$, ein Amphibol-Endglied
Cuprit		Cu_2O
Danburit		$CaB_2(SiO_4)_2$
Demantoid		durch Cr grüne Varietät von Andradit, ein Granat
Desmin	Stb	anderer Name für den Zeolith Stilbit
Diamant		C
Diaspor		$AlO(OH)$
Dickit		$Al_2Si_2O_5(OH)_4$
Diopsid	Di	$CaMgSi_2O_6$, ein Klinopyroxen-Endglied
Disthen	Ky	Al_2SiO_5
Dolomit	Dol	$CaMg(CO_3)_2$
Donbassit		$Al_2(Al_{2.33})(Si_3AlO_{10})(OH)_8$
Dravit		Endglied der Turmalin-Mischkristallreihe
Eastonit		$KMg_2Al_3Si_2O_{10}(OH)_2$, ein Biotit-Endglied
Edenit	Ed	$NaCa_2Mg_5AlSi_7O_{22}(OH,F)_2$, ein Amphibol-Endglied
Eisen	Fe	Fe
Elbait		Endglied der Turmalin-Mischkristallreihe
Elyit		$Pb_4Cu(SO_4)O_2(OH)_4 \cdot H_2O$
Enstatit	En	$Mg_2Si_2O_6$, ein Orthopyroxen-Endglied
Epidot	Ep	$Ca_2(Fe,Al)Al_2Si_3O_{12}(OH)$
Epsomit		$MgSO_4 \cdot 7 H_2O$
Esseneit		$CaFeAlSiO_6$, ein Klinopyroxen-Endglied
Eudialyt		ca. $(Na,Ca,Fe)_6ZrSi_6O_{18}(OH,Cl)$
Fahlerz		ca. $(Cu,Ag,Fe)_{12}(Sb,As)_4S_{13}$ (Mischkristalle verschiedener Endglieder)
Fayalit	Fa	Fe_2SiO_4, ein Olivin-Endglied
Feldspat		Bezeichnung der Mischkristallreihe von Albit, Anorthit und Kalifeldspat
Ferroaktinolith	Fac	$Ca_2Fe_5Si_8O_{22}(OH,F)_2$, ein Amphibol-Endglied
Ferrohypersthen		$(Fe,Mg)_2Si_2O_6$, ein Orthopyroxen
Ferrosilit	Fs	$Fe_2Si_2O_6$, ein Orthopyroxen-Endglied
Fibrolith		faserige Varietät von Sillimanit
Fluorit		CaF_2
Fluorphlogopit		$KMg_3AlSi_3O_{10}F_2$, ein Biotit-Endglied
Forsterit	Fo	Mg_2SiO_4, ein Olivin-Endglied
Fuchsit		Varietät von Muskovit
Gahnit		$ZnAl_2O_4$, ein Spinell-Endglied
Galaxit		$MnAl_2O_4$, ein Spinell-Endglied
Galenit		PbS
Garnierit		Bezeichnung für Nepouit, Pimelit und Willemseit, ein Nickelsilikathydrat
Gibbsit		$Al(OH)_3$
Gieseckit		Pseudomorphose von Muskovit nach Nephelin
Gips		$CaSO_4 \cdot 2 H_2O$
Glaubersalz (Mirabilit)		$Na_2SO_4 \cdot 10 H_2O$
Glaukonit		$(K,Na)(Fe^{3+},Al,Mg)_2(Si,Al)_4O_{10}(OH)_2$

Mineral	Abk.	Formel/Beschreibung
Glaukophan	Gln	$Na_2Mg_3Al_2Si_8O_{22}(OH)_2$, ein Amphibol-Endglied
Glimmer		Schichtsilikat mit der allg. Formel $(K, Na, Ca)(Fe, Mg, Al, Ti...)_3(Si, Al)_4O_{10}(OH, F, Cl)_2$
Goethit		FeOOH
Gold		Au
Goldtopas		Varietät von Topas
Graeserit		$(Fe,Ti)_4Ti_3AsO_{13}(OH)$
Grammatit		Varietät von Tremolit, einem Amphibol
Granat	Grt	allgemeine Formel: $A_3^{2+}B_2^{3+}Si_3O_{12}$
Graphit		C
Greenalith		$(Fe^{2+},Fe^{3+})_{2-3}Si_2O_5(OH)_4$
Gregoryit		$(Na_2,K_2,Ca)CO_3$
Greigit		Fe_3S_4
Grossular	Grs	$Ca_3Al_2Si_3O_{12}$, ein Granat-Endglied
Grunerit	Grn	$Fe_7Si_8O_{22}(OH)_2$, ein Amphibol-Endglied
Hackmanit		Varietät von Sodalith
Hafnon		$HfSiO_4$
Halit	Hl	NaCl
Halloysit		$Al_2Si_2O_5(OH)_4$
Hämatit	Hem	Fe_2O_3
Hauyn		ca. $(Na,Ca)_{4-8}Al_6Si_6O_{24}(SO_4)_{1-2}$
Hechtsbergit		$Bi_2VO_5(OH)$
Hectorit		$Na_{0,3}(Mg,Li)_3Si_4O_{10}(OH)_2$
Hedenbergit	Hd	$CaFeSi_2O_6$, ein Klinopyroxen-Endglied
Heliodor		Varietät von Beryll
Hercynit	Hc	$FeAl_2O_4$, ein Spinell-Endglied
Hessonit		Varietät von Grossular, ein Granat
Heulandit	Hul	$CaAl_2Si_7O_{18} \cdot 6\ H_2O$
Hexahydrit		$MgSO_4\ 6\ H_2O$
Hornblende	Hbl	$Ca_2(Na,K)_{0,5-1}(Mg,Fe)_{3-4}(Fe^{3+},Al)_{1-2}Al_2Si_6O_{22}(O,OH,F)_2$, ein Amphibol
Humit		$Mg_7(SiO_4)_3(F,OH)_2$
Hyazinth		Varietät von Zirkon
Hypersthen		$(Mg,Fe)_2Si_2O_6$, ein Orthoyroxen
Illit	Ill	$(K,H_3O^+)Al_2Si_3O_{10}(OH)_2$, ein Tonmineral
Ilmenit	Ilm	$FeTiO_3$
Indigolith		Varietät von Turmalin
Jadeit	Jd	$NaAlSi_2O_6$, ein Klinopyroxen-Endglied
Jarosit		$KFe^{3+}_3(SO_4)_2(OH)_6$
Jaspis		braune oder graue, mikrokristalline Varietät von Quarz
Jimthompsonit		$(Mg,Fe)_5Si_6O_{16}(OH)_2$
Johannsenit		$CaMn\ Si_2O_6$, ein Klinopyroxen-Endglied
Kainit		$MgSO_4 \cdot KCl \cdot 3\ H_2O$
Kalifeldspat	Kfsp	$KAlSi_3O_8$
Kalisalpeter		KNO_3
Kalsilit		$KAlSiO_4$
Kamazit		α-(Fe,Ni)
Kaolinit	Kln	$Al_2Si_2O_5(OH)_4$, ein Tonmineral
Karneol		rote, mikrokristalline Varietät von Quarz
Kassiterit		SnO_2
Katophorit		$Na_2CaFe_4(Fe,Al)AlSi_7O_{22}(OH,F)_2$, ein Amphibol-Endglied
Kernit		$Na_2B_4O_6(OH)_2 \cdot 3\ H_2O$
Kieserit		$MgSO_4 \cdot H_2O$
Klinochlor		$(Mg\ Fe^{2+})_5Al(Si_3Al)O_{10}(OH)_8$, ein Chlorit-Endglied
Klinohumit		$Mg_9(SiO_4)_4(F,OH)_2$
Klinoptilolith		$(Na,K,Ca)_{2-3}Al_3(Al,Si)_2Si_{13}O_{36} \cdot 2\ H_2O$, ein Zeolith
Klinopyroxen	Cpx	allgemeine Formel: $(Ca,Na)(Fe,Mg,Mn,Al,...)Si_2O_6$
Klinozoisit	Czo	$Ca_2Al_3Si_3O_{12}(OH)$
Korund		Al_2O_3
Kosmochlor		$NaCrSi_2O_6$
Kupferkies		alter Name für Chalkopyrit ($CuFeS_2$)
Kyanit	Ky	anderer Name für Disthen
Labradorit	Lab	Plagioklas mit 50–70% Anorthitanteil
Langbeinit		$K_2SO_4 \cdot 2\ MgSO_4$
Lapis Lazuli		$(Na,Ca)_8Al_6Si_6O_{24}(SO_4,S,Cl)_2$, auch Lasurit genannt
Laumontit	Lmt	$CaAl_2Si_4O_{12} \cdot 4\ H_2O$, ein Zeolith
Lawsonit	Lws	$CaAl_2Si_2O_7(OH)_2 \cdot H_2O$
Lechatelierit		SiO_2
Leonit		$K_2SO_4 \cdot MgSO_4 \cdot 4\ H_2O$
Lepidokrokit		FeOOH
Leucit		$KAlSi_2O_6$, ein Foid
Limonit		$FeOOH \cdot n\ H_2O$
Linarit		$PbCuSO_4(OH)_2$
Lizardit	Lz	ca. $Mg_6Si_4O_{10}(OH)_8$, ein Serpentin
Magnesiowüstit		MgO
Magnesit	Mgs	$MgCO_3$
Magnetit	Mag	Fe_3O_4, ein Spinell-Endglied
Magnetkies		alter Name für Pyrrhotin
Malachit		$Cu_2CO_3(OH)_2$
Manganosit		MnO
Marienglas		Varietät von Gips
Margarit	Mrg	$CaAl_4Si_2O_{10}(OH)_2$, Sprödglimmer, ein Hellglimmer
Markasit		FeS_2
Melanit		Na- und Ti-haltiger Andradit, ein Granat
Melilith		$(Ca,Na)_2(Mg,Al,Fe)Si_2O_7$
Mesoperthit		Mischkristall von Albit und Orthoklas, ein Alkalifeldspat
Mikroklin	Mc	Mitteltemperatur-Form von Kalifeldspat
Milchquarz		trüb-weiße Varietät von Quarz
Mimetesit		$Pb_5(AsO_4)_3Cl$
Monazit		$(Ce,La,Dy...)PO_4$
Mondstein		Varietät von Orthoklas, ein Kalifeldspat
Monticellit		$CaMgSiO_4$
Montmorillonit	Mnt	$(Na,Ca)_{0,33}(Al,Mg)_2Si_4O_{10}(OH)_2 \cdot n\ H_2O$, ein Tonmineral
Morganit		Varietät von Beryll
Mullit		ca. $Al_6Si_2O_{13}$
Muskovit	Ms	$KAl_2Si_3O_{10}(OH)_2$, ein Hellglimmer-Endglied
Nakrit		$Al_2Si_2O_5(OH)_4$
Natron (Soda)		Na_2CO_3
Natrolith	Ntr	$Na_2Al_2Si_3O_{10} \cdot 2\ H_2O$, ein Zeolith
Natronsalpeter		$NaNO_3$
Nephelin		$NaAlSiO_4$, ein Foid
Népouit		$Ni_3Si_2O_5(OH)_4$
Nontronit		$Na_{0,3}Fe^{3+}_2(Si,Al)_4O_{10}(OH)_2 \cdot n\ H_2O$
Norbergit		$Mg_3SiO_4(F,OH)_2$
Nosean		$Na_8Al_6Si_6O_{24}(SO_4)$, ein Foid
Nyerereit		$Na_2Ca(CO_3)_2$
Okenit		$Ca_3Si_6O_{15} \cdot 6\ H_2O$, ein Zeolith
Oligoklas		Plagioklas mit 10–30% Anorthitanteil
Olivin	Ol	Mischkristallreihe der Endglieder Fayalit, Forsterit und Tephroit
Öllacherit		$(K,Ba)(Al,Mg)_2AlSi_3O_{10}(OH,F)_2$, ein Hellglimmer
Omphacit	Omp	$(Ca,Na)(Mg,Fe^{2+},Fe^{3+},Al)Si_2O_6$, ein Klinopyroxen
Orthoklas	Or	Tieftemperatur-Form von Kalifeldspat
Orthopyroxen	Opx	allgemeine Formel: $(Mg,Fe,Mn)_2Si_2O_6$
Opal		$SiO_2 \cdot n\ H_2O$
Osumilith	Osm	$(K,Na)(Fe,Mg)_2(Al,Fe)_3Al_2Si_{10}O_{30}$
Palygorskit		$(Mg,Al)_2Si_4O_{10}(OH) \cdot 4\ H_2O$
Paragonit	Pg	$NaAl_3Si_3O_{10}(OH,F)_2$, ein Hellglimmer-Endglied
Pargasit	Prg	$NaCa_2(Mg,Fe)_4Al_3Si_6O_{22}(OH)_2$, ein Amphibol-Endglied
Pennin		Varietät von Chlorit
Pentlandit		$(Ni,Fe)_9S_8$
Pektolith		$NaCa_2Si_3O_8(OH)$
Peridot		schleifwürdige Varietät von Olivin
Periklas	Per	MgO
Periklin		Varietät von Albit, ein Feldspat
Perowskit	Prv	$CaTiO_3$
Perthit		Verwachsung von Albit und Orthoklas, ein Feldspat
Phengit		$KMgAlSi_4O_{10}(OH)_2$, ein Hellglimmer-Endglied
Phillipsit		$KCaAl_3Si_5O_{16} \cdot 6\ H_2O$, ein Zeolith
Phlogopit	Phl	$KMg_3AlSi_3O_{10}(OH,F)_2$, ein Biotit-Endglied
Phosphorit		nierig-kugelige Varietät von Apatit
Piemontit		$Ca_2(Mn,Fe)Al_2Si_3O_{12}(OH)$, eine Varietät von Epidot
Pigeonit	Pgt	$(Mg,Fe,Ca)_2Si_2O_6$, ein Klinopyroxen
Pimelit		$Ni_3Si_4O_{10}(OH)_2 \cdot 4\ H_2O$
Pinit		Gemisch aus Zoisit, Muskovit und Chlorit, ersetzt Cordierit bei Hydratisierung
Pistazit		Varietät von Epidot
Plagioklas	Pl	Feldspäte der Mischreihe Albit-Anorthit
Polyhalit		$K_2SO_4 \cdot MgSO_4 \cdot 2\ CaSO_4 \cdot 2\ H_2O$
Prasem		Grüne, kristalline Varietät von Quarz
Prehnit	Prh	$Ca_2Al_2Si_3O_{10}(OH)_2$
Pumpellyit	Pmp	$Ca_2(Mg,Fe,Mn,Al)(Al,Fe,Ti)_2Si_3O_{11}(OH)_2 \cdot H_2O$
Pyknit		Varietät von Topas
Pyrit		FeS_2
Pyrochlor		$(Na,Ca)_2(Nb,Ti,Ta)_2O_6(OH,F)$
Pyromorphit		$Pb_5(PO_4)_3Cl$
Pyrop	Prp	$Mg_3Al_2Si_3O_{12}$, ein Granat-Endglied
Pyrophyllit	Prl	$Al_2Si_4O_{10}(OH)_2$, ein Schichtsilikat
Pyroxen	Pyx	allgemeine Formel: $(Ca,Na,Fe,Mg,Mn)(Fe,Mg,Mn,Al)Si_2O_6$
Pyroxmangit		$MnSiO_3$, ein Pyroxenoid
Pyrrhotin	Po	$Fe_{1-x}S\ (x = 0{-}0{,}17)$
Quarz	Qz	SiO_2
Rauchquarz		Braune bis schwarze, kristalline Varietät von Quarz
Rhodochrosit		$MnCO_3$
Rhodonit		$(Mn,Fe,Mg,Ca)SiO_3$, ein Mn-dominierter Pyroxenoid
Richterit		$Na_2Ca(Mg,Fe^{2+},Mn,Fe^{3+},Al)_5Si_8O_{22}(OH)_2$, ein Amphibol-Endglied
Rinneit		$NaCl \cdot 3\ KCl \cdot FeCl_2$
Ringwoodit		Mg_2SiO_4, ersetzt Olivin bei hohen Drucken
Rokühnit		$FeCl_2 \cdot H_2O$
Rosenquarz		rosarote Varietät von Quarz
Rubin		rote Varietät von Korund
Rutil	Rt	TiO_2
Sagenit		Varietät von Rutil
Sanidin	Sa	Hochtemperatur-Form von K-Feldspat
Saphir		Varietät von Korund

Mineral	Abk.	Formel/Beschreibung
Saponit		$(Ca_{0,5},Na)_{0,3}(Mg,Fe^{2+})_3(Si,Al)_4O_{10}(OH)_2 \cdot 4\,H_2O$
Sapphirin	Spr	ca. $Mg_2Al_4SiO_{10}$
Scheelit		$CaWO_4$
Schörl		schwarze Varietät von Turmalin
Schwefel		S
Schwerspat		$BaSO_4$, alter Name für Baryt
Seladonit		$K(Mg,Fe^{2+})(Fe^{3+},Al)Si_4O_{10}(OH)_2$
Sepiolith		$Mg_4Si_6O_{15}(OH)_2 \cdot 6\,H_2O$
Sericit		feinkörniger Muskovit, ein Hellglimmer
Serpentin	Srp	ca. $Mg_6Si_4O_{10}(OH)_8$
Siderit	Sd	$FeCO_3$
Sillimanit	Sill	Al_2SiO_5
Smaragd		grüne Varietät von Beryll
Smirgel		siehe Korund
Soda (Natrit)		$Na_2CO_3 \cdot 10\,H_2O$
Sodalith		$Na_8AlSi_6O_{24}Cl_2$, ein Foid
Speckstein		Varietät von Talk
Spessartin	Sps	$Mn_3Al_2Si_3O_{12}$, ein Granat-Endglied
Sphalerit		ZnS
Spinell	Spl	$MgAl_2O_4$, ein Spinell-Endglied
Staurolith	St	$(Fe,Mg)_2Al_9Si_4O_{20}(OH)_4$
Stilbit	Stb	$(Na,Ca)_{5-6}Al_8Si_{28}O_{72} \cdot n\,H_2O$ (n = 28–32)
Stishovit	Sti	SiO_2
Strontianit		$SrCO_3$
Sudoit		$Mg_2(Al,Fe^{3+})_3Si_3AlO_{10}(OH)_8$
Sylvin		KCl
Tachhydrit		$CaCl_2 \cdot 2\,MgCl_2 \cdot 12\,H_2O$
Taenit		γ-(Fe,Ni)
Talk	Tlc	$Mg_3Si_4O_{10}(OH)_2$, ein Schichtsilikat
Tenorit		CuO
Tephroit		Mn_2SiO_4
Thenardit		Na_2SO_4
Thorit		$ThSiO_4$
Thulit		rosa-farbige, Mn-haltige Varietät von Zoisit
Titanit	Ttn	$CaTiSiO_5$
Titanklinohumit		Ti-haltige Varietät von Klinohumit
Topas		$Al_2SiO_4(F,OH)_2$
Topazolith		Varietät von Andradit, ein Granat
Tremolit	Tr	$Ca_2Mg_5Si_8O_{22}(OH)_2$, ein Amphibol-Endglied
Tridymit	Trd	SiO_2
Troilit		FeS
Trona		$Na_2CO_3 \cdot NaHCO_3 \cdot 2\,H_2O$
Tschermakit	Ts	$Ca_2Mg_3(Al,Fe)_2Al_2Si_6O_{22}(OH,F)_2$, ein Amphibol-Endglied
Turmalin		$(Na,Li,Ca)(Fe,Mg,Mn,Al)_3Al_6Si_6O_{18}(OH)_4(BO_3)_3$
Ulexit		$NaCaB_5O_6(OH)_6 \cdot 5\,H_2O$
Ulvöspinel	Usp	Fe_2TiO_4, ein Spinell-Endglied
Uranocircit		$Ba(UO_2)_2(PO_4)_2 \cdot 12\,H_2O$
Uwarovit		$Ca_3Cr_2Si_3O_{12}$, ein Granat-Endglied
Vermiculit		$(Mg,Fe^{2+},Al)_3(Al,Si)_4O_{10}(OH)_2 \cdot 4\,H_2O$
Vesuvian		$Ca_{10}(Mg,Fe)_2Al_4Si_9O_{34}(OH)_4$
Wadsleyit		Mg_2SiO_4, ersetzt Olivin bei hohen Drucken
Wilhelmvierlingit		$CaMnFe(PO_4)_2(OH) \cdot 2\,H_2O$
Willemit		Zn_2SiO_4
Willemseit		$(Ni,Mg)_3Si_4O_{10}(OH)_2$
Wolframit		$(Fe,Mn)WO_4$
Wollastonit	Wo	$CaSiO_3$, ein Pyroxenoid
Wulfenit		$PbMoO_4$
Wüstit		FeO
Xenotim		$(Y,Yb)PO_4$
Zeolithe		Gruppe wasserhaltiger Gerüstsilikate, z. B. Natrolith, Phillipsit
Zinkblende		ZnS
Zinnstein		siehe Kassiterit
Zinnwaldit		$KFeLiAl_2Si_3O_{10}(OH,F)_2$, ein Hellglimmer-Endglied
Zirkon		$ZrSiO_4$
Zoisit	Zo	$Ca_2Al_3Si_3O_{12}(OH)$

Register

A

A-Typ Granitoid 296, 297, 329
Abkühlalter 537
Abkühlrate 215, 300
Absorption 162, 191
Achat 34
Achondrit 414, 423
Achse
- kristallographische 124
Achsenbild 178
Adamello 296
adiabatisch 297, 323
Adular 68
Aegirin 58, 142, 297, 318, 497
Äquivalentdurchmesser 223
AFC-Modellierung 500, 578
AFC-Prozesse 310
agpaitisch 297
Akmit 142
Aktinolith 61, 276
aktiver Kontinentrand 287
- Magmatismus an 288
Aktivierungsenergie 232
Aktivität 234, 317
Aktivitätsdiagramm 243
Albit 68, 151, 276, 301
Alkalibasalt 297
Alkalifeldspäte 68, 151
Alkaligranit 295, 297, 299
Alkaliolivinbasalt 88, 281
alkalisch 22, 326
allochromatisch 164
Almandin 50
Alpen 256
- Granitoide 296
- Metamorphose 256
Alphapartikel 565
Alter der Erde 545
Alter von Meteoriten 412
Aluminium-Löslichkeit 389
Amethyst 34
Aminosäure 420
amorph 3

Amphibol 61, 146, 323, 327, 341
- Alkaliamphibol 149
- Calciumamphibol 149
- Natriumamphibol 149
Amphibolit 25, 104
AMS 210
Analcim 70
Anchizone 371
Andalusit 52, 255, 297
Andesit 84, 289
Andradit 50, 343
angereicherter Mantel 573
Anglesit 32
Angrit 413
Anhydrit 46
anisotrop 154
Anisotropie 167, 179
Annit 64, 147
Anorthit 68, 151
Anorthosit 78, 294, 300, 347, 454
- lunar 347
- proterozoischer massif-type 348
Anthophyllit 61, 151, 264, 277
Anthrazit 374
antiferromagnetisch 172
Antigorit 66, 147, 259, 269
Antiperthit 153
Apatit 6, 46, 213, 345, 419, 477, 536, 565
Apophyllit 72
Aquamarin 56
Aragonit 42, 247, 264, 448
Arfvedsonit 61, 151, 297
Arkose 108
Asbest 61
Asche 23, 24, 110
Assimilation 578
Assimilierung 499
Asteroid 408
Asthenosphäre 282
Ataxit 428

atmophil 458
Atmosphäre 451, 579
atmosphärischer
 Wasserkreislauf 492
Atterbergzylinder 221
Aubrit 426
Aufbau der Erde 7
Aufschmelzgrad 300, 325, 326
Aufschmelzung
- partiell 26, 100, 270, 323
Aufstieg
- von Schmelzen 300, 329
Augit 58, 143
Auslöschungsschiefe 184
Austauschreaktion 239
authigen 357, 383
Autometasomatose 343
Azurit 44

B

Back-Arc Basin 290
back-scattered electrons
 siehe Rückstreuelektronen
Bändereisenerz 453
Barrentheorie 393
Barrows
 Metamorphosesequenz 255
Baryt 46, 166
Basalt 88, 281, 292, 293, 523
Basanit 22, 86
basisches Gestein 21
Batholith 289, 295
Bauxit 360
Bayerischer Wald 296
Bazzit 56
Beckesche Linie 180
Benetzungswinkel 330
Benioff-Zone siehe Wadati-Benioff-Zone
benthisch 496
Bentonit 360
Bergell 262, 287, 296, 343
Beryll 343

Bestimmungsgang für Minerale 8
Bestimmungskennzeichen 6
Bestrahlungsalter 413
BIF 453
Bims 23, 82, 110
Bindung
- ionisch 133
- kovalent 133
- metallisch 133
- van-der-Waals 133
Bindungsenergie 399
biolimitierende Tracer 450
Biosphäre 579
Biotit 64, 143, 270, 297, 341
Bisektrix 183
Bitumen 108
black smoker 282
Blastese 26, 96
Blauschiefer 102, 276
Bleiglanz siehe Galenit
Boden 353, 529
Bohnerz 385
Bombe 23, 24, 110
Bor 393, 526
Borat 393
Braggsche Gleichung 195, 198
Brechungsindex 179, 180
Brekzie 106
- pyroklastisch 110
- Schlot- 110
brekziös 28
Bremsstrahlung 200
Bruch 5
Brucit 147, 269
Brunsvigit 147

C

C-Typ Granitoid 296, 297, 300
Ca-Tschermakit 142, 231
CAI 406, 412
Calcit 6, 42, 345, 386, 448
Calcit-Kompensations-Tiefe (siehe auch CCD) 387, 449
Carbonados 405
CCD (siehe auch Calcit-Kompensations-Tiefe) 387, 449
Ce-Anomalie 479, 480, 481, 483
Cerussit 32
Chabasit 72
Chagrin 180, 182
Chalcedon 34, 362, 528
chalkophil 458, 559

Chalkopyrit 32
CHARAC-Prozess 462
charakteristische Strahlung 200
Charnockit 74, 296
Chassignit 425
Chemographie 238
Chiastolith 52
Chicxulub-Krater 560
Chlorit 143, 147, 260, 270, 274, 276, 327
Chloritoid 64, 270
Chondren 406, 417
Chondrit 11, 413, 414, 417
Chromit 36, 141, 333
Chrysokoll 32
Chrysopras 34
Chrysotil 66, 147, 259
CHUR 542
Cl/Br-Verhältnis 395, 467
Clarait 32
Clarke-Wert 439
Clausius-Clapeyron-Gleichung 248
CO_2-Budget 365
Cobaltocalcit 42
Coelestin 46
Coesit 34, 138, 270, 409
Computerprogramme
- für Thermobarometrie 253
Cordierit 54, 270, 296, 297
Coronatextur 251
Cristobalit 34, 138
Crush-leach-Methode 217
Cuprit 32
Curietemperatur 172

D

Dacit 82, 84, 289
Datierung 426, 531, 532, 536, 544, 553, 562, 564, 568
Debye-Scherrer-Methode 196
Deckengebirge 256
Dehydratationsschmelzen 323, 327
Dekompressionsschmelzen 299, 323
Dekrepitation 217
Demantoid 50
Dendriten 154
Denudation 352
Desmin 72
Detritus 382
Deuterium 491

diadoch 460
Diadochie 133
Diagenese 15, 351, 371
diamagnetisch 172
Diamant 6, 84, 166, 179, 347, 511
Diatexit 100
Dichte 6, 24, 166
- von Basaltschmelzen 349
- von Schmelzen 313
Differentiation siehe Differenzierung
Differenzierung 11, 310, 407, 414
Diffusion 153, 159, 316
- intergranular 161, 163
- Korngrenzen- 161
- Volumen- 161
Diffusionskoeffizient 159, 161
Diopsid 58, 141, 142, 144, 261, 264, 266, 267, 334, 350, 355, 407, 497
Diorit 78, 295
Diskordia 548
Diskriminations-Diagramm 464
Dispersion 179
Disthen 52, 255, 270, 277
divariant 235
Dolomit 44, 114, 345
doming 332
Doppelbrechung 179
Doppelspat 42
Dora Maira 270
Dravit 56
Drehinversion 122
Drehung 121
Dreiecksdiagramm 237
 Benutzung von 242
Dreischichtsilikate 360
Drucklösung 380
Dünnschliff 21
duktile Deformation 382
Dunit 80, 81

E

Eastonit 147
Edelgas 569
Edelgaskonfiguration 459
Edelstein 3
Effusivgestein siehe Vulkanit
Eh-pH-Diagramm 243
Eh-Wert 393
Eifel 293

einachsig 182
Einsprengling 17, 347
Eis 230
Eisen 389
Eisenkies *siehe* Pyrit
Eisenmeteorit 414, 427, 559
Eiserner Hut 361
Eklogit 84, 104, 276
Elastizität 167
Elastizitätsmodul 469
Elbait 56
elektrische Leitfähigkeit 6
Elektronegativität 134, 459
Elektronenbeugungsmuster 205
Elektronendiffraktogramm 205
Elektroneneinfang 402
Elektronenstrahlmikrosonde 198
Elementarzelle 124
– primitiv 124
– zentriert 124
Endglied 130, 230, 231
Endgliedreaktion 239
energiedispersive Analyse 199
Enstatit 142
Entmischung
– in Feldspäten 151, 152
– in Pyroxenen 143
– von Fluiden aus Schmelzen 342
– von zwei Schmelzen 345
Entropie 248
Entwässerungsreaktion 249, 272, 276, 323
– bei der Granitbildung 327
– in Subduktionszonen 327
– von Glimmern 327
Entwässerungsschmelzen 100, 328
Epidot 54, 276, 343
Epizone 371
Equipoint 563
Erdbeben 168
Erde
– Alter 11
– Durchschnittszusammensetzung 9, 11
Erdgas 371, 373, 375
Erdkern 7
Erdmagnetfeld 174
Erdmantel 7, 247, 259, 261, 283, 322, 432, 435, 498, 506, 514, 522, 543, 569, 573
Erdöl 371, 373, 375

Ergussgestein *siehe* Vulkanit
Erosion 352
Erosionsrate 569
Errorchrone 538
Eruption 23
Erz 3
Erzgebirge 296
Essexit 78
Eu-Anomalie 479
Eutektikum 301, 306
Evaporit 15, 28, 114, 393, 518, 531
Exhalation 23
Exinite 374

F

Fanglomerat 106
Farbe von Mineralen 5, 162
– Eigenfarbe 163
– färbende Elemente 164
– Fremdfärbung 164
Farbzentrum 163, 165
Fayalit 48
Fayalit-Magnetit-Quarz-Puffer 319
Fazies 254
Feldspat 6, 68, 149
Fenit 80, 343
Fernordnung 120
ferrimagnetisch 172
Ferroaktinolith 151
Ferrodiorit 313
ferromagnetisch 172
Ferrosilit 142
feste Lösung 230
Festphasenreaktion 247
Fibrolith 52
Fichtelgebirge 296
Ficksches Gesetz 159
Fischer-Tropsch-Verfahren 510
Flotationskumulat 315, 348, 457
Flüssigkeitseinschlüsse 214
– primär 216
– pseudosekundär 217
– sekundär 216
Fluide 3, 315, 323
– Einfluss auf Feldspatkristallisation 305, 341
– im Mantel 323
Fluidkontrolle
– extern 268
– intern 268

Fluoreszenz 211
Fluorit 6, 40, 164, 165, 212, 341, 343, 462, 468, 481
Flussmittel 312, 328
Flussspat *siehe* Fluorit
Flutbasalt 291
Foide 21, 70
Foidit 86
Foraminifere 495, 509
Forearc 287
Forsterit 48, 269, 281, 345
– Gehalt in Mantelolivin 333
fossiler Brennstoff 508
Foyait 76
Fragmentierung 24
fraktionierte Kristallisation 295, 305, 306, 310, 333, 336, 473
– in Skaergaard 337
fraktionierte Schmelzen 333
Fraktionierung *siehe* fraktionierte Kristallisation
Fraktionierungsfaktor 489
Fraunhofer-Theorie 223
Freiheitsgrad 235
Fruchtschiefer *siehe* Knotenschiefer
Fuchsit 64
Fugazität 318
Fumarole 23
Fusionsreaktion 398, 399

G

Gabbro 78, 275
Gahnit 141
Galaxit 141
Galenit 32
Gammastrahlung 402
Gangunterschied 180
Gashydrat 579, 580
GC-MS 211
Gebirgsbildung 15, 285
– Metamorphose bei 256
Gefüge
– glasig 24
– Mandelsteinstruktur 24
– porphyrisch 17, 24
– schlackig 24
Gefügetyp 418
geochemischer Zwilling 462
Geochronologie 532, 534
geomorphologischer Prozess 568
Geothermie 482

geothermischer Gradient   252, 322
Geothermobarometrie   253
Geothermometer   162
Gesamterde   579
Gesamterdezusammensetzung   573
Gesamtverteilungskoeffizient   463, 471
Gestein   3
Gibbs'sche Freie Energie *siehe* Gibbs'sche Freie Enthalpie
Gibbs'sche Freie Enthalpie   233, 235
Gibbs'sche Phasenregel   236
Gips   6, 46
Gipsgestein   114
Gitterkonstante   124
Gitterspannungsmodell   469
Glanz   5
Glas   3, 16
Glaskopf
- brauner   38
- roter   38
- schwarzer   38
Glaukonit   64, 147
Glaukophan   61, 151, 276
Gleichgewicht   232
Gleichgewichtsfraktionierung   487
Gleichgewichtskonstante   234, 235, 318
Gleichgewichtskristallisation   305, 306, 334, 340, 471
Gleichgewichtskriterium   233
Gleichgewichtstextur   251
Gleitspiegelung   122
Glimmer   64, 143, 323
- Berechnung von Endgliedern in   231
- dioktaedrisch   144
- trioktaedrisch   144
Glimmerschiefer   94
Gneis   **25**, 96
- Augen-   96
- Ortho-   96
- Para-   96
Goethit   38
Goldschmidt, V. M.   397
Gotthardmassiv   296
Grabenbruch   284, 297, 299
Granat   50, 253, 261, 270, 274, 296, 297, 343, 347, 439, 465, 477, 478, 482, 511, 536, 543, 544, 559

Granat-Biotit-Thermometrie   162
Granatperidotit   436
Granit   74, 340
- Alkali-   74
- Aplit-   74
- Leuko-   74, 296, 299
- Rapakivi-   74, 296, 341
- Zweiglimmer-   74, 296, 341
Granitoid
- anorogen   299
- orogen   295
- Übergangs-   297
Granitporphyr *siehe* Rhyolith
Granodiorit   74, 295, 340
Granophyr   296
Granulit   98, 273
Graphit   166, 373
Grauwacke   108
Greisen   296, 342
- Bildung von   343
Grossular   50
Grünschiefer   102
Grundwasser   444
Grunerit   151
Guano   112
Guiniermethode   196

H

Habitus   126
Hackmanit   70
Hämatit   38
Hämoglobin   521
Härte   5, 167
Härteskala nach Mohs   6, 167
Halbleiter   169
Halbwertszeit   400, 402, 534
Halit   40
Halloysit   66
Halogen   460
Halogene
- in Mineralen   143
- in Schmelzen   318
Harz   296
Harzburgit   80
Hauyn   70
Hawaii   290
Hebelgesetz   305, 306, 336
HED-Gruppe   426
Hedenbergit   58, 142, 343
Hegau   86, 293
Heiz-Kühl-Tisch   217
Heliodor   56

Hellglimmer   64, 143, 276, 296, 342
helvetische Decken   256
Henry's Gesetz   457, 458
Hercynit   36, 141
Hessonit   50
Heulandit   72
Hexaedrit   428
Hf-Modellalter   557
HFSE   460, 557
High Field Strength Element   460
Himalaya   299
HIMU   574
Hoba-Meteorit   429
Hochland des Mondes   454
Homogenisierungstemperatur   217
Hornblende   61, 151, 277, 297
Hornblendit   80
Hornstein   362
Hot spot track   290
Hotspot   290
Hydrolyse   448
Hydrosilikat   143
Hydrosphäre   579
hydrostatische Druck   379
hydrothermal   4, 114, 342, 521, 529, 530
hydrothermale Alteration   418, 505
hydrothermale Lagerstätte   504, 519, 524
Hydrothermalsystem   445
Hypersolvusgranitoide   341
Hysterese   172

I

I-Typ Granit   500
I-Typ Granitoid   295–297
ICP-MS   208, 210, 217, 468, 521, 522, 566
idiochromatisch   163
idiomorph   5
Ignimbrit   110
Illit   64, 143, 147, 270
Illitkristallinität   372
Ilmenit   38, 347
Ilvait   343
Immersionsmethode   181
Impaktkrater   454
Indigolith   56
Indikatrix   182

Inertinite 374
Initialverhältnis 535
Inkohlungsgrad 374
inkompatibel 463
Inkompatible Elemente 283, 307, 309, 311, 325, 333, 341, 343, 345, 433, 437, 438, 456, 461–463, 475, 482, 533, 540, 544, 557, 572, 573
– in Basalten 311
inkongruente Auflösung 355
inkongruentes Schmelzen 301, 302, 329
Inselbogen 287, 327
– Basalte an 511
– Granitoide an 295
– Magmatismus an 288
– Vererzungen an 295
instabil 232
insubrische Linie 256
Interferenz 180
Interlayerschichten 143
intrakontinentale Magmatite 292
Intrusivgestein *siehe* Plutonit
invariant 235
Ionenaustauscher 72
Ionendünnung 205
Ionengröße 132
Ionenpotential 460
Ionenradius 132
Ionium-Methode 562
Island 292
Isobar 397
Isochore 220
Isochrone 538, 563
Isograd 262, 266, 269
Isogyre 190
Isogyrenkreuz 186
Isolator 169
isostatisches Gleichgewicht 282
Isotop 283, 397
Isotopenverdünnungsmethode 531, 532
isotopisches Gleichgewicht 485
isotrop 154
Isotropie 167

J

Jadeit 58, 142
Jaspis 34

K

K-Feldspat 68, 151
Kaiserstuhl 80, 345
kalkalkalisch 313, 314
Kalkausscheidung 114
Kalksilikatfels 90, 264
Kalksilikatgestein 343
Kalksinter 42
Kalksinterbildungen 385
Kalkspat *siehe* Calcit
Kalkstein 108, 112
Kalsilit 70, 340
Kamazit 428, 430
Kaolin 360
Kaolinit 66, 143, 147, 224, 244–246, 270, 354–357, 359–363, 372, 383, 389, 391
Karbonatit 80, 294, 343, 344, 511
Karneol 34
Karst 385, 388
Katagenese 371
Katalysator 249
Kathodolumineszenz 212
Keimbildung 153
Keimbildungsgeschwindigkeit 155
Kernakkretions-Modell 406
Kernreaktion 400
Kerogene 374
Kies *siehe* Psephit
Kieselgel 362, 385, 528
Kimberlit 84, 294, 345, 511
Kinetik 250
kinetische Fraktionierung 487
Kissenlava 24, 275
Klassifikation
– von Gesteinen 31
– von Graniten 296
– von Magmatiten 16
– von Metamorphiten 26
– von Pyroklastiten 23
– von Sedimenten 26, 28
– von Tuffen 110
Klima 365
Klimarekonstruktion 495, 509
Klimaschwankung 368
Klingstein 86
Klinoamphibol 146
Klinochlor 64, 147
Klinoptilolith 72

Klinopyroxen *siehe auch* Diopsid 17, 58, 141, 142, 153, 162, 259, 260, 274, 277, 280, 281, 311, 325, 343, 347, 350, 419, 469, 471, 511, 559
Klinozoisit 54
Knotenschiefer 94
Kober-Methode 553
Köhlersche Beleuchtung 178
Kohle 373
Kohlensäure 354
Kohlenwasserstof 373
Kollisionsorogen
– Granitoide in 295
Kolloid 449
kolloidal 357
Kolloide 391
Komatiit 443
Komet 408
Kompaktion 377
kompatibel 463
Kompatibilität
– von Elementen 308, 309, 457, 458, 462
kompatible Elemente 307, 333, 457, 458
Komplex 393, 522, 528
Komponente 230
Kompressibilität 168
Kompressionsmodul 168
Kompressionswelle 168
Konglomerat 28, 106
kongruente Auflösung 355
kongruentes Schmelzen 301
konkordantes Alter 548
Konkordia 548
Konkordia-Diagramm 547
Konkretion 383
Konoskopie 186
konservative Tracer 450
Kontaktaureole 262
Kontaktmetamorphose 262
Kontaktmetasomatose 343
Kontamination 498, 499, 572
– von Schmelzen 310
Konvektion
– im Mantel 13
– um Plutone 262
Konzentration 234
Koordinatensystem
– Umrechnung des 240
Koordination
– Grenzwerte 134
Koordinationspolyeder 136

Koordinationszahl   135
Korngrenze   161
Korngrößentrennung   221
Korngrößenverteilung   221
Korund   6, 36
kosmische Geschwindigkeit   408
kosmische Strahlung   565
kosmogenes Nuklid   413, 565
kotektische Linie   306, 334
kovalente Metallbindung   459
Kraton   345
KREEP-Basalt   456
Kreislauf der Gesteine   13
Kristall   3
Kristallformen   126
Kristallisation
– von Schmelzen   300
Kristallisationsalter   537
Kristallklasse   126
Kristallsymmetrie   120
Kristallsystem   125
– hexagonal   129
– kubisch   126
– monoklin   129
– orthorhombisch   129
– tetragonal   128
– trigonal   129
– triklin   129
Kristallwachstum   154
Kruste
– kontinentale   7, 13
– ozeanische   7, 275
– Zusammensetzung   10, 439, 572
Krustenverdickung   104
Krustenwachstum   543
Kumulat   305, 311, 337, 347
Kupferkies   siehe Chalkopyrit
Kupferschiefer   517
Kyanit   siehe Disthen
Kyanitgeotherm   255

L

LA-ICP-MS   siehe ICP-MS
Labradorisieren   68
Labradorit   68
Lagenbau des Mantels   436
Lamproit   84
Lanthanid   473
Lanthanidenkontraktion   477
Lapilli   23, 110
Lapis Lazuli   70
large igneous province   292

Large Ion Lithophile Element   460
Larvikit   76
Lasergranulometer   223
late heavy bombardment   457
Late veneer-Theorie   435
Laterit   360
Latit   82
Laumontit   72
Lava   23
Lawsonit   68, 102, 276
Layering   80, 336
– kryptisch   336
– modal   336
– rhythmisch   337
Lechatelierit   34
leichter Isotopwert   486
Leiter   169
Leitfähigkeit
– elektrische   169
Leitungsband   170
Leucit   70, 340
Leucitit   86
Leukosom   100
Lherzolith   80, 282, 323
– karbonatisiert   345
– Metamorphose von   260
Lichtbrechung   178
Lignite   374
LILE   460
Linarit   32
Liptinite   374
Liquidus
– von Granit   328
– von Peridotit   322
Liquiduskurve   301
lithophil   458
Lithosphäre   282, 345
lithostatischer Druck   379
Lizardit   66
Löslichkeitsprodukt   355
Löss   14, 108
Lösskindel   385
lokales Gleichgewicht   251
Longitudinalwelle   168
Lorentzkraft   207
Lumineszenz   163, 211
Lysokline   449

M

Mafit   18
Magma   23
Magmaozean   457

magmatic underplating   300, 329, 348
Magmatische Gesteine   siehe Magmatit
magmatische Petrologie   229
magmatische Wasser-Box   502
magmatisches Methan   501, 510
Magmatismus
– an Subduktionszonen   326, 332
– in Mitteleuropa   293
Magmatit   4, 15
Magnesiowüstit   247
Magnesit   42
Magnetismus   6, 171
Magnetit   36, 141, 345
Magnetkies   siehe Pyrrhotin
Magnetosom   376
Magnetotaktische Bakterie   376
Magnetscheider   221
Majorit   261
makroskopisch   4
Malachit   44
Mangan-Kruste   523
Manganknolle   446, 568
Mangerit   76, 296
Mantel
– verarmter   325
– angereicherter   282, 325
– Edelgasisotopie   569, 571
– metasomatisch veränderter   282, 345
– primitiver   282
– primordialer   282
– radiogene Isotopie   574–576
Mantelentwicklung   557
Mantelgesteine
   Druckabschätzung   261
Mantelkonvektion   13
Marebasalt   454, 456
Margarit   64, 144, 147
marine Evaporite   393
Markasit   32
Marmor   90, 264
massenabhängige Isotopenfraktionierung   484
Massendefekt   399
Massenspektrometer   207, 566
Massenzahl   397
Matrix   17
Mauna Loa   290
Mazeral   374
Melanit   50
Melanosom   100

Melatop 189
Melilith 70, 86
Melilithit 86
Mergel 108
Mesoperthit 153
Mesosiderit 414, 427
Metabasit 255
– Metamorphose von 274
metalumisch 297
metamikt 165
Metamiktisierung 165, 548
metamorphe Fazies 254
metamorphe Gesteine *siehe* Metamorphit
metamorphe Petrologie 229
Metamorphit 4, 15
Metamorphose 15, 25, 254
– Impakt- 15
– Kontakt- 15, 262, 269
– Ozeanboden- 15, 275
– Regional- 15, 277
– Subduktionszonen- 15, 276
– Versenkungs- 15
Metamorphosetypen 254
Metapelit 255
– Metamorphose von 269
Metasomatose 25, 274, 282, 343, 345
metastabil 232
metastabile Reaktion 246
Metatexit 100
Meteor 408
meteorische Wasserlinie 491, 494
meteorisches Wasser 491
Meteorit 11, 408
Meteoroid 408
Methanhydrat 580
miaskitisch 297
Mie-Theorie 223
Migmatisierung 272
Migmatit 100, 329
Mikrit 29, 30
Mikrodiamant 409
Mikrometeorit 417
Mikroorganismus 515, 517, 521
Mikroskopie
– Auflicht- 175
– Durchlicht- 175
Mimetesit 46
Mineral 3
Mineralformel
– Berechnung von 130

Mineralnamen
– Anerkennung von 120
Mineralreaktion 130
Mineralvergesellschaftung *siehe* Paragenese
Minette 114
Minimumschmelze 270
Mischkristall 130, 230
Mischungskorrosion 388
Mischungslücke 152, 301
Mittelozeanische Rücken 282
Modalbestand 18
Modellalter 543
Modifikation 138
MOHO *siehe* Mohorovičić-Diskontinuität
Mohorovičić-Diskontinuität 169
Moldavit 409
Molenbruch 231
Molenbruchdreieck 236
Molvolumen
– von Wasser 249
Monazit 48, 477, 479, 484, 536, 547, 549, 558
Mond 315, 347, 348, 408, 414, 421, 423, 454
Mondstein 68
monomikt 106
Montmorillonit 66, 143, 147, 270, 359, 361, 372, 383
Monzoni 262, 263
Monzonit 76, 295, 299
MORB 282, 311, 511, 519, 573
Morganit 56
MSWD-Wert 538
Mullit 52
Multielement-Variations-Diagramme *siehe* Spiderdiagramm
multiple Sättigung 310, 338
Muskovit 64, 147, 297
Mutterisotop 531

N

NaCl-Äquivalent 220
Nahordnung 120
Nakhlit 425
Natrokarbonatit 80
Natrolith 72
Nephelin 70, 281, 340
Nephelinit 86, 281, 293
Nephelinsyenit 297, 299, 329, 340

Nernst'sche Gleichung 243
Netzebene 125, 196
Neumannsche Linie 429
Neutroneneinfangwirkungsquerschnitt 400
Nitrat 393
Nördlinger Ries 409
Nomenklatur *siehe* Klassifikation
Norit 78
Normberechnung 22
– CIPW-Norm 23
Nosean 70
δ-Notation 489, 521
ϵ-Notation 521
Nukleosynthese 398
Nuklid 397

O

Oberrheingraben 285, 293
Obsidian 82
Oddo-Harkins-Regel 404
Odenwald 296
Ölfenster 373
Okenit 72
Oklo-Mine (Gabun) 403
Oktaeder 128
Oktaedrit 428
Oldoinyo Lengai 80, 345
Olivin 48, 138, 281, 333
Omphacit 58, 143, 277
Onkoid 384
Ooid 384–385
oolithisch, Oolith 28, 114
opak 175
Opal 34, 362, 385, 528
Ophiolit 275
optische Achse 182
optischer Charakter 186
Orangeit 84
Ordnungszahl 397
Orogenese *siehe* Gebirgsbildung
Orthoamphibol 61, 146
Orthoklas 151, 301
Orthopyroxen 58, 141, 270, 281
ostafrikanisches Riftsystem 285
ostalpine Decken 256
Osumilith 54
Oxidationsgrad
– von Schmelzen 314, 318
Oxidationsstufe 132
Oxidationszone 361
Oxidkomponente 229
Oxybarometrie 320

Ozean 443, 517, 527, 541
Ozeanboden 275
Ozeanbodenmetamorphose 505
Ozeaninsel
– Magmatismus an 290

P

p-T-t-Pfad 250
P-Welle 168
PAAS 443, 457
Paläomagnetik 174
Palingenese 26
Pallasit 412, 427
Pantellerit 82
Paragenese 7, 255
Paragonit 64, 147, 276
paramagnetisch 172
partielles Schmelzen *siehe* Aufschmelzung, partiell
Peak-Metamorphose 252
Pegmatit 74, 316
Pelit 27, 108
Peloid 384
Pennin 64
penninische Decken 256
penninischer Ozean 256
Pentlandit 32
peralkalisch 297
peralumisch 297
Peridot 48
Peridotit 80, 84
Periklas 269
Periklin 68
Peritektikum 301
peritektische Reaktion 301, 334, 340
Permeabilität 380, 381
Perowskit 36, 247
Perthit 153
pH-Wert 388, 526
Phase 230
Phasendiagram 235
Phasenumwandlung 247
– von Mg_2SiO_4 247
Phasenvektor 236
Phengit 64, 147, 270, 276
Phillipsit 72
Phlogopit 64, 147, 345
Phonolith 86, 292, 293
Phosphoreszenz 211
Phosphorit 46, 112
Photosynthese 508
phreatomagmatisch 110

Phyllit **25**, 92
Piemontit 54
Pikrit 325
Pillowbasalt *siehe* Kissenlava
Pinit 54
Pipe 347
Pisoid 384
Pistazit 54
Plagiogranit 296
Plagioklas 68, 151, 261, 281, 347
– Druckstabilität 280, 348
planktisch 496
Plastizität 167
Plateaualter 556
Platingruppenelement 460, 559
Plattentektonik 11, 13
Pleochroismus 163, 191
Plessit 428
plinianische Eruption 312
Plume 283, 292, 293, 323
Plutonit 16, 24
Polarisationsfilter 177
Polarisationsmikroskopie 175, 186, 191, 217
polarisiertes Licht 177
Polymerisationsgrad 471
polymikt 106
Polymorphie 138, 230
– von Feldspäten 154
Porengrößenverteilung 225
Porenraum 161, 377
Porosität 225, 380, 381
porphyrische
    Kupferlagerstätten 342
Potassium 287
präsolarer Kern 404
Prasem 34
Prehnit 274
primitive Schmelze 314, 332
Prinzip von Le Chatelier 318
prograd 252
Projektion 239
Protium 491
Psammit 27, 108
Psephit 106
Psephitit 27
Pufferreaktion
– für Sauerstoff 319
Pulverdiffraktometrie 196
Pumpellyit 274
Punktgitter 123
Punktspiegelung 122
Pyknit 48
Pyrit 32

Pyrochlor 345
Pyroklastite 110
Pyrolit-Modell 438
Pyromorphit 32, 46
Pyrop 50
Pyrophyllit 66, 143, 147, 270
Pyroxen 58, 141, 297
– Berechnung von Endgliedern in 231
Pyroxenit 80
Pyroxenoid 58
Pyroxmangit 58
Pyrrhotin 32

Q

Quarz 6, 34, 138
quarzgesättigt 21
Quarzporphyr *siehe* Rhyolith
Quarztholeiit 88, 281, 325
quarzübersättigt 21
quarzuntersättigt 21
Quecksilber-Porosimetrie 225
Quellkalk 388

R

r-Prozess 400
radioaktiver Zerfall 283
Radioaktivität 545
Radiokarbonmethode 506, 566
Radiolarit 112
Radionuklid 397
Rasterelektronenmikroskop 203
Raumgitter 124
Rayleigh-Fraktionierung 473, 494, 516, 522, 524
Reaktionen
– metastabile 246
– verschiedene Typen von 247
Reaktionen in Dreiecksdiagrammen
– Dreiecksreaktion 238
– Kreuzreaktion 238
– Linearreaktion 238
Reaktionsgleichung
– Berechnung der Stöchiometrie von 242
Redoxbedingung 514
Redoxreaktion 521, 524
Redoxzustand 479
REE (*siehe auch* Selten-Erd-Element) 461, 468, 473
Reflexion 195
refraktär 466

refraktäres Element 434
Refraktion 195
Regolith 348, 454
Reinelement 397
rekonstruktive Reaktionen 239
Relief 182
remanente Magnetisierung 174
Restit 100
retrograd 252
retrograde Löslichkeit 380, 387
rezyklierte Tracer 450
Rhodochrosit 42
Rhodonit 58
Rhön 293
Rhombendodekaeder 128
Rhyodacit 84
Rhyolith 82, 289, 292, 295
Rift 285
Ring- oder Cyclosilikate 136
Ringwoodit 247
Ritzhärte siehe Härteskala nach Mohs
Röntgendiffraktometrie 194
Roll back
– von Subduktionszone 290
Rotes Meer 285
Rubin 36
Rückstreuelektronen 203
Rutil 38

S

s-Prozess 400
S-Typ Granit 500
S-Typ Granitoid 295–297, 327
– Lagerstätten in 299
S-Welle 168
säkulares Gleichgewicht 562
Sättigungsmagnetisierung 174
salinarer Zyklus 395
Salinität 382, 492
Salz 393
Salzabfolge 394
Salzdiapire 395
Salzgestein 114
Salzmetamorphose 395
Salztektonik 395
Sand siehe Psammit
Sandstein 108
Saphir 36
Sapphirin 54
Sauerstofffugazität 318, 319
Sauerstoffpuffer siehe Pufferreaktion

saures Gestein 21
Scheelit 211
Scherfestigkeit 168
Scherwelle 168
Schichtsilikate 64, 66, 143
Schichtung 26
Schiefer 25
Schieferung 26
Schlacke 23, 24
Schließungstemperatur 496, 504, 536
Schmelzdiagramm
– binär 301, 303, 306
– ternär 305, 333, 334, 338, 339
Schmelzeinschlüsse 218
Schmelzstruktur 312
Schmelztemperatur 217
Schmuckstein 3
Schockader 417, 425
Schockklasse 430
Schockmetamorphose 429
Schörl 56
Schraubung 122
Schreinemakers-Regeln 236, 248
Schubmodul 168
Schwäbische Alb 86, 293
Schwarzer Raucher 282, 505
Schwarzschiefer 108
Schwarzwald 121, 288, 296, 468, 481, 483, 500, 513, 515, 523, 524, 529, 553
schwerer Isotopenwert 486
Schwermineral 108
Schwermineraltrennung 221
Sediment
– äolisch 14
– biogen 14
– chemisch 14
– fluviatil 14
– klastisch 14
– marin 14
– pyroklastisch 14
Sedimentationsrate 562
Sedimentgestein siehe Sedimentit
Sedimentit 4, 15
– biogen 29, 112
– chemisch 28, 114
– klastisch 26
Sedimentpetrologie 229, 350
SEE siehe Selten-Erd-Element
Seeberg 292
Segregation
– von Schmelzen 330

Seife 108
Sekundärelektronen 203
Selten-Erd-Element 456, 460, 461, 468, 473, 479, 484, 543
Serpentin 66, 143, 274
Serpentinit 92
shatter cones 409
sheeted dike complex 275
Shergottit 425
Shoshonit 290
shoshonitisch 286, 315
SHRIMP 210, 552
Siderit 44, 345
siderophil 458, 559
Silikattypen 136
– Blatt- oder Phyllosilikate 136
– Gerüst- oder Tektosilikate 136
– Gruppen- oder Sorosilikate 136
– Insel- oder Nesosilikate 136
– Ketten- oder Inosilikate 136
– Ring- oder Cyclosilikate 136
Sillimanit 52, 255, 270
SIMS 210
SiO_2 230
– Dichte von Modifikationen 138
– Modifikationen 138
SiO_2-Phase 362, 385, 528
Skaergaard-Intrusion 333, 335, 475
Skarn 90, 262, 343
Skelettkristall 154
Smaragd 56
Smektit 66
Smirgel 36
Sodalith 70
Solfatare 23
Solidus
– von Granit 328
– von Peridotit 322
Solvus 152, 301
Sonnenwind 451, 569
Søvit 80
Spätmagmatische Fluide 343
Spallation 565
Spaltbarkeit 5, 167
Spaltspurdatierung 212, 537
Spannungswert Eh 243
Sparit 29, 30
Speckstein 66
Spektralbereiche 191
Spektrallinien 170
Spektroskopie 191

spektroskopische Methoden 194
Spessartin 50
spezifischen Ladung 207
Spiderdiagramm 309, 458
Spiegelung 121
Spilit **25**
Spilitisierung 254, 274, 275, 505, 530
Spinell 36, 140, 260, 261, 269, 270
spröde Deformation 382
Spurenelement 164, 192, 193, 208, 210, 212, 282, 307, 309, 389, 422, 424, 432, 437, 441, 457, 458, 464, 466, 468, 469, 473, 572, 573
stabil 232
stabiles Isotop 484
Standardpotential 243
Staurolith 52, 270
Stein-Eisenmeteorit 414
Steinheimer Becken 409
Steinmeteorit 414
Steinsalz *siehe* Halit
Stilbit 72
Stishovit 34, 138
stöchiometrische Koeffizienten 234, 242, 244, 248, 325
Stoffkreislauf 578
Stokes'sche Gleichung 221
stoping 332
Strahlenkalk 409
Streckeisendiagramm 18, 295
Strichfarbe 5
Struktur
– von Gesteinen 18, 24
– von Schmelzen 312
Subduktionszone 104, 531, 568
Subsolvusgranitoide 341
Subvulkanit 18, 24, 82
Süßwasser 444
Sulfid-Sulfat-Thermometer 518
Sulfid-Sulfid-Thermometer 518
Syenit 76, 295, 297, 299, 340, 343
Sylvin 40, 115, 392, 394, 395, 467
Symmetrieelement 122
Symmetrieoperation 121
Systemkomponente 240

T

Taenit 428, 430
Talk 6, 66, 143, 147, 259, 269, 270

TAS-Diagramm 22, 293
Teilchen 399
Tektit 409
tektonische Milieus 280
Tenorit 32
Tephra 23
Tephrit 86
Tephroit 48
terrestrische Evaporite 393
Tessin 256
Tetraden-Effekt 484
Tetraeder 128
Theia 408, 454
Thermalwasser 569
thermische Metamorphose 408
thermische Schwelle 301, 340
thermisches Minimum 301, 306, 334
Thermobarometrie 253
– Berechnung von Phasengleichgewichten 253
– konventionell 253
thermodynamisches Gleichgewicht 232
Thermolumineszenz 212
Thixotropie 360
Tholeiit 88, 281, 313, 325
tholeiitisch 22, 314
Thorit 48
Thulit 54
Tiefengestein *siehe* Plutonit
Tiefenwässer 382
Tiefenwasserzirkulation 452
Tiefseegraben 287
TIMS 210
Titanit 52
Titanklinohumit 92
Tochterisotop 531
Ton *siehe* Pelit
Tonalit 78, 295, 340
Tonmineral 66, 143, 355, 371, 383, 450
Tonmineralaufbereitung 358
Tonschiefer 92
Tonstein 108
Topas 6, 48, 342
Topazolith 50
Topologie 235
Tracht 126
Trachyt 82, 292, 293
Translation 122
Transmissionselektronenmikroskop 203, 204
Transversalwelle 168

Travertin 388
Treibhauseffekt 368, 452
Tremolit 61, 151, 260, 267
Tridymit 34, 138
Tripelpunkt 235
Tritium 398, 491
Troktolith 78
Tschermakaustausch 141
TTG-Gestein 443
Tuff 23, 24
– Asche- 110
– Lapilli- 110
– Schlot- 110
Tuffit 110
Turmalin 56, 343

U

Übergangszone 438
Übersättigung 153
Ultrabasit
– Metamorphose von 259
Ultrahochdruckgesteine 270
ultramafisch 18
Ultramafitit 80
ultrapotassisch 286
Ulvöspinell 141
Umkristallisation 26
unequilibrierter Meteorit 418
Ungleichgewichtstextur 251
univariant 235
Unterkruste 440
Unterkühlung 153
Ureilit 426
Uwarovit 50

V

vadose Zone 353
Val Malenco 262, 264
Valenzband 170
variskisch 296, 299
variskische Gebirgsbildung 293
verarmter Mantel 573
Verteilungskoeffizient 307, 317, 462
Verweildauer 446
Verwitterung 352
– allitischen 360
– chemische 14, 352
– physikalische 14, 352
– siallitischer 360
Verwitterungsgleichgewicht 367
Verwitterungsklasse 429

Vesuvian 54, 343
Vickershärte 167
Vierschichtsilikate 361
Viskosität
- von Schmelzen 312, 331
Vitrinite 374
Vitrinitreflexion 374
Vogelsberg 293
Vogesen 296
volatiles Element 435
Vulkanismus
- in Mitteleuropa 293
Vulkanit 16, 24, 82, 314

W

Wadati-Benioff-Zone 275, 287
Wadsleyit 247
Washburn-Gleichung 225
Wasser 230
Wassergehalt
- von Basaltschmelzen 349
- von granitischen Schmelzen 328
- von Schmelzen 316, 317, 332
Wassersättigung 317, 342
Wasserstoffbrennen 399
weggefangene Tracer 450
Weißschiefer 270

wellenlängendispersive Analyse 198
ε_{Hf}-Wert 557
ε_{Nd}-Wert 542
ε_{Sr}-Wert 539
γ_{Os}-Wert 559
Wertigkeit *siehe* Oxidationsstufe
Widmanstätten'sche Figur 428, 430
Wilson-Zyklen 367
Wolframit 343
Wollastonit 58, 269
Wulfenit 32

X

Xenokristall *siehe* Einsprengling
Xenolith 17
xenomorph 5
Xenotim 48

Z

Zementationszone 361
Zeolithe 72, 274, 327
α-Zerfall 402
β-Zerfall 402
Zerfallskette 531
Zerfallskonstante 402, 554
Zermatt 256, 275

Zinkblende *siehe* Sphalerit
Zinnstein 108, 342
Zinnwaldit 147
Zirkon 48, 165, 212, 213, 297, 445, 463, 479, 480, 536, 547, 549, 550, 552, 557
Zirkonia 48
Zirkonsättigungstemperatur 551
Zoisit 54, 276
Zonierung 212, 305
- prograd, primär 158
- retrograd 158
- von Granat 158
- von Mineralen 158
Zusammensetzung
- der Atmosphäre 443
- der Erdkruste 10, 439
- der Gesamterde 10, 432
- der Ozeane 443
- des Erdmantels 10, 432, 435
- des Kerns 433
- des Mondes 454
Zusammensetzungsdiagramm 238
zweiachsig 183
Zweischichtsilikate 66, 358, 359, 360
Zwillingsbildung 5

46,30